有机化学

（第二版）

邢存章　田　燕　赵　超　主编

科学出版社

北　京

内 容 简 介

本书是根据教育部化学与化工学科教学指导委员会拟定的关于近化学化工类专业化学基础课教学基本内容，并在第一版教学实践的基础上编写而成的。

全书共16章，在第一版的基础上增加了脂类化合物，天然有机化合物由原来的三章增为四章，突出了有机化学的实际应用，更加适应工科类专业的需求。本书仍保留了第一版集中介绍命名、结构，强化官能团的构效规律，重点阐明重要反应的基本原理，波谱设专章等特色。

本书可作为高等学校近化学化工类专业学生学习有机化学的教材，也可供其他学科有关专业教学选用和科研工作者参考。

图书在版编目(CIP)数据

有机化学/邢存章，田燕，赵超主编. —2版. —北京：科学出版社，2018.1
ISBN 978-7-03-056195-4

Ⅰ.有… Ⅱ.①邢… ②田… ③赵… Ⅲ.有机化学-高等学校-教材
Ⅳ.O62

中国版本图书馆CIP数据核字(2018)第001206号

责任编辑：陈雅娴 赵晓霞 / 责任校对：何艳萍
责任印制：霍 兵 / 封面设计：迷底书装

科 学 出 版 社出版
北京东黄城根北街16号
邮政编码：100717
http://www.sciencep.com
天津文林印务有限公司 印刷
科学出版社发行 各地新华书店经销
*
2008年5月第 一 版 开本：787×1092 1/16
2018年1月第 二 版 印张：36 3/4
2023年11月第十七次印刷 字数：918 000

定价：78.00元

《有机化学》编写委员会

主　编　邢存章　田　燕　赵　超

副主编　黑晓明　邢殿香　张术栋　汤桂梅

崔月芝　王蔚平　薛　军　于跃芹

王世杰　张纪明　陶芙蓉

编　委（按姓名汉语拼音排序）

崔月芝　丁云桥　黑晓明　李　艳

汤桂梅　陶芙蓉　田　燕　王世杰

王蔚平　邢存章　邢殿香　许　静

薛　军　于跃芹　张纪明　张术栋

赵　超

第二版前言

本书是根据教育部化学与化工学科教学指导委员会拟定的关于近化学化工类专业化学基础课教学基本内容，并在第一版教学实践的基础上编写而成的。

本书第一版出版近十年，期间编者——齐鲁工业大学有机化学教学团队潜心教学方法和手段的改革，并汲取了众多读者和院校教材使用的反馈建议和意见，编写了本书。

本书重在教学内容的改革：保留第一版集中介绍命名、结构，强化官能团的构效规律，重点阐明重要反应的基本原理，用绿色化学审视各类有机化学反应及其在合成中的应用，波谱设专章等特色；增添了天然脂类化合物，融进了编者学术新见解。此外，习题部分重新调整，分成基础练习和能力提高题两部分，旨在让学生更好地巩固基础知识。

本书的显著特色在于将有机化学课程的数字化资源整合到教材中，通过“互联网＋”与课堂教学的深度融合，构建信息化学习环境，实现课堂教学的开放，使教学模式由传统的“封闭”模式走向“开放”；让学生随时随地通过移动终端进行学习，学生的学习从课堂延伸到课外。新形态数字化教材的出版，将改变传统“教”与“学”的形态，给教师和学生带来全新的体验。

本书由邢存章、田燕、赵超主编，参加编写的还有崔月芝、邢殿香、王蔚平（山东师范大学）、薛军、黑晓明、张术栋、于跃芹、汤桂梅、陶芙蓉、张纪明、丁云桥、李艳、王世杰、许静。全书由邢存章教授统稿和定稿。参与数字化资源建设工作的除三位主编之外，还有薛军、王蔚平、崔月芝、邢殿香、黑晓明、张术栋、汤桂梅、陶芙蓉、张纪明、丁云桥、李艳、王世杰和许静。

值本书出版之际，编者谨向齐鲁工业大学、科学出版社和各位同行专家致以诚挚的谢意。由于编者水平所限，书中疏漏和不妥之处在所难免，敬请同行专家和读者批评指正。

编　者

2017年8月于济南

第一版前言

本书是根据教育部高等学校化学与化工学科教学指导委员会拟定的近化类专业化学基础课教学基本内容，并在教学实践的基础上编写而成的。

本书科学合理地安排了教学内容，主要表现在：

（1）突出化学教育的整体性，进一步明确了有机化学与其他化学课程的联系与区别，删去了与无机及分析化学交叉的酸碱概念，强调了有机化学中的亲电亲核概念，以及亲电亲核试剂与酸碱的联系与区别，有利于学生更好地理解有机化学反应的内涵和实质、合理有效地分析和设计有机合成路线。

（2）重组内容模块，突出知识的整体性，较好地处理了分散与整合的关系，审慎地安排了有机化学的结构、反应和合成三大内容。突破了传统的编写体系，适度地优先编写理论教学，处理好共性与个性的关系，集中并优先介绍有机化合物的命名原则和结构理论；波谱设专章，置于羧酸及其衍生物之后、含氮化合物之前，集中介绍紫外光谱、红外光谱、核磁共振谱和质谱的基本知识，并在后续各章加以应用。有机化学反应机理仍分散在有关章节中，结合各类有机化合物的典型反应加以介绍，有利于学生深入理解并正确运用反应机理，避免重复。从不饱和脂肪烃起，分别初步介绍各类有机化合物合成方法，有利于培养学生的创新思维、创新精神和创新能力。

（3）不仅体现化学学科的最新进展，而且反映化学的中心学科地位。书中多处增加了近年来有机化学的新成就，如相转移催化、超临界流体化学、绿色化学以及固相合成、组合化学等新技术。同时，天然有机化合物各章适当介绍了学科前沿和学科交叉知识，加强了物质的结构、性能及应用的有关内容。

（4）注重课程的基础性和应用性，删去了专业性过强、非化学化工类专业适用性差的内容，如表面活性剂、碳烯、叠氮和氮烯、元素有机化合物等；注重体现可持续性发展战略，用绿色化学重新审视各类有机化学反应及其在合成中的应用。

本书由邢存章、赵超主编，参加编写的还有崔月芝、田燕、邢殿香、薛军、黑晓明、张术栋、汤桂梅。全书由邢存章统稿和定稿。

本书由中国海洋大学孙玉善教授、孙明昆教授主审，如果没有两位教授的悉心指导，难以将本书奉献给读者。本书初稿经中国石油大学夏道宏教授，山东大学沈静兰教授、孙昌俊教授、张鹤鸣教授，济南大学奚正楷教授，山东师范大学陈德展教授、李文华教授，山东教育学院祁学勇教授审阅，他们提出了许多宝贵意见和建议。在此，编者向他们表示衷心的感谢。

本书是山东省教育厅关于“高等教育面向21世纪教学内容和课程体系改革计划”立项研究的成果之一，并于2005年获山东省省级教学成果二等奖。本书源于教学实践，广大教师的创新理念和学生的创新意识深深地感动了编者。另外本书的编写还得益于2001～2005年教育部化学与化工学科基础化学课程教学指导委员会活动期间的广泛交流。值本书出版之际，编者向山东省教育厅领导和同行专家致以诚挚的谢意。

由于编者水平所限，书中定有错误和不妥之处，敬请同行专家和读者批评指正。

编　者

2008年1月于济南

目 录

第1章 绪 论

1.1 有机化学的发展和展望

有机化学是研究有机化合物的来源、制备、组成、结构、性质及其变化规律的科学。那么，什么是有机化合物呢？最初，有机物质是指由动植物体内取得的物质，如糖、染料、醋等，早在有历史记载以前，人类就知道利用它们了，取得的这些有机物质都是不纯的，即不是一个化学单位体。直到18世纪末期，人类才开始从动植物中取得一系列较纯的有机物质。例如，1770年，瑞典化学家舍勒(Scheele)从酿酒副产物酒石中分离出酒石酸；1773年，儒勒(Rouelle)首次从尿中取得纯的尿素；1806年，史特纳(Serturner)从鸦片中分离出吗啡。从动植物体内得到的这些较纯的有机物质具有许多共同的性质，明显地不同于当时来自矿物的无机化合物。拉瓦锡(Lavoisier)首先将从动植物体内得到的化合物定义为“有机化合物”。1806年，当时享有盛名的瑞典化学家柏则里(Berzelius)首次引用了“有机化学”这个名词，以区别于其他矿物质的化学——无机化学。柏则里认为，有机物只有在生物的细胞中受一种特殊力量的作用才能产生出来，这种神秘莫测的力量就叫做“生命力”。显然，这种力量超出人力之外，因此认为在实验室内人工合成有机物质是不可能的。这种思想曾一度牢固地统治着有机化学界，使人们放弃了人工合成有机物质的想法。1828年，德国28岁的青年化学家沃勒(Woehler)加热无机物氰酸铵水溶液，得到有机化合物尿素，这是人类第一次在实验室里合成出天然产物。

$$(NH_4)_2SO_4 + 2KOCN \xrightarrow{\triangle} 2NH_4OCN + K_2SO_4$$

$$\underset{\text{氰酸铵(无机物)}}{NH_4OCN} \xrightarrow{60℃} NH_3 + HO{-}C{\equiv}N \xrightarrow{\text{重排}} NH_3 + O{=}C{=}NH$$

$$\xrightarrow{\text{加成}} \underset{\text{尿素(有机物)}}{H_2N{-}\overset{\overset{\displaystyle O}{\|}}{C}{-}NH_2}$$

尿素的人工制备，对“生命力”学说造成了强大的冲击，证明有机物和无机物之间根本不存在是否由生命力支配而产生的本质区别，有机物和无机物一样，也可以通过实验手段合成出来。这时，原有的有机化合物的定义开始发生动摇。随后，19世纪中叶，更多有机化合物陆续被合成出来，如1845年柯尔柏(Koble)合成了乙酸、1854年柏赛罗(Berthelot)合成出油脂等，“生命力”学说彻底被否定了。从此以后，人们深信不但可以从简单物质合成与天然有机物完全相同的物质，还可以合成有机体不能合成的比天然有机物更好的物质。这样有机化学就进入了合成的时代，有机化学作为一门科学真正形成了。

在有机化学形成的过程中，分析化学家做出了重要贡献。18世纪末到19世纪初，法国化学家拉瓦锡，德国化学家李比希(Liebig)和英国化学家、物理学家法拉第(Faraday)发展了定量测定有机化合物组成的方法，发现其中都含有碳，大多数都含有氢，随后又将实验式与分子式区别开来。1848年，德国化学家葛梅林(Gmelin)提出，有机化合物就是含碳的化合物，有机化学就是研究含碳化合物的化学。1874年，德国化学家肖莱马(Schorlemr)又将有机化学定义为研究碳氢化合物及其衍生物的化学，这个提法充分体现了所有有机化合物在结构上的相互联系，因此一直沿用至今。1857 年，德国化学家凯库勒(Kekulé)提出碳原子是四价的，而且碳原子间可以自相成键，这就是有机分子结构的两个基本原则。凯库勒认为，每一种原子都有一定的化合力，这种力就是价。可以说有机化学的结构学说就是在此基础上发展起来的。1861 年，俄国化学家布特列罗夫(Butlerov)第一次提出了化学结构的概念和分子中原子(团)之间存在着相互影响的观点，提出结构和性能密切相关，每个化合物可以用一个合理的结构式表示。从分子的化学性质可以确定其分子结构，从化学结构则可以预测或了解它的化学性质。1874 年，荷兰化学家范特霍夫(van't Hoff)和法国化学工艺师勒贝尔(Le Bel)几乎同时分别独立提出饱和碳原子为四价的四面体学说，从而开创了有机化合物的立体化学研究。

自 1869 年俄国化学家门捷列夫(Mendeleev)发现元素周期律后，物理学在揭示原子内部的构造方面取得了很大成就。1897 年汤姆孙(Thomson)发现电子，1913 年玻尔(Bohr)提出原子结构理论，建立了原子价的电子学说，在化学键理论研究的发展路程上树立了里程碑，标志着经典的结构理论已经可以过渡到结构的电子理论。

1917 年，德国化学家柯塞尔(Kossel)和美国化学家路易斯(Lewis)提出用电子对的方法来说明化学键的生成。化学键由电子组成，可分为离子键和共价键。反应时，原子将失去或得到电子使结构接近惰性气体的结构。化学变化仅涉及原子核外电子(价电子)的反应。表示原子价的短线即表示一对成键电子，这些观点成为现代价键理论的基础。

1931 年，美国化学家鲍林(Pauling)在价键理论基础上提出杂化轨道理论，认为：基态电子可以发生能级跃迁，电子配对成键的过程中，原子轨道可以混同杂化形成杂化轨道且杂化轨道参与成键，从而成功地解释了碳四面体价键结构。杂化轨道参与成键是有机分子结构中普遍存在的现象，杂化轨道理论成为现代价键理论的重要组成部分。1931～1933 年，鲍林提出共振论，认为：经典结构式在描述复杂离域体系有机分子时，无法表达 π 共轭电子的离域现象，其真实结构是可以由多种假设的共振结构式共振而形成的共振杂化体。共振论使用了化学家最熟悉的语言和方法，以经典结构式为基础，定性描述复杂离域体系有机分子的结构，简明、清楚、易掌握使用。从实质上看，共振论是价键理论的延伸和发展。

1926 年，薛定谔(Schrödinger)创立了可以说明电子运动的量子学说，这一理论使我们了解和探索有机化合物结构问题具有了现代量子理论基础。1932 年，德国物理学家休克尔(Hückel)用量子化学方法研究了不饱和化合物和芳香化合物的结构，提出了分子轨道的概念。如今，价键理论和分子轨道理论是处理结构问题的两个最主要的手段，它们互相补充且各有特色，能很好地解释化合物的化学键和结构、性能等问题。1933 年，英国化学家英戈尔德(Ingold)用化学动力学方法研究了饱和碳原子上的取代反应机理。这些工作对有机化学的发展都起了重要作用。

随着近代科学技术的发展，波谱技术，如红外光谱(IR)、核磁共振波谱(NMR)、紫外光谱(UV)、质谱(MS)等，应用到测定有机化合物分子的精细结构，促进了有机化合物的研究。一些新的实验技术，如光化学技术、催化技术、微波技术和超声波技术等，应用到有机化学反应中，大幅度地提高了有机化合物的转化速率和产物的选择性。

至今，有机化学已由实验性学科发展成实验、理论并重的学科，已发展出天然有机化学、物理有机化学、量子有机化学和有机合成化学等成熟的分支学科。同时有机化学与数学、物理学和生物学等相互渗透和交叉，孕育并形成着新的学科，如金属有机化学、有机催化化学、生物有机化学和计算化学等。以有机化学为基础的石油化工、医药、农药、涂料、合成材料等工业部门已成为国民经济的支柱产业,生物化工、功能材料将是21世纪发展的重点工业部门。有机化学与生物学、物理学等密切配合,将促进生命科学的发展。有机化学在解决人类可持续发展中所遇到的重大问题(如能源问题、环境问题等)时发挥着越来越重要的作用。新学科的发展、新支柱产业的建立又促进了有机化学的发展。

现代化学为什么将化合物分为有机化合物和无机化合物?为什么有机化学迅速发展为化学学科中的一个重要分支呢?除了历史上"生命力学说"的原因之外,主要还是因为有机化合物具有显著区别于无机化合物的特点。

1.2 有机化合物的特点

组成有机化合物的元素并不多,绝大多数有机化合物只是由碳、氢、氧、氮、卤素、硫、磷等少数元素组成,而且一个有机化合物分子中只含有其中少数元素。但是,有机化合物的数量却非常庞大,已知由合成或分离方法获得并已确定其结构和性质的有机化合物估计已超过1000万种,远远超过无机化合物的总和(所有非碳元素的无机化合物估计只有几十万种),而且每年又有数以千计的新的有机化合物被发现。除了数量特别多之外,有机化合物在结构和性质上又有许多与一般无机化合物不同的特点。

1.2.1 有机化合物的结构特点

1) 以共价键相结合

由于有机化合物是含碳的化合物,碳元素位于周期表的第2周期第Ⅳ主族,介于电负性很强的卤素和电负性很弱的碱金属之间,这就决定了碳原子难以得失电子形成离子键,碳原子之间以及碳原子与其他原子之间主要通过共用电子对而形成共价键。因此,在有机化合物分子中,原子之间主要以共价键相结合是有机化合物基本的、共同的特征。

2) 同分异构现象

有机化合物的数量如此之多首先是因为碳原子相互结合的能力很强。碳原子可以相互结合成不同碳原子数目的碳链或碳环。一个有机化合物分子中所含的碳原子数目可以从一个至数万个,几乎没有限制。碳原子的连接方式也多种多样,可以是链状,也可以是环状。另外,即使含有相同碳原子数(分子式相同),也可由于碳原子间的连接顺序和连接方式不同(构造不同),而形成性质不同的多种物质。例如,分子式为C_2H_6O的有机化合物有乙醇和甲醚:

CH_3CH_2OH　　　　CH_3OCH_3

乙醇,沸点78.3℃　　　　甲醚,沸点−24.9℃

两者的化学性质不同,代表两种不同的化合物。凡是分子式相同而结构和性质不同的化合物叫做同分异构体,这种现象叫做同分异构现象。同分异构现象这一术语最早是由柏则里于1822年针对沃勒和李比希分别发现异氰酸银和雷酸银而提出的。同分异构现象在有机化学中是很普遍的。在有机化学中,化合物的结构是指分子中原子间的排列次序和结合方式、原子相互间的立体位置以及分子中电子的分布状态等各项内容在内的总称。这些内容将在后面章节陆续讨论。

1.2.2 有机化合物的性质特点

与无机化合物相比,有机化合物一般有如下性质特点:

(1) 容易燃烧。有机化合物通常容易燃烧,如汽油、乙醇等,而多数无机化合物耐高温,不易燃烧,熔、沸点低。有机化合物分子中原子间以共价键相键合,分子与分子之间靠微弱的范德华引力相结合,因此固态有机物熔化或液态有机物气化所需要的能量较低;而无机分子间的排列受强极性的离子间静电引力作用,要破坏无机分子间的排列,所需的能量就高得多,因此有机物的熔点和沸点比无机物要低得多。

(2) 难溶于水,易溶于有机溶剂。化合物的溶解性能通常遵循"相似相溶"规则,即极性化合物易溶于极性溶剂中,非极性或极性较弱的化合物易溶于非极性溶剂中。一般有机化合物的极性较弱或没有极性,而水分子的极性较强,所以一般有机化合物难溶于水,而易溶于极性较弱或非极性的有机溶剂中,如苯、乙醚、丙酮、石油醚等。对于有极性的化合物,其水溶性当然要大一些。事实上,甲醇、乙醇、乙酸等有极性的有机物都可以与水互溶。

(3) 反应速率慢。无机盐类的离子反应通常十分迅速,例如,硝酸银与氯化钠在水溶液中立即发生反应,生成乳白色氯化银沉淀。有机反应一般是分子间的反应,以共价键为主要键合形成的有机分子不像离子键那样容易解离。因此,多数有机反应速率缓慢。为了加快反应,往往需要加热、加催化剂或光照等手段来增大分子动能、降低活化能或改变反应历程来缩短反应时间。

(4) 副反应多,产物复杂。由于有机反应涉及共价键的断裂和生成,专一性的断键很难控制,当有机化合物和试剂反应时,分子中各个原子部位都有可能受到影响,因而导致反应产物的多样化。在一定条件下,主要的反应方向称为主反应,其余的反应称为副反应。选择最有利的反应条件以减少副反应来提高主产品的产率也是有机化学家的一项重要任务。

1.3　有机化合物的研究程序

1.3.1　分离提纯和物理常数测定

研究任何一个有机化合物,首先必须保证它是单一纯净的化合物。但是,从天然产物中分离或在实验室中合成的有机化合物中常含有杂质,需要先进行分离提纯。分离提纯的方法很多,常用的有重结晶法、升华法、蒸馏法、色层法等。尤其近年发展起来的高压液相层析法,是实验室中有用的一种高效的分离提纯的方法。纯的有机化合物有固定的物理常数,如熔点、沸点、相对密度和折光率等,而且其熔点或沸点范围很小。如果化合物不纯,则熔点或沸点范围增大,甚至测不出固定的常数。因此,通过物理常数的测定,不但可以鉴定这些单一的有机化合物,而且可以判断其纯度,色谱法是判断化合物纯度的有效方法。

1.3.2　元素分析和实验式确定

单一纯净的有机化合物可以进一步进行元素定性分析,以确定该化合物是由哪些元素组成的。然后再进行元素定量分析,以确定组成各元素的含量。有机化合物中含有哪些元素常用钠熔法测定,就是将少量样品和金属钠一起熔化,然后用水处理。有机化合物中的卤素、硫和氮分别转变成 X^-、S^{2-} 和 CN^-,可以用常规方法进行检验。

有机化合物中碳氢定量分析的原理是拉瓦锡首先提出的。拉瓦锡使有机化合物在氧气中燃烧,然后测定生成的二氧化碳和水。1831 年,德国化学家李比希把拉瓦锡提出的原理发展成一种精密的定量测定技术,即将定量的有机化合物样品与氧化铜一起在燃烧管中加热,有机化合物被氧化成二氧化碳和水，然后用氧气流把二氧化碳和水蒸气带出，在吸收管中分别被吸收后，进行精确称量。铜在氧气流中重新氧化成氧化铜。根据所得二氧化碳和水的量可以计算出有机化合物中碳和氢的质量分数。这种方法所测样品的用量较大(0.25～0.50g)，所需的时间也较长。1911年，普雷格尔(Pregl)发明了准确度达10^{-3}mg的微量分析天平并真正实现了微量分析技术，使样品的用量降低到几毫克，测定时间也大大缩短，许多含量极低的天然产物的结构依靠普雷格尔的方法得到了鉴定研究。普雷格尔也因其在此领域的出色工作荣获1923年的诺贝尔化学奖。

现在有机化合物的元素分析一般在自动化仪器(元素分析仪)中进行。

利用元素分析的结果，通过计算可以求得此化合物的实验式。例如，某样品的元素分析值为C 60.00，H 13.40，O 26.60；把各元素的质量分数分别用各元素的相对原子质量去除，得到各元素的原子个数的比例为C $\frac{60.00}{12.01}\approx5.00$，H $\frac{13.40}{1.008}\approx13.29$，O $\frac{26.60}{16.00}\approx1.66$；由各元素的原子个数比得到各元素的原子的最小整数比为C∶H∶O＝3∶8∶1，那么该样品的实验式为C_3H_8O。实验式是反映组成化合物分子的各元素原子的种类和最小整数比的化学式，并不能反映分子中各原子的确切数目，也写不出化合物的确切分子式。

1.3.3 相对分子质量的测定和分子式

分子式表示分子中所含的各种原子的数量。知道了某一化合物的实验式，再利用实验方法测出该化合物的相对分子质量，即可分析得到其分子式。例如，经测定得出一化合物的相对分子质量为237，元素分析得到该化合物的经验式为$C_6H_{11}Cl$，式量为118.5，因此该化合物的分子式应为$(C_6H_{11}Cl)_2$，即$C_{12}H_{22}Cl_2$。

测定相对分子质量的方法很多，常用的有沸点升高法、熔点降低法、渗透压法等，现在可以用质谱法测定。用高分辨质谱技术，仅用几微克的样品就可以精密测定有机化合物的相对分子质量和分子式。

1.3.4 结构的确定

有机分子的结构比较复杂，不仅有分子构造(原子连接的次序与方式)不同，而且包含分子中各原子在空间分布的差异。得到实验式和分子式通常并不能完全确定有机分子，其结构还有待确定。确定化合物的结构是一项相当艰巨而有意义的工作，一般要通过化学方法和物理方法的综合分析，才能获得比较准确的结果。通常经过以下步骤：

(1) 官能团分析。各种官能团具有各不相同的化学性质，用化学方法可以揭示化合物分子中不同官能团存在的情况，借以判断其结构。

(2) 化学降解与合成。为了确立一个结构较为复杂的、新的有机化合物结构，常用化学方法把分子拆开，打成“碎片”，测定这些较小“碎片”的结构，再由“碎片”拼凑起来确定分子的整体结构。而且有时要把已推断出来的结构当作模式，用已知结构的化合物为原料，通过特定的路线进行化学合成。两者得到同一结果时，才能写出反映化合物确切结构的结构式。

(3) 物理方法的应用。近代物理方法的广泛应用为有机化合物结构的测定开辟了途径，改进了手段，简化了过程。例如，X射线衍射、红外光谱、紫外光谱、核磁共振谱、质谱、气液色谱等(必要时，与化学方法相配合)，可以快速地提供准确可靠的结构信息，借以准确、快速地确定有机化合物的结构。其中，最常用的是红外光谱和核磁共振谱，将在第11章详细讨论。

1.3.5　化学性质及反应机理的研究

化学性质及反应机理的研究是化学研究的重点，它是由该化合物的结构决定的。因此，研究机理是从微观上洞察化合物在一定条件下（如温度、压力、溶剂等）接受试剂进攻所发生结构变化的全过程。阐明机理需表明哪些键断裂、哪些键形成，这些变化的先后次序，并尽力描述状态、杂化、碳架、官能团、几何形状的变化，以及伴随这些过程的能量变化。

1.4　有机化学中的酸碱概念

酸碱概念的发展在化学的发展过程中占有重要的地位，并与有机化合物的分析测定、分离提纯及有机反应条件的确立和有机理论的发展密切相关，是化学变化中应用最为广泛的概念之一。

1889 年，阿伦尼乌斯（Arrhenius）提出水-离子论，认为凡在水中能电离产生 H^+ 的物质是酸，产生 OH^- 的是碱。但是，他把酸和碱的范围限制在水溶液中，而且不包括那些不产生 H^+ 或 OH^- 的物质，如 HCl 气体、氨基钠的液氨溶液、碱金属溶于乙醇等。

1905 年，富兰克林（Franklin）提出溶剂论，把以水为溶剂的个别现象推广到一般情况——能离解出与溶剂相同的正离子的物质为酸，能离解出与溶剂相同的负离子的物质为碱，中和作用是正、负离子相结合的反应并生成溶剂分子。按照溶剂论，氨基钠液氨溶液中有 NH_2^- 是碱，碱金属溶于乙醇中生成负离子 $C_2H_5O^-$ 是碱。但该理论仍未能说明无溶剂或在溶剂中不能电离的物质的属性。该理论以溶剂为基准来讨论物质的酸碱性，未从酸碱本身出发，且在多种溶剂中水是广泛而普遍使用的，因此溶剂论的影响远不如离子论。

1923 年，丹麦化学家布朗斯台德（Brönsted）和英国化学家劳利（Lowry）提出了质子论——凡是能放出质子的物质为酸，而能与质子结合的物质为碱。酸放出质子后产生该酸的共轭碱，同样碱结合质子后形成该碱的共轭酸。

$$\underset{酸}{HCN} \rightleftharpoons \underset{共轭碱}{CN^-} + H^+ \qquad \underset{碱}{NH_3} + H^+ \rightleftharpoons \underset{共轭酸}{NH_4^+}$$

从质子论可以看出，一个物质是酸还是碱实际上是相对而言的，视反应对象不同而不同。例如，甲醇在浓酸中接受质子，属于碱；它与强碱作用放出 H^+，属于酸。酸的强度就是它给出质子的倾向。同样，碱的强度也就是它接受质子的倾向。一个酸越强，它的共轭碱越弱。不同强度的酸碱之间可以发生反应，反应的方向是质子从弱碱转移到强碱。因此，质子论大大扩展了酸碱的一般范围，得到了广泛应用。但是质子论不能说明 BF_3、$AlCl_3$ 之类物质的酸碱性。

1924 年，美国化学家路易斯（Lewis）提出了电子理论。他从化学键理论出发，以接受或给出电子为判据，定义凡能接受电子对的物质是酸，凡能给出电子对的物质是碱。也就是说酸和碱分别是电子对的受体和供体，酸碱反应实际上是形成配位键的过程，生成酸碱加合物，如

$$NH_3 + HCl \rightleftharpoons NH_4^+Cl^-$$

式中的 NH_3 可以接受质子，所以是布朗斯台德碱；但在和 H^+ 结合时，它的氮原子给予一对电子与 H^+ 成键，所以它又是路易斯碱。路易斯酸则和布朗斯台德酸略有不同。例如，质子 H^+，按布朗斯台德定义不是酸，按路易斯定义能接受外来电子对所以是酸。又如，按布朗斯台德定

义，HCl 是酸，但按路易斯定义，它本身不是酸，它所给出的质子才是酸：

$$H^+ + Cl^- \longrightarrow HCl$$

另外，有些化合物按布朗斯台德定义不是酸，但按路易斯定义却是酸。例如，在有机化学中常用的试剂三氯化铝：

$$AlCl_3 + :Cl^- \longrightarrow AlCl_4^-$$

不仅含有未共用电子对的物质是供体，视为路易斯碱，而且含 π 电子的不饱和化合物（如烯烃、芳烃等）也是供体，称为路易斯碱。不仅 BF_3、$AlCl_3$、Ag^+ 等因具有空轨道可以接受电子对，而且三硝基苯、四氰基乙烯等含有缺电子 π 键也能接受电子对，称为路易斯酸。从而可理解，分子中电子云密度低的部位都可看作酸，而电子云密度高的部位都可看作碱。

电子论所包括的酸碱范围最为广泛，这是因为它的定义并不是着眼于某个元素，而是归之于一种分子的电子结构。由于配位键普遍存在于化合物中，酸碱加合物几乎无所不包，从而极大地扩展了酸碱范围。但是电子论也有不足之处。首先，它不像质子论那样有一个统一的 pK_a 可以定量比较强度之用；其次，它涉及的范围过于广泛，几乎包括了所有的试剂和化合物，也产生不便。例如，通常不被视作酸的 Ag^+，按路易斯理论可认为是酸，因为它能接受电子对：

$$Ag^+ + 2NH_3 \longrightarrow [Ag(NH_3)_2]^+$$

而一些经典的质子酸，如 HAc、H_2SO_4 等在一般反应条件下仅放出 H^+ 而未接受电子对，不能纳入路易斯酸，只能视作酸碱加合物，这又妨碍了它的推广应用。

1.5　有机反应和亲电亲核概念

有机反应可以根据反应物与产物之间的相互关系划分为取代反应、加成反应、消除反应、重排反应和氧化还原反应等。

从共价键的断裂和反应历程来看，化学反应有的是一步完成的，有的是多步完成的。对于一步完成的反应而言，旧键的断裂和新键的形成同时发生，并经过一个能量的“过渡态”，称为协同反应。亲核取代反应中的 S_N2、消除反应的 E2 和周环反应均属于协同反应。多步完成的反应过程中，旧键的断裂和新键的形成不是同时发生的，而是经过一个或多个活泼中间体，尽管它们在许多情况下是不可分离的。最常遇到的中间体是自由基、碳正离子和碳负离子。这些中间体来自共价键的异裂和均裂：

$$A\cdot|\cdot B \xrightarrow{\text{均裂}} A\cdot + B\cdot \qquad \text{Ⅰ}$$

$$A|\cdot\cdot B \xrightarrow{\text{异裂}} A^+ + B^- \qquad \text{Ⅱ}$$

Ⅰ中带有一个或几个未配对电子的原子或基团称为自由基（或游离基），是电中性的。共价键的这种断裂方式称为均裂。发生键均裂的反应称为均裂反应，也称为自由基型反应。产生均裂反应的条件是光照、辐射或加热等；在有些场合，使用分子中有低键能的共价键容易产生自由基的引发剂（如过氧化物、偶氮化合物）引发均裂反应。

Ⅱ中带有一对电子或缺少电子的原子或基团分别称为负离子和正离子。共价键的这种断裂方式称为异裂。发生键异裂的反应称为异裂反应，也称为离子型反应。产生异裂反应的条件除催化剂外，多数由于极性试剂进攻共价键，或反应在极性溶剂中进行。过渡态和活泼中间体的形成方式、结构、相对稳定性及性质等将在后续章节中分别介绍。

对应于自由基型反应和离子型反应，试剂可分为自由基试剂和离子试剂。离子试剂又分为亲电试剂和亲核试剂。

所谓自由基试剂，是指在光或热的作用下发生均裂生成自由基的试剂。例如，烷烃的光卤化或气相高温卤化是一个自由基反应，在这一反应中，卤素是自由基试剂。在光或热作用下，卤素分子发生均裂形成卤原子，卤原子引起卤化反应：

$$Cl_2 \xrightarrow{\text{光或热}} 2Cl\cdot$$

在自由基试剂中还有一部分化合物，如过氧化物、偶氮化物等，受热后分解成初始自由基，引发自由基反应，只要少量的这种自由基试剂，反应就能进行下去，这类自由基试剂又称自由基引发剂。

所谓亲电试剂是指在反应过程中，能够从有机化合物中与之反应的那个原子获得电子对并与之共用形成化学键的试剂。例如，H^+、SO_3、BF_3、$AlCl_3$、NO_2^+ 等均为亲电试剂。有机化合物与亲电试剂的反应称为亲电反应。

所谓亲核试剂是指在反应过程中，能够把电子对给予有机化合物中与之反应的那个原子并与之共有形成化学键的试剂。例如，OH^-、NH_2^-、CN^-、H_2O、NH_3 等含有孤对电子的物种和负离子都是亲核试剂。有机化合物与亲核试剂的反应称为亲核反应。

有些试剂如 H_2O，可以是亲核试剂，也可以是亲电试剂，取决于反应物或所使用的催化剂。有些试剂，如 Cl_2，高温或光照下是自由基试剂，而在极性介质中是亲电试剂。又如 HBr 在极性介质中是亲电试剂，而在有过氧化物存在下的非极性环境中又可成为自由基试剂。

试剂亲电亲核强度的大小主要取决于试剂电量和极性、中心原子的电子的可极化性、空间位阻等因素。

亲电亲核能力与试剂的酸碱性是两个不同的概念，但有着极为密切的联系，讨论有机化合物的酸碱概念对研究有机化学反应有一定的指导价值。

路易斯酸能接受外来电子对，因此它们具有亲电性。当参与反应时，它们都有亲近另一分子的负电荷中心的倾向，所以从有机反应的角度出发，它们又叫做亲电试剂。常见的有 H^+、BF_3、SO_3、$AlCl_3$、$ZnCl_2$、$SnCl_2$、$RC^+{=}O$、R^+、NO_2^+ 等。路易斯碱能给予电子对，因此它们具有亲核性，即它们在反应时都有亲近另一分子的正电荷中心的倾向（有机化学中常习惯地把原子核的“核”作为正电荷的同义词），所以从有机反应的角度出发，它们又叫做亲核试剂。常见的有 OH^-、X^-、CN^-、RO^-、NO_3^-、R^-、$\ddot{N}H_3$、$R\ddot{N}H_2$ 等。

有机化学中，常把一个有机反应发生的原因归因于两个分子或离子，或同一个分子的不同电性部分（亲核部分和亲电部分）相互作用的结果。所以，路易斯酸碱概念以及亲电、亲核概念，都是学习有机化学时必须掌握的基本概念。

离子型反应一般在溶剂中进行。对离子型反应，溶剂不仅能改变反应速率，还可以改变反应机理。溶剂的极性和溶剂的溶剂化能力是溶剂影响离子型反应的两个主要因素。

溶剂按其极性可分为极性溶剂和非极性溶剂。溶剂的极性通常与溶剂的介电常数 ε(F/m) 联系起来。常用溶剂的介电常数如表 1-1 所示。ε>15F/m 的称为极性溶剂，ε<15F/m 的称为非极性溶剂。

表 1-1　常用溶剂的介电常数

溶剂	ε/(F/m)	溶剂	ε/(F/m)
H_2O	78.5	n-$C_6H_{13}OH$	13.3
HCOOH	58.5	CH_3COOH	6.15
$HCON(CH_3)_2$	36.7	$(C_2H_5)_2O$	4.34
CH_3OH	32.7	C_6H_6	2.28
C_2H_5OH	24.5	CCl_4	2.24
CH_3COCH_3	20.7	n-C_6H_{14}	1.88

溶剂按结构可分为质子溶剂和非质子溶剂。溶剂分子中有可以作为氢键给体的O—H键或N—H键的称为质子溶剂，没有氢键给体的称为非质子溶剂。质子溶剂分子中的O—H、N—H键的O和N都有孤对电子，因此质子溶剂既是氢键给体，又是氢键受体，如H_2O、C_2H_5OH。非质子溶剂不是氢键给体，有些是氢键受体，如CH_3COCH_3、$HCON(CH_3)_2$等；有些也不是氢键受体，如C_6H_6、n-C_6H_{14}等。

在溶液中，溶质被溶剂分子所包围的现象称为溶剂化。例如，在氯化钠的水溶液中，结构单元就是水化了的钠离子(Na^+)和氯离子(Cl^-)。一个极性溶剂分子有带部分正电荷的正端和带部分负电荷的负端(如$R-\overset{\delta^-}{O}-\overset{\delta^+}{H}$)。正离子与溶剂负端，负离子与溶剂的正端互相吸引，称为离子-偶极作用，也称为离子-偶极键。离子-偶极作用是溶剂化作用的本质。质子溶剂的溶剂化作用除了离子-偶极作用外，往往还有氢键的作用。

溶剂化不仅使离子稳定，而且也可以降低离子的化学反应活性。例如，质子溶剂不仅稳定正离子，并急剧地降低负离子的反应活性，使负离子的碱性及亲核性减弱。

1.6　有机化合物的分类

如前所述，有机化合物数量繁多，而且还在不断合成和发现新的有机化合物。众多的化合物在结构和性能的关系上有明显的规律性，因此，从结构的观点对有机化合物加以科学分类，并将其名称系统化和统一，对于学习和研究有机化学是十分必要的。常用的分类方法主要有两种：按分子的碳架分类和按有特征反应的官能团分类。

1.6.1　根据碳的骨架分类

按照碳的骨架可以把有机化合物分成下列三类：

1.6.1.1　开链化合物

开链化合物中碳架为链状，不形成闭合的环，如

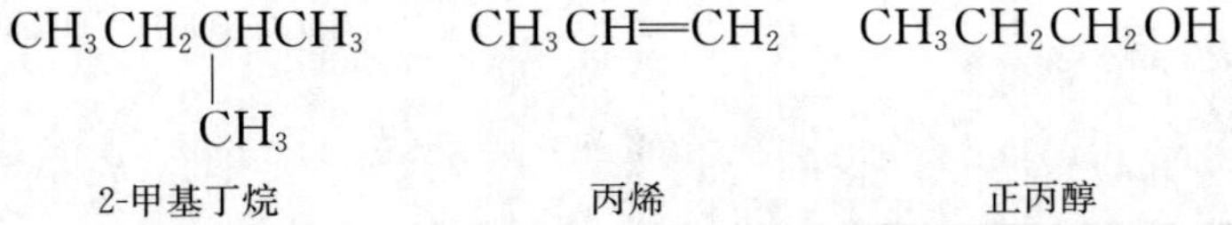

2-甲基丁烷　　丙烯　　正丙醇

链状化合物最初是从油脂中发现的，所以开链化合物也叫做脂肪族化合物。

1.6.1.2 碳环化合物

碳环化合物分子中含有由碳原子组成的环。根据碳环的特点又可分为以下两类：

1）脂环族化合物

性质与脂肪族化合物相似，在结构上也可看作是开链化合物首尾相连而成的，如

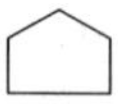
环戊烷

环己烷

2）芳香族化合物

分子中大多含有苯环或与苯具有相似性质的碳环。它们在性质上与脂肪族化合物有较大区别，如

苯

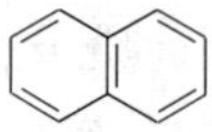
萘

1.6.1.3 杂环化合物

杂环化合物分子中的环是由碳原子和其他元素的原子（主要是 O、S、N 等）组成的，如

呋喃

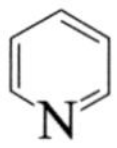
吡啶

噻吩

碳环和杂环化合物分子中，环上连有一个或多个不同长度的烷基侧链的，仍属于碳环或杂环类。

1.6.2 根据官能团分类

官能团是指分子中比较活泼、容易发生某些特征反应的原子（如卤素原子）、原子团[—OH（羟基）、—COOH（羧基）]或某些特征的化学键结构单元[—C≡C—（叁键）]等。它们对化合物的性质起着决定性的作用。显然，含有相同官能团的有机化合物具有类似的性质。表 1-2 是常见官能团的结构及其名称。

表 1-2 一些常见官能团的结构及名称

官能团名称	官能团结构	化合物类名	实例
羧基	$-\overset{O}{\overset{\|}{C}}-OH$	羧酸	CH_3COOH （乙酸）
磺酸基	$-SO_3H$	磺酸	$-SO_3H$ （苯磺酸）
烷氧基羰基（酯基）	$-\overset{O}{\overset{\|}{C}}-OR$	酯	$CH_3\overset{O}{\overset{\|}{C}}-OCH_2CH_2CH_2CH_3$ （乙酸丁酯）
卤代甲酰基	$-\overset{O}{\overset{\|}{C}}-X$	酰卤	$CH_3\overset{O}{\overset{\|}{C}}-Cl$ （乙酰氯）

续表

官能团名称	官能团结构	化合物类名	实例
氨基甲酰基	$-\overset{O}{\overset{\|}{C}}-NH_2$	酰胺	$CH_3\overset{O}{\overset{\|}{C}}-NH_2$ （乙酰胺）
氰基	$-CN$	腈	CH_3CN （乙腈）
醛基（甲酰基）	$-\overset{O}{\overset{\|}{C}}-H$	醛	$CH_3\overset{O}{\overset{\|}{C}}-H$ （乙醛）
羰基	$>C=O$	酮	$CH_3\overset{O}{\overset{\|}{C}}CH_3$ （丙酮）
羟基	$-OH$	醇，酚	CH_3OH （甲醇），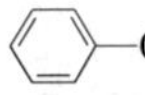—OH （苯酚）
巯基	$-SH$	硫醇，硫酚	CH_3CH_2SH （乙硫醇），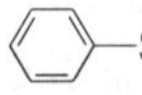—SH （苯硫酚）
氢过氧基	$-O-O-H$	氢过氧化物	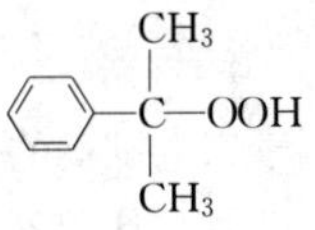 （氢过氧化异丙苯）
氨基	$-NH_2$	胺	CH_3NH_2 （甲胺）
亚氨基	$>NH$	仲胺，亚胺	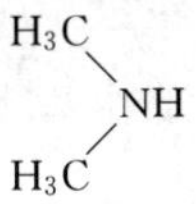 （二甲胺）
烷氧基	$-OR$	醚	CH_3OCH_3 （甲醚）
卤原子	—X(F、Cl、Br、I)	卤代烃	CH_3CH_2Br （溴乙烷）
硝基	$-NO_2$	硝基化合物	CH_3NO_2 （硝基甲烷）

一般把这两种分类方法结合起来，先按碳架分类，再在各类中按官能团分为若干系列。本书将按上述分类体系对各类化合物分别进行讨论。

1.7　有机化学的学习方法

有机化学是一门系统性很强、内容多、反应多，而且缺乏定量化描述的学科。我们必须根据有机化学的课程特点进行学习。虽然学习方法因人而异，不可能有统一的模式，但下面的几点建议值得参考：

(1) 理解与记忆相结合。有些人错误地把有机化学看成是纯记忆的科学，认为只要记住有机化合物的结构式和各类型反应，就能够学好有机化学。实践证明，他们虽然记住了一些有机化学知识，但往往缺乏运用的能力，主要原因就是没有深刻理解这些知识。近一二十年的进展表明，有机化学已不再是简单地叙述实验结果，而是有严密理论基础的学科。学习时不仅要了解各类有机化合物相互转化的内在规律，还要了解各种结构因素和反应条件对反应的影响；

不仅要从宏观上了解反应的类型，还要从微观上了解反应的详细过程——反应机理。所以要学好有机化学，必须从理论上理解，在理解中记忆，这样才会收到事半功倍的效果，不可死记硬背。

（2）勤于解题。做习题是理论课教学的继续和延伸。要真正把有机化学知识学好，做一定量的习题是必不可少的。解习题不仅能加深对知识的消化理解，开阔视野，扩展思路，而且可以培养和提高对知识的运用和驾驭能力，达到举一反三的目的。

（3）重视实验。有机化学的另一特点是实践性强。要学好有机化学，既要掌握基础理论，又要重视实验环节。通过实验环节不仅可以加强动手能力、观察能力、独立思考能力的培养，还可以加深对理论的理解和应用，使分析问题和解决问题的能力落到实处。

习　题

1. 单项选择题。

（1）人类历史上，第一个人工合成的有机化合物是（　　）。

A. 吗啡　　B. 尿素　　C. 乙酸　　D. 酒精

（2）下列不属于有机化合物性质特点的是（　　）。

A. 容易燃烧　　B. 难溶于水，易溶于有机溶剂

C. 反应速度快　　D. 副反应比较多，反应复杂

（3）下列化合物，不属于亲电试剂的是（　　）。

A. SO_3　　B. $AlCl_3$　　C. H_2O　　D. NH_3

（4）羧酸的官能团是（　　）。

A. —CO_2H　　B. —CHO　　C. —CN　　D. —OH

（5）下列不属于产生自由基反应条件的是（　　）。

A. 光照　　B. 辐射　　C. 加热或高温　　D. 稀酸

（6）首次使用"有机化学"这个名称的是瑞典科学家（　　）。

A. 柏则里　　B. 贝采利乌斯　　C. 罗勒　　D. 维勒

（7）下列有机化合物，最易溶于水的是（　　）。

A. CH_3CH_2OH　　B. CH_3CHO　　C. CH_3NH_2　　D. CH_3CH_2COOH

（8）有机化合物的结构特点之一是有机物分子中主要的化学键是以（　　）。

A. 离子键结合　　B. 配位键结合　　C. 共价键结合　　D. 氢键结合

（9）简单地说，有机物应该是（　　）。

A. 含硫的化合物　　B. 含碳的化合物　　C. 含氧的化合物　　D. 含氮的化合物

（10）属于酮类化合物的官能团是（　　）。

A. 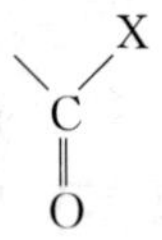

B. 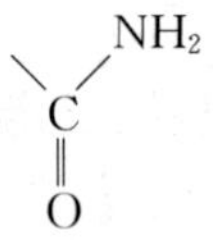

C. 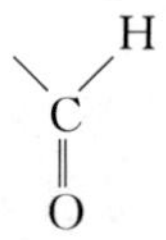

D. 

2. 判断题。

（1）有机物与无机物之间，不存在明确的界限。（　　）

（2）组成有机化合物的元素只有碳、氢、氧、氮、硫、磷和卤素。（　　）

（3）只要是有机化合物，就含有碳元素。（　　）

（4）大部分有机化合物易溶于水和有机溶剂。（　　）

（5）有机化学反应相对复杂，副反应多。（　　）

（6）试剂亲电亲核强度的大小只取决于试剂电量、极性和中心原子的电子的可极化性。（　　）

(7) 有机物专指碳氢组成的化合物。　(　)

(8) 含有相同官能团的有机化合物具有相似的化学性质。　(　)

(9) 烃只含有碳氢两种元素。　(　)

(10) 根据路易斯理论，凡是能给出电子对的物质是酸，凡能接受电子对的物质是碱。　(　)

3. 名词解释。

(1) 同分异构体　(2) 协同反应、分步反应　(3) 均裂反应、异裂反应　(4) 官能团

(5) 自由基

第 2 章　有机化合物的命名

2.1　有机化合物的命名方法

为了使各国化学工作者更好地进行学术交流，促进有机化学深入发展，早在 1860 年，凯库勒倡议组织了一系列国际会议，讨论有机化合物命名法。1892 年 4 月，在日内瓦由世界著名化学家参加的国际化学会议上，拟订了 54 项命名规则的有机化合物命名法，该命名法称为日内瓦命名法。进入 20 世纪后，化学家的国际合作更多了。1911 年，国际纯粹与应用化学联合会(IUPAC)的前身——国际化学联合会在巴黎开会，提出了一系列建议，其中涉及元素和有机物的命名等。在这些工作的基础上，1919 年在罗马正式成立了 IUPAC。以后经过IUPAC多次修订，1979 年公布了《有机化学命名法》。该法则包括：A 部——烃，B 部——基本杂环系统，C 部——含碳、氢、氧、氮、卤素、硫、硒和碲的特征基团，D 部——含碳、氢、氧、氮、硒、碲及其他元素的有机化合物，E 部——立体化学，F 部——天然产物和有关化合物命名的一般原则，G 部——变丰化合物。由IUPAC 公布的命名法已普遍为世界各国所采用。我国的有机化学命名法结合了我国文字习惯与特点，首先见诸于 1960 年由中国科学院编辑出版委员会出版的《有机化学物质的系统命名原则》。1980 年，由中国化学会组织的“有机化学名词小组”参考了 IUPAC 1979 年公布的原则，对我国 1960 年制定的命名原则进行了增补和修订，并正式公布了《有机化学命名原则》(1980 年)。其中规定了一些命名原则和烃、杂环化合物的系统命名方法，对有些烃类衍生物的系统命名没有十分明确，这就是目前国内使用的系统命名法。

本书涉及的有机化合物主要采用系统命名法进行命名，对某些化合物也采用习惯命名法或衍生物命名法。

2.1.1　命名法概述

目前广泛采用的是系统命名法。但是某些情况下，习惯命名法和衍生物命名法，甚至俗名仍然保留使用。

对于那些结构简单的化合物，常用习惯命名法进行命名，也就是用甲、乙、丙、丁、戊、己、庚、辛、壬、癸、十一、十二、……表示分子中碳原子数目；用表示链异构的形容词表示碳链的结构。例如：

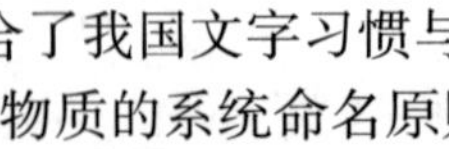

正丁烷

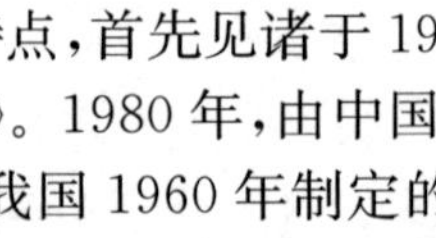

异丁烷

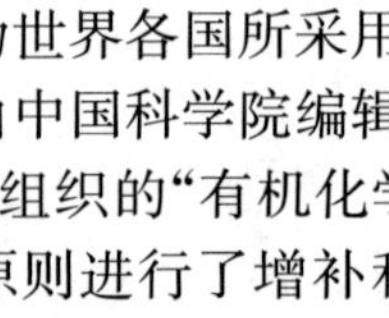

新戊烷

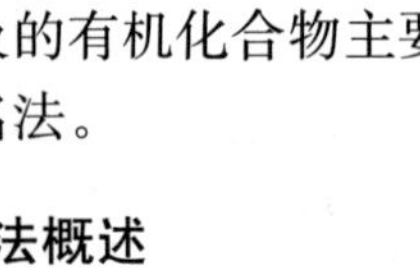

仲丁醇

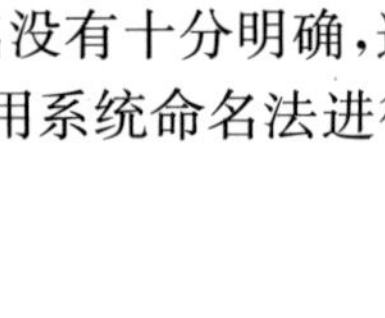

叔丁氯

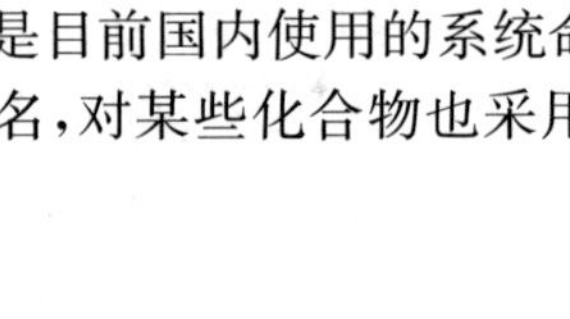

季戊四醇

除习惯命名法外，结构较简单的链烃还可用衍生物命名法命名。例如：

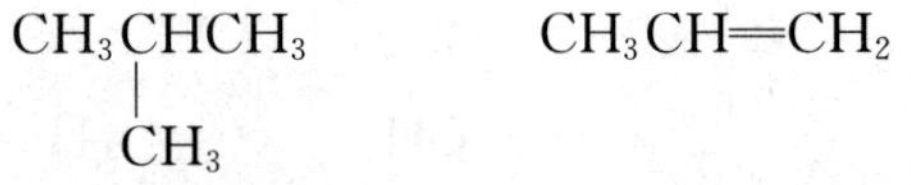

三甲基甲烷　　　　　　甲基乙烯

俗名大多是有机化学发展初期，根据有机化合物的来源、存在或性质（如物态、味道等）而命名。例如：

甲酸（也称蚁酸）（来自蚂蚁体内）　　冰醋酸（在 16℃结晶像冰）　　甘油（味甘甜）

2.1.2　系统命名的基本方法

有机化合物系统命名的基本方法分四步：选主官能团，定主链位次，确定取代基列出顺序，写出全称。

1）选主官能团

通常，按表 1-2 中官能团排列顺序选择化合物中的主官能团。习惯上把排在前面的官能团选为主官能团，命名时称为某化合物，排在后面的官能团看成取代基。例如，$HOCH_2CH_2COOH$、$HOCH_2CH_2COOCH_3$ 和 $HOCH_2CH_2NH_2$，主官能团分别是—COOH、—$COOCH_3$ 和—OH，分别称为酸、酯和醇。

2）定主链位次

选择含有主官能团、取代基多的最长碳链为主链，从靠近官能团的一端开始给主链编号（用阿拉伯数字），给定主链上取代基的位置。编号要遵守“最低系列原则”，最低系列原则是指碳链以不同方向编号，得到两种或两种以上的不同编号系列，比较各系列不同位次，最先遇到的位次最小者，定为“最低系列”。例如：

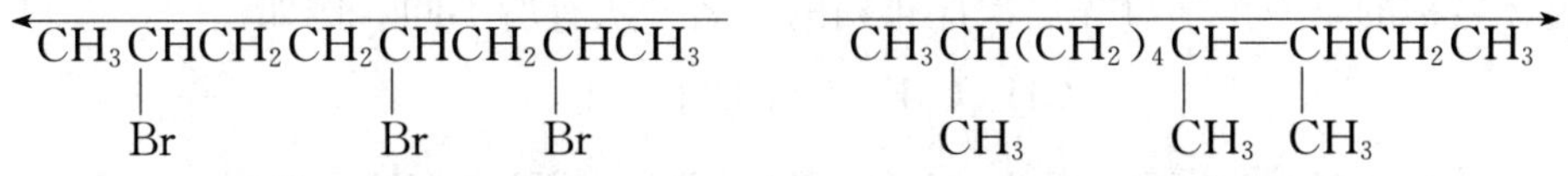

2,4,7-三溴辛烷（不能叫做 2,5,7-三溴辛烷）　　2,7,8-三甲基癸烷（不能叫做 3,4,9-三甲基癸烷）

3）确定取代基列出顺序

主链上有多个取代基命名时，依照 Cahn-Ingold-Prelog 优先基团次序规则排列取代基，较优基团后列出。顺序规则主要内容（用“＞”表示优于）：

（1）各种取代基按其第一个原子的原子序数大小排列，原子序数大者为“较优”基团。若为同位素，则相对原子质量大的定为“较优”基团。例如：

I＞Br＞Cl＞F＞O＞N＞C＞D＞H＞：(指孤对电子)

（2）如果两个基团的第一个原子相同，则比较与之相连的第二个原子，以此类推。比较时，按原子序数排列，先比较各组中原子序数最大者，若仍相同，再依次比较第二个、第三个。例如：

$—CH_2Cl > —CH_3$　(Cl,H,H>H,H,H)

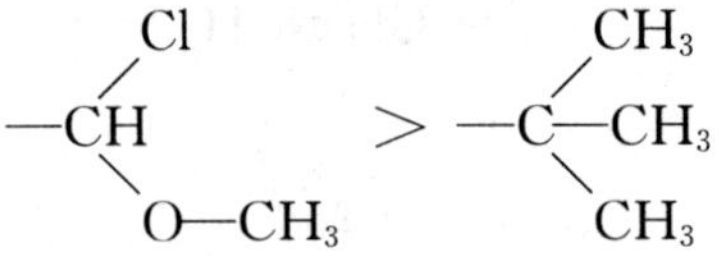

(Cl,O,H>C,C,C)

若仍相同，则沿取代基链逐次比较。例如：

$—CH_2CH_2CH_2CH_3 > —CH_2CH_2CH_3$　(C,H,H>H,H,H)

(3) 含有双键或叁键基团，可以分解为连有两个或三个相同原子。例如：

$—\overset{1}{C}H{=}\overset{2}{C}H_2$ 相当于 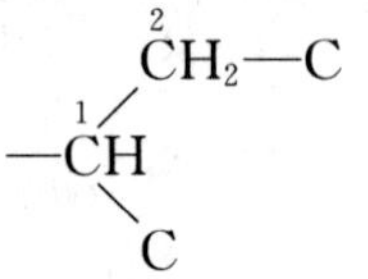　C_1(C,C,H),C_2(C,H,H)

$—\overset{1}{C}{\equiv}\overset{2}{C}H$ 相当于 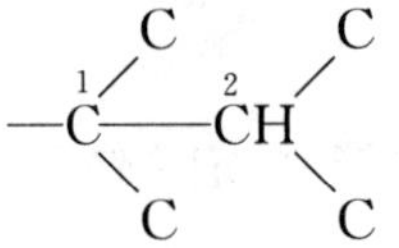　C_1(C,C,C),C_2(C,C,H)

因此

$—C{\equiv}CH > —CH{=}CH_2$

(4) 若原子的键不到四个(氢除外)，可以补加原子序数为零的假想原子(其顺序排在最后)，使之达到四个。例如，$—NH_2$ 的孤对电子即为假想原子。

(5) 在互为立体异构的取代基中，顺式或 *R* 型比反式或 *S* 型优先。

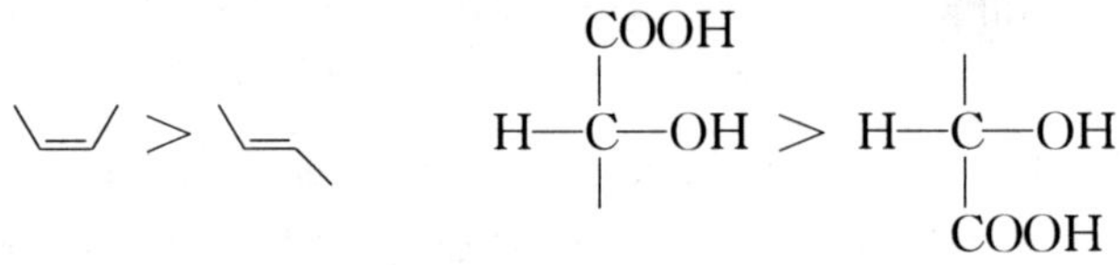

(*R*)　(*S*)

注意，中国化学会颁布的《有机化学命名原则》规定的取代基列出顺序与IUPAC 规定的以取代基英文名称的第一个字母先后次序排列的命名方法有所不同。例如：

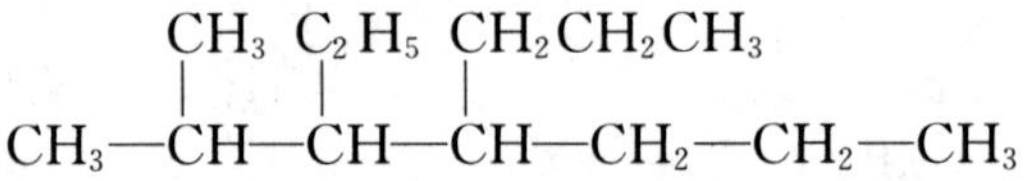

中文系统命名：2-甲基-3-乙基-4-丙基正庚烷

IUPAC 命名：3-ethyl-2-methyl-4-propylheptane

4) 写出全称

写出化合物全名称时，取代基的位次号写在取代基名称前面，用半字线“-”与取代基分开；相同取代基或官能团合并写，用汉字二、三等表示相同取代基或官能团数目，位号数字间用逗号“,”分开；前一取代基名称与后一取代基位号间也用半字线“-”分开。在不至于造成混淆的情况下，可以省去位次号，多数情况下“1”可以省去。例如：

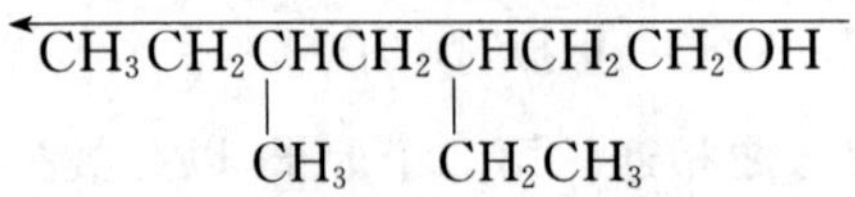

5-甲基-3-乙基(-1-)庚醇

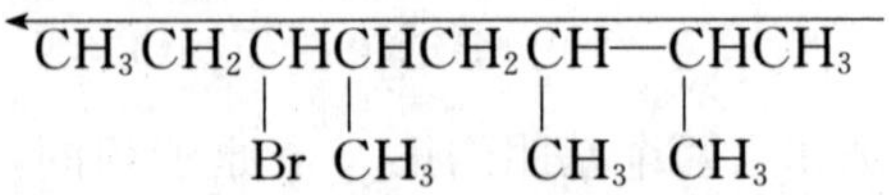

2,3,5-三甲基-6-溴辛烷

下面介绍各类化合物的系统命名方法。

2.2　开链烃的命名

2.2.1　烷烃

直链烷烃按照分子中碳原子数命名为“某烷”。

带有支链的烷烃，可看作是直链烷烃的烃基衍生物，命名时需遵循下列原则：

(1) 选择最长的连续碳链作为主链，按主链碳原子数命名为“某烷”，并以此作为母体。把支链烷基看作是取代基，命名时把取代基名称放在母体名称的前面，称为“某基某烷”。当存在几条等长的碳链时，则选择连有较多取代基且支链具有最低位次的碳链为主链母体。例如：

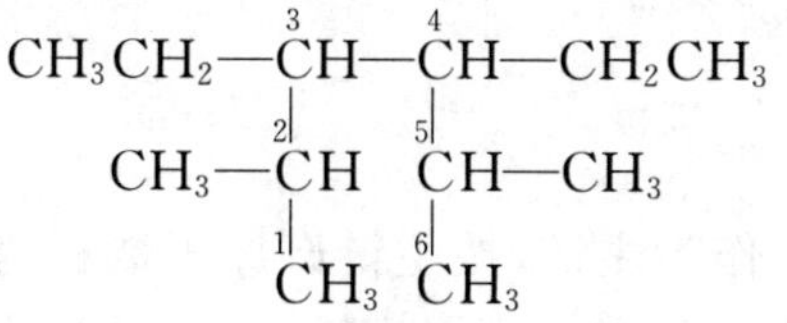

Ⅰ六个碳的主链上有四个取代基

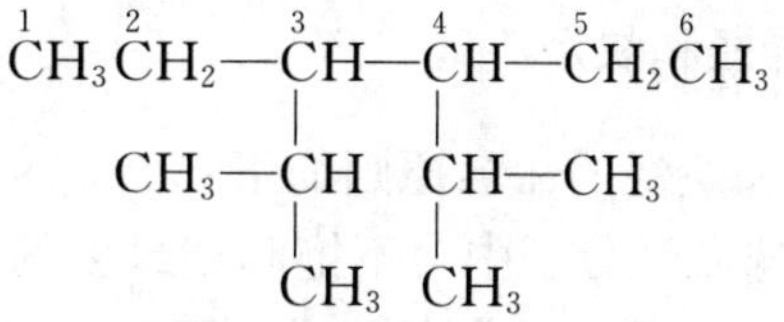

Ⅱ六个碳的主链上有两个取代基

上例中最长的六个碳原子的链有两条，应选取连有较多取代基的链即Ⅰ作为母体，该化合物的母体名称为己烷。

(2) 母体确定后，主链按最低系列原则编号。例如：

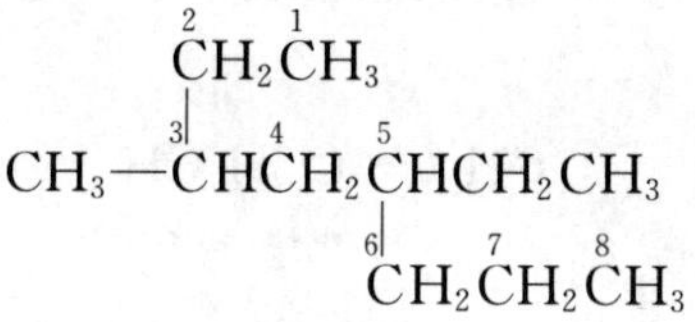

编号正确

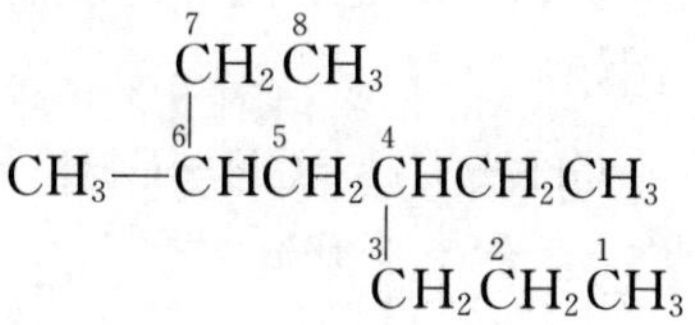

编号不正确

当对主链以不同的方向编号，得到两种相同的编号序列时，应选择使较优的取代基位次较大的编号顺序。

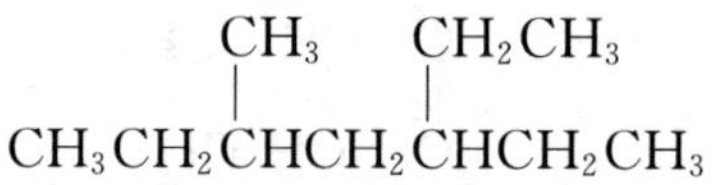

3-甲基-5-乙基庚烷

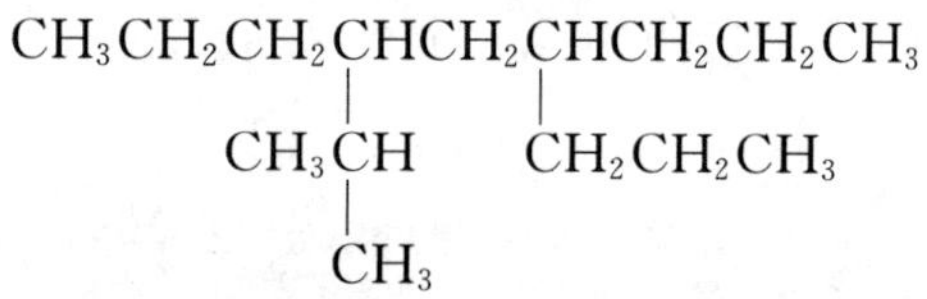

4-正丙基-6-异丙基壬烷

如果支链中还有分支链，可将支链从与主链连接的碳原子开始编号，并将分支链名称放在括号中，或者用带撇的数字表示分支链的位次，分支链名称不放在括号中。例如：

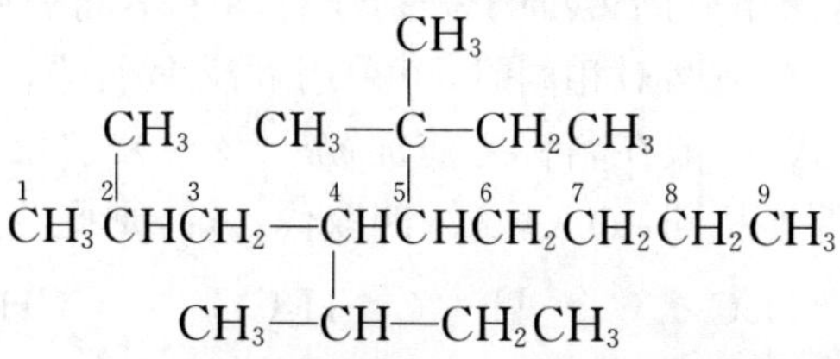

2-甲基-4-仲丁基-5-(1,1-二甲基)丙基壬烷

或 2-甲基-4-仲丁基 5-1′,1′-二甲基丙基壬烷

(3) 命名取代基时，把它们在母体链上的位次作为取代基的前缀，之间用“-”相隔。如果

带有几个相同的取代基，则可以合并，但应在基团名称之前写明位次和数目，各个位次数字之间用“，”分隔，数目需用汉字二、三、四、……等表示。

（4）书写化合物名称时，按 Cahn-Ingold-Prelog 优先基团次序规则排出支链顺序，将较优基团后列出。例如：

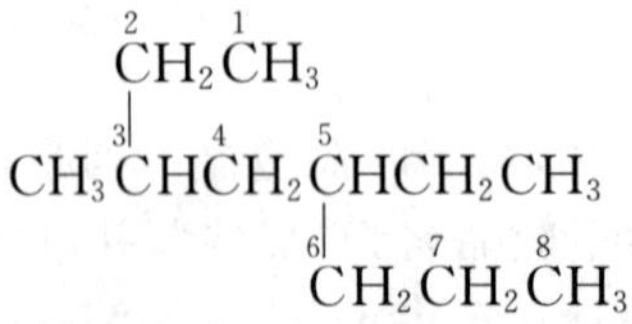
3-甲基-5-乙基辛烷

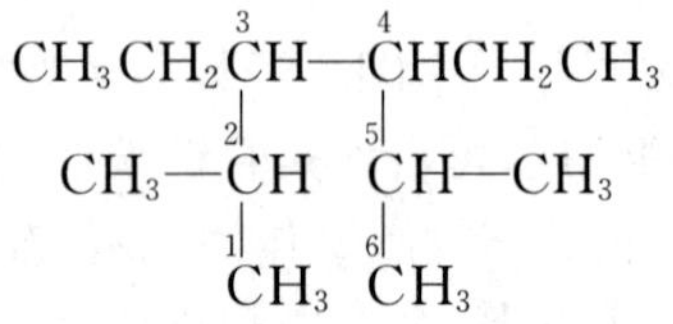
2,5-二甲基-3,4-二乙基己烷

2.2.2 烯烃和炔烃

烯烃和炔烃的命名原则如下：

（1）选取烃分子中含不饱和键最多的最长碳链作为主链，按主链碳原子数称为“某烯”或“某炔”。含有不止一个双键或叁键时，称为几烯（炔），其数目用汉字表示，并且指明不饱和碳原子的位置。如果在一个分子中同时存在双键或叁键，命名为某烯炔（不管叁键的位次大小）。

（2）主链上的碳原子从最靠近不饱和键（不管是双键还是叁键）的一端开始编号，以不饱和键所连接的两个碳原子中位次较低的一个代表不饱和键的位次。不饱和键的位次为 1 时，可以省略。当双键和叁键处于同等位次需要做选择时，应使双键位次较低，并尽可能使取代基的位次较低。例如：

$CH_3—CH=CH—CH_3$
2-丁烯

$CH_3C\equiv CCH_2CH_3$
2-戊炔

$CH_3CH=CH—CH=CHCH_3$
2,4-己二烯

$CH_3—CH=CH—C\equiv CH$
3-戊烯-1-炔

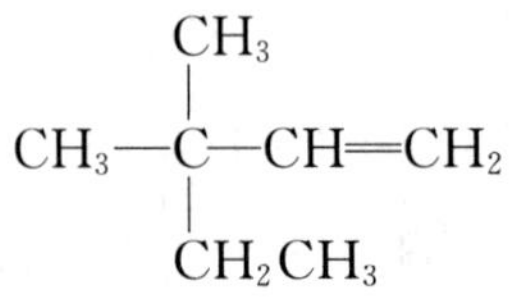
3,3-二甲基戊烯

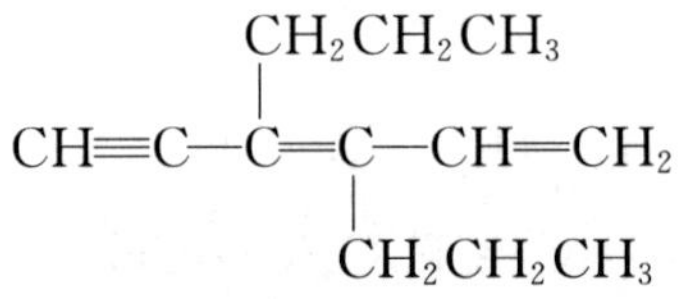
3,4-二正丙基-1,3-己二烯-5-炔

（3）支链作为取代基，其位次、数目和名称应写在母体名称之前，排列次序与前述烷烃命名原则相同，也按 Cahn-Ingold-Prelog 优先基团次序规则排列，较优的基团后列出。

（4）烯烃立体异构体的命名，可采用顺/反命名法和 Z/E 命名法。

顺/反命名法：当烯烃双键的两个碳原子分别连有两个不同的原子或基团，并且两个双键碳原子上的原子或基团有一对或两对相同时，可采用顺反命名法。两个相同基团处于双键同侧的叫做顺式，反之叫做反式，一般在名称之前加“顺-”（*cis-*）或“反-”（*trans-*）表示。若双键的两个碳原子上的四个基团都不相同，如三取代、四取代乙烯，则此法不适用，需用 Z/E 命名法。

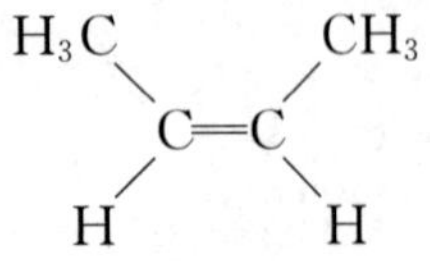
顺-2-丁烯

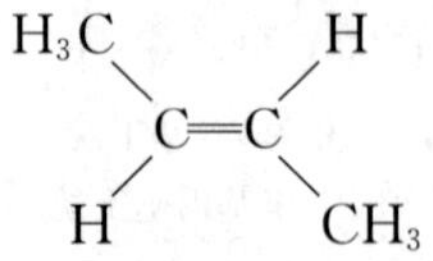
反-2-丁烯

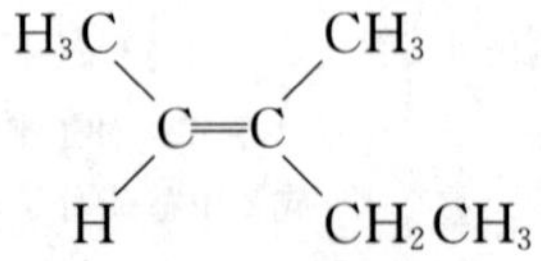
顺-3-甲基-2-戊烯

Z/E 命名法：IUPAC 规定的系统命名法。将双键碳原子上的原子或基团分别按 Cahn-Ingold-Prelog 优先基团次序规则排列，找出两个双键碳原子上的优先基团，如果两个碳原子上各自所连的优先基团处于双键的同侧，称为“Z”式构型，处于异侧的称为“E”式构型。（“Z”和“E”分别来自德文 zusammen“共同”之意和 entgegen“相反”之意）。例如：

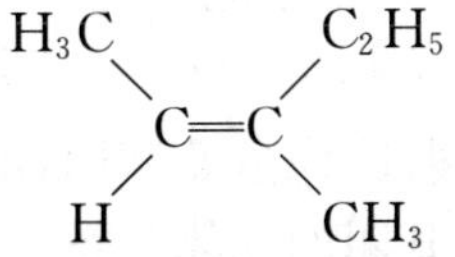

(Z)-3-甲基-2-戊烯
（优先基团处于同侧）

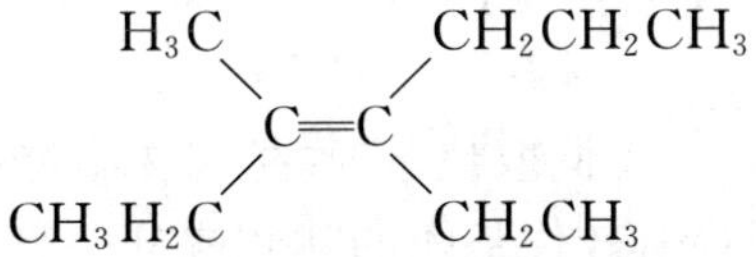

(E)-3-甲基-4-乙基-3-庚烯
（优先基团处于异侧）

应当注意的是，顺/反命名法和 Z/E 命名法的命名依据不同，二者并无必然的联系。顺式异构体不一定是 Z 构型，反式异构体也不一定是 E 构型。例如，上面最后一例，按 Z/E 命名法为 E 构型，按顺/反命名法为顺式结构。

多烯烃的顺反异构体命名时，需逐一标明每个双键的构型。例如：

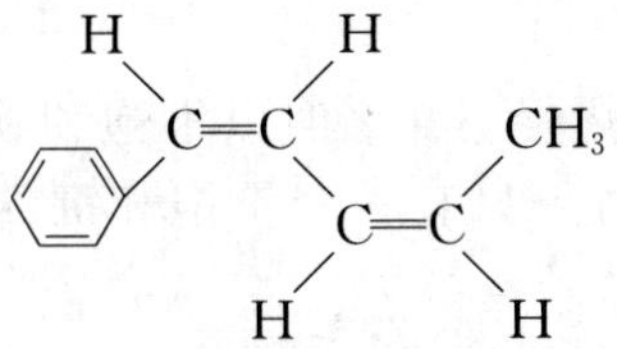

顺，顺-1-苯基-1，3-戊二烯
或(1Z，3Z)-1-苯基-1，3-戊二烯

2.3　脂环烃的命名

脂环烃包括环烷烃、环烯烃、桥环和螺环化合物。

2.3.1　环烷烃

环烷烃根据成环碳原子数称为环某烷。若环上带有支链时将支链作为取代基，当有多个取代基时，则给母体环编号，编号时遵循最低系列编号原则，且较优基团给予大位次号。

甲基环丙烷

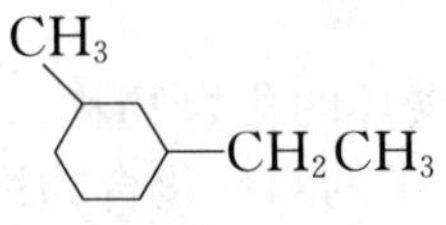

1-甲基-3-乙基环己烷

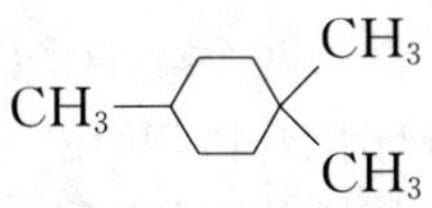

1，1，4-三甲基环己烷

若将环烷烃近似看作平面型分子，当环上两个取代基分别处于不同碳原子上时，存在构型异构体，可用顺反命名法予以注明。例如：

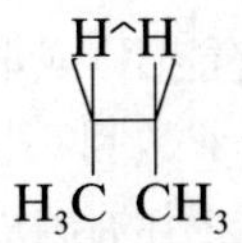

顺-1，2-二甲基环戊烷

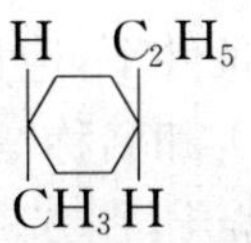

反-1-甲基-4 乙基环己烷

若环上多于两个基团，选择其中位次最低者为参照基团，在位次前加“r”(reference)标

记，其余取代基位次前用“顺”或“反”表示它们与“参照基团”的立体关系。例如：

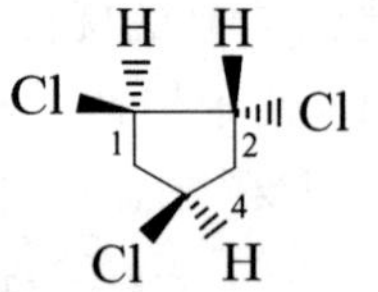

r-1，反-2，顺-4-三氯环戊烷

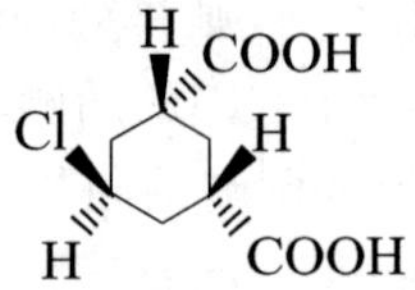

反-5-氯-*r*-1，顺-3-环己烷二甲酸

同一碳上有两个不同取代基时，把母体官能团或较优基团作参照基团，给予尽可能低位次号，其他取代基只择其较优基团的“顺”或“反”表示与参照基团的立体关系。例如：

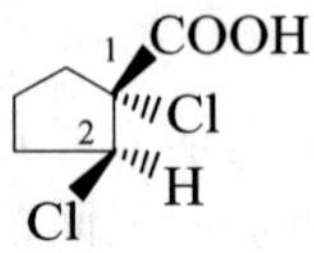

1，顺-2-二氯-*r*-1-环戊烷甲酸

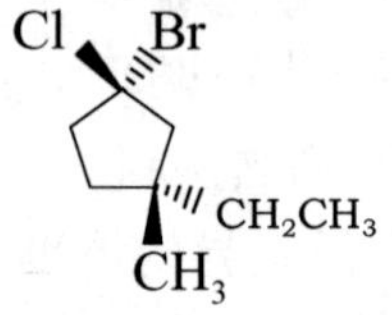

3-甲基-顺-3-乙基-1-氯-*r*-1-溴环戊烷

2.3.2 环烯烃

环上有双键的脂环烃叫做环烯烃。命名时以不饱和碳环为母体，环上碳原子编号顺序应使不饱和键所处的位次最小，对于只有一个不饱和键的环烯烃，其双键位置也可不标出来。例如：

1，3-环己二烯

环戊烯

有支链的环烯烃，支链作为取代基，编号时除了要使双键所在的位次最小外，取代基的位次应遵循最低系列编号原则确定。例如：

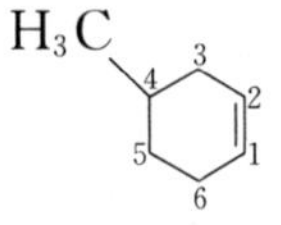

4-甲基-1-环己烯

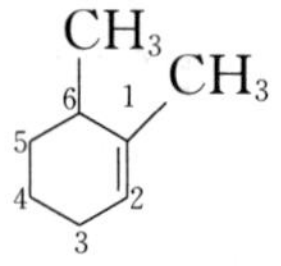

1，6-二甲基-1-环己烯

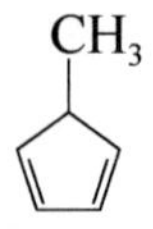

5-甲基-1，3-环戊二烯

2.3.3 桥环和螺环化合物

脂环烃分子中含有两个或两个以上的碳环的化合物称为多环烃，其中共用多个碳原子的环状化合物称为桥环化合物，共用一个碳原子的双环化合物称为螺环化合物。

桥环化合物中各桥共用的两个碳原子称作“桥头碳”，其余的称为桥（链）碳原子，两个桥头碳之间有三条桥连接。桥环化合物命名原则如下：

（1）环的编号从某一桥头碳开始，沿最长的桥编至另一个桥头碳，随后继续编较长的桥至起始桥头碳，最后编最短的桥。

（2）在满足上一原则的条件下，应使不饱和键（或官能团）或取代基的位次尽可能小。

（3）命名时将取代基位次和名称写在前面，桥碳原子数目（用阿拉伯数字）从大到小写在方括号中，中间用下角圆点隔开，在方括号后面写出官能团的位次号及名称。根据组成桥环化合物的成环碳原子总数称为某烃（或某烃的衍生物）。例如：

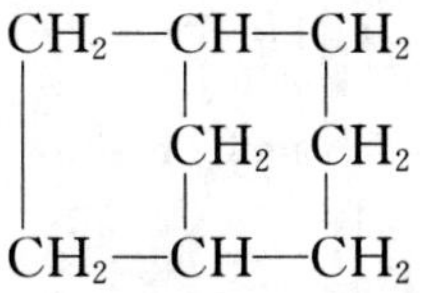

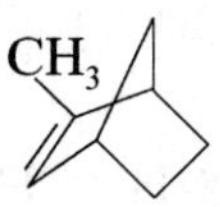

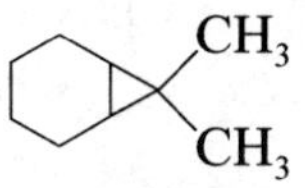

双环[3.2.1]辛烷　　2-甲基双环[2.2.1]-2-庚烯　　7,7-二甲基双环[4.1.0]庚烷

螺环化合物中两环共用的碳原子称为螺原子。螺环化合物命名与桥环化合物相近。但是,环的编号先从小环上与螺原子相邻的碳原子开始,沿小环经螺原子编到另一大环。编号时注意不饱和键或取代基位次应尽可能小。

标明螺环上碳原子数目时,先写小环上碳原子数目,再写大环上的碳原子数目,其余与桥环化合物命名原则相同。例如:

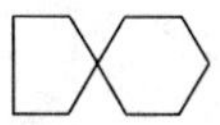

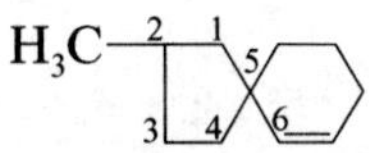

螺[4.5]癸烷　　2-甲基螺[4.5]-6-癸烯

2.4 芳烃的命名

芳烃一般是指分子中含有苯环的烃。广义的芳烃包括非苯芳烃。

2.4.1 单环芳烃

分子中含有一个苯环的芳烃,称为单环芳烃。单环芳烃的命名原则如下:

(1) 以苯环为母体,支链作为取代基,称为某烷基苯。按取代基的多少,又可分为一元、二元、三元取代物等。在二元取代苯中,可用数字 1,2 或邻(*ortho-*)、1,3 或间(*meta-*)、1,4 或对(*para-*)表示取代基的相对位置。在三元取代苯中,可用数字 1,2,3 或连(*vic-*)、1,2,4 或偏(*unsym-*)、1,3,5 或均(*sym-*)来表示取代基的相对位置,应注意的是,连、均、偏用于三个取代基都相同的情况下。苯环上有多个链烃取代基时,编号时应遵循“最低系列编号原则”。例如:

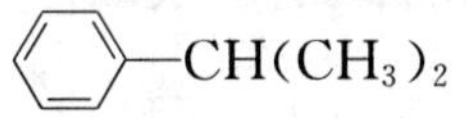

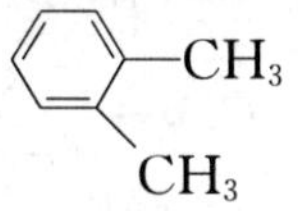

异丙苯　　邻二甲苯或 1,2-二甲苯(*o*-)

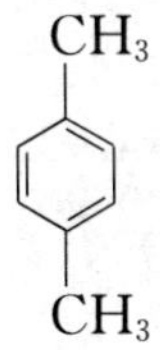

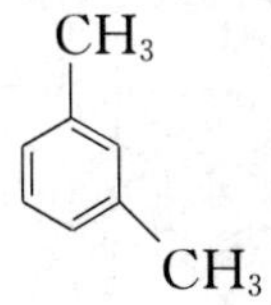

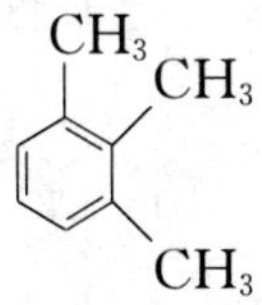

对二甲苯或 1,4-二甲苯(*p*-)　间二甲苯或 1,3-二甲苯(*m*-)　1,2,3-三甲苯或连三甲苯(*vic*-)

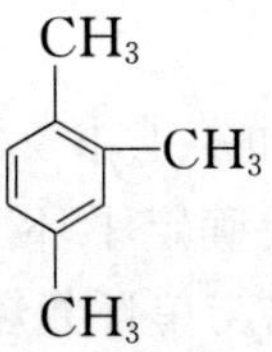

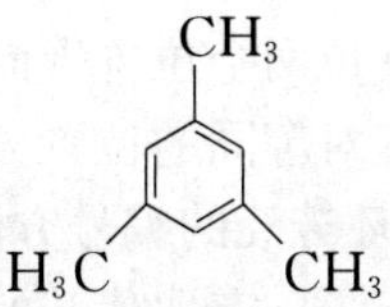

1,2,4-三甲苯或偏三甲苯(*unsym*-)　　1,3,5-三甲苯或均三甲苯(*sym*-)

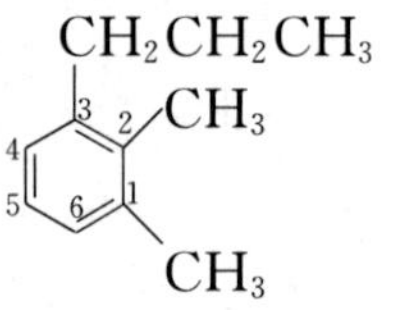

1,2-二甲基-3-正丙基苯

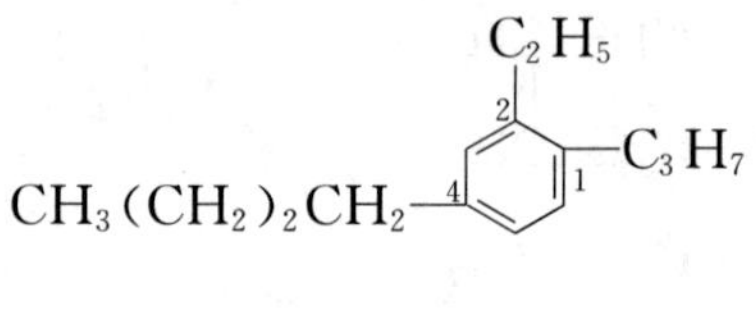

2-乙基-1-正丙基-4-正丁基苯

(2) 若苯环上连有的烃基太复杂或烃基上含有官能团时，以苯环作为取代基。例如：

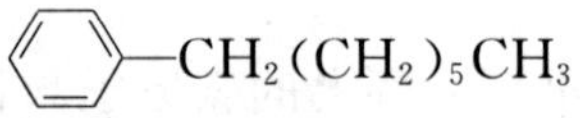

1-苯基庚烷

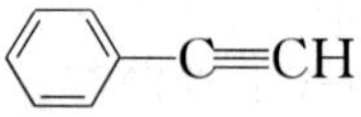

苯乙炔

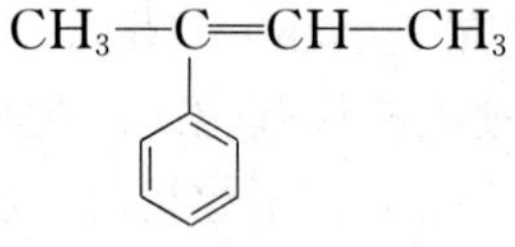

2-苯基-2-丁烯

2.4.2　多环芳烃

多环芳烃是指分子中含有两个或两个以上芳环的烃，分为联苯或联多苯类、多苯代脂烃和稠环芳烃三种类型。

联苯或联多苯类分子命名时用中文数字表示苯环数目，用化学介词“联”表示环间的关系，取两环单键连接处为最低位次，分别对两个苯环编号。取代基位次较大的苯环，其编号数字右上角加撇。例如：

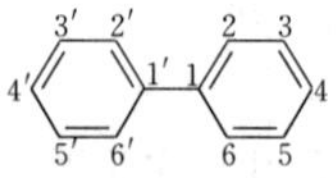

联苯

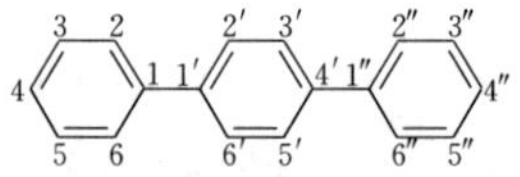

对联三苯

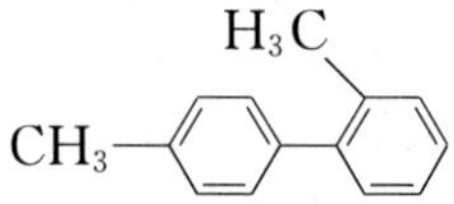

2,4′-二甲基联苯

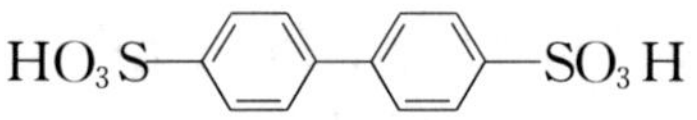

4,4′-联苯二磺酸

多苯代脂烃的命名是将苯环作为取代基，脂烃作为母体。例如：

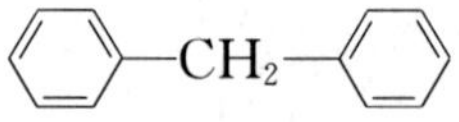

二苯(基)甲烷

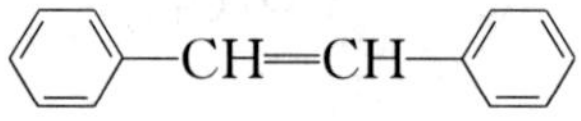

1,2-二苯(基)乙烯

稠环芳烃分子中两个或两个以上的苯环以共用两个相邻碳原子的方式结合。例如：

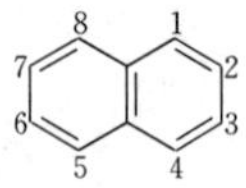

萘

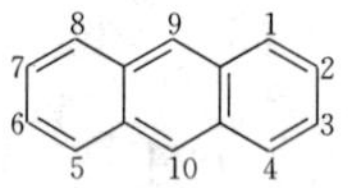

蒽

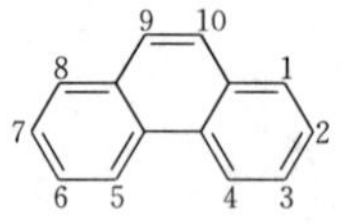

菲

萘分子和蒽分子中的 1,4,5,8 四个位置等同，均称为 α-位；2,3,6,7 四个位置等同，均称为 β-位；蒽分子的 9,10 位两个位置等同，又称为 γ-位。

菲分子中分别有五对等同的位置：1 和 8、2 和 7、3 和 6、4 和 5、9 和 10。

需要指出的是，稠环芳烃的编号方法是确定的，只要确定了环上的一个位置的编号，则其余位置的编号也就确定了。有取代基的稠环芳烃的命名与单环芳烃相似。例如：

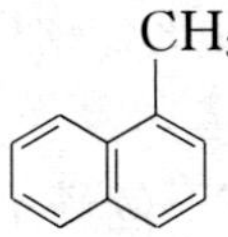

1-甲基萘(α-甲基萘)

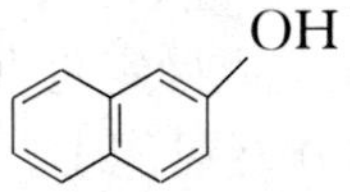

2-萘酚(β-萘酚)

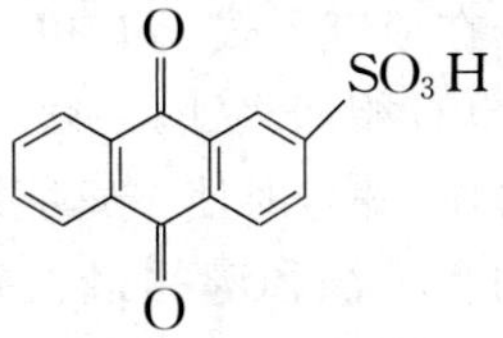

β-9,10-蒽醌磺酸

2.5　卤代烃的命名

根据烃基结构的不同,卤代烃可分为卤代烷烃、卤代烯烃、卤代芳烃等。卤代烃的系统命名法原则如下:

(1) 选择连有卤原子的最长碳链为母体,卤原子和其他支链作为取代基。

(2) 编号时应遵循“最低系列原则”。

(3) 分子中含有不饱和键时,应选择同时含有卤素和不饱和键的最长碳链作为母体,编号时应尽可能使不饱和键的位次较小。

(4) 对于脂环卤代物和芳烃卤代物,通常以脂环、芳烃作为母体,卤素原子作为取代基。

(5) 卤代烃名称:取代基-卤原子某烃。依次序规则确定取代基的优先顺序,较优的基团后列出。若烃基与卤素原子处于母体对称位置,则应使烃基优先编号(较优基团大位次)。

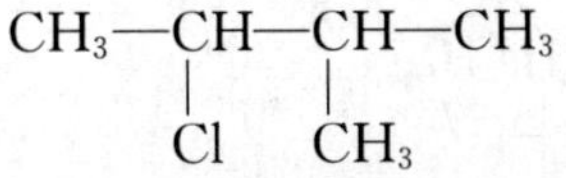

2-甲基-3-氯丁烷

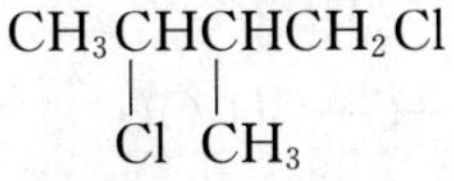

2-甲基-1,3-二氯丁烷

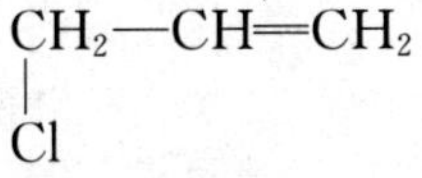

3-氯丙烯

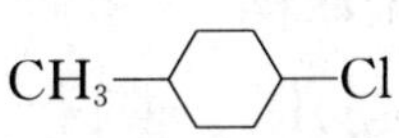

1-甲基-4-氯环己烷

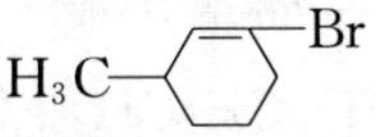

3-甲基-1-溴环己烯

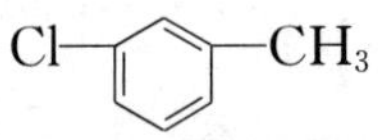

3-氯甲苯(1-甲基-3-氯苯)

有些简单的卤代烃,俗称卤代某烃或某烃基卤。例如:

CH_3Cl 甲基氯

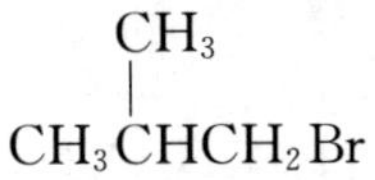

异丁基溴

$CH_2{=}CH{-}CH_2Br$ 烯丙基溴

多卤代烷大多有一些俗称,如三卤甲烷又称卤仿。此外,“对称”、“不对称”、“偏”、“均”等词头也常见于卤代烃的命名之中。例如:

$CHCl_3$	CCl_4	$CHCl_2CHCl_2$	CH_2ClCCl_3	$CH_2{=}CCl_2$	$CHCl{=}CHCl$
氯仿	四氯化碳	对称四氯乙烷	不对称四氯乙烷	偏(二)氯乙烯	均(二)氯乙烯

2.6　含氧衍生物的命名

含氧化合物主要包括醇(R—OH)、酚(Ar—OH)、醚(R—O—R′)、醛($R{-}\overset{O}{\overset{\|}{C}}{-}H$)、酮($R{-}\overset{O}{\overset{\|}{C}}{-}R'$)、羧酸($R{-}\overset{O}{\overset{\|}{C}}{-}OH$)、羧酸衍生物($R{-}\overset{O}{\overset{\|}{C}}{-}X$)等。这些化合物中都含有氧原子,

氧原子与碳原子在成键形式上有单、双键之分，这些基团都是有机化合物中有代表性的官能团，它们的命名也有相似之处，一般规律为：首先确定主官能团①，选择含有主官能团的最长的碳链或环作为母体，编号时使主官能团的位次尽可能小。若分子中有碳碳不饱和键，则选择同时含有主官能团和不饱和键的最长碳链作为母体，并根据主链碳原子数命名为某烯（炔）醇（醛、酮或酸）。由于各类化合物结构的不同，命名时又各有不同的特点。

2.6.1 醇

根据含羟基的多少，醇类又可分为一元醇、二元醇、多元醇等。一元醇的命名一般根据烃基结构不同称为“某醇”，并注明位次。多元醇的命名应选择连有尽可能多的羟基的烃链作为母体，并把羟基的数目和位次放在醇名之前。两个羟基处于邻位的，称 α-二醇（或 1，2-二醇）；两个羟基相隔一个碳原子的，称 β-二醇（或 1，3-二醇）；相隔两个碳原子的，称 γ-二醇（或 1，4-二醇）等。例如：

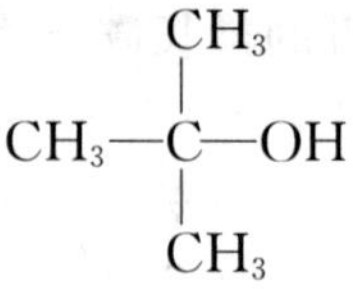
2-甲基-2-丙醇

丙三醇（甘油）

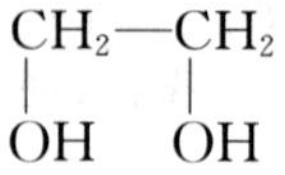
乙二醇

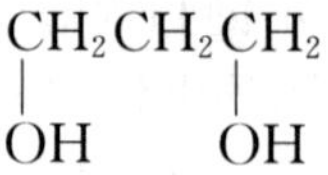
1，3-丙二醇

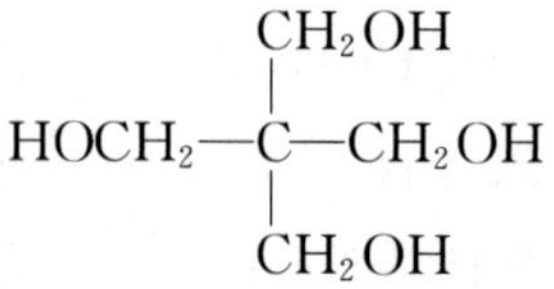
2，2-二羟甲基丙二醇（季戊四醇）

顺-1，2-环戊二醇

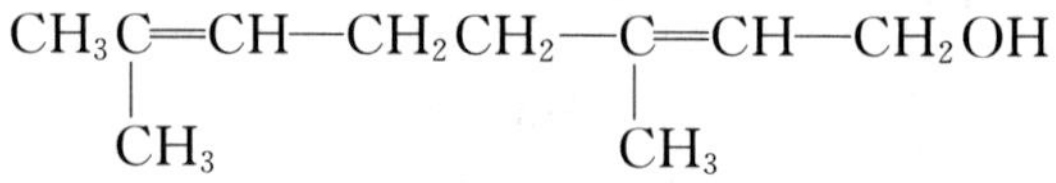
3，7-二甲基-2，6-辛二烯-1-醇

芳醇的命名，可把芳环作为取代基。例如：

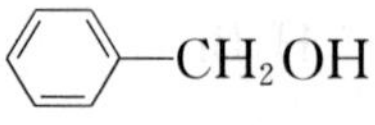
苯甲醇（苄醇）

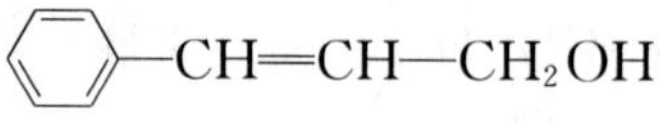
3-苯基-2-丙烯-1-醇（肉桂醇）

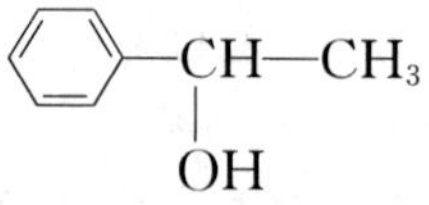
1-苯乙醇（α-苯乙醇）

对于一些结构简单的醇通常也采用习惯命名法给予命名。例如：

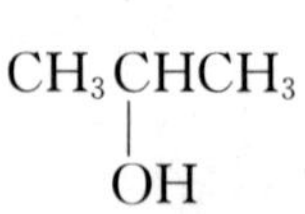
异丙醇

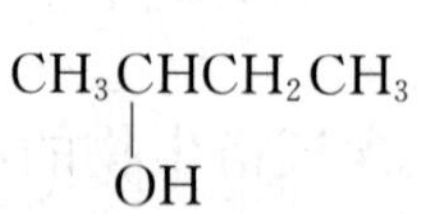
仲丁醇

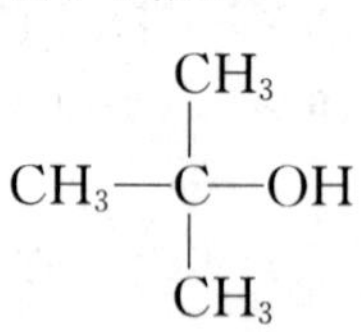
叔丁醇

① —COOH，—SO_3H，—COOR，—COX，—$CONR_2$，—CN，—CHO，—COR，—OH（醇），—OH（酚），—SH，—NH_2，—OR，—C≡C，—CH═CH_2，—R，—X，—NO_2。

2.6.2　酚

羟基直接连在芳环上的化合物称为酚。酚的命名一般根据芳烃结构的不同称为“某酚”，并注明位次；当芳环上有多种取代基时，必须根据官能团的优先次序选择主官能团，只有当羟基优先时，才能称为酚；否则，羟基只能看作取代基，编号从主官能团开始。例如：

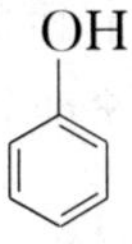
苯酚

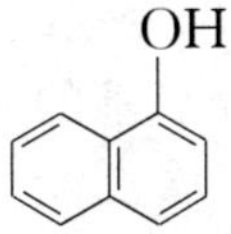
α-萘酚(1-萘酚)

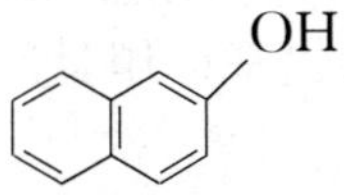
β-萘酚(2-萘酚)

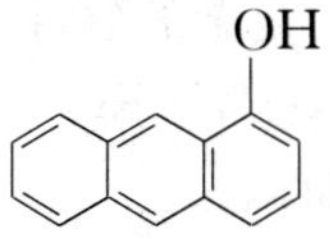
α-蒽酚

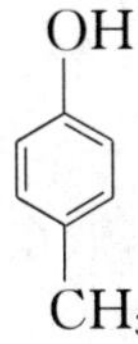
4-甲基苯酚
(或对甲苯酚)

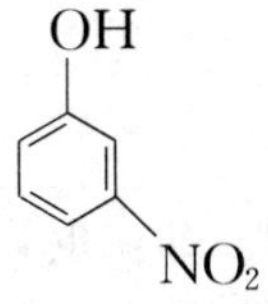
3-硝基苯酚
(或间硝基苯酚)

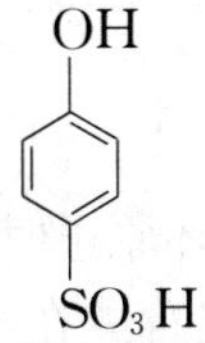
4-羟基苯磺酸
(或对羟基苯磺酸)

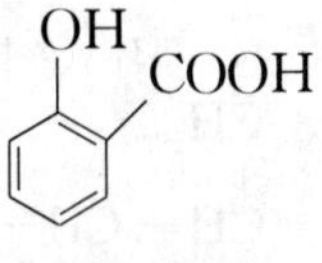
2-羟基苯甲酸
(或邻羟基苯甲酸或水杨酸)

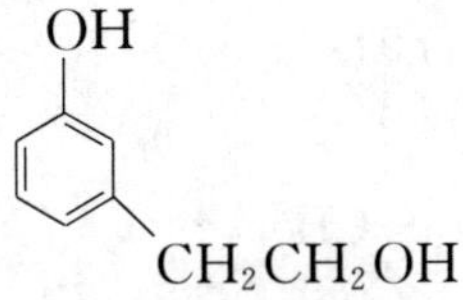
2-(3-羟基)苯基乙醇

多元酚的位次编号与多取代烷基苯的命名相似。例如：

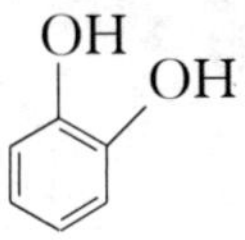
邻苯二酚

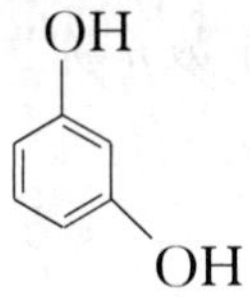
间苯二酚

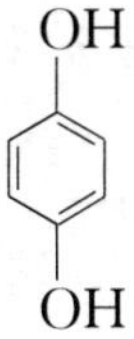
对苯二酚

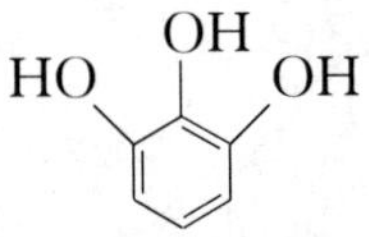
连苯三酚

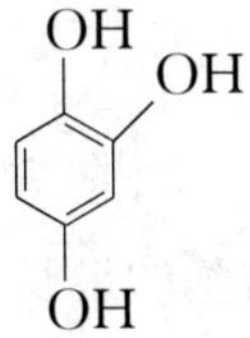
偏苯三酚

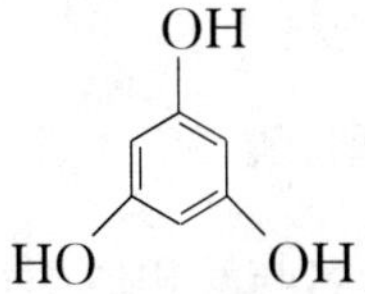
均苯三酚

2.6.3　醚

醚的通式为 R—O—R′、Ar—O—Ar′，氧原子两边的烃基相同的醚为单醚，两边的烃基不同的醚为混醚。简单的醚可用习惯命名法命名。命名时将氧原子所分隔的两个烃基名称以较优基团放在后边的顺序依次写在醚字前。对于芳醚则将芳基放在烷基前面。若为单醚，则命名为“二某醚”，通常“二”字可省略。例如：

$CH_3OCH_2CH_3$　　$CH_3CH_2—O—CH═CH_2$　　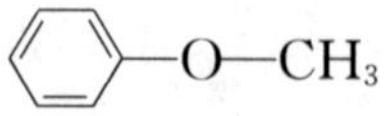

甲乙醚　　乙基乙烯基醚　　苯甲醚(茴香醚)

CH_3OCH_3　　$CH_3CH_2OCH_2CH_3$　　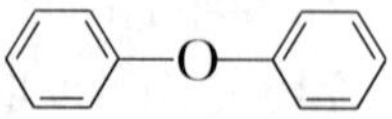

(二)甲醚　　(二)乙醚　　二苯醚

结构较为复杂的醚可采用系统命名法。选取较复杂的烃基或含有不饱和键的烃基作为母体,剩下的另一部分 RO—作为取代基称作“烃氧基”。烃氧基的命名可在烃基名称之间加上“氧”字。例如:

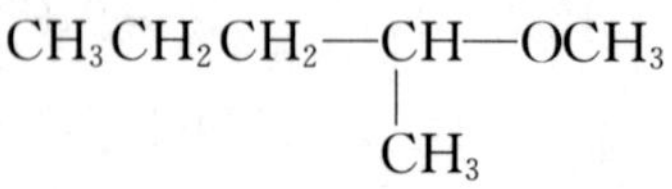

2-甲氧基戊烷

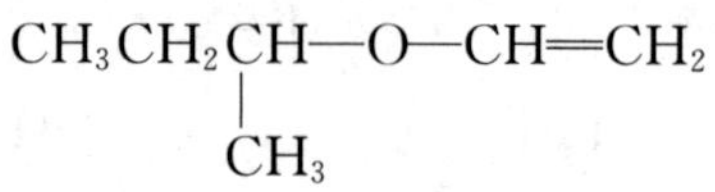

仲丁氧基乙烯

当氧原子是成环原子时,称为环氧化物。命名时以“环氧”作词头,冠在母体烃名前面。若环上有取代基,其名称放在“环氧”前面。例如:

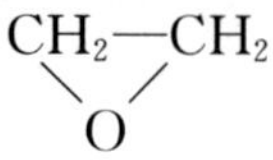

环氧乙烷

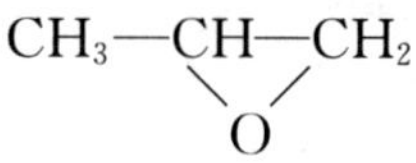

1,2-环氧丙烷

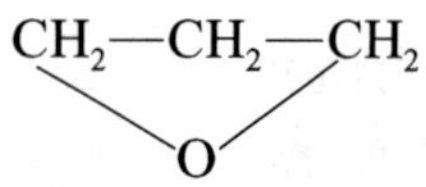

1,3-环氧丙烷

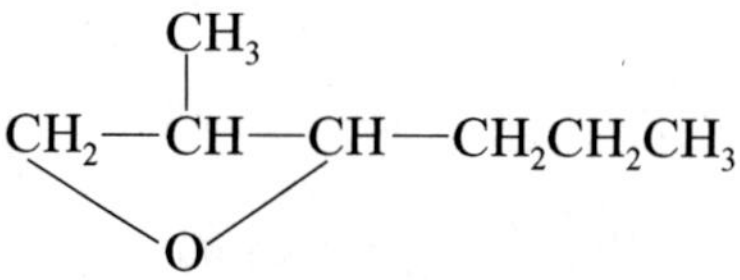

2-甲基-1,3-环氧己烷

分子中有多个氧原子的大环多醚称为冠醚,冠醚因其结构的特殊性而采用简化命名,即根据成环的总原子数 m 和其中所含的氧原子数 n 称之为 m-冠-n。例如:

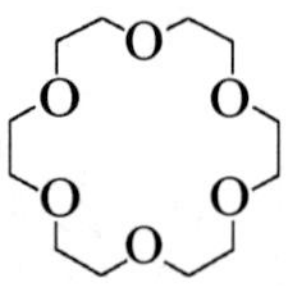

18-冠-6

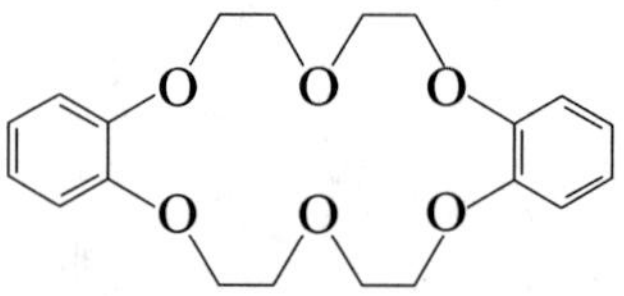

二苯并-18-冠-6

2.6.4　醛、酮、醌

醛、酮命名与醇相似,命名时选择含羰基的最长碳链为母体,编号时使羰基的位次尽可能小。因为醛基总是在分子的链端,所以不必标明其位置序号,而酮羰基处在分子中间,命名时一般需要标明位次。例如:

CH_3CHO　　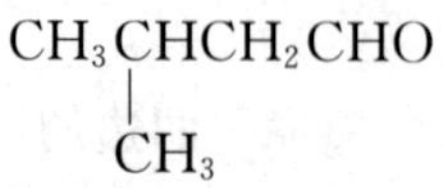　　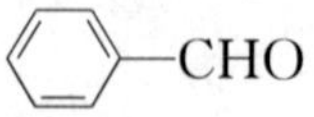

乙醛　　3-甲基丁醛　　苯甲醛

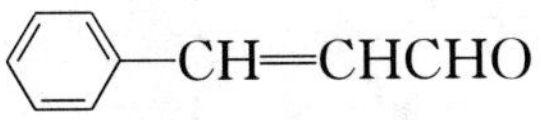

3-苯基-2-丙烯醛

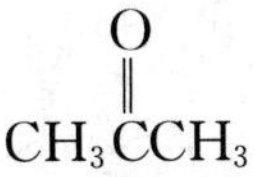

丙酮

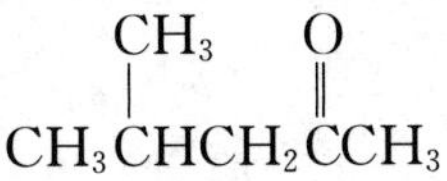

4-甲基-2-戊酮

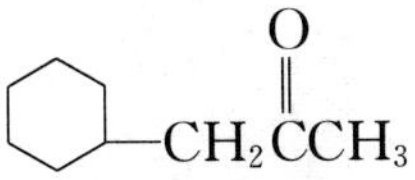

环己基丙酮

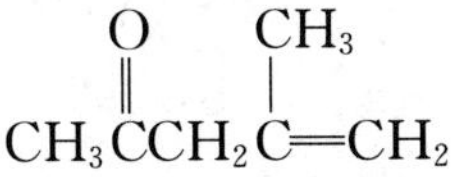

4-甲基-4-戊烯-2-酮

若母体碳链上含有两个或两个以上醛羰基或酮羰基，则只需要在“醛”或“酮”字之前加上“二”或“三”等字。例如：

$OHCCH_2CH_2CH_2CH_2CH_2CHO$

庚二醛

$OHC—CH_2CH_2CH═CHCHO$

2-己烯二醛

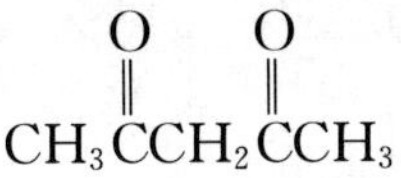

2,4-戊二酮

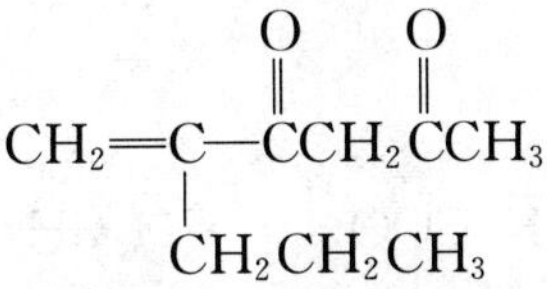

5-正丙基-5-己烯-2,4-二酮

醛、酮命名时主链中碳原子的位次除了用阿拉伯数字表示外，有时也用希腊字母表示，如 α 表示靠近羰基的碳原子，其次是 β、γ、…。例如：

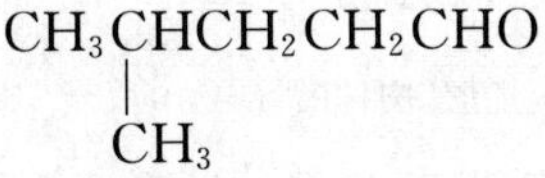

4-甲基戊醛(γ-甲基戊醛)

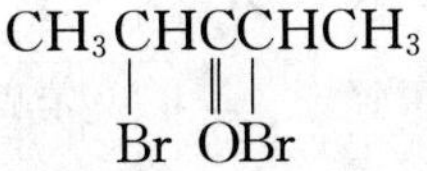

2,4-二溴-3-戊酮(α,α'-二溴-3-戊酮)

芳基烷基酮命名时习惯写成“芳(基)烷(基)(其中烷基碳原子数包括羰基碳)酮”。例如：

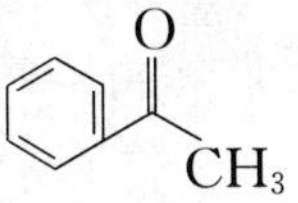

苯乙酮

在某些化合物中，也有把羰基作为取代基看待的，此时酮基称为羰基，而醛基称为甲酰基，$CH_3CO—$和 $C_6H_5CO—$分别称为乙酰基和苯甲酰基。例如：

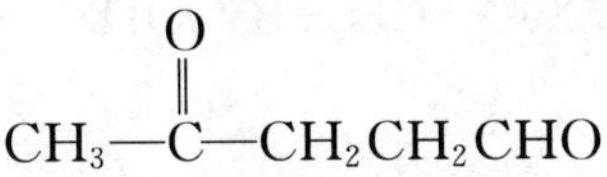

4-羰基戊醛

分子中具有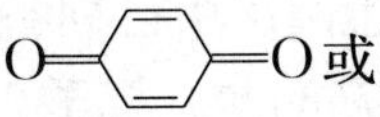或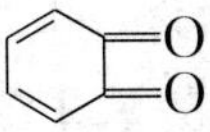结构单位的环己二烯二酮类化合物称为醌。醌按芳烃衍生物命名。例如：

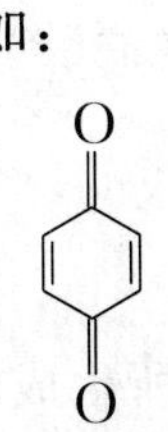

对苯醌

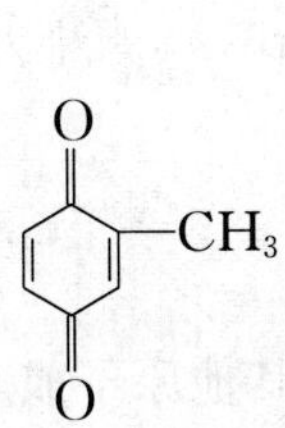

2-甲基对苯醌

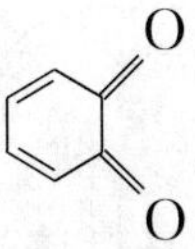

邻苯醌

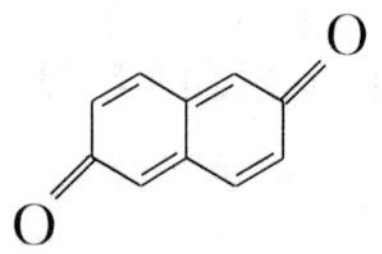

2,6-萘醌

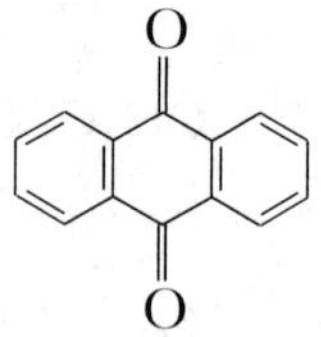

9,10-蒽醌

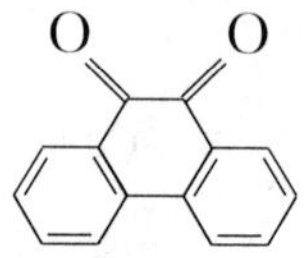

9,10-菲醌

2.6.5　羧酸

羧酸的官能团位于链端，因而其系统命名法与醛的相似。其编号除了用阿拉伯数字外，也可用希腊字母来标明取代基的位置。

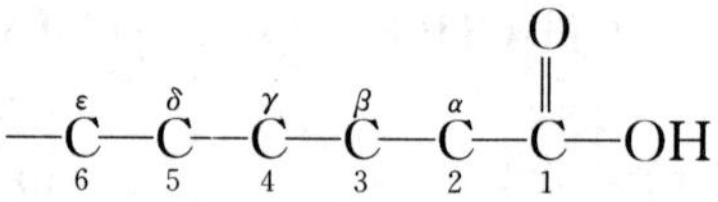

例如：

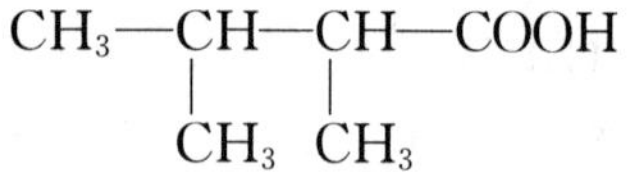

2,3-二甲基丁酸（α,β-二甲基丁酸）

$CH_3CH{=}CHCOOH$

2-丁烯酸（巴豆酸）

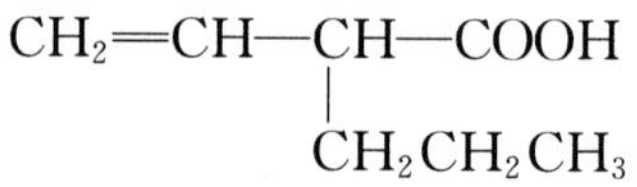

2-正丙基-3-丁烯酸

3-环己基丙酸

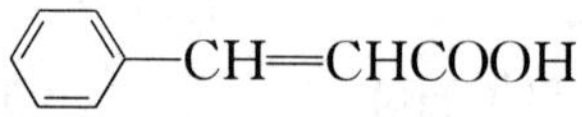

3-苯基丙烯酸（β-苯基丙烯酸，肉桂酸）

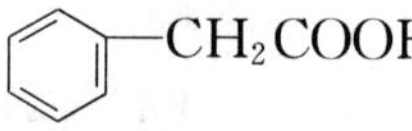

苯乙酸

当羧基直接连在芳环或脂环上时，芳环或脂环作为取代基，它们的名称之后加“甲酸”或“羧酸”。例如：

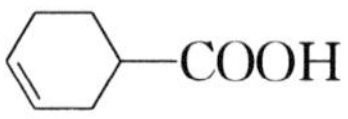

3-环己烯甲酸

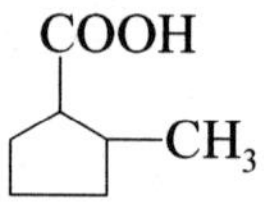

2-甲基环戊烷甲酸

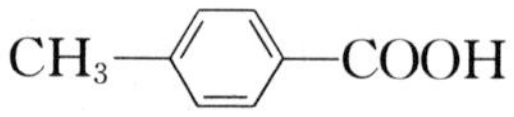

对甲苯甲酸

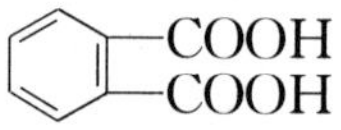

邻苯二甲酸（酞酸）

脂肪族二元酸的命名，是选取分子中含有两个羧基的最长碳链作为主链，称为某二酸。例如：

乙二酸（草酸）

$HOOC—CH_2—COOH$

丙二酸（胡萝卜酸）

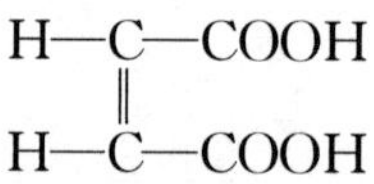

顺丁烯二酸（马来酸）

许多羧酸来自自然界，往往根据其来源以俗名称之。上述例子中已列举了部分羧酸的俗名，常见的还有甲酸（蚁酸）、乙酸（醋酸）、丙酸（初油酸）、丁酸（酪酸）、己酸（羊油酸）、十二酸（月桂酸）、十六酸（软脂酸）、十八酸（硬脂酸）、顺十八碳-9-烯酸（油酸）、反丁烯二酸（富马酸）等。

2.6.6　羧酸衍生物

羧酸衍生物一般是指羧基中的羟基被其他原子或基团取代后所生成的化合物，主要有以下四种基本结构：

酰卤　　酸酐　　酯　　酰胺

酰卤和酰胺的命名，可把相应的羧酸名称去掉“酸”字后，再加上“酰卤”、“酰胺”等词尾。酰胺分子中氮上的氢原子被烃基取代后所生成的取代酰胺，称为 *N*-烃基“某”酰胺。例如：

乙酰氯　　苯甲酰氯　　甲酰胺　　环己烷甲酰胺

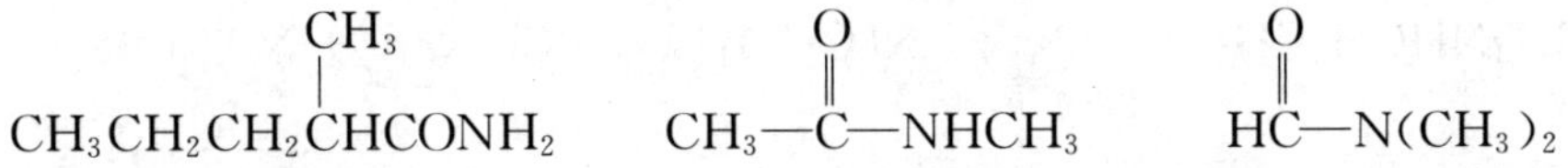

2-甲基戊酰胺　　*N*-甲基乙酰胺　　*N*,*N*-二甲基甲酰胺(DMF)

酸酐是以形成产物的原料来命名，称为“某(酸)某(酸)酐”。例如：

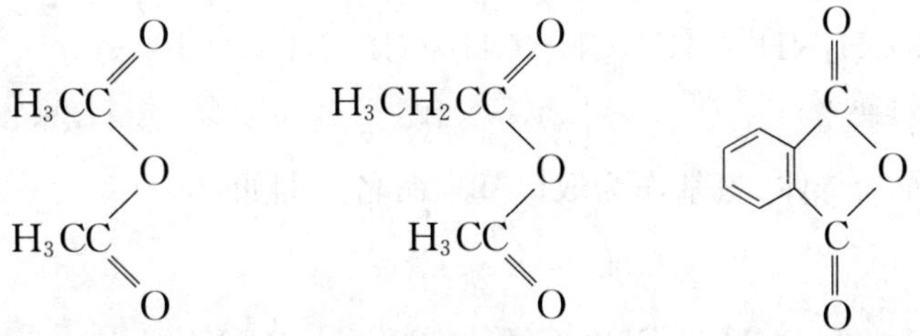

(二)乙(酸)酐　　乙(酸)丙(酸)酐　　邻苯二甲酸酐

酯的命名，可在“酯”之前加上相应的羧酸和醇的名字来称呼。“醇”字一般省略，称为“某酸某酯”。但多元醇的酯，一般把酸名放在后面，称为“某醇某酸酯”。例如：

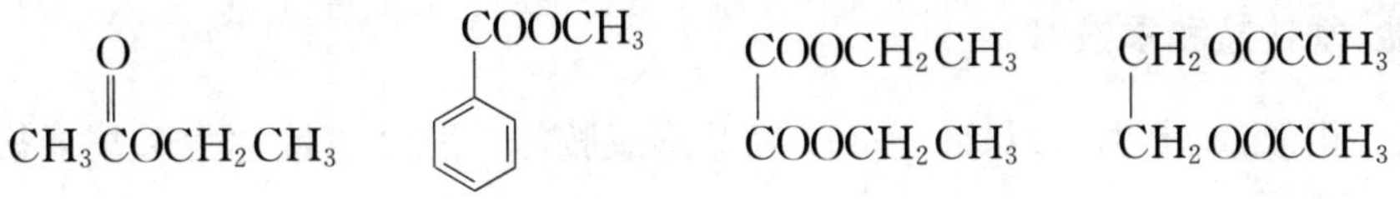

乙酸乙酯　　苯甲酸甲酯　　乙二酸二乙酯　　乙二醇二乙酸酯

2.7　含氮化合物的命名

含氮化合物中最常见的是硝基化合物、胺类、重氮和偶氮化合物，它们的命名方法分述如下。

2.7.1　硝基化合物

烃分子中的氢原子被硝基取代后的衍生物即硝基化合物。硝基化合物命名时，总是以烃为母体，以硝基作为取代基。例如：

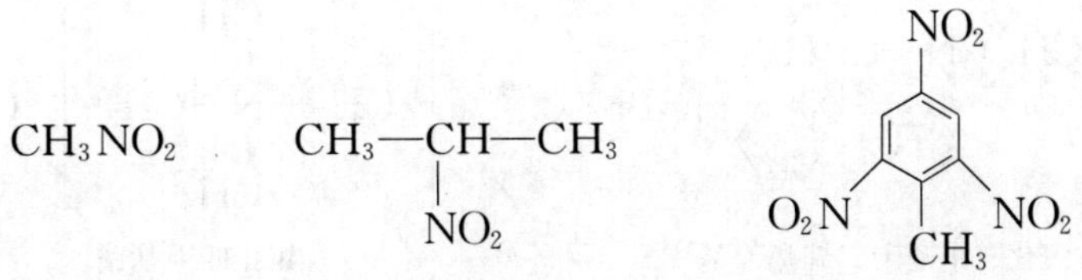

硝基甲烷　　2-硝基丙烷　　2,4,6-三硝基甲苯(TNT)

2.7.2 胺

简单胺的命名与醚相似，将胺作为官能团写在字尾，所含的烃基类型名称和数目写在前面，称为“某(基)某(基)胺”，取代基中较优基团放在后面。若烃基相同，则用二或三表示烃基的数目。当氮原子上同时连有脂烃基和芳基时，则称为“N-某基某芳胺”。例如：

CH_3NH_2
甲胺

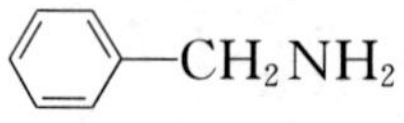
苯甲胺(苄胺)

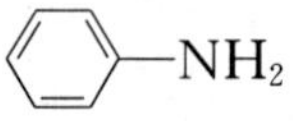
苯胺

$(CH_3CH_2)_2NH$
二乙胺

$CH_3NHCH_2CH_3$
甲乙胺

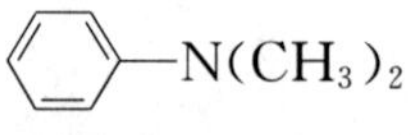
N,*N*-二甲基苯胺

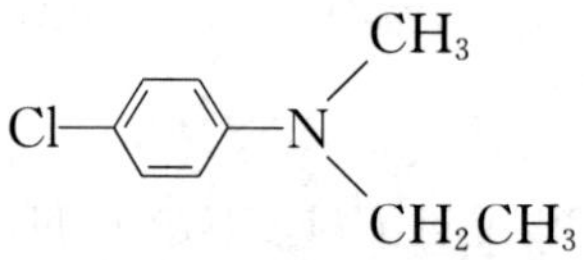
N-甲基-*N*-乙基对氯苯胺

含有多个氨基的化合物，在胺字前面加上二、三、……表示氨基的数目。例如：

$H_2NCH_2CH_2NH_2$
乙二胺

$H_2NCH_2(CH_2)_4CH_2NH_2$
1,6-己二胺

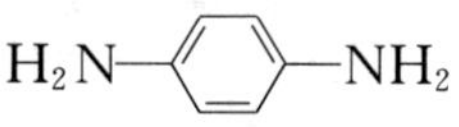
对苯二胺

复杂的胺以烃作为母体，氨基作为取代基来命名。例如：

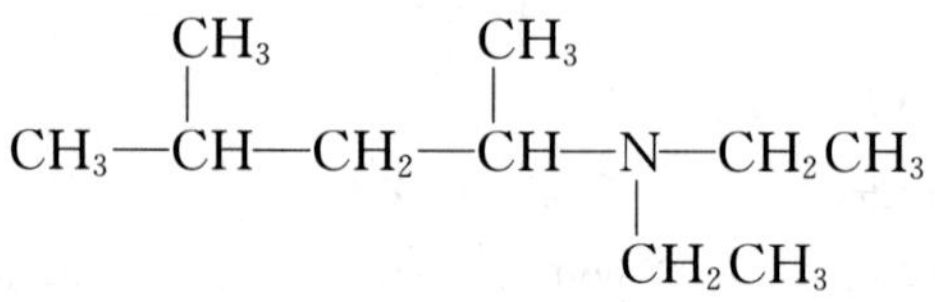
2-甲基-4-(二乙氨基)戊烷

2.7.3 胺盐、季铵盐和季铵碱

和氨成盐相似，氮上也可以接 1～3 个烃基形成胺盐。胺盐直接称为某胺某盐。例如：

$CH_3\overset{+}{N}H_3\overset{-}{Cl}$
甲胺盐酸盐

$[(C_2H_5)_2\overset{+}{N}H_2]_2SO_4^{2-}$
二乙胺硫酸盐

相应铵盐(NH_4X)和氢氧化铵(NH_4OH)的四烃基取代物分别称为季铵盐和季铵碱。下式 R 可相同，也可不同；X=Cl,Br,I 等。例如：

$R_4N^+X^-$
季铵盐

$R_4N^+OH^-$
季铵碱

季铵化合物的命名类似无机盐命名，将阴离子和取代基的名称放在“铵”字之前。例如：

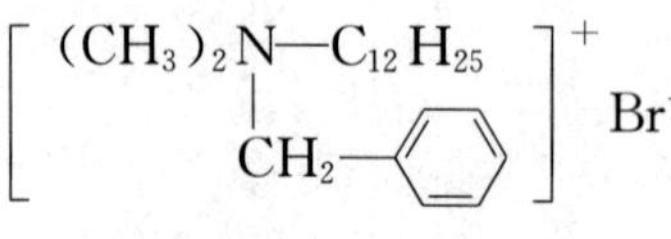
溴化二甲基十二烷基苄基铵

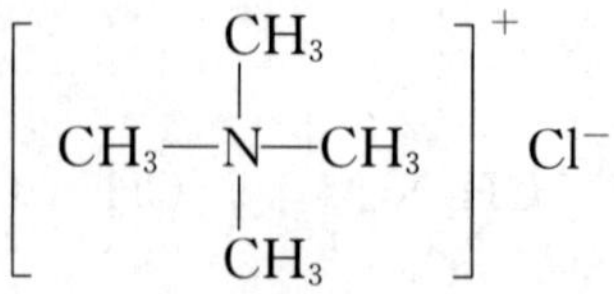
氯化四甲基铵
(四甲基氯化铵)

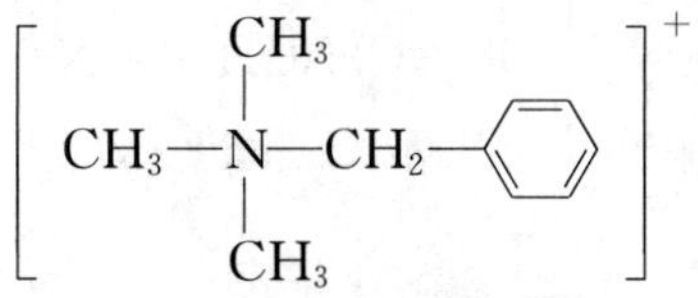

氢氧化三甲基苄基铵

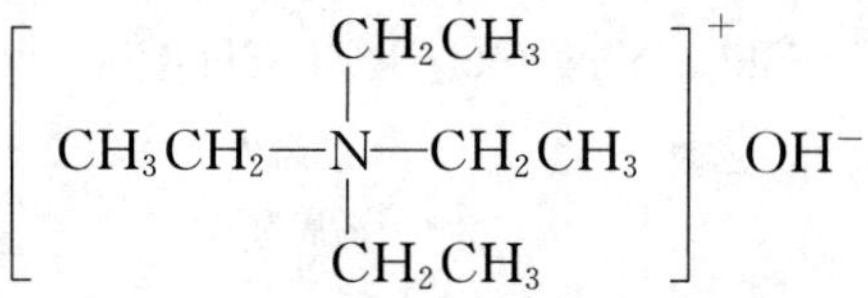

氢氧化四乙铵

2.7.4　重氮和偶氮化合物

重氮和偶氮化合物结构中都含有—N ═N—基团。当基团的一端与烃基相连，而另一端与非碳原子相连时，称为重氮化合物；当基团的两端都与烃基相连时称为偶氮化合物。

重氮盐化合物（$ArN_2^+X^-$）命名时，一般将“重氮”放在母体名称之前，再加上“某酸盐”来命名。例如：

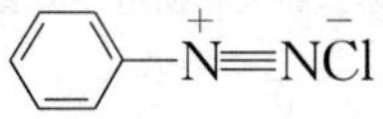

重氮苯盐酸盐（氯化重氮苯）

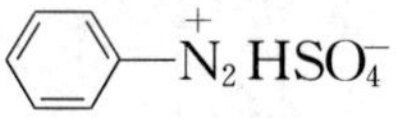

重氮苯硫酸氢盐

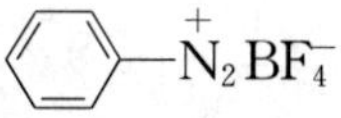

重氮苯氟硼酸盐

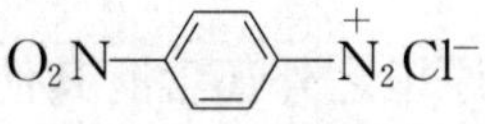

对硝基重氮苯盐酸盐

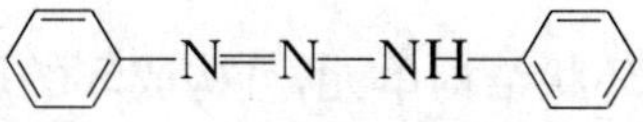

苯重氮氨基苯

偶氮化合物命名时，将“偶氮”两字放在—N ═N—基团两边的烃基名称之间，并将较优的烃基名称写在前面，与“偶氮”之间还应加上偶氮基在该烃基上的位次。若是对称的偶氮化合物，可将“偶氮”作词头放在烃基名称之前，必要时在词头前面加上偶氮基在各个烃基中的位次。例如：

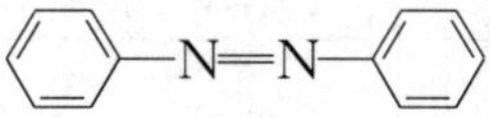

偶氮苯

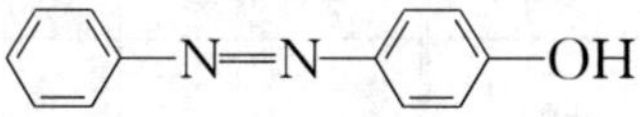

4-羟基偶氮苯

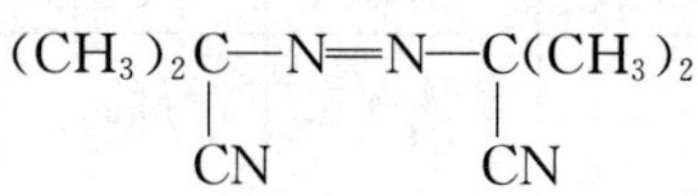

偶氮二异丁腈

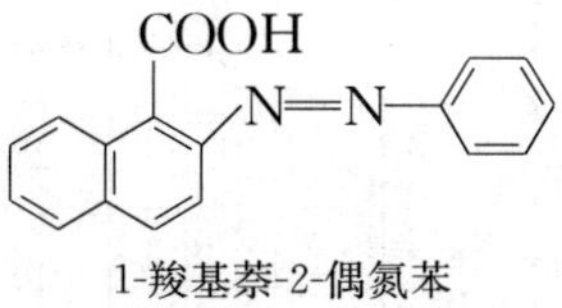

1-羧基萘-2-偶氮苯

$CH_3N{=}NCH_3$

偶氮甲烷

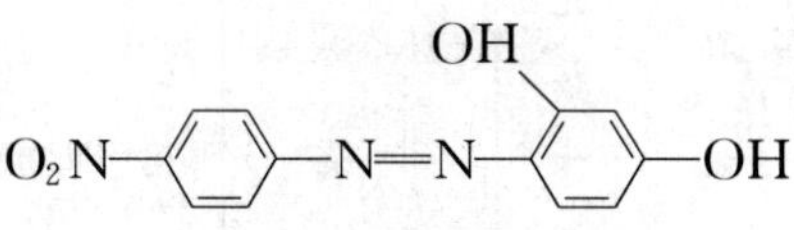

4′-硝基-2,4-二羟基偶氮苯

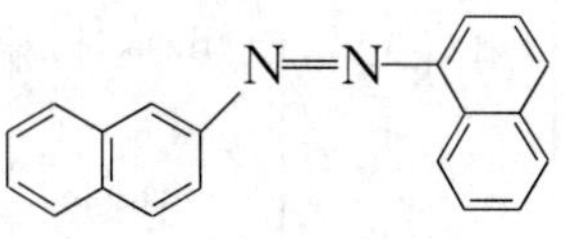

1,2′-偶氮萘

2.7.5　腈

结构通式为 RCN 或 ArCN 的化合物称为腈类化合物。按照腈分子中所含碳原子数目（包括氰基上的碳原子）称为某腈或某二腈；或者以烃作为母体，氰基作为取代基，称为氰基某烃。例如：

CH_3CN	$CH_2=CHCH_2CN$	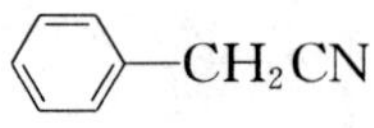	$NC—CH_2CH_2—CN$
乙腈	3-丁烯腈 (3-氰基丙烯)	苯基乙腈(或苄腈)	丁二腈(1,2-二氰基乙烷)

2.7.6 异氰酸酯

结构通式为 R—N=C=O 或 Ar—N=C=O 的化合物为异氰酸酯。与羧酸酯的命名相似，根据烃基的名称称为异氰酸某酯。例如：

$CH_3(CH_2)_3N=C=O$	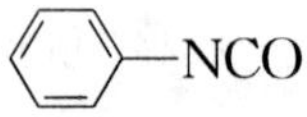	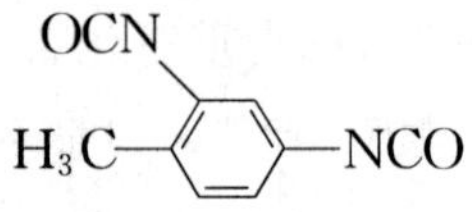
异氰酸丁酯	异氰酸苯酯	甲苯-2,4-二异氰酸酯 (或 2,4-二异氰酸甲苯酯)

2.8 杂环化合物的命名

凡分子中具有环状结构单元，且构成环的原子除碳原子之外还含有其他原子的化合物叫杂环化合物。通常提及的杂环化合物是指环中具有 $4n+2$ 个 π 电子闭合共轭体系的芳香杂环化合物。杂环化合物的命名包括基本母环及环上取代基两方面。

许多杂环母体已有特定的英文名称，所以杂环化合物的命名原则上是将英文名称音译为 2～3 个汉字，且在同音汉字的左边加一“口”字旁。比较常见的杂环化合物名称列于表 2-1。

表 2-1 常见杂环的结构、分类和名称

杂环分类		结构式	英文名称	译名	杂环分类		结构式	英文名称	译名
单杂环	五元杂环		furan	呋喃	单杂环	六元杂环		γ-pyran	γ-吡喃
			thiophene	噻吩				α-pyran	α-吡喃
			pyrrole	吡咯			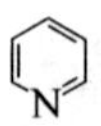	pyridine	吡啶
		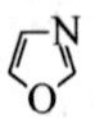	oxazole	噁唑				pyridazine	哒嗪
			thiazole	噻唑			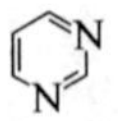	pyrimidine	嘧啶
			imidazole	咪唑			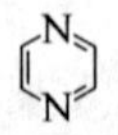	pyrazine	吡嗪
		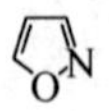	isoxazole	异噁唑					
			isothiazole	异噻唑					
			pyrazole	吡唑					

续表

杂环分类	结构式	英文名称	译名	杂环分类	结构式	英文名称	译名
稠杂环	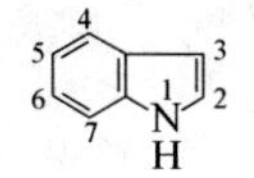	indole	吲哚	稠杂环	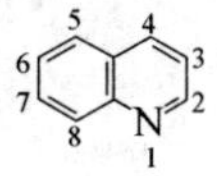	quinoline	喹啉
	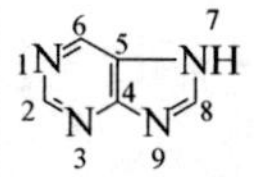	purine	嘌呤		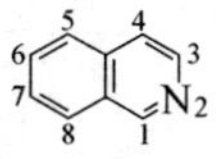	isoquinoline	异喹啉
	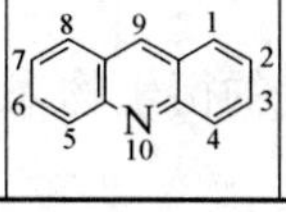	acridine	吖啶		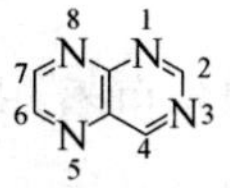	pteridine	蝶啶

杂环上有取代基时，应在母核名称前面写明取代基的位次和名称。杂环核的编号原则如下：除个别稠环体系外，一般从杂原子编号。对于只含一个杂原子的杂环，可用阿拉伯数字从杂原子开始编号，其顺序应遵循最低系列原则；也可用希腊字母编号，但要从杂原子的邻位开始。例如：

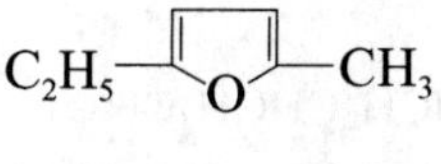

2-甲基-5-乙基呋喃
α-甲基-α'-乙基呋喃

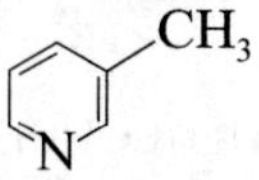

3-甲基吡啶
β-甲基吡啶

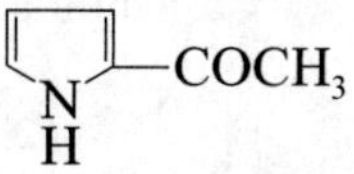

2-乙酰基吡咯
α-乙酰基吡咯

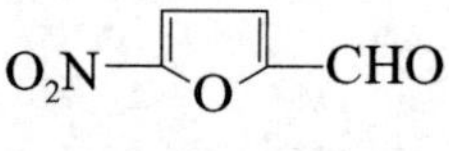

5-硝基-2-呋喃甲醛
α'-硝基-α-呋喃甲醛

如果环中含有两个以上同元素的杂原子时，则应使杂原子的位次尽可能低。例如：

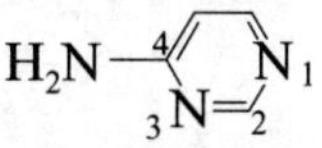

4-氨基嘧啶

如果环中有两种以上元素的杂原子时，则依 O、S、N 顺序编号，并应使杂原子的位次尽可能低。例如：

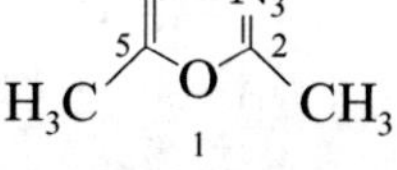

2,5-二甲基噁唑

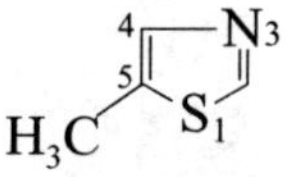

5-甲基噻唑

对于杂原子氮上连有氢或取代基时，从该氮原子编号，并且用“*N*”表示所连取代基的位次，如吡啶、吡唑和咪唑杂环氮取代物。

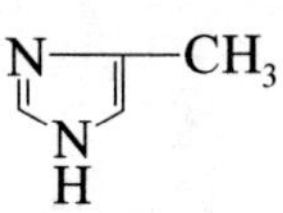

4-甲基咪唑

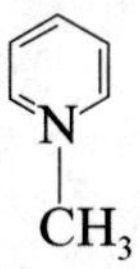

N-甲基吡啶

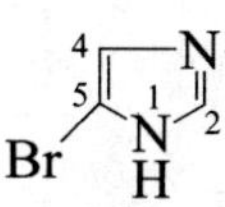

5-溴咪唑

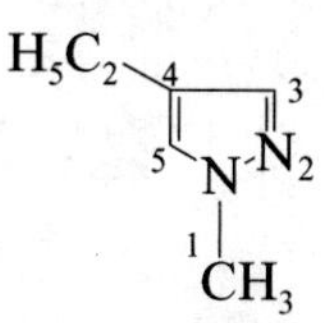

N-甲基-4-乙基吡唑

稠杂环的编号，一般和稠环芳烃相同。但鉴于少数稠杂环体的特殊重要性，环上的位次编号另有严格规定。例如：

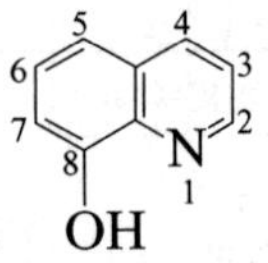

8-羟基喹啉

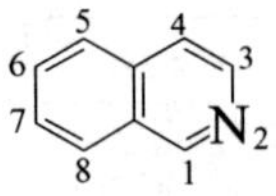

异喹啉

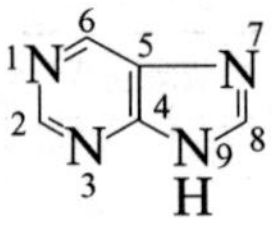

嘌呤

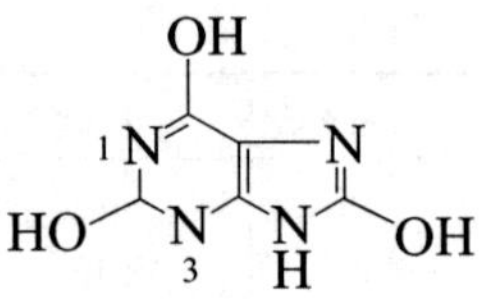

2,6,8-三羟基嘌呤(尿酸)

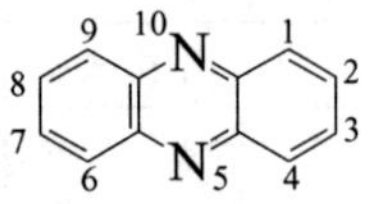

吩嗪

有时也把杂核当作取代基处理。例如：

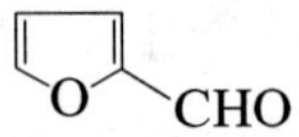

α-呋喃甲醛

没有特定名称的杂环，可看作是相应碳环中的碳原子被杂原子取代的衍生物来命名。例如：

硅杂-2,4-环戊二烯

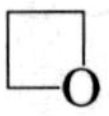

氧杂环丁烷

习　　题

用系统命名法命名各类化合物或写出化合物的结构式。

1. 烷烃

(1) 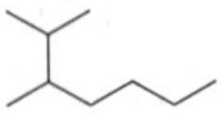

(2) $(CH_3)_3CCH(CH_3)CH_2CH(C_2H_5)CH_2CH(CH_3)CH_2CH_3$

(3) 2,5-二甲基-3,4-二乙基己烷

2. 烯烃和炔烃

(1) $CH_3CH_2—C(=CH_2)—CH(CH_3)—CH_3$

(2) 

(3) $CH_3C≡C—C(CH=CH_2)=CHCH_2CH_3$

(4) $(CH_3)_2CH—CH=CH—CH(CH_3)C≡CH$

(5) 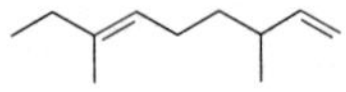

(6) 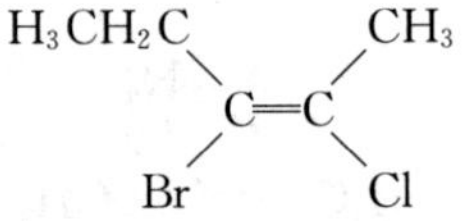

3. 脂环烃

(1) 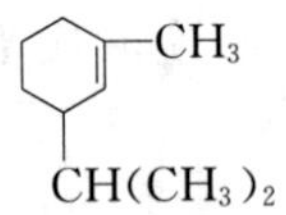

(2) 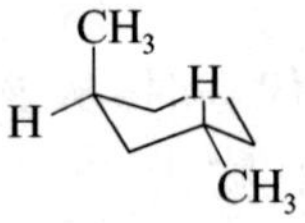

(3) 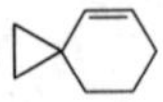

(4) 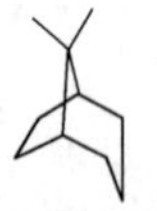

(5) 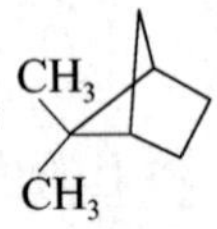

(6) 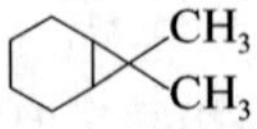

(7) 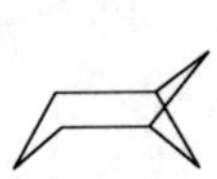

(8) 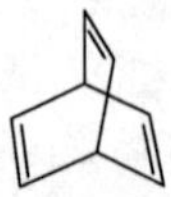

(9) 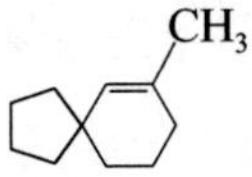

(10) 顺-1-甲基-3-乙基环丁烷

(11) 1,4-二甲基双环[2.2.2]辛烷

(12) 螺[2.2]戊烷

(13) 螺[4.5]-1,6-癸二烯

4. 芳烃及其衍生物

(1) 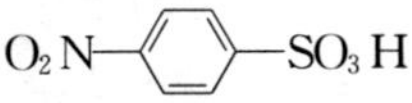

(2) 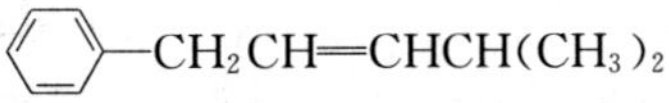

(3) 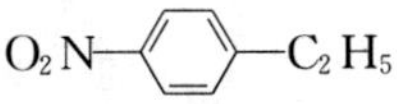

(4) 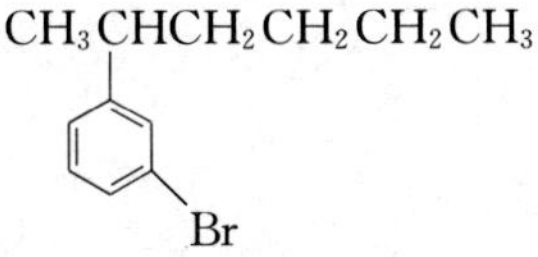

(5) 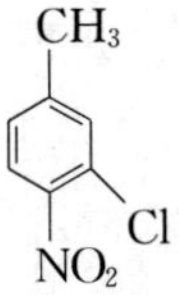

(6) 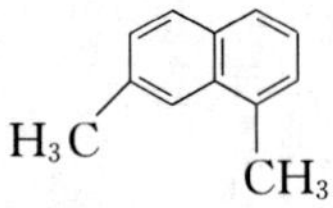

(7) 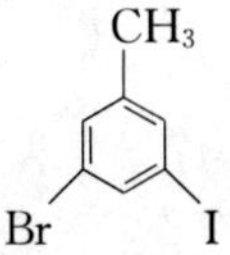

(8) 间氯苯基乙炔

(9) 1,5-二硝基萘

(10) 对氯苄氯

(11) 3-环己基甲苯

5. 卤代烃

(1) 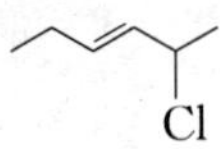

(2) 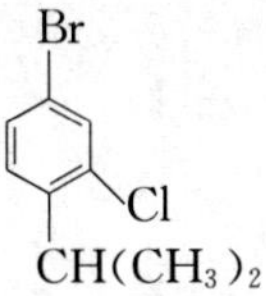

(3) 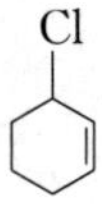

(4) 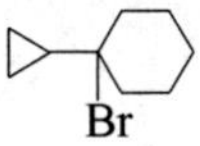

(5) 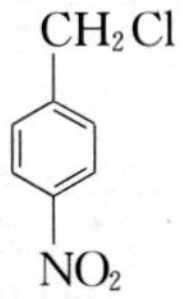

6. 醇、酚、醚

(1) 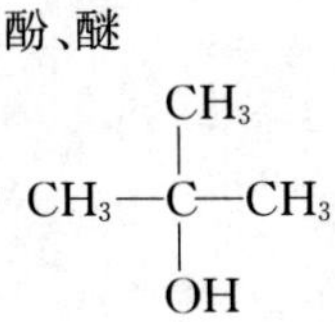

(2) 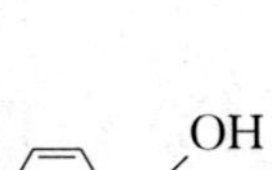

(3) $HOCH_2CH_2CH_2OH$

(4) 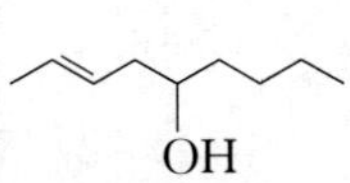

(5) 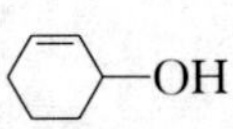

(6) 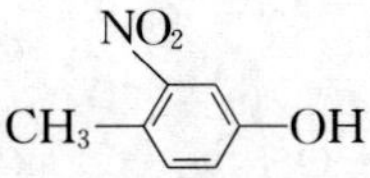

(7) 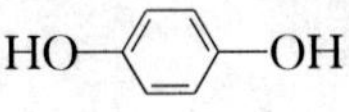

(8) 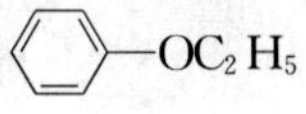

(9) 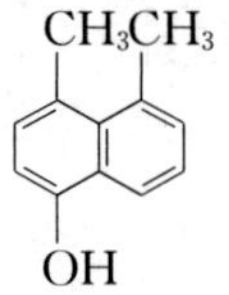

(10) $C_6H_5CH_2OCH_2CH=CH_2$

(11) $CH_3OCH(CH_3)_2$

(12) (*E*)-4-溴-2,3-二甲基-2-戊烯-1-醇

(13) 5-硝基-1-萘酚

(14) 对硝基苄基正丙基醚

(15) α,β-二苯基乙醇

7. 醛、酮

(1) $CH_2=CH\overset{O}{\overset{\|}{C}}CH_2CH_3$

(2) $CH_3\overset{O}{\overset{\|}{C}}CH_2\overset{O}{\overset{\|}{C}}CH_3$

(3) 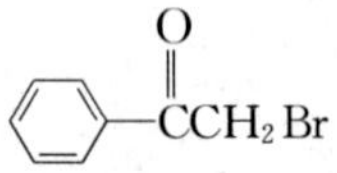

(4) 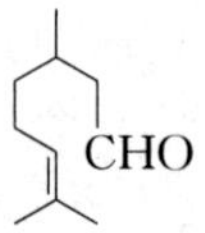

(5) 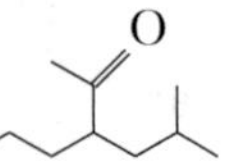

(6) 水杨醛

(7) 1,4-萘醌

(8) 2,4-戊二烯醛

8. 羧酸及其衍生物

(1) $CH_3CH(CH_3)-C(CH_3)_2COOH$

(2) $HOOC\underset{}{\overset{COOH}{\overset{|}{C}}}HCH_2COOH$

(3) 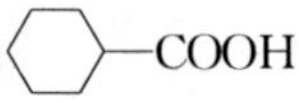

(4) 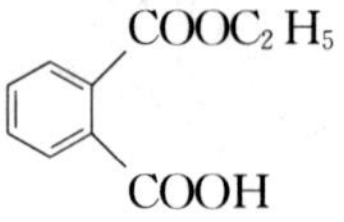

(5) $H\overset{O}{\overset{\|}{C}}OC_2H_5$

(6) 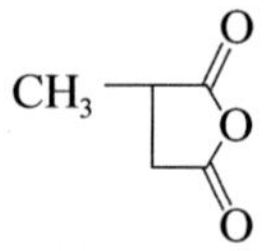

(7) 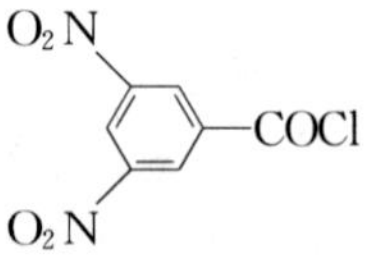

(8) 

(9) 

(10) α,γ-二甲基-β-戊酮酸

(11) 苯乙酸甲酯

(12) 肉桂酸

9. 含氮化合物

(1) 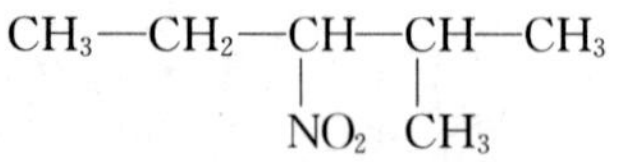

(2) 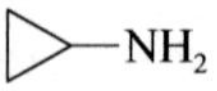

(3) 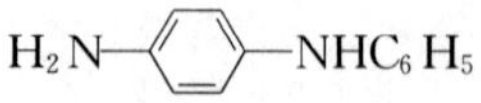

(4) $(CH_3)_2CH\overset{+}{N}(CH_3)_3OH^-$

(5) 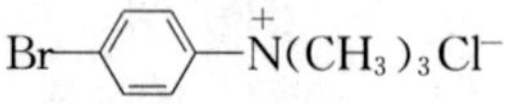

(6) $NH_2CH_2CH_2OH$

(7) 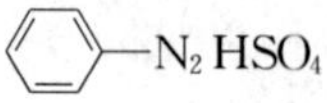

(8) 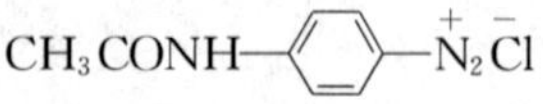

(9) 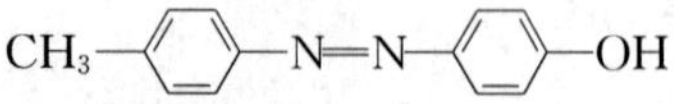

(10) 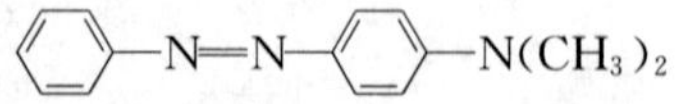

(11) 间硝基乙酰苯胺

(12) 对甲苄胺

（13）2-氨基-4-甲氨基己烷　（14）偶氮二异丁腈

（15）对二甲氨基偶氮苯磺酸钠

10. 杂环化合物

（1）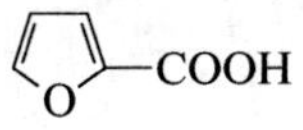

（2）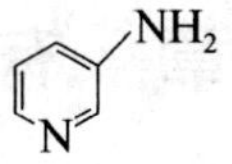

（3）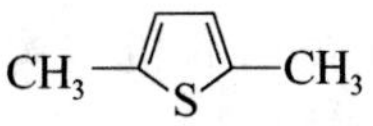

（4）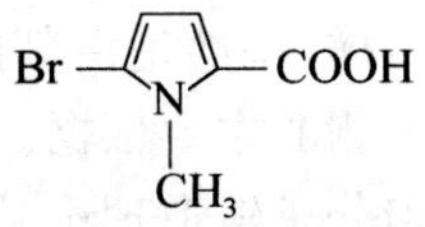

（5）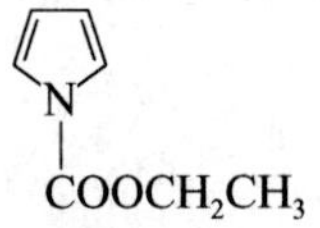

（6）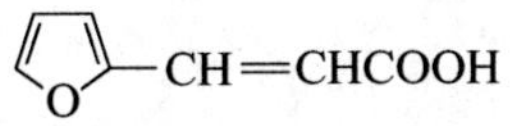

（7）糠醇　（8）四氢呋喃

11. 写出下列氨基酸的构造式（提示：参见第 16 章 16.1.1）。

（1）苯丙氨酸（β-苯基-α-氨基丙酸）　（2）赖氨酸（α,ε-二氨基己酸）

（3）谷氨酸（α-氨基戊二酸）　（4）天门冬氨酸（α-氨基丁二酸）

（5）谷氨酰胺（α-氨基戊酰胺酸）　（6）色氨酸[α-氨基-β-（3-吲哚基）丙酸]

（7）酪氨酸[α-氨基-β-（对羟苯基）丙酸]　（8）半胱氨酸（α-氨基β-巯基丙酸）

（9）缬氨酸（β-甲基-α-氨基丁酸）　（10）亮氨酸（γ-甲基-α-氨基戊酸）

第 3 章　有机结构理论

有机化合物与其他事物一样，特性是由其内在因素——结构所决定的。有机结构理论是解释实验事实和对未知进行预测的主要依据。

本章重点阐述价键理论和分子轨道理论基本论点、有机分子中的电子效应和活泼中间体的结构与稳定性。

3.1　价键理论

3.1.1　共价键

要说明碳化合物的结构，必须首先讨论碳化合物中普遍存在的共价键。

碳原子处于元素周期表中第ⅣA族的首位，原子半径较小，原子核对外层的四个价电子有一定的控制能力。当碳原子和其他元素形成化合物时，与同一周期各元素原子相比较，其失去最外层第一个电子所需的离解能(1086kJ/mol)与获得一个电子所需的电子亲和能(－122.55kJ/mol)均处于中间位置，因而不易获得或失去价电子而形成离子键，而总是和其他元素的原子(包括碳本身)各提供一个电子形成两个电子共有的电子对，即形成两个原子结合在一起的化学键，叫做共价键。因此，在有机化合物中，原子之间大多是通过共价键而结合的。

3.1.2　构造式

分子中原子相互连接的方式和次序叫做构造。表示分子构造的化学式叫做构造式。常用的共价键与构造式的表示法有以下几种：

1) 路易斯式

用元素符号和电子符号来表示化合物构造的化学式叫做路易斯式。书写路易斯式时，每个原子最外层电子都必须表示出来。原子之间的电子对表示共价键，单键用一对电子表示，双键用两对电子表示，未成键电子也要表示出来，如

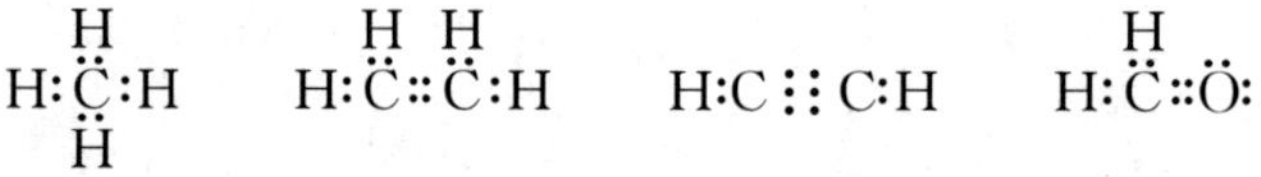

甲烷　　乙烯　　乙炔　　甲醛

2) 凯库勒式

用元素符号和价键符号来表示化合物构造的化学式，叫做凯库勒式。书写时用一短线来表示共价单键，用双线表示共价双键，叁线表示叁键，各元素的原子必须满足各自的化合价，即碳 4 价、氮 3 价、氧 2 价、氢 1 价等，如

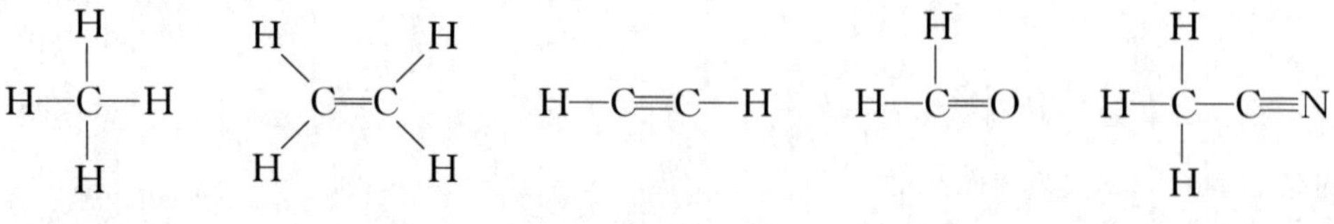

3）构造简式

在凯库勒式中省去价键符号的简写形式称为构造简式。书写时侧链可用价键符号引出，也可写在括号内，如下述化合物其构造简式分别为

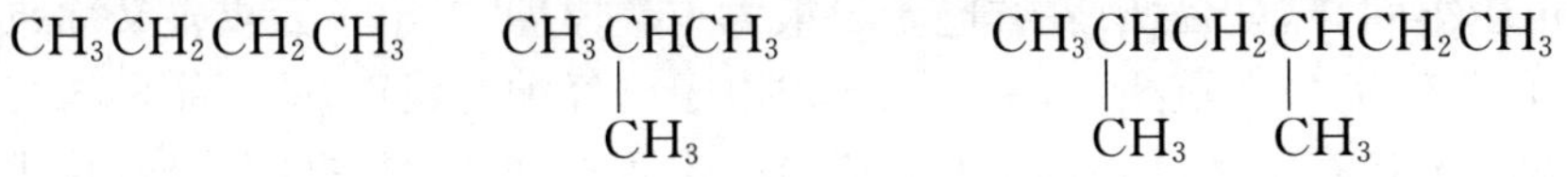

或

$CH_3(CH_2)_2CH_3$　$(CH_3)_2CHCH_3$　$(CH_3)_2CHCH_2CH(CH_3)CH_2CH_3$

若将侧链写在括号内，其规则是除左端碳连有相同基团时，加括号写在所连碳前面外，其他碳原子所连侧链均写在所连碳后面的括号内。

4）键线式

将碳、氢两种元素符号省略，只写出碳原子的锯齿形骨架。键线的端点或键线的交点即为碳原子。碳、氢以外的原子及原子团不能省略，如

构造简式　　　　　　　　　　键线式

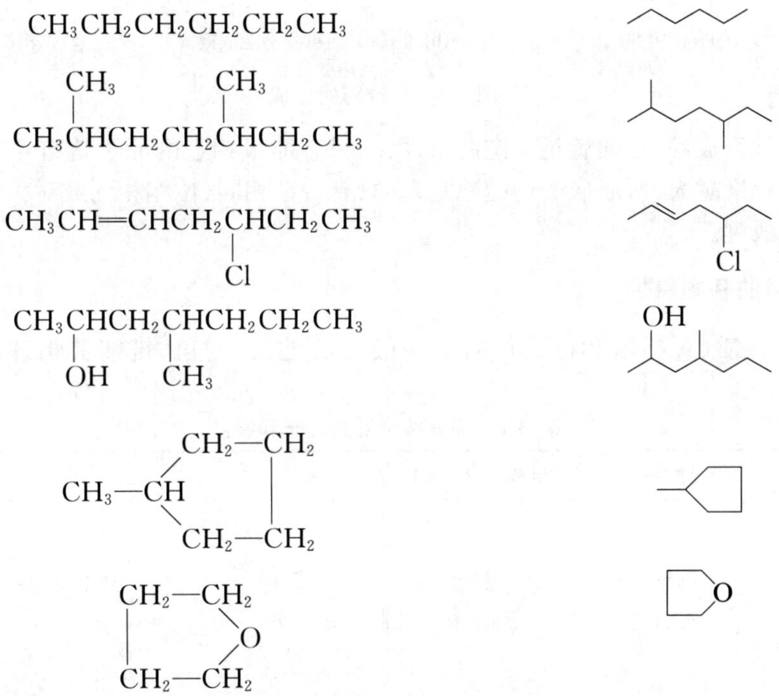

键线式是表示链状化合物和环状化合物的更简化的形式。

3.1.3　价键理论

人们对共价键的微观本质是逐渐认识的，1926 年以后量子理论引进有机化学才使人们对其有了更加深刻的理解。量子化学在解释共价键的形成过程时，依据对薛定谔方程的不同近似处理分别形成了两种主要学派：一是价键理论（包括由此延伸出来的轨道杂化理论、共振论）；二是分子轨道理论。

按照量子化学中价键理论的观点，共价键是两个原子的未成对而又自旋相反的电子偶合配对的结果，即两成键原子的电子云（原子轨道）相互交盖形成共价键。正是这种交盖使成键

原子间的电子出现的概率大大增加，电子云密度增大，从而增加了对两个原子核的静电吸引力，减少了两核之间的排斥力，因而降低了体系的能量而稳定地结合成键。这意味着电子在分子中比在原子中被核拉得更紧、更近。电子云交盖程度越大，成键两原子间的电子云密度也越大，所形成的共价键也越牢固，这就是所谓的“电子云最大重叠原理”。电子云重叠又称原子轨道的交盖，因此又称“原子轨道最大重叠”。一个未成对电子已经配对成键，就不能再与其他未成对电子偶合，所以共价键具有饱和性。原子的未成对电子数，一般就是它的化合价数或价键数。因为成键原子轨道并不都是球形对称的，为形成原子间电子的最大交盖，原子轨道必须在各自电子云密度最大的方向上重叠成键，因此共价键具有明显的方向性。例如，1s 轨道与 $2p_x$ 轨道结合，只有在 x 轴方向处，即原子轨道 $2p_x$ 中电子云密度最大方向处，与 s 原子轨道重叠最大，才可形成稳定的共价键。而 s 轨道与 p_y 轨道在 x 轴方向，由于上、下位相相反重叠部分互相抵消，因此不能有效成键，见图 3-1。

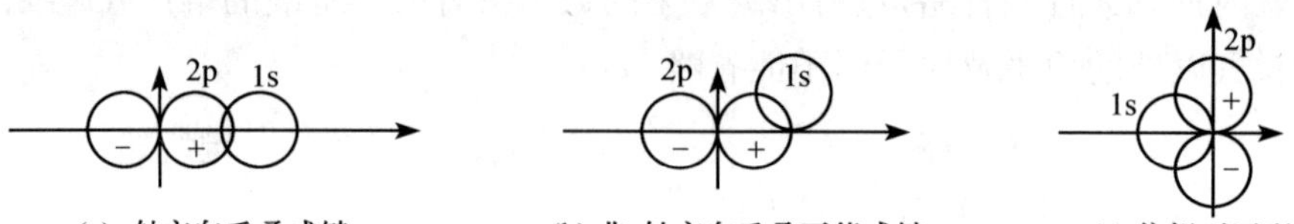

(a) x轴方向重叠成键　(b) 非x轴方向重叠不能成键　(c) 位相不匹配

图 3-1　共价键的形成

原子轨道能否成键，必须满足一定的条件：①只有能级相近的原子轨道才能成键；②原子轨道相互重叠程度越大，所形成的键越稳定；③只有特性相同（位相相同或对称性匹配）的原子轨道才能组合成键。

3.1.4　共价键的基本属性

共价键的性质（包括饱和性、方向性）一般可从键长、键角、键能等物理数据体现出来（表 3-1）。

表 3-1　部分共价键的键长和键能

键	键长/nm	键能/(kJ/mol)	键	键长/nm	键能/(kJ/mol)
C—C	0.154	347.3	C—I	0.213	213.4
C—H	0.112	415.3	C═C	0.134	610.9
C—N	0.147	305.4	C≡C	0.120	836.8
C—O	0.143	359.8	C═O	0.122	748.9(酮)
C—S	0.182	272.0	C═N	0.130	615.0
C—F	0.142	485.3	C≡N	0.116	891.2
C—Cl	0.177	338.9	O—H	0.096	464.4
C—Br	0.191	284.5	N—H	0.100	389.1

1）键长

形成共价键的两个原子核之间的平衡距离称为键长（键距）。键长等于成键两原子的共价半径之和，但远小于两原子的范德华半径之和，如图 3-2 所示。

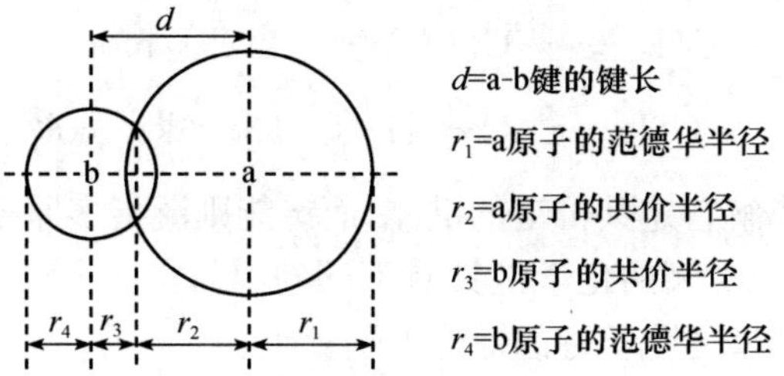

图 3-2　范德华半径和共价半径

不同的共价键有不同的键长，相同的共价键由于成键原子的杂化状态不同和分子中其他键的影响，其键长也稍有差异。表 3-2 给出了一些不同杂化状态的 C—C σ 键和 C—H σ 键的键长。相连的重键对它们的影响是比较大的。

表 3-2　原子的杂化状态及分子中其他键对键长的影响

键型(C—CH_3)	键长/nm	键型(C—C)	键长/nm	键型(C—H)	键长/nm
CH_3—CH_3	0.153	CH_2═CH—CH═CH_2	0.148	CH_3CH_2—H	0.109
CH_3CH_2—CH_3	0.154	CH_2═CH—C≡CH	0.147	$CH_3CH_2CH_2CH_2$—H	0.110
$CH_3CH_2CH_2$—CH_3	0.154	CH_3CH═CH—CHO	0.146	CH_2═CH—H	0.108
C_6H_5—CH_3	0.152	CH_2═CH—CN	0.143	CH_2═CHCH═CH—H	0.108
OHC—CH_3	0.146	CH≡C—CHO	0.145	OHC—CH═CH—H	0.107
NC—CH_3	0.146	OHC—CHO	0.138	—C(═O)—H	0.106
NC—C≡C—CH_3	0.146	CH≡C—C≡CH	0.138	CH≡C—H	0.106
		CH≡C—CN	0.138		
		NC—CN	0.138		

但是，同一种共价键在不同化合物中，其键长的差别是很小的。一般地说，两原子之间所形成的键越短表示键越强，越牢固。

2）键角

共价键有方向性，任何一个两价以上的原子，与其他原子所形成的两个共价键间（在空间）都有一个夹角，叫做键角。它反映了分子的空间结构，其大小与成键的中心原子有关，也随着分子结构的不同而改变。例如，甲烷分子四个 C—H 共价键之间的键角都是 109.5°，而水分子中两个氢氧键之间的键角为 104.5°。

键长与键角决定分子的立体形状。

3）键能

断裂或形成一根键时所消耗或放出的能量，称为离解能，是键的一种特性。双原子分子的键能就是键的离解能。多原子分子的键能与键的离解能并不一致。例如，甲烷分解成四个氢原子和一个气态的碳原子所吸收的热为 1661.9kJ/mol，因此，每一个 C—H 键的平均键能为 415.5kJ/mol。但甲烷的各步离解能为

$$CH_4 \longrightarrow \cdot CH_3 + H\cdot \quad 439.3\text{kJ/mol}$$

$$\cdot CH_3 \longrightarrow \cdot \dot{C}H_2 + H\cdot \quad 442\text{kJ/mol}$$

$$\cdot\dot{C}H_2 \longrightarrow \cdot\dot{C}H + H\cdot \quad 442kJ/mol$$

$$\cdot\dot{C}H \longrightarrow \cdot\dot{C}\cdot + H\cdot \quad 338.6kJ/mol$$

因此,离解能指的是离解特定共价键的键能,而键能则泛指多原子分子中几个同类型键的离解能的平均值。分子中相同类型的化学键具有不同的离解能;分子中相同类型的化学键具有相同的键能,不同分子中同类型的化学键的键能差别较小。

4) 共价键的极性与键的偶极矩、极性分子、极化性

(1) 键的极性。对于两个相同原子形成的共价键来说,如 H—H、Cl—Cl,可以认为成键电子云是对称分布于两个原子之间的,这样的共价键没有极性,称为非极性共价键。但当两个不同的原子结合成共价键时,这两个原子电负性不同,即对于价电子的引力不完全一样,这就使分子的一端带电荷多些,而另一端带电荷少些,认为一个原子带一部分负电,而另一个原子则带一部分正电。这种由于电子云的不完全对称分布而呈现极性的共价键叫做极性共价键,可以用箭头来表示这种极性键,箭头指向电负性较大的一端,也可以用 δ^- 或 δ^+ 来表示构成极性共价键的原子的带电情况,部分元素的电负性见表 3-3。

表 3-3 部分元素的电负性

H	C	N	O	F
2.2	2.5	3.0	3.5	4.0
	Si	P	S	Cl
	1.9	2.2	2.5	3.0
				Br
				2.9
				I
				2.6

(2) 极性分子。分子的极性由分子的偶极矩度量。偶极矩用 μ(C·m)表示,$\mu=qd$,q 是正电荷中心或负电荷中心所带的电荷,d 是两电荷中心之间的距离,通常用 ⟼ 表示偶极矩的方向。双原子分子的偶极矩就是键矩,见表 3-4。多原子分子的偶极矩是由组成它的共价键的键矩的向量之和决定的。例如,四氯化碳分子的偶极矩为零;氯甲烷的偶极矩为 6.24×10^{-30}C·m。可见,极性键组成的分子未必有极性。一些常见化合物的偶极矩列于表 3-5 中。

表 3-4 常见共价键的键矩

共价键	$\mu/(10^{-30}$C·m)	共价键	$\mu/(10^{-30}$C·m)	共价键	$\mu/(10^{-30}$C·m)
H—C	1.33	H—I	1.27	C—Br	4.60
H—N	4.37	C—N	0.73	C—I	3.97
H—O	5.04	C—O	2.47	C=O	7.67
H—S	2.27	C—S	3.00	C≡N	11.67
H—Cl	3.60	C—F	4.70		
H—Br	2.60	C—Cl	4.78		

表 3-5　常见化合物气态时偶极矩

化合物	$\mu/(10^{-30}C \cdot m)$	化合物	$\mu/(10^{-30}C \cdot m)$	化合物	$\mu/(10^{-30}C \cdot m)$
H_2O	6.14	CCl_4	0	CH_3OCH_3	4.34
NH_3	4.87	CH_3NH_2	4.37	CH_3CHO	8.97
CH_4	0	CH_3OH	5.67	CH_3COCH_3	9.51
CH_3Cl	6.24	CH_3CH_2OH	5.64	HCOOH	4.70
CH_2Cl_2	5.34				

键的极性影响化学反应活性。分子的极性还影响化合物的沸点、熔点和溶解度等性质。

(3) 键的极化性。在外电场作用下，键(或分子)的极性发生变化称为键(或分子)的极化性。键的极化性用键的极化度度量，它表示成键电子被成键原子核电荷约束的相对程度。极化度除了与成键原子的体积、电负性和键的种类有关外，还与外电场强度有关。成键原子的体积越大，电负性越小，对成键电子的约束越小，键的极化度就越大，例如，碳卤键的极化度为 C—I>C—Br>C—Cl>C—F；π 键(如碳碳双键中 π 键)比 σ 键易极化；外电场越强，键的极化度越大；成键电子和原子核都在运动，使键产生瞬间键矩，所以不论共价键是否是极性键，均有一定的极化度。极化现象是暂时现象，外电场消失，极化现象也即消失。

绝大多数有机化合物分子中都存在共价键，共价键的键能和键长反映了键的强度，即分子的热稳定性；键角反映了分子的空间形象；键的极性、键矩和键的极化性反映了分子的化学反应活性和影响它们的物理性质。

3.2　杂化轨道理论与官能团的结构

众所周知，碳原子基态的电子构型为 $1s^2 2s^2 2p_x^{\ 1} 2p_y^{\ 1}$。在化学反应中，一般都有能量输入，从而导致电子激发，其中 1 个 2s 电子被激发到 $2p_z$ 轨道上，因此激发态的碳原子电子构型变成 $1s^2 2s^1 2p_x^{\ 1} 2p_y^{\ 1} 2p_z^{\ 1}$。由于 2s 和 2p 的能级不同，碳原子的 4 个价电子情况就应该不完全相同，即 1 个价电子应在能量较低的 2s 轨道，较不活泼，其余 3 个价电子应位于能量较高的 2p 轨道上，比较活泼。但是，甲烷和许多饱和有机化合物的性质实验表明，它们的分子中碳的 4 个价电子实际完全等同。

为了解释类似的种种现象，鲍林于 1931 年提出了原子间形成分子时的原子轨道杂化理论。所谓杂化，就是将原来的原子轨道混杂均匀而重新组成等量的能量相同的新的轨道——杂化轨道，进而成键。这个过程叫做轨道的杂化。

3.2.1　sp^3 杂化和 σ 键

1) 烷烃的结构

甲烷是最简单的烷烃，甲烷分子中四个氢原子的地位完全相同，用其他原子取代其中任何一个氢原子，只能形成一种取代甲烷，例如，构造式为 CH_3Cl 的化合物只有一个，构造式 CH_3Cl 只代表一个化合物。

用物理方法测得甲烷分子为一正四面体结构，碳原子居于正四面体的中心，和碳原子相连的四个氢原子居于正四面体的四个角，见图 3-3，四个碳氢键键长都为 0.110nm，所有 H—C—H 的键角都是 109.5°。

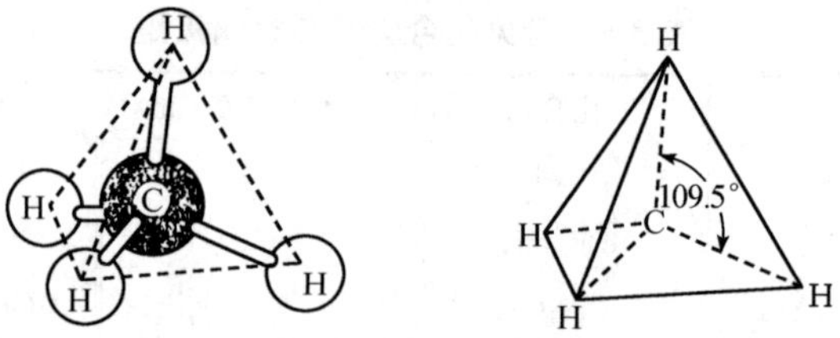

图 3-3 甲烷的四面体结构

碳原子基态的电子构型是 $1s^2 2s^2 2p_x^1 2p_y^1$。按杂化轨道理论，在形成甲烷分子时，先从碳原子的 2s 轨道上激发一个电子到空的 $2p_z$ 轨道上去，这样就具有四个各占据一个轨道的未成对的价电子，即形成 $1s^2 2s^1 2p_x^1 2p_y^1 2p_z^1$ 的电子层结构(激发过程所需要的能量约 402kJ/mol，可被成键后放出的能量所补偿)。然后碳原子的一个 2s 轨道和三个 2p 轨道"杂化"，组成四个等能量的新的原子轨道——sp^3 杂化轨道，见图 3-4，每个 sp^3 杂化轨道含有 1/4s 成分和 3/4p 成分。

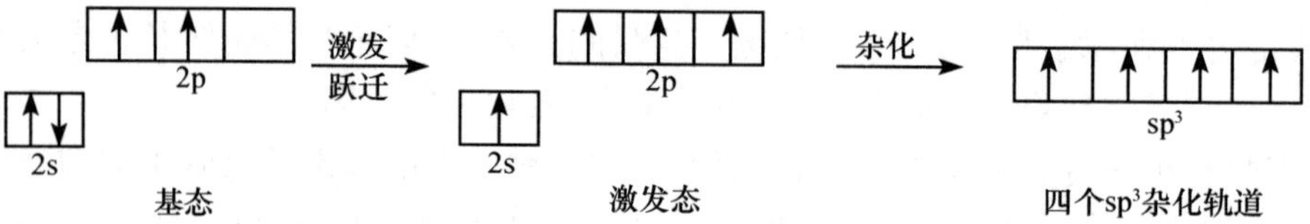

图 3-4 碳原子 sp^3 杂化轨道形成示意图

sp^3 杂化轨道是有方向性的，一头大，一头小(形状类似于葫芦形)，大头电子云密度较高，小头电子云密度较低。它们都有各自的对称轴。四个能量相同的 sp^3 杂化轨道的能量介于 s 和 p 轨道能量之间，且四个 sp^3 杂化轨道对称地排布在碳原子的周围。每个 sp^3 杂化轨道都指向正四面体的顶点，对称轴(相当于正四面体中心引向四个顶点的四条直线)之间的夹角为 109.5°，如图 3-5 所示，这样的排布使价电子尽可能彼此离得最远，相互之间排斥力最小。sp^3 杂化轨道的大头表示电子云偏向这一边，成键时重叠的程度就比不杂化的 s 轨道和 p 轨道都大，所以 sp^3 杂化轨道所形成的键比较牢固。

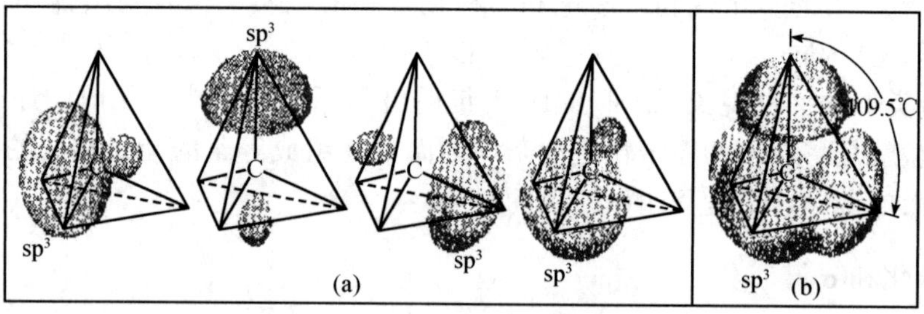

图 3-5 每个 sp^3 杂化轨道都指向正四面体的顶点(a)和
碳原子核为中心的四个 sp^3 杂化轨道的排布(b)

当四个氢原子分别沿着 sp^3 杂化轨道对称轴方向接近碳原子时，氢原子的 1s 轨道可以与碳原子的 sp^3 杂化轨道进行最大限度地重叠，形成四个等同的 C—H 键，见图 3-6，因此甲烷分子具有正四面体的空间结构。按正四面体计算，每个 H—C—H 键应是 109.5°，与实验测得结果相符。

甲烷分子的 C—H 键是沿着 sp^3 杂化轨道对称轴方向发生轨道重叠而形成的，这种键的电子云分布具有圆柱形的轴对称,长轴在两个原子核的连线上。凡是成键电子云对键轴呈圆柱形对称的键都称为σ(sigma)键。σ键是由两轨道沿着共同的对称轴以“头碰头”的形式重叠而形成的,成键电子云也呈轴对称分布,因此以σ键相连的两个原子可以绕键轴相对旋转而不影响电子云的分布,即不会破坏或削弱σ键,σ键电子云重叠程度较高,键能较大,σ键的成键电子称为σ电子。

碳的 sp^3 杂化轨道除了和 H 的 1s 轨道形成σ键以外,还可以和其他原子形成σ键。例如,碳原子的 sp^3 杂化轨道之间也可以以“头碰头”的形式形成σ键,因此其他烷烃分子中的碳原子也都具有正四面体结构。例如,乙烷(CH_3CH_3)分子中,两个碳原子各以一个 sp^3 杂化轨道相互重叠形成 C—C σ键,其余六个 sp^3 杂化轨道分别与六个氢原子的 1s 轨道重叠形成六个 C—H σ 键,见图 3-7。实验表明,乙烷分子中 C—C 键长为 0.154nm,C—H 键长为 0.110nm,键角也是 109.5°。

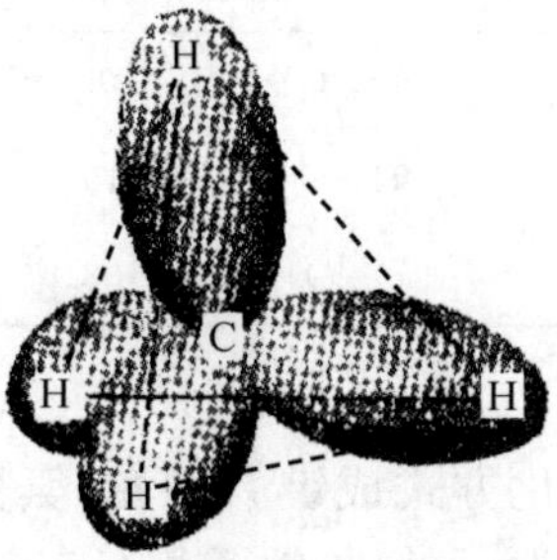

图 3-6　甲烷的四个
C—H σ键(sp^3-s)

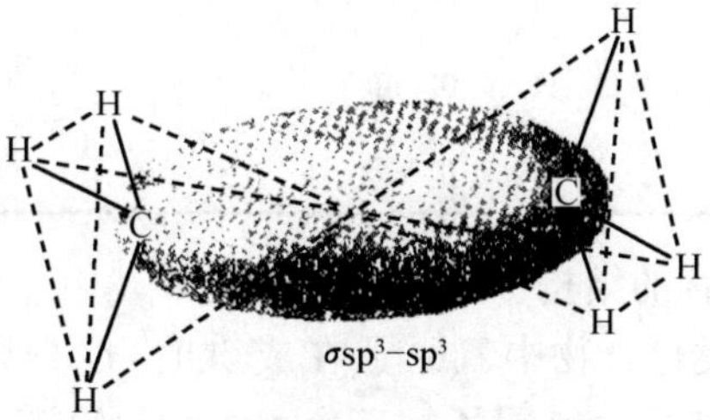

图 3-7　乙烷分子中 C—C σ键
C—H σ键用直线表示

烷烃分子中各碳原子的结构都可以用正四面体模型来表示。但除甲烷外,其他烷烃的各个碳原子上相连的四个原子或原子团不完全相同,因此每个碳上的键角并不完全相等,但都接近于 109.5°。例如,丙烷分子中 C—C—C 键角为 112°。根据物理方法测定,除乙烷外,烷烃分子的碳链并不排布在一条直线上,而是曲折地排布在空间(为书写方便,一般仍将碳链写成直链形式)。这是烷烃碳原子的四面体结构所决定的。烷烃分子中各原子之间都是以σ键相连接的,所以两个碳原子可以相对旋转,这样就形成了不同的空间排布。实际上,在室温下烷烃(液态)的各种不同排布方式就经常不断地互相转变着。

2) 醇的结构

氧原子的电子构型是 $1s^2 2s^2 2p_x^2 2p_y^1 2p_z^1$。由于 p 轨道处于互相垂直的方向,因此在水分子中,如果氧原子的 2p 轨道直接与氢原子的 1s 轨道从键轴方向成键时,形成的键角应该是 90°,但实际测得水分子的键角∠HOH 是 104.5°,与甲烷分子中四个 sp^3 杂化轨道所形成的键角 109.5°相近。根据杂化轨道理论,我们可以得到合理的解释:氧原子与氢原子成键过程中,氧原子的 2s 轨道和三个 2p 轨道进行杂化,形成四个 sp^3 杂化轨道。

氧原子以 sp^3 杂化轨道上的未成对电子与氢原子的 1s 轨道电子成键,孤电子对亦占据 sp^3 杂化轨道,但由于只有一个氧原子核对它有吸引,故离氧原子核较近,对另两对σ电子的排斥增大,使 HOH 键角受压变小。同样,在醇或醚分子中,氧原子也是 sp^3 杂化,其中 O—H 键是氧原子以一个 sp^3 杂化轨道与氢原子的 1s 轨道相互交盖而成的,C—O 键是碳原子的一个 sp^3 杂化轨道与氧原子的一个 sp^3 杂化轨道相互交盖而成的。氧原子的另外两个 sp^3 杂化轨道则分别被两对孤电子对所占据。例如,甲醇(CH_3OH)的空间结构及物理常数分别见

图 3-8和表 3-6。

图 3-8　甲醇的成键轨道(a)和甲醇分子中氧原子的正四面体结构(b)

表 3-6　甲醇分子中的键长和键角

键长/nm		键角/(°)	
C—H	0.110	H—C—H	109
C—H	0.096	H—C—O	110
C—H	0.143	C—O—H	108.9

3）氨和胺的结构

氨和胺类化合物中氮原子在成键时，也是以 sp^3 杂化方式成键。例如，氨分子中有三个 N—H σ 键，它是由氮原子的三个 sp^3 杂化轨道分别与氢原子的 1s 轨道相互交盖而形成的，此外尚有一对未共用电子对占据另一个 sp^3 杂化轨道。N—H 键的键长为 0.101nm，H—N—H 的键角为 107.3°。氨的结构如图 3-9 所示。胺类化合物具有类似氨的结构。例如，甲胺和三甲胺的结构分别如图3-10 和图 3-11 所示。

图 3-9　氨的结构

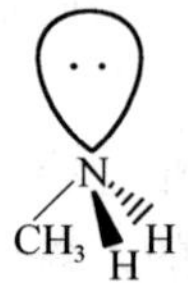

键长/nm		键角/(°)	
N—H	0.101	H—N—H	105.9
C—N	0.147	H—N—C	112.9

图 3-10　甲胺的结构

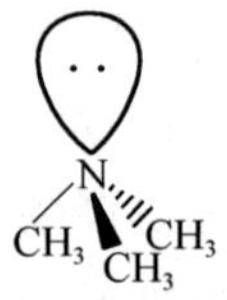

键长/nm		键角/(°)	
N—C	0.147	C—N—C	108

图 3-11　三甲胺的结构

4）环烷烃的结构

在烷烃分子中，碳原子是 sp^3 杂化的。当碳原子成键时，它的 sp^3 杂化轨道是沿着轨道对称轴与其他原子的轨道，以"头碰头"的形式进行交盖，形成 109.5°的键角。这种成键方式键能较大，分子较稳定。环烷烃的碳原子也是 sp^3 杂化的。但是为了形成环，碳原子的键角就不一定是 109.5°，环的大小不同，键角不同。下面以环丙烷和环丁烷为例，将环烷烃的结构做简单介绍。

(1) 环丙烷的结构。在环丙烷分子中，三个碳原子形成一个正三角形。sp^3 杂化轨道的夹角是 109.5°，而正三角形的内角是 60°。因此，在环丙烷分子中，碳原子形成C—C σ 键时 sp^3 杂化轨道不可能沿轨道对称轴实现最大的交盖，见图 3-12。

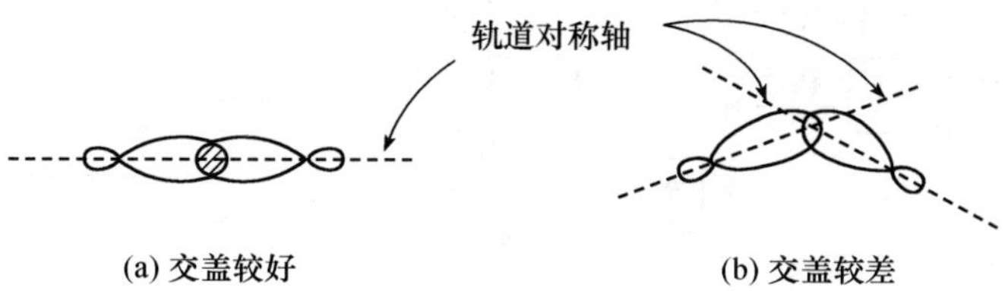

图 3-12　σ 键轨道的交盖

为了能交盖得好些，每个碳原子必须把形成 C—C 键的两个杂化轨道间的角度缩小。根据物理方法测定结果，已知环丙烷的 C—C—C 键角是 104°，它的C—H 键键长是 0.1089nm，比烷烃的 H—C—H 键长(0.1095nm)短些，它的H—C—H 键角是 115°，比甲烷的 H—C—H 键角(109.5°)大些，见图 3-13。由此形成的环丙烷，其 C—C—C 键角虽然比 109.5°小，但还是比 60°大，因此碳碳之间的杂化轨道仍然不是沿着两个原子之间的连线交盖的。这样的键与一般的 σ 键不一样，它的电子云没有轨道对称轴，而是分布在一条曲线上，故通常称之为弯曲键。

弯曲键与正常的 σ 键相比，轨道交盖的程度较小，因此比一般的 σ 键弱，具有较高的能量。这就是环丙烷张力较大，分子能量较高，容易开环的一个重要因素。这种由于键角偏离正常键角而引起的张力叫做角张力。

(2) 环丁烷的结构。环丁烷是由四个碳原子组成环。如果环是平面结构，正四边形内角是 90°，所以环丁烷的 C—C 键也只能是弯曲键。不过其键弯曲的程度比较小，见图 3-14。但环丁烷有四个弯曲键，比环丙烷多一个，因此环丁烷的角张力也还是比较大的。

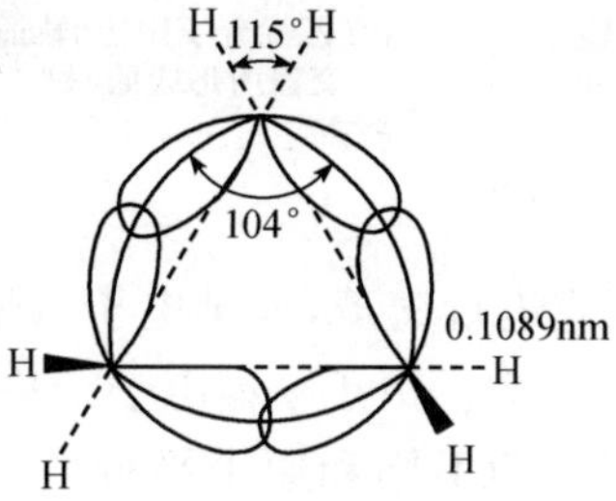

图 3-13　环丙烷分子中的键

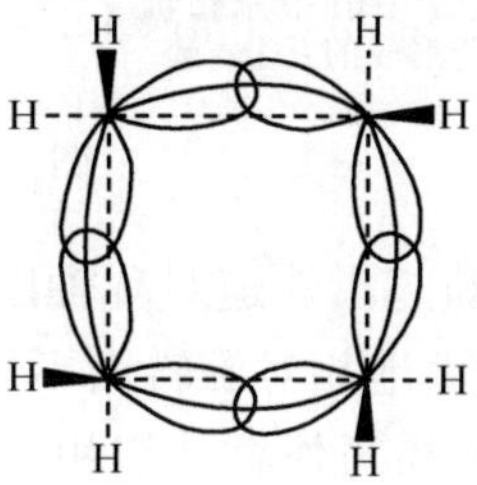

图 3-14　环丁烷分子中的键

环戊烷如果是平面结构，C—C—C 夹角应是 108°，与正常的 sp^3 键角相近，故这种结构没有什么角张力。环已烷以及其他大环化合物都不存在角张力，因此它们的化学性质相对比较稳定。实际上，环烷烃中除了环丙烷成环碳原子共平面以外，其他化合物都不是平面结构。

3.2.2　sp^2 杂化和 π 键

物理方法证明，乙烯分子的所有碳原子和氢原子都分布在同一平面上，如图 3-15 所示。乙烯的每个碳原子只和其他三个原子相连接，因此每个碳原子都只用三个价电子构成 σ 键。

在这种情况下碳原子的价电子并不像烷烃中那样进行 sp^3 杂化，而是进行了由一个 s 轨道和两个 p 轨道参加的 sp^2 杂化，其结果形成了处于同一平面上的三个 sp^2 杂化轨道，如图 3-16 所示。

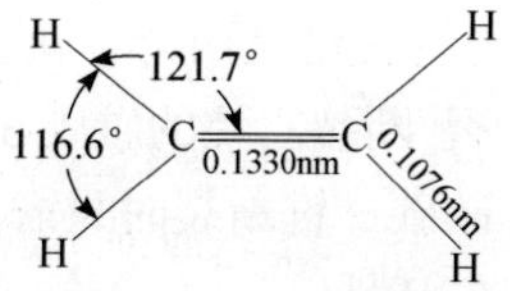

图 3-15　乙烯的结构

sp^2 杂化轨道的能量介于 s 轨道和 p 轨道之间，其形状与 sp^3 杂化轨道的形状相似(类似于葫芦形)，一头大，一头小，而且每个 sp^2 杂

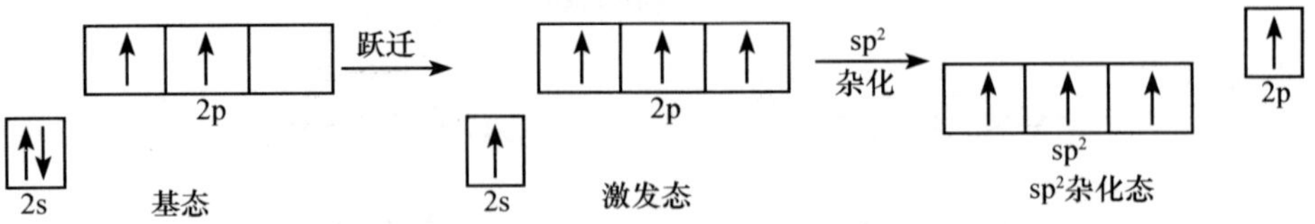

图 3-16　碳原子 sp^2 杂化轨道形成示意图

化轨道含有 1/3s 成分和2/3p 成分，都有各自的对称轴。这三个 sp^2 杂化轨道的对称轴是以碳原子为中心，分别指向正三角形的三个顶点，即它们对称地分布在碳原子的周围，相互之间构成三个接近 120°的夹角。这种排布方式常称为三角形模型。这样，乙烯分子的两个碳原子各以两个 sp^2 杂化轨道与两个氢原子的 1s 轨道交盖形成两个 σ 键，两个碳原子之间又各以一个 sp^2 杂化轨道相互交盖形成一个 σ 键。这五个 σ 键的对称轴都在同一平面上。

每个碳原子还各有一个未参加杂化的 p 轨道，它们的对称轴均垂直于乙烯分子所在的平面，因此它们是相互平行的，以“肩并肩”的形式在侧面相互交盖而形成另一种键，叫做 π 键(图 3-17)。π 键的成键电子称为 π 电子。

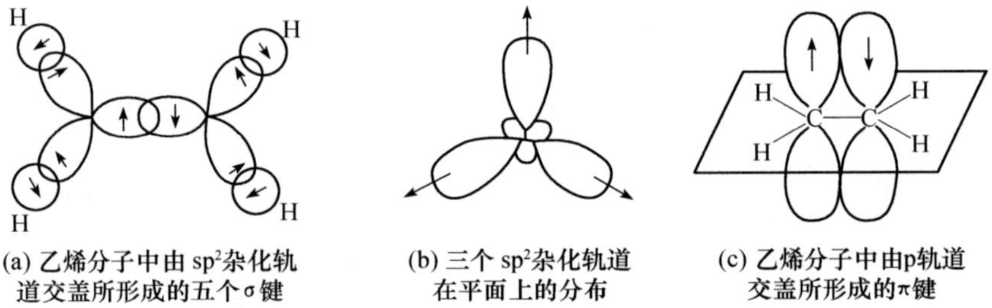

图 3-17　乙烯的 σ 键和 π 键

σ 键是两原子轨道沿轨道对称轴以“头碰头”的方式进行交盖，成键电子云呈轴对称，因此成键两原子可以自由地相对旋转而不影响 σ 键电子云重叠。由于 σ 键电子云集中地分布在两原子核之间，因此不易与外界试剂相接近。而 π 键则是两不饱和原子平行的 p 轨道以“肩并肩”的方式在侧面进行电子云重叠，它们没有共同的轨道对称轴，并且只有当轨道平行时电子云重叠程度最大。当两原子间做相对旋转时，轨道偏离平行位置，使轨道间距离增大，电子云重叠减小，π 键减弱，从而最终导致 π 键的破裂，所以形成 π 键的两原子不能自由地相对旋转。双键是由四个电子组成的，相对单键来说，电子云密度更大，而且构成 π 键的电子云都暴露在乙烯分子平面的上方和下方，因此 π 键受核的控制较弱，电子云极易流动，键能较小而不及 σ 键稳固，并且易受外界电场的影响而极化。因此，外界试剂，特别是具有亲电性的试剂更易与 π 键接近，决定了碳碳双键的亲核性。

其他烯烃分子中，碳碳双键的状态基本上与乙烯中的双键相同，都是由一个 σ 键和一个 π 键所组成的。由于碳碳之间存在两个键，所以碳碳双键的键长(0.133nm)比碳碳单键(0.154nm)短。π 键是两个 p 轨道侧面交盖而成的，与 σ 键相比，重叠程度小，因此 π 键较 σ 键为弱，较易断裂[断裂乙烷的碳碳 σ 键需要能量 347kJ/mol，而断裂碳碳双键则需要能量 611kJ/mol，这说明了碳碳 π 键断裂时只需 611－347＝264(kJ/mol)能量]。正是由于 π 键的存在，烯烃具有较大的反应活性。

碳氧双键(羰基)和碳碳双键类似，也由一个 σ 键和一个 π 键组成。羰基碳原子以三个 sp^2

杂化轨道与氧原子和两个其他原子形成三个 σ 键，这三个键分布在同一平面上，键角近似于 120°。碳原子还有一个没有参与杂化的 p 轨道，与氧原子的一个 p 轨道侧面交盖形成 π 键，所以羰基具有平面三角形结构。羰基是醛和酮的官能团。最简单的醛——甲醛的结构如图 3-18 所示。

碳氧双键虽然也是由一个 σ 键与一个 π 键组成，但是由于氧原子的电负性较大，其容纳电子的能力很强，故碳氧双键是极化的，特别是其中的 π 键。因为 π 电子云容易流动，容易偏向于电负性强的氧原子周围，从而使氧原子附近电子云密度增高，碳原子附近的电子云密度降低。因此，羰基是个极性基团，它的氧原子带有部分负电荷，而碳原子则带有部分正电荷，见图 3-19。

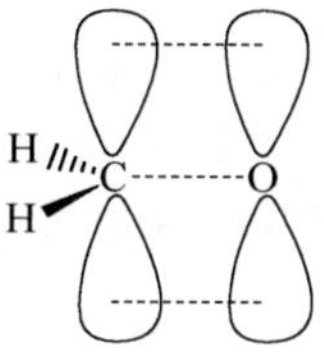

键长/nm	C═O	0.120	O—H	0.110
键角/(°)	H—C—O	121.3	H—O—H	116.5

图 3-18　甲醛的结构

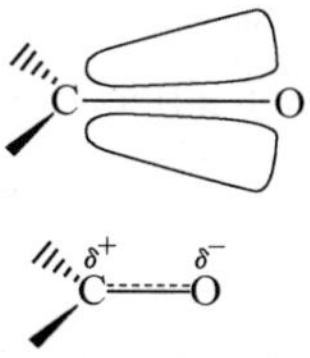

图 3-19　羰基 π 电子云分布示意图

羰基具有极性，故羰基化合物是极性分子，有一定的偶极矩，如

甲醛

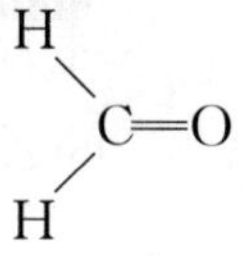

丙酮

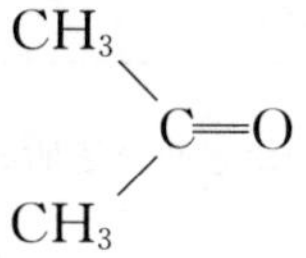

偶极矩 /(10^{-30}C · m)	+→ 7.57	+→ 9.51

总之，碳碳双键和碳氧双键都是平面结构，不饱和碳原子均为 sp^2 杂化，双键也都是由一个 σ 键和一个 π 键组成。它们的 π 键都具有以下几个特点：①π 键的成键两原子不能作相对旋转。②π 键电子云比较裸露，受原子核的束缚力较小，π 键电子云流动性大。③π 键的键能较小，易断裂，化学性质较活泼（如易加成、易氧化等）。

3.2.3　sp 杂化

碳原子除了 sp^3 杂化和 sp^2 杂化以外，还可以进行 sp 杂化，形成不饱和叁键，如C≡C和C≡N。下面将以乙炔为例，说明 sp 杂化和C≡C的结构。

X 射线衍射和电子衍射等物理方法测定，乙炔分子是一个线形分子，四个原子都排布在同一条直线上，分子中各键的键长和键角如图 3-20 所示。

成键碳原子的价电子层应满足八个电子（八隅体结构）的要求，乙炔的两个碳原子共用了三对电子，所以碳碳之间的键应当用叁键来代表。量子化学的研究结果表明，在乙炔分子中，每个碳原子与另外两个原子（一个氢原子和一个碳原子）结合成键时，使用了两个相同的 sp 杂化轨道。

图 3-20　乙炔分子结构

sp 杂化轨道的形状与 sp^3 或 sp^2 杂化轨道的形状相似，呈葫芦形，一头大，一头小，且轨道呈轴对称。每个 sp 杂化轨道含 1/2s 成分和 1/2p 成分，能量介于 s 轨道和 p 轨道能量之间。两个 sp 杂化轨道在空间分布上与 sp^3 杂化轨道以及 sp^2 杂化轨道不同，两个 sp 杂化轨道分布在同一条直线两个相反的方向上，有共同的轨道对称轴。乙炔分子中，每个碳原子各自形成了两个具有圆柱形对称的 σ 键，分别是 $C_{sp}—C_{sp}$ 和 $C_{sp}—H_s$，如图 3-21 所示。

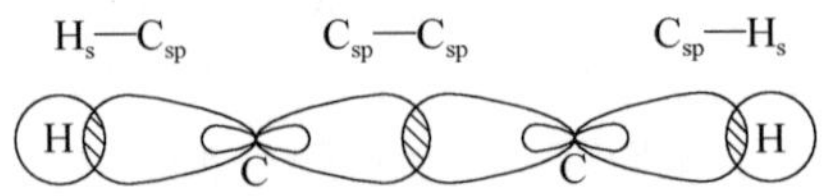

图 3-21　乙炔分子中的 σ 键

这就是乙炔分子成为直线分子的原因。

乙炔的每个碳原子还各有两个相互垂直的 p 轨道，在空间分布上它们都垂直于两个 sp 杂化轨道所在的直线，即垂直于乙炔分子中四个原子所在的直线。不同碳原子的 p 轨道又是相互平行的，一个碳原子的两个 p 轨道与另一个碳原子相对应的两个 p 轨道形成两个碳碳 π 键，成键 π 电子云呈圆筒形分布在碳碳 σ 键的周围，如图 3-22 所示。

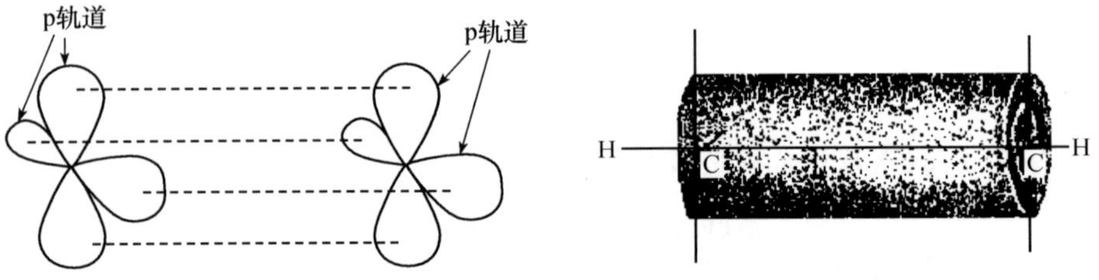

(a) 乙炔分子的π键　(b) 乙炔分子的圆筒形π电子云

图 3-22　乙炔分子的 π 键和圆筒形 π 电子云

由此可见，碳碳叁键是由一个 σ 键和两个 π 键组成的。乙炔的碳碳叁键的键能是 837kJ/mol，而乙烯的碳碳双键的键能是 611kJ/mol，乙烷的碳碳单键的键能是 347kJ/mol。相比之下叁键的键能最大，但仍比单键键能的三倍数值要低得多。叁键键长最短。

在形成有机分子时，碳原子存在三种不同的杂化形式：sp^3、sp^2 和 sp 杂化。不同杂化形成的杂化轨道的形状是相似的，均呈葫芦形，一头大，一头小。电子云偏向于大头，因此在成键时有很强的方向性。它们都呈轴对称，能量均介于 s 轨道和 p 轨道之间，通常可以和其他原子的轨道形成 σ 键。但是不同的杂化方式存在明显不同的特点。首先它们的空间结构不同。四个 sp^2 杂化轨道指向正四面体的四个顶点，碳原子在正四面体的中心上。三个 sp^2 杂化轨道指向正三角形的三个顶点，碳原子位于正三角形的中心上。而两个 sp 杂化轨道则分布在同一直线两个相反的方向上。其次不同杂化碳原子的电负性不同。由于形成的杂化轨道所含的 s 成分和 p 成分不同，含 s 成分越大，碳原子的电负性越大，所以杂化碳原子的电负性为 $C_{sp}(3.29)>C_{sp^2}(2.75)>C_{sp^3}(2.48)$。最后，不同的杂化方式，原子间形成的键型不同。例如，sp^3 杂化碳与其他原子间只能形成单键，sp^2 杂化碳可与其他原子形成双键(如 C═C、C═O)，而 sp 杂化碳可与其他原子形成叁键(如—C≡C—)。

值得注意的是，所谓杂化是成键过程中相伴生的，并不是成键前孤立发生的，只有在成键过程中，由于原子轨道间的相互影响，电子的运动状态发生某种变化时，才可能发生轨道的杂化。运用杂化轨道理论可以很好地解释有机化合物的立体结构。

3.3　电子效应

在研究化合物的性质及其反应性能的大小时，常比较原子团间的相互影响，这些影响可由诱导效应和共轭效应等原因引起。有机化学中有很多问题可用诱导效应及共轭效应来解释。

3.3.1　诱导效应

通常电负性较高的原子或原子团 X 常能使 X—A 键中的电子云比较多地集中在它的附近，使相邻原子 A 呈现部分的正电荷。若 A 又和另外原子 B 等相连接，则 A—B 及 B—C 等键也将受到它的影响，使这些键上的电子云或多或少地向 X 原子或原子团转移，使 B、C 等原子比原先要呈现较多的正电荷：

$$\overset{\delta^-}{X}\leftarrow\overset{\delta^+}{A}\leftarrow\overset{\delta'^+}{B}\leftarrow\overset{\delta''^+}{C}$$

若 Y 的电负性小于 A，则由于 Y 的存在，A、B、C 上的电子云密度增高，即呈现较多负电荷：

$$\overset{\delta^+}{Y}\rightarrow\overset{\delta^-}{A}\rightarrow\overset{\delta'^-}{B}\rightarrow\overset{\delta''^-}{C}$$

例如，氯乙酸的酸性（$pK_a=2.86$）比乙酸的酸性（$pK_a=4.76$）强，就是由于氯原子的电负性较大，使成键电子云向氯原子偏移，导致羟基氧上的电子云密度降低，使其对质子的束缚力减弱，有利于质子的解离。

$$Cl\leftarrow CH_2\leftarrow \overset{\overset{\displaystyle O}{\|}}{C}\leftarrow OH \rightleftharpoons \left[Cl\leftarrow CH_2\leftarrow \overset{\overset{\displaystyle O}{\|}}{C}\leftarrow O\right]^- + H^+$$

成键原子的电负性不同引起的极性效应，通过静电诱导作用沿着分子链传递而影响到分子的其他部分，这种分子中原子间的相互影响叫做诱导效应。诱导效应的影响使分子的极性也发生变化，因此可通过测定分子的偶极矩反映出来。

诱导效应在分子链传递中迅速减弱，一般经过三四个原子后就可忽略不计。

在有机化合物分子中，诱导效应的方向是以 C—H 键作为标准来衡量的。当 C—H 键中的氢原子被其他原子或原子团 X（或 Y）取代后，假定 X 的电负性大于 H 原子，则成键电子云将向 X 偏移，即 X 具有吸电子性，称 X 为吸电子基团（或亲电子基团），由它所引起的诱导效应，叫做吸电子诱导效应，用“－I”表示；相反，假定 Y 的电负性小于氢原子，则当 Y 取代 H 原子后，键的电子云将向碳原子偏移，Y 具有斥电子性，因此把它叫做斥电子基团（或供电子基团），由它引起的诱导效应叫做供电子诱导效应，一般用“＋I”表示。

一些取代基的吸电子能力（－I 效应）强弱的次序如下：

$$-NR_3^+>-SR_2^+>-NH_3^+>-NO_2>-SO_2R>-CN>-SO_2Ar>$$
$$-COOH>-F>-Cl>-Br>-I>-OAr>-COOR>-OR>-COR>$$
$$-SH>-SR>-OH>-C\equiv CR>-C_6H_5>-CH{=}CH_2>-H$$

一些取代基的供电子能力（＋I 效应）强弱的次序如下：

$$-O^->-COO^->-C(CH_3)_3>-CH(CH_3)_2>-CH_2CH_3>-CH_3>-H$$

由诱导效应所引起电子转移的方向,可用画在 σ 键中央的箭头表示,即

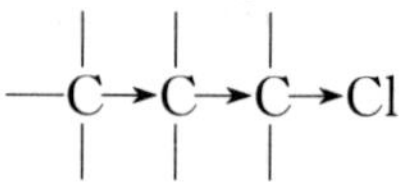

上面所讲的是在静态分子中所表现出来的诱导效应,称为静态诱导效应,与键的极性密切相关。但在化学反应中,分子中的反应中心如果受到极性试剂的进攻,则键的电子云分布将受试剂电场的影响而变化。与键的极化类似,这种改变与外界电场强度及键的可极化性大小有关,并且只有在进行化学反应的瞬间才表现出来,这种诱导效应称为动态诱导效应。

3.3.2 共轭效应与超共轭效应

3.3.2.1 1,3-丁二烯的结构与共轭效应

由物理方法测得的 1,3-丁二烯分子结构如图 3-23 所示。

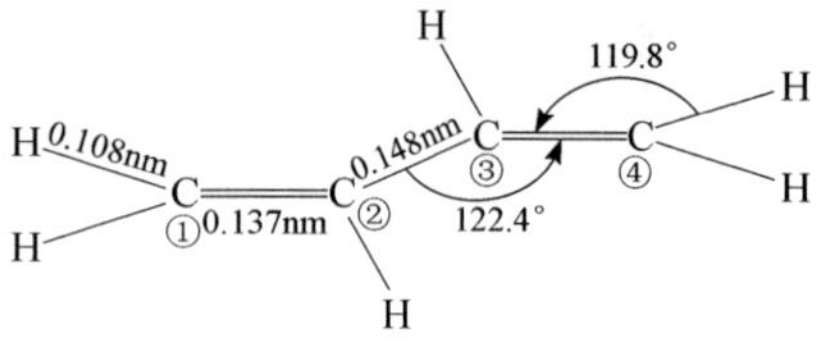

图 3-23 1,3-丁二烯分子的结构

在 1,3-丁二烯分子中,①、②、③、④四个碳原子和六个氢原子处在同一平面内。分子中的每个碳原子都是以 sp^2 杂化方式成键的,碳原子之间以及碳原子与氢原子之间均以 sp^2 杂化轨道或氢原子的 1s 轨道以"头碰头"的方式重叠形成 σ 键,分子中一共形成了三个碳碳 σ 键和六个碳氢 σ 键,而且这些 σ 键的键轴共平面。每个碳原子的未参与杂化的 p 轨道都垂直于 1,3-丁二烯分子所在的平面,因此这四个 p 轨道都相互平行,这样不仅 $C_1—C_2$,$C_3—C_4$ 之间的 p 轨道可以从侧面重叠形成 π 键,而且 $C_2—C_3$ 之间也有 p 轨道的重叠,使 $C_2—C_3$ 之间也有部分双键的性质,使分子中碳碳单键键长(0.148nm)比烷烃中碳碳单键(0.154nm)短。分子中碳碳双键键长(0.137nm)比单烯烃中碳碳双键(0.133nm)长,即 1,3-丁二烯分子中单键和双键键长趋于平均化。由此可见,在 1,3-丁二烯分子中组成两个 π 键的四个 π 电子不只是定域在 $C_1—C_2$ 及 $C_3—C_4$ 之间运动,而是扩展(离域)到整个碳链之中,这种现象称为电子离域,所形成的 π 键称为离域大 π 键。

能发生电子离域的体系称为共轭体系。显然只有在每个碳原子的 p 轨道都相互平行时,才有可能发生电子离域。在含有两个或两个以上的双键的烃类中,如果有两个双键被一个单键隔开,其余的双键并不累积,这种烃类就叫做共轭烯烃。共轭烯烃含单双键间隔的结构,就提供了 p 轨道相互平行的条件,如图 3-24 所示。

由上面 1,3-丁二烯分子结构的讨论中可以看出,四个 π 电子已经不是两两分别局限在两碳原子之间,由于电子的离域作用,电子云的分布有所改变,体系的内能降低,分子更稳定,键长趋于平均化,产生的效应叫做共轭效应,以 C(conjugation)表示,供电子共轭效应以 +C 表示,吸电子共轭效应以 −C 表示。显然,共轭效应产生的原因与诱导效应不同,只有各碳原子形成的所有 σ 键在同一平面内,才能使 p 轨道的对称轴垂直于同一平面并从侧面重叠发生电子的离域。如果这种共平面性受到破坏,那么 p

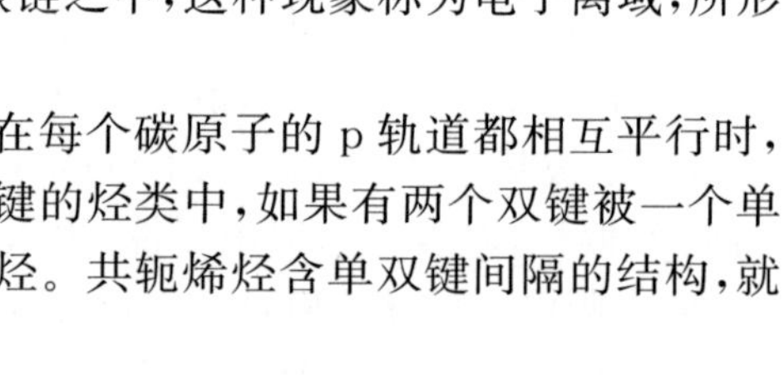

π 键所在平面与纸面垂直

图 3-24 四个 p 轨道与分子平面垂直且相互平行

轨道的相互平行就发生偏离，它们之间的重叠减少，共轭效应也就随之减弱甚至完全消失。

由于 π 电子在分子体系中的离域，导致了分子的稳定性增加，分子的能量明显降低。共轭体系的这种稳定性可以从非共轭烯烃和共轭烯烃的氢化热数值的比较中显示出来。1mol 烯烃催化加氢生成烷烃所放出的能量叫做氢化热。

表 3-7 中列出了部分烯烃和二烯烃的氢化热数据。

表 3-7　部分烯烃和二烯烃的氢化热

化合物	构造式	ΔH/(kJ/mol)
丁烯	$CH_3CH_2CH{=}CH_2$	−127
戊烯	$CH_3CH_2CH_2CH{=}CH_2$	−125
1,4-戊二烯	$CH_2{=}CH{-}CH_2{-}CH{=}CH_2$	−254
己烯	$CH_3CH_2CH_2CH_2CH{=}CH_2$	−126
1,3-丁二烯	$CH_2{=}CH{-}CH{=}CH_2$	−239
1,3-戊二烯	$CH_3{-}CH{=}CH{-}CH{=}CH_2$	−226

1,3-戊二烯和 1,4-戊二烯加氢后都生成戊烷，但从表 3-7 中可以看出具有共轭体系的 1,3-戊二烯的氢化热比不是共轭体系的 1,4-戊二烯的氢化热低[254−226=28(kJ/mol)]。之间的差值是共轭体系分子中 π 电子的离域而导致分子更稳定的能量，称为离域能，也叫做共轭能(或共振能)。离域能越大，表示这个共轭体系越稳定。

必须指出，这种共轭效应不仅存在于 1,3-丁二烯分子中，在其他具备共轭条件的分子或离子中同样存在。常见的有 π-π 共轭效应、p-π 共轭效应、σ-π 超共轭和 σ-p 超共轭效应。

1) π-π 共轭效应

在共轭多烯中，由于 π 电子离域所产生的共轭效应，称为 π-π 共轭效应，如 1,3-丁二烯、1,3,5-己三烯等。另外，苯分子是一环状的 π-π 共轭体系。按照杂化轨道理论，苯分子中六个碳原子都是 sp^2 杂化的，每个碳原子都以 sp^2 杂化轨道与相邻碳原子相互交盖形成六个碳碳 σ 键，每个碳原子又都以 sp^2 杂化轨道与氢原子的 1s 轨道相互交盖形成 C—H σ 键。每个碳原子的三个 sp^2 杂化轨道的对称轴都分布在同一平面上，而且两个对称轴之间的夹角为 120°，这样就形成了正六边形的碳架，所有的碳原子和氢原子都处在同一平面上。此外，每个碳原子都剩余一个垂直于此平面的 p 轨道，它们的对称轴都相互平行，每个 p 轨道都能与相邻的 p 轨道从侧面重叠，结果形成了一个包含六个碳原子在内的闭合共轭体系，如图3-25 所示，形成 π_6^6 键。π 电子云分布在苯环平面的上方和下方，形成一个像夹心饼干形的封闭环状共轭大 π 键，如图 3-26 所示。苯环的共轭作用很强，六根碳碳键等长，是一个完全对称的分子，所以非常稳定。从苯的氢化热(208.4kJ/mol)可以进一步说明苯的稳定性，已知环己烯的氢化热为 119.7kJ/mol，那么苯的离域能为(119.7×3−208.4)=150.7(kJ/mol)，说明苯比凯库勒所假定的环己三烯构造式的能量低 150.7kJ/mol，所以苯环具有特殊的稳定性。

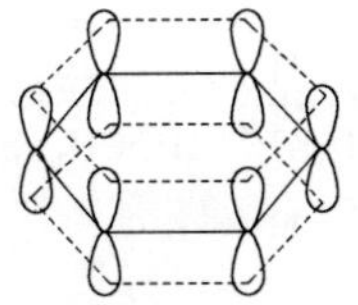

图 3-25　苯环的 p 轨道交盖

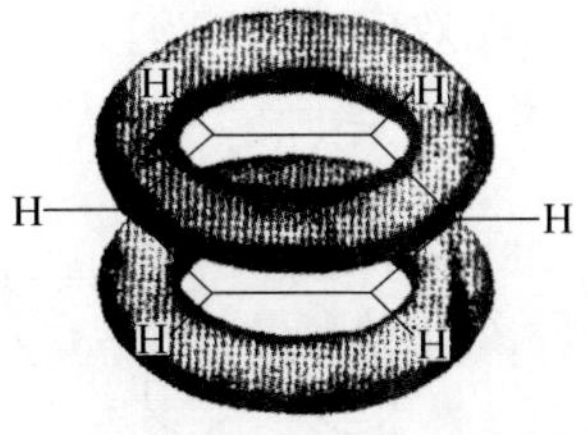

图 3-26　苯环的电子云分布

2）p-π 共轭效应

由组成 π 键的 p 轨道与相邻原子的 p 轨道重叠，成键电子云离域而产生的共轭效应，称为 p-π 共轭效应。例如，在苯酚分子中，氧原子也是以 sp^2 杂化方式成键的，氧原子上带有一对电子的 p 轨道与苯环的六个碳原子的 p 轨道相互平行，可以从侧面重叠，体系中的 π 电子和氧原子上的一对 p 电子可以发生离域而产生 p-π 共轭效应（图 3-27）。因此，氧原子上的部分电子离域到整个苯环中，使氧原子的电子云密度降低，减弱了 O—H 键的强度，使氢原子容易以质子的形式解离而呈现弱酸性。同时，由于电子的离域使苯环的电子云密度升高，使苯环的亲电取代反应变得比较活泼。

在羧酸分子中也存在 p-π 共轭效应。羧基中的碳原子也是 sp^2 杂化的，三个 sp^2 杂化轨道分别与—OH 的氧原子、C═O 的氧原子和一个烃基的碳原子（也可以是一个氢原子）以 σ 键相结合，且这三个 σ 键在同一平面上。碳原子的剩余 p 轨道与 C═O 中氧原子的 p 轨道相互交盖形成一个 π 键。—OH 的氧原子的 p 轨道可以与 C═O 的 π 键发生 p-π 共轭效应，使体系中的 π 电子与—OH 的氧原子的 p 电子发生离域。而且羧酸解离形成的羧酸根离子，由于 p-π 共轭效应，负电荷分散在两个氧原子的周围，如图 3-28 所示。

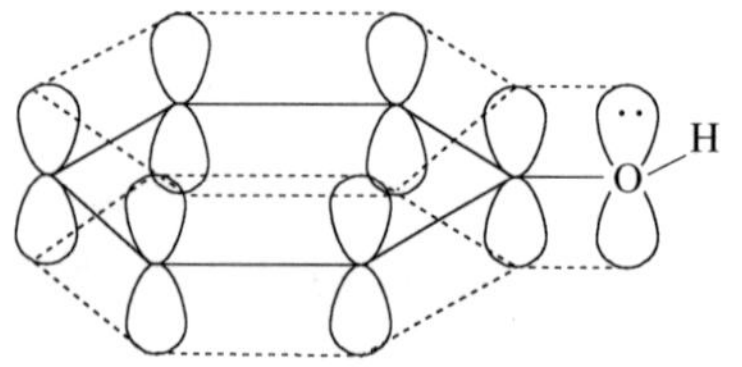

图 3-27　苯酚的结构

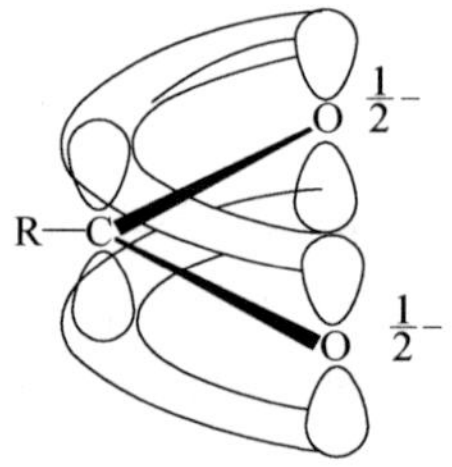

图 3-28　羧酸根负离子的轨道图

因此，在羧酸根离子中两个氧原子的地位是等同的，已不能区别哪一个是原来羧酸中的羰基氧原子、哪一个是羟基氧原子，由于电子的离域，羧酸根离子是比较稳定的，所以羧酸容易解离而显示酸性。

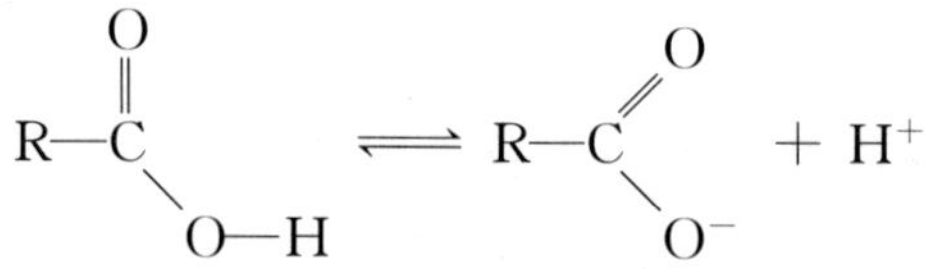

3.3.2.2　超共轭效应

超共轭效应是一类微弱的共轭效应，当碳氢 σ 键与 π 键相邻，并处于一种近似于平行（由于 C—C σ 键的旋转）状态时，则 π 电子与 σ 电子也有类似的离域现象，这种 σ、π 电子的离域作用比 π-π 共轭或 p-π 共轭效应的电子离域作用要弱得多，所以称之为 σ-π 超共轭效应，如丙烯分子中的 σ-π 超共轭效应（图 3-29）。

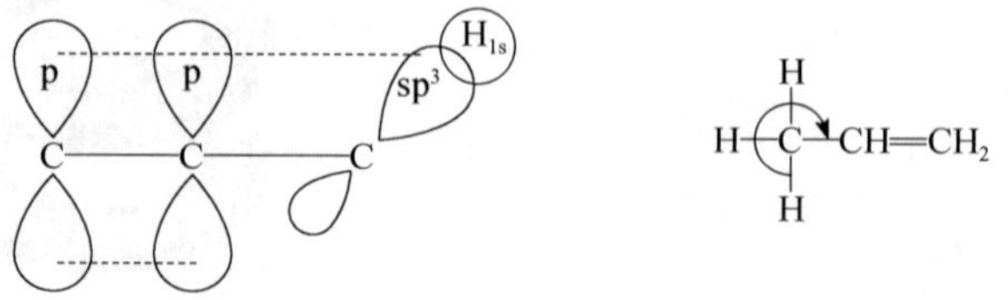

图 3-29　丙烯分子中的超共轭效应

烯烃分子中的 σ-π 超共轭效应，可以从它们的氢化热得到证明，如

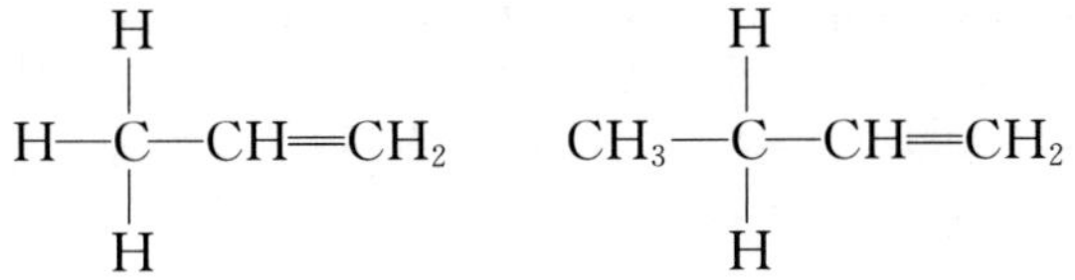

氢化热/(kJ/mol)	126	127
与 π 键共轭的 C—H σ 键	三个	两个

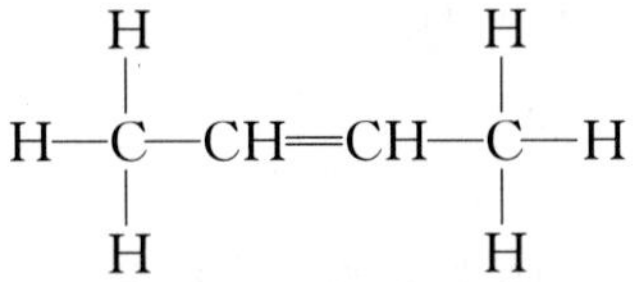

氢化热/(kJ/mol)	120(顺式)
与 π 键共轭的 C—H σ 键	六个

由上述可知，与双键相邻碳原子上的碳氢 σ 键越多，发生超共轭效应的机会也越多，成键电子云离域也越充分，氢化热越低，烯烃越稳定。

与 σ-π 超共轭效应相似，当碳氢 σ 键与 p 轨道相邻时，C—H σ 电子云也可以发生部分离域作用，这种电子的离域称为 σ-p 超共轭效应。例如，碳正离子稳定性的比较就是借助于 σ-p 超共轭效应而得到解释的。碳正离子中心碳一般认为是 sp^2 杂化状态或近似于 sp^2 杂化状态，如图 3-30 所示。这个碳正离子上还留有一个空的 p 轨道，当空的 p 轨道与相邻的 C—H σ 键发生 σ-p 超共轭效应时，使正电荷得到分散，离子的稳定性增加，且与中心碳相邻的碳原子上的 C—H σ 键越多，碳正离子越趋稳定。下面是碳正离子的稳定性次序：

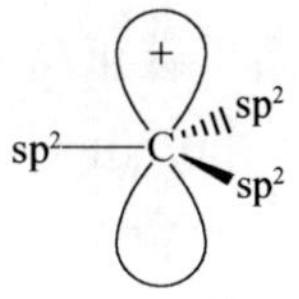

图 3-30　碳正离子的结构

$$(CH_3)_3C^+ > (CH_3)_2\overset{+}{C}H > CH_3\overset{+}{C}H_2 > CH_3^+$$

共轭效应与诱导效应都是分子中原子之间相互影响的电子效应，区别不仅在于产生的条件不同，还在于在共轭效应中成键电子可在整个共轭体系中离域，电子在沿着共轭链传递时不受距离的影响，而各个键以交替极化的形式，从共轭链的一端一直传递到另一端。这种传递电子的方式与诱导效应中沿 σ 键短距离传递电子的方式有着本质的区别。

3.4　有机反应中活泼中间体的结构与稳定性

大多数有机化学反应不只一步完成，反应过程中常包含有一个活泼中间体的生成，例如，叔卤代烷的水解首先生成叔碳正离子，然后与水反应而得到产物。

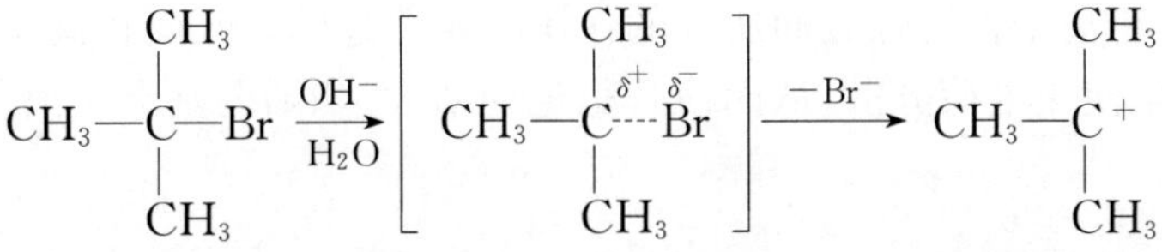

活泼中间体

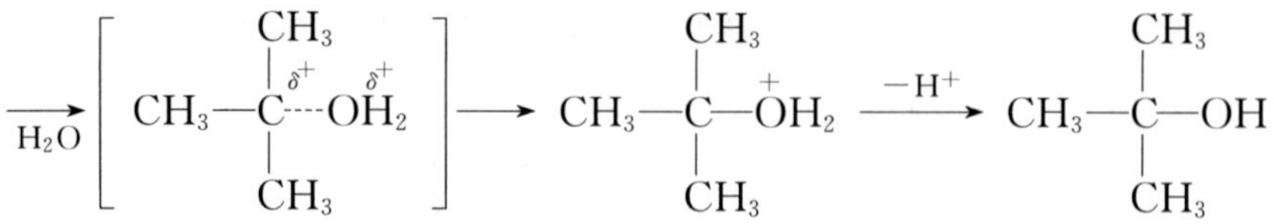

活泼中间体具有一定的寿命，虽然非常活泼，但仍有一定的相对稳定性，可以检测其存在，有些在适当条件下甚至可以分离。它既是由反应物生成，而最终产物又是由它衍生得到，因此关于活泼中间体的结构和稳定性研究成为研究有机化学反应历程的重要问题。

现就几类重要的活泼中间体的结构和稳定性进行简要讨论。

3.4.1　碳正离子的结构与稳定性

碳正离子带有正电荷，是有机化学反应中常见的活泼中间体，很多离子型的反应是通过生成碳正离子活泼中间体进行的，如

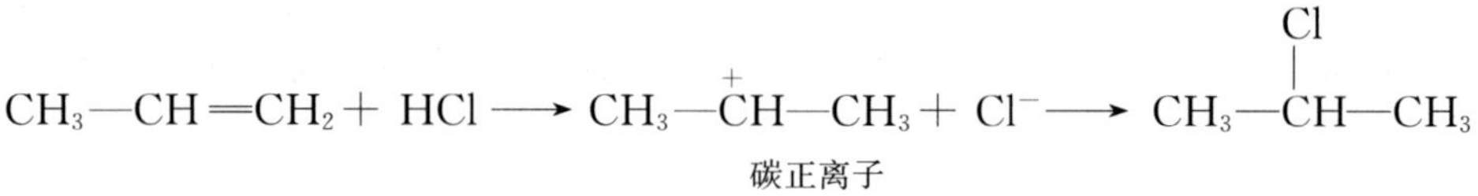

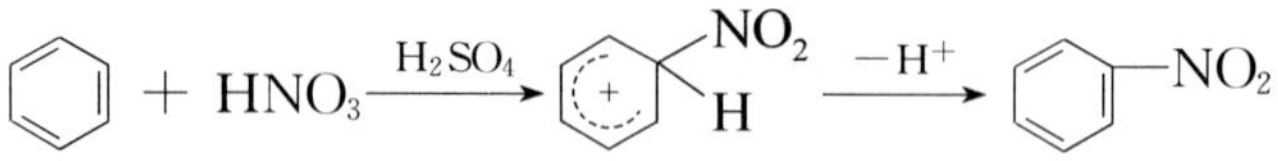

同时碳正离子也是研究得最早、最深入的活泼中间体，很多研究反应历程的基本概念和方法都起始于碳正离子的研究。因此，有人认为碳正离子的研究是理论有机化学的基础。

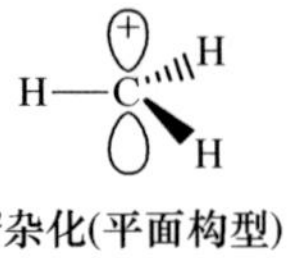

图 3-31　甲基碳正离子的结构

一般认为碳正离子的中心碳是 sp^2 杂化状态成键的，中心碳原子以三个 sp^2 杂化轨道与另外三个原子或基团形成 σ 键，三个 σ 键的键轴共平面，空着的 p 轨道垂直于此平面，正电荷集中在 p 轨道上。图 3-31 为甲基碳正离子的结构。

碳正离子的稳定性与电子效应、空间效应及溶剂效应都直接有关。

碳正离子的中心碳原子是缺电子的，显然任何使碳正离子中心碳原子上电子云密度增加的结构因素都将使正电荷分散，使碳正离子的稳定性增高。相反，任何吸电子基团都将使中心碳原子正电荷更集中，而使碳正离子稳定性减小。例如，烷基一般表现为供电子诱导效应，所以下面碳正离子的稳定性顺序为

$$(CH_3)_3C^+ > (CH_3)_2CH^+ > CH_3CH_2^+ > CH_3^+$$

氯一般表现为吸电子诱导效应，所以 2-氯乙基碳正离子的稳定性则低于乙基碳正离子。

$$Cl \leftarrow CH_2\overset{+}{C}H_2 < CH_3\overset{+}{C}H_2$$

烷基碳正离子的稳定性顺序也可以用超共轭效应来解释。

共轭效应在碳正离子稳定性方面所起的作用也是明显的。凡碳正离子的中心碳原子与双键共轭时，电子离域使正电荷分散，从而使其稳定性增大，如烯丙基碳正离子

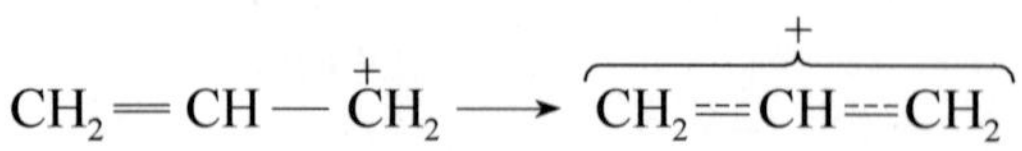

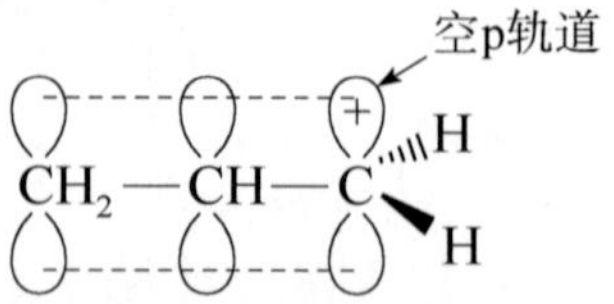

由于 p-π 共轭，π 电子发生离域，使正电荷分散在三个碳原子形成的共轭体系中形成 π_3^2 键，使烯丙基碳正离子的稳定性增大。由于同样的原因，二乙烯基碳正离子、三乙烯基碳正离子则更为稳定，其顺序是

$$(CH_2{=}CH)_3C^+ > (CH_2{=}CH)_2\overset{+}{C}H > CH_2{=}CH{-}\overset{+}{C}H_2 > (CH_3)_3C^+$$

苄基碳正离子与烯丙基碳正离子相似，也存在 p-π 共轭效应，也是比较稳定的：

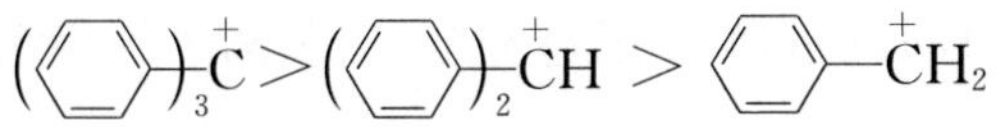

除电子效应外，碳正离子的稳定性还受空间效应的明显制约。碳正离子的中心碳原子是平面构型，是 sp^2 杂化状态，三个 σ 键键角接近 120°，而饱和碳则为 sp^3 杂化，键角 109.5°。在形成碳正离子的过程中，键角由 109.5°到 120°，张力是松弛的、减小的。中心碳原子连的基团越大，原来 sp^3 饱和状态时的张力(基团间的斥力)也越大，因而碳正离子也越容易生成，稳定性也越大。所以上述碳正离子稳定性的顺序实际上也有空间效应影响的结果。

3.4.2　碳负离子的结构与稳定性

碳负离子通常带有负电荷，也是有机化学反应中一类重要的活泼中间体。很多有机化学反应是通过碳负离子活泼中间体的生成而完成的，如

$$R{-}C{\equiv}CH \xrightarrow[NH_3(液)]{NaNH_2} R{-}C{\equiv}C^-Na^+ \xrightarrow{CH_3Cl} R{-}C{\equiv}C{-}CH_3$$

$$RCl \xrightarrow[干醚]{Mg} R\,MgCl \xrightarrow[②H_2O]{①CO_2} RCOOH$$

$$CH_3\overset{O}{\overset{\|}{C}}OC_2H_5 \xrightarrow{C_2H_5O^-} \overset{-}{C}H_2\overset{O}{\overset{\|}{C}}OC_2H_5 \xrightarrow[②H_3^+O]{①CH_3\overset{O}{\overset{\|}{C}}OC_2H_5} CH_3\overset{O}{\overset{\|}{C}}CH_2\overset{O}{\overset{\|}{C}}OC_2H_5$$

与碳正离子的结构不同，一般简单的烃基碳负离子的中心碳原子是以 sp^3 杂化状态与其他原子成键的，未共用电子对占据四个 sp^3 杂化轨道中的一个，呈棱锥构型。图 3-32 为甲基碳负离子的结构。

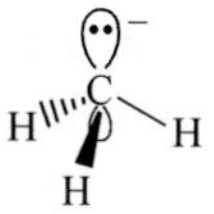

sp^3杂化

图 3-32　甲基碳负离子的结构

当带负电荷的中心碳原子与 π 键或芳环相连时，由于未共用的电子对能与 π 键发生共轭离域而稳定，这时碳负离子将取 sp^2 杂化的平面构型，以达到轨道最大的交盖，更好地离域，使体系能量最低、最稳定，而不是 sp^3 杂化的棱锥构型，如

$CH_2{=}CH{-}CH_2^-$

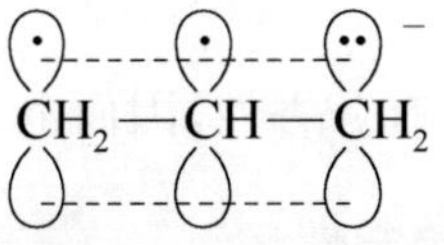

影响碳负离子稳定性的原因无非是结构和溶剂等主要因素，这种影响主要表现在两个方面：一方面表现在碳负离子是否容易形成，与碳原子相连的氢原子是否容易离去，即酸性的强

弱;另一方面表现为生成的碳负离子是否稳定。

现就影响碳负离子稳定性的因素简要讨论如下:

(1) 共轭效应。当碳负离子的中心碳原子与 π 键直接相连时,由于未共用电子对与 π 键共轭(p-π 共轭效应),电子离域的结果使碳负离子稳定。

$$CH_2=CH-\bar{C}H_2$$

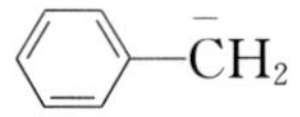

而且连接的 π 键(或苯环)越多,则离域越充分,碳负离子越稳定。

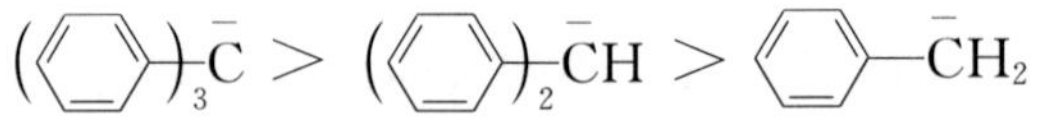

碳氮、碳氧和氮氧 π 键与碳负离子的中心碳原子直接相连时,也有同样的影响,而且由于氮和氧的电负性较大,能更好地分散负电荷,所以更能使碳负离子稳定。例如,硝基烷的碳负离子能在水中存在。

(2) 诱导效应。当碳原子上连有强的吸电子基团时,由于吸电子诱导效应,碳原子上所连的氢原子酸性增强,容易质子化离去而形成碳负离子。同样,当生成的碳负离子的中心碳原子上连有强的吸电基团时,负电荷可以得到分散,而使碳负离子稳定。

$$F \leftarrow CH_2 \leftarrow H \rightleftharpoons F \leftarrow \bar{C}H_2 + H^+$$

相反,当中心碳原子上连有供电子基团时,由于诱导效应的影响,与碳原子相连的氢质子化趋势变小,酸性减弱,生成的碳负离子其负电荷难于分散,稳定性降低。例如,下列碳负离子的稳定性次序为

$$CH_3^- > RCH_2^- > R_2CH^- > R_3C^-$$

(3) 杂化作用。一般来讲,C—H 键中的碳原子 s 成分越多,氢越容易以质子形式释出,这是因为在 C—H 键中一对成键电子处于不同杂化轨道时,s 轨道成分越多,电子对靠碳原子核越近,被碳原子核拉得越紧,氢原子质子化的趋势也就越大,因此酸性顺序为

炔烃>烯烃>烷烃

例如,乙炔具有酸性,容易形成具有离子特性的金属化合物:

$$HC\equiv CH + NaNH_2 \longrightarrow HC\equiv C^- Na^+ + NH_3$$

碳负离子的碳原子的 s 成分增加,碳负离子的稳定性增加,因而稳定性顺序为

$$RC\equiv C^- > RCH=CH^- > R_3C-CH_2^-$$

(4) 芳香性。环状碳负离子是否具有芳香性,对其稳定性也有明显的影响,如环戊二烯的酸性($pK_a=14.5$)比一般烯烃的酸性($pK_a=37$)要大得多,当然这与环戊二烯负离子存在共轭效应有关,但更重要的是因为环戊二烯负离子符合休克尔规则,具有芳香性所致:

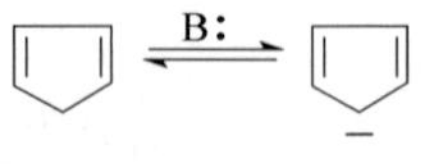

环壬四烯负离子也具有芳香性,因而也是较稳定的负离子。

3.4.3 自由基的结构与稳定性

自由基也叫游离基,与碳正离子和碳负离子不同,自由基是共价键均裂的产物,带有未成

对电子，也是重要的活泼中间体，如

$CH_3\cdot$	$(CH_3)_3C\cdot$	$CH_2{=}CH{-}CH_2\cdot$
甲基自由基	叔丁基自由基	烯丙基自由基

与碳正离子及碳负离子相似，自由基的中心碳原子的构型可能是 sp^2 杂化的平面构型或 sp^3 杂化的棱锥构型，或介于二者之间。目前认为简单的甲基自由基是平面构型，或近似于平面的浅棱锥形。中心碳原子为 sp^2 杂化，或接近于 sp^2 杂化，未成对单电子处于 p 轨道，三个 sp^2 杂化轨道则与氢原子的 s 轨道交盖形成三个 σ 键，其对称轴共平面，如图 3-33 所示。

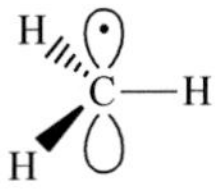

图 3-33　甲基自由基的结构

根据许多实验结果得到关于自由基的稳定性顺序如下：

$$CH_2{=}CH\dot{C}H_2>(CH_3)_3\dot{C}>(CH_3)_2\dot{C}H>CH_3\dot{C}H_2>\dot{C}H_3$$

$$(C_6H_5)_3\dot{C}>(C_6H_5)_2\dot{C}H>C_6H_5\dot{C}H_2$$

影响自由基稳定性的因素包括共轭效应和空间效应。例如，烯丙基自由基和三苯甲基自由基具有较大的稳定性，是由于未成对电子的离域作用。叔丁基自由基的稳定性大于乙基和甲基自由基，可利用超共轭效应来解释。

3.5　共　振　论

前已述及 1,3-丁二烯和苯分子都是 π 电子离域的共轭体系。显然，至今仍然沿用的 19 世纪布特列罗夫提出的用一个价键结构式描写一个分子，即从成键电子定域的概念出发，用孤立单双键简单表达分子中原子的连接顺序和结合方式，并未合理地表明分子中电子的真实状态，即分子的复杂结构。为了解决经典构造式不能圆满表示分子真实结构也不能说明分子物理化学性质等的困惑，美国化学家鲍林从经典价键构造式出发，运用量子力学的变分法研究化学键的本质，发现用单一价键构造式确立的变分函数求出的苯分子能量总高于实验值，而利用几个构造式确立分子的轨道变分函数得出的能量值可以降低并趋于接近实验值，从而对体系的稳定性给以合理解释。于是他突破仅用一个构造式描写一个分子的旧框框，但仍然维护分子结构的单一性；以经典价键理论为基础，用化学工作者所熟悉的语言和经典的结构要素提供了某些能被化学家直接应用的直观模型，把量子力学的共振概念作为价键理论的补充和延伸，于 1931～1933 年提出共振论。

共振论应用于分子结构描写时认为，在价键规则许可的范围内，当一个分子或离子可以写出一个以上的路易斯构造式时，则任何一个单独的经典价键构造式都不能正确反映出分子的真正结构，可以用多个并不存在的经典构造式叠加（共振、杂化）形成的共振杂化体来近似模拟分子的真实结构，即“不能有把握地用一种价键结构式归于某一分子”，“分子是在若干个价键结构之间共振”。这些价键构造式之间的差别仅仅在电子排布，而原子核的位置，电子配对的数目以及分子的形象都是完全相同的。共振不涉及 σ 键而只是以不同方式改变 π 电子或未共用电子。就是说，只要移动 π 电子或未共用电子就能写出每个分子的共振结构。

共振论把参与共振形成杂化体的经典构造式称为极限构造式，各个极限构造式之间用↔号（表示共振）连接，表示由↔所联系的若干极限构造式共振得到一个在任何瞬间都只有单一构造的共振杂化体，绝不是这些极限构造式的混合物。它不同于任何一个极限构造，但又在一定程度上有相似之处。例如,苯可以认为是由下面极限构造式共振而成的共振杂化体。

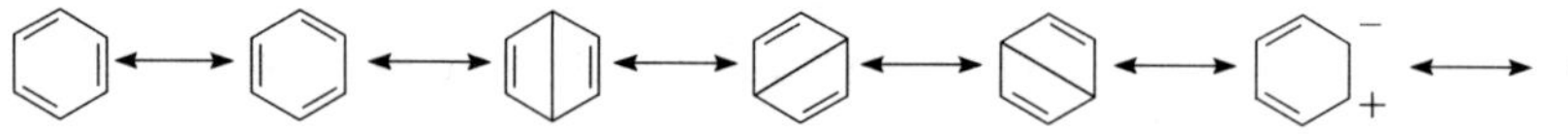

Ⅰ　　Ⅱ　　Ⅲ　　Ⅳ　　Ⅴ　　Ⅵ

共振结构式不是任意指定的,必须基本符合能量近似,成对电子数相等和构型相等三个条件,每个共振构造式中的原子都服从价键规则和满足路易斯结构式。

$$CH_3CH_2CH_2CH_3 \nleftrightarrow CH_3-\underset{\large CH_3}{\underset{|}{CH}}-CH_3$$

不存在共振

$$CH_2{=}CH-\dot{C}H_2 \longleftrightarrow \dot{C}H_2-CH{=}CH_2 \nleftrightarrow \dot{C}H_2-\dot{C}H-\dot{C}H_2$$

一个未成对电子　　　　三个未成对电子

共振论允许所有符合价键规则的经典结构式共振,因此,用于描述分子结构时似乎要写出所有可能写出的共振式若干,显得很复杂。但是,共振论认为对杂化体贡献大的共振式是主要的,而有的贡献小,是次要的;一般情况下,只需写出几个主要共振式就可以了,次要的可以忽略不计。那么如何评价极限共振式对杂化体的贡献大小呢?能量低、稳定的共振式对杂化体贡献大,具体说:

(1) 没有电荷分离的共振式比有电荷分离的共振式具有更低的能量,也就是说,共价键数目越多的共振式比共价键数目少的共振式能量低、稳定。两相反电荷的距离越近越稳定,如

$$\underset{\underline{1}}{CH_2{=}CH-CH{=}CH_2} \longleftrightarrow \underset{\underline{2}}{\overset{+}{C}H_2-CH{=}CH-\overset{-}{C}H_2} \longleftrightarrow$$

$$\underset{\underline{3}}{CH_2{=}CH-\overset{+}{C}H-\overset{-}{C}H_2} \longleftrightarrow \cdots$$

上面三种共振式中,1最稳定,2又比3不稳定一些。

(2) 负电荷在电负性大的原子上或正电荷在电负性最弱的原子上的共振式较稳定,对杂化体的贡献大,如下,4 比 5 稳定。

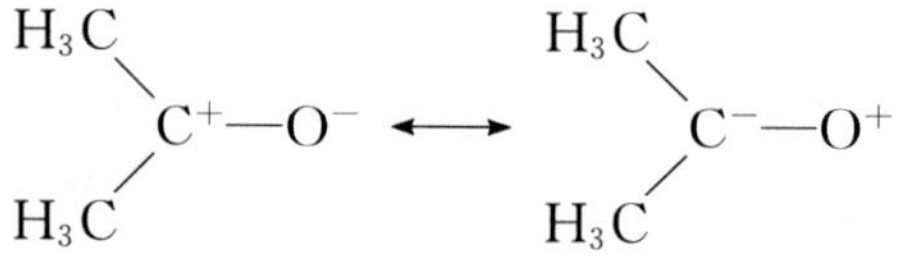

4　　　5

(3) 相邻两原子带有相同电荷的共振式能量高,不稳定,对杂化体的贡献小,如

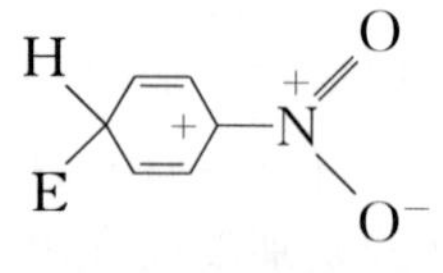

(4) 具有不完全电子壳层的原子,任何情况下均为最不稳定。例如,1,3-丁二烯的共振结构式$\overset{+}{C}H_2-CH{=}CH-\overset{-}{C}H_2$中的$\overset{+}{C}$的外层电子只有 6 个,所以它的能量较高,因而不是一个重要的参与结构式。

(5) 结构中键角和键长变形较大的稳定性差,贡献小,即相邻原子成键的比不相邻原子间成键的能量低、稳定、贡献大。

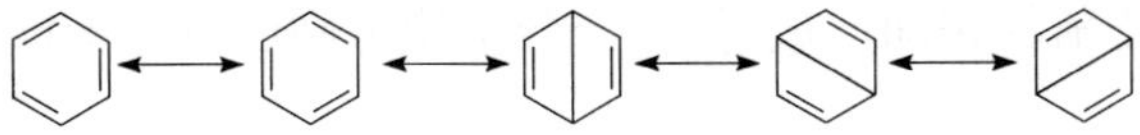

其中后 3 个不稳定。

(6) 共振空间的位阻效应导致不稳定。例如，2，3-二叔丁基丁二烯表现出一个非共轭的二烯烃性质，较大体积的两个相邻叔丁基使结构扭曲并阻止了两个双键共平面，离域受阻，导致不稳定。

共振论认为共振是一种稳定因素。凡物种有共振者较之没有共振的来得稳定，参加共振的结构数目越多，意味着离域范围越广，则杂化体就越稳定，尤其是结构相似和能量上相同的式子参加共振，其杂化体就稳定。共振结构中比较稳定的，即具有较低能量的极限式对共振杂化体贡献也较大，通常以能量最低，稳定性最高的共振结构为标准，其实分子即共振杂化体所降低的能量叫共振能(共振能可以通过量子化学方法计算，但一般可用热化学方法，测定其实验值)。例如，烯丙基碳正离子：

$$\overset{+}{C}H_2—CH═CH_2 \longleftrightarrow CH_2═CH—\overset{+}{C}H_2$$

这种由于电荷离域而获得的稳定化称为共振稳定化，能量差即为共振能。共振结构之间能量上差别越小，共振能越大。共振结构等同时，能量相同，共振能量越大，共振稳定化作用也越大。

共振结构理论用价键结构式叠加即共振概念，实际包含价键电子的离域及键长键能的变化等概念在内。所以在很多情况下，用几个共振式的叠加——共振杂化体比只用某一个共振式更能反映分子的真实结构，更能说明分子的真实物理化学性质。共振论在解释分子的物理和化学性能上是较为简明有效的，诸如分子的酸碱性强弱、偶极矩和键长的大小，光谱特性及预测反应条件、产物分布及相对稳定性等都显示出优点。但是，共振结构理论也有其不足之处。共振论认为，一个物种能写出的共振式越多越稳定，然而环丁二烯和环辛四烯等分子也似乎可写出一定的共振式，事实上它们是不稳定的。此外，共振论也不能说明立体化学的问题，不能解释周环反应，对芳香性的判断往往是错误的。它虽然注意到电子云分布的某些特点，如离域，但尚未从本质上揭示化学结构的整体。鲍林本人也指出“共振论远非完善，大部分还是粗略的”。

共振论对电子离域的处理，仅仅用粗糙的价键来定性地表示价键的量子现象，不像分子轨道理论那样用量子力学作工具，从分子整体上去考虑价键的电本性。此外，共振论在做某些规定时有很大的随意性，缺少量子力学基础，用这些无量子力学基础的假定处理量子现象，不可能避免局限性甚至得到错误的结论。

3.6　分子轨道理论

按照分子轨道理论，当原子组成分子时，形成共价键的电子运动于整个分子区域。分子中价电子的运动状态，即分子轨道，可以由波函数 φ 来描述。分子轨道由原子轨道通过线性组合而成。组合前后的轨道数是守恒的，即形成的分子轨道数与参与组成原子轨道数相等。每个分子轨道有一定的能量，分子轨道容纳电子对遵循能量最低原理、泡利(Pauli)原理和洪德(Hund)规则。

例如，两个原子轨道可以线性组合成两个分子轨道，其中一个分子轨道由符号相同(波相相同)的两个原子轨道波函数相加而成;另一个分子轨道则由符号不同(波相不同)的两个原子轨道波函数相减而成。

$$\varphi\begin{cases}\varphi_2=\phi_1-\phi_2\\ \varphi_1=\phi_1+\phi_2\end{cases}$$

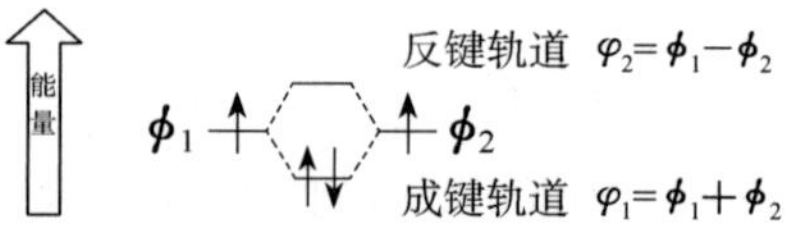

前式表示在分子轨道 φ_1 中两个原子核之间的波函数增大,电子云密度亦增大,这种分子轨道的能量较原来两个原子轨道能量低,所以叫做成键轨道;后式表示在分子轨道 φ_2 中两个原子轨道之间波函数减少,电子云密度减少,这种分子轨道能量比原来两个原子轨道能量反而高,所以叫做反键轨道。

又如,氢分子具有两个分子轨道:一是具有两个电子的成键分子轨道;二是没有电子的反键分子轨道。在成键轨道中的电子有利于成键,而在反键轨道中电子则迫使原子分离(不利于成键)。

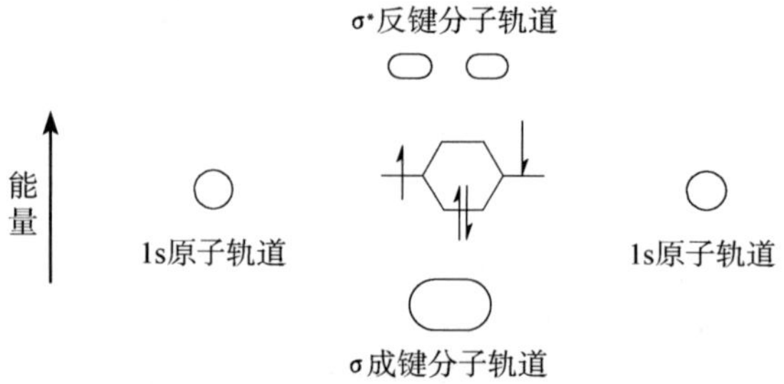

用分子轨道理论,人们很容易理解由于 H_2^+ 在其成键轨道上仅有一个电子,所以 H_2^+ 没有 H_2 那样稳定。我们可以预测 He_2 不存在,因为 He_2 有四个电子,两个在低能量的成键轨道,另两个在高能量的反键轨道,后者将抵消前者的作用。

F_2 的共价键是由两个氟原子的 2p 原子轨道"头碰头"重叠而成。

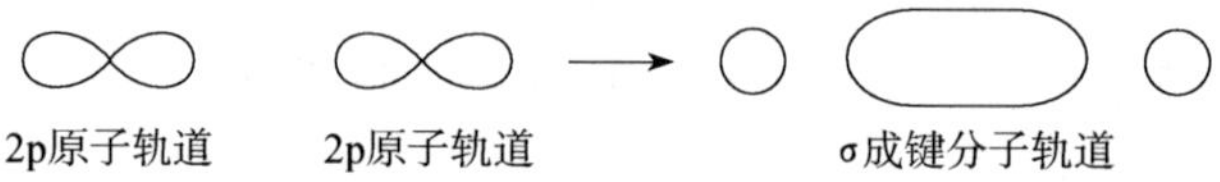

由于 2p 原子轨道的体积大于 1s 的原子轨道,所以 2p 原子轨道上的平均电子云密度低于 1s 原子轨道,因此当 F_2 的 2p 轨道重叠时,其所形成的成键分子轨道的平均电子云密度比 H_2 的成键分子轨道小,因而电子不可能将静电相互排斥的核拉得特别近,因此与 H_2 相比,F_2 的键长长,键能小(F—F 键长 0.142nm;H—H 键长 0.074nm;F—F 键能 159kJ/mol,H—H 键能 435kJ/mol)。

s 原子轨道相互重叠所形成的共价键,显香肠形,其截面为圆形,对长轴呈圆筒形对称,长轴在原子核的联结线上,这种形状的成键轨道称为 σ 轨道,这个反键轨道称为 σ^* 键。

p 原子轨道相互重叠有两种形式:一是"头碰头"方式重叠,类似上述 F—F 键,即形成 σ 键,当两个 p 轨道叠瓣是同相,则形成成键分子轨道 σ,若反相,则形成反键分子轨道 σ^*。成键分子轨道的电子云密度集中在两核间,因此每个重叠轨道的后瓣变小,而反键分子轨道的电子云密度则是组合后在两核间变小,p 轨道的电子云互为反相不重叠且两核间瓣变小,后瓣变大。

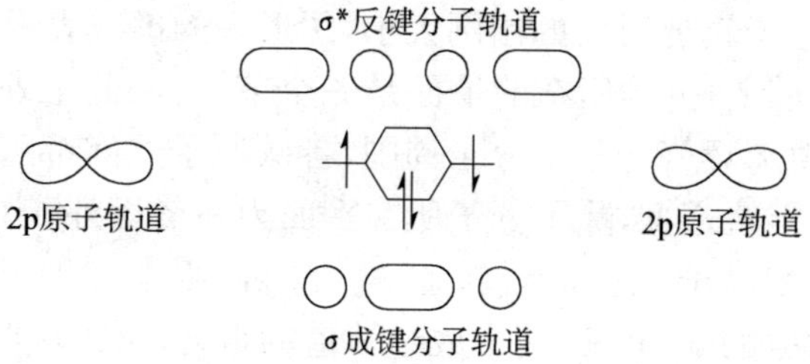

二是两个 p 原子轨道"肩并肩"式重叠形成 π 键，两个同相原子轨道"肩并肩"重叠形成 π 成键分子轨道，而反相重叠形成 π^* 反键分子轨道，在成键分子轨道上的最大电子云密度是在核间长轴的上下边。

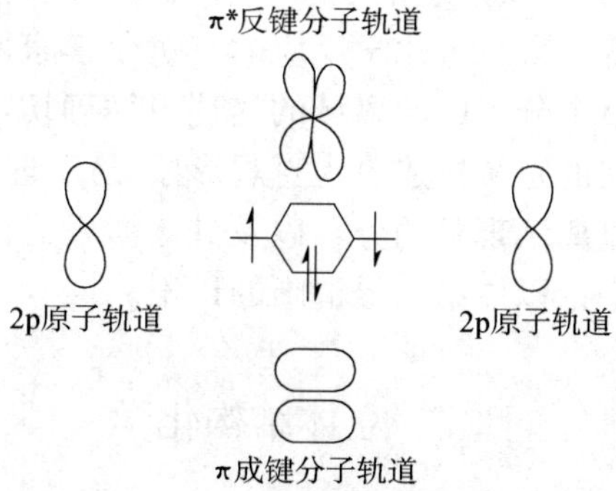

用分子轨道法处理共轭体系的有机分子的化学键是最方便的。例如，按照分子轨道理论，1,3-丁二烯分子中的四个碳原子的四个 p 原子轨道可以通过线性组合而形成四个分子轨道，其中两个是成键轨道，用 π_1 和 π_2 表示；两个是反键轨道，用 π_3^* 和 π_4^* 表示。这些分子轨道的图形如图 3-34 所示。

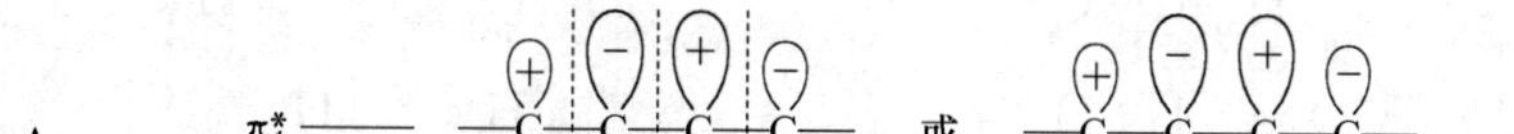

图 3-34　1,3-丁二烯的 π 分子轨道图形

每个分子轨道可以容纳两个电子。在基态时，1,3-丁二烯的四个 p 电子分别位于能量低的 π_1 和 π_2 成键轨道上，而 π_3^* 和 π_4^* 反键轨道中无电子存在。图 3-34 中，p 原子轨道图形的

大小大致表示它们参与分子轨道组成的比例大小，图形中的虚线表示垂直于分子平面的节面。在能量最低的 π_1 成键轨道上，分子所在的平面是一个节面，除此之外没有其他的节面。π_1 分子轨道图形表示此成键轨道环绕于整个分子周围，各碳原子之间都可认为是成键区域。π_1 轨道的能量最低。在 π_2 成键轨道上，除了分子所在平面为一节面外，$C_2—C_3$ 键轴上还有一个节面，使得成键轨道的能量稍高于 π_1。反键轨道 π_3^* 和 π_4^* 则在键轴上还分别有两个和三个节面，能量更高。有电子占据的 π_1 和 π_2 两个成键轨道的组合，可以说明 1,3-丁二烯分子中各碳原子的成键情况，即 $C_2—C_3$ 间的电子云密度将比 $C_1—C_2$ 或 $C_3—C_4$ 间要小，具体表现在 $C_2—C_3$ 间的键长大于 $C_1—C_2$ 间的键长。所以共轭二烯烃中两个双键之间的单键，具有部分双键的性质。

随着计算机技术的发展，分子轨道理论逐渐在有机化学理论中占据主导地位。然而对于习惯于通过考察分子中键的变化来思考化学反应的有机化学家而言，虽然分子轨道理论关于共价键中"价电子"是分布在整个分子中的离域的描述更为确切，但由于价键理论的关于价电子只处于形成的共价键原子间的定域描述更为直观形象，易于理解，目前仍得到广泛应用。由于价键理论不便于处理有明显离域现象的分子以及处于激发态的分子，所以本书将视情况分别选用价键理论或分子轨道理论以便给出最清晰的讨论。

3.7　立体结构化学

有机化合物之所以种类繁多，其主要原因是有机化合物中普遍存在同分异构现象。例如，分子式为 C_2H_6O 的化合物可以有两种不同的结构

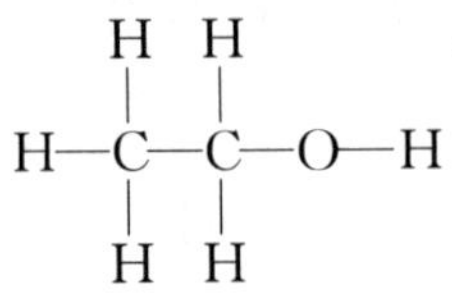
乙醇

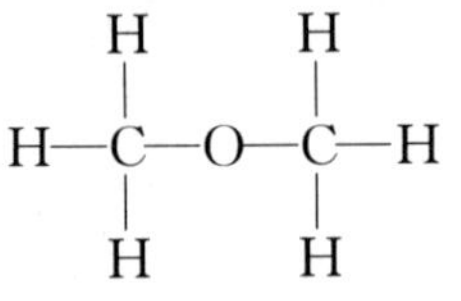
甲醚

这种分子式相同而结构和性质相异的化合物，称为同分异构体，这种现象叫做同分异构现象。

分子中各原子相互结合的方式和次序叫做构造。只是构造不同而致的异构体叫做构造异构体，这种现象叫做构造异构现象。分子的构造相同，但分子中各原子在空间的排列方式不同也可形成不同的异构体，这种异构体称为立体异构体，这种现象称为立体异构现象。立体异构又包括构型异构和构象异构。

异构分类
- 构造异构
  - 碳链异构　如 $CH_3CH_2CH_2CH_3$ 和 $CH_3CH(CH_3)_2$
  - 官能团位置异构　如 $CH_3CH_2CH{=}CH_2$ 和 $CH_3CH{=}CHCH_3$
  - 官能团异构　如 CH_3CH_2OH 和 CH_3OCH_3
- 立体异构
  - 构型异构
    - 顺反异构
    - 对映异构
  - 构象异构

立体化学是一种在三维空间来研究分子的结构和性质的科学，是有机化学的一个重要组成部分，包括化合物及其在化学反应中的立体化学。本节主要讨论化合物的立体结构化学(立

体异构)。反应中的立体化学将在讨论有关反应历程时再做适当介绍。

3.7.1 构象与构象异构

一个分子沿单键旋转形成分子中各原子在空间的不同排列方式称为构象,这些不同的排列称为构象异构体。形成的构象异构体按说应有无数种,但是我们习惯上只是注意其中有限的几个,即由于各取代基和电子云间相互作用的能量最小的及最大的一些构象异构体。

1) 烷烃的构象

当乙烷分子中两个 CH_3 原子团围绕 C—C 键相对旋转时,其氢原子在空间的相对位置将不断改变,形成许多不同的构象异构体。乙烷的构象可以有无数种,其中一种是一个甲基上的氢原子正好处于另一个甲基的两个氢原子之间的中线上,这种排布方式叫做交叉式构象。另一种是两个碳原子上的各个氢原子,正好处在相互对映的位置上,这种排布方式叫做重叠式构象。交叉式构象和重叠式构象是乙烷无数构象中的两种极限情况。图 3-35 和图 3-36 分别是乙烷的两种极限构象的球棒模型及其透视式和纽曼(Newman)投影式。

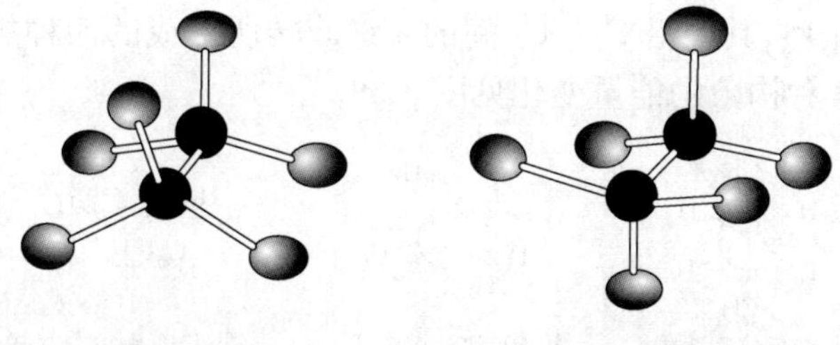

(a) 重叠式结构 (b) 交叉式结构

图 3-35 乙烷的球棒模型

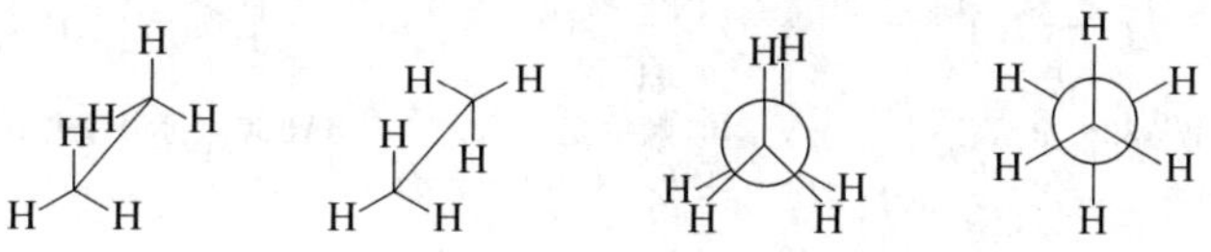

重叠式 交叉式 重叠式 交叉式

(a) 透视式 (b) 纽曼投影式

图 3-36 乙烷两种极限构象的透视式和纽曼投影式

透视式表示从斜面观察乙烷分子模型的情况。纽曼投影式是从碳碳单键的延长线上观察乙烷分子,以表示前面的碳原子及其三个键,表示后面的碳原子及其三个键,旋转的 C—C 键则因垂直于纸面而没有表现。乙烷的各种构象异构体能量不相同,一方面因为前后两碳原子上的氢原子之间的斥力作用,另一方面 C—H 键的 σ 电子云之间也有斥力作用,前后两碳原子上的氢原子离的越近,上述斥力作用越大。在交叉式构象中,前后两碳原子上的氢原子以及两碳氢键之间相距最远,斥力作用最小,能量最低,是乙烷的优势构象。在重叠式构象中,前后两碳原子上的氢原子以及两碳氢键之间相距最近,斥力作用最大,能量最高。处于这两种构象之间的其他无数种构象的能量介于交叉式和重叠式构象之间,如图 3-37 所示。重叠式和交叉式构象之间的能量差可以看作是由于 σ 键的扭转引起的张力作用,称为扭转张力,这之间的能量差称为扭转能。由此可见,乙烷分子中 C—C 单键的旋转并不是完全自由的。

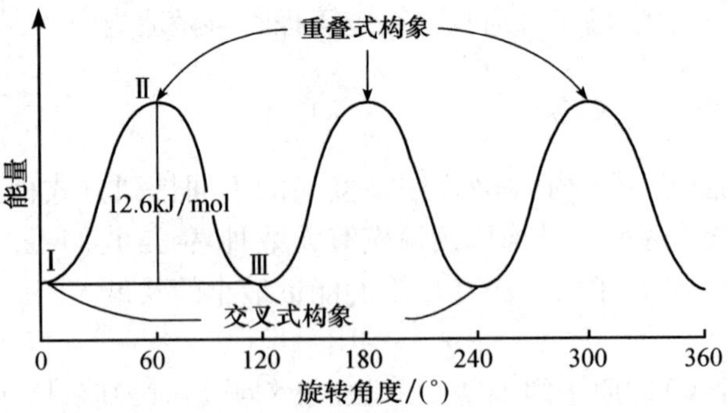

图 3-37　乙烷分子各种构象的能量曲线

单键的旋转能垒一般为 12.6～41.8kJ/mol。在室温下分子的热运动即可越过此能垒，而使各种构象迅速互变。乙烷分子处于各种构象的动态平衡中，交叉式构象的能量最低、最稳定，乙烷的大多数分子都是以交叉式构象形式存在。温度不同，各种构象所占的比例也不相同。可以想像，在一般条件下分离不同的构象是不可能的。

丁烷的构象更复杂些，其中沿 $C_2—C_3$ 间的 σ 键旋转所形成的四种极限构象较为典型，如图 3-38 所示，丁烷的各种构象的能量变化见图 3-39。

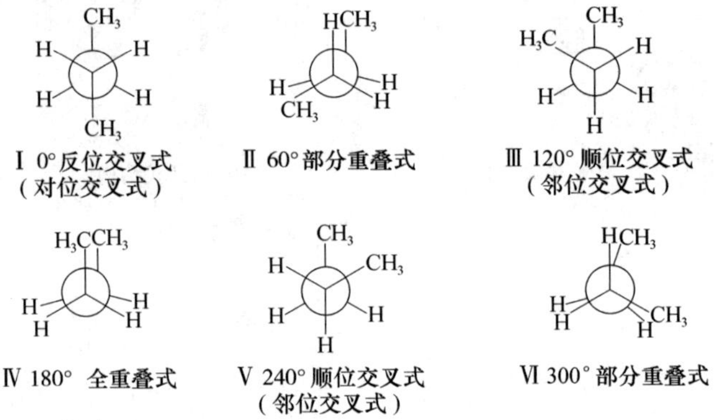

图 3-38　丁烷的构象

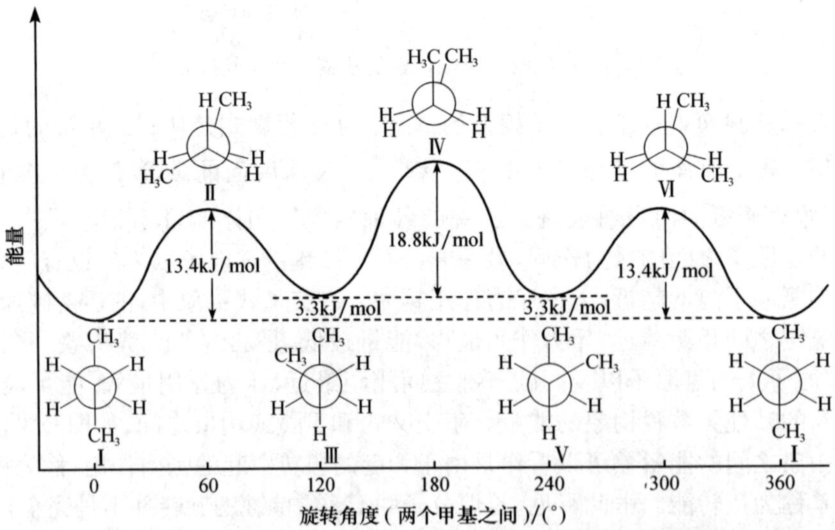

图 3-39　丁烷 $C_2—C_3$ 键旋转引起的各种构象的能量变化

在丁烷的各种构象中，两个体积较大的基团(甲基)离得最远的构象没有扭转张力，能量最低，出现的机会最大，是丁烷的优势构象。这种构象称为对位交叉式构象，其次为邻位交叉式构象，在邻位交叉式构象中，两个甲基靠的比对位交叉式要近些，其能量比对位交叉式要高约 3.3kJ/mol。在全重叠式构象中，两个甲基离的最近，扭转张力最大，能量最高是最不稳定的构象。丁烷的各种构象的能量差也不是很大(最大约为 22.1kJ/mol)，也能相互转化，但常温下大多数丁烷分子也以对位交叉式构象存在。

结构更复杂的烷烃，构象也更复杂，但从以上讨论可看出，它们也主要以对位交叉式为主要存在形式。

2) 环烷烃的构象

单环环烷烃体系中，一般分为小环(含 3～4 个碳原子的环)、普通环(含 5～7 个碳原子的环)、中环(含 8～12 个碳原子的环)及大环(12 个以上碳原子的环)。

环丙烷分子为平面形结构，分子中相邻碳原子上的 C—H 键均处于全重叠式，具有较大的扭转张力，同时分子中还存在较大的角张力，所以环丙烷很不稳定，容易开环。如果环丁烷分子为平面形结构，分子中相邻碳原子上的 C—H 键也处于全重叠式，并且环丁烷比环丙烷多一个 CH_2，处于重叠式构象 C—H 键比环丙烷还要多，那么环丁烷将具有更大的扭转张力。但实际上，环丁烷的四个碳原子不在一个平面上。环丁烷分子是通过 C—C 键的扭转而以一个折叠的碳环形式存在的，因为这样可以减少 C—H 键的重叠，从而使环张力相应降低。环丁烷折叠式构象是四个碳原子中，三个分布在同一平面上，另一个处于这个平面之外(图 3-40)。环丁烷的这种构象虽较平面构象能量有所降低，但环张力还是相当大的，所以环丁烷也是不稳定的化合物。

如果环戊烷分子为平面形结构，所有 C—H 键都是重叠的，因此有较大的扭转张力。为降低扭转张力，环戊烷实际上是以折叠环的形式存在的，四个碳原子基本在一个平面上，另一个碳原子则在这个平面之外。这种构象常叫做“信封式”构象(图 3-41)。在这种构象中，分子的张力不太大，因此环戊烷的化学性质比较稳定。

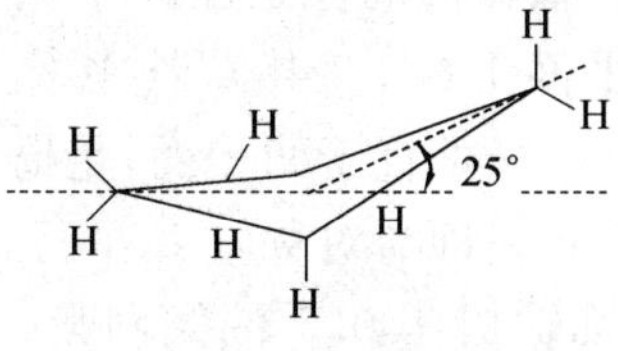

图 3-40　环丁烷的构象

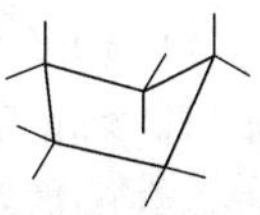

图 3-41　环戊烷的构象

环己烷是环烷烃中最稳定的化合物，环己烷的环是个无张力环，关于它的构象将在后面讨论。

七元以上的中环化合物，由于相隔较远的碳原子上的氢原子(常是环系对面的氢原子)彼此接近，因此比较拥挤而产生张力。图 3-42 是环癸烷的一种可能构象，图中虚线表示这种远程氢原子之间的干扰排斥，因此中等环的张力比普通环的张力又有所增加。目前已知最难合成的就是 C_9～C_{12}的环状化合物。

十二碳原子以上的大环化合物，其分子就变得松动了，基本上是无张力环。例如，环二十二烷是以皱褶形存在，不是共平面的，键角为 109.5°，是由两条碳链组成的无张力环，如图 3-43 所示。

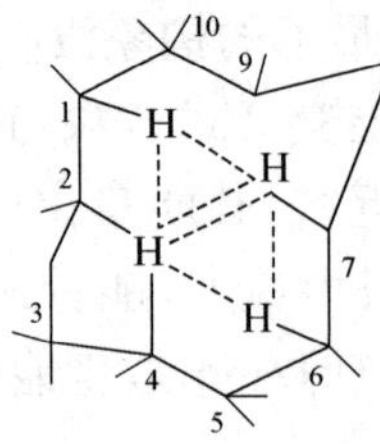

图 3-42　环癸烷分子中远距离氢的排斥

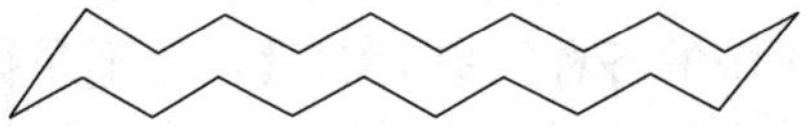

图 3-43　环二十二烷的立体构象

3）环己烷及取代环己烷的构象

环己烷不是平面结构，它的典型构象是椅式构象和船式构象。这两种构象的透视式和纽曼投影式如图 3-44 所示。

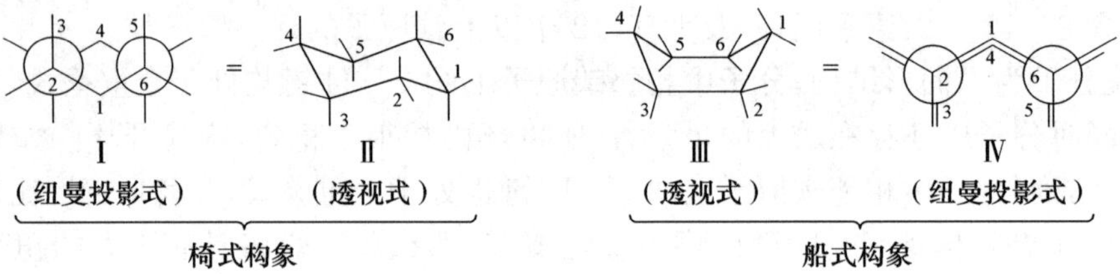

图 3-44　环己烷的椅式和船式构象

在椅式构象中，所有 C—C—C 键角基本保持 109.5°，而且任何相邻碳上的 C—H 键都是交叉式的，所以环己烷的椅式构象是一个既无角张力，也无扭转张力的无张力环。在船式构象中所有键角也都接近 109.5°，故也没有角张力。但从图 3-44 中可以看出，其相邻碳上的C—H 键并非全是交叉的，图 3-44 的船式构象中，C_2 和 C_3 上的 C—H 键，以及 C_5 和 C_6 上的 C—H 键，都是全重叠式，故具有扭转张力。此外船式构象中 C_1 和 C_4 上的两个内伸的氢原子之间由于距离较近而互相排斥，这也使分子的能量有所升高。船式和椅式相比，船式的能量高，稳定性差，在常温下环己烷的椅式构象和船式构象是相互转化的，在平衡混和物中椅式构象占绝对优势（约占 99.9%），椅式环己烷没有张力，具有与烷烃相类似的稳定性。

椅式环己烷的六个碳原子在空间分布在两个平面上（图 3-45），其中 C_1，C_3，C_5 在平面 P 上，C_2，C_4，C_6 在平面 P′上，P 和 P′平行。图 3-45 中 C 线垂直于两平面，是椅式构象的对称轴。环己烷有 12 个 C—H 键，其空间取向不同，分为两种：一种与对称轴 C 平行，垂直于 P 和 P′平面，叫做直立键，或 a 键（axial bond）；另一种与对称轴成 109.5°的倾斜角，与平面 P 或 P′成 19.5°的倾斜角并且伸向环外，叫做平伏键或 e 键（equatorial bond），如图 3-46 所示。

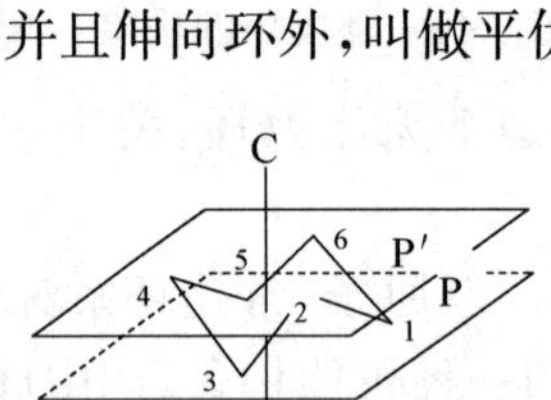

图 3-45　环己烷椅式构象中碳原子的空间排布

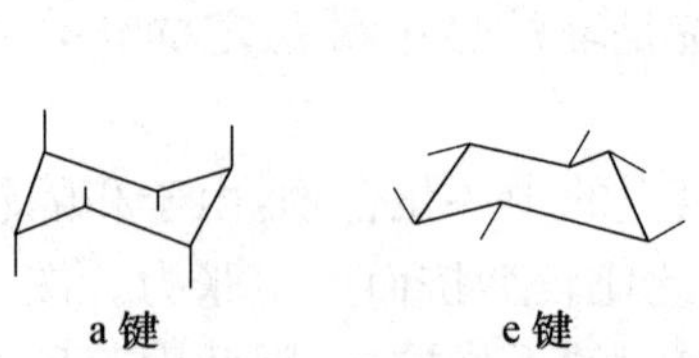

图 3-46　椅式构象中的两种 C—H 键

环己烷分子并不是静止的，通过 C—C 键的不断扭动，它可以由一种椅式翻转为另一种椅式。翻转以后，原来分布在 P 平面上的三个碳原子转移到 P′平面上，而原来在 P′平面上的碳原子则转移到 P 平面上。同时原来的 a 键变成 e 键，原来的 e 键变成 a 键，而后一种椅式又可以再翻转成原来的椅式(图 3-47)。常温下,这种构象的翻转进行得非常快,达到动态平衡状态时,两种构象各占一半。因为六个碳上连接的都是氢原子,所以这两种椅式构象是等同的分子,能量也相同。环己烷衍生物绝大多数也以椅式构象存在,且大都可以进行构象翻转,但翻转前后的两种构象可能是不相同的。

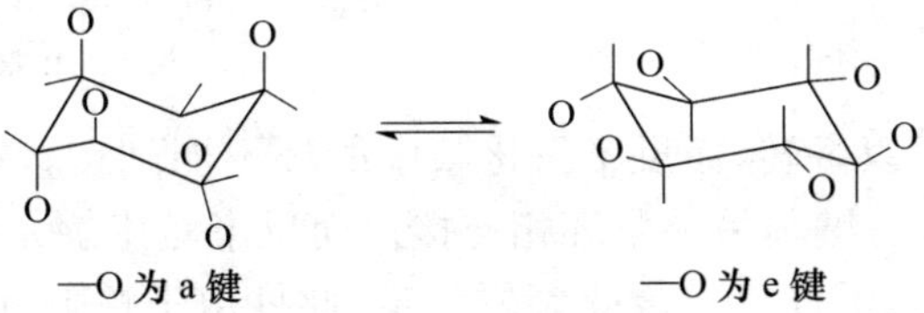

图 3-47　椅式构象的翻转

甲基环己烷分子中甲基可以在 e 键上,也可以在 a 键上,它们通过环的翻转互相转变,两种构象形成动态平衡(图 3-48)。甲基在 e 键上时,与邻近的氢原子相距较远,而在 a 键上时受到环同一边 3,5-位上 a-氢原子的排斥,能量升高,因此在平衡时,较稳定的 e-甲基构象占多数(95%左右)。取代基越大,e-取代基构象越多。例如,异丙基环己烷中,e-异丙基构象约占 97%,叔丁基环己烷差不多完全以一种构象存在,e-叔丁基构象大于 99.99%。

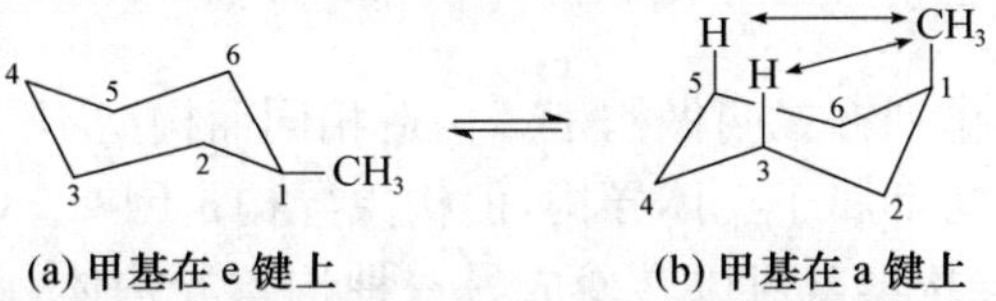

图 3-48　甲基环己烷椅式构象的翻转

二取代环己烷中,若两个取代基不在同一个碳原子上时有六种异构体,如 1,2-二甲基环己烷有顺式和反式两种异构体,在顺式异构体分子中,两个甲基只能一个在 a 键上,一个在 e 键上,翻转后也是这样,能量不变。在反式异构体分子中,两个甲基或者都在 a 键上,或者都在 e 键上,都在 e 键上的构象要比都在 a 键上的构象稳定得多。因此在环己烷多取代物中,e 取代基最多的构象最稳定。

在顺-1-甲基-4-叔丁基环己烷中,两个取代基为 ae 型的,叔丁基在 a 键上受到的环同一边两个 a 氢原子的排斥远大于甲基,因此较稳定的构象是叔丁基在 e 键,甲基在 a 键的构象,因此环己烷的多元取代物中体积大的取代基在 e 键的构象较稳定。

4）十氢化萘的构象

十氢化萘分子中含有两个环己烷环,它们共用两个碳原子。十氢化萘有顺式和反式两种构型,可用下式表示:

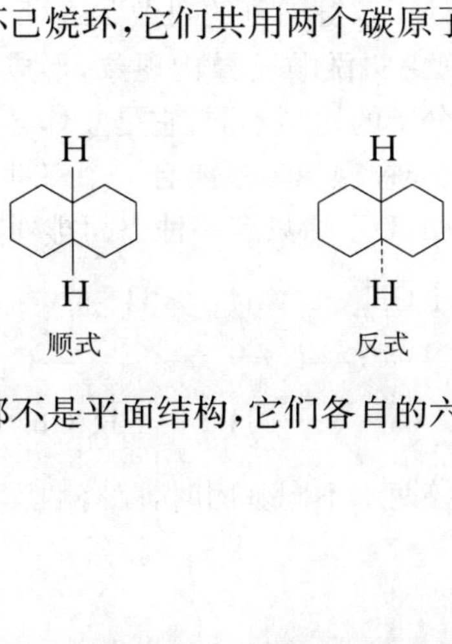

顺十氢化萘和反十氢化萘都不是平面结构,它们各自的六元环都是椅式的。

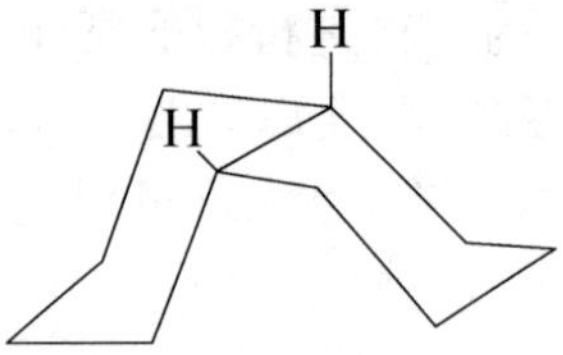

顺十氢化萘

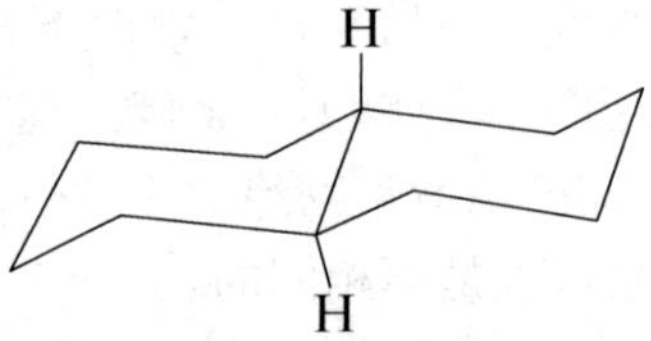

反十氢化萘

顺十氢化萘中的环可以翻转，而反十氢化萘中的环不能翻转。顺十氢化萘分子中一个环己烷环用一个 a 键和一个 e 键与另一个环相连接。而反十氢化萘分子中的一个环己烷环用两个 e 键与另一个环相连接，因此反十氢化萘较稳定，此外由于顺十氢化萘分子中环下方几个 a 键上的氢原子比较靠拢，有些拥挤，也使分子能量升高，可用下式表示：

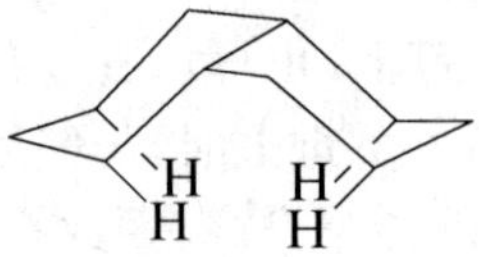

3.7.2 构型和构型异构

3.7.2.1 顺反异构

分子中各原子的空间排列方式叫做构型。构造相同而构型不同的化合物互相称为构型异构体。构型异构与构象异构都属于立体异构，但构象异构是因 C—C 单键旋转而产生的，只要通过键的扭转，一种构象异构体就可以转变成另一种构象异构体；而构型异构体之间的转化，必须断裂分子中的两个键，然后对换两个基团的空间位置，此过程所需能量较高。构型异构包括顺反异构和对映异构。

1）烯烃的顺反异构

由于双键碳原子不能作相对旋转，也由于双键两端碳原子连接的四个原子处在同一平面上，因此，当两个双键碳原子各自连接不同的原子或原子团时，就有可能生成两种不同的异构体。

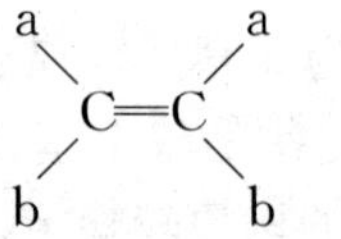

顺式

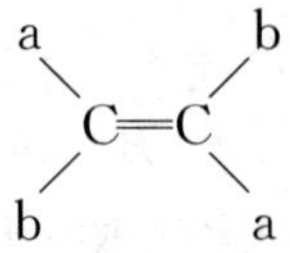

反式

如上式所示，两个相同基团处于双键同侧的叫做顺式，反之叫做反式。这种由于双键碳原子连接不同基团而形成的异构现象叫做顺反异构现象，形成的同分异构体叫做顺反异构体。顺反异构体的分子构造相同，但分子的构型不同，它是立体异构体的一种。

并不是所有的烯烃都有顺反异构现象。只要有一个双键碳原子所连接的两个取代基是相同的，就没有顺反异构现象。例如，1-丁烯只有一种空间排列方式：

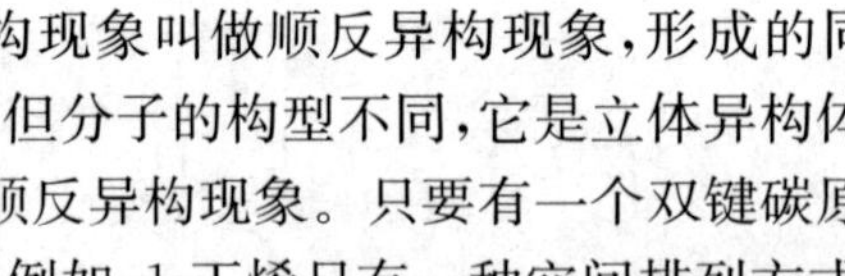

反之，当双键的两个碳原子各连接两个不同基团时，就有顺反异构现象。下列化合物都有顺反

异构体存在：

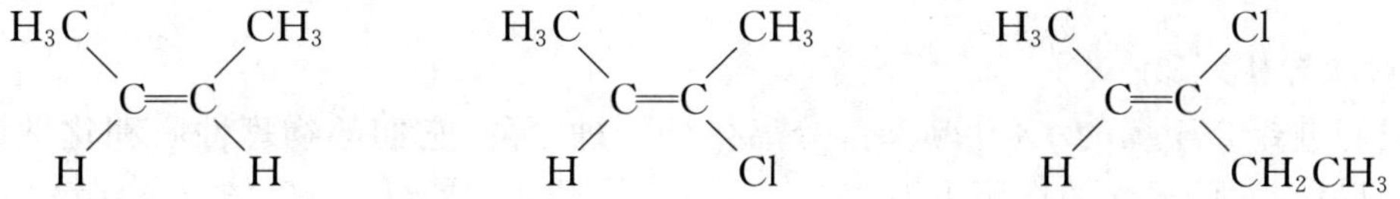

2）取代环烷烃的顺反异构

在环烷烃分子中，由于碳原子连接成环，环上 C—C 单键不能自由旋转。因此在环烷烃的分子中，只要环上两个碳原子各连接有不同的原子或原子团，就有构型不同的顺反异构体存在。例如，1，4-二甲基环己烷就有顺反异构体。两个甲基在环平面同一边的是顺式异构体，两个甲基分布在环平面两边的是反式异构体。在书写环状化合物的结构式时，为了表示出环上碳原子的构型，可以把碳环表示为垂直于纸面[式Ⅰ、Ⅲ]，将向前面（向着读者）的三个键用粗线或楔形线表示，把碳上的基团排布在环的上边和下边（若碳上没有取代基只有氢原子，也可省略不写）。或者把碳环表示为在纸面上[式Ⅱ、Ⅳ]，把碳上的基团排布在环的前方和后方，用实线表示伸向环平面前方的键，虚线表示伸向后方的键。因此，1，4-二甲基环己烷的顺反异构体分别表示如下：

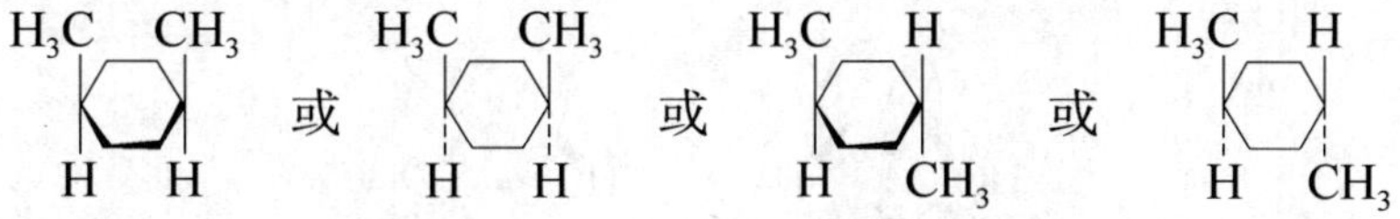

Ⅰ Ⅱ Ⅲ Ⅳ

顺-1，4-二甲基环己烷　　反-1，4-二甲基环己烷

必须指出，无论烯烃还是取代环烷烃，分子产生顺反异构现象，需要在结构上具备两个条件：①分子中要有限制旋转的因素，如烯烃的碳碳双键及环烷烃的碳环；②至少两个碳原子（双键碳或环上的碳原子）上必须连接有两个不同的原子或原子团。

3）含 C═N 键化合物的顺反异构

含 C═N 键的化合物，如亚胺、肟、腙、缩氨脲等，N 原子也是 sp^2 杂化，当两双键原子连有不同原子或原子团时出现不同空间排列，即顺反异构，如

(*Z*)-苯甲醛肟　　(*E*)-苯甲醛肟

双键上 C 与 N 不同之处是 C 连接两个原子或原子团，N 连接一个原子或原子团，另一个 sp^2 杂化轨道被孤对电子占据。

4）含 N═N 键化合物的顺反异构

含有 N═N 键的化合物是偶氮化合物，N 上连的两个基团在 π 键同侧的为顺式或 *Z*，在异侧的为反式或 *E*，如

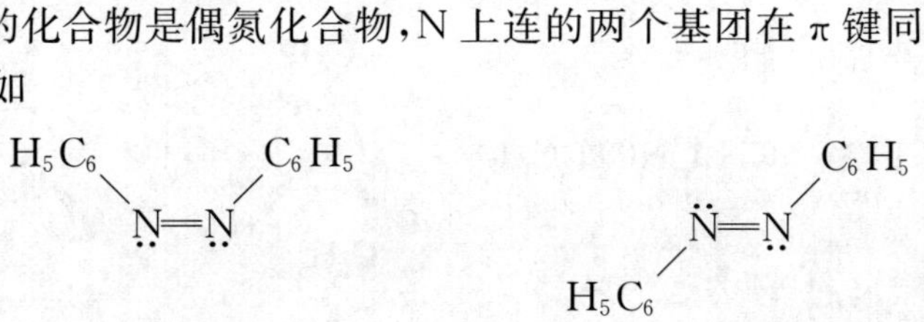

(*Z*)-偶氮苯　　(*E*)-偶氮苯

3.7.2.2　对映异构

1）对映异构现象

当我们进行 2-丁烯的水合反应时，分离得到两种丁醇，它们的物理性质和化学性质基本上相同，只是在对偏振光的作用上有差异：一种使偏振光向右转（右旋体，dextrorotatory）；另一种使偏振光向左转（左旋体，levorotatory），旋转度数基本上相同。

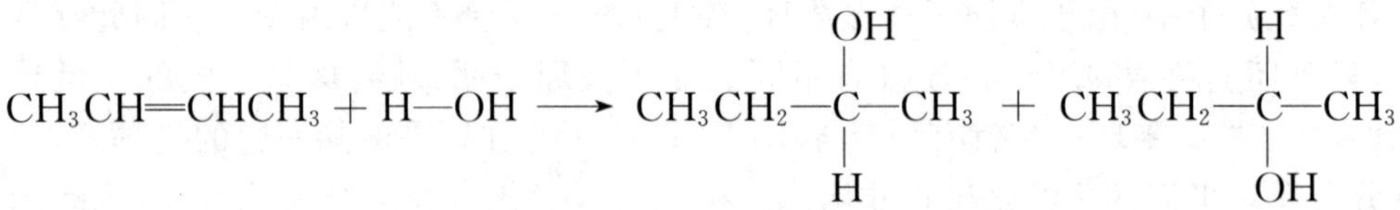

左旋体$[\alpha]_D^{25}=-13.52°$　　右旋体$[\alpha]_D^{25}=+13.52°$

它们的结构如按平面来书写，很难看出区别，都是 $CH_3CH_2CH(OH)CH_3$。可是在空间排列上它们是不同的，互成镜像不重合，所以不是一个化合物，是构型异构体。

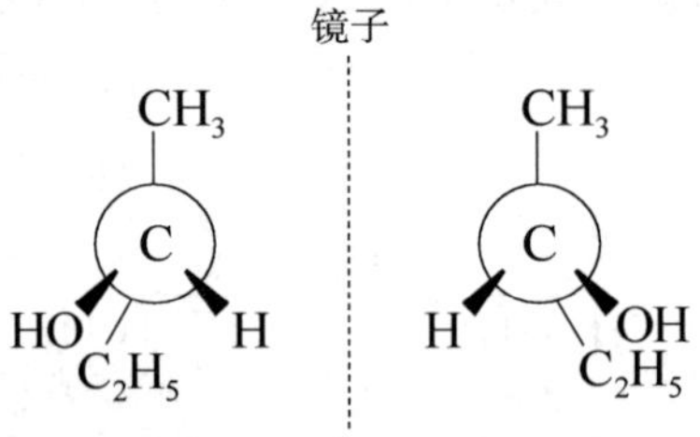

左旋 2- 丁醇　　右旋 2- 丁醇

这里粗线（楔形线）表示指向纸平面前，细线（或虚线）表示指向平面后。由于这两个异构体互相对映，故称为对映体（enantiomer）。这种现象称为对映异构现象。又因为它们中一个使偏振光向左转，另一个使偏振光向右转，所以对映体也常称为旋光异构体（optical isomer）。

并非所有的烯烃加水都能得到对映异构体。例如，丙烯加水后生成的异丙醇只有一种结构，没有对映异构体。

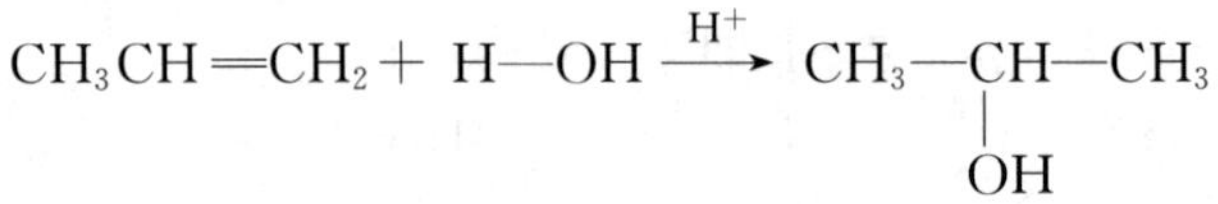

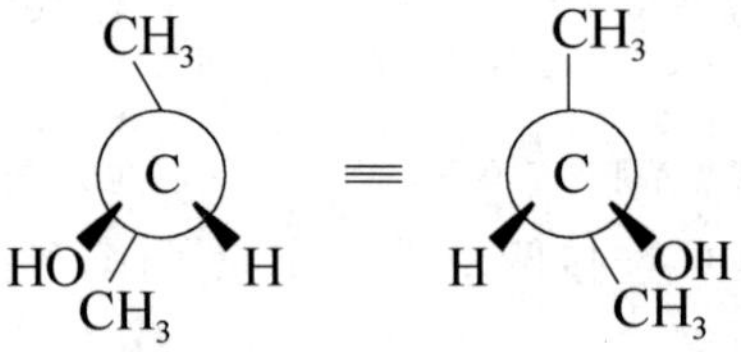

其他类型的化合物有的也有对映体，如

2-氯丁烷

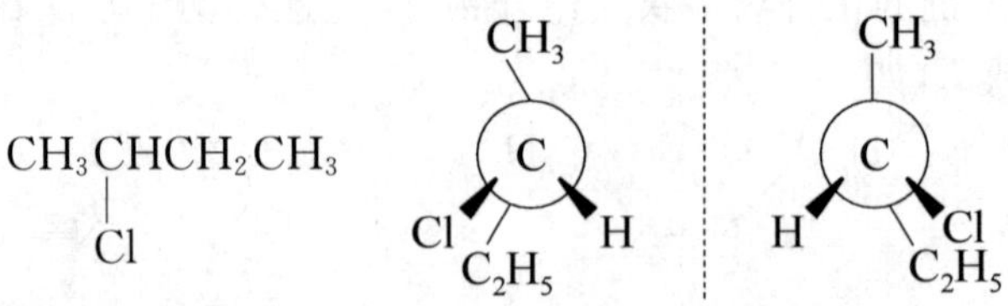

乳酸　$CH_3CHCOOH$
　　　　　　|
　　　　　　OH

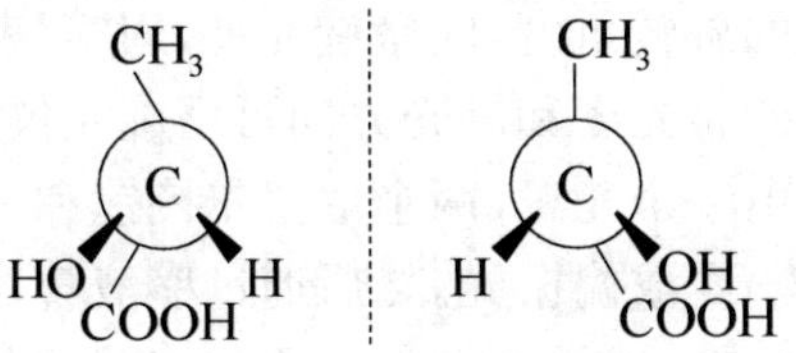

旋光异构现象是用偏振光来鉴别的，那么什么是偏振光？化合物的旋光性是怎样测定的？什么样的化合物有旋光性？下面分别做简要介绍。

A. 偏振光和分子旋光性的测定

我们知道光是一种电磁波。通常光线可在垂直于它的传播方向的各个不同平面上振动。如图 3-49 所示，每个双箭头表示与光的前进方向垂直的平面。

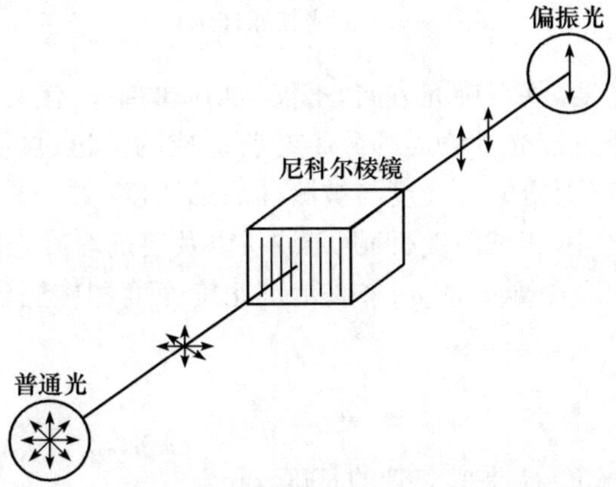

图 3-49　普通光与偏振光

假使让普通光线通过一个尼科尔(Nicol)棱镜(或人造偏振片)，则一部分光线将被阻挡下来而不能通过。因为这种棱镜具有一种特殊的性质，它只能使在某一平面上振动的光线通过。如这个棱镜的轴是直立的，那么只有在这个直立平面上振动的光线才能通过。这种通过尼科尔棱镜只在一个方向上振动的光线叫做平面偏振光，简称偏振光。

当偏振光通过某种介质时，有的介质对偏振光没有作用，即透过介质的偏振光仍在原方向上振动，而有的介质使偏振光振动方向发生旋转(图 3-50)。这种能旋转偏振光而具有旋光性的物质叫做旋光性物质或光活性物质。

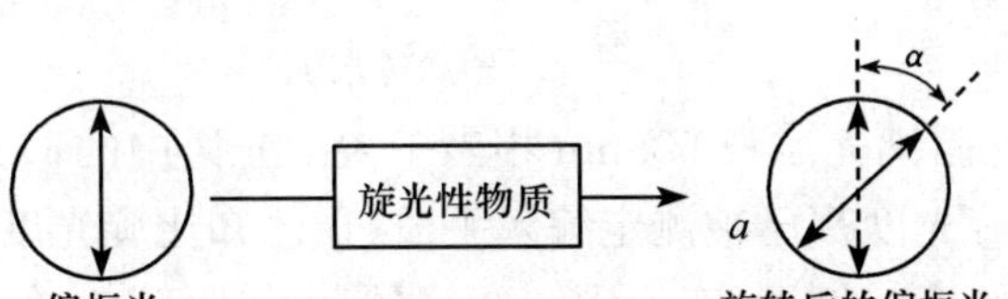

图 3-50　偏振光的旋转

对映体的一般物理性质，如熔点、沸点、相对密度、折光率、在一般溶剂中的溶解度等都相同，只是对偏振光的作用不同。这种作用的不同就表现在两者的旋光方向相反，即一个对映体是右旋的，另一个是左旋的，但它们的旋光能力是相等的。就是说，如果其中之一在一定条件下右旋多少度，则另一个在相同的条件下左旋相同的度数。通常用“*d*”(拉丁文 dextro 的缩写，“右”的意思)或“+”表示右旋，用“*l*”(拉丁文 laevo 的缩写，“左”的意思)或“－”表示左旋。

偏振光振动方向的旋转角度，叫做旋光度，用“α”表示。

旋光性物质的旋光度和旋光方向可用旋光仪进行测定。

旋光仪主要由一个光源、两个尼科尔棱镜和一个盛测试样品的盛液管组成。普通光经第一个棱镜(起偏镜)变成偏振光，然后通过盛液管，再由第二个棱镜(检偏镜)检验偏振光的振动方向是否发生了旋转，以及旋转的方向和旋转的角度(图 3-51)。

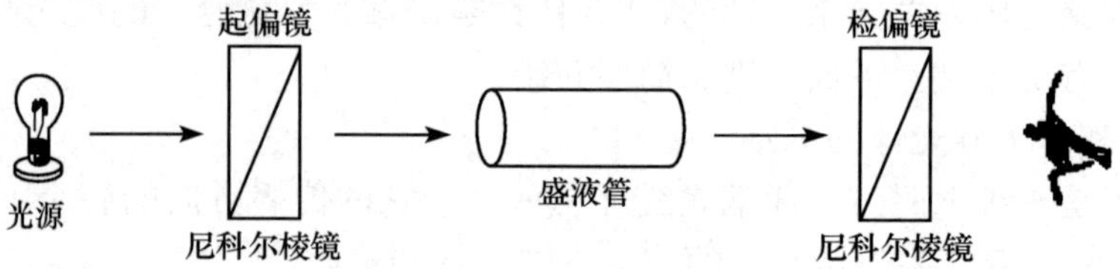

图 3-51　旋光仪原理示意图

由旋光仪测得的旋光度，甚至旋光方向，不仅与物质的结构有关，而且与测定的条件有关，因为旋光现象是偏振光透过旋光性物质的分子时所造成的。透过的分子越多，偏振光旋转的角度越大。因此，由旋光仪测得的旋光度与被测样品的浓度(如果是溶液)以及盛放样品的管子的长度都有关。除此之外，测试温度、偏振光波长以及溶剂对旋光度也有影响。物质的旋光度一般用比旋光度(specific rotation)$[\alpha]$来表示。比旋光度和旋光仪中读到的旋光度 α 有以下关系：

$$[\alpha]=\frac{\alpha}{lc}$$

式中：c 是溶液的浓度(g/mL)；l 是盛液管的长度(dm)。

若所用的样品是纯液体，那么

$$[\alpha]=\frac{\alpha}{l\rho}$$

式中：ρ 是液体的密度(g/cm^3)。

因为比旋光度受温度(T)、波长(λ)、溶剂的影响，所以表示比旋光度时它们都要在式子中注明即$[\alpha]_{\lambda}^{T}$，同时必须指出旋光方向。例如，葡萄糖水溶液在 25℃用钠光灯作光源测得的比旋光度为右旋 52.5°，写作

$$[\alpha]_{\mathrm{D}}^{25}=+52.5°(\text{水})$$

果糖的比旋光度则为

$$[\alpha]_{\mathrm{D}}^{25}=-93°(\text{水})$$

其中“D”代表钠光波长。因钠光波长 589nm 相当于太阳光谱中的 D 线。

由于许多物质的比旋光度都已被测定编入手册，在已知比旋光度的情况下，可利用上面介绍的公式来鉴定物质的纯度。例如，有一未知浓度的葡萄糖溶液，在钠光灯源，25℃下测得其旋光度为+3.4°，从手册上查知葡萄糖的比旋光度$[\alpha]_{\mathrm{D}}^{25}=+52.5°$(水)，若管长为 1dm，则此葡萄糖溶液的浓度为

$$c=\frac{\alpha}{[\alpha]_{\mathrm{D}}^{25}\times 1}=\frac{+3.4}{+52.5\times 1}=0.0647(\mathrm{g/mL})$$

在制糖工业中常利用旋光度来控制溶液的浓度，十分方便。

应该指出的是，测定旋光度时，旋光仪上的一次读数不能无误地给出旋光物质的旋光度。例如，一种物质测得旋光仪读数为 60°，究竟应为+60°还是−300°？可将浓度降低到原来的

1/2,或旋光仪盛液管长度缩短 1/2 再测一次。若第二次读数为 +30°,则第一次应是 +60°;若第二次读数为 −150°,则第一次应是 −300°。测定两种不同浓度或两种不同盛液管长度下的旋光度,经常可以无误地确定旋光物质的旋光度,从而得到旋光物质的比旋光度。

正像物质的熔点、沸点、相对密度、折射率一样,比旋光度是旋光性物质的一个物理常数,可以定量地表示旋光物质的一个特征——旋光性。

B. 对称元素和手性

手是不能与自身镜像相叠合的。因此一个物体若与自身镜像不能叠合,就叫做具有手性。一对对映异构体是互成镜像的,所以它们都具有手性。在立体化学中,不能与自身镜像叠合的分子叫做手性分子,而能叠合的分子叫非手性分子。对映体都是手性分子,例如,乳酸分子就是手性分子。

不能与镜像叠合是手性分子的特征。但要判断一个化合物是否具手性,并非一定要用模型来考察它与镜像能否叠合起来,复杂分子较难利用这一判别标准。一个分子能否与其镜像叠合,即是否具有手性,与分子的对称性有关。只要考察分子的对称性就能判断它是否具有手性。考察分子的对称性,需要考虑的对称因素有下列四种:

(1) 对称轴(旋转轴)。设想分子中有一条直线,当分子以此直线为轴旋转 360°/n 后(n=正整数),得到的分子与原分子相同,这条直线就是 n 重对称轴,用 C_n 表示(图 3-52)。

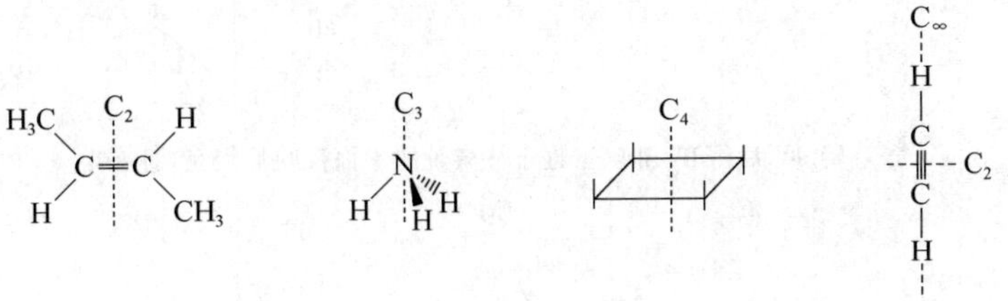

图 3-52　分子对称轴示意图

反-2-丁烯有一个二重轴 C_2,氨有一个三重轴 C_3,环丁烷有一个四重轴 C_4,线形分子有一个 C_∞ 轴。有 n 重轴 C_n 的分子,绕轴旋转一周,可以得到 n 个与原始构型无法区别的等价构型。分子中对称轴不一定只有一种,如线形分子乙炔除有一个 C_∞ 轴外,还有无数个 C_2 轴。

(2) 对称面。设想分子中有一个平面,它可以把分子分成互为镜像的两半,这个平面就是对称面,符号为 σ(图 3-53)。

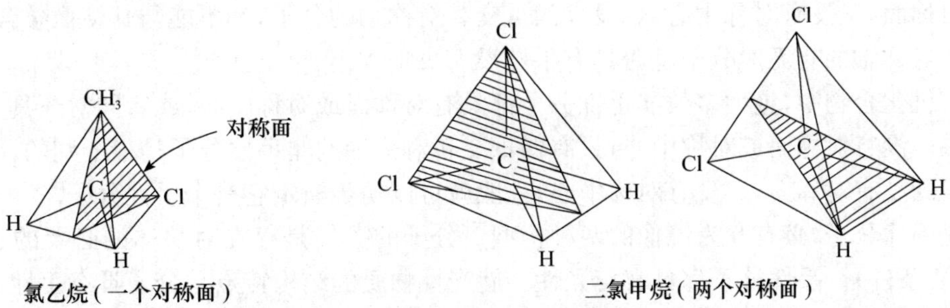

图 3-53　分子对称面示意图

分子中每个原子通过对称面反映得到新的构型与原来构型是等价的。有对称面的分子中不在对称面上的原子一定是成对的,在对称面的两边等距离处各有一个,如果某一种原子的数目为奇数，则其中至少有一个在对称面上。分子的对称面可能不只一个，如二氯甲烷有两个对称面。平面形分子，如水、硫化氢等，分子所在的平面也是一个对称面。线形分子有无数个对称面。

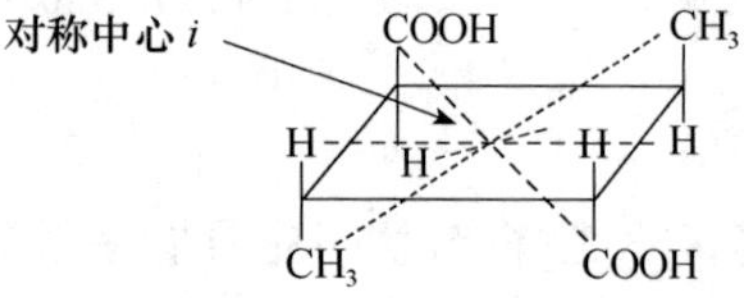

图 3-54　分子对称中心示意图

(3) 对称中心。设想分子中有一个点，分子中任何一个原子或基团向这个点连线，在其延长线的相等距离处都可以遇到相同的原子或基团，这个点就是该分子的对称中心，符号为 i。一个分子只可能有一个对称中心，见图 3-54。

(4) 交替对称轴(旋转反映轴)。设想分子中有一条直线，当分子以此直线为轴旋转 360°/n 后，再用一个与此直线垂直的平面进行反映(以此平面为镜面，作出镜像，常称作镜像反映)，如果得到的镜像与原来的分子完全相同，则这条直线就是交替对称轴，用 S_n 表示。如图 3-55(a)和图3-55(b) 中的分子分别具有四重交替对称轴 S_4 和二重交替对称轴 S_2。

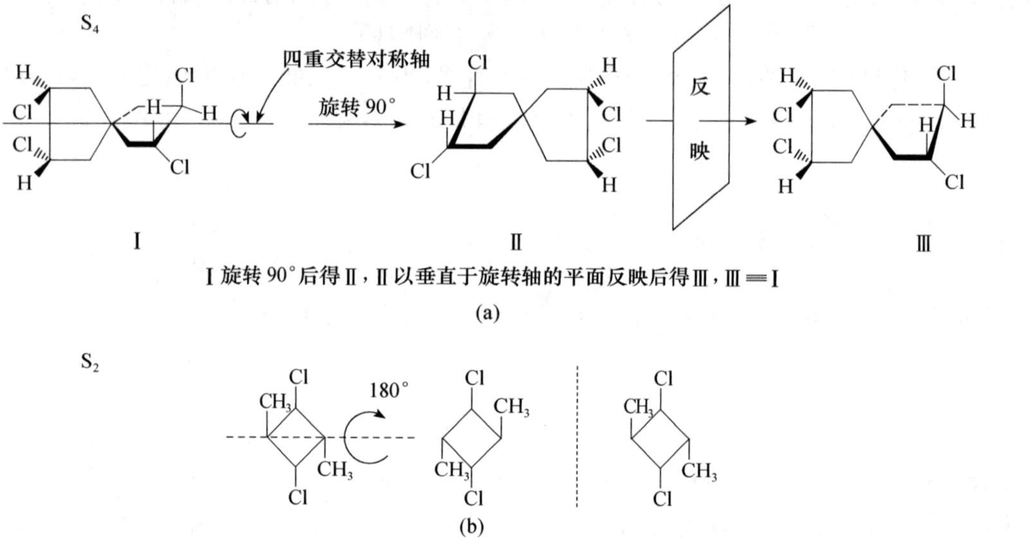

图 3-55　分子交替对称示意图

凡具有对称面、对称中心或交替对称轴的分子，都能与其镜像叠合，都是非手性分子。而既没有对称面，又没有对称中心，也没有四重交替对称轴的分子，都不能与其镜像叠合，都是手性分子。对称轴的有无对分子是否具有手性没有决定作用。

在有机化合物中，绝大多数非手性分子都具有对称面或对称中心，或者同时还具有四重交替对称轴。没有对称面或对称中心，只有四重交替对称轴的非手性分子是很个别的，因此只要一个分子既没有对称面，又没有对称中心，一般就可以初步断定它是个手性分子。

凡是手性分子，必有互为镜像的两种构型。分子的手性是存在对映体的必要的和充分的条件(充要条件)。手性分子都具有旋光性。旋光性物质的结构特点是分子具有手性。

2) 含一个手性碳原子的化合物的对映异构

有机化合物分子是否具有手性取决于其化学结构。在有机化合物中，手性分子大都含有与四个互不相同的基团相连的碳原子。这种碳原子没有任何对称因素，故叫做不对称碳原子，或手性碳原子。乳酸 $CH_3\overset{*}{C}HOHCOOH$ 的第二个碳就是这样一个碳原子。在结构式中通常用"＊"标出手性碳原子。

含有一个手性碳原子的分子一定是一个手性分子。一个手性碳原子可以有两种构型，所以含有一个手性碳原子的化合物有构型不同的两种分子。例如，含有一个手性碳原子的乳酸就有两种。它们都有旋光性(一个右旋，一个左旋)，是互为对映体的立体异构体。右旋乳酸 $[\alpha]_D^{25}=+2.6°$，m. p. 53℃。左旋乳酸 $[\alpha]_D^{25}=-2.6°$，m. p. 53℃。它们可以分别由葡萄糖在不同菌种的作用下经发酵制得。用化学合成的方法也能制得乳酸，但合成得到的乳酸和用发酵法得到的乳酸，性质上有差别。前者没有旋光性，m. p. 18℃。这是因为由合成得到的乳酸不是单纯的化合物，而是等量的右旋乳酸和左旋乳酸的混合物。右旋乳酸和左旋乳酸旋光方向相反，但旋光能力相等，所以等量混合时，旋光性消失。这种由等量的对映体相混合而得的混合物叫做外消旋体。外消旋体不仅没有旋光性，而且其他物理性质也往往与单纯的旋光体不同。例如，外消旋体乳酸的熔点(18℃)比右旋或左旋乳酸的熔点(53℃)低。外消旋体是两种分子的混合物。但这两种分子是对映体，分子中任何两个原子之间的距离都相同，因此两分子的能量相同。对映体在非手性环境中除旋光方向相反外，各种物理性质都相同，如熔点、沸点、在非手性溶剂中溶解度及与非手性试剂反应的转化速率等都相同。在手性环境中对映体的某些性质则不同。如旋光性、与手性试剂反应或在手性催化剂或手性溶剂中的转化速率都不相同。所以，一般的物理方法，如分馏、重结晶等方法，不能把外消旋体分开。要达到拆开分离的目的，必须采用其他特殊的方法。

旋光性化合物在物理因素或化学试剂作用下变成两个对映体的平衡混合物，失去旋光性的过程称为外消旋化。

A. 构型的表示

用分子模型的图形(球棒式)可以清楚地表示出手性碳原子的构型。现在广为使用的是费歇尔(Fischer)投影式。图 3-56 是两种乳酸的分子模型图及其费歇尔投影式。

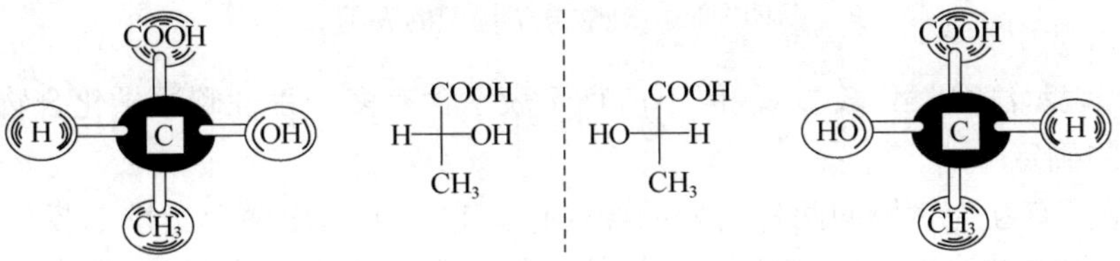

图 3-56　乳酸的分子模型图和投影式

在费歇尔投影式书写中，有如下规定：①将手性碳原子放在纸平面上，横键表示该键伸向纸平面前方，竖键表示伸向纸平面后方，简言之即横前竖后；②一般情况下，将碳链放在竖键上，并且 1 号碳原子始终在竖键的最上端；③手性碳原子可以写出来，也可以不写出来。在书写费歇尔投影式时，必须将模型按这样的规定方式投影。同样，在使用费歇尔投影式时，也必须记住由于是用平面书写方式表示分子构型的立体概念。所以，对于费歇尔投影式：①不能随意调换基团的位置。但若固定其中一个基团，其他三个基团按次序(顺时针或逆时针)位置交换，其构型不变，即所得化合物结构与原结构是等价的。如果对调手性碳原子上任何两原子或原子团，一般对调两次(或偶数次)就是原来的化合物，对调一次(或奇数次)就变成它的对映体。②不能离开纸面翻转 180°，否则得到的是它的对映体(或镜像)；但可以在纸面上旋转 180°。③不能在纸面上旋转 90°或 270°，否则也将得到它的对映体(或镜像)。

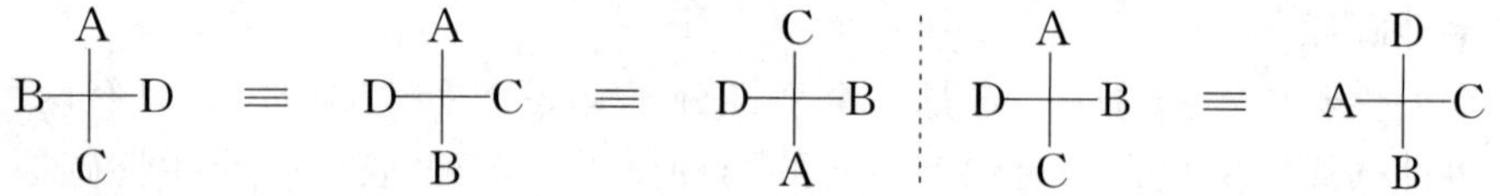

以费歇尔投影式表示构型，应用相当普遍。但有时为了更直观些，也常用另一种表示法，即透视式，它是将手性碳原子表示在纸面上，用实线表示纸面上的键，用虚线表示伸向后方的键，用楔形实线表示伸向纸前方的键，简言之即楔前虚后实平面。另外有时也常用锯架式、楔形式、纽曼投影式来表示其构型。旋转纽曼投影式上的原子(团)使成重叠形式，再加以平板化即可得到费歇尔投影式，见图 3-57。

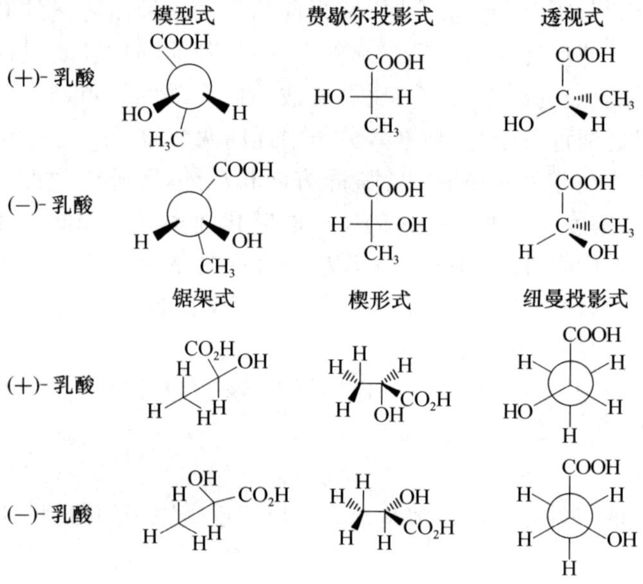

图 3-57　乳酸分子构型的表示

后面两种表示法虽然比较直观，但不适宜于表示含有多个手性碳原子化合物的构型。

B. 构型的确定

对映体是具有互为镜像的两种构型的异构体。它们可以用两个费歇尔投影式来表示，其中一个投影式代表右旋体、另一个代表左旋体。但是哪一个代表右旋体、哪一个代表左旋体，从模型或投影式中都看不出来。通过旋光仪可以测定出对映体中哪一个是右旋的、哪一个是左旋的，但是根据旋光方向不能判断构型。因此对映体的构型，在还没有直接测定的方法之前，只能是任意指定的。即如果指定右旋体的构型是两种构型中的某一种，那么左旋体就是另一种。因而这种构型只具有相对的意义。同时对各种化合物的构型如果都这样任意地指定，必然会造成混乱。为此，有必要选定一种化合物的构型作为确定其他化合物构型的标准。1906 年，Rosanoff 等人为选用甘油醛(2，3-二羟基丙醛，CH_2OH—CHOH—CHO)作为标准构型的化合物，它含有一个手性碳原子，故有两种构型。它们的费歇尔投影式如下：

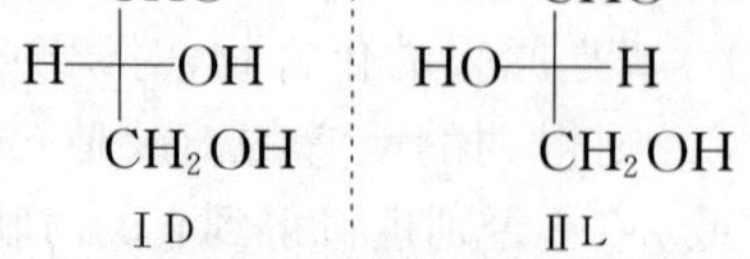

Ⅰ D　　　　Ⅱ L

现指定Ⅰ代表右旋甘油醛的构型，那么Ⅱ就是左旋甘油醛的构型。在甘油醛的投影式中，总是把碳链竖立起来，醛基（第一个碳原子）在上面，而羟甲基（第三个碳原子）在下面，第二个碳原子（即手性碳原子）的羟基和氢原子在碳链的左、右两边。右旋甘油醛的羟基在右边，氢在左边；而左旋甘油醛则反之。以甘油醛这种人为指定的构型为标准，再确定其他化合物的相对构型。一般是用通过化学反应把其他化合物与甘油醛相关联或相对照的方法来确定，即将未知构型的化合物经过某些化学反应转化成甘油醛，或者甘油醛转化成未知构型的化合物。在这些化学转化中，一般是利用反应过程中与手性碳原子直接相连的键不发生断裂的反应，以保证手性碳原子的构型不发生变化。例如，图 3-58 所列出的各个反应都不涉及手性碳原子的键，通过这些转化，可以确定左旋乳酸具有与右旋甘油醛相同的构型。即在左旋乳酸的投影式中也是羟基在手性碳原子的右边，氢原子在左边。通过这样的化学方法确定的各种旋光化合物的构型，是以甘油醛人为指定的构型为标准的，因此都是相对构型。

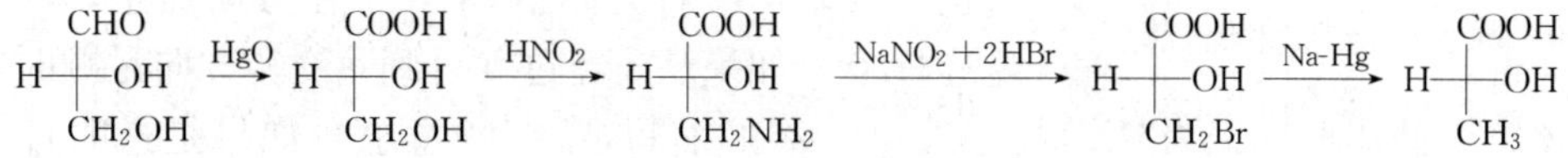

（＋）-甘油醛　　　　（－）-乳酸

图 3-58　左旋乳酸构型的确定

那么两种甘油醛的真正的构型，即绝对构型是否正如所指定的还是正好相反？这个问题直到直接测定了右旋酒石酸钾钠的绝对构型之后，才得到了解答。1951 年，荷兰的毕奥特（Bijvoet）通过 X 射线衍射法直接测定了右旋酒石酸钾钠的绝对构型，证实了它的由化学关联比较法所确定的相对构型与其绝对构型正巧是一致的，从而也证明了过去人为任意指定的甘油醛的构型也正是其绝对构型。因此以甘油醛为标准所确定的各种旋光化合物的相对构型就是它们的绝对构型。虽然用 X 射线衍射法可以直接测定一些化合物的构型，但这个方法受仪器设备限制（价格昂贵），并不方便。而且，液体样品或难以得到单晶的样品就不能应用此技术了。此外，要注意有的化合物在晶体中的构象和其在液体或溶液中的构象也不是完全相同的。另外，旋光谱和圆二色光谱也是测定光学异构体立体结构的一个好方法。在不同的波长下，测量化合物的旋光度，所得到的曲线反映出左旋圆偏振光和右旋圆偏振光在这一介质中传播的速度不同，得到旋光谱（ORD）。在这一介质中被吸收的程度对左或右旋圆偏振光也不相同，此时可以得到圆二色谱（CD），它们都反映出分子手性对光的作用。从这两个光谱的特征曲线上可以得到有关手性分子的立体化学结构信息。对于某一类化合物，如果已经找到了它们的谱线和结构之间关系的规律，如环己酮和“八区律”，就可以应用这规律在类似化合物的谱线上分析出手性分子的构型来。如尚未找到此类规律，就要用对比方法，即用结构已知的尽可能手性相似或相反的化合物与未知物进行谱线比较来确定未知物结构。故化合物的构型一般仍常用上述间接方法来确定。

C. 构型与旋光方向的标记

构造相同构型不同的异构体在命名时，不仅标出组成，而且有必要对它们的构型分别给以一定的标记。构型的标记法有多种，过去常用 D-L 标记法，现在广泛采用 *R-S* 标记法。

D-L 标记法是以甘油醛的构型为对照标准来进行标记的。右旋甘油醛的构型被定为 D 型，左旋甘油醛的构型被定为 L 型。凡通过实验证明其构型与 D-甘油醛相同的化合物，都叫做 D 型的，命名时标以“D”；而构型与 L-甘油醛相同的，都叫做 L 型的，命名时标以“L”。“D”和“L”只表示构型，不表示旋光方向。命名时，若既要标出构型，又要标出旋光方向和组成。旋光方向用“（＋）”或“（－）”表示，而不用“*d*”或“*l*”；外消旋用（±）表示。例如，前面已证明左旋乳酸的构型与右旋甘油醛(D-甘油醛)相同,所以左旋乳酸的名称为 D-(－)-乳酸;右旋乳酸就是 L-(＋)-乳酸;外消旋体写作(±)-乳酸。

D-L 标记法应用已久,对于糖类和氨基酸的表达较为方便。但是这种标记只能表示出分子中一个手性碳原子的构型。对于含有多个手性碳原子的化合物,用这种标记法并不合适,有时会产生名称上的混乱。

R-*S* 标记法基于手性碳原子所连四个基团互不相同,它们在空间按一定次序排列。我们可以用次序规则(Cahn-Ingold-Prelog 优先基团次序规则)来比较它们的先后(优先)次序。

图 3-59　确定 *R*/*S* 构型的方法

若 a、b、c、d 四个基团的次序为 a＞b＞c＞d,把排在最后的最不优先的基团 d 置于离观察者最远的位置,即从最不优先的基团 d 的对面,观察其他三个基团的排列次序。这正如汽车司机对方向盘,a、b、c 在方向盘上,d 位于方向盘连杆上。如果从 a 经过 b 再到 c 旋转方向是顺时针,则将该手性碳原子的构型标记为"*R*"(拉丁文 *rectus* 的缩写,"右"的意思);如果是逆时针,则标记为"*S*"(拉丁文 *sinister* 的缩写,"左"的意思),如图 3-59 所示。

R-*S* 标记法也可直接应用于费歇尔投影式。若最不优先的基团 d 在横键上,从 a→b→c 的顺序如果是顺时针方向排列的,则手性碳原子构型为 *S* 型;如果是逆时针方向排列的,则为 *R* 型。若最不优先的基团 d 在竖键上,结论正好相反,即如果 a→b→c 是顺时针方向排列的,则其手性碳原子构型为 *R* 型;如果是逆时针方向排列的,则构型为 *S* 型。

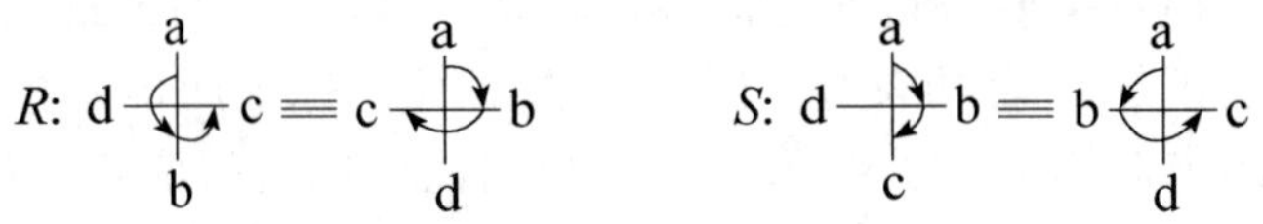

以乳酸为例,先将手性碳原子的四个基团排队,它们的先后次序是 OH＞COOH＞CH_3＞H。因此乳酸的两种构型可分别识别和标记,如图 3-60 所示。

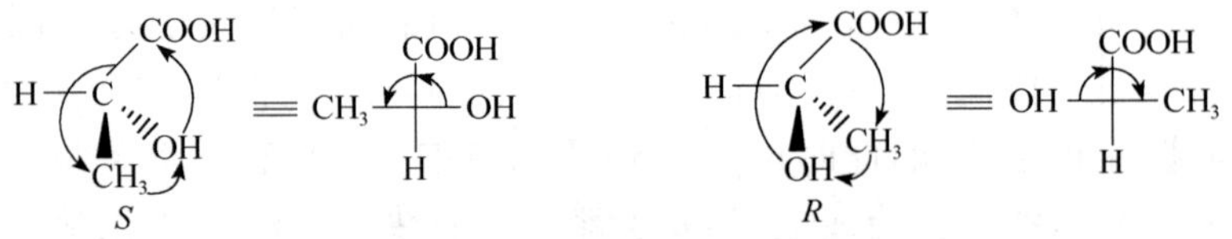

图 3-60　乳酸的 *R*-*S* 构型

右旋乳酸是 *S* 型,左旋乳酸是 *R* 型,所以这两种乳酸的名称分别是:(*S*)-(＋)-乳酸和(*R*)-(－)-乳酸。

这里需要指出的是,当手性碳原子连接的原子团中有互为立体异构时,顺式(或 *R* 型)比反式(或 *S* 型)优先,如 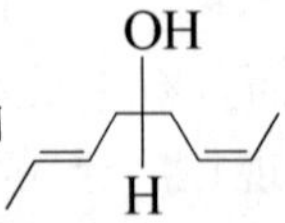 中 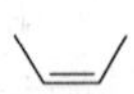 比  优先,该分子是 *R* 型。

对费歇尔投影式直接进行 *R*-*S* 标记,除前述"方向盘定则"之外,也可用"手腕定则"确定。首先按顺序规则将手性碳上连的四个原子或原子团按优先性排列成序。把次序最不优先的原子或原子团 d 看作已经在胳膊肘上,如果 d 在横线右端,则伸出右手,且分别用右手拇指、食指、中指指向 a、b 和 c。然后保持手指顺序不变,转动手腕,面向手心,观察 a、b 和 c 的排列顺序。如果 a→b→c 按顺时针方向排列,称手性碳为 *R* 构型;如果 a→b→c 按逆时针方向排列,

称手性碳为 S 构型。如果d在横线左端，则伸出左手，照上述程序观察和判别构型。如果d在竖线上，可以先将d交换到横线上，然后应用手腕定则判别手性碳的构型。

用前述方法规定D、L型甘油醛手性碳的构型分别为 R 构型和 S 构型。需要注意的是D构型的不一定都是 R 构型，L构型的也不一定都是 S 构型，反之亦然。

R-S 方法标记手性碳的构型是由顺序规则确定的，也是相对的；手性化合物旋光方向是实验测得的，因此构型与旋光方向之间也无必然联系。即 R 构型的化合物可能是右旋光化合物，也可能是左旋光化合物；S 构型的化合物可能有右旋光的性质，也可能有左旋光的性质。

在一个化学反应中，如果手性碳原子绝对构型保持不变，产物的构型与反应物的相同，但它的 R 或 S 标记却不一定与反应物的相同。反之，如果反应后手性碳原子的构型转化了，产物构型的 R 或 S 标记也不一定与反应物的不同。因为经过化学反应，产物的手性碳上所连基团与反应物的不一样了，产物和反应物的相应基团的排列顺序却可能相同也可能不同。产物构型的 R 或 S 标记，取决于它本身四个基团的排列顺序，与反应时构型是否保持不变无关，如

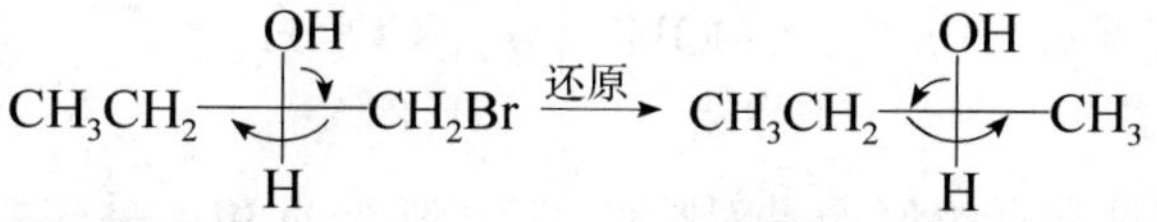

R　　　　　　　　　　　　S

OH>CH_2Br>CH_2CH_3>H　　　　OH>CH_2CH_3>CH_3>H

在还原时，手性碳原子的键未发生断裂，故反应后构型保持不变，但是还原后 CH_2Br 变成了 CH_3。在反应物分子中，CH_2Br 排在 CH_2CH_3 之前；而在产物分子中，与 CH_2Br 相应的 CH_3 却排在 CH_2CH_3 之后。所以反应物构型的标记是 R，产物构型的标记却是 S。

3）含多个手性碳原子化合物的对映异构

分子中手性碳原子数目增加，对映异构体的数目随之增多。而且，分子含有的多个手性碳原子中有的可能相同，也可能不相同。因此，对映异构现象比较复杂，分别讨论如下：

（1）含有 n 个不相同手性碳原子的化合物，对映异构体的数目为 2^n 个。例如，2-羟基-3-氯丁二酸（氯代苹果酸）有 2^2 个异构体：

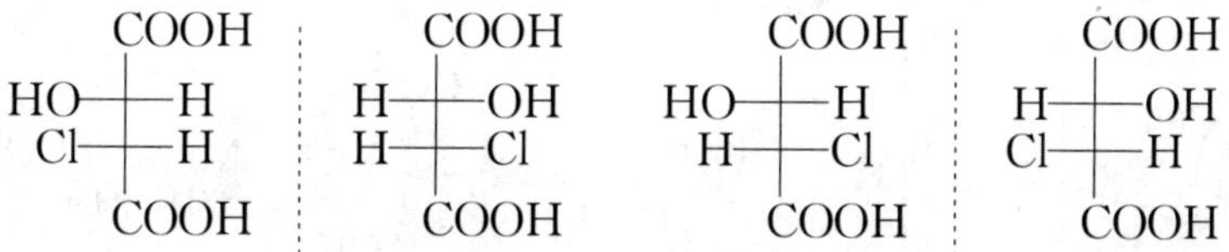

Ⅰ($2R$,$3R$)　　Ⅱ($2S$,$3S$)　　Ⅲ($2R$,$3S$)　　Ⅳ($2S$,$3R$)

命名时可用 R-S 方法逐个标记每个手性碳原子的构型，又实验测得Ⅰ、Ⅱ、Ⅲ和Ⅳ的旋光方向分别为左旋、右旋、左旋和右旋。它们分别命名为($2R$,$3R$)-(－)-2-羟基-3-氯丁二酸、($2S$,$3S$)-(＋)-2-羟基-3-氯丁二酸、($2R$,$3S$)-(－)-2-羟基-3-氯丁二酸和($2S$,$3R$)-(＋)-2-羟基-3-氯丁二酸。Ⅰ和Ⅱ、Ⅲ和Ⅳ互为对映体；等量的Ⅰ和Ⅱ、Ⅲ和Ⅳ分别组成两种外消旋体；含 n 个不同手性碳原子的化合物，外消旋体的数目为 2^{n-1} 个；Ⅰ与Ⅲ或Ⅳ、Ⅱ与Ⅲ或Ⅳ也是对映异构体，但它们不互为实物与镜像关系；是非对映的，所以称为非对映异构体，简称非对映体。

在一般情况下，对映体除旋光方向相反外，其他物理及化学性质都相同。但非对映体的旋光度不相同，旋光方向可能相同也可能不同；其他物理性质，如熔点等也不同。氯代苹果酸的

物理性质如表 3-8。因此,非对映体混合在一起,可以用一般物理方法将它们分离开来。

表 3-8　氯代苹果酸的物理性质

异构体	构　型	$[\alpha]_D$	熔点/℃
Ⅰ	(2*R*,3*R*)-	−31.3°(乙酸乙酯)	173
Ⅱ	(2*S*,3*S*)-	+31.3°(乙酸乙酯)	173 外消旋体 146
Ⅲ	(2*R*,3*S*)-	−9.4°(水)	167
Ⅳ	(2*S*,3*R*)-	+9.4°(水)	167 外消旋体 153

(2) 含有相同手性碳原子的化合物。例如,酒石酸,HOOC$\overset{*}{C}$HOH$\overset{*}{C}$HOHCOOH,分子中含有两个手性碳原子,似乎可能有如下四个对映异构体(两对对映体):

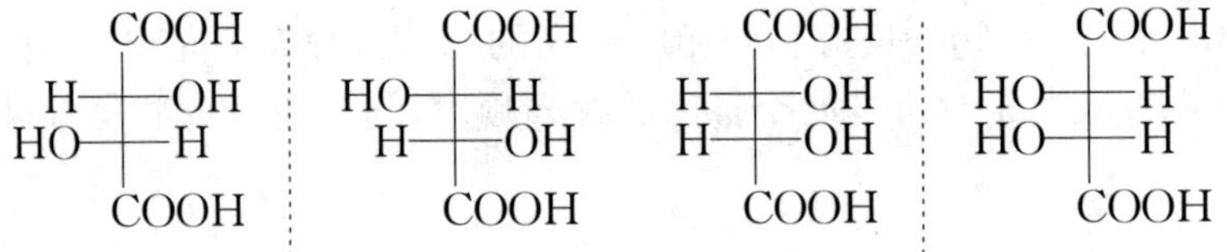

Ⅰ(2*R*,3*R*)　Ⅱ(2*S*,3*S*)　Ⅲ(2*R*,3*S*)　Ⅳ(2*S*,3*R*)

Ⅰ和Ⅱ是对映体。Ⅲ和Ⅳ也好像是对映体,但实际上Ⅲ和Ⅳ是同一种分子。因为它们可以互相叠合。只要把Ⅲ以通过 C_2—C_3 键中点的垂直线为轴旋转 180°,就可以看出来它是可以与Ⅳ叠合的。也就是说,Ⅲ和Ⅳ是相同的。

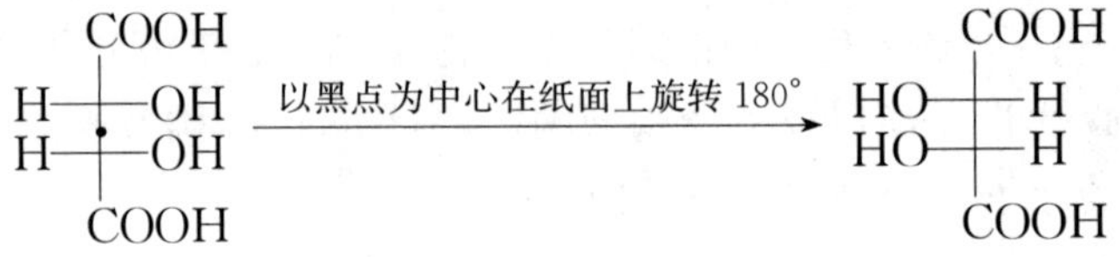

Ⅲ　Ⅳ

Ⅲ既然能与其镜像相叠合,就不是手性分子。在它的全重叠式构象中可以找到一个对称面。在它的对位交叉构象中可以找到一个对称中心。

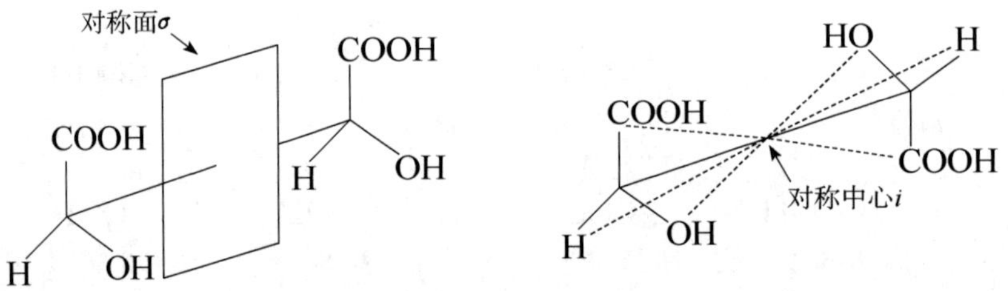

这种虽然含有手性碳原子,但却不是手性分子,因而也没有旋光性的化合物,叫做内消旋体。内消旋体用"*meso*-"或"*m*-"表示,Ⅲ命名为 *meso*-2,3-二羟基丁二酸。内消旋体虽然无旋光性,习惯上仍认为它是对映异构体。酒石酸的立体异构体中有一个内消旋体,因此异构体的数目就比 2^n 少——总共只有三种异构体,而不是四个。

酒石酸之所以有内消旋体,是因为它的两个手性碳原子所连的四个基团都是一样的,所以它们是相同的手性碳原子,它们的构造完全相同。当这两个手性碳原子的构型相反时,它们在分子内可以互相对映,因此整个分子不再具有手性。由此可见,虽然含有一个手性碳原子的分子必有手性,但是含有多个手性碳原子的分子却不一定都有手性,即不能说凡是含有手性碳原子的分子都是手性分子,都有旋光性。

内消旋酒石酸Ⅲ和有旋光性的酒石酸Ⅰ或Ⅱ是不对映的立体异构体，即非对映体，所以Ⅲ不仅没有旋光性，并且物理性质也与Ⅰ或Ⅱ不相同，见表 3-9。

表 3-9　酒石酸的物理性质

酒石酸	熔点/℃	$[\alpha]_D^{25}$	溶解度/(g/100g 水)	相对密度(20℃)	pK_{a_1}	pK_{a_2}
(*R*,*R*)-酸	170	+12°	139	1.760	2.93	4.32
(*S*,*S*)-酸	170	−12°	139	1.760	2.93	4.32
meso-酸	140	无	125	1.667	3.11	4.80
(±)-酸	206	无	20.6	1.680	2.96	4.24

内消旋体和外消旋体都没有旋光性，但它们本质不同。前者是一个单纯的非手性分子，而后者是两种互为对映体的手性分子的等量混合物。所以外消旋体可以用特殊方法拆分成两个组分，而内消旋体是不可分的(只含一种组分)。

由此可以理解，在旋光仪上测不出旋光度的样品可能是外消旋体、内消旋体或是没有手性的分子，也可能样品的旋光度太小或所用光波不配难以测出。这里要注意的是旋光方向和构型之间并无直接联系，它们是不同的概念。关于结构和旋光方向之间的关系，是一个一百多年来未能解决的问题，多数人认为二者之间应该有一定的关系，但是目前还没能完全认识并给以解决。这虽有点遗憾，但也是非常令人感兴趣的一个难题。

含有三个手性碳原子的化合物最多可能有 $2^3=8$ 种立体异构体。例如，戊醛糖(2,3,4,5-四羟基戊醛 $\underset{OH}{CH_2}—\underset{OH}{\overset{*}{C}H}—\underset{OH}{\overset{*}{C}H}—\underset{OH}{\overset{*}{C}H}—COOH$)就有如下八个构型：

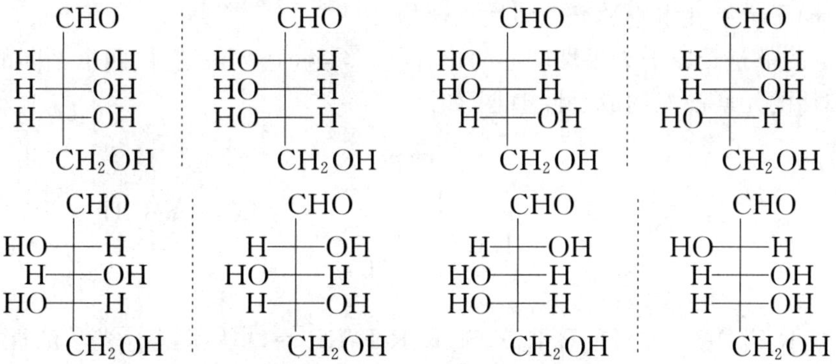

如果把戊醛糖两端氧化成羧基，就只有四个立体异构体了。

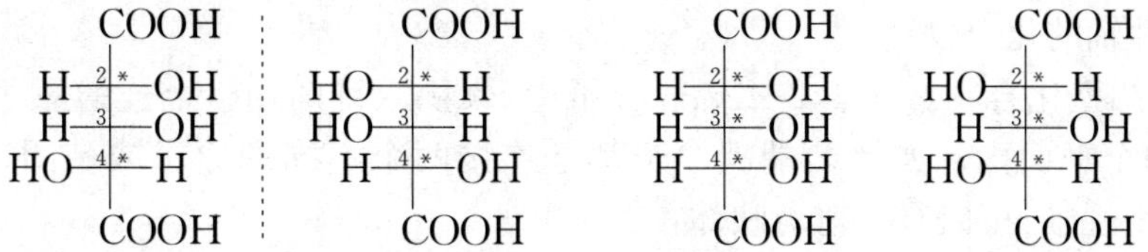

Ⅰ(2*R*,4*R*)	Ⅱ(2*S*,4*S*)	Ⅲ(2*R*,4*S*)	Ⅳ(2*S*,4*R*)
左旋体	右旋体	内消旋体	内消旋体
熔点 128℃	熔点 128℃	熔点 170℃	熔点 152℃

(Ⅰ和Ⅱ：外消旋体，熔点 155℃)

Ⅰ和Ⅱ是一对对映体，可以组成外消旋体。Ⅰ、Ⅱ的 C_2 和 C_4 所连基团构造相同，构型也相同，因此Ⅰ和Ⅱ的 C_3 不是手性碳原子。Ⅲ、Ⅳ与Ⅰ、Ⅱ不同。Ⅲ、Ⅳ的 C_2 和 C_4 所连基团虽然构造相同，但是构型不同。因此Ⅲ和Ⅳ的 C_3 是手性碳原子。在Ⅲ中 C_2 为 *R* 型，C_4 为 *S* 型，*R* 型比 *S* 型优先，所以 C_3 的构型为 *R* 型；在Ⅳ中 C_2 为 *S* 型，C_4 为 *R* 型，所以Ⅳ中 C_3 构型为 *S* 型。Ⅲ、Ⅳ虽然有手性碳原子，却是非手性分子。因为它们都有一个通过 C_3 及其所连的 H 和 OH 的对称面，都是内消旋体。像Ⅲ、Ⅳ分子中 C_3 这样的不能对分子手性起作用的手性碳原子，叫做假手性碳原子。

在立体化学中，含有多个手性碳原子的立体异构体中，只有一个手性碳原子的构型不同，其余的构型都相同的非对映体，又叫做差向异构体(异头物)。内消旋酒石酸与有旋光性的酒石酸只有一个手性碳原子的构型相同，另一个手性碳原子构型不同，所以它们是差向异构体。又如下列化合物中，Ⅰ和Ⅱ、Ⅰ和Ⅲ、Ⅰ和Ⅳ也都是差向异构体。

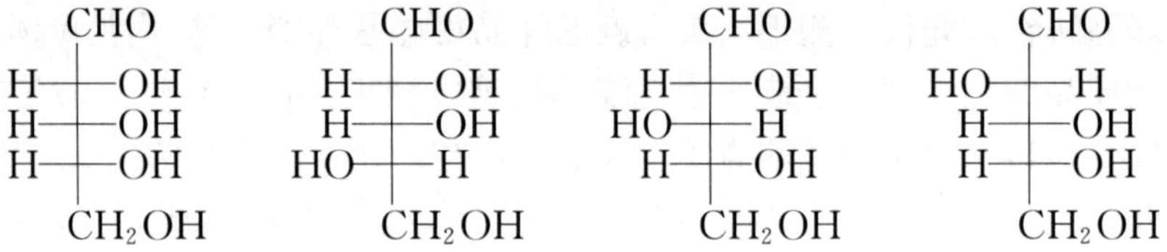

Ⅰ　　Ⅱ　　Ⅲ　　Ⅳ

D-(－)-核糖　　L-(－)-来苏糖　　D-(＋)-木糖　　D-(－)-阿拉伯糖

4) 不含手性碳原子的手性分子

前面讨论的各种手性分子都含有手性碳原子。但在有机化合物中，也有一些手性分子并不含有手性碳原子。这些手性分子都有对映体存在，有些也可拆分成旋光体。

A. 非碳原子为手性中心的光学活性化合物

前面讨论的都是碳原子为手性中心的化合物。实际上，凡是连接四个不同的配体(基团、原子或电子对)的元素都能构成手性中心，如

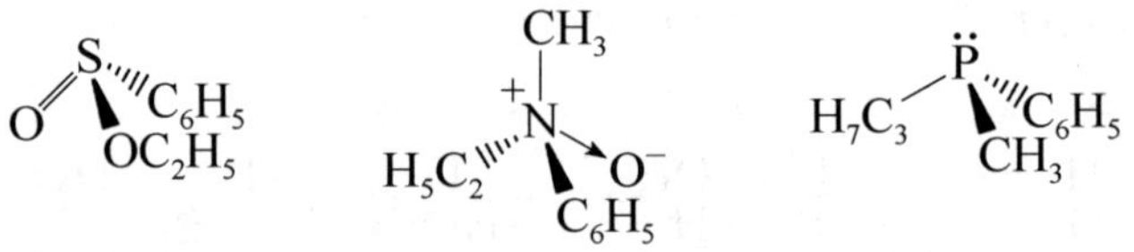

其他如 $R_1R_2R_3R_4N^+X^-$，$R_1R_2R_3R_4Si$，$R_1R_2R_3RP=O$ 等都具有光学活性，有的在自然界有着重要的作用。

有些化合物分子中没有手性中心，但可以有手性。这些分子中含有手性轴或手性面。

B. 含手性轴的化合物

(1) 丙二烯型化合物。在 1,2-二烯烃分子中，累积双键两端碳上连的原子或基团是处在互相垂直的两个平面内。如果两端碳原子都是连接两个不同的原子或基团，例如 2,3-戊二烯，存在一根手性轴，可以有一对对映体：

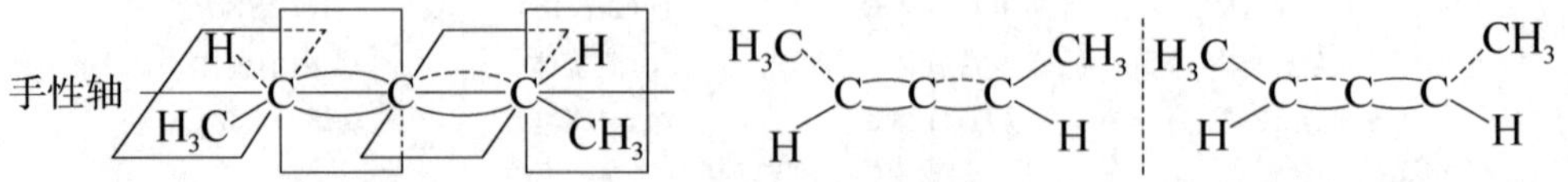

(2) 螺环化合物。同理，在 2,6-二甲基螺[3.3]庚烷分子中，两个四元环是刚性的，所在平

面是互相垂直的，与1,2-二烯烃结构相似，有一根手性轴，存在一对对映体：

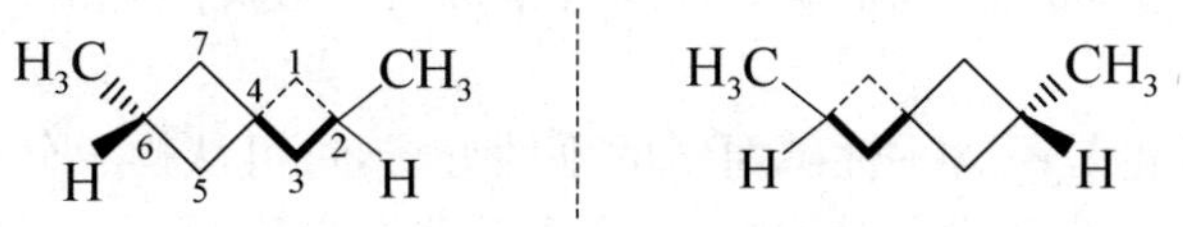

(3) 联苯型化合物。这一类化合物的邻位上如有两个大的取代基，限制两苯环绕两苯环间σ键的自由旋转，当两苯环不是对称的被取代时，则出现对映体。如2,2′-二羟基-6,6′-二氯联苯存在一对对映体：

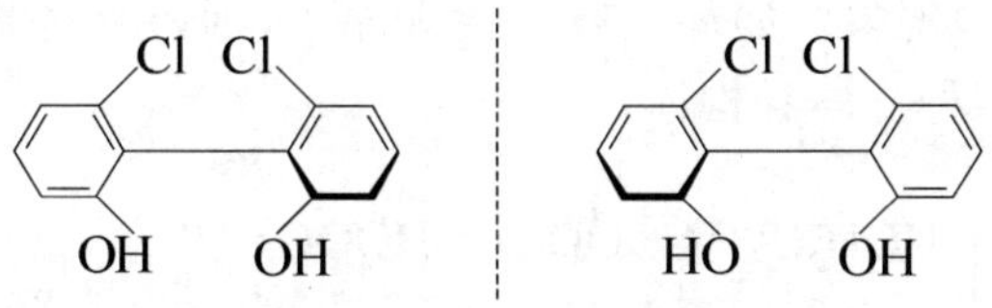

这一对对映体实际上是构象异构体。但由于大基团的存在，使单键旋转变得困难，给它们足够的能量仍可通过键的扭转而互相转换。而2,6-二硝基-2′,6′二溴不存在对映体。

(4) 把柄型化合物，如

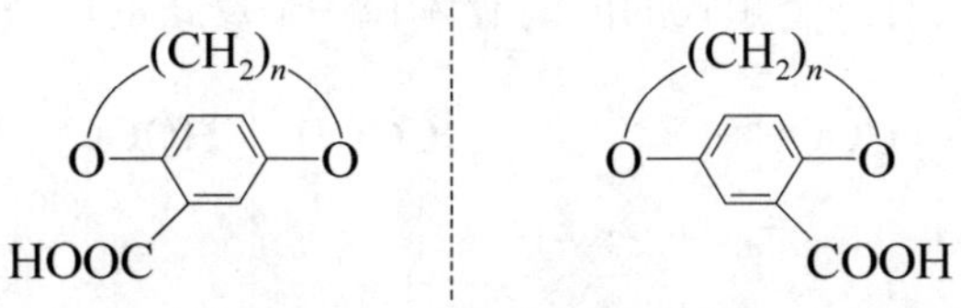

式中 n 是不太大的整数，使苯环(带某些取代基)不能自由旋转，分子又不呈对称，故有对映异构体。

C. 含手性面的化合物

这类分子中既无手性中心，也无手性轴，但有手性，是含有手性面的化合物。如六螺并苯是苯用两个相邻碳原子互相稠合，六个苯环构成一个环状烃，两端的两个苯环上的四个氢拥挤，使两个苯环不能在一个平面内，一端在平面之上，另一端在平面之下，整个分子形成一个螺旋状物，构成含手性面的分子，具有一对对映体，一个左旋，一个右旋。这类光学异构体的旋光能力是惊人的，六螺并苯的[α]＝3700°，说明旋光与分子结构的密切关系。

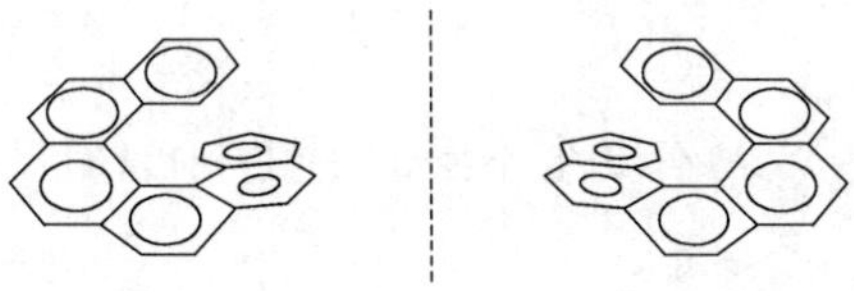

反式环辛烯分子中既无对称面也无对称中心，碳链只能处于双键平面的上方或下方，这是一个有手性的分子。手性面是双键碳及两个直接与双键相连的亚甲基碳和与双键碳相连的两个氢所在平面。整个分子也相当于一个篮子，四个亚甲基组成的碳桥相当于篮子的提梁。

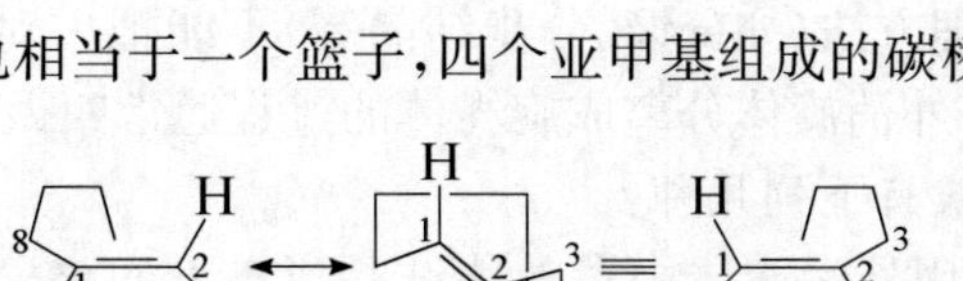

双键平面围绕 $C_8—C_1$ 和 $C_2—C_3$ 键按顺时针方向旋转，旋转难易取决于环的大小，环较大时，此类旋转较易发生而产生外消旋。反式环辛烯对于这类热外消旋化作用是较为稳定的，室温时不能发生。

此外，正丁烷分子也是不含手性碳原子的手性分子，这可从构象分析解释。正丁烷四种特殊的构象异构体中，对位交叉式有对称中心、全重叠式有对称面，它们是内消旋化合物；而邻位交叉式和部分重叠式都有对映异构体存在。

5）环状化合物的对映异构

环状化合物的立体异构与相应的开链化合物类似。环烷烃只要在环上有两个碳原子各连一个取代基，就有顺反异构现象。如环上有手性碳原子，则还有对映异构现象。例如，2-羟甲基环丙烷-1-羧酸有下列四种立体异构体：

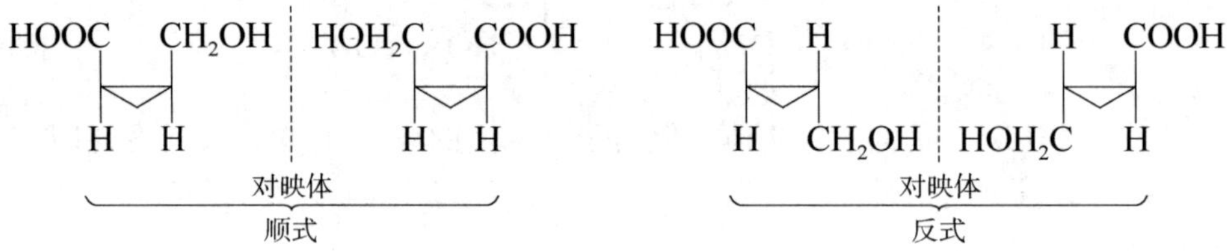

环丁烷-1,2-二羧酸则有一个顺式的内消旋体和一个反式的对映体：

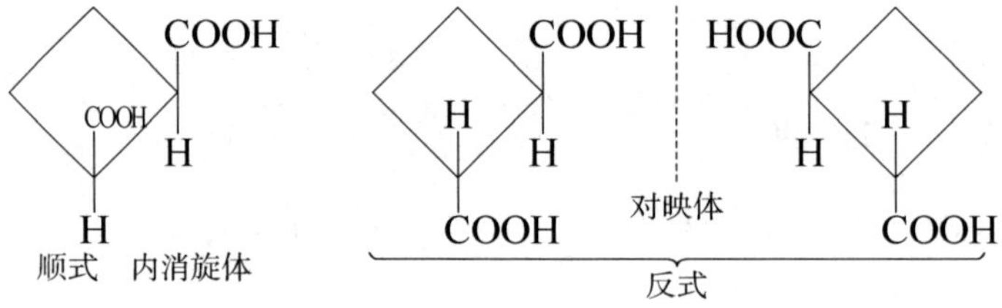

而环丁烷-1,3-二羧酸只有顺式和反式两种立体异构体，它们是非对映体。

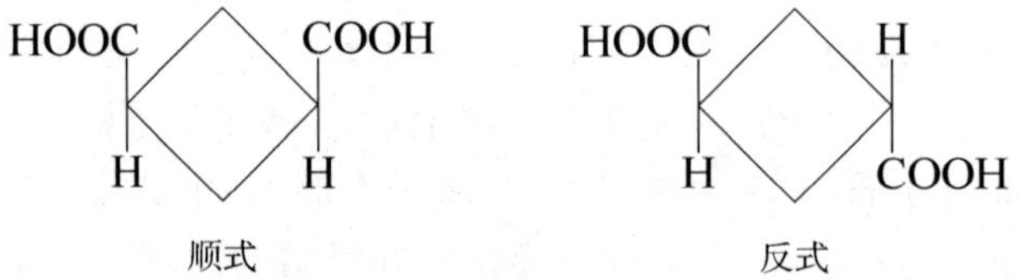

薄荷醇的构造式为 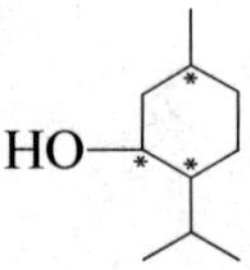，有 3 个不同的手性中心，有 2^3 个对映异构体。

6）外消旋体的拆分

一般人工合成（在非手性条件下）的手性化合物（除了用特殊方法——不对称合成以外）都是外消旋体，用一般的物理方法（如分馏、分步结晶等）不能把一对对映体分开，必须用特殊的方法才能把它们拆开。将外消旋体分离成旋光体的过程通常叫做“拆分”。

拆分的方法很多，一般有下列几种：

（1）机械拆分法。利用外消旋体中对映体结晶形态上的差异，借肉眼直接辨认或通过放大镜进行辨认，而把两种结晶体分开。

（2）微生物拆分法。某些微生物或它们所产生的酶，对于对映体中的一种异构体有选择性的分解作用。利用微生物或酶的这种性质可以从外消旋体中把一种旋光体拆分出来。此法缺点是在分离过程中，外消旋体至少有一半被消耗掉了而无法回收。

（3）选择吸附拆分法。用某种旋光性物质作为吸附剂，使之选择性地吸附外消旋体中的一种异构体，这样可达到拆分的目的。例如，以乳酸作色谱柱的吸附剂可以拆分 Troger 碱。各种色谱用于拆分非对映异构体是常见的方法，如用手性柱直接分离对映体、用非手性柱间接分离非对映异构体等。

（4）诱导结晶拆分法。在外消旋体的过饱和溶液中，加入一定量的一种旋光体的纯晶体作为晶种，于是溶液中该种旋光体含量较多，且在晶种的诱导下优先结晶析出。将这种结晶滤出后，则另一种旋光体在滤液中相对较多，母液经浓缩，再用另一种对映的晶体为晶种，于是另一种旋光体优先结晶析出。如此反复进行结晶，就可以把一对对映体完全分开。

（5）化学拆分法。这种方法应用最广。其原理是将对映体转变成非对映体，然后用一般方法分离。外消旋体与无旋光性的物质作用并结合后，得到的仍是外消旋体；但若使外消旋体与旋光物质作用得到就是非对映体的混合物。非对映体具有不同的物理性质，可以用一般的分离方法把它们分开。用来拆分对映体的旋光性物质，通常称为拆分剂。不少拆分剂是由天然产物中分离提取获得的。化学拆分法最适用于(±)-酸或碱(±)-的外消旋体的拆分。拆分(±)-酸时，常用的旋光性碱主要是生物碱，如(−)-奎宁、(−)-马钱子碱、(−)-番木鳖碱、麻黄碱、胺等。拆分(±)-碱时，常用的旋光性酸是酒石酸、樟脑-β-磺酸、苹果酸等。拆分既非酸又非碱的外消旋体时，可以设法在分子中引入酸(或碱)性基团，然后按拆分酸(或碱)的方法拆分。也可选择适当的旋光性物质与外消旋体作用形成非对映体的混合物，然后分离。

对映体与某个手性试剂反应时，两个异构体的反应过渡态之间不呈实物和镜像关系，因此反应活化能也各不相同，反应速率自然也不同，因此挑选合适的手性试剂有可能利用动力学控制来得到某一个对映异构体。例如，用不足量的(−)-金鸡纳酸和(±)-α-苯乙胺作用，未反应的(+)-胺异构体的含量明显增加。

拆分可以得到纯度很高的光学异构体，但操作很麻烦，最好的办法是直接合成出所需要的光学异构体，即不对称合成。非手性反应物分子中一个对称结构单元，用一个试剂通过化学反应转化为一个不对称的结构单元，产生不等量对映异构体的反应称为不对称合成，又称为手性合成。不对称合成反应广泛用于有机化合物的构型的测定和阐明有机反应机理以及研究酶催化活性等领域。

7）光学纯度

由前面的讨论已经知道，旋光仪中测不出旋光度的化合物，不一定没有旋光性，它可能是一个外消旋体。

在不对称合成的产物中，如果不是等量的左旋体和右旋体的混合物，则这种不等量对映体的混合物的比旋光度取决于它们的组成。完全由一种对映异构体组成的，不含有它的对映体的化合物称为光学纯化合物。光学纯化合物的比旋光度最大，用$[\alpha]_{max}$表示。光学纯度 P 是指一种对映体对另一种对映体的过量百分数 e. e，即

$$\text{e. e} = \frac{A_1 - A_2}{A_1 + A_2} \times 100\%$$

式中：A_1 是产物对映体中过量的一个异构体的量；A_2 是产物对映体中另一个少量的异构体的量。光学纯度 P 可由测定样品的旋光度计算得到：

$$P=\frac{[\alpha]_{测定}}{[\alpha]_{max}}\times 100\%$$

知道了光学纯度 P,就可以计算混合物中两种对映体的组成。例如,已知旋光纯 2 -甲基-1 -氯丁烷的比旋光度为+1.64°,现有一个该化合物的试样,经测定其比旋光度是+0.82°,求该试样的光学纯度 P 和(+)、(−)对映体的组成比。由光学纯度的定义可求出

$$P=\frac{[\alpha]_{测定}}{[\alpha]_{max}}\times 100\%=\frac{+0.82}{+1.64}\times 100\%=50\%$$

该试样称为50%旋光纯。这个试样是由50%的(+)-异构体和50%的外消旋体所组成。其中,(+)-异构体应为50%+1/2×50%=75%、(−)-异构体含量为1/2×50%=25%。也就是说,试样中(+)-异构体∶(−)-异构体=75∶25。

习　题

(一) 基础知识练习题

1. 单项选择题。

(1) 下列碳正离子稳定性由大到小的顺序是:

① 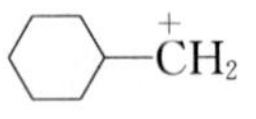　$\overset{+}{C}H_3$　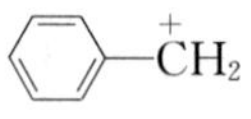　$CH_3\overset{+}{C}HCH_3$

a　b　c　d

A. a>c>d>b　B. c>a>d>b　C. c>d>a>b　D. d>c>a>b

② 　$CF_3\overset{+}{C}HCH_2CH_3$　$CH_3CH{=}CH\overset{+}{C}H_2$　$CH_3\overset{+}{C}HCH_2CH_3$

a　b　c　d

A. a>b>c>d　B. a>c>d>b　C. b>d>c>a　D. c>a>d>b

(2) 下列碳负离子的稳定性由大到小的顺序是:

① 　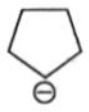　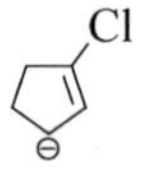

a　b　c

A. a>b>c　B. c>b>a　C. c>a>b

② $Ph_2\overset{\ominus}{C}H$　$Ph\overset{\ominus}{C}H_2$　$R\overset{\ominus}{C}H_2$　$R_3\overset{\ominus}{C}$

a　b　c　d

A. a>b>c>d　B. a>b>d>c　C. a>d>b>c　D. d>c>b>a

(3) 下列自由基的稳定性由大到小的顺序是:

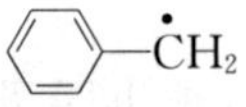　$CH_3\dot{C}HCH_3$　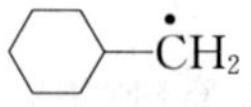　$\dot{C}H_3$

a　b　c　d

A. a>b>d>c　B. d>c>b>a　C. a>b>c>d　D. b>a>c>d

(4) 1-甲基-3-异丙基环己烷有几种构型异构体:

A. 2种　B. 3种　C. 4种　D. 5种

(5) 下列哪一个化合物没有旋光性?

A. 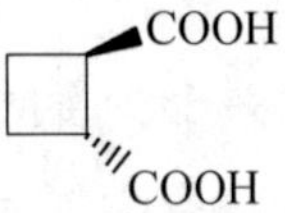　B. $PhCH{=}C{=}CHPh$

C. $C_2H_5PPhCH_3$　　　　D. 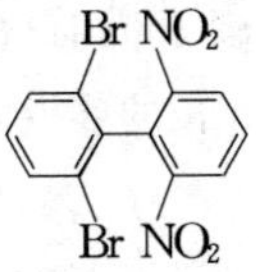

(6) 葡萄糖水溶液在 25℃用钠光灯作光源测得的比旋光度为右旋 52.5℃，应记作：

A. $[\alpha]=52.5°$　　　　B. $[\alpha]_D^{25}=+52.5°$

C. $[\alpha]_D^{25}=+52.5°$（水）　　　　D. $[\alpha]_D^{25}=52.5°$（水）

2. 判断题。

(1) 具有 *R* 构型的手性化合物必定有右旋的旋光方向。（　）

(2) 对映异构体可通过单键旋转相互重叠。（　）

(3) 所有具有手性碳的化合物都是手性分子。（　）

(4) 构象异构体都没有旋光活性。（　）

(5) 所有手性分子都有非对映异构体。（　）

(6) 一对对映体总有实物与镜像的关系。（　）

(7) 只有一个手性碳的化合物必有旋光性。（　）

(8) 外消旋体是纯净物，而内消旋体是混合物。（　）

(9) 对映异构体的构造相同，但构型不同。（　）

(10) 构象异构体的构造相同，构型也相同。（　）

3. 回答问题。

(1) 下列两组共振结构式中，哪一个对真实分子的贡献更大？为什么？

① $\overset{+}{C}H_2CH=CH-CH=CH\overset{-}{C}H_2 \longleftrightarrow CH_2=CH-CH=CH-\overset{+}{C}H-\overset{-}{C}H_2$

a　　　　b

② $CH_2=CH-\ddot{B}r \longleftrightarrow \overset{-}{C}H_2-CH=\overset{+}{B}r$

a　　　　b

(2) 下列两组共振结构中哪个是错误的？为什么？

① $\dot{C}H_2CH=CH_2 \longleftrightarrow \dot{C}H_2\dot{C}H\dot{C}H_2 \longleftrightarrow \dot{C}H_2\overset{+}{C}H\overset{-}{C}H_2$

a　　　　b　　　　c

② $CH_2=CH\overset{+}{C}H_2 \longleftrightarrow \overset{+}{C}H_2CH=CH_2 \longleftrightarrow$ 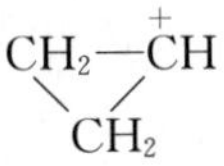

a　　　　b　　　　c

(3) 以下各组化合物，在下列各性质方面表现相同还是不同？

① (*R*)-2-氯丁烷与(*S*)-2-氯丁烷

② D-苏阿糖与 D-赤藓糖

③ 内消旋酒石酸与外消旋酒石酸

A. 熔点和沸点　　　　B. 旋光性　　　　C. 溶解度

(4) 下列各组化合物哪些是相同的，哪些是对映体，哪些是非对映体？

① 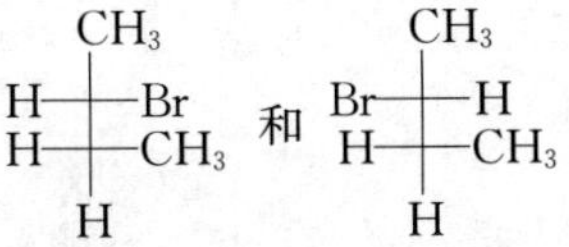

② 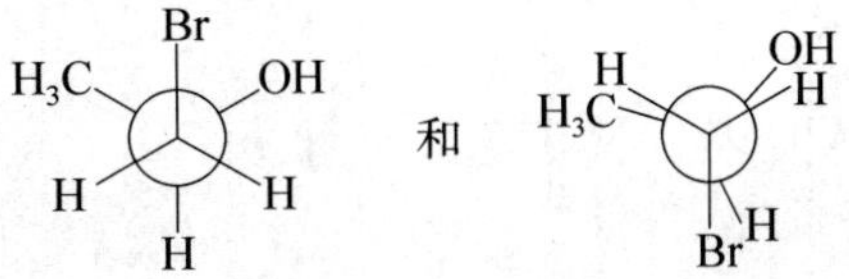

③ 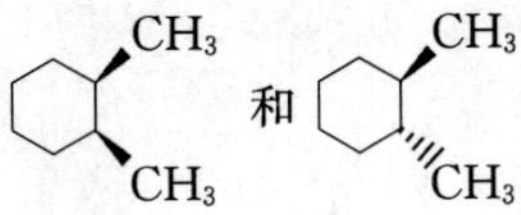

④ 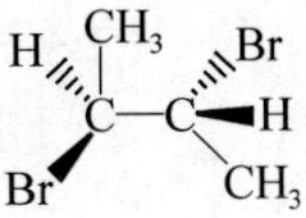 和(2*R*,3*S*)-2,3-二溴丁烷

4. 某化合物 10g 溶于 99mL 的乙醇中，得到 100mL 溶液。在 25℃时用 10cm 长的盛液管在旋光仪中观察到旋光度为＋2.50°，同样条件下改用 5cm 长的盛液管，测得旋光度为＋1.25°，计算该化合物的比旋光度。第二次测定结果说明什么问题？

（二）综合提高练习题

1. 命名（注意标记构型）或写顺、反异构体。

（1）1-甲基-3-乙基环丁烷　　（2）3，4-二甲基-3-己烯

（3）1-氯-4-溴环己烷　　（4）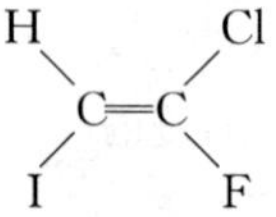

（5）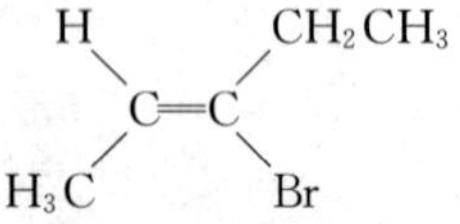

（6）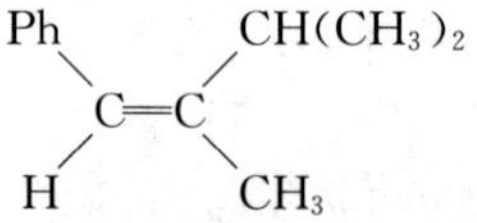

（7）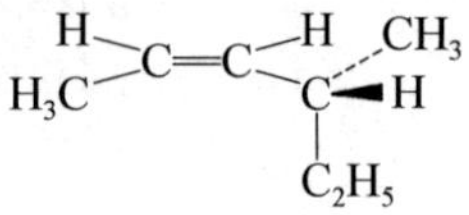

（8）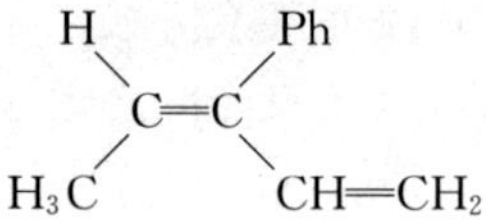

2. 写出下列化合物最稳定构象的透视式。

（1）顺-1-甲基-2-异丙基环己烷　　（2）反-1-乙基-3-叔丁基环己烷

（3）1，3-环己二醇

3. 下列化合物哪些是手性分子？

（1）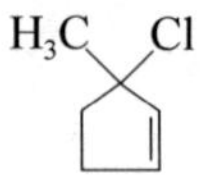

（2）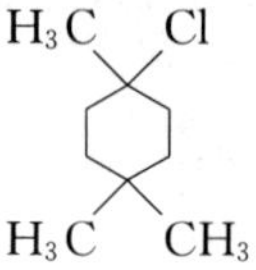

（3）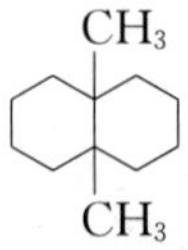

（4）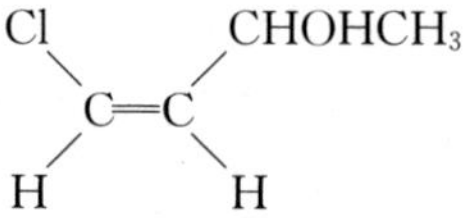

（5）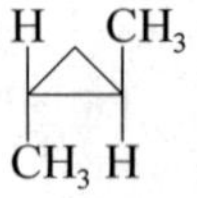

4. 用纽曼投影式写出下列化合物的最稳定构象。

（1）(1R,2S)-1，2-二氯-1，2-二苯基乙烷　　（2）FCH_2CH_2OH

5. 写出下列化合物的费歇尔投影式，并对每个手性碳原子的构型标以(R)或(S)。

（1）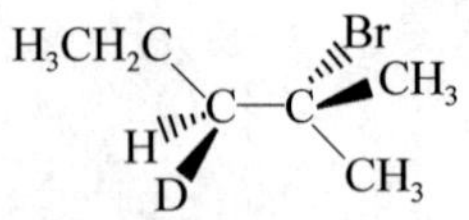

（2）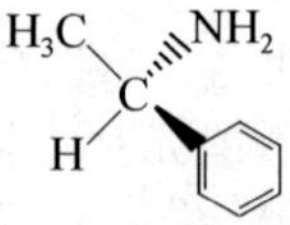

（3）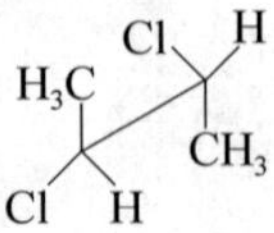

（4）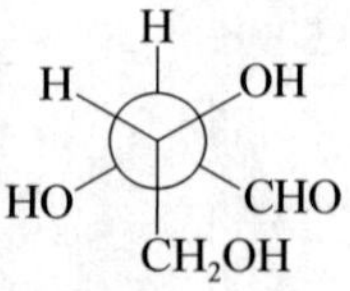

6. 转换下列结构形式。

(1) 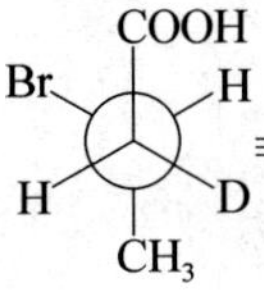 ≡费歇尔投影式(?)

(2) 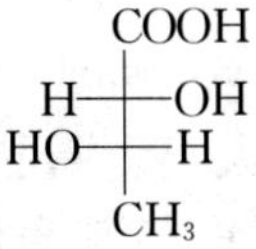 ≡纽曼投影式(?)≡锯架式(?)

第 4 章　饱　和　烃

分子中只含有碳和氢两种元素的有机化合物叫做碳氢化合物，简称烃(hydrocarbon)。根据烃分子中碳原子间的连接方式不同，烃可分为脂肪烃、脂环烃和芳香烃三大类。脂肪烃(又叫做开链烃)可分为烷烃、烯烃和炔烃。分子中碳原子间均以单键(C—C)相连，而其余价键被氢原子所饱和的脂肪烃称为饱和烃(saturated hydrocarbon)或烷烃(alkane)，也叫做石蜡烃(paraffin)。

最简单的烷烃为甲烷，分子式为 CH_4，随着碳原子数的增加，依次为乙烷 C_2H_6、丙烷 C_3H_8、丁烷 C_4H_{10}等。从它们的分子式不难看出，这些化合物的组成可用一个通式来表示，即 C_nH_{2n+2}，其中 n 为大于或等于 1 的整数。同时可以发现相邻的两个化合物在组成上均相差一个“CH_2”。像这样在组成上相差一个或几个“CH_2”的一系列化合物称为同系列(homologous series)。同系列中的化合物互为同系物(homologue)，“CH_2”则称为系差。

从丁烷开始，烷烃存在由于碳链异构引起的同分异构现象。例如，戊烷 C_5H_{12}有三个同分异构体：

正戊烷

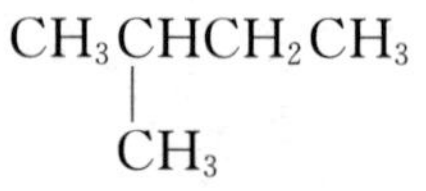
异戊烷

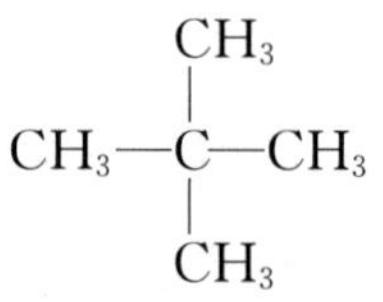
新戊烷

4.1　烷烃的物理性质

有机化合物的物理性质一般指它们的状态、相对密度、熔点、沸点、折射率、溶解度以及波谱性质等。

一般单一、纯净的有机化合物，其物理性质在一定条件下是固定的、不变的，常把这些数值称为物理常数，是特定的化合物在一定条件下所固有的标志。通过物理常数的测定，常可以鉴定有机化合物及其纯度。

一般说来，在有机化合物中，同系列化合物的物理常数是随相对分子质量的增减而规律变化的。

在常温常压(25℃，101.325Pa)下，C_1～C_4 的直链烷烃是气体；C_5～C_{17}的直链烷烃是液体；18 个碳原子以上的直链烷烃是固体。常见烷烃的物理常数见表 4-1。

表 4-1　常见烷烃的物理常数

名称	沸点/℃	熔点/℃	相对密度 d_4^{20}	折光率 n_D^{20}
甲烷	−161.7	−182.5	0.424	
乙烷	−88.6	−183.3	0.456	
丙烷	−42.1	−187.7	0.501	
正丁烷	−0.5	−138.3	0.579	

续表

名称	沸点/℃	熔点/℃	相对密度 d_4^{20}	折光率 n_D^{20}
异丁烷	−11.7	−159.4		
正戊烷	36.1	−129.8	0.626	1.3575
异戊烷	29.9	−159.9		1.3537
新戊烷	9.4	−16.8		
正己烷	68.7	−95.3	0.659	1.3749
正庚烷	98.4	−90.6	0.684	1.3876
正辛烷	125.7	−56.8	0.703	1.3974
正壬烷	150.8	−53.5	0.718	1.4054
正癸烷	174.0	−29.7	0.730	1.4119
十一烷	195.8	−25.6	0.740	1.4176
十二烷	216.3	−9.6	0.749	1.4216
十三烷	235.4	−5.5	0.756	1.4233
十四烷	253.7	5.9	0.763	1.4290
十五烷	270.6	10	0.769	1.4315
十六烷	287.0	18.2	0.773	1.4345
十七烷	301.8	22	0.778	1.4369
十八烷	316.1	28.2	0.777	1.4349

1）沸点

一个化合物的沸点就是这个化合物的蒸气压与外界压力达到平衡时的温度。化合物的蒸气压与分子间的吸引力有关。如果分子间的吸引力较小，化合物的蒸气压就较高，往往只需要外界供给较小的能量就可使它的蒸气压提高到与外界压力相等，该化合物的沸点就较低；反之，该化合物的沸点就较高。烷烃分子是靠范德华力吸引在一起的，烷烃是非极性分子，范德华力主要产生于色散力。非极性分子在不断运动过程中，也可以产生瞬间偶极，当分子充分靠近时就会产生很弱的吸引力，这种吸引力称为色散力。色散力的大小与分子中原子的数目和大小有关，烷烃分子中碳原子数增多，则色散力增大，因此分子间的范德华力增大，沸点随之而升高，如图 4-1 所示。一般在常温常压下，4 个碳以下的直链烷烃是气体，由戊烷开始是液体，大于 17 个碳的烷烃是固体。

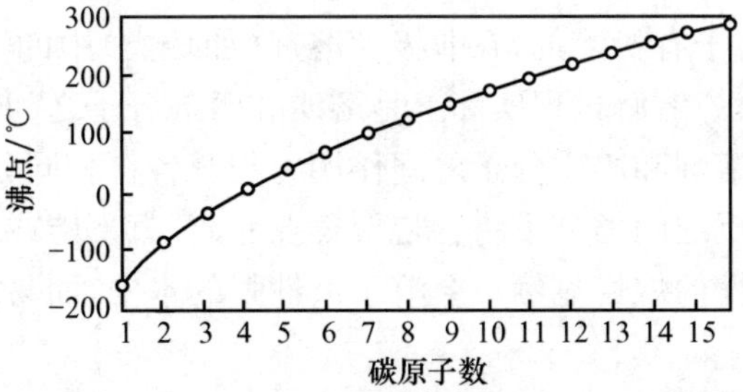

图 4-1　直链烷烃的沸点

在同系列中，虽然相邻两个烷烃的组成都是相差一个 CH_2，但其沸点差值并不相等，低级烷烃的差值较大，随着相对分子质量的增加，相邻两个烷烃的沸点差值逐渐减小。同碳数的构造异构体中，分子的支链越多，则沸点越低。这是因为支链增多，则分子趋向于球形，使这些分子不能像直链分子那样接近，分子的作用力也就减弱，所以在较低温度下，就可以克服分子间引力而沸腾。如正戊烷的沸点为 36.1℃，异戊烷的沸点为 29.9℃，而新戊烷的沸点为 9.4℃。

2）熔点

烷烃同系列熔点的变化基本上也是随碳原子数的增加而升高，不过，含奇数碳原子和含偶数碳原子的烷烃分别构成两条熔点曲线，如图 4-2 所示，上面是偶数碳原子烷烃的熔点曲线，下面是奇数碳原子烷烃的熔点曲线，随着相对分子质量的增加，两条曲线逐渐接近。因为晶体分子间的作用力，不仅取决于分子的大小，而且也取决于它们在晶体中的排列情况。在晶体中，偶数碳原子的烷烃分子排列比奇数碳原子的烷烃分子排列更紧密些，所以熔点稍高些。一般带支链的烷烃的熔点比同碳数的直链烷烃低，如异戊烷的熔点为－159.9℃，低于正戊烷的熔点(－129.8℃)，这是由于支链的存在阻碍了分子在晶格中的紧密排列，使分子间引力降低。但是，当支链的增加引起分子结构向球状过渡且带有高度的对称性时，它们的熔点会随之升高。因为分子对称性越高，它们在晶格中排列也越紧密，分子间的范德华力越强。例如，甲烷和新戊烷分子都接近球状，甲烷的熔点比丙烷高，而新戊烷的熔点(－16.8℃)比正戊烷(－129.8℃)高。

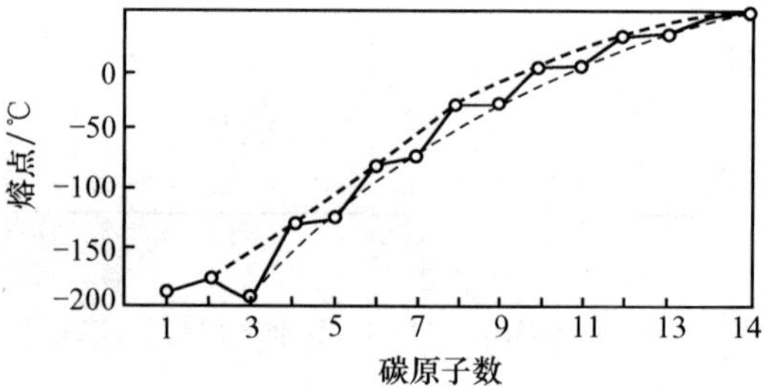

图 4-2　直链烷烃的熔点与分子中所含碳原子数目的关系

3）相对密度

烷烃的相对密度也随相对分子质量的增加而增加，但到 0.8 时约为最大，所有的烷烃都比水轻。

这也是与分子间范德华力有关的，分子间的作用力增大，则分子间的距离相应减小，所以相对密度必然增大。

4）溶解度

烷烃不溶于水而易溶于有机溶剂，在非极性溶剂(如烃类)中的溶解度也比在极性有机溶剂(如乙醇)中的溶解度大。溶解过程实际上是溶质和溶剂分子之间的均匀混合。这也是分子之间相互作用力问题，当溶剂和溶质分子之间作用力与其各自相同分子之间的作用力相近时，这种混合就会易于发生；反之两类分子将各自聚集在一起，就不能或不易混合，这就是所谓“结构相似相溶”原理。非极性的烷烃显然不会溶于极性强的水中，而易溶于非极性或极性较弱的有机溶剂中。

5）折光率

光是一种电磁波，振动频率很高，形成了快速交变电场，当光线照射到透明物质的分子上时，分子中的电子易受光的电场影响而发生振动。由于光波与电子之间的相互影响，而产生折射现象，光波折射的程度可以测量并用折光率表示。分子越容易极化，其折光率也就越大。折光率的大小，除与分子中原子的种类和数量有关外，还与结构密切相关。在一定波长的光源和一定的温度条件下测得的折射率，对确定的化合物是一个常数。因此，常用测定折光率的方法进行未知物的结构分析。实践证明，这种方法相当灵敏可靠。当然，多数情况下，还需要配合化学方法或其他物理方法，以作出最后的结论。液体烷烃可以用测定折光率的方法十分准确地加以鉴别，这种方法比测定沸点更为可靠、方便。

4.2 烷烃的化学性质

一个化学反应，无非就是旧键的断裂和新键的形成，所以化学性质就是化学键的性质。烷烃分子中含有 C—C σ 键和 C—H σ 键，σ 键键能大，比较牢固，C—C 键又没有极性，C—H 键也基本没有极性，因此，烷烃表现得十分稳定，常温常压下，与强酸、强碱和强氧化剂等都不发生反应或反应较慢。当然，在一定条件下，也能发生一些反应，其中主要是氧化、异构化、裂解和取代反应。

4.2.1 氧化反应

在有机化学中，可简单认为，分子中氧原子的增加或氢原子的减少为氧化；反之则为还原。

在常温常压下，烷烃与氧不发生反应，如果点火引发、燃烧时氧气充足，则烷烃可燃烧生成二氧化碳和水，同时放出大量热能。

$$CH_4 + 2O_2 \longrightarrow CO_2 + 2H_2O + 890\text{kJ/mol}$$

这个反应的价值在于它能放出大量的热。石油和天然气作为能源利用的根据就在于此。控制反应条件，可以使烷烃发生部分氧化，生成一定的有工业价值的含氧衍生物。

烷烃是易燃易爆物质，烷烃与空气混合，达到一定比例时(爆炸极限——爆炸的浓度范围)，遇火花就发生爆炸。例如，甲烷在空气中的爆炸极限是 5.3%～14%(体积分数)。

4.2.2 异构化反应

异构体之间相互转化的反应叫异构化反应，如

$$CH_3CH_2CH_2CH_3 \underset{27℃}{\overset{AlBr_3,HBr}{\rightleftharpoons}} CH_3\underset{\displaystyle CH_3}{\underset{|}{C}}HCH_3 \quad (80\%)$$

利用异构化反应可将直链烷烃转化为支链烷烃，可用以改善汽油质量。

烷烃异构化是可逆的，反应受热力学平衡控制，低温有利于支链异构体的生成。为达此目的，对催化剂进行了深入研究和改进，如采用 Ni 负载于 Al_2O_3 等的双效催化剂，以及 Pt-Al_2O_3 和 $AlCl_3$ 等组成的低温双效催化剂均已开发，效果良好。

4.2.3 裂化反应

烷烃在没有氧气存在下进行的热分解反应称为裂化(pyrolysis)反应。裂化反应是一个复杂的过程。烷烃分子中所含的碳原子数越多，裂化产物越复杂，反应条件不同产物也不相同，但都是由烷烃分子中 C—C 键和 C—H 键的断裂形成的复杂混合物，其中既含有较低级的烷烃，也含有烯烃和氢气，如

$$CH_3CH_2CH_2CH_3 \xrightarrow{500℃} \begin{cases} CH_4 + CH_3CH{=}CH_2 \\ CH_2{=}CH_2 + CH_3CH_3 \\ H_2 + CH_3CH_2CH{=}CH_2 \end{cases}$$

由于C—C键的键能(347kJ/mol)小于C—H键的键能(414kJ/mol)，一般C—C键较C—H键更容易断裂，因此，甲烷的裂化就要求更高的分解温度。

$$CH_4 \xrightarrow{>1200℃} C + 2H_2$$

烷烃的裂化主要是由较长碳链的烷烃分解为较短碳链的烷烃、烯烃和氢，但同时也有异构化、环化(转变为脂环烃)、芳构化(转变为芳香烃)、缩合和聚合(由较小分子转变为较大分子的烃)等反应伴随而发生，因此产物就更为复杂。

利用裂化反应，可以提高汽油的质量。一般由原油经分馏而得到的汽油只占原油的10%～20%，且质量较差。炼油工业中利用加热的方法，将原油中含碳原子较多的烷烃裂化成更有用的汽油组分(C_6～C_9)。

通常在5MPa及500～600℃温度下进行的裂化反应称为热裂化反应，热裂化可以提高汽油的产量，但对汽油的质量的提高并不理想。在催化剂存在下的裂化叫做催化裂化，通过催化裂化既可以提高汽油的产量，也可以提高汽油的质量。催化裂化一般在450～500℃，常压下进行，常用硅酸铝作催化剂。

为了得到更多的化学工业基本原料乙烯、丙烯、丁烯等低级烯烃，化学工业将石油馏分在更高的温度(>700℃)下进行深度裂化，这种以得到更多低级烯烃为目的裂化过程，称为“裂解”。裂解和裂化从有机化学上讲是同一种反应，但在石油化学工业上是有特殊意义的，裂解的主要目的是为了获得低级烯烃等化工原料，而不是简单地只为了提高油品的质量和产量，这是其不同之处。

4.2.4 取代反应

分子中某个或某几个原子或原子团被其他原子或原子团所取代的反应叫取代反应，被卤原子取代的反应叫做卤代反应，也叫做卤化反应。

4.2.4.1 甲烷的氯代反应

甲烷和氯气在室温或在暗处不发生反应，如果在强烈的日光照射下，则起猛烈的反应，甚至发生爆炸。在漫射光或适当加热(250～400℃)或在某些催化剂作用下，则可发生如下的取代反应：

$$CH_4 + Cl_2 \xrightarrow{\text{漫射光}} CH_3Cl + HCl + 102.4kJ/mol$$

反应难以停止在这一阶段，生成的CH_3Cl可继续被氯化，即

$$CH_3Cl + Cl_2 \longrightarrow CH_2Cl_2 + HCl$$
$$CH_2Cl_2 + Cl_2 \longrightarrow CHCl_3 + HCl$$
$$CHCl_3 + Cl_2 \longrightarrow CCl_4 + HCl$$

通常甲烷的氯代反应得到的是四种氯代产物的混合物。控制反应条件可使某种产物为主，工业上采用加热氯化的方法，温度控制在400～500℃，使甲烷与氯气的投料比为10∶1，则主要产物为CH_3Cl。若使甲烷与氯气之比为0.263∶1，主要产物为CCl_4。卤代烃的混合物难

以分离，可直接用作溶剂等。

4.2.4.2　其他烷烃的氯代反应——伯、仲、叔氢原子的反应活性

一般烷烃的氯代反应的反应条件与甲烷的氯代相似，但产物更复杂。乙烷与氯气反应不仅生成氯乙烷，还得到 1,1-二氯乙烷和 1,2-二氯乙烷。

$$CH_3CH_3 + Cl_2 \longrightarrow CH_3CH_2Cl + HCl$$

$$CH_3CH_2Cl + Cl_2 \longrightarrow CH_3CHCl_2 + ClCH_2CH_2Cl + HCl$$

丙烷氯代可以得到两种一氯代丙烷。

$$CH_3CH_2CH_3 + Cl_2 \longrightarrow \underset{\text{正丙基氯 }43\%}{CH_3CH_2CH_2Cl} + \underset{\text{异丙基氯 }57\%}{CH_3\underset{\large Cl}{\underset{|}{C}}HCH_3}$$

异丁烷的氯代可得到 64％的异丁基氯和 36％的叔丁基氯。

$$CH_3CH(CH_3)_2 + Cl_2 \longrightarrow CH_3\overset{CH_3}{\overset{|}{C}}HCH_2Cl + CH_3—\overset{CH_3}{\overset{|}{\underset{CH_3}{\underset{|}{C}}}}—Cl$$

上述实例表明，烷烃分子中任何一个氢原子都有被取代的可能，丙烷分子中六个伯氢，两个仲氢。如果两类氢的活性相同的话，丙烷的两种一氯代产物的比例应为 3∶1，实际却为 43∶57。同样异丁烷分子中有九个伯氢、一个叔氢，则异丁烷的两种一氯代产物的比例应为 9∶1，实际却为 64∶36。这只能说明伯、仲、叔氢的反应活性是不同的，其活性比大致为

$$\text{伯}:\text{仲} = \frac{43}{3}:\frac{57}{1} \approx 1:4$$

$$\text{伯}:\text{叔} = \frac{64}{9}:\frac{36}{1} \approx 1:5$$

即伯∶仲∶叔≈1∶4∶5。

由此，我们可以得出烷烃分子中氢原子的反应活性大小次序是叔氢＞仲氢＞伯氢。另有实验表明，甲烷的氢原子的氯化反应活性远低于伯氢。实验还表明，烷烃分子的氢原子在卤化反应中的活性，只与氢原子的种类（伯氢、仲氢、叔氢）有关，而与何种烷烃基本无关。

烷烃分子中伯、仲、叔氢原子活泼性的不同，也可以用键离解能来解释。

		键的离解能/(kJ/mol)
伯氢	$CH_3CH_2CH_2—H$	410
仲氢	$(CH_3)_2CH—H$	395
叔氢	$(CH_3)_3C—H$	380

碳-叔氢键的离解能最小，说明这个键最易断裂，所以叔氢原子的反应活性最高。

高碳烷烃的氯代反应在工业上有重要应用。例如，石蜡、聚乙烯（可以看成是相对分子质量非常大的烷烃）经氯代反应可以得到氯含量不同的氯化石蜡和氯化聚乙烯。氯含量≥61％的氯化聚乙烯有良好的耐候性、耐臭氧、耐热、耐燃、耐化学试剂等作用，可用于耐腐蚀、自熄性、耐磨性涂料。氯化石蜡是高分子材料的阻燃增塑剂。

4.2.4.3　烷烃与其他卤素的取代反应

在光、热、催化剂的影响下，烷烃也能与溴发生溴代反应，但反应比较缓慢。溴与烷烃的反

应活性比氯与烷烃的反应活性小，但溴更具有选择性，溴总是尽量取代烷烃分子的叔氢原子或仲氢原子，因此溴代反应在有机合成中更有用，如

$$CH_3-CH_2-CH_3 \xrightarrow[\text{光,125℃}]{Br_2} \underset{97\%}{CH_3-\overset{\displaystyle Br}{\overset{|}{C}H}-CH_3} + \underset{3\%}{CH_3-CH_2-CH_2Br}$$

$$\underset{\displaystyle \quad\;\; CH_3}{CH_3-\underset{|}{C}H-CH_3} \xrightarrow[\text{光,127℃}]{Br_2} \underset{99\%}{CH_3-\overset{\displaystyle CH_3}{\overset{|}{\underset{\displaystyle CH_3}{\underset{|}{C}}}}-Br} + \underset{\text{痕量}}{CH_3-\underset{\displaystyle CH_3}{\underset{|}{C}H}-CH_2Br}$$

这可用卤原子的活泼性来解释，因为氯原子较活泼，它有能力夺取烷烃中的各种氢原子而成为 HCl；而溴原子不活泼，它只能夺取烷烃中较活泼的氢原子（叔氢原子或仲氢原子）。

烷烃与氟作用时，反应剧烈并有大量热放出，反应不易控制，有时会引起爆炸，所以烷烃氟代并无实用价值。

烷烃与碘不能发生反应，碘代烷必须用其他方法来制备。因此有实用价值的卤代反应只是氯代和溴代反应。

反应活性与选择性的关系，还可从烷烃卤化反应时的相对速率看出。因为反应的相对速率差别越大，说明选择性越大，试剂的相对活性越低。不同卤原子与不同氢原子反应的相对速率（以伯氢为标准）如表 4-2 所示。

表 4-2　不同卤原子夺取氢原子的相对速率(27℃)

卤原子	$-CH_3$(伯氢)	$>CH_2$(仲氢)	$-\!\!\!>CH$(叔氢)
F	1	1.3	1.8
Cl	1	4.4	6.7
Br	1	80	1600
I	1	1850	210 000

表 4-2 说明：烷烃卤化时，卤原子的选择性是 I>Br>Cl>F。不同卤原子的选择性不同，也可利用过渡态理论进行解释，这里不再讨论。

4.2.5　甲烷氯代反应历程

甲烷的氯代应必须在光的照射下或高温(250℃以上)时才能发生，可以认为甲烷氯代反应首先是氯分子在光照或高温条件下，吸收能量均裂为两个氯自由基所引起的：

$$Cl:Cl \xrightarrow{\text{光或热}} 2Cl\cdot \tag{1}$$

氯自由基非常活泼，具有强烈的成键倾向。当氯自由基与甲烷分子充分靠近而发生碰撞时，就会发生如下反应：

$$Cl\cdot + CH_4 \longrightarrow \cdot CH_3 + HCl \tag{2}$$

生成的甲基自由基·CH_3，也非常活泼，当它与氯分子碰撞时又会发生如下反应：

$$\cdot CH_3 + Cl_2 \longrightarrow CH_3Cl + Cl\cdot \qquad (3)$$

生成的新的氯自由基又可重复进行反应(2)，生成新的甲基自由基又可重复进行反应(3)。像这种每步反应都生成一个新的自由基，因而使反应可以不断继续进行下去的反应叫做链反应(chain reaction)，又叫连锁反应。因为这是由自由基参加而进行的链反应，所以又叫做自由基反应，或称自由基链反应。反应(1)称为链引发阶段，反应(2)和反应(3)称为链增长阶段或链传递阶段，只要还有甲烷和氯分子存在，反应(2)和反应(3)就会一直重复进行下去，在链增长阶段，还可以进行如下的一系列反应：

$$CH_3Cl + Cl\cdot \longrightarrow \cdot CH_2Cl + HCl$$
$$\cdot CH_2Cl + Cl_2 \longrightarrow CH_2Cl_2 + Cl\cdot$$
$$\vdots \qquad\qquad \vdots$$
$$CHCl_3 + Cl\cdot \longrightarrow \cdot CCl_3 + HCl$$
$$\cdot CCl_3 + Cl_2 \longrightarrow CCl_4 + Cl\cdot$$

当体系的自由基不断增多时，各种自由基之间碰撞的概率也增加。

$$Cl\cdot + Cl\cdot \longrightarrow Cl_2$$
$$\cdot CH_3 + \cdot CH_3 \longrightarrow CH_3{-}CH_3$$

两个自由基的结合生成了反应活性小的分子，这样就消耗了自由基，使反应(2)和反应(3)不能继续进行，反应至此终止，这个阶段称为链终止阶段。

甲烷的氯代反应是通过共价键的均裂生成氯自由基，而后进行的链反应，它包括链引发、链增长和链终止三个阶段。

以上是根据甲烷氯代反应的实验事实做出的由反应物到产物所经历的过程的详细描述和理论解释。这种对反应的全面详细描述和理论解释叫做反应历程(或反应机理 reaction mechanism)。如果根据的实验事实越多，则由此得出的理论解释越可靠。一个反应的反应机理，应经得起更多的实验事实的考验，并应有一定的预见性，否则就应做必要的修正，使它更符合实际情况。了解了某一反应的反应机理，就可以更好地了解和掌握这一反应在开始、中间以及终了时的变化规律及其所需的最佳条件，以提高产物的质量和产量。目前，许多反应机理是可以肯定的，也有些反应机理还缺乏足够的依据，只是一种设想，甚至还有争议，有待进一步予以证实和确认。

4.2.6　甲烷氯代反应过程的能量变化——反应热、活化能和过渡态

一个化学反应，由于反应物被转变成生成物，必定发生一定的能量变化，正是这个能量的变化，才是推动一个化学反应得以进行的基本动力。根据反应物与产物共价键的变化，用键的离解能数值(表 4-3)，可以估计一个化学反应的能量变化，即反应物与产物之间的能量差，这个差值在热化学中叫反应热(heat of reaction)，用 ΔH 表示，如

$$CH_3{-}H + Cl{-}Cl \longrightarrow CH_3{-}Cl + H{-}Cl$$

	$CH_3{-}H$	$Cl{-}Cl$	$CH_3{-}Cl$	$H{-}Cl$
键离解能/(kJ/mol)	435	243	349	431

$$\Delta H = 435 + 243 - 349 - 431 = -102(\text{kJ/mol})$$

表 4-3 单键的离解能 (单位:kJ/mol)

A∶B ⟶ A·+B·

H—H	435	$CH_3CH_2CH_3$—CH_3	334
F—F	159	$CH_3CH_2CH_2$—H	410
Cl—Cl	243	$CH_3CH_2CH_2$—F	443
Br—Br	192	$CH_3CH_2CH_2$—Cl	341
I—I	150	$CH_3CH_2CH_2$—Br	288
H—F	568	$CH_3CH_2CH_2$—I	224
H—Cl	431	$CH_3CH_2CH_2$—OH	382
H—Br	366	$CH_3CH_2CH_2$—OCH_3	334
H—I	297	$(CH_3)_2CH$—H	395
CH_3—H	435	$(CH_3)_2CH$—F	439
CH_3—F	451	$(CH_3)_2CH$—Cl	339
CH_3—Cl	349	$(CH_3)_2CH$—Br	284
CH_3—Br	293	$(CH_3)_2CH$—I	222
CH_3—I	234	$(CH_3)_2CH$—OH	385
CH_3—OH	380	$(CH_3)_2CH$—OCH_3	336
CH_3—OCH_3	334	$(CH_3)_3C$—H	380
CH_3CH_2—H	410	$(CH_3)_3C$—Cl	328
CH_3CH_2—F	443	$(CH_3)_3C$—Br	263
CH_3CH_2—Cl	341	$(CH_3)_3C$—I	207
CH_3CH_2—Br	288	$(CH_3)_3C$—OH	378
CH_3CH_2—I	224	$(CH_3)_3C$—OCH_3	326
CH_3CH_2—OH	382		

这里规定正值为吸热、负值为放热。计算结果表明，甲烷的氯代反应是一个放热反应。用同样的方法，可以计算甲烷的溴代反应的反应热 $\Delta H=-31.4$kJ/mol。甲烷的氯代比溴代放出的热量要多得多。一般地说，放热反应比吸热反应易于进行，放出热量越多，反应越易进行，所以甲烷的氯代比溴代要快得多。

实验表明，许多高度放热的反应，在初始阶段，如果外界不提供一定的能量，反应也是不能进行的。为了阐明其中的原因，下面仍以甲烷为例，进一步讨论反应过程中各阶段能量的变化情况。

(1) Cl—Cl ⟶ 2Cl·　　$\Delta H_1=+243$kJ/mol

(2) Cl·+CH_3—H ⟶ HCl+·CH_3　　$\Delta H_2=4$kJ/mol

(3) ·CH_3+Cl—Cl ⟶ CH_3—Cl+Cl·　　$\Delta H_3=-106$kJ/mol

反应(1)是链引发阶段，要吸收相当大的能量(243kJ/mol)才能使反应进行，所以必须在反应的初始阶段为反应物提供足够的能量(高温或光照)，以生成足够的氯自由基，才能使反应发生并进行下去。在反应(2)中，按计算只需供给 4kJ/mol 的能量即能进行反应，但实际并不是这样，实验表明，要使这个反应发生，必须供给 17kJ/mol 的能量。这是因为反应物粒子必需获得足够的动能，以克服粒子间的范德华力，才能发生有效碰撞，进而发生反应。为使反应物取得这部分动能，需要供给 17kJ/mol 的能量。根据过渡状态(transition state)理论，有效碰撞后的粒子会形成一个不稳定的过渡态，即甲烷分子的 C—H 被削弱(或部分断裂)，H—Cl 键则部分形成，这时体系的能量升高到最大值(17kJ/mol)。

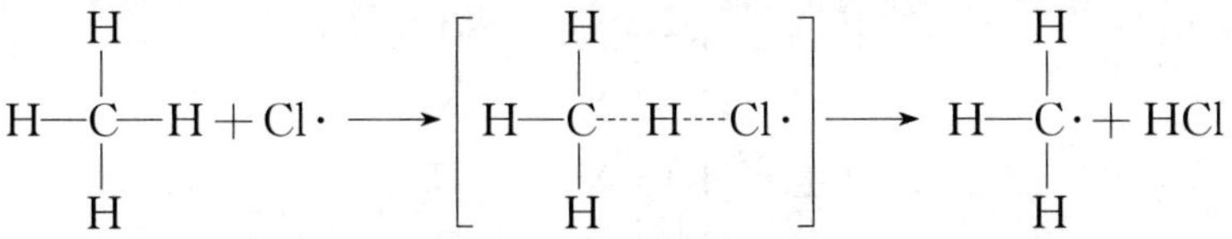

过渡态

随着 C—H 键的进一步断裂和 H—Cl 键的进一步形成，过渡态的能量逐渐降低，直到形成产物 $\cdot CH_3$ 和 HCl，产物的能量比反应物(CH_4 和 Cl·)的能量高4kJ/mol，体系的能量变化参见图 4-3(a)。

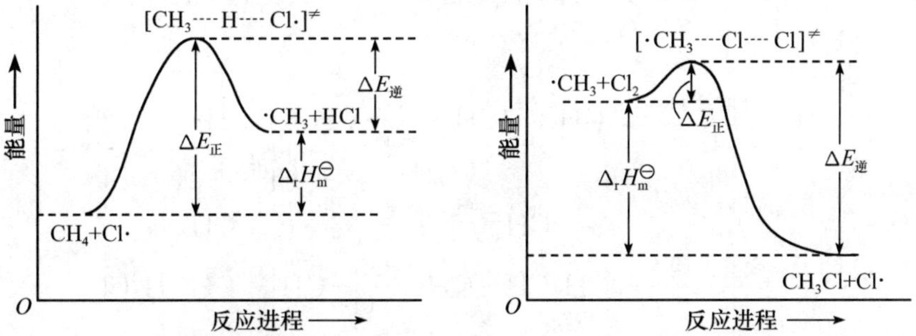

(a) 反应(2)　　(b) 反应(3)

图 4-3　甲烷氯代反应能量曲线图

反应物与产物之间的能量差称为反应热 ΔH。过渡态位于能垒的顶部，过渡态与反应物之间的能量差是形成过渡态所必需的最低能量，也是使这个反应能够进行所需要的最低能量，叫做活化能，用 $E_{活化}$ 表示。活化能来源于粒子的动能，发生碰撞使动能转变为位能，有足够的动能转变为位能就可达到过渡态(即能垒的顶部)而使反应进行。实验表明，反应(2)的活化能为 $E_{活化}=17$kJ/mol。每一个化学反应都有它特有的活化能数值，活化能的大小决定一个反应的反应速率。一般是活化能越小，反应越易进行，反应速率也越快。活化能大的反应就不易进行，反应速率也慢。

反应(3)的反应热 $\Delta H=-106$kJ/mol，是一步高度放热反应，但仍需要一定的活化能来形成过渡态，如图 4-3(b)所示，这里 $E_{活化}=4$kJ/mol，活化能数值较小，反应又是高放热，因此反应(3)很容易进行。反应(3)的逆反应是高度吸热的，并且有一相当高的活化能[106＋4＝110(kJ/mol)]，所以逆反应实际上并不发生。

由上述讨论可知，甲烷氯代反应涉及链增长的两步反应，它们的活化能都不大(分别为17kJ/mol 和 4kJ/mol)，只有链引发阶段需要较高的活化能(243kJ/mol)，故甲烷氯代反应开始需要一定的能量(光和热)，产生了氯自由基后，反应即可继续进行。

单纯用反应热来讨论反应活性并不完全正确，因为反应热仅仅表示反应物和产物之间的内能差，而反应速率取决于活化能的大小，即使反应是放热的，它们仍要得到一定的活化能。

4.2.7　一般烷烃的卤化反应历程

和甲烷氯代反应历程一样，一般烷烃的卤代反应都是自由基取代反应，可以用下面的式子表示：

$$\text{链引发}\quad X_2 \xrightarrow{\text{光或热}} 2X\cdot$$

$$\text{链增长}\quad \begin{cases} RH + X\cdot \longrightarrow R\cdot + HX \\ R\cdot + X_2 \longrightarrow RX + X\cdot \end{cases}$$

$$\text{链终止}\quad \begin{cases} X\cdot + X\cdot \longrightarrow X_2 \\ R\cdot + X\cdot \longrightarrow RX \\ R\cdot + R\cdot \longrightarrow R—R \end{cases}$$

从丙烷开始，分子中有不同的氢原子可被取代，一氯代产物就不止一种。当正丙烷和异丁烷分别与氯自由基反应时，氯自由基分别夺取伯、仲、叔氢原子，形成伯、仲、叔烷基自由基，进一步可生成不同的一氯代产物。

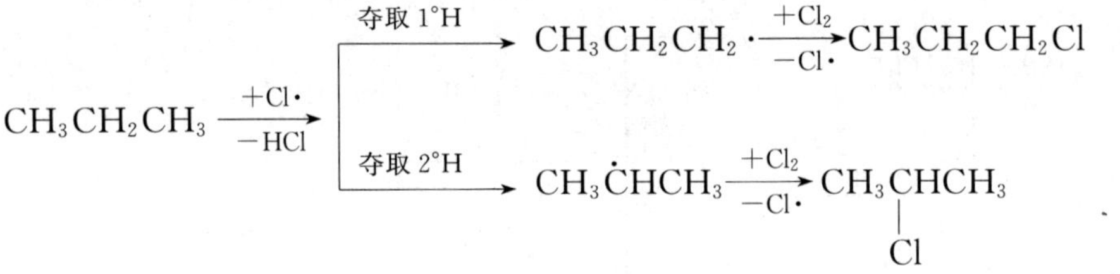

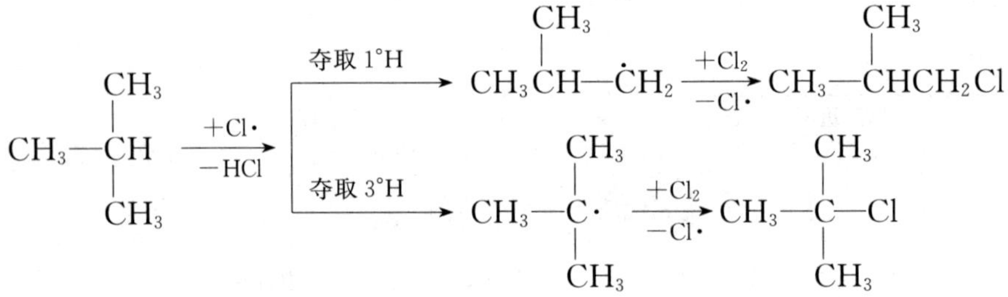

有关各键的离解能如下所示：

$$CH_3—H \longrightarrow CH_3\cdot + H\cdot \qquad 435kJ/mol$$

$$CH_3CH_2CH_2—H \longrightarrow CH_3CH_2CH_2\cdot + H\cdot \qquad 410kJ/mol$$

$$\begin{array}{c}CH_3CH—H\\ |\\ CH_3\end{array} \longrightarrow \begin{array}{c}CH_3—CH\cdot + H\cdot\\ |\\ CH_3\end{array} \qquad 395kJ/mol$$

$$\begin{array}{c}CH_3\\ |\\ CH_3—C—H\\ |\\ CH_3\end{array} \longrightarrow \begin{array}{c}CH_3\\ |\\ CH_3—C\cdot\\ |\\ CH_3\end{array} + H\cdot \qquad 380kJ/mol$$

由上列离解能可知，形成各种烷基自由基所需能量按 3°R·＜2°R·＜1°R·＜$CH_3\cdot$ 的次序逐渐升高，相对于形成各自由基的母体烷烃来说，形成自由基所需能量越低，意味着这个自由基越易形成，所含的能量也越低，即越稳定。所以自由基的稳定性次序是 3°R·＞2°R·＞1°R·＞$CH_3\cdot$。这个次序和烷烃分子中不同氢原子被夺取的容易程度(即活泼性 3°H＞2°H＞1°H)是一致的，因此越稳定的自由基越易形成。

4.3　烷烃的天然来源

烷烃的天然来源主要来自石油和天然气。天然气主要包含一些低级烷烃，一般为 75%的甲烷、15%的乙烷和5%左右的丙烷，其余的为较高级烷烃，但要从中分离提纯单一烷烃较为困难。煤矿的坑道气中也含有20%～30%的甲烷，生物废物发酵产生的沼气中也含有大量甲烷。甲烷是无色无味的气体，几乎不溶于水，但可溶于乙醇中。除作为燃料使用外，甲烷还可用作生产炭黑和一碳卤代物，另外可作为合成甲醇和氨的原料。除天然气外，石油直接蒸馏产生的气体中也含有乙烷，乙烷是生产乙烯和氯乙烯的重要原料。丙烷同样存在于天然气和石油中，它和乙烷一起用于乙烯的生产，也可作溶剂和致冷剂，其另一个重要用途是以液化石油气的形式用作燃料。丁烷和异丁烷都是轻汽油的成分。丁烷在工业上用于生产乙烯、丙烯和丁二烯等重要的工业原料。

石油是一种褐红色至黑色的黏稠液体，从油田中开采出来的原油要进行加工处理，需先将溶于其中的石油气分离，接着可分馏出汽油、煤油、柴油等轻质油和润滑油、凡士林、液体石蜡等重油和固体石蜡、沥青等固态物质。由于原油的组成不同，对加工产品的需要也不同，所以各地所分馏的石油馏分也不一样。除了作直接用途外，石油产品可变化为其他种类的化合物。例如，将高级烷烃经裂解生成相对分子质量较小的烷烯类，从而增加汽油产量，用此方法产生的烯烃更是合成大量有机化合物和各种材料的重要原料。经催化重组(catalytic reforming)可将烷烃转变成为芳香族化合物，经异构化作用(isomerization)可以将直链烷烃异构化为支链烷烃。多支链烷烃组分比例增加可以提高汽油的辛烷值，故在石油工业上也占有相当重要地位。

石油因产地不同而成分各异，但主要都是各种烃的混合物。由于燃料和各种化工基本原料的需求日益增长，石油工业的地位非常重要。随着世界上石油资源不断减少，用蕴藏量极其丰富的煤炭为原料代替石油来合成化工原料受到越来越多的重视。所谓一碳化学即是以煤炭、一氧化碳、二氧化碳等为原料制得较大相对分子质量有机化合物的化学，如

$$nC + (n+1)H_2 \xrightarrow[70MPa]{FeO, 450℃} C_nH_{2n+2}$$

$$2nCO + (4n+1)H_2 \xrightarrow[250℃]{Co/Th} C_nH_{2n} + C_nH_{2n+2} + 2nH_2O$$

这些方法的成功将使一碳化学有远大发展前途。另外，某些天然的动植物中也有某些烷烃存在，如菠菜和卷心菜叶中分别有C_{33}、C_{35}、C_{37}和C_{29}烷烃，苹果表皮含有C_{27}烷烃，一些昆虫分泌出的信息素中也含有烷烃。

4.4 环 烷 烃

在结构上具有环状碳骨架而性质上和开链烃相类似的有机化合物称为脂环烃，脂环烃可以分为饱和脂环烃和不饱和脂环烃，饱和脂环烃又称为环烷烃，不饱和脂环烃有环烯烃和环炔烃。分子中只有一个碳环的环烷烃，其通式为C_nH_{2n}，可以看作是单烯烃的同分异构体。在单环体系中，一般分为小环(含3～4个碳原子的环)、普通环(含5～7个碳原子)、中环(含8～12个碳原子)和大环(12个以上碳原子)。其中以环戊烷和环己烷最为普通。还可以根据分子中所含碳环数目不同而分为单环、双环以及多环脂环烃，如

单环脂环烃

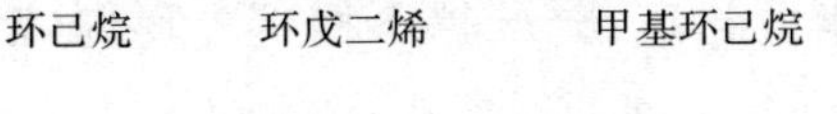

环己烷 环戊二烯 甲基环己烷

二环脂环烃

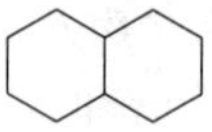
十氢化萘

降冰片烷

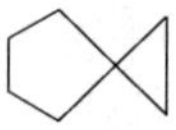
螺[2,4]庚烷

多环脂环烃

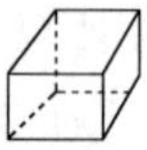
立方烷

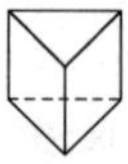
棱烷

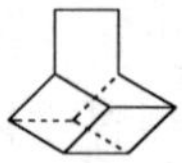
篮烷

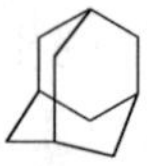
金刚烷

环烷烃由于环的大小及侧链的长短和位置不同而产生同分异构现象。例如，含有五个碳原子的环烷烃有五个构造异构体。

环戊烷

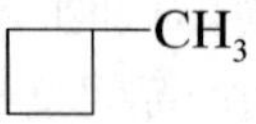

甲基环丁烷

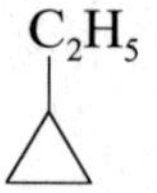

乙基环丙烷

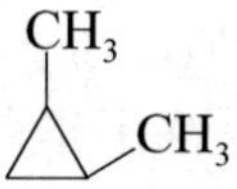

1,2-二甲基环丙烷

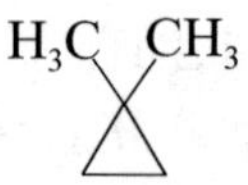

1,1-二甲基环丙烷

根据环烷烃的结构分析得出：环的稳定性与环的大小有关，即三、四元环很容易开环；普通环和大环比较稳定。这一点可以从它们的燃烧热和化学性质看出。所谓燃烧热是指 1mol 化合物完全燃烧生成二氧化碳和水所放出的热量。燃烧热的大小可以反映出分子内能的大小。

环烷烃的燃烧热随碳原子数的增加而增加，但不像开链烷烃那样有规律。已知开链烷烃分子中每增加一个 CH_2，燃烧热的增值基本上一定，平均为 658.6kJ/mol，环烷烃的通式是 C_nH_{2n}，即 $(CH_2)_n$。因此环烷烃分子中每个 CH_2 的燃烧热是 $\Delta H_c/n$。由表 4-4 可以看出，不仅不同环烷烃分子的燃烧热不同，并且不同分子的每个 CH_2 的燃烧热也不同。

表 4-4　环烷烃的熔点、沸点、张力能和每个—CH_2—单元的燃烧热

名称	熔点/℃	沸点/℃(MPa)	张力能/(kJ/mol)	每个 CH_2 的燃烧热/(kJ/mol)	相对密度 d_4^{20}
环丙烷	−127	−34(0.1)	115	697.1	0.689
环丁烷	−90	−12(0.1)	110	682.2	0.689
环戊烷	−93	49(0.1)	27	664.0	0.746
环己烷	6	80(0.1)	0	658.6	0.778
环庚烷	8	119(0.1)	27	662.3	0.810
环辛烷	4	148(0.1)	42	663.6	0.830
环壬烷	10	$69(1.8\times10^{-3})$	54	664.6	
环癸烷	9	$69(1.6\times10^{-3})$	50	663.6	
环十五烷	61	$147(1.6\times10^{-3})$	6	658.6	

大多数环烷烃的 $\Delta H_c/n$ 比烷烃的每个 CH_2 的燃烧热高。这就表明环烷烃比开链烷烃具有较高的能量。这高出的能量叫做张力能。例如，环丙烷的 $\Delta H_c/n$ 为 697.1kJ/mol，比烷烃的每个—CH_2—的燃烧热(658.6kJ/mol)高 38.5kJ/mol。这个差值就是环丙烷分子中每个 CH_2 的张力能。环丙烷总的张力能为 $38.5\times3=115.5$(kJ/mol)。

不同的环烷烃张力能不同(表 4-4)。环己烷的每个 CH_2 燃烧热与烷烃相等，它的张力能为零。因此环己烷是个没有张力的环状分子。

环烷烃的张力能越大，能量越高，分子越不稳定。环丙烷和环丁烷的张力能比其他的环烷烃都大很多，因此它们最不稳定，容易开环。环戊烷、环庚烷等的张力能不太大，因此比较稳定。环己烷和 C_{12} 以上的大环化合物的张力能很小或等于零，因此它们都是很稳定的化合物。

环丙烷及环丁烷在常温常压下为气体，环戊烷为液体，高级同系物为固体。环烷烃的熔点和沸点都比相应的直链烷烃高。环烷烃的相对密度比相应烷烃大，但仍比水轻。和烷烃一样，环烷烃不溶于水。常见环烷烃的物理常数见表 4-4。

环烷烃的化学性质与相应的烷烃类似，但由于具有环状结构，且环有大有小，故还有一些环状结构的特性。

1）取代反应

在光或热的引发下，环烷烃可以发生卤代反应生成相应的卤代物，如

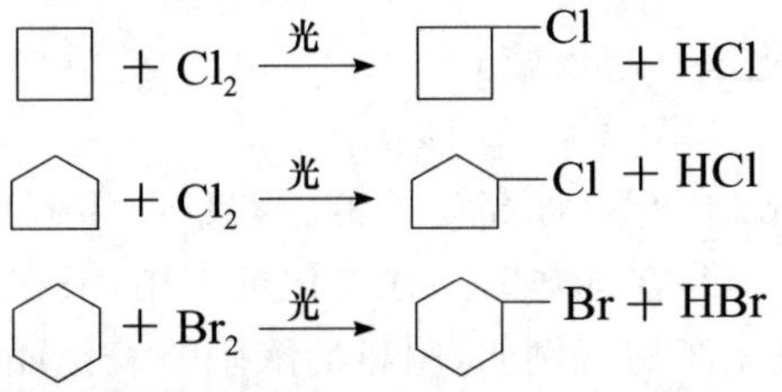

其反应机理同样也是按自由基取代反应进行的。

2）开环反应

环烷烃中的小环化合物，特别是三碳环化合物，和一些试剂作用时容易发生环破裂而与试剂相结合的反应。这些反应常叫做开环反应，有时也叫做加成反应。

（1）催化加氢。环丙烷在较低温度和催化剂存在下，加氢开环，生成丙烷。

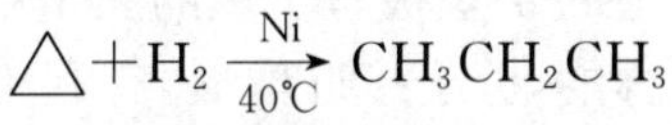

环丁烷在较高温度下也可以加氢开环生成丁烷。

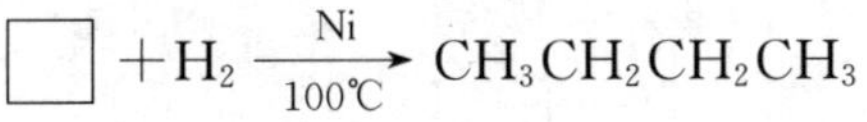

环戊烷、环己烷等要用活性高的铂催化剂在更高温度下才能开环，生成烷烃。

（2）加卤素。在室温下，溴就可使环丙烷开环，生成 1,3-二溴丙烷，所以环丙烷也可以使溴的四氯化碳溶液褪色。

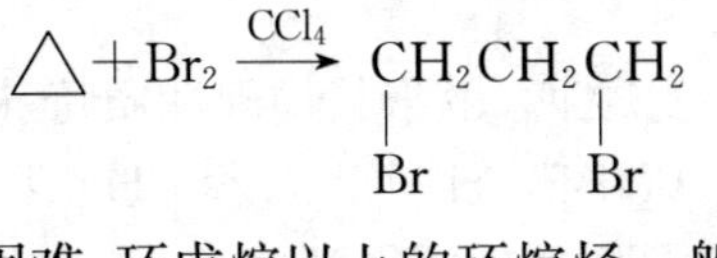

环丁烷在室温下加成比较困难，环戊烷以上的环烷烃一般不与卤素发生加成反应。多环化合物中的三元环在溴作用下也容易开环，如

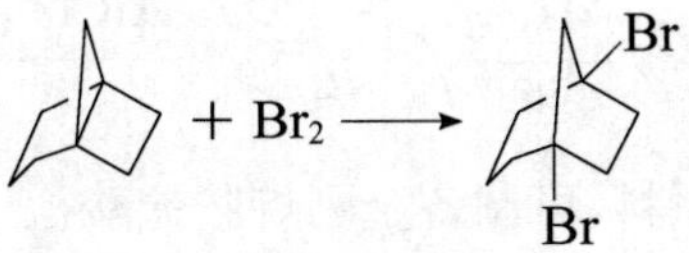

(3) 加卤化氢。环丙烷能与卤化氢发生反应而开环，生成 1-卤丙烷，如

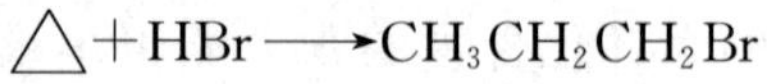

取代环丙烷与卤化氢加成时，环的破裂发生在取代基最多和取代基最少的碳原子之间，氢原子加在连氢较多的碳原子上，如

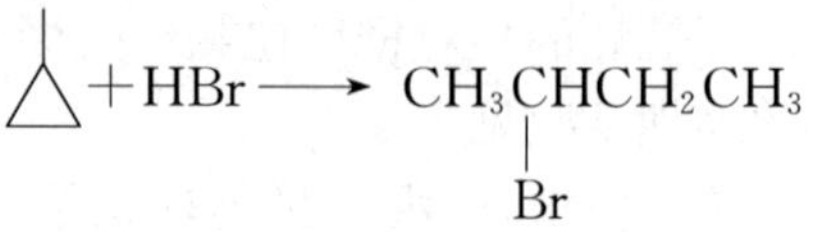

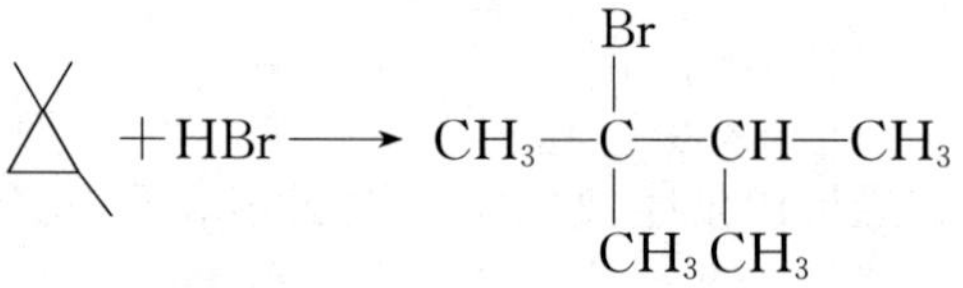

环丁烷、环戊烷等与卤化氢不起反应。

3) 氧化反应

在常温下，环烷烃与一般氧化剂(如高锰酸钾、臭氧等)不起反应。即使环丙烷，常温下也不能使高锰酸钾溶液褪色。但是在加热时与强氧化剂作用，或在催化剂存在下用空气氧化，环烷烃可以被氧化生成各种氧化产物。例如，用热的浓硝酸氧化环己烷，则环破裂生成己二酸。

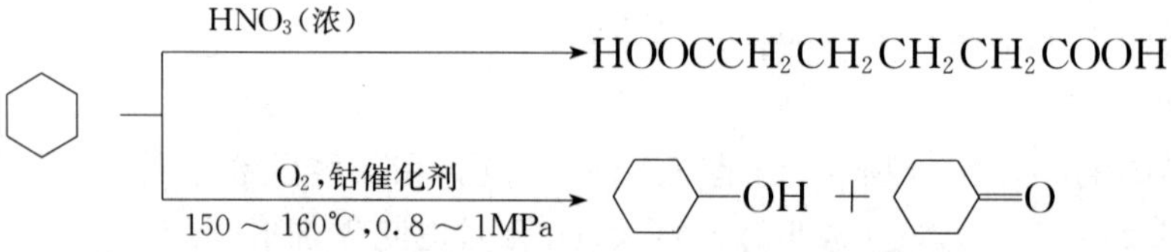

金刚烷的分子结构可以看成是金刚石晶体的一部分，因此而得名。金刚烷可以看成椅型构象的环己烷的同平面上三个碳上的 α-氢被叔丁烷的三个甲基取代的产物，是三个椅型环己烷稠合而成。它的结构是高度对称的，分子接近球形，有利于在晶格中紧密堆集，因此熔点特别高(270℃)。如果在分子中引入一个取代基，熔点大幅度降低。

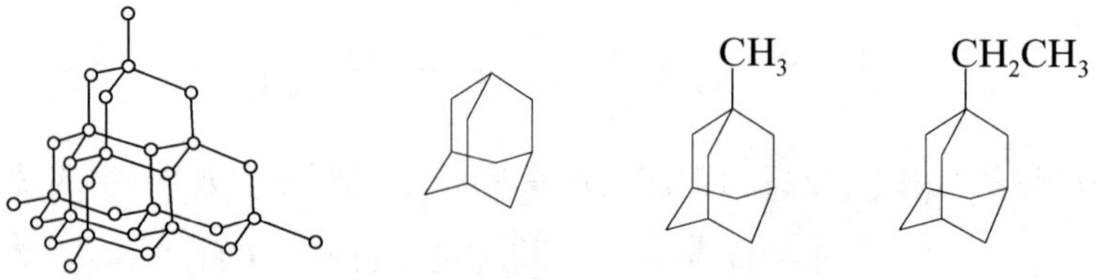

金刚石　　　　金刚烷 熔点 270℃　　　　1-甲基金刚烷 熔点 104℃　　　　1-乙基金刚烷 熔点 52℃

金刚烷是无张力结构，比较稳定。金刚烷能溶于烃类溶剂中。桥头氢原子容易被卤素取代，生成卤代金刚烷。

金刚烷在石油中含量为百万分之四，由于其物理性质特殊，可从石油中直接分离出来。金刚烷可由氢化二环戊二烯在强酸(HBF_4，$HAlCl_4$，FSO_3H)或 $AlCl_3$ 作用下，经碳架异构制得，氢化二环戊二烯可由二聚环戊二烯催化加氢得到：

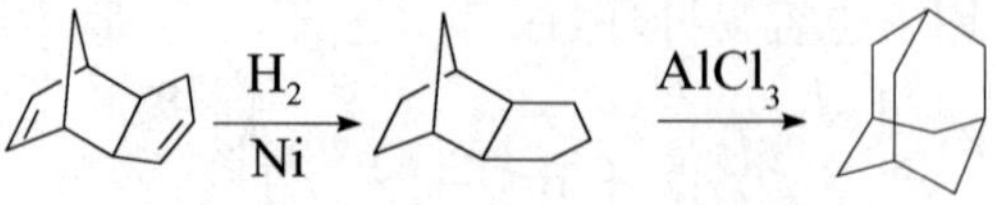

金刚烷是医药工业的重要原料，可制备金刚烷胺盐酸盐——一种有效的退烧药。

习　　题

(一) 基础知识练习题

1. 单项选择题。

(1) 下列烷烃中熔点最高的是(　　)。

A. 正戊烷　　B. 异戊烷　　C. 甲烷　　D. 新戊烷

(2) 下列烷烃中沸点最高的是(　　)。

A. 正丁烷　　B. 异戊烷　　C. 正己烷　　D. 正庚烷

(3) 下列关于烷烃性质说法错误的是(　　)。

A. 性质十分稳定　　B. 正己烷可作为溶剂　　C. 易溶于水　　D. 一般比水轻

(4) 下列烷烃中的氢原子活性最强的是(　　)。

A. 伯氢原子　　B. 仲氢原子　　C. 叔氢原子

(5) 下列各种碳自由基中最稳定的是(　　)。

A. 伯碳自由基　　B. 仲碳自由基　　C. 叔碳自由基

2. 判断题。

(1) 烷烃可溶于水中。　　(　　)

(2) 己烷和新戊烷是同分异构体。　　(　　)

(3) 甲烷熔点高于乙烷的原因是分子间力大造成的。　　(　　)

(4) 环烷烃中,环的稳定性顺序为:环戊烷>环丁烷>环丙烷>环己烷。　　(　　)

(5) 通常情况下,环丙烷可与高锰酸钾溶液反应,使其紫红色褪掉。　　(　　)

3. 试在化合物(a)~(g)中找出符合条件(1)~(6)的化合物[举例:(c)符合(3)]。

(a) 2,2,4-三甲基戊烷　　(b) 3,4-二甲基-4-乙基庚烷　　(c) 2-甲基-3-乙基己烷

(d) 异戊烷　　(e) 新己烷　　(f) 4-叔丁基辛烷　　(g) 2,2-二甲基丙烷

(1) 没有叔氢原子　　(2) 有一个叔氢原子　　(3) 有两个叔氢原子　　(4) 没有仲氢原子

(5) 有两个仲氢原子　　(6) 仲氢原子的数目是伯氢原子的1/3

(二) 综合提高练习题

1. 完成反应。

(1) 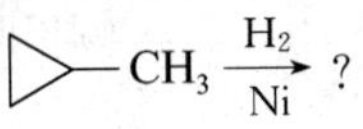

(2) 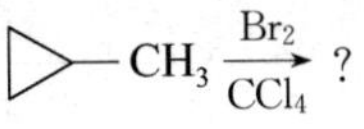

(3) 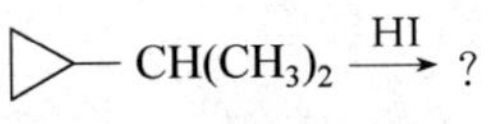

(4) 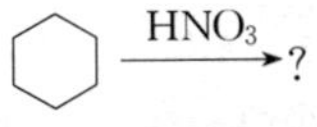

(5) 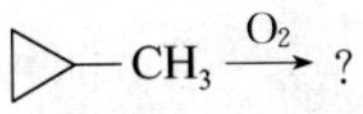

2. 写出乙烷在光照射下溴化产生溴乙烷的反应机理。

3. 分子式为C_6H_{14}的烷烃,在光照射下发生氯化反应,生成两种一氯代物,试写出该烃的结构及反应机理。

4. 已知某烷烃的相对分子质量为72,氯化时,(1) 只得到一种氯代产物;(2) 得到三种一氯产物;(3) 得到四种一氯产物;(4) 只得到两种二氯代产物。分别写出这些烷烃的构造式。

5. 在烷烃和环己烷或更大的环烷烃中,每个CH_2的燃烧热约为658.6kJ/mol。对于环丙烷和环丁烷来说,这个值分别为697.1kJ/mol和686.2kJ/mol。解释这种差别。

第 5 章　不饱和脂肪烃

分子中含有碳碳双键和碳碳叁键的碳氢化合物称为不饱和烃(unsaturated hydrocarbon)。它们的种类很多,这里主要讨论开链的和环状的烯烃、炔烃和共轭二烯烃等。开链的不饱和烃与能稳定存在的环状不饱和烃性质相似,故本章将它们放在一起讨论。

5.1　烯　　烃

分子中含有碳碳双键的烃类化合物叫做烯烃。开链的单烯烃的通式为 C_nH_{2n}($n\geqslant2$ 的整数),单环单烯烃的通式为 C_nH_{2n-2}($n\geqslant2$ 的整数)。碳碳双键(C=C)是烯烃的特征官能团。

5.1.1　烯烃的物理性质

烯烃的物理性质和烷烃相似。在常温下,含 2～4 个碳原子的烯烃为气体,含 5～18 个碳原子的烯烃为液体,高级同系物为固体。烯烃比水轻,相对密度较相应的烷烃略高,有微弱的极性,故它们的折光率比相应的烷烃高。烯烃难溶于水,易溶于非极性的有机溶剂,如苯、四氯化碳等。在顺反异构体中,反式异构体的熔点比顺式高。这是由于反式异构体分子的对称性较高,在晶体中能更紧密地排列在一起的缘故。沸点则是反式异构体比顺式低,这是由于反式异构体的极性比顺式低。末端烯烃(双键在链端的烯烃)的沸点比相应的双键在碳链中间的异构体略低。直链烯烃的沸点比带支链的异构体略高。但这些差别都不大,一般只有几摄氏度的差别。烯烃均为无色物质。部分烯烃的物理常数见表 5-1。

表 5-1　部分烯烃的物理常数

名称	构造式	熔点/℃	沸点/℃	相对密度
乙烯	$CH_2=CH_2$	−169.1	−103.7	
丙烯	$H_3C-CH=CH_2$	−185.2	−47.4	
1-丁烯	$CH_3CH_2CH=CH_2$	−184.3	−6.3	
反-2-丁烯	反-$CH_3CH=CHCH_3$	−106.5	0.9	0.6042
顺-2-丁烯	顺-$CH_3CH=CHCH_3$	−138.9	3.7	0.6213
异丁烯	$CH_2=C(CH_3)_2$	−140.3	−6.9	0.5942
1-戊烯	$CH_2=CH(CH_2)_2CH_3$	−138.0	30.0	0.6405
反-2-戊烯	反-$CH_3CH=CHCH_2CH_3$	−136.0	36.4	0.6482
顺-2-戊烯	顺-$CH_3CH=CHCH_2CH_3$	−151.4	36.9	0.6556
2-甲基-1-丁烯	$CH_2=C(CH_3)CH_2CH_3$	−137.6	31.1	0.654
3-甲基-1-丁烯	$CH_2=CHCH(CH_3)_2$	−168.5	20.7	0.6272
2-甲基-2-丁烯	$(CH_3)_2C=CHCH_3$	−133.8	38.5	0.6623
1-己烯	$CH_2=CH(CH_2)_3CH_3$	−139.8	63.3	0.6731
2,3-二甲基-2-丁烯	$(CH_3)_2C=C(CH_3)_2$	−74.3	73.2	0.7080
1-庚烯	$CH_2=CH(CH_2)_4CH_3$	−119.0	93.6	0.6970

续表

名称	构造式	熔点/℃	沸点/℃	相对密度
1-辛烯	$CH_2=CH(CH_2)_5CH_3$	−101.7	121.3	0.7149
1-壬烯	$CH_2=CH(CH_2)_6CH_3$		146.0	0.7300
1-癸烯	$CH_2=CH(CH_2)_7CH_3$	−66.3	170.5	0.7408

5.1.2 烯烃的化学性质

碳碳双键是烯烃的特征官能团，烯烃的特征反应发生在 π 键和 α-碳氢键上。

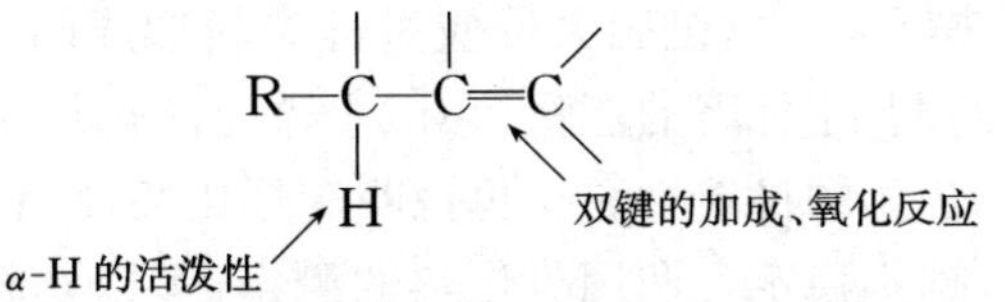

首先由于 π 键的键能较小，π 电子云易于流动极化，因此 π 键容易受到缺电子试剂（亲电试剂）的进攻，发生亲电加成反应；碳碳双键也容易被氧化。另外，与双键碳直接相连的碳原子称为 α-碳原子，α-碳原子上的氢原子称为 α-氢原子。由于 sp^3 杂化的 α 碳的电负性小于 sp^2 杂化的双键碳，碳碳双键表现为吸电子性，使 α-碳的电子云密度降低，使 α-碳氢键较易断裂，即 α-H具有一定的活泼性。

5.1.2.1 催化加氢

烯烃在适当的催化剂作用下，可加氢生成烷烃，这一反应称为催化加氢（catalytic hydrogenation）。常用于氢化反应的催化剂有镍、钯、铂、铑等金属。因为这些金属都不溶于有机溶剂，故也称异相催化剂。近年来发现了一些可溶于有机溶剂的催化剂，称为均相催化剂，如氯化铑或氯化钌与三苯基磷的络合物$[(C_6H_5)_3P]_3RhCl$ 和$[(C_6H_5)_3P]_3RuCl_2$。这种均相催化剂的发现在有机合成工业中是一大进展。

工业上常采用一种价格比铂和钯低廉的异相催化剂雷尼镍，它是镍铝（1∶1）合金经过氢氧化钠溶液处理，溶去铝后制成的多孔性、活性较高的镍粉，它的表面积很大，使用这种催化剂，加氢反应可以在室温下进行。除了镍外，工业上还常用铁、铬、钴、铜等作催化氢化的催化剂，这些金属的活性较低，需要在高温、高压的强烈条件下使用，其中铜铬催化剂[CuO · $CuCrO_4$]是一个较便宜的氢化催化剂，但需在 300atm① 的条件下使用。

催化加氢反应的历程一般认为：通过催化剂化学吸附氢气和烯烃，在金属表面形成了金属的氢化物以及金属与烯烃结合的络合物。然后在金属表面上金属氢化物的一个氢原子和双键碳原子先结合，得到的中间体再与另一金属氢化物的氢原子结合生成烷烃，最后烷烃脱离催化剂表面。大部分催化加氢都是顺式加成，即新的碳氢 σ 键都形成于双键的同一侧。这一事实也说明了加氢反应中加氢这一步是在催化剂的表面进行的。

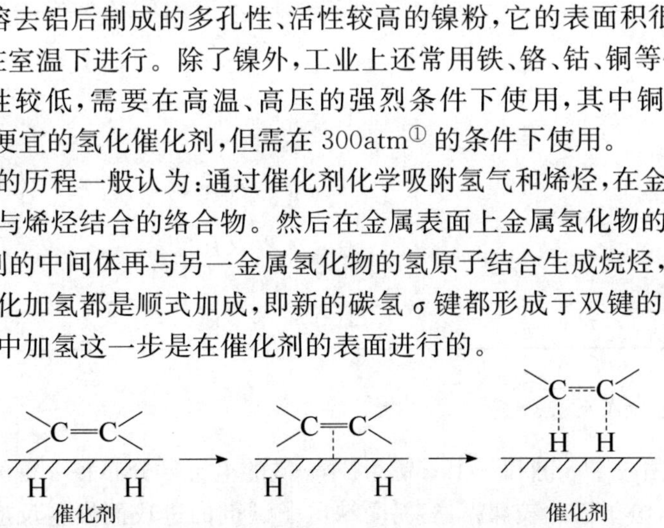

① 非法定单位，1atm=1.01325×10^5Pa，下同。

烯烃双键碳上取代基越少，烯烃越容易吸附于催化剂表面上，其氢化反应也越快。

$$R_2C=CR_2 < R_2C=CHR < RCH=CHR < RCH=CH_2 < CH_2=CH_2$$

烯烃的催化加氢反应在理论上和实际应用中都十分重要。例如，在油脂工业中，常把含有不饱和键的油脂氢化处理，使液态的油变成固态或半固态的脂，改性后的油脂可成为奶油的代用品。又如，石油加工制得的粗汽油常含有少量的活泼烯烃，因容易发生氧化、聚合等反应而产生杂质，影响油品质量，若进行氢化处理，将少量烯烃转变为烷烃，就提高了油品的质量。同时，氢化反应也可用于烯烃的分析测定，因为这个反应是定量进行的，可以根据氢气的吸收量的计算来分析试样中烯烃的含量或测定烯烃分子中双键的数目。

烯烃的加氢反应是放热反应。这是因为反应过程中新形成两个 C—Hσ 键放出的能量大于断裂一个 π 键和一个 H—H 键所需的能量。1mol 烯烃催化加氢放出的能量叫做氢化热。体系放出了热量，增加了化合物的稳定性。这也说明烷烃比烯烃稳定。烯烃的氢化热越高，说明原化合物所含能量越大，越不稳定。利用氢化热的测定，可以比较不同烯烃的相对稳定性。由表 5-2 可见，不同的烯烃其氢化热是有差别的，即使分子式相同的各种异构体，它们的氢化热也不相同。

实验证明，当双键碳上被取代的烷基数越多，烯烃越趋稳定，各取代烯烃的相对稳定性次序为

$$R_2C=CR_2 > R_2C=CHR > R_2C=CH_2 > RCH=CHR(\text{反}>\text{顺}) >$$
$$RCH=CH_2 > CH_2=CH_2$$

表 5-2　部分烯烃的氢化热

名称	构造式	氢化热 ΔH/(kJ/mol)
乙烯	$CH_2=CH_2$	137
丙烯	$CH_3CH=CH_2$	126
1-丁烯	$CH_3CH_2CH=CH_2$	127
顺-2-丁烯	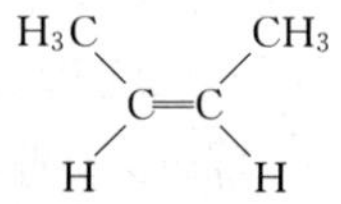	120
反-2-丁烯	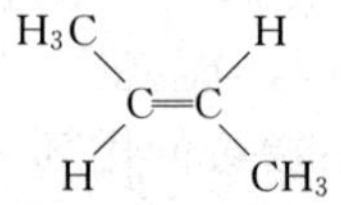	115
2,3-二甲基-2-丁烯	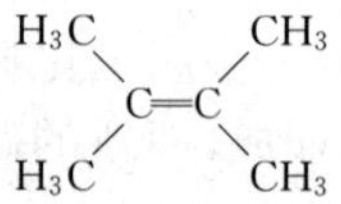	112

5.1.2.2　亲电加成反应

烯烃中的双键由一个 σ 键和一个 π 键组成，π 键的电子云分布在 σ 键的上方和下方，受原子核的束缚力较小，电子云比较裸露，容易受缺电子试剂的进攻而发生反应。在化学反应中，具有亲电性能的缺电子试剂称为亲电试剂，如 H^+、X^+、BH_3 等。由亲电试剂作用而引起的加成反应叫做亲电加成反应。烯烃的亲电加成反应可用下列通式表示：

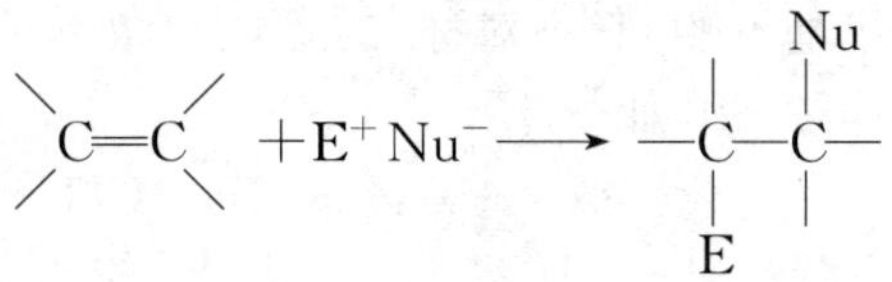

其中，E^+Nu^-代表加成所用的试剂。

大量实验事实表明，烯烃的亲电加成反应历程分两步进行：

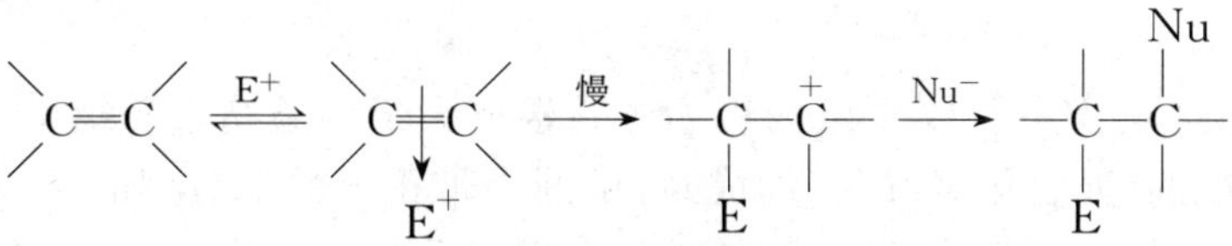

π络合物　　　碳正离子中间体

首先是缺电子的亲电试剂 E^+ 进攻 π 键，形成 π 络合物过渡态，随着反应的进一步进行，亲电试剂 E^+ 夺取一对 π 电子与其中的一个双键碳形成 σ 键，另一双键碳因缺电子而带正电荷，称为碳正离子中间体，这一步涉及 π 键断裂和 σ 键的形成，反应活化能较高，反应速率较慢，是决定反应速率的一步。第二步，碳正离子中间体与体系中的负离子 Nu^- 结合，生成加成产物，这一步只涉及正、负离子结合，反应速率较快。

烯烃能与一系列亲电加成试剂反应，常用的加成试剂有 HX、H_2SO_4、H_2O、X_2 等。

1）与卤化氢加成

烯烃与卤化氢发生加成反应，生成相应的卤代烃：

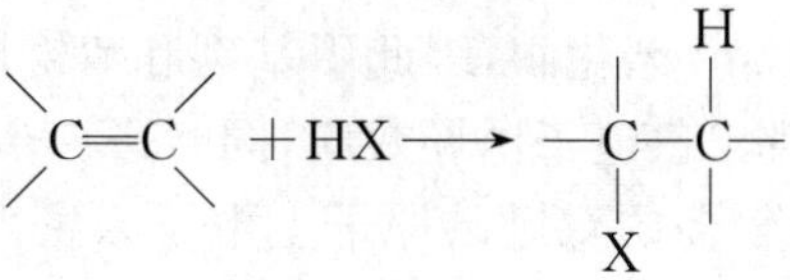

HX 是指 HCl、HBr 和 HI。它们的反应活性按照 HCl＜HBr＜HI 的次序递增。

将干燥的 HX 气体直接通入烯烃，即可使此加成反应进行。有时也可在具有适当极性的溶剂(如乙酸)中进行，因为极性的卤化氢和非极性的烯烃都可溶于这些溶剂。和碘化氢的加成也可使用能在反应过程中生成碘化氢的试剂。例如，磷酸与碘化钾的混合物一起和烯烃作用，碘化氢一旦生成就立即与烯烃加成。

$$CH_3CH_2CH_2CH{=}CH_2 \xrightarrow[H_3PO_4]{KI} CH_3CH_2CH_2\underset{\displaystyle I}{\underset{|}{C}}HCH_3$$

工业上氯乙烷的生产是用乙烯和氯化氢在氯乙烷溶液中，在无水氯化铝的催化下进行的。氯化铝起促进氯化氢解离的作用，因而加快了此反应的进行。

$$AlCl_3 + HCl \longrightarrow AlCl_4^- + H^+$$

烯烃与卤化氢的反应历程可表示如下：

$$HX \longrightarrow H^+ + X^-$$

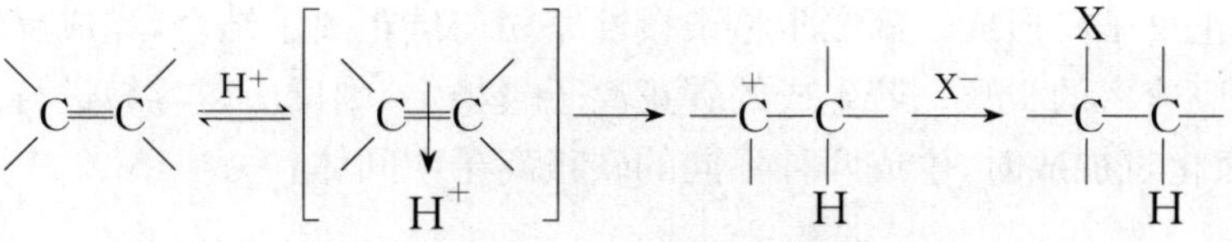

π络合物　　　碳正离子中间体

两个双键碳原子上的取代基不相同(不对称)的烯烃叫做不对称烯烃。当卤化氢与不对称烯烃加成时,可以得到两种不同产物,如

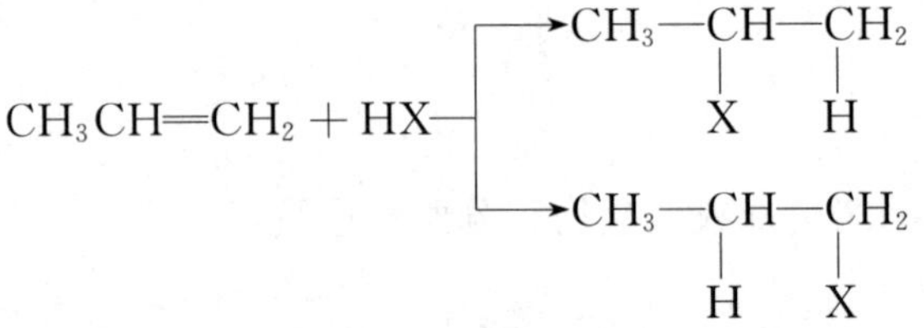

2-卤丙烷

1-卤丙烷

实验证明,上述反应主要以 2-卤丙烷为主。根据大量实验结果总结出一条经验规律,不对称烯烃与极性试剂(如卤化氢)进行加成时,试剂中带正电的部分(如 H^+)总是加到含氢较多的双键碳原子上,带负电部分(X^-)则加到含氢较少的双键碳原子上。这个经验规律是由俄国化学家马尔科夫尼科夫(Markovnikov)总结出来的,因此称为马尔科夫尼科夫规律,简称马氏规则,也称不对称加成规则。应用这个规律可以预测各种不对称烯烃的加成产物,如

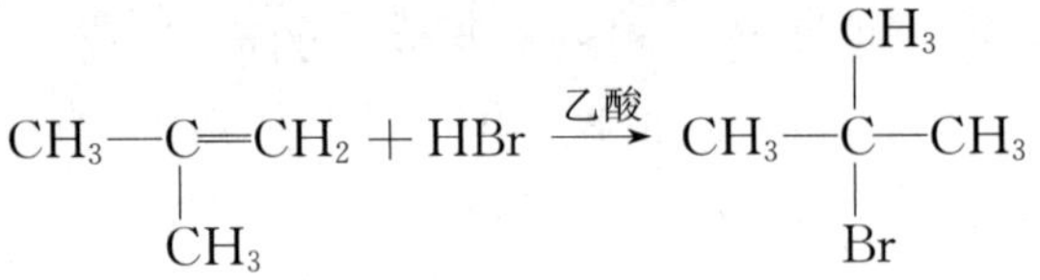

100%

马氏规则的理论解释可用以下两点说明:

(1) 诱导效应。在丙烯分子中,由于双键碳原子为 sp^2 杂化,相邻的甲基碳原子则为 sp^3 杂化,sp^2 杂化碳的电负性大于 sp^3 杂化碳,因此甲基碳和双键碳之间的价电子云偏向电负性大的双键碳原子,这样甲基表现出供电子诱导效应,同时进一步使 π 键极化,使 π 电子云向着另一个碳原子偏移,因此,含氢较多的双键碳原子上电子云密度较高,带部分负电荷(δ^-),另一双键碳原子则带部分正电荷(δ^+),如下式所示:

$$CH_3 \rightarrow \overset{\delta^+}{C}H = \overset{\delta^-}{C}H_2$$

这样丙烯与卤化氢发生加成反应时,带正电的质子便加到带部分负电荷的双键碳原子上,而卤素负离子则和带部分正电荷的双键碳结合。

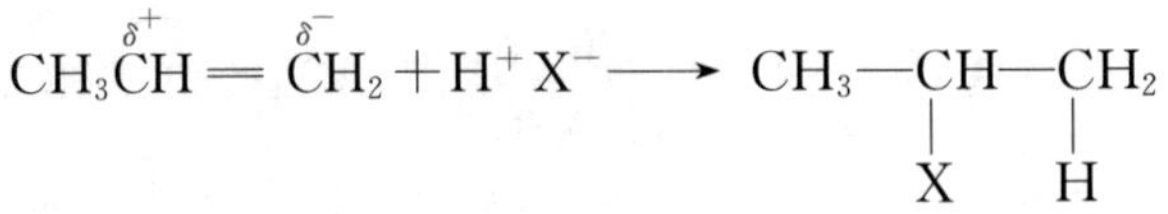

所以加成产物符合马氏规则。

当其他烷基与双键碳相连时,与甲基相似,也表现供电子性 $R \rightarrow CH = CH_2$。

(2) 反应中间体——碳正离子的稳定性。在烯烃与质子酸的反应中,第一步是质子与烯烃形成 π 络合物,质子无电子对,不能形成环状鎓离子,只能形成碳正离子。质子与双键上哪个碳原子相连接,取决于哪个碳原子的负电荷密度高,也可以说取决于形成碳正离子的稳定性,稳定性大的正离子易形成。第二步是亲核性基团与碳正离子结合,完成反应。第一步是最慢的,是决定反应速率的步骤。若生成的碳正离子越稳定,则反应越容易进行。

当丙烯和卤化氢加成时,生成两种不同的碳正离子中间体。

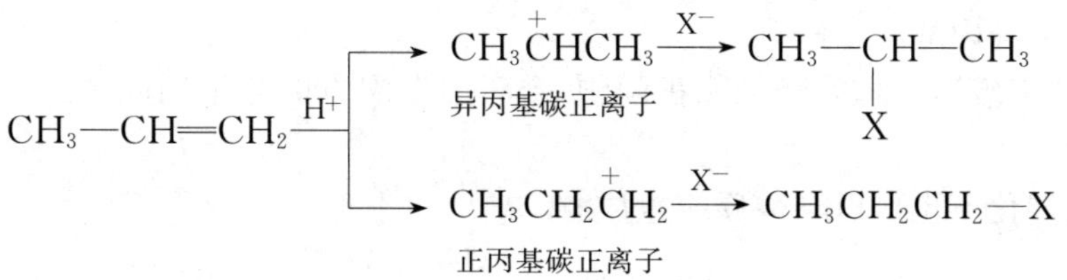

根据静电学原理，带电体系的稳定性随着电荷的分散而增大。烷基是供电子基团，碳正离子上连接的烷基越多，其稳定性越大。碳正离子的稳定性为

$$3°R^+ > 2°R^+ > 1°R^+ > CH_3^+$$

所以，异丙基碳正离子较正丙基碳正离子稳定，异丙基碳正离子更容易生成，相应反应所需活化能较低，反应速率相应也较大，反应产物主要是2-卤丙烷。

2）与 H_2SO_4 加成

烯烃与浓硫酸反应，生成烷基硫酸（也叫做酸性硫酸酯）

$$CH_2{=}CH_2 + H_2SO_4(浓) \longrightarrow \underset{硫酸氢乙酯}{CH_3CH_2{-}OSO_3H}$$

反应历程与HX的加成一样，第一步是乙烯与质子的加成，生成碳正离子，然后碳正离子再和硫酸氢根结合。不对称烯烃与硫酸的加成，也符合马氏规则。硫酸氢酯易水解为相应的醇。

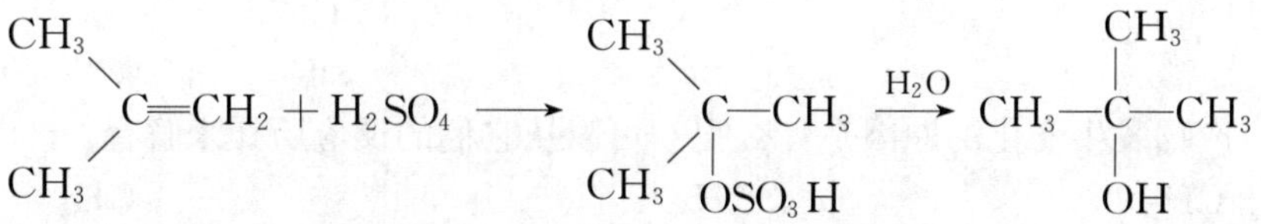

由于异丁烯与质子加成所形成的是比较稳定的叔丁基碳正离子，因此这个反应比较容易进行。63%的浓硫酸就可以和异丁烯发生作用，而丙烯则需要80%的浓硫酸，乙烯则需要98%的加热硫酸才能发生加成反应。

通过加成和水解两个反应，结果是烯烃分子中加了一分子水，所以又叫做烯烃的间接水合，工业上可用来制备醇。只有乙烯才能制备伯醇，其他烯烃只能制备仲醇和叔醇。

某些不与硫酸作用又不溶于硫酸的有机化合物，如烷烃、卤代烃等，含有烯烃时，可以利用硫酸与烯烃反应的性质把烯烃分离出来。例如，可将含有少量烯烃的烷烃与适量的浓硫酸一起振荡，则烯烃被硫酸吸收而生成可溶于硫酸的烷基硫酸氢酯，这样便可除去烷烃中的烯烃。

3）与水加成

水是一种较弱的亲电试剂，它与烯烃不易直接进行加成反应，一般需要加热加压并用酸作催化剂。例如，乙烯在高温高压下，以载于硅藻土上的磷酸作催化剂，与过量的水蒸气作用，可直接生成乙醇。

$$CH_2{=}CH_2 + H_2O \xrightarrow[300℃,7\sim8MPa]{H_3PO_4/硅藻土} CH_3CH_2OH$$

这类反应叫烯烃的直接水合，反应历程也为亲电加成反应。

$$CH_2{=}CH_2 + H^+ \rightleftharpoons CH_3\overset{+}{C}H_2 \overset{H_2O}{\rightleftharpoons} CH_3CH_2{-}OH_2^+ \rightleftharpoons CH_3CH_2OH + H^+$$

不对称烯烃与水的加成反应也符合马氏规则。

$$CH_3CH{=}CH_2 + H_2O \xrightarrow[2MPa,195℃]{H_3PO_4} CH_3{-}\underset{OH}{\underset{|}{C}H}{-}CH_3$$

这是工业上制备异丙醇的方法。

为了减少“三废”，处理好环境保护问题，今后的发展方向是采用固体酸，如用杂多酸代替液体酸催化剂。

烯烃在酸催化下也可以与醇反应生成醚，如

$$(CH_3)_2C{=}CH_2 + HOCH_3 \xrightarrow{\text{磺酸型离子交换树脂}} (CH_3)_3COCH_3$$

工业上就是用此法生产甲基叔丁基醚，甲基叔丁基醚是油品抗爆震剂，可以代替有毒的四乙基铅添加到汽油中，能提高汽油的辛烷值，又可减少对环境的污染。它本身含有氧，有利于燃料燃烧完全。

但是，有些烯烃在与上述三类试剂（HX、H_2SO_4、H_2O）发生反应后，并不是完全得到正常的加成产物，往往有异构化产物出现，如

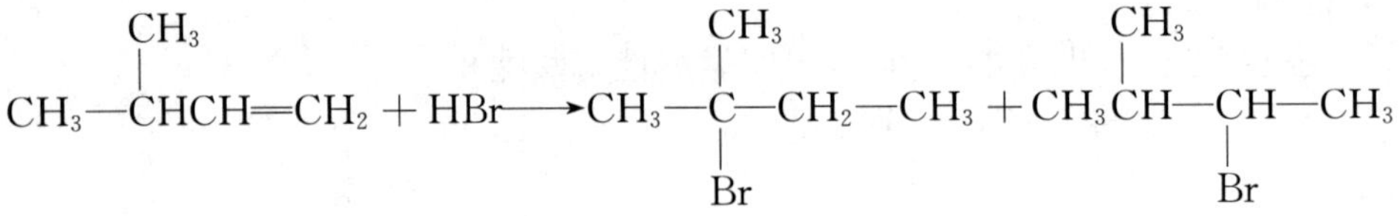

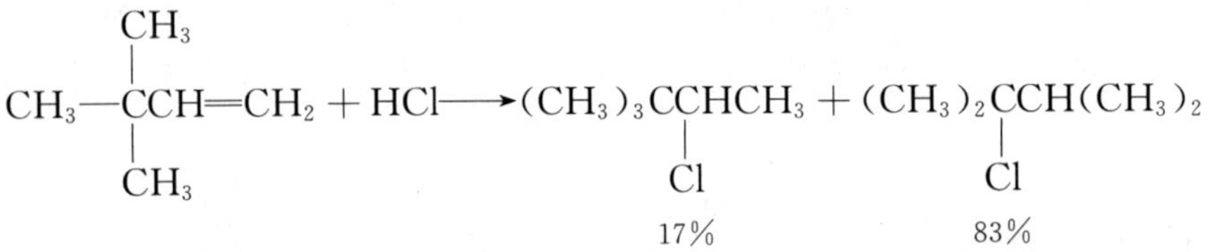

上述反应产物发生变化的原因是什么呢？可以从它们的反应历程来解释。

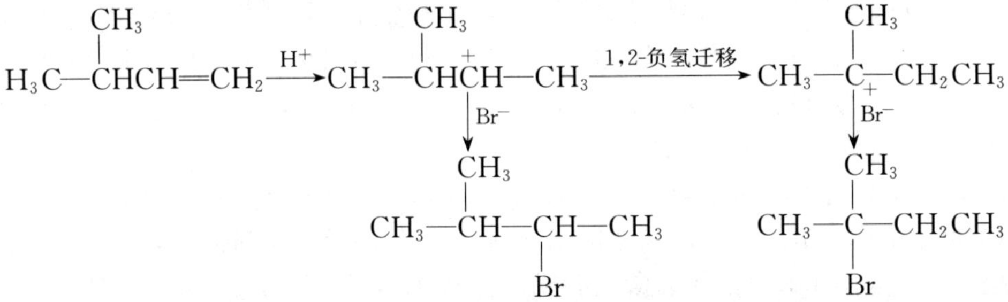

烯烃的亲电加成反应是分两步进行的，首先是质子加成得到仲碳正离子，该碳正离子与 Br^- 结合得到正常的加成产物，但中间体仲碳正离子可以通过相邻碳原子上的负 H 迁移（重排）得到稳定性更好的叔碳正离子，再与 Br^- 结合得到经重排的产物。

同理，3,3-二甲基-1-丁烯与 HCl 的加成也发生了重排。

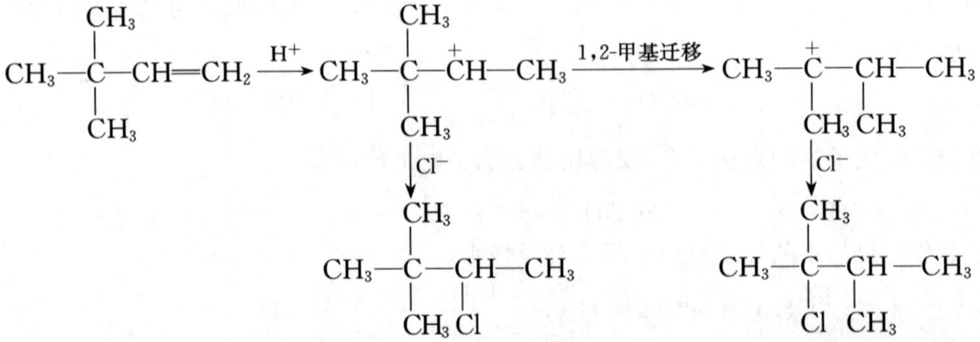

碳正离子重排在有机反应中时常会遇到，判断重排反应能否发生的依据是碳正离子稳定

性。经重排后的碳正离子比未重排的碳正离子要有更好的稳定性。必须注意重排通常只发生在相邻碳原子上，即 1,2-迁移。

4) 与卤素加成

烯烃容易与卤素发生加成反应生成邻二卤代烃。

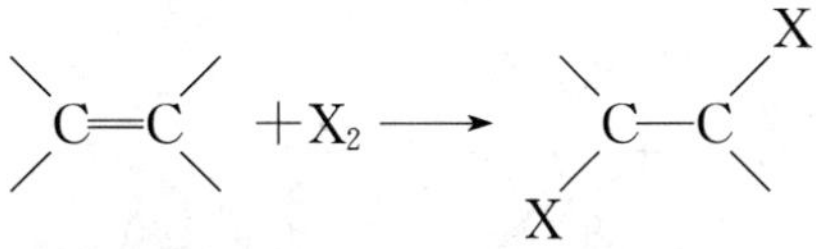

卤素的活泼性次序为氟＞氯＞溴＞碘。

碘和烯烃一般难发生加成反应，而氟与烯烃的反应太剧烈，往往得到碳链断裂的各种产物，无实用意义，所以烯烃与卤素的加成反应实际上是指与溴和氯的加成。

在研究烯烃与溴反应时，积累了下列实验事实：

(1)干燥乙烯通入无水的溴的四氯化碳溶液中，红色不褪去，当滴入一滴水后反应立即发生，溴的颜色迅速褪去；

(2)乙烯与溴在玻璃容器中反应进行很顺利，若改在内壁涂了石蜡的玻璃容器中，反应不易进行；

(3)乙烯和溴分别和含有 NaCl、NaI 和 $NaNO_3$ 的水溶液反应，不仅得到 1,2-二溴乙烷，还分别得到 1-氯-2-溴乙烷、1-溴-2-碘乙烷和硝酸-2-溴乙酯：

$$CH_2{=}CH_2 + Br_2 \xrightarrow{H_2O,\ NaCl} BrCH_2CH_2Br + CH_2ClCH_2Br$$
$$CH_2{=}CH_2 + Br_2 \xrightarrow{H_2O,\ NaI} BrCH_2CH_2Br + CH_2BrCH_2I$$
$$CH_2{=}CH_2 + Br_2 \xrightarrow{H_2O,\ NaNO_3} BrCH_2CH_2Br + CH_2BrCH_2ONO_2$$

(4)乙烯与溴分别在甲醇和水溶液中反应，还得到 1-甲氧基-2-溴乙烷和 2-溴乙醇：

$$CH_2{=}CH_2 + Br_2 \xrightarrow{\text{甲醇溶液}} BrCH_2CH_2Br + BrCH_2CH_2OCH_3$$
$$CH_2{=}CH_2 + Br_2 \xrightarrow{\text{水溶液}} BrCH_2CH_2Br + BrCH_2CH_2OH$$

(5) 环烯烃与溴在四氯化碳等非极性溶液中加成得到反式-1,2-二溴环烷烃。

实验事实(1)和(2)说明无光照射下，烯烃与溴反应需要极性条件，反应不是自由基型反应，而是离子型反应。实验事实(3)和(4)能假设反应是分步进行的，先加成上一个正离子，然后其他亲核性基团，如负离子、"亲核"试剂等竞争加成到双键的另一个碳原子上。实验事实(5)能假设在第一步从双键一侧加上一个溴时，双键两个碳原子的相对位置没有变化，某种程度上保持双键的性质，亲核性基团从溴的对面(或双键的另一侧)进攻双键的另一个碳原子，完成了加成反应。由此提出了烯烃加溴反应经过环状溴正离子的分步历程。以乙烯为例说明，乙烯双键 π 电子具有供电子性，与溴接近时使溴分子的 σ 键极化，靠近 π 键一端的溴原子带有部分正电荷，另一端带有部分负电荷，形成 π 络合物，然后溴的 σ 键断裂形成环状溴离子和溴负离子：

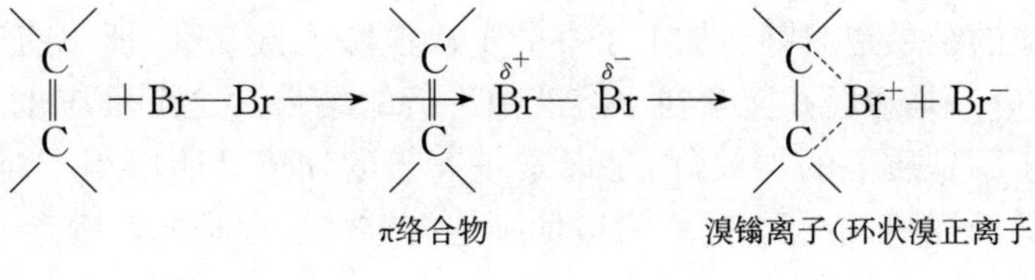

π络合物　　溴鎓离子(环状溴正离子)

形成溴鎓离子是合理的，因为溴 σ 键断裂后要生成一个碳正离子 $BrCH_2—CH_2^+$，这个正离子能量很高，碳上缺电子，而溴上有孤对电子，具有供电子性，两者又很接近，正电荷转移到溴原子上，即形成溴离子，能量降低。三元环离子的键还是很弱的(三元环是弯曲键)。第二步，溴负离子只能从溴的背面进攻碳原子，得到反式加成产物：

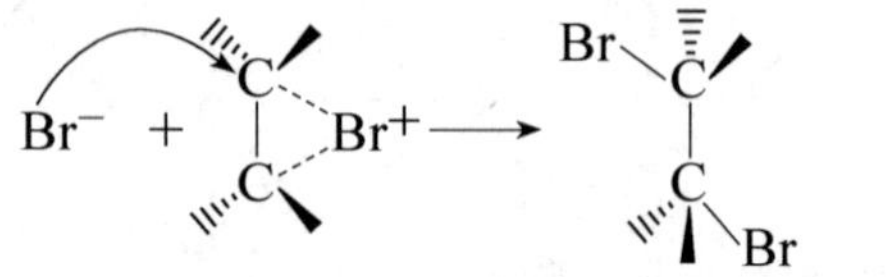

如果在第二步进攻时，还有其他亲核性基团如 Cl^-、I^-、$^-ONO_2$ 等存在，会与 Br^- 竞争进攻溴鎓离子的碳原子，形成实验事实(3)中的副产物；若亲核性基团是 H_2O、H—OCH_3 等亲核试剂，也会与 Br^- 竞争进攻溴鎓离子的碳原子，形成相应的实验事实(4)的副产物，这些副产物也是反式加成的结果。

对于环烯烃，则分步加成得到反式加成产物：

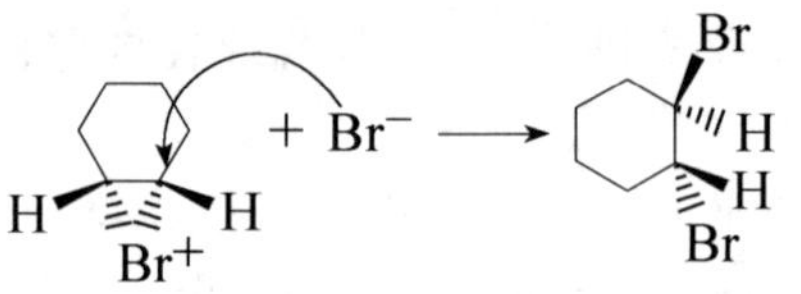

(*Z*)-2-丁烯与溴反应生成(2*S*,3*S*)-2,3-二溴丁烷和(2*R*,3*R*)-2,3-二溴丁烷，它们是一对对映体，无旋光性，是外消旋体：

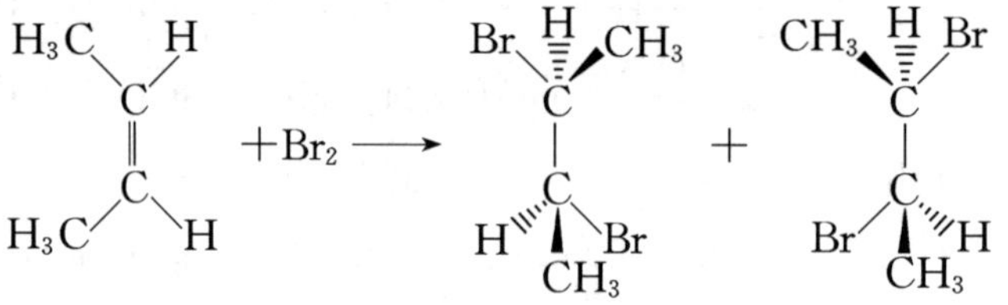

(*S*,*S*)　　(*R*,*R*)

因为溴与(*Z*)-2-丁烯接近，在双键两边接近概率相等，形成溴鎓离子，而 Br^- 进攻溴鎓离子连接的两个碳原子的概率也是相等的，所以形成等量的一对对映体；而(*E*)-2-丁烯与溴反应生成(2*R*,3*S*)-2,3-二溴丁烷，为内消旋体，无旋光性。上述 2-丁烯与溴加成产物进一步证明了烯烃与溴的反式加成机理是合理的，对于烯烃与其他亲电试剂的加成反应不能一概而论。

5) 与 HOX 加成

烯烃和卤素(溴或氯)在水溶液中可发生加成反应，生成卤代醇，同时也有部分二卤化物生成。

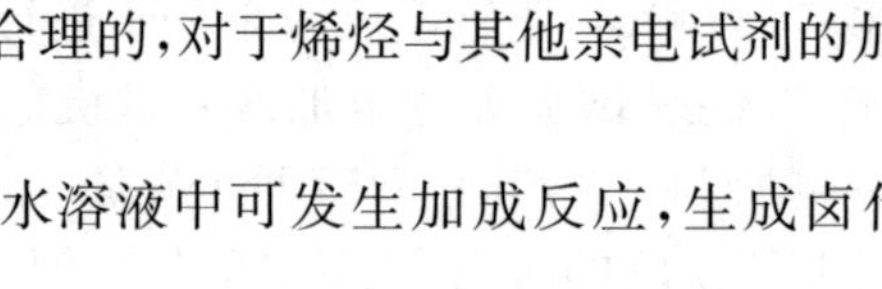

这个加成反应的结果是双键上加上了一分子次溴酸或次氯酸，所以有时也叫和次卤酸的加成，但实际上反应只是烯烃和卤素在水溶液中进行的结果。这个反应也是一个亲电加成反应。反应的第一步不是质子的加成，而是卤素正离子的加成。所以当不对称烯烃发生"次卤酸"加成时，按照马氏规则，带正电的卤素应加到连有较多氢原子的双键碳上，羟基则加到连有较少氢原子的双键碳上。

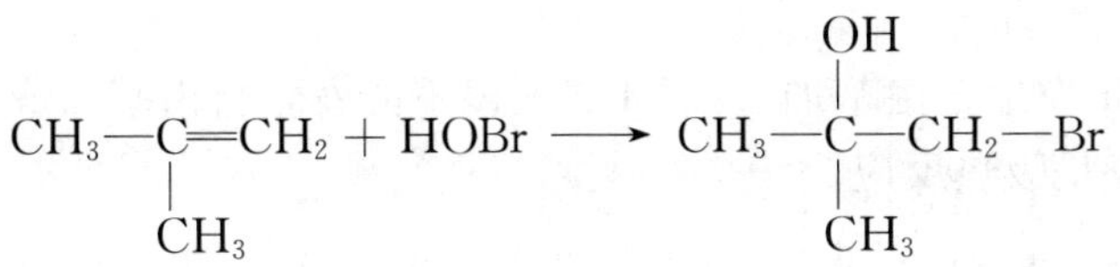

烯烃和溴在有机溶剂中可发生溴的加成，和溴在有水存在的有机溶剂中则发生 HO—Br 的加成，但产物除溴代醇外还有二溴代物。

5.1.2.3　自由基加成——过氧化物效应

在日光或过氧化物存在下，烯烃与溴化氢的加成取向正好与马氏规则相反。这一现象称过氧化物效应，如

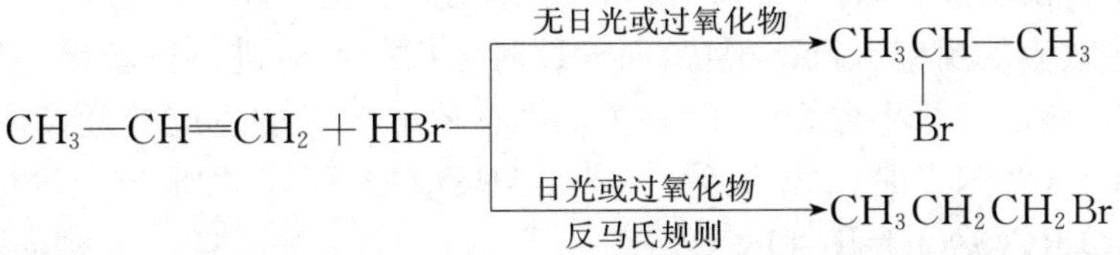

反马氏规则的加成不是离子型的亲电加成，而是自由基型的加成反应。反应起始于过氧化物的分解，如过氧化氢(H_2O_2)或有机过氧化物(ROOR)，这些物质很容易分解，产生自由基(游离基)。有机过氧化物分解时，产生烷氧基自由基RO·，这个自由基又可以和 HBr 作用，就引发了溴自由基的生成。

$$RO:OR \longrightarrow 2RO\cdot$$

$$RO\cdot + HBr \longrightarrow ROH + Br\cdot$$

溴自由基加到烯烃双键上，π 键发生均裂，一个电子与溴原子结合成单键，另一电子留在另一个碳原子上形成了烷基自由基。烷基自由基又可以从溴化氢分子夺取氢原子，再生成一个新的溴原子自由基。如此循环进行下去，这就是链反应的传递阶段。

$$RCH{=}CH_2 + Br\cdot \longrightarrow R\dot{C}HCH_2Br$$

$$R\dot{C}HCH_2Br + HBr \longrightarrow RCH_2CH_2Br + Br\cdot$$

溴自由基进攻双键碳，生成烷基自由基，此时有两种选择，即进攻端基双键碳生成仲自由基或进攻双键碳中间链上碳生成伯自由基。

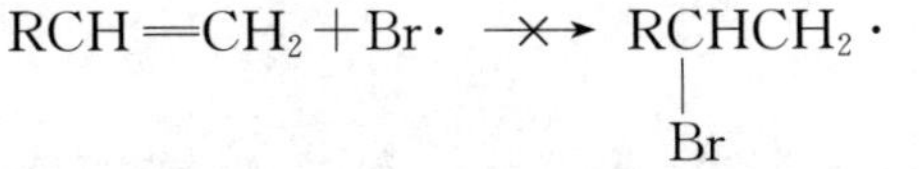

因为自由基的稳定性为叔(3°)R·＞仲(2°)R·＞伯(1°)R·＞CH_3·，所以溴自由基总是进攻端基双键碳生成仲自由基，得到的仲自由基再和 HBr 作用，最后生成的是反马氏规则的溴代产物。反应周而复始，直至两个自由基相互结合使链反应终止。

$$Br\cdot + Br\cdot \longrightarrow Br_2$$

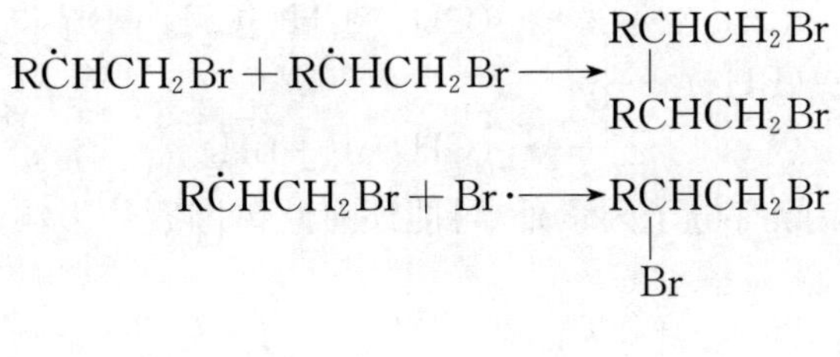

光也能促使溴化氢离解为溴自由基，所以它也是个自由基型加成反应，它们的第一步都是溴自由基的生成。

烯烃只能和 HBr 发生自由基加成。HI 之所以不能发生自由基加成是因为 C—I 键较弱，碘原子和烯烃的加成是吸热反应。

$$RCH=CH_2+I\cdot \longrightarrow R\dot{C}HCH_2I \qquad \Delta H=39.7\text{kJ/mol}$$

进行上述加成时，必须克服较大活化能。这就使链的传递困难，所以自由基反应不易进行。HCl 之所以不发生自由基加成是因为 H—Cl 键太强，均裂 H—Cl 键需要较高的能量，以致 HCl 和烷基自由基的反应也为吸热反应。

$$R\dot{C}HCH_2Cl+HCl \longrightarrow RCH_2CH_2Cl+Cl\cdot \qquad \Delta H=33.5\text{kJ/mol}$$

反应进行也需要克服很大的活化能，这就使链的传递不能顺利进行。所以 HI 和 HCl 都不能和烯烃发生自由基加成，即 HI 和 HCl 都不存在过氧化物效应。

有过氧化物效应的反应进行得很快，而无过氧化物的反应进行得较慢。若控制反应按马氏加成规律方向进行，必须将烯烃纯化，除去长期存放的烯烃中生成的过氧化物，或在反应中加入自由基抑止剂（对苯二酚、二苯胺等）。若希望反应按反马氏加成方向进行，要向反应体系中加过氧化物，如 RCOOOH、ROOR 等。

5.1.2.4 硼氢化-氧化反应

烯烃与硼氢化物[乙硼烷（B_2H_6）]容易发生加成反应生成三烷基硼，这个反应叫硼氢化反应。该反应是美国化学家布朗（Brown，获 1979 年诺贝尔化学奖）发现的。

$$RCH=CH_2+B_2H_6 \xrightarrow{\text{THF}} (RCH_2CH_2)_3B$$

最简单的硼氢化物应是甲硼烷（BH_3），但是硼是缺电子的，甲硼烷很不稳定，两个甲硼烷互相结合生成乙硼烷：

$$2BH_3 \rightleftharpoons B_2H_6[\text{或}(BH_3)_2]$$

目前甲硼烷尚未分离、鉴定，由硼氢化钠制备甲硼烷，实际得到的是乙硼烷。

硼烷能与醚形成络合物（$H_3B \leftarrow OR_2$），市售的甲硼烷是四氢呋喃（THF）的络合物（$H_3B \leftarrow$ THF）。醚如 THF、一缩乙二醇二甲醚等是硼氢化反应的溶剂。硼烷的醚络合物不需要分离可直接用于反应。乙硼烷解离为两分子甲硼烷与溶剂如四氢呋喃形成络合物，然后甲硼烷与烯烃反应。

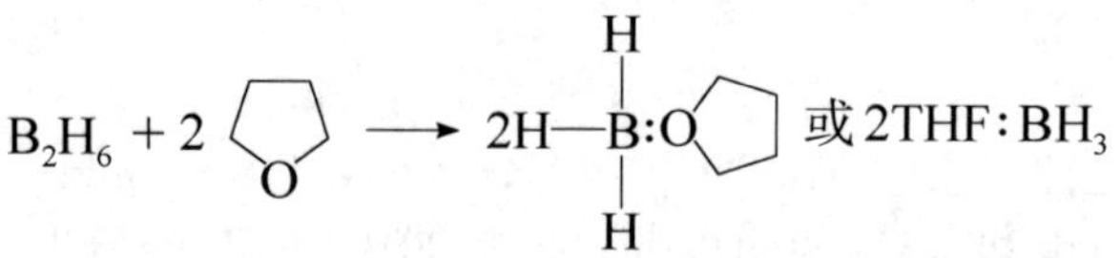

硼氢化反应中，氢原子加到烯烃双键含氢较少的碳原子上，硼加到含氢较多的碳原子上，从表面上看是反马氏规则的：

$$(CH_3)_2C=CH_2+\frac{1}{2}(BH_3)_2 \longrightarrow [(CH_3)_2CH-CH_2]BH_2 \quad (99\%)$$

$$\longrightarrow [(CH_3)_3C]BH_2 \quad (1\%)$$

得到这样的加成反应结果除有电子因素外，可能还有立体因素的影响，硼原子容易连到空间位阻较小的碳原子上。

硼烷的亲电中心在硼原子上，氢的电负性(2.1)比硼的(2.0)大，更重要的是硼缺电子，它只有六个价电子，能够接受电子对，从电子效应看，它与马氏规则是一致的。

同时，硼和氢是一起加在双键的一边，即顺式加成，反应经过一个四中心过程，如下式所示：

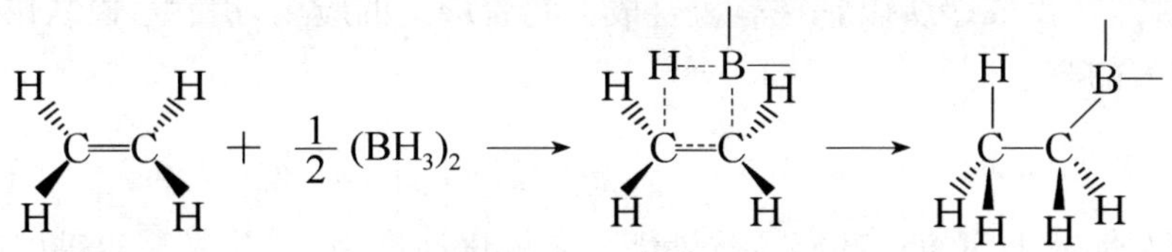

在该反应过程中，不经过形成碳正离子中间体这一步，因此各碳原子或取代基仍保持原来的相对位置，整个分子的几何形状不发生改变，保持原来的构型，即反应过程中没有重排产物生成。

生成的一烷基硼可再和烯烃加成生成二烷基硼，然后再和烯烃加成生成三烷基硼。

$$RCH_2CH_2BH_2 \xrightarrow{RCH=CH_2} (RCH_2CH_2)_2BH \xrightarrow{RCH=CH_2} (RCH_2CH_2)_3B$$

如果烯烃双键碳上都具有立体障碍比较大的取代基，反应也可能停止在一烷基硼或二烷基硼的阶段。

气体的硼烷和高挥发性的低碳数烷基硼对空气极敏感，在空气中自燃。硼氢化反应需要在惰性气体保护下进行。

硼氢化反应后所得的反应混合物不必分离直接和过氧化氢的氢氧化钠溶液作用，反应混合物中的烷基硼被氧化为烷氧基硼，然后再水解为相应的醇。

$$3RCH=CH_2 \xrightarrow{BH_3} (RCH_2CH_2)_3B \xrightarrow[OH^-,H_2O]{H_2O_2} 3RCH_2CH_2OH + B(OH)_3$$

烷基硼氧化的过程可能是

$$H_2O_2 + OH^- \rightleftharpoons H_2O + {}^-OOH$$

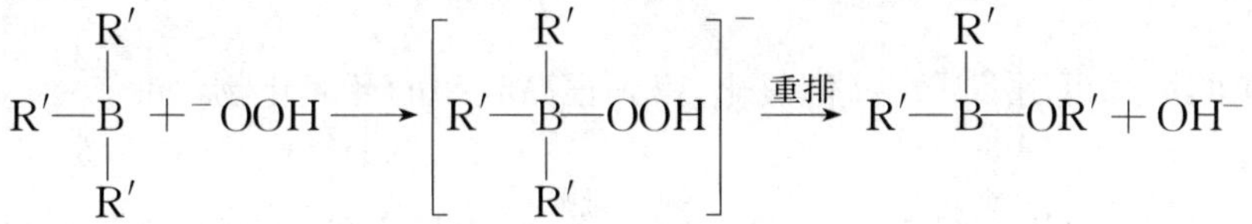

烷基硼和碱、H_2O_2 反应是快速的放热反应，产物 R'_2BOR' 以相同的过程进一步生成三烷基硼酸酯。

$$R'_2BOR' + 2\,{}^-OOH \longrightarrow (R'O)_3B + 2OH^-$$

然后硼酸酯在反应条件下，水解成醇和硼酸钠。

$$(R'O)_3B + 3OH^- \longrightarrow 3R'OH + BO_3^{3-}$$

烯烃的硼氢化反应和氧化-水解反应的总结果是双键上加上一分子水，所以它是制备醇特别是伯醇的一个好方法。

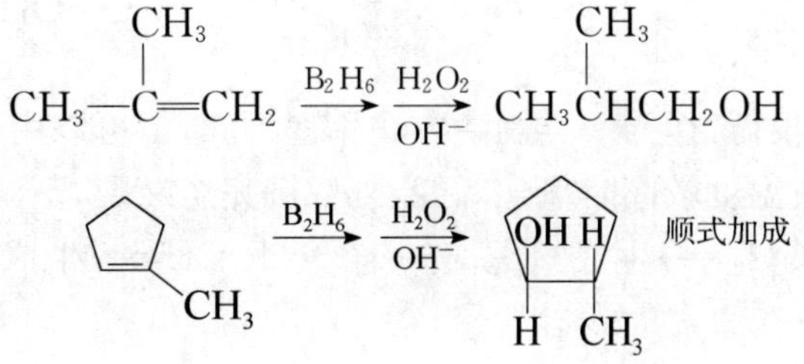

$$(CH_3)_3C—CH=CH_2 \xrightarrow{B_2H_6} \xrightarrow[OH^-]{H_2O_2} (CH_3)_3CCH_2CH_2OH \quad \text{无重排产物}$$

综上所述,硼氢化-氧化反应的特点是,产物为反马氏规则的加成产物,立体化学上为顺式加成,且无重排产物生成。所以它在有机合成上有着广泛的应用,用它可以从烯烃制得用其他方法所不易制得的醇。

5.1.2.5　氧化反应

烯烃的活泼性还表现为双键容易被氧化。在氧化剂作用下,首先是双键中的 π 键发生断裂,若在强烈的氧化条件下,双键中的 σ 键也遭破坏,因此,在不同的氧化剂和反应条件下可得到不同的氧化产物。

1) 催化氧化

工业上,乙烯在活性银或氧化银催化作用下,可被空气中的氧氧化生成环氧乙烷。

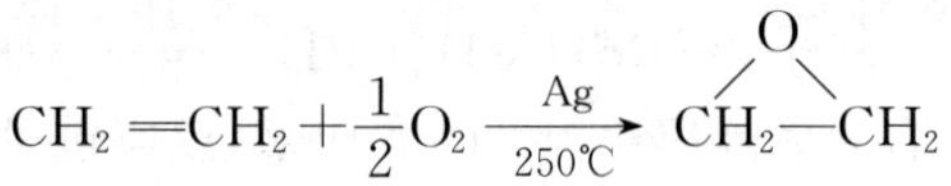

该反应必须严格控制反应温度,若温度超过 300℃,则双键中的 σ 键也会断裂,最后生成二氧化碳和水。

当乙烯或丙烯在氯化钯和氯化铜的水溶液中,也能被催化氧化,产物为乙醛或丙酮,它们都是重要的化工原料。

$$CH_2=CH_2+\frac{1}{2}O_2 \xrightarrow[100\sim125℃]{PdCl_2\text{-}CuCl_2} CH_3CHO$$

$$CH_3CH=CH_2+\frac{1}{2}O_2 \xrightarrow[120℃]{PdCl_2\text{-}CuCl_2} CH_3COCH_3$$

除乙烯氧化得到乙醛外,其他的 α-烯烃氧化都得到甲基酮,此催化氧化方法称为瓦克尔(Wacker)法。

较难氧化的烯烃可用 H_2O_2 催化氧化,得到很高收率的环氧化物,如

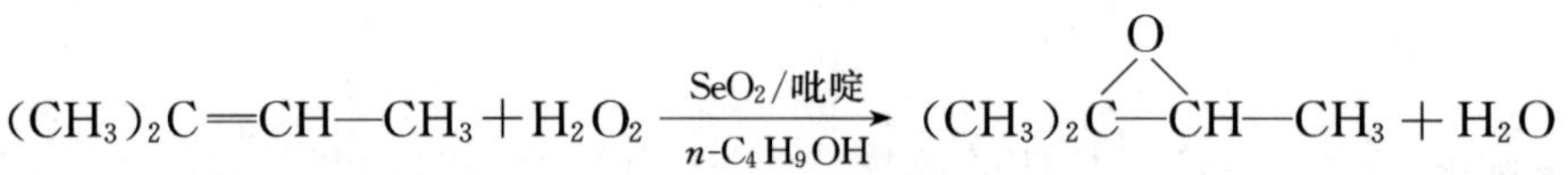

2) 高锰酸钾氧化

用适量的稀(质量分数小于 5%)冷高锰酸钾溶液作氧化剂,在中性或碱性溶液中,烯烃双键中的 π 键断开,氧化生成顺式邻二醇,可作为实验室制备二元醇的一个方法,也可用四氧化锇(OsO_4)代替高锰酸钾。

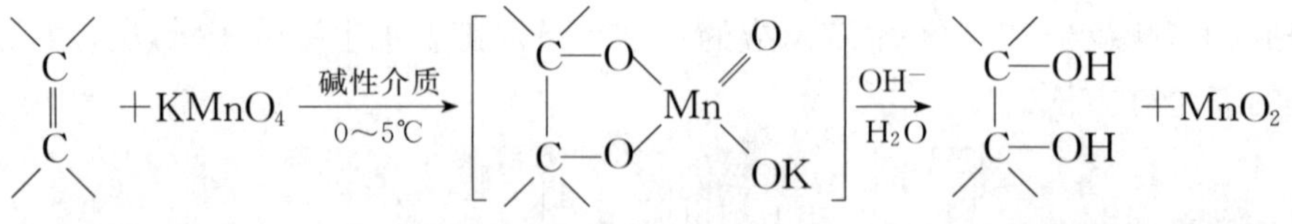

这类反应比较复杂,产率很低,作为一类制备方法用途不大,但可以用来检查烯烃的存在。

如果用酸性浓高锰酸钾或温度较高时氧化烯烃,则双键完全断裂,不同结构的烯烃氧化产物不同。双键碳上有两个氢($CH_2=$)生成 CO_2;有一个氢($R_1CH=$)生成酸;无氢($R'RC=$)则生成酮。

$$RCH=CH_2 \xrightarrow[H_2SO_4]{KMnO_4} RCOOH + CO_2 + H_2O$$

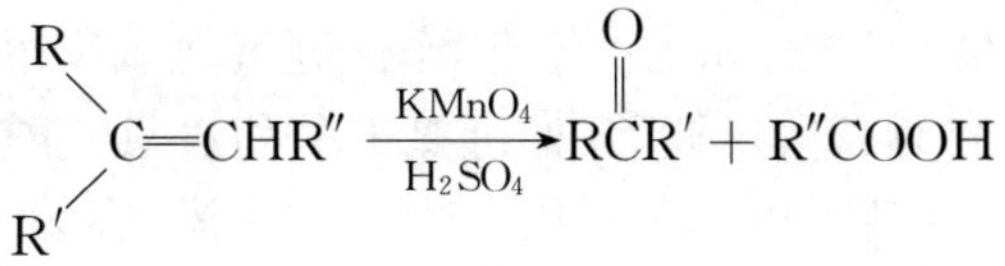

在反应中，紫红色的高锰酸钾溶液迅速褪色，因此可利用此反应来鉴别双键是否存在。另外，通过分析氧化产物，可推测原烯烃的结构。

上述氧化反应，由于氧化剂的大量消耗会严重污染环境，因此工业上主要采用催化氧化法制备一系列含氧化合物。

3）臭氧化反应

烯烃与臭氧（含有臭氧 6%～8%的氧气）在低温时（−80℃）就能迅速定量反应，生成黏稠状的臭氧化物，后者在游离状态下极不稳定，容易发生爆炸，故一般可以不经分离而直接水解，生成醛或酮，同时生成过氧化氢。为了避免产物被过氧化氢进一步氧化生成羧酸，水解时通常加入还原剂锌粉或亚硫酸氢钠，也可以在催化剂（Pt，Pd/C）存在下通入氢气，这样可以破坏生成的过氧化氢。

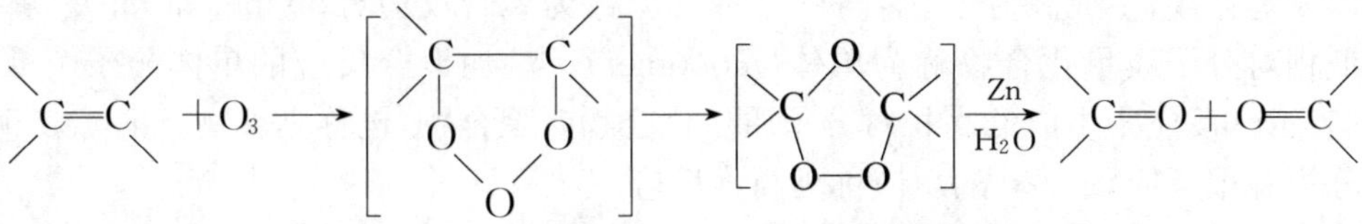

分子臭氧化物　　　　臭氧化物

通过臭氧化和臭氧化物的还原水解，不同结构的烯烃可以得到不同的醛或酮：

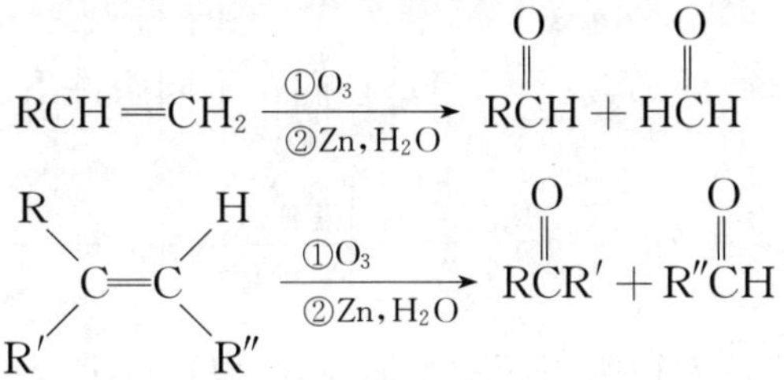

因此，可以通过对臭氧化物水解产物的分析测定来研究和确定原烯烃的结构。

随着工业臭氧发生器的改进，烯烃臭氧化反应在工业上得到了应用。

4）环氧化反应

烯烃与过氧酸（简称过酸，RCOOOH）反应生成 1，2-环氧化物（简称环氧化物），称为环氧化反应，如

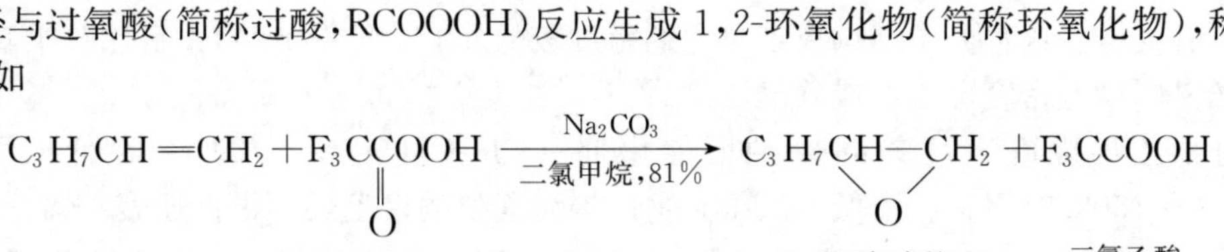

过氧三氟乙酸　　　　1，2-环氧戊烷　　　　三氟乙酸

烯烃与过氧酸的反应历程可表示如下：

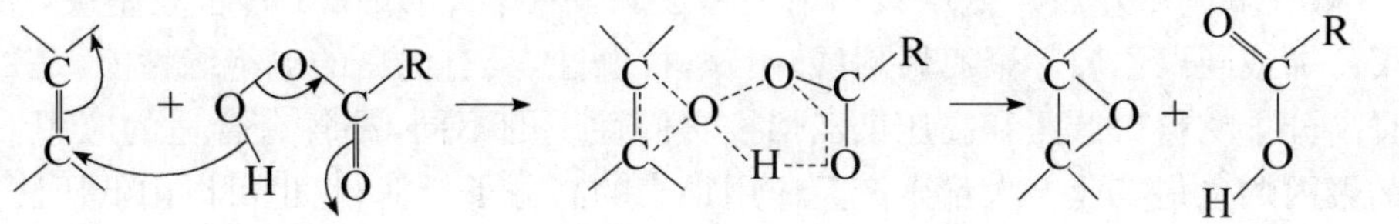

烯烃与过氧酸的反应是顺式亲电加成反应。亲电试剂是过氧酸。双键碳原子连有供电子基团(如烷基)时,反应较易进行,连接的供电子基团越多,反应越容易。

常用的过氧酸有过氧甲酸、过氧乙酸、过氧苯甲酸、过氧间氯苯甲酸、过氧三氟乙酸等,其中以过氧三氟乙酸最有效。有时某些过氧酸(如过氧甲酸和过氧乙酸等)也可用羧酸(如甲酸和乙酸)与过氧化氢的混合物代替。由于环氧化合物比较活泼,容易发生反应,尤其容易与含有活泼氢的化合物反应,因此环氧化反应一般在非水溶剂中进行。因其反应条件温和,产物容易分离和提纯,产率较高,是制备环氧化合物的一种很好的方法。

环氧化反应有时也可用过氧化氢代替过氧酸来完成,如

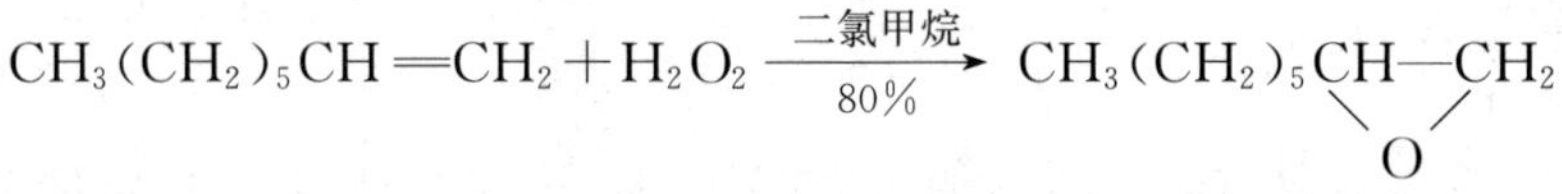

1,2-环氧辛烷

5.1.2.6　聚合反应

相对分子质量较小的烯烃及其衍生物,在特定条件(催化剂,温度,压力)下断开 π 键,分子间相互以 σ 键连接,生成高分子化合物,这种反应称为聚合反应(polymerization)。参加聚合反应的低相对分子质量化合物称为单体(monomer)。参加聚合反应的单体分子个数叫聚合度,用 n 表示。反应中生成的高相对分子质量化合物叫聚合物,也称高聚物。把 $n<15\sim20$ 的反应统称为齐聚反应,$n>20$ 的反应称为高聚反应。

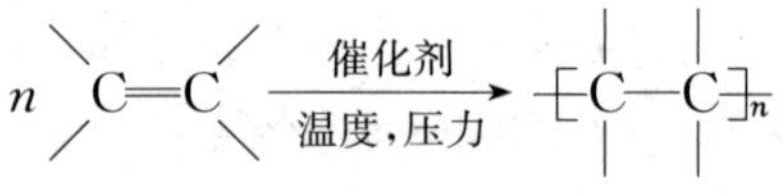

单体　　　　聚合物

一般常用的单体有乙烯、丙烯、氯乙烯等。它们在不同条件下聚合成各种规格的聚合物。以聚乙烯为例:

$$nCH_2{=}CH_2 \xrightarrow[100\sim250℃,150\sim300MPa]{少量自由基引发剂} {-}\!\![CH_2{-}CH_2]\!\!{-}_n$$

聚乙烯

在聚合过程中,乙烯通过双键断裂而相互加成,所以这种聚合反应又叫做加成聚合反应。

在此反应条件下得到的聚乙烯工业上叫做高压聚乙烯。高压聚乙烯的平均相对分子质量为 25000～50000。这里所用的引发剂是自由基链反应的引发剂,所以这种聚合反应又叫做自由基聚合反应。高压聚乙烯分子并不是单纯的直链化合物,由于自由基链反应的缘故,它的分子中还具有支链。这种分子结构决定了它的密度较低(约 0.92g/cm^3),并且比较柔软,所以高压聚乙烯又叫做低密度聚乙烯或软聚乙烯。

工业上乙烯也可通过齐格勒-纳塔催化剂[$(CH_3CH_2)_3Al+TiCl_4$]在低压下(0.1～1MPa)、60～150℃时聚合。由低压法得到主体构型规整的聚乙烯叫做低压聚乙烯。反应属于离子型聚合反应,也称定向聚合或配位聚合反应。由于齐格勒-纳塔(两人 1963 年获诺贝尔化学奖)催化剂的作用,低压聚乙烯分子基本上是直链分子,平均相对分子质量为 10000～300000,一般在 35000 左右。低压聚乙烯的密度较高(约 0.94g/cm^3),也较坚硬,所以又叫做高密度聚乙烯或硬聚乙烯。聚乙烯耐酸,耐碱,抗腐蚀,具有优良的电绝缘性能,是目前大量生产的优良高分子材料。低压和高压聚乙烯按它们性质的不同,都各有合适的应用。由丙烯聚合而得的聚丙烯也是工业上大量生产且应用很广的高分子材料,它也可以由低压法生产。

$$n\underset{\displaystyle CH_3}{\underset{|}{C}H}=CH_2 \xrightarrow[50℃,1MPa]{(CH_3CH_2)_3Al\text{-}TiCl_4} \left[\underset{\displaystyle CH_3}{\underset{|}{C}H}-CH_2\right]_n$$

聚合反应若只用一种单体参与聚合，称为均聚；也可用两种或两种以上单体进行聚合，这叫共聚。如工业上常用的乙丙橡胶就是一种高分子共聚物，由乙烯和丙烯按一定比例共聚而成。

$$nCH=CH_2+n\underset{\displaystyle CH_3}{\underset{|}{C}H}=CH_2 \xrightarrow{\text{共聚}} \left[CH_2-CH_2-CH_2-\underset{\displaystyle CH_3}{\underset{|}{C}H}\right]_n$$

乙丙橡胶

在一定反应条件下，烯烃还可以进行由两个、三个或少数分子进行的聚合，得到的聚合物分别叫做二聚体、三聚体等。例如，异丁烯被 50%硫酸吸收后，在 100℃时，可得到下列二聚体：

$$H_3C-\underset{\displaystyle CH_3}{\underset{|}{C}}=CH_2+H_2C=\underset{\displaystyle CH_3}{\underset{|}{C}}-CH_3 \longrightarrow \begin{cases}(CH_3)_3C-CH=C(CH_3)_2\\ (CH_3)_3C-CH_2-\underset{\displaystyle CH_3}{\underset{|}{C}}=CH_2\end{cases}$$

5.1.2.7　α-氢的反应

与双键碳直接相连的碳原子称为α-碳，α-碳原子上的氢叫做α-氢原子。由于该氢原子受到双键的影响，和一般烷烃中的氢原子不同，具有一定的活泼性，即α-碳氢键较易断裂，可以发生取代和氧化反应。

1）卤代

在低于 200℃，丙烯与氯反应主要是加成反应。有α-氢的烯烃和氯在高温或光照下，发生α-氢原子被氯取代的反应，得到的是取代产物而不是加成产物。

$$CH_3-CH=CH_2+Cl_2 \xrightarrow{500℃} \underset{\displaystyle Cl}{\underset{|}{C}H_2}CH=CH_2+HCl$$

在这个反应条件下，有利于氯自由基的生成，所以这里进行的是和烷烃氯代类似的自由基型氯代反应。由于α-氢原子活泼，优先被取代。

反应的自由基取代历程为

$$Cl_2 \xrightarrow[\triangle]{\text{光}} 2Cl\cdot$$

$$Cl\cdot+H-CH_2CH=CH_2 \longrightarrow \cdot CH_2CH=CH_2+HCl$$

$$\cdot CH_2CH=CH_2+Cl:Cl \longrightarrow Cl\cdot+ClCH_2CH=CH_2$$

在实验室中，对烯丙型化合物进行α-溴代反应，经常用 *N*-溴代丁二酰亚胺(NBS)为溴化剂，在四氯化碳溶剂及过氧化苯甲酰存在下进行。

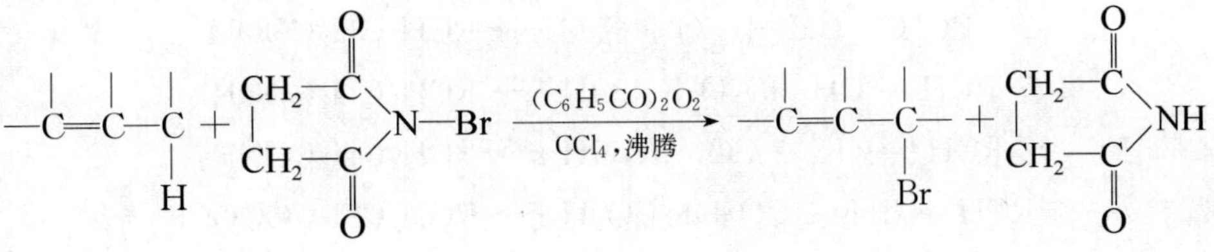

NBS产生的溴自由基优先取代α-碳上的氢原子，选择性很好。这个反应也是自由基反应。像丙烯这样特定的α-氢原子又称烯丙(基)型氢原子，通常它比叔氢原子还容易被取代。当α-烯烃的烷基不止一个碳原子时，卤化结果通常得到重排产物，如

$$CH_3(CH_2)_4CH_2CH=CH_2 \xrightarrow{NBS}$$

$$\underset{\substack{|\\Br}}{CH_3(CH_2)_4CHCH=CH_2} + \underset{\substack{\qquad\qquad\qquad\qquad\qquad|\\\qquad\qquad\qquad\qquad\qquad Br}}{CH_3(CH_2)_4CH=CHCH_2}$$

3-溴-1-辛烯　　1-溴-2-辛烯

两种产物均具有烯丙基结构，只是双键位次不同，其中1-溴-2-辛烯是重排产物，这种重排称为烯丙基重排或烯丙位重排。

2）氧化

在一定温度和压力下，分别选用氧化亚铜和磷钼酸铋作催化剂，丙烯和空气混合氧化生成丙烯醛和丙烯酸。丙烯醛可用于制造甘油、饲料添加剂、蛋氨酸等，还可用作油田注水的杀虫剂。

$$CH_3CH=CH_2 + O_2 \begin{cases} \xrightarrow[350℃,0.25MPa]{Cu_2O} CH_2=CH-CHO \\ \xrightarrow[550\sim750℃,1MPa]{\text{磷钼酸铋}} CH_2=CH-COOH \end{cases}$$

选用氧化钼、氧化铋或磷钼酸铋作催化剂，使丙烯与氨及氧(空气)作用，生成丙烯腈。

$$CH_2=CH-CH_3 + NH_3 + \frac{3}{2}O_2 \xrightarrow[470℃]{\text{磷钼酸铋}} CH_2=CH-CN + 3H_2O$$

这是目前工业上生产丙烯腈的重要方法。

与丙烯相似，在催化剂作用下，异丁烯用空气氧化生成α-甲基丙烯醛，进一步氧化生成α-甲基丙烯酸。这是20世纪80年代工业上采用的新方法。

$$\overset{\substack{CH_3\\|}}{CH_2=CCH_3} \xrightarrow[300\sim400℃]{O_2,\text{Mo-W-Te}} \underset{\alpha\text{-甲基丙烯醛}}{\overset{\substack{CH_3\\|}}{CH_2=CCHO}} \xrightarrow[270\sim350℃]{O_2,\text{钼系杂多酸}} \underset{\alpha\text{-甲基丙烯酸}}{\overset{\substack{CH_3\\|}}{CH_2=CCOOH}}$$

在上述的这些氧化产物中仍保持有双键，在适当的条件下可聚合，生成具有不同应用价值的高聚物。

5.1.2.8　羰基化反应

在烯烃分子中引进羰基的反应称为羰基化反应，又称羰基合成反应。使用不同原料，产物不同，但都是生成酰基衍生物。这是20世纪40年代发展起来的烯烃络合催化反应，在有机化工上有重大应用。概括起来有下列反应：

$$RCH=CH_2 + CO + H_2 \longrightarrow RCH_2CH_2CHO \quad (1)$$

$$RCH=CH_2 + CO + H_2O \longrightarrow RCH_2CH_2COOH \quad (2)$$

$$RCH=CH_2 + CO + R'OH \longrightarrow RCH_2CH_2COOR' \quad (3)$$

$$RCH=CH_2 + CO + R'_2NH \longrightarrow RCH_2CH_2CONR'_2 \quad (4)$$

$$RCH=CH_2 + CO + R'CO_2H \longrightarrow RCH_2CH_2COOOCR' \quad (5)$$

$$RCH = CH_2 + CO + HCl \longrightarrow RCH_2CH_2COCl \qquad (6)$$

烯烃羰基化反应是一类合成方法的总称，反应(1)～(6)相当于烯烃双键上加成了甲酰基，生成长碳链的酰基衍生物。按产物的名称，反应(1)～(6)依次称为烯烃氢甲酰化、氢羧化、氢酯化、氢酰胺化、氢酐化和氢酰氯化。

与烯烃的其他加成反应一样，在形式上甲酰基的氢可以加到双键的任一个碳原子上，形成正构和异构两种产物，两种产物的比例取决于烯烃的结构，更取决于使用的催化剂和反应条件。例如，1-辛烯在 H_2 ∶ CO=1、总压力为 20MPa 下进行氢甲酰化反应，使用不同的催化剂，得到正构醛和异构醛的百分数如下：

$$CH_3(CH_2)_5CH{=}CH_2 + CO + H_2 \longrightarrow$$

催化剂	
$HCo(CO)_4$	190℃
$HRh(CO)_4$	100℃
$HCo(CO)_4/P{+}n\text{-}C_4H_9{+}_3$	190℃

$$CH_3(CH_2)_5CH_2CH_2CHO + CH_3(CH_2)_5\underset{}{CH}(CH_3)CHO$$

$CH_3(CH_2)_5CH_2CH_2CHO$	$CH_3(CH_2)_5CH(CH_3)CHO$
65%	35%
52%	48%
83%	17%

在催化剂中引入手性配体，可进行不对称合成，如苯乙烯在 $PtCl_2$/DIOP/$SnCl_2$ 催化下进行氢甲酰化反应，得到手性 2-苯基丙醛的立体异构体(e. e=80%)。DIOP 是个手性双膦配体。

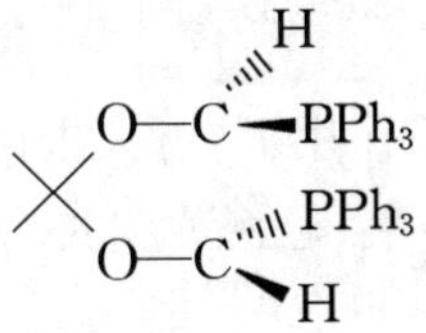

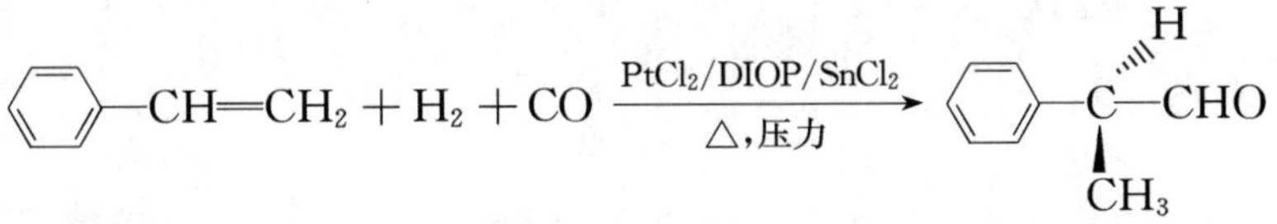

羰基化反应的烯烃也可以是内烯烃，在反应过程中双键可以移到端位上。

氢甲酰化反应得到醛，改进催化剂和 CO/H_2 的进料比，在氢甲酰化这一步可直接得到醇。高碳醇是合成洗涤剂、增塑剂的原料。

5.1.3　烯烃的来源和制法

5.1.3.1　烯烃的工业来源和制法

乙烯、丙烯和丁烯等低级烯烃都是化学工业的重要原料。过去它们主要是从石油炼制过程中产生的炼厂气和热裂气中分离得到的，随着石油化学工业迅速的发展，现在低级烯烃主要是通过石油的各种馏分裂解和原油直接裂解获得，如

$$C_6H_{14} \xrightarrow{700\sim900℃} \underset{15\%}{CH_4} + \underset{40\%}{CH_2{=}CH_2} + \underset{20\%}{CH_3CH{=}CH_2} + \underset{25\%}{\text{其他}}$$

原料不同或裂解条件不同(热裂或催化裂解,以及裂解温度和催化剂的不同等),得到各种烯烃的比例也不同。石油化工是指以石油裂解获得烯烃,然后进一步以烯烃为原料制造各种化工产品的工业。石油化工企业的规模也以乙烯的产量来衡量,如我国近年建立的多套 30 万吨乙烯装置,都具有较大规模。

5.1.3.2　烯烃的实验室制法

1) 醇脱水

醇容易在浓酸(硫酸、磷酸等)或氧化铝催化下脱水生成烯烃,如

$$CH_3CH_2OH \xrightarrow[170℃]{浓\ H_2SO_4} CH_2{=}CH_2 + H_2O$$

$$CH_3CH_2OH \xrightarrow[350 \sim 360℃]{Al_2O_3} CH_2{=}CH_2 + H_2O$$

$$CH_3\underset{\underset{OH}{|}}{C}HCH_2CH_2CH_3 \xrightarrow[-H_2O]{H_2SO_4} \underset{\text{2-戊烯（主要产物）}}{CH_3CH{=}CHCH_2CH_3} + \underset{\text{1-戊烯}}{CH_2{=}CHCH_2CH_2CH_3}$$

2) 卤烷脱卤化氢

卤烷在碱的醇溶液中,脱去卤化氢而得到烯烃,如

$$CH_3CH_2\underset{\underset{Br}{|}}{C}HCH_2CH_3 + KOH \xrightarrow{乙醇} CH_3CH{=}CHCH_2CH_3 + KBr$$

3) 邻二卤烷脱卤素

邻二卤代烷在金属锌(或镁、镍)粉作用下,可失去卤素生成烯烃,如

$$CH_3\underset{\underset{X}{|}}{C}H\underset{\underset{X}{|}}{C}HCH_2CH_3 \xrightarrow[Zn,\triangle]{乙醇} CH_3CH{=}CHCH_2CH_3$$

5.1.4　重要的烯烃

1) 乙烯

乙烯的用途非常广泛,它作为生产乙醇、环氧乙烷及聚乙烯的基本原料而被大量消耗。目前世界各国,乙烯的产量一直是直线上升。以乙烯为原料生产的系列产品与日俱增,在国际上乙烯产品的产值占到全部石油化工产值的一半左右,因此,当今衡量一个国家的化学工业发展水平,往往看乙烯的生产量。在工业上乙烯主要由石油裂解而得。

乙烯是一种无色而带有甜味的气体,沸点 −103℃。乙烯在空气中容易燃烧,呈现明亮的火焰,与空气可形成爆炸性混合物,其爆炸极限为 3%～29%(体积分数)。

此外,乙烯可用作已采摘的未成熟果子的催熟剂,又能加速树叶的衰老从而使新叶得以生长。乙烯和生长素、赤霉素一样,是植物的内源激素。不少植物器官都含有微量乙烯。

2) 丙烯

丙烯也是一种重要化工原料,用于制备甘油、醇类以及环氧氯丙烷等重要化工产品,这些产品又是生产各种食品添加剂和助剂的主要原料。丙烯也是石油裂解产物之一。

丙烯是一种无色气体,比空气重,沸点为 −47.7℃。以丙烯为原料制得的产品随着石油炼

制及乙烯化工的发展而不断增加。

其他烯烃如丁烯、异丁烯、戊烯，也和丙烯一样，作为乙烯生产的附带产物，也属于石油裂解产物。它们也都是重要的基本有机合成原料。

5.2 二 烯 烃

分子中含有不止一个双键的开链烃，按双键数目的多少，分别叫做二烯烃、三烯烃、……以至多烯烃等，其中以二烯烃最为重要，它们的通式为 C_nH_{2n-2}。按分子中两个双键相对位置的不同，二烯烃又可分为下列三类：

(1) 累积二烯烃。两个双键连接在同一个碳原子上的二烯烃称累积二烯烃，如丙二烯 $CH_2=C=CH_2$。累积二烯烃一般不稳定，存在不多。

(2) 隔离二烯烃。两个双键之间被两个或两个以上单键间隔的烯烃称为隔离二烯烃，也叫孤立二烯烃，如 1,5-己二烯($CH_2=CH-CH_2-CH_2-CH=CH_2$)。这类二烯烃由于分子中两个双键相距较远，双键之间相互影响较小，分子中双键的结构和性质与单烯烃相似。

(3) 共轭二烯烃。两个双键被一个单键间隔的二烯烃叫做共轭二烯烃，如 1,3-丁二烯($CH_2=CH-CH=CH_2$)，它是最简单的也是最重要的二烯烃。共轭二烯烃的结构和性质与前面两类二烯烃不同，由于两个双键相互影响，表现出特有的性质，因此共轭二烯烃在理论研究和实际应用中占有特别重要的地位，本部分主要讨论共轭二烯烃。

共轭二烯烃分子中，由于两个 π 键之间存在 π-π 共轭效应，体系中 π 电子可以在整个共轭体系中离域，导致了分子的稳定性增加，分子的能量明显降低。

5.2.1 共轭二烯烃的性质

共轭二烯烃的物理性质和烷烃相似。碳原子数较少的二烯烃为气体，如 1,3-丁二烯为沸点 −4℃的气体。碳原子数较多的二烯烃为液体，如 2-甲基-1,3-丁二烯为沸点 34℃的液体。它们都不溶于水而溶于有机溶剂。

共轭二烯烃具有烯烃双键的一些化学性质，但由于是共轭体系，在加成和聚合反应中又有它特有的一些特殊规律。

5.2.1.1 1,2 和 1,4-加成反应

共轭二烯烃和卤素、卤化氢等都容易发生亲电加成反应，但可产生两种加成产物，如下式所示：

$$CH_2=CHCH=CH_2+Br_2 \longrightarrow \underset{\underset{\text{1,2-加成产物}}{}}{\underset{Br}{\underset{|}{C}}H_2\underset{Br}{\underset{|}{C}}HCH=CH_2} + \underset{\text{1,4-加成产物}}{\underset{Br}{\underset{|}{C}}H_2CH=CH\underset{Br}{\underset{|}{C}}H_2}$$

1,2-加成产物是一分子试剂在同一个双键的两个碳原子上的加成。1,4-加成产物则是一分子试剂加在共轭双键的两端碳原子(C_1 或 C_4)上，即 C_1 和 C_4 上原来的双键变成单键，而在 C_2 和 C_3 之间，原来的单键变成双键。在 1,4-加成反应中，共轭二烯烃作为一个整体参与反应，因此也称为共轭加成。这是共轭二烯烃的特征反应。

共轭二烯烃进行加成反应时，由于外界试剂或溶剂的影响，共轭体系产生极化，不仅一个

双键产生极化，而且使整个共轭体系的电子云发生形变，产生交替极化，如 1,3-丁二烯与溴化氢的加成。加成反应分为两步，第一步氢原子可以进攻 C_1 或 C_3，形成两种碳正离子中间体Ⅰ和Ⅱ。

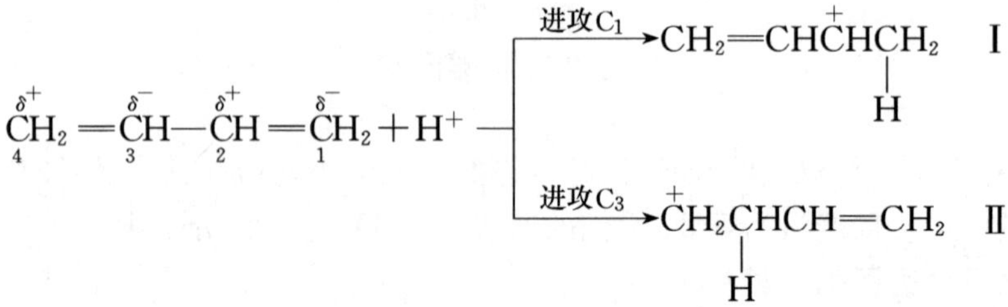

碳正离子Ⅰ可看作是烯丙型的碳正离子，其中心碳为 sp^2 杂化状态，中心碳的空 p 轨道与 π 键可发生 p-π 共轭效应，π 电子可以在 π 键的两个 p 轨道和空 p 轨道的范围内离域，使碳正离子的正电荷得到分散，增加了碳正离子的稳定性。

由于碳正离子Ⅱ属于伯碳正离子，不存在这样的离域效应，因此碳正离子Ⅰ要比碳正离子Ⅱ稳定。1,3-丁二烯的第一步加成总是要生成稳定的碳正离子Ⅰ。也就是说，第一步反应总是发生在末端碳原子 C_1 上，生成碳正离子Ⅰ。碳正离子Ⅰ的正电荷分散在 π 键和空 p 轨道形成的共轭体系中，根据量子化学的计算结果，在两端碳原子上带的正电荷更多一些，即 C_2 和 C_4 上带的正电荷更多一些。在加成反应的第二步中，带负电荷的溴离子就加在 C_2 或 C_4 上，分别生成 1,2-加成产物或 1,4-加成产物。

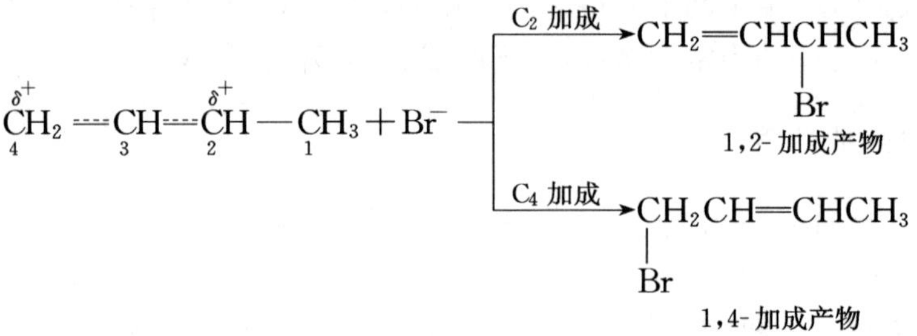

共轭二烯烃的亲电加成产物中，1,2-加成产物和 1,4-加成产物之比按二烯烃的不同结构以及所用试剂和反应条件（如溶剂、温度、反应时间等）的不同而变化。例如，1,3-丁二烯与 HBr 的加成，在不同温度下进行反应，可得到不同的产物比：

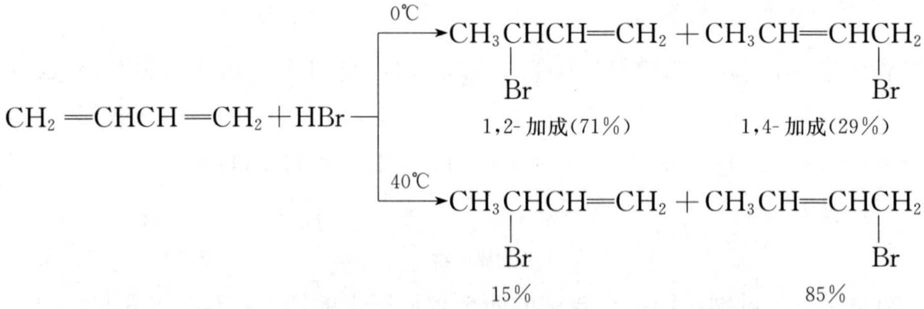

但如将 0℃时反应所得到产物，再在 40℃下较长时间加热，也可获得 40℃时反应的产物比例，即其中 85%是 1,4-加成产物，15%是 1,2-加成产物。之所以如此是由于上述两种加成方式需要的活化能以及所得的产物的稳定性不同，如图5-1 所示。

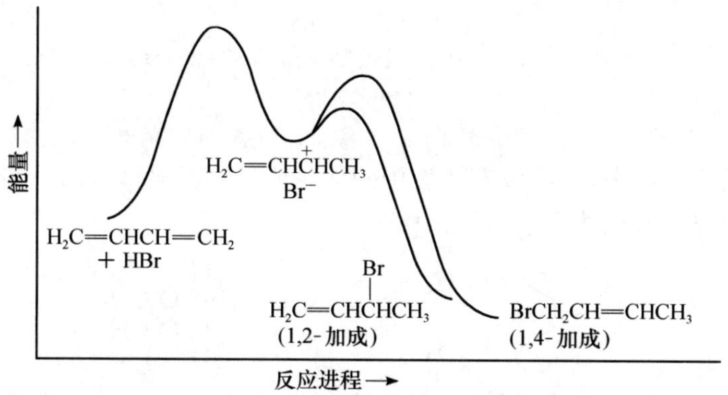

图 5-1　1,3-丁二烯与 HBr 亲电加成反应进程的能量变化示意图

由于 1,2-加成反应活化能低，在低温时，1,2-加成反应速率比 1,4-加成快。这时加成产物的比例由加成反应速率决定（称受动力学控制的反应），1,2-加成产物占优势。但当温度升高（至 40～60℃）或极性溶剂增加，反应时间延长时，碳正离子有条件获得更多的能量，以满足 1,4-加成需要较高活化能的要求，而且生成的 1,4-加成产物较稳定，这时 1,4-加成反应便更容易进行。此外，在较高温度时 1,2-加成的逆反应速率也增加，先生成的 1,2-加成产物也容易迅速逆转为烯丙型碳正离子，这就更利于 1,4-加成产物的生成。因此当达到动态平衡时，主要生成较稳定的 1,4-加成产物（也称受热力学控制的反应）。

叁键与双键共轭的不饱和烃也有 1,4-加成反应。例如，乙烯基乙炔加氯化氢：

$$\overset{\delta^+}{CH_2}=CHC\equiv\overset{\delta^-}{CH}+HCl\longrightarrow \underset{\underset{Cl}{|}}{CH_2}CH=C=CH_2$$

生成的累积二烯烃不稳定，重排得到 2-氯-1,3-丁二烯：

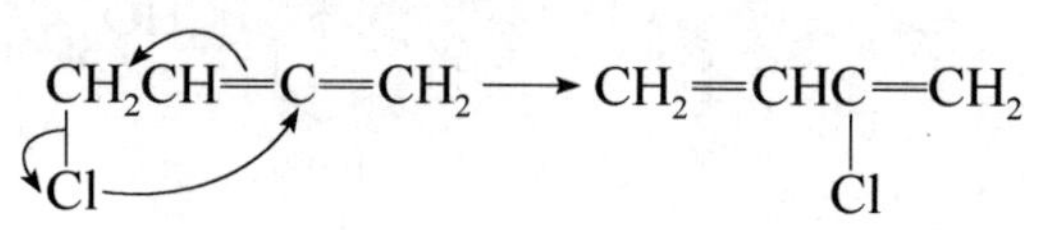

5.2.1.2　双烯合成——第尔斯-阿尔德反应

共轭二烯烃与具有碳碳双键或碳碳叁键的不饱和化合物进行 1,4-加成反应，生成六元环烯烃及其衍生物，这类反应叫做第尔斯-阿尔德（Diels-Alder）反应，也叫双烯合成。它是由德国有机化学家第尔斯和阿尔德发现的，因此两人同时获 1950 年诺贝尔化学奖。这一反应是可逆反应，正向成环反应温度较低，逆向开环反应温度较高，是共轭二烯烃所特有的反应，它是合成六元碳环化合物的一种重要方法。

通常把进行双烯合成的共轭二烯烃叫做双烯体（diene），把与共轭二烯烃起双烯合成反应的不饱和化合物叫亲双烯体（dienophile），如

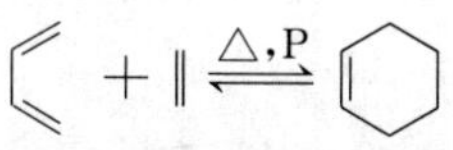

1,3-丁二烯与乙烯进行的双烯合成不是很容易：在 200℃、9MPa 反应 17h，产率 18%。然而，具有供电子基团的双烯体和具有吸电子基团的亲双烯体反应时，有利于反应进行。

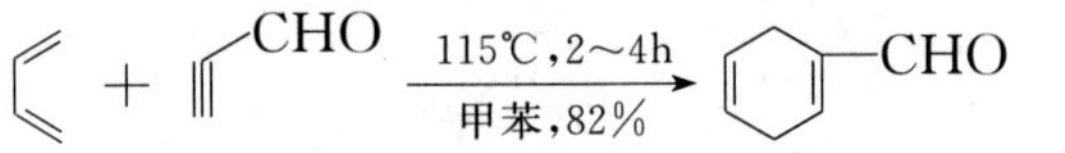

丙炔醛　　1,4-环己二烯甲醛

在双烯合成反应过程中，一般没有活性中间体生成，反应不分阶段，一步完成，称为协同反应。在反应过程中保持双烯体和亲双烯体构型：

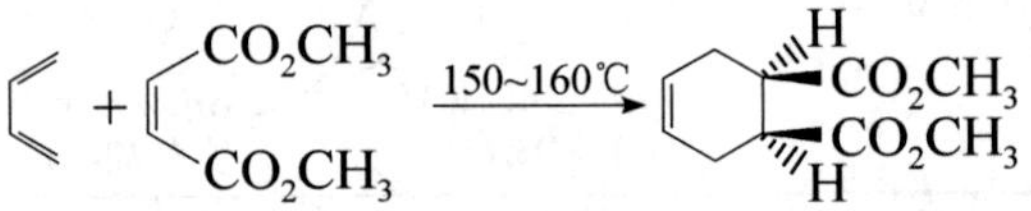

由双烯合成反应机理可知，双烯体均以 *S*-顺式参加反应。具有 *S*-顺式构象的

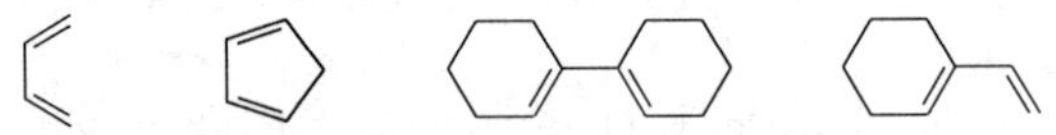

开链共轭双烯　同环共轭双烯　异环共轭双烯　环内外共轭双烯

都可以发生双烯合成反应。

若不能形成 *S*-顺式，则反应不能进行，如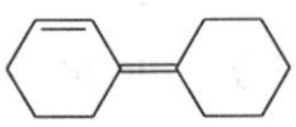和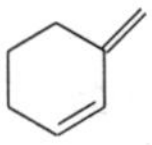；而 2,3-二叔丁基-1,3-丁二烯由于两个叔丁基体积很大，空间位阻的结果也不能形成 *S*-顺式构象，故不发生双烯合成反应。

双烯合成反应具有很强的区域选择性。当双烯体和亲双烯体上均有取代基时，从反应式看，有可能产生两种不同的反应产物。反应规律为 1-取代的双烯体与单取代的亲双烯体反应主要生成邻位产物，2-取代的双烯体则主要生成对位产物。

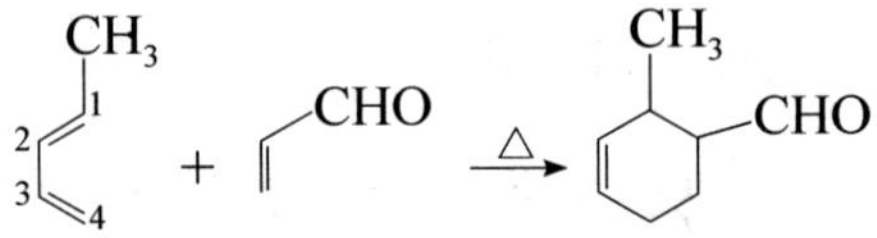

100%

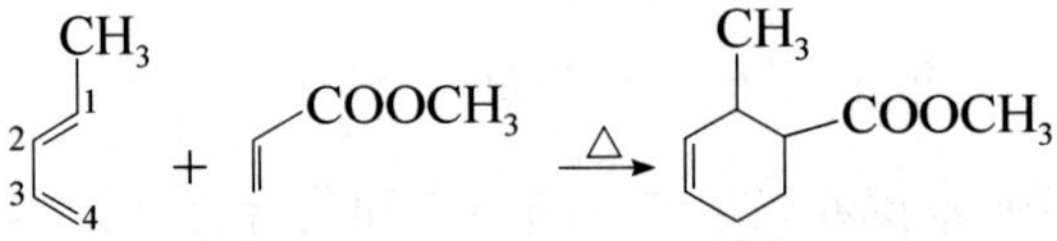

61%

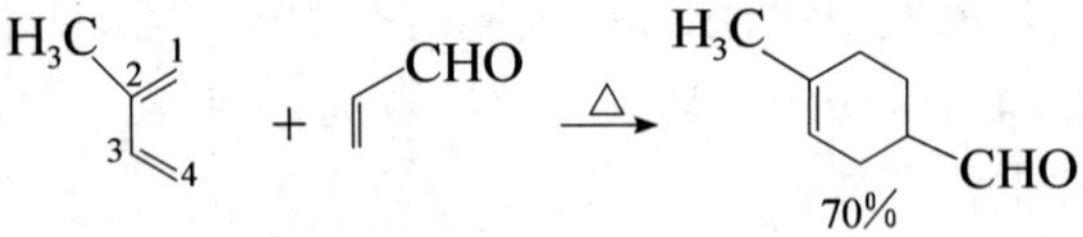

70%

有些烯烃衍生物，如马来酸酐(顺丁烯二酸酐)，与 1,3-丁二烯反应时，生成的环状化合物常为固体。因此可以利用此反应来鉴别共轭二烯烃。

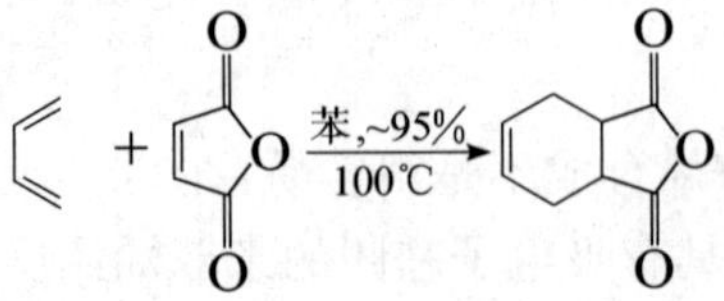

环戊二烯作为双烯体也能进行双烯合成反应：

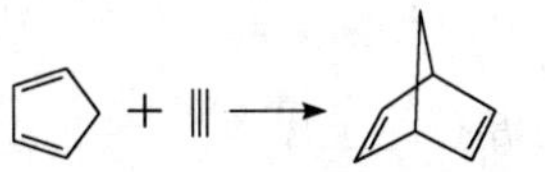

环戊二烯自身也能进行双烯合成，一分子为双烯体，另一分子为亲双烯体，这个反应很容易进行。在室温下放置环戊二烯就变成二聚环戊二烯，加热蒸馏后又分解成环戊二烯，可立即使用。

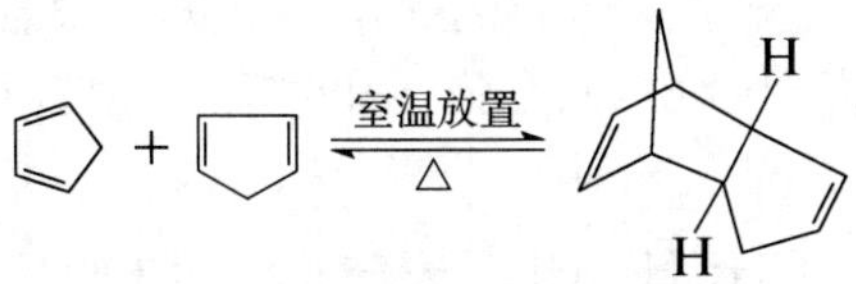

双烯体或亲双烯体的不饱和碳原子换成杂原子，仍能进行双烯合成，这也是合成杂环化合物的一个重要方法。

5.2.1.3　聚合及共聚合反应

1）高聚反应

共轭二烯烃在催化剂作用下可以聚合生成高分子化合物。例如，1,3-丁二烯在金属钠催化下，聚合生成聚丁二烯。这种聚合物具有橡胶的性质，即它们具有伸缩性和弹性，所以也叫做弹性体。它是最早发明的合成橡胶，又称丁钠橡胶。

$$nCH_2{=}CHCH{=}CH_2 \xrightarrow[60^\circ C]{Na} {[}CH_2{-}CH{=}CH{-}CH_2{]}_n$$

上式中的聚合物可以看作是 1,3-丁二烯单体分子间的 1,4-加成产物，但实际上除上述单体分子之间的 1,4-加成外，还可以有分子之间的 1,2-加成，以及 1,2-与 1,4-加成，即一个分子的 C_1、C_2 与另一个分子的 C_1、C_4 发生加成。

$$nCH_2{=}CHCH{=}CH_2 \xrightarrow{1,4\text{-加成}} {[}CH_2CH{=}CHCH_2{]}_n$$

$$nCH_2{=}CHCH{=}CH_2 \xrightarrow{1,2\text{-加成}} {[}CH_2CH(CH{=}CH_2){]}_n$$

$$nCH_2{=}CHCH{=}CH_2 \xrightarrow{1,4\text{-加成和}1,2\text{-加成}} {[}CH_2CH(CH{=}CH_2)CH_2CH{=}CHCH_2{]}_{n/2}$$

由于最终得到的是上述各种加成方式聚合的混合产物，这种丁钠橡胶的性能并不理想。近年来，随着催化剂和聚合反应研究的发展，工业上使用齐格勒-纳塔催化剂[$(CH_2CH_2)_3Al$ $+TiCl_4$]可以使 1,3-丁二烯基本上都是按 1,4-加成方式聚合。

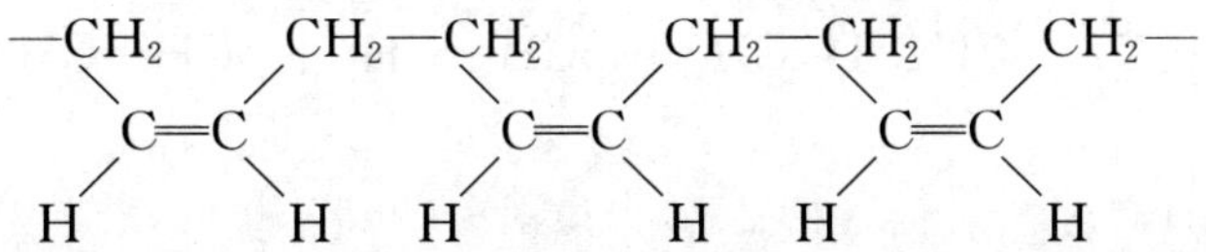

由上式可以看出，聚合产物中双键上的较小基团都在双键的同一侧，所以得到的聚丁二烯称顺-1,4-聚丁二烯，简称顺丁橡胶。除 1,3-丁二烯外，下面两种丁二烯也可聚合而得到合成橡胶：

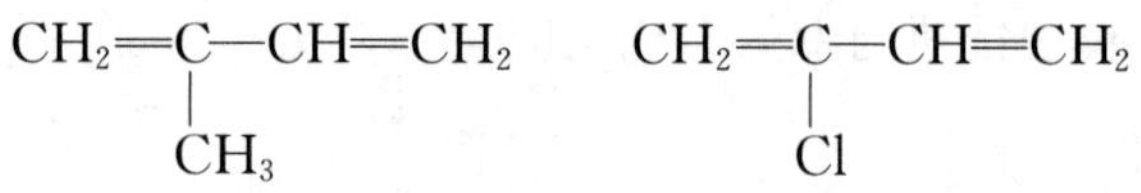

2-甲基-1,3-丁二烯或异戊二烯　　2-氯-1,3-丁二烯

同样，在这些聚合产物中，1,2-和 1,4-加成产物的比例以及顺式和反式产物的比例也都会影响聚合物的性质。而产物的组成又往往由不同的反应条件，特别是催化剂的性质所决定。所以反应条件和催化剂种类的选择对这些聚合反应来说都是非常重要的。

1,3-丁二烯在环烷酸镍/三异丁基铝催化剂作用下进行聚合反应得到顺式结构含量大于96%的 1,4-聚丁二烯(又称顺丁橡胶)，低温弹性和耐磨性能好，可以做轮胎。

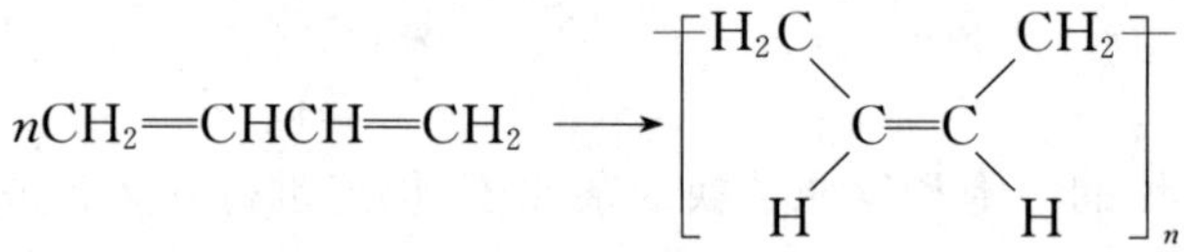

用烯丙基碘化镍作催化剂，1,3-丁二烯聚合则得到反式结构大于 99%的 1,4-聚丁二烯：

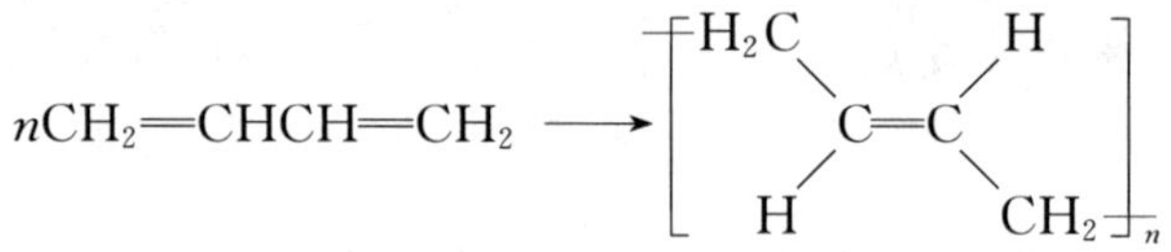

调节丁基锂/醚引发剂中各组分的比例，使 1,3-丁二烯在进行 1,4-聚合的同时也进行 1,2-聚合，得到含 1,2-聚合结构在 25%～65%的中乙烯基橡胶，其加工性能好，是新的橡胶品种。

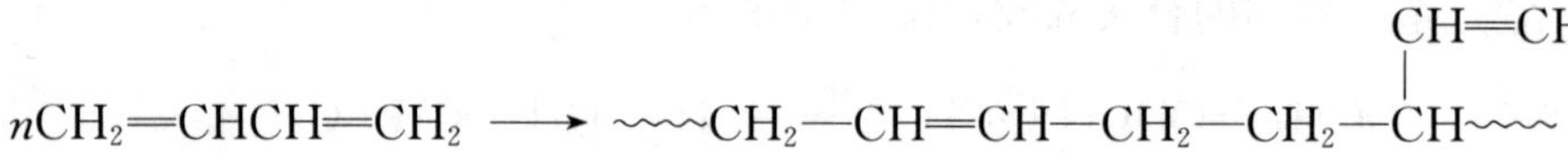

2) 共聚合反应

共轭二烯烃还可以和其他双键化合物共同聚合(共聚)成高分子聚合物。例如，1,3-丁二烯可以与苯乙烯、丙烯腈、甲基丙烯酸甲酯等单体进行共聚合反应，得到橡胶和塑料等。

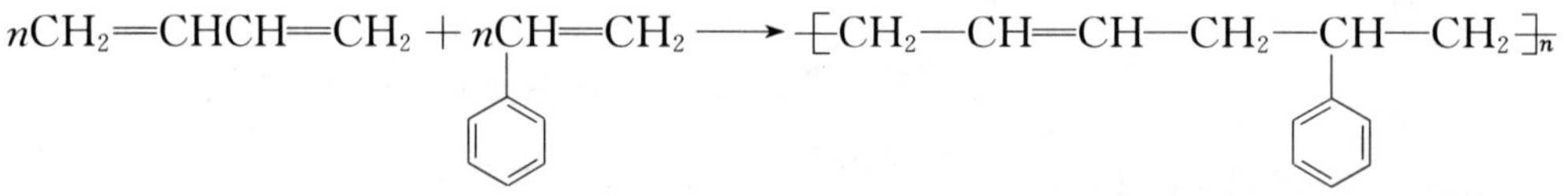

丁苯橡胶

丁苯橡胶综合性能好，是目前合成橡胶中产量最大的品种，主要用于制造轮胎。

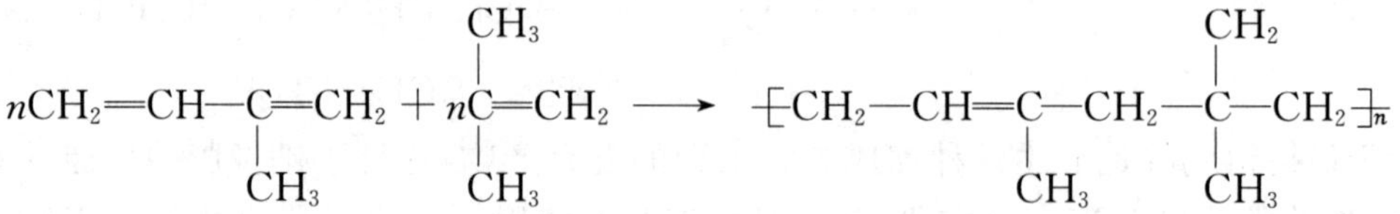

异戊二烯　　异丁烯　　丁基橡胶

1,3-丁二烯、苯乙烯和丙烯腈三元共聚，可以得到兼有橡胶和塑料性质的聚合物 ABS 树脂：

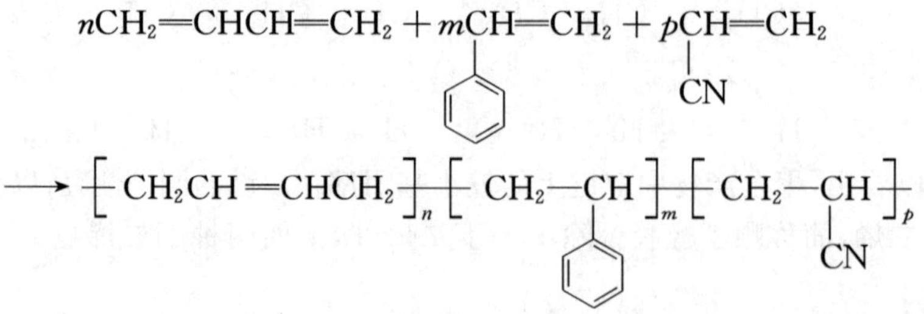

它是聚丁二烯、聚苯乙烯和聚丙烯腈的嵌段聚合物，性能优异，是有广泛用途的工程塑料。

5.2.2　1,3-丁二烯的来源和制备方法

1,3-丁二烯是合成橡胶的主要原料，它可由石油裂解产物的 C_4 馏分分离精制取得。目前工业上是从石油裂解气中分离取得的丁烯和丁烷在催化剂存在下脱氢或氧化脱氢制备。第二次世界大战期间，由于合成橡胶的需要，也多采用乙醇为原料生产丁二烯。

1）由丁烷或丁烯制备

丁烷在氧化铬-氧化铝催化剂存在下，可脱氢生成 1,3-丁二烯。

$$CH_3CH_2CH_2CH_3 \xrightarrow[600^\circ C]{Al_2O_3\text{-}Cr_2O_3} CH_2{=}CHCH{=}CH_2 + H_2$$

丁烯在催化剂磷酸钙镍存在下加热，可脱氢生成 1,3-丁二烯；也可在磷-钼-铋催化剂存在下加热，通过氧化脱氢制备 1,3-丁二烯。

$$\left.\begin{array}{l} CH_3CH_2CH{=}CH_2 \\ CH_3CH{=}CHCH_3 \end{array}\right\} \begin{array}{l} \xrightarrow[580\sim650^\circ C]{\text{磷酸钙镍}} CH_2{=}CHCH{=}CH_2 + H_2 \\ \xrightarrow[480\sim500^\circ C]{\text{磷-钼-铋},O_2} CH_2{=}CHCH{=}CH_2 \end{array}$$

2）由乙醇脱水脱氢制备

将乙醇蒸气通过氧化镁-氧化硅催化剂，在 360℃以上，脱水脱氢生成 1,3-丁二烯。

$$2CH_3CH_2OH \xrightarrow[360^\circ C\text{以上}]{MgO\text{-}SiO_2} CH_2{=}CHCH{=}CH_2 + H_2O + H_2$$

此反应比较复杂，副产物较多，但工业上应用较早，工艺技术较成熟，在石油资源匮乏、农产品丰富的国家仍有一定的使用价值。

5.2.3　天然橡胶和合成橡胶

5.2.3.1　天然橡胶

从橡胶树割取得到的白色胶乳——橡浆加入少量乙酸后即凝聚成块，再经加工压片就成为生天然橡胶，通称生橡胶。

将天然橡胶在隔绝空气下加热，就分解生成异戊二烯（2-甲基-1,3-丁二烯）。异戊二烯在一定条件下又可聚合生成与天然橡胶类似的物质。经长期研究认为，天然橡胶是异戊二烯单体以 1,4-加成方式聚合，由“首尾相连”而成的顺-1,4-聚异戊二烯线型高分子化合物：

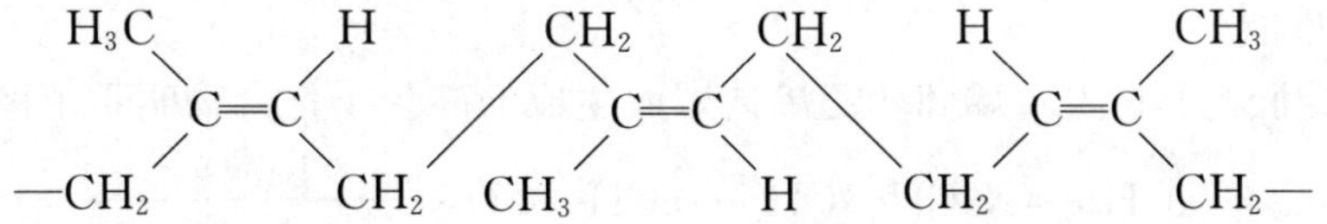

生橡胶是柔软无定形的弹性物质，无一定熔点，不溶于水而溶于有机溶剂，具有耐曲折、绝缘、防水等性质。但受热易软化，低温时又变得脆硬。放置空气中日久就逐渐氧化而失去弹性，通称为橡胶的“老化”。生橡胶的机械强度和耐磨性均较差，必须经过“硫化”处理后才能进一步加工为橡胶制品。所谓“硫化”就是将天然橡胶与硫或某些复杂的有机硫化合物一起加热，发生反应，使天然橡胶的线状高分子链被硫原子所连接（交联）。硫桥可以发生在线状高分子链的双键处，也可以发生在双键旁的 α-碳原子上。硫化后的结构表示如下：

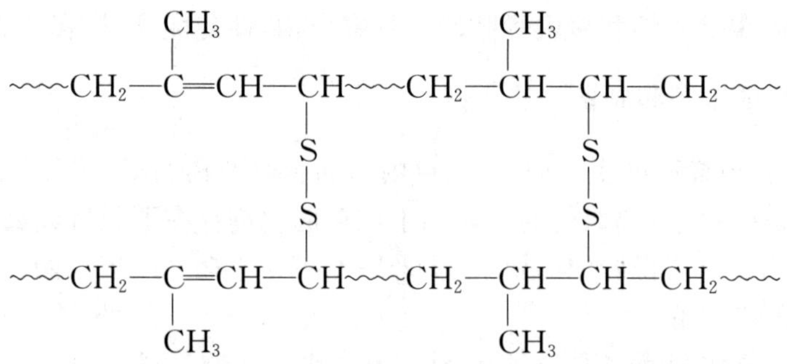

硫化使线状高分子通过硫桥交联成相对分子质量更大的体型分子，这样就克服了原来天然橡胶黏软的缺点，产物不仅硬度增加，而且仍保持弹性。

目前模拟天然橡胶结构的“合成天然橡胶”已经合成，其性质与天然橡胶极其相似，且已超越了天然橡胶。

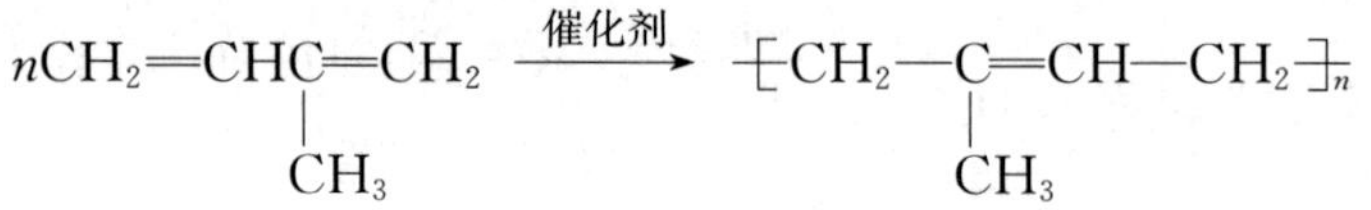

5.2.3.2　合成橡胶

天然橡胶的产量和性能早已不能满足工农业、交通、国防的需要，为了满足橡胶的供应不受自然条件的限制，而又能赋予耐油、耐酸、耐高温、耐严寒等特殊性能，在探明天然橡胶结构的基础上发展了多种多样的合成橡胶。除上述合成天然橡胶外，目前常用的还有顺丁橡胶、丁苯橡胶、丁氰橡胶、氯丁橡胶等。

(1) 顺丁橡胶(顺-1,4-聚丁二烯橡胶)。选择齐格勒-纳塔催化剂(R_3Al-$TiCl_4$)使单体1,3-丁二烯的聚合基本上都按1,4-加成方式进行，由“首尾相连”生成顺1,4-聚丁二烯橡胶。在顺丁橡胶中每个“链节”都符合顺式2-丁烯的结构。这种选择性催化剂叫做定向聚合催化剂，这种聚合方式叫做定向聚合。

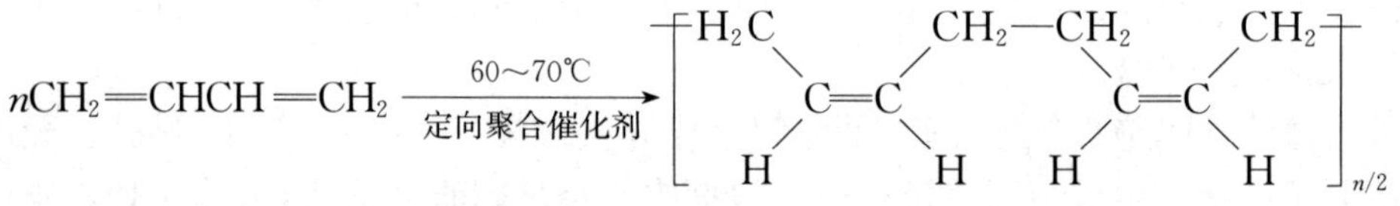

这种定向聚合所生成的顺丁橡胶由于结构的排列次序规则，具有耐磨、耐低温、耐老化、弹性良好等优异性能。

(2) 丁苯橡胶。1,3-丁二烯和苯乙烯共聚而生成的高分子化合物叫丁苯橡胶。

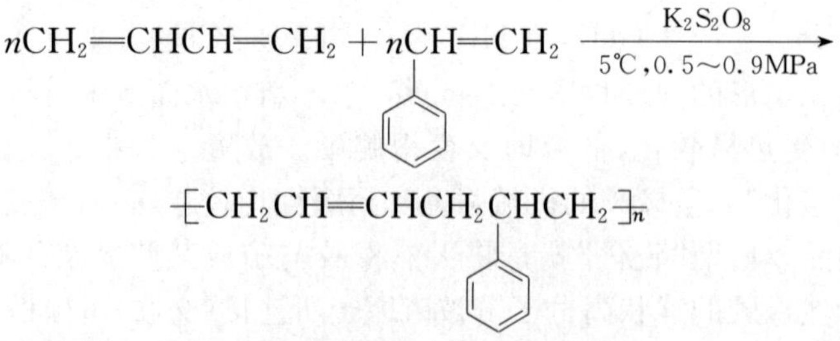

丁苯橡胶具有良好的耐老化、耐热、耐油和耐磨损等性能，主要用来生产各种轮胎和其他工业橡胶制品，产量占目前世界上合成橡胶的首位。

（3）丁腈橡胶。1,3-丁二烯与丙烯腈共聚生成丁腈橡胶。

$$n\mathrm{CH_2{=}CHCH{=}CH_2} + n\mathrm{CH_2{=}\underset{\displaystyle CN}{\underset{|}{C}H}} \longrightarrow \left[\mathrm{CH_2CH{=}CHCH_2CH_2\underset{\displaystyle CN}{\underset{|}{C}H}}\right]_n$$

丁腈橡胶的耐油性能良好，适用于制造油管和油管衬里，在国防工业上应用很广。

（4）氯丁橡胶。由 2-氯-1,3-丁二烯单体聚合生成的高聚物叫做氯丁橡胶。

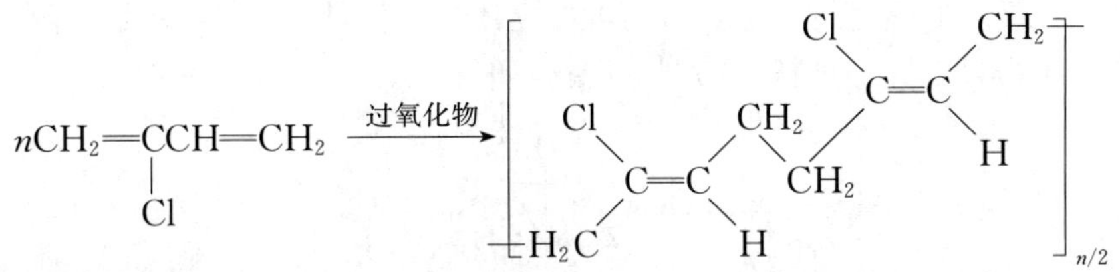

氯丁橡胶中具反式结构的含量很高，约有 90%。它具有耐油、耐酸、耐碱、耐热、耐燃烧、耐挠曲、气密性良好等性能，唯有耐寒性和储存稳定性较差。但价格低廉，适用于制备运输带、胶管、印刷胶管、油箱等。

上述各种合成橡胶都是线型高分子化合物，都要经过硫化处理后才能应用。

5.2.4　周环反应

一个化学反应从历程来看，有的是多步完成，前面关于烯烃的加成反应以及烷烃的自由基取代反应都是多步完成，反应过程中有离子或自由基等中间体生成。但是，有的反应是一步完成的，反应过程中新键的生成和旧键的断裂同时发生，反应只经过一个过渡态而没有离子或自由基等中间体过程的基元反应，称为协同反应。前面讲过的双烯合成，既不是离子型反应，也不是自由基型反应，而是不经过中间体的协同反应。后面卤代烃亲核取代反应中的 S_N2，亲核试剂和碳原子间新键的形成和离去基团与旧键之间的裂解是同时形成的，消除反应的 E2 机理中，进攻试剂夺取 β-H，离去基团带着一对电子离去的同时在两个碳原子间也生成了双键，也都是协同反应。本节所涉及的电环化反应和环加成反应也属于协同反应，但这些反应的一个共同点是反应经过一个环过渡态而进行的，故称之为周环反应。因此，周环反应是协同反应中的一种，而协同反应不一定是周环反应，二者不可混淆。

周环反应有两个特点：第一，反应显著受光照和加热作用影响，而且光照和加热所得反应结果不同，极少受极性溶剂和自由基引发剂或抑制剂的影响，近来观察到少数周环反应受酸碱的催化作用影响；第二，有高度的立体化学专一性，一定立体构型的反应物在一定条件下反应只能得到特定构型的产物。

周环反应的机理是基于日本化学家福井谦一（Fukui Kenichi，1981 年获诺贝尔化学奖）提出的分子前沿轨道学说以及美国化学家伍德沃德（Woodward，1965 年获诺贝尔化学奖）和霍夫曼（Hofmann，1981 年与福井谦一同获诺贝尔化学奖）提出的分子轨道对称守恒原理，这两项工作是近代有机化学理论研究的重大成果之一。

与原子价电子的概念相类似，分子前沿轨道学说认为：在化学反应中，分子轨道要重新组合，这种组合主要发生在分子前沿轨道上，即发生在分子中能量最高的电子占据轨道（HOMO）和能量最低的电子未占据轨道（LUMO）之间。分子轨道对称守恒原理认为：反应成键过程是分子轨道的重新组合过程，反应过程中分子轨道的对称性必须是守恒的。即反应物分子轨道的对称性必须与产物分子轨道的对称性保持一致，才容易进行反应，称为对称性允许。反之，不能保持一致，反应就难进行或不能进行，称为对称性禁阻。

按反应的特点，周环反应主要分为三类：电环化反应、环加成反应、σ 键迁移反应。本节只介绍前两类。

5.2.4.1　电环化反应

在线形共轭体系的两端，由两个 π 电子生成一个新的 σ 键的反应或其逆反应都称为电环化反应。电环化反应的显著特点是具有高度的立体专一性，即在一定的反应条件下(光或热)，一定构型的反应物只生成一种特定构型的产物，如

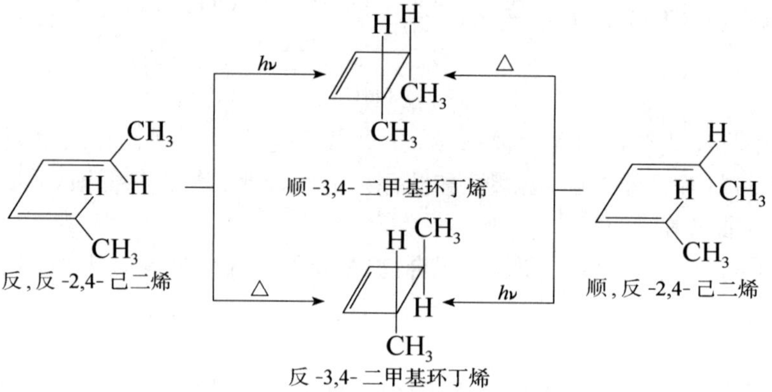

取代己三烯在不同的条件下得到构型不同的关环产物。

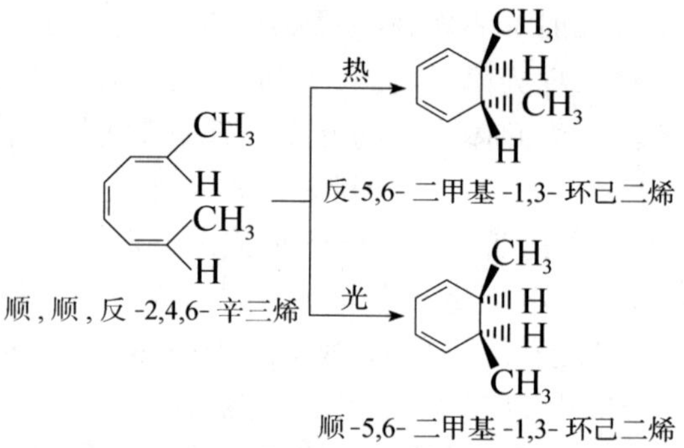

电环化反应的立体化学与共轭体系中的 π 电子数目有关。

电环化反应是可逆的，按微观可逆原则，正反应和逆反应所经过的途径是相同的，所以成环反应的结果也适用于开环反应。

5.2.4.2　环加成反应

环加成反应是在两个 π 电子体系的两端同时生成两个 σ 键而闭合成环的反应。环加成反应可以根据 π 电子数目不同分为[2+2]和[4+2]型等。

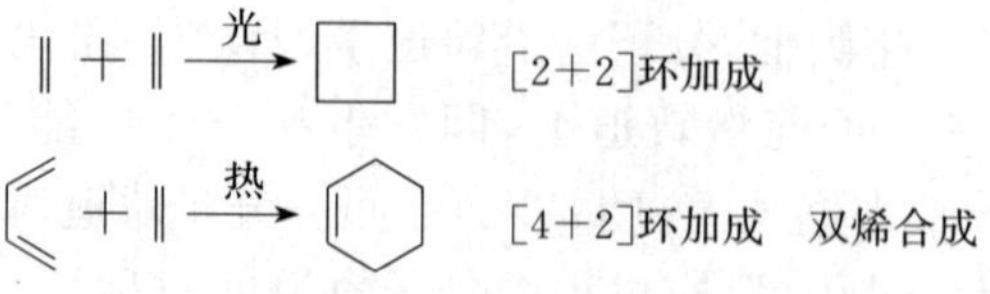

环加成也具有立体专一性。例如，顺-2-丁烯在光作用下环加成反应只生成两种异构体：

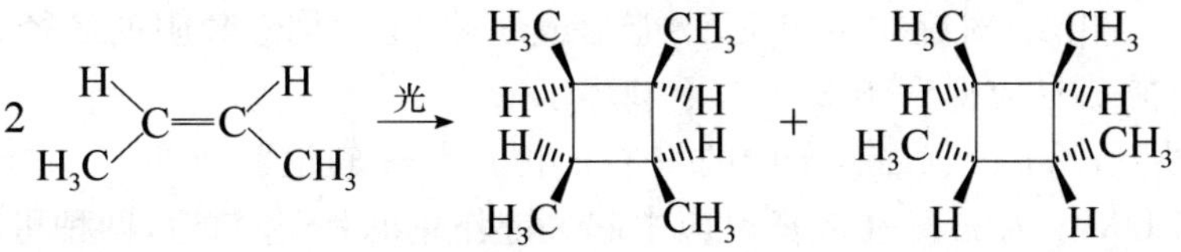

[2+2]与[4+2]型环加成反应所需要的条件不同，前者在光照条件下反应，后者在加热条件下反应方可进行。环加成反应也是可逆的。

5.2.4.3　前线轨道理论

前面所讨论的电环化反应及环加成反应的立体专一性和反应条件的确定要用分子轨道对称守恒理论加以理解。其表述方法有多种，如前线轨道理论、能量相关理论以及芳香过渡态理论等。我们仅介绍简单直观的前线轨道理论。

前线轨道是指分子中能量最高的电子占据轨道和能量最低的电子未占据轨道，分别用 HOMO 和 LUMO 表示。正如原子在反应过程中起关键作用的是能量最高的价电子一样，分子中处于能量最高占有轨道的电子能量最高、最活泼、最容易推动反应的进行，常常对反应的进程起决定作用。热反应只与基态有关，在反应中起关键作用的是 HOMO。但是，在光的作用下，往往有 π 电子被激发，从 HOMO 进入 LUMO，后者变成了处于激发态时的能量最高的电子占据轨道（HOMO），即前线轨道。

考虑周环反应中轨道的对称性，关键是前线轨道的对称性。它的性质决定着反应的途径。在电环化反应中，共轭二烯烃两碳原子的 p 轨道变成环烯烃分子中的 σ 键，因此要考虑这两个 p 轨道在反应过程中的对称性守恒。例如，2,4-己二烯的分子轨道示于图 5-2。它的两端分别绕 C_2—C_3 和 C_4—C_5 键旋转，同时 C_2 和 C_5 上的 p 轨道逐渐变成 sp^3 轨道，相互交盖生成 σ 键。旋转有两种可能的方式：一种是向同一方向旋转，称为顺旋；另一种向相反方向旋转，称为对旋。参见图 5-3。顺旋时，C_2 上的 p 轨道或 sp^3 轨道的一瓣始终接近 C_5 上的 p 轨道或 sp^3 轨道相位相同的一瓣，它们可以交盖成键，p 轨道逐渐变成 sp^3 轨道，形成 σ 键。因此顺旋是对

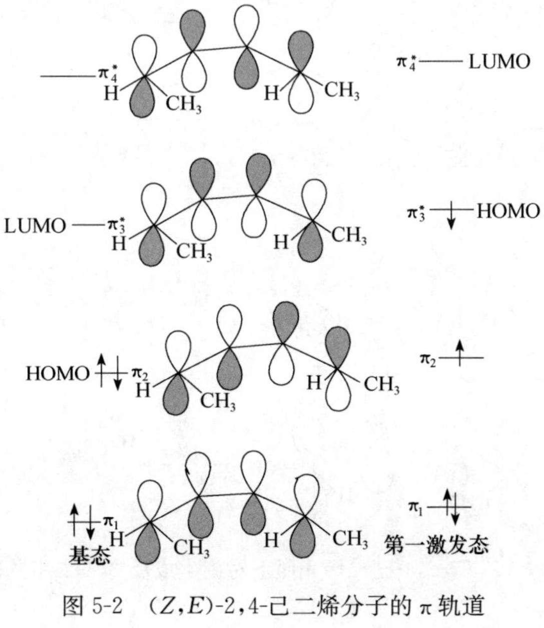

图 5-2　(*Z*,*E*)-2,4-己二烯分子的 π 轨道

称性允许的途径。相反，对旋相位相反，不能形成 σ 键，是对称性禁阻的途径。所以(Z,E)-2,4-己二烯受热顺旋成环应得到顺-3,4-二甲基环丁烯。

在光照条件下，2,4-己二烯分子中的一个 π 电子从 π_2 轨道跃迁到 π_3^*，这时，2,4-己二烯的 HOMO 为 π_3，LUMO 为 π_4。在成环反应中起关键作用的是 π_3 轨道，两种可能的旋转方向如图 5-4 所示。对旋时，轨道对称性允许，C_2 和 C_5 可以成键；在顺旋时是轨道的对称性禁阻的。因此(2Z,4E)-2,4-己二烯在光照下对旋生成反-3,4-二甲基环丁烯。

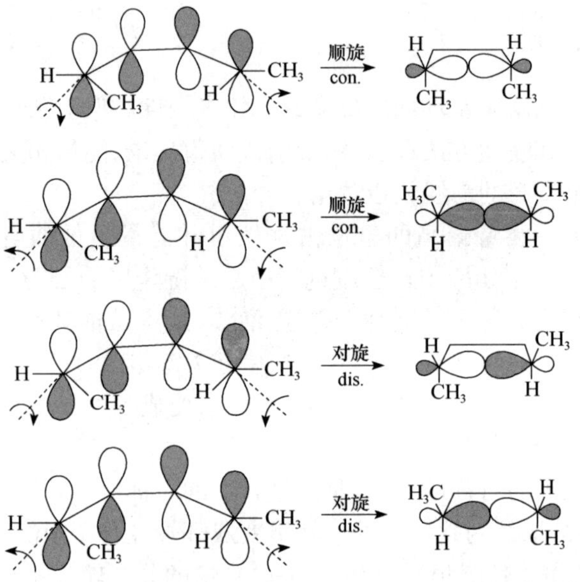

图 5-3　(Z,E)-2,4-己二烯加热顺旋变成顺-3,4-二甲基环丁烯

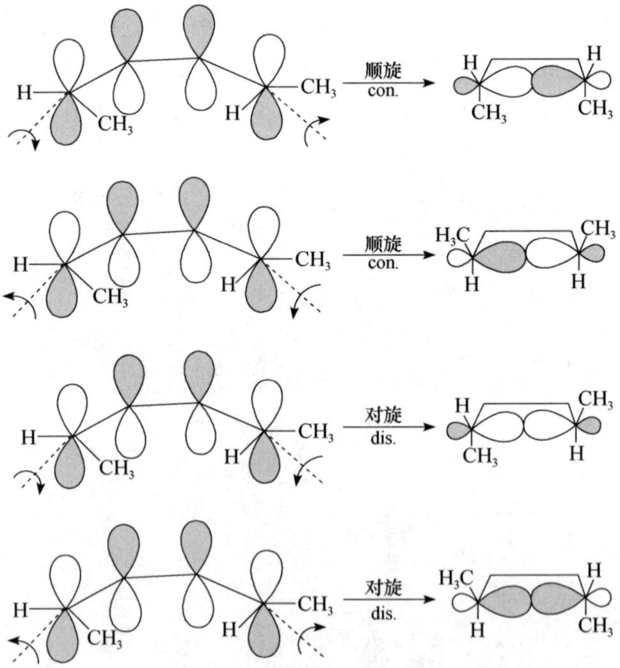

图 5-4　(Z,E)-2,4-己二烯光照下对旋生成反-3,4-二甲基环丁烯

共轭三烯的电环化反应恰好与共轭二烯相反，这也是由它们的前线轨道的对称性决定的。共轭三烯的 π 分子轨道如图 5-5 所示，在热反应中 HOMO 为 π_3，对旋是对称性允许的，而在光反应中，HOMO 为 π_4^*，顺旋是对称性允许的。

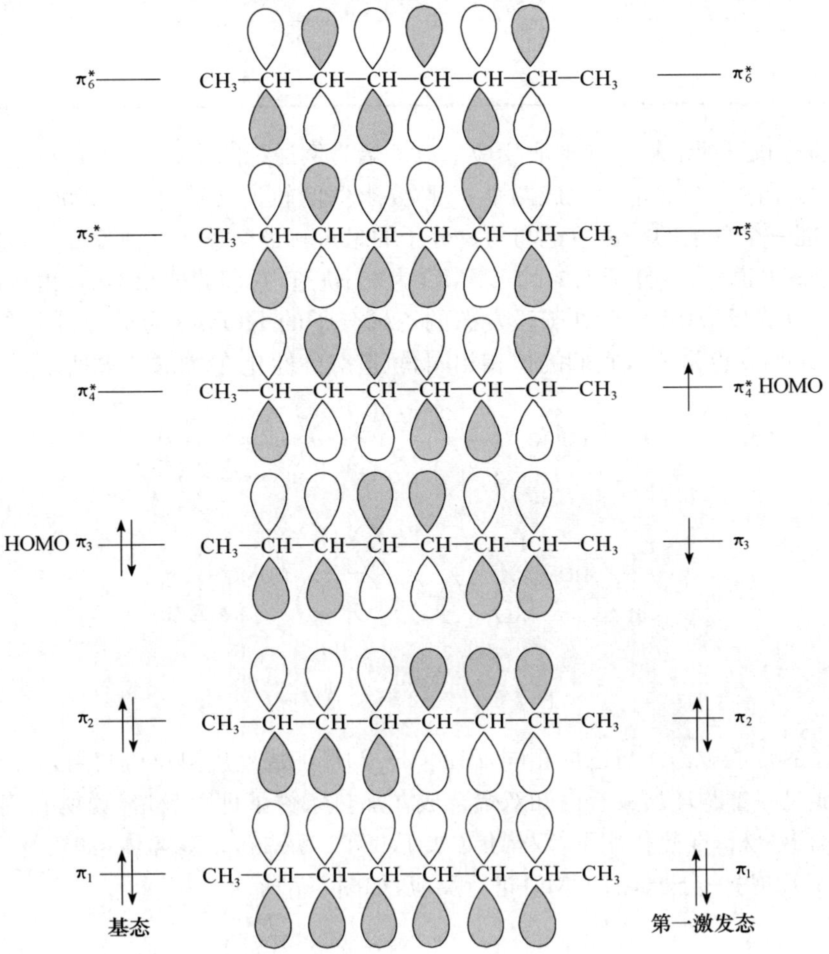

图 5-5　2,4,6-辛三烯的 π 分子轨道

如

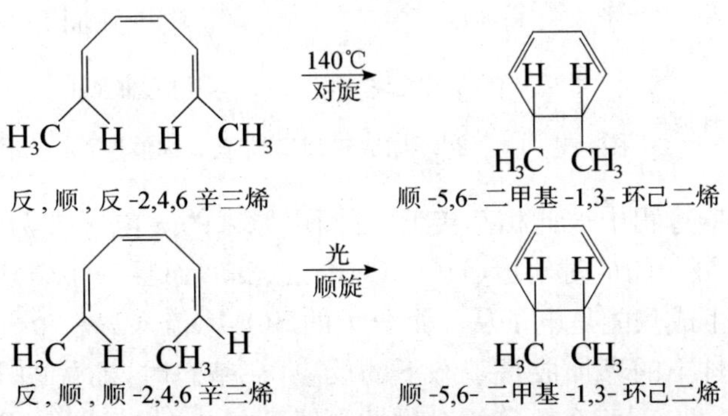

共轭体系中 π 电子数目不同，电环化反应的选择规律也不同，这是由它们的 HOMO 的对称性决定的，见表 5-3。

表 5-3　电环化反应规律

反应物 π 电子数	旋转方式	热反应	光反应
$4n$	顺旋	允许	禁阻
	对旋	禁阻	允许
$4n+2$	顺旋	禁阻	允许
	对旋	允许	禁阻

下面用前线轨道理论解释环加成反应。以乙烯为例讨论[2+2]环加成反应。在环加成反应中，由两个分子的 4 个 π 电子生成两个 σ 键，要求两两轨道交盖，而一个轨道只能容纳两个电子，因此只能一个分子的已占轨道与另一分子的未占轨道交盖。在热反应中，基态的乙烯分子 HOMO 为 π 轨道，另一分子乙烯的 LUMO 为 π^* 轨道，它们的位相不同，相互接近时，轨道对称性禁阻。在光反应中，一个处于激发态的乙烯分子的 HOMO 为 π^*，另一个处于基态的乙烯分子的 LUMO 也是 π^*，它们的位相相同，轨道对称性允许，如图 5-6 所示。

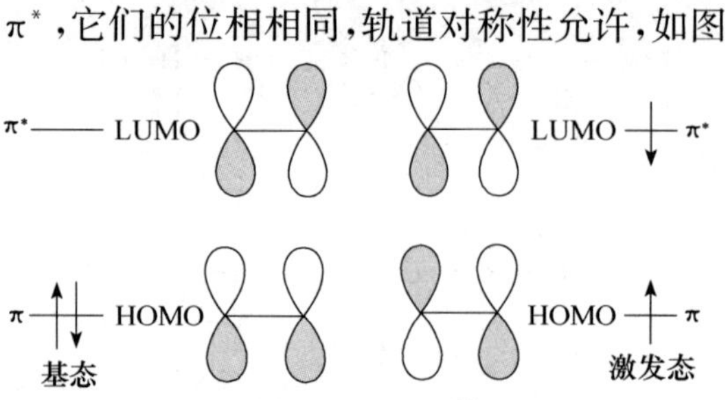

图 5-6　[2+2]环加成反应

其他烯烃的轨道对称性与乙烯相同，因此[2+2]环加成反应热反应禁阻，光反应允许。

双烯合成是[4+2]环加成。已知双烯合成在加热条件下即可反应，说明它们是对称性允许的。从理论上分析，在热作用下，双烯体(如 1,3-丁二烯)和亲双烯体(如乙烯)都可以利用基态下 HOMO 和另一分子的 LUMO 进行反应，如图 5-7 所示。

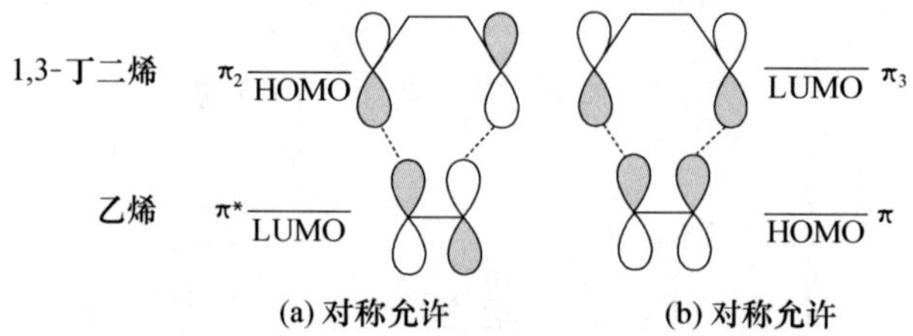

图 5-7　[4+2]环加成热反应轨道对称情况

当两个分子在反应过程中彼此相互接近，逐渐由原来的 π 电子在两个分子之间形成新的 σ 键时，由于原来两个分子的成键轨道(HOMO)都已充满，而且一个轨道只能容纳两个电子，因此两个新的 σ 键的生成只能是电子从一个分子的HOMO流入另一个分子的 LUMO，从而相互交盖成键。加热条件下的环加成是基态下的反应，在基态时，乙烯的 HOMO 是 π 轨道，而 LUMO 是 1,3-丁二烯的 π_3，两个轨道的对称性是匹配的(位相相同)，因此，乙烯和 1,3-丁二烯在加热下(基态下)进行环加成反应是对称允许的，如图 5-7(b)所示。另外，在基态时，1,3-丁二烯的 HOMO 是 π_2，而 LUMO 是乙烯的 π^*，两个轨道的对称性也是匹配的，在加热下进行环加成也是允许的，如图 5-7(a)所示。

如果在光作用下，双烯体和亲双烯体的前线轨道性质就不同，不能在对称守恒原则下交替成键，所以是对称性禁阻的。

以上是用前线轨道理论来解释电环化反应和环加成反应。这是一个简化了的理论，其优点是简单、直观，但是它有一定的局限性，因为实际反应中不仅前线轨道，而且其他的轨道也都发生了变化。尽管如此，该理论在大多数情况下是正确的，在解释周环反应机理上起着重要作用。

这里讲的对称性禁阻反应是指按协同反应途径进行反应时所需活化能很大，不易进行，但不排除反应按其他途径，如自由基型机理进行反应的可能性。

5.3 炔　　烃

炔烃的通式为 C_nH_{2n-2}。碳碳叁键是炔烃的官能团。

炔烃不存在顺反异构现象。叁键可以在分子链的端位上，称为末端炔烃，也可以在碳链中间，称为内炔烃。只有大环分子才有环炔烃，这是因为叁键基团是直线状结构，在小环和普通环状烃中容纳不下这一结构。

碳碳叁键的碳原子是以 sp 杂化方式成键的，两个 π 键互相垂直。π 键电子云分布在 σ 电子云的外围，呈筒状分布。

5.3.1 炔烃的物理性质

炔烃的物理性质和烷烃、烯烃基本相似。低级的炔烃在常温常压下是气体，但沸点比相同碳原子数的烯烃略高。随着碳原子数的增多，它们的沸点也升高。叁键位于碳链末端的炔烃(又叫末端炔烃)和叁键位于碳链中间的异构体相比，前者具有更低的沸点。炔烃不溶于水，但易溶于极性小的有机溶剂，如石油醚(石油中的低沸点馏分)、苯、乙醚、四氯化碳等。部分炔烃的物理常数见表 5-4。

表 5-4　部分炔烃的物理常数

名称	熔点/℃	沸点/℃	相对密度 d_4^{20}
乙炔	−80.8(压力下)	−84.0(升华)	0.6181(−32℃)
丙炔	−101.5	−23.2	0.7062(−50℃)
1-丁炔	−125.7	8.1	0.6784(0℃)
2-丁炔	−32.3	27.0	0.6910
1-戊炔	−90.0	40.2	0.6901
2-戊炔	−101.0	56.1	0.7107
3-甲基-1-丁炔	−89.7	29.3	0.666
1-己炔	−132.0	71.3	0.7155
1-庚炔	−81.0	99.7	0.7328
1-辛炔	−79.0	125.2	0.7470
1-壬炔	−50.0	150.8	0.7600
1-癸炔	−36.0	174.0	0.7650

5.3.2 炔烃的化学性质

炔烃和烯烃分子中都有π键，故两者有相似的化学性质，如都能发生加成、氧化、聚合等反应。但两者碳的杂化方式、π键数目、不饱和程度等都不同，这不仅决定了两者π键的稳定性、加成反应的难易程度及其他一些化学性质有所差异，而且还决定了炔烃有别于烯烃的特殊性质，如叁键碳上的氢有"酸性"等。

5.3.2.1 炔氢原子的活泼性（弱酸性）

末端炔烃的叁键碳上的氢原子叫炔氢。由于同炔氢连接的碳原子为 sp 杂化状态，其电负性较大[各种不同杂化状态的碳原子电负性顺序为 $sp(3.29) > sp^2(2.73) > sp^3(2.48)$]，使 C—H 键的σ电子对偏向碳原子，在反应中容易产生异裂，导致炔氢有一定的弱酸性。从下列 pK_a 数值可以看出炔氢的酸性比水还弱。

	H_2O	$HC\equiv CH$	$CH_2=CH_2$	NH_3	CH_3CH_3
pK_a	15.7	25	34	36.5	42

炔氢的酸性虽然比水弱，但它能与强的碱金属或强碱（$NaNH_2$）反应，生成炔烃的金属衍生物，也称金属炔化物，这是末端炔烃的特征反应。例如，将乙炔通过熔融的金属钠，就可以得到乙炔钠和乙炔二钠，并有氢气放出。

$$HC\equiv CH \xrightarrow{Na,110℃} CH\equiv CNa \xrightarrow{Na,190\sim220℃} NaC\equiv CNa$$

乙炔与氨基钠在四氢呋喃的氨溶液中反应，生成炔钠。

$$HC\equiv CH + NaNH_2 \xrightarrow[\text{四氢呋喃}]{\text{液氨}} CH\equiv CNa + NH_3$$

其他末端炔烃也同样可以发生上述反应。

$$RC\equiv CH + NaNH_2 \xrightarrow{\text{液氨}} RC\equiv CNa + NH_3$$

生成的炔钠可以与伯卤代烷反应，制得较高级的炔烃，这是增长碳链的方法之一，如

$$CH\equiv CNa + CH_3\underset{\displaystyle CH_3}{\underset{|}{C}}HCH_2CH_2Br \xrightarrow{\text{液氨}} CH_3\underset{\displaystyle CH_3}{\underset{|}{C}}HCH_2CH_2C\equiv CH + NaBr$$

这类反应叫做炔烃的烷基化反应。这是制备高级炔烃的重要方法。因此金属炔化物是一个有用的有机合成中间体。

此外，具有活泼氢的炔烃又容易和硝酸银的氨溶液或氯化亚铜的氨溶液发生作用，迅速生成炔化银白色沉淀或炔化亚铜红色沉淀。

$$HC\equiv CH + 2Ag(NH_3)_2NO_3 \longrightarrow \underset{\text{白}}{AgC\equiv CAg\downarrow} + 2NH_4NO_3 + 2NH_3$$

$$HC\equiv CH + 2Cu(NH_3)_3Cl \longrightarrow \underset{\text{红}}{CuC\equiv CCu\downarrow} + 2NH_4Cl + 2NH_3$$

$$RC\equiv CH \xrightarrow{Ag(NH_3)_2NO_3} \underset{\text{白}}{RC\equiv CAg\downarrow}$$

$$RC\equiv CH \xrightarrow{Cu(NH_3)_2Cl} \underset{\text{红}}{RC\equiv CCu\downarrow}$$

反应很灵敏，现象明显，常用于末端炔烃的定性检验。不含活泼氢的炔烃就没有这些

反应。

生成的炔化物和无机酸(如稀硝酸)作用后,可分解为原来的炔烃。因此,也可以利用这些反应,从含有各种炔烃的混合物中分离出末端炔烃。乙炔银和乙炔亚铜等重金属炔化物,在润湿时还比较稳定,但在干燥状态下受热或撞击时易发生爆炸,实验后应立即用稀酸分解。

5.3.2.2　加成反应

1）催化加氢与还原反应

炔烃可以催化加氢,生成烯烃,如再进一步加氢则得到烷烃。

$$RC{\equiv}CR' \xrightarrow[H_2]{Pt(或 Pd,Ni)} RCH{=}CHR' \xrightarrow[H_2]{Pt(或 Pd,Ni)} RCH_2{-}CH_2R'$$

当使用一般的催化加氢催化剂,如铂、钯或镍等,在氢气过量的情况下,反应往往不容易停留在烯烃的阶段,一般是加两分子氢生成烷烃。

在催化加氢反应中,炔烃比烯烃具有较大的反应活性,更容易加氢。这是因为炔烃在催化剂表面吸附作用较快,而催化加氢主要是靠催化剂表面的吸附作用,因此炔烃更容易进行催化加氢。

利用叁键和双键在加氢反应活性上的差异,可以控制氢量,使用钝化的催化剂,如在钯/碳酸钙中加入一些乙酸铅使之钝化,得到林德拉(Lindlar)催化剂;在钯/硫酸钡中加入一些喹啉使之钝化,得到克拉姆(Cram)催化剂;在乙醇溶液中,用硼氢化钠还原乙酸镍得到硼化镍催化剂,又称布朗(Brown)催化剂或 P-2 催化剂;都能使炔烃选择加氢生成烯烃,只对炔烃的催化加氢有效,而对烯烃的加氢无效。例如:

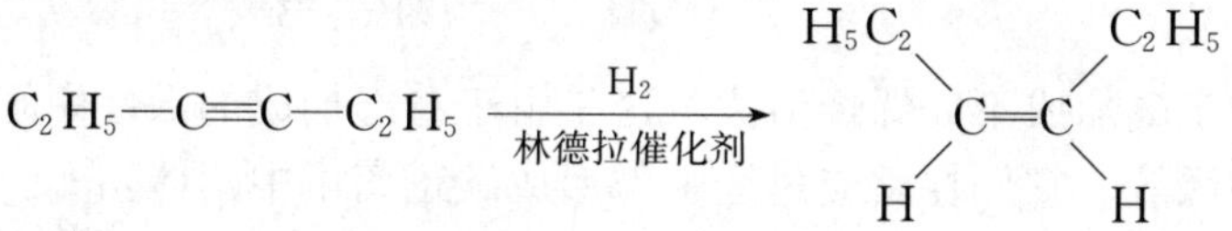

由于加氢是炔烃分子吸附在金属催化剂表面上发生的,因此得到顺式加成产物。

催化氢化一般不用于从乙烯、丙烯、乙炔、丙炔等低级烯烃和炔烃制取相应的烷烃,但此反应在工业上和研究工作中都具有重要意义。例如,石油加工得到的粗汽油常含有少量的烯烃,后者易发生氧化、聚合而产生杂质,影响油品质量,若进行氢化反应,可将少量烯烃还原为烷烃,从而提高了油品质量,这种加氢处理后的汽油称为加氢汽油;在油脂工业中,常将含不饱和键的液态油脂进行部分氢化,使之转化为固态脂肪,以改变油脂的性质和用途。例如,使用齐格勒-纳塔催化剂催化乙烯聚合,要求反应体系中不能有微量的乙炔,否则催化剂失活,无法得到高相对分子质量的聚乙烯,因此聚合前需除去微量乙炔。而裂解法得到的乙烯,分离精制后仍有 2000～3000μL/L 的乙炔。用钝化的催化剂使乙炔选择加氢成乙烯,可以除去乙烯中的乙炔。

炔烃可用还原剂还原成烯烃,一种有效的方法是在液氨中用金属钠或锂还原,主要产物为反式烯烃,如

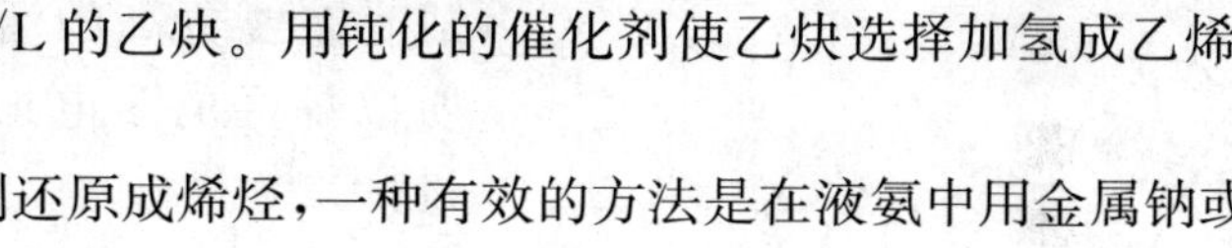

烯烃在液氨中不被还原,炔烃还原停留在生成烯烃一步。金属还原炔烃反应与 P-2 催化

剂催化炔烃加氢反应不同，它是反式加氢，得到高含量的反式烯烃。

2）亲电加成反应

炔烃和烯烃类似，也可以与卤素、卤化氢等发生亲电加成反应，得到高含量的反式烯烃。

（1）与卤素加成。炔烃可以和卤素加成，第一步先生成一分子加成产物，但一般可继续加成，得到两分子加成产物——四卤代烷，控制得当可以停留在加一分子卤素阶段，如

$$CH_3C\equiv CCH_3 + Br_2 \xrightarrow[\text{乙醚}]{-20^\circ C} \underset{Br}{\overset{H_3C}{}}C{=}C\underset{CH_3}{\overset{Br}{}}$$

$$CH_3C\equiv CCH_3 + 2Br_2 \xrightarrow[CCl_4]{20^\circ C} CH_3CBr_2CBr_2CH_3$$

炔烃与溴的反应也同烯烃相似，可用溴的褪色来鉴定叁键的存在。碘与炔烃的加成比较困难，通常只能加一分子碘，如

$$CH\equiv CH + I_2 \xrightarrow{160^\circ C} \underset{I}{CH}{=}\underset{I}{CH}$$

和炔烃相比较，烯烃与卤素的加成更易进行，因此当分子中既有叁键又有双键时，首先在双键上发生卤素的加成。例如，在低温，缓慢地加入溴的条件下，如下式所示，叁键可以不参与反应，这种加成叫做选择性加成。

$$CH_2{=}CHCH_2C\equiv CH + \underset{(\text{限量})}{Br_2} \xrightarrow[CCl_4]{-20^\circ C} \underset{Br}{CH_2}\underset{Br}{CH}CH_2C\equiv CH$$

为什么炔烃的亲电加成不如烯烃活泼？这是由于叁键加成的活性中间体不如双键加成的活性中间体稳定的缘故。它们在反应过程中都形成碳正离子中间体：

$$RCH{=}CH_2 + H^+ \longrightarrow \underset{(sp^2)}{R\overset{+}{C}HCH_3} \quad \text{烷基碳正离子}$$

$$RC\equiv CH + H^+ \longrightarrow \underset{(sp)}{R\overset{+}{C}{=}CH_2} \quad \text{烯基碳正离子}$$

烯烃亲电加成生成的烷基碳正离子的中心碳为 sp^2 杂化状态，它的正电荷因σ-p 超共轭效应而分散到烷基上，比较稳定。炔烃亲电加成生成的烯基碳正离子的中心碳为 sp 杂化状态，它的两个相互垂直的 p 轨道中一个仍与相邻的 p 轨道组成 π 键，另一个 p 轨道才是空轨道（图 5-8）。它的正电荷不易分散到相邻的 sp^2 杂化碳原子的周围，所以能量高，比较不稳定，形成时需要更高的活化能，不容易生成。所以烯烃的亲电加成反应较炔烃容易进行。

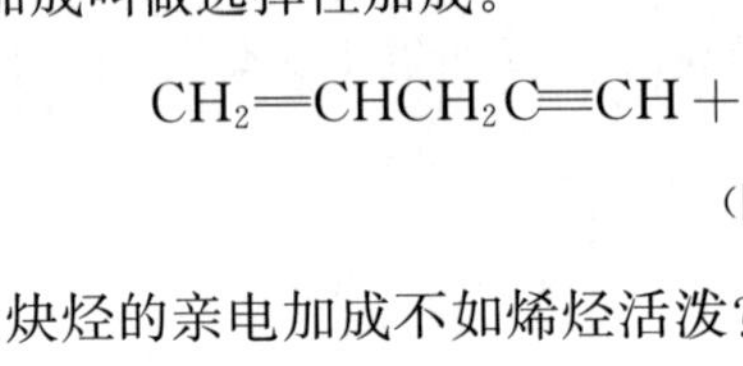

图 5-8 烯基碳正离子的结构

一个碳原子是 sp 杂化，另一个碳原子是 sp^2 杂化

（2）与卤化氢加成。炔烃可以与卤化氢（HCl、HBr、HI）加成，但也不如烯烃那样容易进行。不对称炔烃的加成反应也遵循马氏规则。

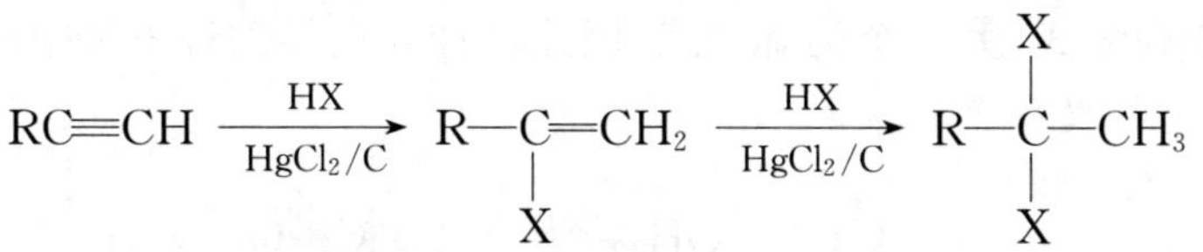

上述反应可以控制在一分子加成的阶段。

如果用亚铜盐或高汞盐作为催化剂，可以加快反应的进行，如

$$CH \equiv CH + HCl \xrightarrow[\text{或 } HgSO_4]{Cu_2Cl_2} H_2C = CHCl$$

和烯烃的情况相似，在光或过氧化物存在下，炔烃和 HBr 的加成，也是自由基加成反应，得到的是反马氏规则的产物：

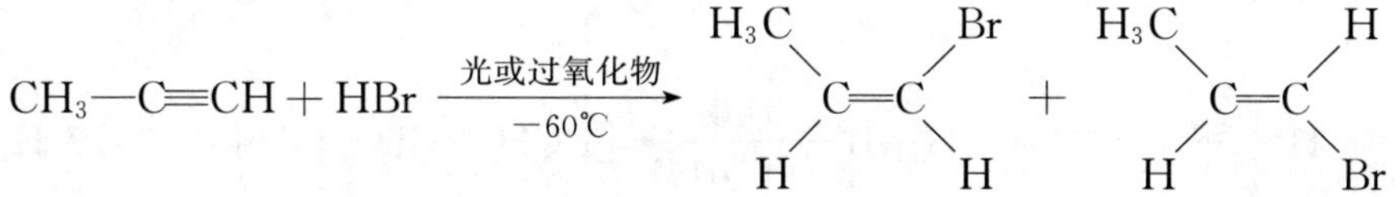

(3) 与水加成。炔烃和水的加成也不如烯烃容易进行，必须在催化剂硫酸汞和稀硫酸的存在下才发生加成。首先是叁键与一分子水加成，生成具有双键以及双键碳上连有羟基的烯醇(或称烯醇式化合物)。烯醇式化合物不稳定，容易重排生成醛或酮，即羟基中的质子，转移到另一个双键碳原子上，同时组成共价键的电子云发生转移，使碳碳双键变成单键，碳氧单键变成双键。这个反应称为Kucherov 反应，如

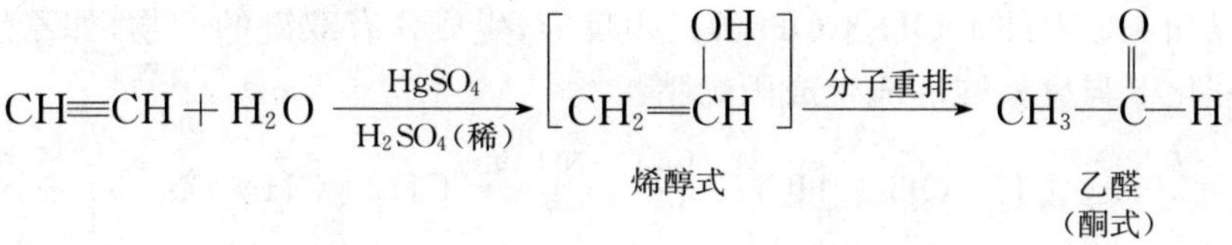

这是瓦克尔法制备乙醛出现以前工业上生产乙醛的重要方法之一。由于汞盐污染环境，现在已使用非汞催化剂。

除乙炔水合生成乙醛外，其他炔烃水合得到酮，末端炔烃水合得到甲基酮。

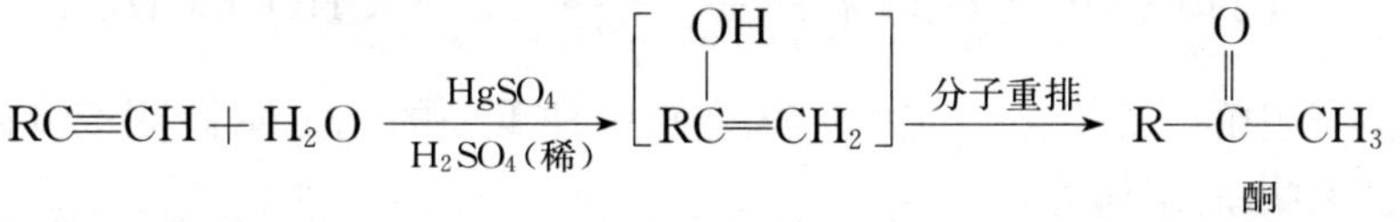

这种一个分子或离子在反应过程中发生了基团的转移和电子云的重新分布而最后生成较稳定的分子或离子的反应称为分子重排反应(或称重排反应)。为了讨论为什么烯醇式化合物能分子重排为醛或酮，以乙烯醇和乙醛为例，计算它们在分子重排前后的键能变化：

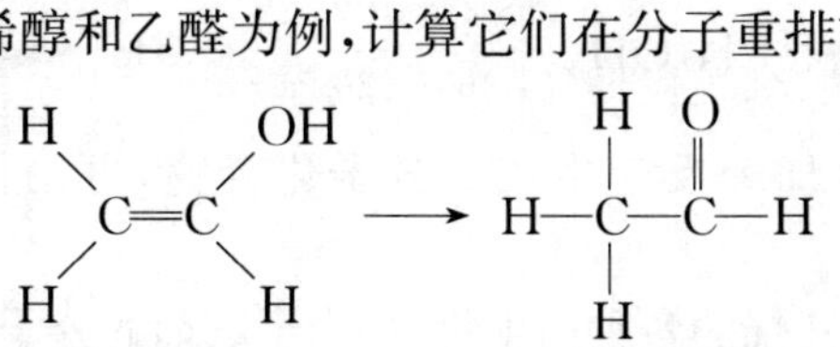

由计算可知，乙醛的总键能(2741kJ/mol)比乙烯醇的总键能(2678kJ/mol)约大 63kJ/mol，即乙醛比乙烯醇稳定，但能量差别并不很大。在酸性条件下，烯醇式和酮式可以相互转化，达到动态平衡，由于酮式结构的能量较低，乙醛比乙烯醇稳定，因此最终产物以酮式(乙醛)为主。在一般条件下，两个构造异构体可以迅速地相互转变的现象，叫做互变异构现象，涉及的异构体叫做互变异构体。上述互变异构体彼此间的区别仅在于双键和氢原子的位置不同。

由于异构体中一个为酮式，另一个为烯醇式，因此这种互变异构现象又叫做酮-烯醇互变异构现象，一般可用下式表示：

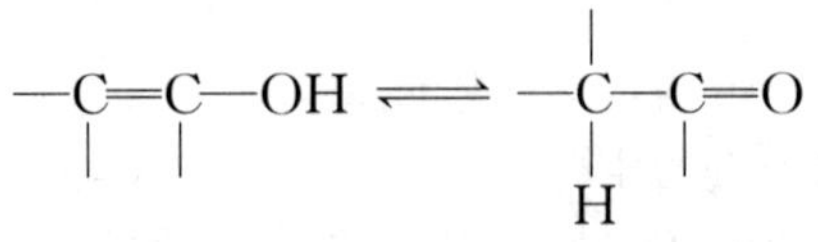

烯醇式　　　　酮式

3）硼氢化-氧化反应

炔烃与乙硼烷加成生成烯基硼，然后在过氧化氢存在下，进行碱性氧化水解生成烯醇式中间体，最后重排成醛或酮类。该加成反应是按反马氏规则进行的，所以末端炔烃经硼氢化-氧化水解生成醛。

$$\mathrm{RC{\equiv}CH \xrightarrow{B_2H_6} [RCH{=}CH]_3B \xrightarrow[OH^-,\,H_2O]{H_2O_2} [RCH{=}CH{-}OH] \rightleftharpoons RCH_2\overset{\overset{O}{\|}}{C}H}$$

非末端炔烃经硼氢化-氧化水解则生成两种酮的混合物：

$$\mathrm{CH_3{-}C{\equiv}C{-}CH_2CH_3 \xrightarrow[②H_2O_2/OH^-]{①B_2H_6} CH_3\overset{\overset{O}{\|}}{C}CH_2CH_2CH_3 + CH_3CH_2\overset{\overset{O}{\|}}{C}CH_2CH_3}$$

4）亲核加成——乙烯基化反应

炔烃可以和 HCN、RCOOH、ROH 等发生反应，生成含有双键的产物，如乙炔在氯化亚铜及氯化铵的催化下与氢氰酸加成生成丙烯腈：

$$\mathrm{CH{\equiv}CH + HCN \xrightarrow[20\sim25^\circ C]{Cu_2Cl_2\text{-}NH_4Cl} CH_2{=}CH{-}CN}$$

这是工业上较早的制备丙烯腈的方法。目前主要采用丙烯的氨氧化法生产。乙炔气通入乙酸溶液，在汞盐存在下反应得到乙酸乙烯酯：

$$\mathrm{CH{\equiv}CH + CH_3COOH \xrightarrow[70\sim80^\circ C]{HgSO_4} H_2C{=}CHOOCCH_3}$$

这是目前工业生产中的方法之一。乙酸乙烯酯是一种重要的化工原料，用于制备合成纤维的维尼纶和纺织浆纱用的浆料等。

在碱存在下，乙炔与醇也能发生加成反应。例如，将乙炔气通入甲醇和氢氧化钾的混合液中，生成甲基乙烯基醚：

$$\mathrm{CH{\equiv}CH + CH_3OH \xrightarrow[160^\circ C,\,2MPa]{20\%KOH\,水溶液} CH_2{=}CH{-}OCH_3}$$

这是一个重要的单体，经过加聚反应生成高分子化合物，可用作涂料、清漆、增塑剂和黏合剂等。

上述反应得到的产物是乙烯的各种衍生物，相当于试剂的分子中引进了一个乙烯基，故通常把这类反应称为乙烯基化反应。乙炔是一个重要的乙烯基化试剂。

同时，这一类反应的历程并非是亲电加成。例如，在碱作用下炔烃与醇的加成，首先是甲氧基（CH_3O^-）负离子与叁键碳原子结合，而这带负电荷的基团是一个亲核试剂，因此，它们发生的反应是亲核加成反应（详见醛酮性质）。

在亲核加成中，双键和叁键生成的中间体碳负离子分别为Ⅰ和Ⅱ：

sp^2 杂化的碳原子的电负性比 sp^3 杂化碳原子的大，在Ⅱ中负电荷出现在电负性较大的原子上，较稳定，易生成；而在Ⅰ中，负电荷出现在电负性小的碳原子上，不稳定，不易生成。因此炔烃可以进行亲核加成，烯烃较难发生此类反应。

5.3.2.3　氧化反应

炔烃经高锰酸钾或臭氧氧化再经水处理，在碳碳叁键处断裂，生成相应的羧酸。结构不同的炔烃其氧化产物也不相同。

$$RC\equiv CR' \xrightarrow[H_3^+O]{KMnO_4} RCOOH + R'COOH$$

$$RC\equiv CH \xrightarrow[H_3^+O]{KMnO_4} RCOOH + CO_2 + H_2O$$

利用 $KMnO_4$ 溶液紫色的逐渐消失，也可以检验分子中是否存在叁键。另外，可根据氧化产物的结构来推测原炔烃中叁键的位置和碳链的异构情况。

炔烃的氧化可以控制一定的条件，使非末端炔烃的氧化停留在二酮阶段。

$$CH_3\text{+}CH_2\text{+}_7C\equiv C\text{+}CH_2\text{+}_2COOH \xrightarrow[\substack{H_2O \\ pH=7.5}]{KMnO_4} CH_3\text{+}CH_2\text{+}_7\overset{\overset{O}{\|}}{C}-\overset{\overset{O}{\|}}{C}\text{+}CH_2\text{+}_2COOH$$

炔烃与臭氧反应，先生成臭氧化物，后者用水分解则生成 α-二酮和过氧化氢，随后过氧化氢将 α-二酮氧化成羧酸。

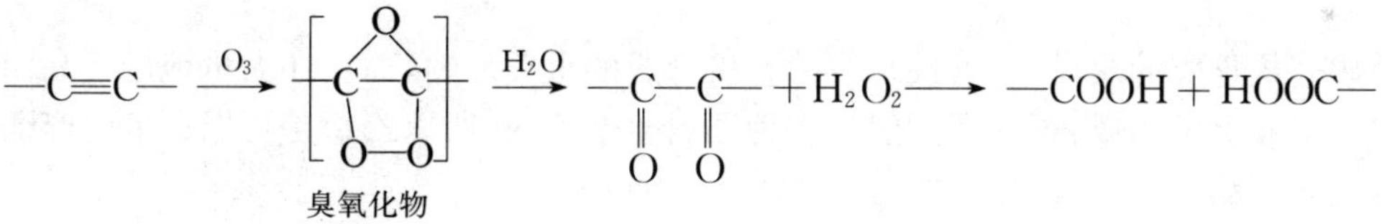

如

$$CH_3CH_2CH_2C\equiv CCH_3 \xrightarrow[\text{②}H_2O]{\text{①}O_3} CH_3CH_2CH_2COOH + HOOCCH_3$$

臭氧化反应除碳碳双键和叁键外，其他官能团很少反应，分子的碳架也很少发生重排，故此反应可根据产物的结构测定重键的位置和原化合物的结构。

5.3.2.4　聚合反应

炔烃的聚合与烯烃不同，它一般不易聚合成高分子化合物，而只能生成二聚、三聚或四聚体。例如，将乙炔气通入氯化亚铜和氯化铵的溶液中，则进行双分子聚合，生成乙烯基乙炔，且还可以再与一分子乙炔反应，生成二乙烯基乙炔：

$$2CH\equiv CH \xrightarrow[NH_4Cl,H_2O]{Cu_2Cl_2} CH_2=CH-C\equiv CH$$

$$\xrightarrow[Cu_2Cl_2,NH_4Cl,H_2O]{CH\equiv CH} CH_2=CH-C\equiv C-CH=CH_2$$

乙烯基乙炔可合成氯代丁二烯，氯代丁二烯是氯丁橡胶的单体，工业上用此方法合成氯丁橡胶。

在特殊的催化剂作用下，乙炔还可生成环状三聚体苯和四聚体环辛四烯：

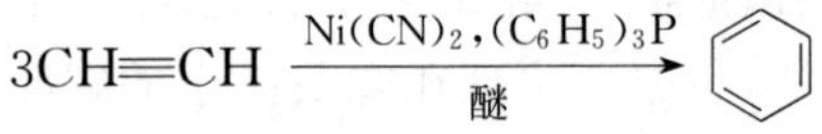

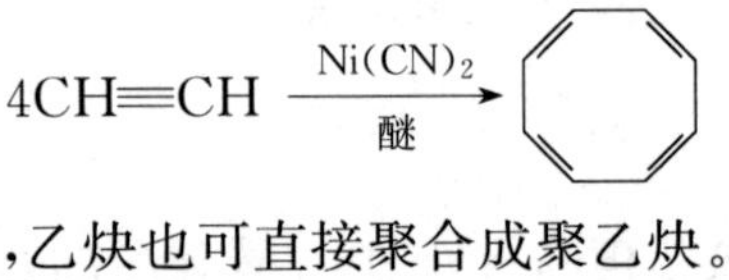

在齐格勒-纳塔催化剂作用下，乙炔也可直接聚合成聚乙炔。它有顺、反两种异构体：

$$n\mathrm{HC{\equiv}CH} \longrightarrow \mathrm{\{CH{=}CH\}}_n$$

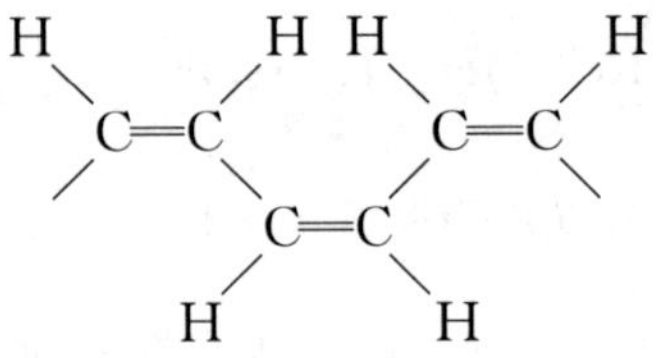

顺聚乙炔

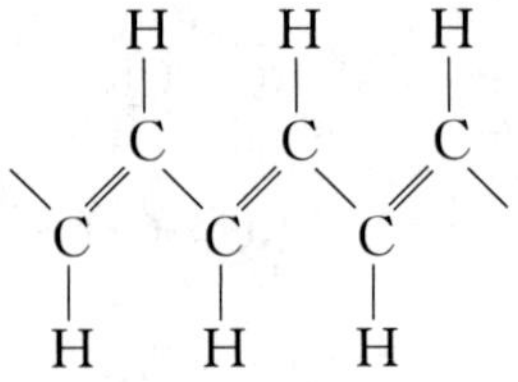

反聚乙炔

聚乙炔分子具有单、双键交替结构，呈现大 π 键，电子可以流动，有较好的导电性。若在聚乙炔中掺杂 I_2、Br_2 或 BF_3 等路易斯酸，其导电率可提高到金属水平，因此称为“合成金属”。线型高相对分子质量的聚乙炔是不溶、不熔的结晶性高聚物半导体，对氧敏感。聚乙炔加工很困难，为了加工方便，现仍致力于合成高顺式聚乙炔，并致力于将聚乙炔作为太阳能电池、电极和半导体材料的研究。

5.3.3　重要的炔烃——乙炔

乙炔是最重要的炔烃，它不仅是一种有机合成的重要原料，而且还大量地用作高温氧炔焰的燃料。工业上可用煤、石油或天然气作为原料生产乙炔，所以乙炔是可以大量生产而又成本低廉的工业产品。

(1) 碳化钙法生产乙炔。焦炭和石灰在高温电炉中反应，得到碳化钙(电石)：

$$3C + CaO \xrightarrow{2500^\circ C} CaC_2 + CO$$

碳化钙作为产品出厂，需要乙炔时，在现场使电石与水反应，即得到乙炔：

$$CaC_2 + 2H_2O \longrightarrow HC{\equiv}CH + Ca(OH)_2$$

此方法在工业使用已久，耗电量大，但生产工艺比较简单。

(2) 由天然气或石油生产乙炔。甲烷是天然气的主要成分，在1500℃的高温下，甲烷能通过一系列的反应生成乙炔。这是一个强烈的吸热反应。因此工业上又使一部分甲烷同时被氧化(加入氧气)，甲烷氧化产生的热量供给甲烷合成乙炔所需要的大量热量。所以此法又叫做甲烷的部分氧化法。

$$2CH_4 \xrightarrow[0.01\sim0.1s]{1500^\circ C} HC{\equiv}CH + H_2$$

$$4CH_4 + O_2 \longrightarrow HC{\equiv}CH + 2CO + 7H_2$$

反应的产物包括乙炔、一氧化碳和氢气。分离乙炔后得到的一氧化碳和氢气的混合物又叫“合成气”，可作为有机物合成(如合成甲醇)的原料。

为了避免乙炔在高温下分解为碳和氢，要求反应中生成的乙炔迅速地冷却，所以甲烷在反应区的时间必须很短，一般只有 0.01～0.1s。在天然气资源丰富的国家，此方法的成本较适宜大规模生产。目前，石油工业飞速发展，石油低沸点馏分裂解法已逐步取代电石法制备乙炔。

纯乙炔是无色无臭的气体，但由碳化钙法制得的乙炔往往混有磷化氢、硫化氢等杂质，使气体具有臭味。乙炔微溶于水，易溶于有机溶剂。乙炔是一种不稳定的化合物，加热时可分解为碳和氢，同时放出大量的热。

$$HC\equiv CH \longrightarrow 2C + H_2 \qquad \Delta H = -227kJ/mol$$

如果在加压的情况下，常温下即可发生上述反应，反应时所释放出的大量的热会引起爆炸。因此，在乙炔的使用、运输和储藏过程中要注意安全，防止爆炸事故发生。乙炔与一定比例的空气混合，可形成爆炸性的混合物，乙炔的爆炸极限为 3%～80%(体积分数)。为避免爆炸危险，一般可用浸有丙酮的多孔物质(如石棉活性炭)吸收乙炔后一起储存在钢瓶中，这样可便于运输和使用。乙炔燃烧能放出大量的热：

$$2HC\equiv CH + 5O_2 \longrightarrow 4CO_2 + 2H_2O \qquad \Delta H = -270kJ/mol$$

乙炔在氧气中燃烧所形成的氧炔焰的最高温度可达 3000℃，因此被广泛用于熔接或切割金属。

乙炔之所以是有机合成的重要基本原料，主要是因为它通过叁键加成可以转变成许多工业上有用的原料或单体。

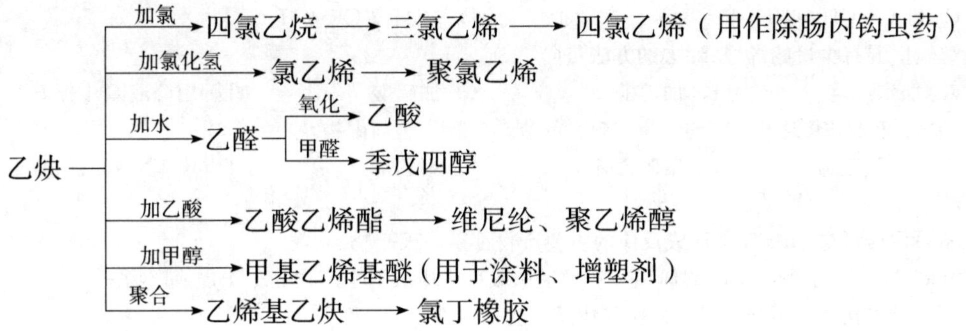

习　　题

(一) 基础知识练习题

1. 单项选择题。

(1) 3-甲基-2-戊烯与 Br_2 的水溶液发生反应，反应的主要产物是(　　)。

A. 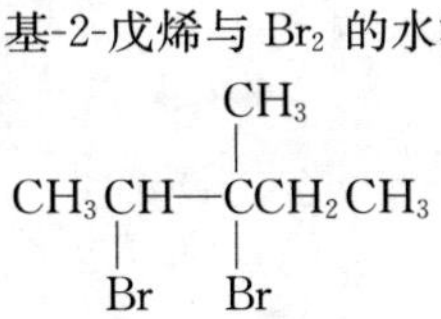

B. 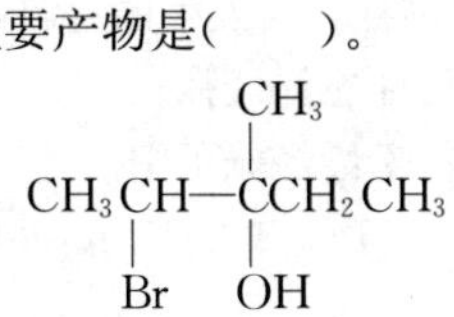

C. 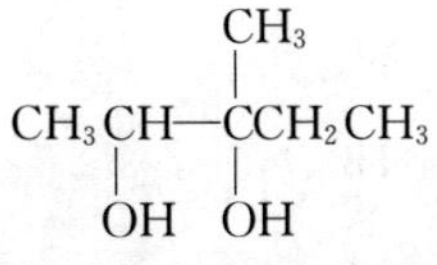

D. 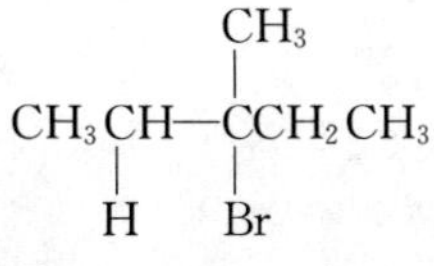

(2) 下列化合物与 HBr 发生加成反应，反应速度最快的是(　　)。

A. $CH_3CH{=}CH_2$　B. $CH_2{=}CH_2$　C. $HC\equiv CH$　D. 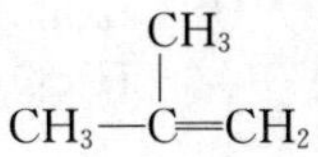

(3) 丙烯与下列 HX 在日光或过氧化物存在下发生加成反应，主要产物为反马氏规则的加成产物的是(　　)。

A. HF　　B. HCl　　C. HBr　　D. HI

(4) 下列化合物中，能与硝酸银的氨溶液反应生成沉淀的是(　　)。

A. $CH_3CH{=}CH_2$　　B. $CH_3CH_2CH_3$　　C. $HC{\equiv}CCH_3$　　D. 

(5) 下列反应生成的主要产物是(　　)。

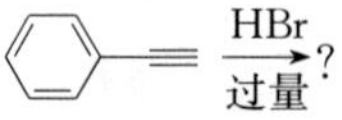

A. 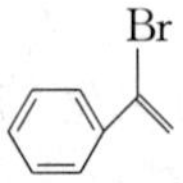

B. 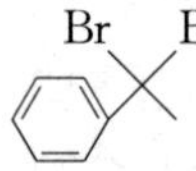

C. 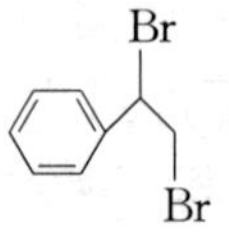

D. 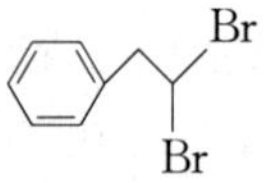

(6) 下列反应中属于协同反应的是(　　)。

A. $CH_3CH{=}CH_2+H_2 \xrightarrow{Pd\text{-}C}$　　B. $CH_3CH{=}CH_2+HBr \xrightarrow{R_2O_2}$

C. $CH_3CH{=}CH_2+Cl_2 \xrightarrow{CCl_4}$　　D. $CH_2{=}CH_2+CH_2{=}CHCH{=}CH_2 \xrightarrow{\triangle}$

(7) 下列化合物亲电加成反活性应最强的是(　　)。

A. $H_3C{-}C{\equiv}CH$　　B. $H_3C{-}CH{=}CH_2$

C. $H_3C{-}CH{=}CH{-}CH_3$　　D. $CH_2{=}CH{-}Cl$

(8) 下列化合物与 HBr 反应活性最弱的是(　　)。

A. $CH_2{=}CCl_2$　　B. $CH_2{=}CH{-}Cl$

C. $H_3C{-}CH{=}CH_2$　　D. $(CH_3)_2C{=}CH_2$

(9) 烷烃里混有少量的烯烃，除去的方法是(　　)。

A. 加水　　B. 加乙醇　　C. 加硫酸　　D. 用分液漏斗分离

(10) 制备符合国家卫生标准的市售塑料食品袋是(　　)类高聚物。

A. 聚氯乙烯　　B. 聚苯乙烯　　C. 聚乙烯　　D. 聚苯甲酸乙二醇酯

2. 判断题。

(1) 不对称烯烃与 HBr 发生加成反应的主要产物都是马氏产物。(　　)

(2) 1mol 1,3-丁二烯与 1mol HBr 在 0℃发生加成反应生成的主产物是 1,4-加成产物。(　　)

(3) 丙炔可以在常温下与水迅速发生加成反应生成丙醛。(　　)

(4) 炔烃都能与硝酸银的氨溶液反应生成沉淀。(　　)

(5) 双烯合成反应类型属于自由基反应。(　　)

(6) 在包含 $4n$(n 为任意整数)个共轭碳原子的电环化反应中，其热反应按顺旋方式进行，光反应按对旋方式进行。(　　)

(7) 烯烃与 HBr 在过氧化物存在时发生的是自由基加成反应 。(　　)

(8) 炔烃的亲电加成反应活性比烯烃强。(　　)

(9) 顺反异构现象只能存在于烯烃分子中。(　　)

(10) 可以用三氯化铁鉴别 1-丁炔和 2-丁炔。(　　)

(二) 综合提高练习题

1. 完成下列反应。

(1) $CH_3CH{=}CH_2+Cl_2 \xrightarrow{h\nu} ?$

(2) $CH_3\underset{\large CH_3}{\underset{|}{C}H}CH_2CH{=}CH_2 + HCl \longrightarrow ?$

(3) 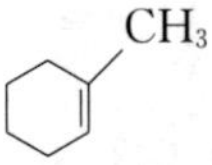

$+H_2SO_4 \longrightarrow ? \xrightarrow{H_2O} ?$

(4) 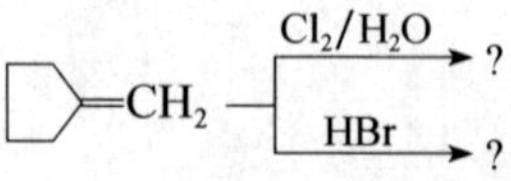

(5) 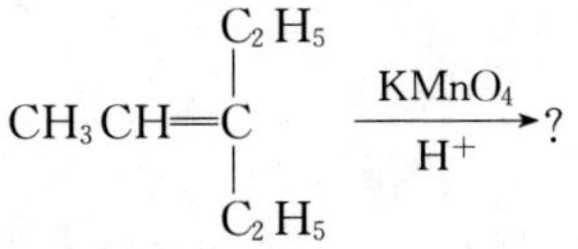

(6) 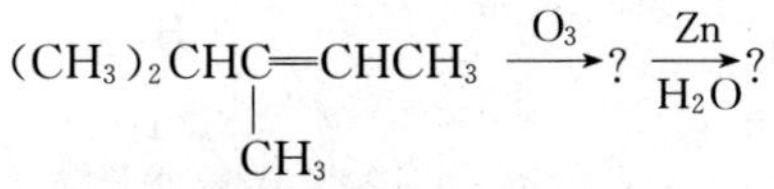

(7) 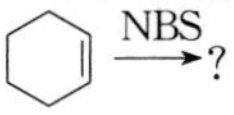

(8) 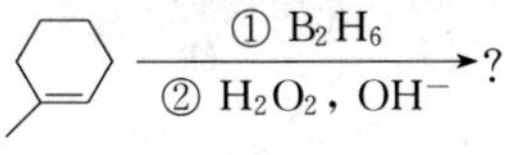

(9) 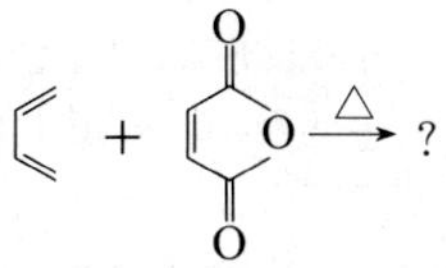

(10) 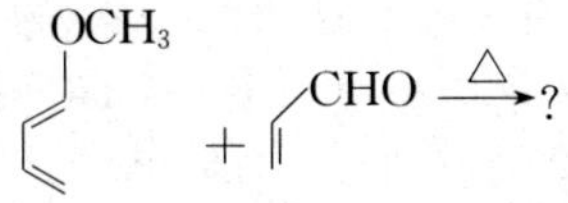

(11) 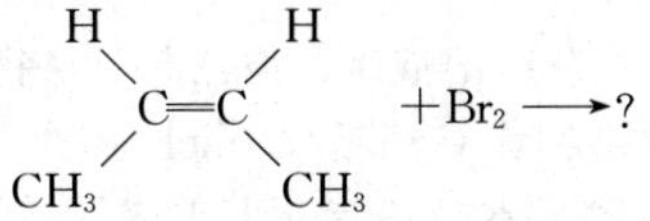（标明立体化学）

(12) 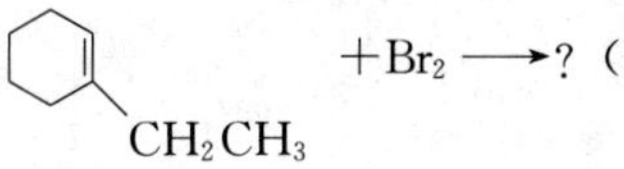（标明立体化学）

(13) 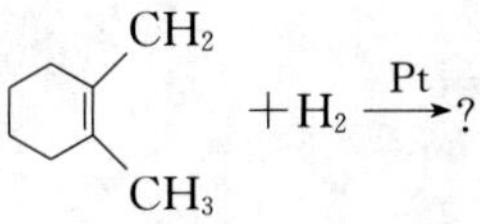（标明立体化学）

(14) 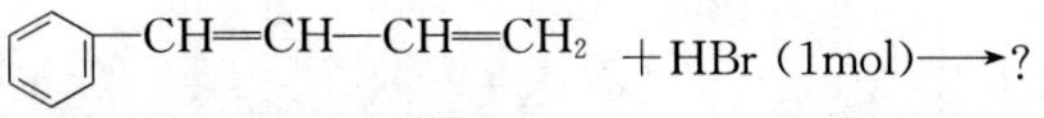

2. 用化学方法鉴别下列各组化合物。

(1) 丙烷、丙烯和环丙烷　　(2) 正丁烷、1-丁烯和 1-丁炔

(3) 1-戊炔和 2-戊炔　　(4) 1,3-戊二烯和 1,4-戊二烯

3. 1,3-丁二烯和 HCl 在乙酸中室温时加成可以得到 78%的 3-氯-1-丁烯和 22%的 1-氯-2-丁烯的混合物，此混合物再经长时间加热或和三氯化铁一起加热，则混合物的组成变为前者仅占 25%，后者占 75%。请解释原因，并用反应式表示。

4. 反应机理。

(1) 写出丙烯与 HBr 的加成反应机理。

(2) 写出如下反应机理

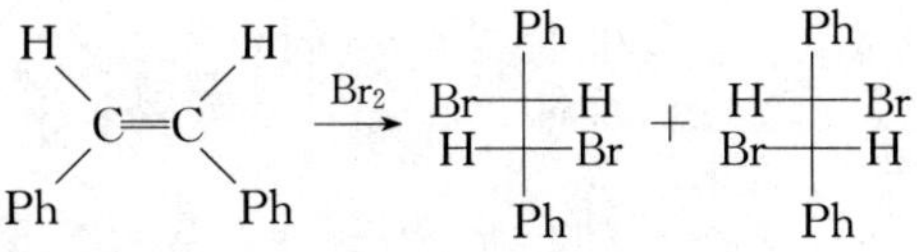

5. 指出下列化合物可由哪些原料通过双烯合成制得。

(1) 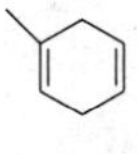　(2) 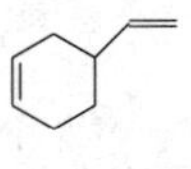　(3) 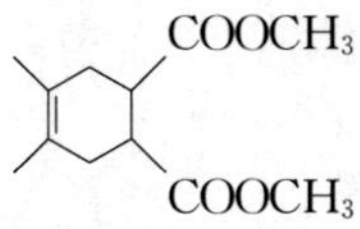

6. 以四个碳原子及以下烃为原料合成下列化合物。

(1) 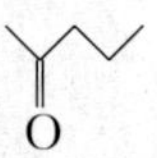　(2) 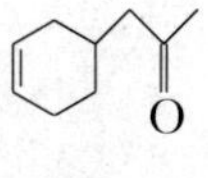

7. 如何实现下述转变?

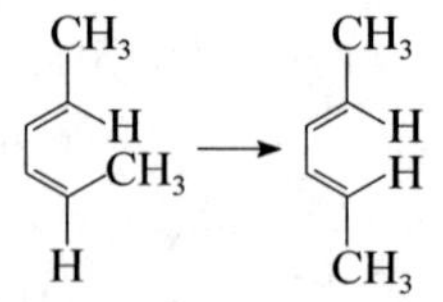

8. 推测结构。

(1) 化合物 A 和 B 互为同分异构体,二者都能使溴水褪色。A 能与硝酸银的氨溶液反应而 B 不能。A 用酸性高锰酸钾溶液氧化后生成 $(CH_3)_2CHCOOH$ 和 CO_2,B 用酸性高锰酸钾溶液氧化后生成 $CH_3COCOOH$ 和 CO_2。试写出 A,B 的结构式。

(2) 某烃分子式 C_6H_{10},能使溴褪色,能与水在硫酸汞盐存在下生成羰基化合物,但与硝酸银氨溶液无反应,试写出该烃的构造式。

(3) 有 A、B、C 三个化合物,分子式均为 C_5H_8,它们都能使溴的四氯化碳溶液迅速褪色,A 与硝酸银的氨溶液作用产生沉淀,而 B、C 没有。A、B 经催化氢化都生成正戊烷,而 C 只吸收 1mol 氢,产生 C_5H_{10}。B 可与加热的 $KMnO_4$ 反应,得到乙酸和丙酸,C 与臭氧反应后,并在锌粉存在下水解,得到戊二醛。试推出 A、B、C 的可能结构式,并写出各步骤主要的反应式。

第 6 章　芳　　烃

在有机化学发展初期，曾把从天然树脂、香精油中得到的一类性质上和脂肪族化合物明显不同，具有高度不饱和性（C/H 高），且具有特殊稳定性和芳香气味的有机化合物称为芳香族化合物，仅由碳、氢两种元素组成的芳香族化合物称为芳香烃，简称芳烃。因当时发现的这些芳香族化合物经递降后最终得到苯，故人们把苯及其衍生物称为芳香族化合物。随着有机化学的不断发展，又发现了一些非苯构造的环状烃，它们与苯及其衍生物的性质相似，成环原子间的键长也趋于平均化，性质上表现为易发生取代反应，不易发生加成反应，不易被氧化，它们的质子与苯的质子相似，在核磁共振氢谱中显示相似的化学位移。这些特性统称为芳香性。后经研究发现，具有芳香性的化合物在结构上都符合休克尔规则。所以，近代有机化学把结构上符合休克尔规则、性质上具有芳香性的化合物称为芳香族化合物。芳烃不一定具有“香”味。根据是否含有以及所含苯环的数目和连接方式不同，芳烃又可分为如下三类：

1）单环芳烃

分子中只含有一个苯环结构，如苯、甲苯、苯乙烯等。

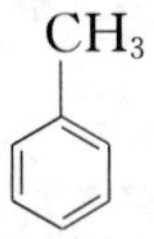

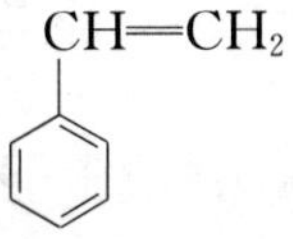

2）多环芳烃

分子中含有两个或两个以上的苯环结构，如联苯、萘、蒽等。

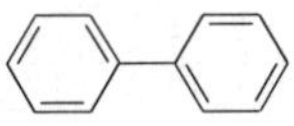
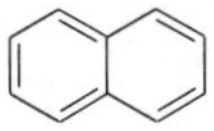
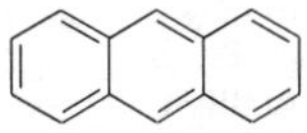

3）非苯芳烃

分子中不含苯环结构，但含有结构和性质与苯环相似的芳环，并具有芳香族化合物的共同特性，如环戊二烯负离子、环庚三烯正离子等。

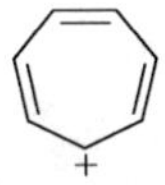

6.1　单环芳烃

最简单的单环芳烃是苯，其分子式为 C_6H_6。现代物理方法测得苯的结构为苯分子的六个碳原子和六个氢原子都在同一平面上，六个碳原子构成正六边形，C—C 键长 0.140nm，C—H 键长为 0.108nm，键角∠CCH 及∠CCC 均为 120°。

6.1.1　单环芳烃的物理性质

苯及其同系物多数为液体，不溶于水，易溶于有机溶剂。特别是二甘醇、环丁砜、*N*-甲基吡咯烷-2-酮、*N*，*N*-二甲基甲酰胺等溶剂对芳烃有很好的选择性溶解，因此，工业上用它们从烃的混合物中萃取（抽提）芳烃。

单环芳烃的相对密度小于1，但比同碳数的脂肪烃和脂环烃大，一般在0.8～0.9。单环芳烃有特殊的气味，蒸气有毒，对呼吸道、中枢神经和造血器官产生损害，有的稠环芳烃对人体有致癌作用。由于苯及其同系物中含碳量比较多，燃烧时火焰带有黑烟。

苯的同系物中每增加一个CH_2单位，沸点平均增高约25℃，如苯、甲苯、乙苯、正丙苯和正丁苯的沸点分别为80.1℃、110.6℃、136.2℃、159.2℃和183℃。含同碳数的各种异构体的沸点很接近，如邻、间和对二甲苯的沸点分别为144.4℃、139.1℃和138.2℃，可以用高效精馏塔把邻二甲苯分离出来，而很难把间、对位异构体分开。

在同分异构体中，结构对称的异构体具有较高的熔点，如邻、间、对二甲苯的熔点分别为−25.5℃、−47.9℃和13.3℃，可用低温结晶的方法使对二甲苯分离出来。一些常见的苯衍生物的物理性质见表6-1。

表6-1　常见苯衍生物的物理常数

化合物	熔点/℃	沸点/℃	相对密度 d_4^{20}	折光率 n_D^{20}
苯(benzene)	5.5	80.1	0.8786	1.5001
甲苯(toluene)	−95	110.6	0.8669	1.4961
乙苯(ethylbenzene)	−95	136.2	0.8670	$1.4959^{10℃}$
丙苯(propylbenzene)	−99.5	159.2	0.8620	1.4920
异丙苯(isopropylbenzene)	−96	152.4	0.8618	1.4915
丁苯(butylbenzene)	−88	183	0.8601	
仲丁苯(sec-butylbenzene)	−75	173	0.8621	
叔丁苯(tert-butylbenzene)	−57.8	169	0.8665	
氟苯(fluorobenzene)	−41.2	85.1	1.0225	
氯苯(chlorobenzene)	−45.6	132	1.1058	
溴苯(bromobenzene)	−31	156	1.4950	
碘苯(iodobenzene)	−31.2	188.3	1.8308	
邻二甲苯(*o*-xylene)	−25.5	144.4	0.8802	1.5055
间二甲苯(*m*-xylene)	47.9	139.1	0.8642	1.4972
对二甲苯(*p*-xylene)	13.3	138.2	0.8611	1.4958
邻氯甲苯(*o*-chlorotoluene)	−35.1	159.2	1.0825	
间氯甲苯(*m*-chlorotoluene)	−47.8	162	1.0722	
对氯甲苯(*p*-chlorotoluene)	7.5	162	1.0697	
邻溴甲苯(*o*-bromotoluene)	−27.7	181.7	1.4232	
间溴甲苯(*m*-bromotoluene)	−39.8	183.7	1.4099	
对溴甲苯(*p*-bromotoluene)	28.5	184.3	1.3995	
邻硝基甲苯(*o*-nitrotoluene)	−9.6	220.4	1.1629	
间硝基甲苯(*m*-nitrotoluene)	16	232.6	1.1571	
对硝基甲苯(*p*-nitrotoluene)	54.5	238.3	1.1038	
邻氯溴苯(*o*-chlorobromobenzene)	−12.3	204	1.6382	
间氯溴苯(*m*-chlorobromobenzene)	−21.5	196	1.6302	

续表

化合物	熔点/℃	沸点/℃	相对密度 d_4^{20}	折光率 n_D^{20}
对氯溴苯(*p*-chlorobromobenzene)	68	196	1.576	
邻二氯苯(*o*-dichlorobenzene)	−17	180.5	1.3048	
间二氯苯(*m*-dichlorobenzene)	−24.7	173	1.2884	
对二氯苯(*p*-dichlorobenzene)	7.5	162	1.2697	
邻二溴苯(*o*-dibromobenzene)	7.1	225	1.6155	
间二溴苯(*m*-dibromobenzene)	−7	218	1.6088	
对二溴苯(*p*-dibromobenzene)	87.3	218	1.5742	
邻硝基氯苯(*o*-nitrochlorobenzene)	34	246		
间硝基氯苯(*m*-nitrochlorobenzene)	46	235	1.343	
对硝基氯苯(*p*-nitrochlorobenzene)	84	242	1.298	
邻硝基溴苯(*o*-nitrobromobenzene)	43	258	1.625	
间硝基溴苯(*m*-nitrobromobenzene)	17	265	1.7036	
对硝基溴苯(*p*-nitrobromobenzene)	127	256	1.948	
1,2,3-三甲苯(1,2,3-trimethylbenzene)	−25.4	176.1	0.8944	
1,2,4-三甲苯(1,2,4-trimethylbenzene)	−43.8	169.4	0.8758	
1,3,5-三甲苯(1,3,5-trimethylbenzene)	−44.7	164.7	0.8652	
苯乙烯	−30.6	145.2	0.9060	1.5468
苯乙炔	−44.8	142.4	0.9281	1.5485

6.1.2　单环芳烃的化学性质

单环芳烃的特征反应是芳环的亲电取代反应，反应前后芳环体系不变。由于芳环的稳定性好，只有在特殊条件下才能发生加成反应和氧化反应。另外，由于芳环的影响，芳环侧链的 α-H 表现出一定的活泼性，易发生侧链 α-H 的氧化和取代反应。

6.1.2.1　取代反应

由于高度离域的 π 电子云分布在苯环平面的上方和下方，组成闭合共轭体系，苯环容易受到亲电试剂的进攻，使苯环 H 被取代，生成相应的取代苯，这种反应称为亲电取代反应。

苯环亲电取代反应历程可表示如下：

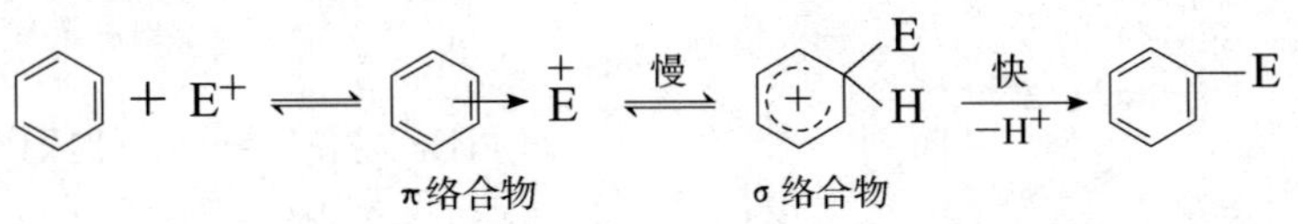

在亲电取代反应中，首先是亲电试剂 E^+ 进攻苯环，并与苯环形成 π 络合物，该络合物仍保持苯环的结构。然后 π 络合物中的亲电试剂 E^+ 从苯环上夺取一对 π 电子与苯环的一个碳原子结合形成 σ 键，生成 σ 络合物。此时这个碳原子核的杂化状态也由 sp^2 杂化转变为 sp^3 杂化。

由于苯环原有的六个 π 电子中给出一对 π 电子，因此只剩下四个 π 电子，而且这四个 π 电子只是离域分布在五个碳原子所形成的(缺电子)共轭体系中，因此生成的 σ 络合物已不再是原来的苯环结构，而是碳正离子中间体，可以用以下三个共振式表示：

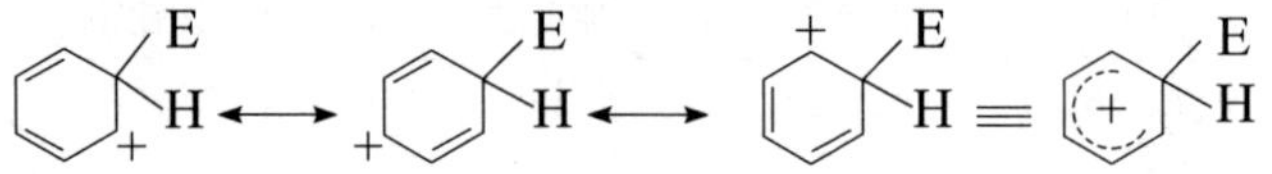

应该指出，σ络合物的三个共振结构式不仅表示余下的五个碳原子仍是共轭体系，而且还可表示在取代基的邻位和对位碳原子上带有较多的正电荷。这符合量子化学处理的结果，也便于说明苯及其衍生物的许多化学事实。

σ络合物是苯亲电取代反应的中间体，与烯烃亲电加成反应生成的碳正离子相似。σ络合物的生成涉及苯环共轭大π键的破裂和σ键的形成，所以反应速率比较慢，是决定整个反应速率的步骤。与烯烃的加成反应不同的是，由烯烃生成的碳正离子迅速地与亲核试剂结合而形成加成产物，而由芳烃生成的σ络合物迅速失去一个质子，重新恢复为稳定的苯环结构，最后生成取代产物，这一步是放热反应。反应过程的能量变化如图 6-1 所示。

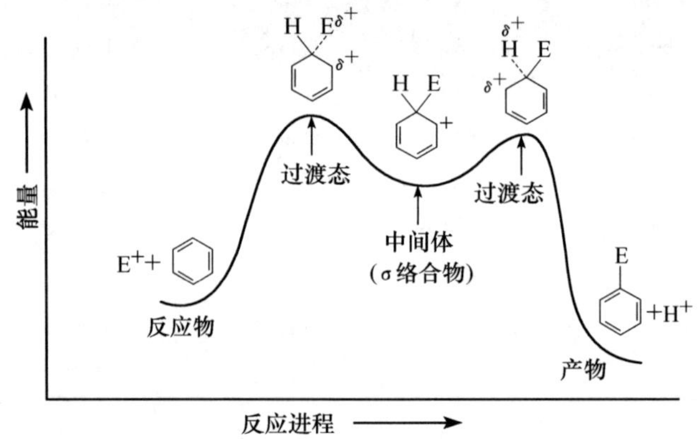

图 6-1　苯亲电取代反应过程的能量示意图

如果σ络合物不是继续失去一个质子，而是和亲核试剂结合生成加成产物(环己二烯衍生物)，由于加成产物不再具有稳定的苯环结构，这一步将是吸热反应，如

$$CH_2{=}CH_2 + Br_2 \longrightarrow \underset{Br}{CH_2}—\underset{Br}{CH_2} \qquad \Delta H = -122.06\text{kJ/mol}$$

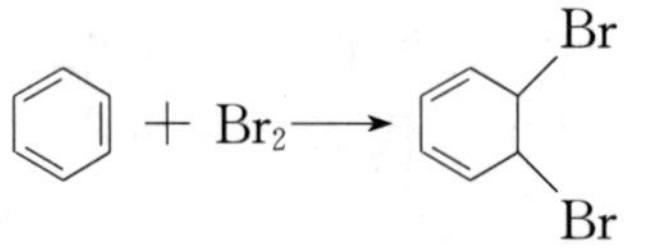

$\Delta H = 8.36\text{kJ/mol}$

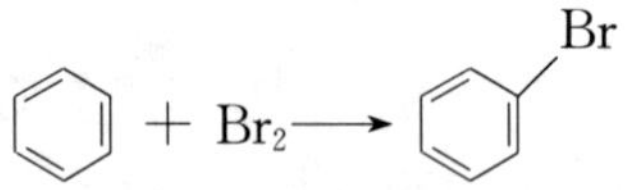

$+ HBr \quad \Delta H = -45.14\text{kJ/mol}$

因此芳烃发生取代反应比加成反应容易得多。事实上，芳烃并不发生上述加成反应。因此芳烃不易加成，而易发生亲电取代反应，这是由苯环的稳定性所决定的。

单环芳烃重要的取代反应有卤化、硝化、磺化、烷基化和酰基化等。

1) 卤化反应

在三卤化铁或铁粉等路易斯酸的催化下，单环芳烃很容易与卤素(Cl_2、Br_2)作用生成卤代芳烃，该反应称为卤化反应(halogenation)，如

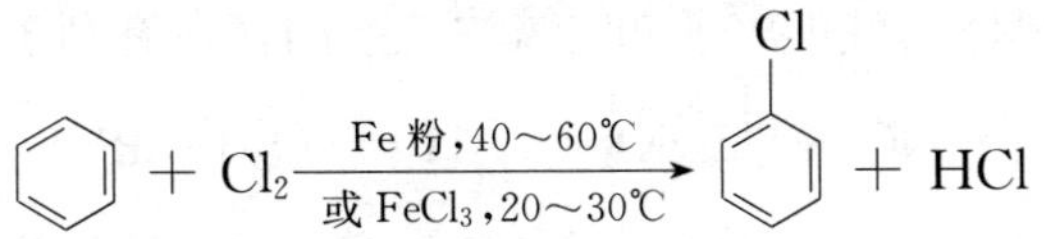

催化剂的作用原理是

$$2Fe + 3X_2 = 2FeX_3$$

$$FeX_3 + X_2 \rightleftharpoons X^+ + FeX_4^-$$

生成的 X^+ 作为亲电试剂 E^+ 进攻苯环，即得到卤苯。

在比较强烈的条件下，卤苯继续与卤素作用，主要生成邻位和对位二卤代苯。

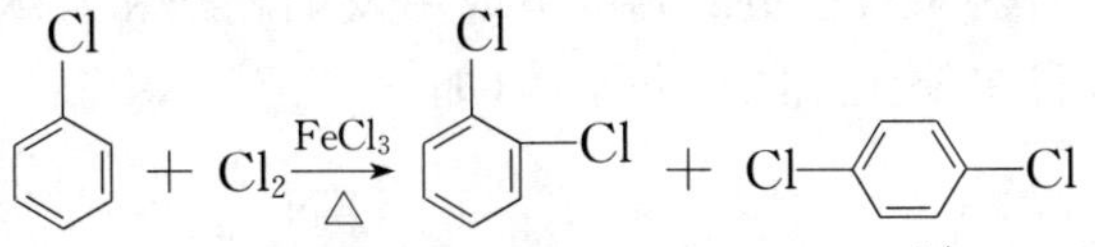

50%　　45%

烷基苯的卤化比苯容易，也生成邻位和对位产物，如

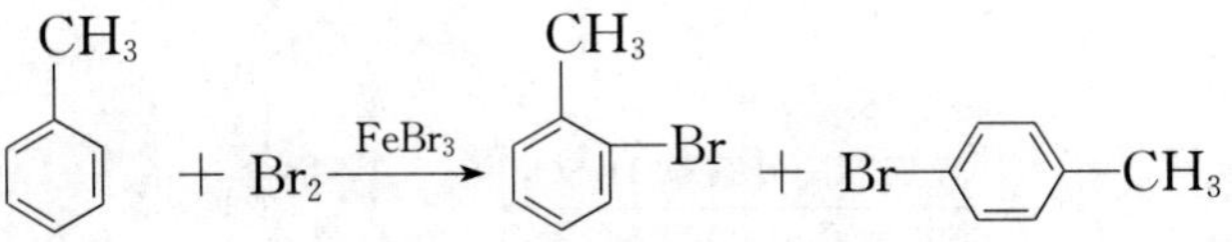

对于不同的卤素，亲电取代反应活性次序为氟>氯>溴>碘。

苯的碘化在氧化剂如硝酸的存在下进行：

86%

氧化剂的作用是产生亲电的碘正离子：

$$I_2 \xrightarrow{-2e} 2I^+$$

碘苯或取代碘苯可通过二(三氟乙酸)芳基铊与碘化钾水溶液反应制得，即

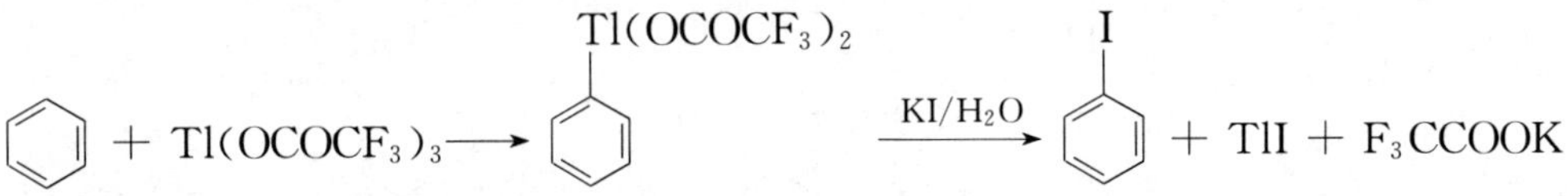

96%

式中三氟乙酸铊很容易制备，将氧化铊(Tl_2O_3)悬浮于含有10%～20%水的三氟乙酸中经加热即可，产率90%～100%。反应液可直接用于下一步反应。三氟乙酸铊在合成上是很有用的试剂。

氟的亲电性很强，它与苯的反应难以控制，因此氟苯一般用间接的方法合成，将在以后的章节中学习。

2) 硝化反应

单环芳烃在浓硝酸和浓硫酸的混合物(常称为混酸)作用下生成硝基苯。如果只用浓硝酸作硝化试剂，反应速率很慢。

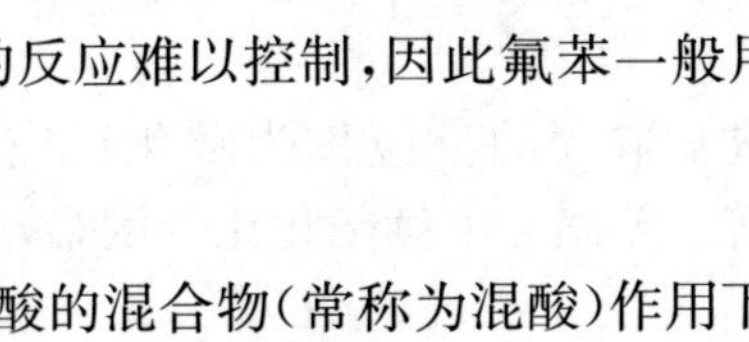

硝化反应的亲电试剂是硝酰正离子 NO_2^+，浓硫酸的存在有利于 NO_2^+ 的生成。

$$HNO_3 + H_2SO_4 \rightleftharpoons H_2\overset{+}{O}NO_2 + HSO_4^-$$

$$H_2\overset{+}{O}NO_2 + H_2SO_4 \rightleftharpoons NO_2^+ + H_3^+O + HSO_4^-$$

总反应式为

$$HNO_3 + 2H_2SO_4 \rightleftharpoons NO_2^+ + H_3^+O + 2HSO_4^-$$

硝酰正离子是一个强的亲电试剂，它可以进攻苯环先生成 σ 络合物，然后 σ 络合物再失去一个质子生成硝基苯。

硝基苯不容易继续硝化，只有在更高温度下或用发烟硫酸和发烟硝酸的混合物作硝化试剂才能引入第二个硝基，且主要生成间二硝基苯，如

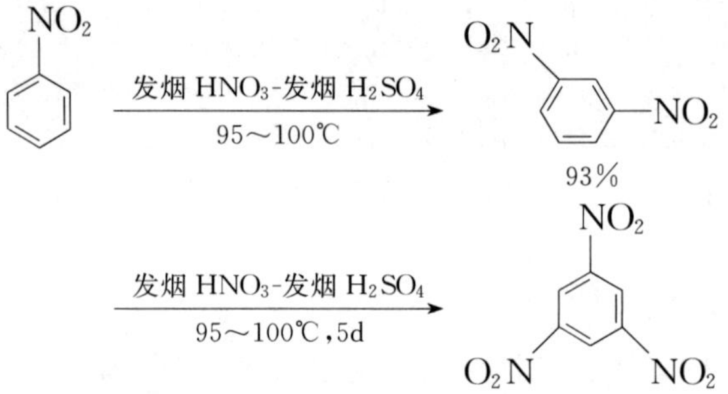

烷基苯硝化比苯容易，如甲苯硝化产物主要为邻、对位产物。若继续硝化，主要产物是 2,4-二硝基甲苯、2,4,6-三硝基甲苯(TNT)，如

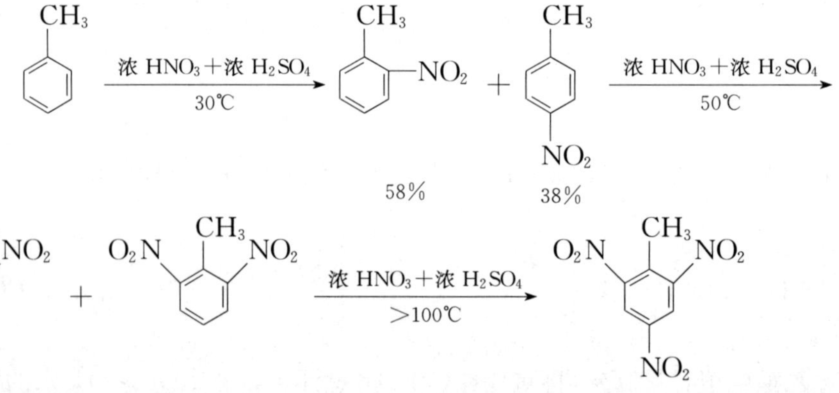

由于大量使用混酸对环境造成污染，在生产技术上对负载型硝化剂[如硝酸铜担载到蒙脱土上，称黏土铜(clay cop)试剂]的开发研究已取得一定成果。

3) 磺化反应

芳烃环上的氢原子被磺酸基取代的反应称为磺化反应。磺化试剂除浓 H_2SO_4、发烟 H_2SO_4 外，还有 SO_3、$ClSO_3H$ 等。苯磺酸继续磺化比苯困难，生成间苯二磺酸。

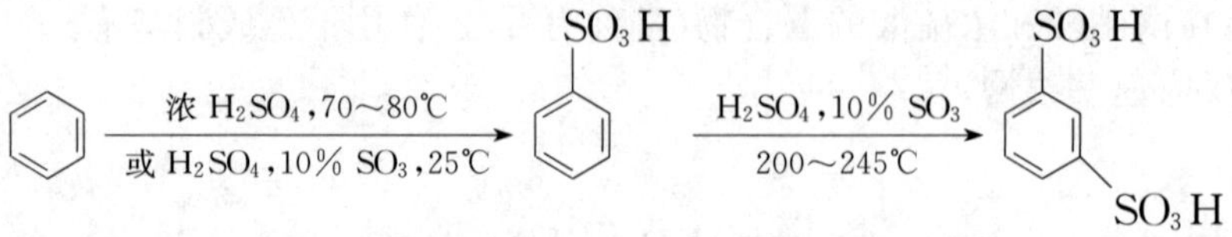

用氯磺酸磺化生成苯磺酸，氯磺酸过量时生成苯磺酰氯，通常把该反应称为氯磺化反应。

苯磺酰氯非常活泼，可以制备苯磺酰胺、苯磺酸酯等苯磺酰基衍生物，在制备涂料、农药和医药方面用途广泛。

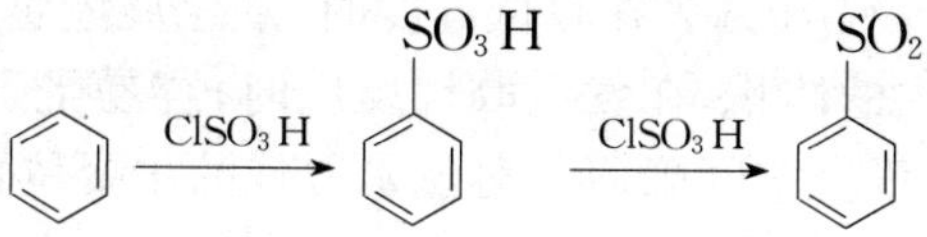

同样，烷基苯的磺化比苯容易，主要生成邻、对位取代物。

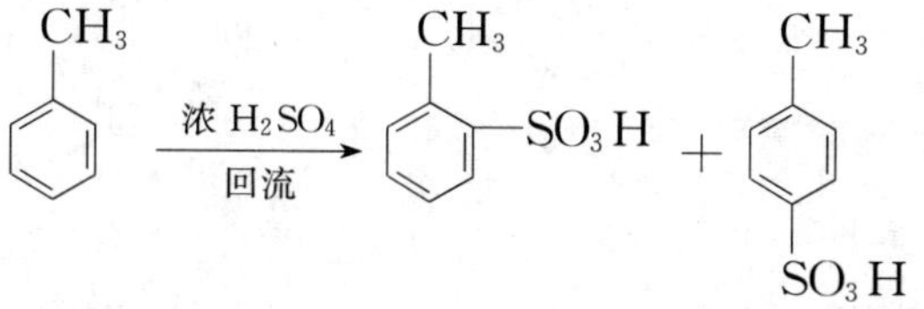

上述磺化反应中，目前认为有效的亲电试剂是三氧化硫，其反应历程如下：

$$2H_2SO_4 \rightleftharpoons SO_3 + H_3^+O + HSO_4^-$$

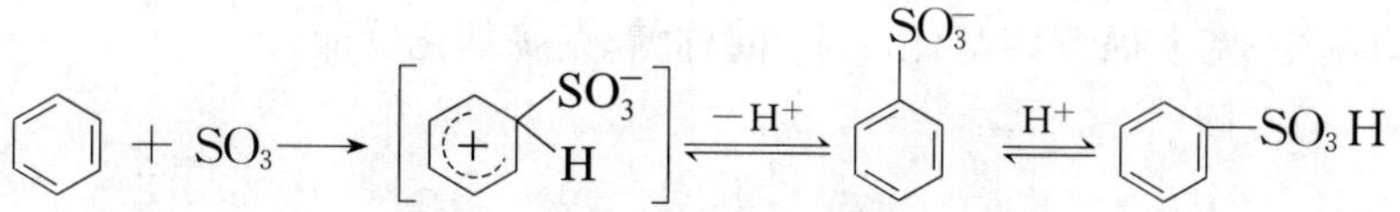

使用浓硫酸时，可能是硫酸正离子 $HO_3S^{\delta+}$—$OH^{\delta-}$ 进攻芳烃。

与硝化或卤化反应不同，苯的磺化反应是可逆反应。如果将苯磺酸和稀硫酸或盐酸在压力下加热，或在磺化反应所得到的混合物中通入过热水蒸气，可以使苯磺酸发生水解反应又生成苯：

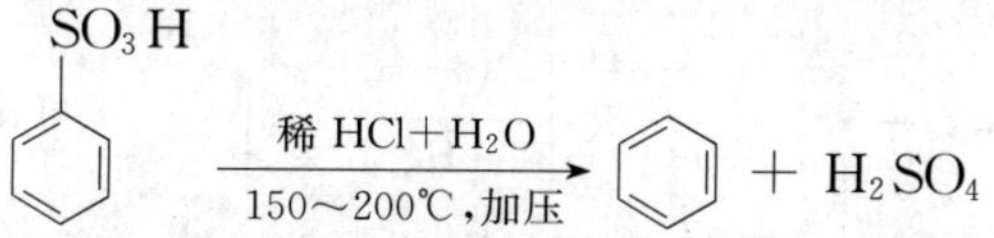

由于磺酸基容易除去，因此可利用磺酸基暂时占据苯环上的某些位置，使这些位置不再被其他基团取代，或利用磺酸基影响物质的水溶性等，待其他反应完毕后，再经水解将磺酸基脱去。磺酸基的这一性质被广泛用于有机合成及有机化合物的分离和提纯。

磺化反应之所以可逆，是因为从反应过程中生成的 σ 络合物脱去 H^+ 和脱去 SO_3 两步的活化能（E_1 和 E_2）相差不大，因而它们的反应速率比较接近（图 6-2）。而在硝化或卤化反应中，从相应的 σ 络合物中脱去 NO_2^+ 或 X^+ 的活化能较高，即脱去 NO_2^+ 或 X^+ 的反应速率比脱去质子的反应速率慢得多，因此反应是不可逆的。

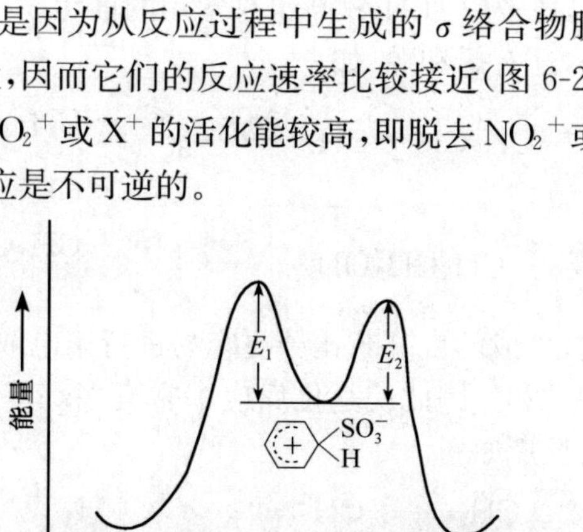

图 6-2　苯的磺化和苯磺酸的水解反应过程能量示意图

由于磺化反应的可逆性，烷基苯经磺化所得邻位和对位异构体的比例随温度不同而不同。例如，甲苯磺化所得邻、间和对位三种甲基苯磺酸的比例，在0℃时分别为43%、4%和53%，在100℃时则分别为13%、8%和79%。在较低温度时，磺化反应生成的邻位和对位产物的数量相差不多。但磺酸基有较大的体积，在发生取代反应时，容易受到邻位取代基的空间阻碍；在较高温度反应达到平衡时，没有空间阻碍的对位是取代的主要位置，因而对位异构体成为主要产物。这种空间效应又称邻位效应。

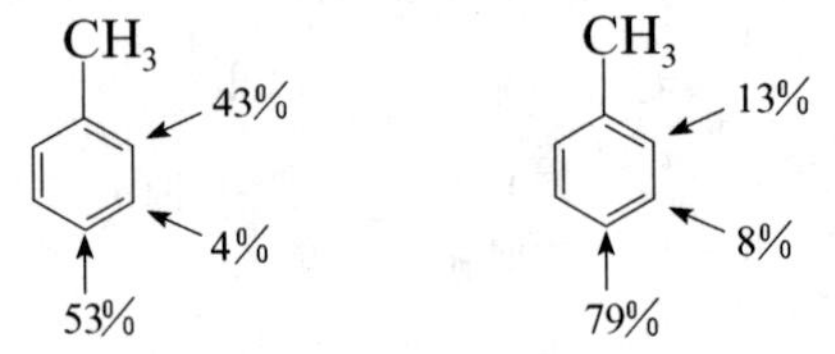

磺化温度　　0℃　　100℃

4）傅瑞德-克来福特(Friedel-Crafts)烷基化反应

芳烃与卤代烷在无水 $AlCl_3$ 的催化下，生成芳烃的烷基衍生物，反应的结果是苯环上引入了烷基，这个反应叫做傅瑞德-克来福特烷基化反应，简称傅-克烷基化反应。

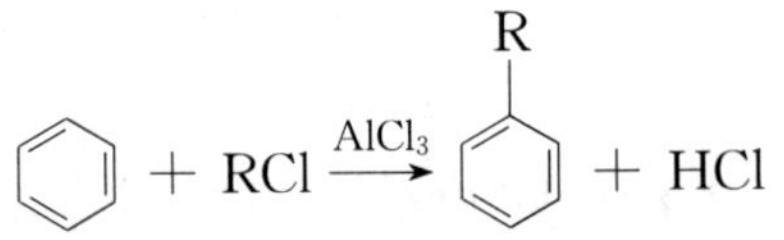

反应中，三氯化铝作为路易斯酸，与卤代烷发生反应，生成有效的亲电试剂烷基碳正离子。

$$RCl + AlCl_3 \longrightarrow R^+ + AlCl_4^-$$

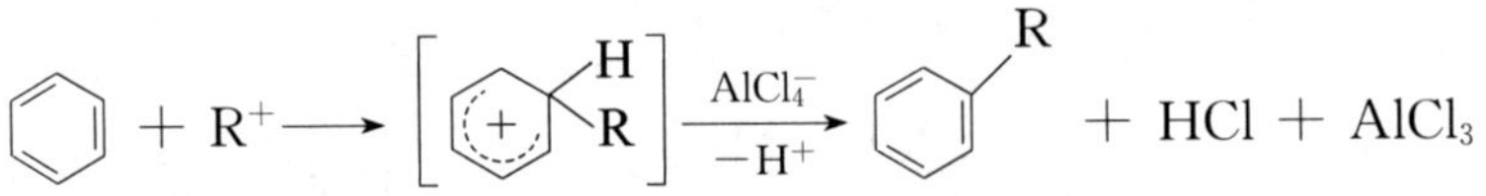

常用的催化剂是路易斯酸，如无水 $AlCl_3$、$FeCl_3$、BF_3 等。常用的路易斯酸催化活性顺序大致如下：

$$AlCl_3 > FeCl_3 > SbCl_5 > SnCl_4 > BF_3 > TiCl_4 > ZnCl_2$$

以无水 $AlCl_3$ 活性最高，质子酸如 H_2SO_4 也是常用的催化剂。

烷基化试剂除卤代烷外，还有烯和醇，如

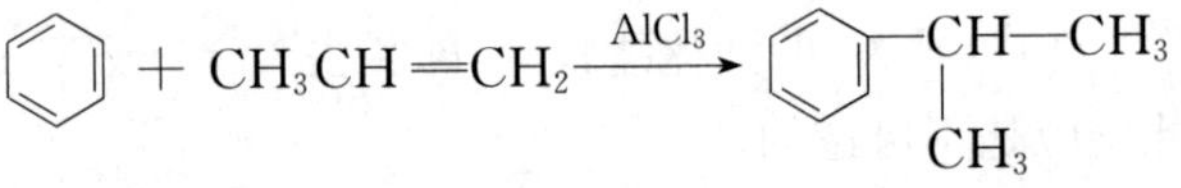

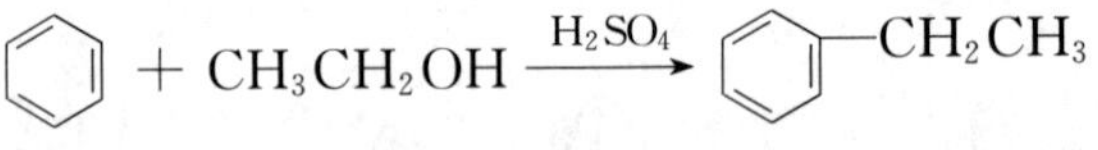

由于苯环上引入烷基后，生成的烷基苯比苯更容易进行亲电取代反应，特别是当烷基基团为甲基、乙基等体积较小的基团时，因此烷基化反应中常有多烷基化产物生成。因此，要得到单取代苯常需要过量的苯为反应原料。

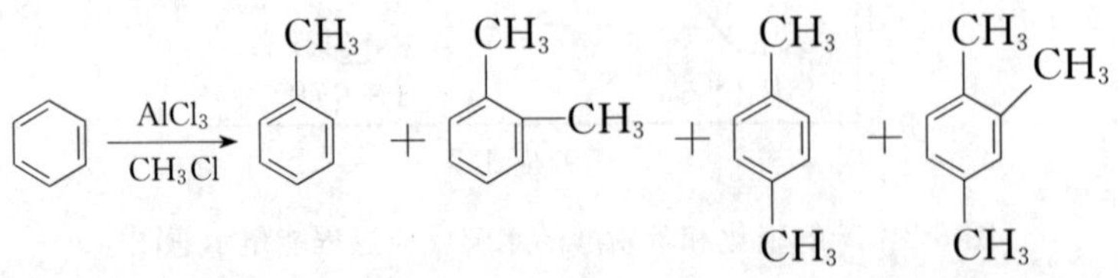

此外,由于烷基化反应的亲电试剂是烷基碳正离子 R^+,而碳正离子容易发生重排,因此,当所用的卤烷具有三个碳以上的直链烷基时,就可得到由于碳正离子重排而生成的异构化产物,如

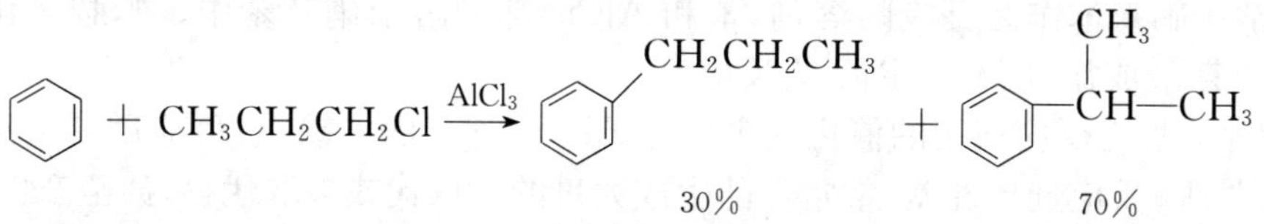

上述反应主要产物是异丙基苯,而不是正丙基苯,这是由于反应过程中生成的伯碳正离子容易重排生成比较稳定的仲碳正离子而后参与反应。

$$CH_3CH_2CH_2Cl \xrightarrow{AlCl_3} CH_3CH_2CH_2^+ \xrightarrow{1,2\text{-负氢迁移}} CH_3\overset{+}{C}HCH_3$$

烷基化反应是可逆反应,反应中常伴有歧化反应发生。工业上常利用甲苯歧化制备苯和二甲苯。

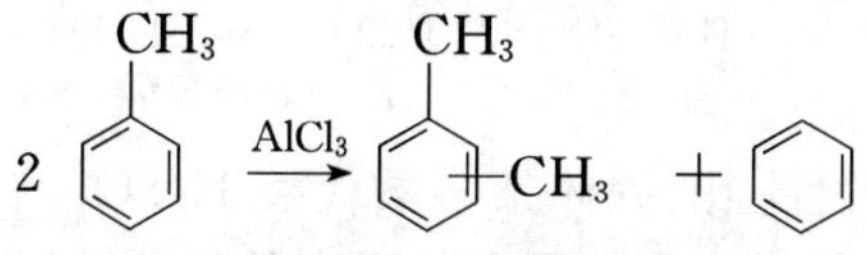

(*o*-,*m*-,*p*-)

当苯环上有强的吸电子基团(如$—NO_2$、$—SO_3H$、—COOH、—CN 等)时,烷基化反应不能进行。

5) 傅瑞德-克来福特酰基化反应

芳烃与酰卤(RCOX)在无水 $AlCl_3$ 催化作用下,生成芳酮,这个反应叫做傅瑞德-克来福特酰基化反应,简称为傅-克酰基化反应。这是制备芳酮的重要方法之一。常用的酰化试剂为酰卤、酸酐和羧酸等。酰卤中最常用的是酰氯和酰溴,且反应活性 RCOCl>RCOBr。

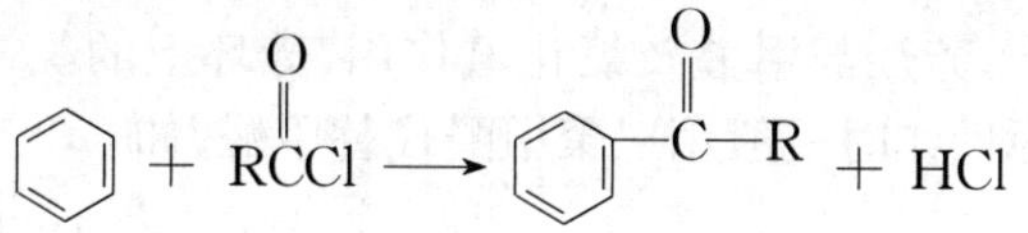

酰化反应的亲电试剂是酰基正离子

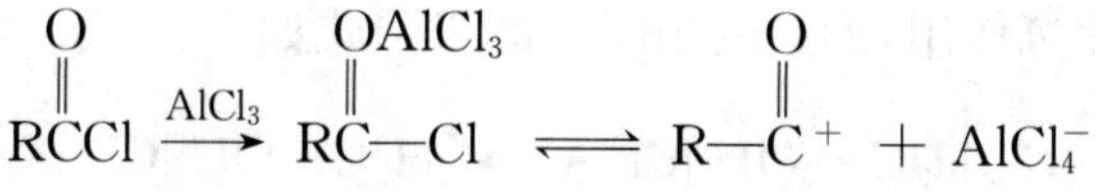

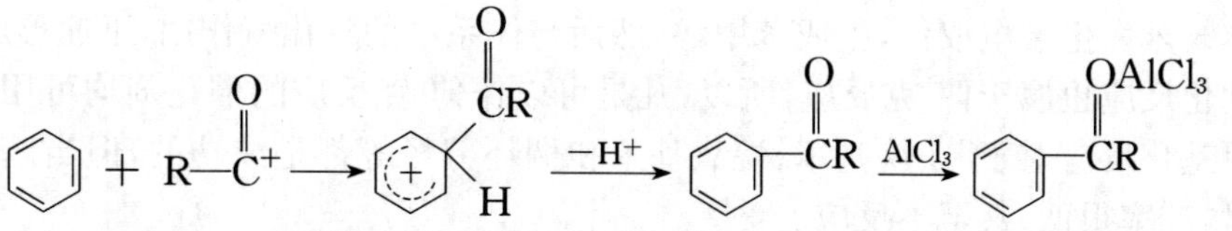

反应后生成的芳酮是与 $AlCl_3$ 相络合的,需再加稀酸处理,才能得到游离的酮。因此傅-克酰基化反应与烷基化反应不同,三氯化铝必须过量。

酰基化反应没有重排产物,且不易生成多酰基化产物,如

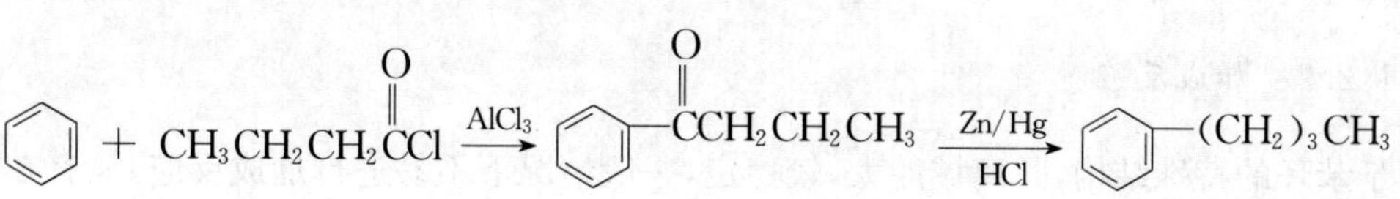

生成的酮可以用锌汞齐加盐酸将羰基还原为亚甲基。因此酰基化反应也是芳环上引入正构烷基的一个重要方法。

苯环上如果有硝基、磺基、—COR 等强吸电子取代基时，不能发生傅-克烷基化及酰基化反应，所以常用硝基苯作为反应的溶剂，苯和 $AlCl_3$ 都能溶于硝基苯中。苯胺等化合物能与 $AlCl_3$ 等路易斯酸成盐，也不发生傅-克反应。

长期以来，傅-克反应使用的催化剂多数为 $AlCl_3$，它有两个缺点：反应后有大量的水合三氯化铝需要处理；反应选择性差，常常伴随生成大量的二取代或多取代物，甚至产生焦油，需要分离、处理，产物难纯化。现已开发出一些新的试剂或催化剂，不仅能提高产物的选择性，而且更重要的是改善了环境的质量。如

R^1＝H 或 CH_3；R^2＝H 或 CH_3；n＝0～14；

（M^+＝H^+，Al^{3+}，Ni^{2+}，Zr^{2+}，Ce^{3+}，Cu^{2+}等）

用比 H_2SO_4 和 $HClO_4$ 酸性强的固体杂多酸代替 H_2SO_4 等液体酸催化傅-克反应，可以解决反应设备腐蚀问题，且能使反应在较缓和的反应条件下进行，提高产物的选择性，如

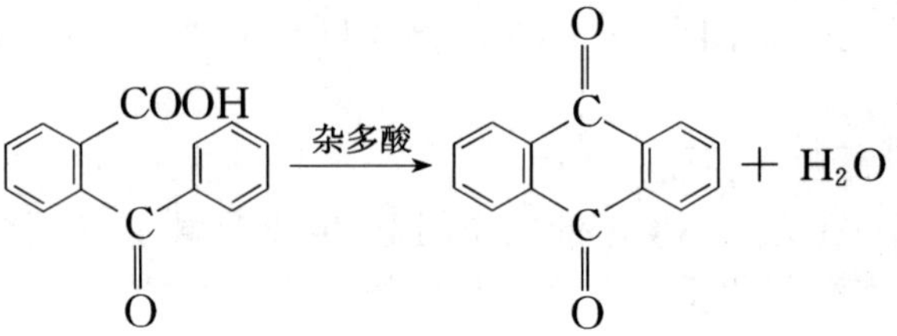

6）氯甲基化反应

在无水氯化锌催化下，芳烃与甲醛及氯化氢作用，芳环上的氢被氯甲基（$—CH_2Cl$）取代，称为氯甲基化反应。实际操作时一般用三聚甲醛代替甲醛，如

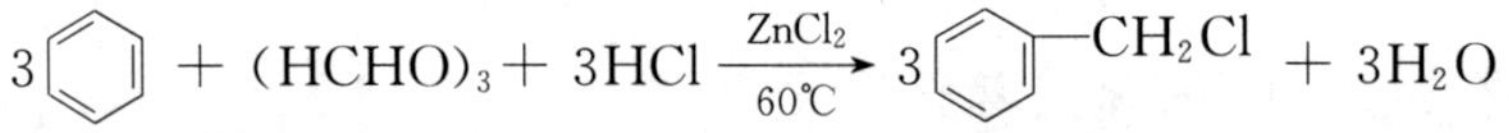

反应时，甲醛与氯化氢作用，形成的中间体的极限式如下：

$$[H_2C=\overset{+}{O}H]Cl^- \longleftrightarrow [H_2\overset{+}{C}—OH]Cl^-$$

中间体与苯发生亲电取代，生成苯甲醇，然后与体系中的氯化氢作用，迅速形成苄氯。

氯甲基化反应也属于傅-克反应，所以，凡是可以作傅-克反应的催化剂均可用于氯甲基化反应。氯甲基化反应对于苯、烷基苯、烷氧基苯和稠环芳烃等都是成功的，但当苯环上有强吸电子基团时，产率很低，甚至不反应。

氯甲基化反应很重要，因为氯甲基很容易转化为羟甲基（$—CH_2OH$）、氰甲基（$—CH_2CN$）、醛基（—CHO）、羧甲基（$—CH_2COOH$）、氨甲基（$—CH_2NH_2$）等，在有机合成中可方便地将芳烃转化成相应的衍生物。

6.1.2.2　加成反应

由于苯环的特殊结构，其离域能大，较稳定，一般情况下不易进行加成反应，只有在特殊条

件下才发生加成反应。

1）加氢

在 Ni、Pt、Pd 等催化剂作用下，且在较高温度或加压下，苯与氢气加成生成环己烷。

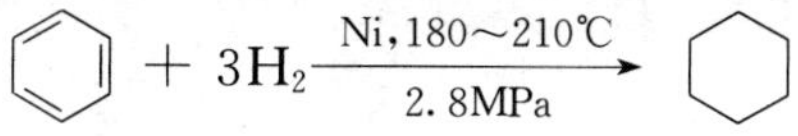

也可采用均相催化剂 2-乙基乙酸镍/三乙基铝催化加氢，条件比较温和。

2）加氯

在紫外线照射下，苯与氯气加成生成 1,2,3,4,5,6-六氯环己烷，因其分子式为 $C_6H_6Cl_6$，简称六六六。

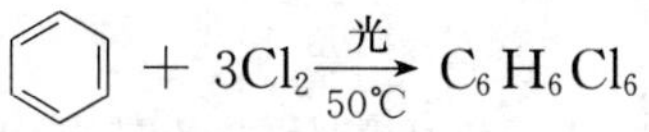

溴也能进行上述反应，生成六溴环己烷，反应历程同氯一样，均按自由基反应历程进行。

6.1.2.3 氧化反应

苯环很稳定，在一般条件下不易被氧化开环。只有在高温、催化作用下，苯才可被空气氧化而生成顺丁烯二酸酐。

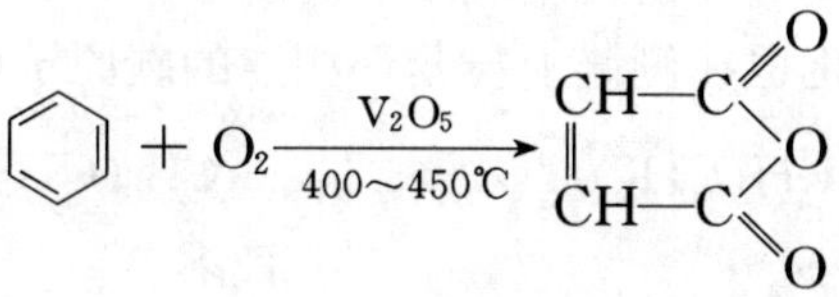

6.1.2.4 聚合反应

当苯环的侧链含有碳碳不饱和键时，与不饱和烃相似，也可发生聚合反应和共聚反应，如

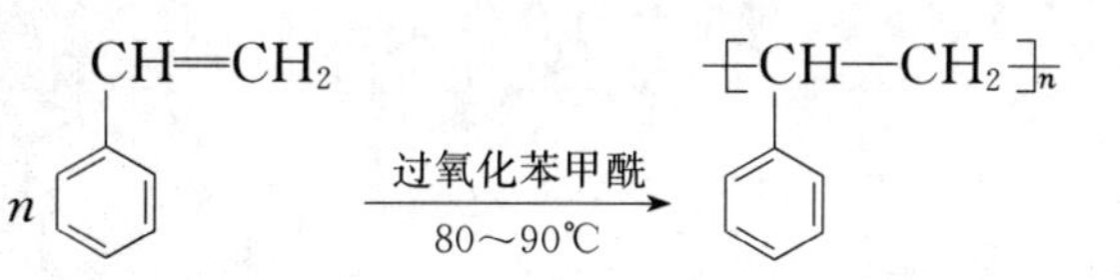

聚苯乙烯

用氯化铝作催化剂，氯化铜为氧化剂，于 35～50℃，苯聚合生成聚苯，又称聚对苯或聚对亚苯基。

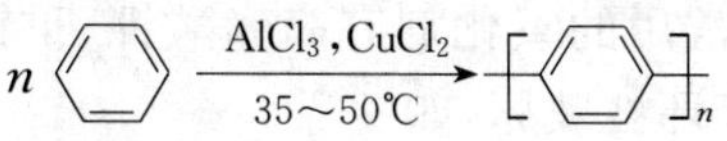

反应主要是质子化苯与另一分子苯发生亲电取代反应，然后再发生氧化脱氢，并按此方式不断进行，最后生成聚苯，即苯经过氧化阳离子型聚合生成了聚苯。从反应的最后结果来看，许多苯分子通过脱氢缩合生成聚苯，是一种缩聚反应。

聚苯是最简单的全芳香环高聚物，整个分子是一个很大的共轭体系，因此具有类似导体的特性。聚苯的性质由于制备方法不同而有所不同。一般具有如下特性：热稳定性好，分解温度为 530℃（比聚四氟乙烯、聚酰亚胺高），可在 300℃长期使用；耐辐射性好；自润滑性好（优于石墨）；除浓硝酸和吡啶外，不溶于任何溶剂。聚苯与石棉等的复合型材料可用于火箭发动机部件、高速轴承、原子能反应堆部件、耐辐射耐氧化结构件等。聚苯还可作为高温离子交换树脂、耐高温辐射涂料和胶黏剂等。

6.1.2.5 芳烃侧链的反应

1）卤化反应

烷基苯分子中的 α-H 因受苯环的影响活性增强，在较高温度下或光照条件下，与卤素发生 α-H 取代反应。例如，甲苯在光照下与氯反应生成苄氯。

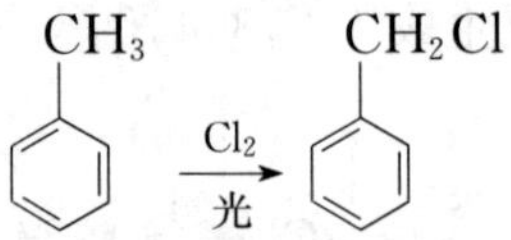

侧链氯化反应为自由基反应，其活性中间体为苄基自由基。苄氯可以继续氯化，生成苯基二氯甲烷和苯基三氯甲烷。

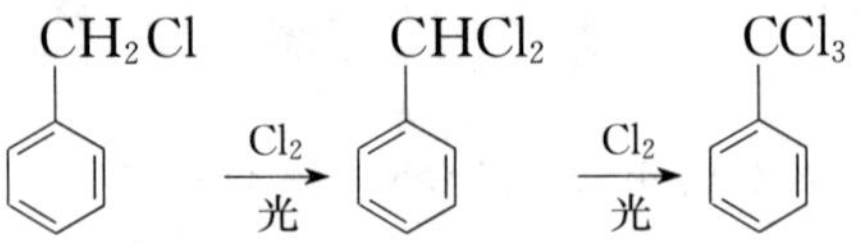

控制氯气的用量可以使反应停留在生成苄氯的阶段。

其他烷基苯的自由基卤化也在侧链上与苯环相连的碳原子（α-C）上进行，如

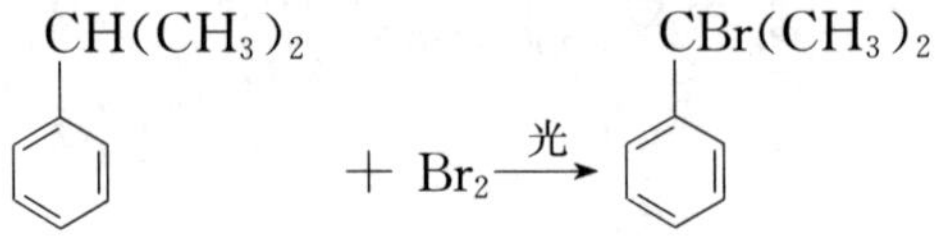

自由基溴化反应可以用 *N*-溴代丁二酰亚胺（NBS）作试剂：

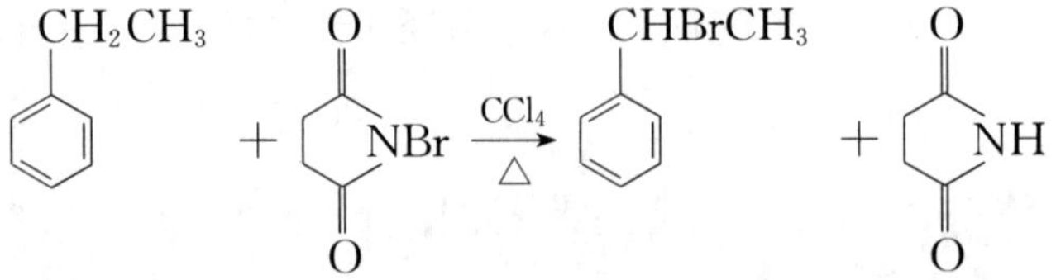

芳烃侧链卤化反应的主产物为 α-卤代产物，溴化反应比氯化反应的选择性好。

2）氧化反应

对于烷基苯来说，因其 α-H 活泼，易被氧化，且不管碳链有多长，以及侧链上有什么基团，α-H 一律被氧化生成苯甲酸。常用的氧化剂有高锰酸钾、重铬酸钾、硝酸等。无 α-H 的烷基苯不被氧化。在激烈氧化时，苯环被破坏，如

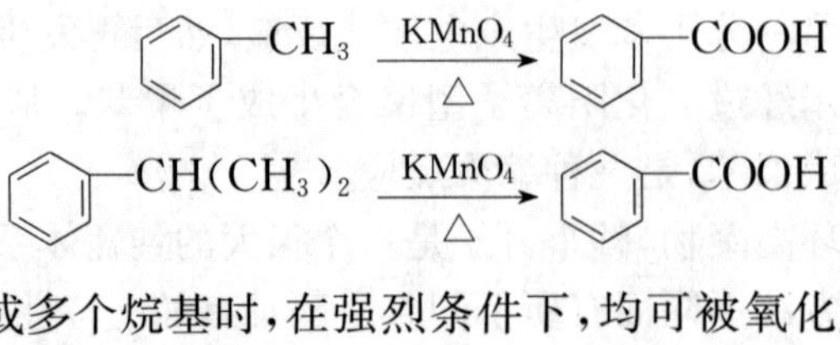

当苯环上有两个或多个烷基时，在强烈条件下，均可被氧化成羧基。若两个烷基处于邻位，氧化的最后产物是酸酐，如

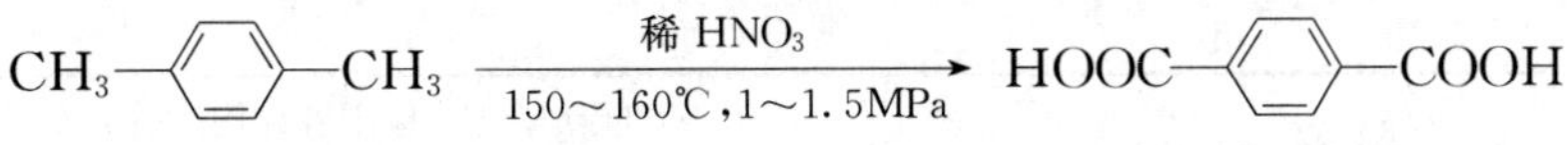

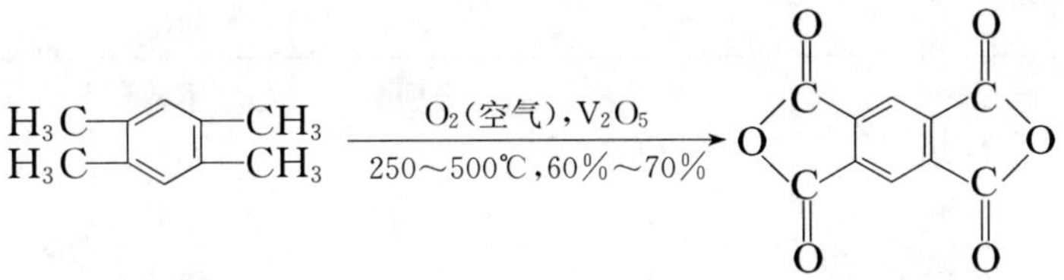

1,2,4,5-四甲苯　　　　均苯四甲酸二酐

这是工业上生产对苯二甲酸和均苯四甲酸二酐的方法。前者是制造涤纶的原料，后者为白色结晶，工业上用作环氧树脂固化剂及制备聚酰亚胺树脂等。

异丙苯在碱性条件下，很容易被空气氧化生成氢过氧化异丙苯，后者在稀酸作用下，分解为苯酚和丙酮。这是生产苯酚(联产丙酮)的重要方法。

烷基苯的烷基也可进行脱氢。例如，工业上用乙苯经催化脱氢生产乙烯：

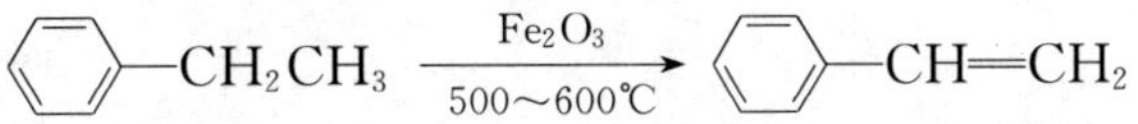

苯乙烯是合成丁苯橡胶和聚苯乙烯等高分子化合物的重要单体。

6.1.3 单环芳烃的亲电取代反应的活性和定位规律

6.1.3.1 一取代苯的活性和定位规律

从前面讨论的一些苯环亲电取代反应中可以看出，当苯环上已有一个取代基，再引入第二个取代基时，其进入的位置主要由苯环上原有取代基的性质所决定。芳环上原有的取代基称为定位基，定位基支配第二个取代基进入芳环位置的能力称为定位效应。

大量实验结果表明(表6-2)，不同一元取代苯在进行同一取代反应时(如表6-2中的硝化反应)，按所得产物的比例不同，可以分成两类：一类是取代反应产物中邻位和对位异构体占优势，且其反应速率一般都要比苯快；另一类是间位异构体为主，而且反应速率比苯慢。因此，按所得取代产物的不同组成来划分，可以把苯环上的取代基分为邻、对位定位基和间位定位基两类。

表6-2 一取代苯硝化反应相对速率和产物分布

定位基	相对速率(与氢比较)	二元取代硝化反应中各异构体的分布/%			
		邻位	对位	间位	邻、对位之和
—H	1				
—OCH_3	约 2×10^5	74	11	15	85
—OH		50～55	45～50	微量	约100
—$NHCOCH_3$	很快	19	79	2	98
—CH_3	24.5	58	38	4	96
—CH_2CH_3		55	45	<1	约100
—$C(CH_3)_3$	15.5	15.8	72.7	11.5	88.5
—CH_2Cl	3.02×10^{-1}	32	52.5	15.5	84.5

续表

定位基	相对速率(与氢比较)	二元取代硝化反应中各异构体的分布/%			
		邻位	对位	间位	邻、对位之和
—F	0.15	12	88.5	微量	约 100
—Cl	3.3×10^{-2}	29.6	69.5	0.9	99.1
—Br	3.0×10^{-2}	36	62.9	1.1	98.9
—I	0.18	41	59	微量	约 100
$—\overset{+}{N}(CH_3)_3$	1.2×10^{-8}	微量	微量	约 100	微量
$—NO_2$	6×10^{-8}	6.4	0.3	93.3	6.7
—CN		15	2	83	17
$—SO_3H$		21	7	72	28
—COOH	$<10^{-3}$	18.5	1.3	80.2	19.8
—CHO		19	9	72	28
$—COCH_3$		30		68	30
$—COOC_2H_5$	3.67×10^{-3}	24	4	72	28

1）邻、对位定位基

邻、对位定位基又叫第一类定位基，它们使第二个取代基主要进入它的邻位和对位（邻＋对＞60％），其定位能力由强到弱的次序大致如下：

$$—O^-，—NR_2，—NHR，—NH_2，—OH，—OCH_3，—NHCOR，$$
$$—OCOR，—C_6H_5，—R，—X$$

这类定位基主要有以下三个特点：①这些取代基与苯环直接相连的原子一般都是饱和的且多数有孤电子对或带负电荷；②除卤素外，这类定位基均能使苯环上电子云密度升高，使苯环活化，因此这些定位基又称活化基；③这些取代苯（除卤苯外）的亲电取代反应活性比苯高，反应速率比苯快。

2）间位定位基

间位定位基又叫第二类定位基，它们使第二个取代基主要进入它的间位（间位＞40％），其定位能力由强到弱的次序大致如下：

$$—\overset{+}{N}R_3，—NO_2，—CN，—COOH，—SO_3H，—CHO，—COR，—COOR，—CONH_2$$

这类定位基主要有以下三个特点：①这些取代基与苯环直接相连的原子一般都是不饱和的（重键的另一端是电负性大的元素）或带正电荷（也有例外，如$—CCl_3$）；②这类定位基均能使苯环上电子云密度降低，使苯环钝化，因此这些定位基又称钝化基；③这些取代苯的亲电取代反应活性比苯低，反应速率比苯慢。

6.1.3.2　定位规律的理论解释

1）电子效应

苯是一个对称分子，苯环上的电子云密度因共轭（共振）而平均化。在苯环上引入一个取代基后，取代基对苯环的影响（吸电子或供电子的）会沿着苯环的共轭链传递，使得苯环的电子云出现了交替极化的现象，也就使苯环上不同位置进行亲电取代反应的难易程度不同。另外，亲电试

剂 E^+ 进攻一取代苯环的邻、对或间位时，生成的碳正离子 σ 络合物稳定性不同，所以不同位置被亲电取代的难易程度也就不同。

（1）邻、对位定位基对苯环的影响。以甲苯、苯酚和氯苯为例讨论。

因为甲苯上甲基 sp^3 杂化碳原子的电负性比苯环上 sp^2 杂化碳原子的电负性小，甲基表现为供电子的诱导效应。另外甲基上的 C—H σ 键与苯环的大 π 键还存在 σ-π 超共轭效应。这两种电子效应的影响都能使苯环的电子云密度升高，亲电取代比苯活泼。在共轭体系中电子的传递是以极性交替的方式进行，邻位和对位上电子云密度的增加比间位多些，所以亲电取代反应主要发生在甲基的邻位和对位上。

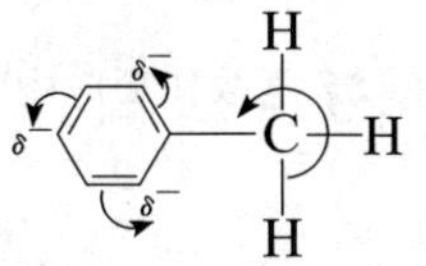

另外，从共振论观点来看，当 E^+ 进攻邻位时，生成碳正离子Ⅰ

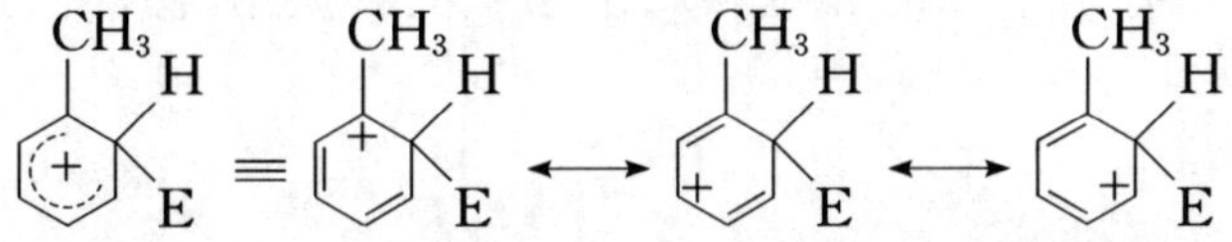

Ⅰ　　Ⅰ-1　　Ⅰ-2　　Ⅰ-3

当 E^+ 进攻对位时，生成碳正离子Ⅱ

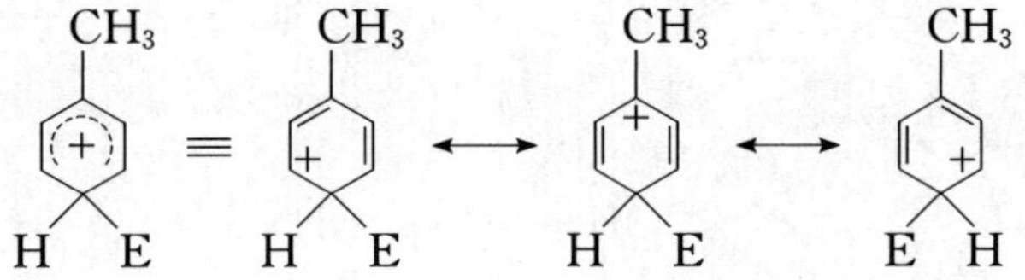

Ⅱ　　Ⅱ-1　　Ⅱ-2　　Ⅱ-3

其中，Ⅰ-1 和Ⅱ-2 带正电荷的碳原子与具有供电性的甲基直接相连，正电荷分散较好，能量较低，较稳定，是主要参与结构式，由此形成的共振杂化体碳正离子也较稳定，所以邻、对位取代产物较易形成。

当 E^+ 进攻间位时，生成碳正离子Ⅲ

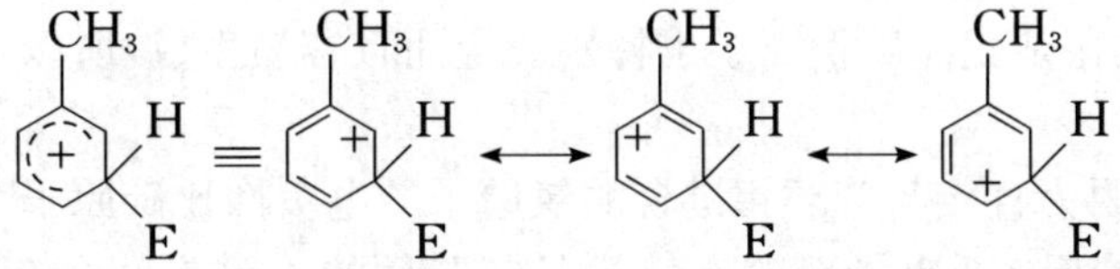

Ⅲ　　Ⅲ-1　　Ⅲ-2　　Ⅲ-3

这三个共振结构式都是仲碳正离子，带正电荷的碳原子不与甲基直接相连，正电荷分散不很好，能量较高，稳定性较差，故生成间位取代产物较困难。甲苯和苯在亲电取代反应中的能量变化关系如图 6-3 所示。

在苯酚分子中，羟基氧的电负性比碳原子大，羟基表现为吸电子诱导效应，但羟基氧带有孤电子对的 p 轨道与苯环的 π 键之间存在 p-π 共轭效应，共轭效应的结果使氧上的电子云向苯环离域，使苯环的电子云密度升高，苯酚分子在亲电取代反应中总的电子效应表现为供电子的共轭效应大于吸电子的诱导效应，结果使苯环的电子云密度升高，特别是羟基的邻位和对位上增加的较多。因此当苯酚进行亲电取代反应时，不仅比苯容易进行，且取代反应主要发生在

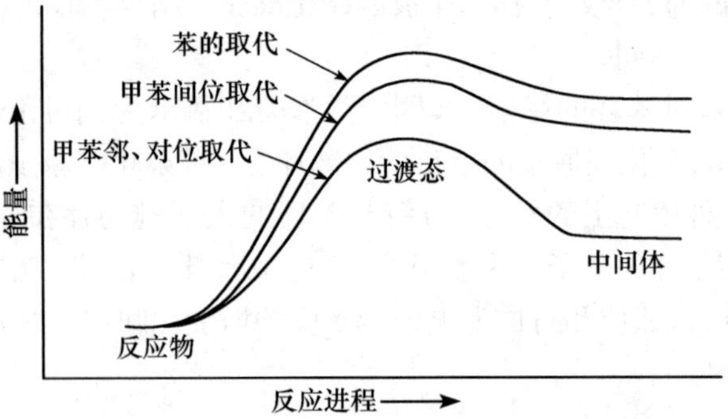

图 6-3　甲苯和苯亲电取代反应中的能量变化比较

羟基的邻位和对位。

用共振论方法分析，当羟基的邻位和对位受到亲电试剂进攻时，形成的中间体碳正离子的共振结构式中，除了具有与甲基的邻位和对位相似的共振结构式外，还应包括下列共振结构式：

亲电试剂进攻邻位

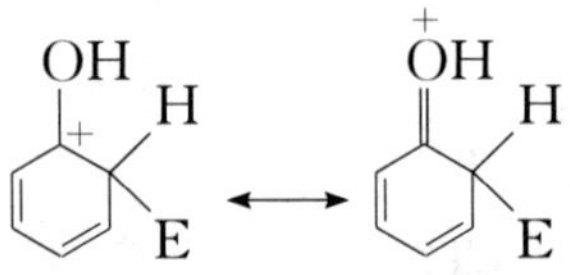

Ⅳ

亲电试剂进攻对位

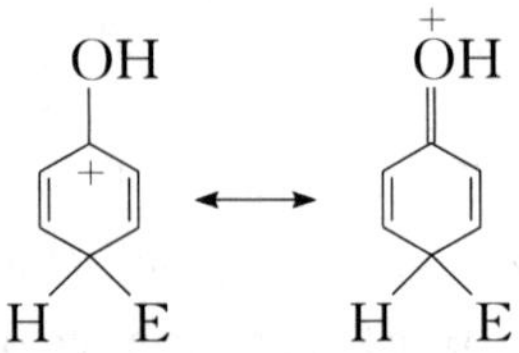

Ⅴ

从Ⅳ和Ⅴ两个共振结构式可以看出，参与共轭体系的原子都具有八隅体的结构。这样的结构是特别稳定的。所以它们在共振杂化体中的参与程度比其他的共振结构大得多，因此包含这些共振结构的共振杂化体碳正离子也特别稳定而且容易生成，所以羟基是强的邻、对位定位基。

在氯苯分子中，因为直接与苯环相键合的氯原子的电负性比碳原子大，表现为吸电子诱导效应。同时氯原子上带有孤电子对的 p 轨道又与苯环的 π 键之间存在供电子的 p-π 共轭效应。电子效应的总结果是吸电子诱导效应大于供电子的共轭效应，使苯环的电子云密度降低。因此，氯苯的亲电取代反应活性比苯低。但是，由于共轭效应的结果使苯环上氯原子的邻位和对位上的电子云密度下降的比间位少，所以氯原子是一个邻、对位定位基。另外，也可以从共振论的角度比较氯苯在亲电取代反应中生成邻、对位和间位碳正离子(σ 络合物)的共振杂化体的稳定性，从而解释氯原子属于邻、对位定位基。

(2) 间位定位基对苯环的影响。以硝基苯为例

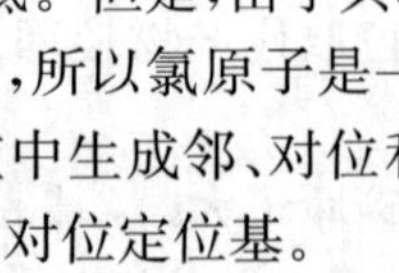

因为硝基上氮原子的电负性比碳原子大，硝基是表现为吸电子诱导效应，使苯环的电子云密度降低，另外硝基的π键与苯环的π键可形成π-π共轭体系，共轭效应的结果也使苯环的电子云密度降低，下降最多的是硝基的邻位和对位。因此，硝基苯在进行亲电取代反应时，不仅比苯难进行，而且主要生成间位产物。

硝基苯在发生亲电取代反应时形成的碳正离子中间体可以用下列共振结构式表示：

亲电试剂进攻邻位

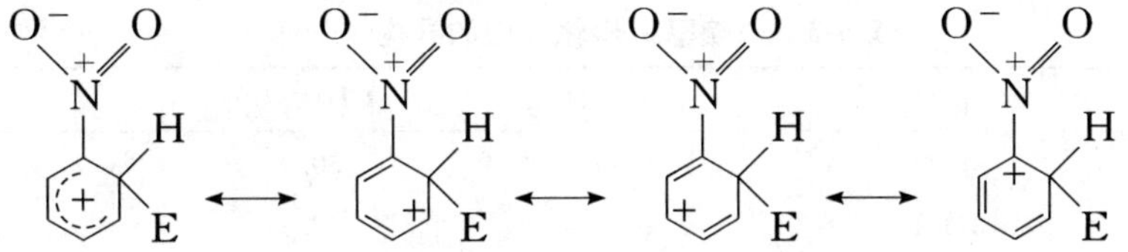

Ⅵ

亲电试剂进攻对位

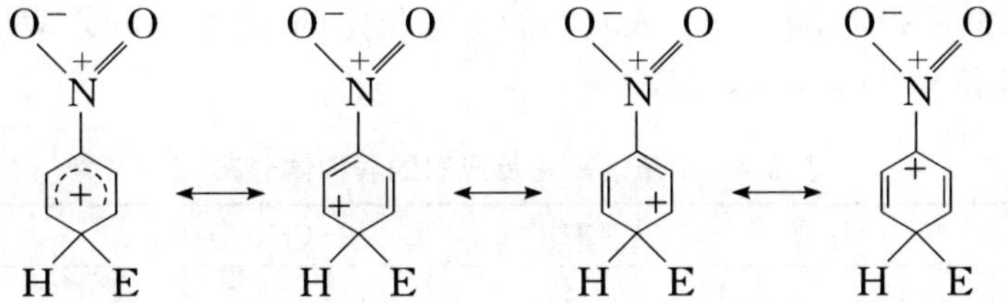

Ⅶ

亲电试剂进攻间位

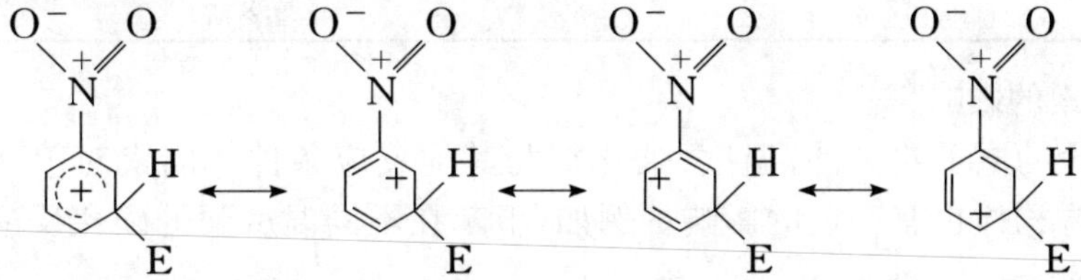

亲电试剂进攻硝基的邻位和对位所生成的碳正离子共振结构Ⅵ、Ⅶ中，硝基的氮原子和与它直接相连的碳原子都带正电荷，能量特别高，因而是不稳定的共振结构，而亲电试剂进攻硝基的间位所生成的碳正离子的共振结构式中却不存在这种结构。因此进攻硝基间位生成的碳正离子中间体要比进攻硝基的邻位和对位生成的碳正离子中间体的能量低并且稳定，所以硝基苯的亲电取代反应以间位产物为主。间位定位基对苯环的钝化影响可以用硝基苯和苯的亲电取代反应过程中能量变化比较图表示，如图6-4所示。

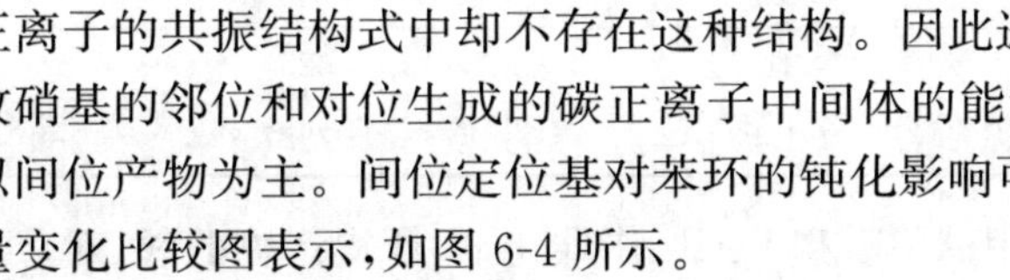

图6-4 硝基苯和苯亲电取代反应中的能量变化比较

以上讨论的是苯环上原有取代基对于新引入基团进入苯环位置的影响，它是影响单环芳烃亲电取代反应定位效应的主要因素。除此之外，苯环上原有取代基的空间效应，新引入基团的空间效应和极化效应、温度、催化剂等对定位效应也有一定的影响。

2）空间效应

苯环上原有的定位基的空间位阻与新引入基团的空间位阻都对产物异构体的分布产生一定的影响。例如，当苯环上的定位基是邻、对位定位基时，实验结果表明随着定位基空间位阻的增大，空间效应也增大。此时产物的邻位异构体减少，而对位异构体增加，见表 6-3。

表 6-3　一烷基苯硝化反应的异构体分布

定位基	$—CH_3$	$—CH_2CH_3$	$—CH(CH_3)_2$	$—C(CH_3)_3$
邻位/%	58.45	45.0	30.0	15.8
对位/%	37.15	48.5	62.3	72.7
间位/%	4.40	6.5	7.7	11.5

苯环上的定位基不变时，随着新引入基团的空间位阻的增大，空间效应也增大，对位异构体增加，而产物的邻位异构体减少，见表 6-4。

表 6-4　甲苯烷基化反应时的异构体分布

引入基	$—CH_3$	$—CH_2CH_3$	$—CH(CH_3)_2$	$—C(CH_3)_3$
邻位/%	53.8	45.0	37.5	0
对位/%	28.8	25.0	32.7	93
间位/%	17.3	30.3	29.8	7

3）其他因素的影响

除以上讨论的电子效应外，温度、催化剂与其他反应条件等因素对单环芳烃的亲电取代反应产物的异构体也有一定的影响。例如，甲苯在不同温度下的磺化反应产物异构体分布见表 6-5。

表 6-5　甲苯磺化时异构体的分布

温度/℃	邻位/%	对位/%	间位/%
35	31.9	62.0	6.1
100	13.3	78.7	8.0

溴苯的氯化分别用 $AlCl_3$ 和 $FeCl_3$ 作催化剂，所得产物的邻、对位异构体的比例也不同：

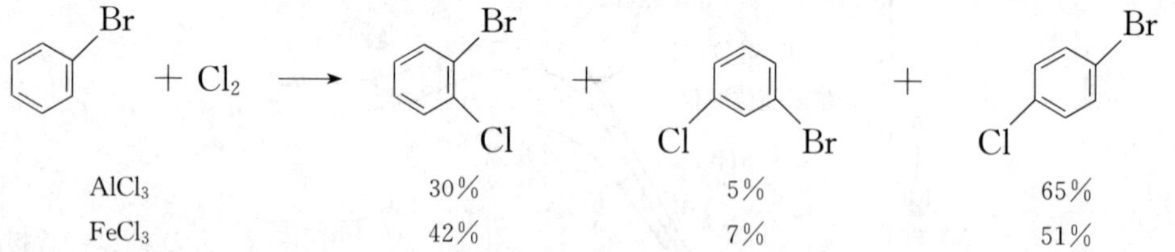

利用现代催化技术，可以控制取代基的定位作用，如使用有选择性催化作用的分子筛催化乙苯的乙基化，可以得到高选择性的对二乙苯。工业上就是用分子筛催化合成对二乙苯。后者催化脱氢，得到交联聚苯乙烯的单体对二乙烯基苯：

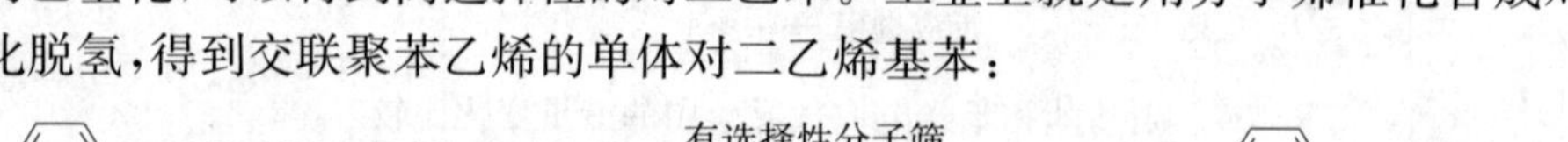

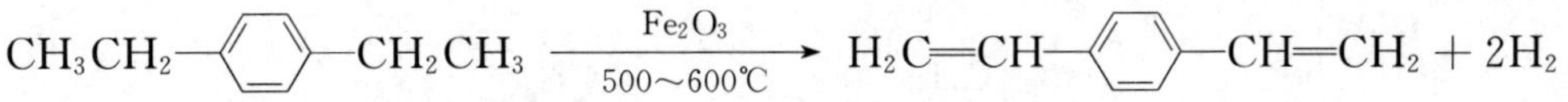

甲苯与丙烯烷基化反应，使用不同孔径的分子筛催化剂，分别得到间甲基异丙基苯和对甲基异丙基苯，已应用于年产万吨烷基化产物的工业生产装置上。

6.1.3.3　二元取代苯的定位规律

苯环上已有两个取代基时，第三个取代基进入苯环的位置由苯环上原有的两个定位基共同决定。

若两个取代基的定位效应一致时，则由定位规律决定，如

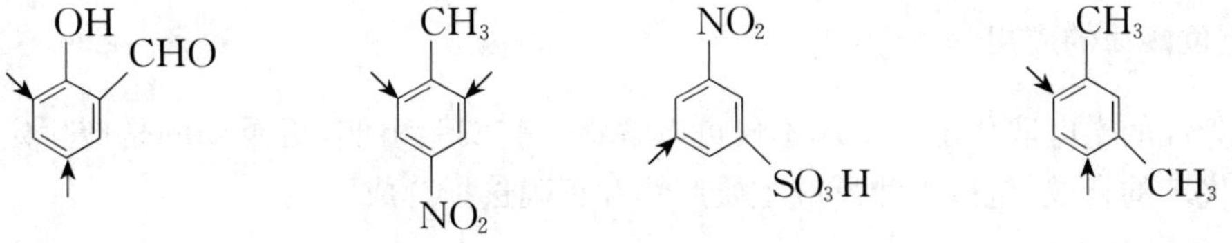

箭头表示第三个取代基进入的位置

有时也受其他因素的影响，如间二甲苯，由于空间效应的影响，两个甲基之间的位置就很难引入取代基，虽然这个位置是两个甲基的邻位。

若两个取代基的定位效应不一致时，则可分为两种情况：

(1) 定位基属于同一类时，第三个取代基进入苯环的位置由定位效应强的定位基决定；若定位效应相差不大，则生成混合物。

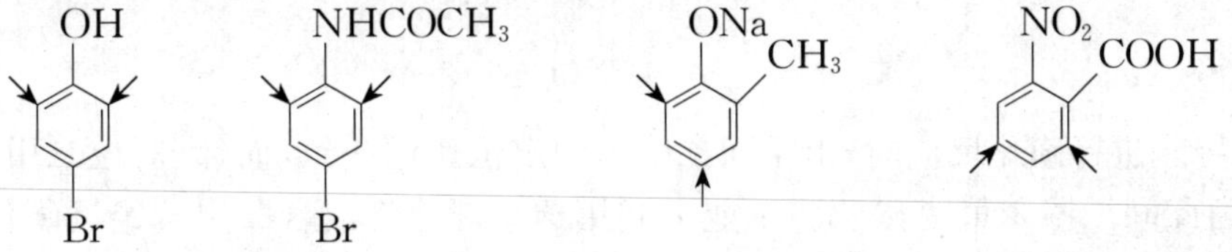

(2) 定位基属于不同类时，第三个取代基进入苯环的位置由活化基决定，如

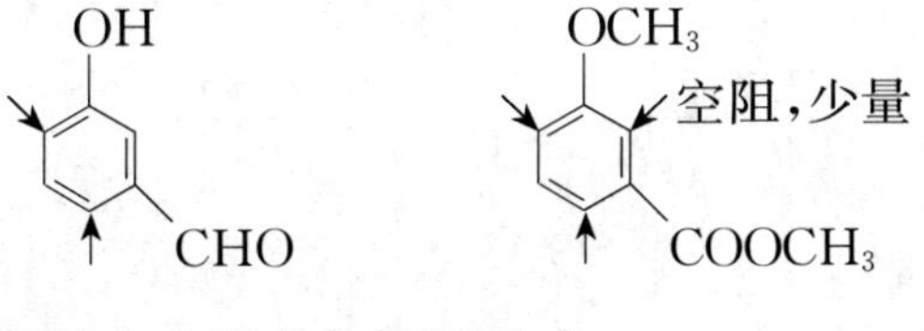

此外，还应注意空间效应和反应条件问题，如

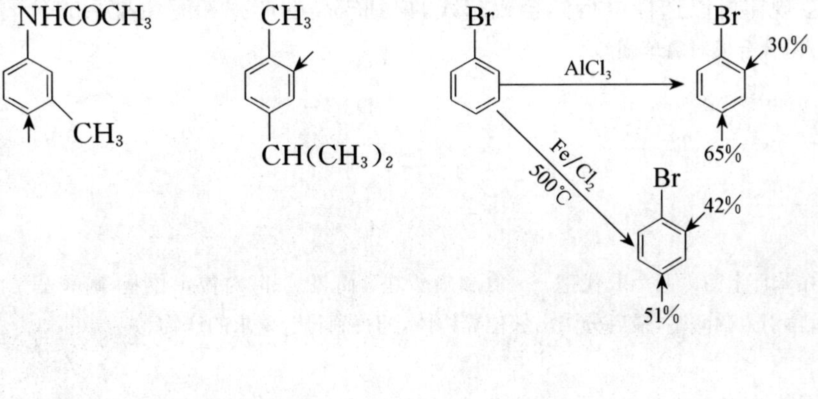

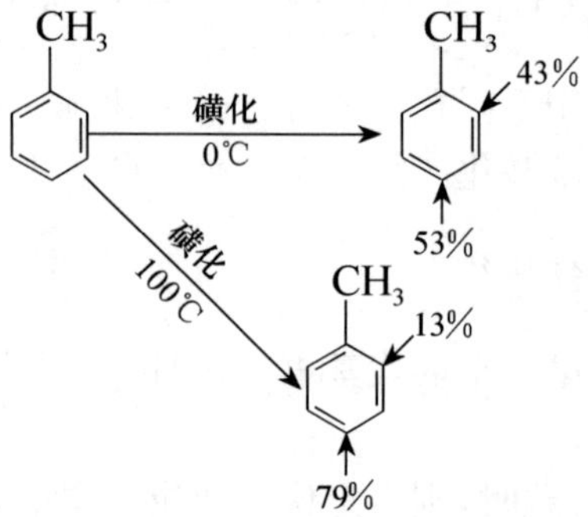

6.1.4 定位规律的应用

单环芳烃的亲电取代定位规律不仅可以解释一些实验事实，更重要的是应用定位规律来指导多取代苯的合成，包括预测反应主要产物和正确选择合成路线。

1）预测主要产物

当二元取代苯发生亲电取代反应时，若能综合考虑取代基的影响因素（电子因素、空间因素），就可以解释和预测所得的主要产物。例如，间甲酚进行硝化时，主要得到在羟基的邻位和对位取代的产物：

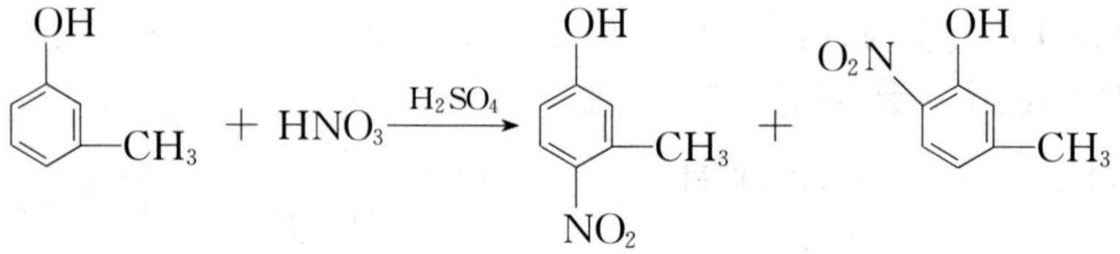

三种二甲苯进行磺化反应时，由于间二甲苯的定位作用一致，而邻、对位二甲苯的定位作用不一致，因此间二甲苯最易磺化。工业上利用这个规律将混合二甲苯经过磺化、分离和水解，得到纯的间二甲苯：

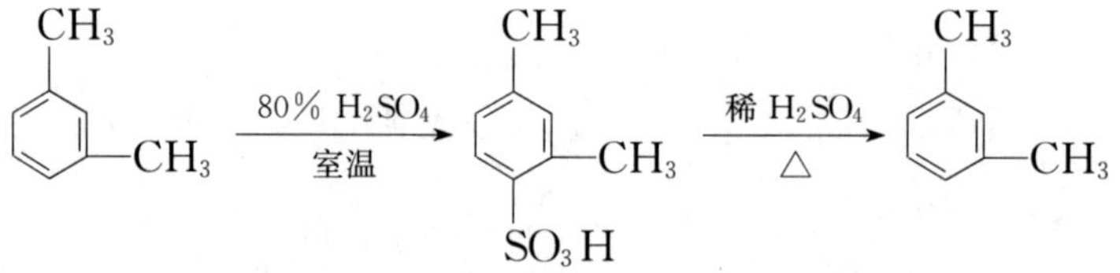

2）选择合理的合成路线

应用定位规律可以选择可行的合成路线，得到较高的产率和避免复杂的分离。

【例 6-1】 由苯合成对氯苯磺酸。

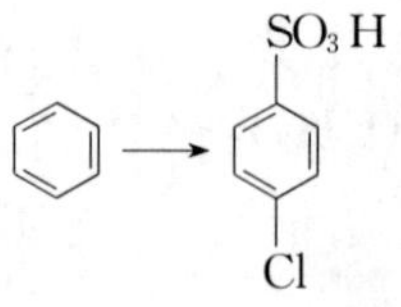

这时需要在苯环上引入两个取代基——氯和磺酸基。而氯是邻、对位定位基，磺酸基是间位定位基，所以应先引入氯，再引入磺酸基，最后分离出邻位异构体，即得到符合要求的产物。

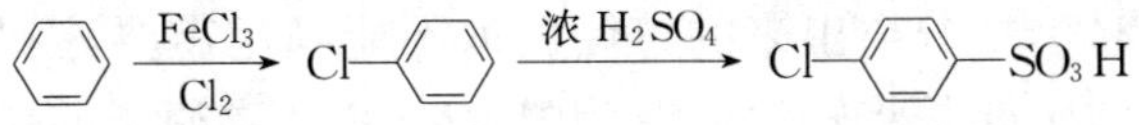

【例 6-2】 由苯合成邻硝基苯甲酸。

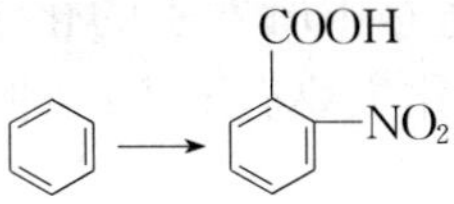

从产物中看出，羧基和硝基处于邻位，而二者都是间位定位基，这时采用逆推的方法，考虑邻硝基甲苯经氧化可得到产物，这样，似乎是甲苯硝化后分离出邻硝基甲苯再进行氧化就可以得到产物了。但仔细分析发现，若这样进行，硝化后所得的邻硝基甲苯的产率不足 60%，而磺化反应是可逆的，在较高温度下磺化，磺酸基主要进入甲基的对位，再硝化，硝基只能进入甲基的邻位，最后水解除去磺酸基即得到邻硝基甲苯，再氧化便得到邻硝基苯甲酸。所以最佳合成路线是

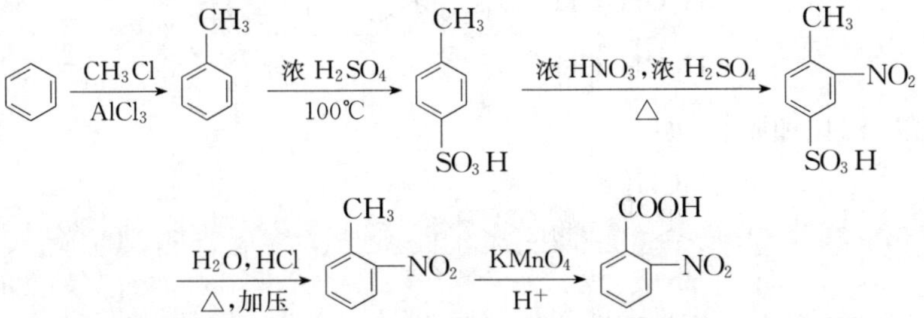

除取代基的定位效应以外，反应温度、容积、催化剂、新进入取代基的极性、体积等众多因素对取代基进入苯环的位置也均有影响。因此，进行合成时要综合考虑。

6.1.5　单环芳烃的来源与制法

1）煤的干馏

煤在炼焦炉里隔绝空气加热至 1000～1300℃，即分解得到固态的焦炭、液态的煤焦油和氨水以及气态的焦炉气（也就是煤气）。

煤焦油中含有大量的芳香族化合物，分馏煤焦油可以得到如表 6-6 所示的各种馏分。

表 6-6　煤焦油的分馏产物

馏分	沸点范围/℃	产率/%	主要成分
轻油	＜180	0.5～1.0	苯、甲苯、二甲苯
酚油	180～210	2～4	苯酚、甲苯酚、二甲酚
萘油	210～230	9～12	萘
洗油	230～300	6～9	萘、苊、芴
蒽油	300～360	20～24	蒽、菲
沥青	＞360	50～55	沥青、游离碳

苯及其同系物主要存在于低沸点馏分即轻油中。此外，由于在煤干馏时，苯和甲苯等一部分轻油馏分未能冷凝成液体，而仍以气体状态被煤气带走，因此用重油洗涤煤气，可以吸收其中的苯和甲苯等。再蒸馏此重油，就可以从中获得苯和甲苯。

2）石油的芳构化

随着有机合成工业特别是塑料、纤维和橡胶三个合成材料工业的发展，芳烃的需求量不断

增加。从煤焦油(以及煤气)中分离出来的芳烃远远不能满足需要,因此发展了以石油为原料来制取芳烃的方法。此法主要是将轻汽油馏分中含6～8 个碳原子的烃类,在催化剂铂或钯等存在下,于 450～500℃进行脱氢,经环化和异构化等一系列复杂的化学反应使其转变为芳烃,工业上将这一过程称为铂重整,在铂重整中所发生的化学变化叫做芳构化。芳构化的成功使石油成为芳烃的主要来源之一。芳构化主要有下列几种反应:

(1) 环烷烃催化脱氢,如

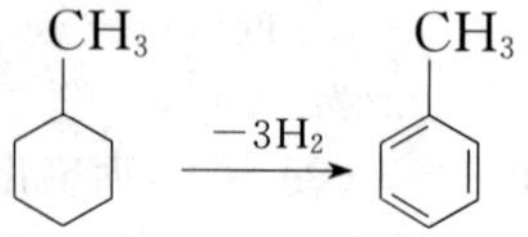

(2) 烷烃脱氢环化和再脱氢,如

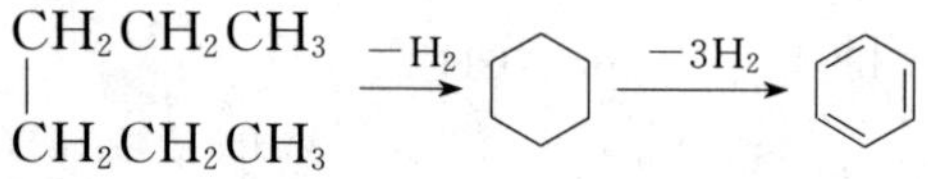

(3) 环烷烃异构化和脱氢,如

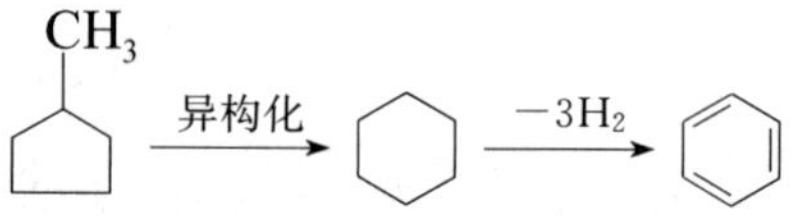

此外,在以生产乙烯为目的的石油裂解过程中,也有一定分量的芳烃生成,可以从液态焦油中回收得到。由于生产乙烯的石油裂解工厂较多,规模庞大,因此副产的芳烃数量较大,已成为芳烃的重要来源之一。

6.1.6 重要的单环芳烃

1) 苯

苯为无色、易挥发、易燃液体,熔点 5.5℃,沸点 80℃,有类似汽油的特殊气味,不溶于水而易溶于乙醇和乙醚等许多有机溶剂中,燃烧时发出光亮而带浓烟的火焰。它的蒸气与空气形成爆炸性混合物,爆炸极限 1.5%～8.0%(体积分数),苯有毒,能损害造血器官。工业上从焦炉气、煤焦油中提取、分馏而得,但常含有少量噻吩。石油化工迅速发展后,可由石油催化重整制得。

苯是化学工业和医药工业的重要基本原料,可用来制备染料、塑料、树脂、农药、合成药物、合成橡胶、合成纤维、合成洗涤剂等。

2) 甲苯

甲苯为无色易挥发的液体,熔点－95℃,沸点 111℃,有类似苯的特殊气味,不溶于水而溶于乙醇、乙醚和丙酮等有机溶剂,化学性质与苯相似。它的蒸气与空气可形成爆炸性混合物,爆炸极限 1.2%～7.0%(体积分数)。工业上可从煤焦油和石油催化重整制得。

甲苯是制造三硝基甲苯、对苯二甲酸、防腐剂、染料、泡沫塑料、合成纤维等的重要原料。

3) 二甲苯

二甲苯有邻、间、对三种异构体,混存于煤焦油中,其中邻位体约 10%、间位体约 70%、对位体约 20%。由于它们的沸点很相近(分别为 144℃、139℃、138℃),分离为纯品较困难,工业上常用的都是三种异构体的混合物。如采用高效分馏先将邻二甲苯分出,然后再用硫酸处理间位体与对位体的混合物,则间二甲苯被溶解而对二甲苯不溶解,这样就可分离。

混合二甲苯可作溶剂。邻二甲苯可用于制备邻苯二甲酸酐、染料、药物、增塑剂等的原料。间二甲苯可用于染料及香料工业。对二甲苯是生产聚酯纤维(涤纶)的原料。

4) 苯乙烯及其聚合物

工业上可用傅-克烷基化反应制备苯乙烯,将苯和乙烯在无水三氯化铝的催化下先生成乙苯,然后在某些金属氧化物(如 MgO、Fe_2O_3、K_2O、CuO 的混合催化剂)的存在下,经催化脱氢而得,产率很高。

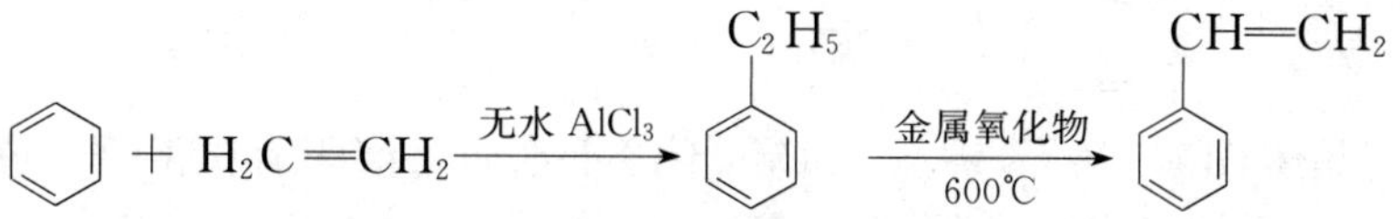

苯乙烯为无色易燃液体,有芳香气味,熔点 −33℃,沸点 146℃。苯乙烯极易聚合生成聚苯乙烯。

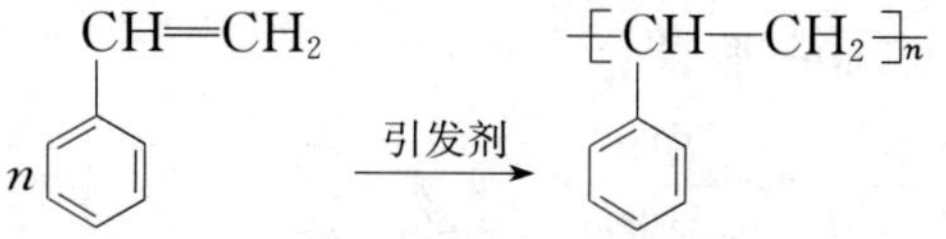

聚苯乙烯

聚苯乙烯是一种很好的塑料,具有绝缘、耐水性、耐腐蚀性,又具有良好的透光率和成型性能,可用于制造高频绝缘材料、光学器材、日用品等。

苯乙烯还大量用于与其他单体共聚,如与 1,3-丁二烯共聚,合成丁苯橡胶;与二乙烯苯共聚、磺化,生产离子交换树脂等。

6.2　多 环 芳 烃

分子中含有两个或两个以上的苯环结构的芳烃称为多环芳烃。按照苯环相互连接方式的不同,多环芳烃可分为如下三种:

(1) 联苯及联多苯。这类多环芳烃分子中有两个或两个以上的苯环直接以单键相连,如联苯、联三苯等。

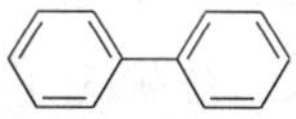

联苯

对联三苯

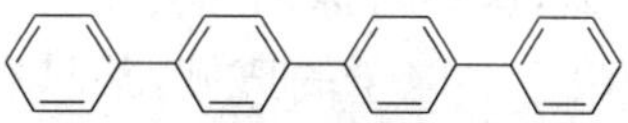

4,4′-二苯基联苯(联四苯)

(2) 多苯代脂烃类。这类多环芳烃可看作是脂肪烃中两个或两个以上的氢原子被苯基取代,如二苯甲烷(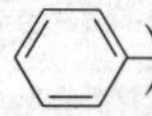$)_2CH_2$,它们的性质与单环芳烃的性质类似。

(3) 稠环芳烃。这类多环芳烃分子中有两个或两个以上的苯环以共用两个相邻碳原子的方式相互稠合,如萘、蒽、菲等。

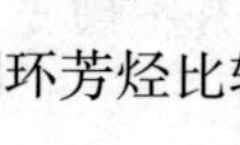

萘

蒽

菲

多环芳烃中以稠环芳烃比较重要。

6.2.1 联苯及其衍生物

工业上联苯是由苯蒸气通过温度在700℃以上的红热的铁管，热解得到。

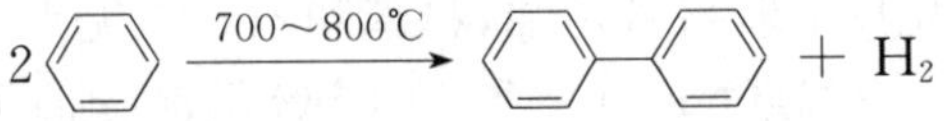

实验室中可由碘苯与铜粉共热而制得。

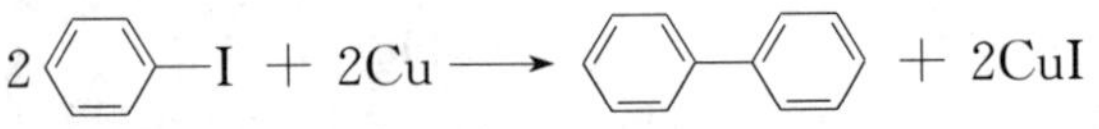

联苯为无色晶体，熔点70℃，沸点254℃，不溶于水而易溶于有机溶剂。联苯的化学性质与苯相似，在两苯环上均可发生磺化、硝化等取代反应。

联苯可看作是苯环上的一个氢原子被苯基所取代，而苯基是邻、对位定位基，所以当联苯发生亲电取代反应时，取代基主要进入苯基的对位，同时也有少量的邻位产物生成。例如，联苯硝化时，主要是生成4,4′-二硝基联苯。

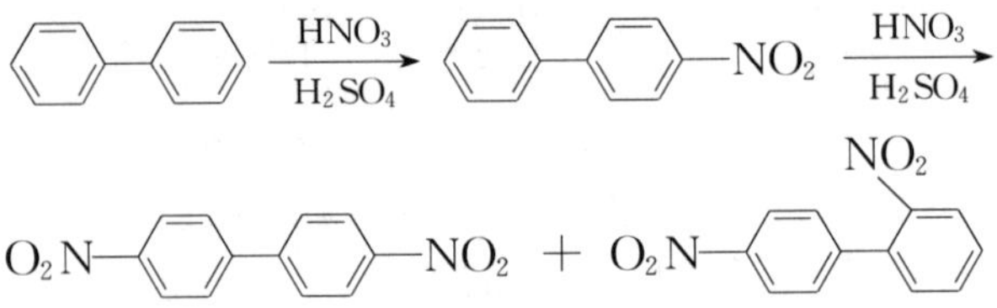

6.2.2 稠环芳烃

6.2.2.1 萘及其衍生物

萘是最简单的稠环芳烃，分子式为$C_{10}H_8$。它是煤焦油中含量最多的芳香族化合物，约达6%，是重要的化工原料。

萘的结构式和苯类似，也是一个平面形分子。萘分子中每个碳原子也是以sp^2杂化轨道与相邻的碳原子以及氢原子的1s轨道相互重叠而形成σ键。十个碳原子都处在同一平面内，连接成两个稠合的六元环，八个氢原子也在这个平面内。每个碳原子还都剩余一个垂直于这个平面的p轨道，这些对称轴相互平行的p轨道在侧面相互交盖，形成一个闭合的离域大π键π_{10}^{10}(图6-5)。由于π电子的离域，萘具有255kJ/mol的离域能(共振能)，小于苯的离域能的两倍[2×150.7=301.4(kJ/mol)]，故萘的稳定性比苯差。

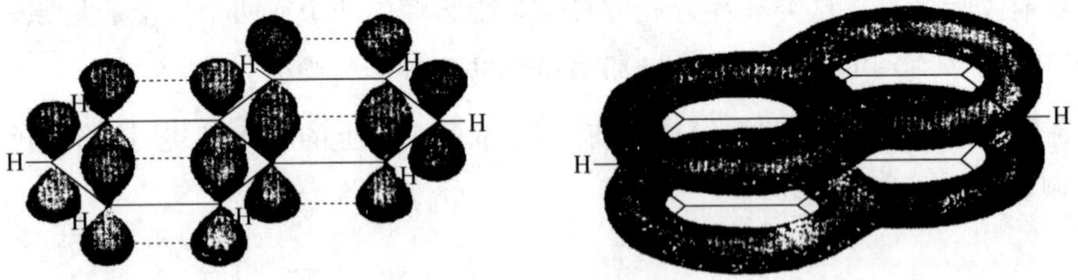

图6-5 萘的π分子轨道示意图

由于萘分子中的各碳原子的位置不是等同的，键长平均化并不彻底。经X射线衍射法测定萘分子各键的键长如下：

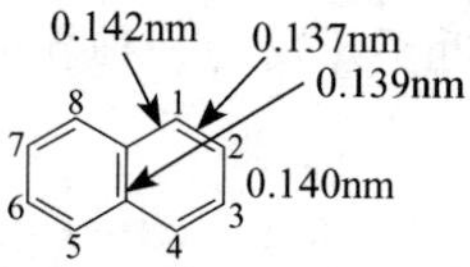

萘分子结构可用如下共振结构式表示：

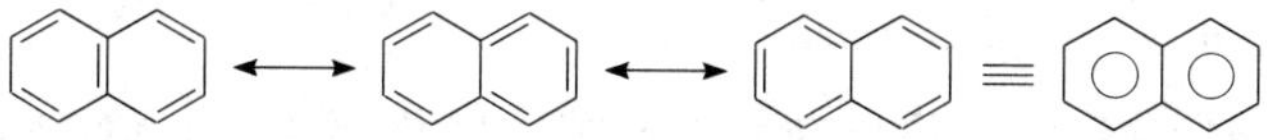

但一般常用下式来表示：

其中，1、4、5、8 四个碳原子位置等同，称为 α-位；2、3、6、7 四个碳原子位置等同，称为 β-位。因此萘的一元取代物可有两种。二元取代物中，若两个取代基相同则有十种异构体，若两个取代基不同则有 14 种异构体。三元取代物就更复杂了。

萘是白色晶体，熔点 80.5℃，沸点 218℃，有特殊气味，易升华。它不溶于水，易溶于有机溶剂如热乙醇及乙醚等。萘曾用作防蛀剂，并在染料合成中应用很广。

萘的化学性质与苯相似，但亲电活性比苯活泼，既比苯容易进行亲电取代反应，又比苯容易进行加成和氧化反应。这是因为萘的 π 电子云平均化并不彻底，在加成和氧化反应时，打开一个苯环所需的能量比苯小[$2\times150.7-255.2=46.2$(kJ/mol)]。

1) 取代反应

萘可以发生亲电取代反应。萘的 α-位活性大于 β-位，这可以用中间体碳正离子的稳定性及其形成过渡态时的活化能高低来解释。当萘的 α-位被取代时，中间体碳正离子的结构可以用下列共振结构式来表示：

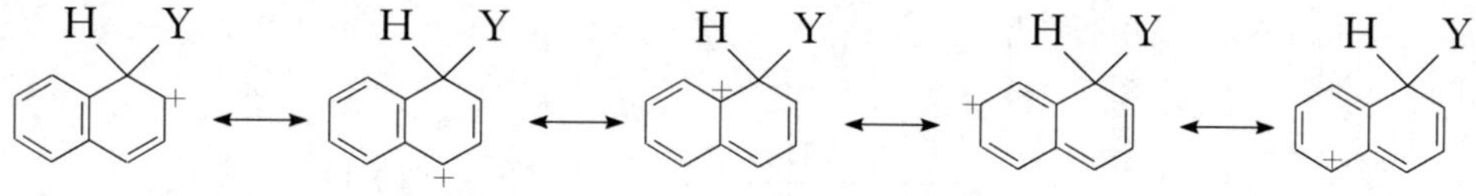

如果 β-位被取代，则中间体碳正离子的结构可以用下列共振结构式表示：

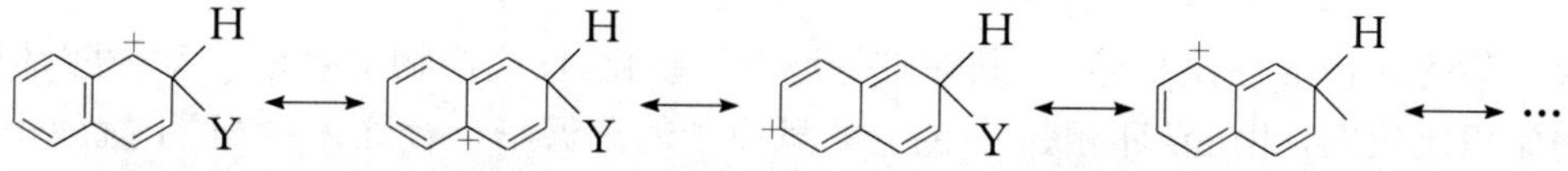

在 α-位取代所形成的共振结构式中，第一、第二两个共振结构式仍保持了一个苯环的结构，它们的能量比较低，在共振杂化体中贡献较大。在 β-位取代的共振结构式中，只有第一个共振结构式保留了苯环的结构，它的能量低，贡献大，其余四个共振结构式能量都较高，所以就整个共振杂化体来说，β 取代的能量比 α 取代的高，β 取代的中间体碳正离子在形成过渡态时，活化能也较高，因此萘的亲电取代一般发生在 α-位。

(1) 卤代。萘与溴的四氯化碳溶液一起加热回流，反应在不加催化剂的情况下就可进行，得到 α-溴萘。制备氯萘是在氯化铁作用下，将氯气通入熔融的萘中，主要得到 α-氯萘。

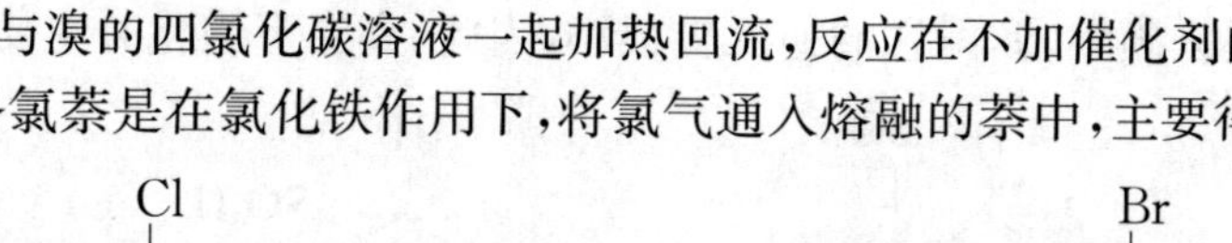

α-氯萘　95%　　　　α-溴萘　72%～75%

次氯酸叔丁酯负载到 SiO_2 上是近年开发的一种新的氯化剂，与芳烃反应条件温和，转化率高，选择性好，如

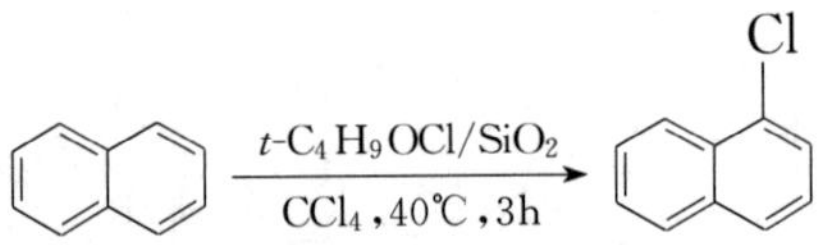

（转化率 93%，选择性 100%）

（2）硝化。萘用混酸硝化，α-位反应速率比苯的硝化要快 750 倍，β-位比苯快 50 倍，主要产物为 α-硝基萘。该反应室温下即可进行，工业上通常在温热情况下进行，为防止二硝基萘的生成，所用混酸的浓度比苯硝化时低。

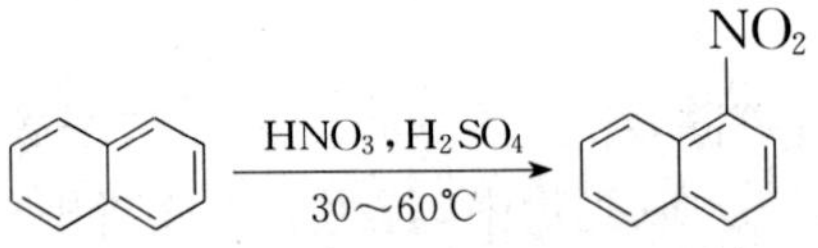

α-硝基萘是黄色针状结晶，熔点 61℃，不溶于水而溶于有机溶剂，常用于制备 α-萘胺、α-萘酚等染料中间体。

（3）磺化。萘的磺化反应与苯的磺化一样是可逆反应。因为 α-位比 β-位活泼，所以当用浓 H_2SO_4 磺化时，在 80℃以下主要生成 α-萘磺酸，而在较高的温度（165℃）时则主要生成 β-萘磺酸。若把 α-萘磺酸与硫酸共热至 165℃时，即转变为 β-萘磺酸。

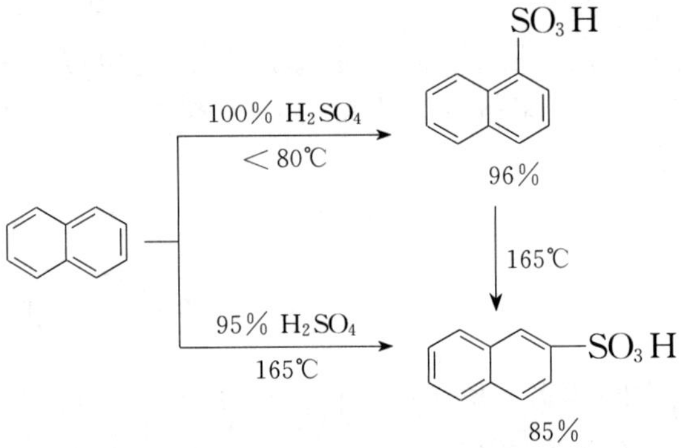

由于萘的 α-位活性比 β-位大，萘在较低温度下磺化，反应产物主要是 α-萘磺酸，但由于磺酸基的体积比较大，处在异环相邻 α-位上的氢原子的范德华半径之内，空间干扰使得 α-萘磺酸比较不稳定。虽然如此，在较低的磺化温度下，α-萘磺酸的生成速率快，而且在低温时逆反应并不显著，α-萘磺酸生成后不易转变成其他化合物，所以仍可以得到 α-取代产物。当在较高温度下磺化时，先生成的 α-萘磺酸也可发生显著的逆反应而转变为萘，即它的脱磺酸基反应速率也增加。此外，β-萘磺酸具有较大的热力学稳定性，该反应是热力学控制的反应。在较高温度下，β-萘磺酸也容易生成，且由于不存在磺酸基与邻环 α-H 的空间干扰，它比 α-萘磺酸稳定，生成后又不易脱去磺酸基，即它的逆反应很小，因此，高温下磺化时主要得到 β-萘磺酸。

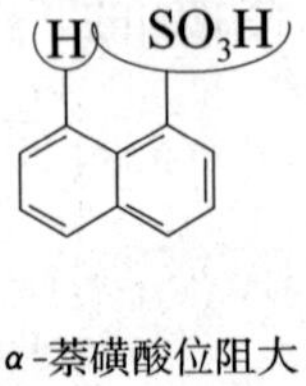

α-萘磺酸位阻大

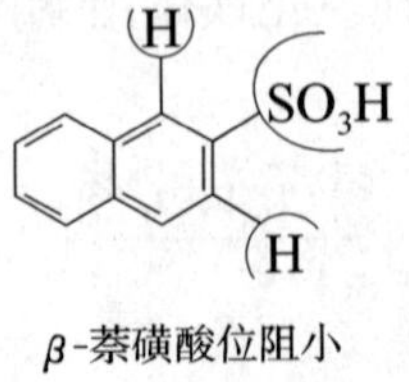

β-萘磺酸位阻小

在萘的亲电取代反应中，主要生成α-取代物。β-取代物只有β-萘磺酸比较易得，故其他β-取代物往往通过β-萘磺酸来制备，如

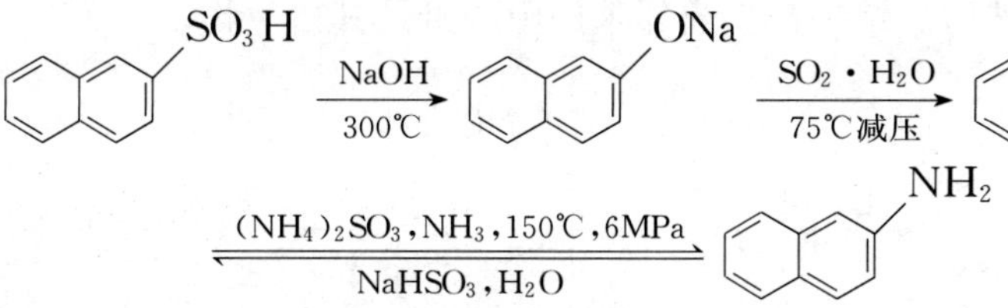

(4) 傅瑞德-克来福特反应。萘的酰基化反应常常得到混合物，一般用氯化铝作催化剂。在非极性溶剂(如二硫化碳或1,1,2,2-四氯乙烷)中，产物以α-异构体为主，但难同β-异构体分离，如

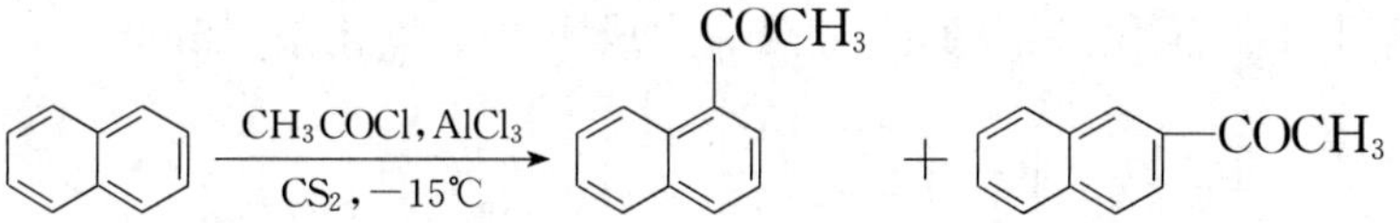

3 : 1

在极性溶剂(如硝基苯)中，产物通常以β-异构体为主，这可能是由于CH_3COCl、$AlCl_3$和$C_6H_5NO_2$形成的络合物体积较大，使之不易进攻α-位，即由于空间效应造成的，如

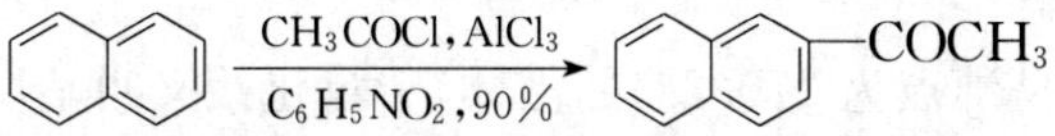

由于萘较苯活泼，萘的烷基化易生成多烷基萘，同时反应过程中萘环易破裂，所以烷基化产率较低。但在萘的α-位引入羧甲基则有实有价值。例如，在加热和催化剂作用下，萘与氯乙酸反应，生成α-萘乙酸，这是生产α-萘乙酸的方法之一。

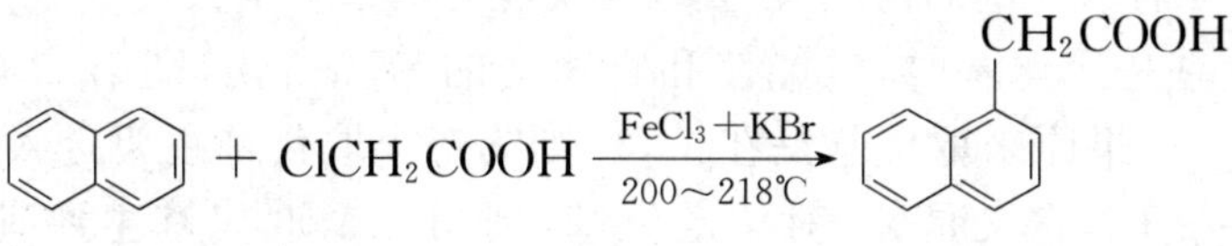

α-萘乙酸简称NAA(α-naphthyl acetic acid)。纯品为无色针状或粉末状晶体，熔点134.5～135.5℃，难溶于冷水，易溶于热水、乙醇和乙酸等。α-萘乙酸是一种植物生长激素，能促使植物生根、开花、早熟、多产，对人畜无害。

2) 氧化反应

萘比苯容易被氧化，随氧化条件不同产物也不相同，如

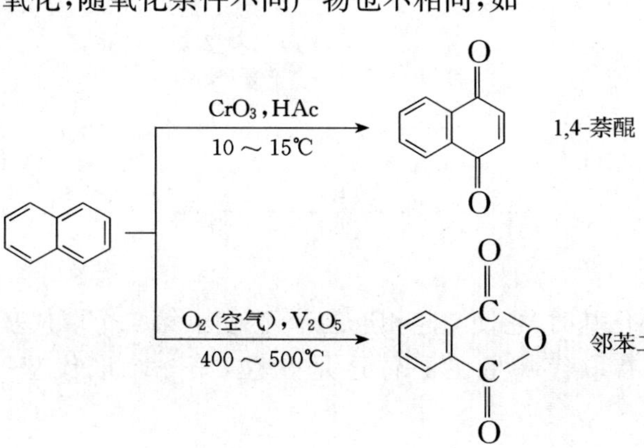

取代萘被氧化时哪一个环破裂，取决于取代基的性质。两个环中比较活泼（电子云密度比较高）的环被氧化破裂。若取代基为活化基，则连接取代基的苯环被氧化破裂；若取代基为钝化基，则另一苯环被氧化破裂。结果都生成邻苯二甲酸酐及其衍生物。

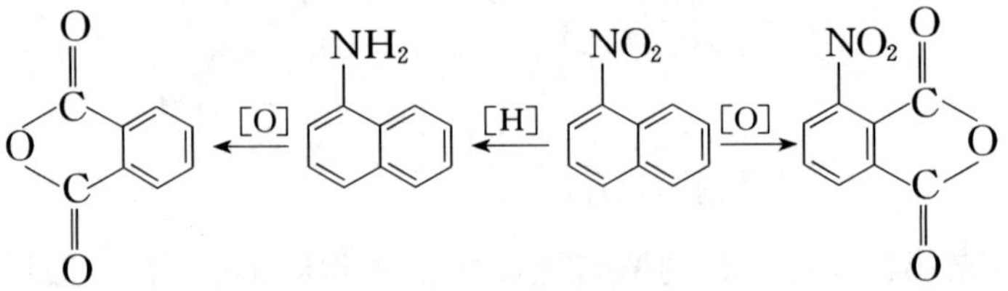

3）还原反应

萘的还原反应比苯容易，但比烯烃困难。用金属钠和溶解在乙醇中的萘反应时，萘被还原成1,4-二氢化萘，1,4-二氢化萘不稳定，加热后生成1,2-二氢化萘，如

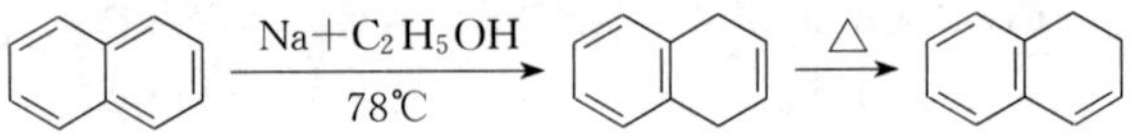

若在强烈条件下还原，则生成四氢化萘和十氢化萘，如

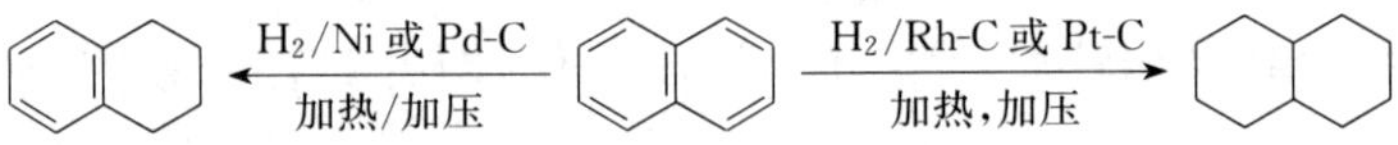

四氢化萘又叫萘满，是沸点为270.2℃的液体，十氢化萘又叫萘烷，是沸点为191.7℃的液体，它们都是良好的高沸点溶剂。

4）萘环的二取代定位规律

萘衍生物进行亲电取代反应的定位规律比苯衍生物复杂，原则上讲，在萘环上引入第二个取代基的位置要由原有取代基的性质、位置以及反应时的条件来决定。

当原有的取代基是活化基时，它能使和它相连的苯环活化，则第二个取代基就进入该环，即“同环取代”。如果原来取代基是在α-位，则第二个取代基主要进入同环的另一α-位。如果原来取代基在β-位，它又是邻、对位定位基，则第二个取代基主要进入与它相邻的α-位，如

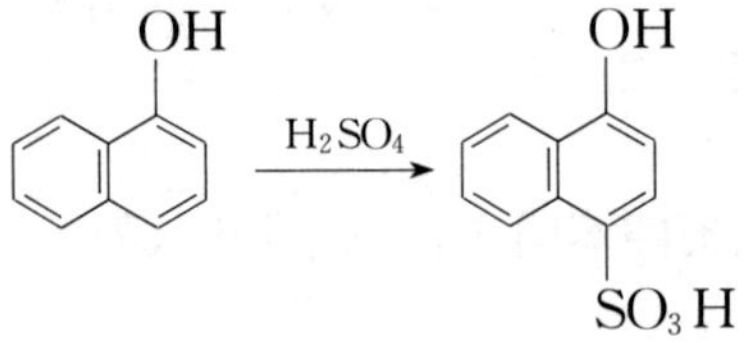

主要产物

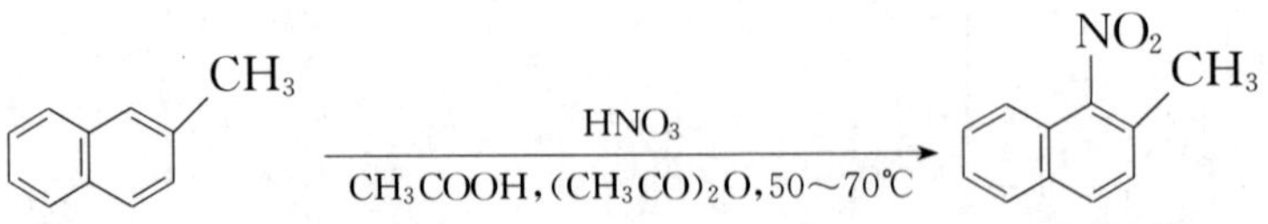

主要产物

当原有的取代基是钝化基时，它使与它相连的苯环钝化，第二个取代基主要进入另一个环上，即异环取代。不论原有取代基是在α-位还是β-位，第二个取代基一般进入另一环的α-位，如

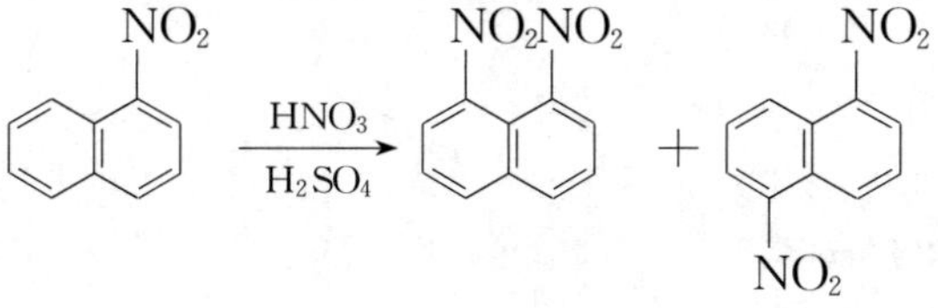

15%　　　　45%

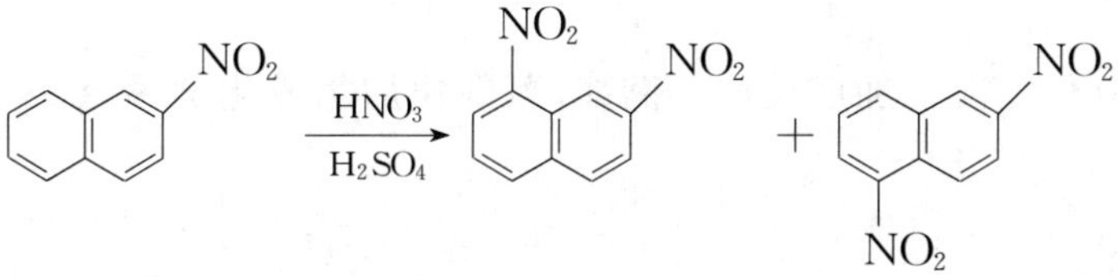

主要产物　　　　次要产物

上述仅仅是一般原则，实际上影响萘的亲电取代反应的因素比较复杂，因此有许多萘衍生物取代反应定位并不完全符合上述规律。尤其是可逆反应，产物随条件不同而变化。例如，2-取代萘的磺化和傅-克酰基化反应如下：

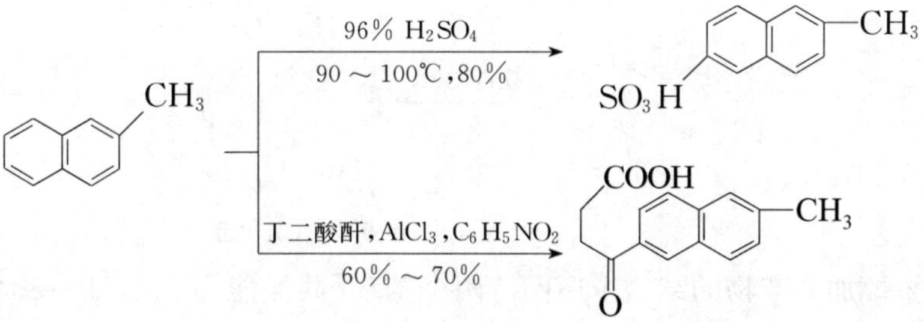

6.2.2.2　蒽及其衍生物

蒽存在于煤焦油中，分子式为 $C_{14}H_{10}$，可以从分馏煤焦油的蒽油馏分中提取。蒽分子是由三个苯环稠合而成。分子中所有的碳原子和氢原子都在同一个平面内，与萘相似，环上相邻的碳原子上的 p 轨道侧面相互交盖，形成闭合共轭大 π_{14}^{14} 键。蒽环上键长的平均化也不彻底。蒽的结构和键长可表示如下：

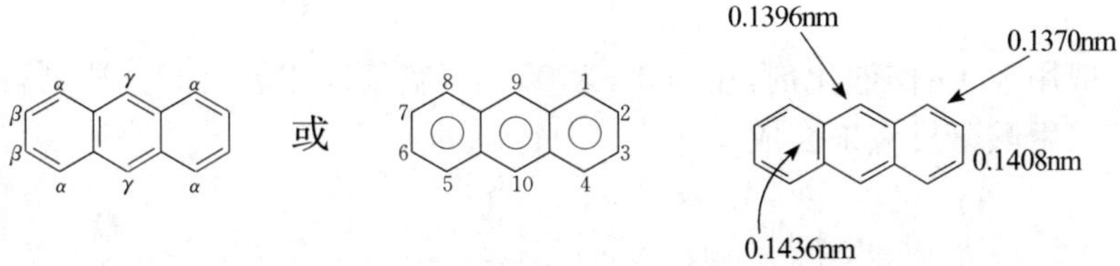

蒽的各碳原子的位置也不完全相同，其中 1、4、5、8 位是相同的，称为 α-位；2、3、6、7 位也相同，称为 β-位；9、10 位相同，称为 γ-位，或称中位。因此，蒽的一元取代物有 α、β、γ 三种异构体。

蒽是白色片状结晶，具有蓝色荧光，熔点 216℃，沸点 340℃，不溶于水，难溶于乙醇和乙醚，而能溶于苯等有机溶剂。

蒽比萘更容易发生化学反应。蒽的 γ-位最活泼，反应优先发生在 γ-位。蒽的共振能是 351kJ/mol。如果与苯、萘的共振能比较，可以看出，随着分子稠合环的数目增加，每个环的共振能数值却逐渐下降，所以稳定性也逐渐下降。与此相应，它们也越来越容易进行氧化和加成反应。

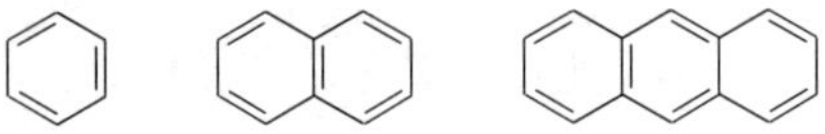

共振能/(kJ/mol)	152	255	351
每个环共振能/(kJ/mol)	152	128	117
化学反应性能	活泼性增加→		

蒽容易在9、10位上发生加成反应。例如,蒽催化加氢或化学还原($Na+C_2H_5OH$)生成9,10-二氢化蒽。

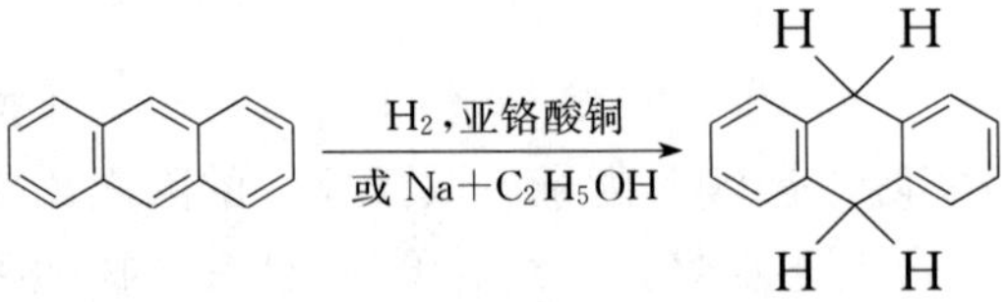

氯或溴在低温下就可与蒽发生加成反应,如

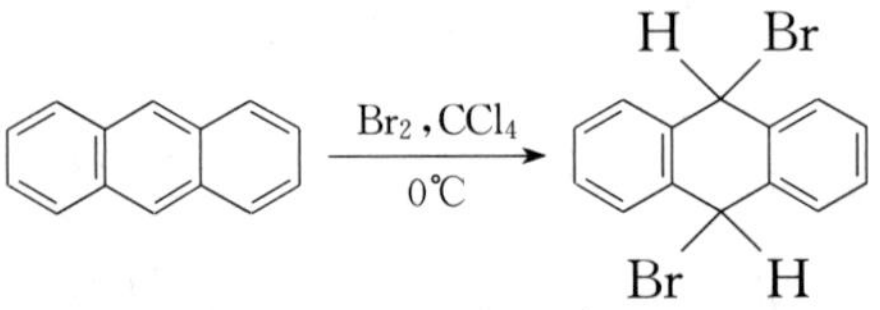

9,10-二溴-9,10-二氢化蒽

因为蒽的γ-位加成产物的结构中还保持两个苯环[共振能为$2\times152=304$(kJ/mol)],而α-位或β-位的加成产物中则留有一个萘环(共振能为255kJ/mol),前者比后者更稳定,因此9、10位容易发生加成反应。蒽的其他反应也往往发生在γ-位。重铬酸钾加硫酸可使蒽氧化为蒽醌。

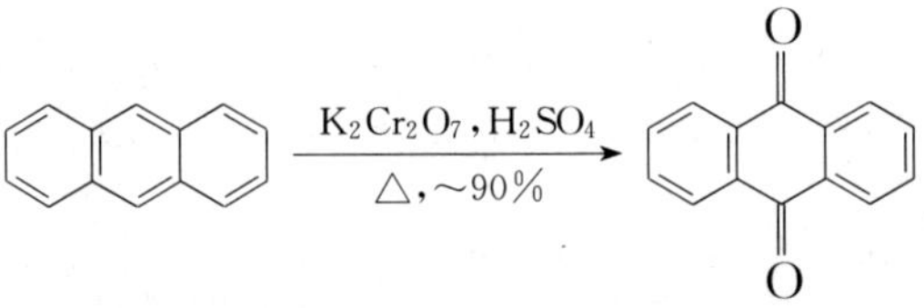

工业上一般用V_2O_5作催化剂,在300~500℃下,空气催化氧化的方法制备蒽醌。它也可以用苯和邻苯二甲酸酐反应来合成。

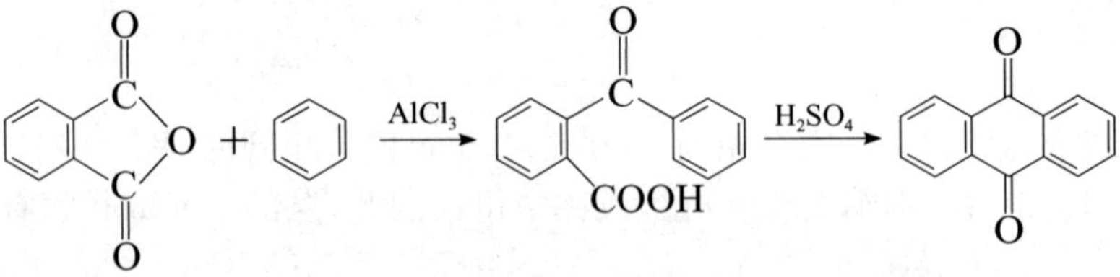

蒽醌是浅黄色晶体,熔点275℃,蒽醌不溶于水,也难溶于多数有机溶剂,但易溶于浓硫酸。蒽醌及其衍生物是合成许多蒽醌类染料的重要原料。其中,β-蒽醌磺酸尤为重要,它可由蒽醌经发烟硫酸磺化制得。

蒽容易发生取代反应,但由于取代产物往往都是混合物,在有机合成上没有实用价值。由于蒽的芳香性比较差,且在9、10位比较活泼,因此蒽可作为双烯体发生第尔斯-阿尔德反

应，如

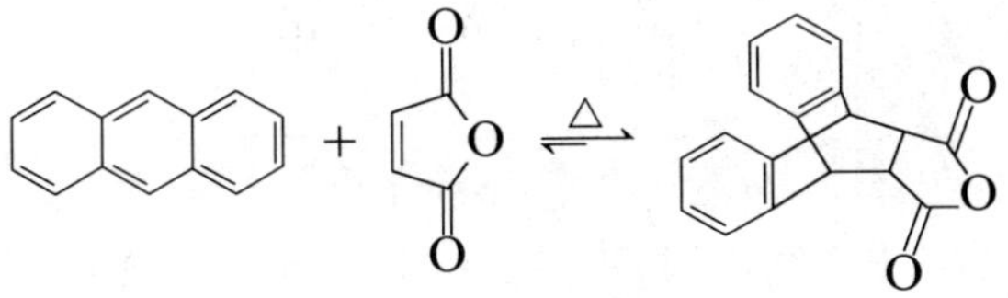

此反应常被用来测定蒽。

上述反应若在微波(microwave，MW)辐射下进行，反应仅 1min，产率为 90%，而采用传统加热则需要 90min。与此相似，蒽与反丁烯二酸二甲酯进行的第尔斯-阿尔德反应，用传统加热需 4h，产率为 67%，而用微波辐射，仅需 4min，产率达 87%。

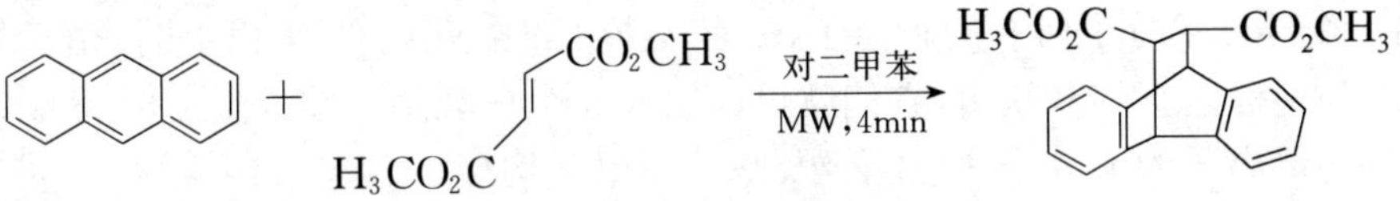

在这里，微波是作为有机反应的热源，它不仅可提供热能，还可加速反应(有时反应速率可提高 10^3 倍)。其应用范围除第尔斯-阿尔德反应外，在催化氢化、亲核取代反应、自由基反应、氧化反应、烷基化反应和重排反应等方面的应用也已见诸报道。

6.2.2.3　菲

菲也存在于煤焦油的蒽油馏分中，分子式为 $C_{14}H_{10}$，与蒽互为同分异构体。它由三个苯环以角式稠合而成。菲的构造式可用下式表示：

在菲分子中有五对相互对应的位置，即 1 和 8、2 和 7、3 和 6、4 和 5、9 和 10 位，所以菲一元取代物就有五种。

菲为白色片状结晶，有荧光，熔点 101℃，沸点 340℃。不溶于水，易溶于苯和乙醚等有机溶剂，溶液呈蓝色荧光。

菲的离域能为 382kJ/mol，芳香性与稳定性均比蒽强，化学活性比蒽弱，性质与蒽相似，也可发生加成、氧化和取代等反应，并首先发生在 9、10 位，如

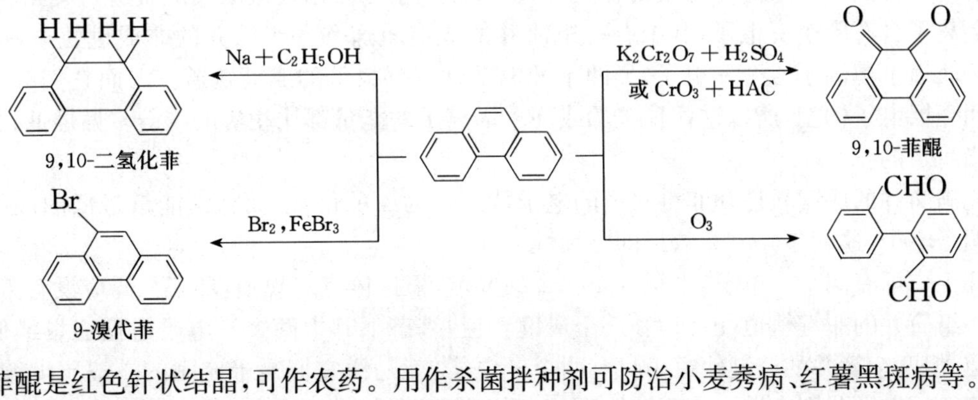

菲醌是红色针状结晶，可作农药。用作杀菌拌种剂可防治小麦莠病、红薯黑斑病等。

6.3 非苯芳烃

6.3.1 休克尔规则

前面讨论的芳烃都含有苯环结构，是不是具有芳香性的化合物一定要含有苯环？1931 年德国化学家休克尔(Hückel)发现：如果一个单环化合物具有闭合的共轭体系，且成环原子共平面，它的 π 电子数为 $4n+2(n=0,1,2,\cdots)$，则该化合物就具有芳香性。这个规则称为休克尔规则，或 $4n+2$ 规则。

休克尔规则的理论解释可从这类体系的分子轨道能级图中得到答案。环多烯的通式为 C_nH_n。当一个环多烯分子所有的碳原子(n 个)处在(或接近)一个平面上时，由于每个碳原子都具有一个与平面垂直的 p 轨道，它们就可以组成 n 个 π 轨道。图 6-6 为 3～8 个碳原子的各环多烯或环多烯离子的 π 分子轨道能级及基态 π 电子构型。

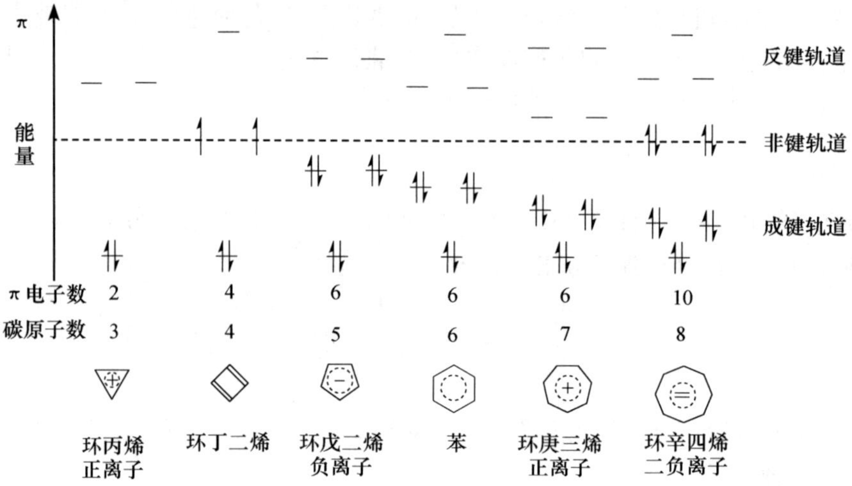

图 6-6　环多烯 C_nH_n 或环多烯离子的 π 分子轨道能级和基态电子构型

从图 6-6 中可以看出，当环上的 π 电子数为 2，6，10，…，即($4n+2$)时，π 电子正好填满成键轨道(有些也填满非键轨道)，即具有闭壳层的电子构型。例如，苯含有六个 π 电子，基态下四个 π 电子占据了一组简并的成键轨道，另两个 π 电子则占据最低的成键轨道。又如，环辛四烯二负离子含有十个 π 电子，其中有一组简并的成键轨道和一组简并的非成键轨道($n=2$)，这四个轨道上填满了八个 π 电子，另两个 π 电子则占据最低的成键轨道。因而它们都具有稳定的闭壳层电子构型，所以这些环多烯或环多烯离子的能量都比相应的直链多烯烃低，它们都是相当稳定的。

充满简并的成键轨道和非键轨道的电子数正好为 4 的倍数，而充满能量最低的成键轨道需要两个电子，这就是 $4n+2$ 数目的合理性所在。

环丁二烯有四个 π 电子，不符合 $4n+2$ 的要求，根据休克尔规则，环丁二烯应没有芳香性。它有一组简并的非键轨道($n=1$)和一个成键轨道，基态下其中两个 π 电子占据能量最低的成键轨道，但两个简并的非键轨道中只有两个 π 电子，就是说它们是半充满的。按照洪德规则，它的两个 π 电子分别占据一个非键轨道，这是个极不稳定的双基自由基。实验证实，环丁二烯只能在极低温度下才能存在。凡 π 电子数符合 $4n$ 的离域的平面环状体系，基态下它们的 N

组简并轨道都如环丁二烯那样缺少两个电子，也就是说，都含有半充满的电子构型，这类化合物不但没有芳香性，而且它们的能量都比相应的直链多烯烃要高得多，即它们的稳定性很差，通常将它们叫做反芳香性化合物。

环辛四烯分子有八个 π 电子，属 $4n$ 体系，但它并不显示一般的反芳香性化合物(如环丁二烯)那样异常高的反应活性，却能发生一般的单烯烃所具有的典型反应。也就是说，环辛四烯既不是反芳香性化合物，也不是芳香性化合物，这是因为环辛四烯是个非平面的分子，因而 $4n$ 规则不适用于环辛四烯分子。经测定，环辛四烯的八个碳原子不在同一个平面上，其中碳碳双键和碳碳单键的键长分别为 0.134nm 和 0.148nm，因此它具有烯烃的性质，是非芳香性的化合物。

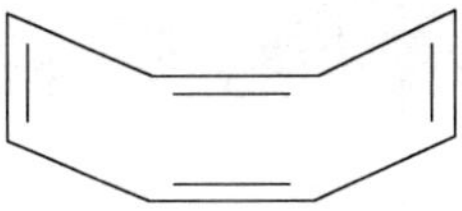

环辛四烯结构

6.3.2　非苯芳烃芳香性的判断

凡符合休克尔规则，具有芳香性而构造上不含苯环结构的环状烃类统称为非苯芳烃。通常它们是一些环多烯和具有芳香性的离子等。

6.3.2.1　具有芳香性的离子

1) 环丙烯正离子

环丙烯正离子的盐是通过 3-氯环丙烯与五氯化锑或三氯化铝等作用制得的。

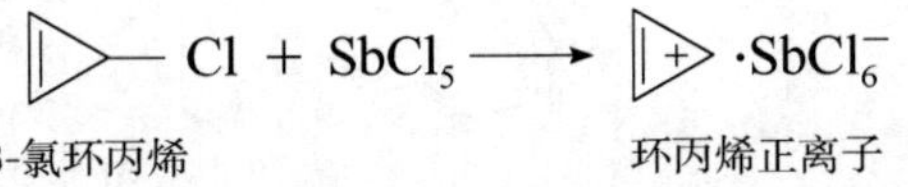

环丙烯正离子的两个 π 电子完全离域在环的三个碳原子上，形成了缺电子型的 π_3^2 大 π 键。它的 π 电子数目符合休克尔规则($n=0, 4n+2=2$)。经测定环丙烯正离子的环中碳碳键长都是 0.140nm，和苯的碳碳键 0.139nm 接近。从图 6-6 可见，环丙烯正离子基态下的两个 π 电子正好填满一个成键轨道，所以它具有芳香性。现已合成了一些具有一定稳定性的取代环丙烯正离子的盐，如三苯基环丙烯正离子氟硼酸盐：

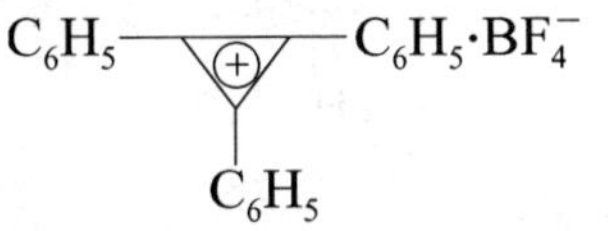

2) 环戊二烯负离子

环戊二烯分子中亚甲基上的氢原子显酸性($pK_a=16.0$)，当用金属锂或强碱叔丁醇钾与其反应时，则生成比较稳定的环戊二烯负离子的盐。

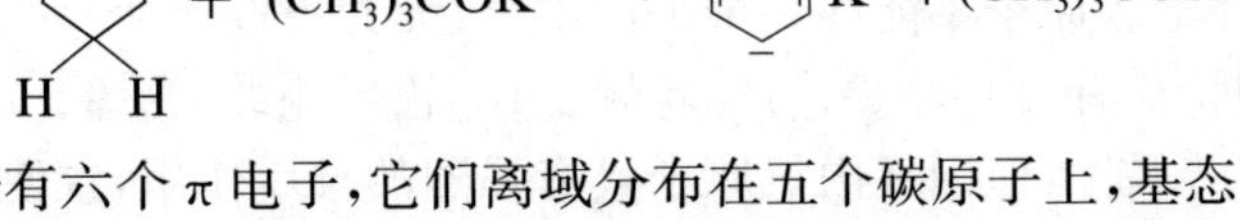

环戊二烯负离子有六个 π 电子，它们离域分布在五个碳原子上，基态下三个成键轨道正好被六个 π 电子填满(图 6-6)。环戊二烯负离子虽然不含苯环，但它具有六个 π 电子，符合 $4n+2$ 规则，因此它具有芳香性。环烯是一种由具有潜在的负电荷和正电荷组成的芳香体系。

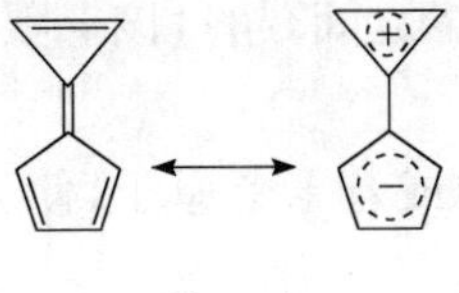

3）环庚三烯正离子

环庚三烯和三苯甲基正离子在 SO_2 溶液中作用，生成较稳定的环庚三烯正离子和三苯甲烷。

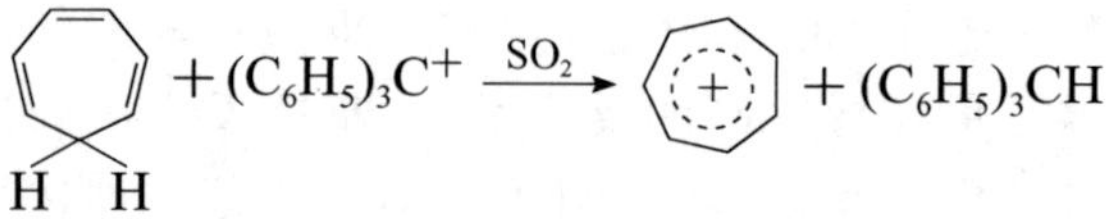

环庚三烯正离子有六个 π 电子，它们离域分布在七个碳原子上，也符合休克尔规则，具有芳香性。环庚三烯酮类似环丙烯酮，也具有芳香性。

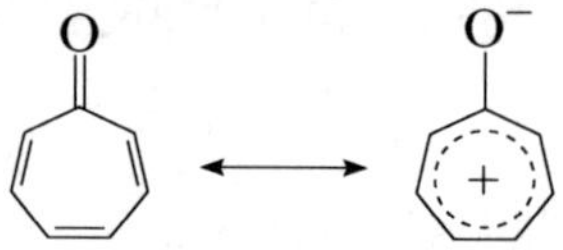

4）薁(偶极离子)

薁的分子式为 $C_{10}H_8$，是萘的异构体。它是由一个五元环和一个七元环稠合而成的，它有十个 π 电子，且有较高的偶极矩(1.08)。据此可以说明它和一般烃的构造不同，可以把它看成是由环庚三烯正离子和环戊二烯负离子稠合而成的。薁是天蓝色固体，熔点 99℃，符合休克尔规则，是典型的稳定非苯芳烃，可以发生某些典型的芳烃亲电取代反应，如硝化、乙酰化等反应，易异构化生成萘。

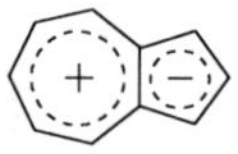

6.3.2.2　环多烯

1）轮烯

通常将 $n\geqslant10$ 的一类共轭单环多烯烃 C_nH_n 称为轮烯。命名时把成环的碳原子数填在方括号中，写在母体轮烯之前，如

[10]轮烯

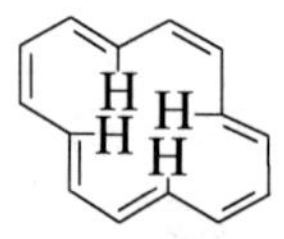

[14]轮烯

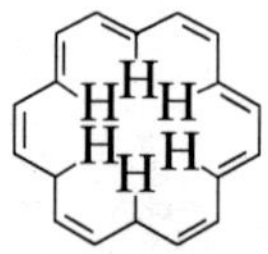

[18]轮烯

可根据休克尔规则判断它们是否具有芳香性，首先看环上的碳原子是否均处于一个平面内，其次看 π 电子数是否符合 $4n+2$。[18]轮烯环上碳原子基本上在一个平面内，π 电子数为 $4n+2(n=4)$，因此有芳香性。又如[10]轮烯，π 电子数符合 $4n+2(n=2)$，但由于环内两个氢原子的空间位阻，使环上碳原子不能在一个平面内，故无芳香性。

目前已合成出的轮烯有[14]轮烯、[16]轮烯、[18]轮烯、[22]轮烯、[24]轮烯、[30]轮烯等。[14]轮烯按理应该有芳香性，但因环内氢原子具有强烈的排斥作用，致使环上碳原子不能在同一平面上，所以[14]轮烯没有芳香性。[16]轮烯和[24]轮烯因为 π 电子数不符合休克尔规则，都无芳香性。[30]轮烯的 π 电子数虽符合休克尔规则，但它没有芳香性。据计算认为休克尔规则有一上限，在[22]轮烯和[26]轮烯之间，超过该上限的轮烯就不服从休克尔规则了。

2）周边共轭体系化合物

在环状共轭多烯的环内引入一个或若干个原子，使环内原子与若干个成环的碳原子以单

键相连，这样的化合物称为周边共轭体系化合物，如

Ⅰ

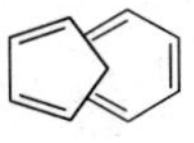
Ⅱ

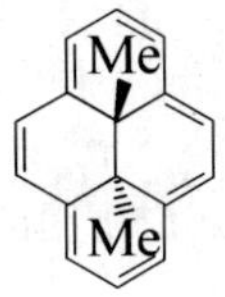
Ⅲ

Ⅰ的 π 电子数是 12，没有芳香性。Ⅱ可以看作是[10]轮烯中的两个 H 被 CH_2 取代，中心原子的引入排除了两个氢之间的排斥，利于将环拉紧，使其成环平面结构，π 电子数为 10，符合 $4n+2$，有芳香性。同样Ⅲ也符合 $4n+2$，具有芳香性。

3）富烯及衍生物

环烯间以双键相连构成的化合物称为富烯型分子，如

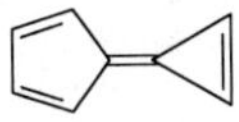
Ⅳ

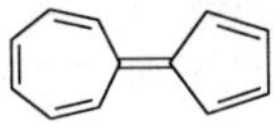
Ⅴ

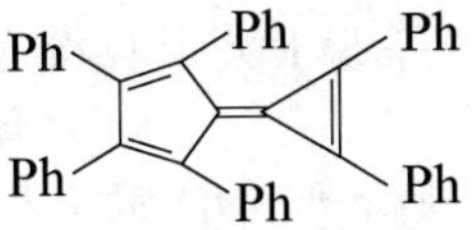
Ⅵ

这类化合物的偶极矩很大，如Ⅵ的 $\mu=6.3\times10^{-30}$ C · m，说明电荷有很大程度的分离。

对这类分子的芳香性的判断也用 $4n+2$ 规则。其基本方法是将分子先写成偶极结构式，分别对两个电荷相反的共轭环进行判别，确定它们的 π 电子数是否符合 $4n+2$ 规则，若两个环都满足，则整个分子具有芳香性。

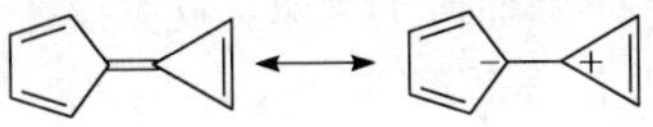
Ⅳ　　　Ⅶ

将Ⅳ写成Ⅶ后，Ⅶ中五元环为六个 π 电子，三元环为两个 π 电子，都满足 $4n+2$ 规则，所以Ⅳ具有芳香性。

习　　题

（一）基础知识练习题

1. 单项选择题。

（1）下列化合物硝化反应比苯慢，且硝化产物是邻、对位的是（　　）。

A. $PhCH(CH_3)_2$　　B. PhCOOH　　C. $PhCOCH_3$　　D. PhCl

（2）下列化合物用高锰酸钾氧化生成一元芳香酸的是（　　）。

A. 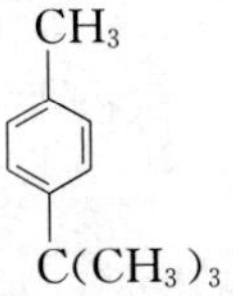

B. 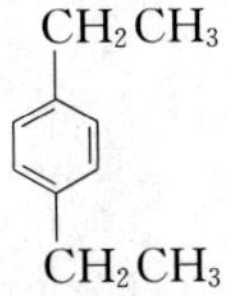

C. 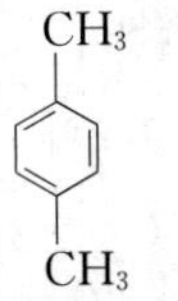

D. 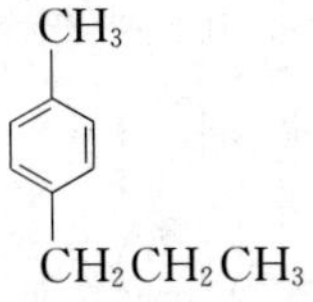

（3）下列化合物中无芳香性的是（　　）。

A. 

B. 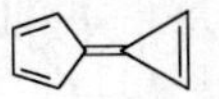

C. 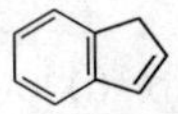

D. 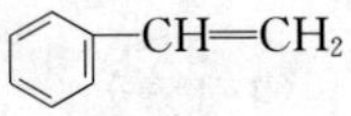

(4) 下列化合物不能发生芳环上烷基化反应的是(　　)。

A. 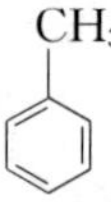　　B. 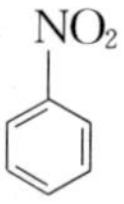　　C. 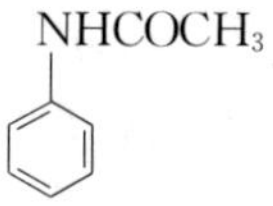　　D. 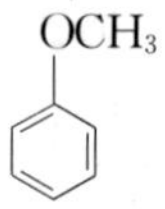

(5) 苯发生氯甲基化反应所用试剂是(　　)。

A. HCHO+HCl　　B. CO+HCl　　C. CH_3Cl　　D. Cl_2/Fe

(6) 下列试剂处理甲苯,可以得到苄基溴的是(　　)。

A. DMF　　B. DMSO　　C. NBS　　D. THF

(7) 下列共振结构式中,共振结构对共振杂环体贡献最大的是(　　)。

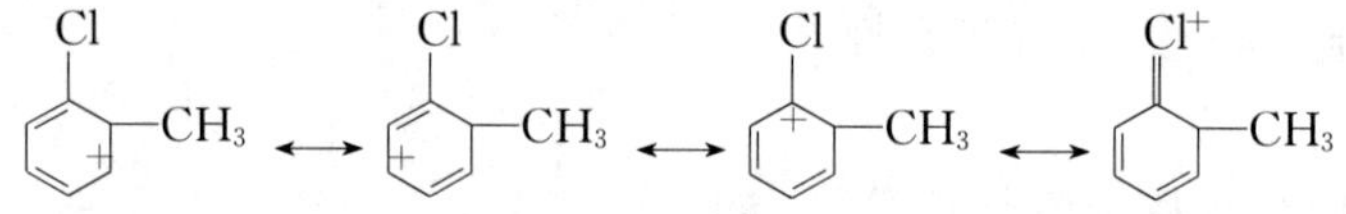

A　　B　　C　　D

(8) 下列化合物在常温下能使溴水褪色的是(　　)。

A. 苯　　B. 环己烷　　C. 甲苯　　D. 环丙烷

(9) 根据定向法则,下列基团是间位定位基的是(　　)。

A. 带有未共享电子对的基团　　B. 负离子

C. 致活基团　　D. 带正电荷或吸电子基团

(10) 萘最易溶于(　　)溶剂。

A. 水　　B. 乙醇　　C. 苯　　D. 乙酸

2. 判断题。

(1) 苯与溴的反应铁催化时为亲电取代反应,光照条件下为自由基取代反应。(　　)

(2) 傅-克烷基化反应易得到多取代产物,而傅-克酰基化反应很难得到多取代产物。(　　)

(3) 单取代烷基苯氧化产物均为苯甲酸。(　　)

(4) 苯环上的邻对位定位基为活化基团,而间位定位基为钝化基团。(　　)

(5) 凡具有 $4n+2$ 个 π 电子的共轭体系均具有芳香性。(　　)

(6) 萘比苯更容易发生亲电取代反应,且 α 位反应活性高于 β 位。(　　)

(7) 萘环的碳碳键的键长没有完全平均化,因此它具有一定的双键性质。(　　)

(8) 氯甲基化反应也属于傅-克反应。(　　)

(9) 3-苯基丙腈和 3-苯基丙烯腈的定位作用一致。(　　)

(10) 邻乙基甲苯被高锰酸钾酸性溶液氧化后的产物是苯甲酸酐。(　　)

3. 将下列各组化合物按环上硝化反应的活泼性顺序排列。

(1) 苯、甲苯、对二甲苯、间二甲苯

(2) 苯、乙苯、氯苯、苯甲醚、苯甲酸

(3) 苯酚、对硝基苯酚、2,4-二硝基氯苯、2,4-二硝基苯酚

(4) 苯酚钠、乙酰苯胺、苯、硝基苯

4. 指出下列化合物中哪些具有芳香性。

(1) 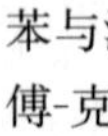　　(2) 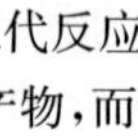　　(3) 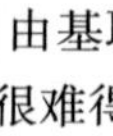　　(4)

(5) 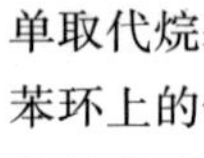　　(6) 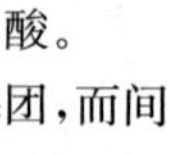　　(7) 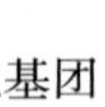　　(8)

(9) 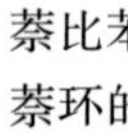　　(10) 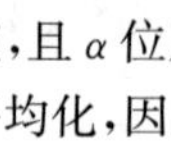　　(11) 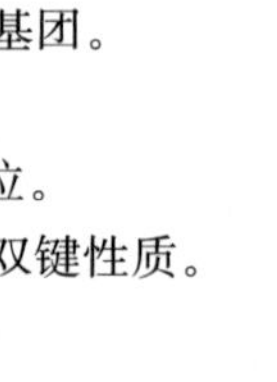　　(12)

(13) 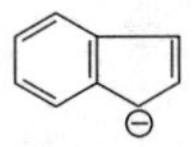　　(14) $CH_2=CH—CH=CH—CH=CH_2$

(二) 综合提高练习题

1. 完成下列各反应式。

(1) 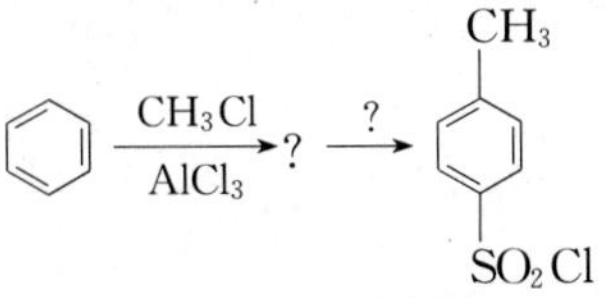

(2) 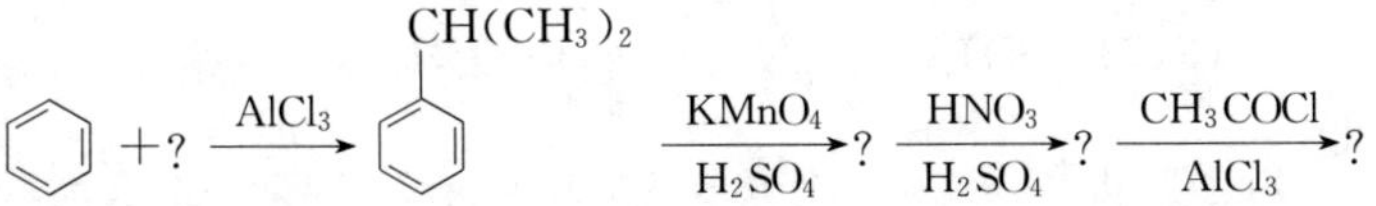

(3) 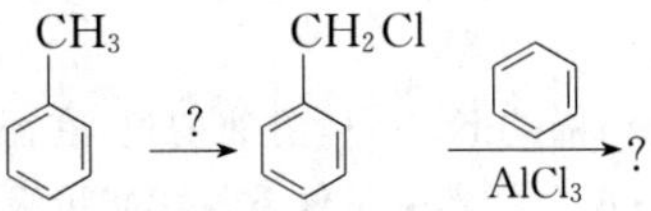

(4) 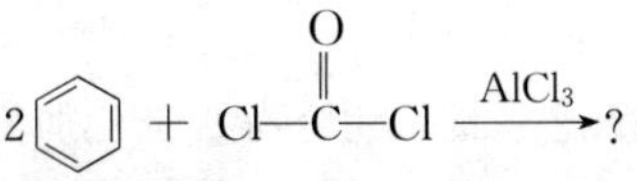

(5) 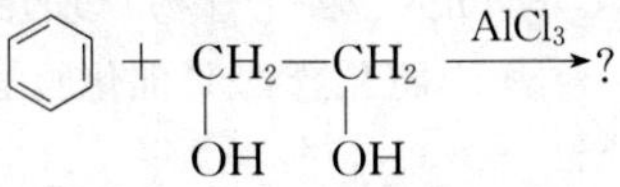

(6) 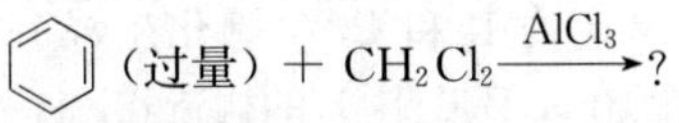

(7) 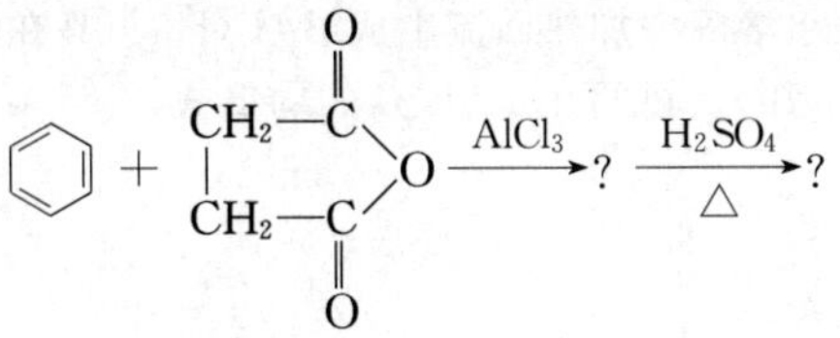

(8) 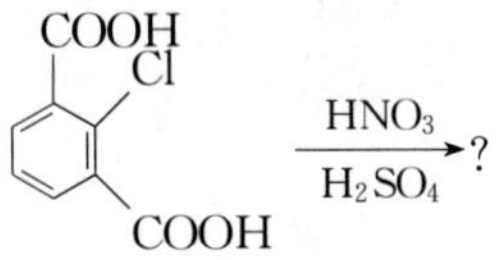

(9) 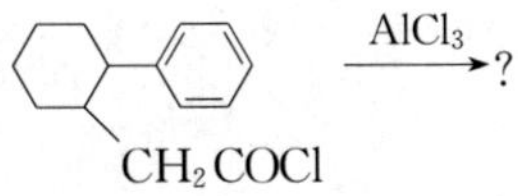

(10) 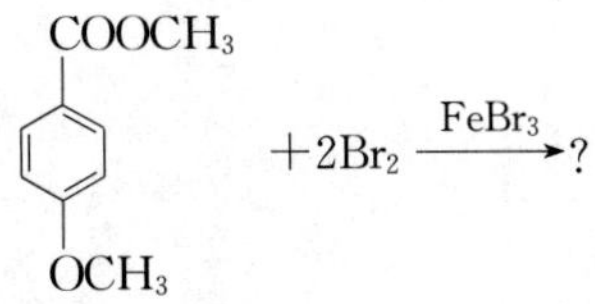

(11) 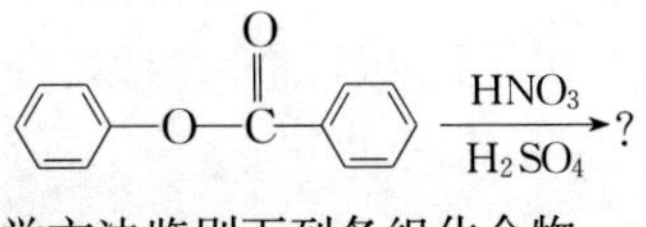

2. 用化学方法鉴别下列各组化合物。

(1) 苯乙烯、乙苯、苯乙炔

(2) 苯、环己烷、环己烯

3. 用指定原料合成下列化合物，无机试剂任选。

(1) 由甲苯合成4-硝基-2-溴苯甲酸

(2) 由甲苯合成3-硝基-4-溴苯甲酸

(3) 由苯和乙酐合成3,5-二硝基苯乙酮

(4) 由甲苯合成邻溴苯甲酸

(5) 由甲烷和苯合成间氯苯甲酸

4. 试解释原因，并写出反应机理。

(1) 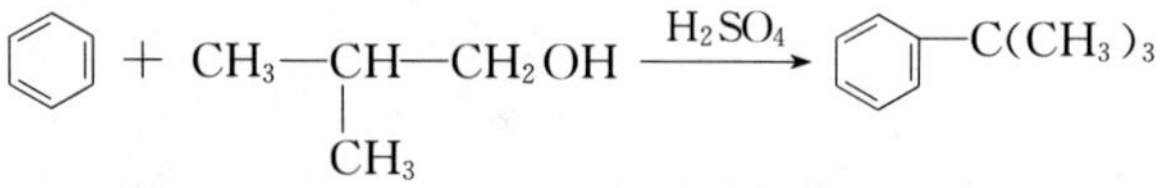

(2) 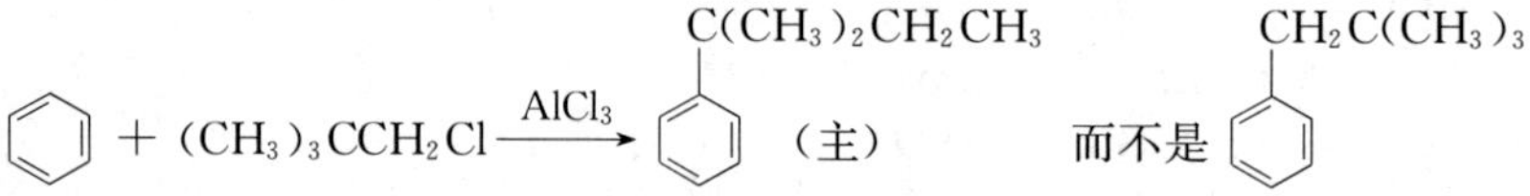

5. 推测结构。

(1) 化合物A的分子式为C_9H_{10}，在室温下能迅速使Br_2-CCl_4溶液和稀的$KMnO_4$溶液褪色，在温和条件下氢化时只吸收1mol H_2，生成化合物B，B的分子式为C_9H_{12}；A在强烈的条件下氢化时可吸收4mol H_2，氧化时可生成邻苯二甲酸。试写出A、B的构造式。

(2) 某不饱和烃的分子式为C_9H_8，它能和氯化亚铜氨溶液反应产生红色沉淀。化合物A催化加氢得到B(C_9H_{12})。将化合物B用酸性重铬酸钾氧化得到酸性化合物C($C_8H_6O_4$)。将化合物C加热得到D($C_8H_4O_3$)。若将化合物A和丁二烯作用则得到另一个不饱和化合物E，将化合物E催化脱氢得到2一甲基联苯。试写出化合物A、B、C、D、E的构造式。

(3) 某芳烃A分子式为$C_{10}H_{14}$，在铁催化下溴代得到两种一溴代物B和C，A氧化生成一种酸D($C_8H_6O_4$)，D硝化只有一种一硝基产物E($C_8H_5O_4NO_2$)，试写出A、B、C、D、E的构造式。

(4) 一种水溶性的化合物A分子式为$C_9H_{12}O_3S$，在酸性水溶液中加热回流生成B(C_9H_{12})，B在铁催化下与等摩尔的Br_2反应只生成一种化合物C($C_9H_{11}Br$)。试写出A、B、C的构造式。

第7章 卤 代 烃

烃分子中的氢原子被卤素原子取代后的生成物叫做卤代烃，简称卤烃。虽然卤素包括氟、氯、溴、碘四种元素，但是一般卤代烃只是指氯代烃、溴代烃和碘代烃，不包括氟代烃。由于氟代烃的制法和性质都比较特殊，和其他三种卤代烃不同，因此总是单独讨论。

在卤烃分子中，卤原子是官能团。按照分子中烃基的类别，卤烃分为卤代烷烃、卤代烯烃及卤代芳烃等。按照分子中卤原子的数目，卤烃分为一元卤代烃和多元卤代烃。按照与卤原子相连的碳原子不同，卤代烷又分为伯卤代烷(RCH_2X)、仲卤代烷(R_2CHX)和叔卤代烷(R_3CX)。

7.1 卤烷的物理性质

在常温常压下，除氯甲烷、氯乙烷、溴甲烷是气体以外，其他常见的一元卤烷为液体，C_{15}以上的卤烷是固体。一元卤烷的沸点随着碳原子数的增加而升高。同一烷基的卤烷，以碘烷的沸点最高，其次是溴烷、氯烷。在卤烷同分异构体中，直链异构体的沸点最高，支链越多，沸点越低。

一卤代烷的相对密度大于同碳数的烷烃。一氯代烷的相对密度小于1，一溴代烷、一碘代烷及多氯代烷的相对密度大于1。同一烃基的卤烷，氯烷的相对密度最小，碘烷相对密度最大。如果卤素相同，其相对密度随烃基的相对分子质量增加而减小。卤烷不溶于水，溶于醇、醚、烃等有机溶剂中。

纯净的一元卤烷都是无色的。但碘烷易分解产生游离碘，故碘烷久置后逐渐变为红棕色。不少卤烷带有香味，但其蒸气有毒，特别是碘烷，应尽可能防止吸入。

卤烷在铜丝上燃烧时能产生绿色火焰，这可作为鉴定卤代烃的简便方法(不包括氟代烃)。卤烷的物理常数见表7-1。

表7-1 卤烷的物理常数

烷基或卤烷名称	氯化物		溴化物		碘化物	
	沸点/℃	相对密度 d_4^{20}	沸点/℃	相对密度 d_4^{20}	沸点/℃	相对密度 d_4^{20}
甲基	−24.2	0.916	3.5	1.676	42.4	2.279
乙基	12.3	0.898	38.4	1.460	72.3	1.936
正丙基	46.6	0.891	71.0	1.354	102.5	1.749
异丙基	35.7	0.862	59.4	1.314	89.5	1.703
正丁基	78.5	0.886	101.6	1.276	130.5	1.615
仲丁基	68.3	0.873	91.2	1.259	120	1.592
异丁基	68.9	0.875	91.5	1.264	120.4	1.605
叔丁基	52	0.842	73.3	1.221	100	1.545
二卤甲烷	40.0	1.335	97	2.492	181	3.325
1,2-二卤乙烷	83.5	1.256	131	2.180	分解	2.130
三卤甲烷	61.2	1.492	149.5	2.890	升华	4.008
四卤甲烷	76.8	1.594	189.5	3.270	升华	4.500

7.2 卤烷的化学性质

卤烷的许多化学性质是由于官能团卤原子的存在而引起的。本节主要讨论一卤代烷的化学反应。卤烷分子中,由于卤素原子的电负性大于碳原子,因此C—X键是极性共价键。C—X键上的电子云偏向卤原子一边,卤原子带部分负电荷,而碳原子则带部分正电荷:$\overset{\delta^+}{C}-\overset{\delta^-}{X}$。

实验测得的卤烷的偶极矩也证实了这一点:

卤烷	CH_3CH_2Cl	CH_3CH_2Br	CH_3CH_2I
偶极矩 $\mu/(10^{-30}C\cdot m)$	6.84	6.77	6.37

由上可见,随着卤素电负性的增大,C—X键的极性也增大。此外,和C—C或C—H键比较,C—X键在化学反应过程中具有更大的可极化度。

C—X键的键能也比较小(C—I为217.6kJ/mol,C—Br为284.5kJ/mol,C—Cl为338.9kJ/mol),易断裂。因此卤烷的化学性质比较活泼,能与多种试剂反应,其中一些反应在有机合成上有重要的应用价值。下面将对一些重要的反应类型加以讨论。

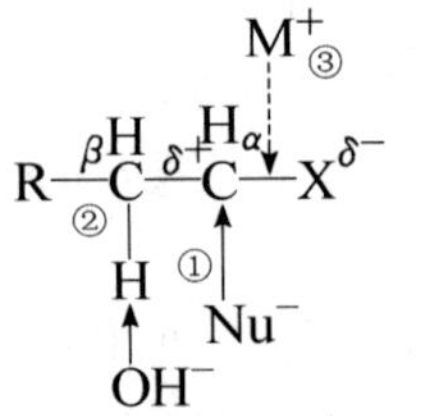

① 亲核取代反应
② 消除反应
③ 与金属的反应

7.2.1 取代反应

在卤烷分子中,卤素原子可被富电子的试剂,如负离子(OH^-、RO^-、NO_3^-等)或具有未共用电子对的分子(如NH_3、H_2O等)取代,这些富电子试剂都具有向带部分正电的中心原子亲近的性质(亲核性),因此称为亲核试剂(nucleophile),常用"Nu"或"Nu^-"表示。由亲核试剂进攻而引起的取代反应称为亲核取代反应(nucleophilic substitution),以S_N表示。取代下来的卤素原子以负离子形式离去,称为离去基团(leaving group),以L表示,反应可用下列通式表示:

$$Nu^- + R—L \longrightarrow R—Nu + L^-$$

式中:R—L是反应物,又称底物(substrate);Nu^-是亲核试剂;L^-是离去基团。

1) 水解

卤烷水解生成醇。这个反应是可逆的。

$$RX + H_2O \rightleftharpoons ROH + HX$$

在通常情况下,卤烷水解进行得很慢。为了加快反应速率和使反应进行完全,常常将卤烷与强碱(NaOH、KOH)的水溶液共热来进行水解。这里OH^-是比水更强的亲核试剂,所以反应容易进行。反应中产生的HX可被碱中和,从而加速反应并提高醇的产率。

$$RX + NaOH \longrightarrow ROH + NaX$$

一般卤烷都可由相应的醇制得,因此这个反应似乎没有什么合成价值,但实际上在一些比较复杂的分子中要引入一个羟基常比引入一个卤素原子困难。因此在合成上,往往可以先引入卤素原子，然后通过水解再引入羟基。工业上也可将一氯戊烷的各种异构体混合物通过水解制得戊醇各种异构体的混合物，以用作工业溶剂。

$$C_5H_{11}Cl + NaOH \xrightarrow{水溶液} C_5H_{11}OH + NaCl$$

卤烷水解反应的速率与卤烷的结构、使用的溶剂及反应条件等都有关。卤烷的水解反应在理论上为取代反应的反应历程提供了很多资料。

2）与氰化钠作用

卤烷与氰化钠（或氰化钾）在醇溶液中加热回流反应生成腈（RCN）。

$$RX + NaCN \longrightarrow RCN + NaX$$

氰基（—CN）是腈类化合物的官能团，通过以上反应，分子中增加了一个碳原子，在有机合成中常作为增长碳链的方法之一。此外，通过氰基可转变为其他官能团，如水解成羧基（—COOH）、酰胺基（—CONH$_2$）等，加氢还原为胺。

3）与氨或胺的作用

氨比水或醇具有更强的亲核性，卤烷和过量的氨作用可制得伯氨。

$$RX + \ddot{N}H_3 \longrightarrow [RNH_2 \cdot HX] \xrightarrow{NH_3} NH_4X + RNH_2 \quad 伯胺$$

若卤烷过量，则反应可以继续进行：

$$RX + RNH_2 \longrightarrow [R_2NH \cdot HX] \xrightarrow{RNH_2} R_2NH \quad 仲胺$$

$$RX + R_2NH \longrightarrow [R_3N \cdot HX] \xrightarrow{R_2NH} R_3N \quad 叔胺$$

$$RX + R_3N \longrightarrow R_4N^+ X^- \quad 季铵盐$$

最终得到的是伯、仲、叔胺及季铵盐的混合物。

4）与醇钠作用

卤烷与醇钠作用可制得醚。

$$RX + R'ONa \longrightarrow ROR' + NaX$$

该反应是制备醚的重要方法，称为威廉姆逊（Williamson）合成反应。反应中的卤烷一般指伯卤烷，如用叔卤烷和醇钠作用，往往主要得到烯烃。

5）与硝酸银作用

卤烷与硝酸银的乙醇溶液作用可得到硝酸酯和卤化银沉淀。

$$RX + AgNO_3 \xrightarrow{CH_3CH_2OH} RONO_2 + AgX\downarrow$$

不同的卤代烷反应活性次序是 RI＞RBr＞RCl；当卤原子相同而烃基结构不同时，其活性次序为 3°＞2°＞1°。其中伯卤代烷通常需要加热才能使反应进行。因此可根据反应生成 AgX 速率大小和卤化银沉淀的颜色不同来分析鉴别不同种类的卤烷。

6）卤离子交换反应

在丙酮溶液中，氯代烷和溴代烷分别与碘化钠反应生成碘代烷。这是由于碘化钠溶于丙酮，而氯化钠和溴化钠不溶于丙酮，从而有利于反应的进行，如

$$\underset{\displaystyle Br}{CH_3\underset{|}{C}HCH_3} + NaI \xrightarrow[25℃]{丙酮} \underset{\displaystyle I}{CH_3\underset{|}{C}HCH_3} + NaBr$$

氯代烷和溴代烷的活性次序是 3°<2°<1°。碘化钠的丙酮溶液(溶解度为 5%)很稳定,且操作方便,故此反应可用于检验氯代烷和溴代烷。另外,还可利用此反应在实验室制备碘代烷。

7.2.2 消除反应

1) 脱卤化氢(dehydrohalogenation)

卤烷和氢氧化钠(或氢氧化钾)的乙醇溶液共热脱去一分子卤化氢生成不饱和烃,这种从分子中失去一个简单分子生成不饱和键的反应称为消除反应(elimination reaction),用 E 表示。这种脱去一分子或两分子卤化氢的反应在有机合成上常作为在分子中引入碳碳双键和碳碳叁键结构的方法。常用的强碱有甲醇钠的甲醇溶液,氢氧化钾(或氢氧化钠)的乙醇溶液等。脱去卤原子和 β-碳上的氢通常称为 β-消除反应。

$$R\overset{\beta}{C}H_2\overset{\alpha}{C}H_2X + NaOH \xrightarrow[\triangle]{乙醇} RCH{=}CH_2 + NaX + H_2O$$

$$R\overset{\beta}{C}H_2\overset{\alpha}{C}HX_2 + 2KOH \xrightarrow[\triangle]{乙醇} RC{\equiv}CH + 2KX + H_2O$$

卤烷脱卤化氢的难易与烃基的结构有关。叔卤代烷最容易脱去卤化氢,仲卤代烷次之,伯卤代烷最难。由于仲和叔卤代烷分子往往都含有不止一个 β-碳原子,那么究竟优先消去哪个 β-碳原子上的氢原子呢?即仲和叔卤代烷脱卤化氢时,反应可以在碳链的不同方向进行,生成不同的产物。例如,2-溴丁烷和 KOH 的乙醇溶液反应,生成的烯烃中含有 2-丁烯和 1-丁烯:

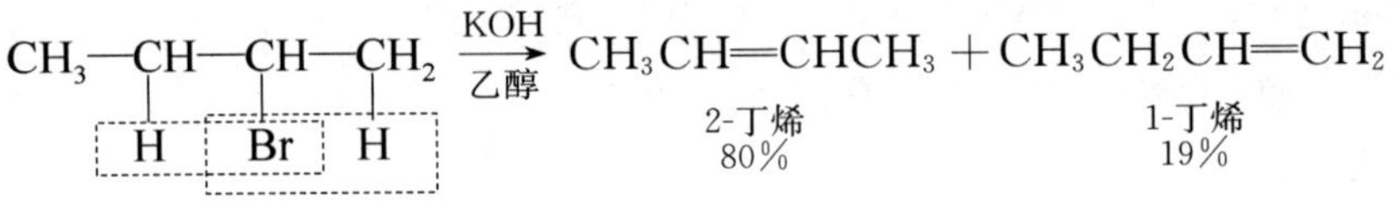

2-甲基-2-溴丁烷在消除反应中也生成两种烯烃:

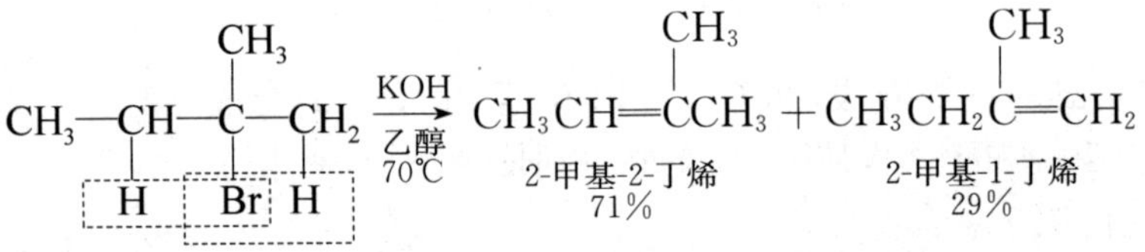

实验证明,卤烷脱卤化氢时,氢原子总是从含氢最少的 β-碳原子上脱去的,生成双键碳上烷基取代基最多的烯烃(或稳定的烯烃,如共轭烯烃),这个经验规律称为札依采夫(Saytzeff)规则。

当 β-氢原子所处的位置有较大的立体位阻,或亲核试剂的体积太大不利于进攻某 β-氢原子时,札依采夫规则也常常出现例外。

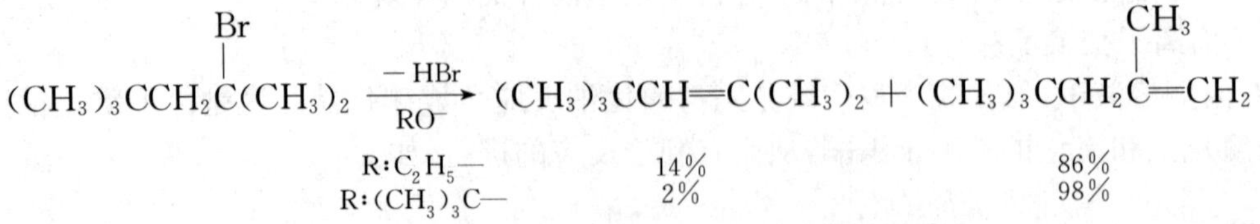

另外,注意到卤代烃消除反应的碱性试剂又可作为取代反应的亲核试剂,从而联想到卤代烷的消除反应常与取代反应同时进行,互相竞争。例如,异丙基溴与乙醇钠的溶液反应,除生

成消除产物丙烯外，还生成取代产物乙基异丙基醚。

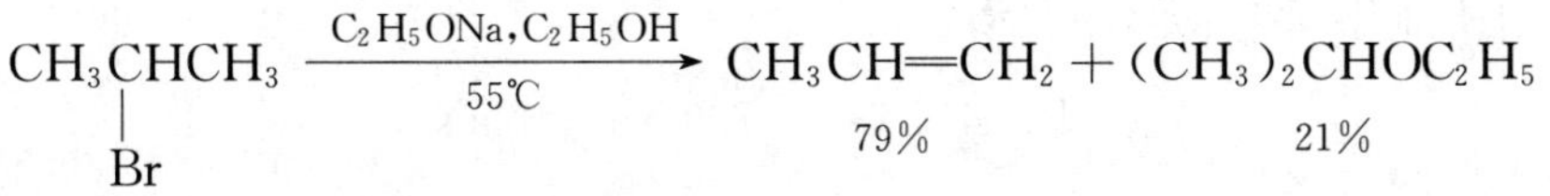

叔丁基溴用具有碱性的氰化钠或醇钠处理时，主要产物不是腈或醚而是烯烃。

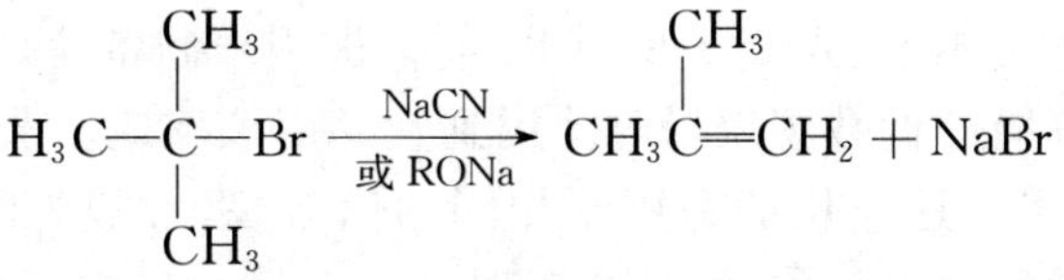

从上面这些反应可以看出，卤代烷的消除反应和取代反应是同时进行且相互竞争，那么究竟哪一种反应占优势呢？首先要看卤代烷分子的结构，其次要看反应条件。叔卤烷和有可能形成共轭烯烃的卤代物，则有利于发生消除反应。一般极性大的溶剂、低浓度的弱碱有利于发生取代反应。

2）脱卤素(dehalogenation)

邻二卤代物除能脱卤化氢生成炔烃或较稳定的共轭二烯烃外，在锌粉(或镍粉)存在下，邻二卤代物更能脱去卤素生成烯烃。

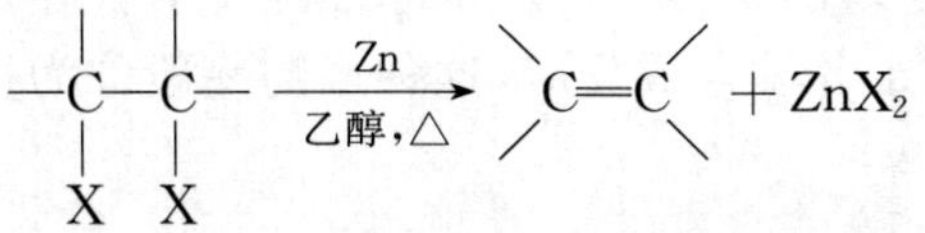

邻二碘代物的脱碘成烯反应很快，不需要外加试剂，稍稍加热即可。因此，烯烃很难和碘发生有效的加成反应。

另一个有用的二卤代烷和锌的脱卤反应是用来制备环丙烷衍生物。

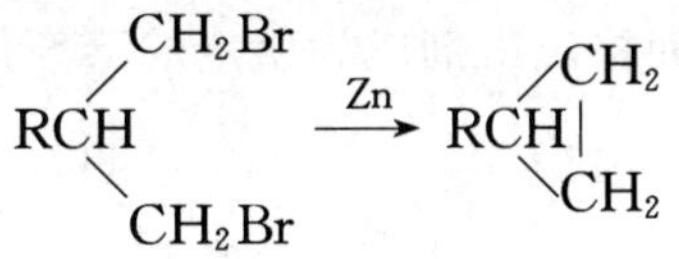

7.2.3 与金属的反应

卤代烃的另一个重要反应是它能和某些金属(如 Li、Na、Mg、Al、Zn 等)作用生成有机金属化合物(organometallic compound)。所谓有机金属化合物是一类分子中含有 C—M(金属)键的有机化合物。由于无论哪一种金属，它的电负性总比碳小，因此有机金属化合物中的 C—M 键是极性的，C 端带部分负电荷，M 端带部分正电荷：$\overset{\delta^-}{C} \leftarrow \overset{\delta^+}{M}$，反应时总是 C 带着它的一对电子转移到其他分子上去。

1）与金属钠作用

卤代烷在惰性溶剂如醚类化合物中和金属钠共热时会发生偶联反应(coupling reaction)，生成高级烷烃。

$$2RX + 2Na \xrightarrow{\triangle} R—R + 2NaX$$

反应中可能先形成有机钠化合物。但是由于有机钠化合物的活性较大，在高温下它与第二个氯代烷分子很快地作用生成偶联产物。

$$RX + 2Na \longrightarrow \underset{\text{烷基钠}}{RNa} + NaX$$

$$\overset{\delta^-}{R}Na + \overset{\delta^+}{R}X \longrightarrow R{-}R + NaX$$

这个偶联反应[俗称伍尔兹(Wurtz)反应]以前曾被用来制备烷烃，但是产率不高，现在已经很少用，只有在合成高级的偶数碳烷烃时才用到它。用该反应合成的烷烃所含碳原子数比所用卤烷的碳原子多一倍。这个反应适用于相同的伯卤烷(一般为溴烷或碘烷)，产率较高。此反应也可用来制备芳烃，称为伍尔兹-菲提希(Wurtz-Fittig)反应。

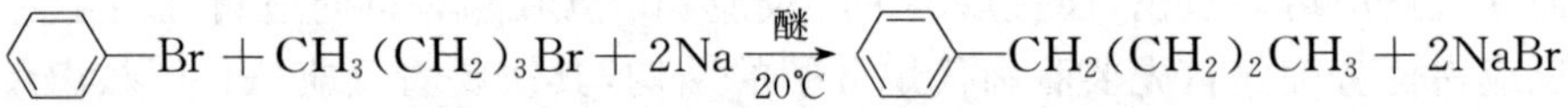

虽然理论上可以用两个不同的卤烷与金属钠作用制备各种碳原子数的烷烃，但是实际上三种可能的产物都有，分离起来相当困难，所以它没有实用价值。

$$RX + 2Na + R'X \longrightarrow R{-}R + R'{-}R' + R{-}R' + 2NaX$$

2）与金属镁作用

一卤代烷与金属镁在绝对乙醚(无水、无醇的乙醚)中作用生成有机镁化合物，产物能溶于乙醚，不需分离即可直接用于各种合成反应，这种产物一般称为格利雅(Grignard)试剂，简称格氏试剂。

$$RX + Mg \xrightarrow{\text{绝对乙醚}} RMgX \quad \text{烷基卤化镁(格氏试剂)}$$

格氏试剂的结构至今还不完全清楚，一般写成 R—Mg—X，但也可能是 $R_2Mg \cdot MgX_2$。

$$2RMgX \rightleftharpoons R_2Mg + MgX_2$$

乙醚在这里的作用是络合，使格氏试剂成为稳定的溶剂化物溶于乙醚。

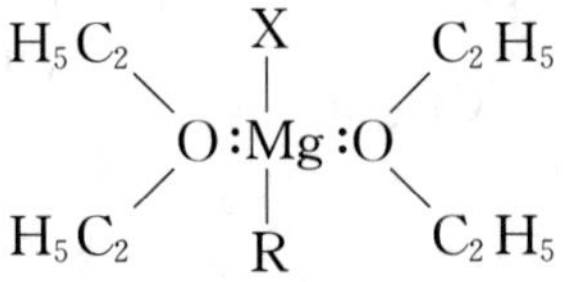

乙醚的氧原子与镁原子形成配位键。此外，四氢呋喃、苯和其他醚类也可作为溶剂。格氏试剂非常活泼，能发生多种化学反应。

(1) 与活泼氢的反应。格氏试剂遇有活泼氢的化合物(如水、醇、氨等)则分解为烷烃。

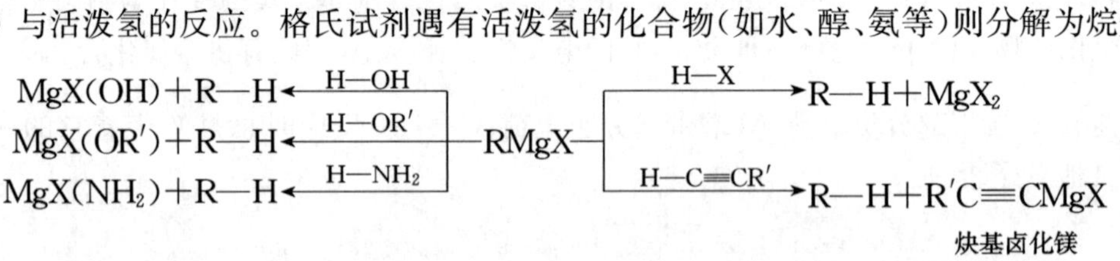

格氏试剂与有活泼氢化合物的反应是定量进行的。在有机分析中，常用一定量的甲基碘化镁(CH_3MgI)和一定量的含活泼氢化合物作用，根据生成甲烷的体积可以计算出活泼氢的数量。格氏试剂遇水分解成烷烃和镁的碱式卤化物，所以制备格氏试剂时不能有水汽存在。

(2) 与氧的作用。格氏试剂在空气中能慢慢地吸收氧气，生成烷氧基卤化镁(ROMgX)。

此产物遇水则分解生成相应的醇。

$$\underset{}{RMgX} + \frac{1}{2}O_2 \longrightarrow \underset{\text{烷氧基卤化镁}}{ROMgX} \xrightarrow{H_2O} \underset{\text{醇}}{ROH}$$

因此，保存格氏试剂时应使它与空气隔绝；制备时最好是在氮气流中进行，否则可能产率较低。

(3) 与活泼卤代烃的反应。烯丙型和苄基型卤代烃可与格氏试剂发生偶合作用形成烃，如

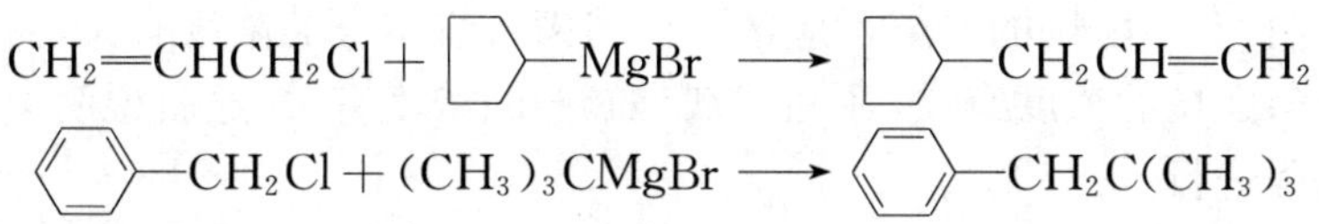

这是合成末端烯烃和芳烃的一个方法。三级卤代烃也可进行此反应，但产率较低。

此外，格氏试剂还能和二氧化碳、醛、酮、酯、环氧化合物、腈、硝基化合物等多种试剂反应，生成羧酸、醇等一系列产物。

7.2.4　卤代烷的还原反应

卤代烷中卤素可以被氢还原为烷，还原剂很多，但使用较为普遍的是氢化铝锂($LiAlH_4$)，它是很多化合物的还原剂，所有类型的卤代烷包括乙烯型卤代烷均可被还原。

$$RX \xrightarrow[THF]{LiAlH_4} RH$$

一级卤代烷反应性能较好，所得产物构型转化，认为按 S_N2 历程反应。

二级卤代烷也可用此法还原，三级卤代烷易发生消除反应，不适用此法。

硼氢化钠($NaBH_4$)是比较温和的试剂，适用于二级、三级卤代烷还原，而一级卤代烷不易用此试剂还原。

其他化学试剂如 Zn/HCl、HI、催化氢解等方法均可将卤代烷还原，如

$$CH_3(CH_2)_{14}CH_2I \xrightarrow{Zn,HCl} \underset{85\%}{CH_3(CH_2)_{14}CH_3}$$

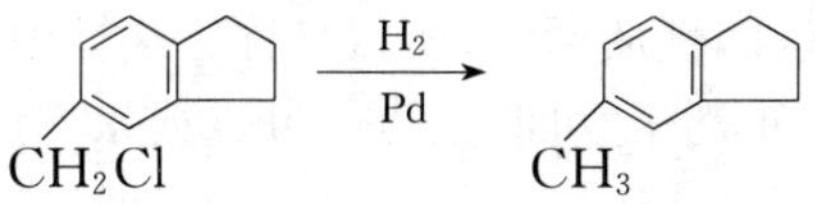

90%

用催化氢化法使碳与杂原子(O、N、X 等)之间的键断裂称为氢解。苯甲基的碳与杂原子之间的键很容易氢解。

钠与液氨可还原卤代烃，对于双键碳上的卤原子，还原时双键的构型不变，如

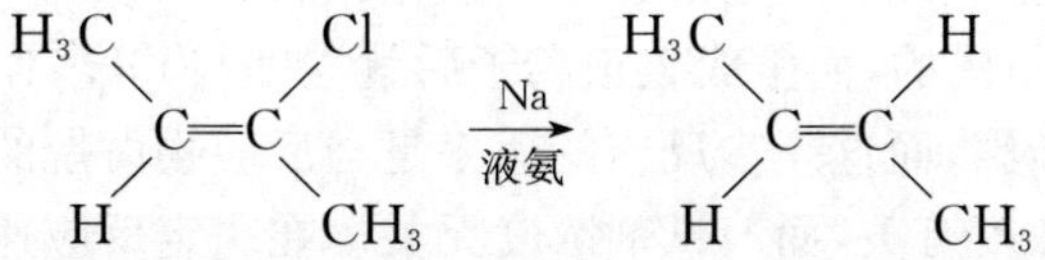

7.3　饱和碳原子上的亲核取代反应历程

亲核取代反应是卤代烷的一个重要反应。通过这类反应，卤素官能团可转变为其他多种官能团，所以在有机合成中得到广泛的应用，且对其反应历程的研究也比较多。其中溴代烷的水解反应更是研究得比较充分的一类亲核取代反应。

$$RBr + H_2O \longrightarrow ROH + HBr$$

大量研究表明，有些卤烷的水解反应速率仅与卤代烷本身的浓度有关，而另一些卤烷的水解反应速率不仅与卤烷的浓度有关，还和试剂（如碱）的浓度有关，这就说明卤烷的水解可能按照两种不同的历程进行。

7.3.1　单分子亲核取代反应（S_N1）

实验证明，叔丁基溴在碱性溶液中水解反应速率仅与卤烷的浓度成正比，而与亲核试剂（OH^-或水分子）的浓度无关。这说明决定反应速率的一步与试剂无关，而仅取决于卤烷分子本身C—X键断裂的难易和它的浓度。

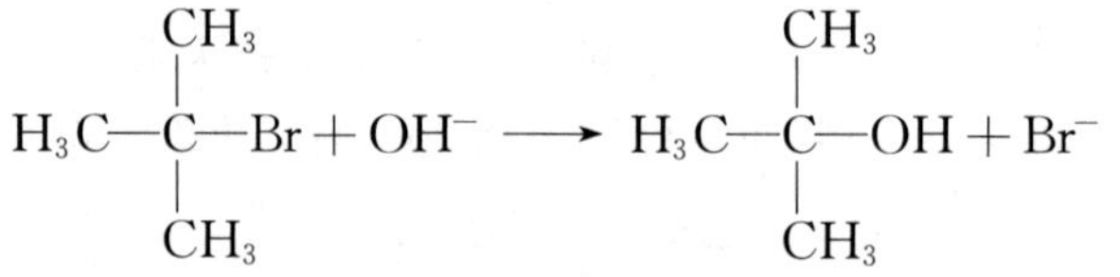

因此，上述反应可以认为分为两步进行：第一步是叔丁基溴在溶剂中首先离解成叔丁基碳正离子和溴负离子，在离解过程中还经历一个C—Br键拉长至将断未断而能量较高的过渡态阶段。

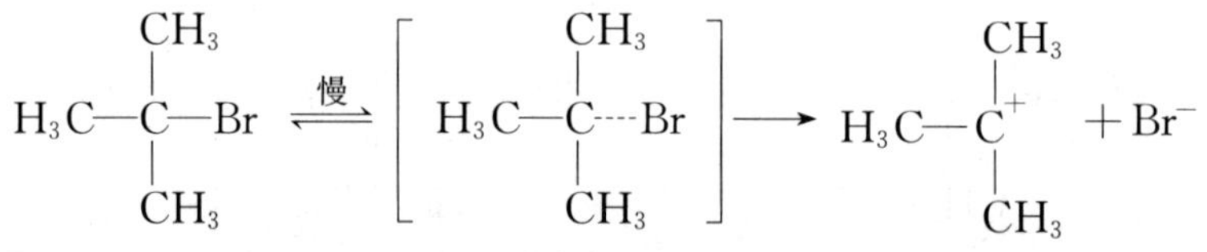

过渡态

这里生成的碳正离子是个中间体，性质活泼，所以又称为活性中间体。

第二步是生成的叔丁基碳正离子立即与试剂OH^-或水作用生成水解产物叔丁醇。

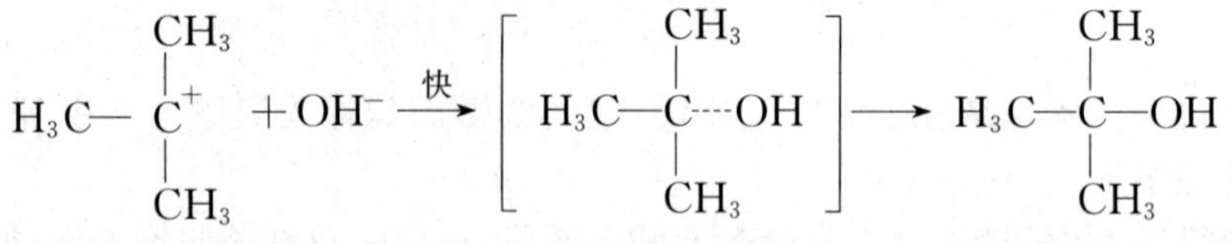

对于多步反应来说，生成最后产物的速率由速率最慢的一步来决定。叔丁基溴的水解反应中，C—Br的离解速率是慢的，而生成碳正离子后就立即与OH^-作用，因此上述第一步反应是决定整个反应速率的步骤，而这一步反应的速率是与反应物卤烷的浓度成正比的，所以整个反应速率仅与卤代烷的浓度有关，而与试剂浓度无关。在决定反应速率的这一步骤中，发生共价键变化的只有一种分子，所以称为单分子反应历程。这种单分子亲核取代反应常用S_N1来表示。

叔丁基溴水解反应过程中能量变化如图 7-1 所示。图 7-1 中 B 和 D 分别为两步反应的过渡态，它们都处在能量曲线的最高点——峰顶。活性中间体碳正离子 C 的能量比过渡态 B、D 的能量低，在能量曲线上处于一个极小值(峰谷)，中间体的存在是可以证实的。图 7-1 中 ΔE_1 是第一步反应的活化能，ΔE_2 是第二步反应的活化能。$\Delta E_1 > \Delta E_2$，故第一步反应较慢，是决定整个反应速率的一步。从活化能的大小可以估计反应的难易，ΔH 是反应热。

在 S_N1 反应的立体化学中，首先从第一步叔丁基溴离解成叔丁基碳正离子来看，碳原子由 sp^3 杂化的四面体结构转变为 sp^2 杂化的平面三角形结构的碳正离子，带正电荷的碳原子上有一个空的 p 轨道。当亲核试剂(如 OH^-)在第二步和碳正离子作用时，从平面两边进攻的机会是均等的。

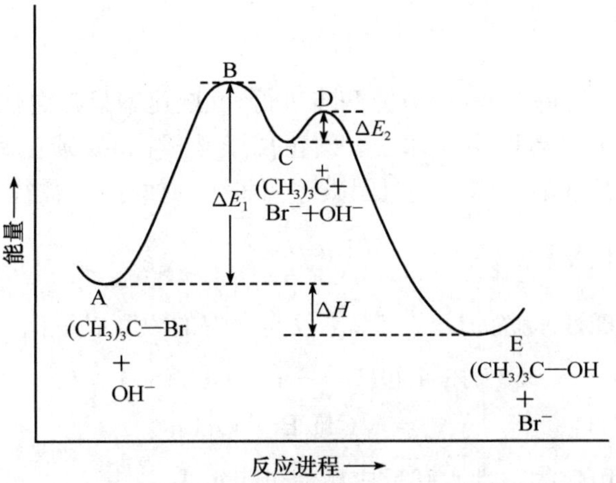

图 7-1　叔丁基溴水解反应的能量曲线

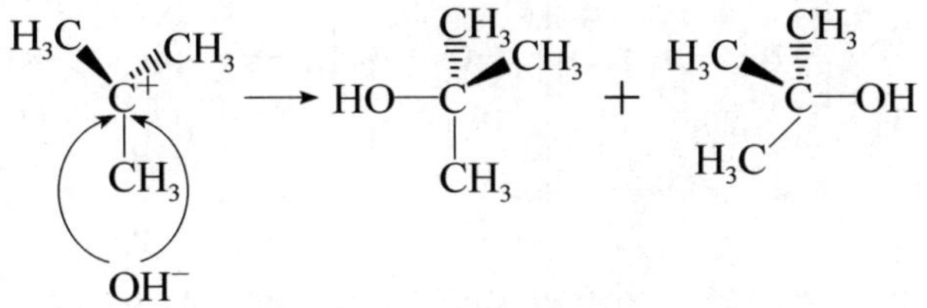

因此，如果是一个卤素连在手性碳原子上的卤烷发生 S_N1 水解反应，就会得到“构型保持”和“构型转换”几乎等量的两个化合物，即外消旋体混合物。

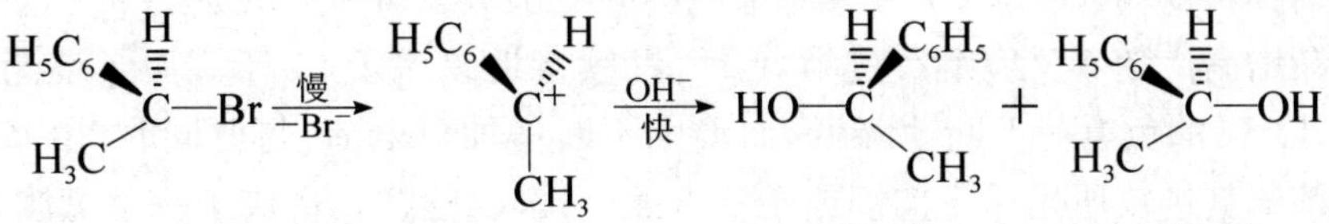

(S)-α-溴代乙苯　　(R)-α-苯乙醇 构型反转(51%)　　(S)-α-苯乙醇 构型保持(49%)

和后面将要叙述的 S_N2 历程的产物不同，经 S_N1 历程的产物基本上是外消旋体。因此可以通过测反应物和产物的旋光度，从旋光性的变化可初步鉴别这个反应的历程是 S_N1 还是 S_N2。

除上述情况外，也有 S_N1 取代构型保持的反应，如旋光性的 α-溴代丙酸经水解形成 100%

构型不变的产物(乳酸),因为整个反应过程中经历了两次构型反转(参见本节邻基效应的有关内容)。

S_N1 反应的另一个特点是反应中常伴有重排反应发生,如

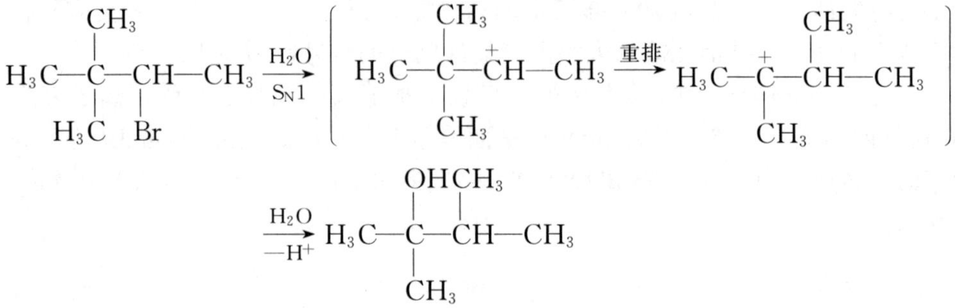

综上所述,S_N1 反应的特点是:反应分两步进行,反应速率只与卤代烃的浓度有关,而与试剂浓度无关;反应过程中有活性中间体——碳正离子生成,如果碳正离子所连的三个基团不同,得到的产物基本上是外消旋体。同时因碳正离子中间体存在,往往有重排产物。

7.3.2　双分子亲核取代反应(S_N2)

实验证明,溴甲烷碱性水解的反应速率不仅与卤烷的浓度成正比,也与碱的浓度成正比。

$$CH_3Br + OH^- \longrightarrow CH_3OH + Br^-$$

$$v = k[CH_3Br][OH^-]$$

通过研究,认为溴甲烷的碱性水解反应历程可表示为

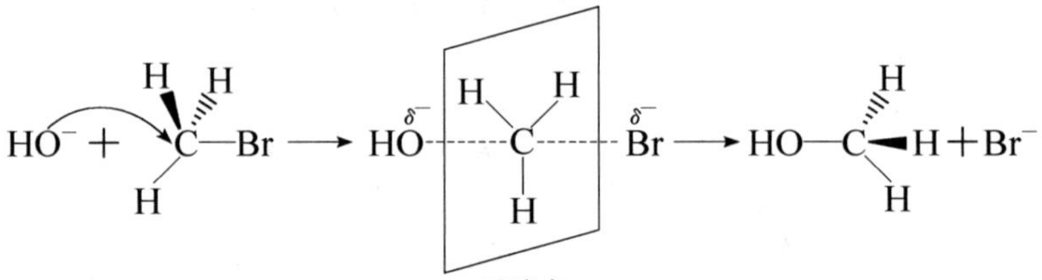

过渡态

当亲核试剂 OH^- 进攻溴甲烷中的碳原子时(亲核试剂有向电子云密度较低的碳原子进攻的倾向),由于卤原子原来带有部分负电荷,带负电荷的亲核试剂一般总是从溴原子的背面进攻碳原子,在接近碳原子过程中逐渐部分地形成C—O 键,同时 C—Br 键由于受到 OH^- 进攻的影响而逐渐伸长变弱,使溴原子带着原来成键的电子对逐渐离开碳原子。在这个过程中,体系的能量逐渐增高。随着反应继续进行,OH^- 继续接近碳原子,由于碳原子逐渐地共用氧原子的电子对,OH^- 的负电荷不断地降低,而溴则不断增加负电荷,与此同时,甲基上的三个氢原子由于亲核试剂进攻所排斥也向溴原子一方逐渐偏转,这样就形成了一个过渡态,此时体系的能量达到一个最大值。处于过渡态时,碳原子与 OH^- 还未完全成键,碳原子与溴原子之间的键也没有完全断裂,此时进攻试剂、中心碳原子和离去基团处于一条直线上,而碳和其他三个氢原子处在垂直于这条直线的平面上,—OH 与 Br 分别在平面的两边。随着 OH^- 继续接近碳原子和溴原子继续远离碳原子,体系的能量又逐渐降低。最后 OH^- 与碳生成 O—C 键,溴则离去而成为 Br^-。甲基的三个氢原子也完全转向偏到溴原子的一边,这个过程好像雨伞被大风吹得向外翻转一样。水解产物甲醇中—OH 官能团不是连在原来由溴占据的位置上,

所得到的甲醇与原来的溴甲烷的构型相反，这称为瓦尔登转化或瓦尔登反转。

溴甲烷碱性水解过程中的能量曲线如图 7-2 所示。

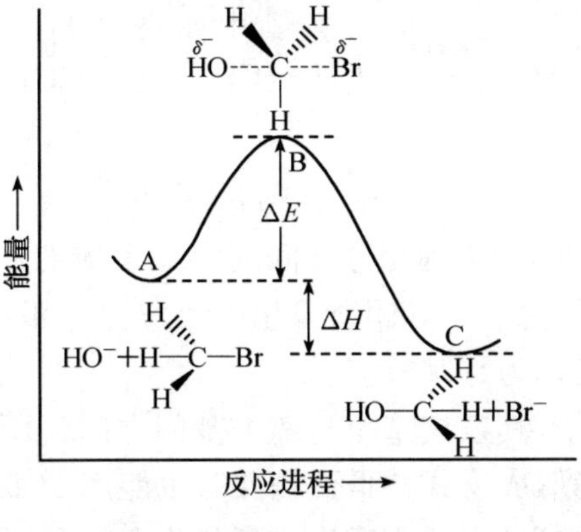

图 7-2　溴甲烷碱性水解过程中的能量曲线

如果是卤素连在手性碳原子上的卤烷发生 S_N2 反应，则产物的构型与原来反应物的构型相反，如

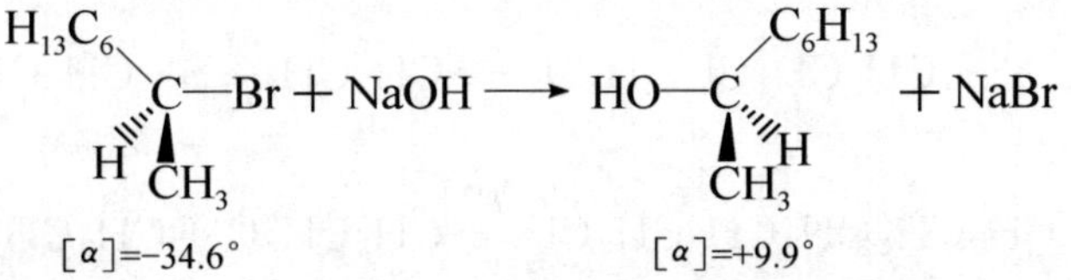

已知(－)-2-溴辛烷和(＋)-2-辛醇的构型相反，因此瓦尔登转化是 S_N2 反应的一个重要标志。

综上所述，S_N2 反应的特点是反应速率既与反应物的浓度有关，又与试剂的浓度有关；反应中新键的形成和旧键的断裂是同步的，共价键的变化发生在两种分子中，因此它是双分子亲核取代反应，以 S_N2 表示。经由 S_N2 反应得到的产物通常发生构型反转，同时反应只通过一个过渡态而无中间体生成，因此不存在重排产物。

7.3.3　分子内亲核取代反应历程——邻基效应

从以上讨论的饱和碳原子的亲核取代反应不难发现，反应物和亲核试剂是两种不同的化合物，这种反应是分子之间的反应。如果亲核试剂与被取代的离去基团处于同一分子内，能否发生分子内的亲核取代反应？回答是能，但是有条件。例如，与氯乙烷和碱反应生成醇不同，2-氯乙醇与碱反应生成环状化合物——环氧乙烷。

$$CH_3CH_2Cl \xrightarrow[H_2O,\triangle]{OH^-} CH_3CH_2OH$$

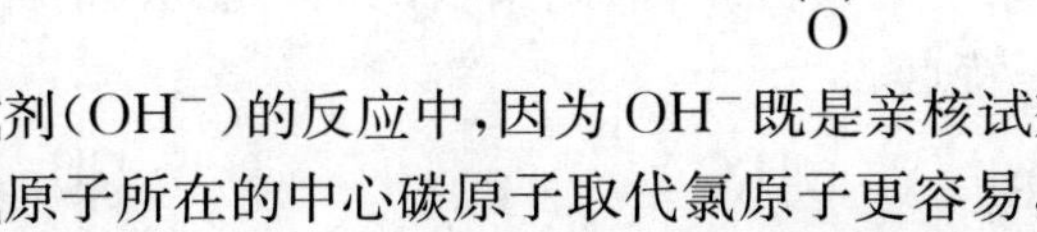

在氯乙醇与亲核试剂(OH^-)的反应中，因为 OH^- 既是亲核试剂又是强碱，它与醇羟基的活泼氢反应远比进攻氯原子所在的中心碳原子取代氯原子更容易，故此反应首先是氯乙醇分子中的羟基与强碱作用失去氢原子形成氧负离子。然后氧负离子进攻中心碳原子，发生分子内的亲核取代反应，生成环氧乙烷。分子内的氧负离子比外界的 OH^- 进攻中心碳原子更有利，因为它在分子内距中心碳原子最近，且位置最有利——反式共平面，因此有利于从氯原子的背面进攻中心碳原子：

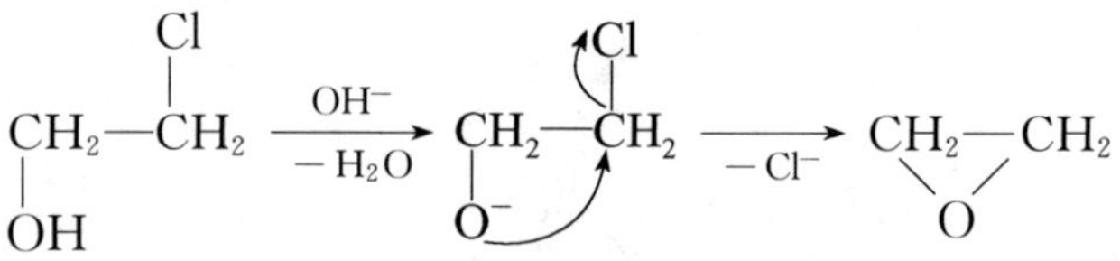

反式共平面构象

这是一种分子内的 S_N2 反应，它远比分子间的 S_N2 反应有利。这种同一分子内一个基团参与并制约和反应中心相连的另一个基团所发生的反应称为邻基参与。它是分子内基团之间的特殊作用所产生的影响，又称为邻基效应。

存在邻基参与的有机分子，其亲核基团与离去基团之间的距离不限于连接在两个相邻碳原子上。当其位置适当，且能形成反式共平面构象时也能产生邻基参与。

像上述反应生成环氧乙烷那样，反应后生成环状化合物是邻基参与的特点之一，但不一定都是如此。

分子内的 S_N2 反应比分子间的 S_N2 反应速率明显加快。例如，1-氯己烷和 β-氯代二乙硫醚分别进行水解反应（S_N2 反应），β-氯代二乙硫醚比 1-氯己烷快 3×10^3 倍。

$$CH_3CH_2—S—CH_2CH_2Cl + H_2O \xrightarrow{k} CH_3CH_2—S—CH_2CH_2OH$$

β-羟基二乙硫醚

$$CH_3CH_2CH_2CH_2CH_2CH_2Cl \xrightarrow{k'} CH_3CH_2CH_2CH_2CH_2CH_2OH$$

1-己醇

$$k : k' = 3\times10^3 : 1$$

β-氯代二乙硫醚之所以比 1-氯己烷的水解速率快很多，是因为邻基参与的结果。

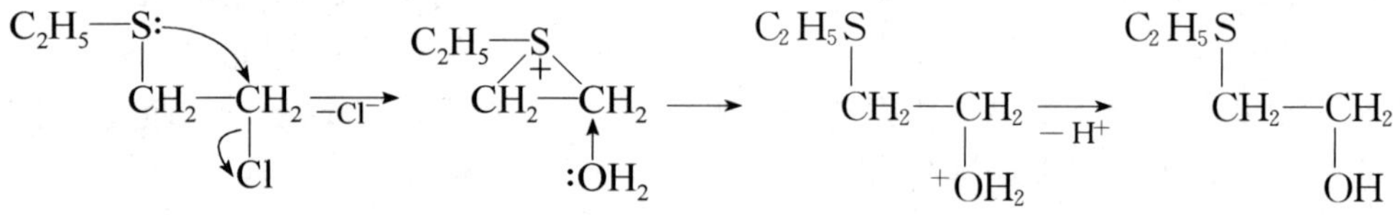

邻基参与使反应速率加快，这是邻基参与的又一特点。这种由于邻基参与而加快反应速率的现象又称邻助作用。

当离去基团所连的碳原子是手性碳原子时，若发生分子内的反应（发生邻基参与），将限制产物的构型。例如，若按卤代烷的正常水解反应，无论是按 S_N1 还是按 S_N2 反应历程进行，手性碳原子的构型均要发生一定变化。但具有旋光性的 α-溴代丙酸盐的碱性水解反应，由于是分子内的 S_N2 反应，邻近羧基负离子从离去基团溴原子的背面进攻 α-碳原子，促进溴原子离去，生成三元环内酯中间体，随后亲核试剂 OH^- 从三元环上的氧原子的另一侧进攻 α-碳原子，生成 100% 构型保持的 α-羟基丙酸盐。因为反应过程中经历过两次构型反转，氧上具有孤电子对，可以屏蔽反应中心碳原子的“背面”，因此亲核试剂只能从“前面”进攻，导致构型保持。构型保持是邻基参与的另一特点。

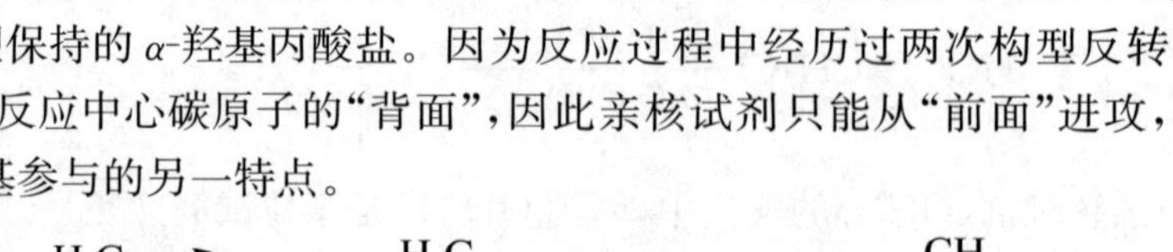

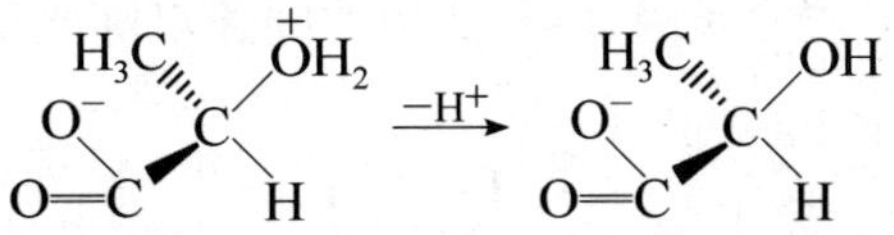

能发生邻基参与的基团是：具有未共用电子对的杂原子，如氧、氮、硫、卤原子等，这种参与称为 n-参与；碳碳双键和苯环的 π 电子的参与称为 π-参与；环丙基和碳碳 σ 键电子的参与称为 σ-参与。邻基参与的结果是或生成环状化合物，或促进反应速率明显增加，或限制产物的构型，或几种情况兼而有之。

邻基效应不限于发生亲核取代反应，在消除反应、重排反应、加成反应、氧化还原反应、自由基反应等中也普遍存在。它对于反应速率和反应产物等有较大影响，所以在有机化学中也是研究较活跃的内容之一。

7.3.4　影响亲核取代反应历程的因素

卤代烷的亲核取代反应既可按 S_N1 也可按 S_N2 历程进行，但究竟按何种历程进行，则与卤代烷的结构、离去基团、亲核试剂和溶剂的性质等因素有关。

1）烃基结构的影响

卤代物的类型是使反应倾向于 S_N1 或 S_N2 历程进行的重要因素，不论是经由 S_N1 历程还是 S_N2 历程，卤烷分子中的反应中心都是 α-碳原子（与 X 原子相连的碳原子）。因此，这个碳原子上的电子云密度大小不但决定反应将主要经由哪个历程进行，而且也会影响反应的速率。如果它的电子云密度较大，则有利于 C—X 键的 X 以 X^- 形式离去，反应即按 S_N1 历程进行。如果它的电子云密度较小，则不利于 S_N1 而有利于亲核试剂的直接进攻，反应将按 S_N2 历程进行。例如，下列溴代烷中，由于甲基是供电子基团，中心碳原子的电子云密度应依次增加。

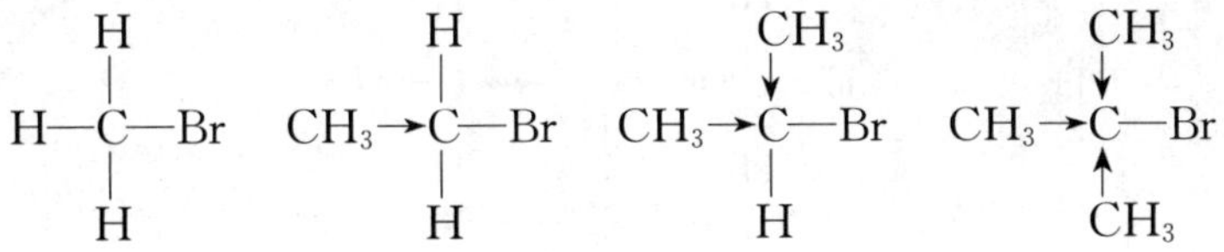

1°　　2°　　3°

因此在按 S_N1 历程进行时，它们的活性是 3°＞2°＞1°＞CH_3X。在按 S_N2 历程进行时，它们的活性应该正好相反，即 CH_3X ＞1°＞2°＞3°。这与事实相符（表 7-2）。

表 7-2　亲核取代反应的相对速率

	CH_3Br	CH_3CH_2Br	$(CH_3)_2CHBr$	$(CH_3)_3CBr$
S_N1 相对速率（$RBr+H_2O$）	1.0	1.7	4.5	1×10^8
S_N2 相对速率（$RBr+I^-$）	150	1	0.01	0.001

烯丙基型和苄基型卤代烃的亲核取代反应，不论是按 S_N1 历程还是按 S_N2 历程进行，反应速率都很快。例如，3-氯丙烯的亲核取代反应，因为它能离解成较稳定的烯丙基正离子（与烷基正离子相比），所以它的 S_N1 反应很容易进行。

$$CH_2{=}CHCH_2Cl \longrightarrow \overset{\delta^+}{C}H_2\cdots CH\cdots\overset{\delta^+}{C}H_2 + Cl^-$$

烯丙基正离子

另外，当亲核试剂进攻 α-碳原子时，由于旁边的碳碳双键能帮助它分散电荷，因此 3-氯丙烯的 S_N2 反应也很容易进行。

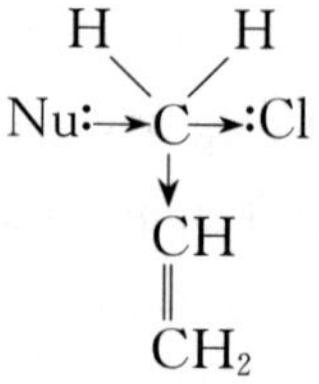

此外还要指出，上述从电子效应来考察问题是不够全面的，还应该从空间体积效应来衡量。例如，下列四个溴代物的相对速率，单从甲基供电子诱导效应来讲是很难解释的(表 7-3)。

表 7-3　RX 和 $C_2H_5O^-$ 的 S_N2 反应(C_2H_5OH，55℃)

RX	相对速率	RX	相对速率
CH_3CH_2Br	1	$(CH_3)_2CHCH_2Br$	0.030
$CH_3CH_2CH_2Br$	0.28	$(CH_3)_3CCH_2Br$	0.0000042

我们知道，甲基是一个弱的供电子基团，而诱导效应随 C—C 键的增加而减弱。假使它连在 β-碳原子上，那么它的供电子效应对反应中心所产生的影响应该是很小的。这样溴代新戊烷 $(CH_3)_3CCH_2Br$ 的亲核取代反应(S_N2)速率应该比溴乙烷 CH_3CH_2Br 慢得不多。可是事实上却相差很大，只有溴乙烷的百万分之四，因此必然有另一种因素在起作用。如果考虑体积效应，那么就很容易解释了。这里 β-碳原子上的三个甲基，它们的体积较 H 原子大，在空间阻碍了亲核试剂的进攻，使反应速率变得很慢。

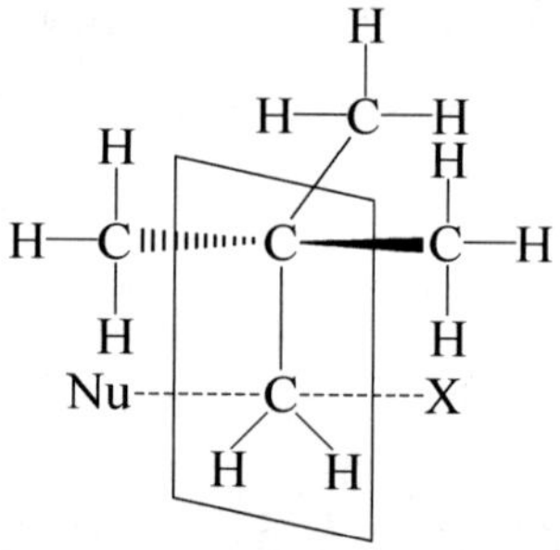

并不是所有伯卤代烷都是以 S_N2 反应为主；新戊基溴是伯卤代烷，但它在 80%乙醇中发生的反应主要是按 S_N1 方式进行的。其原因是大体积的叔丁基阻碍了中心碳原子被亲核试剂(CH_3CH_2OH)从 C－Br 键背后攻击的空间，使 S_N2 反应不能有效地进行，迫使其按照 S_N1 反应历程进行。

空间体积效应除了对 S_N2 反应有较大的影响外，对 S_N1 反应也有影响。例如，下列四个叔氯代物的水解反应相对速率(丙酮水溶液，25℃)相差很大：

1.00

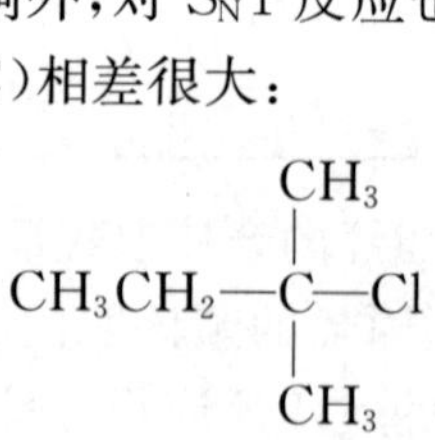

2.06

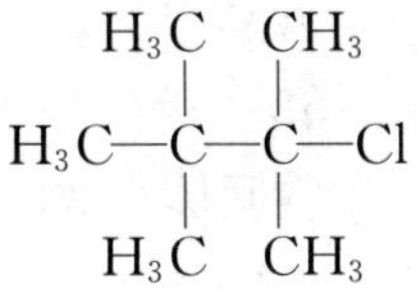

2.40

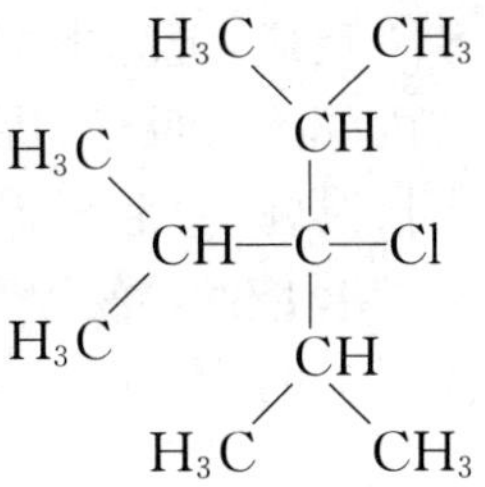

6.91

当连在中心 α-C 原子上的基团体积增大时，分子显得很拥挤，就有张力产生。为了消除张力，C—Cl 键就极易离解，因离解后键角增大，拥挤现象可以得到减轻。当然，也可以用烷基的供电子效应使 α-碳正离子电荷分散，增加其稳定性来加以解释，但一般说来是两者共同作用的结果。

空间效应最明显的例子是取代连接在桥环化合物桥头碳原子上的卤原子。这种卤原子非常稳定，不论经由 S_N1 历程还是经由 S_N2 历程都不易被取代。例如，7,7-二甲基-1-氯双环[2.2.1]庚烷与 $AgNO_3$ 的醇溶液回流 48h，或 30％KOH 的醇溶液回流 21h，都看不出有氯原子被取代的反应产生。原因是它很难离解成平面的碳正离子，因为有桥环系统牵制着，所以很难进行 S_N1 反应，其次氯的背面是一个环，亲核试剂不能从背面进攻，所以 S_N2 反应也很难进行。

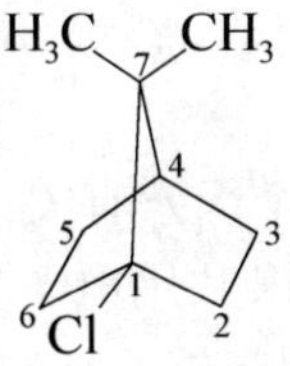

7,7-二甲基-1-氯双环[2.2.1]庚烷

从上述讨论中可以看出，溴烷(卤烷)分子中的烷基结构对反应按照何种历程进行有很大的影响。叔溴烷(叔卤烷)分子易失去 Br^-(X^-)而形成较稳定的碳正离子，所以它主要按 S_N1 历程进行亲核取代反应；而伯溴烷则反之，主要按 S_N2 历程进行。仲溴烷(仲卤烷)则处于两者之间，反应可同时按 S_N1 和 S_N2 两种历程进行。在 CH_3Br、$(CH_3)_2CHBr$ 和 $(CH_3)_3CBr$ 这个系列中，水解反应历程是一个由 S_N2 转变为 S_N1 的过程。它们的水解反应速率可由图 7-3 表示。

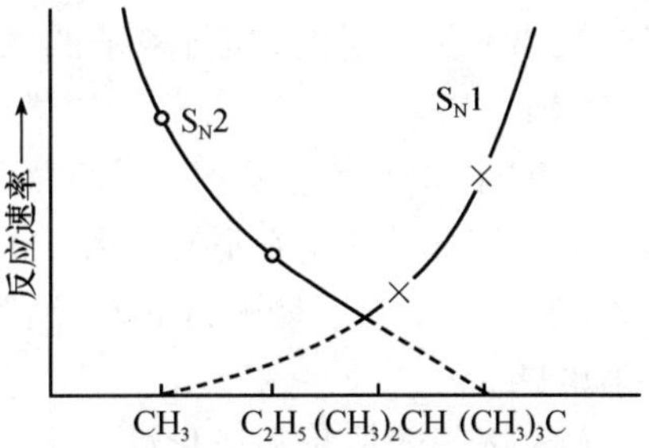

图 7-3　溴烷的烷基对水解速率的影响

需要指出的是，伯卤烷一般易发生 S_N2 反应，但如果控制适当的反应条件，也会发生 S_N1 反应。例如，在银离子或汞离子存在下，这些离子能促使伯卤烷碳卤键的离解，形成碳正离子，发生 S_N1 反应。

$$R—X + Ag^+ \rightleftharpoons \overset{\delta^+}{R}—X\cdots\overset{\delta^+}{Ag} \rightleftharpoons R^+ + AgX\downarrow$$

配合物

在有机分析鉴定中，用 $AgNO_3$ 的乙醇溶液与伯卤烷作用就属于 S_N1 反应。例如，叔氯烷室温下立即生成 AgCl 沉淀，仲氯烷微热即可生成 AgCl 沉淀，而伯氯烷在室温下反应很慢，加热煮沸后才有 AgCl 沉淀产生。

叔卤烷一般易发生 S_N1 反应，但如果控制适当的反应条件，也会发生 S_N2 反应。例如，叔氯烷(或叔溴烷)与 NaI 的丙酮溶液反应，因为碘离子很容易进攻氯(或溴)的 α-碳原子，于是形成过渡态，使叔氯烷(或叔溴烷)发生 S_N2 反应，生成不溶于丙酮的 NaCl(或 NaBr)沉淀。

综上所述，卤烷进行 S_N2 反应的难易程度主要取决于空间体积效应，其活性次序是 $CH_3X>1°>2°>3°$；卤烷进行 S_N1 反应的速率取决于碳正离子的稳定性，其活性次序是 $3°>2°>1°>CH_3X$。

2) 卤素的影响

亲核取代反应无论按照哪一种历程进行，离去基团总是带着电子对离开中心碳原子。这与亲核试剂总是带着电子对向中心碳原子进攻的情况恰恰相反，因此离去基团的碱性越弱，形成的负离子越稳定，离去基团就越容易离开中心碳原子，即反应物越容易被取代。卤离子的碱性次序是 $I^-<Br^-<Cl^-<F^-$，它们的离去倾向应该是 $I^->Br^->Cl^->F^-$。所以在同一烷基、不同卤素的四种卤代物中，取代反应的速率是 RI>RBr>RCl>RF。

此外，如果离去基团特别容易离去，那么反应中有较多的碳正离子中间体生成，反应就按 S_N1 历程进行。如果离去基团不容易离去，反应就要按 S_N2 历程进行。

3) 亲核试剂浓度和亲核能力的影响

从 S_N1 历程来看，决定反应速率的步骤是碳正离子的生成，因此亲核试剂的浓度对反应没有什么影响。相反地，S_N2 反应的速率与亲核试剂的浓度有直接关系，浓度大，反应就快。

亲核试剂的亲核能力对反应历程有很大影响，试剂的亲核能力越强，反应按 S_N2 历程进行的趋势越大。

亲核试剂的亲核能力一般与下列三个因素有关：

(1) 试剂的碱性。亲核试剂都具有未共用电子对或负电荷，所以它们都呈碱性(路易斯碱)，一般碱性越强，亲核能力越大。下列亲核试剂的亲核能力与其碱性顺序一致：

$$RO^- > HO^- > C_6H_5O^- > CH_3COO^- > F^-$$

但该规律不是绝对的，如卤离子的碱性是 $I^-<Br^-<Cl^-<F^-$，然而它们的亲核能力是 $I^->Br^->Cl^->F^-$。

亲核性和碱性是两个不同的概念。试剂的碱性是指试剂与质子结合的能力，而亲核性是指试剂与带部分正电荷碳原子结合的能力。因此，试剂的亲核性强弱与其碱性大小并非完全一致(不过大多数还是平行的)。通常碱性很少受试剂的体积和极化性的影响，而亲核性对此极为敏感。

(2) 试剂的体积和极化性。大原子的外层电子离原子核较远，核对它们的束缚力较小，易受外界电场的作用而变形，因而也易于进攻带部分正电荷的碳原子，故当试剂的碱性相近时，试剂中亲核原子的体积较大者亲核能力较强。上面的卤素离子的亲核性次序就是它的具体例子。同理，$RS^->RO^-$，RSH>ROH。

若不考虑溶剂等因素的影响，只综合考虑亲核试剂本身的碱性、体积和可极化性，则试剂的亲核性强弱的主要规则如下：

(i) 带负电荷的亲核试剂的亲核性比它们的共轭酸强，如

$$^-OH > H_2\ddot{O} \qquad ^-NH_2 > \ddot{N}H_3 \qquad RO^- > R\ddot{O}H \qquad RS^- > R\ddot{S}H$$

(ii) 当亲核试剂中的亲核原子相同时，它们的亲核性强弱与其碱性的大小基本一致，如

$$C_2H_5O^- > HO^- > C_6H_5O^- > CH_3COO^- > CH_3\ddot{O}H > H_2\ddot{O}$$

(iii) 属于同一周期元素组成的同类型的亲核试剂,其亲核性与碱性的大小基本一致,如

$$R_3C^- > R_2N^- > RO^- > F^-$$
$$NH_2^- > HO^- > F^-$$

(iv) 对于同族元素组成的亲核试剂,随着原子序数的增大,可极化度的增强,其亲核性增强,而与其碱性的大小顺序刚好相反,如

亲核性 $RS^- > RO^-$ $\quad R\ddot{S}H > R\ddot{O}H$

$I^- > Br^- > Cl^- > F^-$ (在质子溶剂中)

碱性 $RS^- < RO^-$ $\quad R\ddot{S}H < R\ddot{O}H$

$I^- < Br^- < Cl^- < F^-$ (在质子溶剂中)

(v) 烷氧负离子的亲核性依烃基体积增大而减小,其顺序刚好与碱性大小相反,如

$$CH_3O^- > CH_3CH_2O^- > (CH_3)_2CHO^- > (CH_3)_3CO^-$$

(3) 溶剂化。试剂的亲核性也受溶剂化的强烈影响。能溶剂化负离子的溶剂将降低负离子的亲核性。因为负离子受包围后被稳定下来,不易再去进攻带部分正电荷的碳原子。例如,(iv)中卤离子的次序是在水和醇等质子溶剂(protic solvent)中测得的。若在非质子溶剂(aprotic solvent){如 *N*,*N*-二甲基甲酰胺[$HCON(CH_3)_2$,俗称 DMF]、六甲基磷酰三胺[$(CH_3)_2N_3OP$,俗称 HMPT]、二甲基亚砜[$(CH_3)_2OS$,俗称 DMSO]}中,试剂很少溶剂化,则卤素离子的亲核性次序正好相反,即 $I^- < Br^- < Cl^- < F^-$;这是因为负离子在质子性溶剂中被强烈溶剂化。例如,在质子性溶剂中,卤离子通过氢键(hydrogen bonding)被溶剂化($EtOH \cdots X^- \cdots HOEt$)。氟离子的电负性较大,同时它的体积又较小,因此它与溶剂的缔合程度非常大。碘离子体积较大,电负性较小,因此它与溶剂的缔合程度较小,故在质子极性溶剂中卤离子的亲核性是

$$I^- > Br^- > Cl^- > F^-$$

而在非质子极性溶剂中是

$$I^- < Br^- < Cl^- < F^-$$

4) 溶剂极性的影响

在 S_N1 反应中,从反应物到过渡态,体系的极性有所增加。因为极性溶剂对过渡态的稳定化作用要比对反应物的稳定化作用更大,从而使活化能降低,使反应加快。在 S_N2 反应中,从反应物到过渡态,通常是体系的极性没有变化,只是发生了电荷的分散。这时极性溶剂对 Nu^- 的稳定作用要比对过渡态的稳定作用大,从而使活化能升高,使反应速率减慢。例如,叔氯丁烷在 25℃的水中(介电常数 79)分解的速率(S_N1)要比在乙醇中(介电常数 24)快 30 万倍。2-溴丙烷和 NaOH 的反应速率(S_N2)在含水 40%的乙醇中要比在无水乙醇中慢一倍。总之,溶剂极性的大小,不论是对 S_N1 反应,还是对 S_N2 反应都有影响,影响结果不一样。一般说来,弱极性溶剂有利于 S_N2 反应,强极性溶剂有利于 S_N1 反应。因为在极性溶剂作用下卤代烷烃才能离解为碳正离子和卤离子,而且极性大的溶剂有利于碳正离子的溶剂化,使其稳定性增加。

一般来说,在极性较强的溶剂(如含水的乙醇)中,叔卤烷的取代反应是按 S_N1 历程进行。在极性较弱的溶剂(如乙醇)中,伯卤烷的取代反应按 S_N2 历程进行。仲卤烷的取代反应则同时按两种历程进行,通常以 S_N2 为主。改变溶剂的极性和溶剂化的能力常可改变反应历程的

类型。例如，在极性很大的溶剂(如甲酸，介电常数为 58)中，伯卤代烃也可按 S_N1 进行反应，在极性小的非质子性溶剂(如无水丙酮，介电常数约为 21)中，叔卤代烷烃也可按 S_N2 历程进行反应。

为什么在无水丙酮中叔卤代烃也可按 S_N2 历程进行呢？这一方面由于无水丙酮的极性很小，不利于叔卤代烃的离解；另一方面由于它是一种非质子极性溶剂，它能用氧上的电子使亲核试剂中的正离子溶剂化，然而它没有质子，不能使试剂中的负离子溶剂化，这样的负离子“赤裸裸”的，有较大的亲核性，所以在这种非质子极性溶剂中的亲核取代反应是按 S_N2 历程进行。

总之，影响亲核取代反应的因素很多，要确定一个反应的历程需要综合考虑各种因素。

7.4 消除反应历程

与亲核取代反应相似，β-消除反应的历程也有两种：双分子消除反应历程和单分子消除反应历程。双分子消除反应常用 E2 表示，单分子消除反应常用 E1 表示。这两者的区别是：前者 α-C—X 键和 β-C—H 键同时断裂脱去 HX 生成烯烃；后者 α-C—X 键首先断裂生成活性中间体碳正离子，然后 β-C—H 键断裂生成烯烃。现分述如下：

7.4.1 单分子消除反应(E1)

E1 与 S_N1 反应相似，也是分两步进行的。第一步是卤烷分子在碱性水溶液中先离解为碳正离子，第二步是在 β-碳原子上脱去一个质子，同时在 α-与 β-碳原子之间形成一个双键。反应历程如下式所示：

离解

$$H—CR_2—CR_2—X \xrightarrow{慢} H—CR_2—\overset{+}{C}R_2 + X^-$$

去质子

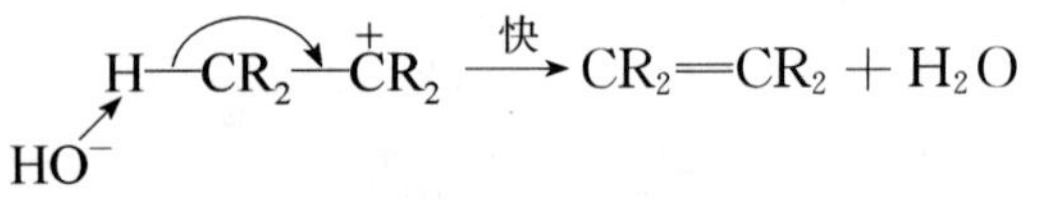

第一步反应速率较慢，第二步反应速率较快。第一步生成碳正离子是决定反应速率的一步，因为这一步中只有一种分子发生共价键的异裂，所以这样的反应历程称为单分子消除反应。整个 E1 的反应速率仅取决于卤烷的浓度，而与试剂(如 OH^-)的浓度无关，因此 E1 和 S_N1 很相似。它们所不同的仅在第二步，E1 是 OH^- 进攻 β-碳上的氢原子，使氢原子以质子的形式脱掉而形成双键。

此外，E1 与 S_N1 反应相似之处还有生成的碳正离子可以发生重排而转变为更稳定的碳正离子，然后再消除质子(E1)。例如，新戊基溴和乙醇作用，因为新戊基溴没有 β-H，理论上不会有消除产物，实际上不但发生了消除反应，而且主要消除产物是 2-甲基-2-丁烯。这是因为，首先生成的新戊基碳正离子易重排成较稳定的叔戊基碳正离子。

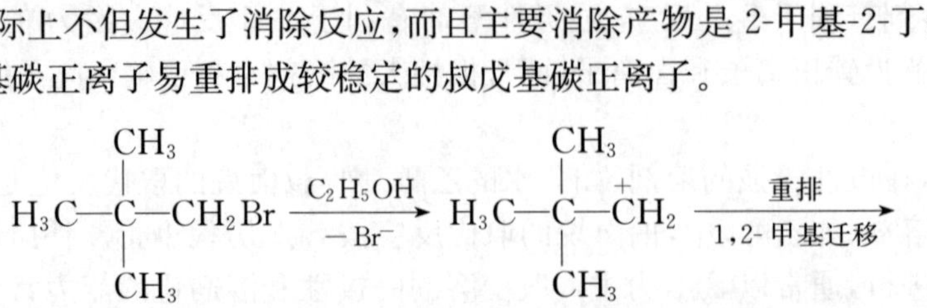

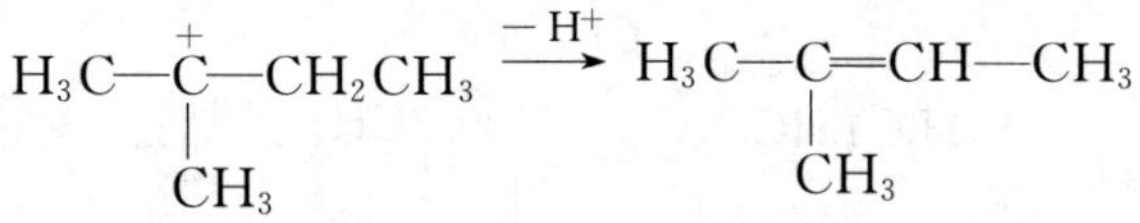

由于碳正离子的形成与重排反应有密切的关系，因此通常把重排反应作为 E1 或 S_N1 历程的标志。

7.4.2　双分子消除反应(E2)

双分子消除反应是碱性试剂进攻卤烷分子中的 β-氢原子，使这个氢原子成为质子和试剂结合而脱去，同时分子中的卤原子在试剂的作用下带着一对电子离去，在 β-碳原子与 α-碳原子之间形成双键。在此期间电子云也逐渐重新分配，反应经过一个能量较高的过渡态。

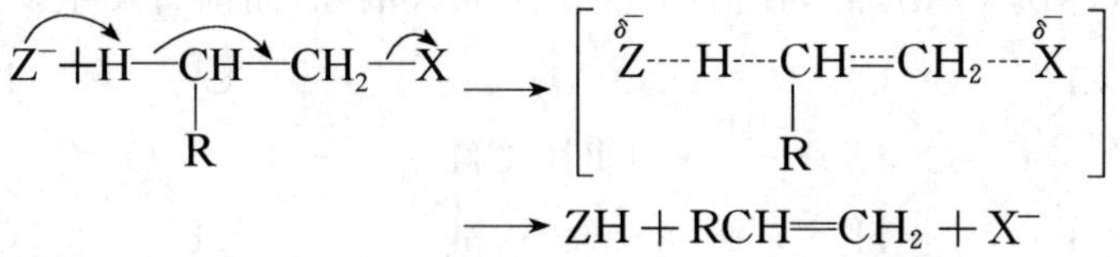

上述反应是一步完成的，新键生成和旧键断裂同时发生，其反应速率与反应物浓度以及进攻试剂的浓度成正比，这说明反应是按双分子历程进行的，因此叫做双分子消除反应，反应中形成的过渡态与 S_N2 很相似，其区别在于试剂在 E2 中进攻 β-氢原子，而在 S_N2 中则进攻 α-碳原子。

从立体化学角度来考虑，β-消除可能导致两种不同的顺反异构体。将离去基团 X 与被脱去的 β-H 放在同一平面上，若 X 与 β-H 在 σ 键同侧被消除，称为顺式消除；若 X 与 β-H 在 σ 键的两侧(异侧)被消除，称为反式消除。

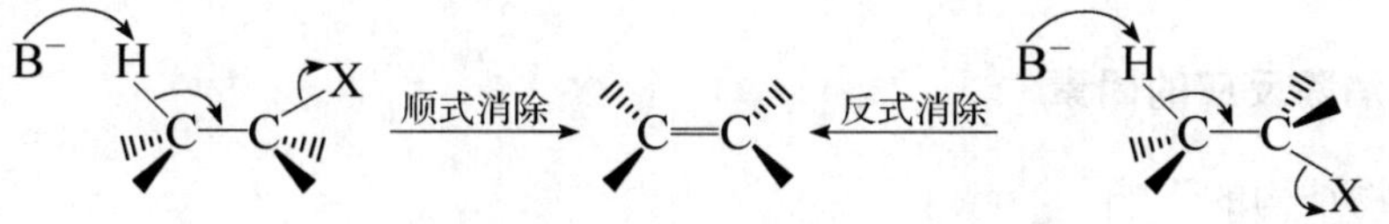

实验表明，在按 E2 机理进行的消除反应中，一般发生反式消除。例如，盖基氯(氯盖烷)与强碱作用，生成唯一产物 2-盖烯，利用盖基氯的构象式可以看出，盖基氯脱 HCl 是一种反式消除。

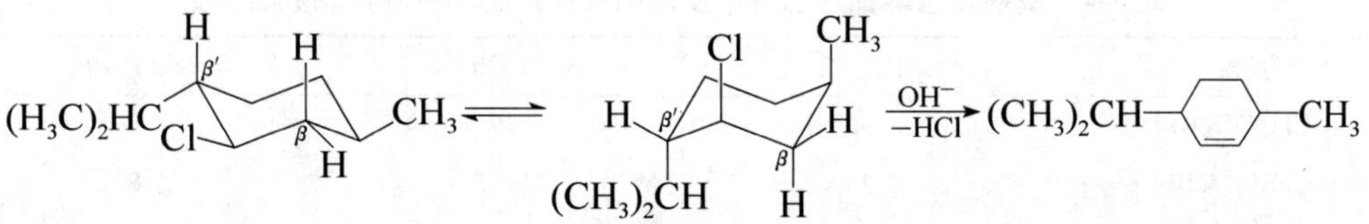

Ⅰ盖基氯　　　　Ⅱ　　　　2-盖烯

在反应中，构象式Ⅰ和Ⅱ的平衡体系中以构象Ⅱ参加反应，因此时被消除的两个原子处于反式共平面上而有利于消除反应。从Ⅱ中可以看出，β'-H 与 Cl 不在同一平面上；β-H 虽有两个，但只有处于 a 键的 H 与 Cl 处在同一平面上，且处于反式。只有消除这个 H 才能生成 2-盖烯，说明消除反应是一种反式消除。

同样道理，新盖基氯(新氯盖烷)在强碱作用下消除 HCl 生成 75%的 3-盖烯和 25%的 2-盖烯，也证明了是反式消除。

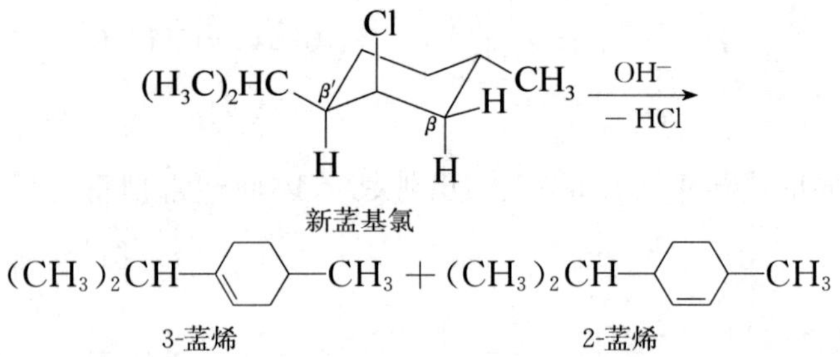

在新蓋基氯中，各有一个β-H和β'-H与Cl处于反式共平面构象，可以发生反式消除。其消除的取向遵从札依采夫规则，故主要得到3-蓋烯，而2-蓋烯较少。

在卤代烯烃衍生物中也可看到同样的现象。例如，顺式-1,2-二氯乙烯消除氯化氢的反应速率要比反式异构体快20倍，因为后者只能发生顺式消除，而前者发生反式消除。

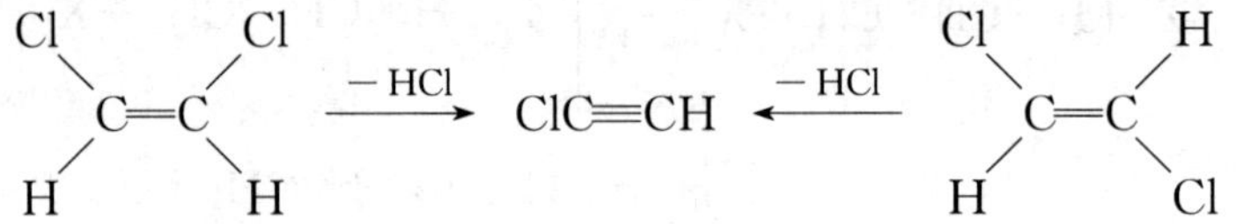

虽然E2反应是以反式共平面形式进行的，但是这并不意味着不能发生顺式消除。特别是在一些难以形成反式共平面要求的环状体系中，顺式消除过程是可以发生的并成为唯一的过程，但所需反应条件比较剧烈。

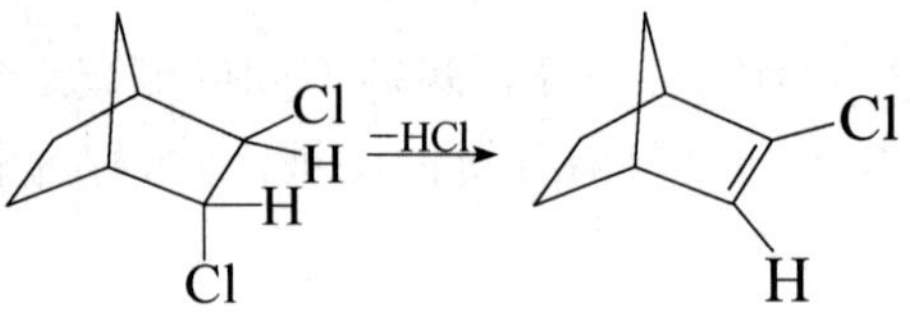

7.4.3　影响消除反应的因素

1）反应物结构的影响

消除反应和亲核取代反应均由同一试剂的进攻而引起的，进攻α-碳原子引起取代反应，进攻β-氢原子就引起消除反应。例如，溴烷和乙醇钠在乙醇中反应，其取代产物和消除产物的百分数见表7-4。

表7-4　溴烷和乙醇钠在乙醇中反应的取代产物和消除产物的百分数

溴烷	温度/℃	S_N2产物/%	E2产物/%
CH_3CH_2Br	55	99	1
$(CH_3)_2CHBr$	25	19.7	80.3
$(CH_3)_3CBr$	25	<3	>97
$CH_3CH_2CH_2Br$	55	91	9
$(CH_3)_2CHCH_2Br$	55	40.4	59.6
$-CH_2CH_2Br$	55	4.4	94.6

没有支链的伯卤烷与强亲核试剂作用，主要发生S_N2反应。α-碳原子上支链增加，α-碳原子进攻的空间位阻加大，则不利于S_N2反应而有利于E2反应。β-碳原子上有支链的伯卤烷容易发生消除反应，因为β-碳原子上的烃基会阻碍试剂从背面进攻α-碳原子，从而不利于S_N2

的进行。

叔卤代烷在没有强碱存在时发生 S_N1 和 E1 反应，得到取代产物和消除产物的混合物。当 β-碳原子上烷基增加时，对 E1 反应比对 S_N1 反应更为有利。例如，下列叔卤烷在 25℃时与 80％乙醇作用，消除产物和取代产物的产率分别为

叔卤烷

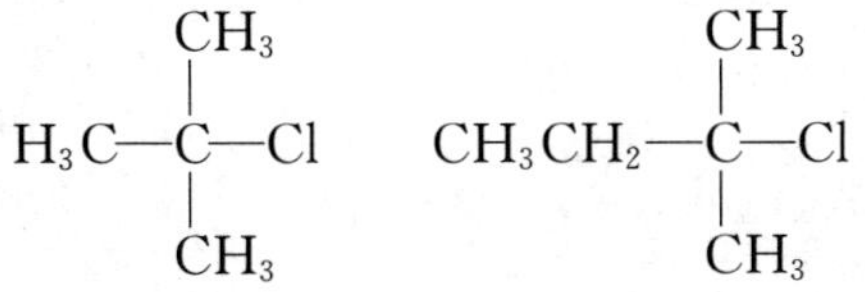

消除产物/％	16	34
取代产物/％	84	66

叔卤烷

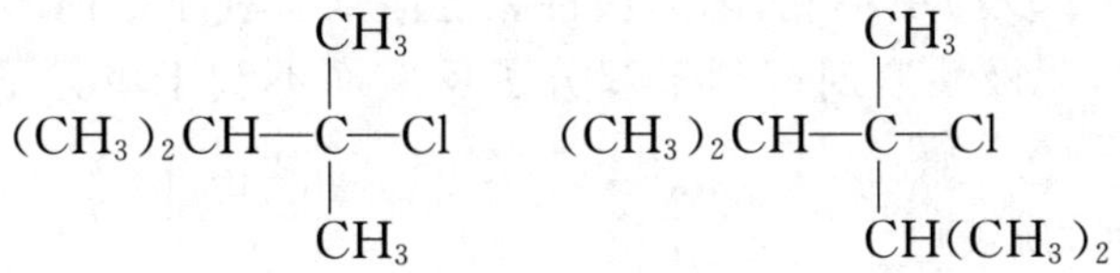

消除产物/％	62	78
取代产物/％	38	22

仲卤烷情况比较复杂，介乎两者之间，而 β-碳原子上有支链的仲卤烷更易生成消除产物，如

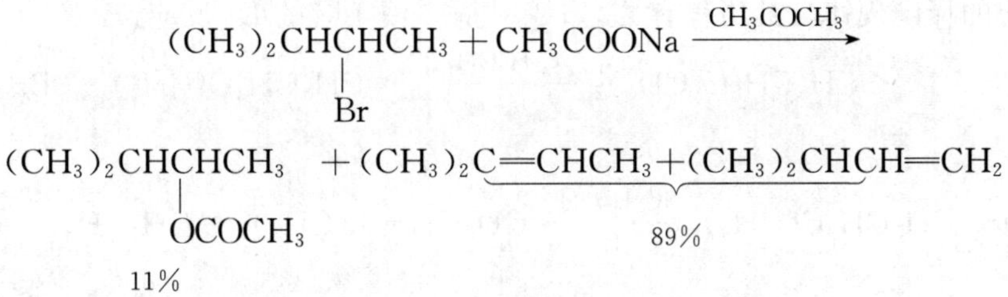

一般说来，卤代物的结构对消除反应和取代反应有如下影响：

消除增加 →

CH_3X　　RCH_2X　　R_2CHX　　R_3CX

← 取代增加

故常用叔卤烷制备烯烃，伯卤烷制备醇、醚等取代产物。

2）试剂的影响

亲核性强、碱性弱的试剂有利于取代反应，亲核性弱、碱性强的试剂有利于消除反应。以下负离子都是亲核试剂，碱性大小次序为 $NH_2^- > RO^- > HO^- > CH_3COO^- > I^-$。例如，当伯或仲卤烷用 NaOH 水解时，往往得到取代和消除两种产物，因为 OH^- 既是亲核试剂又是强碱。而当卤烷与 KOH 的醇溶液作用时，由于试剂为碱性更强的烷氧基负离子（RO^-），故主要产物为烯烃。如果试剂碱性增强或碱浓度增加，消除产物的量也相应增加。

对单分子反应（E1 和 S_N1）来说，它们的反应速率与试剂的浓度无关，而双分子反应（E2 和 S_N2）的速率则因试剂浓度的降低而减小。因此，增加试剂的浓度有利于双分子反应进行。例如，如增加碱的浓度，叔卤烷就会增加消除产物，因为强碱容易进攻叔卤烷的 β-氢原子，使反应有利于按 E2 历程进行。

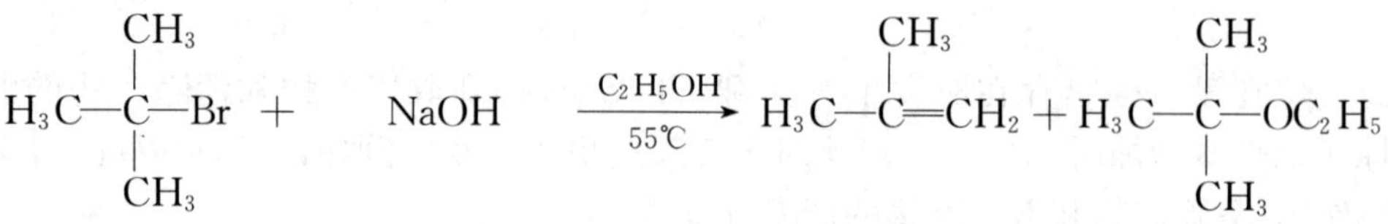

OH⁻ 浓度 /(mol/L)	消除产物 /%	取代产物 /%
0	28(E1)	72
0.05	34(E1＋E2)	66
2.00	93(E2)	7

3）溶剂极性的影响

溶剂的极性对反应也有很大的影响，一般极性大的溶剂对单分子反应有利，而对双分子反应不利，其中对 E2 反应更不利，因为极性大的溶剂有利于电荷的集中而不利于 E2 过渡态电荷的分散。反之，弱极性溶剂有利于双分子反应而不利于单分子反应，其中对 E2 反应更为有利。

4）反应温度的影响

由于消除反应中的过渡态需要拉长 β-C—H 键，因此消除反应的活化能比取代反应大，提高反应温度往往可增大消除产物的比例。

7.4.4 消除反应择向的解释

消除反应的择向规律与其历程有关，如 2-甲基-2-溴丁烷的 E1 反应：

第一步　$CH_3CH_2C(Br)(CH_3)_2 \xrightarrow[\text{慢}]{C_2H_5OH,25℃} CH_3CH_2\overset{+}{C}(CH_3)_2 + Br^-$

第二步　$CH_3CH_2\overset{+}{C}(CH_3)_2 \xrightarrow[\text{快}]{C_2H_5OH} \underset{\text{主要产物}}{CH_3CH{=}C(CH_3)_2} + CH_3CH_2C(CH_3){=}CH_2$

上述第一步是决定反应速率的步骤，第二步是决定产物组成的步骤。第二步中生成消除产物的过渡态的能量与烯烃产物的稳定性有关。实验证明，双键碳上烷基多的烯烃稳定性大，能量低，相应地达到过渡态所需的活化能较小，因此反应速率快，产物所占比例也较多，其择向符合札依采夫规则，如图 7-4 所示。

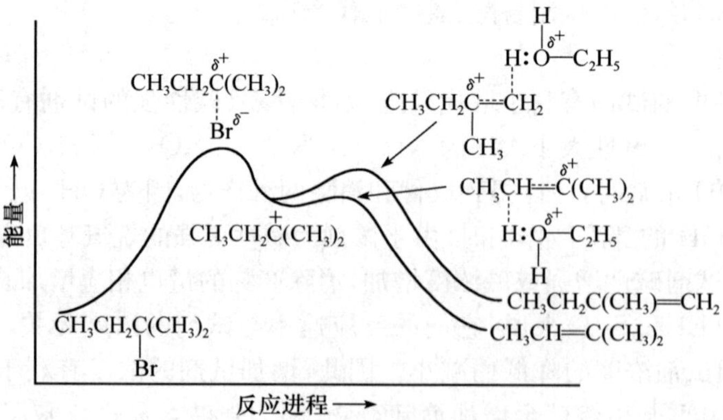

图 7-4　E1 反应的能量曲线

在 E2 反应中，它的择向与其过渡态有关，如 2-溴丁烷与乙醇钾的 E2 反应：

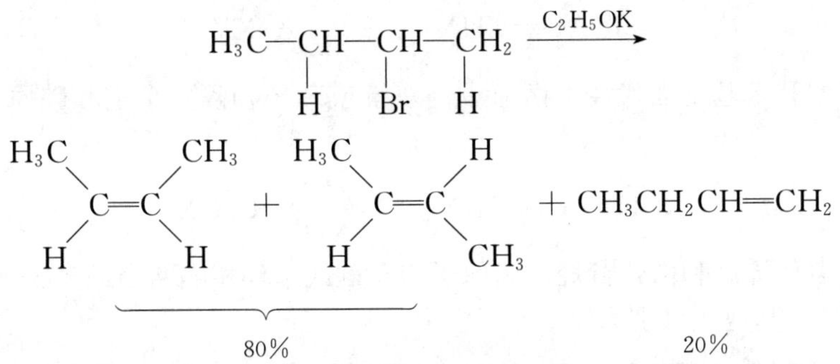

$C_2H_5O^-$ 进攻 β-氢原子位置不同，生成的过渡态和能量变化也不同。其 E2 反应的能量曲线如图 7-5 所示。在 E2 反应中，过渡态已有部分双键的性质。烯烃的稳定性反映在过渡态的能量上，生成烯烃的稳定性大，则其过渡态的能量也低，反应所需的活化能小，反应速率快，在产物中所占的比例也多，因此符合札依采夫规则。

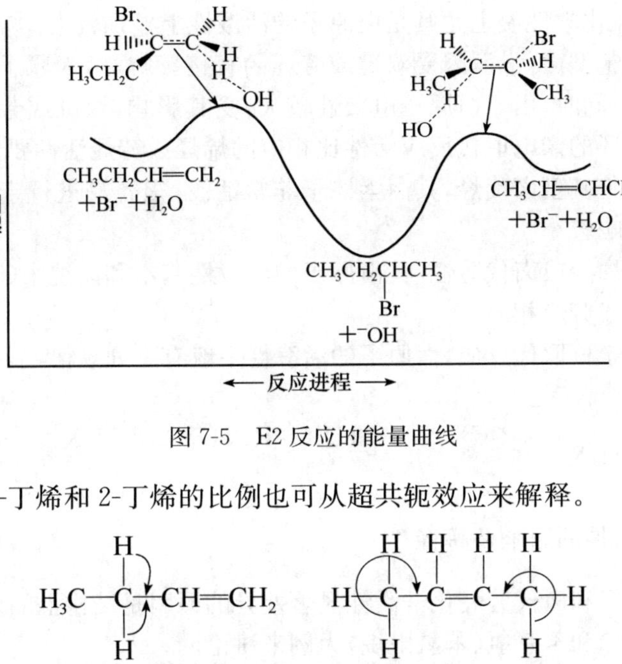

图 7-5　E2 反应的能量曲线

上述消除产物 1-丁烯和 2-丁烯的比例也可从超共轭效应来解释。

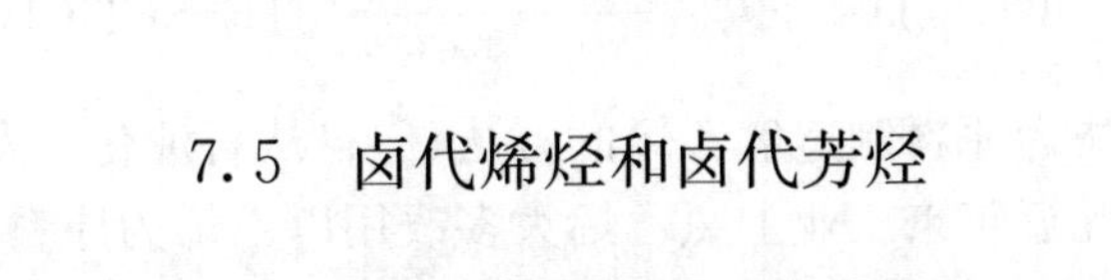

在 2-丁烯中，有六个 C—H 键与双键发生超共轭效应；而在 1-丁烯中，仅有两个 C—H 键与双键发生超共轭效应。从超共轭效应的大小可以估计产物的稳定性——2-丁烯比 1-丁烯稳定。

7.5　卤代烯烃和卤代芳烃

7.5.1　分类

根据卤代烯烃和卤代芳烃分子中卤原子和双键或芳环的相对位置不同，分为三类：

(1) 乙烯型和卤苯型卤代烃。卤原子直接与双键或苯环(芳环)碳原子相连，其通式分

别为

$$RCH═CHX$$　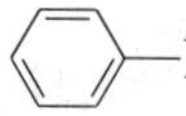—X

(2) 烯丙基型和苄基型卤代烃。卤原子与双键或苯环相隔一个饱和碳原子的卤代烃，其通式分别为

$$RCH═CHCH_2X$$　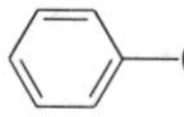—CH_2X

(3) 孤立型卤代烯烃和卤代芳烃。卤原子与双键或苯环相隔两个或多个饱和碳原子的卤代烯烃和卤代芳烃，其通式分别为

$RCH═CH(CH_2)_nX$，其中 $n \geqslant 2$，如 $CH_2═CHCH_2CH_2Cl$

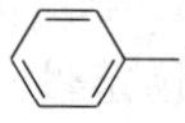—$(CH_2)_nX$，其中 $n \geqslant 2$，如 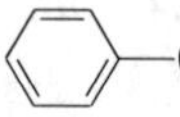—CH_2CH_2Cl

7.5.2　化学活性

上述三类卤代烯烃和卤代芳烃，由于分子内双键或芳环与卤原子的相对位置不同，相互之间的影响不同，表现在化学性质上尤其是卤原子的活泼性上差别较大。

对于乙烯型或卤苯型卤代烃，因受双键或芳环的直接影响，卤素原子很不活泼，在一般条件下不发生取代反应；同时，由于卤原子电负性较大，受其影响，双键或芳环的活泼性降低，即双键的亲电加成或芳环的亲电取代反应活性比相应的烯烃或芳烃活性要低。

对于烯丙基型或苄基型卤代烃，其卤素原子非常活泼，很容易进行亲核取代反应；而卤原子对双键或芳环的影响较小。

对于孤立型卤代烯烃或卤代芳烃，其卤原子的活泼性基本和卤烷中的相同，双键或芳环的活性也基本上和烯烃或芳烃相同。

对各类卤代烃的亲核取代反应，卤原子的活泼性一般有下列规律：

$RCH═CHCH_2X$、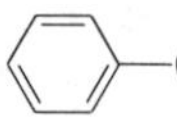—CH_2X $> R_3CX > R_2CHX > RCH_2X > CH_3X >$ $RCH═CHX$、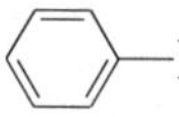—X

7.5.3　结构对化学活性的影响及解释

造成三类卤代烯烃和卤代芳烃化学活性显著差异的原因是结构上的差别。下面分别以氯乙烯、氯苯、3-氯-1-丙烯和苄基氯(苯氯甲烷)为例来讨论。

1) 氯乙烯

氯乙烯是无色气体，沸点－13.4℃，可由乙炔和氯化氢在氯化汞存在下加成制得。

$$HC≡CH + HCl \xrightarrow[150 \sim 160℃]{HgCl_2/活性汞} CH_2═CHCl$$

这是工业上利用乙炔为原料制造氯乙烯的方法，但自从石油化工发展之后，工业上乙烯来源丰富，且成本较低，因此近年来工业上氯乙烯大多改用以乙烯为原料的氧氯法制造。这个方法往往与氯碱工业相配合，利用食盐电解所得的氯气与乙烯加成，先制得二氯乙烷，然后在加热条件下(约 400℃)消除一分子 HCl 而得氯乙烯。

$$CH_2═CH_2 + Cl_2 \longrightarrow ClCH_2—CH_2Cl \xrightarrow[-HCl]{\triangle} CH_2═CHCl \quad (1)$$

乙烯再和副产物 HCl 及空气(或氧气)混合,在催化剂存在和加热下,又发生如下反应:

$$2HCl + \frac{1}{2}O_2 \longrightarrow Cl_2 + H_2O \tag{2}$$

$$CH_2{=}CH_2 + Cl_2 \longrightarrow ClCH_2{-}CH_2Cl \xrightarrow{\triangle} CH_2{=}CHCl + HCl \tag{3}$$

式(2)和式(3)相加,则利用副产物 HCl 的反应可表示为

$$CH_2{=}CH_2 + HCl + \frac{1}{2}O_2 \longrightarrow CH_2{=}CHCl + H_2O \tag{4}$$

而总的氧氯化法[式(1)和式(4)相加]可以表示为

$$2CH_2{=}CH_2 + Cl_2 + \frac{1}{2}O_2 \longrightarrow 2CH_2{=}CHCl + H_2O$$

在一般条件下,氯乙烯分子中的氯原子不能被羟基、烃氧基、氨基、氰基所取代;即使在一般加热情况下,也不和硝酸银的乙醇溶液反应;不能与镁在乙醚中生成格氏试剂;与卤化氢进行加成时速率较一般烯烃慢;脱去卤化氢也比较困难。以上这些特性都是氯乙烯分子中双键和氯原子相互影响的结果。

在氯乙烯分子中,氯原子的价电子分布为 $3s^2 3p_x{}^2 3p_y{}^2 3p_z{}^1$,其中一个未成对电子(假定为 $3p_z{}^1$)和碳原子的 sp^2 杂化电子组成 C—Cl 键(σ 键)。C—Cl σ 键可以旋转到一定方向而使 $3p^2$ 电子($3p_x{}^2$ 或 $3p_y{}^2$)所处的 p 轨道与 C═C 键的 p 轨道相互平行而发生交盖,形成 p-π 共轭体系。氯乙烯分子中的共轭体系中共有四个 p 电子,其中两个 p 电子分别来自两个碳原子,另外两个则来自氯原子,这种 p 电子数目超过原子数目的共轭体系叫做多电子共轭体系。氯乙烯分子中的 p-π 共轭如图 7-6 所示。

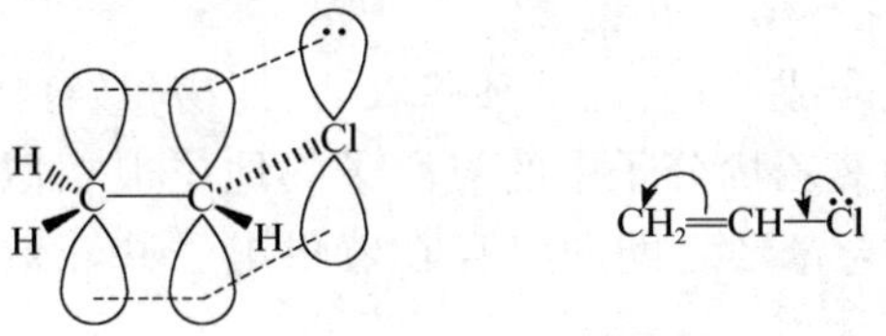

图 7-6 氯乙烯分子中的 p-π 共轭

由于 p-π 共轭的结果,电子云的分布趋向平均化,因此 C—Cl 键的偶极矩将减小,氯的一对未共用电子对已不再为氯原子所独占,它们都离域而为整个共轭体系所共有,这就使 C—Cl 键的电子云密度相应增加,键长缩短(表 7-5)。

表 7-5 p-π 共轭对键长的影响

物质	偶极矩/(10^{-30}C · m)	键长/nm	键长/nm
CH_3CH_2Cl	6.84	C—Cl 0.178	
$CH_2{=}CHCl$	4.84	C—Cl 0.172	C═C 0.138
$CH_2{=}CH_2$			C═C 0.134

这也意味着 C—Cl 之间结合得更为紧密,致使氯原子的活泼性降低,不容易发生一般的取代反应。与此同时,C═C 双键上的电子云也不再局限在原来的范围,而是离域扩展到整个共轭体系,也相应地减弱了 C═C 之间的电子云密度,使 C═C 键长增长。

氯乙烯的亲电加成反应符合马氏规律。

$$\overset{\delta^-}{C}H_2=\overset{\delta^+}{C}H-\ddot{C}l + HBr \longrightarrow H_3C-\underset{\underset{Br}{|}}{C}H-Cl$$

但加成速率比较慢，可能是由于氯的强电负性（诱导效应）使原双键处的电子云密度有所降低，反应时过渡态的活化能较高的缘故。

从氯乙烯 C—Cl 键的键长可以看出它具有部分双键的性质，键能也高，因此也不易发生亲核取代反应。氯乙烯在少量过氧化物存在下，能聚合生成白色粉状固体高聚物，称为聚氯乙烯，简称 PVC（poly vinyl chloride）。工业上生产聚氯乙烯是在偶氮二异丁腈催化下聚合而成。

$$nCH_2=CHCl \xrightarrow[40\sim80^\circ C,\,0.63\sim1.5MPa]{\text{偶氮二异丁腈}} \left[CH_2-\underset{\underset{Cl}{|}}{C}H\right]_n$$

聚氯乙烯具有化学性质稳定、耐酸、耐碱、不易燃烧、不被空气氧化、不溶于一般溶剂等优良性能，常用来制造塑料制品、合成纤维、薄膜、管材及其他类似物，其溶液可做喷漆，在工业上有着广泛的应用。

2）氯苯

氯苯为无色液体，沸点 132℃，可由苯直接氯化制得。

工业上也可将苯蒸气、空气及氯化氢通过氯化铜催化剂（浮石为载体）来制造。

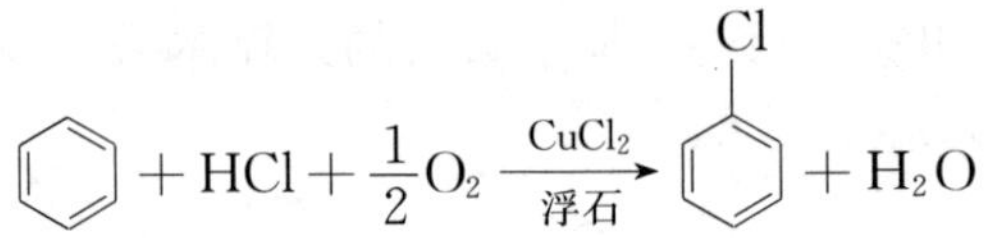

氯苯可用作溶剂和有机合成原料，也是某些农药、药物和染料中间体的原料。

氯苯分子中的氯原子和氯乙烯分子中的氯原子的地位很相似，氯原子是直接与苯环上的 sp^2 杂化碳原子相连，氯原子与苯环之间同时存在着供电子共轭效应和吸电子诱导效应，因此氯苯不活泼。

与氯乙烯分子类似，氯苯分子在一般条件下不能进行亲核取代。

氯原子是邻、对位定位基，由于存在吸电子诱导效应，最终使苯环上电子云密度降低，因此氯苯的亲电取代反应活性比苯的低。

3）3-氯-1-丙烯（烯丙基氯）

丙烯在高温（500℃）气相下与氯作用，是工业上制取 3-氯-1-丙烯的主要方法。

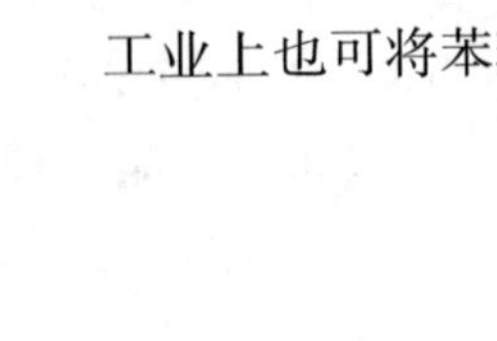

图 7-7　烯丙基碳正离子空 p 轨道

烯丙基氯中的氯原子非常活泼，很容易发生取代反应，一般比叔卤烷中的卤原子活性还要大。例如，在室温下即可和硝酸银的乙醇溶液发生 S_N1 反应，很快生成氯化银沉淀。对 S_N1 来说，烯丙基氯的这种活泼性是因为氯离解后可以生成稳定的烯丙基碳正离子。这个碳正离子的带正电的碳原子是 sp^2 杂化的，它的一个缺电子的空 p 轨道和相邻的碳碳双键的 π 轨道发生交盖，使 π 电子云离域（形成缺电子共轭体系），因此正电荷得到分散，使这个碳正离子趋于稳定，如图 7-7 所示。

也可用共振结构式表示如下：

$$H_2C{=}CH{-}\overset{+}{C}H_2 \longleftrightarrow \overset{+}{C}H_2{-}CH{=}CH_2 \equiv \overbrace{CH_2\cdots CH\cdots CH_2}^{+}$$

由此可见，烯丙基氯比较容易离解产生烯丙基碳正离子和氯负离子，故有利于 S_N1 反应的进行。

从烯丙基碳正离子的电子云分布来看，两端碳上都带有部分正电荷，当它遇到亲核试剂如 OH^- 时，有两种可能的进攻位置，但产物并无区别，都是烯丙醇。

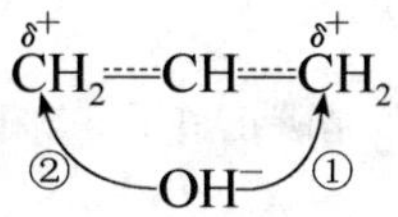

但是其他烯丙型的卤代烯烃，如 1-氯-2-丁烯，水解后就得到两种产物，似乎发生了—OH 基团转移位置的分子重排，但实际是发生下式所示的 S_N1 反应历程：

$$H_3C{-}CH{=}CH{-}CH_2Cl \longrightarrow H_3C{-}\underbrace{CH\cdots CH\cdots CH_2}_{+} + Cl^-$$

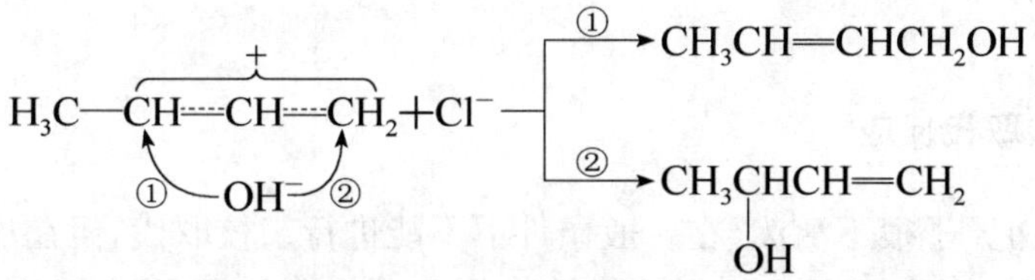

这种现象称为烯丙位重排。在单独加热取代烯丙基卤时，也有这种重排现象，如

$$CH_3CH{=}CHCH_2Br \underset{}{\overset{-Br^-}{\rightleftharpoons}} H_3C{-}\overset{\delta^+}{C}H\cdots CH\cdots\overset{\delta^+}{C}H_2 \overset{+Br^-}{\rightleftharpoons} CH_3\underset{\underset{Br}{|}}{C}HCH{=}CH_2$$

一般认为，烯丙基氯无论对 S_N1 或 S_N2 历程都是活泼的。为什么它对 S_N2 历程活泼？是因为它的过渡态比较稳定。在过渡态时，它已有了初步的共轭体系结构，使过渡态的电荷得到分散，所以比较稳定，可以用图 7-8 表示这种情况。

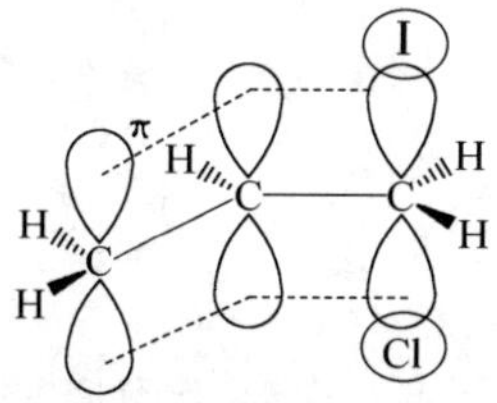

图 7-8　烯丙基氯进行 S_N2 反应时的过渡态

4）苄基氯（苯氯甲烷）

苄基氯又称氯化苄、苄氯或苯氯甲烷。它是一种催泪性的液体，沸点 179℃，不溶于水。工业上制备苄基氯是在日光或较高温度下于沸腾的甲苯中通氯气，到质量增加达理论量为止；也可以通过苯的氯甲基化来制取。实验室中可通过甲苯与 NBS 反应合成苯溴甲烷。

芳烃与甲醛及氯化氢在无水氯化锌存在下发生反应，芳环上的氢原子能被氯甲基（$-CH_2Cl$）取代，此反应叫做氯甲基化反应。

苄氯容易水解为苯甲醇，是工业上制备苯甲醇的方法之一。苄氯在有机合成上常用作苯甲基化试剂。

苄氯分子中的氯原子和烯丙基氯分子中的氯原子的地位很相似，因此具有较大的活泼性，S_N1 和 S_N2 反应都易于进行。苄氯可发生水解、醇解、氨解等反应；在室温下，和硝酸银的乙醇溶液作用立即出现氯化银沉淀；和镁在无水乙醚存在下，容易生成格氏试剂。在进

行 S_N1 反应时，苄氯易于离解成较稳定的苄基碳正离子。这时亚甲基上的碳正原子是 sp^2 杂化的，它的空 p 轨道与苯环上的 π 轨道发生交盖，造成电子的离域，使正电荷得到分散，因而这个离子趋于稳定，如图 7-9 所示。

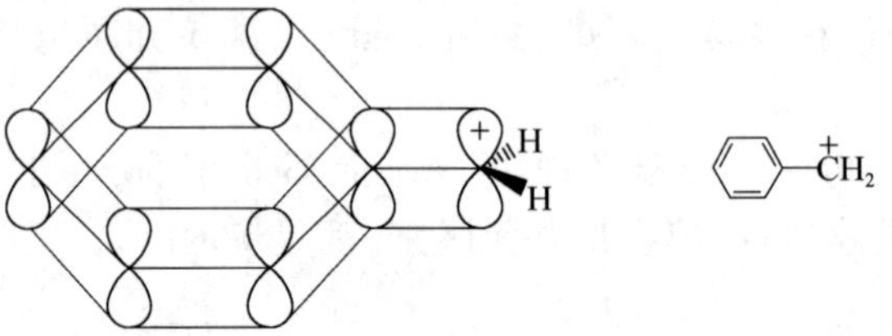

图 7-9 苄基碳正离子 p 轨道的交盖

苄基碳正离子的稳定性也可以由下列共振结构式来表示，共振结构式表示了正电荷的分散性。

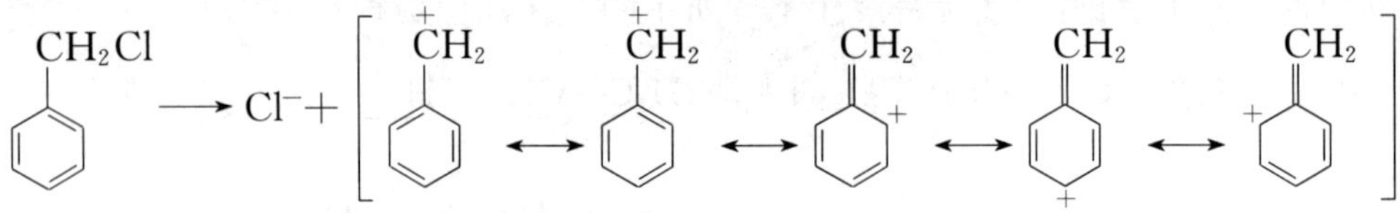

7.5.4 卤苯的亲核取代反应

卤苯分子中的卤原子很不活泼，在一般条件下不能进行亲核取代，但在加热加压的条件下也能发生水解、氨解，也可在液氨中与氨基钠作用生成苯胺。下面主要以氯苯为例作简要讨论。

1）水解

氯苯很难被水解，只有在高温高压下，它的氯原子才能被羟基所取代(这是工业上制备苯酚的一种方法)。

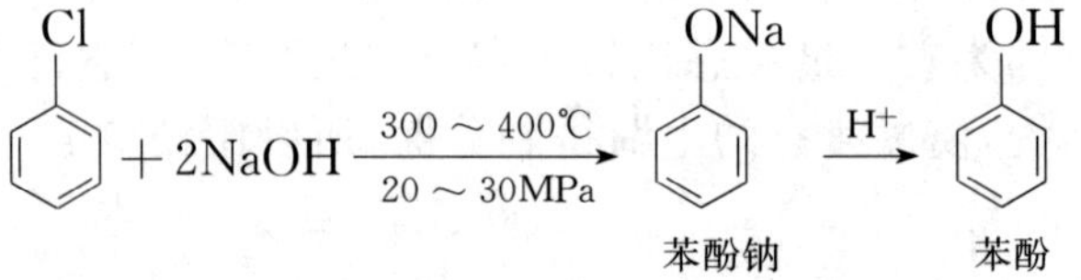

当苯环上卤原子的邻位或对位有一个或多个强的吸电子基(如—NO_2、—SO_3H 等)时，水解反应才比较容易进行，如

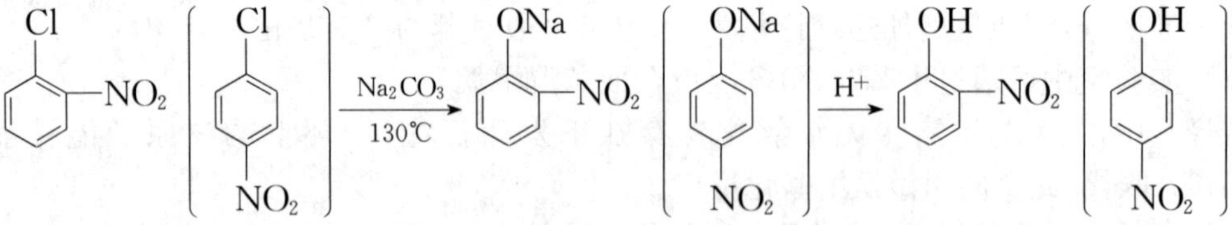

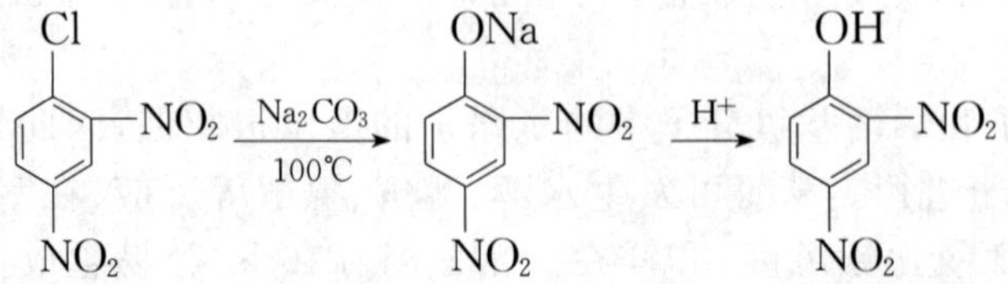

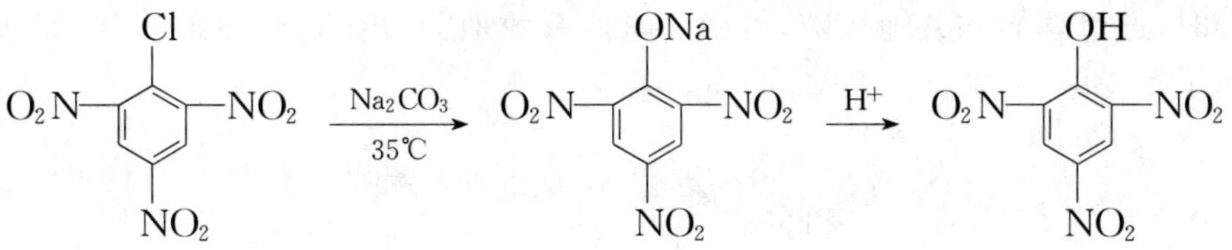

因此,通过芳卤衍生物水解制酚的方法有一定的局限性。

2）氨解

苯环上的卤素也很难被氨化。氨化时需要高温和高压。

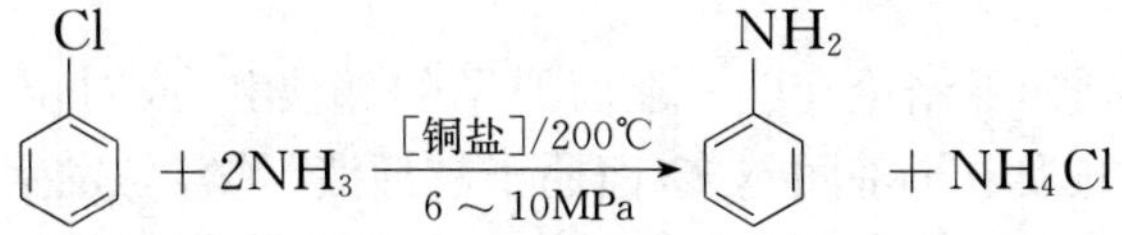

但当苯环上卤原子的邻位或对位有一个或多个强吸电子基(如—NO_2)时,该卤原子也变得非常活泼,很容易被氨解,如

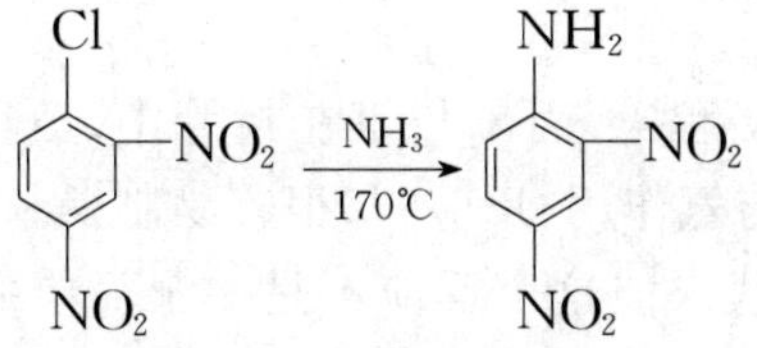

3）芳环上亲核取代反应的历程

(1) 加成-消除历程。以卤苯为例可用通式表示如下:

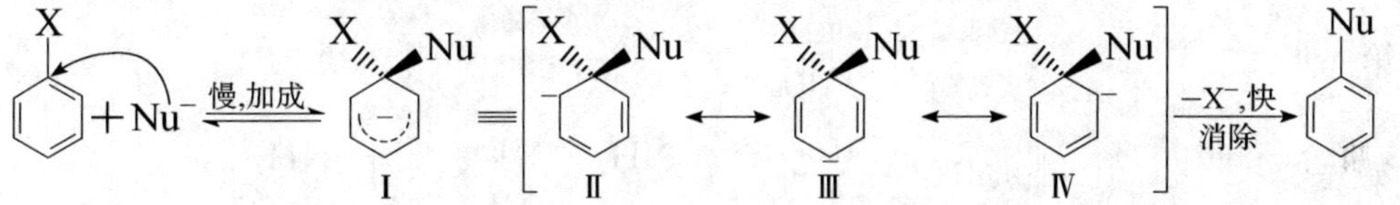

可以看出,反应分两步进行:第一步,亲核试剂进攻加到苯环卤原子所在的碳原子上,生成一个被共振稳定化的碳负离子中间体,这是控制反应速率的步骤;第二步,卤原子以 X^- 形式从芳环上脱去,生成产物。这种反应历程称为加成-消除历程。反应的能量变化曲线如图 7-10 所示。

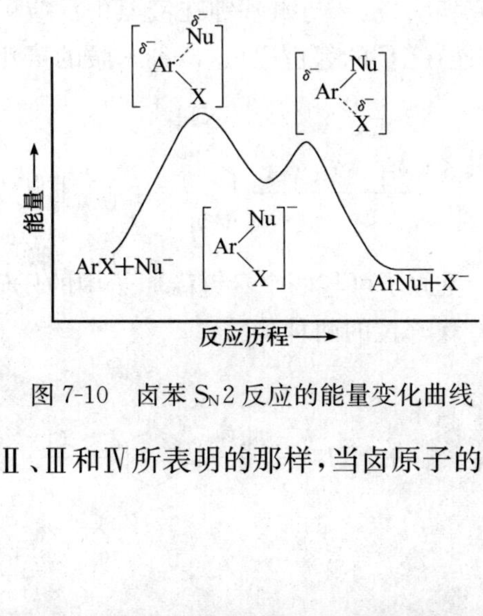

图 7-10　卤苯 S_N2 反应的能量变化曲线

其次,像共振极限结构Ⅱ、Ⅲ和Ⅳ所表明的那样,当卤原子的邻位或对位有强的吸电子基

团(如硝基)时,通过诱导和共轭效应,可使负电荷有效地分散在苯环和硝基上,如共振极限结构Ⅴ和Ⅵ所示:

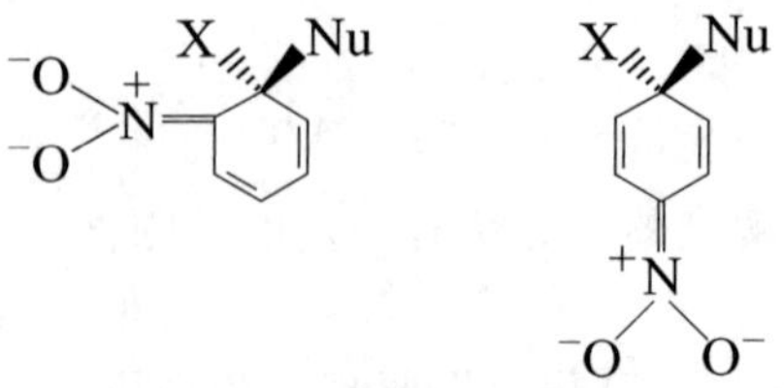

Ⅴ　　Ⅵ

综上所述,可以得到如下结论:其一,在卤原子的邻位和/或对位上连有吸电子基团时,可以使卤原子活泼,连接的吸电子基团越多,卤原子越活泼,越容易发生亲核取代;当吸电子基团处于卤原子的间位时,由于不能形成与Ⅴ和Ⅵ相似的共振极限结构,故处于间位的吸电子基团对卤原子的取代活性影响较小。其二,当芳环上连有供电子基团如R—、RO—等时,由于其供电子作用,使碳负离子中间体Ⅰ趋于更不稳定,故使芳环上卤原子钝化,更加难以被亲核试剂取代。

(2) 苯炔历程(消除-加成历程)。卤苯与氨在封管中,虽经长时间加热并不能发生反应,但在液氨中与氨基钠(金属钠与氨作用)反应,却很容易制得苯胺。这表明,卤苯必须是在强碱(NH_2^-)的作用下才能发生取代。但这个反应不是一个简单的取代反应,而实际上分两步进行:第一步氨基负离子(NH_2^-)先从卤苯的卤原子邻位上夺取一个质子,然后再失去卤负离子,形成中间体——苯炔(或脱氢苯),相当于从卤苯分子中消去一分子卤化氢;第二步是氨与苯炔发生亲核加成,生成苯胺。这样的反应过程称为苯炔历程或消除-加成历程。

第一步

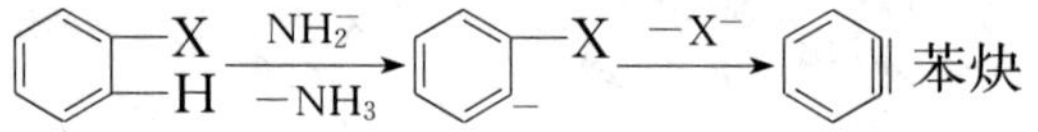

第二步

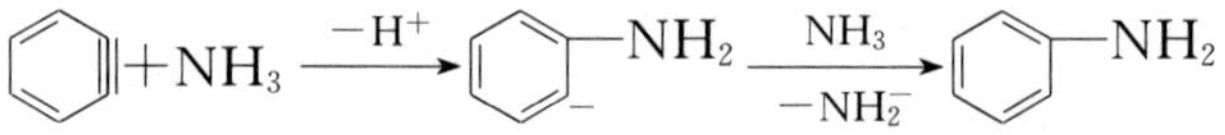

即

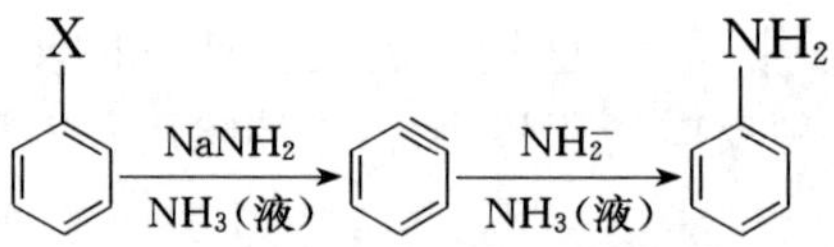

用同位素碳^{14}C示踪研究表明,氯苯与氨基钾在液氨中反应可得两种苯胺,一种是$-NH_2$连在^{14}C上,另一种是$-NH_2$连在^{14}C的邻位,且这两种苯胺的量几乎相等。

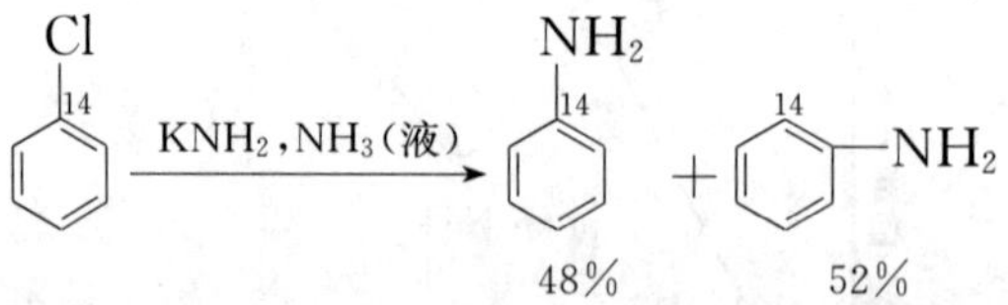

这是由于苯炔是对称的,氮原子可与两个叁键碳原子中的任何一个相连,而且连接概率相等,因而得到氨基位于^{14}C和^{14}C邻位的两种苯胺:

第一步
(消除)

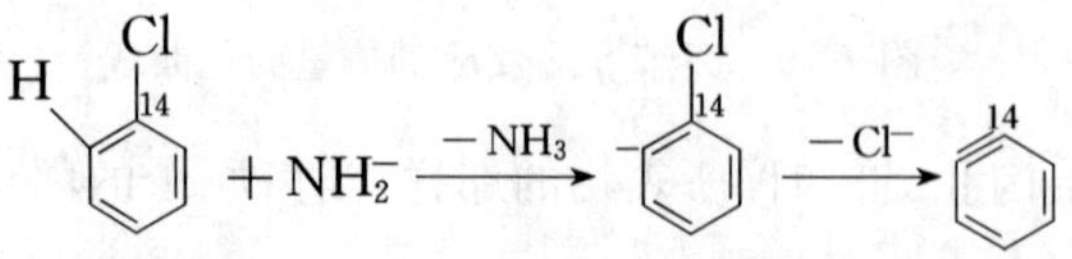

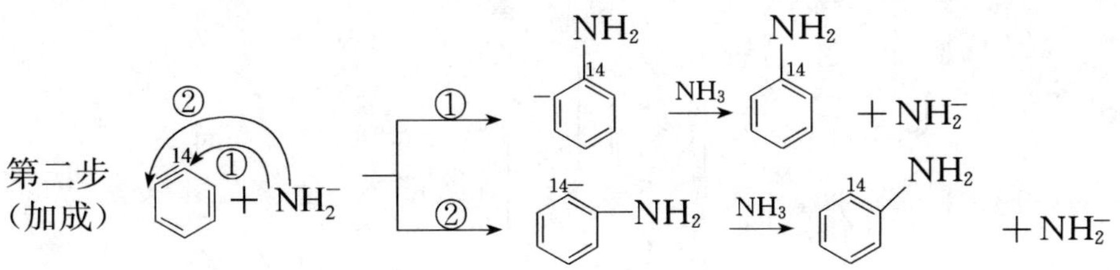

这个历程合理地说明了上述反应结果，并经实验证明，如果卤苯中卤原子的两个邻位上都有取代基时，则不能发生上述氨解反应，从而也证实苯炔历程与事实相符，即通过生成活性中间体苯炔的先消除后加成历程。

苯炔是一个高度不稳定的活性中间体。按凯库勒的写法，可写出下列两种结构式：

Ⅰ　　　　Ⅱ

根据共振论的观点可写出下列几个共振结构式：

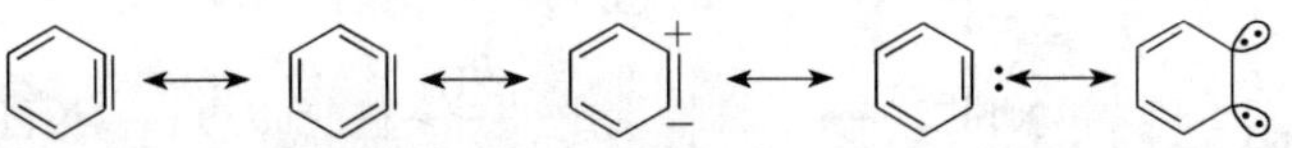

但苯炔的红外光谱显示，它主要以Ⅰ的结构形式存在。Ⅰ中含有一个特殊的碳碳叁键。炔烃中碳-碳叁键的碳原子是 sp 杂化的，在形成 σ 键时，键角为 180°，这样的碳原子不可能在苯环中存在，因此苯炔中碳原子仍为 sp^2 杂化，在碳碳叁键中，有一个 π 键是由不平行的 sp^2 轨道微弱地重叠形成，并与苯环的 π 体系相互垂直，位于苯环平面上，但处在碳环外侧，如图 7-11 所示。

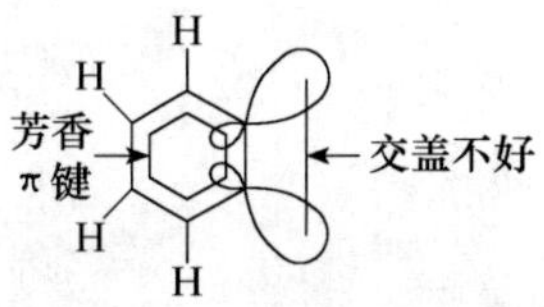

图 7-11　苯炔的结构

从图中可以看出，两个 sp^2 杂化轨道相距较远，彼此不可能重叠得很多，所以这个 π 键很弱，且有较大的张力，因此远远不如乙炔中的炔键稳定，而容易发生反应。正是由于这个结构特点，苯炔及其衍生物成为合成多种化合物非常有用的中间体。

在卤苯的消除-加成历程中能生成苯炔这一活性中间体，曾被下面反应事实间接证明：

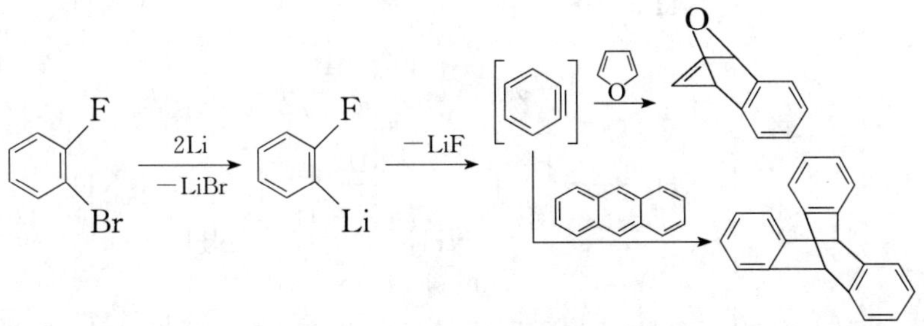

这也说明了“苯炔”应有“叁键”的性质，而这个“叁键”中有一个“π 键”是极活泼的，是亲双烯体。

取代的卤苯在形成苯炔类中间体时，邻位和对位取代卤苯分别生成 3-取代及 4-取代苯炔中间体，而间位取代卤苯则可能形成上述中间体中的一种或者两种都能生成。

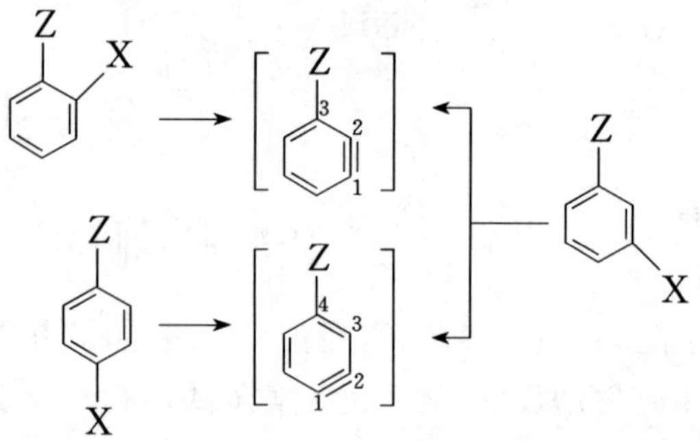

间位取代卤苯究竟生成哪种苯炔中间体，取决于卤苯邻位上的哪一个氢酸性较强，而它的酸性主要是由取代基的诱导效应所控制。

氨基负离子与取代的苯炔中间体加成时，氨基负离子进入的位置受取代基诱导效应的影响，也就是由于取代基的作用，使氨基进入后所生成的负电荷处于能量有利的地位。共轭效应对氨基负离子的进入影响甚小，因含电子对的 sp^2 轨道与芳环的 π 轨道并不重叠。当 Z 为吸电子基时主要生成下列的化合物：

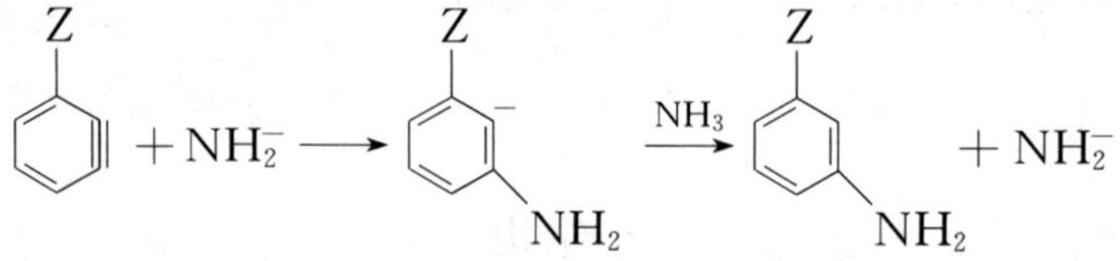

(a)

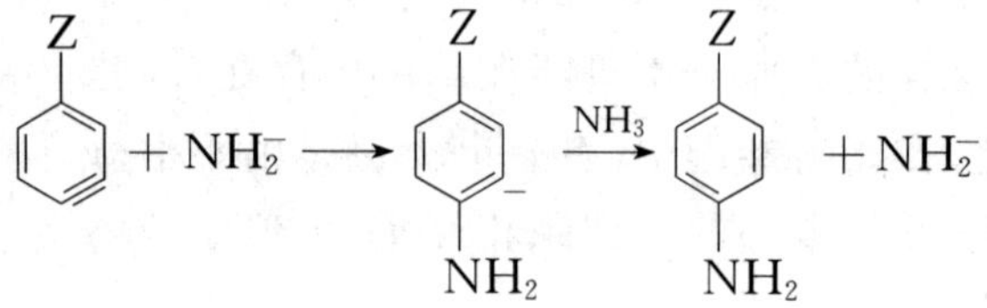

(b)

由于形成的负电荷离 Z 较近，Z 的吸电子作用使(a)、(b)中负电荷分散而稳定。当 Z 为给电子基团时，则主要产物如下：

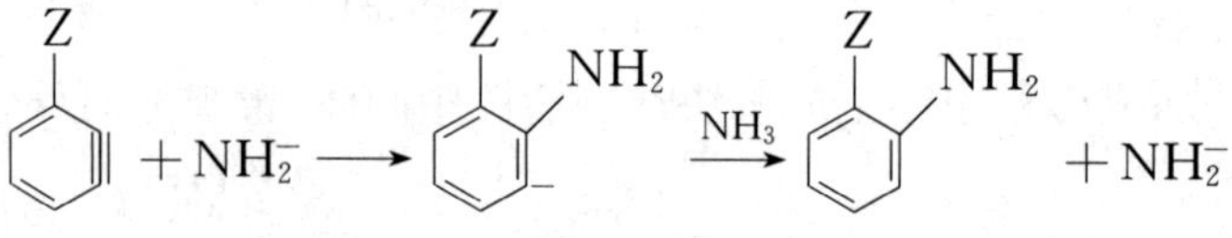

(c)

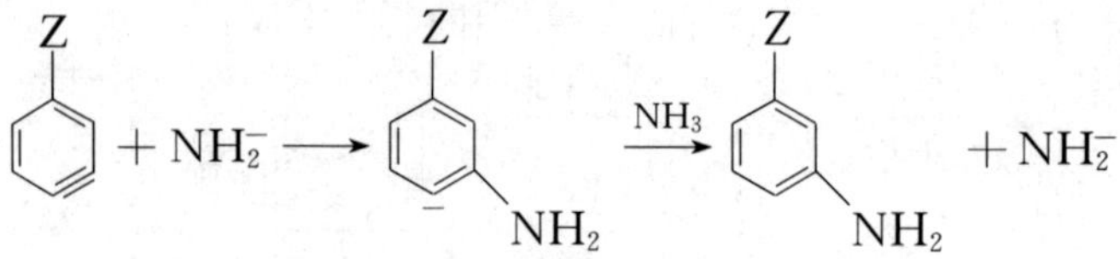

(d)

因为这样加成时，给电子基团 Z 与所形成的负电荷离得较远，所以使(c)、(d)比较稳定，容易形成最终产物。

根据上述规律，不难预见下式中的结果：

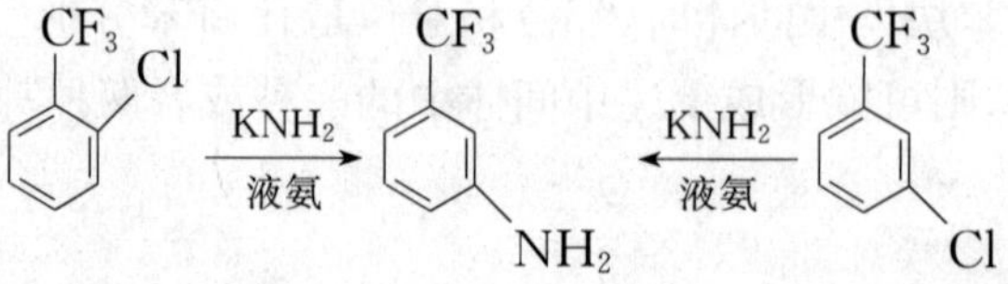

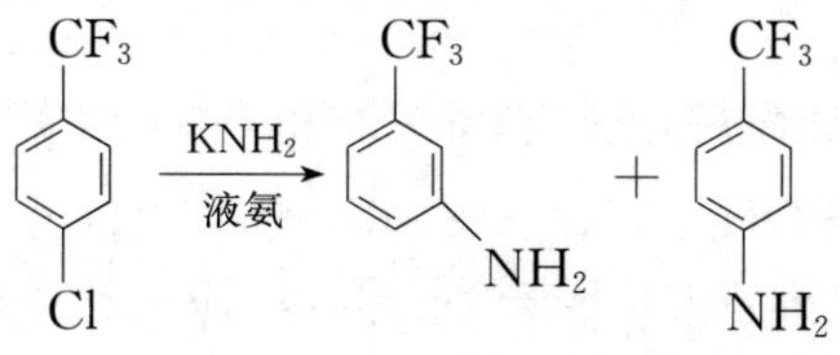

62%　　30%

7.6 卤代烃的制备方法

7.6.1 烷烃卤代

在光或高温作用下,烷烃可直接与卤素发生卤化反应。因为烷烃分子中每个碳上的氢原子都可被卤素取代,故通常得到的是一元或多元卤代烃的混合物。由烷烃卤代制备卤烷,目前工业上虽有一些应用,特别是甲烷的氯代,通过调节原料比例和反应条件,可制备一氯甲烷、二氯甲烷或三氯甲烷,但在实验室内通常只限于制备烯丙基型卤代物和苄基型卤代物。

烷烃的溴代反应比氯代困难,碘代反应更难,一般不易由烷烃碘代制得碘烷,因为碘代时生成的碘化氢为一较强的还原剂,能使反应逆向进行。

$$CH_4 + I_2 \rightleftharpoons CH_3I + HI$$

如果在反应时同时加入一些氧化剂(如碘酸、硝酸、氧化汞)使 HI 氧化,则碘化反应能顺利进行。

$$5HI + HIO_3 \longrightarrow 3H_2O + I_2$$

7.6.2 不饱和烃与卤化氢或卤素加成

不饱和烃可以与卤化氢或卤素加成,生成卤烷。

7.6.3 从醇制备

醇分子中的羟基可被卤素原子取代而得到相应的卤烷。这是制取卤烷最普遍的方法,无论在实验室或工业上都可采用。最常用的试剂是氢卤酸、卤化磷或亚硫酰氯。

1) 醇与氢卤酸作用

醇与氢卤酸作用生成卤烷和水。

$$ROH + HX \rightleftharpoons RX + H_2O$$

这是一个可逆反应,增加反应物的浓度并除去生成的水,可以提高卤烷的产率。例如,氯烷一般是将浓盐酸和醇在无水氯化锌存在下反应制得的,制备溴烷则需要将醇与氢溴酸及浓硫酸(或溴化钠与浓硫酸)共热;碘烷则可将醇与恒沸氢碘酸(57%)一起回流加热制得。

醇和氢卤酸反应的速率与氢卤酸的浓度成正比。一般都使用恒沸点氢卤酸为试剂。盐酸、氢溴酸、氢碘酸在恒沸点时,它们的组成分别为 20.2%、47.5%、57%(恒沸点相应为 110℃、126℃、127℃)。所以在醇与各种氢卤酸的反应中,与其他两种氢卤酸相比,盐酸中 HCl 浓度比较低。此外,H—X 键的离解能为 HCl 431kJ/mol、HBr 364kJ/mol、HI 297kJ/mol,以 HCl 为最大,这说明了氢卤酸与醇反应时活性次序应为 HI>HBr>HCl。

2）醇与卤化磷作用

醇与三卤化磷作用也能生成卤烷，这是制备溴烷和碘烷的常用方法。

$$3ROH + PX_3 \longrightarrow 3RX + P(OH)_3$$

通常所用的 PBr_3、PI_3 可以不必事先制备，只要将溴或碘和赤磷加到醇中共热，卤素与赤磷作用生成 PX_3，后者立即与醇作用。这样制得的碘烷产率一般可达 90%左右。

$$2P + 3I_2 \longrightarrow 2PI_3$$

$$3C_2H_5OH + PI_3 \longrightarrow 3C_2H_5I + P(OH)_3$$

伯醇与三氯化磷作用，常因副反应而生成亚磷酸酯，故氯烷产率不高，一般不超过 50%。

$$3ROH + PCl_3 \longrightarrow P(OR)_3 + 3HCl$$

因此从伯醇制取氯烷时，一般可用五氯化磷。

$$ROH + PCl_5 \longrightarrow RCl + POCl_3 + HCl$$

3）醇与亚硫酰氯（$SOCl_2$）作用

用亚硫酰氯（又名氯化亚砜、二氯亚砜）为试剂，醇的羟基可被取代。该反应的优点是反应速率快、产率高（一般在 90%左右），而且副产物二氧化硫和氯化氢都是气体，容易和氯烷分离。

$$ROH + SOCl_2 \longrightarrow RCl + SO_2\uparrow + HCl\uparrow$$

溴化亚砜因其不稳定而难于得到，故此反应只是实验室和工业上常用于制备氯烷的方法之一。

7.6.4 卤素的置换

将氯烷或溴烷的丙酮溶液与碘化钠（或碘化钾）共热时，氯烷或溴烷分子中的氯或溴可被碘所置换，反应产物中的 NaCl（或 NaBr）在丙酮中溶解度很小，即沉淀出来，使反应向右方进行，最后可得碘烷，如

$$RCl + NaI(\text{丙酮溶液}) \longrightarrow RI + NaCl$$

这是一种从氯烷制备碘烷的方法，产率很高，但这个反应一般只适用于制备伯碘烷。

7.7 多卤代烃

多卤代烃通常分为两类：一类是两个或两个以上的卤原子分别连在不同的碳原子上，例如，$ClCH_2CH_2Cl$，它们的性质和卤烷相类似；另一类是多个卤原子连在同一碳原子上，其性质比较特殊，如 $CHCl_3$、CCl_4 等。

一般，一卤代烃中多引入一个卤原子，它的 C—X 键的活性就明显地降低。以水解反应为例，氯原子的活泼性有如下次序：$CH_3Cl > CH_2Cl_2 > CHCl_3 > CCl_4$，这可能是由于卤素吸电子的相互影响，使 C—X 键极性减小，因而变得稳定。

$CHCl_3$ 和 CCl_4 在通常情况下和硝酸银的醇溶液不能产生氯化银沉淀。这一方面可能是由于多个氯原子挤在同一碳原子上，增加了空间位阻，使得亲核试剂进攻碳原子变得困难；另一方面由于 C—X 键的极性影响，可以作为向量而相互抵消，因此化学性质显得不活泼。它们的偶极矩数据也能说明这一点。

	CH_3Cl	CH_2Cl_2	$CHCl_3$	CCl_4
偶极矩 $\mu/(10^{-30}C\cdot m)$	6.24	5.34	3.50	0

1）三氯甲烷

三氯甲烷俗称氯仿，是一种无色而有甜味的液体，沸点为61.2℃，$d_4^{20}=1.482$，不能燃烧，也不溶于水，是一个良好的不燃性溶剂，能溶解油脂、蜡、有机玻璃和橡胶等，常用来提取草药有效成分和精制抗菌素，还广泛用于合成涂料。三氯甲烷具有麻醉作用。它可从甲烷氯化得到，也可从四氯化碳还原制得：

$$CCl_4+[H]\xrightarrow{Fe+H_2O}CHCl_3+HCl$$

$$3CCl_4+CH_4\xrightarrow{400\sim650℃}4CHCl_3$$

氯仿中由于三个氯原子的吸电子效应，使它的C—H键变得活泼起来，容易在光的作用下，被空气中的氧所氧化并分解生成毒性很强的光气。

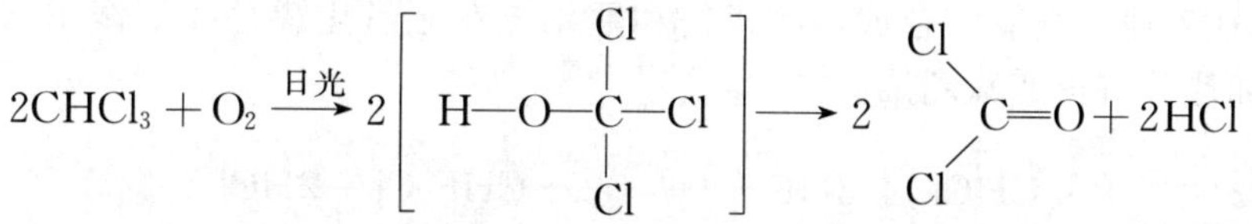

光气

因此，氯仿要保存在棕色瓶中，装满到瓶口加以封闭，以防止和空气接触。通常还可加入1%的乙醇以破坏可能生成的光气。

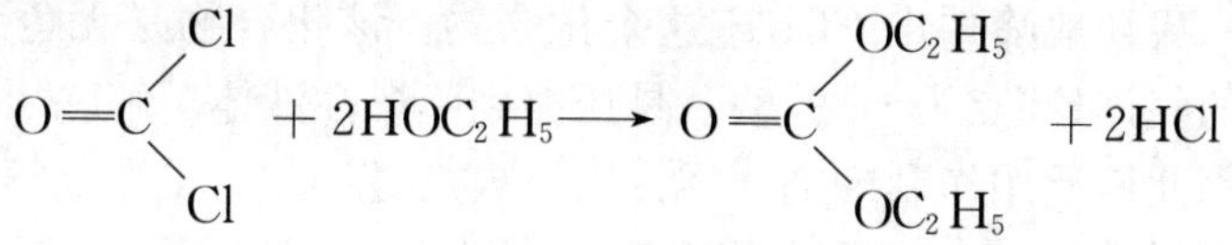

碳酸二乙酯（无毒）

此外，工业上还可用乙醇或乙醛与次氯酸盐作用来合成氯仿。

2）四氯化碳

四氯化碳为无色液体，沸点为26.8℃，$d_4^{20}=1.5940$，有特殊的气味。四氯化碳不能燃烧，受热易挥发，其蒸气比空气重，不导电，因此它的蒸气可把燃烧物体覆盖，使之与空气隔绝而达到灭火的效果。适用于扑灭油类的燃烧和电源附近的火灾，是一种常用的灭火剂。

四氯化碳在500℃以上高温时，能发生水解而有少量光气生成，故灭火时要注意空气流通，以防中毒。

$$CCl_4+H_2O\xrightarrow{高温}COCl_2+2HCl$$

四氯化碳主要用作合成原料和溶剂，能溶解脂肪、油漆、树脂、橡胶等物质，又常用作干洗剂，因其不燃，使用比较安全。四氯化碳有一定毒性，能损害肝脏，使用时应加以注意。

四氯化碳是甲烷氯化的最终产物，工业上用甲烷与氯混合（1∶4），在440℃作用制备四氯化碳，产率可达96%。此外，它也可由氯与二硫化碳在$AlCl_3$、$FeCl_3$或$SbCl_5$存在下作用制得：

$$CS_2+3Cl_2\longrightarrow CCl_4+S_2Cl_2$$

$$2S_2Cl_2+Cl_2\longrightarrow CCl_4+4S$$

3）多氟代烃

如果用烃直接氟化制备氟代烃，反应异常剧烈，放出大量的热，而使碳-碳键断裂。虽可使用氮气稀释等方法来缓和反应，但直接氟化得到的产物非常复杂。因此氟代烷或多氟代烷常用卤代烷和无机氟化物进行置换反应而得。常用的无机氟化物有 SbF_3、HF、CoF_3 等。这里只介绍两个工业上重要的氟化物。

（1）四氟乙烯。四氟乙烯在常温下为无色气体，沸点为－76.3℃，不溶于水，可溶于有机溶剂。在过硫酸铵引发下，可聚合成聚四氟乙烯。

$$nCF_2{=}CF_2 \xrightarrow[50^\circ C,\ 490.5kPa]{(NH_4)_2S_2O_3,\ H_2O,\ HCl} -\!\!\!\left[CF_2-CF_2 \right]\!\!\!-_n$$

聚四氟乙烯的相对分子质量可达(5～20)×10^5，有优越的耐热和耐寒性能，可在－100～300℃温度范围内使用，化学稳定性超过一切塑料，与浓硫酸、浓碱、元素氟和王水等都不起反应，机械强度高，由它所制成的塑料有"塑料王"之称，商品名为"特氟隆"。

四氟乙烯在工业上由氯仿合成。将氯仿和氟化氢在五氯化锑存在下作用，先制得二氟一氯甲烷，后者加热分解得四氟乙烯。

$$CHCl_3 + 2HF \xrightarrow[20 \sim 30^\circ C]{SbCl_5} CHF_2Cl + 2HCl$$

$$2CHF_2Cl \xrightarrow{600 \sim 800^\circ C} CF_2{=}CF_2 + 2HCl$$

（2）二氟二氯甲烷。1928 年，米奇利(Midgley)承担研制新型冷冻剂以取代液氨和硫氧化物等制冻剂的任务，成功地筛选出 CCl_2F_2 这个化合物。该化合物是无色、无臭、无毒、无腐蚀性、化学性质稳定的气体，沸点为－29.8℃，易压缩到不燃性液体。解除压力后又立刻汽化，同时吸收大量的热，因此广泛用作制冷剂、气溶剂、灭火剂、发泡剂、干洗剂等。它的商品名叫"氟利昂-12"或 F_{12}。氟利昂(freon)实际上指含有一个或两个碳原子的氟氯烃的总称。商业上，不同的氟利昂常用不同的数字来代表它的结构，即用 $F_{\times\times\times}$ 代号来表示，其中 F 表示它是一个氟代烃，F 右下角的数字——个位数字代表分子中的氟原子数，十位数字代表氢原子数加一，百位数字代表分子中碳原子数减一（对 CCl_2F_2 而言，百位数字为 0，省去不写）。例如，F_{11}(CCl_3F)、F_{22}($CHClF_2$)、F_{113}($CFCl_2CF_2Cl$)、F_{114}(ClF_2C-CF_2Cl)等。利用它们不同的沸点用于不同的制冷场所，如家用冰箱用 F_{12}、冷库里用 F_{13}($CClF_3$)和 F_{23}(CHF_3)、空调器用 F_{114} 等。

由于其特别的化学性能，氟利昂不易分解，残留在大气中并不断上升，这引起了人们对其最终去向的注意。人们发现，除了有同样破坏臭氧层作用的氮氧化物的影响外，这些稳定的在对流层不会分解的氟利昂是主要的反应物。它们到达成层圈后吸收了 260nm 波长以下的阳光，分解出氯自由基，继之与臭氧作用生成 ClO· 自由基，引发链反应，一个 Cl 原子可以破坏许多 O_3 分子从而造成了对臭氧层的破坏作用。

地球上的臭氧层在离地表约 25km 的成层圈内，下部浓度最大，系由空气中的氧气受到紫外光作用引发出原子氧后再与氧气作用而产生。臭氧层一旦出现空洞，每受到 1%的破坏，抵达地球表面的有害紫外线将增加 2%左右，这引起植物生长受到抑制，生物体 DNA 中相邻的胸腺嘧啶发生二聚而造成基因改变并损伤细胞。1995 年，诺贝尔化学奖授予了 Crutzen、Rowland 和 Molina，以表彰他们自 20 世纪 70 年代以来对氟利昂造成大气层臭氧空洞的出色研究工作。80 年代末以后，国际上接连签署了多个关于限制使用生产氟利昂的协议，以更好地保护生态环境。既然氟利昂问世给人类造成环境污染问题，那么，寻求氟利昂代用品的研究因此也开始受到广泛关注，目前它们主要包括含氢的氟利昂，它们将在到达臭氧层之前的对流圈里就被分解。或者用不含氯的氟利昂，如 F_{22}、F_{125}、F_{134} 和 F_{143} 等，使它们即使到达臭氧层也不会产生破坏作用。有的替代品则是不含 F 和 Cl 的有机物，如精制石油气和二甲醚、烷烃、氮气、二氧化碳等。但由于受到可燃、有毒、低级的热学物理性能和工艺、价格因素等影响和限制，替代氟利昂工作是一个非常复杂的系统工程。

(3) 氟化学研究及其发展。氟化学的进步中最明显的特点是它的化学基础研究工作与应用发展密切结合。首先，氟的原子半径和 C—F 键长与氢原子的半径及 C—H 键长相近，因此不会引起太大的体积效应，即有“伪拟作用”。其次，C—F 键能很高，其热稳定性和抗氧化性都较好，抗代谢作用也好。另外，氟的极强电负性改变了化合物的电荷效应、酸碱性、偶极矩、分子构型和邻近基团的化学反应性等等理化性能。氟原子的存在还增加了化合物在细胞膜上的脂溶性，提高药物使用时的吸收和传递速度。三氟甲基 CF_3 是已知的最具亲脂性的基团之一，对药物设计和应用有重要意义。

含氟生理活性物质的研究起始于 20 世纪 40 年代。人们发现某些毒性植物的剧毒性是由单氟代乙酸所致，这一发现大大推动了少氟化合物在毒性及药物方面的研究。含氟药物中有些是对有生理活性但不含氟的化合物进行改造而合成的，有些则是有意识合成的人工目标分子。在农药领域、杀虫剂、除草剂、昆虫信息素等方面都可以看到氟原子引入后明显改善了药物分子的疏水亲脂性、特效性、吸收、传输和转化降解等性能的要求。

此外，含氟的有机化合物从麻醉剂、人造血液到人造组织都有其应用。$C_2H_5C_6H_4R$、$CF_3CBrClF$ 等挥发性大、吸入容易、无毒、不燃，物化特性很好，更兼效果迅速，麻醉效果远高于一般的麻醉剂。新的麻醉品正朝含氟的氧醚发展，如 $CHFClCF_2OCHF_2$、$CF_3CHClOCHF_2$ 等。全氟碳烷的溶氧量是水的 20 倍，因此可以作为生物体内氧气运载的担体。这与它们的表面张力低、分子间吸引力小、运动黏度低及分子疏松堆积而有足够空间供氧气分子自由进出有关。它能代替红细胞携氧，也没有血型之分而引起的抗原抗体反应，且有适度挥发性，过一段时期即随呼吸排出。但它们没有白细胞，不能抵抗病菌病毒，不含血小板，也无凝血功能和免疫能力。因此，不能像血液那样长期使用。十氟化萘和三全氟丁基胺 $N(C_4F_9)_3$ 等都是较理想的人造血液。含氟碳代物与血液不能互溶，无法直接用于输血及脏器灌流保存，需用无毒的乳化剂配成超细颗粒的乳液来使用。不少含氟的偶数碳原子化合物有毒，可能是它在体内要代谢生成剧毒的氟乙酸 FCH_2CO_2H 所致。

作为表面活性剂的含氟化合物的用途也极为广泛。在防水防油的纤维处理剂、电镀工业上的集油剂、乳化剂、玻璃及其他材料表面的涂料、除霜剂、去水剂等等工业和民用领域都有含氟表面活性剂在起作用。

习 题

(一) 基础知识练习题

1. 单项选择题。

(1) 下列各项属于 S_N1 反应历程特点的是(　　)。

A. 产物的构型完全转化　　B. 有重排产物

C. 试剂亲核性越强，反应速度越快　　D. 反应不分阶段，一步完成

（2）下列陈述中，属于 S_N1 和 S_N2 反应共有的特点的是（　　）。

A. 增加溶剂的含水量，反应明显加快　　B. 叔卤代烷的反应速率大于仲卤代烷

C. 反应速率与离去基团性质有关　　D. 增加试剂的亲核性，反应明显加快

（3）卤代烷与 NaOH 在水与乙醇混合物中反应，属于 S_N1 反应历程的是（　　）。

A. 有重排产物　　B. 一步反应

C. 产物构型完全翻转　　D. 叔卤烷速度小于伯卤烷

（4）下列物质亲核性最大的是（　　）。

A. HS^-　　B. OH^-　　C. H_2O　　D. CH_3OH

（5）化合物 $C_6H_5CHIC_2H_5$ 在丙酮/H_2O 中放置久时，会转变为相应的醇，构型是（　　）。

A. 保持不变　　B. 构型反转　　C. 外消旋化　　D. 内消旋化

（6）下列化合物进行 S_N1 反应最快的是（　　）。

A. $(CH_3)_2CHCH_2Cl$　　B. $CH_3\underset{|\atop Cl}{C}HCH_2CH_3$　　C. $(CH_3)_3CBr$　　D. $(CH_3)_3CCl$

（7）下列化合物发生 S_N1 反应速度由快到慢的顺序是（　　）。

A. 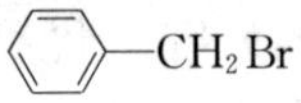

B. 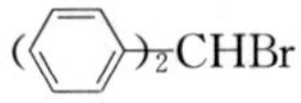

C. 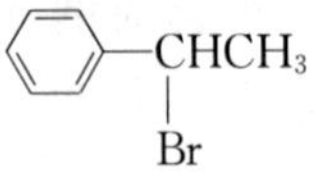

D. 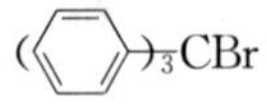

（8）下列化合物按 S_N2 历程反应的活性由大到小为（　　）。

A. 溴甲烷　　B. 溴乙烷　　C. 2-溴丙烷　　D. 碘甲烷

（9）下列化合物与 $AgNO_3/C_2H_5OH$ 溶液反应，速度最慢的是（　　）。

A. $CH_3CH_2\underset{|\atop Cl}{C}HCH_3$　　B. 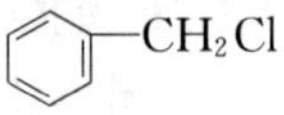

C. $(CH_3)_2C{=}CH{-}Cl$　　D. $(CH_3)_3C{-}Cl$

（10）下列化合物分别在丙酮中与 NaI 反应，反应活性由大到小的顺序是（　　）。

A. $CH_3CH_2\underset{|\atop Br}{C}HCH_3$　　B. $CH_3\underset{|\atop CH_3}{C}HCH_2Br$

C. $CH_3CH_2CH_2CH_2Br$　　D. $CH_3CH{=}CHCH_2Br$

（11）下列化合物中，可直接用于制备相应的格氏试剂的是（　　）。

A. $HOCH_2CH_2CH_2Cl$　　B. $(CH_3O)_2CHCH_2Br$

C. $HC{\equiv}CCH_2Br$　　D. CH_3COCH_2Br

（12）下列化合物在 KOH/C_2H_5OH 中发生消除 HBr 的反应，符合活性顺序由大到小为（　　）。

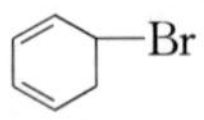
a

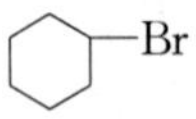
b

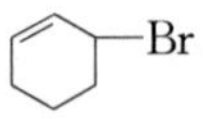
c

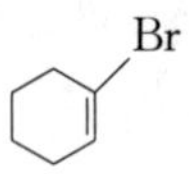
d

A. dbca　　B. bcad　　C. acbd　　D. acdb

2. 判断题。

（1）氯代烷的相对密度都小于 1，比水轻。（　　）

（2）卤代烷的相对密度都大于 1，比水重。（　　）

（3）除一氯代烷相对密度小于 1 外，其余卤代烷相对密度都大于 1。（　　）

（4）粗品溴乙烷中含的乙醇杂质，可用食盐水洗涤后过滤除去。（　　）

（5）“氟利昂”是专指二氟二氯甲烷这种冷冻剂的商品名称。（　　）

(6) 对氯甲基苯胺在绝对乙醚存在下与镁作用，可以顺利地制取相应的格氏试剂。 ( )

(7) 卤代烷与碱作用的反应是取代反应和消除反应同时进行的。卤烷与碱的水溶液作用时，是以取代反应为主；与碱的醇溶液作用时，是以消除反应为主。 ( )

(8) S_N1 反应历程是指反应过程一步完成的亲核取代反应历程；S_N2 反应历程是指反应过程经两步才完成的亲核取代反应历程。 ( )

(9) S_N2 反应历程是指反应速度与两种物质分子(例如卤烷与碱)的浓度有关的亲核取代反应历程；S_N1 反应历程是指反应速度仅与一种物质分子(例如叔卤烷)浓度有关的亲核取代反应历程。 ( )

(10) 卤代烃的消除反应须遵循查依采夫规则。 ( )

3. 将下列各组化合物按反应速率大小排序。

(1) 按 S_N1 反应

(a) 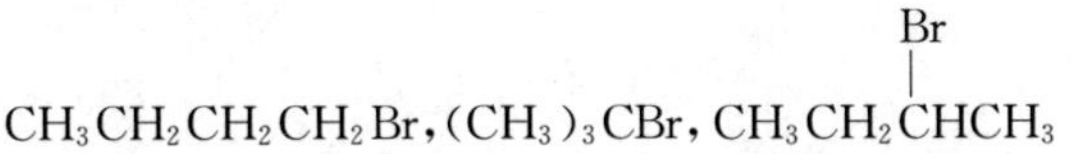

(b) 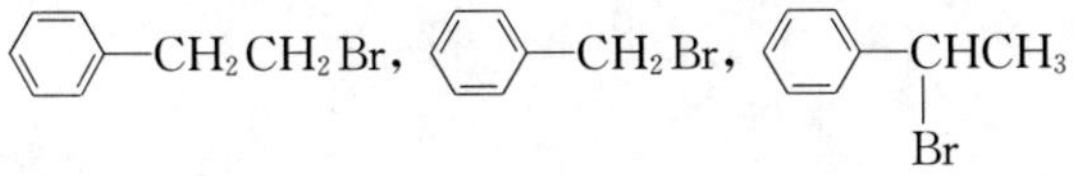

(c) 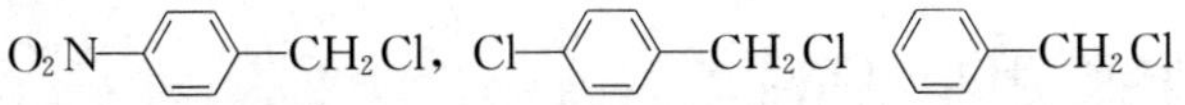

(2) 按 S_N2 反应

(a) $CH_3CH_2CH_2Br$，$(CH_3)_3CCH_2Br$，$(CH_3)_2CHCH_2Br$

(b) 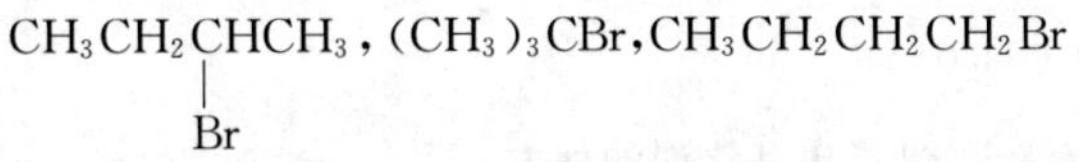

(c) 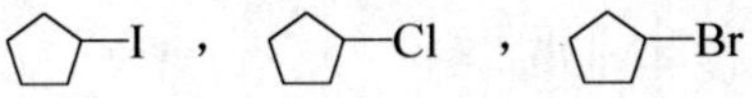

4. 将下列各组化合物按照消去 HBr 难易次序排列，并写出产物的构造式。

(1) 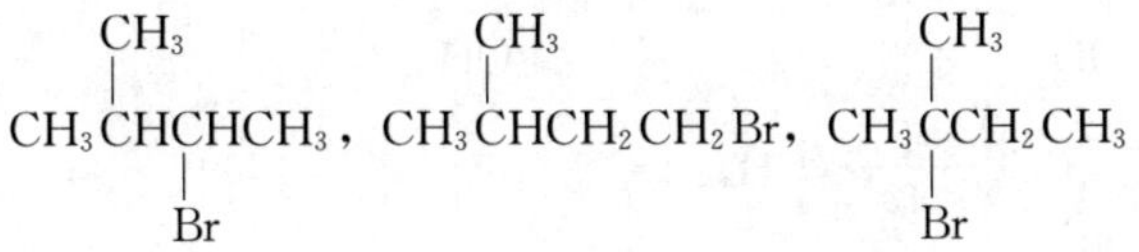

(2) E1 反应 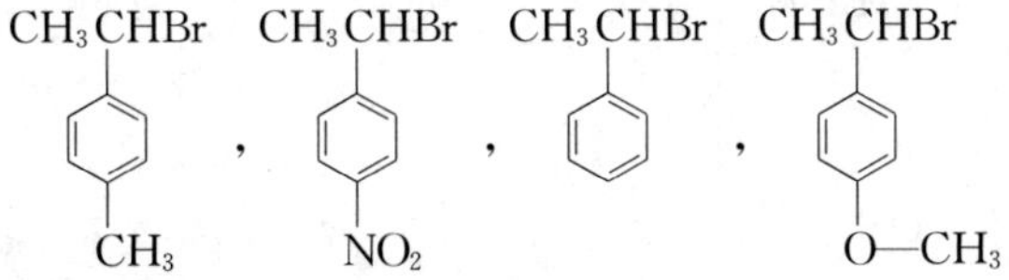

(二) 综合提高练习题

1. 完成下列反应式。

(1) $CH_3CH{=}CH_2 + HBr \longrightarrow ? \xrightarrow{NaCN} ?$

(2) $CH_3CH{=}CH_2 + HBr \xrightarrow{\text{过氧化物}} ? \xrightarrow{H_2O(KOH)} ?$

(3) $CH_3CH{=}CH_2 + Cl_2 \xrightarrow{500℃} ? \xrightarrow{Cl_2+H_2O} ?$

(4) 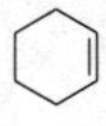 $+ Cl_2 \longrightarrow ? \xrightarrow[\text{醇}]{2KOH} ?$

(5)  $\xrightarrow{NBS} ? \xrightarrow[\text{丙酮}]{NaI} ?$

(6) $(CH_3)_3CBr + KCN \xrightarrow{\text{乙醇}} ?$

(7) $C_2H_5MgBr + CH_3CH_2CH_2CH_2C{\equiv}CH \longrightarrow ?$

(8) $HC \equiv CH + 2Cl_2 \longrightarrow ? \xrightarrow[1mol]{KOH(醇)} ?$

(9) 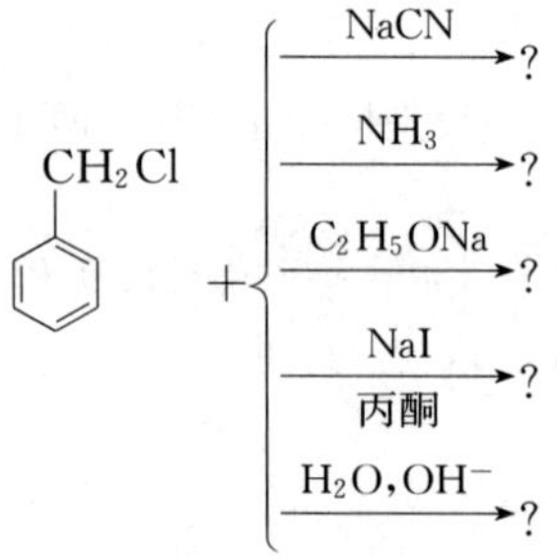

(10) 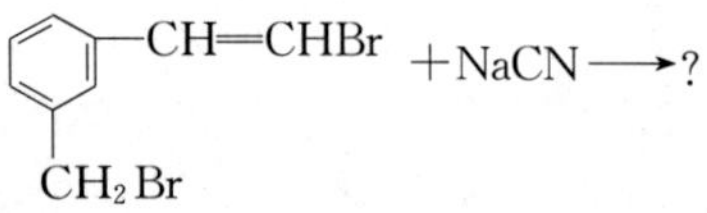

(11) 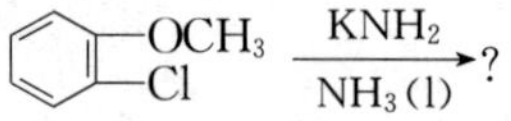

2. 用化学方法区别下列各组化合物。

(1) $CH_3CH{=}CHCl$、$CH_2{=}CHCH_2Cl$ 和 $CH_3CH_2CH_2Cl$

(2) 苄氯、氯苯和氯代环己烷

(3) 1-氯戊烷、2-溴丁烷和 1-碘丙烷

(4) 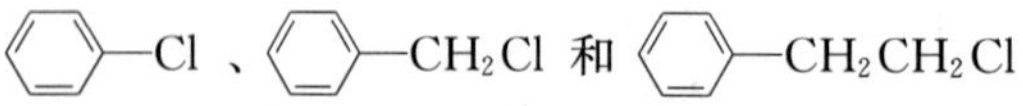

3. 下列各步反应中有无错误(独立地看)? 如果有错误,试指出其错误的地方。

(1) $CH_3{-}CH{=}CH_2 \xrightarrow[(A)]{HOBr} CH_3{-}\underset{Br}{\underset{|}{CH}}{-}\underset{OH}{\underset{|}{CH_2}} \xrightarrow[(B)]{Mg,干醚} CH_3{-}\overset{MgBr}{\overset{|}{CH}}{-}\underset{OH}{\underset{|}{CH_2}}$

(2) $CH_2{=}C(CH_3)_2 + HCl \xrightarrow[(A)]{过氧化物} (CH_3)_3CCl \xrightarrow[(B)]{NaCN} (CH_3)_3CCN$

(3) 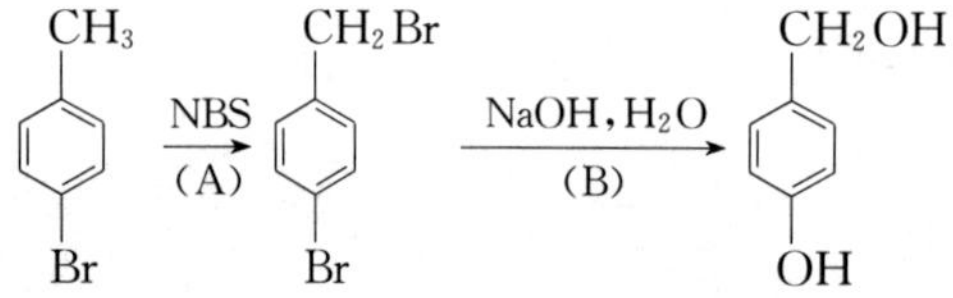

(4) 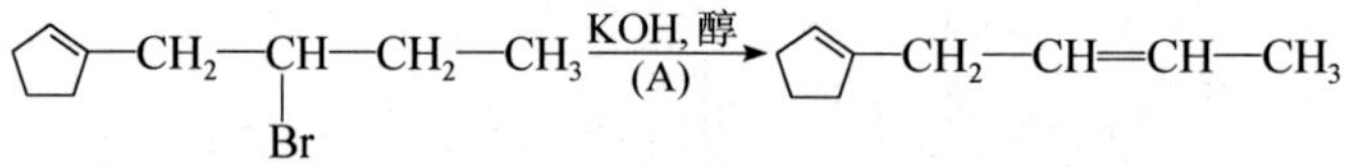

4. 合成下列化合物。

(1) $CH_3{-}\underset{Br}{\underset{|}{CH}}{-}CH_3 \longrightarrow CH_3{-}CH_2{-}CH_2Br$

(2) $CH_3{-}\underset{Cl}{\underset{|}{CH}}{-}CH_3 \longrightarrow CH_3{-}\underset{Cl}{\underset{|}{\overset{Cl}{\overset{|}{C}}}}{-}CH_3$

(3) $CH_3{-}CH{=}CH_2 \longrightarrow \underset{OH}{\underset{|}{CH_2}}{-}\underset{OH}{\underset{|}{CH}}{-}\underset{OH}{\underset{|}{CH_2}}$

(4) $CH_3CH{=}CH_2 \longrightarrow HC{\equiv}C{-}CH_2OH$

(5) 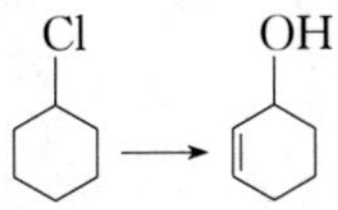

(6) 1-溴丙烷⟶2-己炔

5. 反应机理。

(1) 当 HBr 水溶液分别和 2-丁烯-1-醇及 3-丁烯-2-醇作用时，都生成两种相同的产物。试写出反应机理。

(2) 写出下列反应的反应机理。

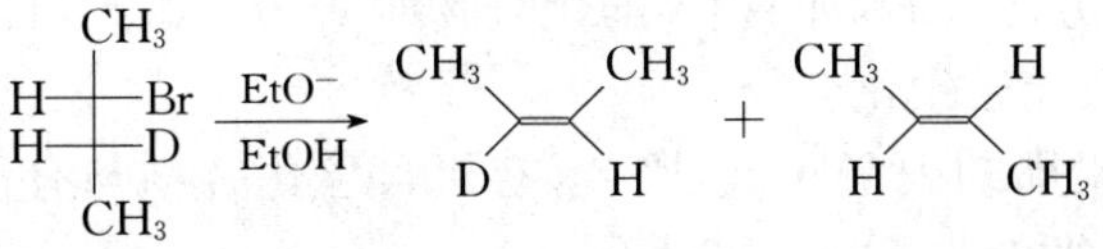

(3) 2-甲基-2-溴丁烷、2-甲基-2-氯丁烷以及 2-甲基-2-碘丁烷以不同速率与纯甲醇作用，得到相同的 2-甲基-2-甲氧基丁烷、2-甲基-1-丁烯以及 2-甲基-2-丁烯的混合物。试以反应历程简单说明上述结果。

6. 推测结构。

(1) 某烃 A 的分子式为 C_5H_{10}，它与溴水不发生反应，在紫外光照射下与溴作用只得到一种产物 B(C_5H_9Br)。将化合物 B 与 KOH 的醇溶液作用得到 C(C_5H_8)，化合物 C 经臭氧化并在 Zn 粉存在下水解得到戊二醛。写出化合物 A 的构造式和各步反应式。

(2) 某开链烃 A 的分子式为 C_6H_{12}，具有旋光性，加氢后生成相应的饱和烃 B。A 与溴化氢反应生成 $C_6H_{13}Br$。试写出 A、B 可能的构造式和各步反应式，并指出 B 有无旋光性。

(3) C_4H_9Br(A)与 KOH 的醇溶液共热生成烯烃 C_4H_8(B)，它与溴反应得到 $C_4H_8Br_2$(C)，用 KNH_2 使(C)转变为气体 C_4H_6(D)，将(D)通过 Cu_2Cl_2 氨溶液时生成沉淀。给出化合物(A)～(D)结构。

第 8 章　醇、醚、酚

醇、醚和酚都是烃的含氧衍生物。烃分子中饱和碳原子上的氢原子被羟基所取代的化合物称为醇，羟基直接与芳环(如苯环)相连的化合物叫做酚。醚则可以看作是水分子中两个氢原子同时被两个烃基取代后的化合物。

硫和氧同属于元素周期表ⅥA 族，因此，有机含硫化合物与有机含氧化合物有一些相似的性质，所以也把硫醇放在本章中一并讨论。

8.1　醇

醇可根据羟基数目分别称为一元醇、二元醇、三元醇等。含两个以上羟基的醇总称为多元醇，如

$HOCH_2CH_2OH$	$HOCH_2CHOHCH_2OH$	$(HOCH_2)_4C$
乙二醇	丙三醇	季戊四醇

对于一元醇可根据羟基所连的碳原子是伯(一级)、仲(二级)或叔(三级)碳原子，分别称为伯醇(一级醇，1°醇)、仲醇(二级醇，2°醇)或叔醇(三级醇，3°醇)。

醇也可按羟基所连接的烃基不同，分别称为饱和醇、不饱和醇和芳醇。芳醇也有伯、仲、叔醇之分，如

$CH_2{=}CH{-}CH_2{-}OH$

烯丙醇(不饱和醇)

$H{-}C{\equiv}C{-}CH_2{-}OH$

炔丙醇(不饱和醇)

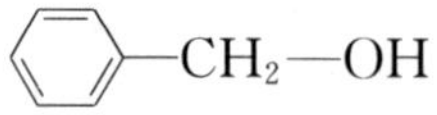

苯甲醇(苄醇)(芳醇)

$$\begin{array}{c} CH_3{-}CH{-}CH_3 \\ | \\ OH \end{array}$$

异丙醇(饱和醇)

8.1.1　醇的物理性质

低级醇是具有酒味的无色透明液体，C_{12}以上的直链醇为固体。低级直链饱和一元伯醇的沸点比相对分子质量相近的烷烃的沸点高得多。例如，甲醇(相对分子质量 32)的沸点为 64.7℃，而乙烷(相对分子质量 30)的沸点为－88.2℃，这是由于醇分子间能通过氢键而缔合起来的缘故。甲醇、乙醇分子中的氢键键能为 25.9kJ/mol。当醇从液态变为气态时氢键完全破裂，这就必须供给破裂氢键的能量，因此醇的沸点比相应的烃高得多。

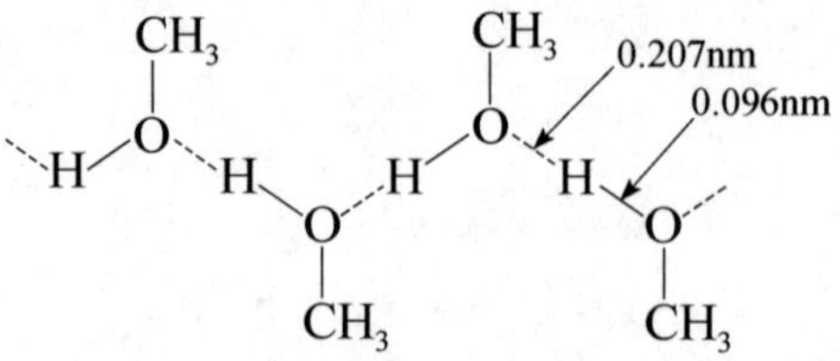

直链饱和一元醇的沸点随相对分子质量的增加而有规律的升高，每增加一个 CH_2 系差，

沸点升高 18～20℃(图 8-1)。在醇的异构体中，直链伯醇的沸点最高，带支链的醇沸点要低一些；支链越多，沸点越低。例如，正丁醇、异丁醇、仲丁醇、叔丁醇的沸点分别是 117.7℃、108℃、99.5℃、82.5℃。

除甲醇、乙醇、丙醇外，其余直链饱和一元醇的熔点和相对密度均随相对分子质量的增加而升高，多元醇和芳醇的相对密度大于 1。

甲醇、乙醇、丙醇都能与水互溶。乙醇与水混溶时有热量放出，并使总体积缩小。例如，52mL 乙醇与 48mL 水混溶后，总体积不是 100mL 而是 96.3mL。自正丁醇开始，随着烃基增大，在水中的溶解度降低，癸醇以上的醇几乎不溶于水(表 8-1)。低级醇易溶于水，是因为醇分子与水分子间也有氢键生成。醇分子与水分子之间的引力可以克服醇分子间的引力以及水分子间的引力，因此，低级醇易溶于水。但自正丁醇开始，随着烃基的增大，烃基部分的范德华力增加，同时烃基对羟基有遮蔽作用，阻碍了醇羟基与水形成氢键。因此，在水中的溶解度减低以至不溶于水，故高级醇的溶解性质与烃类相似，不溶于水而溶于有机溶剂。芳醇由于芳环的存在，溶解度都很小。

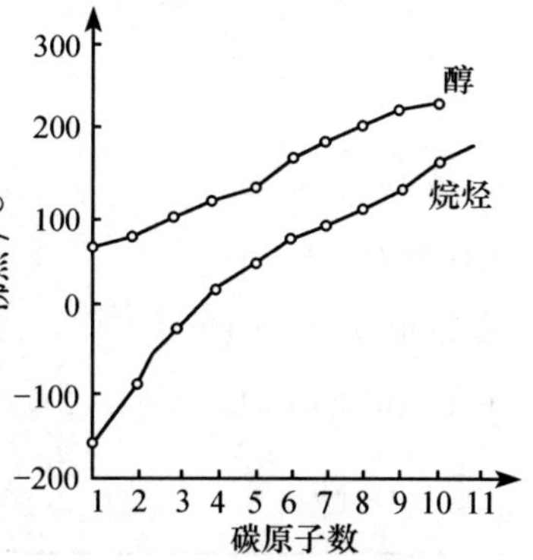

图 8-1　直链伯醇的沸点

表 8-1　醇的物理常数

构造式	名称	熔点/℃	沸点/℃	相对密度 d_4^{20}	溶解度 /(g/100g H_2O)	折射率 n_D^{20}
CH_3OH	甲醇	−97	64.7	0.792	∞	1.3288
CH_3CH_2OH	乙醇	−114	78.3	0.789	∞	1.3611
$CH_3CH_2CH_2OH$	丙醇	−126	97.2	0.804	∞	1.3850
$CH_3CH(OH)CH_3$	异丙醇	−88	82.3	0.786	∞	1.3776
$CH_3CH_2CH_2CH_2OH$	丁醇	−90	117.7	0.810	7.9	1.3993
$CH_3CH(CH_3)CH_2OH$	异丁醇	−108	108.0	0.802	10.0	1.3959
$CH_3CH_2CH(OH)CH_3$	仲丁醇	−114	99.5	0.808	12.5	1.3978
$(CH_3)_3COH$	叔丁醇	25	82.5	0.789	∞	1.3878
$CH_3(CH_2)_3CH_2OH$	正戊醇	−78.5	138.0	0.817	2.4	1.4101
$CH_3(CH_2)_4CH_2OH$	正己醇	−52	156.5	0.819	0.6	1.4162 (n_D^{25})
$CH_3(CH_2)_5CH_2OH$	正庚醇	−34	176	0.822	0.2	1.4225～1.4250
$CH_3(CH_2)_6CH_2OH$	正辛醇	−15	195	0.825	0.05	1.430
$CH_3(CH_2)_7CH_2OH$	正壬醇		212	0.827	—	1.431～1.435
$CH_3(CH_2)_8CH_2OH$	正癸醇	6	228	0.829	—	1.4372
$CH_3(CH_2)_{10}CH_2OH$	正十二醇	24	259	0.831 (熔点时)	—	1.444
$CH_2{=}CHCH_2OH$	烯丙醇	−129	97	0.855	∞	1.4135

续表

构造式	名称	熔点/℃	沸点/℃	相对密度 d_4^{20}	溶解度 /(g/100g H_2O)	折射率 n_D^{20}
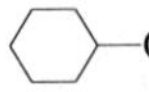—OH	环己醇	24	161.5	0.962	3.6	1.465(n_D^{22})
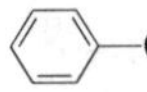—CH_2OH	苯甲醇	−15	205	1.046	4	1.5396
CH_2OHCH_2OH	乙二醇	−16	197	1.113	∞	1.430(n_D^{25})
$CH_3CHOHCH_2OH$	1,2-丙二醇		187	1.040	∞	1.4293(n_D^{27})
$CH_2OHCH_2CH_2OH$	1,3-丙二醇		215	1.060	∞	
$CH_2OHCHOHCH_2OH$	丙三醇	18	290	1.261	∞	
$C(CH_2OH)_4$	季戊四醇	260	276 (3999.6Pa)	1.050 (15℃)		

多元醇分子中含有两个以上的羟基，可以形成更多的氢键，故分子中所含羟基越多，沸点越高，在水中的溶解度也越大。例如，乙二醇沸点为197℃，丙三醇沸点为290℃，它们都能与水混溶。

由于醇分子中羟基是一个极性很强的基团，因此一般低碳醇分子的极性大，常被用作质子型极性溶剂。

醇也能溶于强酸，这是由于它能和酸中质子结合成䦷盐的缘故。例如，正丁醇虽然在水中的溶解度只有8%，但是它能和浓硫酸互相混溶。醇能溶于浓硫酸这个性质在有机分析上很重要，常被用来区别醇和烷烃，因为后者不溶于强酸。

8.1.2 醇的化学性质

醇的化学性质主要由它所含的羟基(—OH)官能团决定。在醇的化学反应中，根据键的断裂方式，主要有氢-氧键断裂和碳-氧键断裂两种不同类型的反应。其次是 α-H 的活泼性使醇发生氧化反应，以及 β-C—H 键断裂引起的醇分子内脱水反应。

醇的化学性质可以描述为

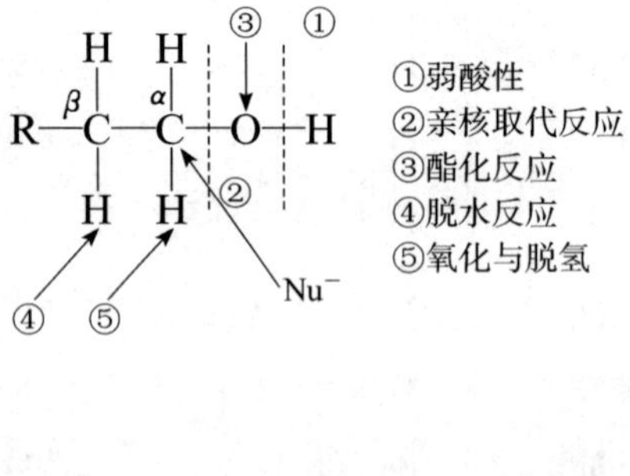

8.1.2.1 醇弱酸性

醇分子中羟基上的氢很活泼，能被活泼金属(如 Na、K、Mg、Al 等)所取代，生成氢气和醇金属，因此醇具有酸性。例如，醇分别和钠、镁、铝等作用放出氢气生成醇钠、醇镁、醇铝等。

$$2C_2H_5OH + 2Na \longrightarrow \underset{\text{乙醇钠}}{2C_2H_5ONa} + H_2\uparrow$$

$$2C_2H_5OH + Mg \longrightarrow \underset{\text{乙醇镁}}{(C_2H_5O)_2Mg} + H_2\uparrow$$

$$6CH_3\underset{\underset{\displaystyle OH}{|}}{C}HCH_3 + 2Al \xrightarrow{[HgCl_2\text{ 或 }AlCl_3]} 2\underset{\text{异丙醇铝}}{[(CH_3)_2CHO]_3Al} + 3H_2\uparrow$$

$$2(CH_3)_3COH + 2K \longrightarrow \underset{\text{叔丁醇钾}}{2(CH_3)_3COK} + H_2\uparrow$$

但是，醇既不能和铁作用放出氢气，也不能使石蕊变红。同时和氢氧化钠的作用也很难，是一个可逆反应。逆反应要比正反应容易进行，因为水（$pK_a=15.4$）是一个比醇（如甲醇的 $pK_a=16$）较强的酸。

$$R—O—H + NaOH \rightleftharpoons RONa + H_2O$$

所以醇和金属钠的作用没有水那样强烈，目前工厂和实验室都是用乙醇来破坏反应中多余的金属钠，要比用水安全得多。乙醇和金属镁的作用更加缓慢，往往需要加入少量的碘作为催化剂。实验室中制备无水乙醇时，最后微量的水分是用这个反应来除去。

乙醇先和镁作用生成乙醇镁，乙醇镁再和水作用生成乙醇和氧化镁。

$$(C_2H_5O)_2Mg + H_2O \rightleftharpoons 2C_2H_5OH + MgO$$

醇金属是一类很重要的有机化合物。例如，醇钠可以用来制醚，异丙醇铝 $[(CH_3)_2CHO]_3Al$ 和叔丁醇铝 $[(CH_3)_3CO]_3Al$ 也是一个很好的催化剂和还原剂，在有机合成上都有重要的用途。

醇钠是白色固体，它是个具有烷氧基的强亲核试剂。工业上生产醇钠，为了避免使用昂贵的金属钠，是用醇和氢氧化钠来制取的。例如，工业上用乙醇和氢氧化钠反应生产醇钠。

$$C_2H_5OH + NaOH \rightleftharpoons C_2H_5ONa + H_2O$$

在乙醇和氢氧化钠作用过程中，向体系里加一些苯，使苯和乙醇与水形成一个三元共沸物（沸点 64.89℃，其中苯：乙醇：水＝74.1：18.5：7.4，体积比）进行共沸蒸馏而将水带出，破坏平衡从而使反应向着有利于生成醇钠的方向进行。

醇与金属的反应随醇相对分子质量的增大而变慢。醇的反应活性为甲醇＞伯醇＞仲醇＞叔醇。

8.1.2.2　卤代烃的生成

1）与 HX 作用

醇与氢卤酸作用，则羟基被卤素取代而生成卤烃和水，反应历程为亲核取代反应。这是制备卤烃的重要方法之一。

$$R—OH + HX \rightleftharpoons R—X + H_2O$$

这个反应是可逆的，如果采用催化剂或使反应物之一过量或使生成物之一从平衡混合物中移去，都可使反应向有利于生成卤烃的方向进行，以提高产量。

$$CH_3CH_2CH_2CH_2OH + \begin{cases} HI \xrightarrow{\triangle} CH_3CH_2CH_2CH_2I + H_2O \\ HBr \xrightarrow[\triangle]{H_2SO_4} CH_3CH_2CH_2CH_2Br + H_2O \\ HCl \xrightarrow[\triangle]{ZnCl_2} CH_3CH_2CH_2CH_2Cl + H_2O \end{cases}$$

氢卤酸反应活性次序是 HI＞HBr＞HCl。各种醇和浓盐酸在无水 $ZnCl_2$ 催化下的反应活性依次是苄醇和烯丙醇＞叔醇＞仲醇＞伯醇＞CH_3OH。

$$(CH_3)_3C{-}OH + HCl \xrightarrow[20℃,1min]{ZnCl_2} (CH_3)_3C{-}Cl + H_2O$$

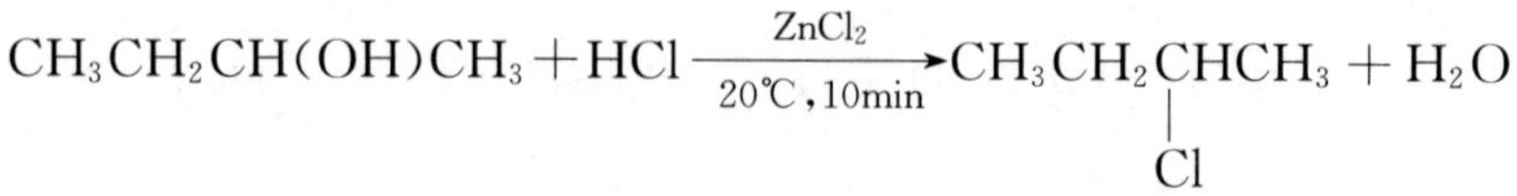

$$CH_3CH_2CH_2CH_2OH + HCl \xrightarrow[\text{20℃,1h 不起作用，加热才起反应}]{ZnCl_2} CH_3CH_2CH_2CH_2Cl + H_2O$$

将浓盐酸与无水氯化锌所配制的溶液(称为卢卡斯试剂)分别与伯、仲、叔醇在常温下作用，叔醇反应最快，仲醇次之，伯醇最慢。由于在反应中所生成的氯烷不溶于水，因此呈现混浊或分层现象，观察反应中出现混浊或分层的快慢，就可区别反应物是伯醇、仲醇还是叔醇(适用于含 C_4～C_7 的醇)。

醇与卤代烃相比较难进行亲核取代反应，因为醇的离去基团碱性较强($HO^- > X^-$)。实验发现：强酸的负离子如 X^- 等较易离去，是好的离去基团；弱酸的负离子如 HO^-、RO^-、H_2N^- 等较难离去。据此，醇的亲核取代反应需在酸催化下进行。此时，醇形成𨦡盐($R\overset{+}{O}H_2$)，离去基团由强碱(OH^-)转变为弱碱(H_2O)，而容易进行亲核取代反应。或将醇与对苯磺酰氯反应，使醇羟基转变为对甲苯磺酰氧基，即由强碱转化为弱碱性基团，以利于反应发生，如

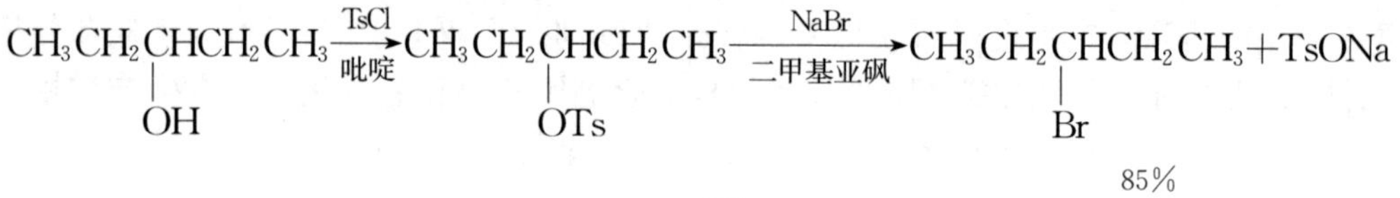

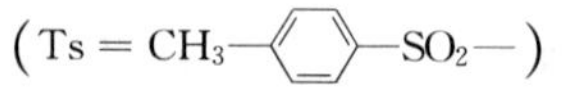

烯丙型醇、苄醇、叔醇、仲醇易按 S_N1 历程进行。有一些醇(除大多数伯醇外)与氢卤酸反应时常有重排产物生成，即与此有关，如

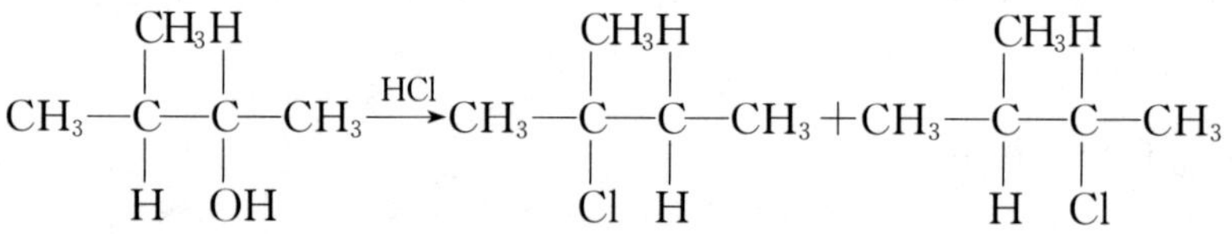

主要产物

这是由于反应过程中，碳正离子不稳定而发生了重排反应的缘故，又如

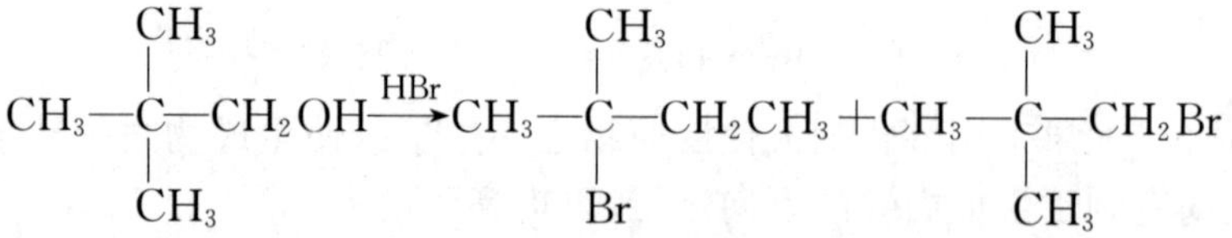

主要产物

这是因为新戊醇 α-碳上叔丁基位阻较大，阻碍了亲核试剂的进攻而不利于S_N2反应，所以反应按 S_N1 进行。反应过程中的伯碳正离子重排为较稳定的叔碳正离子，而后与 Br^- 结合，得 2-甲基-2-溴丁烷为主要产物。

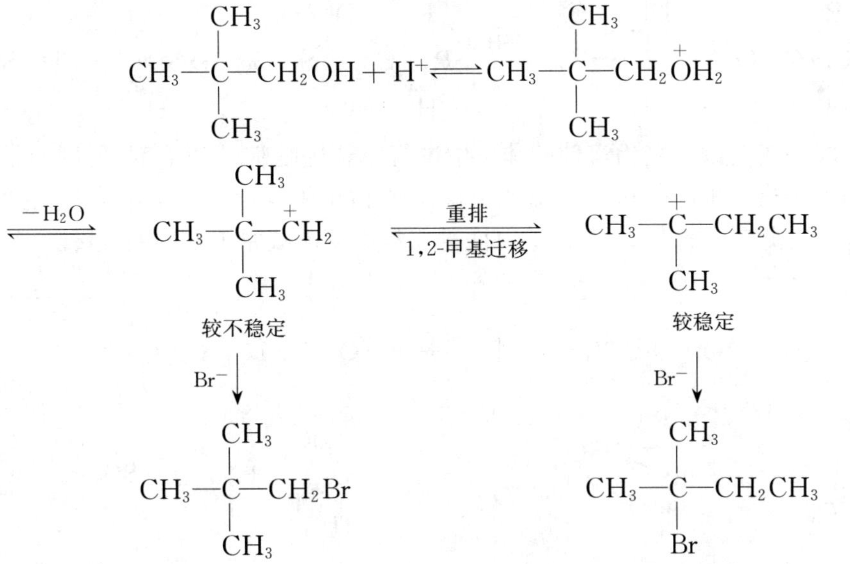

大多数伯醇不发生重排，是因为它们与氢卤酸的反应是按 S_N2 历程进行的。

$$X^- + R\overset{+}{O}H_2 \longrightarrow [\overset{\delta^-}{X}\cdots R \cdots \overset{\delta^+}{O}H_2] \longrightarrow X—R + H_2O$$

2）与卤化磷作用

醇也可以与三碘(或溴)化磷、五氯化磷反应生成相应的卤代烃。在实际操作中，常用红磷与溴或碘代替三卤化磷。

$$3ROH + PI_3 \xrightarrow{或(P+I_2)} 3RI + P(OH)_3$$

$$ROH + PCl_5 \longrightarrow RCl + POCl_3 + HCl$$

卤化磷与醇反应生成卤代烃是 S_N2 反应，反应中心碳原子发生构型转化且没有重排产物，这一特征在有机合成中是很有用处的。

醇和三氯化磷的反应产物比较复杂，副反应较多，常常得到的是亚磷酸酯而非氯代物，故该反应不被用来制备氯代物。用五氯化磷来代替三氯化磷也有磷酸酯副产物生成，而且磷酸酯不易除去，产物氯代物的质量不易控制，故这个方法并不适于制备氯代烃。

3）与亚硫酰氯作用

醇与亚硫酰氯作用生成氯代烃，碳架不发生重排，且产率较高，产品较纯，副产物 SO_2 与 HCl 均为气体，易于分离。可用碱吸收以避免造成环境污染。

$$ROH + SOCl_2 \longrightarrow RCl + SO_2\uparrow + HCl\uparrow$$

由于这一反应体系对金属设备有很强的腐蚀，一般多用于实验室中制取氯代烃。

醇和亚硫酰氯反应历程与醇和氢卤酸反应历程不同。醇与亚硫酰氯作用首先生成氯代亚硫酸酯和氯化氢，接着氯代亚硫酸酯发生分解，在碳-氧键发生异裂的同时，带有部分负电荷的氯原子恰好位于缺电子碳的前方并与之发生分子内的亲核取代反应。当碳-氯键形成时，分解反应完成并放出 SO_2。由于发生亲核攻击的氯原子所处方位与将要离去的 SO_2 是同侧，所以在反应过程中醇的 α-碳原子是构型保持的。这种取代反应机理称为分子内亲核取代，记作 S_Ni：

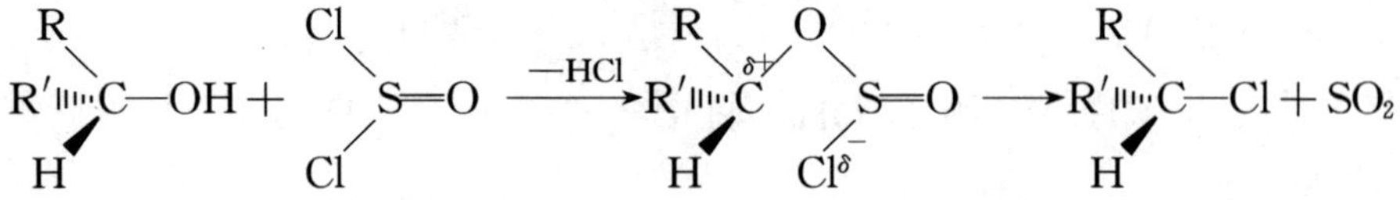

上述反应一般在以乙醚为溶剂的体系中进行。若用吡啶碱为溶剂，得到的是构型翻转的产物。这是由于第一步反应得到的氯代亚硫酸酯和氯化氢均能与吡啶成盐，它们都产生“自由”的氯负离子，此时它将从碳-氧键的背面进攻从而使该碳原子的构型翻转。

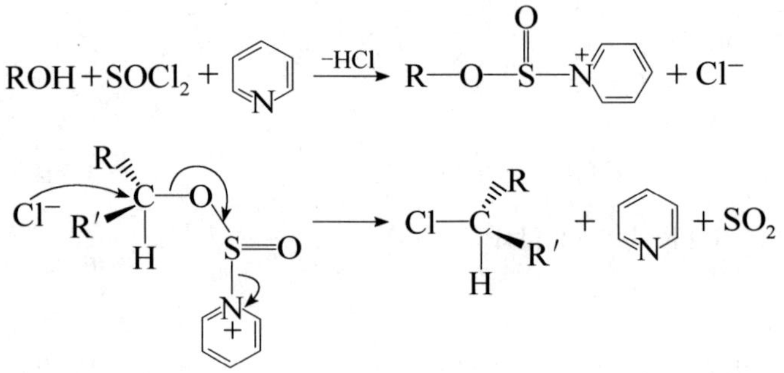

因此，我们从光学活性的醇出发制备构型保留的氯代物可以在乙醚溶剂体系中进行。若想得到构型反转的氯代物时，可以在以吡啶为溶剂的体系中进行。

8.1.2.3 与无机酸的反应

醇除与氢卤酸作用外，与硫酸、硝酸、磷酸等无机酸也可作用，得到的产物总称为无机酸酯。伯醇主要是按 S_N2 历程进行；叔醇则主要是按 S_N1 历程进行；对仲醇而言，两种历程都可以发生，何者为主，应看其他的反应条件（如酸的浓度及强度、反应温度、酸根负离子的亲核性等），如

$$CH_3-\boxed{OH+H}-O-SO_2OH \rightleftharpoons CH_3OSO_2OH+H_2O$$

硫酸氢甲酯（酸性酯）

如将硫酸氢甲酯加热减压蒸馏，即得硫酸二甲酯（中性酯）。

$$CH_3OSO_2OH+HOSO_2OCH_3 \rightleftharpoons CH_3OSO_2OCH_3+H_2SO_4$$

硫酸和乙醇作用，也可得硫酸氢乙酯和硫酸二乙酯。硫酸二甲酯和硫酸二乙酯都是常用的烷基化试剂，因有剧毒，使用时应注意安全！高级醇的酸性硫酸酯钠盐，如 $C_{12}H_{25}OSO_2Na$ 是一种表面活性剂。

甘油三硝酸酯是一种炸药，也可用作药物，用于血管扩张，治疗心绞痛和胆绞痛；磷酸三丁酯用作萃取剂和增塑剂。

一般的磷酸酯是在吡啶存在下，醇和三氯氧磷（$POCl_3$）作用制得。如

$$3C_8H_{17}OH+Cl-\underset{Cl}{\overset{Cl}{P}}=O \longrightarrow (C_8H_{17}O)_3PO+3H_2O$$

磷酸三辛酯

甘油与磷酸反应可得到磷酸甘油，它和钙离子形成的甘油磷酸钙，可在人体内调节钙磷比例，用来防治佝偻病。

8.1.2.4　脱水反应

根据反应条件不同，醇可发生分子内脱水而生成烯烃，也可以发生分子间脱水而生成醚，如

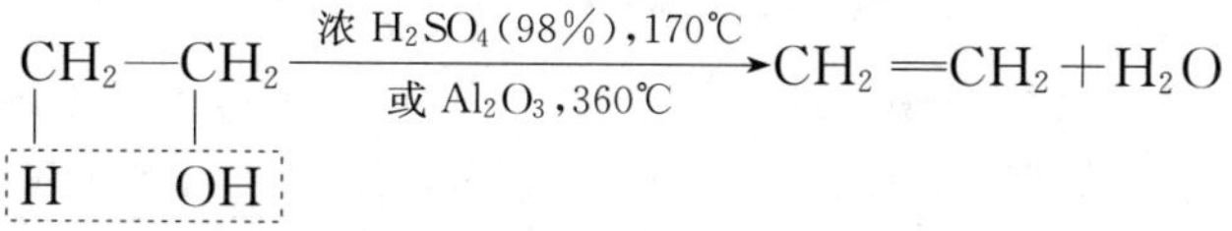

$$CH_3CH_2OH + HOCH_2CH_3 \xrightarrow[\text{或 } Al_2O_3\text{，}240\sim260℃]{\text{浓 } H_2SO_4\text{，}140℃} \underset{\text{乙醚}}{CH_3CH_2—O—CH_2CH_3} + H_2O$$

反应温度对脱水反应的产物有很大的影响，低温时有利于取代反应而生成醚，高温有利于消除反应，即分子内脱水生成烯烃。醇的结构对产物也有很大的影响，一般是叔醇脱水生成烯烃，伯醇发生分子间脱水生成醚。

醇分子内脱水属于消除反应，其取向同卤烃消除卤化氢相似，也符合札依采夫规则，脱去羟基和含氢较少的 β-碳上的氢，即生成的烯烃总是连有较多烃基的取代乙烯，如

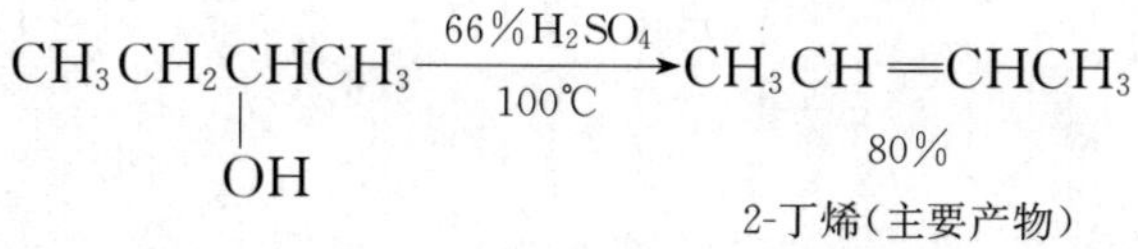

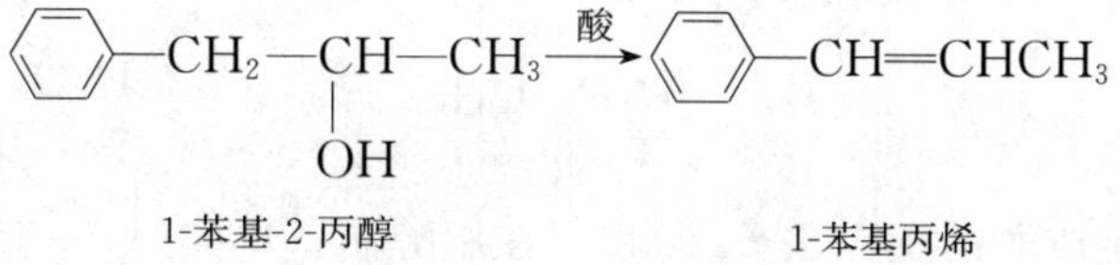

此外，不饱和醇和二元醇脱水时，也总是优先生成共轭二烯烃。因为共轭体系是一个较稳定的体系。

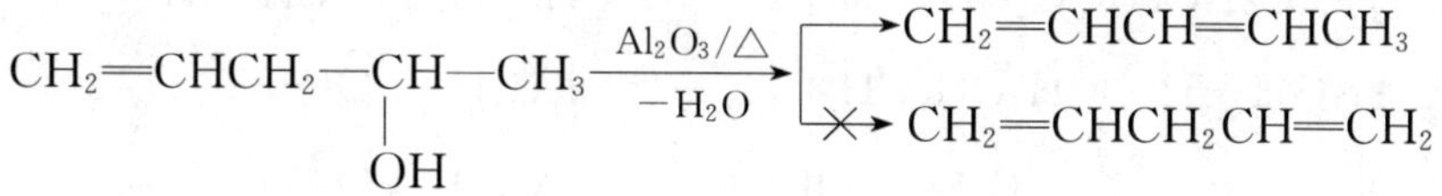

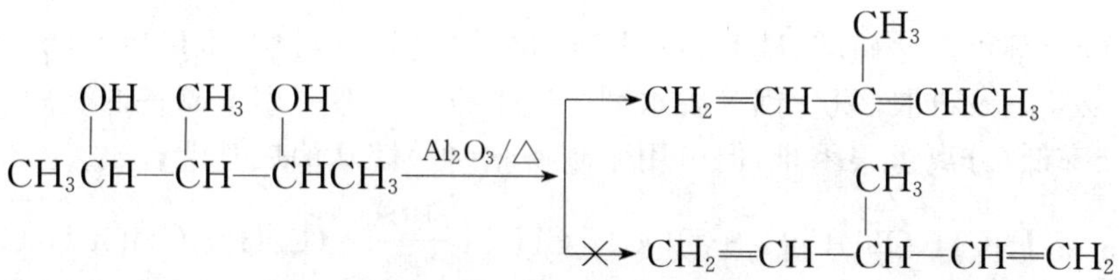

常用的脱水剂除浓 H_2SO_4 外还有氧化铝。虽然用氧化铝时反应温度要求较高(350～450℃)，但是它有两个优点：脱水剂(经再生后)可以重复使用，“三废”少；反应中很少有重排产物生成。例如，正丁醇在浓 H_2SO_4 脱水时，主要产物不是 1-丁烯，而是 2-丁烯；但用氧化铝作脱水剂时，产物是纯的 1-丁烯。

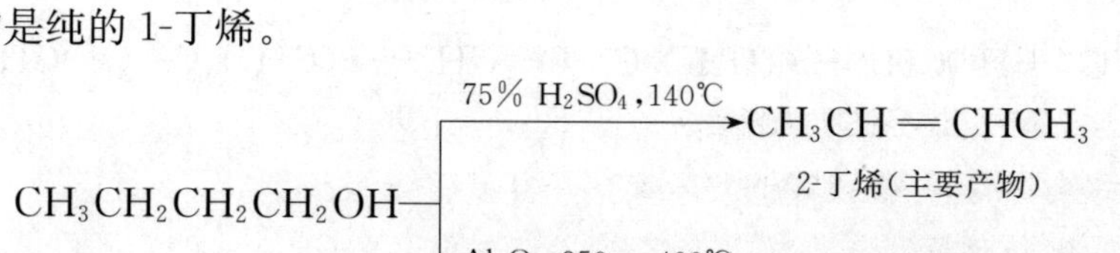

大多数醇在质子酸催化下加热进行分子内脱水生成烯烃，主要按 E1 历程反应。因此，上例这个双键的重排现象在用硫酸脱水时是常见的，它可以用 E1 碳正离子历程来说明：

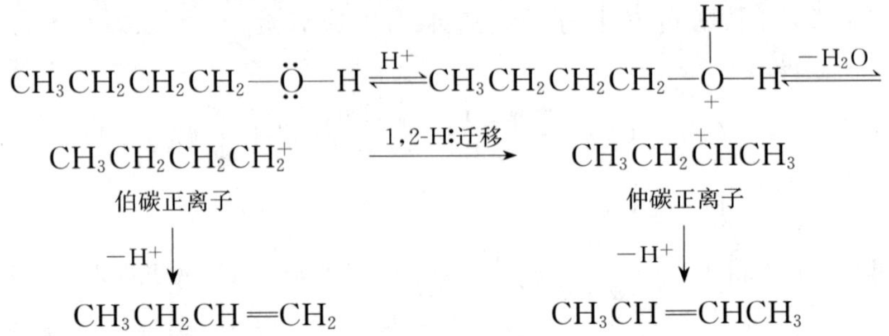

在硫酸中，醇先质子化形成一个较好的离去基团 H_2O 而产生碳正离子，接着通过 1,2-迁移形成一个更稳定的碳正离子，然后再按机依采夫规则脱去一个 β 氢原子，如

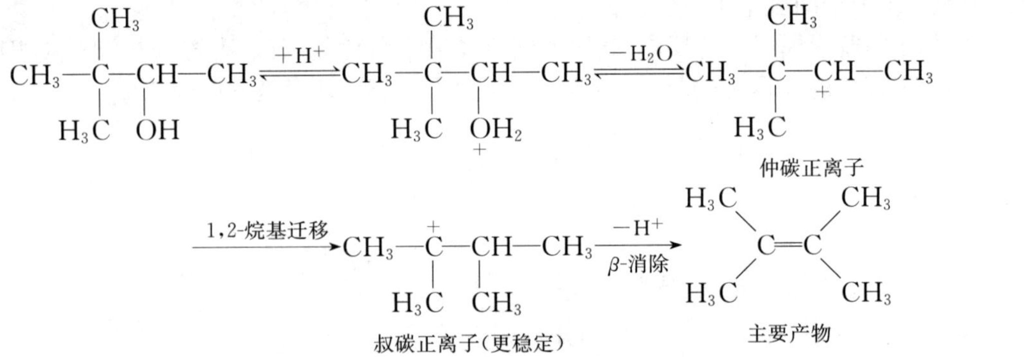

醇分子间脱水生成醚的反应是 S_N 历程。在用醇制备单醚时，一般以伯醇为宜，这时的脱水反应是 S_N2 历程，如正丁醚的合成：

$$CH_3CH_2CH_2CH_2OH + H^+ \longrightarrow CH_3CH_2CH_2CH_2\overset{+}{O}H_2$$

$$n\text{-}C_4H_9\ddot{O}H + H_2\overset{+}{O}CH_2CH_2CH_2CH_3 \longrightarrow (n\text{-}C_4H_9)_2\overset{+}{O}H + H_2O$$

$$(n\text{-}C_4H_9)_2\overset{+}{O}H \xrightarrow{-H^+} (n\text{-}C_4H_9)_2O$$

酸性催化剂可以是硫酸、磷酸、对甲苯磺酸等无机、有机酸，也可以使用三氟化硼和无水氯化锌等路易斯酸及硅胶、氧化铝等脱水剂。这个方法一般不用于制备低级的混合醚，因为选择性不好，产率低，分离也很困难，但可用于制备叔（仲）烷基伯烷基混合醚。

$$C_6H_5CH(OH)C_6H_5 + HOCH_2CH_2Cl \xrightarrow{H_2SO_4} (C_6H_5)_2CHOCH_2CH_2Cl$$

如用甲醇及叔丁醇来制备甲基叔丁基醚，可以得到较高的收率，这是因为叔丁基正离子容易形成，使反应按如下 S_N1 历程进行：

$$(CH_3)_3COH + H^+ \longrightarrow (CH_3)_3C\overset{+}{O}H_2 \longrightarrow (CH_3)_3C^+ + H_2O$$

$$(CH_3)_3C^+ + HOCH_3 \longrightarrow (CH_3)_3C\text{—}\underset{\large H}{\overset{+}{O}}\text{—}CH_3 \longrightarrow (CH_3)_3C\text{—}O\text{—}CH_3 + H^+$$

8.1.2.5 氧化和脱氢

伯、仲、叔三种醇对于氧化剂的作用是不同的。伯醇、仲醇易被氧化，伯醇氧化后的产物是醛或者酸，仲醇氧化后的产物是酮。这是由于伯醇和仲醇分子中，与醇羟基直接相连接的碳原子（α-碳原子）上连有氢原子，这些氢原子受羟基的影响，比较活泼，易被氧化。叔醇分子中，和羟基相连的碳原子上没有氢原子，因此很难被氧化，如在剧烈条件下氧化，则碳链断裂，生成含碳原子数较少的产物（低级酮和酸的混合物）而无实用价值。

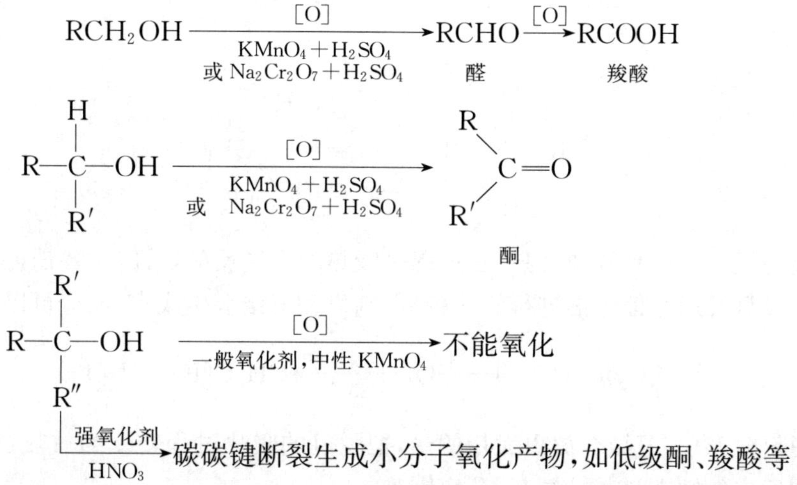

为使伯醇和仲醇氧化成羰基化合物，可采用一些较弱的氧化剂或特殊的氧化剂。例如，三氧化铬与吡啶的加合物是其中之一。

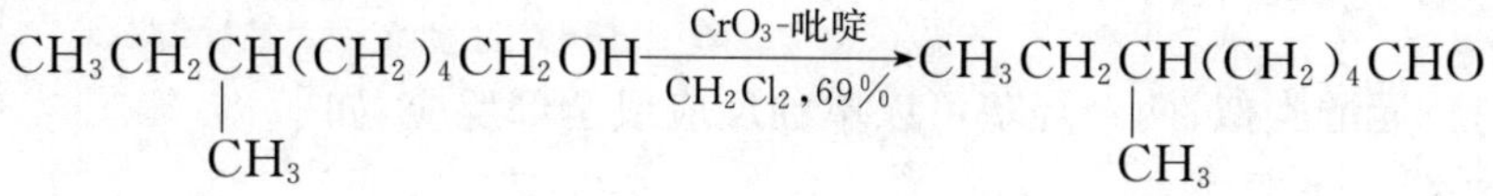

二环己基碳二亚胺（简称 DCC 或 DCCI）与二甲基亚砜的混合物可用于伯醇或仲醇的氧化，并可避免醛进一步被氧化成羧酸，如

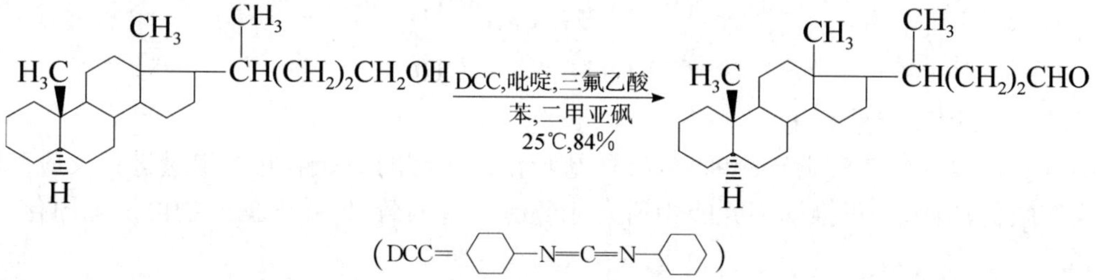

脂环醇氧化也先生成酮，进一步以强氧化剂氧化，则碳-碳键断裂而生成含同碳数的二元羧酸，如

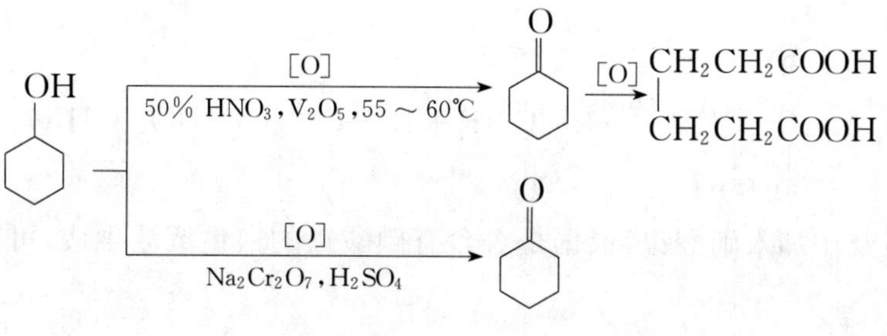

伯醇和仲醇也可以通过脱氢反应而得到相应的醛、酮等产物。一般是把它们的蒸气在300～325℃下通过铜或铬氧化物催化剂使其脱氢生成醛或酮。

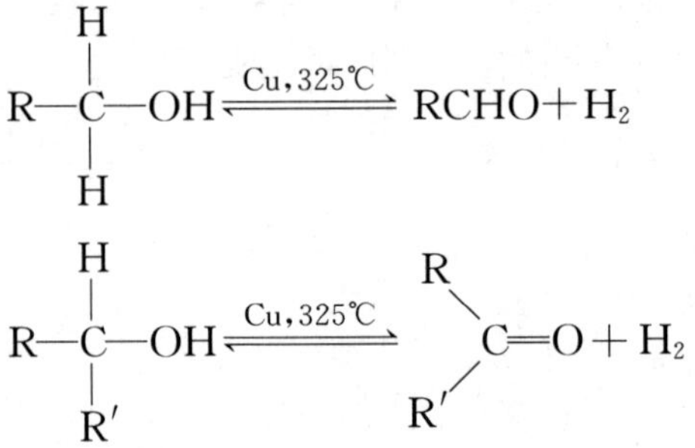

该反应的优点是产品较纯，但脱氢过程是吸热的可逆反应，反应中要消耗热量。若将醇与适量的空气或氧气通过催化剂进行氧化脱氢，则氧和氢结合生成水，反应可以进行到底，如

$$CH_3CH_2OH + \frac{1}{2}O_2 \xrightarrow[550℃]{\text{Cu 或 Ag}} CH_3CHO + H_2O$$

氧化脱氢时，氧与氢结合放出大量的热，把脱氢的吸热过程转变为放热过程，这样可以节省热量。该反应的缺点是产品复杂、分离困难。

由于伯、仲、叔醇氧化后所生成的产物不同，根据氧化产物的结构可以区别它们。

8.1.2.6　二元醇的性质

二元醇与一元醇类似，两个羟基可以单独反应或全部反应，如

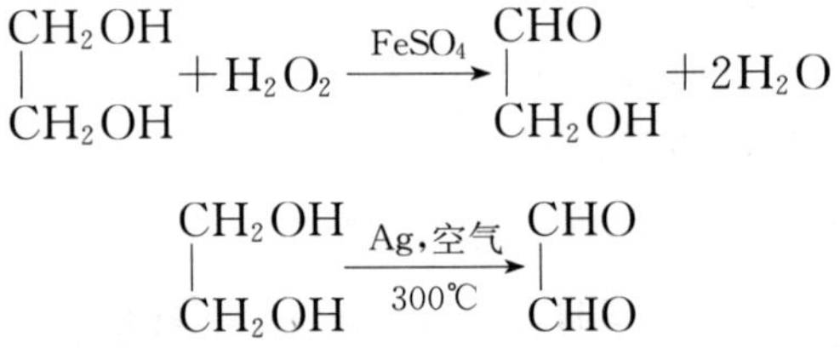

1）邻二醇用高碘酸氧化

高碘酸可以使邻二醇碳碳键断裂，醇羟基转化为相应的醛、酮，并能定量进行反应。因此，根据高碘酸的消耗量，可推知多元醇中所含相邻醇羟基的数目，并根据产物可推知原化合物的结构，如

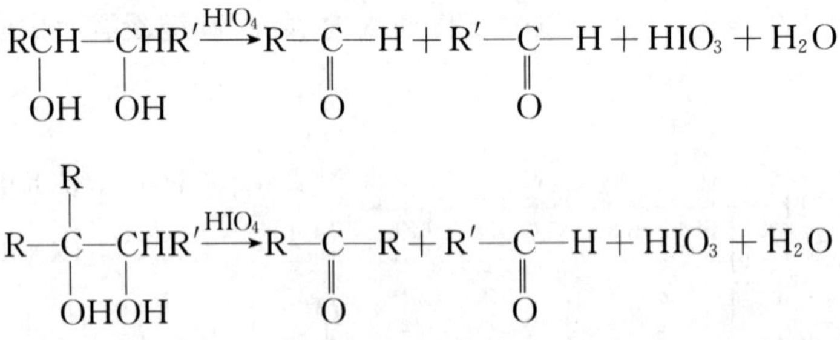

在反应混合物中加入硝酸银，根据是否含有碘酸银的白色沉淀生成，可以判断反应是否进行。

2) 频哪醇(Pinacol)重排

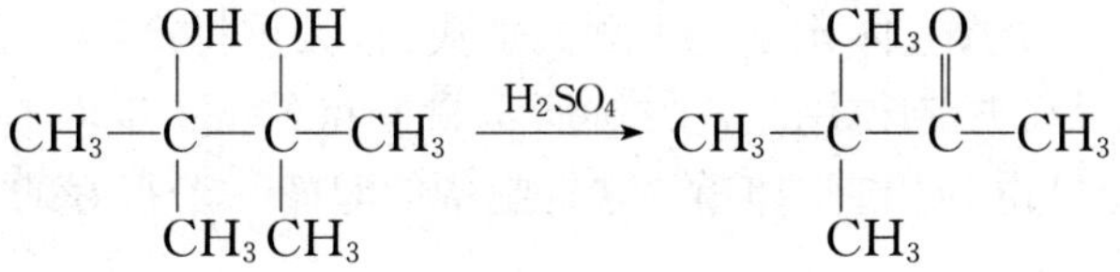

频哪醇　　　　频哪酮

频哪醇重排反应常用于一般方法不易得到的化合物的制备,如环戊酮制备螺[4.5]-6-癸酮。

8.1.3 醇的制法

8.1.3.1 烯烃水合

随着石油化工的发展,目前一些简单的醇,如乙醇、异丙醇、叔丁醇等,可用烯烃直接水合,即用相应的烯烃与水蒸气在加热、加压和催化剂存在下直接生成醇,如

$$CH_2{=}CH_2 + HOH \xrightarrow[280\sim300℃,8MPa]{H_3PO_4\text{-硅藻土}} CH_3{-}CH_2{-}OH$$

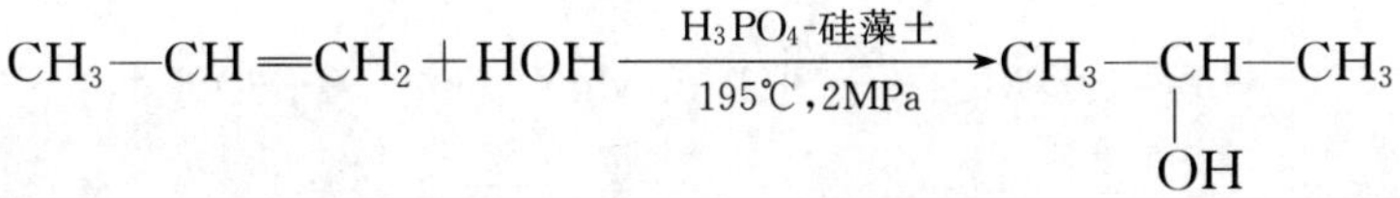

不对称烯烃与水在酸催化下的直接水合按马氏规则进行。除乙烯水合生成伯醇外,其他烯烃直接水合可得仲醇和叔醇。也可用烯烃间接水合,即烯烃用 98%的硫酸吸收后先生成烷基硫酸氢酯,再经水解得到醇,如

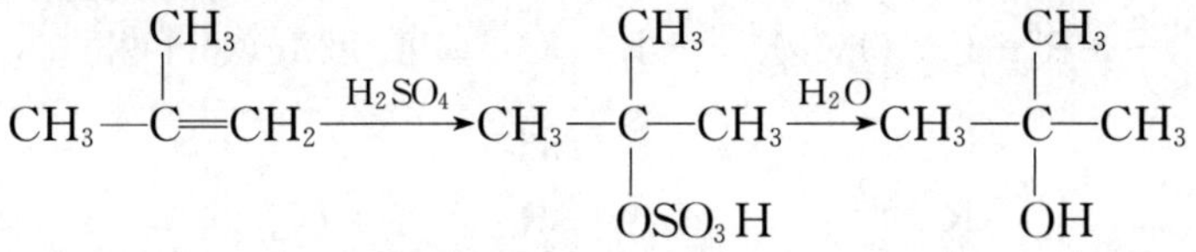

不对称烯烃如 3,3-二甲基-1-丁烯在酸催化下水合,往往由于中间体碳正离子可发生重排而生成叔醇。

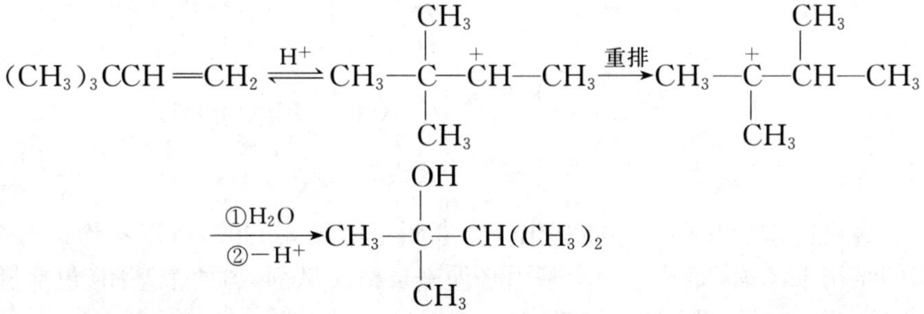

不对称烯烃与水在酸催化下的直接水合按马氏规律进行。除乙烯水合生成伯醇外,其他烯烃直接水合可得仲醇和叔醇。

8.1.3.2 烯烃硼氢化-氧化

烯烃与乙硼烷(B_2H_6)反应生成三烷基硼烷。产物不需分离,在碱性溶液中,用过氧化氢直接氧化就得到醇。

$$CH_2{=}CH_2 \xrightarrow{B_2H_6} (CH_3CH_2)_3B \xrightarrow[NaOH]{H_2O_2} CH_3CH_2OH$$

硼氢化-氧化反应简单方便，产率也很高。它的特点是：有高度的方向选择性，水分子在双键上加成总是反马氏规律的；立体化学上为顺式加成，且无重排产物生成。所以它在有机合成上应用较广，用它可以从烯烃制得用其他方法所不易制得的醇。若反应物为不对称的末端烯烃，经硼氢化-氧化反应可得到相应的伯醇，这是制备伯醇的一个很好的方法，如

$$CH_3CH{=}CH_2 \xrightarrow[OH^-]{B_2H_6 \quad H_2O_2} CH_3CH_2CH_2OH$$

8.1.3.3 从醛、酮、羧酸及其酯还原

醛、酮、羧酸和羧酸酯的分子中都含有羰基，它们能催化加氢（催化剂为镍、铂或钯）或用还原剂（$LiAlH_4$）还原生成醇。除酮还原生成仲醇外，醛、羧酸、羧酸酯还原都生成伯醇。

8.1.3.4 从格氏试剂制备

格氏试剂与醛或酮作用发生加成反应，烃基加到羰基的碳原子上，—MgX 部分加到氧原子上，加成产物经水解即生成醇。

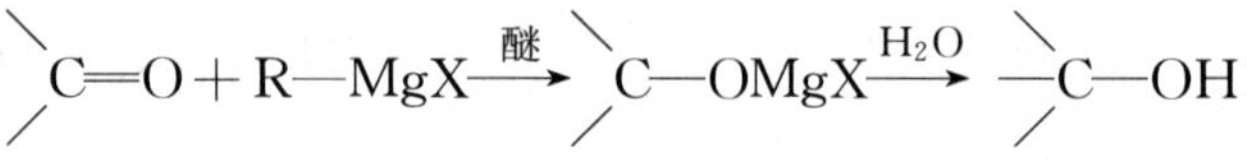

这个反应可利用来制备各种醇。例如，从甲醛可以得到伯醇，其他醛可以得到仲醇，从酮可以得到叔醇。反应必须在醚（如无水乙醚或四氢呋喃）中进行。

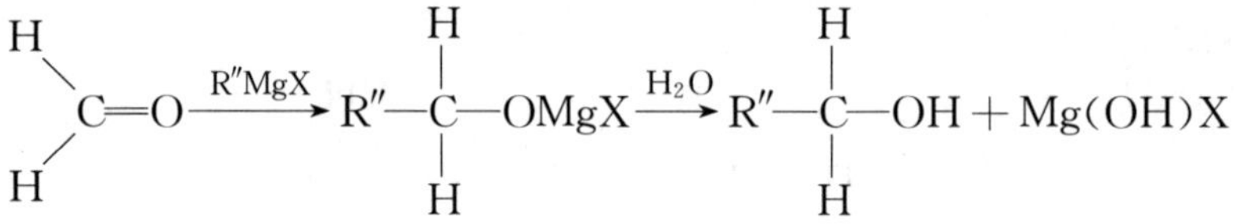

1°醇

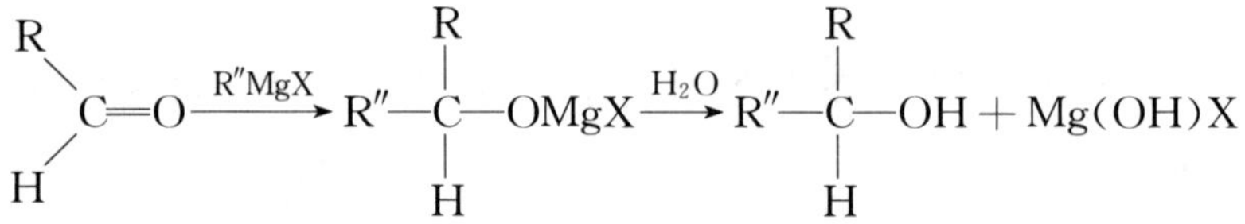

2°醇

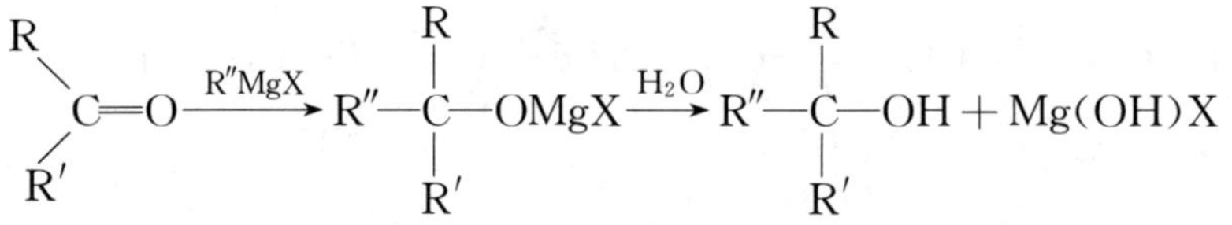

3°醇

选用哪一种格氏试剂和哪一种羰基化合物来制备所需要的醇，可以从连接醇羟基的碳上的三个基团的结构来考虑，即其中一个基团必须来自格氏试剂，另两个基团（包括氢）必须来自羰基化合物，然后研究其中哪些原料容易获得，如

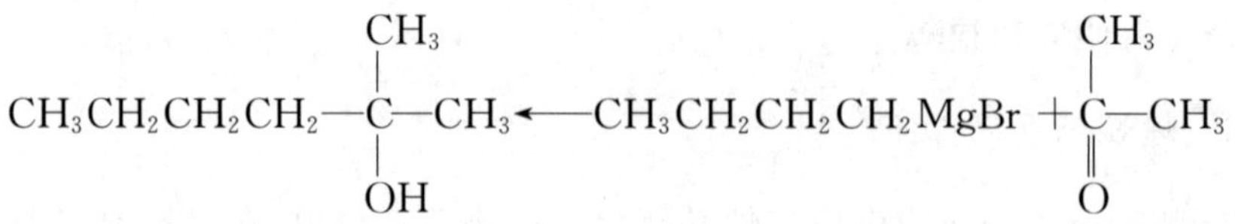

(1)

2-甲基-2-己醇　　正丁基溴化镁　　丙酮

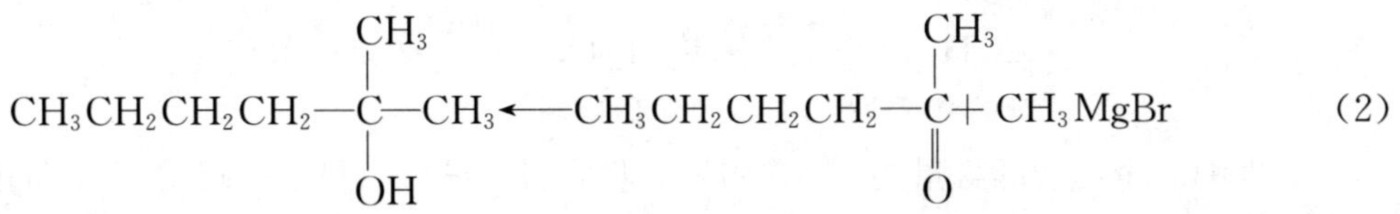

2-己酮　　甲基溴化镁

比较式(1)和式(2)可以看出，丙酮和正丁基溴化镁更易得到，因此可用正丁基溴化镁和丙酮加成，再水解制得 2-甲基-2-己醇。

8.1.3.5　卤代烃水解

通过卤代物的水解可以制得醇，有很大的局限性。第一，有严重的副反应——产生烯烃；第二，一般情况下醇比相应的卤代烃容易制得，通常是由醇来制卤代烃而不是由卤代烃来制醇，只有在相应的卤代烃容易得到时才采用这个方法。例如，用 α-氯丙烯水解制烯丙醇，α-氯丙烯很容易由丙烯高温氯化得到。

$$CH_2=CHCH_2\fbox{Cl+H}OH \xrightarrow{Na_2CO_3} CH_2=CHCH_2OH+HCl$$

由芳卤代烷如苄氯可制备苄醇，同样苄氯容易从甲苯高温氯化得到。

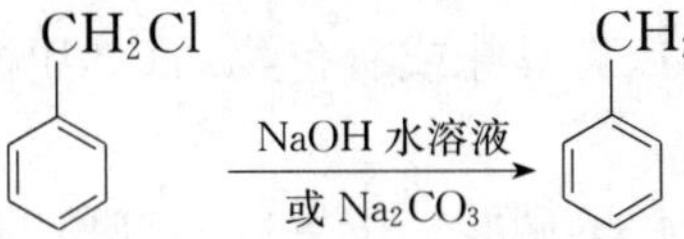

8.1.4　重要的醇

1）甲醇

甲醇最早由木材干馏而得，故称木精。近代工业上以合成气（$CO+2H_2$）或天然气（甲烷）为原料，在高温、高压和催化剂存在下合成甲醇。

$$CO+2H_2 \xrightarrow[30\sim32MPa,380\sim410^\circ C]{CuO,ZnO\text{-}Cr_2O_3} CH_3OH$$

$$CH_4+\frac{1}{2}O_2 \xrightarrow[\text{通过钢管}]{10MPa,200^\circ C} CH_3OH$$

甲醇为无色液体，易燃，爆炸极限为 6.0%～36.5%（体积分数）。有毒性，甲醇蒸气与眼接触可引起失明，饮用也可致盲。

甲醇用途很广，主要用来制备甲醛及在有机合成工业中用作甲基化试剂和溶剂，也可加入汽油或单独用作汽车或飞机的燃料。

2）乙醇

乙醇俗称酒精。我国古代就知道用曲发酵酿酒。目前工业上用乙烯为原料来大量生产乙醇，但用发酵方法仍是工业上生产乙醇的方法之一。发酵法所用原料应为含有大量淀粉的物质（如甘薯、谷物等）或制糖工业的副产物——糖蜜。发酵是一个复杂的通过微生物进行的一种生物化学过程，大致步骤可概括如下：

$$\underset{\text{淀粉}}{(C_6H_{10}O_5)_n} \xrightarrow{\text{糖化酶}} \underset{\text{麦芽糖}}{C_{12}H_{22}O_{11}} \xrightarrow{\text{麦芽糖酶}} \underset{\text{葡萄糖}}{C_6H_{12}O_6} \xrightarrow{\text{酒化酶}} C_2H_5OH+CO_2$$

$$\underset{\text{糖蜜(含蔗糖)}}{C_{12}H_{22}O_{11}} \xrightarrow{\text{转化酶}} \underset{\text{葡萄糖和果糖}}{C_6H_{12}O_6} \xrightarrow{\text{酒化酶}} C_2H_5OH + CO_2$$

在发酵液中乙醇的含量为10%～15%，将它进行分馏，可以得到浓度较高的溶液，但最高只能得到95.6%乙醇。分馏后的残余液叫做杂醇油，内含7%正丙醇、24%异丙醇、68%异戊醇，以及2-甲基-1-丁醇等。杂醇油经酯化后可用作溶剂、香料等。

95.6%乙醇中还含有4.4%水分，是沸点为78.15℃的共沸混合物，所以利用分馏法不能将4.4%的水分除去。实验室中要制备无水乙醇(绝对乙醇)，可将95.6%乙醇先与生石灰(CaO)共热，蒸馏得到99.5%乙醇，再用镁处理除去微量水分而得99.95%乙醇。工业上无水乙醇的制法是先在95.6%乙醇中加入一定量苯，再进行蒸馏。先蒸出的是苯、乙醇和水的三元共沸物(沸点是64.8℃，含苯74.1%、乙醇18.5%、水7.4%)，然后蒸出苯和乙醇的二元共沸物(沸点68.25℃，含乙醇32.41%，苯67.59%)，最后可得完全无水乙醇(沸点78.3℃)。绝对无水的乙醇常称为无水乙醇或称为绝对乙醇。检验乙醇中是否含有水分，可加入少量无水硫酸铜，如呈蓝色(生成 $CuSO_4 \cdot 5H_2O$)就表明有水存在。

乙醇能与 $CaCl_2$ 或 $MgCl_2$ 形成 $CaCl_2 \cdot 3C_2H_5OH$ 或 $MgCl_2 \cdot 6C_2H_5OH$ 结晶络合物，称为结晶醇。低级醇都有与氯化钙等形成络合物的性质，所以实验室中常用干燥剂无水氯化钙不能用来使醇脱水干燥。乙醇是重要的工业原料，也是酒类的原料，为了防止工业用价廉的乙醇被用作配制酒类，常加入少量有毒、有臭味或有色物质(如甲醇、吡啶、染料)，掺有这些物质的酒精，叫做变性酒精。

十个碳原子以下的醇还能和橙色的硝酸铈铵生成酒红色的络合物，在有机分析上可以用来鉴定醇的存在，利用此反应原理制成的仪器可检验驾驶员是否酒后驾车，非常灵敏。

$$(NH_4)_2[Ce(NO_3)_6] + 2ROH \longrightarrow Ce(NO_3)_4[ROH]_2 + 2NH_4NO_3$$

乙醇的用途极广，是有机合成工业的重要原料，也是常用的溶剂。70%～75%乙醇的杀菌能力最强，用作防腐剂和消毒剂。

乙醇易燃，它的蒸气爆炸极限为3.28%～18.95%，闪点4℃，使用时须注意安全。

3) 乙二醇

乙二醇俗称甘醇，是多元醇中最简单、工业上最重要的二元醇。它可从乙烯制备，目前工业上普遍采用由环氧乙烷水合的方法制备乙二醇。

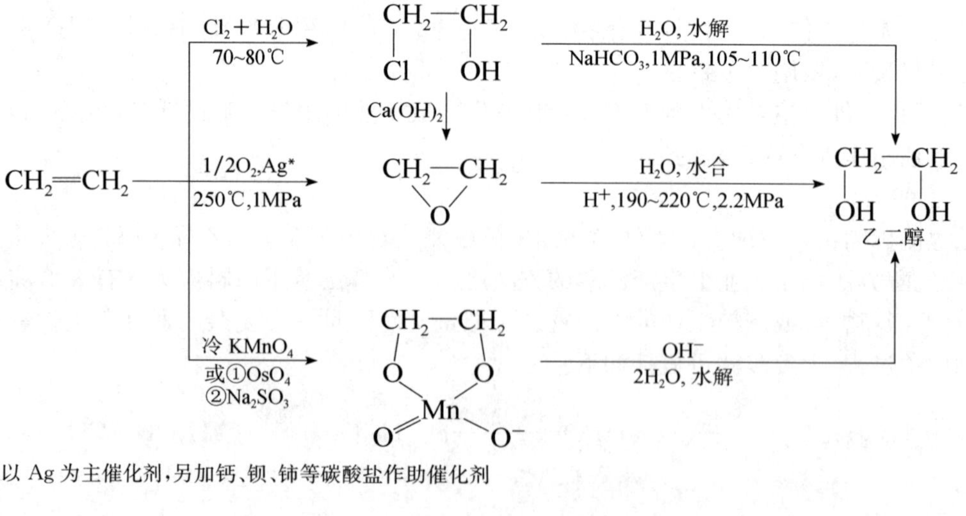

* 以Ag为主催化剂，另加钙、钡、铈等碳酸盐作助催化剂

在微量 H^+ 或 OH^- 存在下，乙二醇可与环氧乙烷作用生成一缩二乙二醇(二甘醇)和二缩三乙二醇(三甘醇)。它们分别可以看作是两分子乙二醇脱去一分子水，或三分子乙二醇脱去两分子水的缩合产物，如继续与多个分子环氧乙烷作用，则生成由更多乙二醇缩合而成的高聚体的混合物，称为聚乙二醇。

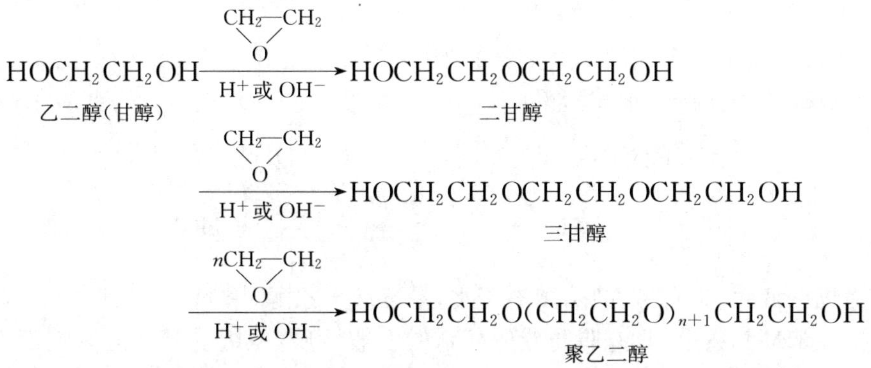

反应条件不同，得到的聚乙二醇的平均相对分子质量也不同，低的只有 200～300，高的可达 6000～7000。商业上往往以不同的牌号代表一定平均相对分子质量的商品。聚乙二醇工业上用途很广，可以用作乳化剂、软化剂以及气体净化剂(如脱硫、脱 CO_2)等。

乙二醇是带有甜味但有毒性的黏稠液体，因分子中含有两个羟基以氢键相互缔合，所以乙二醇的沸点和相对密度(表 8-1)均比同碳数的一元醇高。乙二醇可与水混溶，但不溶于乙醚。含 40%(体积分数)乙二醇的水溶液，冰点为 −25℃，60%(体积分数)的水溶液的冰点为 −49℃，由于乙二醇水溶液的冰点低，在水中的溶解度又大，因此，乙二醇是很好的防冻剂。由于乙二醇的沸点高(197℃)，因此它是一个高沸点溶剂。乙二醇也是合成聚酯纤维涤纶、炸药乙二醇二硝酸酯的原料，聚乙二醇醚类是一类非离子型表面活性剂。

4) 丙三醇

丙三醇俗称甘油。它是一个重要的三元醇，以酯的形式广泛存在于自然界中。油脂的主要成分就是丙三醇的高级脂肪酸酯。丙三醇最早由油脂水解制备。近代工业上以石油热裂气中的丙烯为原料，用氯丙烯法(氯化法)或丙烯氧化法(氧化法)来制备。

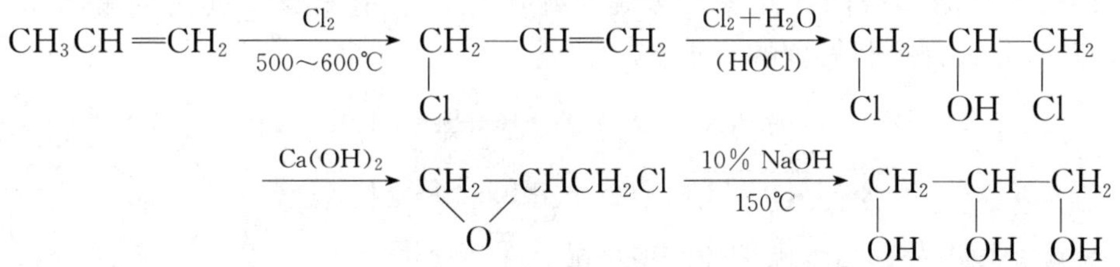

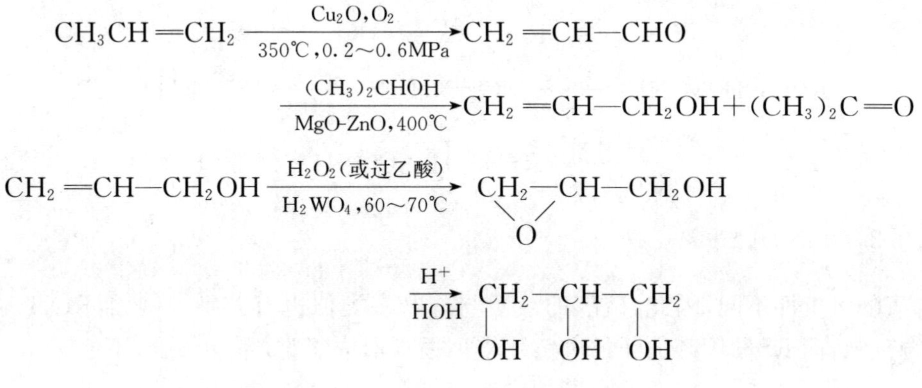

甘油是有甜味的黏稠液体，因分子中含有的三个羟基都可形成氢键，所以它的沸点比乙二醇更高。甘油与水可混溶，吸湿性强，能吸收空气中水分，不溶于乙醚、氯仿等有机溶剂，对石蕊试剂呈中性反应。甘油在工业上用途极为广泛，可用来制造三硝酸酯用作炸药或医药，也可用来合成树脂，在印刷工业、化妆品工业、烟草工业中作为润湿剂。

5）苯甲醇

苯甲醇俗称苄醇，是一个最简单最重要的芳醇，存在于茉莉等香料油中。工业上可从苯氯甲烷在碳酸钾或碳酸钠存在下水解而得。

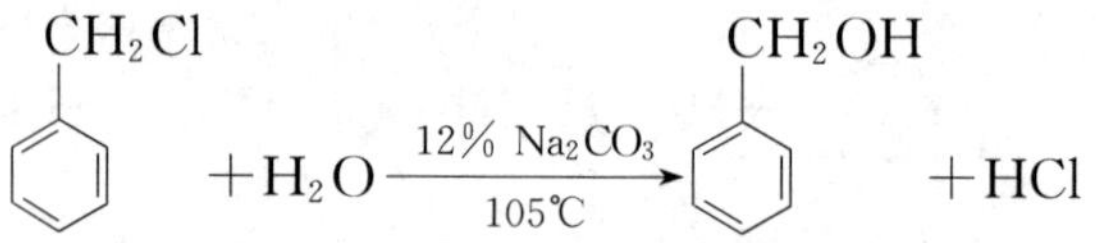

苯甲醇为无色液体，具有芳香味，微溶于水，易溶液于乙醇、甲醇等有机溶剂。苯甲醇分子中的羟基连接在苯环侧链上，具有脂肪族醇羟基的一般性质，但因受苯环的影响而性质活泼，易发生取代反应。苯甲醇具微弱的麻醉作用，例如，目前使用的青霉素稀释液就含有 2%的苄醇，可减轻注射时的疼痛。此外，苯甲醇在香料工业上也有广泛的应用。

8.1.5 硫醇

醇分子中的氧原子为硫原子所代替而形成的化合物叫做硫醇。巯基（—SH）是硫醇的官能团，如

CH_3SH	C_2H_5SH	$CH_3—\underset{\displaystyle SH}{\underset{\mid}{C}H}—CH_3$
甲硫醇	乙硫醇	异丙硫醇
m. p. −123℃，b. p. 5.9℃	m. p. −114℃，b. p. 37℃	m. p. −131℃，b. p. 58℃

8.1.5.1 硫醇的制法

硫醇存在于原油和石油产品中。卤烷与硫氢化钾作用或醇的蒸气与硫化氢混合后在400℃下通过氧化钍都可制得硫醇。

$$R—X+KSH \xrightarrow{\triangle} R—SH+KX$$

$$R—\boxed{OH+H}—SH \xrightarrow[400℃]{ThO_2} R—SH+H_2O$$

实验室中常用卤代烷与硫脲反应制取硫醇：

$$RBr + H_2N\overset{\overset{\displaystyle S}{\|}}{C}NH_2 \longrightarrow H_2N\overset{\overset{\displaystyle R—S}{|}}{C}=\overset{+}{N}H_2Br^- \xrightarrow[-H_2O]{NaOH} RS^- + H_2NCN$$

$$\xrightarrow{H_3O^+} RSH + H_2NCONH_2$$

8.1.5.2 硫醇的性质

硫与氧的电负性不同，因此，硫醇的性质与醇既有类似也有差别。例如，ROH 易形成氢键，有缔合现象，而 RSH 因硫原子的电负性较小很难形成氢键，不能缔合，不溶于水。硫醇的

相对分子质量大于同碳原子数的醇类，但沸点反而低于相应的醇，就是由于硫醇不能形成氢键的缘故。又如，低级醇有酒味而低级硫醇有恶臭味，空气中有 5×10^{-10}（体积分数）的硫醇，即可被人嗅觉。因此硫醇是一种臭味剂，即可以把它加入有毒气体如煤气中，以便检查管道是否漏气。除甲硫醇室温时是气体外，其余硫醇均为液体或固体。

在化学性质上，硫醇与醇也有区别。

1）弱酸性

硫醇的酸性比醇大，如 C_2H_5SH 的 $pK_a=10.5$，而 C_2H_5OH 的 $pK_a=17$，所以硫醇能与氢氧化钠（或钾）成盐，称为硫醇盐。

$$CH_3CH_2\ddot{\underset{..}{S}}\!\!:\!H+H_2\ddot{O}\!: \rightleftharpoons H_3O^+ + CH_3CH_2\ddot{\underset{..}{S}}\!:^-$$

$$CH_3CH_2SH+NaOH \longrightarrow C_2H_5S^-Na^+ + H_2O$$

硫醇酸性较醇强，可能是因为硫原子 3p 轨道上的价电子和氢原子的 1s 轨道重叠不够，而且硫原子大于氧原子，比较容易极化，使质子容易离解。在石油炼制中常用氢氧化钠来洗涤以除去硫醇。硫醇不仅能与碱金属生成盐，还可与重金属汞、铜、银、铅等形成不溶于水的硫醇盐，如

$$2C_2H_5SH+HgO[\text{或}(CH_3COO)_2Hg] \longrightarrow \underset{\text{白色}}{(C_2H_5S)_2Hg\downarrow} + H_2O$$

$$2RSH+(CH_3COO)_2Pb \longrightarrow \underset{\text{黄色}}{(RS)_2Pb\downarrow} + 2CH_3COOH$$

该反应不仅可用来鉴定硫醇，而且可用于重金属 Pb、Hg、Sb 等中毒的解毒。例如，2，3-二巯基-1-丙醇可和汞生成一个稳定的环硫化合物，因此它在人体内可起解毒作用。汞离子因被螯合而随尿排出，硫醇的英文名称 mercaptan 即是“捕获汞”的意思。

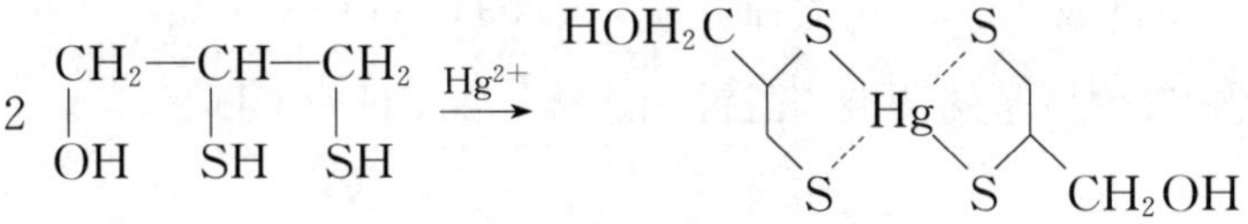

由于硫醇也可以和有机砷化合物中的砷形成稳定的环状化合物，因此也是砷路易斯毒气（$ClCH=CHAsCl_2$）的解毒药。

2）氧化反应

硫醇易被缓和氧化剂（如 H_2O_2、NaIO、I_2 或 O_2）氧化为二硫化物。

$$2RS—H+\underset{(\text{或}I_2)}{H_2O_2} \longrightarrow RS—SR+\underset{(\text{或}2HI)}{2H_2O}$$

该反应可以定量地进行，因此可用来测定巯基化合物的含量。在石油工业中，利用这个反应所生成的二硫化物无酸性以避免硫醇的酸性腐蚀，并可同时脱去硫醇的恶臭味。

硫醇与强氧化剂（如 HNO_3、$KMnO_4$）作用，可被氧化生成磺酸。

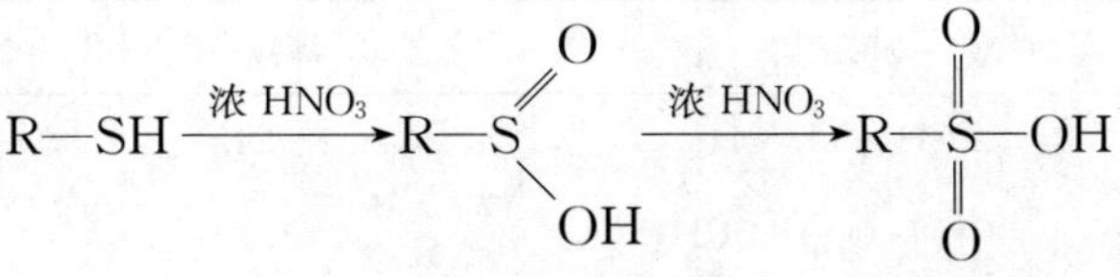

烷基亚磺酸　　烷基磺酸

3）酯化反应

与醇相似，硫醇也可和羧酸发生酯化反应。

$$R'SH + RCOOH \rightleftharpoons R{-}\overset{\displaystyle O}{\overset{\|}{C}}{-}SR' + H_2O$$

4）分解反应

硫醇可发生氢解和热解反应，该反应在工业上可用来脱硫。

$$RSH \xrightarrow[CoMnO_4,\ 300 \sim 400℃]{氢解,\ +H_2} RH + H_2S$$

$$RSH \xrightarrow[150 \sim 250℃]{热解} 烯烃 + H_2S$$

8.2　醚

醚的通式为 R—O—R′、Ar—O—Ar′。醚分子中的氧基—O—也叫做醚键，按它所连接的烃基结构和连接方式不同，醚可以分类如下：

醚
- 饱和醚
  - 单醚——R＝R′　如 $CH_3—O—CH_3$
  - 混醚——R≠R′　如 $CH_3—O—C_2H_5$
- 不饱和醚——R 为不饱和烃基　如 $CH_3—O—CH_2CH═CH_2$
- 芳醚——RO 或 ArO 与芳烃基相连　如 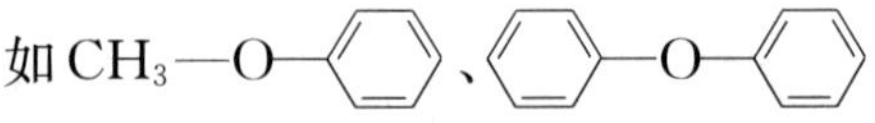
- 环醚——二价烃基的两端与醚键相连接　如 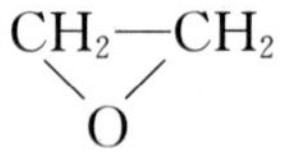
- 硫醚——硫原子置换氧原子与两个烃基相连接　如 $CH_3—S—CH_3$

烃基的异构和官能团位置的不同，还可引起醚的同分异构现象（构造异构现象）。例如，分子式为 $C_4H_{10}O$ 的醚，有下列三种构造异构体：

$CH_3OCH_2CH_2CH_3$　　$CH_3CH_2OCH_2CH_3$　　$CH_3OCH(CH_3)_2$

丁醇的分子式也是 $C_4H_{10}O$，因此，相同碳原子数的醇和醚也互为构造异构体，这种异构体是属于官能团不同的构造异构体。

8.2.1　醚的物理性质

常见醚的物理常数见表 8-2。

表 8-2　常见醚的物理常数

名称	构造式	沸点/℃	相对密度 d_4^{20}
甲醚	$CH_3—O—CH_3$	−24.9	0.661
甲乙醚	$CH_3—O—CH_2CH_3$	8	0.679

续表

名称	构造式	沸点/℃	相对密度 d_4^{20}
乙醚	$CH_3CH_2—O—CH_2CH_3$	35	0.741
正丙醚	$CH_3(CH_2)_2—O—(CH_2)_2CH_3$	90	0.736
异丙醚	$(CH_3)_2CH—O—CH(CH_3)_2$	69	0.735
正丁醚	$CH_3(CH_2)_3—O—(CH_2)_3CH_3$	143	0.769
甲丁醚	$CH_3—O—(CH_2)_3CH_3$	70	0.744
乙丁醚	$CH_3CH_2—O—(CH_2)_3CH_3$	92	0.752
乙二醇二甲醚	$CH_3—O—CH_2CH_2—O—CH_3$	83	0.863
乙烯醚	$CH_2═CH—O—CH═CH_2$	35	0.773
四氢呋喃	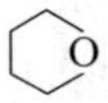	65	0.888
1,4 二氧六环	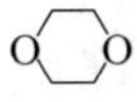	101	1.034
环氧乙烷		11	
环氧丙烷	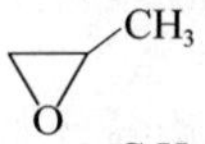	34	0.859
1,2-环氧丁烷	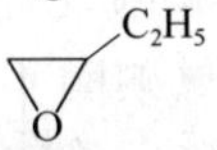	63	0.837
顺-2,3-环氧丁烷	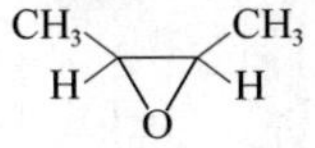	59	0.823
反-2,3-环氧丁烷	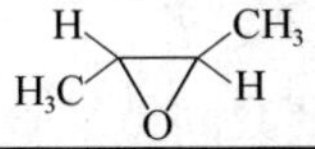	54	0.801

大多数的醚是无色液体，只有简单的醚，如甲醚、甲乙醚和甲基乙烯基醚是气体。由于在醚的分子之间不能发生氢键缔合，醚的沸点比相同相对分子质量的醇低得多，如甲醚的沸点是－23℃，而乙醇的沸点是 78.3℃。

醚在水中的溶解度与相同相对分子质量的醇相似。例如，乙醚在水中的溶解度约为 8g/100mL，与正丁醇相似，这是由于醚和醇一样能和水形成氢键的缘故。

醚能溶于有机溶剂，同时很多有机物质也能溶液于醚中，因此醚常用作溶剂。低级的醚如甲醚、乙醚具有高度的挥发性，易着火，使用时要注意。乙醚有麻醉性，在医药上曾用作全身麻醉剂。

8.2.2　醚的化学性质

醚分子的 R—O—R 键角与水分子的 H—O—H 键角（104.5°）相似，都很接近 109.5°，如甲醚为 110°，故一般认为醚分子中氧原子的价电子也是在 sp^3 杂化轨道上。醚的氧原子与两个烷基相连，分子的极性很小，如乙醚的偶极矩为 3.94×10^{-30} C · m。因此，它的化学性质比较不活泼，在常温下不与金属钠作用，对碱、氧化剂和还原剂都十分稳定，但能发生下列反应。

8.2.2.1　𨦡盐的生成和醚键的断裂

醚的氧原子上有未共用电子对，是一个路易斯碱，在常温时能溶于无机强酸形成𨦡盐，生成的𨦡盐可溶于强酸。但醚的碱性很弱，生成的𨦡盐是一种弱碱和强酸所形成的盐，不稳定，遇水很快分解为原来的醚，利用这种性质可将醚从烷烃或卤烃等混合物中分离出来。

$$R-\ddot{\underset{\cdot\cdot}{O}}-R + HX \longrightarrow \left[\begin{matrix} & H & \\ & | & \\ R- & \underset{\cdot\cdot}{O} & -R \end{matrix}\right]^{+} X^{-} \xrightarrow{H_2O} R-O-R + H_3O^{+} + X^{-}$$

醚和浓酸(常用57%浓氢碘酸)共热，则醚键发生断裂生成碘烷和醇。在反应中，醚先生成𨦡盐，碳氧键变弱，碘离子作为强亲核试剂进攻𨦡盐而使原来的醚键断裂。如在高温并有过量氢碘酸存在下，过量氢碘酸又可与反应中所生成的醇作用，生成另一分子碘烷。

$$CH_3-O-C_2H_5 + HI \rightleftharpoons \left[\begin{matrix} CH_3- & \overset{+}{O} & -C_2H_5 \\ & | & \\ & H & \end{matrix}\right] + I^{-} \xrightarrow{S_N2} CH_3I + C_2H_5OH \xrightarrow{HI} C_2H_5I$$

氢卤酸使醚键断裂的能力为 HI>HBr≫HCl，氢氟酸不是使醚键断裂的有效试剂。

$$\underset{\underset{OCH_3}{|}}{CH_3CHCH_2CH_3} \xrightarrow[\triangle]{HBr} \underset{\underset{Br}{|}}{CH_3CHCH_2CH_3} + CH_3Br$$

81%

常用的试剂为57%的氢碘酸，也可以用碘化钾加磷酸代替氢碘酸。

芳基烷基醚与氢碘酸一起加热生成碘代烷和酚，氢碘酸不能使酚变成碘代芳烃。二苯醚不被氢碘酸所分解。

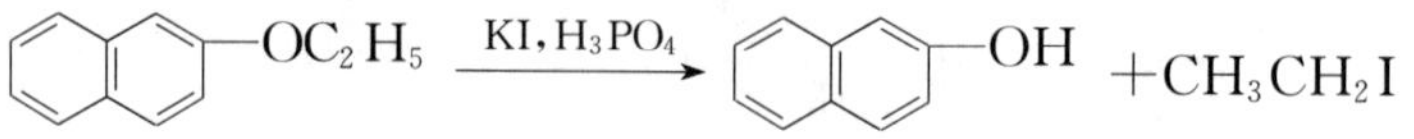

由于位阻效应，醚键往往是从含碳原子较少的烷基断裂下来，与碘结合生成碘代烷。这个反应可用来使含有甲氧基的醚定量地生成碘甲烷，再将反应混合物中的碘甲烷蒸馏出来，通入硝酸银的醇溶液，由生成碘化银的含量来换算测定分子中的 CH_3O- 的含量(蔡塞尔法)。

仲、叔烷基醚可按 S_N1 历程进行反应，也可进行消除反应生成烯烃。

HBr 也能裂解醚键，但作用比 HI 小，除叔烷基、烯丙基和苄基醚外，HCl 和 H_2SO_4 等与醚几乎没有作用。用软硬酸碱理论来分析，醚类化合物中氧是硬端，碳是软端，与 HI 作用时，硬酸 H^+ 进攻氧，软碱 I^- 进攻碳，反应较顺利。若用 HCl 或 H_2SO_4，则 Cl^- 和 HSO_4^- 也是硬碱，它们与软酸碳的结合就比较差。因此，HCl 和 H_2SO_4 等不适用于醚的裂解。同样道理，BBr_3 是较好的裂解醚键的试剂，而 BF_3 则效果很差，Me_3SiI 也是一个裂解醚键的优良试剂。I^- 是在强酸溶液中所存在的最强的一个亲核试剂，有利于 S_N2 反应的发生。

$$Nu^{-}\cdots A-B\cdots E^{+} \longrightarrow Nu-A + B-E$$

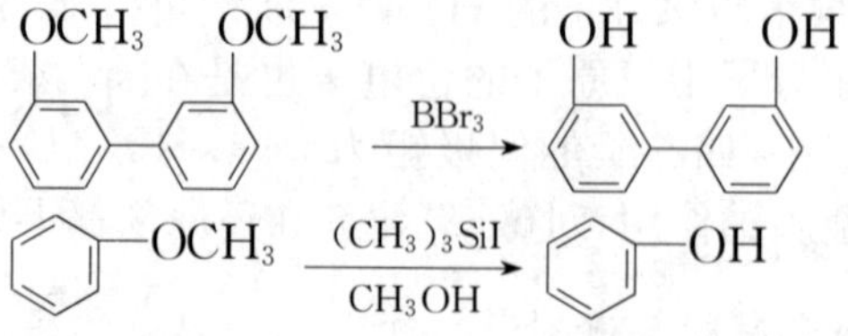

醚与稀硫酸在加压下加热可生成相应的醇。

$$R_2O + H_2O \xrightarrow{H_2SO_4} 2ROH$$

醚除与强酸生成锌盐外，还可与三氟化硼、三氯化铝、溴化汞、溴化镁或格氏试剂等化合物（它们都含有缺电子的原子）作用生成络合物。

三氟化硼是一个很好的路易斯酸催化剂，但是它的沸点很低（－101℃），使用不便。利用醚的碱性，可以将三氟化硼溶于乙醚，形成很稳定的可以蒸馏的三氟化硼乙醚络合物，后者还可以继续与氟代烃形成叔取代锌盐，这些叔取代锌盐极易分解出烷基正离子并与亲核试剂作用，故在有机合成中较有用，是最具活性的烷基化试剂之一。

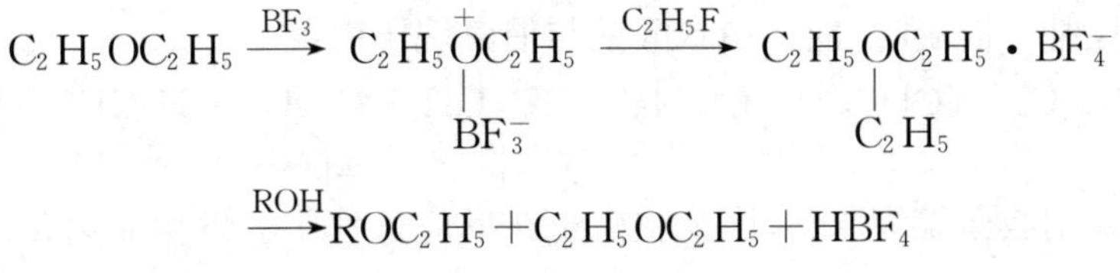

8.2.2.2　过氧化物的生成

醚对氧化剂比较稳定，但与空气长期接触，可被空气氧化生成过氧化物。一般认为氧化发生在 α-碳氢键上，先生成下列结构的氢过氧化物，然后再转变为结构更为复杂的过氧化物，如

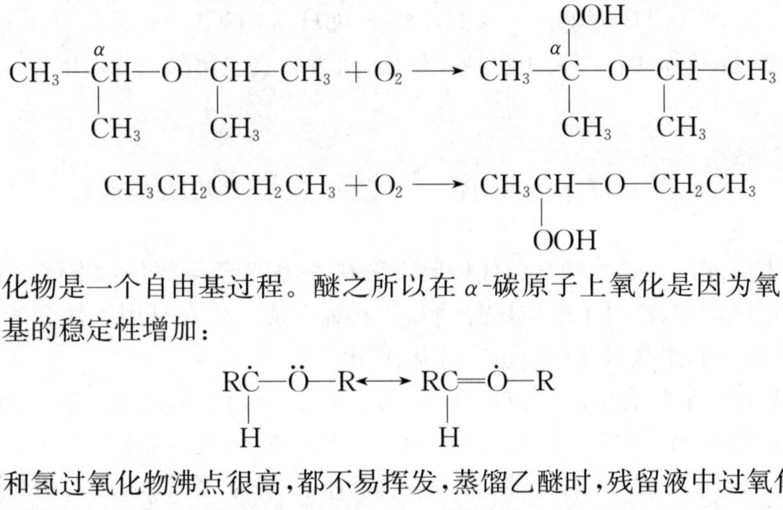

生成过氧化物是一个自由基过程。醚之所以在 α-碳原子上氧化是因为氧原子的孤电子对使这个自由基的稳定性增加：

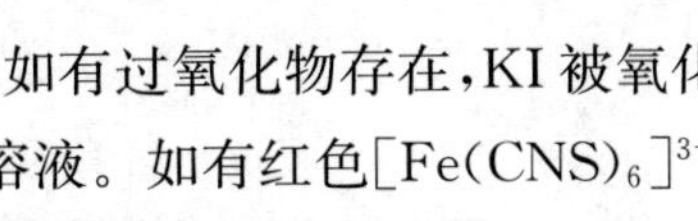

过氧化物和氢过氧化物沸点很高，都不易挥发，蒸馏乙醚时，残留液中过氧化物浓度增加，受热后分解极易爆炸。蒸馏乙醚时，有时发生爆炸事故就是这个原因。因此，蒸馏乙醚时，不要完全蒸完，以免过氧化物受热而爆炸。在蒸馏乙醚之前，必须检验有无过氧化物存在，以防意外。检验方法如下：

(1) 用 KI-淀粉试纸检验。如有过氧化物存在，KI 被氧化成 I_2 而使淀粉试纸变为蓝紫色。

(2) 加入 $FeSO_4$ 和 KCNS 溶液。如有红色$[Fe(CNS)_6]^{3-}$生成，证明有过氧化物存在。

除去过氧化物的方法如下：

(1) 加入还原剂如 Na_2SO_3 或 $FeSO_4$ 后振荡，以破坏所生成的过氧化物。

(2) 储存醚类化合物时，可在醚中加入少许金属钠或铁屑，以避免过氧化物生成。

为了防止醚中过氧化物的生成，市售的无水乙醚中有时加入 5×10^{-8} g/mL 的抗氧剂二乙基氨基二硫代甲酸钠$[(C_2H_5)_2NCS_2Na]$。甲基叔丁基醚不易产生过氧化物，而异丙醚和四氢呋喃也和乙醚一样，较易生成过氧化物。

8.2.3 醚的制备

8.2.3.1 威廉姆逊合成法——卤代烃与醇金属作用

应用醇金属与卤代烃等亲核取代反应制备醚的方法称为威廉姆逊合成法，醇钠的烷氧基负离子是个强亲核试剂，此反应是一个双分子亲核取代反应。这个合成法可用来合成单醚或混醚，但主要用来合成混醚。在合成混醚时，必须注意选择适当的原料。

$$C_2H_5O^-Na^+ + CH_3—I \longrightarrow CH_3—O—C_2H_5 + NaI$$

制备具有叔烃基的混醚时，应采用叔醇钠与伯卤烷作用：

$$CH_3CH_2CH_2Cl + (CH_3)_3C—O^-\ Na^+ \longrightarrow \underset{\text{正丙基叔丁基醚(85\%)}}{(CH_3)_3C—O—CH_2CH_2CH_3} + NaCl$$

这里要避免采用叔卤烷为原料，因为叔卤烷在反应过程中会发生脱卤化氢而生成烯烃的副反应（消除反应），如

$$(CH_3)_3C—X + NaOCH_3 \longrightarrow CH_3—\underset{\underset{CH_3}{|}}{C}=CH_2 + NaX + CH_3OH$$

而改用叔丁醇钠和 CH_3I 作用，则可制得甲基叔丁基醚。

$$(CH_3)_3CONa + CH_3I \longrightarrow (CH_3)_3COCH_3 + NaI$$

制备具有苯基的混醚时，应采用酚钠。例如，茴香醚只能用酚钠与卤甲烷（CH_3Cl）作用而得到。

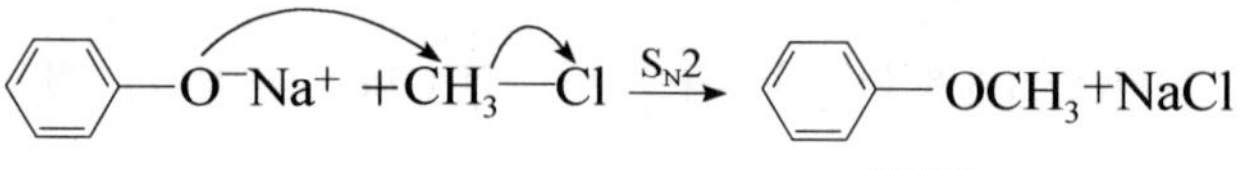

茴香醚

乙烯基醚不可能用乙烯醇钠与卤代烃反应来制备，因为乙烯醇是很难存在的，卤代烯烃又是活性很差的亲电试剂，故也不能应用醇钠和氯乙烯反应。现在是用乙炔和醇在醇钠或氢氧化钠催化下作用得到，汞盐对此反应也有催化作用。

利用威廉姆逊合成法合成醚，若在反应中加入相转移催化剂，则反应速率和产率均有所提高。若同时采用微波辐照（MV）代替传统加热，则反应时间大为缩短，产率也有所提高。例如，下列反应采用传统方式加热，无催化剂，反应 24h 产率为 28%；若加入相转移催化剂溴化三甲基十六烷基铵，则产率为 80%；若用微波辐照，则仅 5min 产率即达到 85%。

$$C_2H_5OH + ClCH_2C_6H_5 \xrightarrow[\text{MV,85\%}]{\text{NaOH,催化剂}} C_2H_5OCH_2C_6H_5 + HCl$$

8.2.3.2 醇的脱水

不论是工业生产还是实验室制备，醇脱水都是一种制取低级单醚的方法。例如，工业上制乙醚就是先将乙醇和浓硫酸在 65℃以下混合，变成硫酸氢乙酯，然后加热到 125～140℃，再将过量的乙醇慢慢加到混合物中去，这时就有乙醚蒸出。这个方法不能用来制备低级混合醚。因为用它来制混醚时，不可避免地会有其他两种单醚生成，这样产率不高，同时分离也有困难。其次，醇的脱水也不能用来制叔烷基醚，因为叔醇很容易脱水成烯。但是也有例外，此法可用于制备叔（仲）烷基伯烷基混合醚，如实验室中乙基叔丁基醚的合成：

$$(CH_3)_3COH + C_2H_5OH(\text{过量}) \xrightarrow[95\%]{\text{稀 } H_2SO_4} (CH_3)_3COC_2H_5$$

伯醇、仲醇脱水成醚时也要注意控制温度。温度不能太高，否则也会有较多的烯烃生成。脱水催化剂除 H_2SO_4、Al_2O_3外，也可以用芳香族磺酸、氯化锌、氯化铝、氟化硼及硅胶等作催化剂。

8.2.4　环醚

碳链两端或碳链中间两个碳原子与氧原子形成环状结构的醚，称为环醚，如

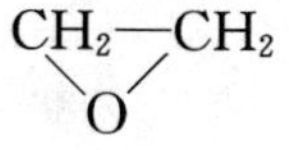
环氧乙烷(氧化乙烯)

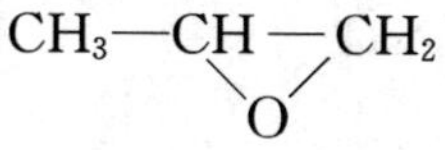
环氧丙烷

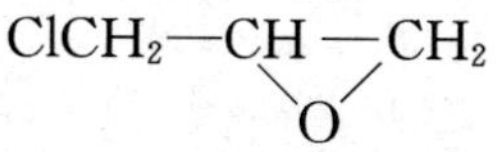
环氧氯丙烷

其中，五元环和六元环的环醚性质比较稳定。三元环的环醚又称环氧化合物，由于环易开裂，容易与各种不同试剂发生反应而生成各种不同的产物，三元环醚结构最简单，但它是广泛应用的重要合成原料。

1）环氧乙烷

环氧乙烷是最简单和最重要的环醚，是无色有毒气体，沸点 10.7℃，易于液化，可与水混溶，也可溶于乙醇、乙醚等有机溶剂，爆炸极限 3.6%～78%(体积分数)，使用时应注意安全。由于三元环存在张力，张力能 114.1kJ/mol，环氧乙烷的化学性质很活泼，容易在酸或碱催化下与亲核试剂发生亲核取代反应而使环开裂，生成开环产物，因此环氧乙烷是一种重要的工业原料。例如，在酸催化下，它容易和水、醇、氢卤酸等反应而得到各种开环产物。反应首先是环氧乙烷与 H^+ 作用生成质子化的环氧乙烷，然后作为亲核试剂的水分子、醇分子或卤离子等向它进攻，则环开裂生成相应的产物。

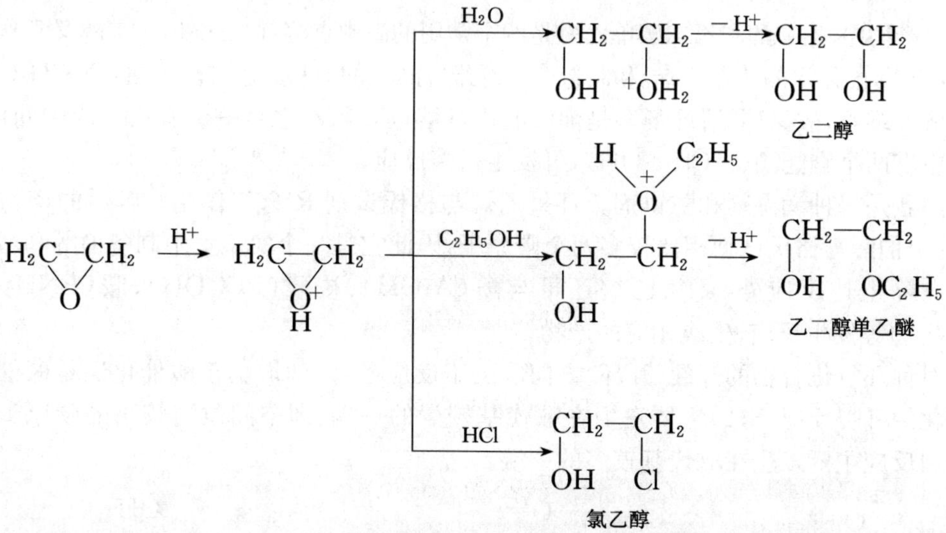

在中性或碱催化下，环氧乙烷也容易发生开环反应，这些反应也是按 S_N2 历程进行的亲核取代反应，在亲核试剂 HO^-、RO^-、NH_3、RMgX 等作用下，生成相应的开环产物。

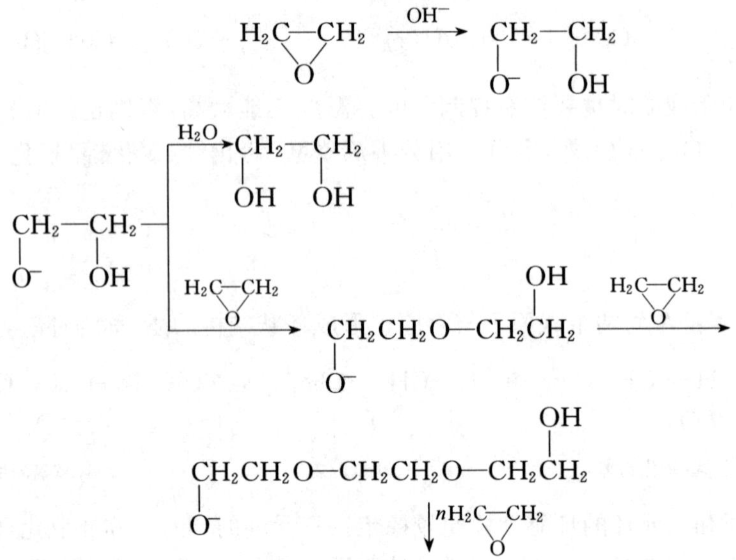

聚乙二醇

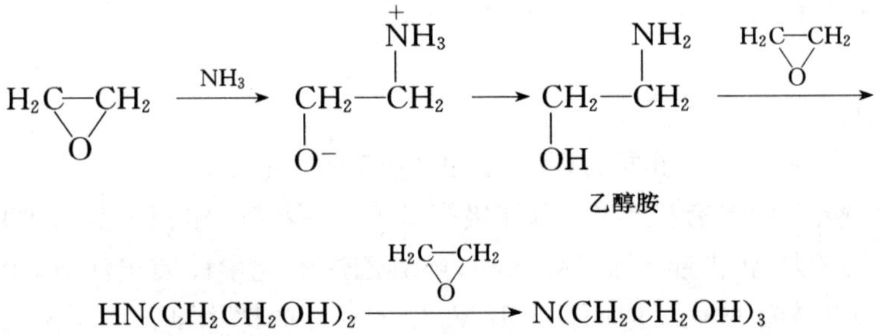

乙醇胺

二乙醇胺　　三乙醇胺

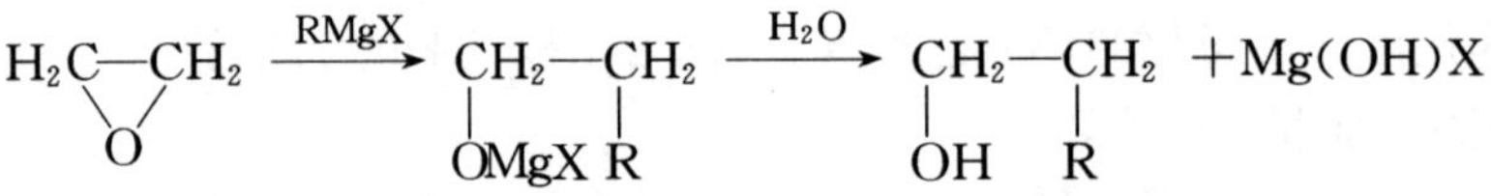

上述产物中，乙二醇和乙二醇单乙醚是两个常用的高沸点溶剂。此外，乙二醇又常作防冻剂(把它溶于水，能使水的冰点下降)和制造合成纤维“涤纶”的原料。乙二醇单醚($ROCH_2CH_2OH$)更能溶解纤维素，故又称“溶纤剂”，是油漆的优良溶剂。氯乙醇是一个有机合成中间体，因为其分子中有两个官能团(—Cl、—OH)，可发生很多反应。

乙醇胺是一种润湿剂和防锈剂。环氧乙烷与格氏试剂 RMgX 作用水解后的产物是一个伯醇，这个伯醇与格氏试剂相比较多两个碳原子，因此它是一个实验室中制备伯醇和增长碳链的方法。除上述反应外，环氧乙烷还可与酚(ArOH)、羧酸(RCOOH)、胺(RNH_2)、酰胺($RCONH_2$)等发生反应，生成相应的产物。

不对称环氧化合物的开裂(开环)方向取决于反应条件，即取决于酸催化还是碱催化。一般碱催化的开裂反应(S_N2)主要发生在取代基较少的一端，即空间位阻较小的碳原子。酸催化的开裂反应主要发生在取代基较多的一端。

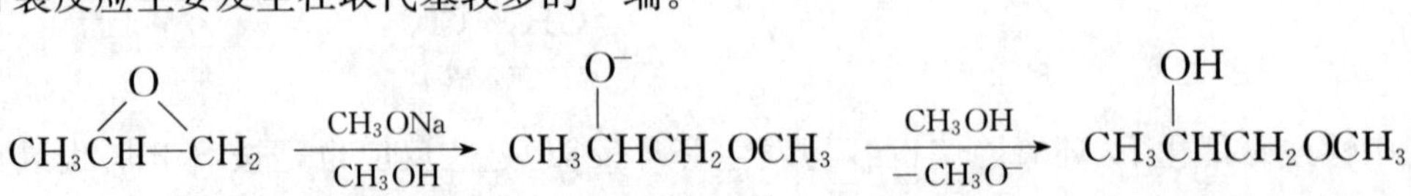

在酸性条件下，首先是质子进攻氧原子，质子化了的环氧化合物由于环张力而带有部分碳

正离子的性质。然后以 S_N1 或 S_N2 反应历程进行。若按 S_N1 过程，质子化的环氧化物开环生成碳正离子，则正电荷更容易位于原来环中含取代基更多的碳原子上，然后亲核试剂迅速进攻这个碳正离子得到产物，此时亲核进攻的方向与在碱性介质中的开环反应正好相反。若仍以 S_N2 反应进行，中间体环状正离子结构中，同样是带有取代基较多的碳原子上正电荷更多一些，容易受到亲核试剂的进攻。在这里，空间阻碍不是主要因素，因为此处的离去基是一个碱性较弱的醇羟基。这个 S_N2 过程仍带有较多的 S_N1 特性。而在碱性条件下，离去基是一个碱性较强的烷氧负离子，它不容易离去，故位阻效应产生更多的作用。

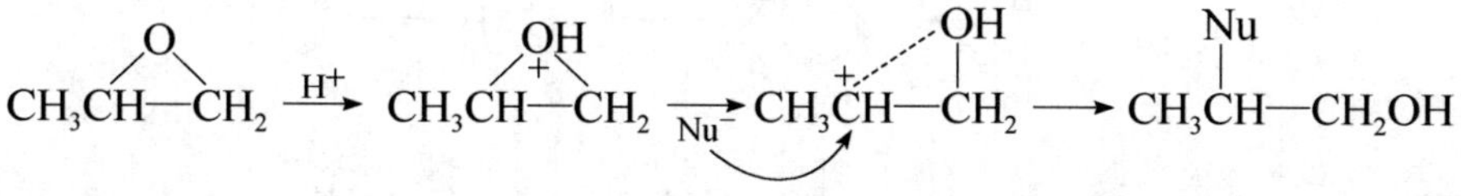

环氧化合物开环后的产物都是反式产物，具有典型的 S_N2 机理特征。这是因为试剂总是从靠近氧桥背面一侧进攻而使环开裂生成产物。整个过程与烯烃加溴时溴负离子进攻溴鎓离子相似。因此，从烯烃出发，用 $KMnO_4$ 氧化得到顺式二醇，而经环氧化后再水解得到的是反式邻二醇。

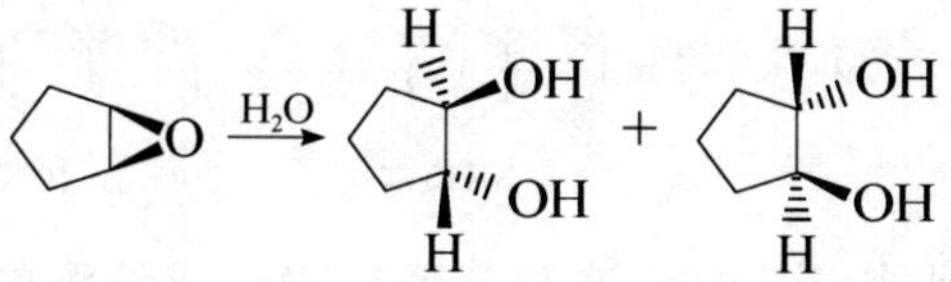

2）1,4-二氧六环

1,4-二氧六环又称二噁烷或 1,4-二氧杂环己烷，可由乙二醇脱水或环氧乙烷二聚制备。

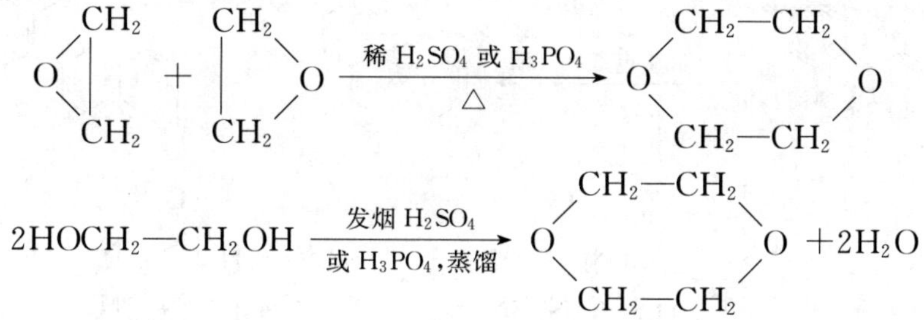

1,4-二氧六环为无色液体，能与水和多种有机溶剂混溶，由于它是六元环，故较稳定，是优良的有机溶剂。

环氧化合物中还有一类是芳烃环氧化物，它们由细胞色素 P_{450} 酶催化下生成。环氧化合物的形成往往是进入人体的外源化合物（如药、香烟）变成水流性化合物而排出体外的第一步，它同样是合成或生物合成苯酚的主要中间体。它在亲核试剂进攻下可形成加成产物，或者重排成酚。

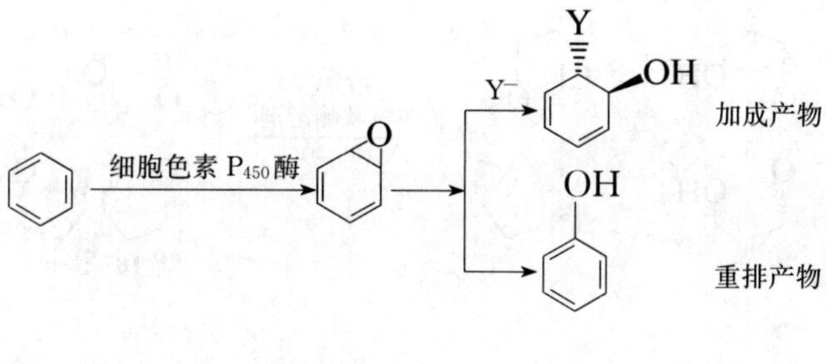

反应历程为

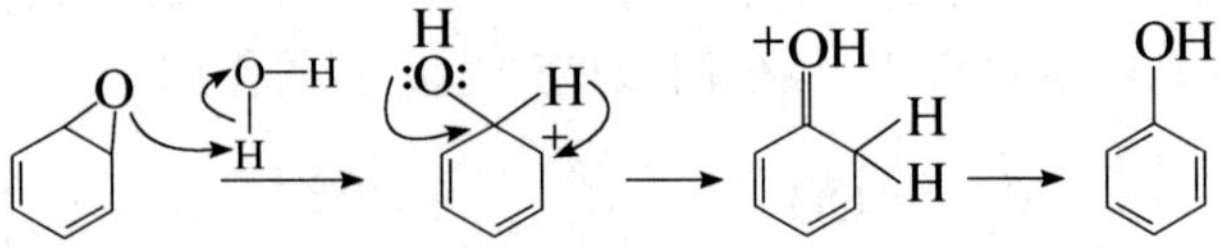

如

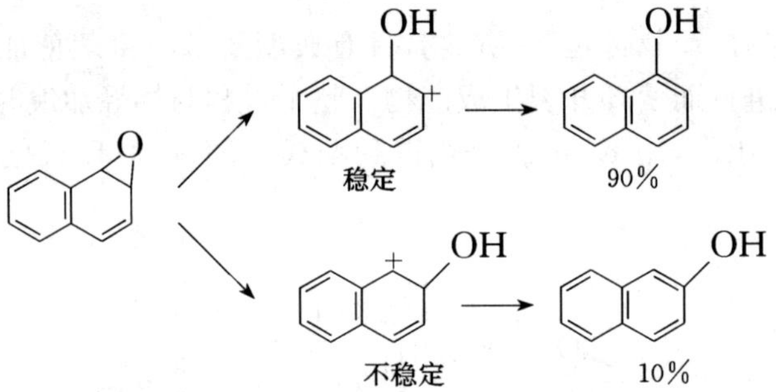

如下芳香化合物为致癌物，实际上，这些芳环首先形成致癌的环氧化合物后，再与DNA中的碱基反应，从而导致癌变。

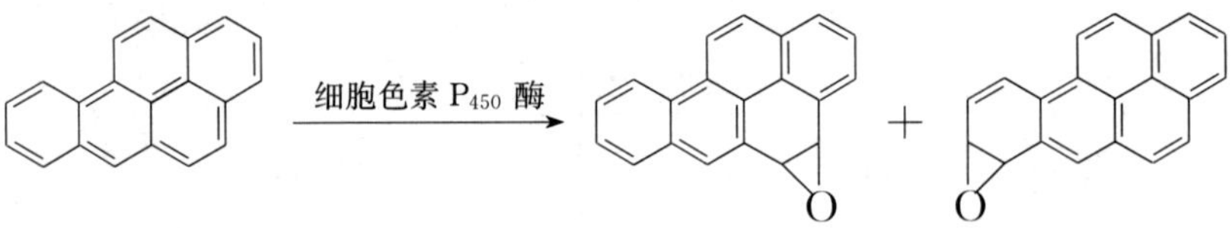

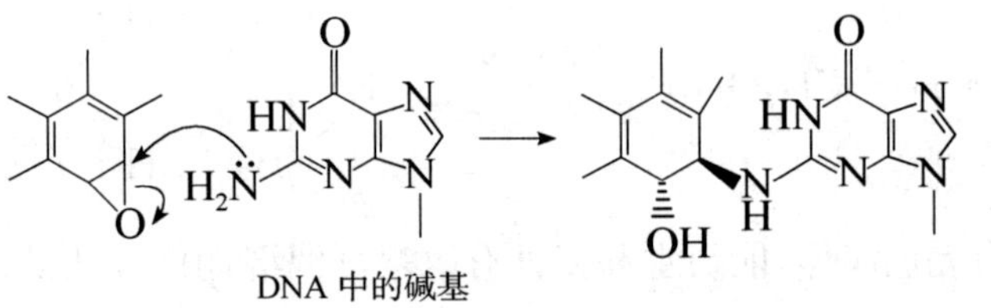

8.2.5 冠醚

1962年首次合成了多氧的大环醚，它分子中具有$\leftarrow CH_2—CH_2—O \rightarrow_n$重复单元。由于它们的结构像王冠，因此称为冠醚。

冠醚主要用威廉姆逊合成法制备。例如，18-冠-6和二苯并-18-冠-6的制法如下：

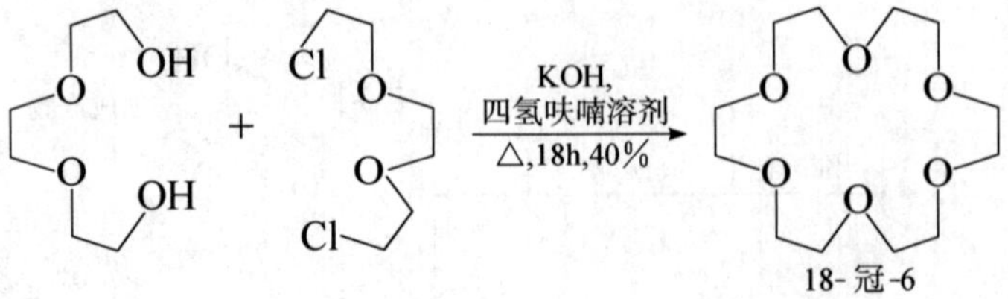

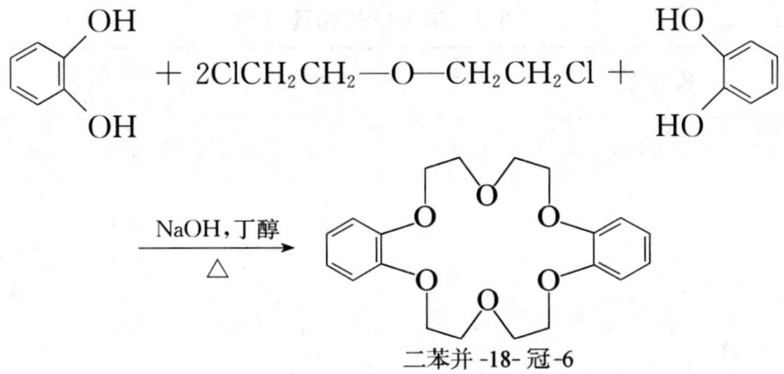

在冠醚的大环结构中有空穴，且由于氧原子上含有未共用电子对，可和金属阳离子形成络合离子。各种冠醚的空穴大小不同，因此对金属离子具有较高的络合选择性，只有和空穴大小相当的金属离子才能进入空穴。例如，18-冠-6 中的空穴直径为 0.30nm，可以与 $KMnO_4$ 中钾离子(直径为 0.266nm)形成稳定的络合物；而 12-冠-4、15-冠-5 能与 Li^+、Na^+ 形成稳定的络合物。

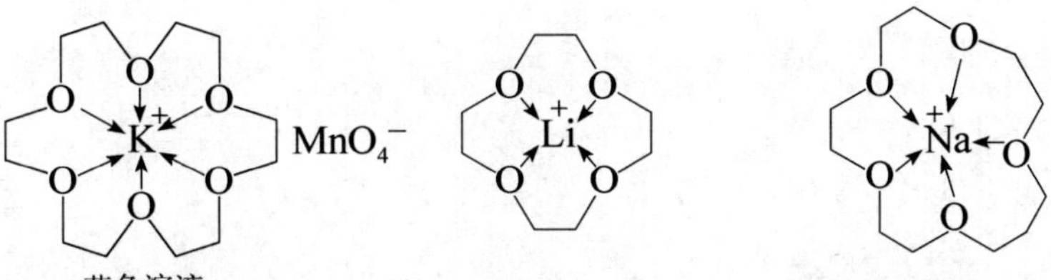

冠醚的这个性质可以利用来分离金属阳离子，也可利用其来使某些反应加速进行。例如，环己烯用高锰酸钾氧化，因高锰酸钾不溶于环己烯，反应较难进行，产率不高，但加入 18-冠-6 后，反应即迅速进行。

大环多醚也能和固体盐中的离子络合，因此也可发生固液相催化反应。

冠醚除用作络合催化剂外，还可作离子选择性电极等。

8.3　酚

酚类化合物按分子中所含羟基数目分为一元酚、二元酚和多元酚。苯酚是酚类中最简单最重要的一个。

8.3.1　酚的物理性质

酚大多数为结晶固体，少数烷基酚为高沸点液体(如间甲苯酚)。由于酚分子中含有羟基，它的物理性质与醇相似，酚分子之间或酚与水分子之间可发生氢键缔合。因此，酚的沸点和熔点都比相对分子质量相近的烃高，酚微溶于水，能溶于乙醇、乙醚等有机溶剂。

常见酚的物理常数见表 8-3。

表 8-3　常见酚的物理常数

名称	构造式	熔点/℃	沸点/℃	溶解度 /(g/100gH_2O)	pK_a
苯酚	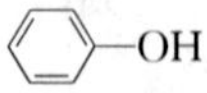	43	181	9.3	9.98
邻甲苯酚	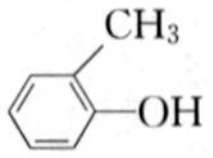	30	191	2.5	10.28
间甲苯酚	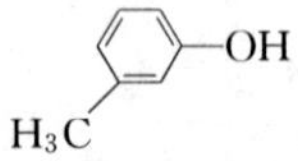	11	201	2.6	10.08
对甲苯酚	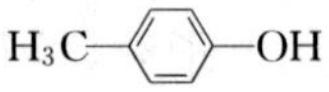	35.5	202	2.3	10.14
4-甲基-2,6-二叔丁基苯酚	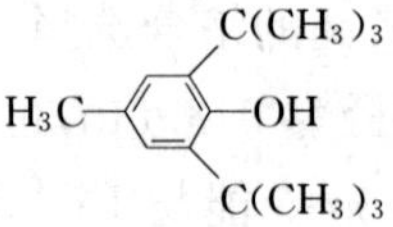	70.0	147(2666Pa)	难	
邻氯苯酚	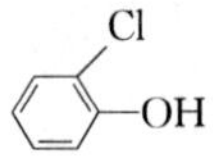	8	176	2.8	8.48
间氯苯酚	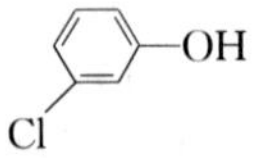	33	214	2.6	9.02
对氯苯酚	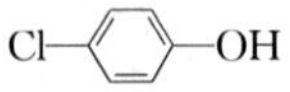	43	220	2.7	9.38
邻硝基苯酚	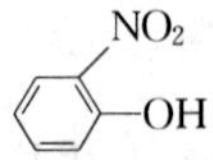	45	217	0.2	7.23
间硝基苯酚	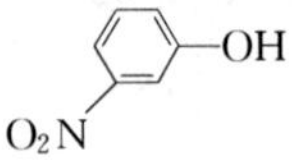	96	分解	1.4	8.40
对硝基苯酚	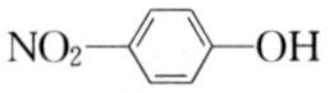	114	分解	1.7	7.15
2,4-二硝基苯酚	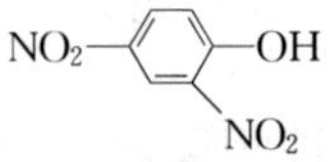	113	分解	0.6	4.00
2,4,6-三硝基苯酚	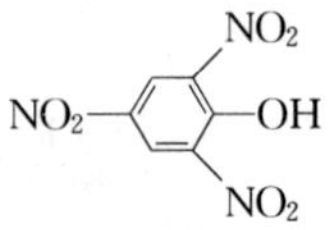	122	分解(300℃爆炸)	1.4	0.71
α-萘酚	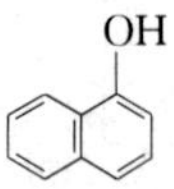	94	279	难	9.31
β-萘酚	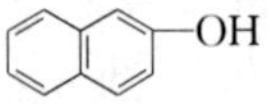	123	286	0.1	9.55
邻苯二酚	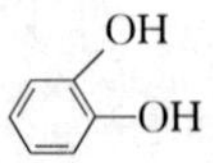	105	245	45.1	9.48
间苯二酚	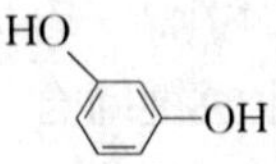	110	281	111	9.44
对苯二酚	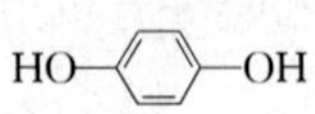	170	286	8	9.96

续表

名称	构造式	熔点/℃	沸点/℃	溶解度/(g/100gH_2O)	pK_a
1,2,3-苯三酚	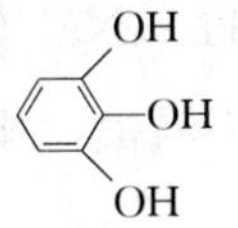	133	309	62	7.0
1,2,4-苯三酚	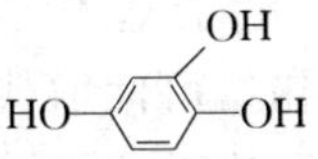	140		易	
1,3,5-苯三酚	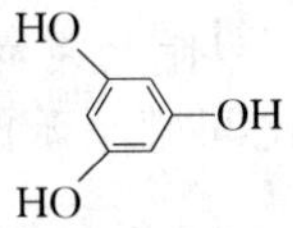	218	升华	1	

8.3.2　酚的化学性质

在苯酚分子中，氧原子的价电子是以 sp^2 杂化轨道参与成键的，酚羟基中氧原子的一对未共用电子对所在的 p 轨道与苯环的六个碳原子的 p 轨道平行，它们形成 p-π 共轭体系。由于氧原子的部分负电荷离域而分散到整个共轭体系中，因此氧原子电子云密度降低，而苯环上电子云密度升高，它的化学性质主要表现在：

(1) 由于氧原子上电子云密度降低，减弱了 O—H 键，有利于苯酚离解成为质子和苯氧负离子，且苯氧负离子上的负电荷可以更好地离域而分散到整个共轭体系，而使苯氧负离子比较稳定，因此酚容易离解出质子呈酸性。可表示如下：

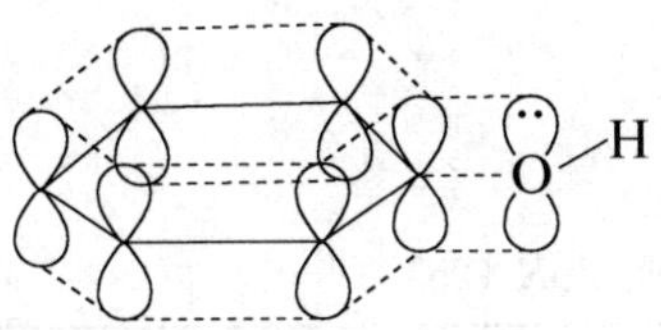

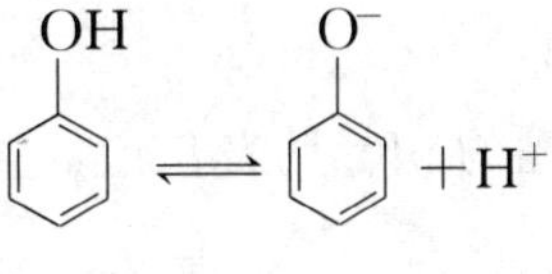

按照共振结构的写法：

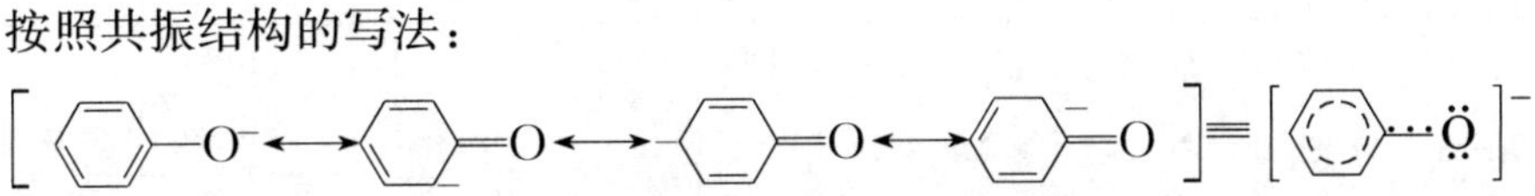

离域的(共振稳定的)负离子

同时由于 p-π 共轭效应，C—O 键加强，与醇分子中的 C—O 键相比难断裂，因此难于生成酚醚和酚酯。

(2) 由于 p-π 共轭效应，苯环上电子云密度升高，因此苯环的亲电取代反应活性增加。

(3) 由于酚的特殊结构，它具有特殊的显色反应。

8.3.2.1　酸性

苯酚的 pK_a≈10，它的酸性比醇强(乙醇的 pK_a=17，环己醇的 pK_a≈18)。苯酚能溶解于氢氧化钠水溶液而生成酚钠。

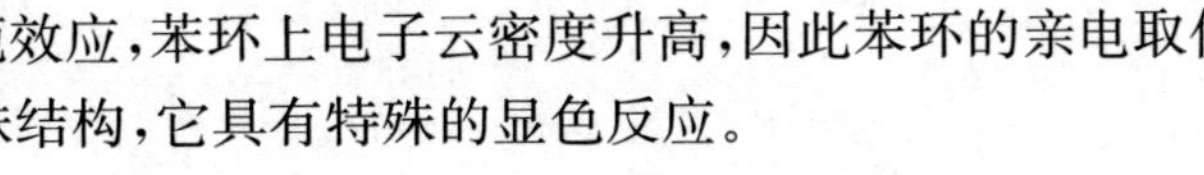

但苯酚的酸性比碳酸($pK_a = 6.38$)弱，所以苯酚不能与碳酸氢钠作用生成盐。向苯酚钠水溶液中通二氧化碳，苯酚即游离出来。

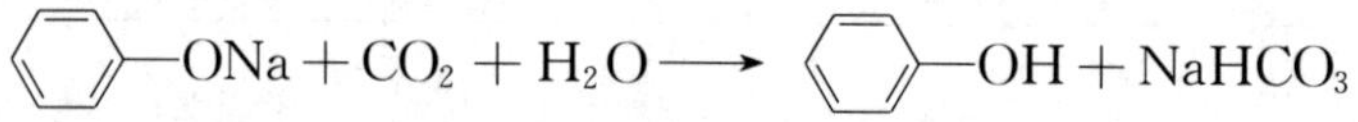

工业上常用酚的这种能溶于碱而又能用酸将它从碱溶液中游离出来的性质来回收和处理含酚污水。

苯环上的不同取代基能影响酚的酸性。当苯环上连有供电子基团时，可使取代苯氧负离子不稳定，使取代苯酚的酸性减弱；当苯环上连有吸电子基团时，可使取代苯氧负离子更稳定，使取代苯酚的酸性增强。例如，对硝基苯酚中—NO_2是吸电子基团，诱导效应和共轭效应都使羟基氧上的电子云更好地离域而移向苯环，可以生成更稳定的对硝基苯氧负离子。所以，对硝基苯酚的酸性比苯酚的酸性强。且邻、对位硝基苯酚的酸性比间硝基苯酚的酸性强。苯酚的邻、对位上硝基越多，酸性越强。

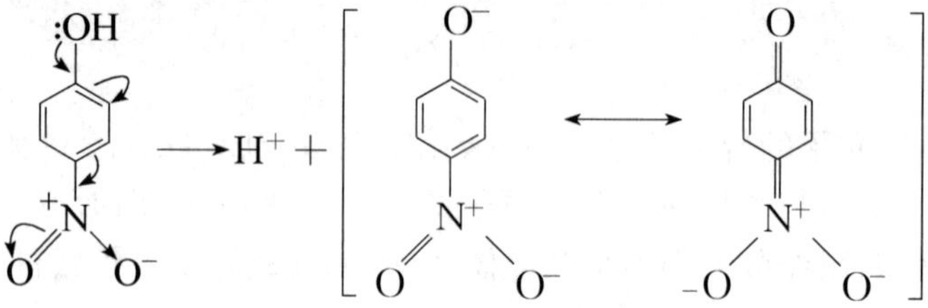

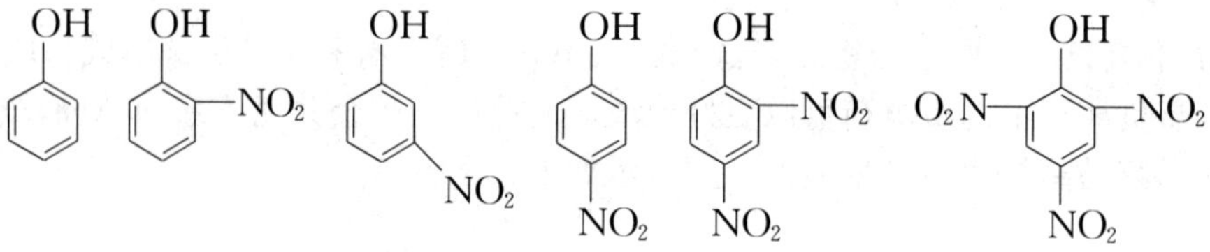

pK_a 10.0 7.22 8.39 7.15 4.00 0.71

部分取代苯酚的 pK_a 见表 8-4。

表 8-4 部分取代苯酚的 pK_a(25℃)

取代基	邻位	间位	对位
H	10.00	10.00	10.00
CH_3	10.29	10.09	10.26
F	8.81	9.28	9.81
Cl	8.48	9.02	9.38
Br	8.42	8.87	9.26
I	8.46	8.88	9.20
CH_3O	9.98	9.65	10.21
NO_2	7.22	8.39	7.15

8.3.2.2 成醚

酚与醇相似，也可生成醚。但因酚羟基的碳氧键比较牢固，一般不能通过酚分子间脱水来制备。通常是由酚金属盐与烷基化试剂(如碘甲烷或硫酸二甲酯)在弱碱性溶液中经 S_N2 反应而得。

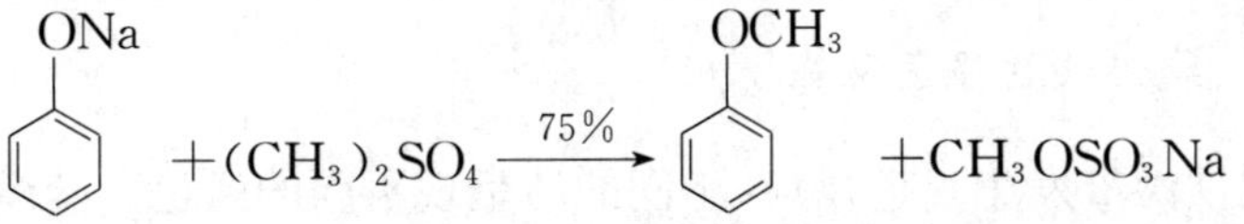

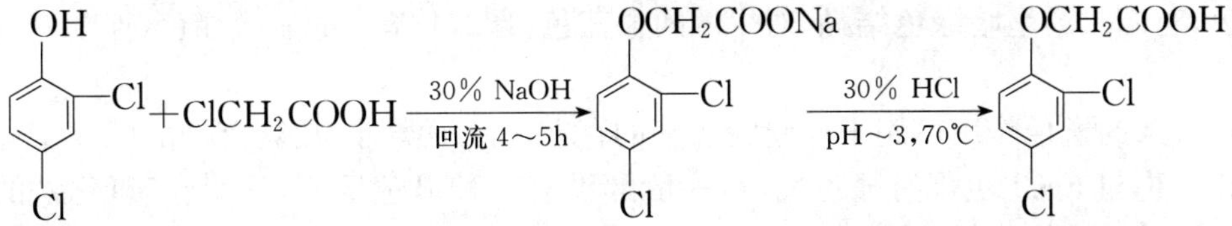

2,4-二氯苯氧乙酸(2,4-dichlorophenoxyacetic acid)又称 2,4-D,是植物生长调节剂,也是一种除双子叶杂草的除草剂。

二芳基醚可用酚钠与芳卤衍生物作用制备,但因芳环上卤原子不活泼,需在铜催化下加热反应。

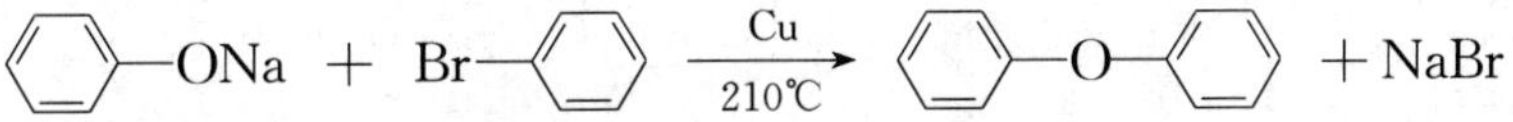

酚醚化学性质比酚稳定,不易被氧化,而且酚醚与氢碘酸作用,只发生烷氧键断裂而不发生芳氧键断裂,又能分解而得到原来的酚。

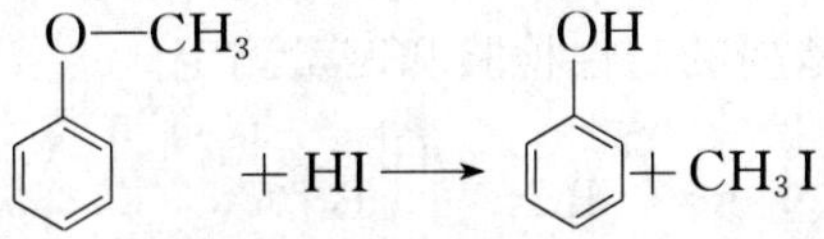

二苯醚在 250℃与 HI 共热也不发生反应。

在有机合成上,常利用暂时转变成醚的方法来保护酚羟基,以免羟基在反应中被破坏,待反应完成以后再将醚分解,恢复原来的羟基。

8.3.2.3　成酯

酚与羧酸直接酯化比较难,一般须与酸酐或酰氯作用才能生成酯。

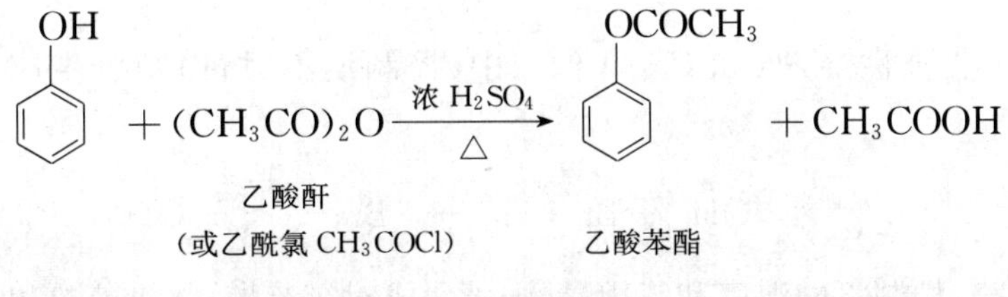

酚酯与氯化铝或氯化锌等路易斯酸共热,重排生成邻或对羟基酮,此反应称为弗利斯(Fries)重排。该反应常用于制备酚酮,在较低的温度下,主要得到对位异构体;而较高的温度下,主要得到邻位异构体。

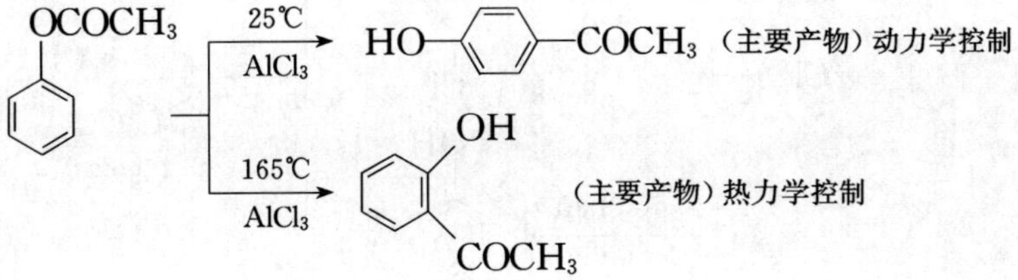

8.3.2.4 与三氯化铁的显色反应

酚能与三氯化铁溶液发生显色反应，不同的酚呈现不同的颜色。苯酚显蓝紫色，邻苯二酚显深绿色，对苯二酚呈暗绿色结晶，对甲苯酚显蓝色，1，2，4-苯三酚显蓝绿色，连苯三酚显淡棕红色。

这种特殊的显色作用可用来检验酚羟基的存在。除酚类外，凡具有烯醇(C═C—OH)式结构的化合物与 $FeCl_3$ 也都有显色反应，一般醇没有这种显色反应。酚与三氯化铁的显色反应一般认为是生成络合物。

$$6ArOH + FeCl_3 \rightleftharpoons [Fe(OAr)_6]^{3-} + 6H^+ + 3Cl^-$$

8.3.2.5 芳环上的亲电取代反应

羟基是强的邻、对位定位基，可使苯环活化。酚易在羟基的邻、对位发生卤化、硝化、磺化等亲电取代反应。

1）卤化反应

酚很容易发生卤化。苯酚与溴水作用，立刻取代邻、对位的三个氢原子，生成 2，4，6-三溴苯酚白色沉淀。邻、对位上有磺酸基存在时，也可同时被取代。如果溴水过量，则生成黄色的四溴衍生物黄色沉淀。三溴苯酚在水中的溶解度极小，含有 10μg/g 苯酚的水溶液也能有三溴苯酚析出。该反应常用于苯酚的定性检验和定量测定。

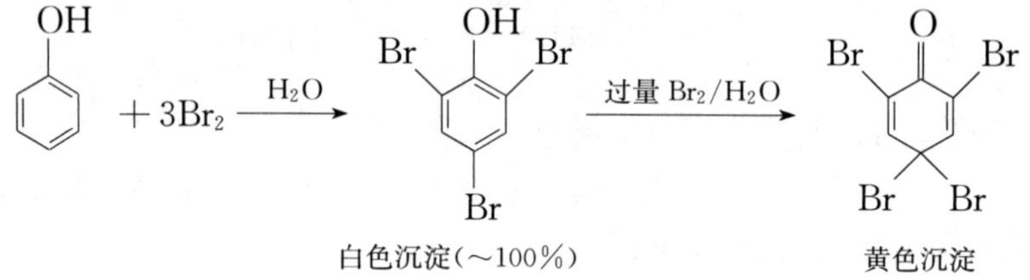

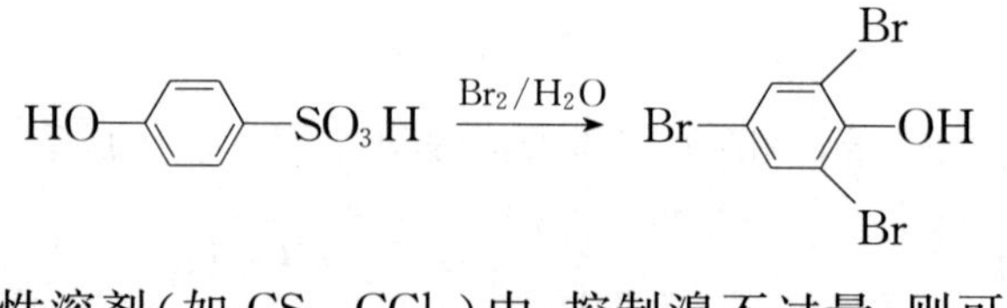

在低温下，于非极性溶剂(如 CS_2、CCl_4)中，控制溴不过量，则可生成一元取代物对溴苯酚。

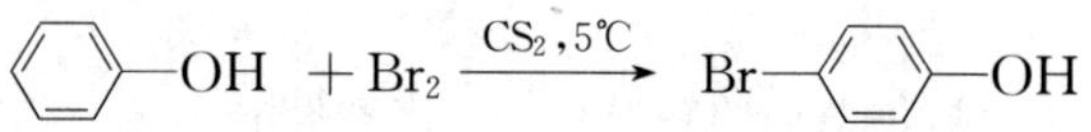

如果不用溶剂，控制不同温度和氯用量，则可生成对氯苯酚、邻氯苯酚和 2，4-二氯苯酚。

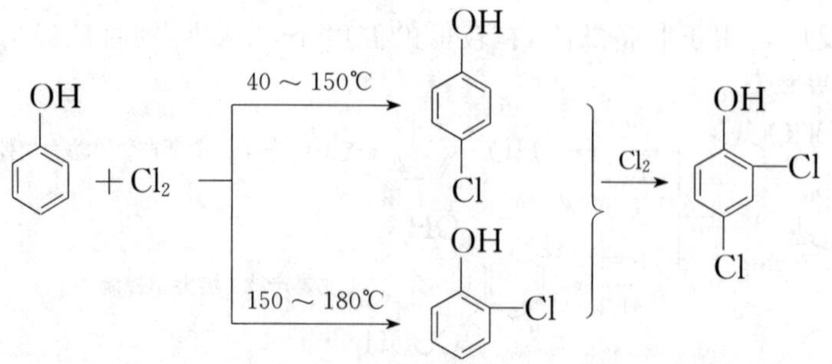

在水溶液中，特别是 pH＝10 时，即使用不到 3mol 的氯，也能得到 2，4，6-三氯苯酚。在三氯化铁存在下，2，4，6-三氯苯酚能进一步氯化成五氯苯酚。

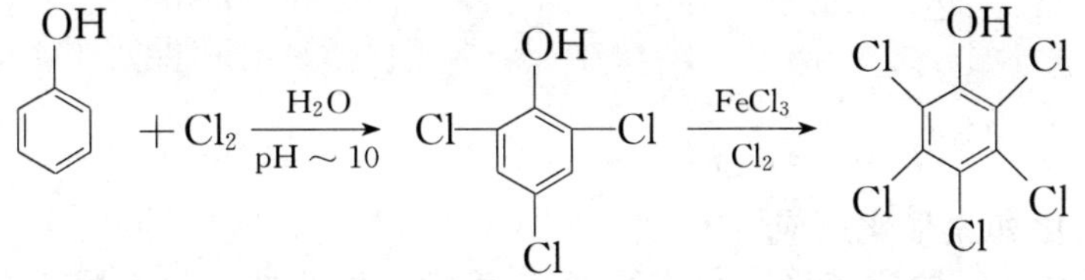

五氯苯酚是一种橡胶制品的杀菌剂，也是一种灭钉螺（防止血吸虫病）的药物。

2）硝化反应

酚很容易硝化，与稀硝酸在室温下作用生成邻硝基苯酚和对硝基苯酚的混合物。如用浓硝酸进行硝化，则生成 2，4-二硝基苯酚和 2，4，6-三硝基苯酚（苦味酸）。但因酚羟基和苯环易被浓硝酸氧化，产量很低，一般均用间接方法制备。

邻硝基苯酚和对硝基苯酚可用水蒸气蒸馏方法分开。因邻硝基苯酚分子中的羟基和硝基处在相邻位置，能通过氢键在分子内形成六元环的螯合物，故沸点较低，能进行水蒸气蒸馏；而对硝基苯酚分子中的羟基和硝基处在对位，只能通过分子间的氢键缔合，相对分子质量较大，不能随水蒸气蒸馏出来。

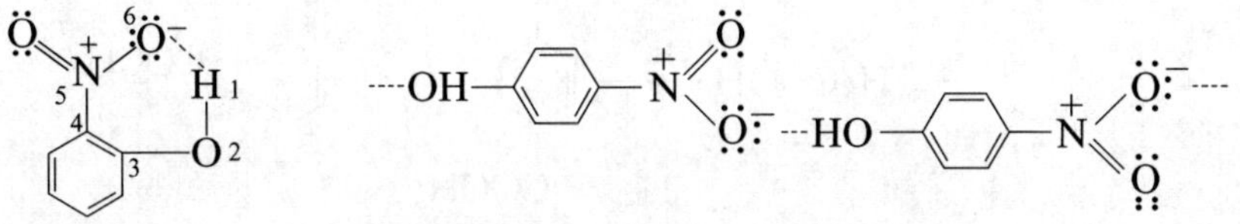

邻硝基苯酚分子内氢键螯合（可随水蒸气挥发）　　对硝基苯酚分子之间氢键缔合（不随水蒸气挥发）

苯酚甚至能与弱的亲电试剂亚硝酸中的亚硝酰正离子（NO^+）发生反应，生成对亚硝基苯酚，再用稀硝酸将其顺利地氧化成对硝基苯酚。

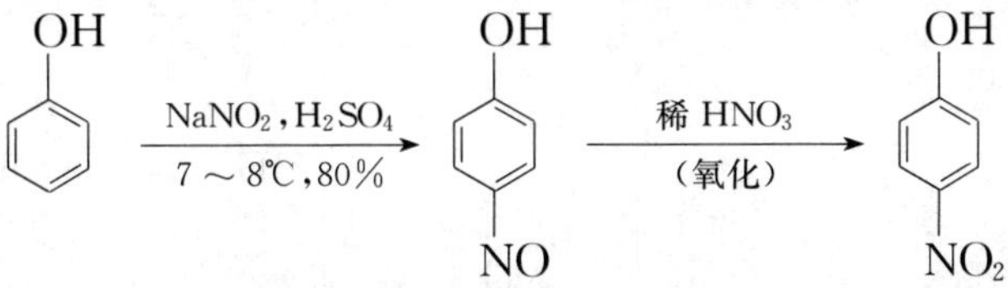

3）磺化反应

苯酚与浓 H_2SO_4 作用，即发生磺化反应而生成羟基苯磺酸。随磺化条件不同可得不同的产物，进一步磺化可得 4-羟基-1，3-苯二磺酸。苯酚分子中引入两个磺酸基后，可使苯环钝化，不易被氧化，再与浓 HNO_3 作用，两个磺酸基可同时被硝基置换而生成 2，4，6-三硝基苯酚。

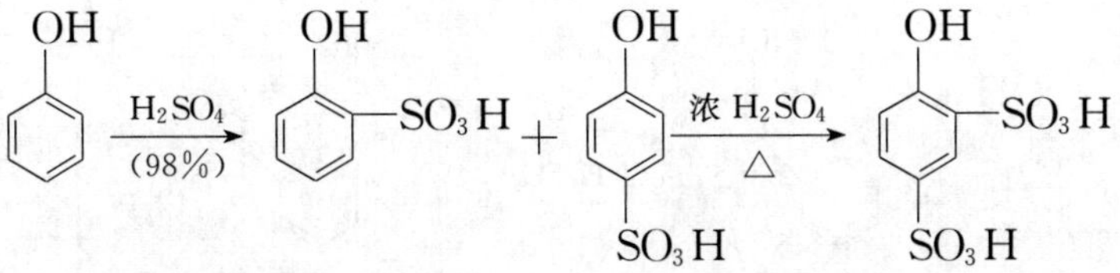

20℃	49%		51%
100℃	10%		90%

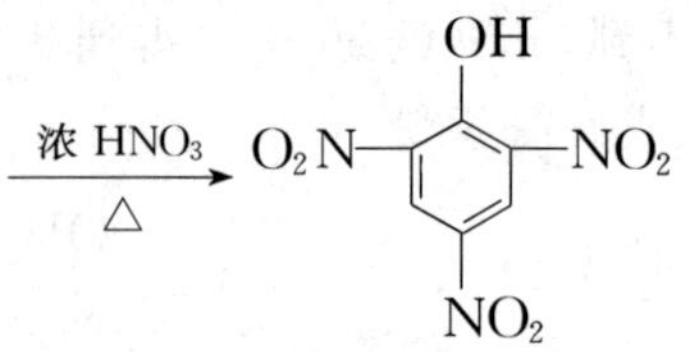

2,4,6-三硝基苯酚 90%

4）傅-克烷基化和酰基化反应

由于酚羟基的影响，酚比芳烃容易进行傅-克反应。但此处一般不用 $AlCl_3$ 作催化剂，因为酚羟基与三氯化铝形成络合物（$ArOAlCl_2$），使它失去催化能力而影响产率。一般酚的烷基化反应是用醇或烯烃为烷基化剂，以浓硫酸或酸性阳离子交换树脂为催化剂。

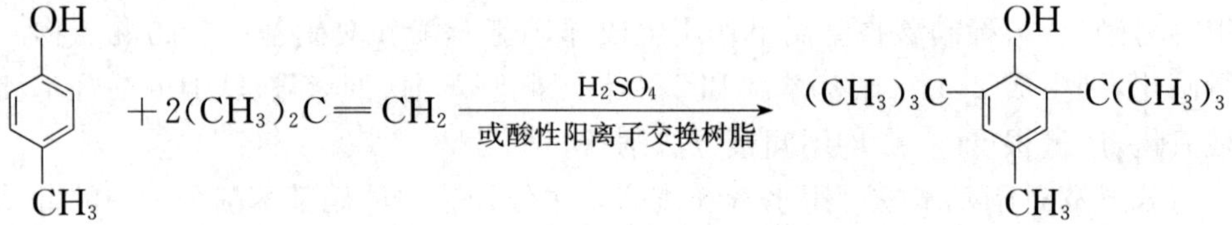

4-甲基-2,6-二叔丁基苯酚（BHT）（白色，m. p. 70℃）

（简称二六四抗氧剂，食品防腐剂）

酚的酰基化反应也比较容易进行，如

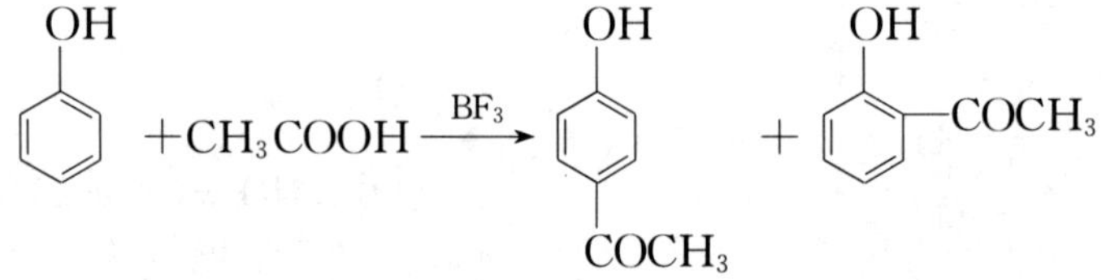

95%　　微量

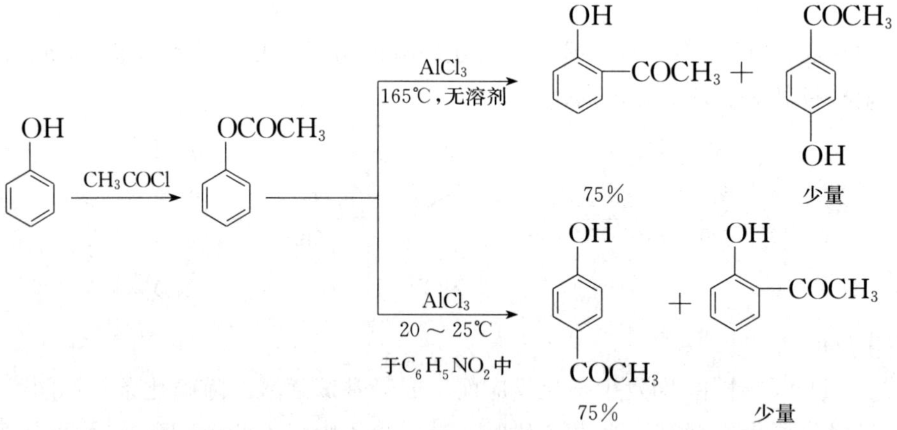

苯酚与邻苯二甲酸酐在浓硫酸催化下生成酚酞：

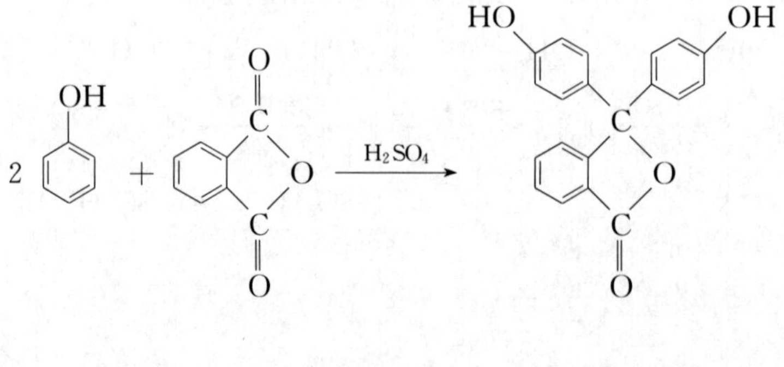

酚酞溶液在 pH<8.5 时无色,在 pH>9 时显红色,因此可用作指示剂。

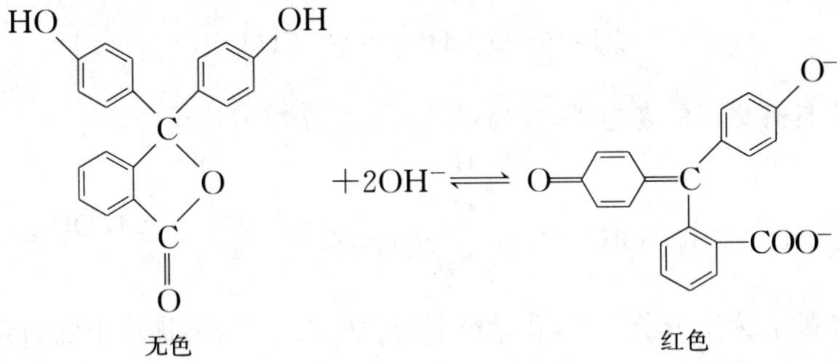

8.3.2.6 偶合反应

在弱碱性条件下,酚还可以与弱亲电试剂——芳香族重氮盐发生亲电取代反应,生成偶氮化合物,这是合成偶氮化合物的重要反应之一。

8.3.2.7 还原反应

酚通过催化加氢,苯环被还原,生成环己烷衍生物,如

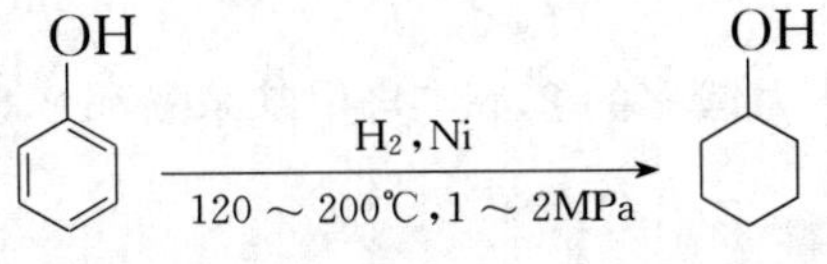

这是工业上生产环己醇的方法之一。

8.3.2.8 氧化反应

在氧化剂的作用下,酚被氧化成醌,如

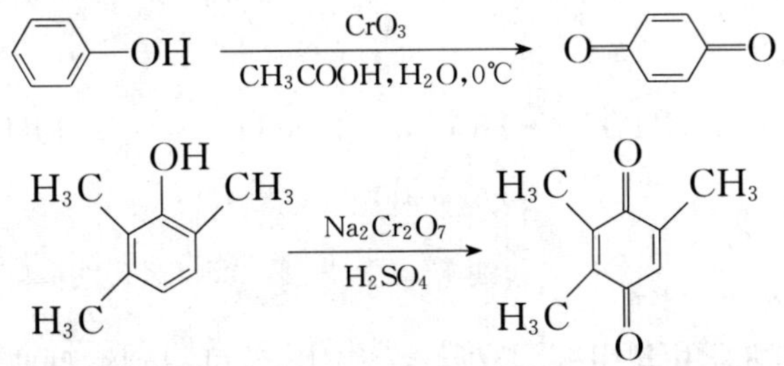

酚在空气中长期放置或在光的照射下,能被空气中的氧氧化,颜色逐渐变深。

8.3.2.9 与羰基化合物的缩合反应

1) 与甲醛缩合——酚醛树脂的生成

酚的邻、对位上的氢原子特别活泼,可与羰基化合物(醛或酮)发生缩合反应。例如,苯酚和甲醛在酸或碱的作用下,按酚和醛的质量比例不同,可得到不同结构的高分子化合物。在这些反应中,不论是酸或碱的催化,都是首先生成邻或对羟甲基酚。

酸催化时，甲醛先与质子结合：

$$CH_2{=}O + H^+ \rightleftharpoons {}^+CH_2OH$$

$^+CH_2OH$ 比甲醛具有更强的亲电性，容易对苯环发生亲电取代反应。

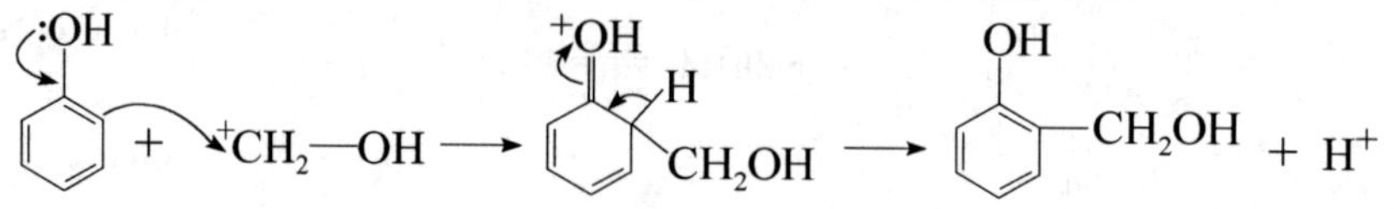

碱催化时，苯酚成为苯氧负离子，比苯酚具有更强的亲核性，进攻甲醛的羰基碳，发生亲核加成反应。

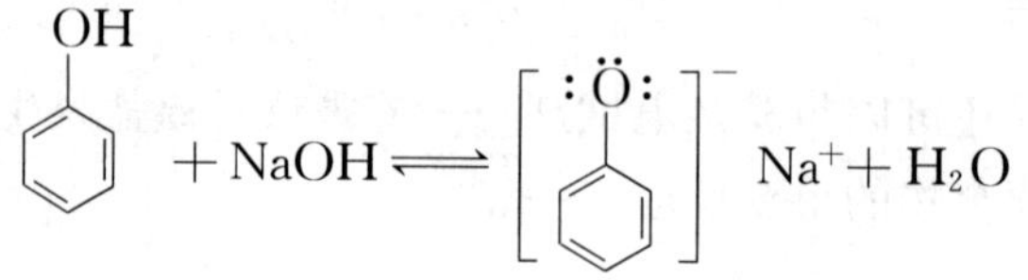

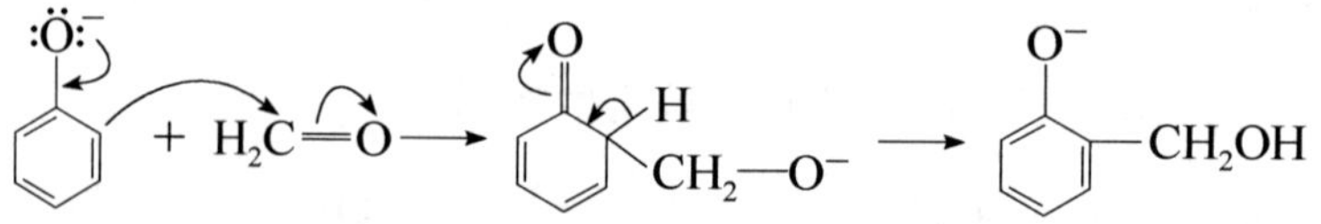

当醛过量时，生成含有羟甲基较多的 2,4-二羟甲基苯酚和 2,6-二羟甲基苯酚。

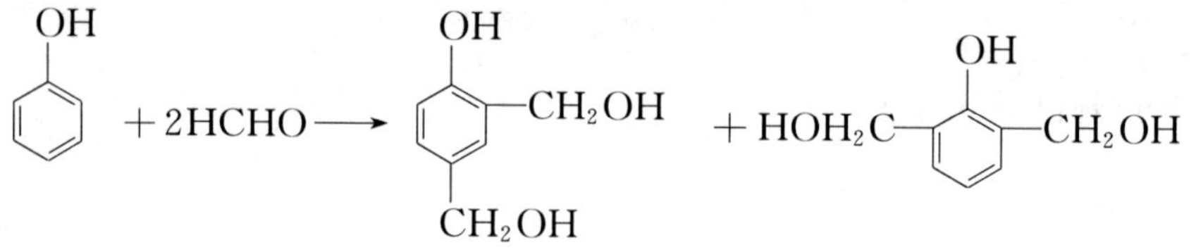

当酚过量时，可生成不含羟甲基的 4,4′-二羟基二苯甲烷和 2,2′-二羟甲基二苯甲烷。

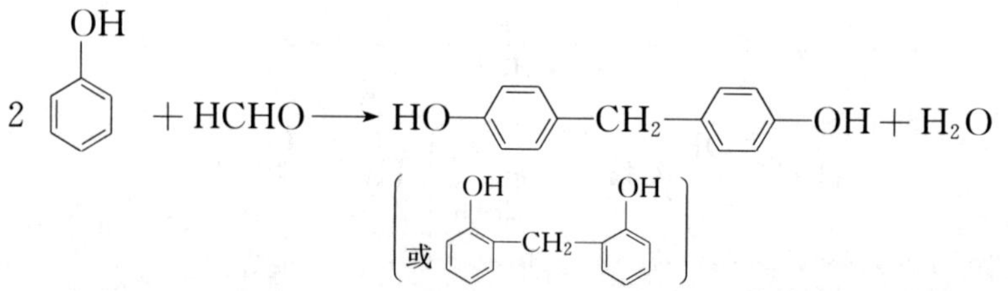

这些中间产物相互缩合并与甲醛、苯酚继续作用，就可得到线型或体型的缩聚（缩合聚合）物。这种树脂状的高分子物质叫做酚醛树脂。其他酚（如甲酚、二甲酚等）、醛（如乙醛、糠醛等）也可缩聚生成相似的酚醛树脂。

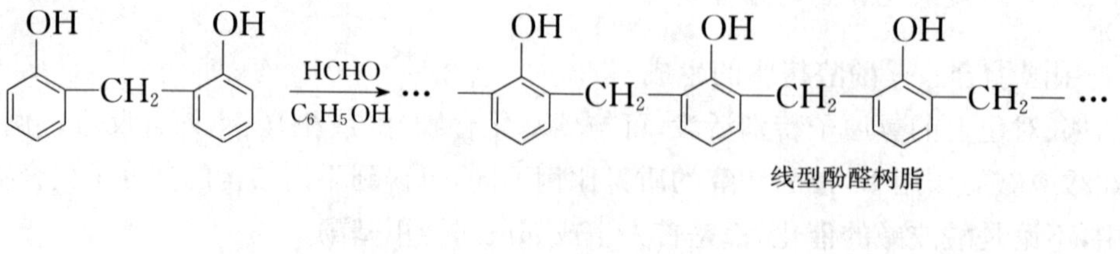

线型酚醛树脂

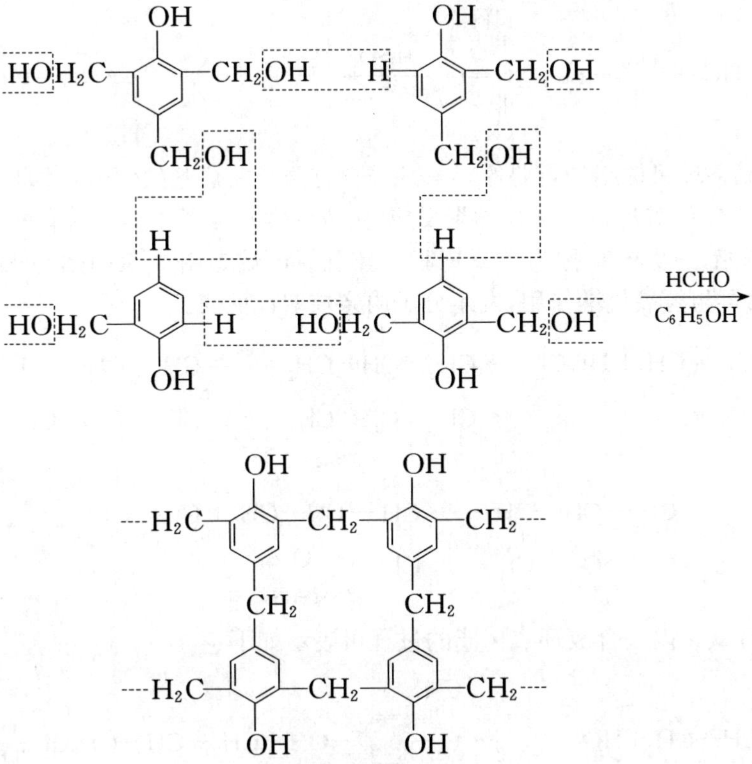

网状体型酚醛树脂

酚醛树脂的用途广泛,可用来作涂料、黏合剂及塑料等。酚醛塑料又称电木,广泛用于电绝缘器材及日用品的制造。由不同工艺制得的酚醛树脂具有不同的结构与性质,适合于不同的用途(图 8-2)。

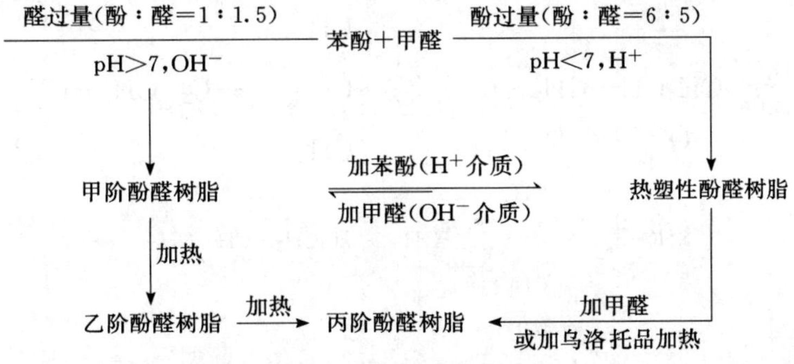

图 8-2　酚醛树脂的合成

在甲醛过量的情况下,甲醛和酚以 1:1.5 的比例缩合生成可溶、可熔、相对分子质量不太大的线型树脂,称为甲阶酚醛树脂(resol)。它可溶于乙醇、丙酮等有机溶剂。加热时线型高分子通过与甲醛进一步缩合,成为部分网状结构的高分子,是半熔性、冷时性脆、热之成弹性体的酚醛树脂,称为乙阶酚醛树脂(resitol)。它不能溶于乙醇,但能膨胀。再继续加热,则网状结构进一步发展成为不溶、不熔的酚醛树脂,称为丙阶酚醛树脂(resite)。

2) 与丙酮缩合——环氧树脂的生成

苯酚与丙酮缩合可生成 2,2-(4,4′-二羟基二苯基)丙烷,简称双酚 A 或二酚基丙烷。

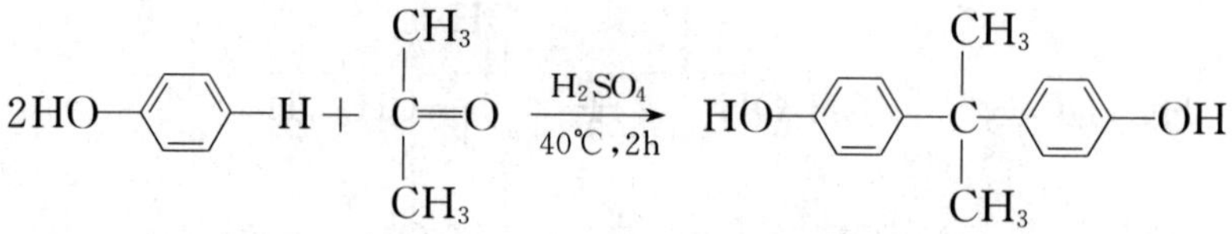

双酚 A 是制备环氧树脂的重要原料。凡是含有两个酚羟基的化合物(如双酚 A 或其他多元酚)都能与环氧氯丙烷进行一系列缩聚反应,生成一类在分子中至少含有两个以上环氧基的高分子热固性树脂,这类树脂称为环氧树脂。环氧氯丙烷是由 3-氯丙烯与 HOCl 作用,生成 1,3-二氯丙醇后再与氢氧化钠作用,发生分子内亲核取代而成。

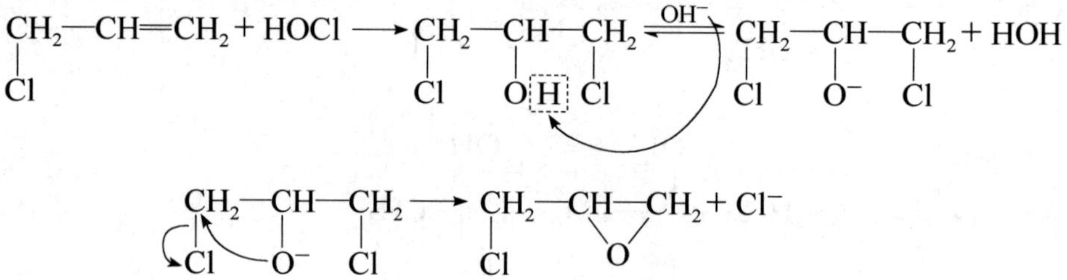

环氧氯丙烷

双酚 A 与环氧氯丙烷合成环氧树脂的过程可表示如下:

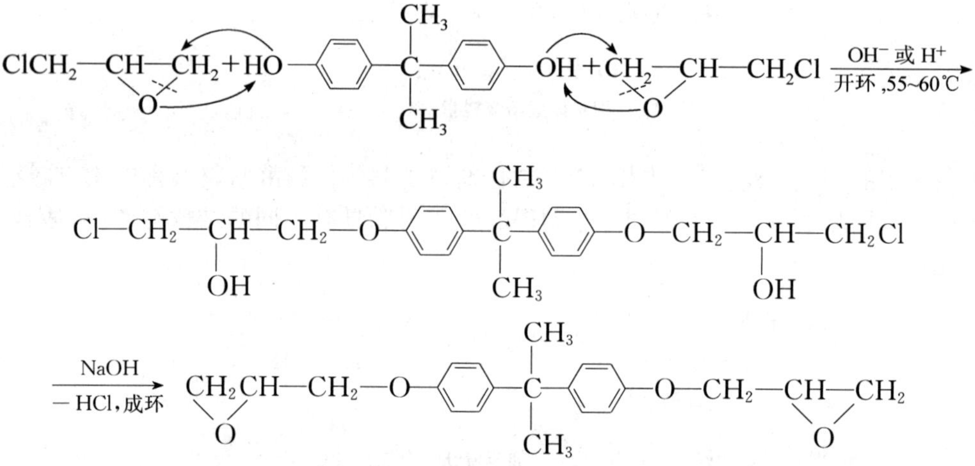

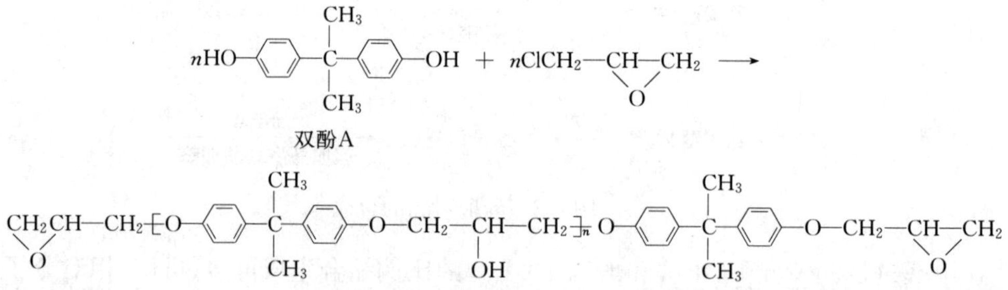

双酚A

式中:n(聚合度)为 5～12。根据用途需要可调节双酚 A 与环氧氯丙烷的物质的量比来控制产物的相对分子质量。

线型环氧树脂再加固化剂,就可生成体型网状结构。常用的固化剂有胺类、羧酸酐类(如二乙烯三胺、间苯二胺、顺丁烯二酸酐、邻苯二甲酸酐、均苯四酐等)和低相对分子质量聚酰胺。固化剂的作用是使环氧树脂链端两个活泼的环氧基的环氧键打开(开环),这样就可使线型分子交联而形成体型结构,如

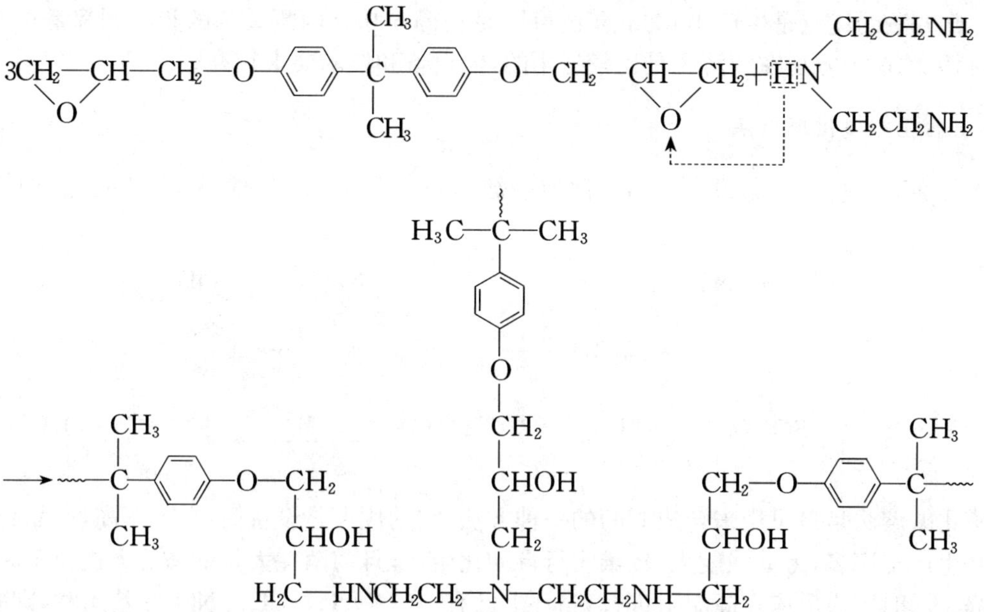

环氧树脂具有极强的黏结性，能极牢固地黏合各种材料，如金属、陶瓷、玻璃、木材等，俗称“万能胶”。

由于环氧树脂结构中有羟基、醚键和环氧基，因而具有很高的黏结力，固化时没有气泡产生，固化后收缩性小，机械强度高，电绝缘性能好，耐酸、耐碱、耐盐，加入玻璃纤维为填料制成的层压制品比酚醛、不饱和聚酯的相应层压材料的强度要高，接近于钢材的强度，故又称为“玻璃钢”。

8.3.3　酚的制法

从煤焦油分馏所得的酚油（180～210℃）、萘油（210～230℃）馏分中含有苯酚和甲苯酚 28%～40%，可先经碱、酸处理，再减压蒸馏而分离得到。但产量有限，已远远不能满足工业的需要，目前都用合成方法大量生产酚。

8.3.3.1　异丙苯氧化法

工业上目前大量生产苯酚的方法是以异丙苯在过氧化物或紫外线的催化下，使异丙苯被空气氧化生成氢过氧化异丙苯，后者在强酸或酸性离子交换树脂作用下分解，生成苯酚和丙酮。

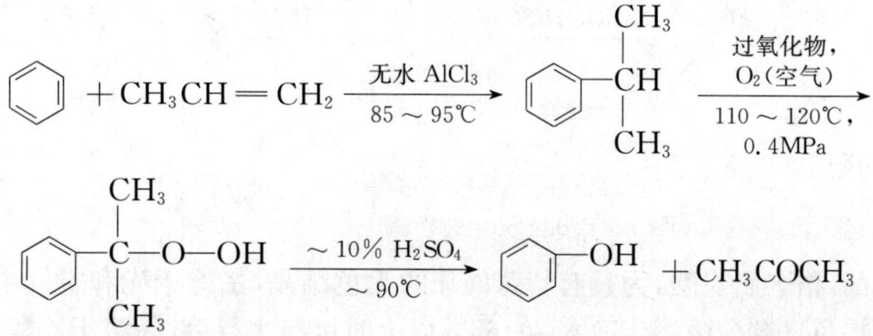

氧化反应一般在碱性条件（pH=8.8～10.5）和 1%乳化剂（硬脂酸钠或蓖麻酸钠）存在下

进行。此方法的优点是生产 1000kg 苯酚可同时获得 600kg 丙酮。苯酚和丙酮都是重要的工业原料，因此这个方法在经济上是比较适用的，但设备和技术要求较高。

8.3.3.2　磺化碱熔法

将芳磺酸钠盐与氢氧化钠共熔（称为碱熔）可以得到相应的酚钠，再经酸化，即得相应的酚。

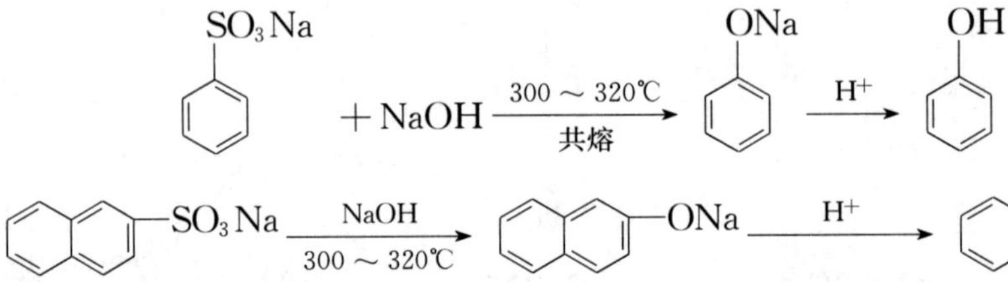

磺化碱熔法是最早用来合成苯酚的一种方法，它的优点是设备简单，产率高，产品纯度好。缺点是生产工序多，劳动强度大，较难实行自动化生产，且需消耗大量酸碱等无机化工原料，成本较高。同时因为反应在高温下进行，当环上已有—COOH、—Cl、—NO_2 等基团时，则副反应更多，所以此法的应用也有一定的限制。

8.3.3.3　从芳卤衍生物制备

连在芳环上的卤素原子很不活泼，很难水解，需要高温和高压。只有当卤原子的邻位或对位有强的吸电子基团时，水解反应才比较容易进行，如

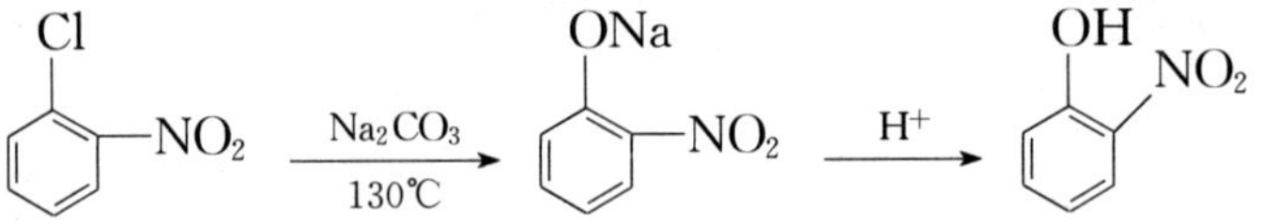

因此，由芳卤衍生物水解制酚的方法有一定的局限性，工业上常用此法生产取代苯酚。

8.3.3.4　从重氮盐制备

重氮盐在酸性条件下水解，可制备一些不能由芳磺酸盐碱熔而制得的酚类。如间溴苯酚不宜用间溴苯磺酸钠碱熔制取，因为溴原子也会在碱熔时水解。因此在有机合成上可用间溴苯胺经重氮化，水解而制得间溴苯酚。

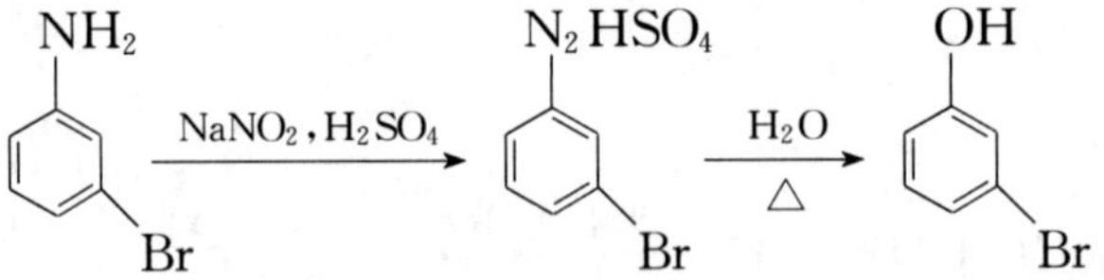

8.3.4　重要的酚

1）苯酚

苯酚简称酚，俗名石炭酸，为具有特殊气味的无色结晶，暴露于光和空气中易被氧化变为粉红色渐至深褐色。苯酚微溶于冷水，在 65℃以上时可与水混溶，易溶于乙醇、乙醚等有机溶剂（物理常数见表 8-3）。酚有毒性，可用作为防腐剂和消毒剂。在工业上，苯酚的用途很广，

是有机合成的重要原料，大量用于制造酚醛树脂以及其他高分子材料、药物、染料、炸药等。

2) 甲苯酚

甲苯酚简称甲酚，有邻、间、对位三种异构体，都存在于煤焦油中，由于它们的沸点相近(表 8-3)，不易分离。工业应用的往往是三种异构体未分离的粗甲酚。甲酚可由对甲基苯磺酸钠碱熔制备或由氯甲苯与氢氧化钠加压加热(300～320℃)制备。

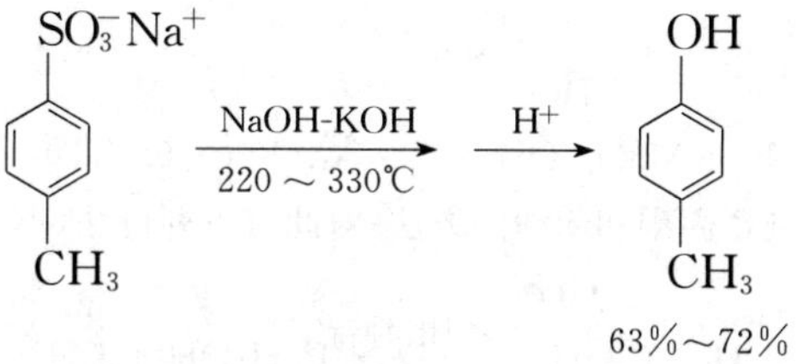

邻、对甲苯酚均为无色晶体，间甲苯酚为无色或淡黄色液体，有苯酚气味，是制备染料、炸药、农药、电木的原料。甲酚的杀菌力比苯酚大，可作木材、铁路枕木的防腐剂。医药上用作消毒剂，商品名“来苏尔”(lysol)消毒药水就是粗甲酚的肥皂溶液。

3) 对苯二酚

对苯二酚可由苯胺氧化成对苯醌，再经缓和还原剂还原而得。

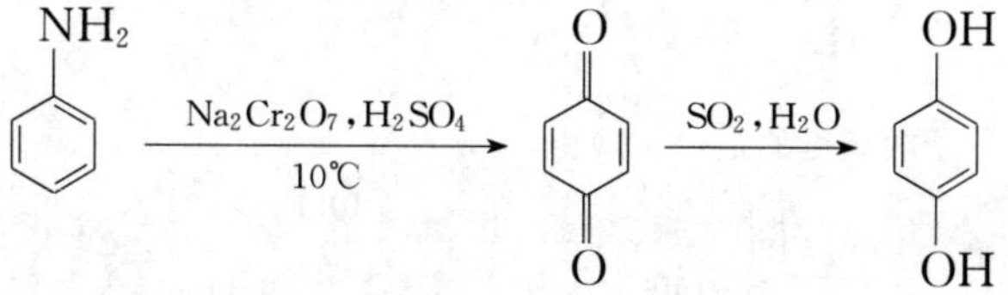

对苯二酚是无色固体，熔点 170℃，溶于水、乙醇、乙醚。对苯二酚极易氧化成醌。它是一种强还原剂，可用作显影剂，也可用作防止高分子单体聚合的阻抑剂。

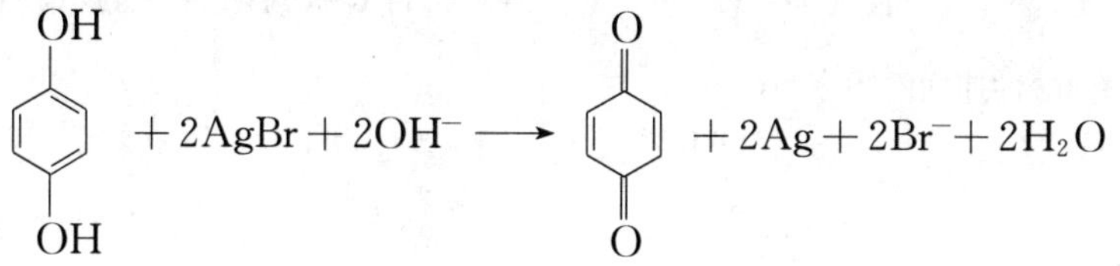

4) 萘酚

萘酚有 α-萘酚和 β-萘酚两种异构体，其中 β-萘酚较为重要。它们都是由相应的萘磺酸钠经碱熔而得。

α-萘酚为针状结晶，β-萘酚为片状结晶，能溶于醇、醚等有机溶剂，它们的物理常数见表 8-3。萘酚的化学性质与苯酚相似，都呈弱酸性，与 $FeCl_3$ 发生显色反应(α-萘酚呈紫色絮状沉淀，β-萘酚呈绿色)。萘酚易发生硝化、磺化等反应。萘酚的羟基比苯酚的羟基活泼，易生成醚和酯。萘酚广泛用于制备偶氮染料，是重要的染料中间体。β-萘酚还可用作杀菌剂、抗氧剂。

习 题

(一) 基础知识练习题

1. 单项选择题。

(1) 威廉姆森(Williamson)合成法可用来制备(　　)。

A. 醛　　B. 醚　　C. 酚　　D. 醇

(2) 下述的有机溶剂中，具有最大火灾危险的化合物是(　　)。

A. 乙醇　　B. 乙醚　　C. 四氯化碳　　D. 煤油

(3) 下列化合物与卢卡斯试剂反应最慢的是(　　)。

A. 烯丙醇　　B. 正丙醇　　C. 异丙醇　　D. 叔丁醇

(4) 完成下列反应所用氧化剂是(　　)。

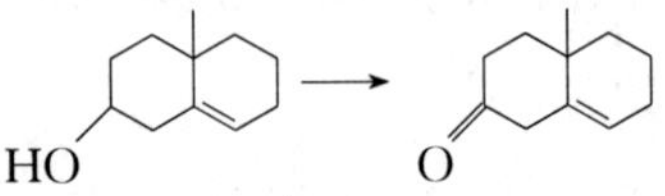

A. $KMnO_4/H^+$　　B. $KMnO_4/OH^-$　　C. $K_2Cr_2O_7/H^+$　　D. CrO_3/吡啶

(5) 下列反应为已工业化的制备丙酮和苯酚的方法，对此有下列说法，不正确的是(　　)。

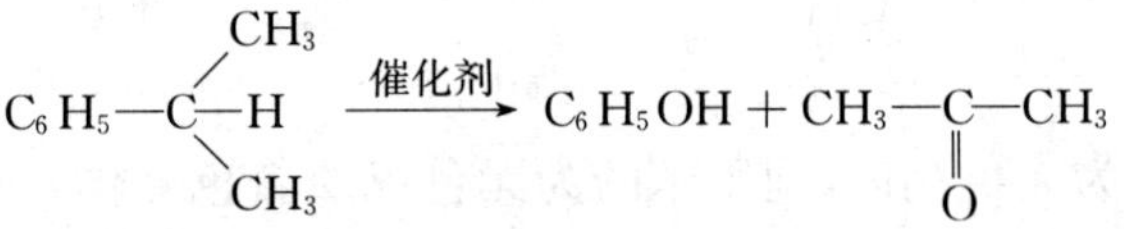

A. 绿色反应　　B. 原子经济反应　　C. 还原反应　　D. 氧化反应

(6) 下列化合物可溶于 $NaHCO_3$ 溶液中的是(　　)。

A. 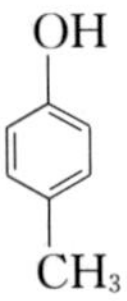

B. 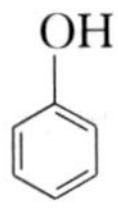

C. 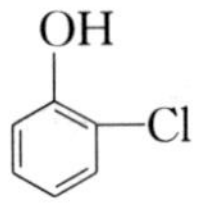

D. 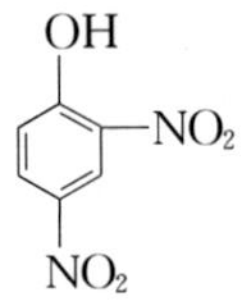

(7) 下列化合物能形成分子内氢键的是(　　)。

A. 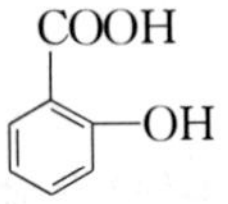

B. 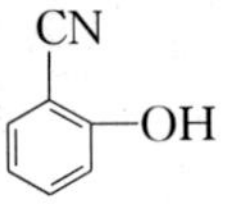

C. 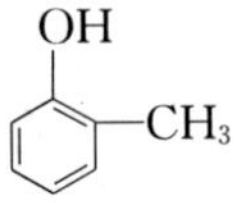

D. 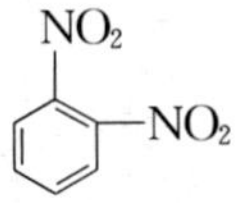

(8) 下列碳正离子不能发生重排的是(　　)。

A. $\overset{+}{C}H_2CH_2CH_3$　　B. 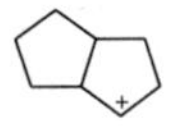　　C. $C_6H_5\overset{+}{C}HC_6H_5$　　D. $(CH_3)_3C\overset{+}{C}H_2$

(9) 下列化合物的酸性递增的顺序为(　　)。

① 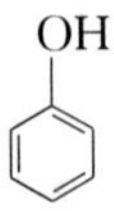

② 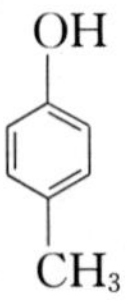

③ 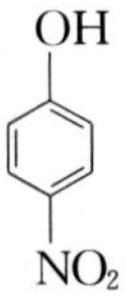

④ 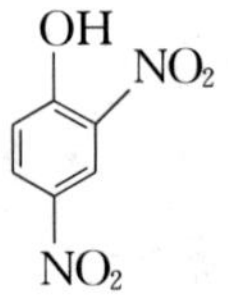

A. ①<②<③<④　　B. ②<①<③<④　　C. ④<③<②<①　　D. ④<③<①<②

(10) 下列化合物与卢卡斯试剂反应的相对速度递增的顺序为(　　)。

① 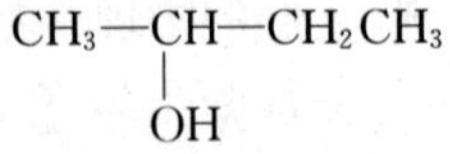

② 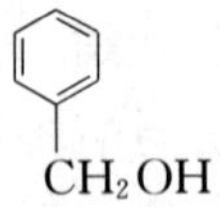

③ $CH_3CH_2CH_2CH_2OH$　　④ $(CH_3)_3COH$

A. ②<④<①<③　　B. ②<③<①<④　　C. ③<①<④<②　　D. ④<①<③<②

2. 判断题。

(1) 乙醇和甲醚是互变异构体。　　(　　)

(2) 异丙醇在五氯化磷作用下可变为丙烯。　　(　　)

(3) 苯甲醇、正丁醇、异丁醇、叔丁醇四种物质中与卢卡斯试剂反应最慢的是叔丁醇。　　(　　)

(4) 乙醇、苯、乙醚、环己烷四种物质中不能用金属钠干燥的化合物是苯。　　(　　)

(5) 卢卡斯试剂可鉴别伯、仲、叔醇。　　(　　)

(6) 凡是由烃基和羟基组成的有机物就是醇类。　　(　　)

(7) 环己烷中有乙醇杂质，可用水洗涤把乙醇除去。　　(　　)

(8) 乙二醇和乙醇都是含两个碳原子的醇，但前者比后者多含一个羟基，所以，乙二醇比乙醇水溶性大。　　(　　)

(9) 己烯中的少量乙醚杂质，可用冷的浓硫酸洗涤除去。　　(　　)

(10) 酚的羟基碳氧键较醇的羟基碳氧键牢固，所以很难直接脱水。酚醚一般用威廉姆逊合成法，即由酚钠和卤代烃作用合成。　　(　　)

3. 乙二醇及其甲醚的沸点随相对分子质量的增加而降低，试解释之。

CH_2OH—CH_2OH	CH_2OH—CH_2OCH_3	CH_2OCH_3—CH_2OCH_3
b. p. 197℃	b. p. 125℃	b. p. 84℃

4. 比较下列各化合物的酸性强弱。

(1) 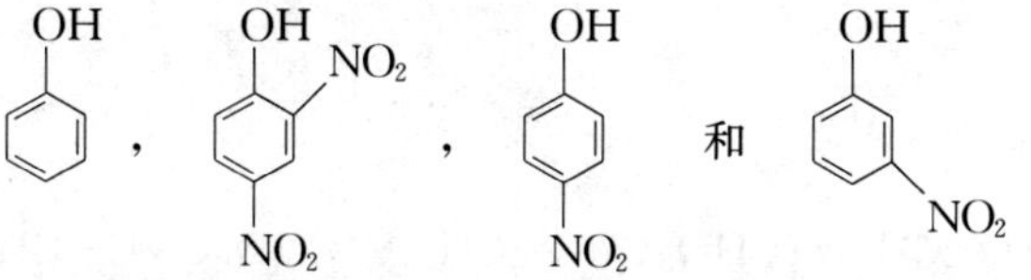

(2) 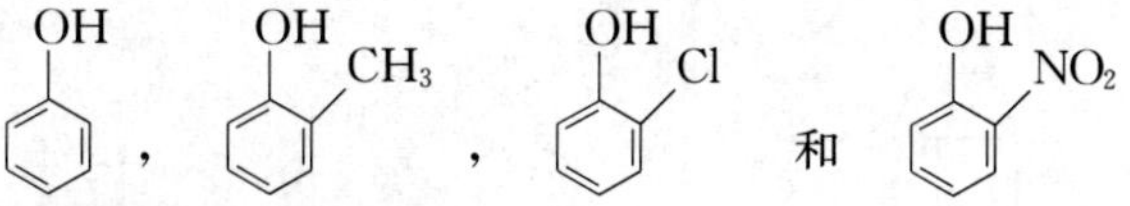

(二) 综合提高练习题

1. 区别下列各组化合物。

(1) $CH_2=CHCH_2OH$，$CH_3CH_2CH_2OH$ 和 $CH_3CH_2CH_2Cl$

(2) $CH_3CH_2CH(OH)CH_3$，$CH_3CH_2CH_2CH_2OH$ 和$(CH_3)_3COH$

(3) α-苯乙醇和 β-苯乙醇

(4) 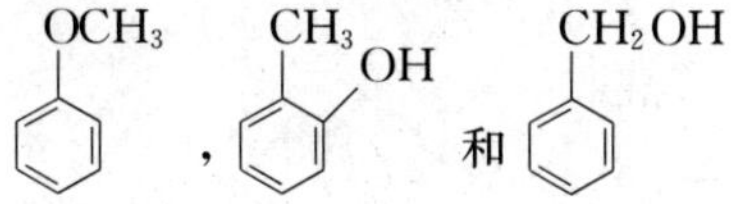

2. 完成下列反应。

(1) 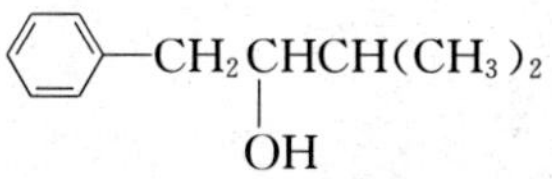 $\xrightarrow{H^+,\triangle}$ (　　)

(2) $(CH_3)_2C(OH)CH_2CH_2OH \xrightarrow{H_2SO_4,\triangle}$ (　　)

(3) 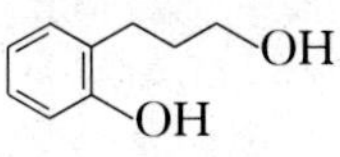 + HBr ⟶ (　　) $\xrightarrow[\triangle]{OH^-}$ (　　)

(4) 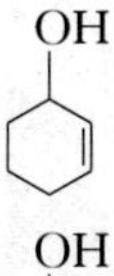 $\xrightarrow{CrO_3 \cdot 吡啶}$ (　　)

(5) 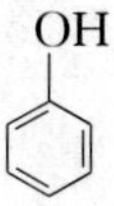 $\xrightarrow{3Br_2}$ (　　)

(6) 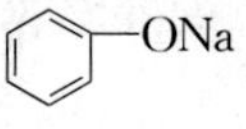 + CH_3I ⟶ (　　) $\xrightarrow{HI}$ (　　)

(7) 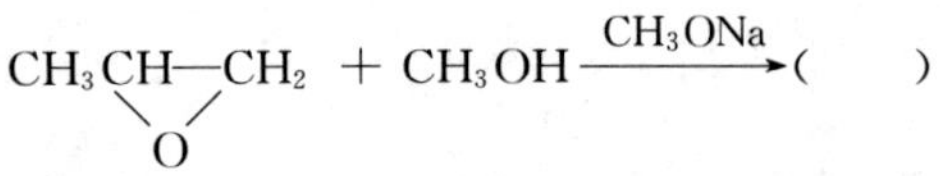

(8) 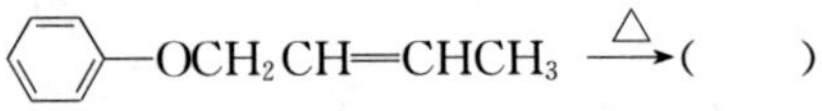

(9) 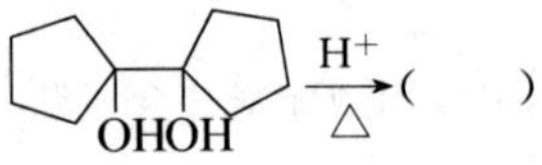

(10) $C_6H_5CH{=}CHCHO \xrightarrow{(\quad)} C_6H_5CH_2CH_2CH_2OH$

3. 分离下列各组化合物。

(1) 乙醚中混有少量乙醇

(2) 苯和苯酚

(3) 环己醇中含少量苯酚

(4) 苯甲醚和对甲苯酚

4. 用反应机理解释下列反应产物。

(1) 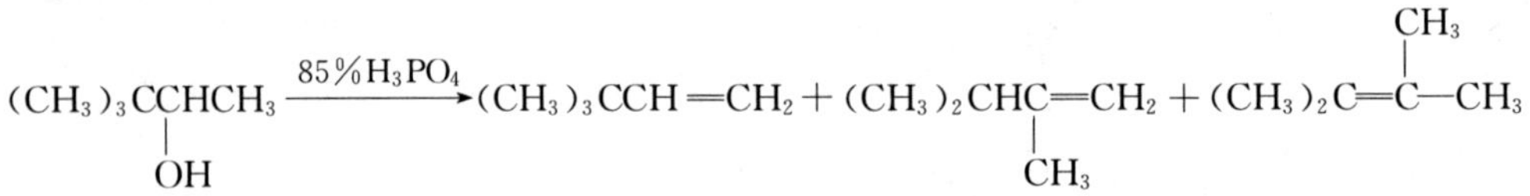

(2) 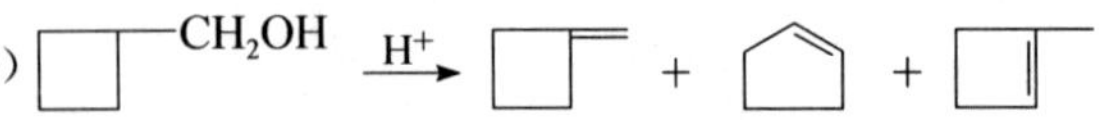

(3) 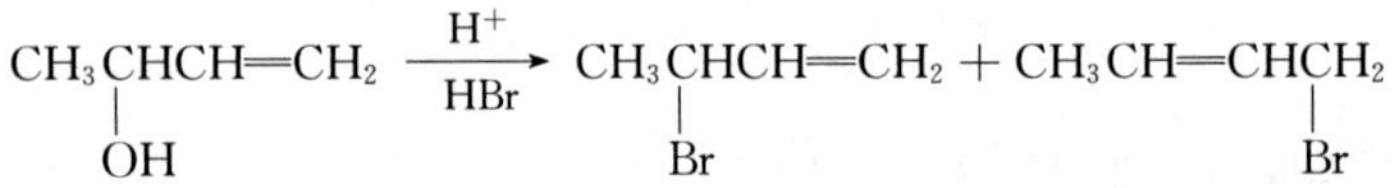

(4) 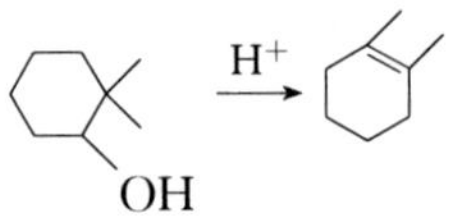

(5) 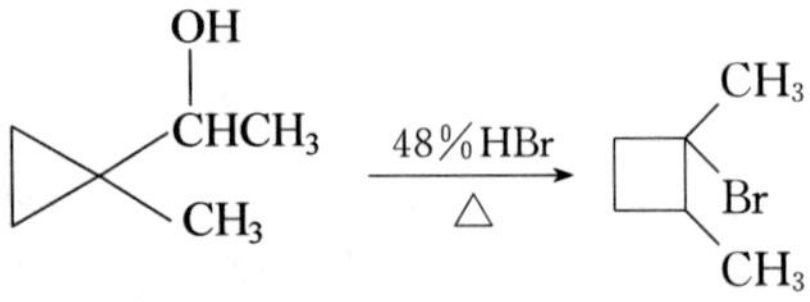

(6) 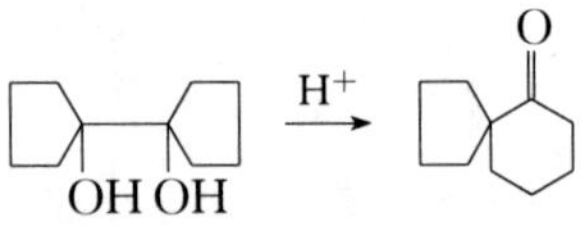

(7) 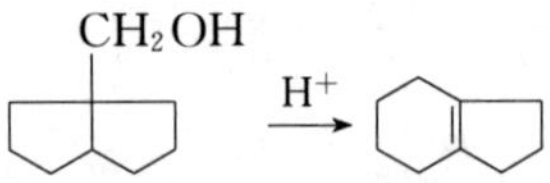

5. 用指定原料合成下列化合物(其他试剂任用)。

(1) $(CH_3)_3COH \longrightarrow (CH_3)_3CCH_2CH_2OH$

(2) 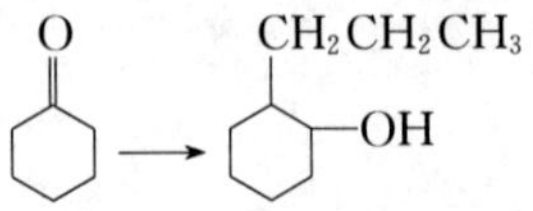

(3) 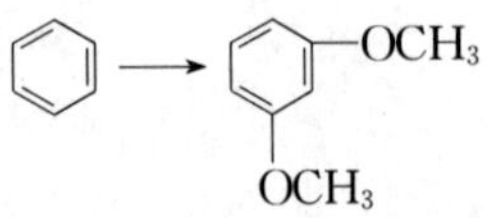

(4) 五个碳原子以下的有机物合成 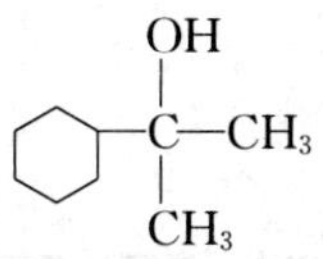

6. 推测结构。

(1) 某醇 $C_5H_{12}O$ 氧化后生成酮，脱水生成一种不饱和烃，将此烃氧化可生成酮和羧酸两种产物的混合物。试推测该醇的结构。

(2) 某化合物 A 的分子式为 $C_5H_{11}Br$，和 NaOH 水溶液共热后生成 $C_5H_{12}O$ 的化合物 B。B 具有旋光性，能和钠作用放出氢气，和浓硫酸共热生成化合物 C，分子式为 C_5H_{10}。C 经臭氧化和在还原剂存在下水解，则生成丙酮和乙醛。试推测 A～C 的结构，并写出各步反应式。

(3) 由化合物 A($C_6H_{13}Br$)所制得的格氏试剂与丙酮作用可生成 2,4-二甲基-3-乙基-2-戊醇。A 可发生消除反应生成两种互为异构体的产物 B 和 C。将 B 臭氧化后，再在还原剂存在下水解，则得到相同碳原子的醛 D 和酮 E。试写出各步反应式以及 A～E 的构造式。

(4) 某化合物的分子式为 $C_6H_{14}O$，常温下不与金属钠作用，和过量的浓氢碘酸共热时生成碘烷，此碘烷与氢氧化银作用则生成丙醇。试推测此化合物的结构，并写出反应式。

(5) 某芳香族化合物 A，分子式为 C_7H_8O，不与钠发生反应，但与浓 HI 作用生成 B 和 C 两个化合物，B 能溶于 NaOH，并与 $FeCl_3$ 作用呈紫色，C 能与 $AgNO_3$ 溶液作用，生成黄色碘化银。写出 A～C 的构造式。

第 9 章　醛、酮、醌

醛、酮、醌分子中都含有羰基。羰基碳原子上至少连有一个氢原子的化合物叫做醛，因此也常将—CHO 叫做醛基，醛基总是位于碳链的一端。羰基碳原子上同时连有两个烃基的化合物叫做酮，酮分子中羰基必然位于碳链中间。醌是一类特殊的环状 α、β-不饱和二酮。

酮分子中与羰基相连的两个烃基可以相同，也可以不同。相同的叫单酮，不同的叫混酮。

醛和酮可以根据与羰基相连的烃基不同分为脂肪族醛酮、芳香族醛酮和脂环族醛酮；根据烃基是否饱和分为饱和醛酮和不饱和醛酮；还可以根据分子中所含羰基数目分为一元醛酮、二元醛酮和多元醛酮。

9.1　醛、酮

9.1.1　醛、酮的物理性质

室温下除甲醛是气体外，其他 12 个碳原子以下的醛、酮都是液体，更高级的醛、酮是固体。低级醛带有刺鼻的气味，但中级醛(C_8～C_{13})则有果香味，常用于香料工业。

醛、酮的沸点比相对分子质量相近的醇要低得多，因为醛、酮本身分子间不能形成氢键，没有缔合现象，但是由于羰基是极性基团，分子之间偶极的静电引力较大，因此醛、酮的沸点一般比相对分子质量相近的烷烃和醚都高(表 9-1)。

表 9-1　相近相对分子质量的醇、醛、烷的沸点比较

物质	相对分子质量	沸点/℃
甲醇	32	64.7
甲醛	30	−21
乙烷	30	−88.6

但这种沸点上的差距随着分子中碳原子数目的增加而逐渐减小。

醛、酮分子中的羰基可以与水分子形成氢键。低级醛、酮能溶于水，随着分子中碳原子数的增加，其在水中的溶解度逐渐降低，六个碳原子以上的醛、酮不溶于水而溶于有机溶剂中。脂肪族醛、酮的相对密度小于 1，芳香族醛、酮的相对密度大于 1。

常见醛、酮的物理常数见表 9-2。

表 9-2　常见醛、酮的物理常数

名称	构造式	熔点/℃	沸点/℃
甲醛	HCHO	−92	−21
乙醛	CH_3CHO	−121	208
2-丁烯醛(巴豆醛)	$CH_3CH{=}CHCHO$	−76.5	104.0
苯甲醛	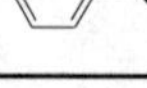—CHO	−26	178.1

续表

名称	构造式	熔点/℃	沸点/℃
2-苯基丙醛	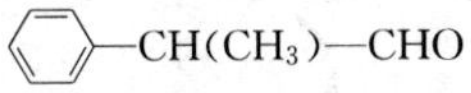		202.5
邻羟基苯甲醛(水杨醛)	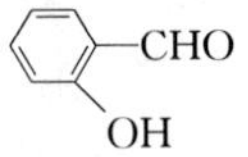	−7	197
丙酮	CH_3COCH_3	−94.8	56.1
2-戊酮	$CH_3CH_2CH_2COCH_3$	−77.8	101.7
乙烯酮	$CH_2{=}C{=}O$	−151	−56
环己酮	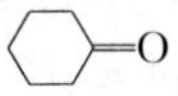	−16.4	155.7
苯乙酮	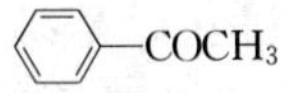	20.5	202.0
2,3-戊二酮(α-戊二酮)	$CH_3CH_2CO{-}COCH_3$		108
2,4-戊二酮(β-戊二酮)	$CH_3COCH_2COCH_3$	−23	139(99458Pa)
3-苯基丙烯醛	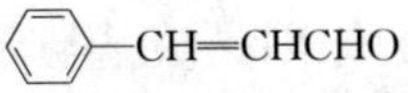	−7.5	253

9.1.2　醛、酮的化学性质

醛、酮的化学反应一般可描述如下：

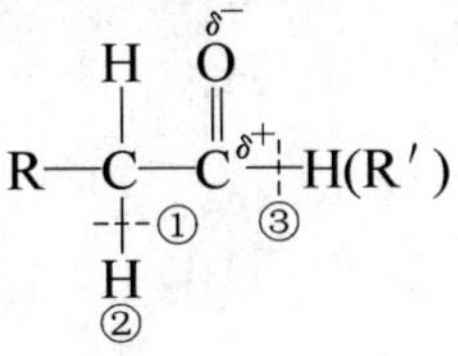

① 羰基的亲核加成反应

② α-氢的反应

③ 醛、酮的氧化、还原反应

9.1.2.1　亲核加成反应

1）羰基亲核加成反应的历程及影响因素

羰基是一个不饱和基团，容易发生加成反应。它与碳碳双键一样，也是由一个 σ 键和一个 π 键组成。但由于羰基氧原子的电负性比碳原子大，电子云不是对称地分布在碳和氧之间，氧原子上电子云密度较高，而碳原子上的电子云密度较低，氧原子上带有部分负电荷，碳原子上带有部分正电荷。从羰基的偶极矩数值进一步证明羰基是极化的，因此羰基具有两个反应中心。从碳原子上表现出正电中心，而氧原子表现出负电中心。带部分正电荷的碳与带部分负电荷的氧相比，前者要活泼得多。因此羰基碳容易受带负电荷或有未共用电子对的亲核试剂进攻而发生加成反应。由亲核试剂进攻引起的加成反应叫亲核加成(nucleophilic addition)反应。亲核加成反应分两步进行：第一步是亲核试剂(:Nu)从羰基平面的一侧进攻缺电子的羰基碳，碳-氧 π 键打开，一对 π 电子转向氧，羰基碳从 sp^2 杂化变为 sp^3 杂化，由原来的平面三角构型变为四面体构型。经历该过渡状态之后，生成一氧负离子中间体。这一步涉及 π 键的断裂和 σ 键的形成，反应速率较慢，是决定反应速率的一步。

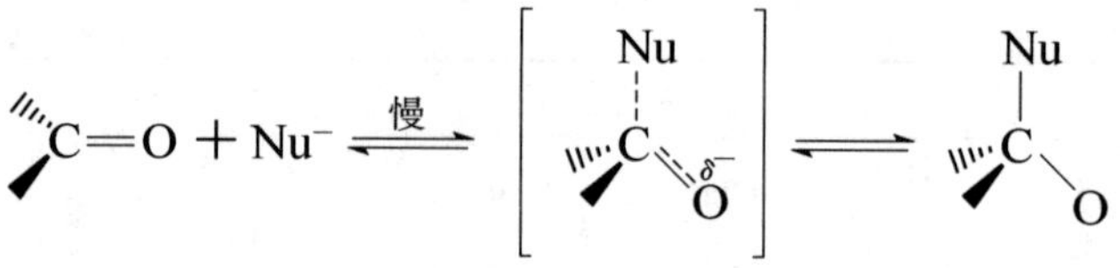

第二步是亲电试剂(E^+)和氧负离子结合,生成产物。

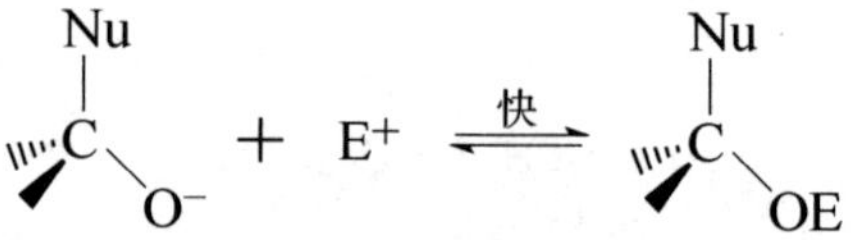

亲核加成反应的难易不仅与试剂的亲核性大小有关,也与羰基碳原子的亲电性强弱以及空间效应等因素有关。当羰基碳上连有供电性的烃基时,羰基碳原子的正电性降低,不利于亲核试剂的进攻,因而加成反应的速率放慢。但是,烃基结构的立体因素对羰基活性的影响更大。在加成反应过程中,羰基碳原子由原来 sp^2 杂化的平面三角结构变成了 sp^3 杂化的四面体结构。因此当碳原子上所连基团体积比较大时,不利于亲核试剂对羰基碳的进攻,同时,加成后基团之间比原来拥挤,产生立体障碍,使反应生成的氧负离子中间体不稳定,反应不易进行。芳香族羰基化合物进行亲核加成反应困难的原因是羰基与芳环共轭;同时芳环有较大的体积,能产生空间效应。以下列化合物为例,醛、酮的加成反应活性一般由易到难的顺序为

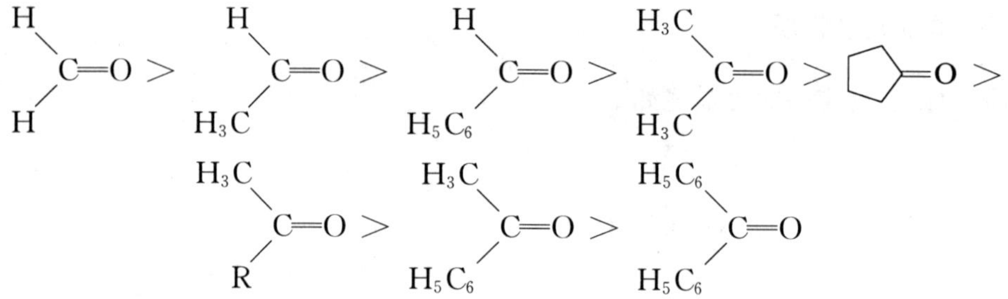

2）重要的亲核加成反应

(1) 加氰化氢。醛、脂肪族甲基酮和含 8 个碳以下的脂环酮都可以加氰化氢,生成氰醇(α-羟基腈)。

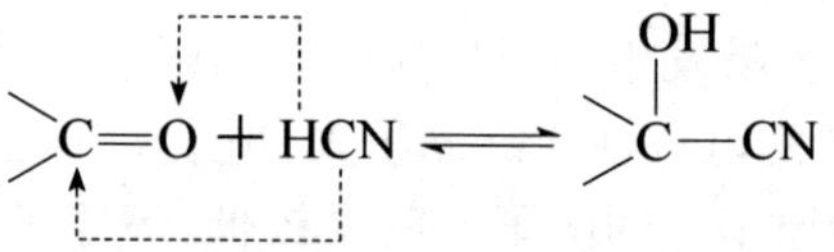

α-羟基腈

实验证明碱对这个反应的影响很大。例如,丙酮和氰化氢作用,不加任何催化剂,3～4h 内只有 50%的丙酮反应;当加入一滴氢氧化钠溶液,反应在 2min 内完成。加入酸,反应速率减慢;加入较多的酸,放置几个星期也不发生反应。因为氢氰酸是弱酸,酸或碱的存在将直接影响它的电离平衡。

$$HCN \underset{H^+}{\overset{OH^-}{\rightleftharpoons}} H^+ + CN^-$$

加入碱,平衡向右移动,CN^- 的浓度增加;加入酸,平衡向左移动,CN^- 的浓度降低。这些事实说明在丙酮与氰化氢的反应中起决定作用的是 CN^- 本身的性质和浓度。

醛、酮加氰化氢的反应是可逆的，亲核试剂是 CN^-，其历程可以表示如下：

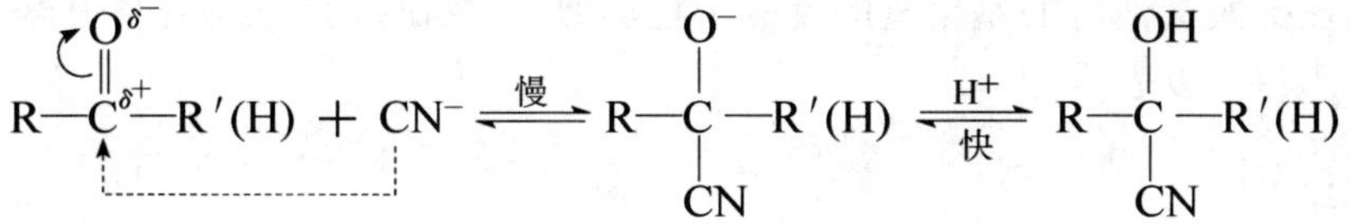

反应分两步进行：第一步是 CN^- 进攻羰基碳，生成氧负离子中间体，该反应步骤是慢步骤，也是决定速率的步骤。第二步是氧负离子中间体和质子结合，形成氰醇，该反应步骤是快步骤。

醛、酮和氰化氢直接加成反应的产率较好，但是氰化氢有剧毒，且易挥发（沸点 26.5℃），使用不安全。为了避免反应中直接使用氰化氢，一般采用醛或酮与氰化钾（钠）的水溶液混合，然后加入无机酸，使氰化氢一旦生成立即和醛或酮作用。但在加酸时应控制溶液的 pH，使之始终偏于碱性（pH≈8），以利于反应的进行。

醛、酮加氰化氢在有机合成中很有实用价值，是增长碳链的一种方法；此外加成物含有双官能团，是一类较活泼的化合物，可进一步转化为多种其他化合物，如

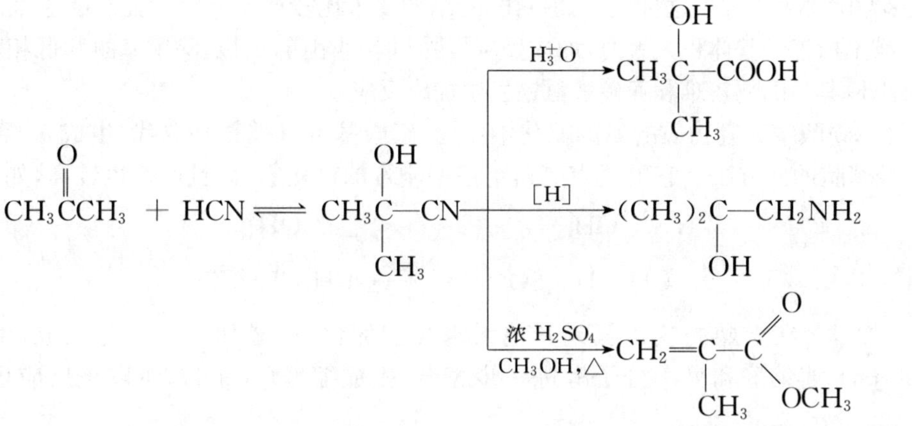

α-甲基丙烯酸甲酯（90%）

α-甲基丙烯酸甲酯是合成有机玻璃——聚 α-甲基丙烯酸甲酯的单体。

（2）加亚硫酸氢钠。大多数醛、脂肪族甲基酮和 8 个碳以下的脂环酮与亚硫酸氢钠饱和溶液（40%）加成，生成白色的 α-羟基磺酸钠晶体。

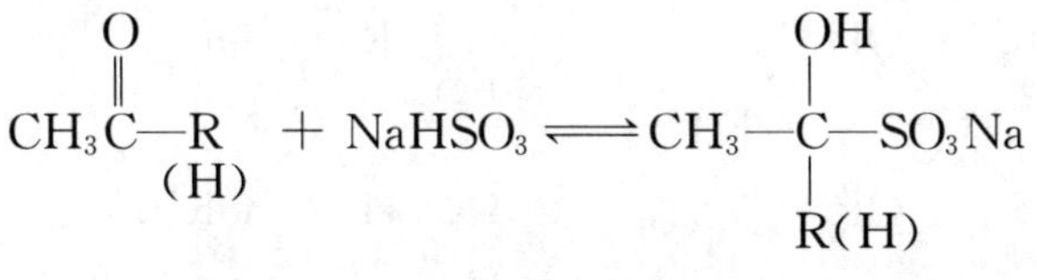

α-羟基磺酸钠易溶于水，不溶于醚或饱和亚硫酸氢钠溶液，所以常用该反应定性地鉴别某些醛、酮，因为反应是可逆的，若向羟基磺酸钠溶液中加入酸或碱，共热后又可以得到原来的醛、酮。

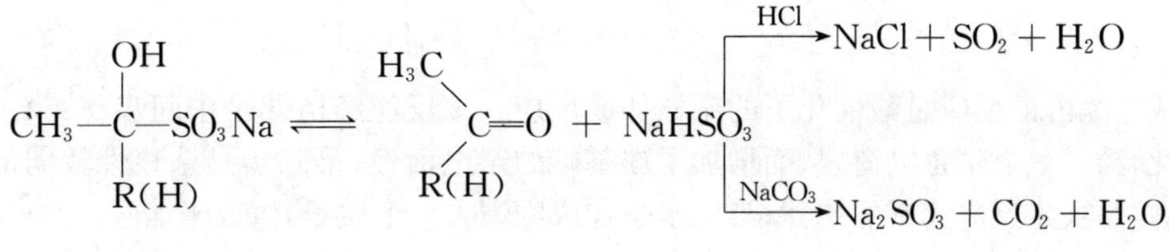

所以，利用该反应还可以分离或提纯某些醛、酮。

醛、酮加亚硫酸氢钠与加氰化氢的反应历程类似，亲核试剂是亚硫酸氢根离子中带有孤电子对的硫，其历程可以表示如下：

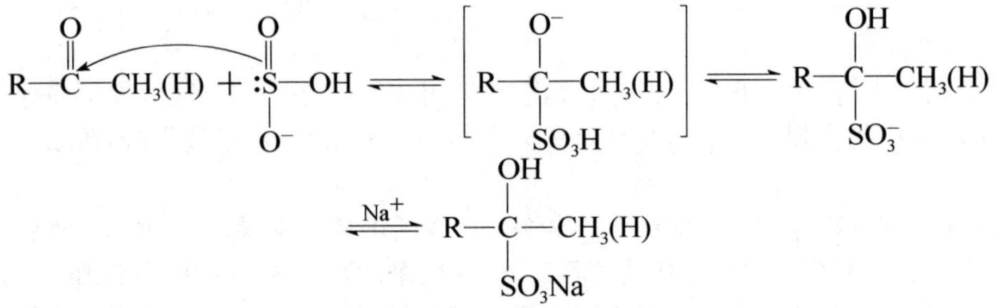

这种加成反应是可逆的，最初形成的中间体分子内含一个强酸性基团($-SO_3H$)和一个强碱性基团$\left(-\overset{\backslash}{\underset{/}{C}}-O^-\right)$，分子内的酸碱反应生成 α-羟基磺酸钠。

大多数醛都可以发生这种反应，但对酮的结构要求比较严格。因为亚硫酸氢根的体积比较大，羰基碳上所连烃基体积太大时，加成反应将受到空间阻碍，所以，除甲基酮和低相对分子质量的脂环酮外，其他的酮较难和亚硫酸氢钠发生加成反应。

α-羟基磺酸钠和等物质的量的氰化钠作用，磺酸基可以被氰基取代，生成 α-羟基腈，这是制备 α-羟基腈的好方法。它的优点是避免使用剧毒的氰化氢，而且产率也较高，如

$$CH_3\underset{}{\overset{OH}{\overset{|}{C}H}}-SO_3Na \xrightarrow{NaCN} CH_3\overset{OH}{\overset{|}{C}H}-CN$$

(3) 加醇。在干燥的氯化氢或其他无水强酸催化下，醛和一分子醇加成，生成半缩醛(hemiacetal)，半缩醛和另一分子醇进一步缩合，生成缩醛(acetal)，所以该反应也叫缩醛化反应。

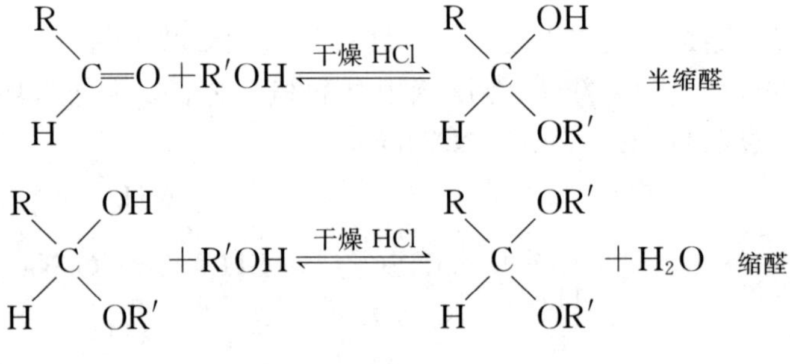

如

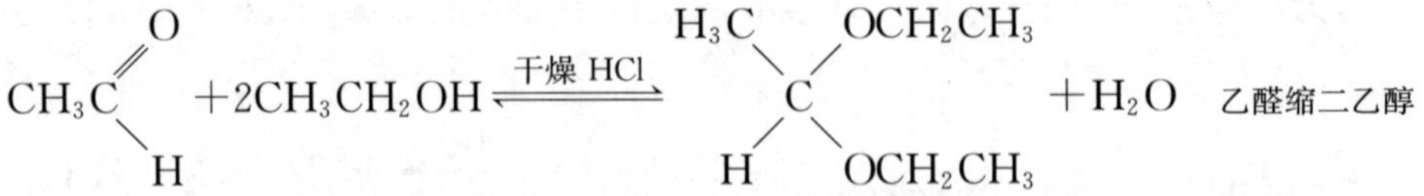

生成半缩醛的反应是酸催化下的亲核加成反应。该反应经历几个中间步骤：第一步是羰基质子化，羰基氧上带正电荷，从而增加了羰基碳的亲电活性；第二步是亲核性较弱的醇进攻羰基碳，这是决定反应速率的步骤；第三步是加成物失去一个质子，生成半缩醛。

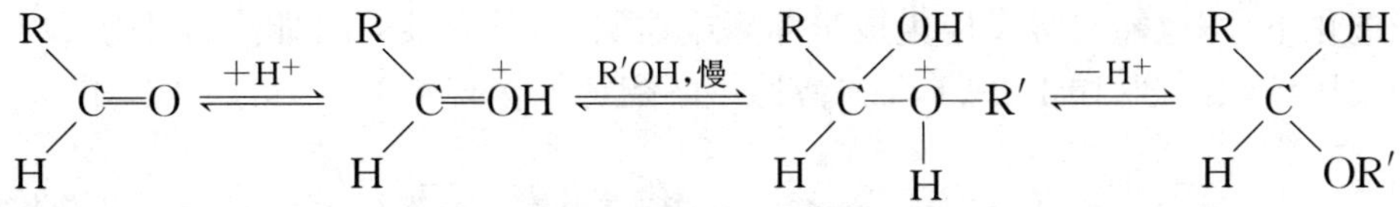

半缩醛分子中有两个负性官能团连接在同一个碳原子上，一个是烷氧基，一个是羟基。通常半缩醛的羟基是很活泼的，它很容易和醇作用失去一分子水，得到缩醛。

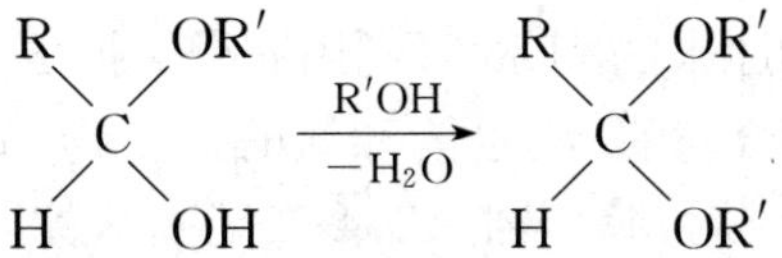

简单的半缩醛一般不稳定，不易分离，而缩醛是稳定的，可以分离出来。从结构上看，缩醛是同碳二元醇的双醚，性质与醚相似，它对碱、氧化剂和还原剂都比较稳定。但是，因为缩醛化反应是可逆的，所以在酸存在下缩醛可以水解成原来的醛和醇。缩醛化反应在有机合成上常用于保护醛基。在反应中为了避免醛基被氧化、被还原或被碱性试剂破坏，通常先将醛基用缩醛保护起来，然后进行所需的反应，待反应完成后再用酸将缩醛分解，重新恢复原来的醛基。例如，从丙烯醛制2,3-二羟基丙醛：

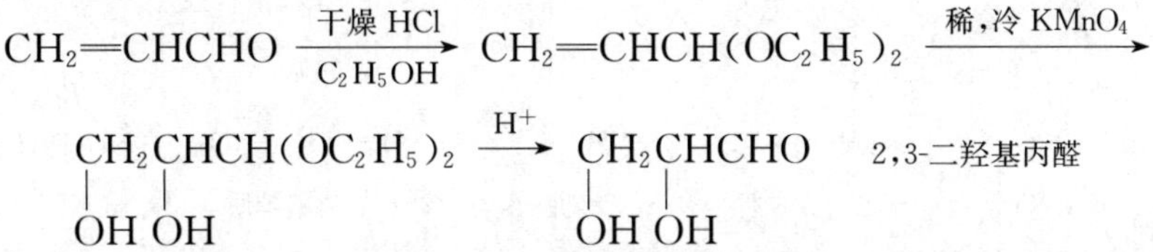

2,3-二羟基丙醛

当在醛的 γ-或 δ-碳上有羟基时，可以进行分子内的缩醛化反应，形成五元或六元的环状半缩醛，这种半缩醛是稳定的，如

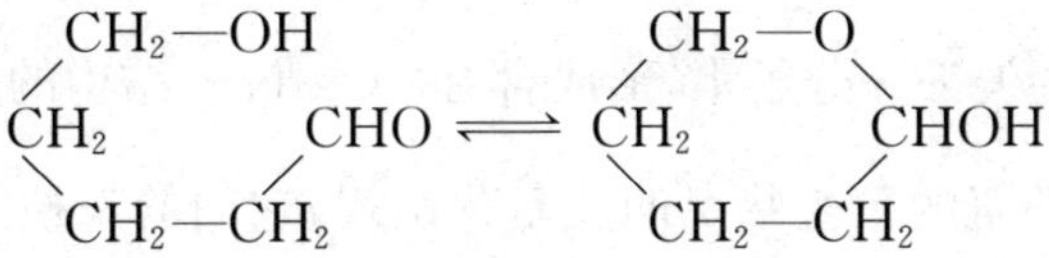

环状半缩醛在糖类化学中很重要，因为葡萄糖等糖类化合物分子中的 γ-或 δ-羟基容易和羰基发生缩合，形成环状半缩醛。

二元醇和醛也能发生缩醛化反应生成环状缩醛。

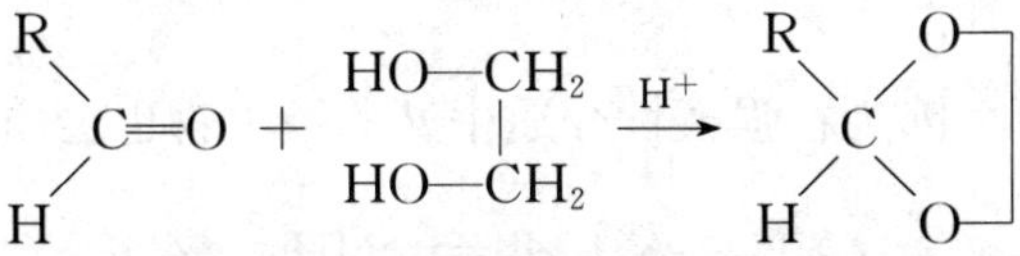

由于能形成稳定的五元环，因此此缩醛更容易生成，该反应已应用于工业生产中，例如，在制造纤维“维尼纶”时就用甲醛与聚乙烯醇进行缩醛化反应。分子中包含有多个亲水的羟基，不能作为合成纤维使用，为了提高其耐水性，在酸催化下用甲醛使它部分缩醛化，便得到性能优良的合成纤维，商品名称为维纶(维尼纶)。

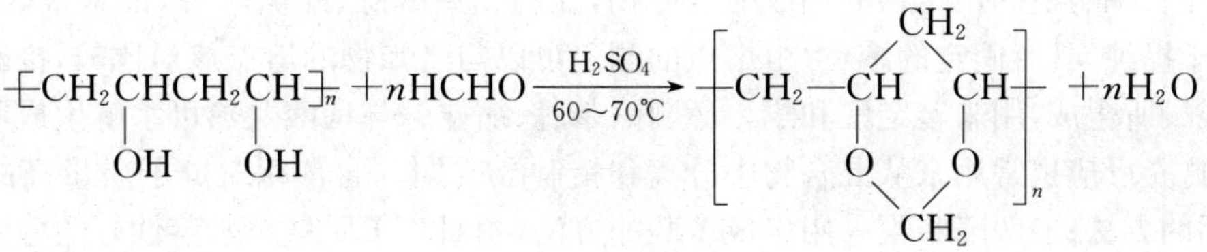

在酸催化下，酮也能与醇反应生成半缩酮或缩酮，但反应较为困难。如果把反应生成的水不断除去或用特殊试剂（如1,2-、1,3-二醇原甲酸酯等），将有利于缩酮的生成，如

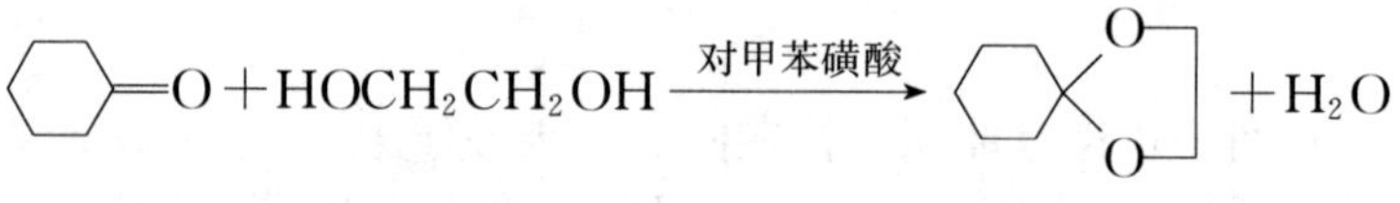

80%～85%

缩酮也可以被稀酸水解为原来的酮，故可利用缩酮保护酮基。

（4）与氨的衍生物加成缩合。醛、酮也能和氨的衍生物，如羟氨、肼、苯肼、2,4-二硝基苯肼以及氨基脲等反应，分别生成肟、腙、苯腙、2,4-二硝基苯腙以及缩氨脲等，其反应可用通式表示如下：

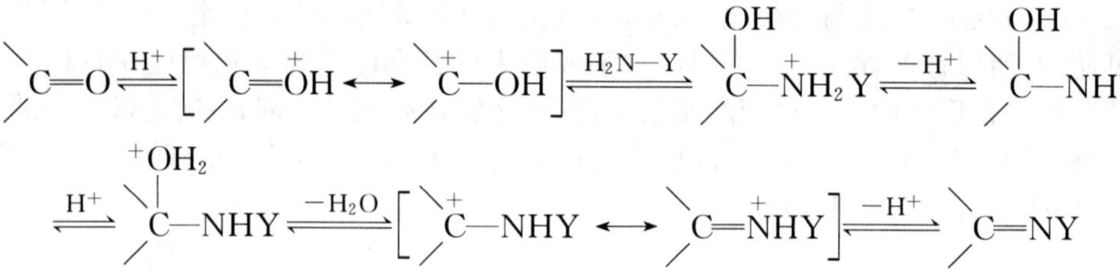

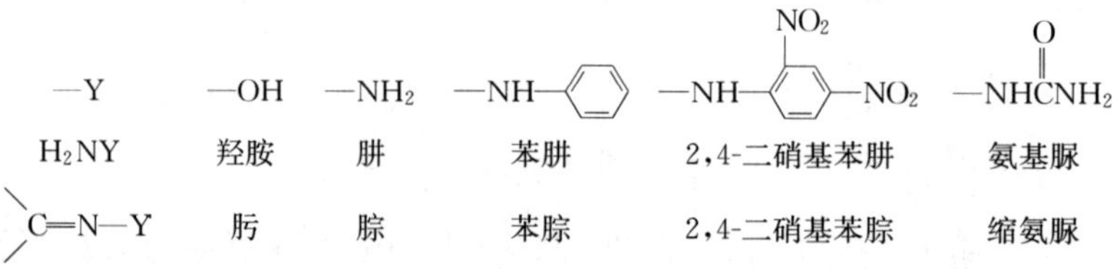

反应分两步完成，首先氮原子上的孤电子对作为亲核试剂与羰基进行亲核加成，生成加成中间产物。然后加成产物失去一分子水，形成含有 $\gt C{=}N{-}$ 结构的化合物。

在这些反应中所用的氨的衍生物又叫羰基化试剂，它们的亲核能力比 CN^- 弱，反应常常需要酸催化。酸的作用是使羰基质子化，增加了羰基碳的亲电能力，使其有利于亲核试剂的攻击。

$$\gt C{=}O + H^+ \rightleftharpoons \gt C{=}\overset{+}{O}H$$

但是，反应不能用强酸催化，因为在强酸性介质中氨的衍生物也会质子化，生成铵离子。

$$NH_2{-}Y + H^+ \rightleftharpoons \overset{+}{N}H_3{-}Y$$

铵离子因缺乏未共用电子对而丧失了亲核能力，因此，常常需要把反应介质调节到一个适当的pH。在这个pH时，既能保证羰基达到足够的质子化，又能保证游离碱（未质子化的氨衍生物）的足够浓度。

许多醛、酮与氨的衍生物的加成缩合产物，如肟、腙、苯腙、缩氨脲等，都是很好的结晶，收率高，易于提纯，具有固定的熔点，由熔点的测定可以与已知物的熔点核对比较，推断它们是由何种醛或酮所生成，用来鉴定醛和酮。肟、腙、苯腙、缩氨脲与稀酸共热可水解生成原来的醛和酮，因此这一反应也常用来从混合物中分离和精制醛或酮。通常相对分子质量高的醛和酮采用生成肟的方法；一般醛和酮采用生成苯腙的方法；相对分子质量小水溶性好的醛和酮采用生

成 2,4-二硝基苯腙的方法。这主要是根据它们的溶解度和熔点来抉择。

醛、酮与氨的反应一般比较困难,但甲醛与氨反应较容易,但生成的亚胺类似物($H_2C{=}NH$)不稳定,能很快聚合生成六亚甲基四胺,俗称乌洛托品,可被用作有机合成中的氨化试剂,也可用作酚醛树脂的固化剂及消毒剂等。

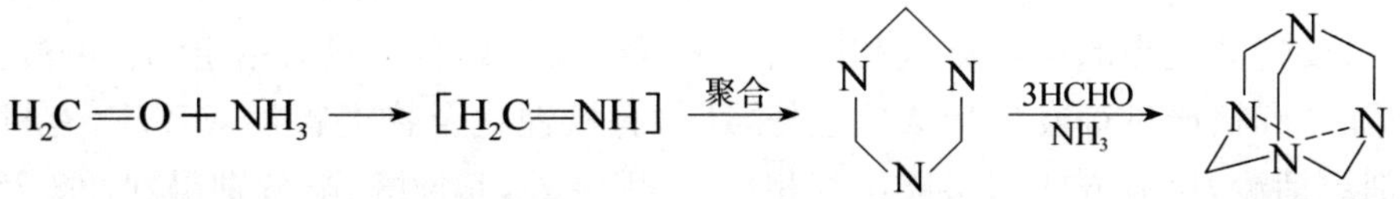

六亚甲基四胺

伯胺和醛、酮反应,生成的取代亚胺叫席夫(Schiff)碱。

食品和发酵制品在加工储存过程中发生的非酶褐变,它的初始阶段就是醛糖或酮糖的羰基和氨基酸中的氨基反应,生成席夫碱。

脂肪族取代亚胺一般不太稳定,而芳香族取代亚胺则是比较稳定的化合物,可以分离出来,如

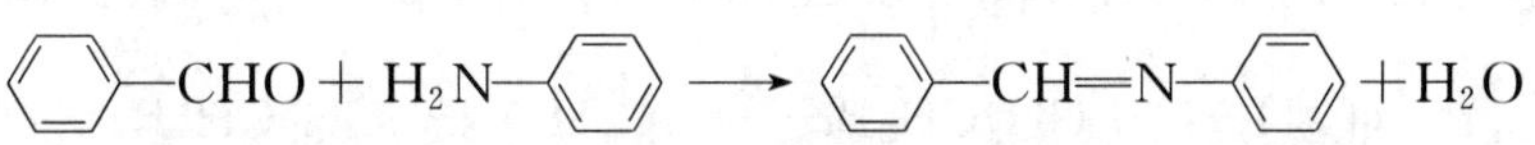

苯亚甲基苯胺(84%～87%)

取代亚胺是有用的合成反应中间体,经过催化氢化可以还原为仲胺。

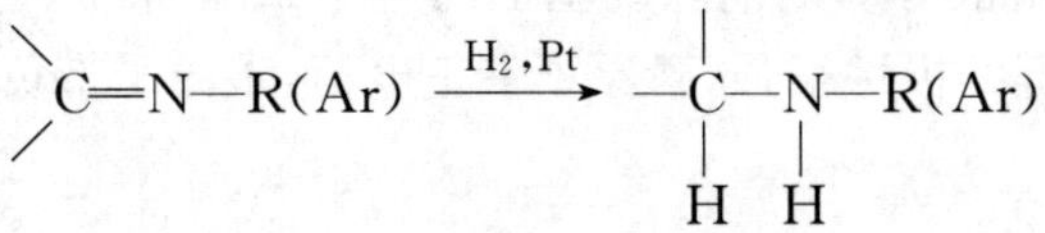

仲胺和醛、酮反应,加成物采取另一种脱水方式,即脱去 β-碳原子上的氢,生成烯胺(enamine)。

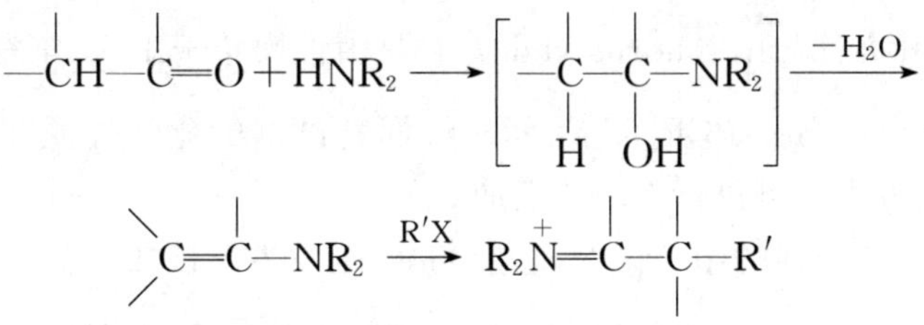

烯胺的结构和烯醇很相似,两者在性质上也有类似之处。

叔胺一般不和醛、酮发生类似的反应。

(5) 与格氏试剂加成。格氏试剂是一种极性颇大的金属有机化合物。它能和醛、酮进行亲核加成反应,加成产物不需分离,直接酸性水解得醇。

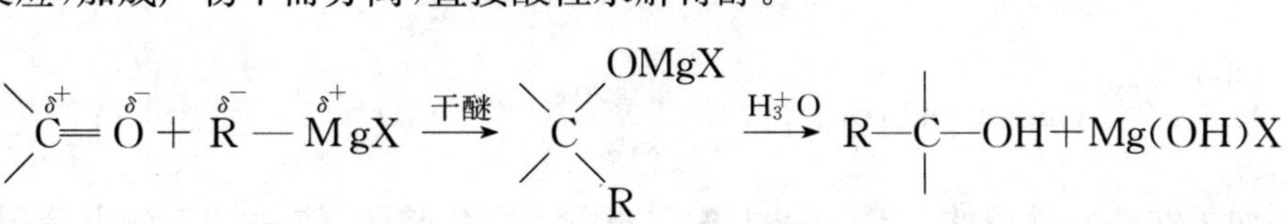

这是一种由醛、酮制备复杂醇的好方法。用甲醛和格氏试剂反应,生成伯醇;用其他醛得仲醇;用酮得叔醇。

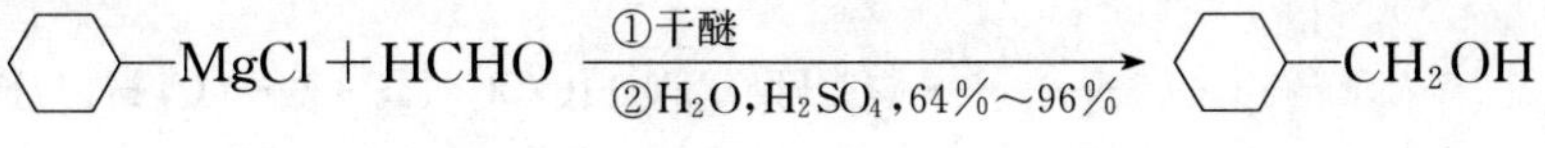

$$(CH_3)_2CHMgBr + CH_3CHO \xrightarrow[②H_2O]{①干醚} (CH_3)_2CHCH(OH)CH_3$$

$$C_6H_5MgBr + (C_6H_5)_2C{=}O \xrightarrow[②H_2O]{①干醚} (C_6H_5)_3COH$$

因此，只要选择适当的格氏试剂和适当的醛、酮，就可以合成具有指定结构的醇。

醛、酮除了和格氏试剂发生加成反应外，还与有机锂化合物进行加成反应，有机锂化合物比格氏试剂更活泼，反应方式与格氏试剂相似，除甲醛外，其他醛、酮分别得到仲醇及叔醇。反应优点是产率较高，而且较易分离。此外，格氏试剂不易与二叔丁基酮反应，其原因是空间障碍较大，而叔丁基锂与二叔丁基酮在－70℃，在醚的存在下能发生反应：

$$(CH_3)_3CCOC(CH_3)_3 + (CH_3)_3CLi \xrightarrow[-70℃]{醚} [(CH_3)_3C]_3COH$$

(6) 惟悌希(Wittig)反应。三苯基膦是一个很强的亲核试剂，它易和卤代烷进行亲核取代反应，生成季鏻盐。例如，三苯基膦和溴乙烷作用，生成季鏻盐——溴化乙基三苯鏻。

$$(C_6H_5)_3P + CH_3CH_2Br \xrightarrow{苯} (C_6H_5)_3\overset{+}{P}{-}CH_2CH_3\overset{-}{Br}$$

季鏻盐用强碱处理[如丁基锂、苯基锂(C_6H_5Li)的醚溶液，氨基钠的液氨溶液，氢化钠的四氢呋喃溶液，醇锂的醇溶液等]，则消除烷基上的一个 α-氢原子，生成稳定的三烷基或三苯基亚甲基膦。由于磷-碳键的极性很强，磷原子带正电荷，碳原子带负电荷，因而这类化合物叫内鏻盐，如

$$(C_6H_5)_3\overset{+}{P}{-}CH_2CH_3\overset{-}{Br} + (C_6H_5)_3Li \longrightarrow$$

$$(C_6H_5)_3P{=}CHCH_3[或(C_6H_5)_3\overset{+-}{P}CHCH_3] + C_6H_6 + LiBr$$

内鏻盐又叫磷叶立德(phosphorus ylide)，它是由惟悌希于 1954 年发明的，所以又叫惟悌希试剂，可以用通式$[(C_6H_5)_3\overset{+-}{P}CR'R'']$表示。惟悌希试剂的化学性质非常活泼，对水和空气都不稳定，一般不需分离即可进行下一步反应。

惟悌希试剂是一类很强的亲核试剂，它能和醛、酮发生亲核加成反应：

$$>C{=}O + R'R''C{=}P(C_6H_5)_3 \longrightarrow >C{=}CR'R'' + (C_6H_5)_3P{=}O$$

反应的结果是醛、酮的羰基氧(═O)被亚甲基(═CR′R″)取代，得到烯烃和氧化三苯基膦。这种反应叫惟悌希反应。它是由醛、酮直接合成烯烃的好办法，尤其是用其他方法不易得到的烯烃，如

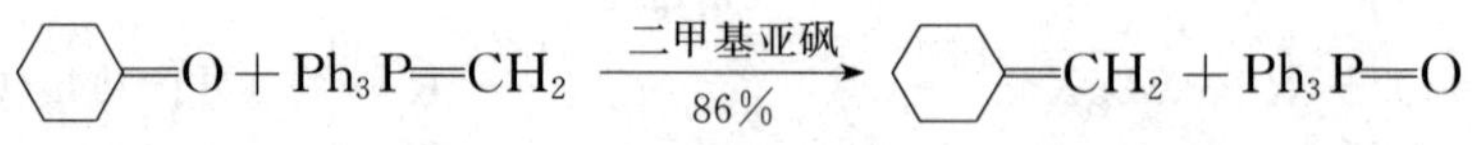

不过，如果在磷叶立德的 α-碳原子上连有吸电子取代基团，使 α-碳上的电荷得以分散，则有利于提高磷叶立德的稳定性。制备时一般用较弱的碱即可得到，如

$$(C_6H_5)_3P + C_6H_5COCH_2Br \longrightarrow [(C_6H_5)_3PCH_2COC_6H_5]^+Br^-$$

$$\xrightarrow{Na_2CO_3} (C_6H_5)_3\overset{+-}{P}CHCOC_6H_5 \longleftrightarrow (C_6H_5)_3P{=}CHCOC_6H_5$$

$$(C_6H_5)_3P + CH_2{=}CHCH_2Cl \longrightarrow [(C_6H_5)_3PCH_2CH{=}CH_2]^+Cl^-$$

$$\xrightarrow{NaOC_2H_5} (C_6H_5)_3\overset{+-}{P}CHCH{=}CH_2 \longleftrightarrow (C_6H_5)_3P{=}CHCH{=}CH_2$$

当然，这个碳负离子上带有羰基的磷叶立德也可以由三苯基膦与酰氯反应而制得：

$$(C_6H_5)_3\overset{+}{P}{-}\overset{-}{C}H_2 + C_6H_5COCl \longrightarrow [(C_6H_5)_3\overset{+}{P}CH_2OCC_6H_5]Cl^-$$

$$\xrightarrow{(C_6H_5)_3\overset{+}{P}-\overset{-}{C}H_2} [(C_6H_5)_3\overset{+-}{P}CHOCC_6H_5] + (C_6H_5)_3\overset{+}{P}CH_3Cl^-$$

惟悌希反应的历程一般认为分两步进行：首先惟悌希试剂对羰基进行亲核加成，形成一个新的内鳞盐，然后经过一个四元环状过渡态消除氧化三苯基膦，得到烯烃，如

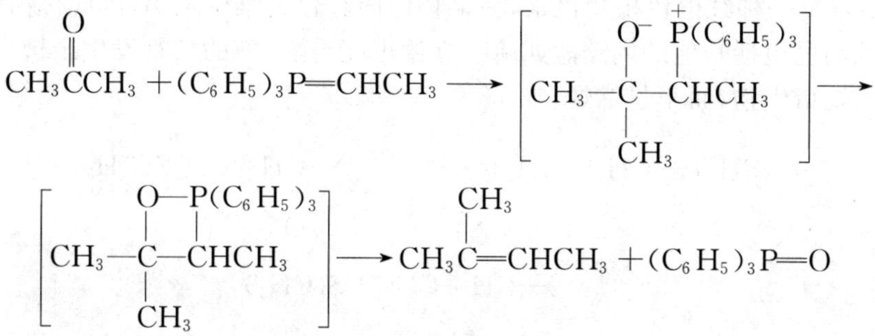

三苯基膦是结晶固体，熔点为 80℃，可用相应的格氏试剂作用于三氯化磷而得：

$$3C_6H_5MgBr + PCl_3 \longrightarrow (C_6H_5)_3P + 3MgClBr$$

也可通过下列反应制得：

$$3C_6H_5Br + PCl_3 + 6Na \longrightarrow (C_6H_5)_3P + 3NaCl + 3NaBr$$

惟悌希反应的特点是烯烃中双键的位置可以由醛、酮中羰基的位置确定，且反应条件温和、产率较高；与 α,β-不饱和醛酮作用时，一般不发生 1,4-加成；该反应还具有立体选择性。在非极性溶剂中，共轭稳定的磷叶立德与醛反应，优先生成反式烯烃，而不稳定的磷叶立德则优先生成顺式烯烃。例如，$R_3P{=}CHCOOC_2H_5$ 与苯甲醛作用得到 75% 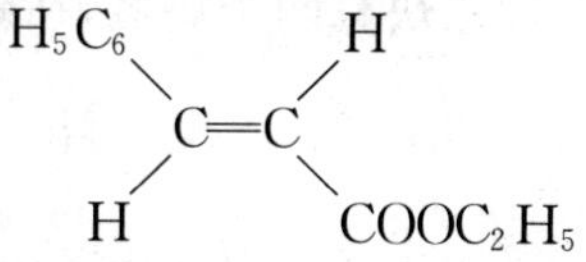 和 25% 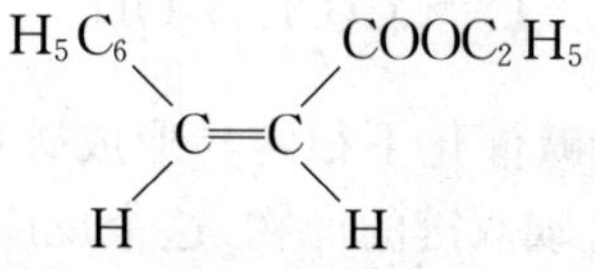；而如用 $(C_6H_5)_3P{=}CHCH_3$ 与 2,2-二甲基丙醛作用，则得到 99%的顺式烯烃和 1%的反式烯烃。上述磷叶立德与羰基化合物的立体选择性一般适用于制备顺反异构体的双取代的烯烃。惟悌希反应除了用于合成普通烯烃外，还用来合成一些用其他方法难于制备的烯烃和天然产物，如

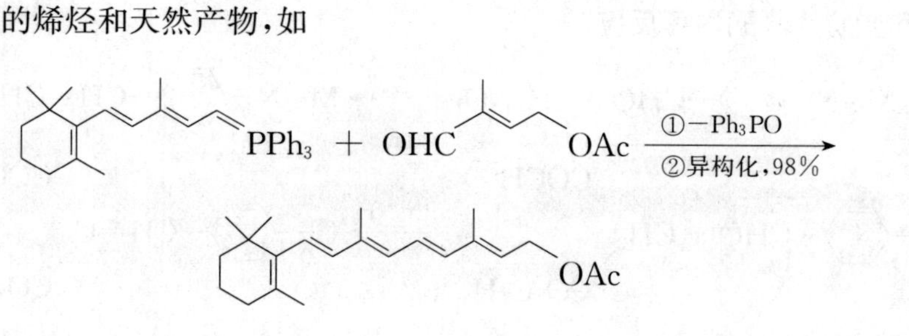

该反应已用于维生素 A 的工业合成。

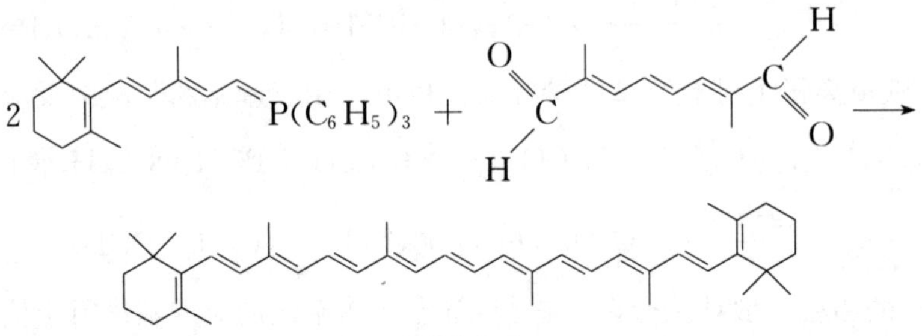

β-胡萝卜素

β-胡萝卜素是一种红橙色植物色素，在动物体内转化为维生素 A，因此称为维生素 A 元。

惟悌希试剂也包括其他的内鎓盐如硫叶立德也能与醛、酮的羰基发生亲核反应，但生成物通常是环氧乙烷衍生物，而不是烯烃，如

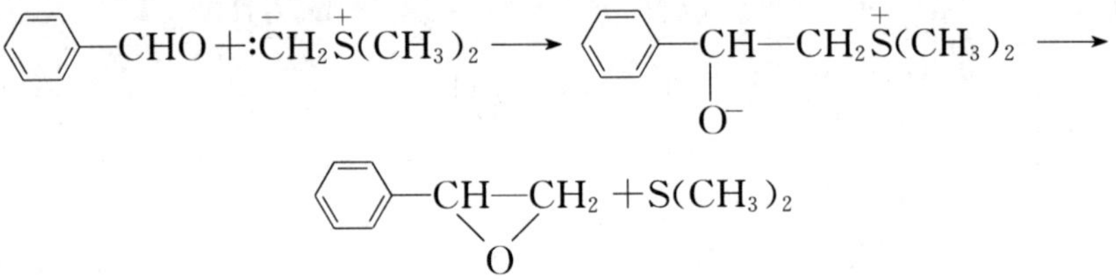

由于一系列惟悌希试剂的开发及在有机合成中的重要作用，德国化学家惟悌希荣获 1979 年诺贝尔化学奖。

(7) 与炔烃的加成。炔钠是一个强碱性的盐，也具有很强的亲核性，如它与环己酮反应可得到相应的 α-炔醇。

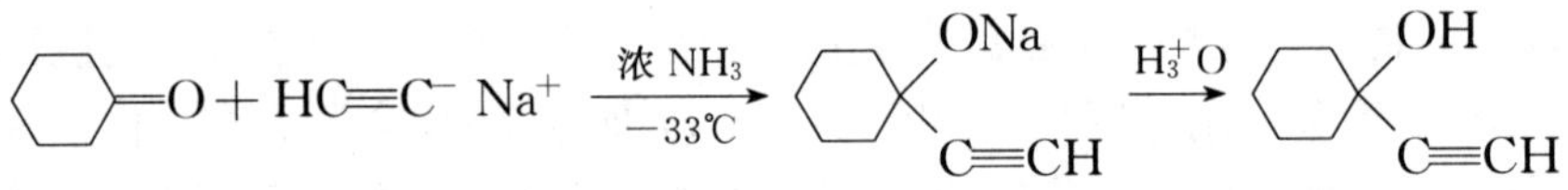

乙炔有两个炔氢，在碱的作用下，可与两分子的甲醛反应得到炔二醇：

$$HC{\equiv}CH + 2H_2C{=}O \xrightarrow[\text{压力}]{KOH} HOCH_2C{\equiv}CCH_2OH$$

$$HC{\equiv}CH + 2CH_3COCH_3 \xrightarrow[\text{压力}]{KOH} HOC(CH_3)_2C{\equiv}CC(CH_3)_2OH$$

(8) 与活泼亚甲基化合物的加成。活泼亚甲基化合物在碱催化下很容易形成碳负离子，并随之进攻羰基碳原子发生亲核加成，而后脱水，生成具有碳-碳双键的产物，这个反应称诺文葛尔(Knoevenage)反应。常见活泼亚甲基化合物有 β-二酮、β-酮酸酯、丙二酸(酯)，苯乙腈，氰基乙酸酯，硝基甲基化物等。诺文葛尔反应的收率一般都比较好，在有机合成中有广泛的应用，芳香族和脂肪族醛酮均可反应。

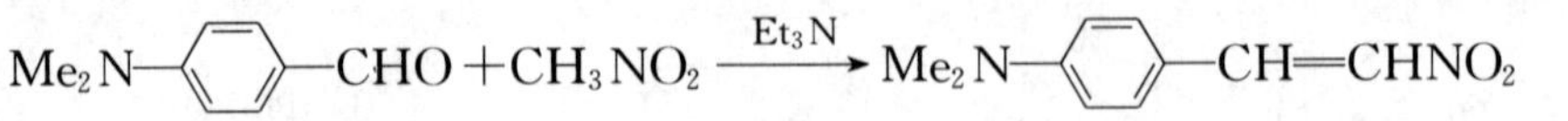

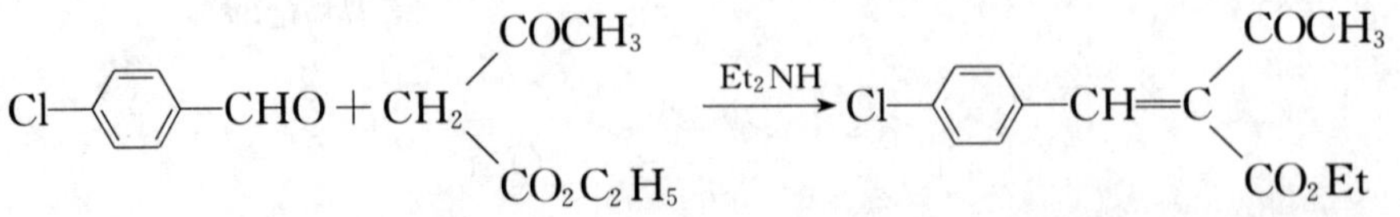

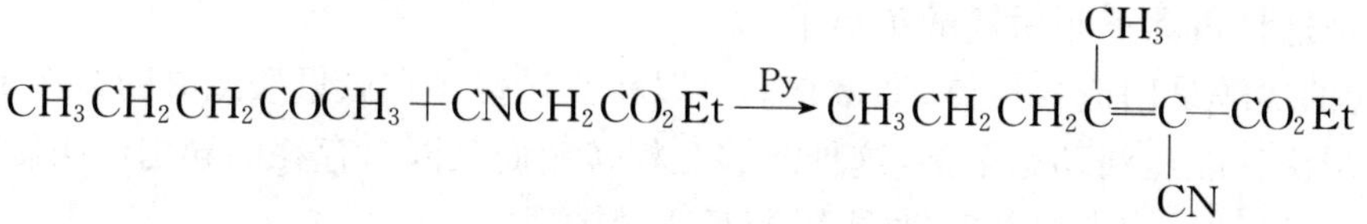

9.1.2.2　α-氢的反应

醛、酮分子中的 α-氢原子由于极性羰基的影响而活泼。

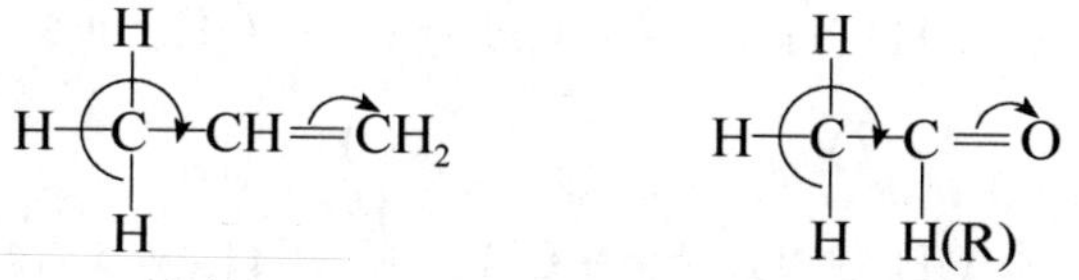

这主要是由两种不同的电子效应所引起的：一种是羰基的吸电子诱导效应，使 α-碳原子上的电子云密度降低；另一种是 α-碳氢键与羰基的 π 键存在 σ-π 超共轭效应。二者都有利于 α-氢原子的离解，和碳碳双键相比，羰基的极性更大，导致超共轭效应更强，α-氢原子有更大的离解倾向。同时，醛、酮失去质子后形成的碳负离子，由于电子的离域作用，负电荷更加分散，从而增加了碳负离子的稳定性。

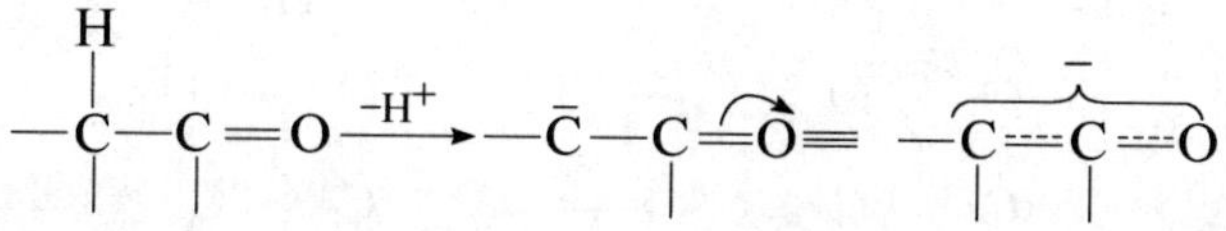

所以醛、酮的 α-氢原子具有一定的酸性。例如，乙烷、丙酮和乙醛的碳-氢键的 pK_a 分别为 50、20 和 17。

1）酮-烯醇互变异构

醛、酮失去一个 α-氢原子后形成一个碳负离子。但由此而形成的碳负离子与烷烃失去一个氢原子所形成的碳负离子是不同的。由醛、酮失去 α-氢原子所形成的碳负离子，由于 p-π 共轭效应，其负电荷不完全在 α-碳上。它可以用 2 个共振式来表示如下：

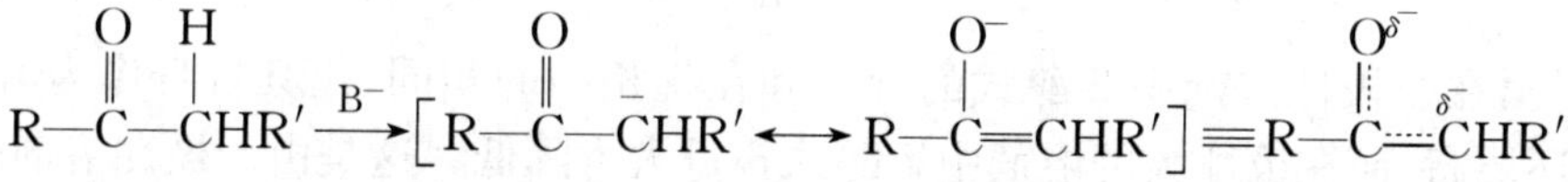

Ⅰ　　Ⅱ

由此可见，氧原子和 α-碳原子都带有部分负电荷。而且因氧的电负性较大，能更好地容纳负电荷，所以两个共振结构式中Ⅱ的贡献较大。

由于氧上或碳上都带有部分负电荷，所以当它接受一个质子时就有两种可能：若碳上接受质子，就形成醛或酮，称为酮式；若氧上接受质子，就形成烯醇，称为烯醇式。负离子接受质子变成醛酮或烯醇的转化都是可逆的。这些相互转化可表示如下：

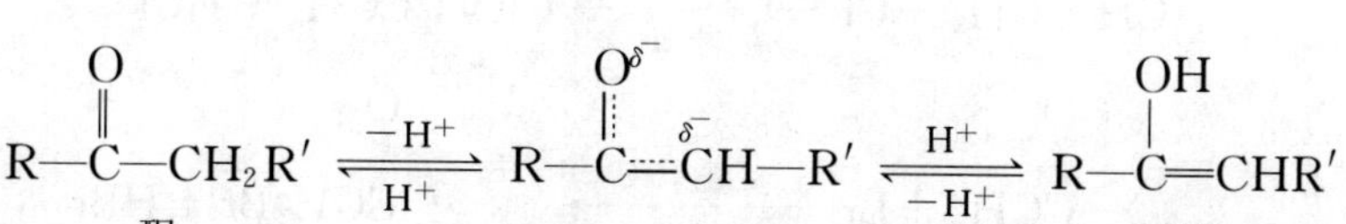

酮　　　　烯醇

由上式可见，酮失去氢原子所形成的负离子，与烯醇失去羟基氢所形成的负离子是同样的，所以也常把这种负离子叫做烯醇负离子。

酮与相应的烯醇是构造异构体，通常它们可以相互转变。在微量酸或碱的存在下，酮和烯醇互相转变，很快就能达到动态平衡，这种能够互相转变而又同时存在的异构体叫做互变异构体。酮和烯醇的这种异构现象就叫做酮-烯醇互变异构现象。

含有一个羰基且结构比较简单的醛、酮（如乙醛、丙酮等）的烯醇式在互变平衡混合物中含量很少，如

酮式　　烯醇式

乙醛　$CH_3CHO \rightleftharpoons CH_2{=}CH{-}OH$　极少

丙酮 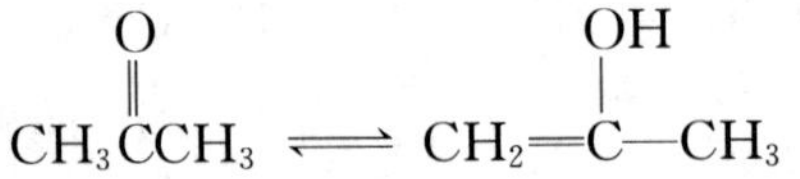 $1.5\times10^{-4}\%$

环己酮 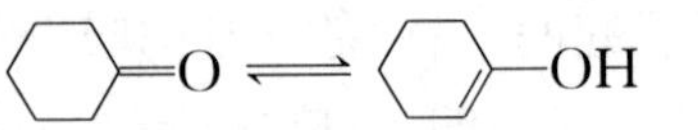 1.2%

这些醛、酮的酮式比较稳定，可以从酮式和烯醇式各键键能之和不同中看出来（酮式的总键能大于烯醇式）。对于两个羰基之间只隔一个饱和碳原子的 β-二羰基化合物来说，由于共轭效应，烯醇式的能量降低，因而稳定性增加，所以在平衡混合物中它的含量要高得多，如

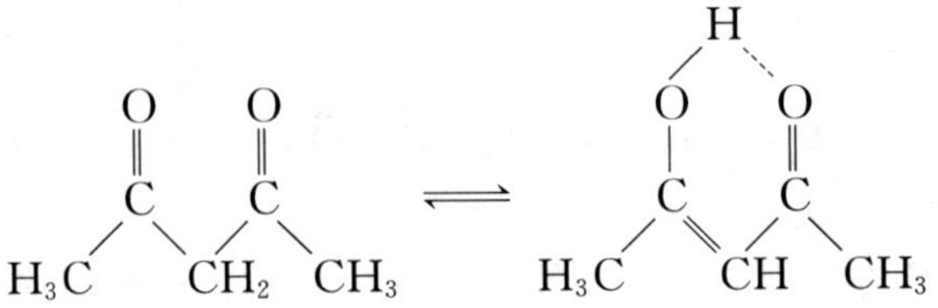

酮式(24%)　　烯醇式(76%)

另外，在烯醇式中 O—H 与另一羰基氧之间形成了 H…O 氢键，也使它更加稳定。

溶剂对互变异构的影响也较大，特别是在能形成分子内氢键的互变异构体中，如 2，4-戊二醇在各种溶剂中的烯醇式含量(%)为

H_2O	CH_3CN	纯液态	己烷	气态
1.8	58	76.4	92	92

可以看出在非极性溶剂中烯醇式的含量和在气相中的相同，比其自身作为溶剂（即纯液态）的比例还要高，而在极性大的溶剂中烯醇式含量大为降低。这是由于极性溶剂的溶剂化效应对酮式是较为有效的。水相中，水和酮式的羰基生成分子间氢键从而代替并破坏了烯醇式中分子内的氢键。

2）卤代和卤仿反应

醛、酮的 α-氢原子，在酸或碱催化下，容易被卤素取代，生成 α-卤代醛、酮，如

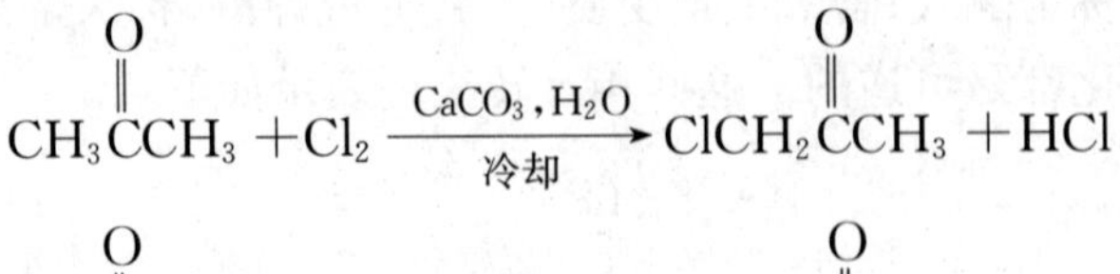

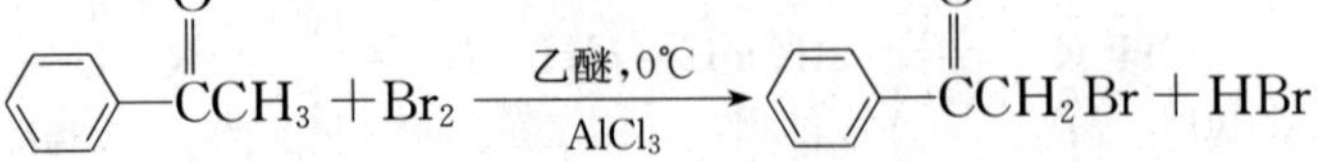

酸催化的历程一般认为是

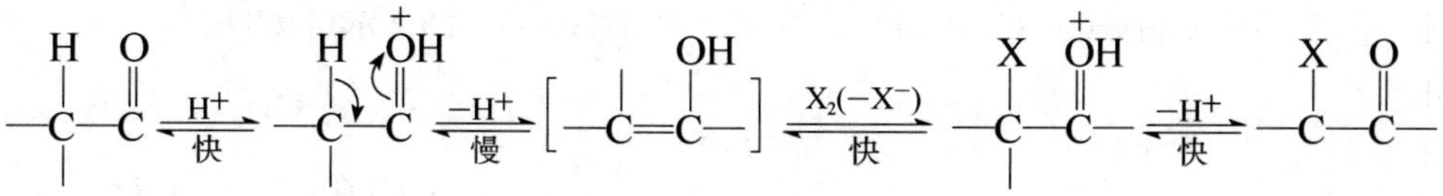

醛、酮生成一卤代物后，由于卤素原子的吸电子诱导效应，降低了醛、酮的羰基质子化的活性，再进行卤代就比较困难，所以酸催化下醛、酮的卤代效应可以停留在一卤代物阶段。

碱催化的历程一般认为是

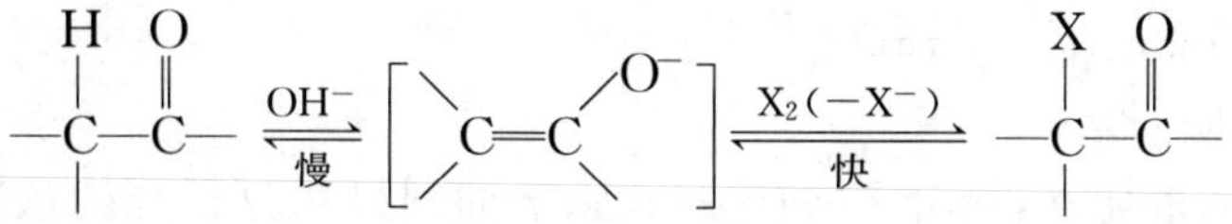

其中碱夺取质子生成碳负离子是一慢步骤，它决定整个反应速率，如

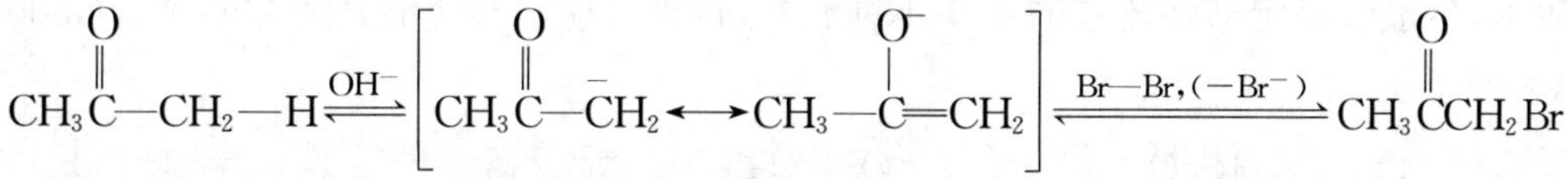

因为溴原子的吸电子作用，使 α-氢的酸性增加，而且生成的碳负离子由于溴的吸电子诱导效应使其更稳定，所以 α-溴代丙酮余下的 α-氢原子更容易重复上述反应，以至于不易停留在一溴代阶段，而生成多溴代物(三溴代丙酮)。

醛、酮的三卤代衍生物在碱性条件下容易分解，生成三卤甲烷和羧酸盐，如

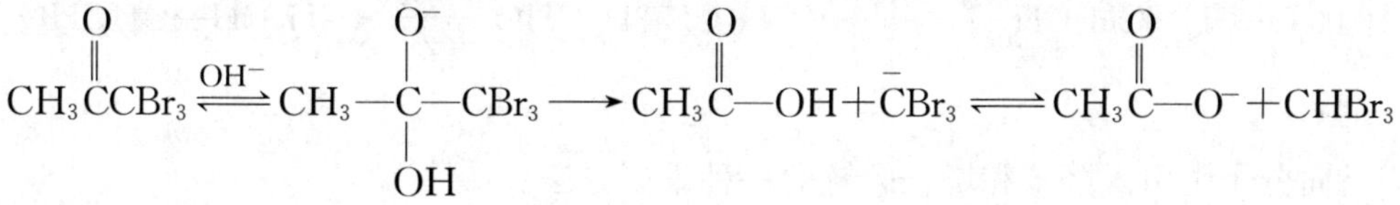

凡是具有 CH_3CO—结构的醛、酮和卤素的碱溶液(次卤酸盐溶液)作用，都能顺利地得到三卤甲烷和羧酸盐。三卤甲烷俗称卤仿(CHX_3)，所以这种反应又叫卤仿反应(haloform reaction)，用通式表示为

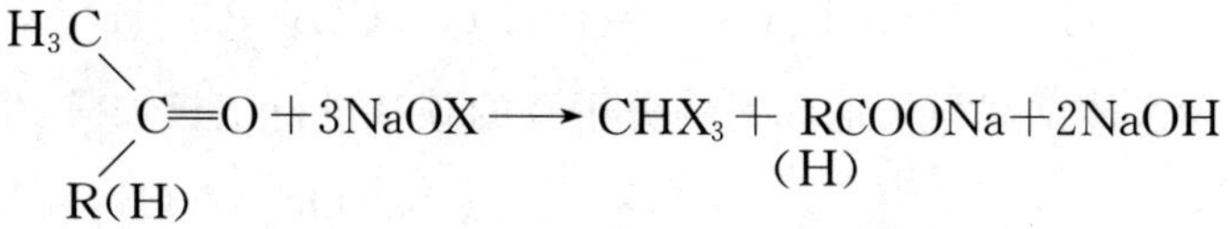

如果使用碘的氢氧化钠溶液，生成有特殊气味的黄色晶体——碘仿(CHI_3)，因此常称这种反应为碘仿反应。

碘仿反应常用来鉴别具有 CH_3CO—结构的醛、酮或具有 $CH_3CH(OH)$—结构的醇。因为次碘酸钠是一个氧化剂，它能把 $CH_3CH(OH)$—结构的醇氧化成 CH_3CO—结构的醛或酮，然后碘代、分解，生成碘仿，如

$$CH_3CHOHCH_3 \xrightarrow{NaOI} CH_3COCH_3 \xrightarrow{NaOI} CH_3COONa + CHI_3\downarrow$$

卤仿反应还可以用来制备一些其他方法不易得到的羧酸，如

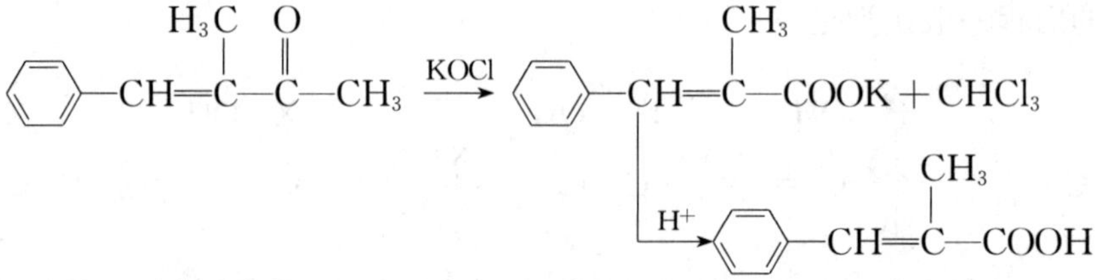

在中性条件下，可以发现开始时反应很慢，因为没有质子催化，烯醇含量很低。过一段时间后，反应立即进行并很快完成。因为反应开始后生成的卤化氢开始催化烯醇的形成，使反应速率大大加快了。这种现象称为自动催化现象(autocatalysis)，反应称为自动催化反应。它的进行有一段诱导期(induction period)。

3）羟醛缩合反应

在稀碱(10%)的催化下，一分子醛的 α-氢原子加到另一分子醛的羰基氧原子上，其他部分加到羰基碳上，生成 β-羟基醛，若 β-羟基醛分子内含有 α-氢原子，加热或在酸作用下发生分子内脱水，生成有稳定共轭体系的 α,β-不饱和醛，这种反应叫羟醛缩合或醇醛缩合(aldol condensation)。

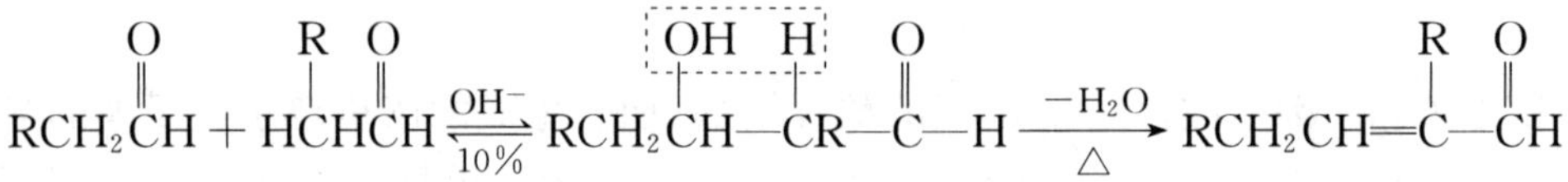

如

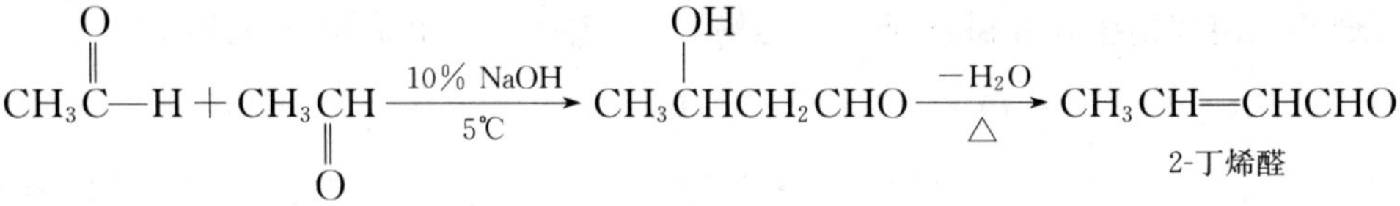

该反应是向分子中引入羟基和增长碳链的一种重要方法。

羟醛缩合反应的历程是分步进行的。首先，碱(OH^-)夺取醛的 α-氢原子，生成一个活泼的碳负离子。

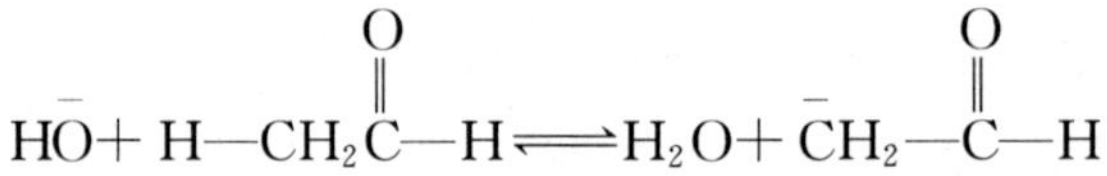

然后，碳负离子作为亲核试剂很快地和另一分子醛的羰基进行亲核加成，生成烷氧负离子。

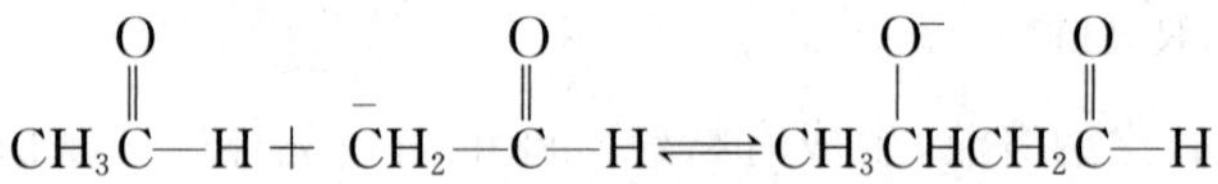

最后，烷氧负离子夺取水分子中的质子，转变成不带电荷的羰基化合物，并重新释放出催化剂——碱(OH^-)。

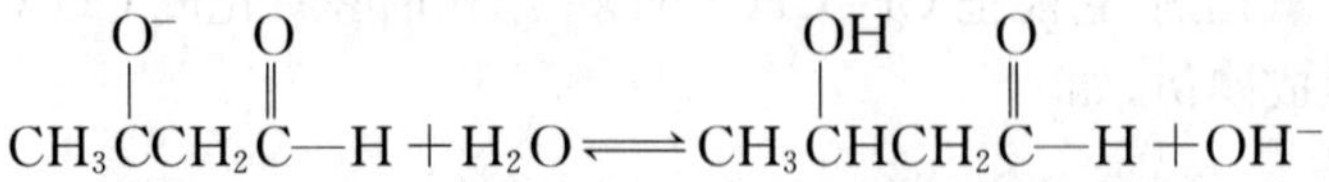

β-羟基醛中的亚甲基氢由于受羰基和羟基的双重影响，活性更高，很容易发生分子内脱水，生成具有共轭双键的 α,β-不饱和醛。

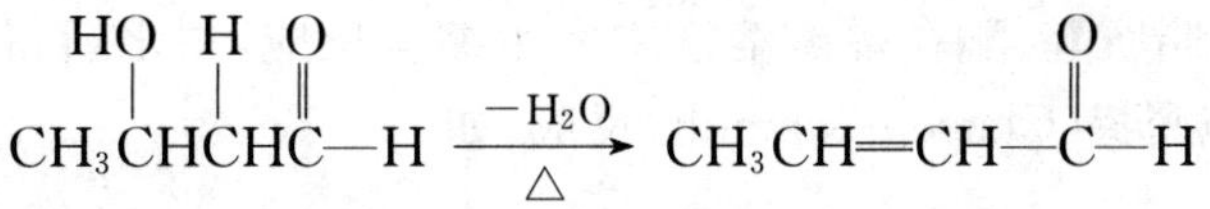

含 α-氢的酮也能发生醇酮缩合反应。例如，丙酮在碱存在下发生反应生成二丙酮醇。

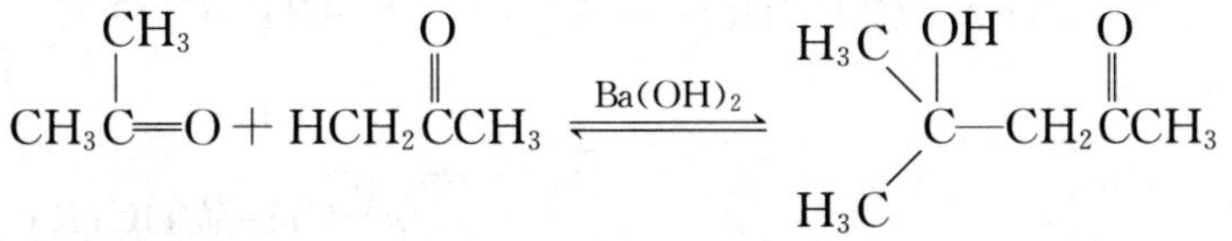

但是，平衡大大地偏向反应物，二丙酮醇的产率很低。在实际制备过程中常采用索氏(Soxhlet)提取器移走生成物——二丙酮醇，使平衡向产物方向移动，产率可达 70%～80%。用弱酸性阳离子交换树脂催化丙酮的羟醛缩合，产率可达 87.4%，反应时间缩短 5 倍，且不需要提取装置。二丙酮醇也容易发生分子内脱水，生成 α,β-不饱和酮。

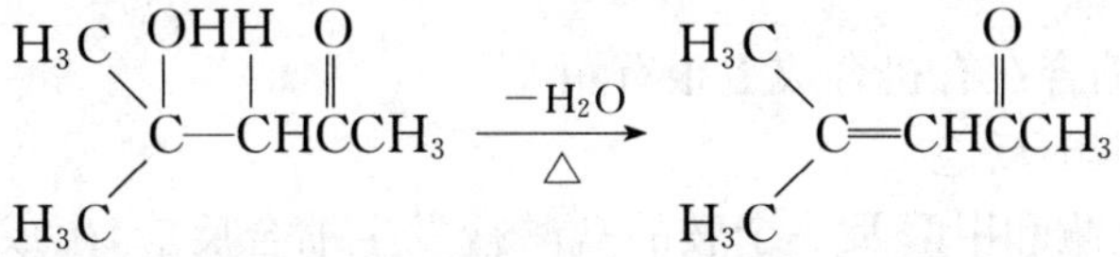

羟醛(酮)缩合反应中提供 α-氢原子的醛(酮)叫做亚甲基组分，提供羰基的醛(酮)叫做羰基组分。因为醛分子的羰基活性高，所以醛容易起羰基组分的作用。

若醛或酮的同一分子内既有羰基组分，又有亚甲基组分，就可以发生分子内的羟醛(酮)缩合，形成环状化合物。特别是形成五、六元环时，反应很容易进行，如

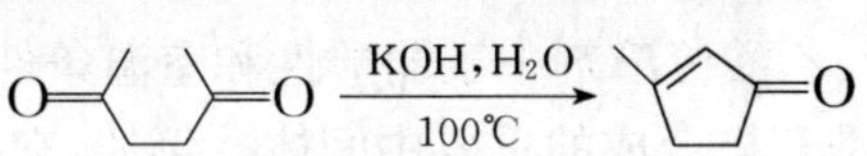

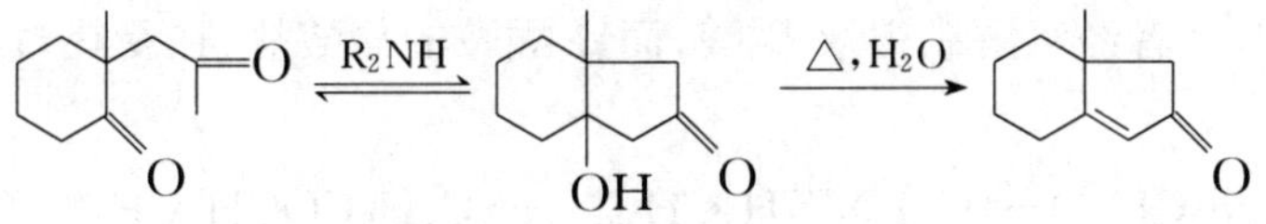

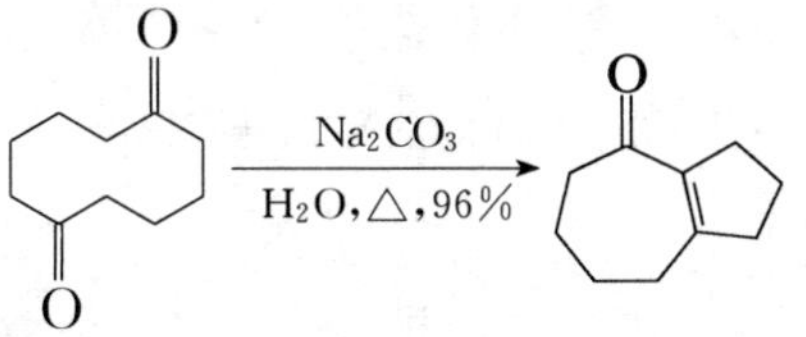

这是合成环状化合物的重要方法之一。

两种不同的含 α-氢的醛或酮之间也能发生羟醛缩合反应。除了同一种醛或酮分子之间发生羟醛缩合外，不同的醛或酮之间也能发生羟醛缩合，因此又叫交叉羟醛缩合反应。交叉羟醛缩合有四种可能的产物，分离比较困难，在合成上意义不大。

没有 α-氢的醛在稀碱溶液中不能形成碳负离子，所以不发生羟醛缩合反应，但若慢慢加入其他含 α-氢的醛或酮，则发生交叉羟醛缩合，得到单一的产物。如

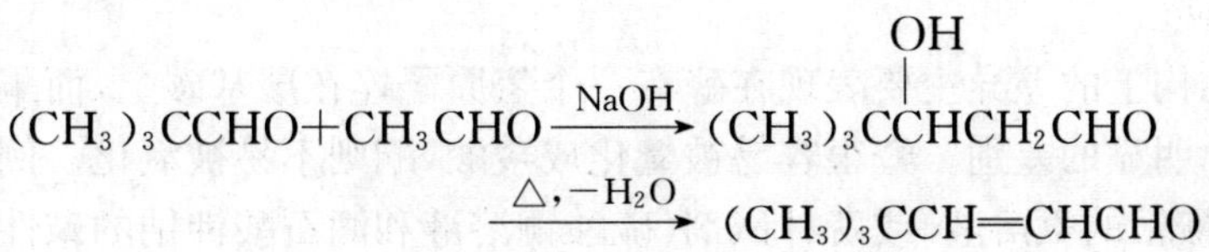

芳醛和含 α-氢的脂肪醛、酮在稀碱溶液中发生缩合反应，失水后得到 α,β-不饱和醛、酮，这个反应叫克莱森-施密特(Claisen-Schmidt)反应，如

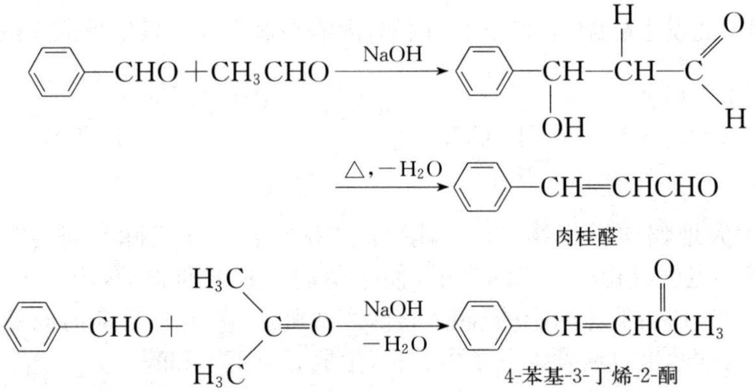

这种类型的交叉羟醛缩合在有机合成上很有用。

4) 曼尼希(Mannich)反应

含活泼 α-氢的醛、酮和甲醛及一个胺的盐酸盐发生缩合反应，生成 β-酮胺(曼尼希碱)盐酸盐，这是一种 α-H 的胺甲基化反应，称之为曼尼希反应，如

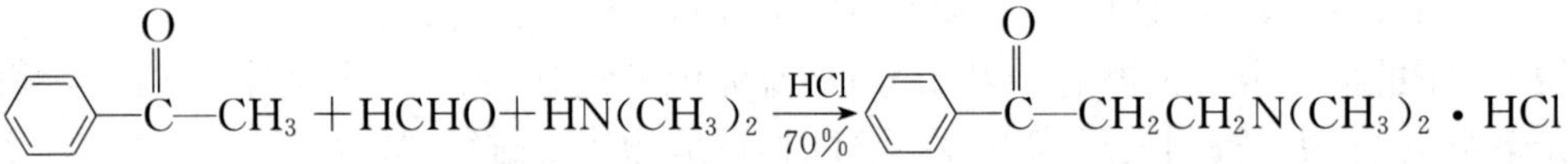

曼尼希反应一般是在水、乙酸等溶剂中于弱酸性和室温条件下进行的。反应完成后，用碱中和得到游离的 β-酮胺，它是有机合成的重要中间体。例如，它与 KCN 或 NaCN 水溶液加热可生成氰基化合物，后者经水解制得 γ-酮酸；而 β-酮胺的盐酸盐，在受热时则分解成 α,β-不饱和酮，如

$$C_6H_5COCH_3+CH_2O+(CH_3)_2NH\cdot HCl \longrightarrow C_6H_5COCH_2CH_2N(CH_3)_2\cdot HCl$$

$$C_6H_5COCH_2CH_2N(CH_3)_2\cdot HCl \xrightarrow{\triangle} (CH_3)_2NH\cdot HCl+C_6H_5COCH{=}CH_2$$

$$C_6H_5COCH_2CH_2N(CH_3)_2\cdot HCl \xrightarrow{^-OH} C_6H_5COCH_2CH_2N(CH_3)_2 \xrightarrow{KCN} C_6H_5COCH_2CH_2CN \xrightarrow{H_3^+O} C_6H_5COCH_2CH_2CO_2H$$

所以，曼尼希反应提供了一个间接合成 α,β-不饱和酮的方法。

除醛、酮外，其他含有活泼 α-氢原子的化合物包括酯、腈、羧酸、硝基和炔烃化合物。伯胺因氮原子上还有多余的氢可以进一步与醛酮反应得到多种产物而受限制。

9.1.2.3 氧化与还原反应

1) 氧化反应

醛和酮在结构上的差异主要表现在醛有一个氢原子连在羰基碳上，而酮则没有，因此在氧化时它们表现出明显的差别。醛很容易被氧化成羧酸，酮则不易被氧化。例如，较温和的氧化剂土伦试剂(硝酸银的氨溶液)或费林试剂(硫酸铜溶液和酒石酸钾钠的碱性溶液)都可以使醛氧化。

土伦试剂起氧化作用的是银氨络离子中的银离子。醛和土伦试剂作用，醛被氧化成羧酸，银离子被还原成金属银。

$$RCHO + 2Ag(NH_3)_2OH \xrightarrow{\triangle} RCOONH_4 + 2Ag\downarrow + H_2O + 3NH_3$$

若反应器皿很洁净，析出的细微银粒可以附在光滑的器壁上，形成漂亮的银镜，所以这种反应又叫银镜反应。

费林试剂起氧化作用的是二价铜离子，醛和费林试剂作用，醛被氧化成羧酸，二价铜离子被还原成砖红色的氧化亚铜沉淀。

$$RCHO + 2Cu(OH)_2 + NaOH \xrightarrow{\triangle} RCOONa + Cu_2O\downarrow + 3H_2O$$

甲醛还原能力较强，氧化亚铜可继续被甲醛还原，生成“铜镜”。

费林试剂的氧化作用比土伦试剂更弱，它不能氧化芳香醛（Ar—CHO）。土伦试剂和费林试剂常用于鉴别醛、酮。费林试剂还常用于糖的定量测定。

土伦试剂和费林试剂不与碳碳重键反应，因此可由不饱和醛合成相应的不饱和酸，如

$$RCH{=}CHCHO \xrightarrow{[Ag(NH_3)_2]OH} RCH{=}CHCOOH$$

反应物可以通过羟醛缩合制备。

酮不能被弱氧化剂氧化。若用强氧化剂，如高锰酸钾、浓硝酸等，酮也可以被氧化，通常在 α-碳与羰基碳之间发生碳链断裂生成较小分子的羧酸混合物，合成上没什么意义。然而对称环状酮如环己酮氧化只生成一种羧酸。

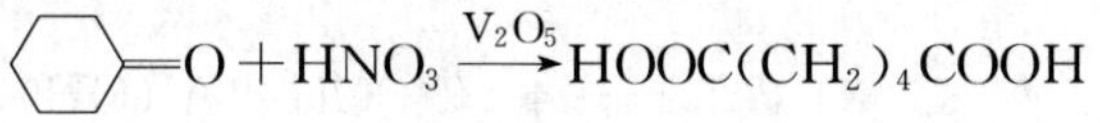

这是工业上制备己二酸的方法。己二酸是合成纤维尼龙-66 的单体之一。

2）还原反应

在不同的条件下选用不同的试剂可以将醛、酮还原成醇或烃。

（1）催化氢化。金属催化剂 Ni、Cu、Pd、Pt 等存在下，醛加氢生成伯醇，酮加氢生成仲醇。一般需要较高温度和压力。

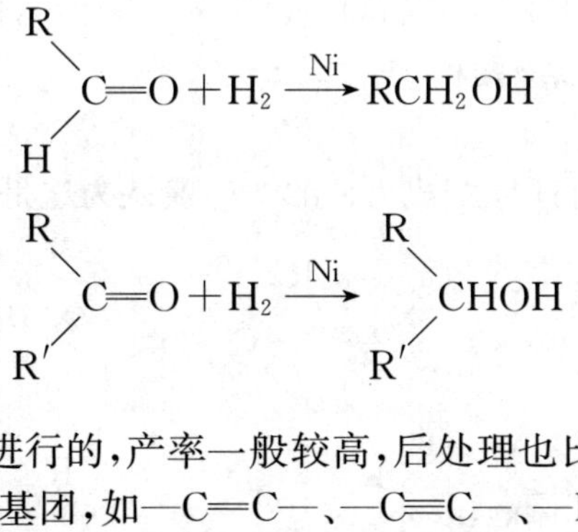

反应是在金属催化剂表面进行的，产率一般较高，后处理也比较简单。但是选择性较差，当分子中同时含有其他不饱和基团，如—C═C—、—C≡C—、—NO_2、—CN 等某些基团也同时被还原。

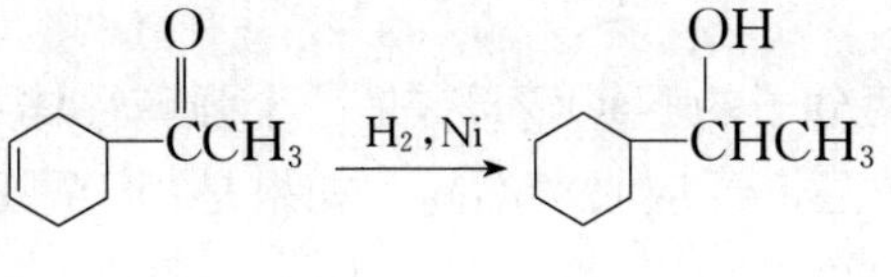

所以，这种还原方法的应用受到限制。

(2) 用化学还原剂还原。醛、酮可以被化学还原剂还原为伯醇、仲醇，常用的化学还原剂有异丙醇铝、硼氢化钠、氢化铝锂等。

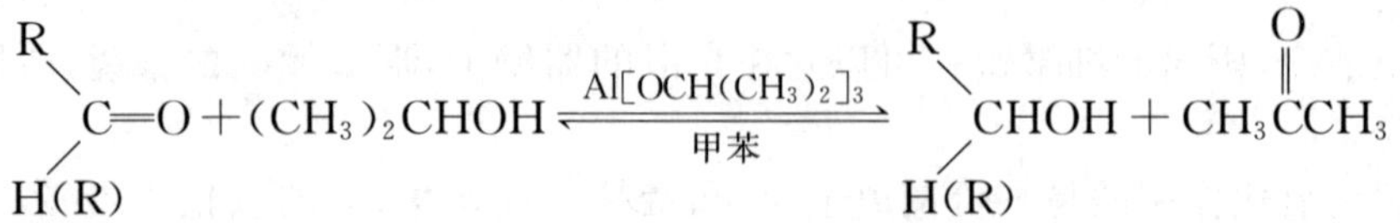

$$CH_3CH{=}CHCHO+(CH_3)_2CHOH \xrightleftharpoons{Al[OCH(CH_3)_2]_3} CH_3CH{=}CHCH_2OH+CH_3\overset{\overset{\large O}{\|}}{C}CH_3$$

用异丙醇铝作还原剂还原醛、酮，反应是可逆的。因为产物丙酮的沸点(56.1℃)较低，可以从体系中蒸出，使平衡向右移动，所以得到产物也是方便的。这相当于前面 Oppernauer 醇氧化的逆反应，此反应称为 Meerwein-Ponndorf 反应。

硼氢化钠在醇溶液中可以把醛、酮还原成醇。这类反应也是亲核加成，此处亲核试剂是氢，它带着一对电子成为氢负离子(H^-)，转移到羰基的碳上，与格氏试剂中的 R 加到羰基碳上相似。一分子 $LiAlH_4$ 或 $NaBH_4$ 能还原四分子的醛或酮：

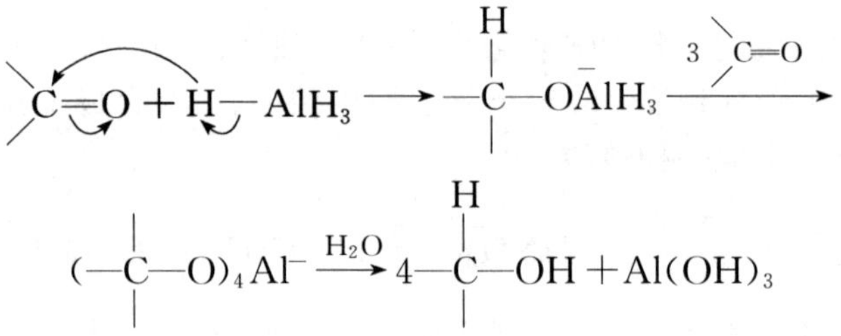

异丙醇铝和硼氢化钠的还原效果好，选择性较高，只能还原醛、酮的羰基，分子中其他不饱和基团，如—C═C—、—C≡C—、$—NO_2$、—C≡N、—COOH、—COOR 等不受影响。

氢化铝锂的还原能力比异丙醇铝和硼氢化钠都强，但选择性较差，虽然不还原—C═C—、—C≡C—，但其他的不饱和基团，如$—NO_2$、—CN、—COOH、—COOR 等都能被还原，而且只能在无水乙醚或四氢呋喃(THF)中进行，反应完毕后再加水，使其水解生成醇。

(3) 金属还原法。包括以下两种：

A. 金属钠/乙醇还原法

在乙醇溶液中，金属钠可还原酮成为仲醇。一般认为这是个负离子自由基机理：

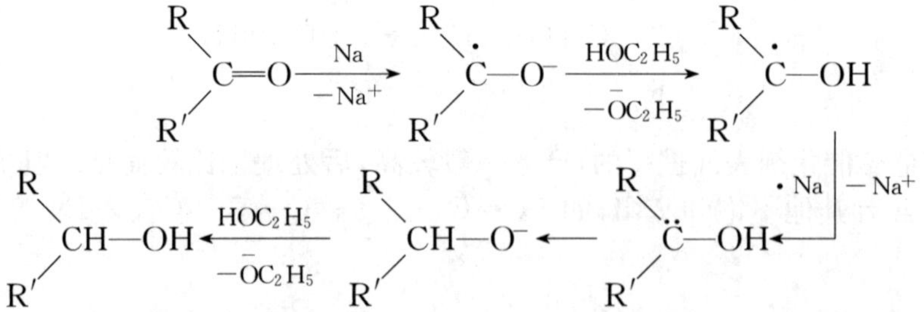

在这个还原反应中，生成了两分子的 $NaOC_2H_5$，是一个强碱性体系，所以会有一些副反应发生(α-二醇是副产物之一)，导致还原反应收率不高。如果是用于醛还原，则收率更低。

B. 金属镁或镁汞齐还原法

用金属镁或镁汞齐在苯溶液中还原酮，可以得到双分子还原反应产物 α-二醇。

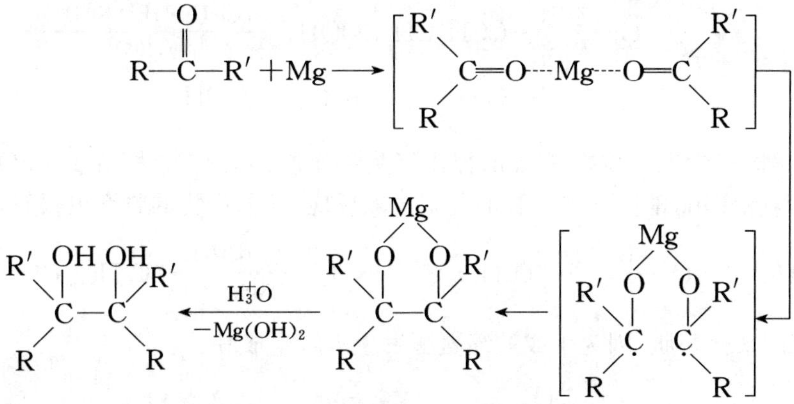

铝汞齐、钠汞齐也可以将酮还原为 α-二醇，但收率不如用镁汞齐好。

(4) 羰基的彻底还原。将羰基还原成亚甲基有以下几种方法：

A. 克莱门逊(Clemmensen)还原法

醛、酮用锌汞齐与浓盐酸还原，羰基被还原成亚甲基，这种反应叫克莱门逊还原法。

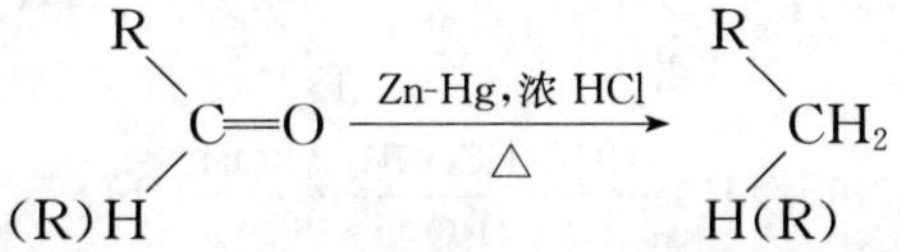

该法具有很好的选择性，除 α,β-不饱和键之外，一般对于双键无影响。

把芳烃酰基化反应和克莱门逊还原法结合起来，为合成直链烷基苯提供了好方法，如

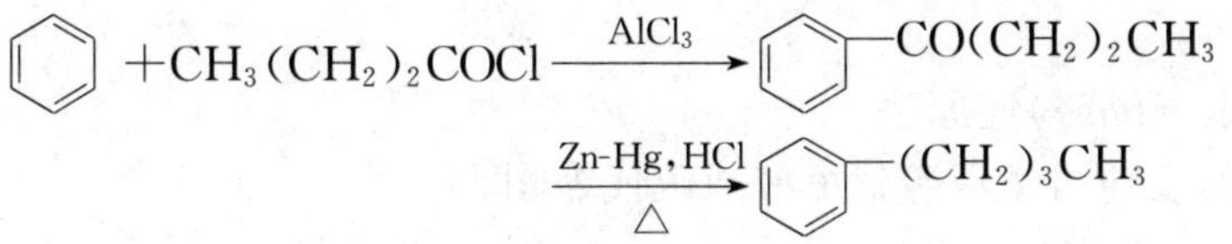

该方法不适用于对酸性介质敏感的羰基化合物的还原(如呋喃醛、酮和吡咯类醛、酮)。

B. 沃尔夫-凯息纳(Wolff-Kishner)-黄鸣龙还原法

醛、酮与肼反应生成腙，腙在碱性条件下受热发生分解，放出 N_2，并生成烃：

$$>C=O+NH_2-NH_2 \xrightarrow{\triangle} >C=NNH_2 \xrightarrow[\triangle,\text{压力}]{KOH\ \text{或}\ NaOR/HOR} >CH_2+N_2$$

1911 年，俄国化学家凯息纳(Kishner)首先发现羰基化合物的腙类衍生物和无水粉状 KOH 在封管中加热至 160～180℃时，发生分解，得到还原产物烃；1912 年德国化学家沃尔夫(Wolff)也发现，采用浓度为 7%的醇钠-无水醇，在封管中进行腙的分解反应，产物也是烃，分解温度可降低到 150～160℃。这就是著名的沃尔夫-凯息纳反应。我国有机化学家黄鸣龙于 1946 年对这个反应进行改进。他把酮(或醛)与 50%～85%的水合肼及 KOH(或 NaOH)共混，在水溶性高沸点溶剂(如二甘醇或三甘醇)中，于常压下加热回流，当腙生成后，蒸出水和过量的肼，然后继续加热至 190～200℃，保持回流 1～2h，使腙完全分解而得到烃。通过这种改进方法，使反应的应用范围进一步扩大，特别是对甾酮的还原效果良好。采用含水的肼和高沸点的溶剂，使反应在常压下进行，避免了昂贵的无水肼及使用高压设备，更适合工业生产，而且

副反应少，收率也好。所以现在常称为沃尔夫-凯息纳-黄鸣龙还原法，如

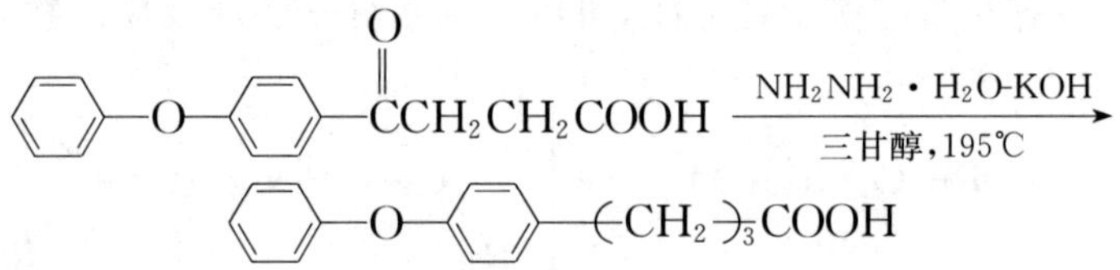

1962 年，美国科学家克拉姆(Cram)提出了另一个腙的分解方法：在 DMSO 溶剂中，使用 $KOC(CH_3)_3$ 与腙作用，常压下进行腙的分解放氮反应，还原产物的收率也很好，如

$$(C_6H_5)_2C{=}O \xrightarrow[\triangle]{NH_2NH_2} (C_6H_5)_2C{=}NNH_2 \xrightarrow[DMSO,\triangle]{KOC(CH_3)_3} (C_6H_5)_2CH_2 + N_2$$

氨基脲可用来代替肼，因为生成的缩氨脲发生水解生成腙：

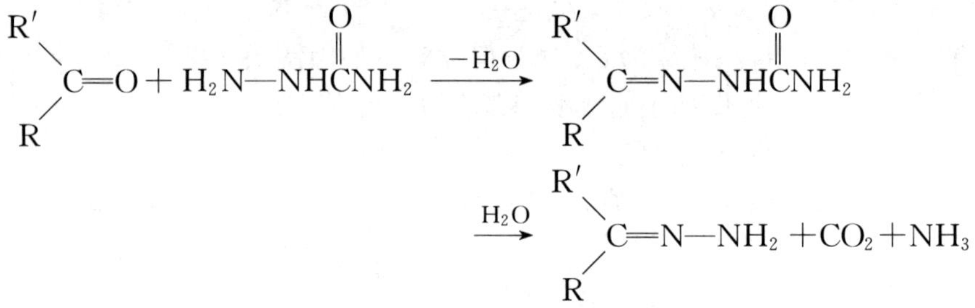

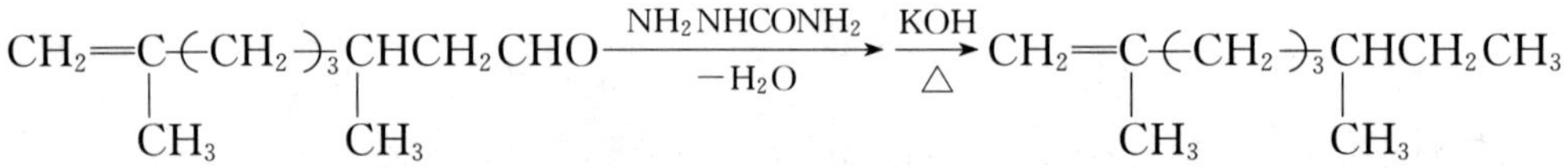

这种还原方法是在碱性条件下进行的，可用来还原对酸敏感的醛或酮，因此可以和克莱门逊还原法互相补充。

C. 硫代缩酮(或缩醛)还原法

醛或酮与硫醇反应可生成硫代缩醛或硫代缩酮。

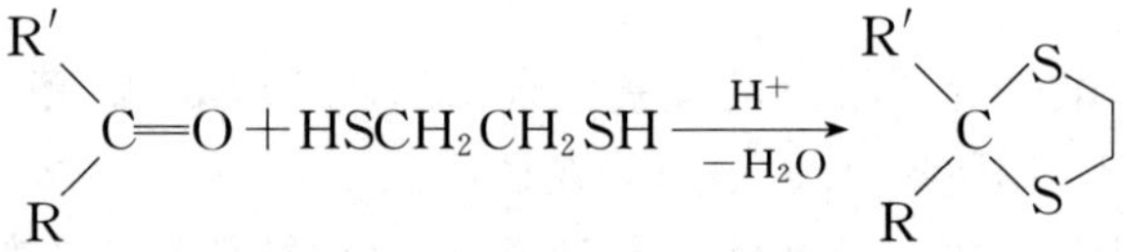

在有机合成中，硫代缩醛和硫代缩酮的生成是重要的羰基还原手段，因为它们与预先吸附了氢的雷尼 Ni 共热时，碳硫键便立即氢化裂解，从而使羰基化合物还原为烃：

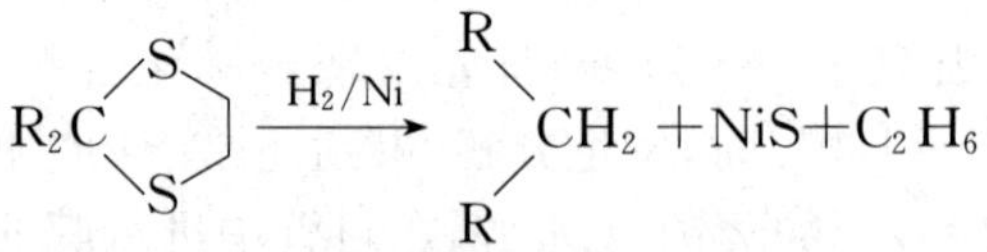

这个还原方法对于那些对酸碱都敏感的化合物的羰基还原是非常有用的。

此外，相转移催化剂在这个反应中的应用也已取得很好的效果。

3) 坎尼扎罗(Cannizzaro)反应

在浓碱作用下，不含 α-氢的醛发生歧化作用，一分子醛被氧化为羧酸，另一分子醛被还原成醇，这种反应叫坎尼扎罗反应，如

$$2HCHO \xrightarrow[\triangle]{40\%,NaOH} HCOONa + CH_3OH$$

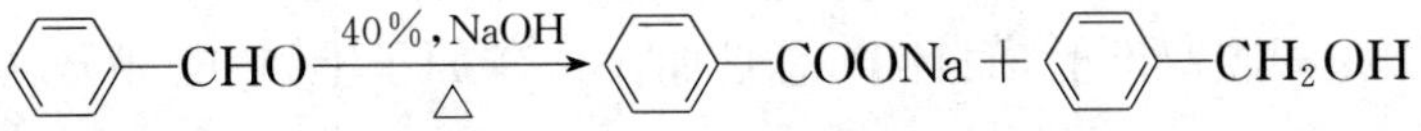

坎尼扎罗反应是连续两次亲核加成，首先是 OH^- 向羰基碳进攻，生成中间体Ⅰ，然后此中间体生成氢负离子与第二个醛分子进行加成，如

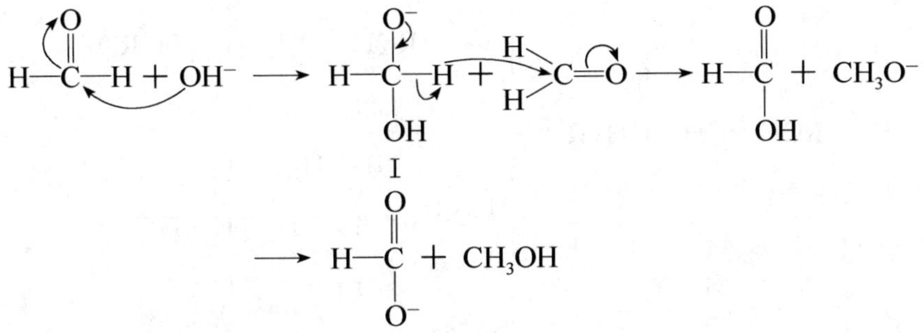

两种不同的不含 α-氢的醛进行交叉的坎尼扎罗反应，产物复杂。但是，如果其中一种是甲醛，因为甲醛是醛类中还原性最强的醛，所以它总是被氧化成甲酸，另一种醛被还原成醇。这样，甲醛参与的交叉坎尼扎罗反应是有制备意义的。例如，工业上用甲醛和乙醛制备季戊四醇就是应用交叉羟醛缩合和交叉坎尼扎罗反应。

$$3HCHO + CH_3CHO \xrightarrow[55\sim56℃]{Ca(OH)_2} (HOCH_2)_3CCHO$$

$$(HOCH_2)_3CCHO + HCHO \xrightarrow[55\sim56℃]{Ca(OH)_2} (HOCH_2)_4C + (HCOO)_2Ca$$

为了减少副反应，需将乙醛和碱溶液同时分别慢慢地加到甲醛溶液中，使甲醛始终过量，有利于交错羟醛缩合产物——三羟甲基乙醛的生成。季戊四醇的熔点是 261～262℃。它是生产涂料、炸药和表面活性剂的原料。

9.1.2.4　α,β-不饱和醛酮的特性

不饱和醛酮的种类很多，其中最主要的是 α,β-不饱和醛酮。它可以由羟醛缩合后失水制得。根据 α,β-不饱和醛、酮的结构，我们可以预料它兼有烯烃和醛酮的性质。它既能和亲电试剂（如 X_2）加成（在碳碳双键上），也能和亲核试剂（如 RLi）加成（在羰基上）。

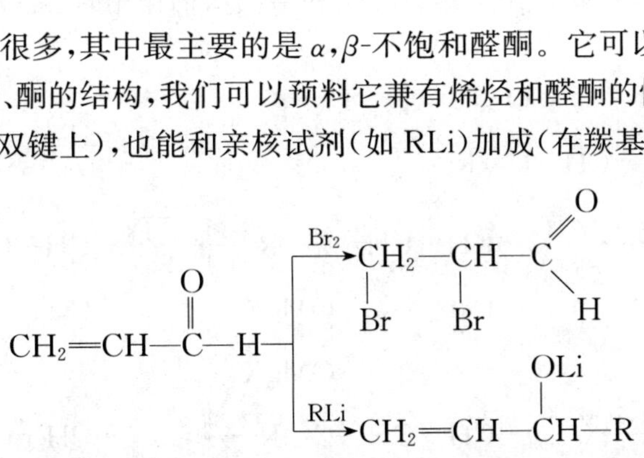

但是羰基的吸电子作用使这里的碳碳双键的亲电加成会较一般的烯烃难。此外，由于碳碳双键和羰基共轭，它也会和共轭双烯一样有一些独特的性质。下面简单的介绍 α,β-不饱和醛、酮的两个特性。

1）1,4-加成

当α,β-不饱和醛、酮和卤化氢（亲电试剂）、氢氰酸、羟胺、亚硫酸氢钠（亲核试剂）加成时，最终结果是加在碳碳双键上，而且 H 总是加在α-碳原子上，负电部分总是加在β-碳原子上。

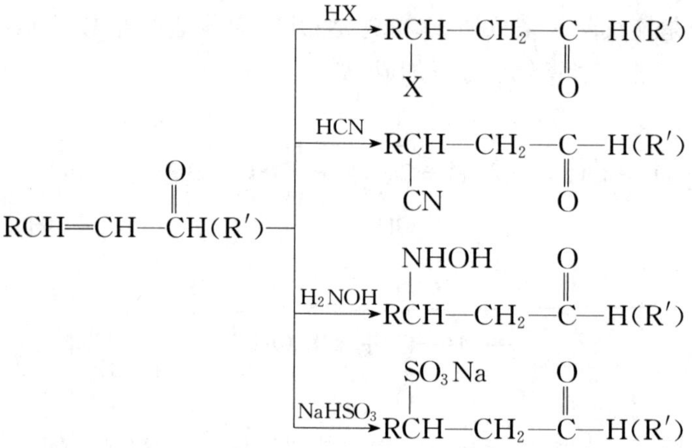

这是为什么呢？我们可以从不饱和醛、酮的结构来说明。由于碳碳双键和羰基共轭，因此它的加成反应和共轭二烯烃类似，有 1,2-加成和 1,4-加成两种可能。上述各反应都是 1,4-加成。由于 1,4-加成产物具有烯醇式结构，不稳定，所以发生分子内重排生成稳定的 3,4-加成产物。因此，这些加成反应为 1,4-加成。

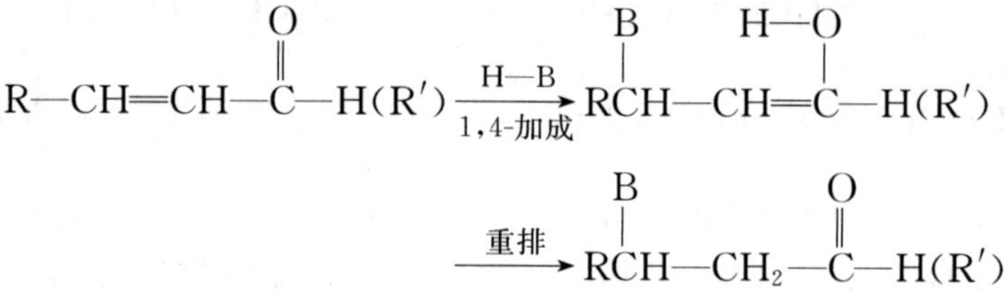

然而我们要指出：虽然在一般情况下，α,β-不饱和醛、酮所引起的加成反应是 1,4-加成转成 3,4-加成，但是这并不是说它不能起 1,2-加成反应。羰基旁的基团和试剂的大小及性质对产物的分布均有影响。例如，α,β-不饱和醛酮和格氏试剂作用时，除了 1,4-加成产物外，还有 1,2-加成产物。

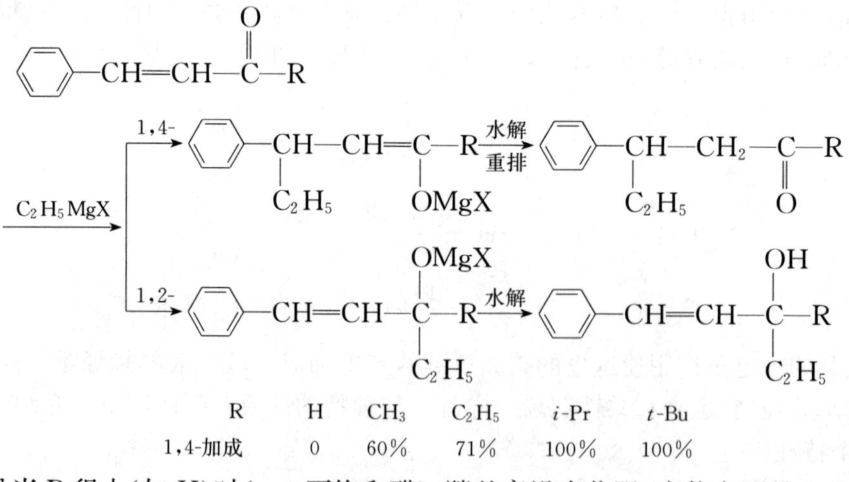

R	H	CH_3	C_2H_5	*i*-Pr	*t*-Bu
1,4-加成	0	60%	71%	100%	100%

特别是当 R 很小（如 H）时（α,β-不饱和醛），羰基旁没有位阻，产物主要是 1,2-加成产物。

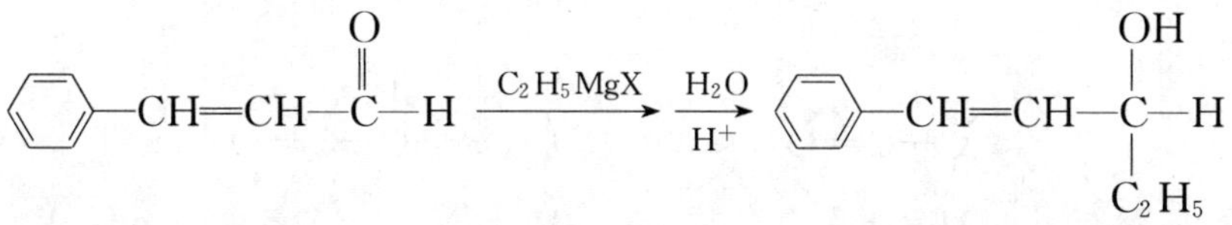

有机钠和有机锂化合物，它们的碱性较强，因而在与 α,β-不饱和醛、酮作用时，主要进攻羰基，产物大多是 1,2-加成产物。

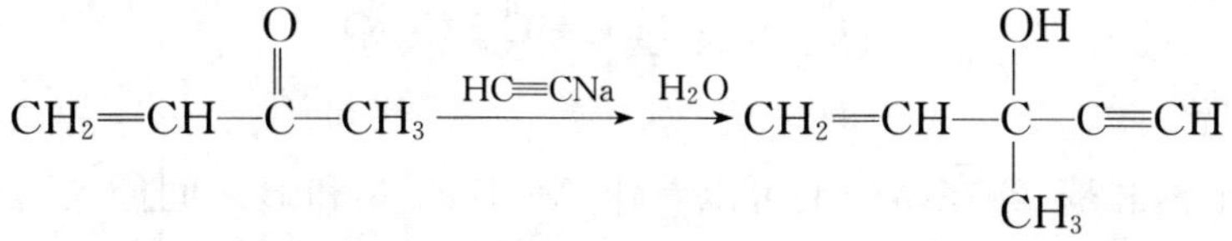

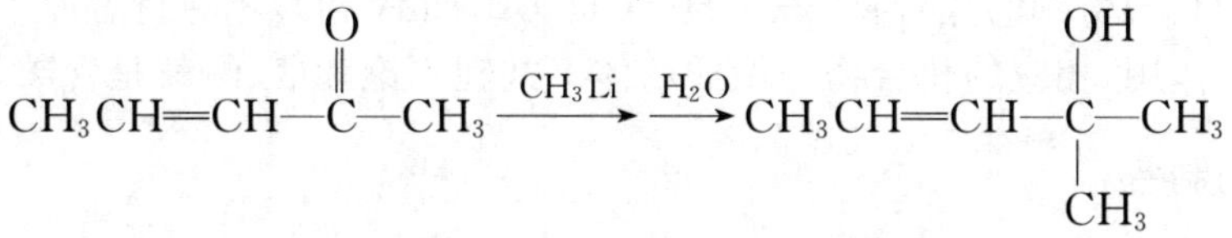

但是若改用弱碱性试剂（CN 或 RNH_2）或二烃基铜锂时，产物则变为以 1,4-加成为主。如

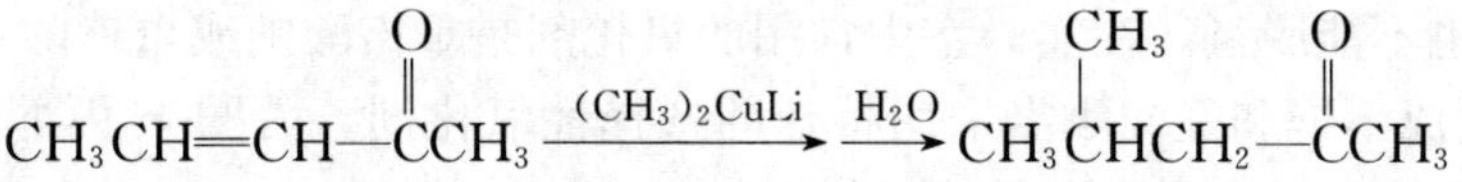

我们把碳负离子对共轭不饱和羰基化合物的 1,4-加成叫麦克尔(Michael)加成反应，这是一个非常有用的反应。如

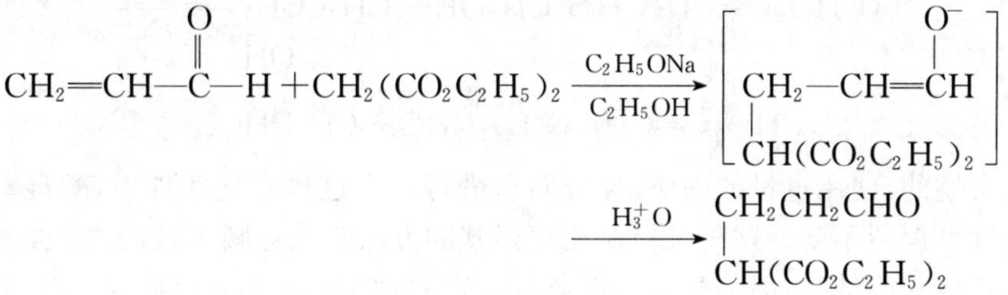

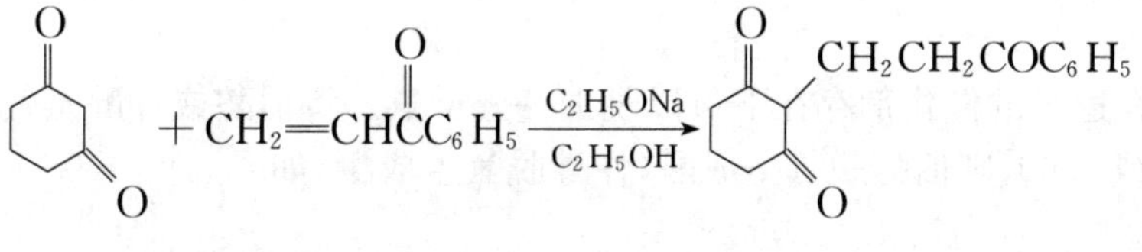

2）插烯作用

在研究巴豆醛(2-丁烯醛)的性质时，我们还发现它的甲基非常活泼。例如，它可以和乙醛或自身发生羟醛缩合反应：

$$CH_3CHO + CH_3CH{=}CHCHO \xrightarrow{OH^-} \xrightarrow[\triangle]{H_2O} CH_3CH{=}CHCH{=}CHCHO$$

$$CH_3CH{=}CHCHO + CH_3CH{=}CHCHO \xrightarrow{OH^-} \xrightarrow[\triangle]{H_2O} CH_3CH{=}CHCH{=}CHCH{=}CHCHO$$

这可以用共轭效应来解释。虽然在甲基和羰基之间加一个碳-碳双键，但是因为这个双键是和羰基共轭，而且 π 电子的流动性较大，所以羰基的电子效应将通过双键而传递到 γ-键上，

使 γ-H 活化。

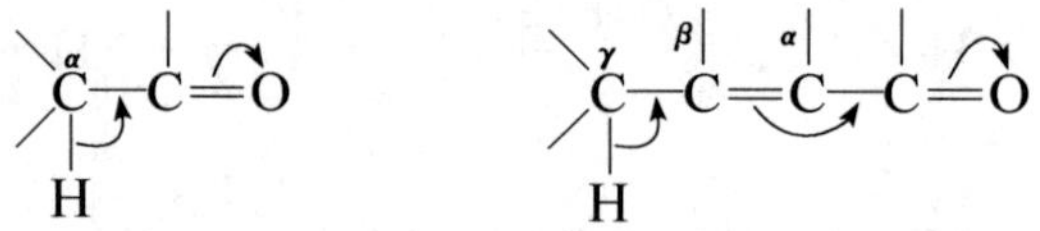

同样地，只要是一个连续不断的共轭体系，这种效应还可以传递到更远的碳上。

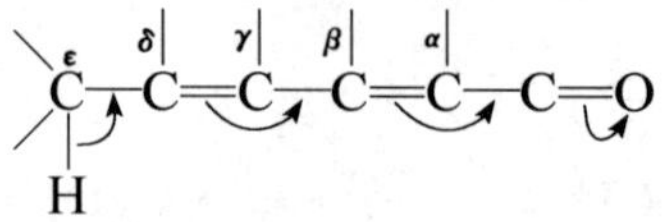

总之，共轭不饱和醛、酮在结构上可以看作 A—B 的 A 和 B 之间插入一个或多个 1，2-乙烯基（—CH═CH—）得到的化合物 A$\leftarrow$CH═CH$\rightarrow_n$B，而 A 和 B 仍保持着原来的相互关系，这种现象叫做插烯作用，相应的化合物叫做插烯体。共轭不饱和醛、酮就是含羰基的插烯体。

9.1.3　醛、酮的制备

9.1.3.1　醇的氧化和脱氢

伯醇和仲醇通过氧化或脱氢反应，可得到相应的醛或酮，叔醇分子中没有 α-H，在一般条件下不被氧化，也不能脱氢。在实验室中常用的氧化剂是重铬酸钠或重铬酸钾加硫酸，此外，从不饱和醇氧化成不饱和醛或酮需采用特殊的选择性氧化剂。丙酮-异丙醇铝（叔丁醇铝）或三氧化铬-吡啶都是可以达到这个目的氧化剂，如

$$(CH_3)_2C{=}CH(CH_2)_2CH_2OH + CH_3\overset{O}{\overset{\|}{C}}CH_3 \xrightleftharpoons{\text{异丙醇铝}}$$

$$(CH_3)_2C{=}CH_3(CH_2)_2CHO + CH_3\overset{OH}{\overset{|}{C}}HCH_3$$

反应是可逆的，使用过量的丙酮，反应向右进行。在这种氧化条件下，醇羟基被氧化而分子中的不饱和键保留不变。这种选择氧化醇羟基的方法叫欧芬脑尔氧化法。虽然伯醇可以用这种方法氧化成相应的醛，但因醛在碱性条件下容易发生羟醛缩合反应，故这种氧化方法更适合制备酮。

醇在适当的催化剂存在下可以脱去一分子氢。将伯醇或仲醇蒸气高温下通过催化剂 Cu、Ag、Ni 或 ZnO，则伯醇脱氢生成醛，仲醇脱氢生成酮，如

$$CH_3-\underset{H}{\overset{H}{C}}-OH \xrightarrow[260\sim290℃]{Cu} CH_3-C\!\!\begin{array}{l}{\nearrow}O\\ \searrow H\end{array} + H_2\uparrow$$

$$\begin{array}{l}H_3C\\ \quad\;\; \diagdown\\ \quad\quad\;\, CH-OH\\ \quad\;\; \diagup\\ H_3C\end{array} \xrightarrow[380℃]{Zn} CH_3\overset{O}{\overset{\|}{C}}CH_3 + H_2\uparrow$$

这个反应也可用来制备芳香族醛、酮。

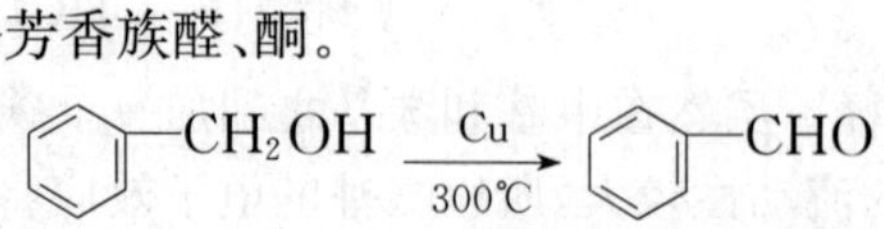

由醇脱氢得到的产品纯度较高，但因反应是吸热的，需要供给大量的热，所以工业上常在进行脱氢的同时，通入一定量的空气，使生成的氢与氧结合成水。氢与氧结合成水时放出的热量可直接供给脱氢反应，这种方法叫氧化脱氢法。

9.1.3.2　炔烃水合

在汞盐催化下，炔烃与水化合生成羰基化合物，可用通式表示如下：

$$\mathrm{R{-}C{\equiv}C{-}R + H_2O \xrightarrow[H_2SO_4]{Hg^{2+}} \left[R{-}\overset{\displaystyle OH}{\overset{|}{C}}{=}CHR \right] \xrightarrow{重排} R{-}\overset{\displaystyle O}{\overset{\|}{C}}{-}CH_2R}$$

9.1.3.3　同碳二卤化物水解

在水或碱的催化下，同碳二卤化物水解生成相应的醛或酮，如

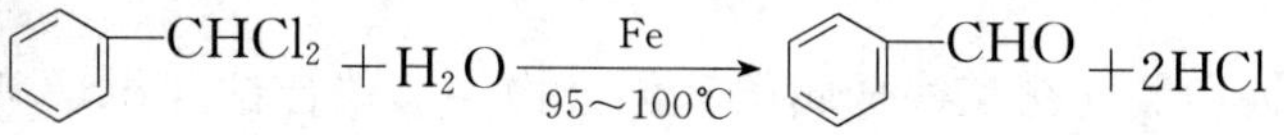

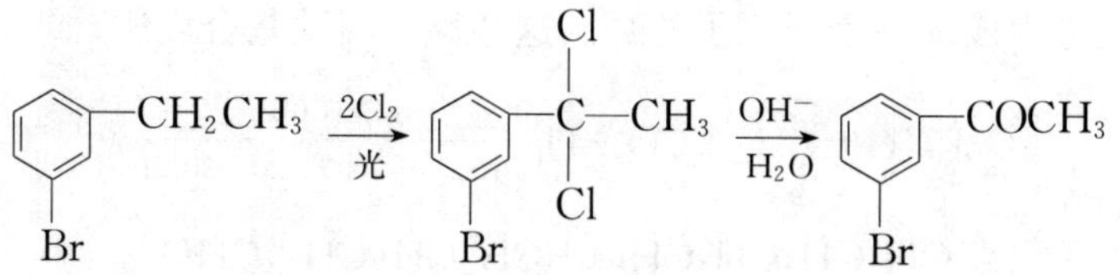

因为芳环侧链上的 α-氢容易被卤化，故这个方法主要是芳香醛、酮的制法。脂肪族同碳二卤化物由于较难得到，故一般不用此法制备脂肪醛酮。

9.1.3.4　芳环酰基化反应

芳烃在无水三氯化铝的催化下与酰卤（RCOX）或酸酐[$(RCO)_2O$]作用，则环上的氢原子可以被酰基取代，生成芳酮，如

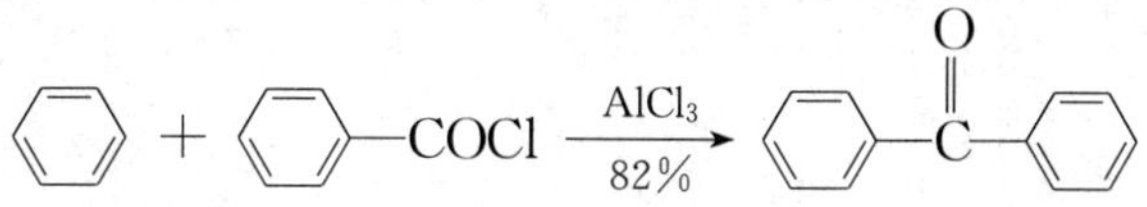

在 $AlCl_3$-Cu_2Cl_2存在下，芳烃与一氧化碳和氯化氢作用可以在环上引入一个甲酰基，得到相应的芳醛，这个反应叫伽特曼-科赫反应，如

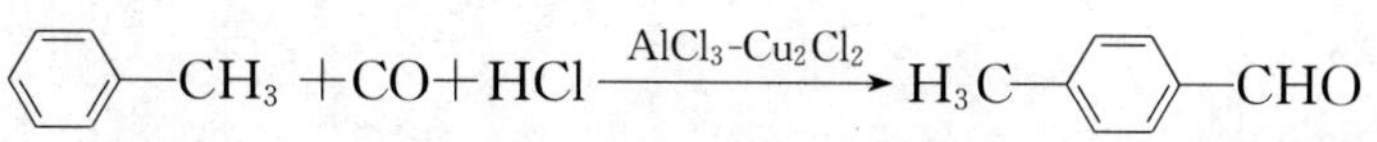

这个反应主要用于苯环、烷氧基苯环和烷基苯环的甲酰化，对于酚类和带有间位取代基的芳环不适用。

9.1.3.5　芳烃侧链的氧化

芳烃侧链上的 α-H 因受芳环的影响，容易被氧化。控制反应条件可以由芳烃氧化成相应的醛或酮。芳环上甲基可被氧化成芳醛。但醛能继续氧化生成芳酸，故由芳烃直接氧化制备芳醛时，必须选用适当的氧化剂。例如，用氧化铬-乙酐、酰氯等为催化剂，或催化氧化都可使反应主要停留在生成芳醛的阶段。

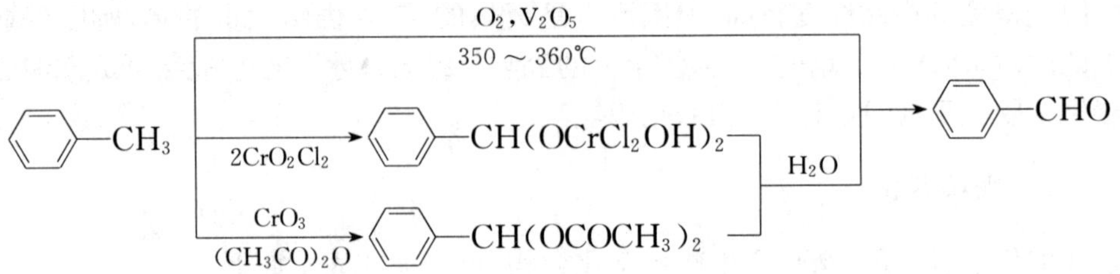

乙苯用空气氧化可得苯乙酮。

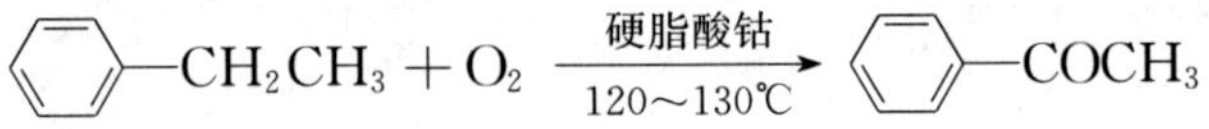

这是工业上生产苯乙酮的方法。

9.1.3.6 羰基合成法

烯烃与一氧化碳和氢气在某些金属羰基化合物如八羰合钴$[Co(CO)_4]_2$的催化作用下加热加压可以发生反应生成多一个碳原子的醛。这个反应叫羰基合成法，如

$$CH_3CH{=}CH_2+CO+H_2\xrightarrow[100℃\sim200℃,20\sim30MPa]{[Co(CO)_4]_2}$$

$$\underset{75\%}{CH_3CH_2CH_2CHO}+\underset{25\%}{CH_3CH(CH_3)CHO}$$

羰基合成的原料大多用双键在链端的α-烯烃，其产物以直链醛为主，该法对设备要求高，近年来对该方法作了改进，使用途较大的正构醛的生成比例增加，如

$$CH_3CH{=}CH_2+CO+H_2\xrightarrow[160℃,5\sim6MPa]{Co(CO)_6[P(n\text{-}C_4H_9)]_2}$$

$$\underset{5}{CH_3CH_2CH_2CHO}+\underset{:\quad 1}{CH_3CH(CH_3)CHO}$$

9.1.4 重要的醛、酮

醛、酮是一类很重要的化合物，它们广泛地用作溶剂、合成中间体、香料、塑料单体等。

9.1.4.1 甲醛

甲醛是无色、有刺激性的气体，易溶于水。37%～40%的甲醛水溶液(内含8%的甲醇)商业上叫福尔马林(Formalin)。因为甲醛能使蛋白质凝固，所以常用作消毒剂和防腐剂。

甲醛是结构上比较特殊的醛。羰基直接连接两个氢原子，因此它表现出特殊的化学活性。甲醛和氨作用生成一个结构复杂的化合物——六亚甲基四胺，商品名叫乌洛托品。

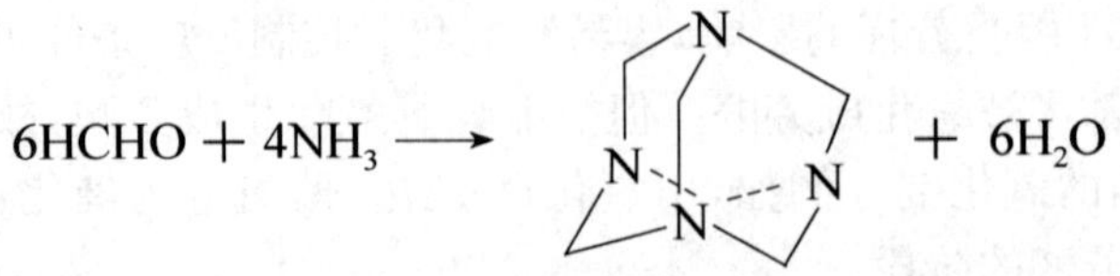

六亚甲基四胺是无色晶体，熔点263℃，易溶于水，有甜味，燃烧时产生炽热的火焰。乌洛

托品在医药上用作利尿剂和尿道消毒剂。在塑料工业上用作固化剂，如热塑性酚醛树脂中加入六亚甲基四胺，加热即可固化。这是因为六亚甲基四胺在加热时水解产生的甲醛起着交联剂的作用，氨则起碱性催化剂的作用。六亚甲基四胺也是制造烈性炸药的原料。

甲醛非常容易聚合，在不同的条件下生成三聚甲醛和多聚甲醛。它们加热到一定的温度都解聚成甲醛。

高纯度的甲醛用三氟化硼作催化剂容易聚合成相对分子质量为数万至数十万的线性甲醛聚合物，叫做聚甲醛。它是白色粉末。聚甲醛是一种具有优良综合性能的工程塑料，在较大的温度范围内有很好的机械强度和硬度，自润性和耐磨性也很好，可以代替金属材料制造汽车、飞机的零件、泵、轴承等。

9.1.4.2　乙醛

乙醛是无色、有刺激气味的液体，沸点 20.8℃，可溶于水、乙醇及乙醚中。在少量硫酸和干燥 HCl 存在下乙醛聚合成环状的三聚或四聚、多聚乙醛。

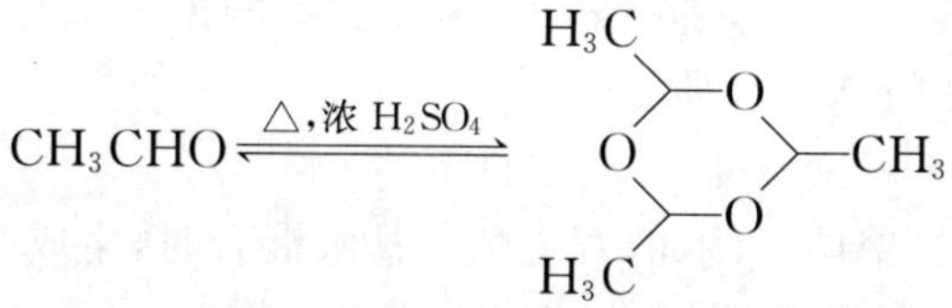

三聚乙醛是有香味的液体，沸点 124℃，在硫酸存在下解聚成乙醛，所以三聚乙醛是储存乙醛的最方便的方法。四聚乙醛是一种不溶于水的白色固体，沸点 246℃，可用作固体无烟燃料。乙醛是有机合成的重要原料，可用来合成乙酸、丁醇、季戊四醇等产品。

9.1.4.3　丙酮

丙酮在常温下是无色液体，沸点 56.1℃，具有令人愉快的香味，易溶于水、乙醇、乙醚等。丙酮是一种优良的溶剂，广泛地用于油漆、合成纤维等工业。丙酮还是合成环氧树脂、有机玻璃等的原料。工业上通过异丙苯氧化法同时获得丙酮和苯酚。

9.1.4.4　环己酮

环己酮是一种脂环族饱和酮。它可由环己醇催化脱氢或氧化制备。工业上则从苯酚催化加氢，先制得环己醇，再经氧化而生成环己酮。

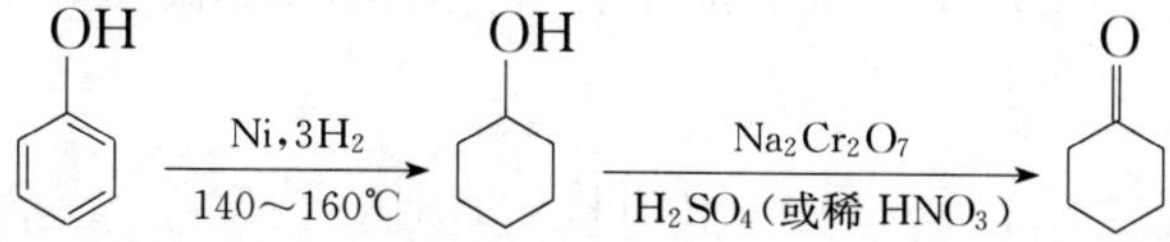

近年来，将苯在气相下氢化，先生成环己烷，再经空气氧化，环己烷就生成环己酮和环己醇的混合物，反应生成的环己醇，经脱氢可得环己酮。

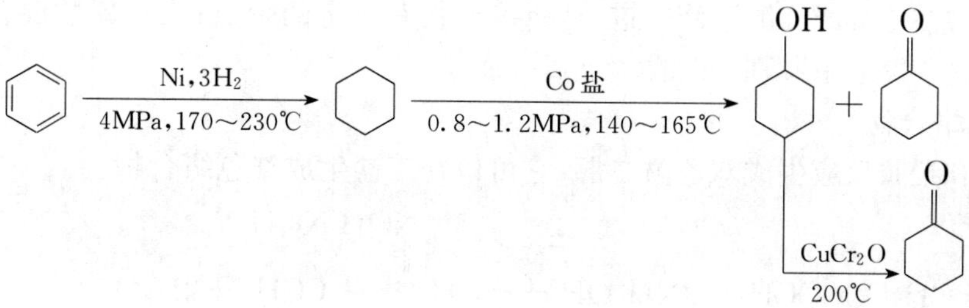

环己酮为无色油状液体，有丙酮的气味，沸点 155.7℃，微溶于水，易溶于乙醇和乙醚，环己酮氧化后生成己二酸，它是制造尼龙-66 的原料。

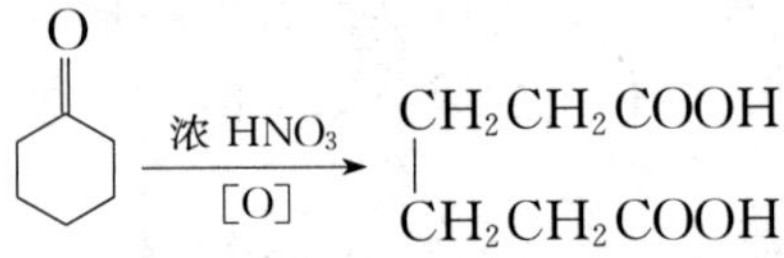

环己酮与羟胺作用生成环己酮肟，可用来生产尼龙-6。

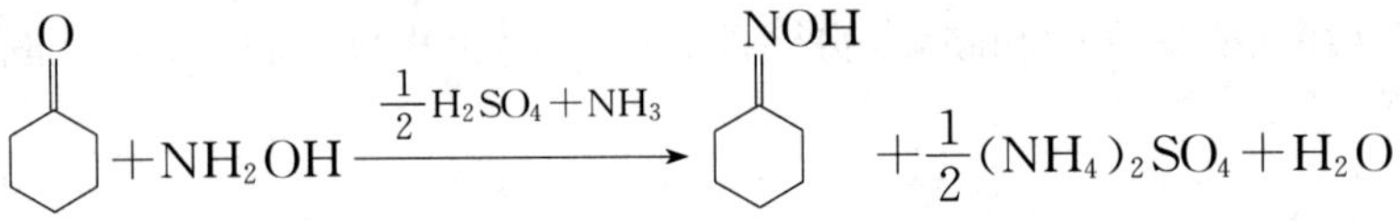

9.1.4.5　丁二酮

丁二酮($CH_3COCOCH_3$)又叫双乙酰，是一个最简单的 α-二酮。它是一种有脂肪奶油香味的淡黄色的油状液体，熔点 −4℃，沸点 88℃，除了具有酮的一般化学性质外，由于羰基之间的相互影响，还表现出一些特殊的性质。

1）聚合作用

α-二酮很容易聚合为二聚体。例如，双乙酰与盐酸混合时，生成二聚丁二酮；在碱存在下，发生醇醛缩合反应，并进一步闭环、脱水生成对苯醌衍生物。

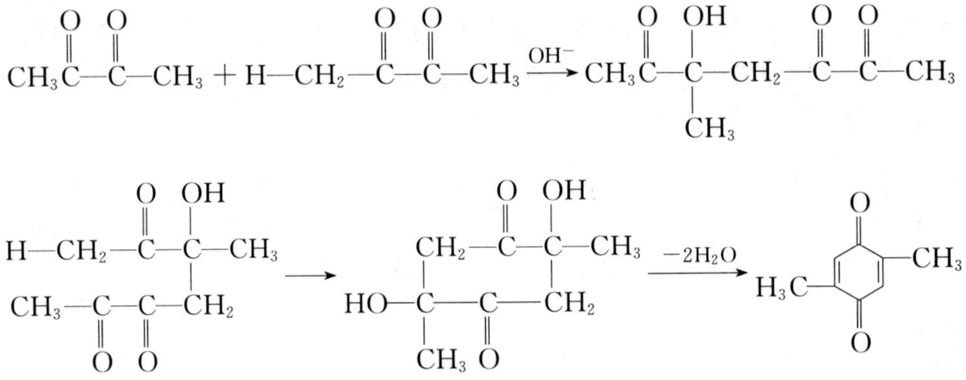

2）缩合反应

与 1,2-二胺的缩合作用是 α-二酮的特性之一。例如，双乙酰与邻苯二胺反应生成 2,3-二甲基苯并吡嗪。

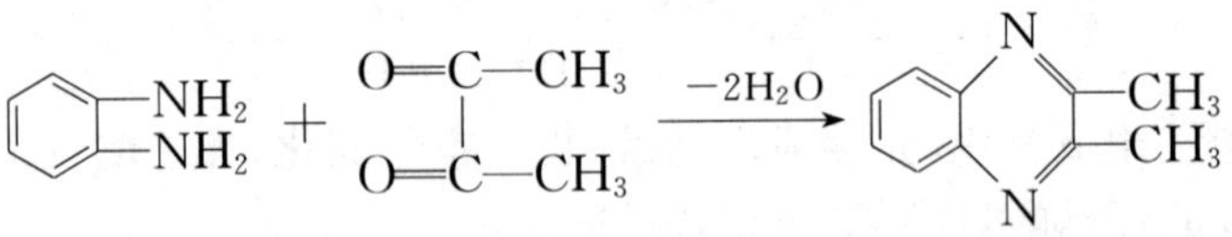

该反应常在乙醇或乙酸溶液中进行，所得产物有一定的熔点；当与硫酸混合时显示红色，因此常利用这一反应来鉴别 α-二酮及 1,2-二胺。

3）生成络合物

双乙酰和羟胺反应生成双乙酰二肟，它可以与镍盐生成红色络合物。

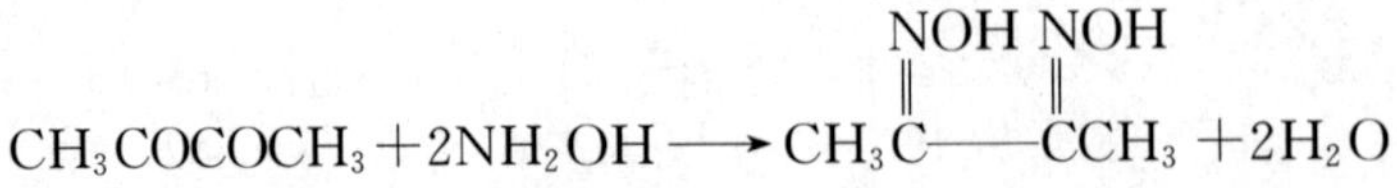

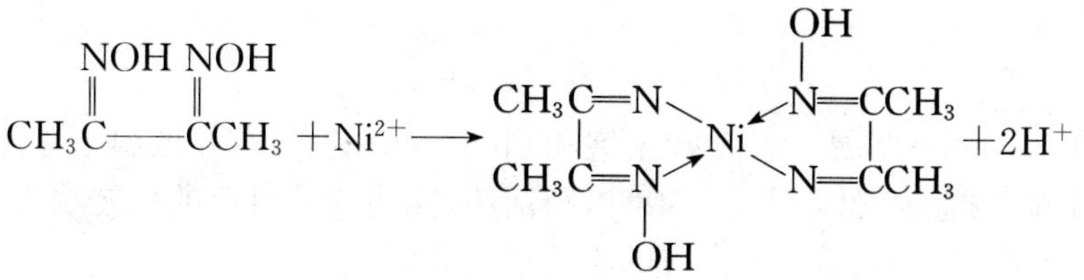

啤酒在发酵过程中由于酵母的作用常产生双乙酰，当达到一定的浓度时就使啤酒有一种馊饭味，饮用时产生异味口感。

9.1.4.6　2,4-戊二酮

2,4-戊二酮（$CH_3COCH_2COCH_3$）又叫乙酰丙酮，是最简单的 β-二酮。它是无色的液体，沸点 139℃，具有芳香气味；微溶于水，可与乙醇、乙醚混溶。乙酰丙酮分子中的亚甲基氢原子由于受到两个羰基的影响，变得很活泼，容易由酮式变成烯醇式，最后达到动态平衡，这就是前面介绍的互变异构现象。

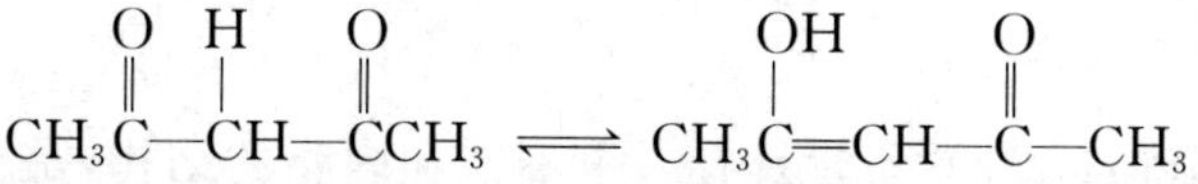

该平衡混合物遇三氯化铁显紫红色，证明有烯醇式结构存在。

又由于它的烯醇式结构中可以形成分子内氢键，所以在它的互变平衡中烯醇式的含量最高，达到 76%；即便是在水溶液中，烯醇式的含量也在 1.8%左右，而在已烷溶液中烯醇式的含量高达 92%，在气态中其烯醇式含量占 91%～93%。

在醇钠或其他强碱作用下，乙酰丙酮容易形成碳负离子，该碳负离子能与卤代烷发生亲核取代反应，也能与 α,β-共轭不饱和羰基化合物发生麦克尔反应。

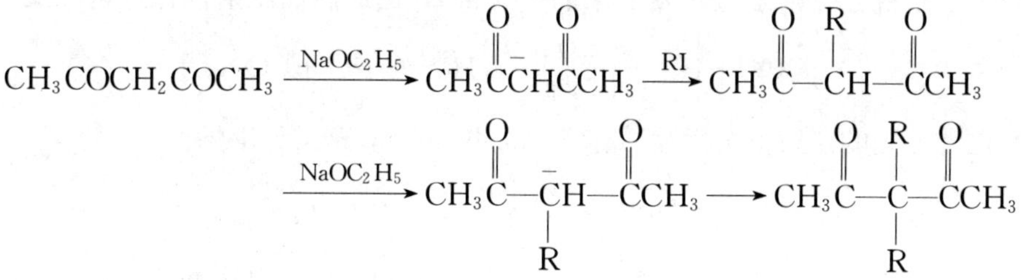

乙酰丙酮可以与铜、铝、铬等金属离子形成环状络合物，性质稳定，具有一定的熔点，易溶于苯等有机溶剂，而不易溶于水，如

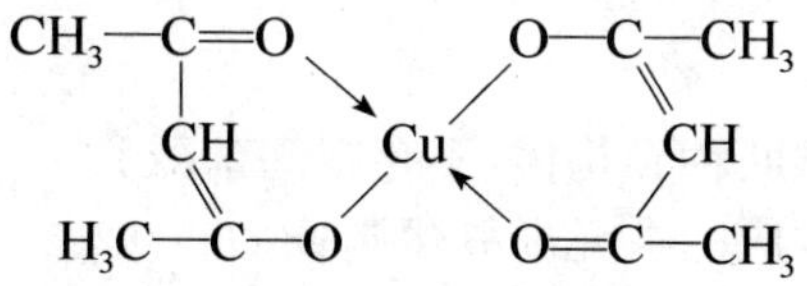

β-二酮的这些性质，在研究酒花的化学性质时有意义。

β-二酮的亚甲基具有高度的反应活性还表现在它可以被弱氧化剂 SeO_2 氧化，这也是茚三酮的制备方法，如

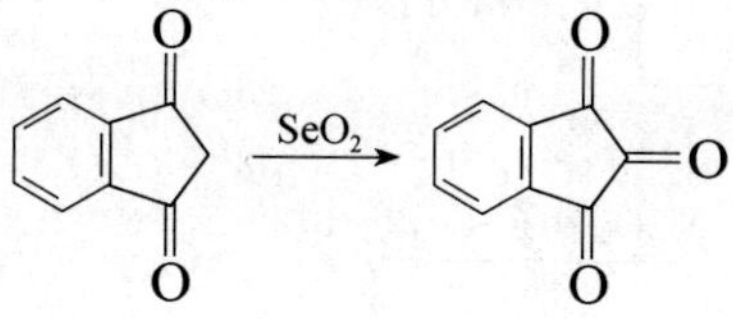

（茚三酮）

9.1.4.7　乙烯酮

乙烯酮($CH_2=C=O$)是一种特殊不饱和酮，很不稳定，只有在低温下才能保存。它是一种易溶于乙醚、丙酮的有毒气体，沸点－48℃，很活泼，能与含活泼氢的化合物发生加成反应，在试剂分子中引入乙酰基，因此是一种很好的乙酰基化试剂。

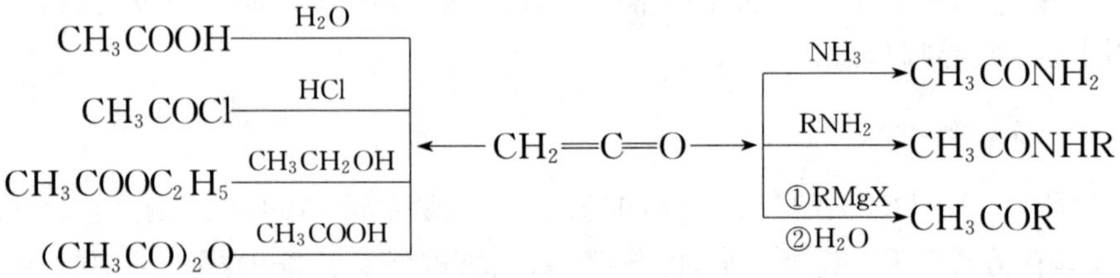

乙烯酮在0℃时易发生聚合反应。控制反应条件可获得二聚体——二乙烯酮。

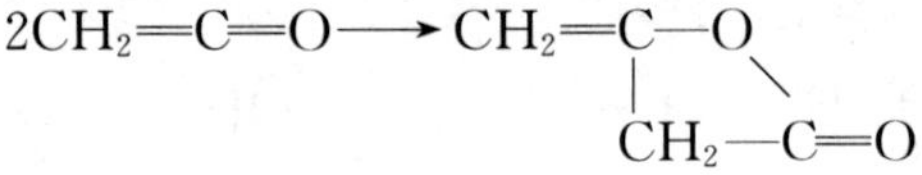

二乙烯酮是液体，沸点127℃。它具有一个不饱和内脂的结构，是重要的有机合成原料，工业上用于合成乙酰乙酸乙酯。

乙烯酮可由乙酸或丙酮加热裂解制得。

$$CH_3COOH \xrightarrow[700℃]{磷酸三乙酯} CH_2=C=O + H_2O$$

$$CH_3COCH_3 \xrightarrow[\triangle]{700\sim850℃} CH_2=C=O + CH_4$$

更好的工业制备方法则是近年发展来的CO和H_2在加热加压下催化进行的反应。

$$3CO + H_2 \xrightarrow[250℃，加压]{ZnO} CH_2=C=O + CO_2$$

乙烯酮在紫外光的照射下分解生成卡宾(Carbene)，卡宾又称碳烯。

$$CH_2=C=O \xrightarrow{h\nu} :CH_2 + CO$$

9.2　醌

9.2.1　苯醌

苯醌只有邻苯醌和对苯醌两种异构体，不存在间苯醌。

对苯醌和邻苯醌可以由相应的二元酚氧化制备，如

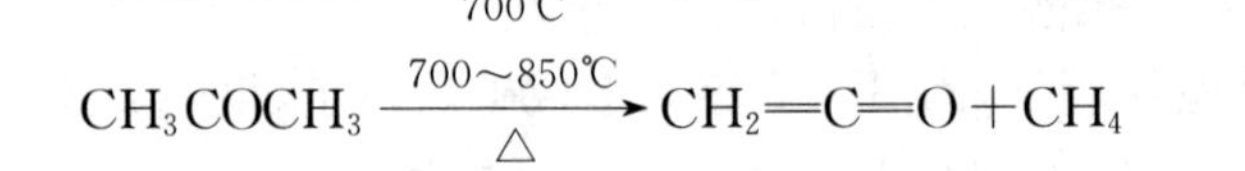

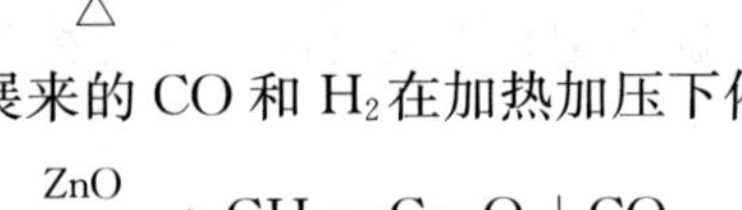

苯胺或苯酚氧化也可以制得对苯醌。

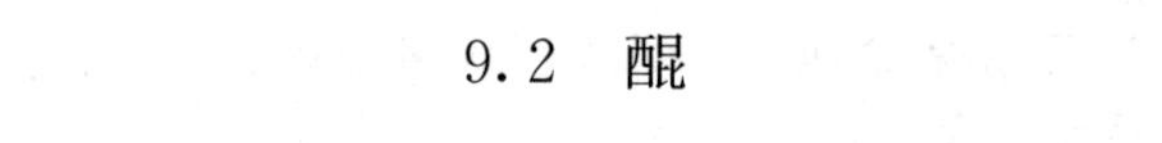

苯醌分子中有羰基，又有碳碳双键，为此它能发生羰基和烯键的一般反应。同时，由于羰基与双键共轭，它在结构上相当于 α,β-不饱和酮，因此可以发生 1，4-加成和 1，6-加成。

1）羰基的加成

对苯醌中的羰基能与羰基试剂、格氏试剂等加成。例如，它与一分子羟胺或两分子羟胺加成分别得到单肟或双肟。

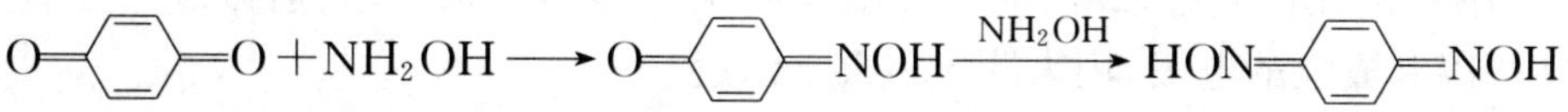

对苯醌与格氏试剂加成，生成醌醇。

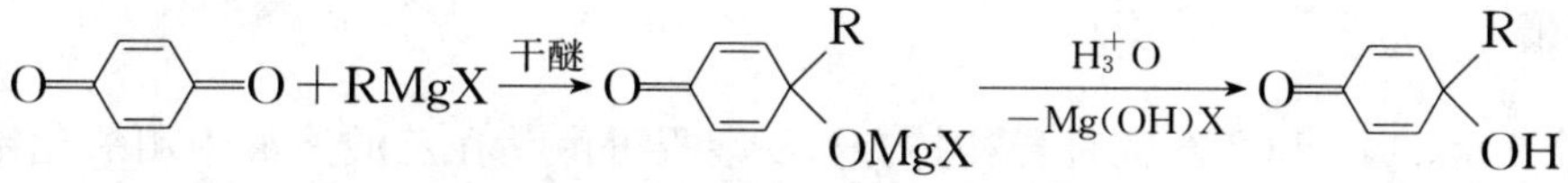

醌醇分子中的羰基还可以和格氏试剂加成，生成二元醇。

2）烯键的加成

对苯醌中的碳碳双键可以和卤素、卤化氢等亲电试剂加成。例如，对苯醌与氯加成发生在碳碳双键上，属亲电加成，生成二氯或四氯苯醌。

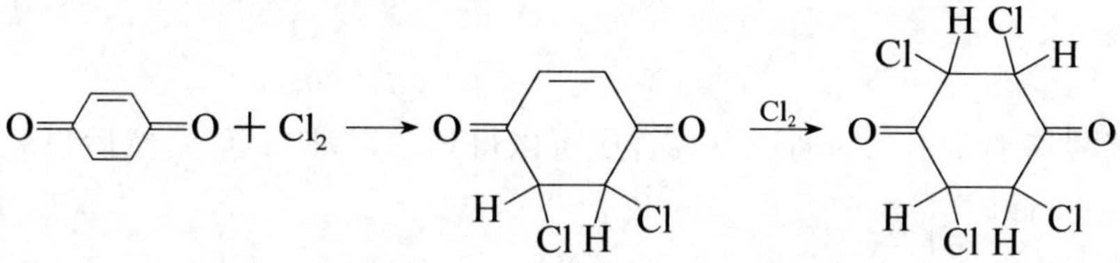

2，3，5，6-四氯环己二酮

苯醌与氯化氢 1，4-加成，生成 1，4-对苯二酚的氯代衍生物。

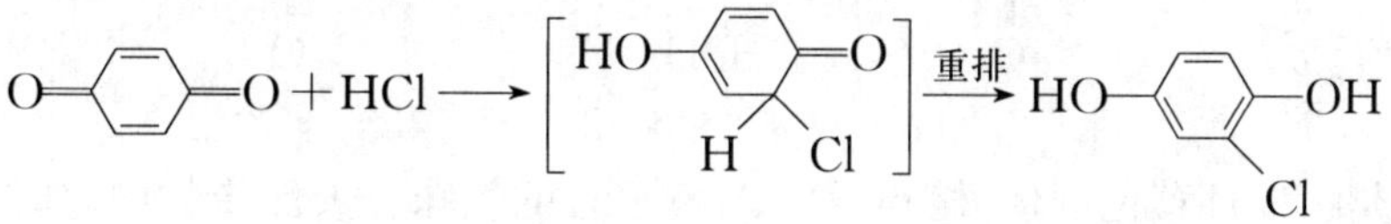

这实际上相当于 α,β-不饱和醛、酮的 1，4-加成作用。氢氰酸、亚硫酸氢钠与苯醌的反应也是 1，4-加成。

苯醌分子中的烯键因受两个羰基吸电子效应的影响而成为一个活化的亲双烯体，所以苯醌能和共轭双烯进行环加成作用，如

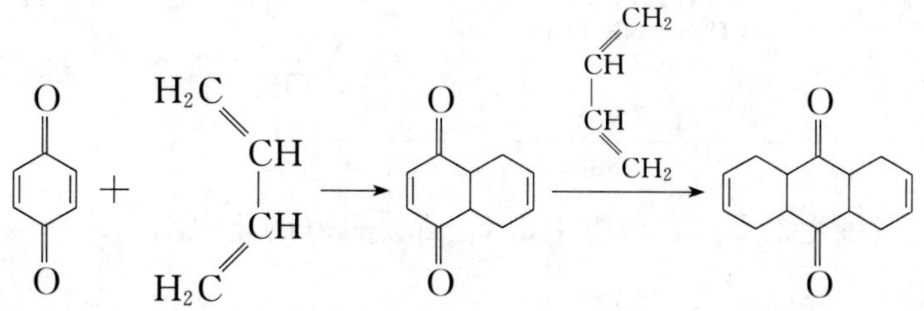

3）还原反应

对苯醌很容易被还原为对苯二酚（或氢醌），这相当于 1，6-加成，也是对苯二酚氧化的逆反应。还原剂可以是 H_2S、HI、$Na_2S_2O_3$、Fe/H_2O、$FeCl_2$ 等。

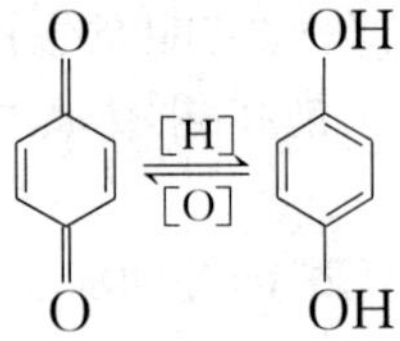

对苯二酚易被氧化成对苯醌，而对苯醌又易被还原为对苯二酚，所以利用二者之间的氧化-还原性可以制成氢醌电极，用来测定氢离子浓度。

对苯醌易挥发，有毒，气味与臭氧相似，熔点 112.9℃。

9.2.2 萘醌

萘醌有 1,4-、1,2-和 2,6-三种异构体。1,4-萘醌可由萘在乙酸溶液中用氧化铬进行氧化而得，但产率较低。工业上，则用空气催化氧化。

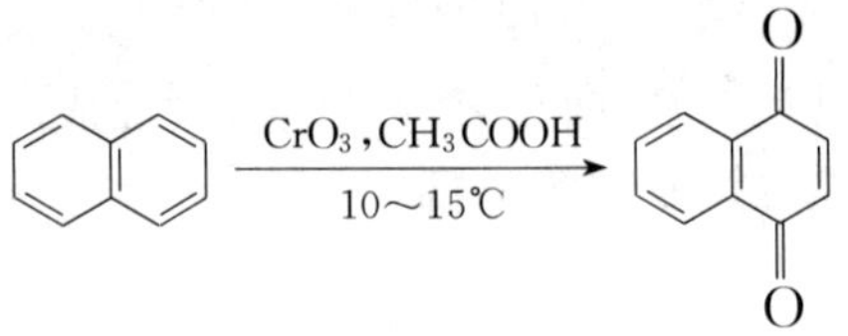

1,4-萘醌

从 1,4-苯醌和 1,3-丁二烯通过双烯合成可以得到二羟基二氢萘，然后再氧化，即得 1,4-萘醌。

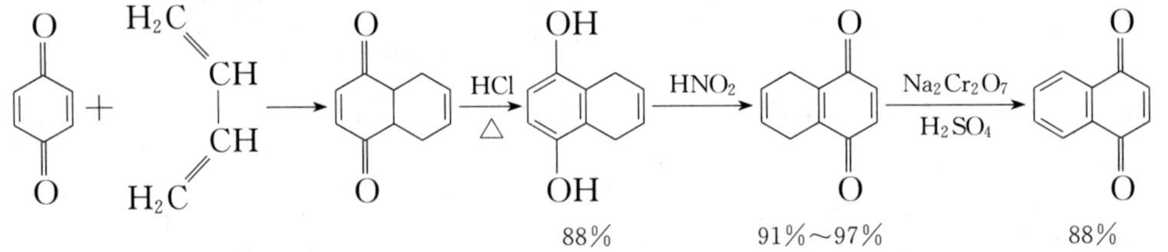

1,4-萘醌是挥发性黄色固体，熔点 125℃，有显著的气味。天然产物中，如维生素 K_1 和维生素 K_2 都是萘醌的衍生物。萘醌-2-磺酸钠盐可由 1,4-萘酚或 1,4-萘醌经磺化制得，在工业上可用来脱除多种气体中的硫化氢以净化气体，它本身无毒并且可再生而反复使用。

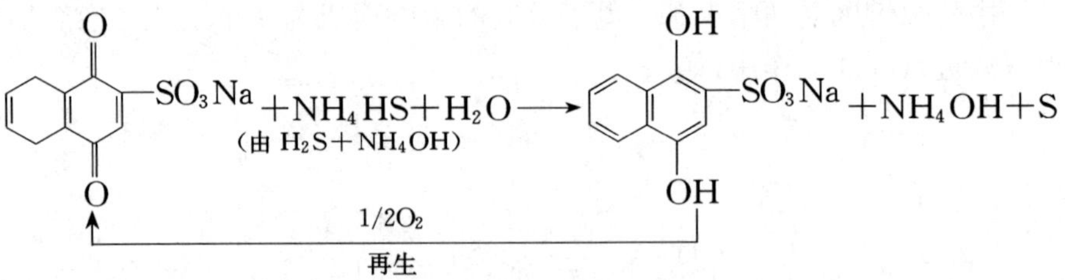

2-甲基萘醌又名维生素 K_3，它与维生素 K_1 都是良好的止血剂。

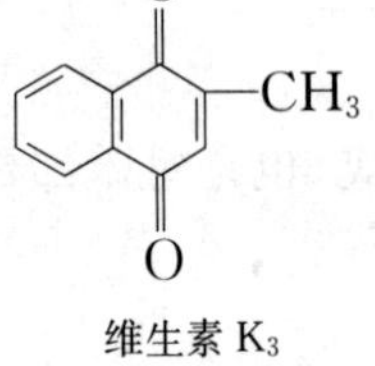

维生素 K_3

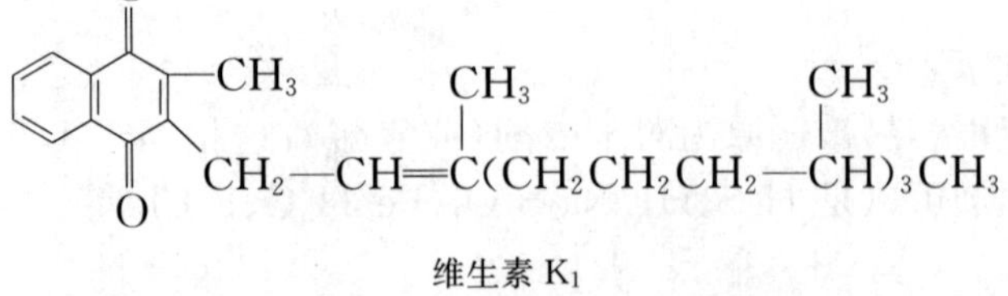

维生素 K_1

9.2.3　蒽醌

蒽醌有九种异构体，但已知存在的只有 1,2-、1,4-和 9,10-三种，其中最重要的是 9,10-蒽醌，通常简称蒽醌。9,10-蒽醌可由蒽氧化或由邻苯二甲酸酐和苯在三氯化铝存在下发生傅-克酰基化反应制得。

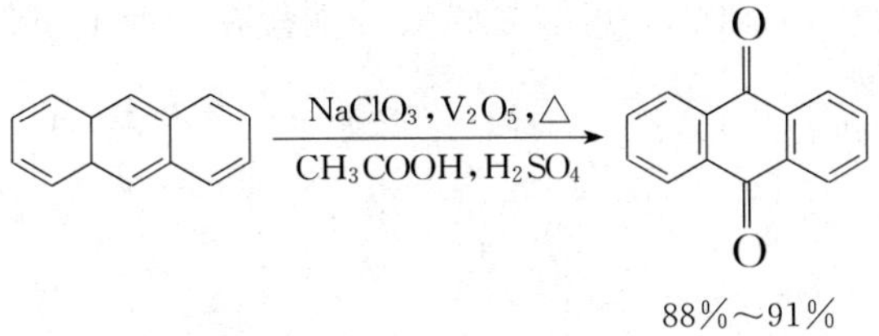

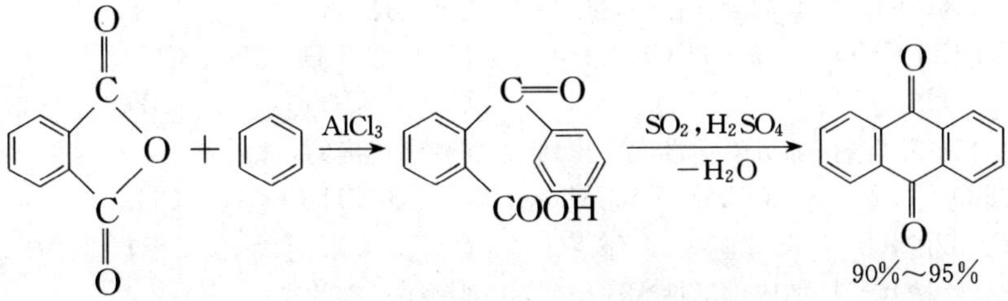

蒽醌是淡黄色结晶，熔点 285℃，沸点 382℃。蒽醌没有气味，挥发性不大，不溶于水，微溶于乙醇、乙醚、氯仿等有机溶剂，可溶于浓硫酸。将溶有蒽醌的硫酸溶液用水稀释，蒽醌即析出，借此可使杂质分离。蒽醌很稳定，不易被氧化，不被弱还原剂(如亚硫酸)还原，但在保险粉(低亚硫酸钠 $Na_2S_2O_4$)的碱溶液中，可被还原生成 9,10-二羟基蒽的血红色溶液。但此溶液易被空气氧化而褪色并又析出蒽醌，故可用于蒽醌的分离提纯。

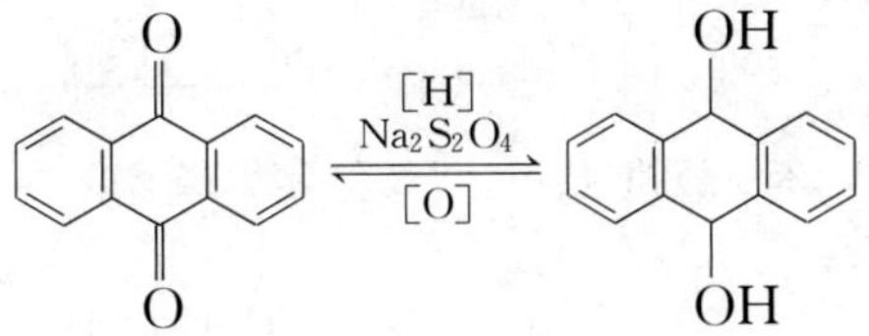

蒽醌分子中的两个羰基使相邻的两个苯环钝化，因此蒽醌不易发生亲电取代反应。例如，它不发生傅-克反应。

蒽醌很难用浓硫酸磺化，但用发烟硫酸并加热至 160℃时，可磺化生成 β-蒽醌磺酸及少量 α-蒽醌磺酸，继续磺化，可得到等量的 2,6-和 2,7-蒽醌二磺酸(简称 ADA)。如用硫酸汞作催化剂则先生成 α-蒽醌磺酸，然后生成 1,5-和 1,8-蒽醌二磺酸。

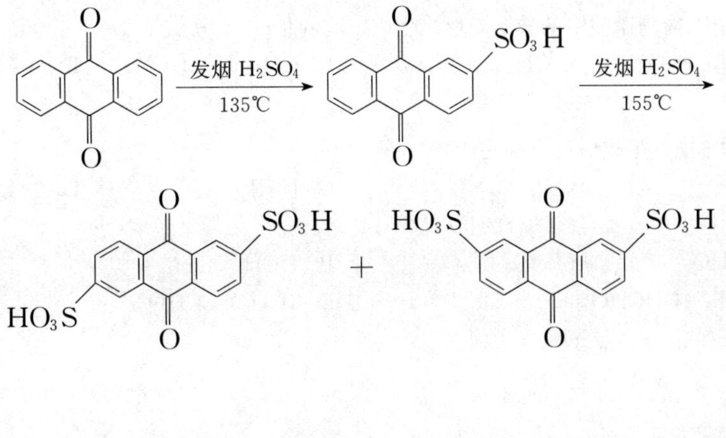

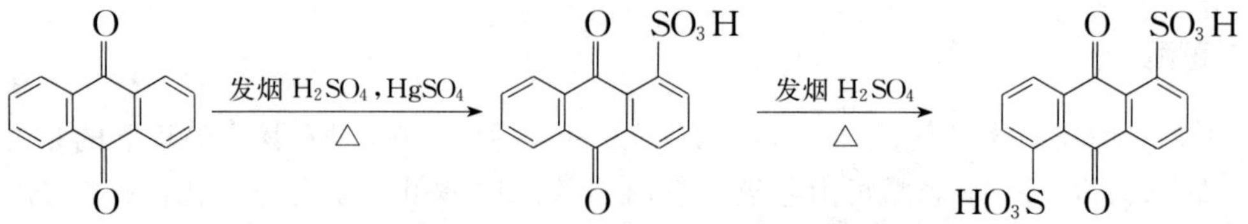

蒽醌磺酸分子中的磺酸基可被羟基或氨基取代,β-蒽醌磺酸是重要的染料中间体,可用来制取染料阴丹士林蓝等。2,6-和 2,7-蒽醌二磺酸的钠盐在工业上可作脱硫催化剂。

习　　题

(一) 基础知识练习题

1. 单项选择题。

(1) 将下列化合物按沸点降低的顺序排列,排列顺序正确的是(　　)。

① $CH_3CH_2CH_2CHO$　② $CH_3CH_2CH_2CH_2OH$　③ $CH_3(CH_2)_3CH_3$

A. ①>②>③　B. ②>①>③　C. ③>②>①　D. ②>③>①

(2) 将下列化合物按其亲核加成的活性次序排列,排列顺序正确的是(　　)。

① CH_3CHO　② CH_3COCH_3　③ CF_3CHO　④ $CH_3COCH{=}CH_2$

A. ①>②>③>④　B. ④>②>①>③　C. ③>②>①>④　D. ③>①>②>④

(3) 将下列化合物按其亲核加成的活性次序排列,排列顺序正确的是(　　)。

① CH_2ClCHO　② $BrCH_2COCH_3$　③ $CH_2{=}CHCHO$　④ CH_3CH_2CHO

A. ①>②>③>④　B. ④>①>②>③　C. ①>③>②>④　D. ①>②>④>③

(4) 将下列化合物按其亲核加成的活性次序排列,排列顺序正确的是(　　)。

① CH_3CHO　② CH_3COCH_3　③ C_6H_5CHO　④ $C_6H_5COC_6H_5$

A. ①>②>③>④　B. ④>③>①>②　C. ①>③>②>④　D. ④>③>②>①

(5) 下列反应生成的主要产物的名称是(　　)。

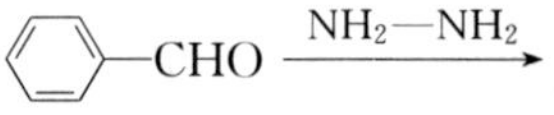

A. 苯甲醛肟　B. 苯甲醛腙　C. 苯甲醛缩胺　D. 苯甲醛缩胺脲

(6) 下列反应生成的主要产物是(　　)。

$$CH_3CH_2CHO \xrightarrow[\text{干 HCl}]{HOCH_2\text{-}CH_2OH} ?$$

A. $CH_3CH_2CH_2OCH_2CH_2OH$　B. $CH_3CH_2CH(OH)OCH_2CH_2OH$

C. 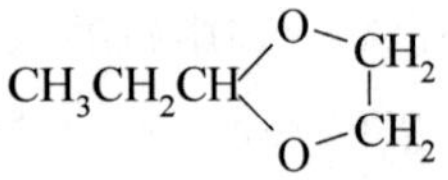

D. $CH_3CH_2CH{=}CHCH_2OH$

(7) 下列化合物中,能与硝酸银的醇溶液反应生成沉淀的是(　　)。

A. $CH_3CH_2CH_2OH$　B. CH_3COCH_3　C. CH_3CH_2CHO　D. $CH_3CH(OH)CH_3$

(8) 下列有机物不能发生碘仿反应的是(　　)。

A 甲醛　B. 乙醛　C. 丙酮　D. 2-戊醇

(9) 下列化合物能发生自身羟醛缩合的是(　　)。

A. C_6H_5CHO　B. HCHO

C. $(CH_3CH_2)_2CHCHO$　D. $(CH_3)_3CCHO$

(10) 下列化合物不能发生歧化反应的是(　　)。

A. C_6H_5CHO　　B. HCHO

C. $(CH_3CH_2)_2CHCHO$　　D. $(CH_3)_3CCHO$

2. 判断题。

(1) 醛的亲核加成的活性都高于酮的亲核加成的活性。　(　　)

(2) 醛很容易被氧化成羧酸，而酮不能被氧化。　(　　)

(3) 乙醇也可以发生碘仿反应。　(　　)

(4) 醛能与硝酸银的醇溶液反应生成金属银。　(　　)

(5) 硼氢化钠在醇溶液中可以将醛、酮还原成烃。　(　　)

(6) 3-丁烯醛与 CH_3MgBr 发生加成反应生成的主产物是 1,4-加成产物。　(　　)

(7) 醛和酮催化加氢还原生成醇。　(　　)

(8) 缩醛反应就是醛之间的缩合反应。　(　　)

(9) 凡是醛在稀碱溶液中都可以发生羟醛缩合反应。　(　　)

(10) 费林试剂能将醛氧化，并有红色氧化亚铜沉淀析出。　(　　)

3. 完成下列反应。

(1) $CH_3CH(OH)CH_2CH_3 \xrightarrow{(A)} CH_3C(=O)CH_2CH_3 \xrightarrow{HCN} (B)$

(2) $CH_3CH_2CHO \xrightarrow{稀\ OH^-} (A) \xrightarrow[②H_2O]{①LiAlH_4} (B)$

(3) 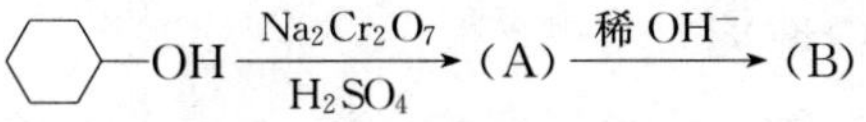

(4) $(CH_3)_2CHCHO \xrightarrow[乙酸]{Br_2} (A) \xrightarrow[干\ HCl]{2CH_3CH_2OH} (B) \xrightarrow[干醚]{Mg} (C) \xrightarrow[②H_3^+O]{①(CH_3)_2CHCHO} (D)$

(5) 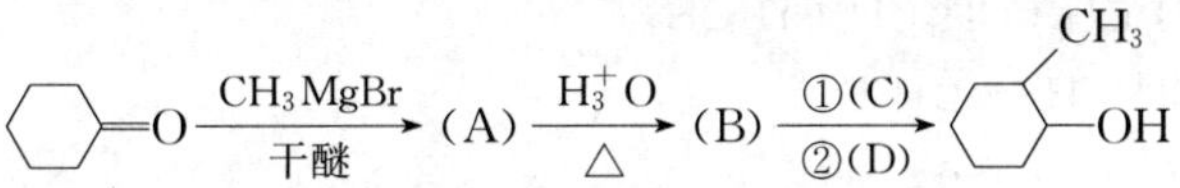

(6) $(CH_3)_3CCHO + HCHO \xrightarrow{浓\ NaOH} (A) + (B)$

(7) 

(8) $Ph_3P + CH_3CH_2Br \longrightarrow (A) \xrightarrow{C_6H_5Li} (B) \xrightarrow{CH_3CH=CH-C(=O)-CH_3} (C)$

(9) 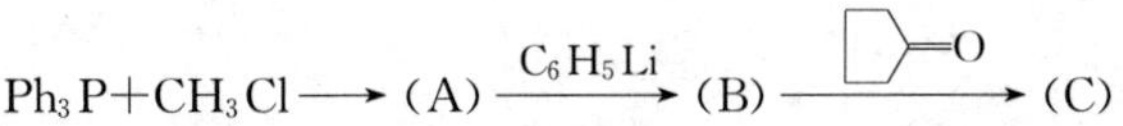

(10) $CH_2=CHCHO + HCN \xrightarrow{OH^-} (A)$

4. 写出下列反应的产物及产物的名称。

(1) 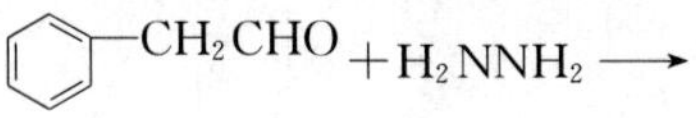　(2) 

(3) 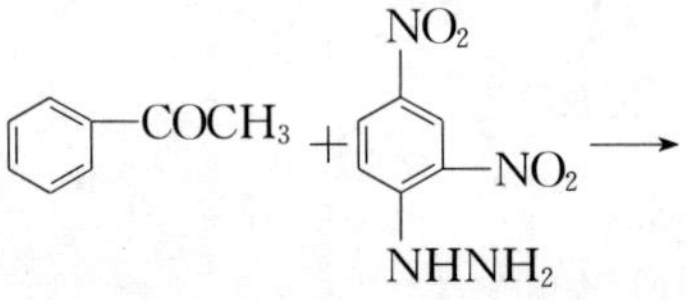　(4) $CH_3COCH_2CH_3 + H_2NOH \longrightarrow$

5. 下列化合物哪些能发生碘仿反应？哪些能与饱和 $NaHSO_3$ 溶液加成？写出反应产物。

(1) 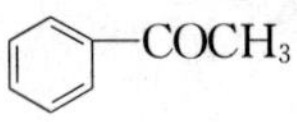　(2) 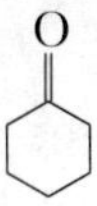　(3) 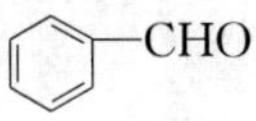　(4) $CH_3CH_2COCH_2CH_3$

(5) CH_3CH_2OH　(6) $CH_3CH(OH)CH_2CH_3$　(7) $CH_3CH_2COCH_3$　(8) CH_3CH_2CHO

(二) 综合提高练习题

1. 用化学方法区分下列各组化合物。

(1) 苯甲醇、苯乙醛与苯乙酮　(2) 2-己醇、2-己酮与 3-己酮

(3) 甲醛、乙醛与丙酮　(4) 2-戊酮、3-戊酮与环己酮

(5) 丁酮、2-丁醇与 2-氯丁烷

2. 用化学方法分离、提纯下列化合物。

(1) 分离环己醇、环己酮和 3-己酮的混合物

(2) 除去异丙醇中所含少量丙酮

3. 利用 Wittig 试剂和必要的原料合成下列化合物。

(1) 　(2) $(CH_3)_2C{=}CHC_6H_5$

4. 利用适当的醛、酮和格氏试剂合成下列化合物。

(1) $CH_3C(OH)(CH_2CH_3)CH_2CH_2CH_3$　(2) 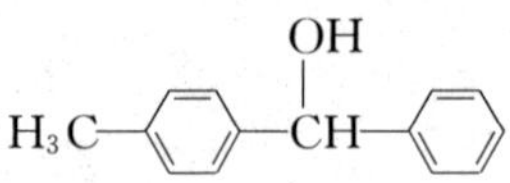

(3) 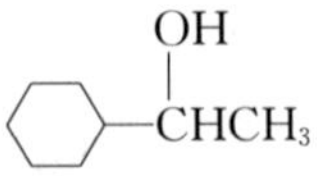　(4) $CH_3CH_2CH_2OH$

5. 以下列各化合物为主要原料合成指定的化合物。

(1) $CH_3CH{=}CH_2, CH{\equiv}CH \longrightarrow CH_3CH_2CH_2COCH_2CH_2CH_2CH_3$

(2) $CH_3CH_2CH_2CH_2OH \longrightarrow CH_3CH_2CH_2CH{=}C(C_2H_5)CH_2OH$

(3) $CH_2{=}CHCHO \longrightarrow CH_2(OH)CH(OH)CHO$

(4) $CH_3COCH_3, ClCH_2CH_2CH_2CHO \longrightarrow (CH_3)_2C(OH)CH_2CH_2CH_2CHO$

6. 反应机理。

(1) 依据下列反应事实，写出合理的反应机理。

$$C_6H_5CHO + CH_3-\overset{O}{\overset{\|}{C}}-CH_3 \xrightarrow[100℃]{OH^-} C_6H_5CH{=}CHCOCH_3$$

(2) 写出乙醛与 HCN 反应的反应机理。

(3) 写出乙醛羟醛缩合反应机理。

$$2CH_3CHO \xrightarrow[\triangle]{稀\ OH^-} CH_3CH{=}CHCHO$$

(4) 写出苯甲醛在浓碱条件下发生坎尼扎罗(歧化)反应的反应机理。

(5) 写出下列反应机理。

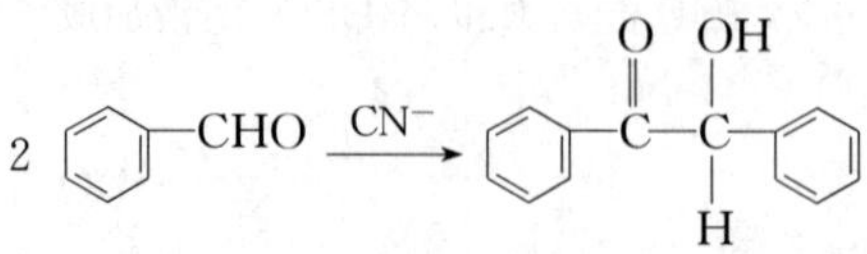

(6) 写出下列反应的反应机理。

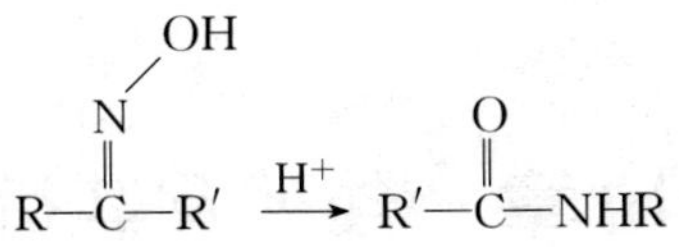

7. 推测结构。

(1) 分子式为 $C_5H_{10}O$ 的化合物，可通过克莱门森还原法还原为正戊烷，可以与苯肼作用生成腙，但没有碘仿和银镜反应。试写出化合物的构造式及有关反应式。

(2) 某化合物的分子式 $C_6H_{12}O$，能与羟胺作用生成肟，但不起银镜反应，在铂催化下进行催化加氢则得到醇，此醇经去水、臭氧氧化、水解等反应后，得到两种液体，其中之一能起银镜反应，但不能起碘仿反应；另一种能起碘仿反应，而不能使费林试剂还原。试写出该化合物的构造式。

(3) 有一化合物(A)分子式为 $C_8H_{14}O$，A 可使溴水迅速褪色，可以与苯肼反应，A 氧化生成一分子丙酮及另一化合物 B，B 具有酸性，与 NaOCl 反应生成一分子氯仿和一分子丁二酸。试写出 A、B 可能的构造式。

(4) 分子式为 $C_9H_{16}O$ 的化合物 A，经臭氧化后生成 B、C 两个化合物。B 能与羟胺作用，但不与亚硫酸氢钠的饱和溶液作用；C 能发生碘仿反应，同时生成一种结构为 $HOOCCH_2COOH$ 的羧酸。试写出 A～C 的可能的结构式。

(5) 一种芳香醛和丙酮在碱作用下可以生成分子式为 $C_{12}H_{14}O_2$ 的化合物 A，A 经碘仿反应后生成 $C_{11}H_{12}O_3$ 的化合物 B，B 经催化加氢后生成 C。B，C 经氧化都生成分子式为 $C_9H_{10}O_3$ 的化合物 D。D 经 HBr 处理后生成邻羟基苯甲酸。试写出 A～D 的结构式。

第 10 章　羧酸及其衍生物

10.1　羧　　酸

分子中含有羧基(—COOH)的一类化合物称为羧酸(carboxylic acid)。羧基是羧酸的官能团。除甲酸外,羧酸都可看作是烃的羧基衍生物,其通式为 RCOOH。按羧基所连的烃基种类的不同,羧酸可分为脂肪族羧酸、脂环族羧酸和芳香族羧酸。按烃基是否饱和,可分为饱和羧酸和不饱和羧酸。按羧酸分子中所含羧基的数目不同,又可分为一元羧酸、二元羧酸、三元羧酸等。二元及二元以上羧酸统称为多元羧酸。

10.1.1　羧酸的物理性质

甲酸、乙酸、丙酸是具有刺激性臭味的液体,丁酸至壬酸是具有腐败气味的油状液体,癸酸以上的正构羧酸是无臭的固体。脂肪族二元羧酸和芳香族羧酸都是结晶固体。

由于羧酸可和水形成氢键,因此是亲水基团。甲酸至丁酸能与水混溶。从戊酸开始随相对分子质量增加,分子中非极性烃基增大,水溶性迅速降低。癸酸以上的羧酸不溶于水。脂肪族一元羧酸一般都能溶于乙醇、乙醚、氯仿等有机溶剂中。低级的饱和二元羧酸也可溶于水,并随碳链的增长而溶解度降低。芳香族羧酸的水溶性极微小。

饱和一元脂肪酸,除甲酸、乙酸的相对密度大于 1 外,其他羧酸的相对密度都小于 1。二元羧酸和芳酸的相对密度都大于 1。

饱和一元羧酸的沸点随相对分子质量的增加而增加。羧酸的沸点比相对分子质量相同或相近的醇的沸点高。例如,甲酸和乙醇的相对分子质量均为 46,而甲酸的沸点 100.7℃,乙醇的沸点 78℃;又如乙酸和丙醇的相对分子质量均为 60,而乙酸的沸点 118℃,正丙醇的沸点 97.2℃。这是由于羧酸分子之间能由两个氢键互相缔合形成双分子缔和二聚体。在固态和液态,羧酸主要以二聚体形式存在。通过物理方法测定证明,甲酸、乙酸等低级的羧酸,在气相时仍以双分子缔和状态存在,如图 10-1(a)所示。

羧酸的熔点随着碳原子数的增加而呈锯齿状上升。含偶数碳原子的羧酸的熔点比相邻两个奇数碳原子的羧酸的熔点高,如图 10-1(b)所示。这是因为偶数碳原子的羧酸分子的对称性较高、晶体排列比较紧密的缘故。

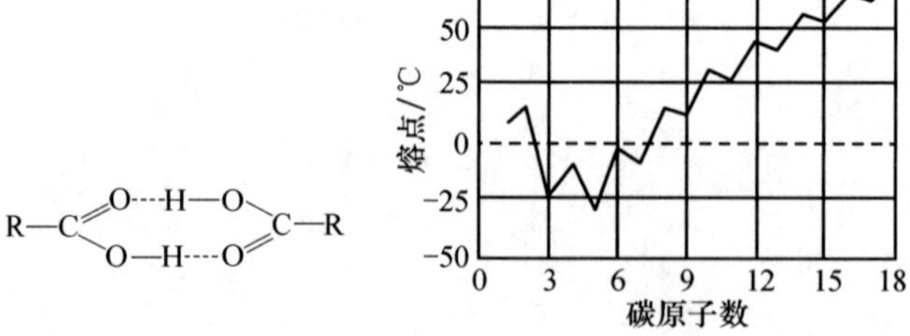

(a)　　(b)

图 10-1　脂肪族饱和一元羧酸的熔点

芳酸一般具有升华性，有些能随水蒸气挥发出去。

部分羧酸的物理常数如表 10-1 所示。

表 10-1　部分羧酸的名称和物理常数

化学式	系统名	俗名	熔点/℃	沸点/℃	溶解度/(g/100gH_2O)	pK_a
HCOOH	甲酸	蚁酸	8.4	100.7	∞	3.77
CH_3COOH	乙酸	醋酸	16.6	118	∞	4.76
CH_3CH_2COOH	丙酸	初油酸	−21	141	∞	4.88
$CH_3(CH_2)_2COOH$	丁酸	酪酸	−5	164	∞	4.82
$CH_3(CH_2)_3COOH$	戊酸	缬草酸	−34	186	3.7	4.86
$CH_3(CH_2)_4COOH$	己酸	羊油酸	−3	205	1.0	4.85
$CH_3(CH_2)_{10}COOH$	十二酸	月桂酸	44	225	不溶	
$CH_3(CH_2)_{12}COOH$	十四酸	肉豆蔻酸	54	251*	不溶	
$CH_3(CH_2)_{14}COOH$	十六酸	棕榈酸（软脂酸）	63	390	不溶	
$CH_3(CH_2)_{16}COOH$	十八酸	硬脂酸	71.5～72	369（分解）287*	不溶	6.37
$CH_2=CH-COOH$	丙烯酸	败脂酸	13	141.6	溶	4.26
$CH_3(CH_2)_7CH=CH(CH_2)_7COOH$	顺-十八碳-9-烯酸	油酸	16	285.6*	不溶	
$COOH(CH_2)_7CH=CHCH_2CH(CH_2)_5CH_3$ （CH 上连 OH）	12-羟基十八碳-9-烯酸	蓖麻酸（蓖麻醇酸）	5.5	226	不溶	
$HOOC-COOH$	乙二酸	草酸	189.5	157（升华）	10	pK_{a_1} 1.23 pK_{a_2} 4.19
$HOOC-CH_2-COOH$	丙二酸	胡萝卜酸（缩苹果酸）	135.6	140（分解）	140	pK_{a_1} 2.83 pK_{a_2} 5.69
$COOH-CH_2-CH_2-COOH$	丁二酸	琥珀酸	188（185）	235（失水分解）	6.8	pK_{a_1} 4.16 pK_{a_2} 5.61
$COOH-CH=CH-COOH$	顺-丁烯二酸	马来酸（失水苹果酸）	130.5	135（分解）	78.8	pK_{a_1} 1.83 pK_{a_2} 6.07
$HOOC-CH=CH-COOH$	反-丁烯二酸	富马酸	286～287	200（升华）	溶于热水 0.70	pK_{a_1} 3.03 pK_{a_2} 4.44
$COOHCH_2CH_2-CH_2CH_2COOH$	己二酸	肥酸（凝脂酸）	153	300.5（分解）265*	2	pK_{a_1} 4.43 pK_{a_2} 5.41
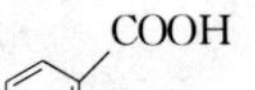	苯甲酸	安息香酸	122.4	100（升华）295	0.34	4.19
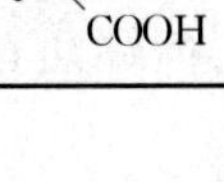	邻苯二羧酸或邻苯二甲酸	酞酸	231（速热）		0.70	pK_{a_1} 2.89 pK_{a_2} 5.51

续表

化学式	系统名	俗名	熔点/℃	沸点/℃	溶解度/(g/100gH_2O)	pK_a
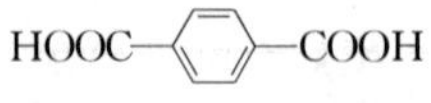	对苯二羧酸或对苯二甲酸	对酞酸	300(升华)		0.002	pK_{a_1} 3.51 pK_{a_2} 4.82
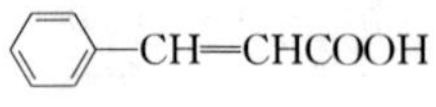	3-苯丙烯酸(反式)	肉桂酸	133	300	溶于热水	4.43

* 在 13332Pa。

10.1.2　羧酸的化学性质

羧酸的主要化学反应都发生在羧基官能团上或受羧基影响较大的 α-碳原子上。根据羧酸分子结构中键的断裂方式不同而发生不同的反应，可表示如下：

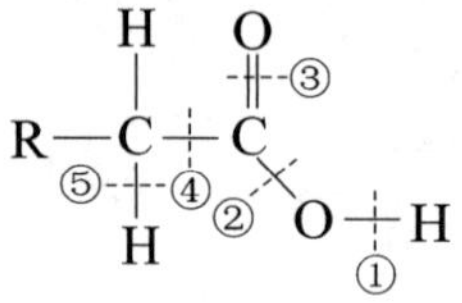

① O—H 键断裂而表现出酸性；
② —OH 被取代的反应；
③ 羰基的亲核加成反应；
④ C—C 键断裂发生脱羧反应；
⑤ α-H 的取代反应。

10.1.2.1　羧酸的酸性

1）酸性与成盐

羧酸呈明显的酸性。在水溶液中，羧基中的氢-氧键断裂，离解出的氢离子能与水结合成为水合氢离子。

$$RCOOH + H_2O \rightleftharpoons RCOO^- + H_3^+O$$

一般羧酸的 pK_a 为 4～5，属于弱酸，但比碳酸的酸性($pK_a=6.5$)要强。所以羧酸可与 Na_2CO_3 或 $NaHCO_3$ 溶液发生反应，而苯酚($pK_a=10$)不能发生上述反应。因此，可利用这个性质来分离或鉴别酚和羧酸。一些羧酸的 pK_a 值见表 10-1 和表 10-2。

羧酸与碳酸氢钠(或碳酸钠、氢氧化钠)的成盐反应如下：

$$RCOOH + NaHCO_3 \longrightarrow RCOONa + CO_2 + H_2O$$

加入无机强酸又可以使盐重新变为羧酸游离出来。

$$RCOONa + HCl \longrightarrow RCOOH + NaCl$$

因此可利用上述性质使羧酸与不溶于水的或易挥发的物质分离。

各类羧酸盐有广泛的应用。例如，乙酸钾可用作脱水剂、纤维处理剂、分析化学试剂以及青霉素培养基等；乙酸锰可用作乙醛和二甲苯的氧化催化剂、纤维染色氧化催化剂、媒染剂、涂料和清漆的干燥剂；乙酸锌主要用作有机合成的催化剂，也可用于印染的媒染剂和木材的防腐剂，在医药上用于收敛剂、消毒剂和防腐剂；乙酸钴主要用作催化剂，还可用于制造油漆的干燥剂、玻璃固化促进剂及隐显墨水等；乙酸铅在医学、农药、染料、涂料等行业中有大量的应用；等等。

羧酸呈现酸性，一方面是由于羧基中的羟基氧原子上带未共用电子对的 p 轨道可以与羰基的碳-氧 π 键形成 p-π 共轭体系，羟基氧上的未共用电子对发生离域，使羟基 O—H 键减弱，易离解成负离子和质子。另一方面羧酸解离后形成的羧酸根负离子是 p-π 共轭体系，负电荷平均分散在它的两个电负性强的氧原子上变得比较稳定。实验已证明羧酸根负离子的结构和原来羧酸中羧基的结构有所不同，两个碳-氧键是等同的，这种结构可以用下列共振结构式表示：

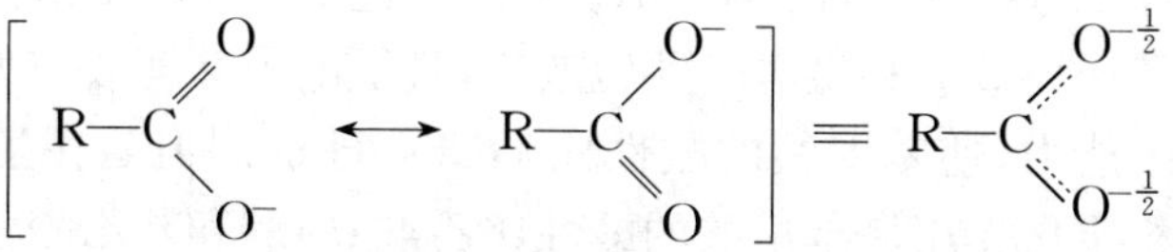

根据 X 射线衍射研究表明，在甲酸根负离子中，两个碳氧键的键长是一样的，都等于 0.127nm。甲酸的 C═O 键长为 0.120nm，C—O 键长为 0.134nm，这说明在甲酸根负离子中已没有一般的碳氧双键和碳氧单键，由于电子的离域而发生键长的平均化，两个碳氧键是完全相同的。

2）影响酸性的因素

不同结构的羧酸其酸性强弱不同。表 10-2 列出了部分羧酸的 pK_a。

影响羧酸酸性强弱的因素很多，其中主要是电子效应和空间效应，溶剂和温度也是不可忽视的因素。

表 10-2　部分羧酸和卤代羧酸的 pK_a

羧酸	构造式	pK_a	卤代羧酸	构造式	pK_a
甲酸	HCOOH	3.77	氯乙酸	$ClCH_2COOH$	2.86
乙酸	CH_3COOH	4.74	二氯乙酸	$CHCl_2—COOH$	1.26
丙酸	CH_3CH_2COOH	4.87	三氯乙酸	$CCl_3—COOH$	0.64
丁酸	$CH_3CH_2CH_2COOH$	4.82	氟乙酸	FCH_2COOH	2.66
α-氯代丁酸	$CH_3CH_2CH(Cl)COOH$	2.84	氯乙酸	$ClCH_2COOH$	2.86
β-氯代丁酸	$CH_3CH(Cl)CH_2COOH$	4.06	溴乙酸	$BrCH_2COOH$	2.89
γ-氯代丁酸	$CH_2(Cl)CH_2CH_2COOH$	4.52	碘乙酸	ICH_2COOH	3.17

从表 10-2 中的数据可以看出：羧酸分子烃基上的氢原子被氯原子取代后，其酸性增强。氯乙酸的酸性（pK_a=2.86）远比乙酸（pK_a=4.74）的强，这是因为氯原子的电负性较大，是个吸电子基团，氯原子吸电子诱导效应使羟基氧原子上的电子云向氯原子方向偏移，有利于质子的解离，使酸性增强。同样的原因使羧酸根负离子稳定，也有利于质子的解离，酸性增强。

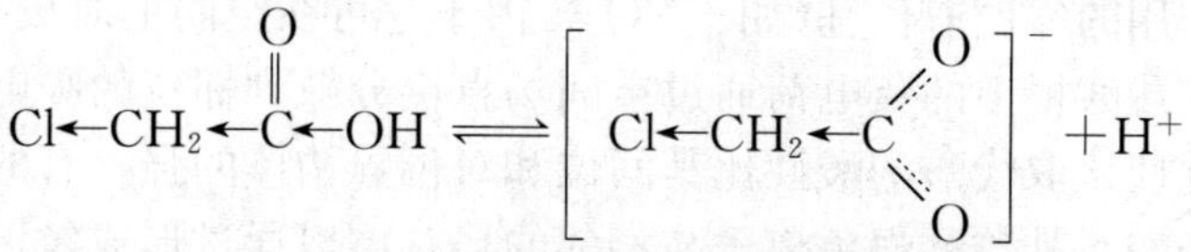

从表 10-2 还可以看出：羧酸分子中引入氯原子的数目越多，吸电子诱导效应越强，酸性也越强；氯原子距羧基的位置越近，对羧基的影响越大，酸性越强；羧酸分子中引入的取代原子电负性越强，吸电子诱导效应越强，酸性越强。

羧酸分子中引入供电子基团后，由于供电子诱导效应使酸性减弱。乙酸的酸性比甲酸的弱，因为甲基具有供电子性。

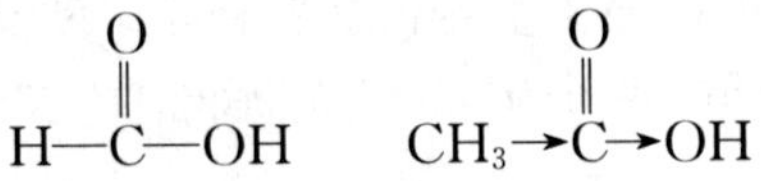

从表 10-1 中可以看出：苯甲酸的酸性($pK_a=4.19$)比 HCOOH 的酸性弱($pK_a=3.77$)，这是由于苯基具有吸电子诱导效应和供电子共轭效应，且供电子共轭效应大于吸电诱导效应，因此苯基对羧基有供电子能力，使苯甲酸的酸性比 HCOOH 弱。但是在生成苯甲酸根时，由于苯环对这个负离子的稳定化作用使苯甲酸的酸性比乙酸、丙酸和苯乙酸强：

	HCOOH	CH_3COOH	CH_3CH_2COOH	C_6H_5COOH	$C_6H_5CH_2COOH$
pK_a	3.77	4.76	4.84	4.17	4.31

取代苯甲酸的酸性不仅与取代基的种类有关，而且与取代基在苯环上的位置有关(表 10-3)。

表 10-3　取代苯甲酸($Y—C_6H_4—COOH$)的 pK_a(25℃)

Y	*o*	*m*	*p*
CH_3	3.19	4.27	4.38
C_2H_5	3.79	4.27	4.35
F	3.27	3.86	4.14
Cl	2.92	3.83	3.97
Br	2.85	3.81	3.97
I	2.86	3.85	4.02
CN	3.44	3.64	3.55
CF_3		3.77	3.66
OH	2.98	4.08	4.57
OCH_3	4.09	4.09	4.47
C_6H_5	3.46	4.14	4.21
NO_2	2.21	3.49	3.42

从表 10-3 中的间位和对位取代基对羧酸酸性的影响可以看到，取代基的吸电子作用(－I,－C 效应)使酸性增强，而取代基的供电子作用(＋I、＋C 效应)则使酸性减弱。邻位取代基对取代苯甲酸的酸性影响，除了有基团的电子效应外，还有基团的场效应(field effect)、立体效应(steric effect)、氢键的形成等因素，总称为邻位效应(ortho effect)。如邻位的$—CH_3$、$—C_2H_5$由于空间拥挤，取代基破坏了羧基与苯环的共平面性，苯环对羧基的＋C 效应减弱甚至消失，使其酸性接近甲酸，这种立体效应使酸性比间位或对位取代的苯甲酸强。另外，具有强吸电子作用的邻位取代基(如$—NO_2$)，由于它可在空间上对羧酸根产生空间诱导作用(通称场效应)，使羧酸根上的负电荷通过空间场直接分散到邻位的吸电基上，结果使羧酸根的稳定性增加，因此使该取代酸的酸性比其间位和对位异构体的强。有的邻位取代苯甲酸，如邻羟基苯甲酸(水杨酸)，其羧酸根负离子与相邻的羟基可以通过形成氢键而使其稳定性增强，所以邻羟基苯甲酸的酸性也比其间位和对位异构体都强。

苯二甲酸的三个异构体中，以邻苯二甲酸的 pK_{a_1} 最小，其 pK_{a_2} 最大(表 10-4)，这种情况也是邻位效应的影响所致。

表 10-4　苯二甲酸的 pK_a

	邻苯二甲酸	间苯二甲酸	对苯二甲酸
pK_{a_1}	2.89	3.54	3.51
pK_{a_2}	5.41	4.60	4.82

10.1.2.2　羧酸衍生物的生成

羧酸分子中羧基上的羟基被卤素(—X)、酰氧基(RCOO—)、烷氧基(—OR)及氨基(—NH_2)取代分别生成酰卤、酸酐、酯和酰胺等羧酸衍生物(carboxylicacid derivative)。

1) 酰氯的生成

羧酸与三氯化磷、五氯化磷或亚硫酰氯反应生成酰氯。酰氯是酰卤中最重要的化合物。

$$3\,R\overset{O}{\overset{\|}{C}}OH + PCl_3 \longrightarrow 3\,R\overset{O}{\overset{\|}{C}}Cl + H_3PO_3$$

$$R\overset{O}{\overset{\|}{C}}OH + PCl_5 \longrightarrow R\overset{O}{\overset{\|}{C}}Cl + POCl_3 + HCl$$

$$R\overset{O}{\overset{\|}{C}}OH + SOCl_2 \longrightarrow R\overset{O}{\overset{\|}{C}}Cl + SO_2 + HCl$$

酰氯非常活泼,极易水解,所含无机杂质不能用水洗除去,只能用蒸馏方法分离。在选择氯化剂时,要注意产物与副产物的沸点差距,差距较大有利于产物的分离提纯。通常是用 PCl_3 来制备沸点较低的酰氯,而用 PCl_5 制备具有较高沸点的酰氯,如

$$3CH_3COOH + PCl_3 \longrightarrow 3CH_3COCl + H_3PO_3$$

沸点　118℃　75℃　52℃

亚硫酰氯在实验室中常用来制备酰氯(也用于制备氯代烷),由于生成的 HCl 和 SO_2 可从反应体系中移出,所以反应的转化率很高,酰氯的产率高达 90%以上。但由于使用 $SOCl_2$ 过量,应当在制备与它有较大沸点差别的酰氯中使用,以便于蒸馏分离,如

$$CH_3(CH_2)_4COOH + SOCl_2 \longrightarrow CH_3(CH_2)_4COCl + SO_2\uparrow + HCl\uparrow$$

沸点　205℃　76℃　153℃

生成的酸性气体 HCl 和 SO_2 要回收或吸收,以避免造成对环境的污染。

芳香族酰氯一般是由五氯化磷或亚硫酰氯与芳酸作用制取的。芳香族酰氯的稳定性较好,在水中发生水解反应缓慢。苯甲酰氯是常用的苯甲酰化试剂。

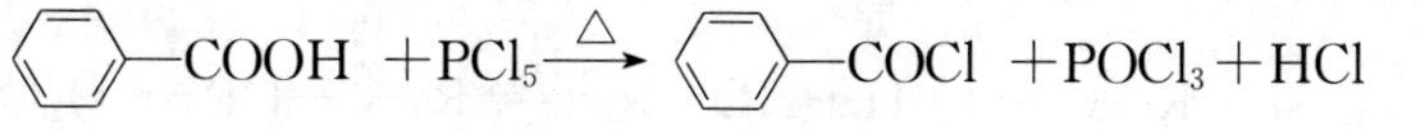

沸点　249℃　197℃　105℃

2) 酸酐的生成

羧酸在脱水剂(如乙酸酐、五氧化二磷等)作用下,两分子羧酸脱去一分子水生成酸酐。

$$R\overset{O}{\overset{\|}{C}}\text{—}OH + HO\text{—}\overset{O}{\overset{\|}{C}}R \xrightarrow[\triangle]{P_2O_5} R\overset{O}{\overset{\|}{C}}\text{—}O\text{—}\overset{O}{\overset{\|}{C}}R$$

有些二元酸，如丁二酸、戊二酸等，只需加热，分子内就可脱水形成五元环或六元环的酸酐，而不必使用脱水剂，这是由于五、六元环稳定且容易形成的缘故。

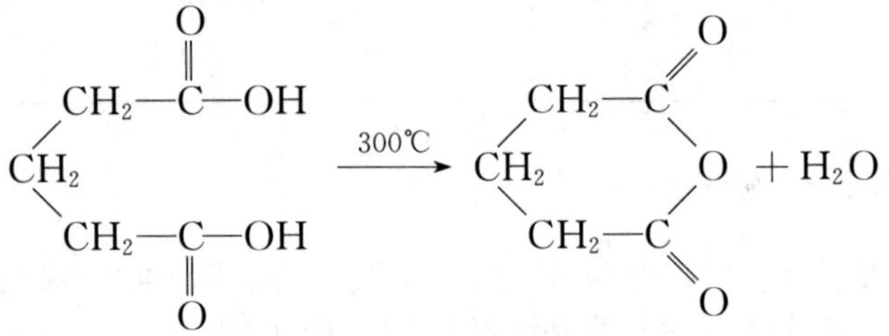

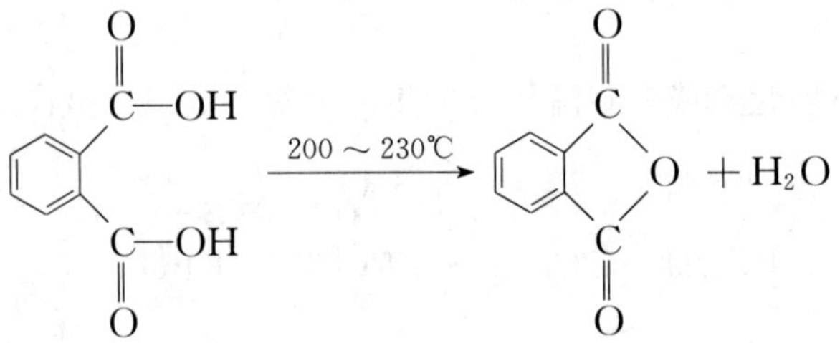

混合酸酸酐可由酰卤与羧酸盐作用得到，也可以由乙烯酮与羧酸作用得到。

3）酯的生成——酯化反应

羧酸与醇反应生成酯的反应称为酯化反应。酯化反应速率一般很慢，需要加催化剂或加热来提高反应速率。常用的催化剂有浓硫酸、干燥的氯化氢、对甲苯磺酸和强酸性离子交换树脂等。

$$\mathrm{R}\overset{\mathrm{O}}{\overset{\|}{\mathrm{C}}}\mathrm{OH} + \mathrm{R'OH} \xrightleftharpoons{\mathrm{H^+}} \mathrm{R}-\overset{\mathrm{O}}{\overset{\|}{\mathrm{C}}}-\mathrm{OR'} + \mathrm{H_2O}$$

酯化反应是可逆反应。如果将 1mol 乙醇与 1mol 乙酸在催化下反应达到平衡时，只得到约 2/3mol 乙酸乙酯。为了提高酯的产率，一方面可以增加其中一种便宜原料的用量，另一方面可以不断除去反应生成的水[加进合适的脱水剂，如无水 $CuSO_4$、$Al_2(SO_4)_3$、二环己基碳二亚胺等或恒沸去水的手段来实现]或者及时将生成的低沸点酯蒸出，使平衡向正反应方向移动。

酯化反应有两种脱水方式：

（1）酰氧键断裂。

$$\mathrm{R}-\overset{\mathrm{O}}{\overset{\|}{\mathrm{C}}}-\boxed{\mathrm{OH} + \mathrm{H}}\mathrm{O}-\mathrm{R'} \xrightleftharpoons{\mathrm{H^+}} \mathrm{R}-\overset{\mathrm{O}}{\overset{\|}{\mathrm{C}}}-\mathrm{OR'} + \mathrm{H_2O}$$

（2）烷氧键断裂。

$$\mathrm{R}-\overset{\mathrm{O}}{\overset{\|}{\mathrm{C}}}-\mathrm{O}-\boxed{\mathrm{H} + \mathrm{HO}}-\mathrm{R'} \xrightleftharpoons{\mathrm{H^+}} \mathrm{R}-\overset{\mathrm{O}}{\overset{\|}{\mathrm{C}}}-\mathrm{OR'} + \mathrm{H_2O}$$

酯化反应究竟是按哪种方式脱水的？通过示踪原子的实验表明：大多数酯化反应是按照第(1)种方式脱水的。用含 O^{18} 的醇与羧酸反应，结果发现生成的酯含有 O^{18}。

$$\mathrm{R}-\overset{\mathrm{O}}{\overset{\|}{\mathrm{C}}}-\mathrm{OH} + \mathrm{HO^{18}}-\mathrm{R'} \longrightarrow \mathrm{R}-\overset{\mathrm{O}}{\overset{\|}{\mathrm{C}}}-\mathrm{O^{18}}-\mathrm{R'} + \mathrm{H_2O}$$

据此，可推知酸催化酯化反应历程如下：

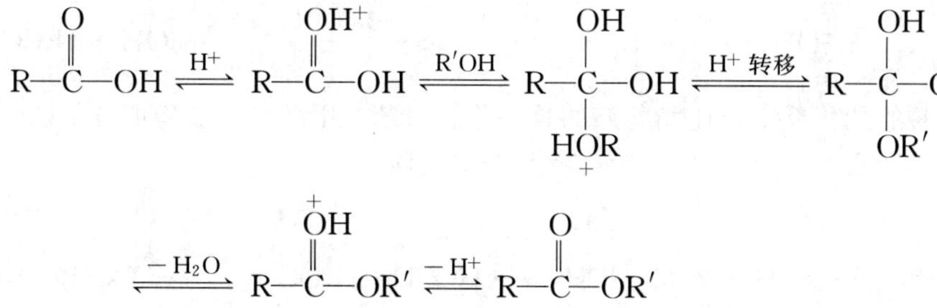

上述反应中，羧酸分子中的羰基首先结合质子形成鎓盐，增加了羰基碳的正电荷密度，有利于亲核试剂 R′OH 对羰基的亲核加成。

实验还表明酯化反应存在明显位阻，羧酸分子中的烃基 R 体积越大，酯化反应速率越慢，即 $HCOOH > CH_3COOH > RCH_2COOH > R_2CHCOOH > R_3CCOOH$。这是因为随着烃基 R 体积的增大，空间效应增强，阻碍了亲核试剂对羧酸的进攻，使酯化反应速率变慢。同理，酯化反应速率是：伯醇＞仲醇＞叔醇。这从另一个角度证实了上述酯化反应机理是正确的。表 10-5 列出了不同结构的羧酸在相同条件下与甲醇酯化反应的相对速率。

表 10-5　几种羧酸与甲醇酯化反应的相对速率

羧酸的结构	相对速率
CH_3COOH	1
$CH_3CH_2CH_2COOH$	0.51
$(CH_3)_3CCOOH$	0.037
$(CH_3CH_2)_3CCOOH$	0.00016

2,4,6-三甲基苯甲酸酯化时，因空间位阻关系，醇分子难以接近羧基而不能反应。如果将羧酸先溶于 100%H_2SO_4，使其形成酰基正离子，再将其倒入醇中就可以顺利实现酯化，这是由于酰基正离子是 sp^2 杂化，并且与苯环共平面。这样，醇分子可以几乎不受阻碍地从平面的上方或下方进攻酰基碳从而产生酯化产物：

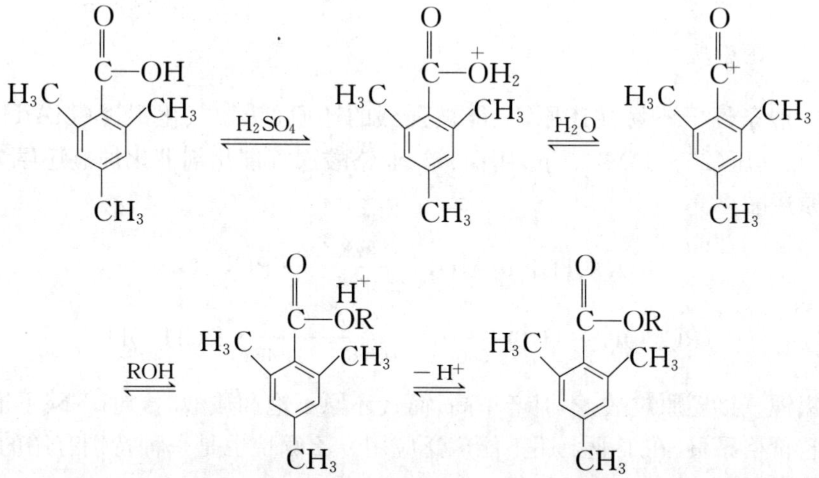

酚类化合物和羧酸的酯化较脂肪醇困难得多，故通常在酚和活性比羧酸大的酸酐或酰卤之间进行：

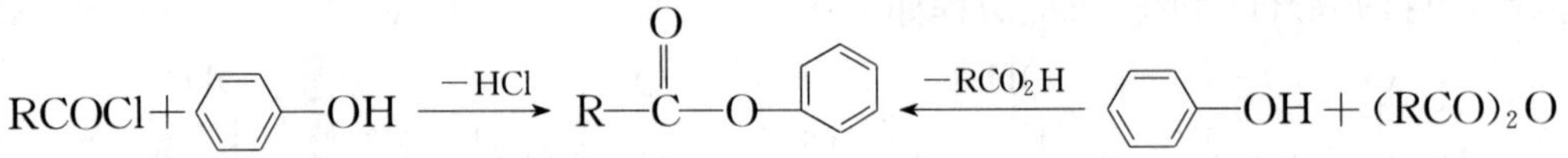

芳香族羧酸的酯化反应要比脂肪族的难一些。对苯二甲酸与乙二醇或环氧乙烷作用可生成对苯二甲酸二羟乙酯，它是合成纤维(涤纶)的中间体：

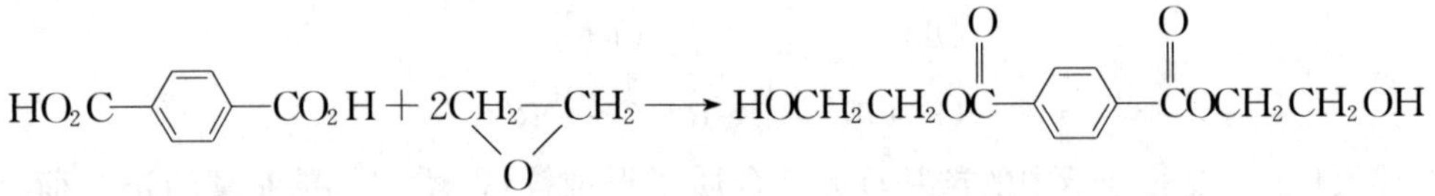

少数酯化反应是按第(2)种方式脱水。例如，在酸催化作用下，叔醇酯化时首先容易生成碳正离子，碳正离子作为亲电试剂与羧酸的羟基反应生成鎓盐，再脱去质子生成酯。

$$R_3COH \xrightleftharpoons{H^+} R_3\overset{+}{O}H_2 \rightleftharpoons R_3C^+ + H_2O$$

$$R'\overset{O}{\overset{\|}{C}}OH + R_3C^+ \rightleftharpoons R'-\overset{O}{\overset{\|}{C}}-\underset{H}{\overset{+}{O}}-CR_3 \xrightleftharpoons{-H^+} R'-\overset{O}{\overset{\|}{C}}-O-CR_3$$

从上述讨论可知，同一类型的反应，反应历程也不是不变的。反应历程主要取决于反应物的结构、性质和反应条件。

4）酰胺的生成

羧酸与氨或碳酸铵反应，生成铵盐，铵盐加热后部分脱水得到酰胺。

$$R-\overset{O}{\overset{\|}{C}}-OH + NH_3 \longrightarrow R-\overset{O}{\overset{\|}{C}}-ONH_4 \xrightarrow{\triangle} R\overset{O}{\overset{\|}{C}}NH_2 + H_2O$$

对氨基苯酚与乙酸作用，加热后脱水的产物是对羟基乙酰苯胺(“扑热息痛”药物)。

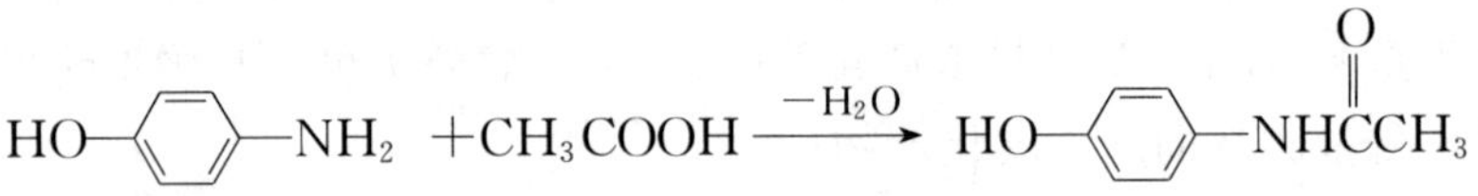

10.1.2.3 还原反应

羧酸在一般条件下不易被还原，只能被强烈的还原剂[如氢化铝锂($LiAlH_4$)]或在高温(300～400℃)、高压(20～30MPa)下，用铜、锌、亚铬酸镍等催化剂催化加氢还原为伯醇。硼氢化钠不能还原羧酸。

$$RCOOH + LiAlH_4 \xrightarrow[\text{② 水解}]{\text{① 无水乙醚}} RCH_2OH$$

$$RCOOH + H_2O \xrightarrow[300 \sim 400^\circ C,\ 20 \sim 30MPa]{Cu} RCH_2OH$$

用氢化铝锂直接还原羧酸，不但产率高，而且还原不饱和羧酸时，对碳-碳不饱和键没有影响。但由于它价格昂贵，在工业上还不能广泛应用。乙硼烷也是一种特别有用的还原剂，可使羧酸还原为伯醇。

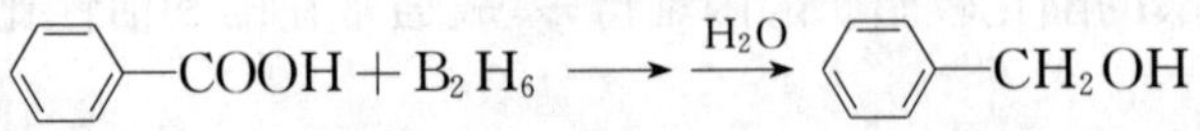

除直接还原外，也可以将羧酸先酯化后，再将羧酸还原成醇。

10.1.2.4　脱羧反应

羧酸失去羧基放出 CO_2 的反应，称为脱羧反应（decarboxylation）。例如，羧酸的无水碱金属盐与碱石灰（NaOH＋CaO）共热，则从羧基中脱去 CO_2 生成烃。

$$CH_3—COONa \xrightarrow[\triangle]{NaOH+CaO} CH_4 + CO_2$$

此反应是实验室制取甲烷的方法。

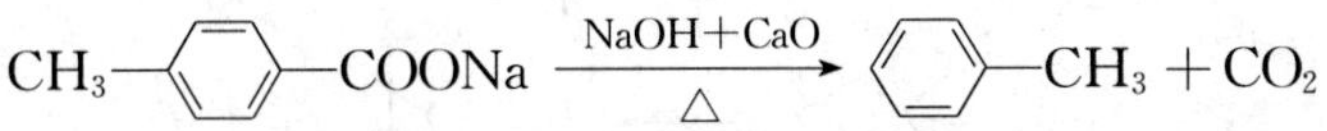

因副产物很多，不易分离，一般不用来制备烷烃，如

$$C_2H_5COONa \xrightarrow[\triangle]{NaOH} \underset{44\%}{C_2H_6} + \underset{20\%}{CH_4} + \underset{33\%}{H_2} + \text{不饱和化合物} + CO_2$$

羧酸蒸气通过加热的钍、锰或镁等氧化物，可进行气相催化脱羧生成酮类。

$$2RCOOH \xrightarrow[400\sim500℃]{ThO_2} RCOR + CO_2 + H_2O$$

如果羧酸的 α-碳上连有吸电子基团，如硝基、卤素、酮基、氰基等，诱导效应使羧基变得不稳定，容易进行脱羧反应。

$$CCl_3COOH \xrightarrow{\triangle} CHCl_3 + CO_2$$

$$CH_3\overset{\overset{O}{\|}}{C}CH_2COOH \xrightarrow{\triangle} CH_3\overset{\overset{O}{\|}}{C}CH_3 + CO_2$$

$$HOOC—CH_2—COOH \xrightarrow{\triangle} CH_3COOH + CO_2$$

在羧基的 α-位有重键存在时也易脱羧。许多取代的芳香羧酸也容易发生脱羧或羧基重排反应，特别是羧基的邻位有供电子基团存在或羧基邻位有大的立体位阻基团存在的情况下更是如此。羧酸的碱金属盐电解脱羧，在阳极上生成烃，即科尔柏（Kolbe）反应。

$$C_6H_5CH═CHCO_2H \xrightarrow{\triangle} C_6H_5CH═CH_2$$

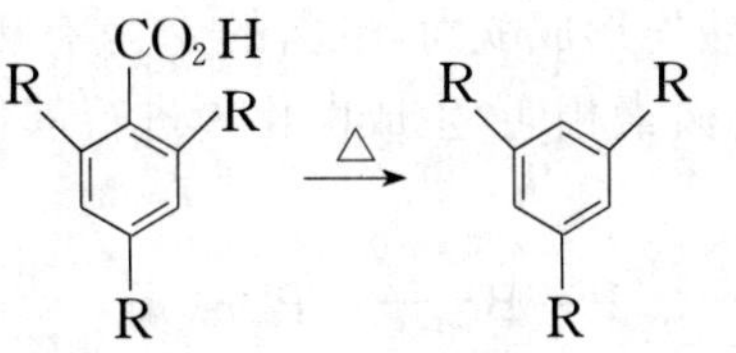

$R = NO_2、NH_2$

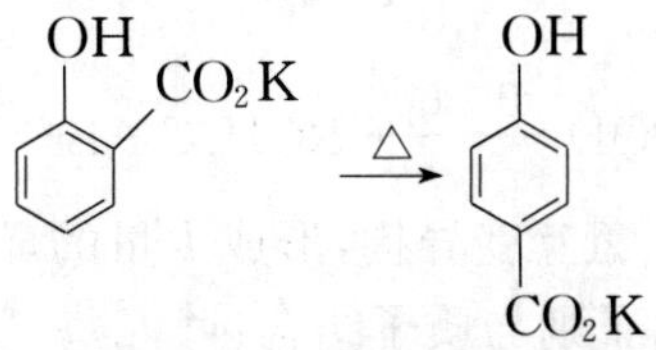

羧酸 β-碳原子上有双键时，脱羧反应也很容易进行。这些反应都经过一个六元环过渡态，因此不能形成烯醇双键结构的 β-羰基羧酸不易脱羧，而 β、γ-双键在脱羧后会重排到 α、β-之间。

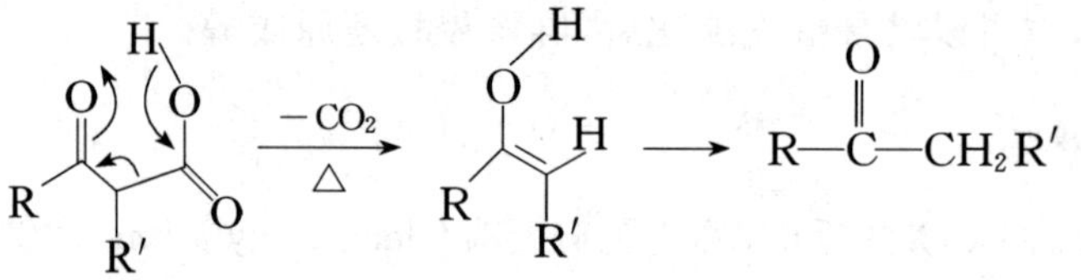

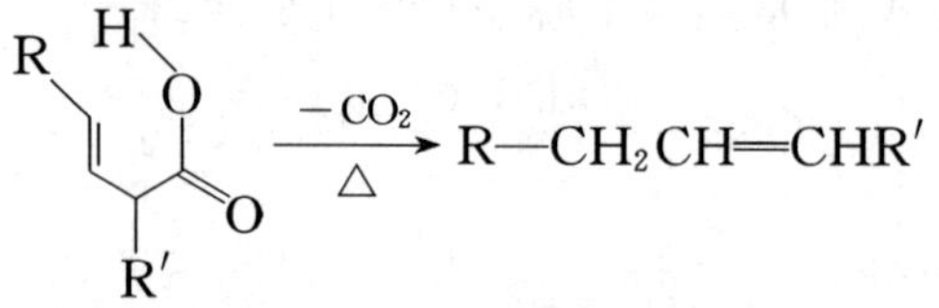

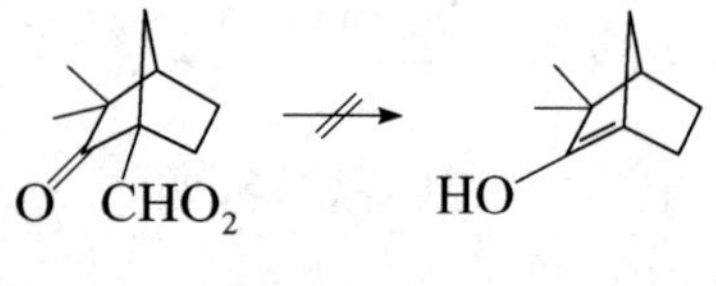

10.1.2.5　α-氢的取代反应

羧酸中的羧基和醛、酮中的羰基一样，由于吸电诱导效应和 σ-π 超共轭效应共同作用使 α-碳上的氢易活化而发生取代反应。但羧基的活化作用比羰基小得多，因此羧酸的 α-卤代反应并不容易进行，需要在红磷或三卤化磷的催化下，才能逐渐被氯或溴取代。

$$CH_3COOH \xrightarrow[P]{Cl_2} CH_2ClCOOH \xrightarrow[P]{Cl_2} CHCl_2COOH \xrightarrow[P]{Cl_2} CCl_3COOH$$

控制卤素的量和反应条件可以制取不同的卤代酸。

$$CH_3CH_2CH_2COOH \xrightarrow[P]{Br_2} CH_3CH_2\underset{82\%}{\overset{\overset{Br}{|}}{C}HCOOH}$$

羧酸 α-卤代反应称为海耳-沃耳霍德-泽林斯基(Hell-Volhard-Zelinsky)反应。这是工业生产一氯乙酸的方法。一氯乙酸是染料、医药、农药、树脂及其他有机合成的重要中间体。三氯乙酸不但可作农药的原料、蛋白质的沉淀剂，主要还用于生化药品的提取剂，如磷酸腺苷(ATP)、细胞色素丙和胎盘多糖等高效生化药品的提取。

三卤化磷的催化作用是让羧酸先形成酰卤，酰卤的 α-氢有更大的互变异构倾向而加快了卤化反应。在反应时，少量红磷与卤素相遇，生成卤化磷进行催化反应。

该反应历程如下：

$$P + Br_2 \longrightarrow PBr_3$$

$$RCH_2COOH \xrightarrow{P+Br_2} RCH_2\overset{\overset{O}{\|}}{C}—Br$$

羧酸首先反应生成酰溴，酰溴的 α-氢互变异构，形成少量的烯醇异构体，使 α-碳上受到极化的卤素碳正离子的进攻，而卤素负离子则与质子结合：

$$RCH_2\overset{\overset{O}{\|}}{C}—Br \rightleftharpoons RCH═\overset{\overset{OH}{|}}{C}—Br + \overset{\delta^+}{Br}—\overset{\delta^-}{Br} \longrightarrow \underset{\underset{Br}{|}}{RCH}—\overset{\overset{OH^+}{\|}}{C}—Br + Br^-$$

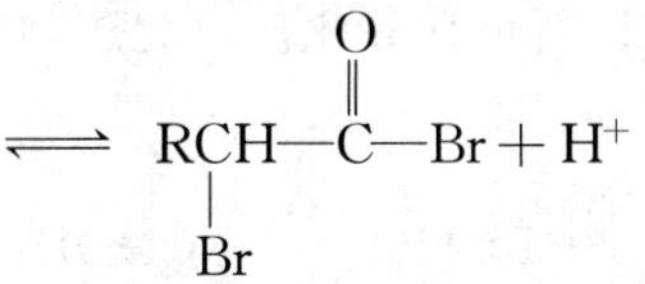

α-溴代酰溴再和未反应的羧酸交换一个溴原子，生成 α-溴代酸与酰溴，酰溴可以循环使用。

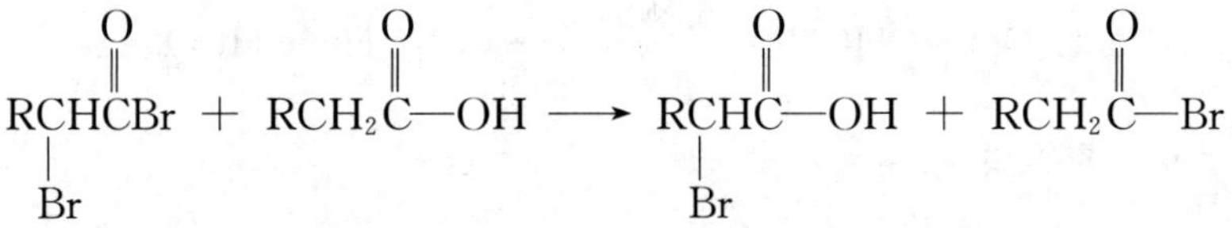

真正的反应是溴与酰溴的烯醇式反应，这是关键的一步，羧酸本身在这个反应中不起作用。反应经过的步骤很多，总的结果是 α-氢被卤素取代。

更新的方法是不用磷作催化剂，直接加入 10%～30%乙酰氯或乙酸酐，也可取得同样效果。

α-卤代酸是制备其他 α-取代酸的母体，例如，α-溴代丙酸可以制备 α-羟基酸、α-氨基酸、α，β-不饱和酸以及 α-氰基酸等。

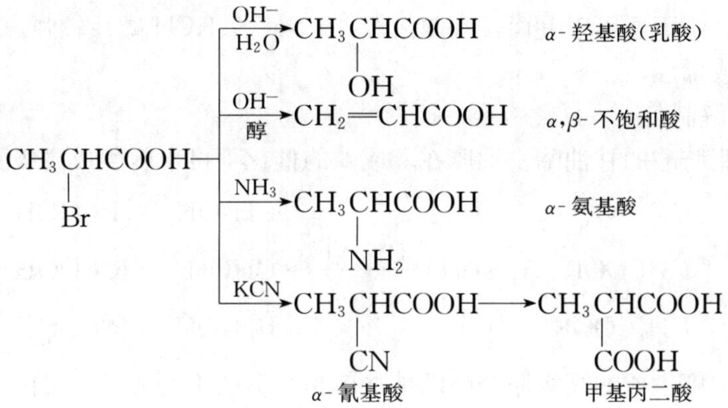

10.1.3　羧酸的制法

10.1.3.1　烃氧化

高级烷烃在锰盐催化下加热，用空气或氧气氧化，可制得脂肪酸的混合物，分子中含 12～18 个碳的脂肪酸可用作表面活性剂和制造肥皂的原料。烯烃也可以作为原料来制取羧酸，反应中烯烃碳链在双键处断裂生成羧酸产物。

含 α-氢的烷基苯氧化可制取芳香族羧酸。工业上利用对二甲苯在乙酸钴催化下，用空气氧化，制取对苯二甲酸。对苯二甲酸是合成涤纶的主要原料。

10.1.3.2　伯醇或醛氧化

伯醇或醛氧化可生成相应的羧酸，这是制备羧酸最普遍的方法。伯醇氧化先生成醛，醛易进一步氧化生成羧酸。常用的氧化剂有重铬酸钾-硫酸、三氧化铬-冰醋酸、高锰酸钾、硝酸等。

工业上常用氧或空气与催化剂一起进行催化氧化。由此法制得的羧酸的碳原子数与原来的伯醇或醛的碳原子数相等，如

$$RCH_2OH \xrightarrow{[O]} RCHO \xrightarrow{[O]} RCOOH$$

不饱和醇或醛也可以氧化生成相应的羧酸，但需选用适当的氧化剂，如湿润的氧化银或$[Ag(NH_3)_2]^+$等，以免影响不饱和键。

$$CH_3CH{=}CHCHO \xrightarrow{AgNO_3,NH_3} CH_3CH{=}CHCOOH$$

10.1.3.3　由水解反应制备

1）由腈水解制备

腈在碱或酸催化下可水解而生成羧酸，如

$$RCN \xrightarrow[H_2O]{HCl} RCOOH$$

$$RCN \xrightarrow[H_2O]{NaOH} RCOONa \xrightarrow{H^+} RCOOH$$

腈可从卤烃与 NaCN 或 KCN 作用制备。由此法所制得的羧酸，可比原来卤烃中增加了一个碳原子。但此法不适用于仲卤烃和叔卤烃，因 NaCN、KCN 碱性较强，易使仲卤烃或叔卤烃脱去卤化氢而成烯烃。

2）由油脂水解制备

油脂是高级脂肪酸的甘油酯。油脂在酸或碱的催化下可水解生成高级脂肪酸和甘油。

$$\begin{array}{l} CH_2COOR \\ | \\ CHCOOR' \\ | \\ CH_2COOR'' \end{array} + 3H_2O \xrightarrow{H^+(OH^-)} \begin{array}{l} CH_2OH \\ | \\ CHOH \\ | \\ CH_2OH \end{array} + \begin{array}{l} RCOOH \\ R'COOH \\ R''COOH \end{array}$$

碱性条件下水解生成的高级脂肪酸的钠盐就是肥皂的主要成分。目前工业上常用高压水解法。

3）苯甲酸的制备

工业上也可用甲苯氯化得苯三氯甲烷，再水解可得苯甲酸。

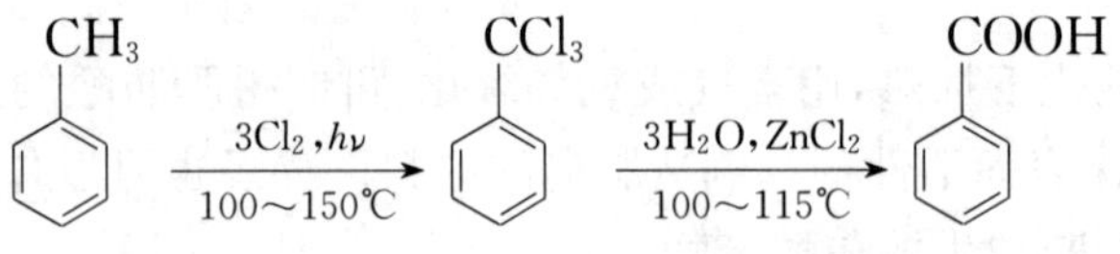

10.1.3.4　由格氏试剂制备

将格氏试剂倒在干冰（固体 CO_2，干冰不仅是反应试剂而且是冷却剂）上，或将 CO_2 在低温下通入格氏试剂的干醚溶液中，待 CO_2 不再被吸收后，把所得的混合物水解，便得到羧酸。

$$RMgX + CO_2 \xrightarrow[\text{低温}]{\text{干醚}} R{-}\overset{\overset{\large O}{\|}}{C}{-}OMgX \xrightarrow{H_2O} R{-}\overset{\overset{\large O}{\|}}{C}{-}OH$$

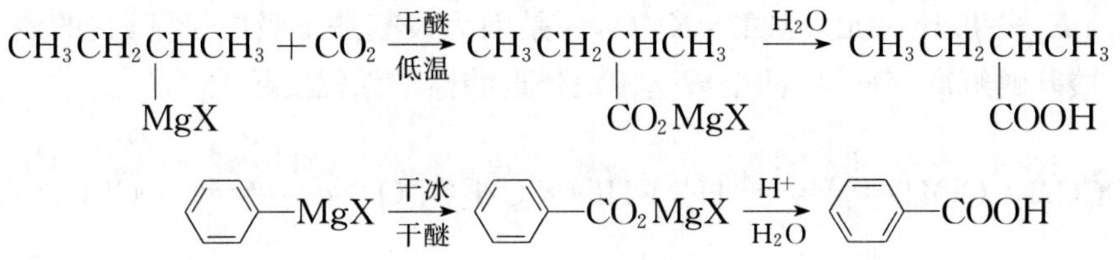

上述反应必须在低温下进行，否则生成的中间产物羧酸盐会与格氏试剂反应生成叔醇。

10.1.3.5　酚酸合成

工业上是在加热加压下，由苯酚钠和二氧化碳作用生成邻羟基苯甲酸。

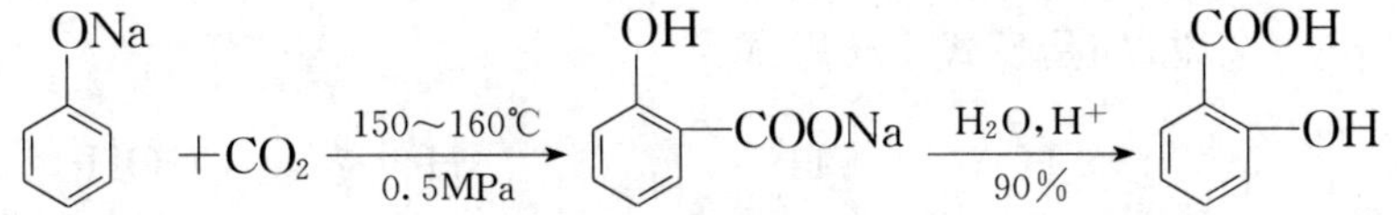

用苯酚钾与二氧化碳作用，几乎定量地得到对羟基苯甲酸钾，再用无机酸酸化则得到对羟基苯甲酸，此反应称为科尔柏-施密特反应。

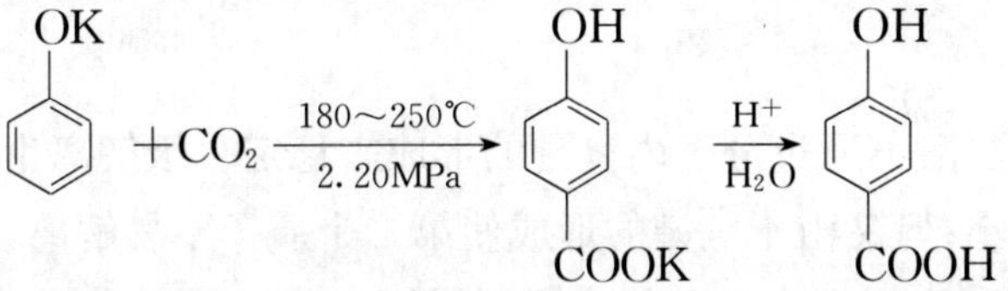

近期研究指出，可在较低温度（140℃）下、短时间（1～1.5h）内定量完成该超临界相反应。

10.1.4　二元羧酸

二元羧酸分子中含有两个羧基，它们是分步解离的。

$$HOOC(CH_2)_nCOOH \xrightleftharpoons{K_{a_1}} HOOC(CH_2)_nCOO^- + H^+$$

$$HOOC(CH_2)_nCOO^- \xrightleftharpoons{K_{a_2}} {}^-OOC(CH_2)_nCOO^- + H^+$$

表 10-6 列出了几个二元羧酸的 pK_a。

表 10-6　二元羧酸的 pK_{a_1} 与 pK_{a_2}

二元羧酸	pK_{a_1}	pK_{a_2}
HOOCCOOH	1.27	4.27
$HOOCCH_2COOH$	2.85	5.70
$HOOC(CH_2)_2COOH$	4.21	5.64
$HOOC(CH_2)_3COOH$	4.34	5.41

当第一个羧基解离成为羧酸根负离子后，它所带的负电荷对第二个羧基具有强的供电子能力和场效应，使第二个羧基的氢原子比较不容易解离，所以二元酸的 pK_{a_2} 总是大于 pK_{a_1}。

二元羧酸的 pK_{a_1} 一般比一元羧酸的 pK_a 小，这是因为羧基是个吸电子基，它的诱导效应可以促进另一个羧基的解离，分子中两个羧基相距越近酸性增强程度越大。

$$HOOCCH_2COOH \xrightleftharpoons{pK_{a_1}=2.9} H^+ + HOOCCH_2COO^- \xrightleftharpoons{pK_{a_2}=5.7} {}^-OOCCH_2COO^-$$

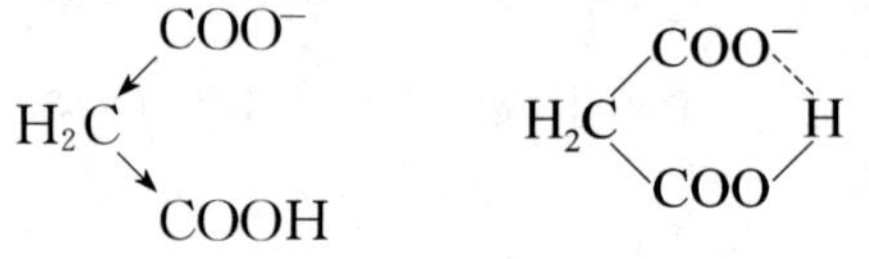

诱导效应　　　　场效应

在丁烯二酸的顺、反两个异构体中，虽然都是 $pK_{a_1} < pK_{a_2}$，但是对于 pK_{a_1} 而言，是顺式小于反式，而对于 pK_{a_2} 来说，却是反式小于顺式。

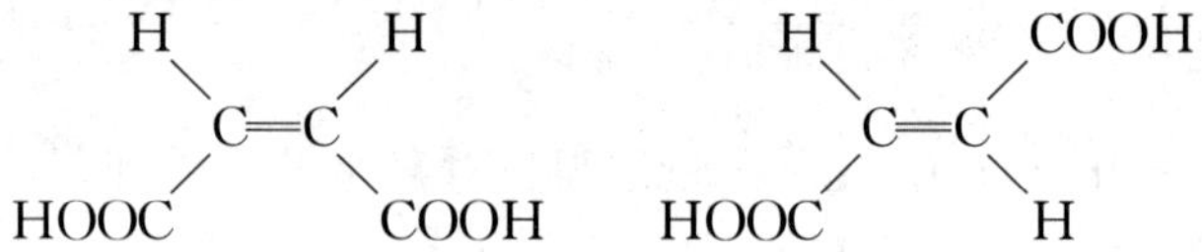

	顺式	反式
pK_{a_1}	1.92	3.03
pK_{a_2}	6.59	4.54

这是由于顺-丁烯二酸可通过分子内氢键的形成来稳定一级解离生成的羧酸根负离子，使顺式的 pK_{a_1} 较反式的小；但又由于氢键的形成使第二个质子不易解离，则 pK_{a_2} 较反式的大。

各种二元酸受热后，由于两个羧基的位置不同而发生不同的化学反应，有的失水，有的失羧，有的同时失水失羧，如

$$HOOCCOOH \xrightarrow{160\sim180℃} HCOOH + CO_2$$

$$HOOCCH_2COOH \xrightarrow{140\sim160℃} CH_3COOH + CO_2$$

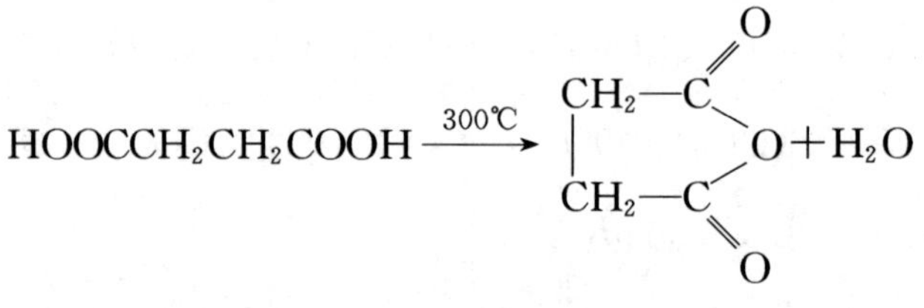

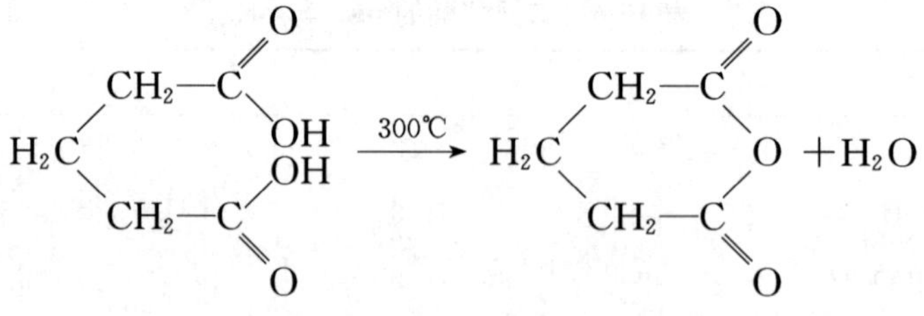

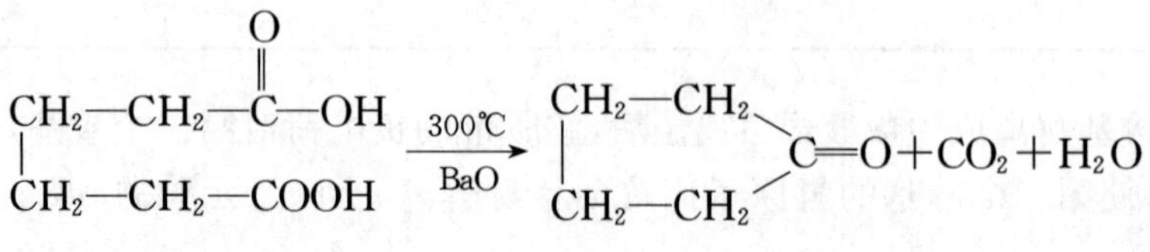

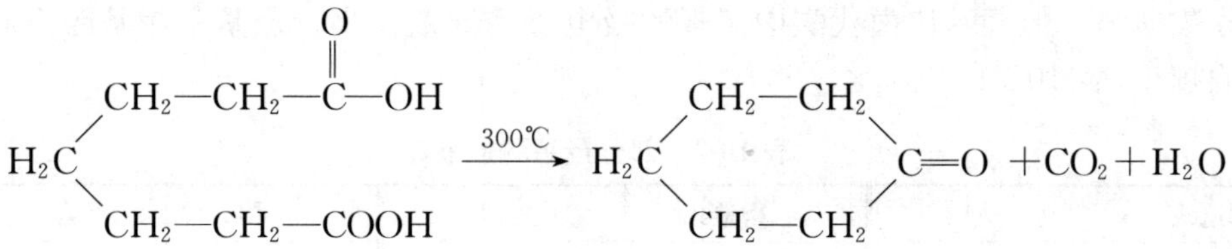

庚二酸以上的二元酸，在高温时发生分子间的失水作用，形成高分子的酸酐，不形成环酮。根据以上反应，可以得出一个结论，即在成环时有一种倾向，如有可能时总是倾向于形成张力较小的五元或六元环。

取代的二元酸，同样也能发生上述反应。

乙二酸中如有硫酸存在，反应在 100℃左右就可进行。丙二酸或一取代、二取代的丙二酸失羧，因为 β-羰基的影响，反应很容易进行，一般在水溶液中加热即可，在合成反应中非常有用。丁二酸以上的二元酸失水，用于合成时常与脱水剂共热，反应比较顺利，常用的脱水剂为乙酰氯、乙酸酐、五氧化二磷等。芳香二元酸也能进行上述反应。

多元酸与多元醇之间发生缩聚反应，生成大分子化合物——聚酯，可以是饱和的，也可以是不饱和的聚酯，是重要的高分子材料。

二元羧酸的二铵盐在受热时发生分子内脱水、脱氨反应，生成五元或六元环状酰亚胺，如

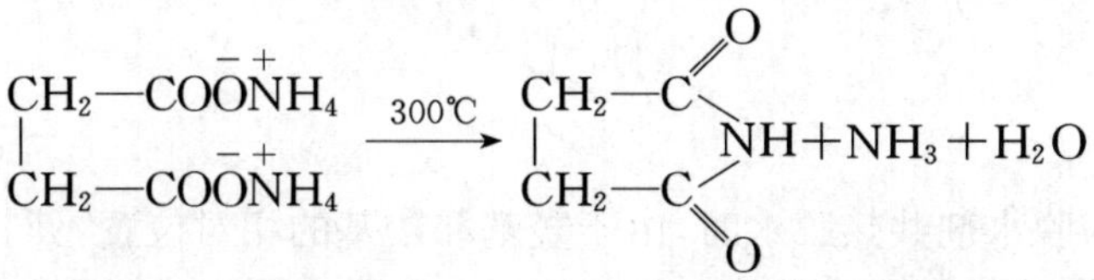

己二酸与己二胺聚合生成聚酰胺纤维——“尼龙-66”(又称锦纶-66)。

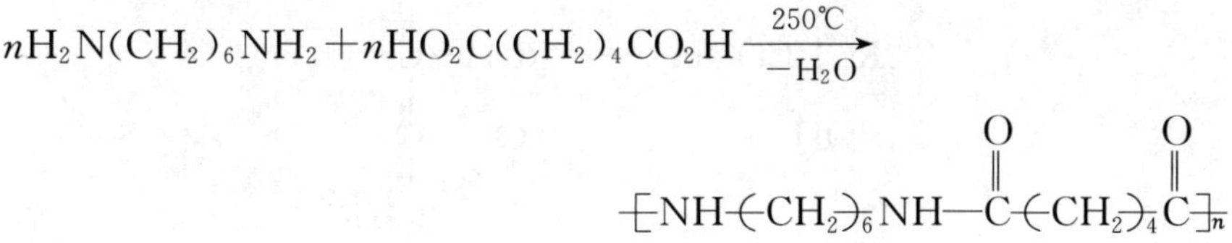

10.1.5　羟基酸

羟基酸是分子中同时具有羟基和羧基的化合物。由于羟基在烃基的位置不同，可分为 α-，β-，γ-，…羟基酸。通常把羟基连在碳链末端的称为 ω-羟基酸。羟基连在饱和碳链上的羟基酸称为醇酸。羟基直接连在芳环上的芳酸，称为酚酸。

10.1.5.1　羟基酸的性质

羟基酸一般为结晶固体或黏稠液体。由于羟基酸分子中含有羟基和羧基，这两个基团都能分别与水形成氢键。所以羟基酸在水中的溶解度比一般的羧酸都大，低级的羟基酸可以与水混溶。羟基酸的熔点也比相应的羧酸高。

羟基酸兼有羟基和羧基的特性，并由于羟基和羧基的相互影响而具有一些特殊的性质。

1）酸性

在羟基酸分子中，羟基是吸电子基，它对羧基有吸电子诱导效应，使羟基酸的酸性较相应

的脂肪族羧酸强。但羟基比卤代酸中卤素的吸电子诱导效应小。羟基距羧基距离越远，则对酸性影响越小（表 10-7）。

表 10-7　部分羟基酸的 pK_a

构造式	pK_a	构造式	pK_a	构造式	pK_a
CH_3COOH	4.76	CH_3CH_2COOH	4.87	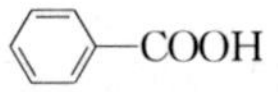	4.17
$\underset{\mid \atop OH}{CH_2}COOH$	3.85	$CH_3\underset{\mid \atop OH}{CH}COOH$	3.68	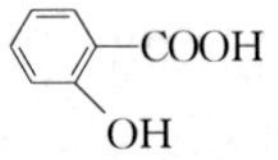	2.98
		$\underset{\mid \atop OH}{CH_2}CH_2COOH$	4.51	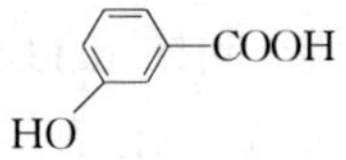	4.07
				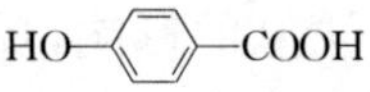	4.58

连接在芳环上的羟基因共轭和诱导的双重作用（方向相反），而使对羟基苯甲酸的酸性降低。其中，邻羟基苯甲酸（水杨酸）的酸性异常强，是因为分子内形成氢键，有利羧酸电离的缘故。

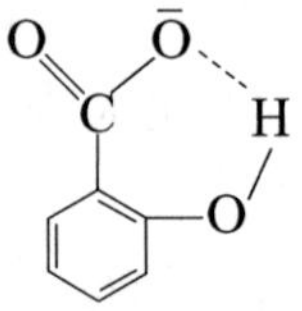

2）脱水反应

羟基酸受热或与脱水剂共热脱水时，由于羟基和羧基的相对位置不同而脱水的产物不同。

α-羟基酸受热时，两分子间的羟基与羧基相互酯化脱水而生成交酯。β-羟基酸受热时，发生分子内脱水而生成 α,β-不饱和酸。

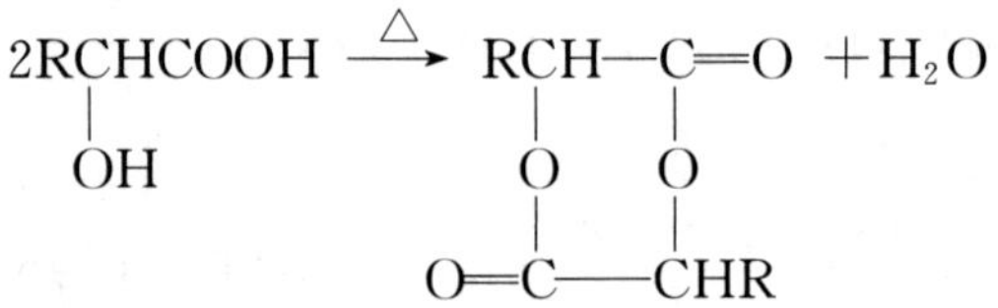

$$R\underset{\mid \atop OH}{CH}—CH_2—COOH \xrightarrow{\text{稀 } H^+ \text{ 或稀 } OH^-} RCH{=}CH—COOH + H_2O$$

γ-和 δ-羟基酸很容易脱水生成五元环和六元环的内酯。

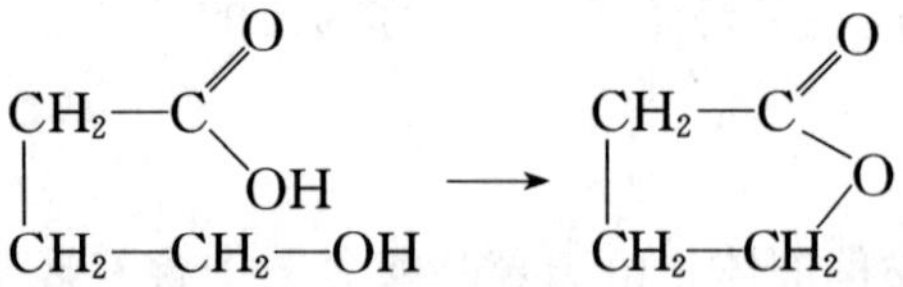

γ-丁内酯

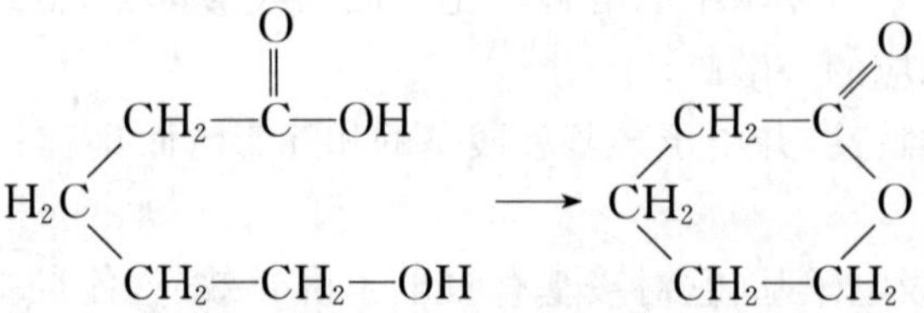

δ-戊内酯

当羟基与羧基相隔四个以上亚甲基碳时，分子内脱水生成大环内酯就比较困难了。直接反应时，发生的基本上都是分子间的反应，生成聚酯。

$$n\mathrm{HO}\!\left[\mathrm{CH_2}\right]_m\!\overset{\displaystyle \mathrm{O}}{\overset{\|}{\mathrm{C}}}\!-\!\mathrm{OH} \longrightarrow \left[\mathrm{O(CH_2)}_m\!-\!\overset{\displaystyle \mathrm{O}}{\overset{\|}{\mathrm{C}}}\right]_n$$

要得到分子内的脱水产物大环内酯，一个办法是使反应物的浓度降低，减少分子间碰撞的机会，但这样将使反应很慢，达不到反应的生产要求。另一个办法是活化这两个官能团，促使它们进行分子内而不是分子间的反应。其中较成功的例子是在双吡啶二硫醚的存在下，将羧基变为带吡啶环的硫代酯。硫醇酯的活性较大，发生分子内质子转移并实现重排环化。

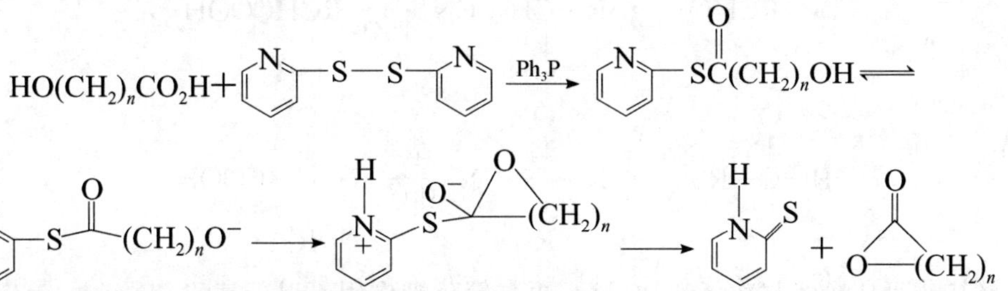

许多大环内酯有抗菌和抗肿瘤的活性，如红霉素：

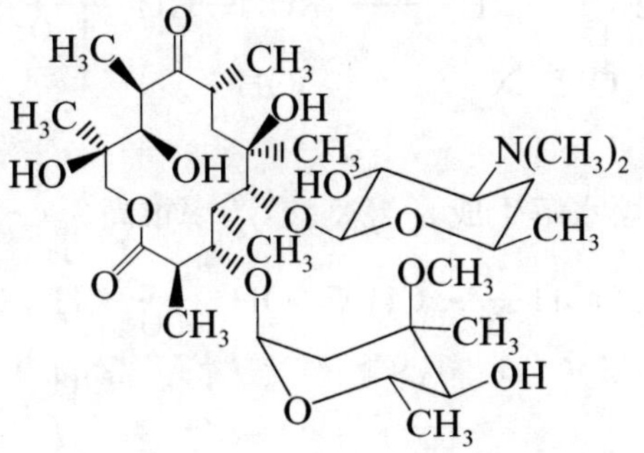

许多内酯存在于自然界，有些是天然香精的主要成分，如

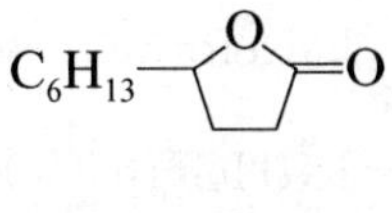

γ-癸内酯

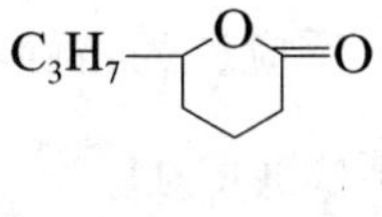

δ-辛内酯

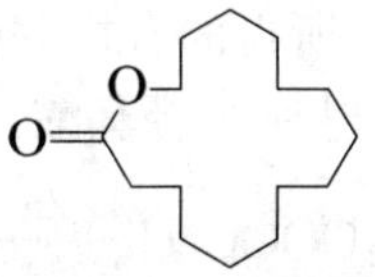

十五内酯(黄蜀葵素)

3）分解脱羧反应

α-羟基酸与稀硫酸或酸性高锰酸钾共热，则羧基和 α-碳原子之间的键断裂，分解脱羧生成醛、酮或羧酸。

$$\underset{\displaystyle \mathrm{OH}}{\mathrm{RCHCOOH}} \begin{cases} \xrightarrow{\text{稀 } \mathrm{H_2SO_4}} \mathrm{RCHO} + \mathrm{HCOOH} \\ \xrightarrow[\mathrm{H^+}]{\mathrm{KMnO_4}} \mathrm{RCOOH} + \mathrm{CO_2} + \mathrm{H_2O} \end{cases}$$

$$\mathrm{R_2}\overset{\displaystyle \mathrm{OH}}{\overset{|}{\mathrm{C}}}\mathrm{COOH} \xrightarrow[\mathrm{H^+}]{\mathrm{KMnO_4}} \mathrm{R_2CO} + \mathrm{CO_2} + \mathrm{H_2O}$$

这个反应可用来从高级羧酸经 α-溴代水解再通过上述反应来合成少一个碳的醛或酮。

β-羟基酸用碱性高锰酸钾氧化则分解生成少一个碳原子的酮。

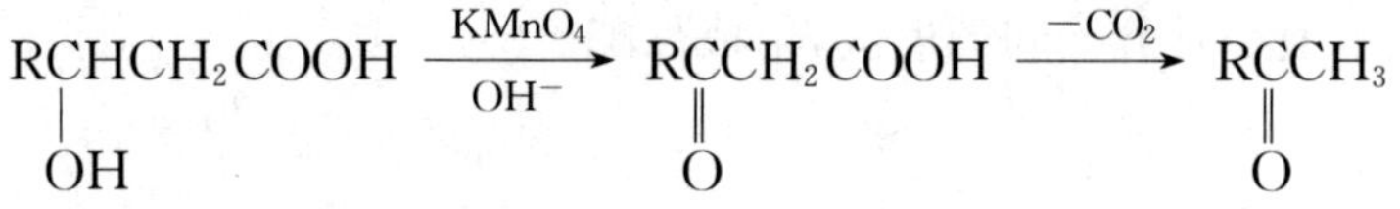

10.1.5.2 羟基酸的制法

在含有羟基的化合物中引入羧基或在羧酸分子中引入羟基均可制得。

1）从羟基腈水解

羟基腈水解后就得到羟基酸。α-羟基腈可从羰基化合物与氰化氢反应制得。

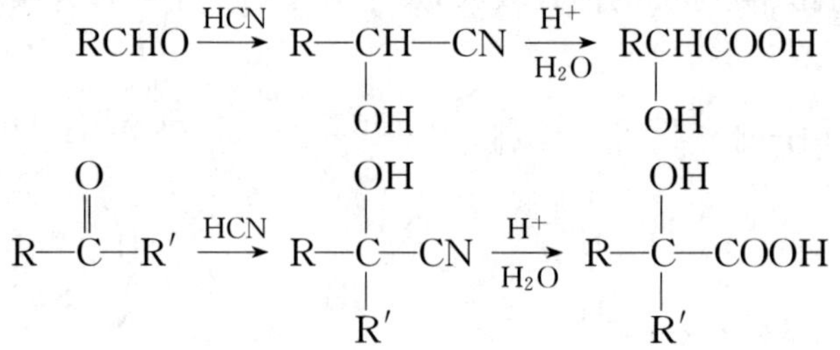

β-羟基腈可从烯烃与次氯酸加成后，再与氰化钾作用而得羟基酸。

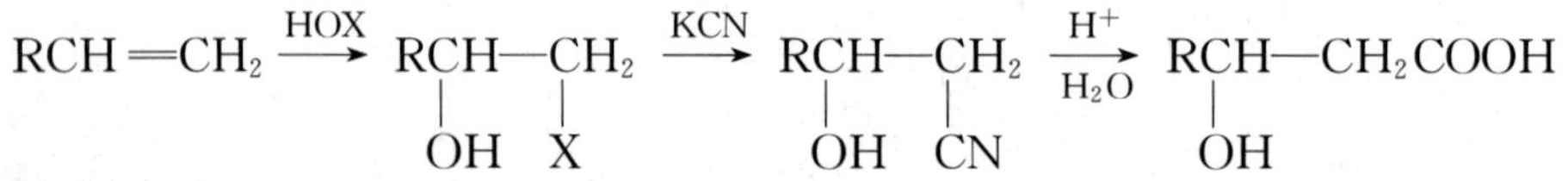

2）从卤代酸水解

羧酸的 α-氢被卤代后，再水解生成 α-羟基酸，产率很高。

3）雷佛马茨基反应

将醛或酮与 α-溴代酸酯的混合物在惰性溶剂（如醚、苯等）中与锌粉作用，α-溴代酸酯就先生成有机锌化合物，所得的有机锌化合物与醛或酮的羰基发生亲核加成后再水解，生成 β-羟基酸酯。酯再水解得到 β-羟基酸。这个反应称为雷佛马茨基（Reformatsky）反应。

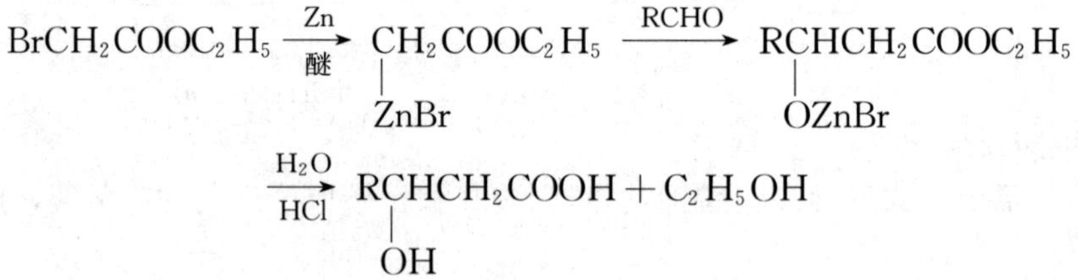

脂肪族或芳香族醛、酮都可发生这一反应，但空间位阻太大时，与羰基反应可能发生困难。这个反应不能用镁代替锌，因镁太活泼，可与酯基中的羰基发生反应。有机锌试剂比较稳定，只与醛、酮中的羰基反应，而不与酯反应。

10.1.6 重要的羧酸

1）甲酸

甲酸俗称蚁酸，最初是从蚂蚁中提取的。在自然界甲酸还存在于蜂、蜈蚣和荨麻、松树针叶等动植物体中。工业上利用一氧化碳和氢氧化钠作用制备甲酸。

$$CO + NaOH \xrightarrow[0.6\sim1MPa]{210℃} HCOONa \xrightarrow{H_2SO_4} HCOOH$$

甲酸是具有刺激性气味的无色液体，沸点 100.7℃，能与水、乙醇、乙醚混溶。甲酸是饱和一元酸酸性最强的一种。

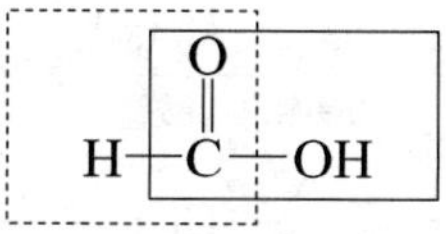

甲酸结构比较特殊，它的羧基直接与氢原子相连，可以看作甲酸的分子中既含有羧基又含有醛基。

甲酸与它的同系物不同，即具有羧酸的通性，也具有醛的某些性质。例如，甲酸既有显著的酸性（$pK_a=3.77$），又具有还原性，能与费林试剂作用生成铜镜，与土伦试剂作用生成银镜，也易被一般氧化剂氧化生成二氧化碳和水。

$$HCOOH \xrightarrow{[O]} CO_2 + H_2O$$

甲酸与浓硫酸共热是实验制取纯净一氧化碳的方法。

$$HCOOH \xrightarrow[60\sim80℃]{浓\ H_2SO_4} CO + H_2O$$

甲酸可作纺织工业中的媒染剂、医药中的消毒剂、塑料中的缩合剂、橡胶的凝固剂，还可用作还原剂和合成酯类。

2）乙酸

乙酸俗称醋酸。利用粮食发酵法制得的食醋约含 3% 的乙酸，这是人类最早制取乙酸的方法，至今仍用于酿醋工业。工业上制取乙酸的主要方法有甲醇羰基化和乙醛空气氧化法。

$$CH_3OH + CO \xrightarrow[I_2]{Rh} CH_3COOH$$

$$CH_3CHO + \frac{1}{2}O_2 \xrightarrow[65\sim70℃,\ 0.2\sim0.3MPa]{(CH_3COO)_2Mn} CH_3COOH$$

纯乙酸是具有强烈刺激性气味的无色液体，沸点 118℃，熔点 16.6℃，低于熔点时无水乙酸呈冰状晶体，故无水乙酸也称冰醋酸。

乙酸是重要的有机合成原料，可用于合成乙酸酐和乙酸乙烯酯（合成维尼纶的单体）等。乙酸是染料、香料、医药等工业不可缺少的原料。在食品工业中乙酸可用作调味剂。

3）丙烯酸

丙烯酸（$CH_2{=}CH{-}COOH$）是最简单的不饱和酸，为无色液体，沸点 141.6℃，熔点 13℃，具有刺鼻的酸味，能与水混溶。

丙烯酸能从丙烯气相氧化制得。

$$CH_2{=}CH{-}CH_3 \xrightarrow[280\sim360℃,\ 0.2\sim0.3MPa]{O_2,\ MoO_3} CH_2{=}CH{-}COOH$$

丙烯酸兼有羧酸和烯烃的性质，双键容易发生氧化和聚合反应。丙烯酸聚合时，控制反应条件，可以得到不同平均相对分子质量的聚丙烯酸。按相对分子质量的不同，它们的性质和用途也不一样，在工业上可用作阻垢剂、分散剂、涂料、黏合剂等。

4）苯甲酸

苯甲酸俗称安息香酸。在自然界存在于安息香胶、洋水仙、桂皮内。苯甲酸是一种最简单的芳香族羧酸，白色晶体，能升华，微溶于水，易溶于乙醇或乙醚。由于受苯环的影响，苯甲酸的酸性比脂肪族一元羧酸强（甲酸除外）。

工业上制取苯甲酸主要采用甲苯氧化法和甲苯氯化后水解法。

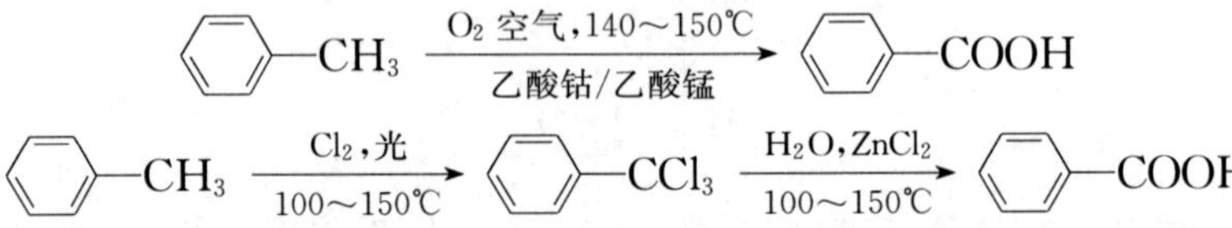

苯甲酸和苯甲酸钠是目前国内外广泛使用的食品防腐剂。苯甲酸是有机合成的重要原料，用以制备香料、染料和药物等，还可以代替安息香酯作定香剂。

5）乙二酸

乙二酸俗称草酸，通常以钾盐和钙盐的形式存在于多种植物体内。工业上通常采用将甲酸钠迅速加热至 360～400℃制得乙二酸钠，再用硫酸酸化制得乙二酸。

$$2HCOONa \xrightarrow{360\sim400℃} \begin{array}{c} COONa \\ | \\ COONa \end{array} \xrightarrow{H_2SO_4} \begin{array}{c} COOH \\ | \\ COOH \end{array}$$

乙二酸是无色晶体，熔点 189.5℃。通常乙二酸含有 2 分子结晶水 $H_2C_2O_4 \cdot 2H_2O$，熔点 101.5℃。乙二酸溶于水和乙醇，不溶于乙醚。由于乙二酸的两个羧基直接相连，因此羧基的强诱导作用使乙二酸的酸性比其他的二元羧酸强且容易脱羧。

$$HOOC—COOH \xrightarrow{150℃} HCOOH + CO_2$$

乙二酸容易被氧化。在酸性条件下，高锰酸钾可以定量地把乙二酸氧化成二氧化碳和水。在定量分析中常用乙二酸为基准物标定高锰酸钾溶液。

$$5H_2C_2O_4 + 2KMnO_4 + 3H_2SO_4 = K_2SO_4 + 2MnSO_4 + 10CO_2\uparrow + 8H_2O$$

乙二酸能与许多金属形成配位离子，可用于除去铁锈和蓝墨水的痕迹。乙二酸还可用作漂白剂和媒染剂。

6）己二酸

己二酸为白色晶体，熔点 153℃，溶于乙醇，微溶于乙醚和水。工业上制取己二酸可用苯酚法和环己烷直接氧化法。

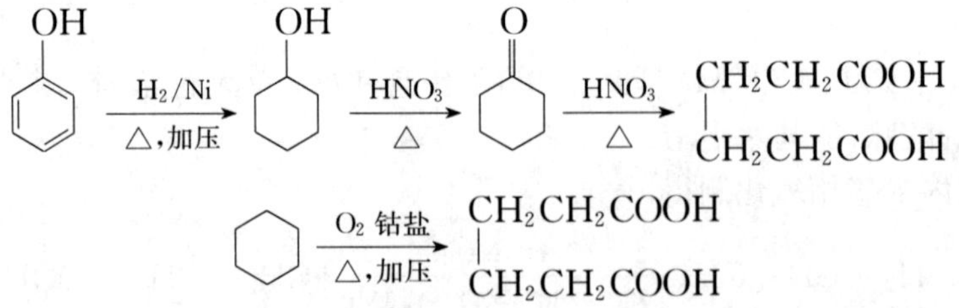

第一种方法工业技术成熟，第二种方法来源丰富，成本低。还可以用己二腈水解制取己二酸。

己二酸是重要的化工原料，可用来合成尼龙-66、增塑剂、润滑剂等。

7）苯二甲酸

邻苯二甲酸为白色结晶固体，迅速加热至231℃就熔融分解，失去一分子水而生成邻苯二甲酸酐（白色针状晶体，熔点131℃，易升华）。

邻苯二甲酸可由邻二甲苯（或邻二烷基苯）或萘氧化制备。

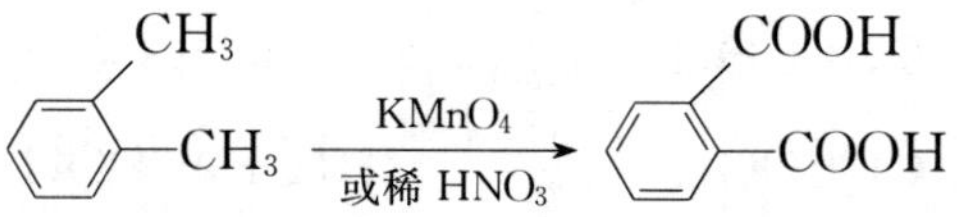

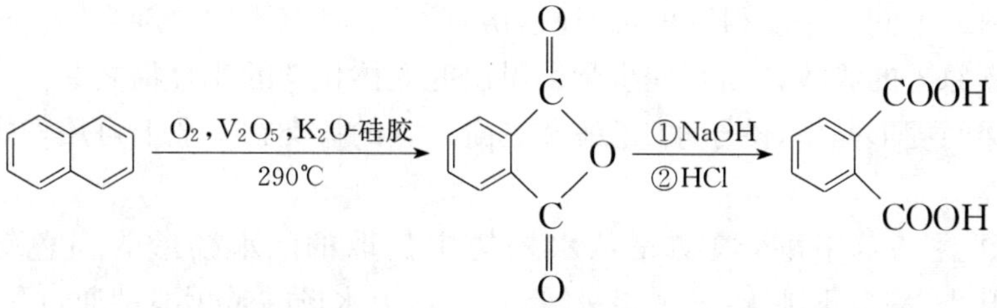

邻苯二甲酸及其酸酐用于制备染料、树脂、合成纤维、药物和增塑剂等。例如，邻苯二甲酸二甲酯可作驱蚊剂，邻苯二甲酸二丁酯和邻苯二甲酸二辛酯都是塑料工业应用较广的增塑剂。

对苯二甲酸为白色晶体，加热至300℃以上不熔而升华，不能生成酸酐，主要用于制造合成树脂、增塑剂，是合成纤维涤纶的原料。工业上的生产方法较多，可按原料来源选择。

对二甲苯氧化法：

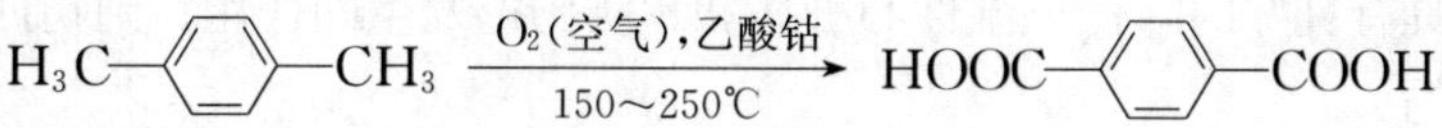

邻苯二甲酸钾转位法：

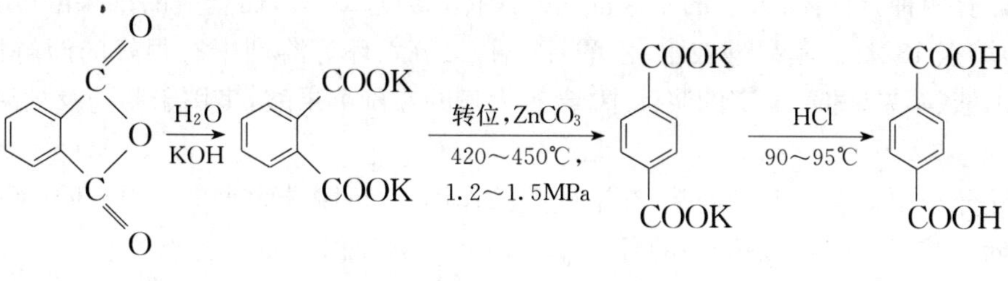

8）乳酸

乳酸（α-羟基丙酸）因来自酸牛乳而得名。肌肉活动后也会分解出乳酸。工业上，乳酸是由葡萄糖在乳酸菌作用下发酵制得的。

$$\underset{\text{葡萄糖}}{C_6H_{12}O_6} \xrightarrow[35\sim45^{\circ}C]{\text{乳酸菌}} \underset{\text{乳酸}}{2H_3C-\overset{\overset{\displaystyle OH}{|}}{C}H-COOH}$$

乳酸是无色黏稠液体，能溶于水、乙醇和乙醚中。乳酸分子中的α-碳原子连接四个不同的原子和基团，是一个手性碳原子，具有旋光性。乳酸是最早研究立体化学的化合物之一。

乳酸在食品工业中可用作酸味剂，在制革工业中用作脱灰剂，印染工业中用作媒染剂，还可应用于医药等工业。

9）酒石酸

酒石酸(2,3-二羟基丁二酸)来自葡萄糖酿酒时所产生的酒石(酸性酒石酸钾)而得名。它广泛存在于植物果实中。酒石酸也可用合成方法制取。例如，将顺-或反-丁烯二酸用高锰酸钾碱性溶液氧化，都能得到酒石酸。

$$\begin{array}{l}\mathrm{CHCOOH}\\ \|\\ \mathrm{CHCOOH}\end{array} \xrightarrow[\mathrm{OH^-}]{\mathrm{KMnO_4}} \begin{array}{l}\mathrm{CH(OH)COOH}\\ |\\ \mathrm{CH(OH)COOH}\end{array}$$

从不同原料或不同方法所得到的酒石酸，熔点不同，具有不同的旋光性。这是由于酒石酸分子含有手性碳原子的缘故。酒石酸也是最早研究立体化学的化合物之一。

酒石酸是透明菱形晶体，溶于水、乙醇和乙醚。它的盐类在工业上可用作媒染剂、鞣剂等。

10）水杨酸

水杨酸即邻羟基苯甲酸，最初是从水杨树中提取的。水杨酸为白色针状晶体，熔点159℃，76℃时升华，易溶于沸水、乙醇、乙醚等。工业上水杨酸是用酚钠通过科尔柏-施密特反应制得的。

水杨酸具有酚和羧酸的性质，它与醇或酚作用可生成相应的羧酸酯；与羧酸或酸酐作用可生成酚酯。它的水溶液与 $FeCl_3$ 反应呈紫色。将水杨酸加热至熔点以上，能脱羧生成苯酚。水杨酸可用作消毒剂和防腐剂，还可用于香料工业。水杨酸钠可用作解热药。水杨酸甲酯是冬青油的主要成分，广泛用于香料和医药工业。乙酰水杨酸俗称阿司匹林，是良好的解热止痛药。现代医学已证实它还具有良好的降低风湿性心脏病和预防肠癌发生的作用。阿司匹林是由乙酸酐与水杨酸作用得到的。

11）苹果酸

苹果酸有两种异构体：天然的苹果酸为左旋体，熔点100℃，而合成的苹果酸(由丁烯二酸加水合成)熔点132℃。苹果酸在水、乙酸、丙酮、二氧六环等溶剂中有很好的溶解性，但不溶于苯。在山楂、苹果、葡萄果实的浆汁中，含有大量的左旋苹果酸，多用于制药及糖果和饮料的制造。

苹果酸分子中只有一个醇羟基，在浓硫酸的作用下，可脱羰脱水生成丙醛酸；而在受热时，则生成丁烯二酸。所以，苹果酸中的羟基兼有 α-和 β-羟基酸的双重特点。

$$\mathrm{HOOC{-}CH_2{-}\underset{}{\overset{\displaystyle OH\atop |}{C}H}{-}COOH} \begin{cases} \xrightarrow{\text{浓}\ \mathrm{H_2SO_4}} \mathrm{OHC{-}CH_2{-}COOH + CO + H_2O} \\ \xrightarrow{\triangle} \mathrm{HOOC{-}CH{=}CH{-}COOH} \end{cases}$$

12）柠檬酸

柠檬酸是3-羧基-3-羟基戊二酸的俗名。柠檬酸存在于天然柠檬汁中，含量为6%～10%。柠檬酸为无色晶体，熔点153℃，易溶于水。柠檬酸可从柠檬中提取。工业上通常用淀粉或蔗糖在柠檬酶作用下发酵制取柠檬酸。

$$\mathrm{C_{12}H_{22}O_{11} + H_2O + 3O_2} \xrightarrow[\text{柠檬酶}]{\text{发酵}} \mathrm{2HOOCCH_2\underset{\displaystyle |\atop COOH}{\overset{\displaystyle OH\atop |}{C}}CH_2COOH + 4H_2O}$$

柠檬酸主要用作食品酸味调味剂，同时它还具有防止食品变色和抑制微生物生长的作用。

它还可用作媒染剂,其镁盐是温和的泻药。

13) 肉桂酸

肉桂酸是 β-苯基丙烯酸的俗名。它以游离态或酯的形式存在于苏合香油和桂皮油中。纯肉桂酸为白色针状晶体,具有淡甜气息及爽快的甜酯香气。肉桂酸具有两种几何异构体。顺式的肉桂酸不稳定,通常都是以反式形式存在。顺-肉桂酸的熔点 68℃,反-肉桂酸的熔点 133℃。

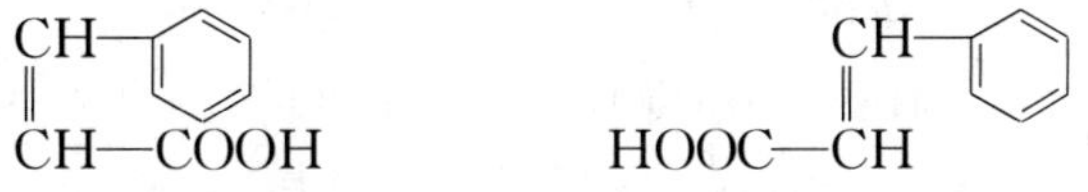

顺(Z)-肉桂酸 反(E)-肉桂酸

目前工业上利用佩金(Perkin)反应制备肉桂酸。

肉桂酸主要用于香料工业,它可用作香精或香水中的定香剂。肉桂酸酯类也是很好的香料。

10.2 羧酸衍生物

羧酸分子中羧基上的羟基被其他原子或原子团取代后的产物称为羧酸衍生物。酰卤、酸酐、酯和酰胺都是羧酸衍生物。

10.2.1 羧酸衍生物的物理性质

低级的酰卤和酸酐都是有刺激性气味的无色液体,高级的为白色固体。低级的酯是有香味的液体,如乙酸异戊酯有香蕉香味,苯甲酸甲酯有茉莉香味,正戊酸异戊酯有苹果香味,故许多低级酯可用作香料。高级酯为蜡状固体。

酰卤、酸酐和酯的分子中都没有可以形成氢键的氢原子,分子间不能缔合。酰卤的沸点比相应的羧酸低,酸酐的沸点比与其相对分子质量相当的羧酸低,酯的沸点比相应的酸或醇都要低,而与相同碳数的醛、酮差不多。

酰胺分子中氨基上的氢原子可以形成氢键,因此酰胺的熔点和沸点较高。除甲酰胺外,其余的酰胺均为结晶固体。

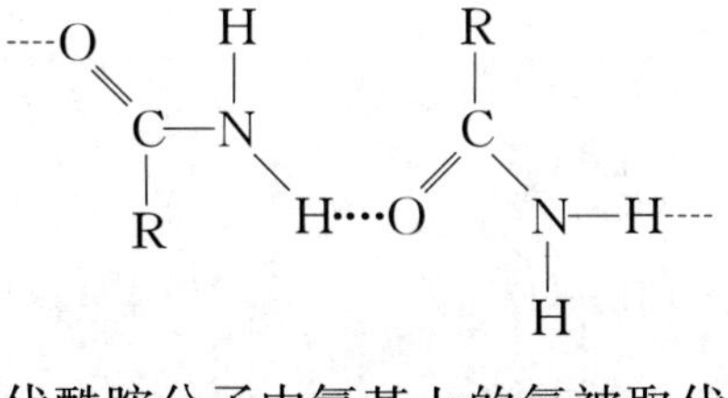

N-取代酰胺或 N,N-二取代酰胺分子中氨基上的氢被取代,使氢键缔合作用减弱或无氢键生成,使其熔沸点降低。脂肪族 N-烃基取代酰胺和 N,N-二烃基取代酰胺通常为无色、有氨味的液体。液态酰胺是有机化合物和无机化合物的优良溶剂。例如,N,N-二甲基甲酰胺(DMF)能与水和多数有机溶剂及无机溶剂互溶,是一种良好的非质子极性溶剂。N,N-二甲基乙酰胺(DMAC)比 DMF 稳定,也是一种优良溶剂。低级的酯和酰胺在水中有一定的溶解度;而酸酐和酰氯在水中基本不溶,但低级的酰氯和酸酐在水中容易发生水解。常见羧酸衍生物的物理常数见表 10-8。

表 10-8　常见羧酸衍生物的物理常数

类别	名称	构造式	沸点/℃	熔点/℃	相对密度 d_4^{20}
酰卤	乙酰氯	CH_3COCl	51	−112	1.104
	乙酰溴	CH_3COBr	76.7	−96	1.52
	乙酰碘	CH_3COI	108		1.98
	丙酰氯	CH_3CH_2COCl	80	−94	1.065
	丁酰氯	$CH_3CH_2CH_2COCl$	102	−89	1.028
	苯甲酰氯	C_6H_5COCl	197	−1	1.212
酯	甲酸甲酯	$HCOOCH_3$	32	−99.8	−0.974
	乙酸甲酯	CH_3COOCH_3	57.5	−98	0.924
	乙酸乙酯	$CH_3COOC_2H_5$	77	−84	0.901
	乙酸丁酯	$CH_3COO(CH_2)_3CH_3$	126	−77	0.882
	乙酸戊酯	$CH_3COO(CH_2)_4CH_3$	147.6	−70.8	0.879
	乙酸异戊酯	$CH_3COO(CH_2)_2CH(CH_3)_2$	142	−78	0.876
	丙二酸二乙酯	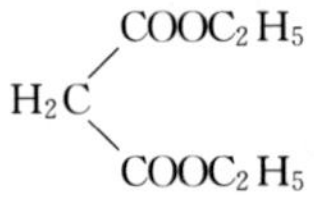	199	−50	1.055
	甲基丙烯酸甲酯	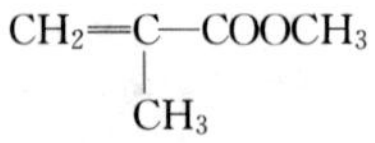	100		0.936
	苯甲酸乙酯	$C_6H_5COOC_2H_5$	213	−32.7	1.051(15°)
	苯甲酸苄酯	$C_6H_5COOCH_2C_6H_5$	324	18.8	1.114(18°)
	邻苯二甲酸二甲酯	$C_6H_4(COOCH_3)_2$	282		1.1905
	邻苯二甲酸二丁酯	$C_6H_4(COO(CH_2)_3CH_3)_2$	340		1.045
酸酐	乙酸酐	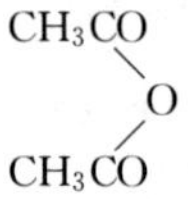	139.6	−73	1.082
	丁二酸酐	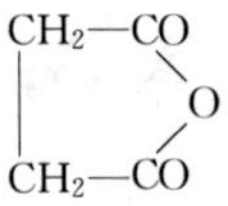	261	119.6	1.104
	苯甲酸酐	$(C_6H_5CO)_2O$	360	42	1.199
	顺-丁烯二酸酐	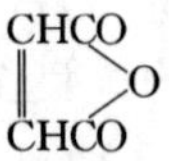	200	60	1.48
	邻苯二甲酸酐	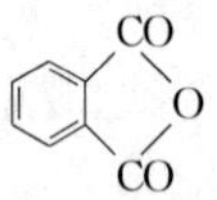	284	131	1.527

续表

类别	名称	构造式	沸点/℃	熔点/℃	相对密度 d_4^{20}
酰胺	甲酰胺	$HCONH_2$	200 分解	3	1.139
	乙酰胺	CH_3CONH_2	221	82	1.159
	丙酰胺	$CH_3CH_2CONH_2$	213	80	1.042
	丁酰胺	$CH_3(CH_2)_2CONH_2$	216	116	1.032
	戊酰胺	$CH_3(CH_2)_3CONH_2$	232	106	1.023
	己酰胺	$CH_3(CH_2)_4CONH_2$	255	101	0.999
	苯甲酰胺	$C_6H_5CONH_2$	290	130	1.341
	乙酰苯胺	$CH_3CONHC_6H_5$	305	114	1.21(4°)
	N-甲基甲酰胺	$HCONHCH_3$	180		
	N,*N*-二甲基甲酰胺	$HCON(CH_3)_2$	153	−61	0.944(22.4°)
	N,*N*-二甲基乙酰胺	$CH_3CON(CH_3)_2$	165		0.937(25°)
	邻苯二甲酰亚胺	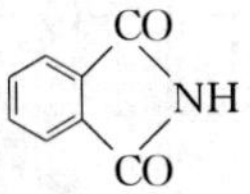	升华	238	

10.2.2　羧酸衍生物的化学性质

10.2.2.1　亲核取代(加成-消除)反应

羧酸衍生物的典型反应是羰基碳原子上发生的亲核取代反应。羧酸衍生物在亲核试剂(如 H_2O、$R'OH$、NH_3)的作用下发生 C—L σ 键断裂，结果是分子中—X、—OOCR、OR′或—NH_2 被—OH、—OR 或—NH_2 取代，生成羧酸、酯或酰胺等产物。这些反应分别叫做水解、醇解和氨解。

1）水解反应

酰氯、酸酐、酯和酰胺都可与水发生亲核取代反应生成相应的羧酸。

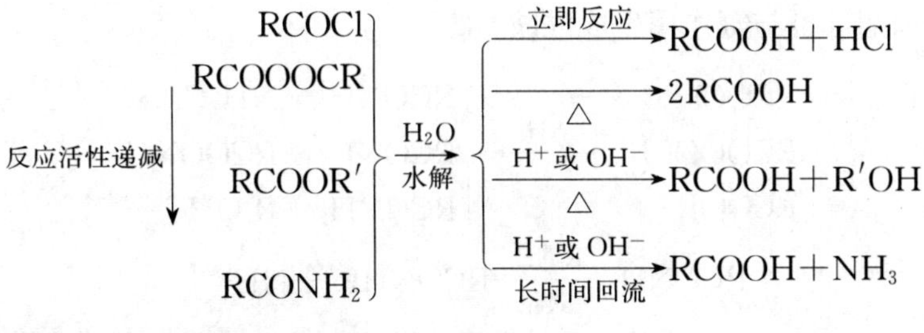

水解反应的难易顺序为酰氯＞酸酐＞酯＞酰胺。

酯在碱性条件下的水解，称为皂化反应。肥皂就是利用此反应制取的。酚酯比醇酯容易水解，因为离去基 ArO^- 比 RO^- 稳定。

2）醇解反应

酰氯、酸酐、酯和酰胺都可与醇作用，通过亲核取代反应生成酯。

$$\left.\begin{array}{r}RCOCl\\RCOOOCR\\RCOOR''\\RCONH_2\end{array}\right\}\xrightarrow{R'OH}\left\{\begin{array}{l}\longrightarrow RCOOR'+HCl\\\longrightarrow RCOOR'+RCOOH\\\longrightarrow RCOOR'+R''OH\\\longrightarrow RCOOR'+NH_3\end{array}\right.$$

酰氯和酸酐可以直接和醇作用生成相应的酯和酸。酰氯性质比较活泼，一般难以制备的酯和酰胺，可通过酰氯来合成。例如，酚酯不能直接用羧酸与酚酯化制备，但用酰氯则反应可顺利进行。

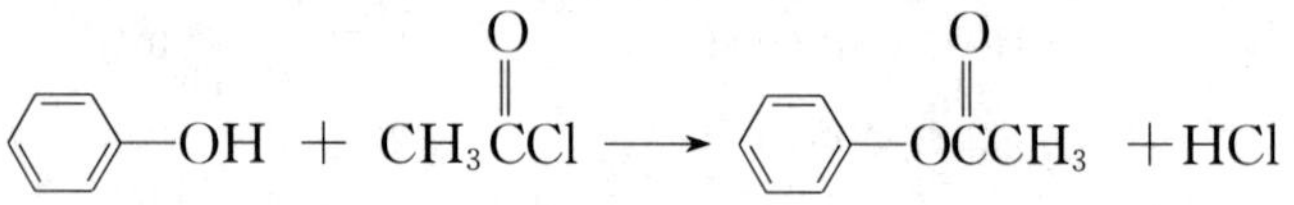

苯酐与甘油发生的醇解反应，可缩聚成醇酸树脂，广泛应用于涂料行业。

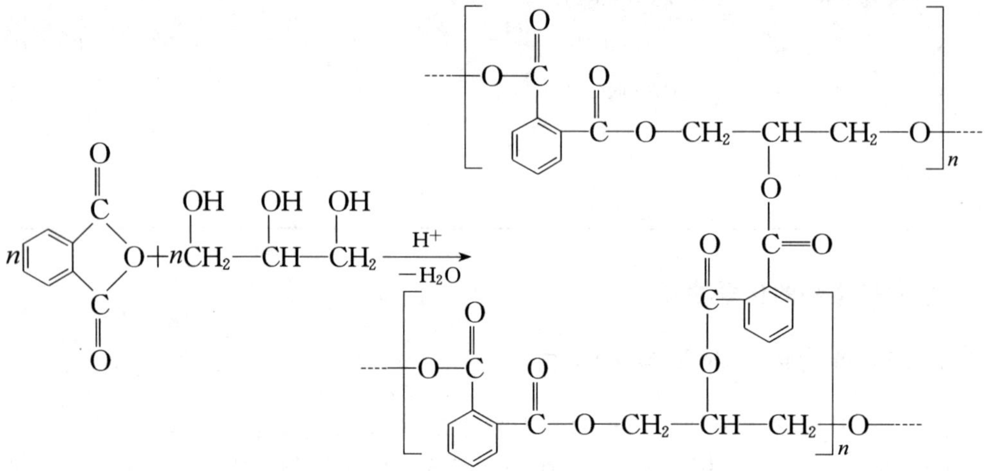

酰胺的醇解是可逆的，需用过量的醇才能生成酯，并放出氨。酸或碱对反应有催化作用。

酯与醇作用需在盐酸或醇钠的催化下，可生成另一种醇和另一种酯，这个反应称为酯交换反应。酯交换反应也是可逆的，在工业生产上常有应用。

3）氨解反应

酰氯、酸酐和酯都可与氨作用生成酰胺。

$$\left.\begin{array}{l}RCOCl\\RCOOOCR\\RCOOR'\end{array}\right\}\xrightarrow{NH_3}\left\{\begin{array}{l}RCONH_2+NH_4Cl\\RCONH_2+RCOONH_4\\RCONH_2+R'OH\end{array}\right.$$

$$RCONH_2\xrightarrow[\text{过量}]{R'NH_2}RCONHR'+NH_3$$

酰胺与胺的反应是可逆反应，胺需过量才可得到 N-烷基酰胺，因此反应实际意义不大。羧酸衍生物的亲核取代反应实际分两步进行：第一步是羰基碳上发生亲核加成，先形成一个带负电的中间体，它的中心碳原子为 sp^3 杂化，是四面体结构；第二步是中间体消除一个离去基团，由此形成的产物就是另一种羧酸衍生物或羧酸。因此羧酸衍生物的亲核取代反应又叫做羰基的亲核加成-消除反应。

总的反应机理可以用下式表示：

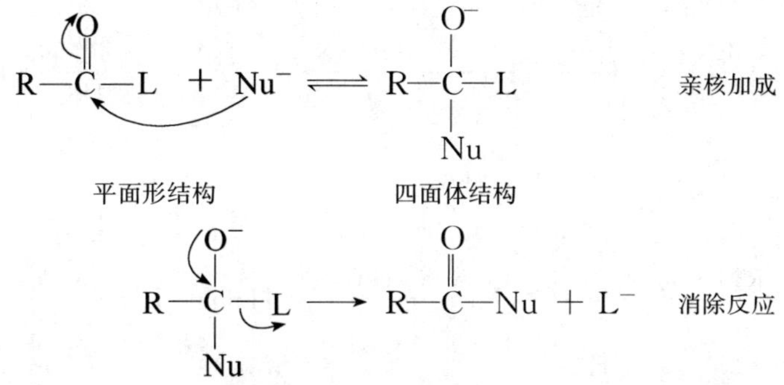

Nu^-：进攻的亲核试剂，即 H_2O、ROH、NH_3、RNH_2 或 R_2NH 等

L^-：离去基团，即 X、—OOCR 、—OR、—NH_2、—NHR 或—NR_2

总的反应速率和两步反应的速率都有关系，但第一步更为重要。酰基中羰基碳原子是 sp^2 杂化，三个 σ 键是平面形分布。羰基碳上如果连有吸电子基团，将增加羰基碳的正电性，有利于亲核试剂的进攻；反之，如果连有供电子基团，将不利于亲核试剂的进攻。亲核加成生成的中间体，其碳原子为 sp^3 杂化，即四面体结构。如果原来羰基碳原子上连接的基团过于庞大，在四面体结构中就显得过于拥挤而不利于反应进行。上述电子效应和空间效应都将对第一步的反应速率有所影响。第二步反应是否容易进行，取决于离去基团 L^- 的碱性，碱性越弱，越易离去。离去基团碱性的强弱可由其共轭酸的酸性的强弱决定。

$$HCl > HCOOH > ROH > NH_3$$

	HCl	HCOOH	ROH	NH_3
pK_a	2.2	4～5	16～19	34

则羧酸衍生物各离去基团离去的难易次序为

$$Cl^- > RCOO^- > RO^- > NH_2^-$$

在许多亲核取代反应中，酰氯的活泼性最大，酸酐次之。它们在有机合成中常用作酰基化试剂。

羧酸衍生物在酸性或碱性溶液中，由于酸或碱的催化作用，比在中性溶液中更容易水解。酸催化作用第一步是酰基氧原子质子化，这就使羰基碳原子更易受到亲核试剂的进攻，即使弱的亲核试剂也可以与它发生作用。

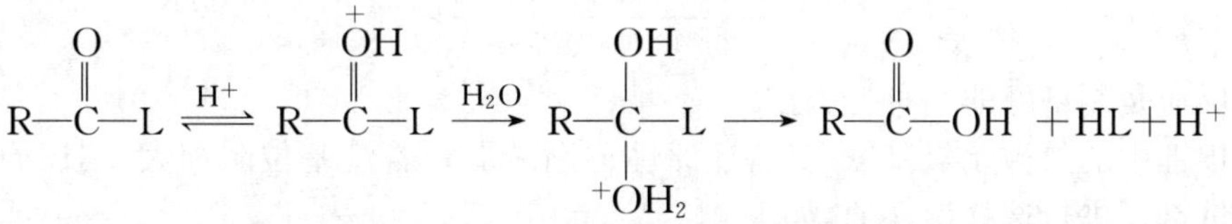

碱催化时，碱性溶液提供的 OH^- 是一种强的亲核试剂，容易攻击羰基碳原子。

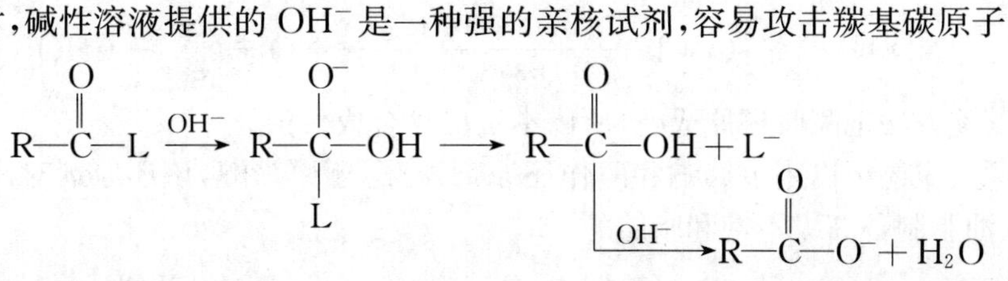

4）与格氏试剂的反应

格氏试剂可以与酰氯、酸酐、酯和 *N*，*N*-二取代酰胺发生亲核加成反应，反应能否停留在酮阶段取决于反应物的活性、用量和反应条件。酯和酰氯与格氏试剂的加成反应在有机合成

中应用较多,如

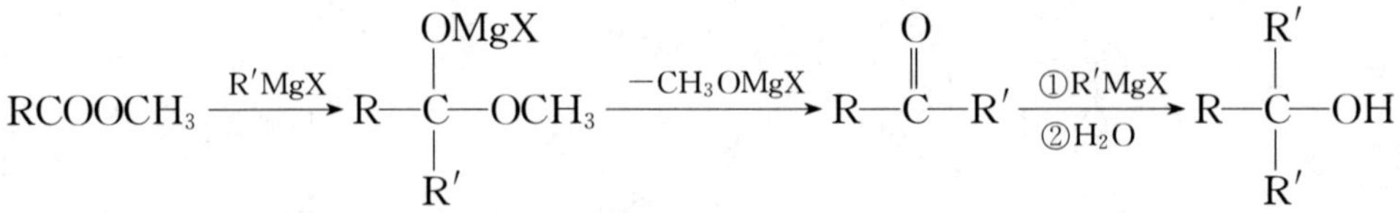

甲酸酯与格氏试剂反应最终可生成仲醇。

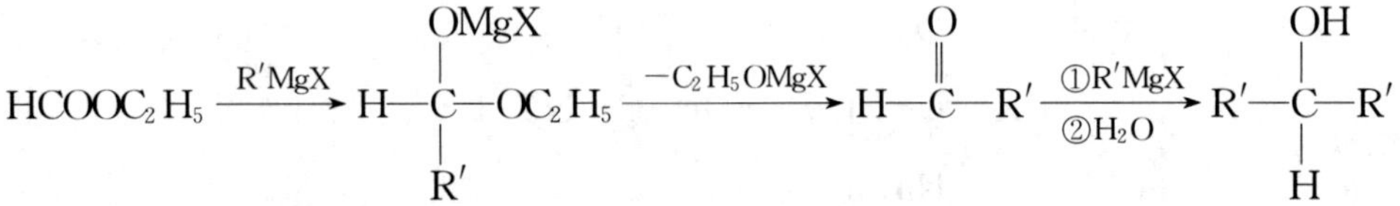

如果用 1mol 格氏试剂在低温下慢慢滴入含 1mol 酰氯的溶液中,可以使反应停留在生成酮的一步。

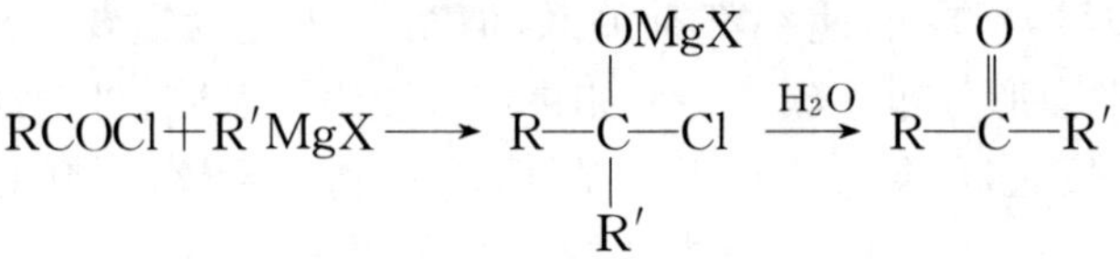

酸酐、酰胺与格氏试剂反应在有机合成上价值不大,这里不再介绍。

10.2.2.2　还原反应

羧酸衍生物比羧酸易被还原,可以催化加氢还原,也可用氢化铝锂还原,酰氯、酸酐和酯的还原产物均为伯醇,酰胺的还原产物为胺。

$$\left.\begin{array}{l}RCOCl\\RCOOOCR\\RCOOR'\\RCONH_2\end{array}\right\}\xrightarrow[\text{或 }LiAlH_4]{\text{催化加氢}}\left\{\begin{array}{l}RCH_2OH\\2RCH_2OH\\RCH_2OH+R'OH\\RCH_2NH_2\end{array}\right.$$

将钯沉积在 $BaSO_4$ 上作催化剂,常压下加氢使酰氯还原成相应醛的反应称为罗森蒙德(Rosenmund)还原。为使反应停留在醛的阶段,可在反应体系中加入适量的喹啉-硫、硫或硫脲等作为"抑制剂",以降低催化剂的活性,如

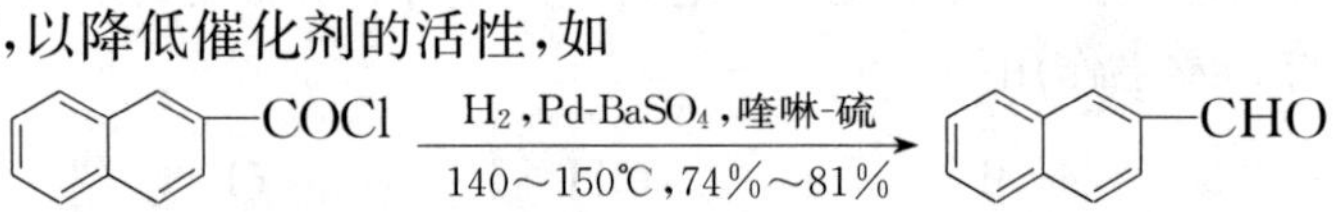

罗森蒙德反应是制备醛的一种好方法。

氢化铝锂中的氢被烷氧基取代后,还原性逐渐减弱。若烷基位阻加大,则还原性能更弱。利用这种试剂可进行选择性还原,如

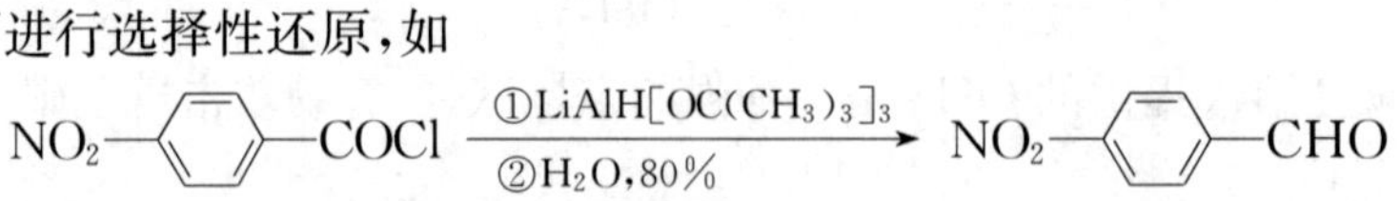

由于很难用其他方法把酰胺还原成醛,所以本法更具合成价值。

酯的还原反应还可以用金属钠和醇作还原剂,将酯还原为醇,该还原剂对碳-碳双键无影响,可用于从油脂制备高级不饱和脂肪醇,如

$$CH_3(CH_2)_7CH{=}CH(CH_2)_7COOC_4H_9 \xrightarrow{Na+C_4H_9OH} CH_3(CH_2)_7CH{=}CH(CH_2)_7CH_2OH$$

在有机合成中,酯的还原是使羧酸间接转变为伯醇的重要方法,因为羧酸还原比酯困难。

10.2.2.3　α-氢的反应

羧酸衍生物分子中的 α-氢由于受羰基影响(σ-π 超共轭和吸电诱导效应)，因此比较活泼，与醛酮相似，在一些碱性试剂催化下可以发生缩合反应。在有机合成中酯缩合反应应用较多。由于酯的 α-H 酸性小于醛酮，也小于酰氯(但大于酰胺)，所以酯缩合用的碱是醇钠或其他碱性催化剂(如氨基钠)而不是氢氧化钠的水溶液。酯在强碱作用下发生分子间的缩合反应，称为克莱森酯缩合反应，此反应在制备 β-二羰基化合物时很有用。

$$RCH_2COOC_2H_5 + RCH_2COOC_2H_5 \xrightarrow{C_2H_5ONa} RCH_2COCH(R)COOC_2H_5 + C_2H_5OH$$

$$CH_3COOC_2H_5 + CH_3COOC_2H_5 \xrightarrow{C_2H_5ONa} CH_3COCH_2COOC_2H_5 + C_2H_5OH$$

它的缩合反应机理和前面讲过的羟醛缩合相似，即

$$C_2H_5ONa \rightleftharpoons Na^+ + C_2H_5O^-$$

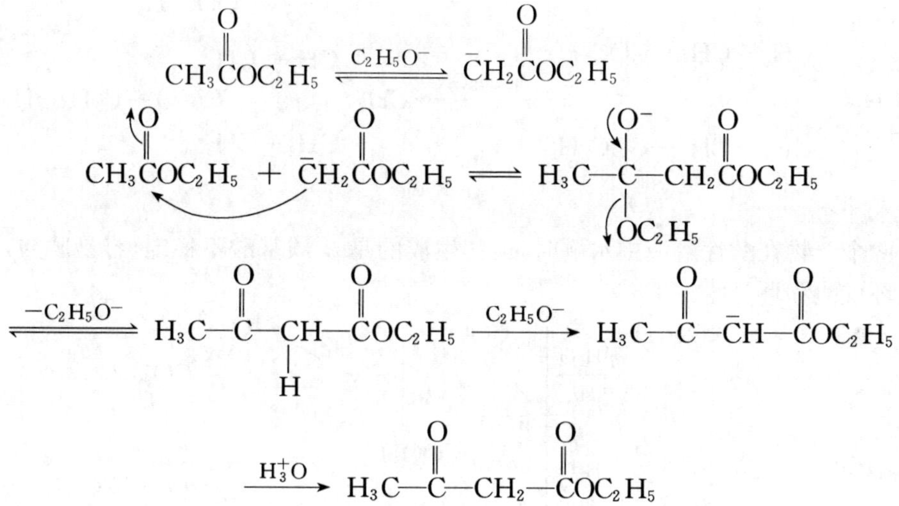

在此机理中，前面每一步都是平衡反应，整个反应完成是靠倒数第二步，由于乙酰乙酸乙酯的负离子有较多的共振稳定性，因此反应能趋于完成，而最后的酸化一步使反应终止。

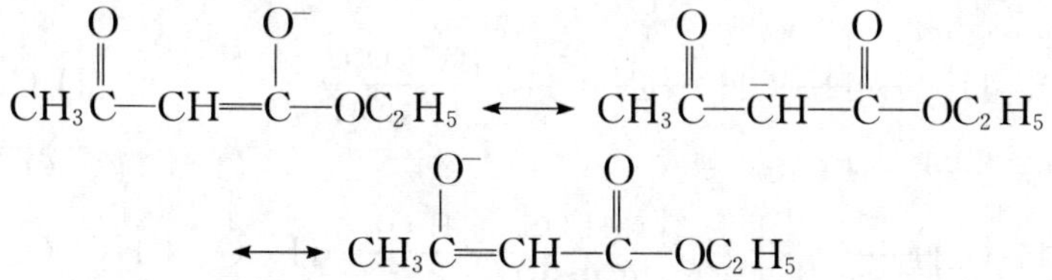

一般只含有一个 α-氢的酯因 α-H 的酸性更加弱而较难进行酯缩合反应，需要在比 C_2H_5ONa 更强的碱(如氢化钠，氨基钠或三苯甲基钠等)作用下才能进行，如

$$2(CH_3)_2CHCOOC_2H_5 \xrightarrow{(C_6H_5)_3CNa} \xrightarrow{H_3^+O} (CH_3)_2CH-CO-C(CH_3)_2-COOC_2H_5$$

一般克莱森酯缩合反应是在两个相同的酯之间进行。虽然我们可以进行混合酯的交叉缩

合反应，即采用两种不同的酯，但产物太复杂，没有实用价值，除非一个酯有 α-氢，一个酯没有 α-氢，才有制备意义。例如，乙二酸乙酯、苯甲酸酯、甲酸酯等都是不含 α-氢的酯，可用于交叉酯缩合反应。这时产物比较纯。

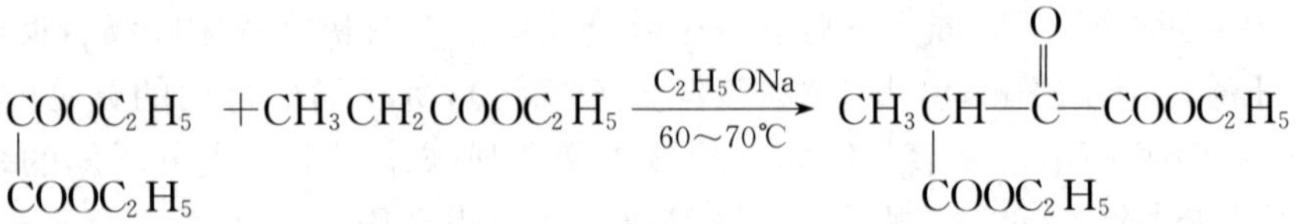

己二酸酯和庚二酸酯在醇钠作用下主要是发生分子内的酯缩合反应生成环状的 β-酮酸酯，称为迪克曼(Dieckmann) 缩合反应。

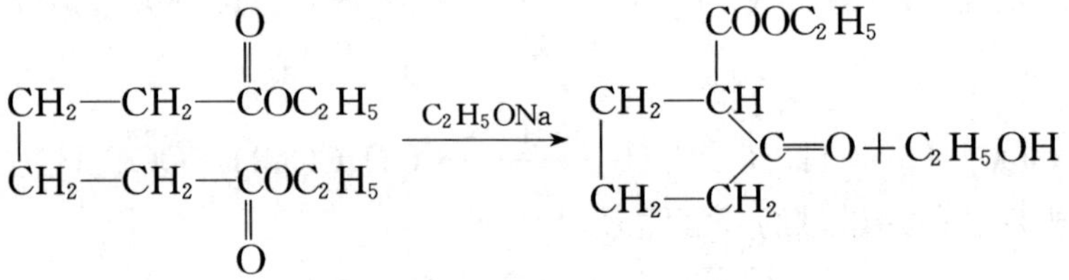

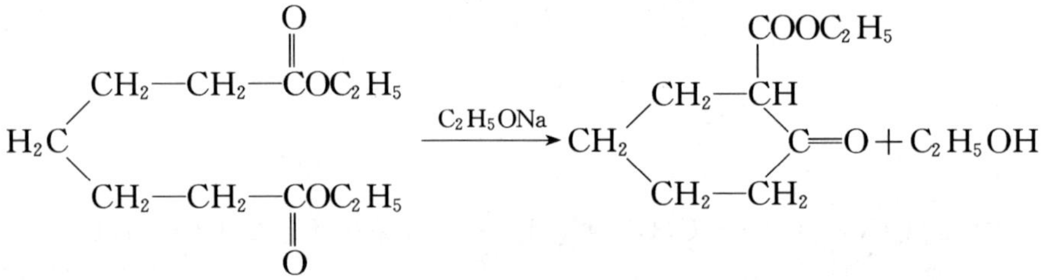

上述两个产物在酸性溶液中水解时，最初生成的是 β-羰基酸不稳定，容易脱羧，所以最后的产物是环戊酮和环己酮。

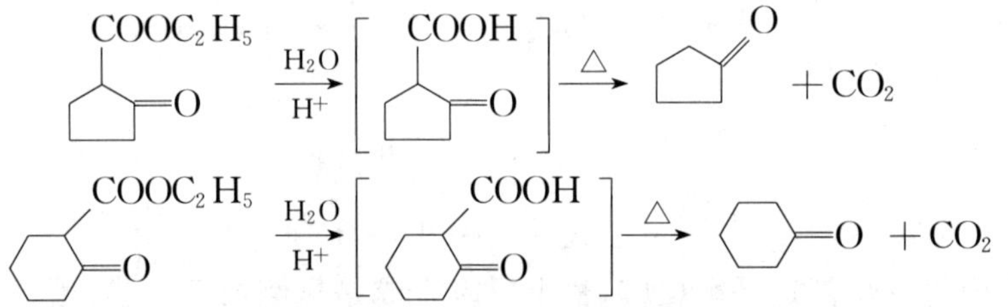

酯与适当的醛或酮特别是甲基酮中的 α-氢发生交叉缩合反应，如

$$CH_3\overset{O}{\overset{\|}{C}}-OC_2H_5 + H-CH_2-\overset{O}{\overset{\|}{C}}-CH_3 \xrightarrow[C_2H_5OH]{C_2H_5ONa} \xrightarrow{H_3O^+} CH_3\overset{O}{\overset{\|}{C}}CH_2\overset{O}{\overset{\|}{C}}CH_3$$

$$H\overset{O}{\overset{\|}{C}}-OC_2H_5 + H-CH_2-\overset{O}{\overset{\|}{C}}-C_6H_5 \xrightarrow[C_2H_5OH]{C_2H_5ONa} \xrightarrow{H_3O^+} H-\overset{O}{\overset{\|}{C}}-CH_2-\overset{O}{\overset{\|}{C}}-C_6H_5$$

在这些反应中，酯作为酰基化试剂使醛或酮酰化。

含 α-氢的酸酐与苯甲醛在相应的羧酸或钠盐催化作用下也可以发生缩合反应，如

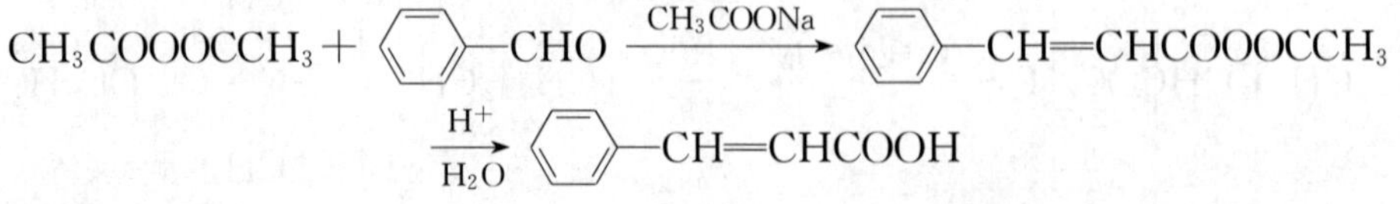

上述反应称为佩金反应，是制备肉桂酸的方法。反应中乙酸酐在乙酸钠的催化下，首先失去

α-氢,生成碳负离子。碳负离子作为亲核试剂,与苯甲醛发生亲核加成生成 β-羟基酸酐,后者不稳定,失去一分子水,最后再经酸性水解即得肉桂酸。

酯和带有 α-氢原子的腈之间也能发生类似克莱森缩合的反应。腈的酸性比酯强,它们在碱的作用下先生成碳负离子,而后进攻酯羰基,发生加成-消除反应后得到 β-酮腈。

$$CH_3\overset{\overset{\large O}{\|}}{C}-OC_2H_5+RCH_2CN\xrightarrow{C_2H_5ONa}CH_3\overset{\overset{\large O}{\|}}{C}-\overset{\overset{\large CN}{|}}{C}HR$$

10.2.2.4　酰胺的特征反应

酰胺是羧酸衍生物中最不活泼的化合物,但却能发生一些特征反应。

1) 酸碱性

酰胺分子中氮原子的未共用电子对与羰基存在 p-π 共轭效应,使氮原子上的电子云密度降低,减弱了它接受质子的能力,因此,酰胺近于中性。

在特殊条件下,酰胺可显示弱碱性。例如,把氯化氢气体通入乙酰胺的乙醚溶液中能生成不溶于乙醚的盐($CH_3CONH_2\cdot HCl$)。但此盐不稳定,遇水即分解成酰胺和盐酸,这说明酰胺的碱性极弱。

$$CH_3\overset{\overset{\large O}{\|}}{C}NH_2+HCl(气)\xrightarrow{乙醚}CH_3\overset{\overset{\large O}{\|}}{C}NH_2\cdot HCl\downarrow$$

2) 脱水反应

酰胺在强脱水剂作用下或高温加热,发生分子内脱水生成腈,常用的脱水剂有五氧化二磷和亚硫酰氯等,如

$$R\overset{\overset{\large O}{\|}}{C}NH_2\xrightarrow{P_2O_5 或加热}RCN+H_2O$$

3) 降级反应

酰胺与次氯酸钠或次溴酸钠的碱溶液作用,脱去羰基生成伯胺。在反应中碳链减少一个碳原子,故称为酰胺降级反应,也叫霍夫曼降级反应。含 8 个碳以下的酰胺,采用此法,产率较高。

$$RCONH_2+NaOBr+NaOH\longrightarrow RNH_2+Na_2CO_3+NaBr+H_2O$$

一般认为上述反应历程如下:

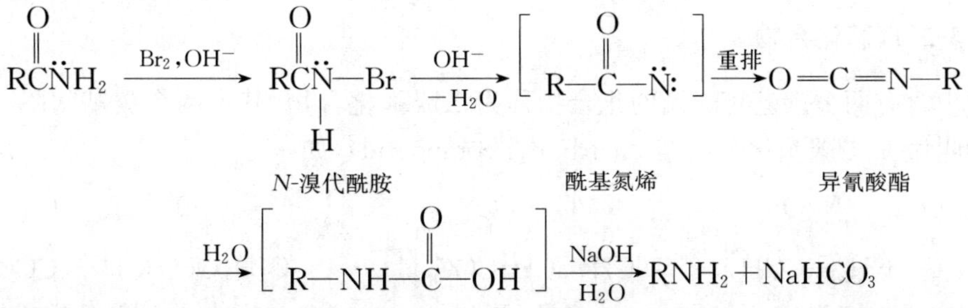

反应中首先是酰胺与溴的碱溶液作用,生成 N-溴代酰胺。N-溴代酰胺在碱的作用下脱去 HBr,生成类似碳烯的活性中间体——氮烯,氮烯分子中氮的周围只有 6 个价电子,不稳定,易发生重排,生成异氰酸酯。异氰酸酯是个非常活泼的化合物,遇水后立即分解,得到伯

胺，放出二氧化碳。

4）与 HNO_2 的反应

酰胺的氮原子上连有两个氢原子时，与 HNO_2（$NaNO_2$＋HCl）作用生成羧酸，同时定量放出 N_2。这个反应可用于酰胺的鉴别和定量分析。

$$RCONH_2 + HO—NO \longrightarrow RCOOH + N_2\uparrow + H_2O$$

有的酰胺由于空间障碍较大，水解不易进行，如用 HNO_2 处理，则在室温下就可使其水解，并得到较高收率的羧酸。

10.2.3　过氧酸和过氧酰基化合物

过氧酸 RCO_3H 和过氧酰基化合物（RCO_2）$_2$ 分别是过氧化氢的单酰基化物和双酰基化物。过氧酸能形成较强的分子内五元环氢键，其酸性较相应的羧酸弱。

过氧酸是一类很强的氧化剂。例如，通过顺式-加成反应从位阻较小的一面接近双键并将双键氧化成环氧化物，它能将醛氧化为酸，酮氧化为酯。低级的过氧酸不够稳定，受热后有强烈爆炸的危险，特别在浓度较高时更要注意安全操作。过氧苯甲酸相对要比过氧乙酸安全得多，它们在储存时都会渐渐分解而降低过氧含量。

过氧酸可由羧酸和高浓度的过氧化氢在酸性催化剂存在下反应得到，酰卤和酸酐与过氧化钠反应或过氧酰基化物溶剂溶解也都产生过氧酸。

$$RCO_2H + H_2O_2 \xrightleftharpoons{H^+} RCO_3H + H_2O$$

$$RCOCl + HOONa \longrightarrow RCO_3H + NaCl$$

$$(RCO_2)_2 + R'OH \longrightarrow RCO_3H + RCO_2R'$$

2mol 酰氯和 1mol 过氧化氢反应生成 1mol 过氧二酰基化物，分子中有较弱的过氧单键（—O—O—），易发生均裂反应而产生自由基，过氧化苯甲酰（benzoyl peroxide）在室温下是一个稳定的固体，受热时易放出二氧化碳并产生苯基自由基，是最常用的自由基引发剂之一。

$$2RCOCl + HOOH \xrightarrow{OH^-} R—\overset{\overset{\large O}{\|}}{C}—O—O—\overset{\overset{\large O}{\|}}{C}—R$$

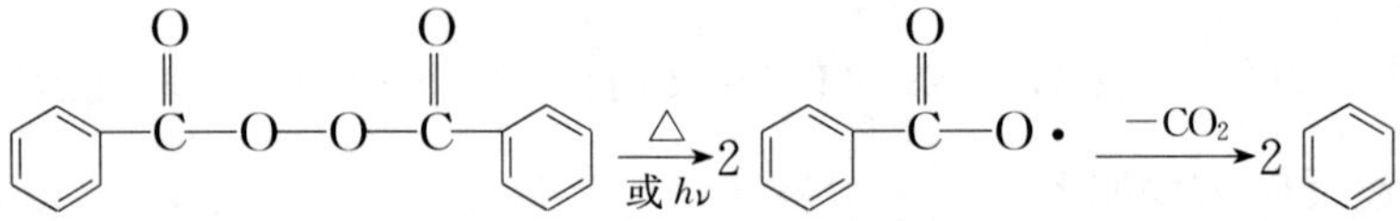

10.2.4　*β*-二羰基化合物

分子中含有两个羰基官能团的化合物称为二羰基化合物，其中两个羰基间隔一个亚甲基的化合物叫做 *β*-二羰基化合物（*β*-dicarbonyl compound），如

$CH_3\overset{\overset{O}{\|}}{C}—CH_2—\overset{\overset{O}{\|}}{C}CH_3$	$CH_3\overset{\overset{O}{\|}}{C}CH_2\overset{\overset{O}{\|}}{C}OC_2H_5$	$C_2H_5O\overset{\overset{O}{\|}}{C}—CH_2—\overset{\overset{O}{\|}}{C}OC_2H_5$
2,4-戊二酮 （乙酰丙酮）	乙酰乙酸乙酯 （*β*-丁酮酸酯）	丙二酸二乙酯

亚甲基受两个羰基吸电子的影响，*α*-碳上的氢原子变得很活泼。因此 *β*-二羰基化合物也称为活泼亚甲基化合物。

10.2.4.1　β-二羰基化合物的酸性和烯醇负离子的稳定性(酮-烯醇平衡)

β-二羰基化合物上的α-氢原子有较强的酸性，pK_a 为 9～13，远比醇和水的酸性强(表 10-9)。

表 10-9　羰基化合物的 pK_a

构造式	名称	pK_a
$H_3C-CO-COC_2H_5$ (O above C)	乙酸乙酯	25
$H_3C-CO-CH_3$	丙酮	20
$C_2H_5OCO-CH_2-COOC_2H_5$	丙二酸二乙酯	13
$CH_3CO-CH_2-COOC_2H_5$	乙酰乙酸乙酯(β-丁酮酸酯)	11
$CH_3CO-CH_2-COCH_3$	2,4-戊二酮	9

β-二羰基化合物的酸性之所以比一般羰基化合物强得多，是因为它们能发生酮-烯醇互变异构，烯醇式因分子内形成氢键而比较稳定，以 2,4-戊二酮为例：

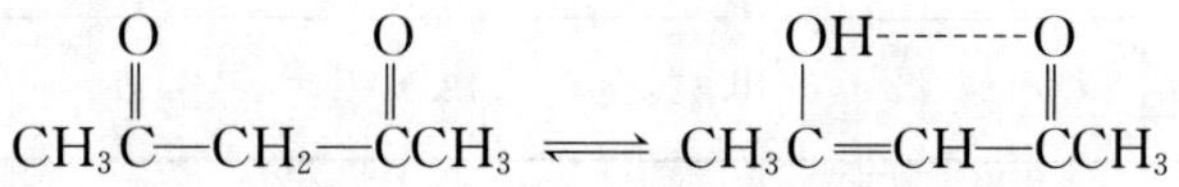

酮式(24%)　　烯醇式(76%)

在碱性作用下，β-二羰基化合物可生成稳定的负离子，因为负电荷可以发生离域而扩展到两个羰基上。

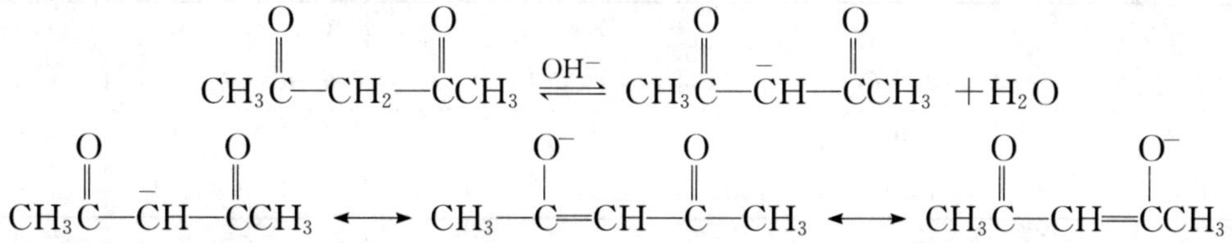

β-二羰基化合物负离子有烯醇式存在，所以一般称之为烯醇负离子。而且亚甲基碳原子也带有负电荷，且反应往往发生在此碳原子上，所以这种负离子也常称之为碳负离子，即两可负离子。

β-二羰基化合物除了具有羰基化合物的通性外，它们还具有自己独特的反应，在有机合成上有多方面的应用。

10.2.4.2　乙酰乙酸乙酯

1) 乙酰乙酸乙酯的制备

乙酰乙酸乙酯可以由乙酸乙酯在乙醇钠的催化作用下，经克莱森酯缩合反应来制备，也可以由乙烯酮制备。乙烯酮是不饱和酮，容易发生聚合，控制反应条件可得到二聚体——二乙烯酮。二乙烯酮实际上是个内酯，在酸催化作用下与乙醇首先反应，生成一个烯醇式中间体，然后经重排，制得乙酰乙酸乙酯。

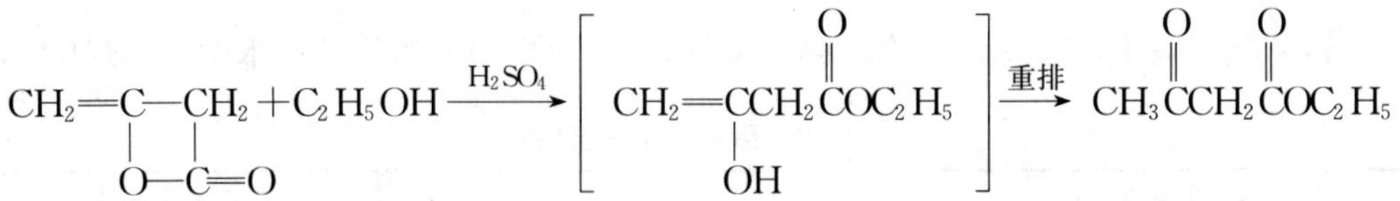

2）乙酰乙酸乙酯的性质

乙酰乙酸乙酯是无色有水果香味的液体，沸点 180.4℃，在沸点时有分解现象，制备时一般用减压蒸馏的方法提纯。

在通常条件下，乙酰乙酸乙酯是以酮式和烯醇式两种结构通过动态平衡同时存在的互变异构体。

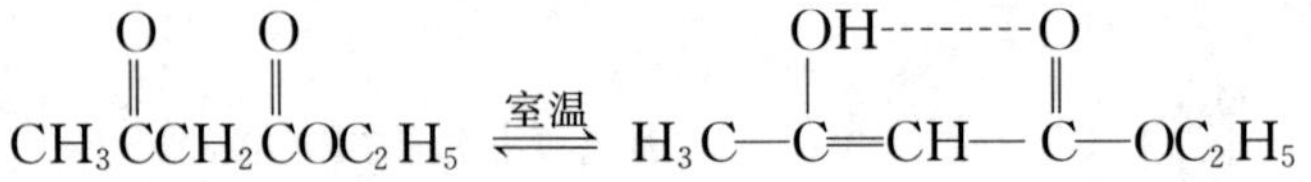

92.5%(b. p. 41℃/266.6Pa)　　7.5%(b. p. 33℃/266.6Pa)

在乙酰乙酸乙酯的平衡体系中，烯醇式结构的含量与溶剂的性质有关。溶剂的极性越小越有利于形成分子内氢键，烯醇的含量越高(表 10-10)。

表 10-10　乙酰乙酸乙酯在不同溶剂中的烯醇式含量

溶剂	水	甲醇	乙醇	乙酸乙酯	苯	乙醚	正己烷
烯醇式含量/%	0.40	6.87	10.52	12.9	16.2	27.1	46.4

当乙酰乙酸乙酯的亚甲基上连有烷基时，在水中的平衡体系中，烯醇式含量将下降，酸性也下降(表 10-11)。

表 10-11　取代乙酰乙酸乙酯在水溶液中的烯醇式含量

化合物	$CH_3COCH_2CO_2Et$	$CH_3COCH(CH_3)CO_2Et$	$CH_3COCH(C_2H_5)CO_2Et$	$CH_3COCH(CH(CH_3)_2)CO_2Et$
烯醇式含量/%	0.40	0.30	0.17	0.04
pK_a	11.0	12.25	12.50	13.50

另外，烯醇式结构的含量还与浓度和温度等因素有关。

乙酰乙酸乙酯的烯醇式和酮式两者在低温时可以被分开。如将乙酰乙酸乙酯的石油醚溶液用干冰冷却到−78℃以下时，就可得到一无色晶体，该晶体最初不与 $FeCl_3$ 发生显色反应，也不使溴的乙醇溶液褪色，但是有酮的特征反应，说明它是酮式结构。在常态下，乙酰乙酸乙酯可以表现出烯醇和酮两方面的特征反应。能与羰基试剂(如羟氨、苯肼等)发生反应，也能与金属钠作用放出氢气，可以使溴的四氯化碳溶液褪色，还能与三氯化铁作用显紫色。由于它的特殊结构，还可发生以下反应：

(1) 酮式分解与酸式分解。乙酰乙酸乙酯在稀碱(5%NaOH)或稀酸中加热，首先发生酯的水解反应，生成乙酰乙酸。乙酰乙酸不稳定，加热容易脱羧生成酮，这个过程称为酮式分解。

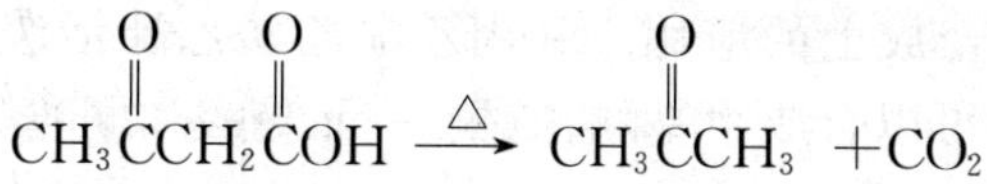

乙酰乙酸乙酯在浓碱(40%NaOH)中加热，其 α-碳和 β-碳之间的键断裂，生成两分子乙酸盐，酸化后得到乙酸，这个过程为酸式分解。

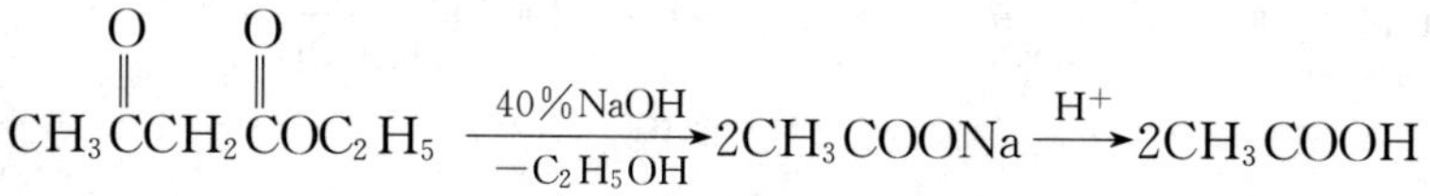

反应历程如下：

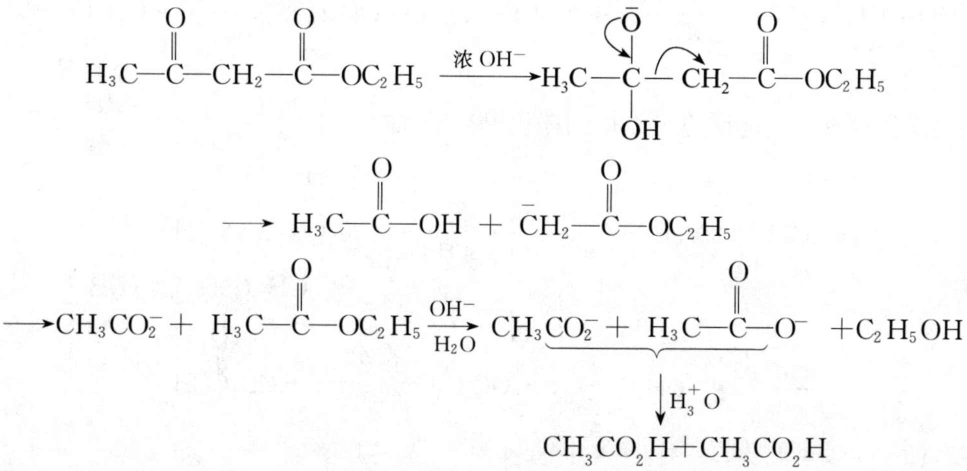

乙酰乙酸乙酯在酸式分解的同时常伴有酮式分解的副反应的发生。酸式分解实际上是 OH^- 作为亲核试剂首先对 β-羰基进行加成，然后消除完成反应。

(2) 亚甲基上活泼氢的反应。乙酰乙酸乙酯在醇钠等强碱作用下可以生成钠盐。该盐是良好的亲核试剂，能与伯卤代烃、苄卤以及酰卤等发生亲核取代反应(S_N2)，主要生成在亚甲基碳原子上烃基或酰基化的乙酰乙酸乙酯，如

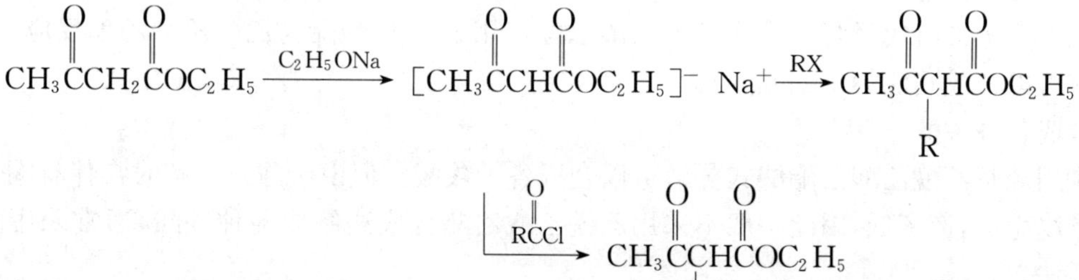

烃基或酰基乙酰乙酸乙酯分子中还有一个活泼氢，可重复上述反应，得到二烃基或二酰基乙酰乙酸乙酯。

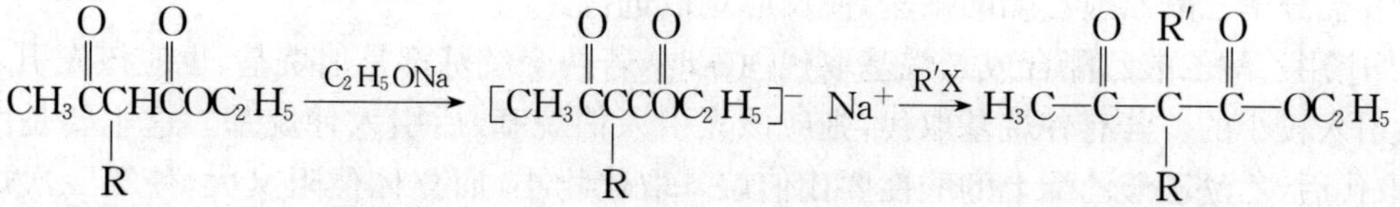

烃基或酰基乙酰乙酸乙酯也可以发生酮式或酸式分解。

(3) 乙酰乙酸乙酯在合成上的应用。利用乙酰乙酸乙酯活泼亚甲基上烃基或酰基取代物，通过酮式或酸式分解，可以合成甲基酮、二酮、一元羧酸和酮酸等一系列化合物。

合成甲基酮：

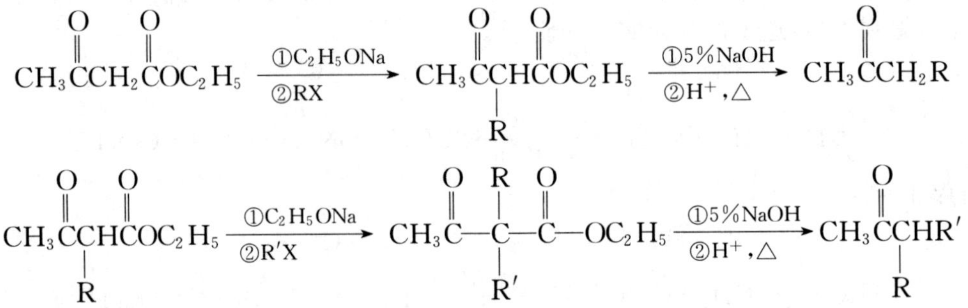

用二卤代烃重复上述反应可以得到环状甲基酮，如

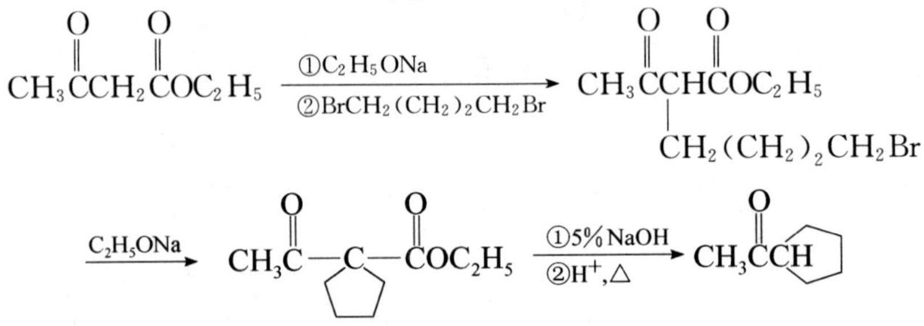

合成二酮：

用酰卤、酸酐与乙酰乙酸乙酯反应，再经过酮式分解可得到β-二酮。

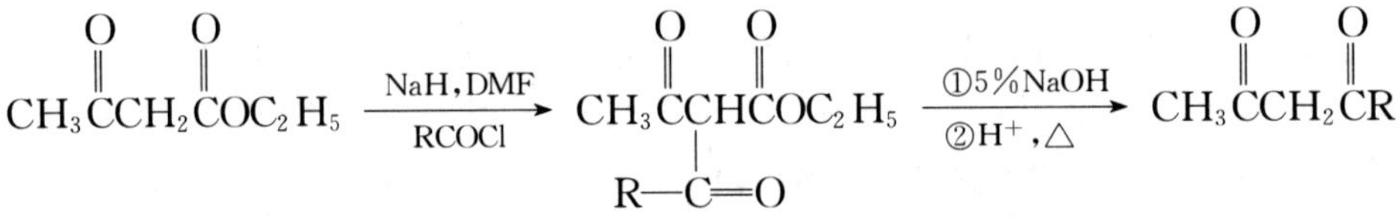

用1分子二卤代烃与2分子乙酰乙酸乙酯或用α-卤代酸酯与乙酰乙酸乙酯反应，再经酮式分解可以合成其他的二酮或酮酸。

合成各种羧酸：

利用烃基乙酰乙酸乙酯酸式分解可以合成各种羧酸。但由于酸式分解时常伴有酮式分解的副产物生成，产率低，因此一般不采用乙酰乙酸乙酯合成法制取各种羧酸，通常采用丙二酸酯合成法。

在乙酰乙酸乙酯合成法中使用的卤代烃，一般要求采用伯或仲卤代烃，叔卤代烷在碱性条件下，易发生消除反应生成烯烃，产率较低。乙烯型的卤代烃(CH═CHX、Ar—X)，由于卤原子活性低，不易发生反应。同时，卤代烃分子中不能含有羧基和酚羟基一类的酸性基团，因其会分解乙酰乙酸乙酯的钠盐，使反应难以进行。

当应用乙酰乙酸乙酯合成二烷基取代丙酮时，若两个烷基都是伯烷基，也应该先引入较大的，后引入较小的。若有仲烷基取代，则应该先引入伯烷基，后引入仲烷基。这主要是由于仲烷基取代后，乙酰乙酸乙酯上的酸性要比伯烷基取代物小，而立体位阻又大，使第二次烷基化较困难，两个取代基引入次序不同会影响到产物的质量和纯度。

10.2.4.3　丙二酸二乙酯

丙二酸二乙酯是无色有香味的液体，沸点 199℃，微溶于水。它在有机合成中应用很广，是一个重要的合成中间体。

1）丙二酸二乙酯的制备

由于丙二酸分子中两个羧基间的诱导效应较强，因此使丙二酸不稳定，加热后容易脱羧生成乙酸，故不用丙二酸直接酯化制取丙二酸酯。通常用乙酸为原料，通过α-卤代酸与 NaCN 反应后水解酯化来制取：

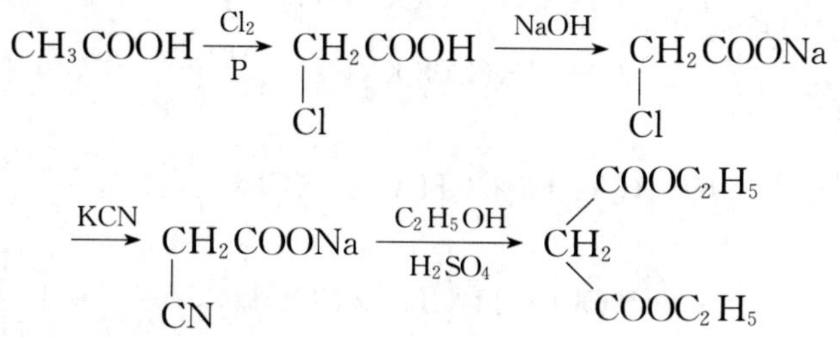

2）丙二酸二乙酯的性质及其在合成中的应用

丙二酸二乙酯分子能与强碱性的醇钠作用形成钠盐。

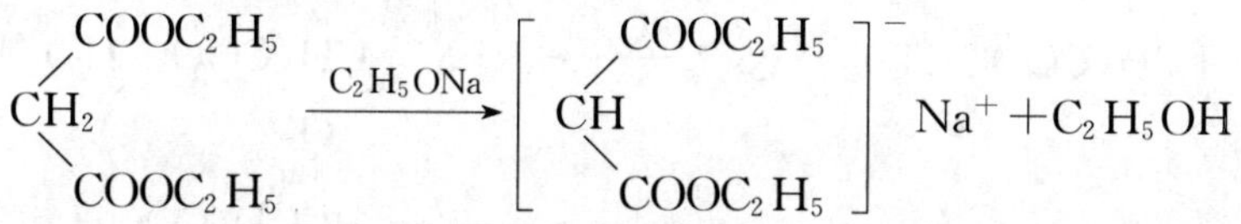

生成的负离子是一个强亲核试剂，与卤烃（伯或仲）反应时，可发生亲核取代而生成一烃基取代的丙二酸二乙酯。水解后就得到相应的烃基取代的丙二酸。它在加热下即脱羧生成相应的烃基取代乙酸。

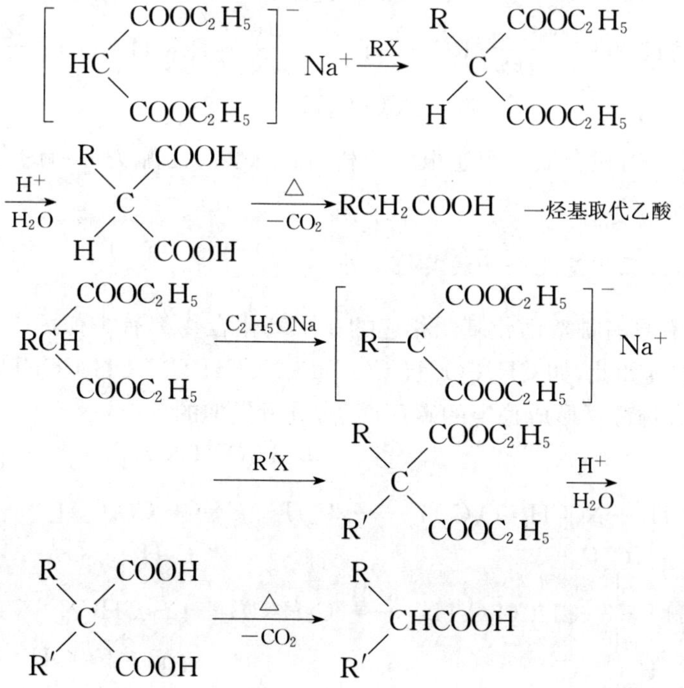

与乙酰乙酸乙酯合成法类似，当需要引入两个不同的烃基时，S_N2 反应考虑空间效应，一般是先引入较大的烃基。第二次所用的卤代烃也要更活泼一点。

丙二酸二乙酯的 α-碳上的烃基化反应是制备 α-烃基取代乙酸的最有效方法。丙二酸二乙酯也可用来合成二元羧酸，如

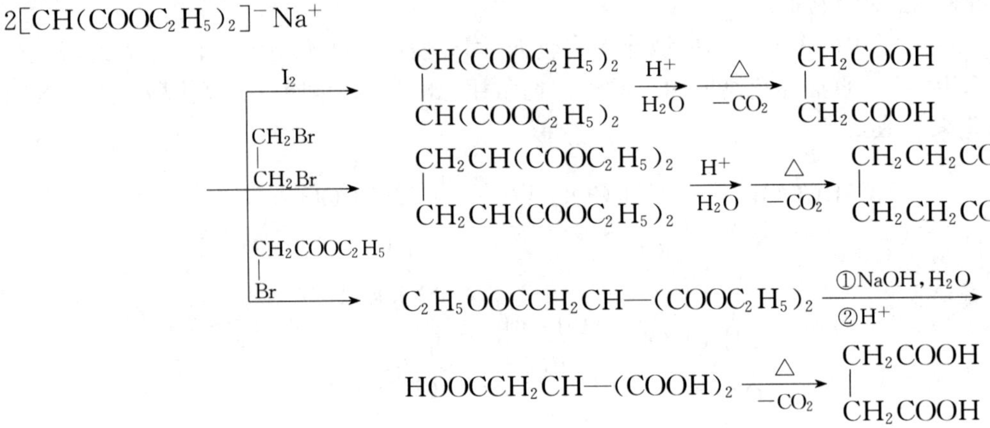

用酰氯或酸酐与丙二酸二乙酯的钠盐反应还可以制取 β-酮酸，如

$$[CH(COOC_2H_5)_2]^-Na^+ \xrightarrow{RCOCl} R-\overset{\overset{O}{\|}}{C}-CH(COOC_2H_5)_2 \xrightarrow[H_2O]{H^+} \xrightarrow[-CO_2]{\triangle} R\overset{\overset{O}{\|}}{C}CH_2COOH$$

进行此类反应时，不宜用醇钠为碱，以免生成的醇和酰氯反应生成酯，而烷氧负离子又被生成的酸中和。故常用氢化钠代替醇钠，用非质子极性溶剂 DMF、DMSO 等代替乙醇。

$$CH_2(CO_2C_2H_5)_2 \xrightarrow[②RCOCl]{①NaH} R\overset{\overset{O}{\|}}{C}-CH(CO_2C_2H_5)_2 \xrightarrow[\triangle]{H_3^+O} R\overset{\overset{O}{\|}}{C}CH_2CO_2H \xrightarrow{\triangle} R\overset{\overset{O}{\|}}{C}CH_3$$

丙二酸二乙酯在有机合成上用途很广。利用丙二酸二乙酯为原料的合成方法，常称为丙二酸二乙酯合成法。

10.2.4.4　*活泼亚甲基化合物的其他反应*

可以预料，所有具有被双活化基团相连的亚甲基化合物都有类似丙二酸酯和乙酰乙酸乙酯的性质。事实的确如此，如 $CH_3COCH_2COCH_3$、$NCCH_2CN$、CH_3COCH_2CN、O_2NCH_2CN、$CH_2(NO_2)_2$ 等化合物都可形成稳定的碳负离子，进行类似的反应：

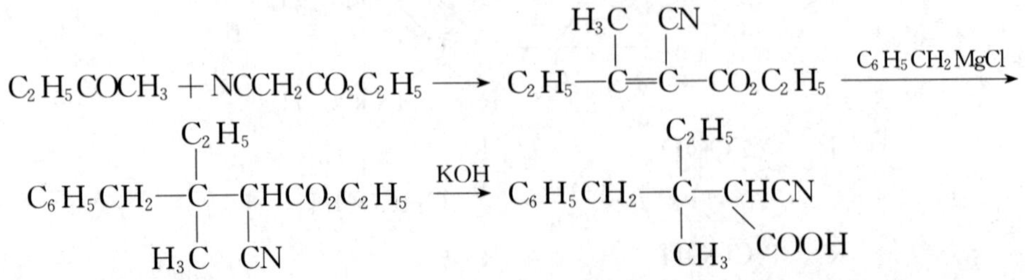

$$\xrightarrow[\triangle]{H_3O^+} C_6H_5CH_2-\underset{CH_3}{\overset{C_2H_5}{C}}-CH_2CO_2H$$

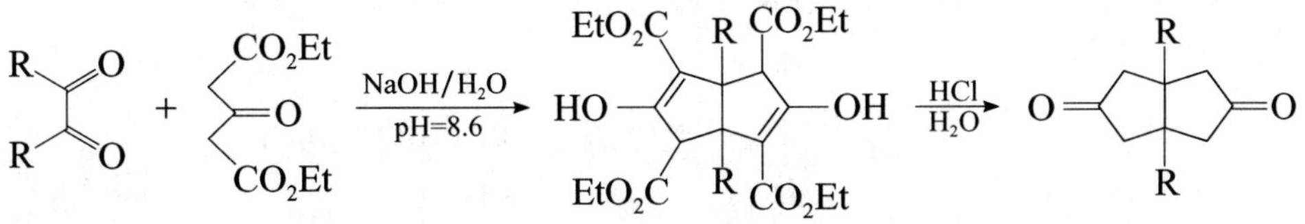

活泼亚甲基化合物还有一些在有机合成中有重要价值的反应。

1）诺文葛尔缩合反应

活泼亚甲基化合物上的碳负离子在吡啶等有机碱催化下，和醛、酮的羰基加成发生类似醇醛缩合的诺文葛尔(Knoevenagel)缩合反应：

$$CH_2(CO_2C_4H_9)_2 + R\overset{O}{\overset{\|}{C}}H \xrightarrow{吡啶} R-\underset{H}{\overset{HO}{C}}-\underset{H}{\overset{CO_2C_4H_9}{C}}-CO_2C_4H_9 \xrightarrow{-H_2O} RCH=C(CO_2C_4H_9)_2$$

$$C_2H_5\overset{O}{\overset{\|}{C}}C_2H_5 + NCCH_2CO_2C_2H_5 \xrightarrow{吡啶} C_2H_5-\overset{C_2H_5}{C}=\underset{CN}{C}-CO_2C_2H_5$$

2）斯滔布反应

丁二酸二酯在碱的催化下与醛、酮也进行类似羟醛缩合的反应，生成丁二酸酯的一个亚甲基与醛、酮的羰基脱水缩合的产物，该反应称为斯滔布(Stobbe)反应。反应历程中一个酯基发生水解产生羧基，生成 1-酯基、2-取代亚甲基和 4-羟基的丁二酸单酯衍生物，将其用酸溶液加热处理后，接在不饱和碳上的那个酯基也发生水解并脱羧，生成在醛酮羰基碳上增加 3 个碳原子的 β,γ-不饱和羧酸和 γ-内酯的混合物：

$$\begin{matrix}CH_2CO_2C_2H_5\\|\\CH_2CO_2C_2H_5\end{matrix} + R-\overset{O}{\overset{\|}{C}}-R' \xrightarrow{B} R'-\overset{R}{C}=\overset{CH_2CO_2H}{C}-CO_2C_2H_5$$

$$R'-\overset{R}{C}=\underset{CH_2CO_2H}{C}-CO_2C_2H_5 \xrightarrow{HBr} R'-\overset{R}{C}=\underset{CH_2CO_2H}{C}-CO_2H$$

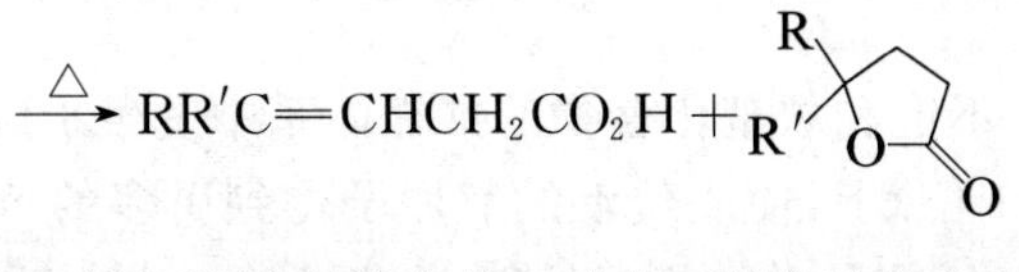

芳香醛酮进行斯滔布反应中所得到的产物经水解、脱羧、还原后环化可得到六元环酮骈联的产物，若不经还原直接环合则生成萘酚类产物。

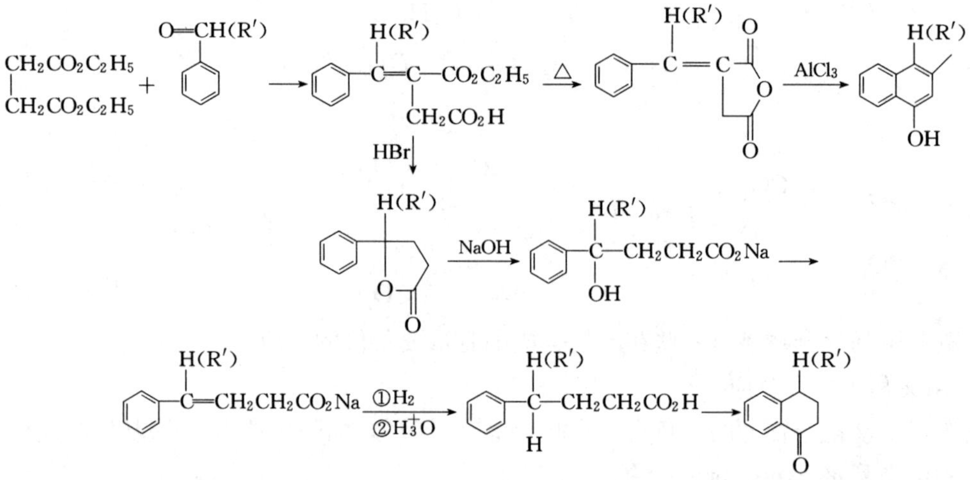

斯滔布反应也能在酯中发生：

$$\begin{matrix}CH_2CO_2C_2H_5\\|\\CH_2CO_2C_2H_5\end{matrix}+\begin{matrix}CO_2C_2H_5\\|\\CO_2C_2H_5\end{matrix}\xrightarrow{C_2H_5OK}\begin{matrix}COCO_2C_2H_5\\|\\CHCO_2C_2H_5\\|\\CHCO_2C_2H_5\end{matrix}\xrightarrow[H_2O]{HCl}\begin{matrix}COCO_2H\\|\\CH_2CH_2CO_2H\end{matrix}$$

3）迈克尔反应

活泼亚甲基化合物在碱的催化下与α,β-不饱和醛、酮、酯、腈、硝基化合物等可以进行1,4-共轭加成反应，反应的结果是碳负离子加在α,β-不饱和羰基（腈基、硝基）化合物的β碳原子上，而α-碳原子则加上一个氢离子，即迈克尔加成反应。多种碱如NaOH、C_2H_5ONa、NaH、吡啶和季铵碱等都可用作催化剂，这与活泼亚甲基化合物的酸性有关，如

$$CH_2{=}CH\overset{\overset{O}{\|}}{C}CH_3+CH_3\overset{\overset{O}{\|}}{C}CH_2COOC_2H_5\xrightarrow[②H_3^+O]{①C_2H_5ONa}CH_3\overset{\overset{O}{\|}}{C}\underset{\underset{COOC_2H_5}{|}}{C}HCH_2CH_2\overset{\overset{O}{\|}}{C}CH_3$$

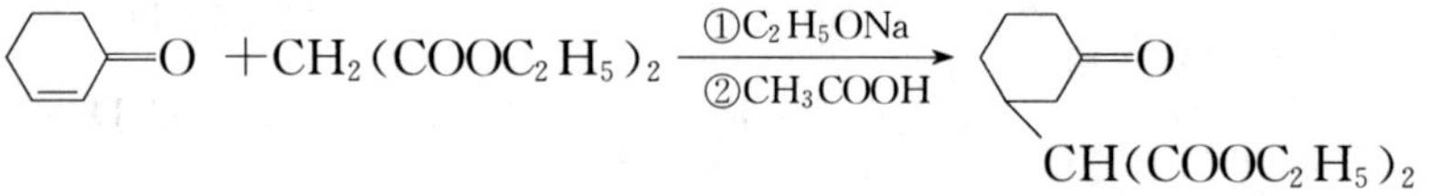

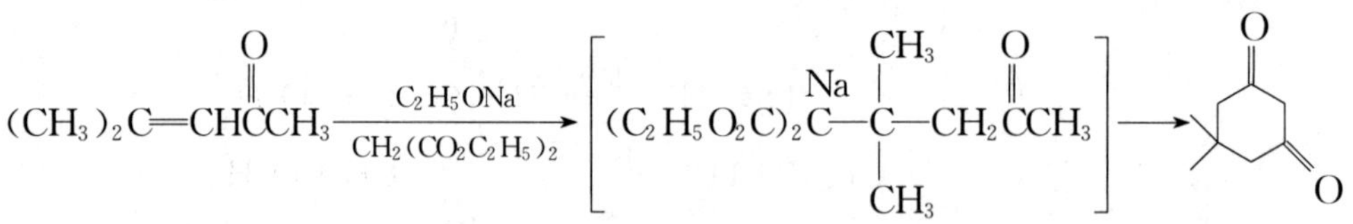

它的反应机理是α,β-不饱和羰基化合物的共轭体系中发生了碳负离子对它的1,4-加成。碳负离子先在β-碳原子（1位）上，使4位上的氧原子得到更多的负电荷，氢离子就加到4位上，得到烯醇式结构，所以，反应的总结果只是碳-碳双键的加成。反应机理可表示如下：

$$H_3C-\overset{\overset{O}{\|}}{C}-CH_2-COOC_2H_5\xrightarrow{C_2H_5ONa}CH_3\overset{\overset{O}{\|}}{C}-\overset{-}{C}H-COOC_2H_5$$

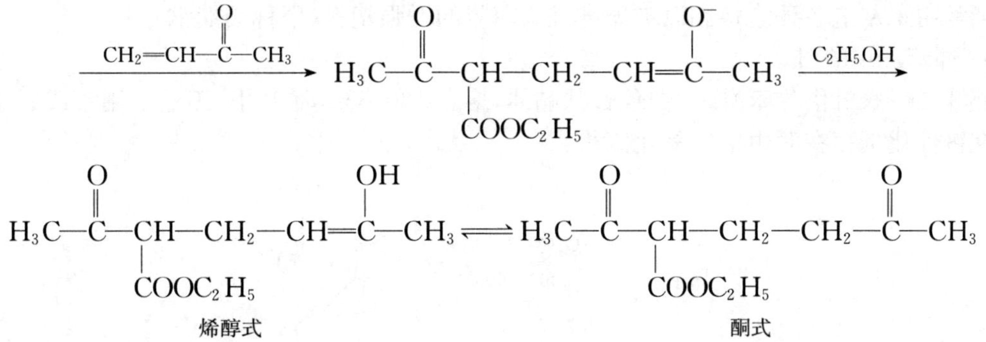

活泼亚甲基化合物和 α,β-不饱和羰基化合物的共轭加成产物经水解和加热脱羧，最后得到 1,5-二羰基化合物。

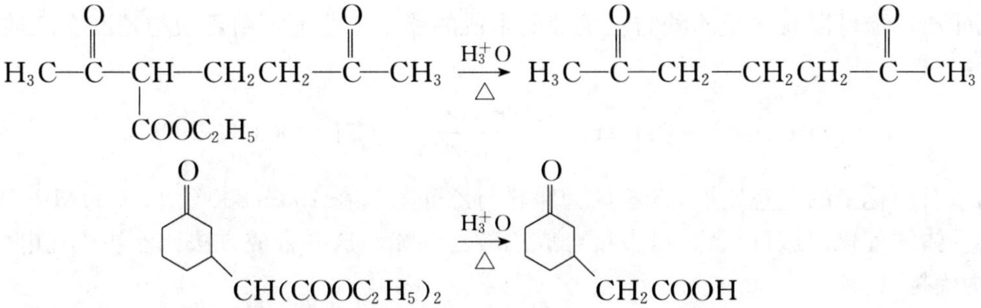

迈克尔反应在有机合成上应用很广，是制备 1,5-二羰基化合物最好的方法。各种不同的 α,β-不饱和羰基化合物（醛、酮、酯、腈、酰胺），甚至 α,β-不饱和硝基化合物都可与活泼亚甲基化合物在碱性条件下进行共轭加成。

10.2.5　重要的羧酸衍生物

1）乙酸酐

乙酸酐简称乙酐，又名醋酐，是具有刺激性气味的无色液体，沸点 139.6℃，微溶于水，易溶于有机溶剂。工业上用乙酸钴-乙酸铜作催化剂，在 2.5～5MPa、45～50℃时用氧气将乙醛氧化生成过氧乙酸，后者与乙醛作用则生成乙酸酐。

$$CH_3\overset{O}{\overset{\|}{C}}H + O_2 \xrightarrow{催化剂} CH_3\overset{O}{\overset{\|}{C}}—O—O—H \xrightarrow{CH_3CHO} (CH_3CO)_2O + H_2O$$

在生产乙酸酐同时会生成乙酸，为防止乙酸酐水解，生产过程中应保持较低的温度。由乙酸与乙烯酮加成也是工业生产方法之一。

2）顺-丁烯二酸酐

顺-丁烯二酸酐又称马来酸酐，是无色结晶固体，熔点 60℃，工业上主要由苯催化氧化制得：

顺-丁烯二酸酐在工业上有广泛的用途，如与乙二醇缩合生成不饱和醇酸聚酯，这种不饱和聚酯常用来制造各种涂料和以玻璃纤维为填料的增强塑料(俗称玻璃钢)。

3）邻苯二甲酸酐

邻苯二甲酸酐俗称苯酐，为白色针状晶体，熔点 130.8℃，易升华，工业上用萘或邻二甲苯蒸气在钒催化剂存在时由空气氧化制得：

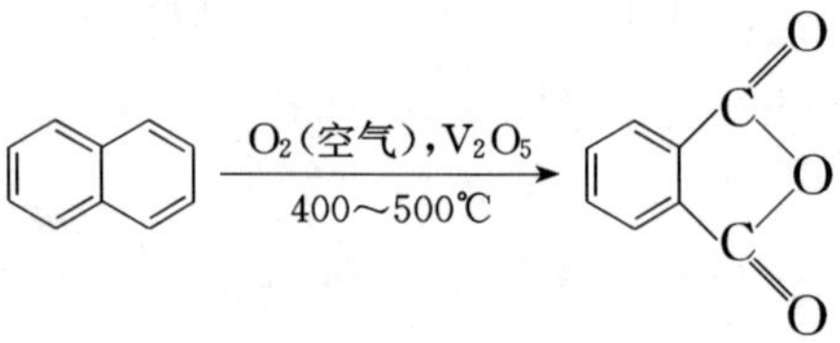

苯酐广泛用于制染料、药物、聚酯树脂、醇酸树脂、塑料、增塑剂、涤纶等。

4）乙酸乙烯酯及其聚合物

乙酸乙烯酯可以看作是乙酸与乙烯醇所生成的酯。工业上可由乙炔与乙酸在乙酸锌催化下制得：

$$CH_3COOH + CH{\equiv}CH \xrightarrow[210\sim250℃]{(CH_3COO)_2Zn} CH_3COOCH{=}CH_2$$

由于石油化工的迅速发展，以乙烯为原料与乙酸蒸气在 160～200℃、0.5～1MPa 下，通过以钯为主体的催化剂进行氧化，可直接合成乙酸乙烯酯。这种合成方法比乙炔法耗电少，成本低，较为优越。

$$CH_3COOH + CH_2{=}CH_2 + O_2 \xrightarrow[0.5\sim1MPa]{Pd,160\sim200℃} CH_3COOCH{=}CH_2 + H_2O$$

乙酸乙烯酯为无色液体，沸点 75℃，在引发剂作用下能聚合成聚乙酸乙烯酯。

$$nCH_3COOCH{=}CH_2 \xrightarrow[90\sim100℃]{引发剂} {\left[\begin{matrix}CH{-}CH_2\\ |\\ OCCH_3\\ \|\\ O\end{matrix}\right]}_n$$

聚乙酸乙烯酯常用于制造涂料及胶黏剂。它在酸或碱的存在下，可以水解生成聚乙烯醇(PVA)。

$${\left[\begin{matrix}CH{-}CH_2\\ |\\ OCCH_3\\ \|\\ O\end{matrix}\right]}_n + nCH_3OH \xrightarrow[H^+或OH^-]{H_2O} {\left[\begin{matrix}CH{-}CH_2\\ |\\ OH\end{matrix}\right]}_n + nCH_3COOCH_3$$

聚乙烯醇

乙烯醇很不稳定，不能单独存在，所以聚乙烯醇只能间接地由乙酸乙烯酯水解制备。聚乙烯醇分子中含有很多羟基，可溶于水而不溶于有机溶剂，可用作涂料和胶粘剂。它与甲醛作用，生成聚乙烯醇缩甲醛，再经过一些化学处理，就成为“维尼纶”纤维，为我国大量生产的合成纤维之一。

5）α-甲基丙烯酸甲酯及其聚合物

α-甲基丙烯酸甲酯是以丙酮为原料，先与氢氰酸发生亲核加成生成丙酮氰醇，然后再和浓硫酸及甲醇共热，同时进行水解、脱水及酯化而得：

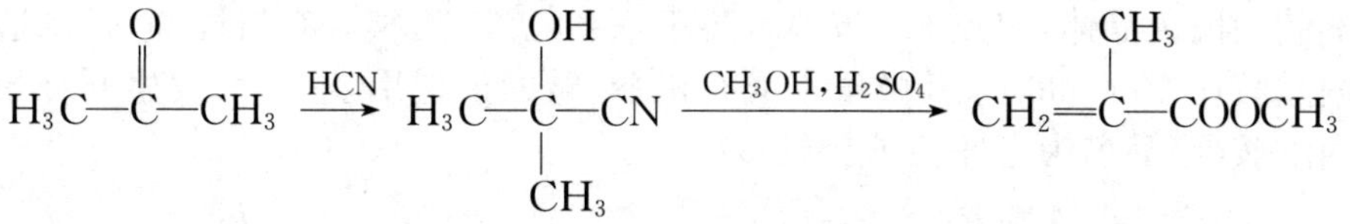

α-甲基丙烯酸甲酯在引发剂作用下，容易聚合生成无色透明的聚合物——聚甲基丙烯酸甲酯（俗称有机玻璃）。它可透过紫外光，机械强度大，是制造仪表、仪器的良好材料。

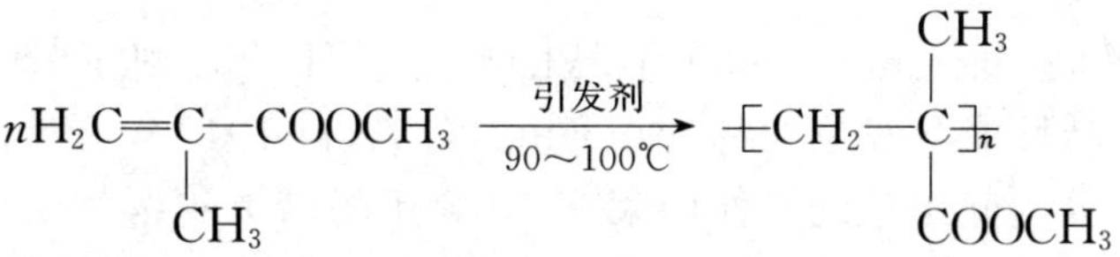

6）丙烯酰胺及其聚合物

丙烯酰胺为无色透明片状晶体。熔点 84～85℃，沸点 125℃。在 30℃不同溶剂中溶解度分别为：63.1g（丙酮），86.2g（乙醇），155g（甲醇），215.5g（水）。丙烯酰胺在阴暗处较稳定，在熔点时或受紫外光照射易聚合，水溶液中一般加对苯二酚、叔丁基邻苯二酚等抗氧剂，可使其稳定。

工业上可用丙烯腈水合法制得，按所用催化剂的不同，可以分为硫酸水合法、催化水合法和以生物酶催化的生化法。

$$CH_2{=}CHCN + H_2O \xrightarrow{100℃, H_2SO_4} CH_2{=}CHCONH_2 \cdot H_2SO_4 \xrightarrow{NH_3} CH_2{=}CHCONH_2$$

$$CH_2{=}CHCN + H_2O \xrightarrow[90\sim130℃]{\text{骨架铜催化剂}} CH_2{=}CHCONH_2$$

$$CH_2{=}CHCN + H_2O \xrightarrow[\text{常温}]{\text{含酶菌体}} CH_2{=}CHCONH_2$$

丙烯酰胺（AM）在引发剂作用下可以聚合生成聚丙烯酰胺（PAM）。

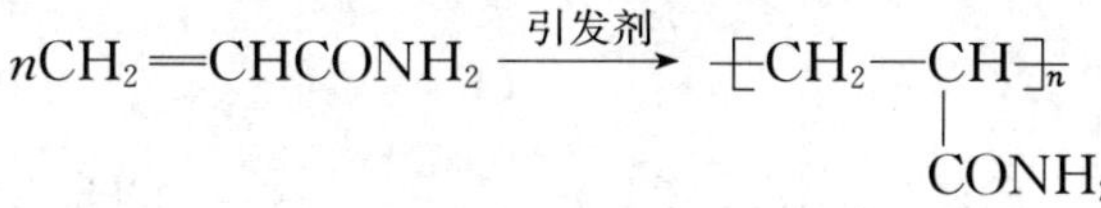

聚丙烯酰胺是一种线型水溶性高分子，是水溶性高分子化合物中应用最为广泛的品种之一。聚丙烯酰胺及其衍生物可以用作有效的絮凝剂、增稠剂、纸张增强剂以及液体的减阻剂等，广泛应用于水处理、造纸、石油、煤炭、冶矿、地质、轻纺、建筑等工业部门。

7）ε-己内酰胺

ε-己内酰胺简称己内酰胺，工业上由环己酮肟经过贝克曼（Beckmann）分子重排制备。环己酮肟可由苯酚经氢化、氧化后再与羟胺作用而得。

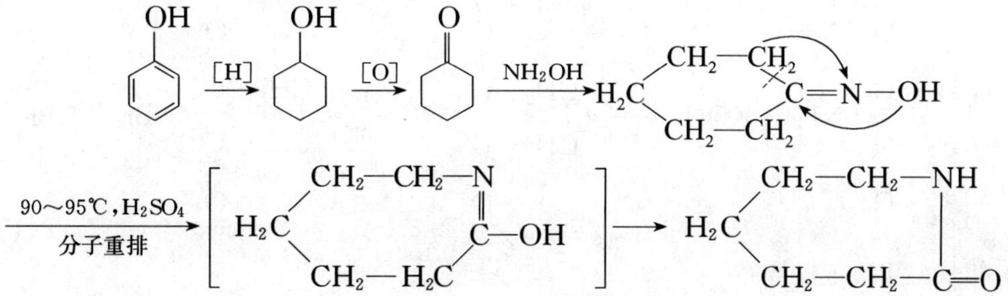

己内酰胺为白色晶体，熔点 68～70℃，溶于水和乙醇、乙醚等有机溶剂，是制造尼龙-6 的原料。己内酰胺在 200～300℃及微量水或有机酸、碱的催化引发下，可发生开环聚合反应而生成聚己内酰胺（商品名为尼龙-6 或锦纶-6）。

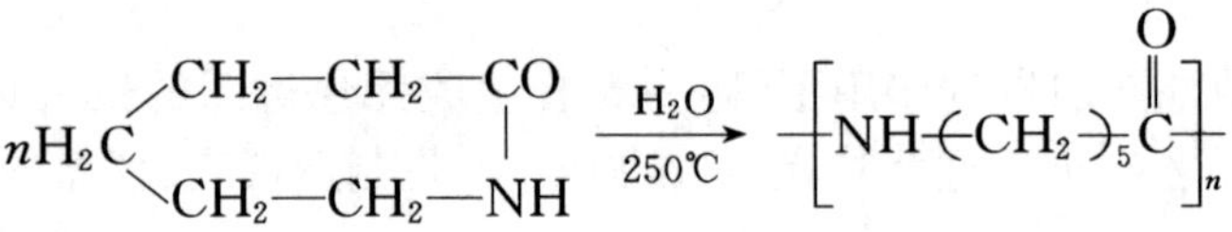

环酰胺又称内酰胺（lactam）。1939 年，Fleming 意外地发现了青霉素这一抗菌物质。Florey 和 Chain 将其活性成分盘尼西林（penicillin）分离，自 1943 年开始已经大量生产并广泛应用于民间。他们三人为此出色的工作而荣获 1945 年的诺贝尔医学生理奖。盘尼西林分子结构中一个四元环内酰胺与一个五元环的含硫杂环相骈联，五元环上有一个羧基，酰胺 α-碳上接上各种酰胺基从而形成各种盘尼西林药物。后来发展出来的头孢霉素则由 β-内酰胺和一个六元的含硫杂环骈联而成，抗菌活性更好。据测定，它们的活性与张力较大的 β-内酰胺的存在密切相关，使细菌细胞膜上的蛋白酶失去活性。

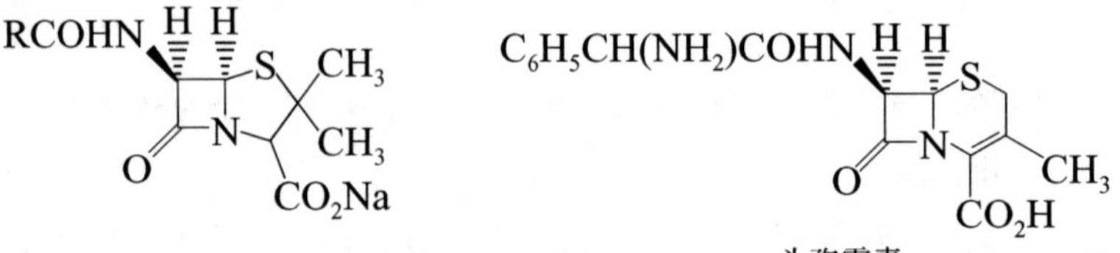

头孢霉素

盘尼西林 G　R：$C_6H_5CH_2$—

盘尼西林 F　R：$CH_3CH_2CH{=}CHCH_2$—

盘尼西林 X　R：p-$HOC_6H_5CH_2$—

盘尼西林 K　R：$CH_3(CH)_4CH_2$—

8）丁二酰亚胺

丁二酸的单酰胺脱水生成环状的丁二酰亚胺，后者也可由丁二酸酐氨解得到：

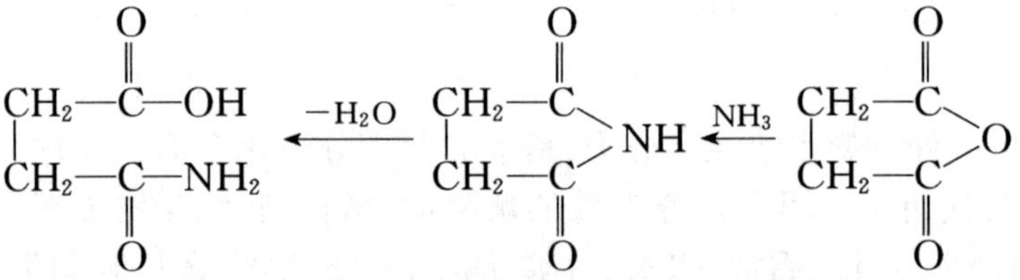

丁二亚酰胺中氮原子上的氢原子受到两边两个羰基的影响变得非常活泼，可以与 KOH 作用生成稳定的钾盐，在分离出生成的水之后，较低温度下与溴作用得到 N-溴代丁二酰亚胺（NBS），它是一个常用的制备烯丙型溴代烃的溴化试剂。

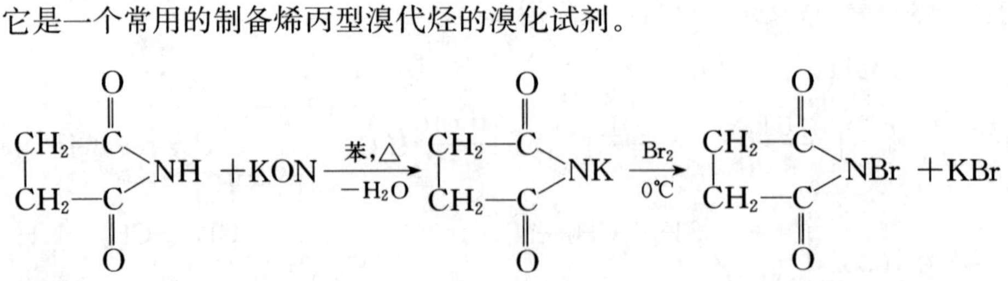

NBS

9）邻苯二甲酰亚胺

邻苯二甲酰亚胺是无色固体，熔点 238℃，它可由以下方法制得：邻苯二甲酸二胺加热制

得;邻苯二甲酸酐与 NH_3 在压力下加热,可直接得到邻苯二甲酰亚胺。也可用下述反应制备:

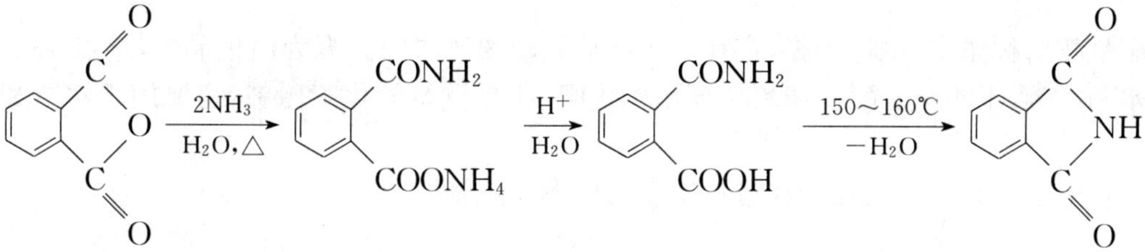

在邻苯二甲酰亚胺分子中,由于氮受两边羰基的影响,使氮上的氢活泼并显示一定的弱酸性。

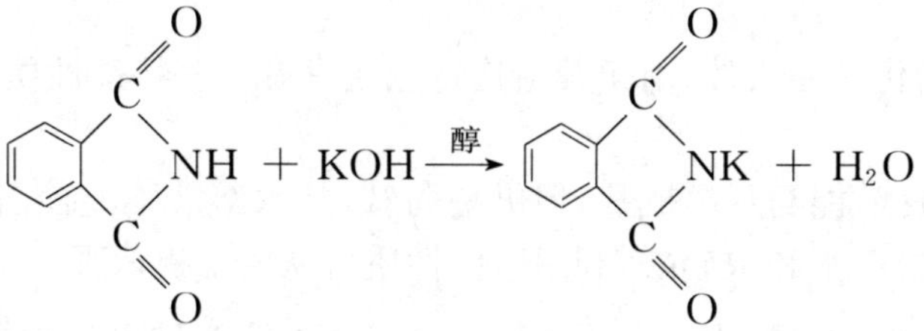

生成的邻苯二甲酰胺是个良好的亲核试剂,与 RX、卤代酸、卤代酸酯等发生取代反应,经水解可制得纯伯胺、氨基酸、氨基甲酸酯等。

10.2.6 碳酸衍生物

碳酸可以看作是一个羰基上连有两个羟基的二元羧酸,不稳定,不能游离存在。碳酸衍生物可视作碳酸分子中的一个或两个羟基被其他基团取代后的生成物。它并不是由碳酸直接制备。碳酸衍生物可以分为酸性衍生物和中性衍生物,酸性衍生物(Y=X、OR、NH_2)不稳定,易分解,实用价值不大;中性衍生物是稳定的,并且有应用价值,比较重要的是碳酰氯和碳酰胺。

10.2.6.1 碳酰氯

碳酰氯俗称光气。常温下为无色、有甜味的气体,熔点 −118℃,沸点 8.2℃,剧毒,对人和动物的呼吸道有强烈的刺激作用,能引起窒息。在第一次世界大战中曾用它作化学武器,造成极大伤亡。工业碳酰氯可用一氧化碳和氯气在活性炭催化下加热制得:

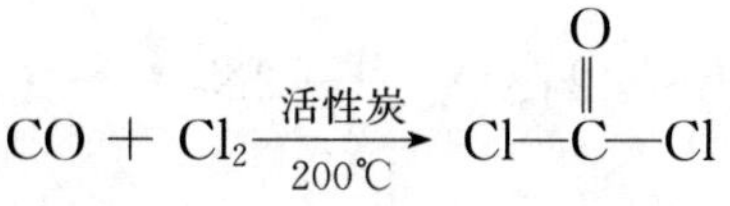

碳酰氯具有酰氯的一般特性,可水解生成 CO_2 + HCl,醇解生成氯代甲酸酯、碳酸酯,氨解生成尿素,也可以与芳烃发生傅-克酰基化反应。它是有机合成上的一种重要的原料,可用来生产染料、安眠药、泡沫塑料和聚碳酸酯塑料等。

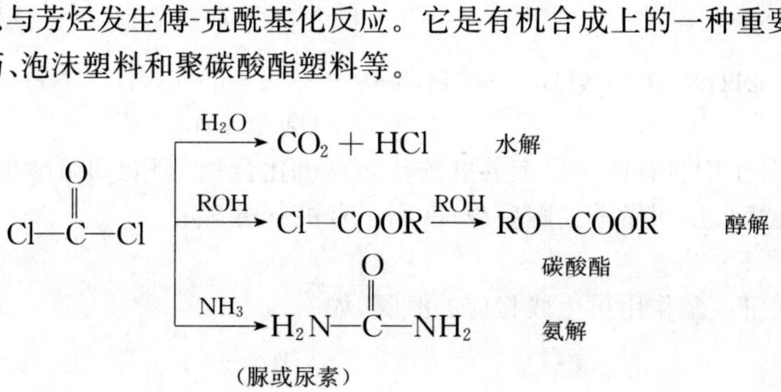

10.2.6.2 碳酰胺

碳酰胺俗称尿素，也称为脲，存在于人和哺乳动物的尿中。脲为白色晶体，熔点 132℃，易溶于水和乙醇，不溶于乙醚。尿素主要用作化肥，还是重要的化工原料，主要用于塑料和医药工业。

工业上尿素利用二氧化碳和过量氨在高压下加热制取的。

$$2NH_3 + CO_2 \xrightarrow[180℃]{20MPa} NH_2\overset{\overset{O}{\|}}{C}ONH_4 \xrightarrow{-H_2O} NH_2\overset{\overset{O}{\|}}{C}NH_2$$

脲除具有酰胺的化学性质外，由于其结构特点还具有一些特殊性质。

1）成盐

脲的碱性比酰胺强，能与强酸成盐，但仍是弱碱，其水溶液不能使石蕊变蓝。脲与硝酸反应生成硝酸脲，它不溶于水和浓硝酸，利用这一性质可从尿中提取脲。

$$CO(NH_2)_2 + HNO_3 \longrightarrow \underset{硝酸脲}{CO(NH_2)_2HNO_3} \downarrow$$

2）水解

脲在酸、碱或尿素酶的存在下，可水解生成氨（或铵盐），故可用作氮肥。

$$H_2N-\overset{\overset{O}{\|}}{C}-NH_2 \xrightarrow[\triangle]{NaOH, H_2O} NH_3 + Na_2CO_3$$

$$H_2N-\overset{\overset{O}{\|}}{C}-NH_2 \xrightarrow[\triangle]{HCl, H_2O} CO_2 + NH_4Cl$$

$$H_2N-\overset{\overset{O}{\|}}{C}-NH_2 \xrightarrow[尿素酶]{H_2O} NH_3 + CO_2$$

3）与亚硝酸作用

脲与亚硝酸反应立即放出氮气和二氧化碳，反应可定量进行，利用此反应可以测定脲的含量或用来除去某些反应中残留的过量亚硝酸。

$$H_2N-\overset{\overset{O}{\|}}{C}-NH_2 + 2HNO_2 \longrightarrow 2N_2\uparrow + CO_2\uparrow + 3H_2O$$

4）加热反应

将固体脲慢慢加热到 150～160℃，两分子脲脱去一分子氨，生成缩二脲。

$$2H_2N-\overset{\overset{O}{\|}}{C}-NH_2 \xrightarrow{\triangle} \underset{缩二脲（无色针状结晶，难溶于水）}{H_2N-\overset{\overset{O}{\|}}{C}-NH-\overset{\overset{O}{\|}}{C}-NH_2} + NH_3$$

缩二脲以及分子中含有两个以上的酰胺基的有机化合物，都能和硫酸铜的碱溶液生成紫色络合物，这个显色反应叫做缩二脲反应，常用于有机分析鉴定。

5）酰基化

脲与酰氯、酸酐或酯作用可生成相应的酰脲，如

$$NH_2CONH_2 \xrightarrow{(CH_3CO)_2O} CH_3\overset{\overset{O}{\|}}{C}—NH\overset{\overset{O}{\|}}{C}NH_2 \xrightarrow{(CH_3CO)_2O} CH_3\overset{\overset{O}{\|}}{C}—NHCONH—\overset{\overset{O}{\|}}{C}CH_3$$

脲的饱和甲醇溶液与C_6以上的直链化合物(烷烃、醇、醚等)混合时,可形成固体结晶。脲分子把这些(C_6以上的)直链化合物包围在脲的六角形桶状结晶晶格之中,这种结晶的分子化合物称为包含化合物。碳数少于六个的不能形成结晶。含有支链或环状结构的化合物,由于体积较大,不能容纳在桶状孔道(直径为 0.53nm)之中,也不能形成结晶。将形成的结晶加热到脲熔融或用水处理,则晶格被破坏,不溶于水的直链分子就可分离出来,利用这一性质,可从汽油中分离出直链烃以提高汽油的质量。

脲与丙二酸酯反应生成环状的丙二酰脲,它有酸性,又称巴比妥酸(Barbituric acid)。巴比妥酸是一类重要的安眠剂药物,它互变异构后形成六元嘧啶芳环体系,能溶于氢氧化钠,故有酸性,但结构中酮式为最主要的形式。

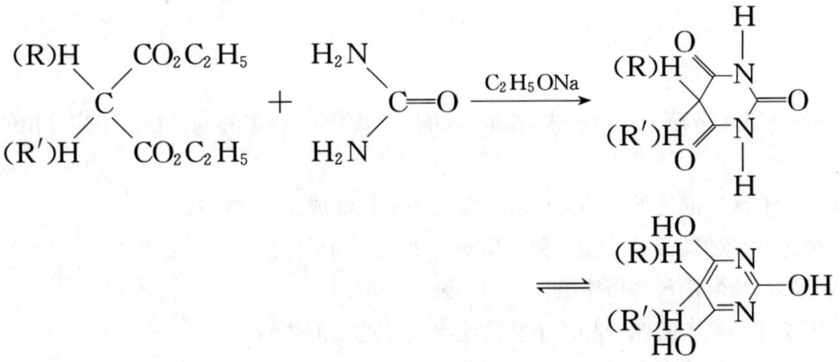

习　题

(一) 基础知识练习题

1. 单项选择题。

(1) 羧酸的沸点高于相对分子质量相近的烃,甚至比醇还高,主要原因是(　　)。

A. 分子极性　　B. 酸性　　C. 分子内氢键　　D. 形成二缔合体

(2) 鉴别苯酚和羧酸不能采用的试剂是(　　)。

A. $FeCl_3$ 溶液　　B. 溴水　　C. $NaHCO_3$ 溶液　　D. NaOH 溶液

(3) 下列化合物中,能发生银镜反应的是(　　)。

A. 甲酸　　B. 乙酸　　C. 乙酸乙酯　　D. 乙酐

(4) 在食品及药品工业中,常采用(　　)作防腐剂。

A. 碳酸氢钠　　B. 乙酸钠　　C. 亚硝酸钠　　D. 苯甲酸钠

(5) 下列化合物在潮湿空气中最稳定的是(　　)。

A. CH_3CH_2Li　　B. CH_3CH_2MgBr　　C. $CH_3\overset{\overset{O}{\|}}{C}NH_2$　　D. $CH_3\overset{\overset{O}{\|}}{C}Cl$

(6) 下列反应用(　　)试剂完成。

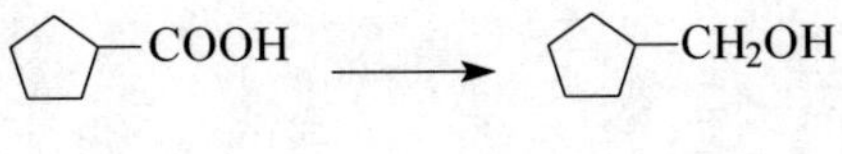

A. $LiAlH_4$　　B. $NaBH_4$　　C. Na+EtOH　　D. NaHS

(7) 下列化合物的酸性最强的是(　　)。

A. 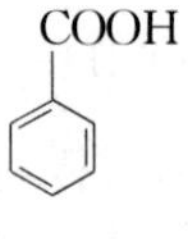　B. 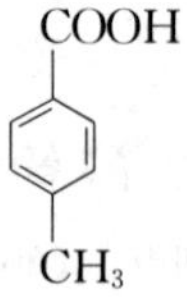　C. 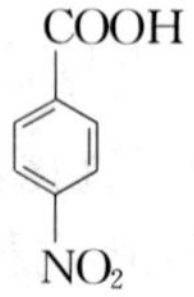　D. 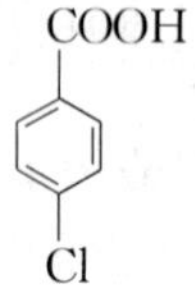

(8) 最易发生脱羧反应的化合物是(　　)。

A. 草酸　B. 苯甲酸　C. 乙酰乙酸　D. 丁二酸

(9) 下列化合物酸性由强到弱顺序正确的是(　　)。

① 乙醇　② 乙酸　③ 三氯乙酸　④ 苯酚

A. ①②③④　B. ③②④①　C. ②③④①　D. ④②③①

(10) 将下列化合物按酸性水解速率由大到小排序(　　)。

① $C_2H_5COOC_2H_5$　② $C_2H_5COOCH_3$

③ $C_6H_5COOC_2H_5$　④ $(CH_3)_2CHCOOC_2H_5$

A. ①②③④　B. ④③①②　C. ②①④③　D. ②①③④

2. 判断题。

(1) 欲将苯甲酸从其水溶液中萃取出来,乙醇、丙酮、二氯甲烷、叔丁醇四种物质中应选用的试剂是乙醇。(　　)

(2) 羧酸和醇在 H_2SO_4 催化下的酯化反应可描述为亲核加成-消除过程。(　　)

(3) 乙酐、乙酰氯、乙酰胺、乙酸乙酯四种物质中与水反应的活性最大的是乙酰胺。(　　)

(4) 酯、羧酸、酰卤、酸酐四种物质中酰化能力最强的是酰卤。(　　)

(5) 丙烯酸、丙烷、丙醇、乙酸四种物质中能使溴水褪色的是丙烯酸。(　　)

(6) 乙酸分子中也具有"甲基酮"式构造,因此也能发生碘仿反应。(　　)

(7) 羧酸衍生物是指羧酸中的氢原子被其他原子或基团取代后所生成的化合物。(　　)

(8) 羧基中既存在羰基,又存在羟基,因此它应表现出醇和酮的性质,所以可与羰基试剂(如羟胺等)作用。(　　)

(9) α-多取代支链的羧酸酸性比少取代的同分异构体的酸性弱。(　　)

(10) 3-羰基-γ-丁内酯主要以烯醇式存在。(　　)

3. 比较下列各组化合物的酸性强弱。

(1) 乙酸,丙二酸,乙二酸,苯酚和甲酸

(2) C_6H_5OH,CH_3COOH,F_3CCOOH,$ClCH_2COOH$ 和 C_2H_5OH

(3) 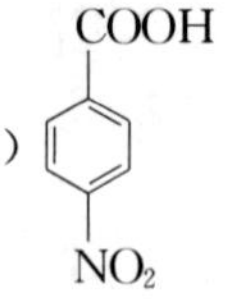, 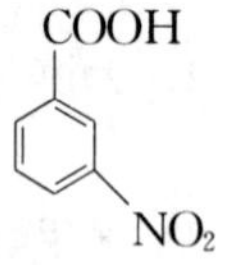, 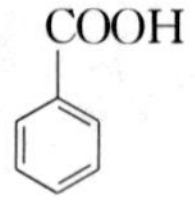, 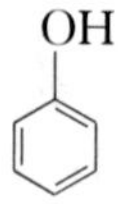, 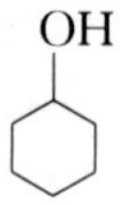

(4) 乙酸,三氯乙酸,氯乙酸,二氯乙酸

(5) 苯甲酸,对氯苯甲酸,对硝基苯甲酸,对甲氧基苯甲酸

(二) 综合提高练习题

1. 用化学方法区别下列各组化合物。

(1) 乙醇,乙醛,乙酸

(2) 甲酸,乙酸,丙二酸

(3) 乙二酸,马来酸,丁二酸

(4) 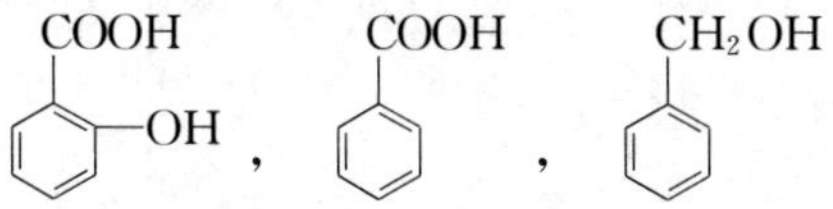

(5) $CH_3COCH(CH_3)COOC_2H_5$ 和 $CH_3COC(C_2H_5)(CH_3)COOC_2H_5$

2. 完成各反应式(写出主要产物或主要试剂)。

(1) 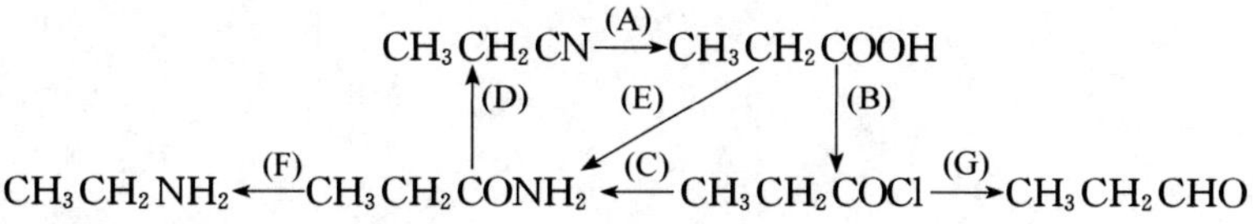

(2) 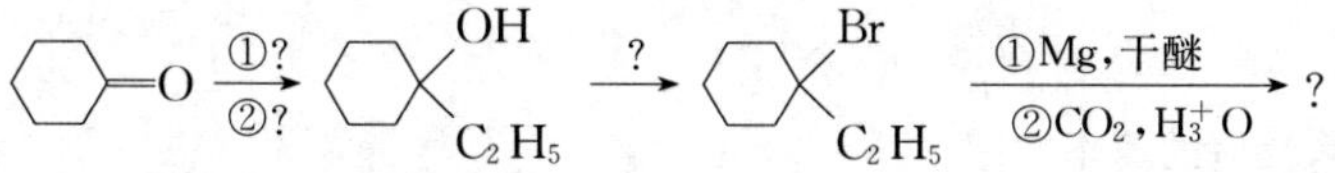

(3) 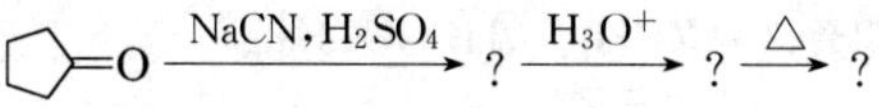

(4) 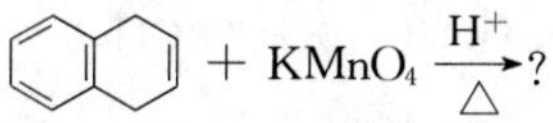

(5) 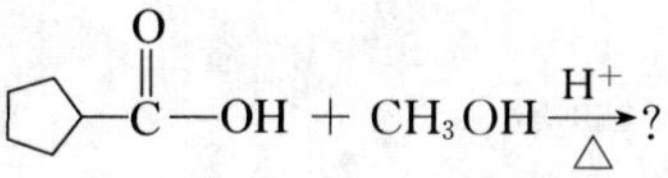

(6) $CH_3CH_2COONa + CH_3CH_2CH_2COCl \longrightarrow ?$

(7) 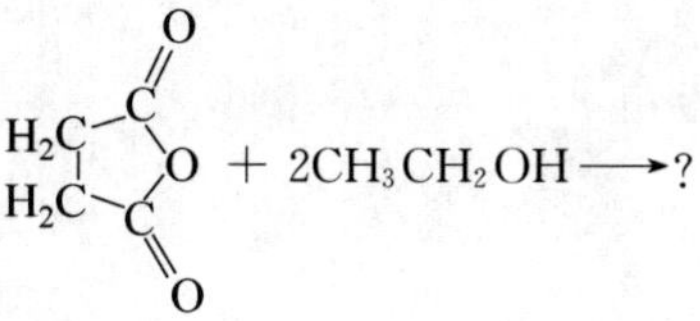

(8) 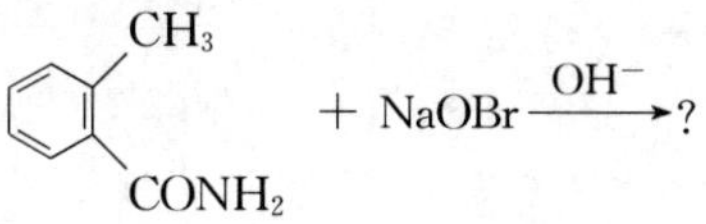

(9) 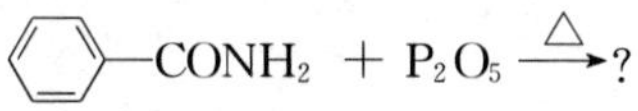

3. 完成下列缩合反应。

(1) $2CH_3CH_2COOC_2H_5 \xrightarrow[\text{②}H^+]{\text{①}NaOC_2H_5} ? + ?$

(2) 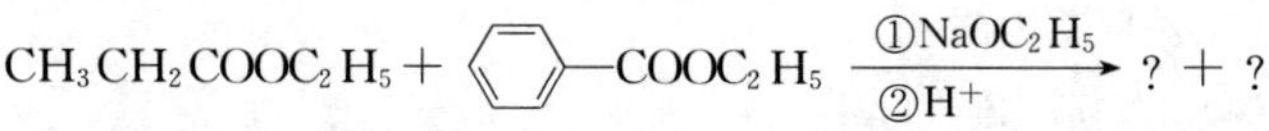

(3) $CH_3CH_2CH_2COOC_2H_5 + \begin{matrix} COOC_2H_5 \\ | \\ COOC_2H_5 \end{matrix} \xrightarrow[\text{②}H^+]{\text{①}NaOC_2H_5} ? + ?$

(4) $H_2C\begin{matrix} CH_2CH_2COOC_2H_5 \\ CH_2CH_2COOC_2H_5 \end{matrix} \xrightarrow[\text{②}H^+]{\text{①}NaOC_2H_5} ? + ?$

(5) 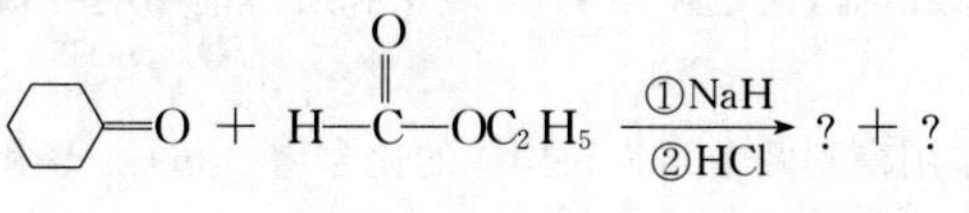

4. 写出下列各化合物加热后生成的主要产物。

(1) α-甲基-α-羟基丙酸

(2) β-羟基丁酸

(3) β-甲基-γ-羟基戊酸

(4) δ-羟基戊酸

(5) 乙二酸

(6) 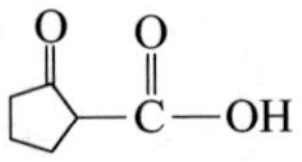

(7) O═C—CH_2COOH
　　　|
　　$CH_2CH_2CH_2COOH$

5. 预测下列化合物在碱性条件下水解反应的速率次序。

(1) $CH_3CO_2CH_3$，$CH_3CO_2C_2H_5$，$CH_3CO_2CH(CH_3)_2$，$CH_3CO_2C(CH_3)_3$，$HCOOCH_3$

(2) 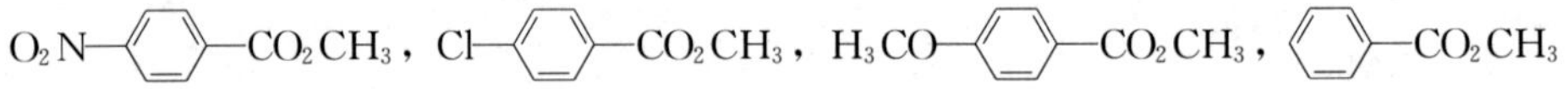

6. 写出下列反应的反应机理。

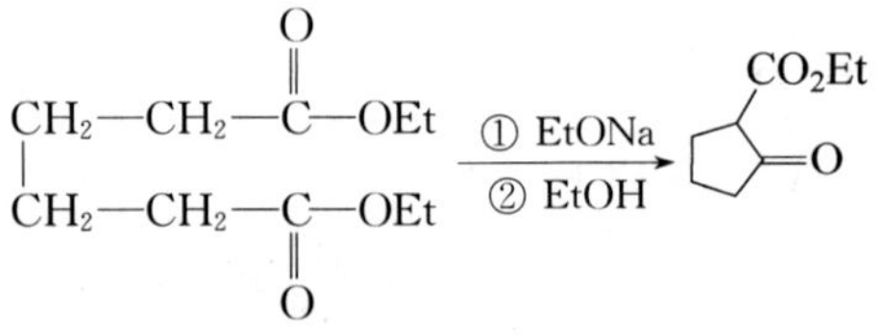

7. 由指定原料合成下列化合物(无机试剂可任选)。

(1) 乙炔→丙烯酸甲酯

(2) 甲苯→苯乙酸(用两种方法合成)

(3) 乙烯→β-羟基丙酸

(4) 乙烯→α-甲基-β-羟基戊酸(用雷佛马茨基合成反应)

8. 以甲醇、乙醇为主要原料，用丙二酸酯法合成下列化合物。

(1) α-甲基丁酸　　(2) 正己酸

(3) 3-甲基己二酸　　(4) 1,4-环己烷二甲酸

(5) 环丙烷甲酸

9. 以甲醇、乙醇及无机试剂为主要原料，经乙酰乙酸乙酯合成下列化合物。

(1) 3-乙基-2-戊酮　　(2) α-甲基丙酸

(3) γ-戊酮酸　　(4) 2,7-辛二酮

(5) 甲基环丁基甲酮

10. 推测结构。

(1) 化合物A的分子式为$C_4H_6O_2$，它不溶于NaOH溶液，不与Na_2CO_3作用，可使Br_2水褪色。它有类似乙酸乙酯的香味。A和NaOH溶液共热后变成CH_3CO_2Na和CH_3CHO。另一化合物B的分子式与A相同。它和A一样，不溶于NaOH，和Na_2CO_3没有作用，可使Br_2水褪色，香味和A类似。但B和NaOH水溶液共热后生成醇和一个羧酸钠盐，这钠盐用H_2SO_4中和后蒸馏出的有机物可使Br_2水褪色。则A和B各为何物？

(2) 化合物A的分子式为$C_5H_6O_3$。它能与乙醇作用得到两个互为异构体的化合物B和C。B和C分别与亚硫酰氯作用后再加入乙醇，则两者都生成同一化合物D。试推测A～D的结构。

(3) 某酯类化合物 A($C_5H_{10}O_2$)，用乙醇钠的乙醇溶液处理，得到另一个酯 B($C_8H_{14}O_3$)。B 能使溴水褪色，将 B 用乙醇钠的乙醇溶液处理后再与碘乙烷反应，又得到另一个酯C($C_{10}H_{18}O_3$)。C 和溴水在室温下不发生反应，把 C 用稀碱水解后再酸化，加热，即得到另一个酮 D($C_7H_{14}O$)。D 不发生碘仿反应，用锌汞齐还原则生成 3-甲基己烷。试推测 A～D 的结构并写出各步反应式。

(4) 化合物 A 能溶于水，但不溶于乙醚，含有 C、H、O、N 四种元素。A 加热后失去一分子水，得到化合物 B。B 与氢氧化钠水溶液煮沸，放出一种有气味的气体，残余物酸化后得到一种不含氮的酸性物质 C。C 与 $LiAlH_4$ 反应后的产物，与浓硫酸作用，得到一种气态烯烃 D，相对分子质量为 56，D 用臭氧氧化后得到一种醛和一种酮。试推测 A～D 的结构，并写出有关反应式。

第 11 章　有机波谱

有机化合物的结构、性质和合成的研究是有机化学的三大重要组成部分。过去，有机化合物结构的测定主要依靠化学方法，试样用量大、费力、耗时。例如，鸦片中吗啡碱的结构测定，从 1805 年开始直到 1952 年才完全阐明。随着科学技术的进步，运用物理方法来研究有机化合物的结构有了巨大的发展，使有机化合物的鉴定以及结构的确定都大大简化。这些方法中特别重要的是波谱技术，它研究电磁辐射对分子的作用，从分子水平认识物质，而且还能探索到分子间各种聚集态的结构构型及构象状况，为鉴定有机化合物和确定其结构提供了非常有价值的信息。波谱方法具有分析速度快、用量少、准确等优点，与经典官能团试验不同，样品经测试后通常不会被破坏，可另作他用。

有机化学中应用最广泛的波谱方法是红外光谱(IR)、紫外光谱(UV)、核磁共振谱(NMR)和质谱(MS)。

11.1　电磁波和分子吸收光谱的一般原理

光是电磁波或称电磁辐射，覆盖的区域范围很广，从波长很短($\sim10^{-7}$ nm)的宇宙线到波长很长($\sim10^{12}$ nm)的无线电波都是电磁波，按波长排列成一个范围很大的电磁波谱(图 11-1)。

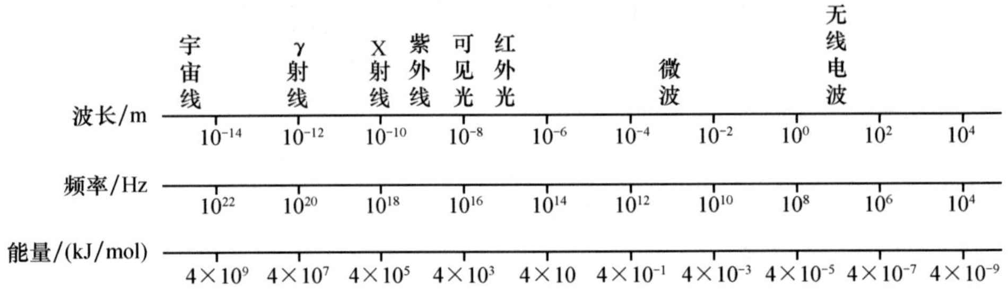

图 11-1　电磁波谱

电磁波常用波长或频率来表示。它们之间的关系为

$$\lambda\nu = c$$

式中：c 是光速(3×10^{8} m/s)；ν 是频率，单位是赫兹(Hz)或秒$^{-1}$(s^{-1})，表示单位时间内通过的波的数目，在红外光谱中频率还常用波数(σ)来表示，$\sigma=1/\lambda$，即每厘米长度中所含波的数目，其单位是厘米$^{-1}$(cm^{-1})；λ 为波长，可以用各种长度单位来表示，如纳米(nm)、微米(μm)、毫米(mm)、米(m)等。

光具有波粒二象性，因此电磁波还可以用光量子的能量来描述：

$$E = h\nu = hc/\lambda$$

式中：E 是光量子能量；$h=6.624\times10^{-34}$ J・s，是普朗克(Planck)常量。由上式可见，波长越短，频率越大，其能量也越高。

当电磁波照射物质时，物质可以吸收一部分辐射。吸收的能量可以激发电子到较高的能级或增加分子振动能级和转动能级。分子的能量是量子化的，分子吸收的辐射能也是量子化的。所以对某一个分子来说，它只能吸收某些特定频率的辐射，因为只有这些特定频率辐射的能量，才能引起分子中电子的跃迁或振动能级和转动能级的变化，产生特征的分子光谱。把某一有机化合物对不同波长辐射的吸收情况（以透射率或吸收率等表示）记录下来就成为这个化合物的吸收光谱，如红外光谱、紫外光谱等。吸收光谱与分子结构的关系非常密切，可以认为吸收光谱也是一个化合物的固有性质——对光的吸收性质，因此吸收光谱可以作为鉴定有机化合物的重要依据。

表 11-1 列出一个分子在吸收各种不同波长的辐射后发生的变化。

表 11-1　分子吸收光能后的变化

波长/nm		100	200	400	780			
波长/μm		0.1	0.2	0.4	0.78	3	30	300
光谱区域	X 射线	远紫外光	紫外光	可见光	红外光：近红外	红外光：中红外	红外光：远红外	微波
吸收光能后的变化	内层电子跃迁	价电子跃迁			分子振动及转动能级的变化			分子转动能级变化
波数/cm^{-1}		10^5	5×10^4	2.5×10^4	12 820	3333	333	33

分子吸收光谱可分为三类：

（1）转动光谱。分子转动能级之间的能量差很小，转动光谱位于电磁波谱中的远红外及微波区域内，以此可以测定简单分子的键长、键角，但在有机化学上用途不大。

（2）振动光谱。分子振动能级间的能量差比同一振动能级中转动能级之间能量差大 100 倍左右，它们大多在近红外区域内，因此称为红外光谱。

（3）电子光谱。使电子能级发生变化所需的能量约为使振动能级发生变化所需能量的 10～100 倍，一般出现在可见及紫外区域内，称为紫外-可见光谱。

分子中电子能级、振动能级和转动能级如图 11-2 所示。

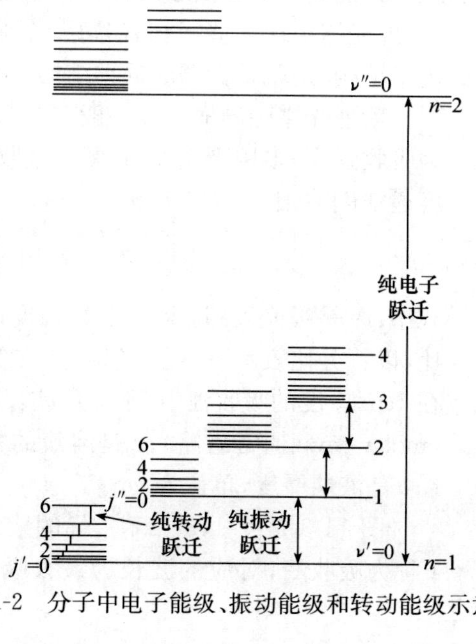

图 11-2　分子中电子能级、振动能级和转动能级示意图

电磁波谱区域及其相应的波谱分析方法见表 11-2。

表 11-2　电磁波谱与光谱方法

区域	波长范围	激发能级	光谱方法
γ 射线	0.005～0.14nm	核	穆斯堡尔(Mössbauer)谱法
X 射线	0.1～10nm	内层电子	X 射线光谱法
远紫外线	10～200nm	σ 电子	真空紫外光谱法
紫外线	200～400nm	n 及 π 电子	紫外光谱法
可见光	400～800nm	n 及 π 电子	可见光谱法
近红外线	0.8～2.5μm	振动与转动	近红外光谱法
中红外线	2.5～15μm	振动与转动	红外光谱法，拉曼光谱法
远红外线	15～300μm	振动与转动	远红外光谱法
微波	0.3～100cm	分子转动，电子自旋	微波波谱法，电子自旋波谱法
无线电波	1～1000m	原子核自旋	核磁共振波谱法

本章讨论的紫外光谱、红外光谱和核磁共振谱为吸收光谱。质谱是化合物分子经电子流轰击形成的正电荷离子在电场、磁场的作用下按质量大小排列而成的图谱，不是吸收光谱。

11.2　紫 外 光 谱

11.2.1　紫外光谱的产生及记录

紫外-可见光谱简称紫外光谱(UV)，又称为电子光谱，因为它是有机分子吸收紫外-可见光(波长 200～800nm)后分子中的电子由低能量的基态向高能量的激发态跃迁所产生的。在电子跃迁的同时，往往伴随着分子振动和转动能级的跃迁，因此紫外光谱为带状光谱。

若控制光源，使紫外光按波长由短到长的顺序依次照射试样分子时，外层价电子就吸收与激发能相应波长的光，从基态跃迁到能量高的激发态。将吸收强度随波长的变化记录下来，得到的吸收曲线即为紫外光谱。紫外光谱呈现一些峰和谷，每一个峰峦相当于一个谱带。在某些情况下，谱带表现出明显的齿状结构，这就是所谓的振动结构。

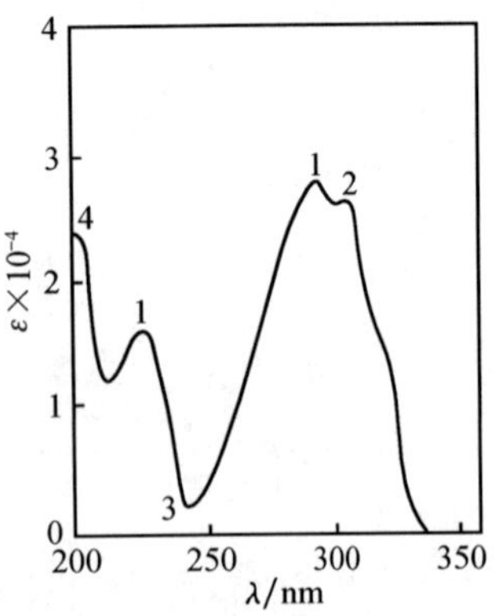

图 11-3　反-1,2-二苯乙烯的紫外吸收光谱

(室温，溶剂为庚烷)

紫外光谱图的横坐标一般以波长表示(单位为 nm)；纵坐标为吸收强度，多用吸光度 A、摩尔吸收系数 ε 或 $\lg\varepsilon$ 表示。吸收强度遵守朗伯-比尔定律：

$$A = \lg\frac{I_0}{I} = \lg\frac{1}{T} = \varepsilon cl$$

式中：A 是吸光度；I_0 是入射光强度；I 是透射光强度；T 是透射比(以百分比表示)；ε 是摩尔吸收系数，是浓度为 1mol/L 的溶液在 1cm 厚度的吸收池中，于一定波长下测得的吸光度，单位为 L/(mol · cm)(通常省略)；c 是溶液的物质的量浓度，单位为 mol/L；l 是液层厚度，单位为 cm。

图 11-3 是反-1,2-二苯乙烯的紫外吸收光谱。图中曲线的峰 1 称为吸收峰，对应的波长为最大吸收波长(λ_{max})；2 为肩峰；曲

线谷 3 对应的波长称为最小吸收波长(λ_{min});吸收很大,但不成峰的部分 4 称为末端吸收。

文献中报道的化合物紫外光谱数据,为最大吸收波长以及相应的摩尔吸收系数。有的同时报道最低谷的波长及其摩尔吸收系数。例如,丙酮的紫外吸收是 $\lambda_{max}^{正己烷}=279nm(\varepsilon=15)$,表示丙酮在正己烷溶液中,于 279nm 处有最大吸收,该吸收峰的摩尔吸收系数为 15。

应当指出,并不是所有的有机化合物都在紫外区发生吸收。紫外光谱往往局限于分子中存在共轭效应的化合物、芳香族及杂环类化合物。

11.2.2　基本原理

通常有机化合物中价电子有三种类型:σ 电子、π 电子和未参与成键的孤对电子(n 电子)。各类电子吸收紫外光后,由基态向激发态跃迁,主要有以下四种类型,它们相应的能量如图 11-4 所示。据此,可以大致比较不同类型能级跃迁所需能量大小,以及与吸收峰波长的关系。

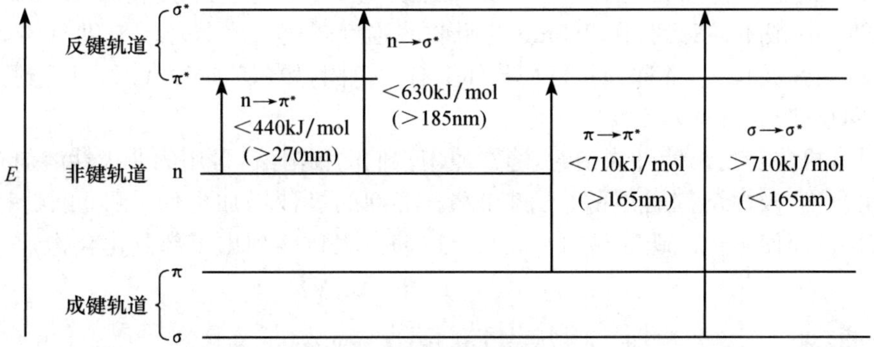

图 11-4　电子跃迁能量示意图

(1) $\sigma\rightarrow\sigma^*$ 跃迁所需能量最大,必须吸收较短波长的紫外光,这种波长一般在 190nm 以下,落在远紫外区,在近紫外区无吸收,不能为一般的紫外光谱仪所检测。饱和的脂肪族化合物的分子中只存在 σ 成键电子,吸收紫外光后只能发生 $\sigma\rightarrow\sigma^*$ 跃迁,因此它们在紫外区是透明的,常用作测定紫外光谱的溶剂。例如,$—CH_2—\lambda_{max}=125nm$。

(2) $n\rightarrow\sigma^*$ 跃迁所需能量小于 $\sigma\rightarrow\sigma^*$ 跃迁,这是因为未成键的 n 电子比 σ 成键的电子易于激发,因此 $n\rightarrow\sigma^*$ 跃迁发生在较长的波长,仍在远紫外区 200nm 左右。当分子中含有—OH、—OR、$—NH_2$、—SH 和—X 时,在大于 190nm 的波长可发生吸收。我们常称这些基团为助色团。对共轭和芳香体系有特征性。

(3) $n\rightarrow\pi^*$ 跃迁所需能量最小,在较长的波长发生吸收。当分子中含有杂原子形成的不饱和键时,杂原子上未成对的 n 电子被激发到 π^* 轨道。例如,丙酮在 279nm 有 $n\rightarrow\pi^*$ 跃迁的吸收峰,但强度较弱。除羰基外,硝基和偶氮基均可发生 $n\rightarrow\pi^*$ 跃迁。含杂原子双键或杂原子上孤电子对与碳上 π 电子形成共轭 $\lambda_{max}=310nm$。

(4) $\pi\rightarrow\pi^*$ 跃迁所需能量比 $n\rightarrow\pi^*$ 大,但比 $\sigma\rightarrow\sigma^*$ 小,而且强度大。当分子中含有不饱和基团时能发生这种跃迁。例如,$>C=C<$,$—C\equiv C—$,$—C\equiv N$,$>C=O$,N═O 和—N═N—等,常将这类基团称为发色团。但是,孤立双键 π 电子的 $\pi\rightarrow\pi^*$ 吸收峰位于远紫外区,对研究分子的结构意义不大。例如,乙烯发生 $\pi\rightarrow\pi^*$ 跃迁的吸收波长为 165nm。当分子中存在 π-π 共轭结构时,在 200nm 以上可以看到较强的吸收带。例如,丁二烯在 217nm 发生吸收,这是

因为共轭降低了 $\pi \to \pi^*$ 跃迁所需的能量(图 11-5)。

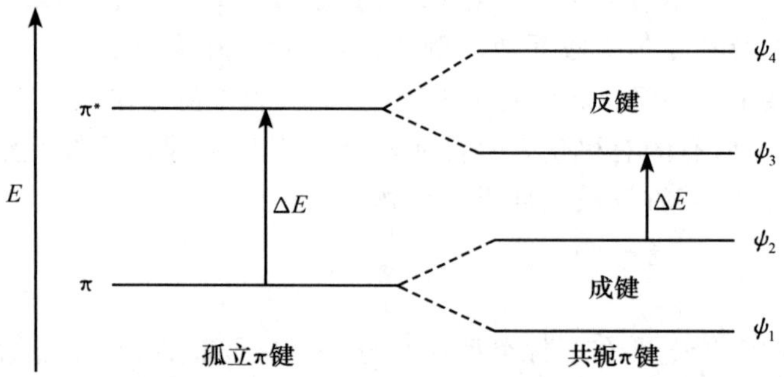

图 11-5　孤立 π 键和共轭 π 键的能量相关示意图

对于芳香族化合物来说也存在 $\pi \to \pi^*$ 跃迁,例如,苯有三个吸收峰 180nm、200nm 和 255nm,前两个一般不易看到,在 255nm 的吸收峰强度较弱。当苯环上有助色团如羟基存在时,吸收峰移向长波长(通常称红移);当苯环上有发色团,如苯乙烯取代时,可看到强的 $\pi \to \pi^*$ 跃迁,并移向长波长(红移)。

在测量有机化合物的紫外光谱时,通常使用它们的稀溶液,常用的非极性溶剂有己烷和庚烷等烃类化合物,极性溶剂有甲醇、乙醇和水。溶剂的极性增加可使 $n \to \pi^*$ 跃迁移向短波长(通常称蓝移),而使 $\pi \to \pi^*$ 跃迁移向长波长(红移)。表11-3 列出了部分化合物紫外吸收峰的位置。

表 11-3　部分化合物紫外吸收峰的位置

电子结构	实例	电子跃迁	λ_{max}/nm	ε	溶剂
σ	乙烷	$\sigma \to \sigma^*$	135	—	
n	水	$n \to \sigma^*$	167	7000	
	甲醇	$n \to \sigma^*$	183	500	
	1-己硫醇	$n \to \sigma^*$	224	126	
	n-碘丁烷	$n \to \sigma^*$	257	486	
π	乙烯	$\pi \to \pi^*$	165	15000	正己烷
	乙炔	$\pi \to \pi^*$	173	6000	气体
π 和 n	丙酮	$\pi \to \pi^*$	约 150	—	
		$n \to \sigma^*$	188	1860	
		$n \to \pi^*$	279	15	正己烷
	乙酸	$n \to \pi^*$	204	41	水
	乙酰氯	$n \to \pi^*$	220	100	正己烷
	乙酸乙酯	$n \to \pi^*$	204	60	水
	乙酰胺	$n \to \pi^*$	217	63	水
π-π	1,3-丁二烯	$\pi \to \pi^*$	224	21 000	正己烷
	1,3,5-己三烯	$\pi \to \pi^*$	258	35 000	
π-π 和 n	丙烯醛	$\pi \to \pi^*$	210	5500	水
		$n \to \pi^*$	315	14	乙醇
芳环 π	苯	芳环 $\pi \to \pi^*$	约 180	60 000	
		芳环 $\pi \to \pi^*$	约 200	8000	正己烷
		芳环 $\pi \to \pi^*$	255	200	正己烷
芳环 π-π	苯乙烯	芳环 $\pi \to \pi^*$	244	12 000	
		芳环 $\pi \to \pi^*$	282	450	

续表

电子结构	实例	电子跃迁	λ_{max}/nm	ε	溶剂
芳环 π-σ(超共轭)	甲苯	芳环 $\pi\rightarrow\pi^*$	208	2460	
		芳环 $\pi\rightarrow\pi^*$	262	174	
芳环 π-π 和 n	苯乙酮	芳环 $\pi\rightarrow\pi^*$	240	13 000	
		芳环 $\pi\rightarrow\pi^*$	278	1100	
		芳环 $n\rightarrow\pi^*$	319	50	
芳环 π-n (助色团)	苯酚	芳环 $\pi\rightarrow\pi^*$	210	6200	
		芳环 $n\rightarrow\pi^*$	270	1450	

11.2.3　紫外光谱的解析

在解析紫外光谱时，通常用最大吸收波长 λ_{max} 和摩尔吸收系数 ε 来表示紫外吸收峰，例如，丙酮的紫外光谱可表示为：λ_{max}(nm) 279，ε15(正己烷)。λ_{max} 可以从紫外光谱中直接读到，摩尔吸收系数 ε 应用朗伯-比尔定律求得：

$$\varepsilon=\frac{\lg(I_0/I)}{cl}$$

此处，$\lg(I_0/I)=A$(吸收度)可以直接从紫外分光光度计上读到。

利用紫外-可见光谱(根据 λ_{max} 和 ε)进行结构分析时，通常可以初步推测分子中可能存在哪一类基团，具体步骤如下：

如果在 200～800nm 范围内没有吸收带出现，说明被测物质是饱和化合物，也可能是孤立碳碳双键、叁键的不饱和化合物。既不含共轭体系，也不可能含有溴、碘、硫等杂原子。

如果在 210～250nm 有强吸收，$\varepsilon_{max}\geqslant10^4$，表明分子中含有两个双键的共轭体系，如共轭二烯烃、α,β-不饱和羰基化合物等。

如果在 300nm 以上区域有吸收，$\varepsilon_{max}\geqslant10^4$，说明化合物中含有大的共轭体系，如共轭多烯，并且多为稠环芳烃及其衍生物。

如果在 250～300nm 有中等强度的吸收带，ε_{max} 在 1000～10000，表明分子中含有苯环或者芳杂环。

如果在 250～350nm 有中、低等强度的吸收带，并且为一个峰，ε_{max} 在 10～100 之间($n\rightarrow\pi^*$)，说明分子中有不共轭的发色团，例如，羰基或其他含杂原子的不饱和基团存在：$—C\equiv N$、$—N=N—$、$—NO_2$、—COOR、—COOH、$—CONH_2$。

如果在 200～220nm 有中等强度的吸收带，并且为单峰，ε_{max} 在 100～10000 范围内($n\rightarrow\sigma^*$)，说明分子可能是胺、醇、醚、硫醇。

紫外光谱提供的信息有时能方便地解决其他结构分析方法难以解决的问题。例如，乙酰乙酸乙酯存在酮式和烯醇式两种互变异构体。酮式没有共轭双键，在它的紫外吸收光谱中仅在 204nm 处有弱吸收。烯醇式有两个双键形成的共轭体系，在 245nm 处有强的吸收，因此根据紫外吸收光谱提供的信息可以判断是否有烯醇式存在。又如 α-紫罗兰酮和 β-紫罗兰酮互为位置异构体。前者是两个双键形成的 α,β-不饱和酮，$\pi\rightarrow\pi^*$ 跃迁形成的 $\lambda_{max}=228$nm，而后者则是三个双键形成的共轭体系，$\lambda_{max}=298$nm，用紫外吸收光谱很容易区别它们。

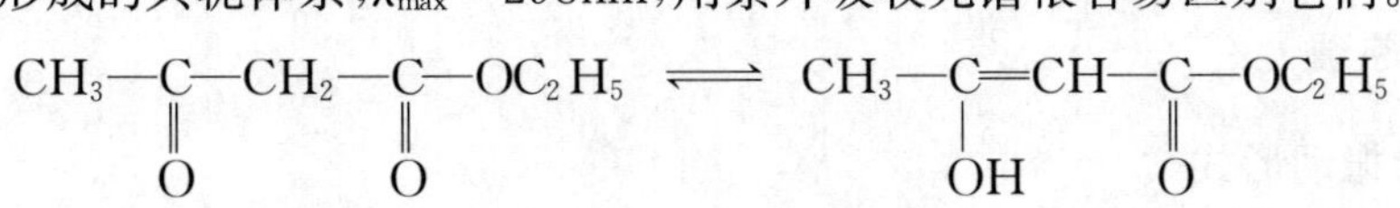

酮式　　　　烯醇式

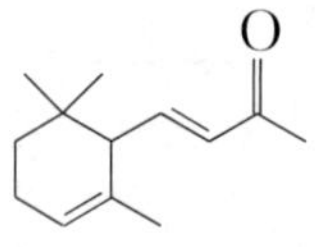

α-紫罗兰酮

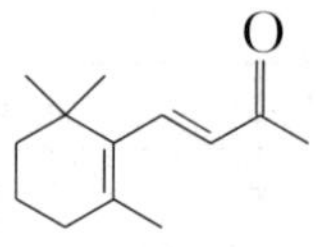

β-紫罗兰酮

紫外光谱的图形比较简单，只反映 n→π* 和 π→π* 的电子跃迁，因此它能给出的结构信息不多，通常它只能告诉我们化合物中有没有共轭 π 键，以及共轭体系中取代基的种类、位置和数目。单凭紫外光谱很难确定出化合物的结构，其应用有很大的局限性。即使这样，紫外光谱在测定有机化合物的结构中还是起着重要作用。

因为紫外吸收光谱有高的灵敏度和选择性，定量方法比较简单，它可以很方便地直接测定某些化合物中的一些组分含量，如己烷中的苯、鱼肝油中的维生素A 等。

除了单组分物质的定量分析外，利用吸收值的加和性，还可对多组分物质进行定量分析。

11.3 红外光谱

红外吸收光谱(infrared absorption spectroscopy，IR)是分子吸收红外光引起的振动和转动能级跃迁产生的吸收信号。整个红外光区域位于波长 0.76～300μm 的很宽的区域(表 11-2)，分为近红外区、中红外区和远红外区三个部分，绝大部分化合物的基团振动处在波长范围为 2.5～25μm 的中红外区，这一区域是研究得最多、检测仪器最成熟、应用最广泛的区域，我们的讨论也局限于中红外吸收光谱。

与紫外吸收光谱不同，红外吸收光谱通常以百分透过率 $T\%$-波长(或频率)曲线表示，谱图的横坐标为频率，一般为波数 $\sigma(\text{cm}^{-1})$或波长 $\lambda(\mu\text{m})$，纵坐标为百分透过率，当某一波长的红外光被分子吸收时，透过样品的光强度便会减弱，因此红外吸收光谱图上记录下来的是一个倒峰，如图 11-6 所示。

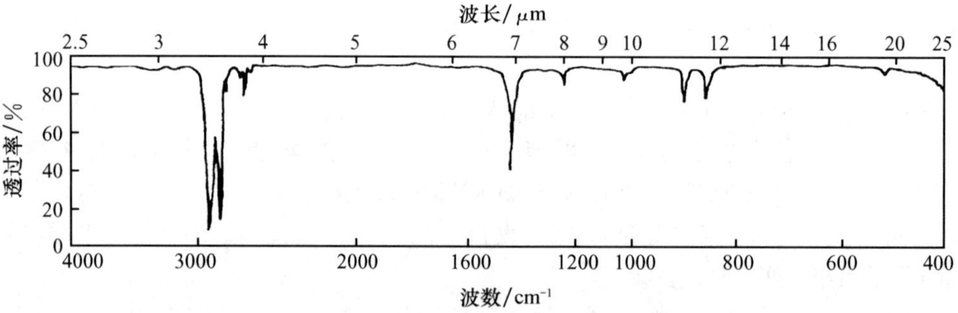

图 11-6　环己烷的红外吸收光谱图

红外吸收光谱具有很强的特征性，不同化合物因构成化合物的相对原子质量不同，或化学键不同，或几何构型不同都会造成红外吸收光谱的差别。所以，它在化合物的定性鉴定或位置结构推测方面应用的重要性远远大于紫外吸收光谱。

11.3.1　基本原理

1) 分子的振动形式

当有机物分子吸收红外光后，体系能量增加，产生振动能级的跃迁。分子的振动可分为两大类：伸缩振动和弯曲振动（又称变形振动）。通常用希腊字母 ν 表示伸缩振动，δ 表示弯曲振动。伸缩振动是指原子沿着化学键方向的往复运动，在振动过程中化学键的键长发生变化。根据振动时原子间相对位置的变化，伸缩振动还可分为不对称伸缩振动（ν_{as}）和对称伸缩振动（ν_s）。弯曲振动是指原子垂直于化学键方向的振动，引起键角的变化。弯曲振动可以分为面内弯曲振动和面外弯曲振动。面外弯曲振动是指弯曲振动垂直于原子所在的平面，根据原子的运动方向，又可分为面外摇摆振动和扭曲振动。图 11-7 以亚甲基为例描述了上述各种振动形式，每一种振动形式都有特定的振动频率。当外界提供的红外光频率正好等于基团振动的某种频率时，分子就可能吸收该频率的红外光产生吸收峰。

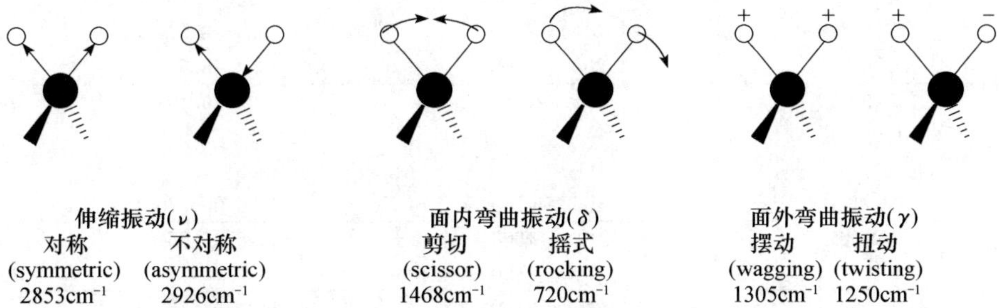

图 11-7 亚甲基（—CH_2—）的各种振动形式及其红外吸收

2）决定振动频率的因素

分子振动的频率决定分子所能吸收的红外光频率，即红外吸收峰的位置。红外光谱中吸收的频率与振动形式密切相关。由于弯曲振动不改变键长，它所需要的能量较小，因此它的吸收频率较低，通常在 1500cm^{-1} 以下。分子中的原子在平衡位置附近以很小的振幅做周期性的振动，这种情况与经典力学中弹簧振子所做的简谐振动十分相似。分子中的化学键犹如一根弹簧，两个键连原子犹如弹簧两端的小球。这样的简谐振子模型，其振动频率可借用经典力学的胡克（Hooke）定律来计算。

$$\nu = \frac{1}{2\pi}\sqrt{\frac{k(m_1 + m_2)}{m_1 \cdot m_2}}$$

或

$$\sigma = \frac{1}{2\pi c}\sqrt{\frac{k(m_1 + m_2)}{m_1 \cdot m_2}}$$

式中：m_1、m_2 是两个键连原子的相对原子质量；k 是化学键的力常数。单键的力常数为 5N/cm 左右，双键和叁键分别是单键的两倍和三倍。

从上式可看出：①化学键的振动频率或波数与其力常数 k 的平方根成正比，k 越大，振动波数亦越大，如 C—C 吸收出现在较低的波数区，$1200\sim700\text{cm}^{-1}$，而C═C 在 $1700\sim1450\text{cm}^{-1}$，C≡C在 $2300\sim2100\text{cm}^{-1}$。②振动频率或波数与原子的折合质量 $m_1 \cdot m_2/(m_1+m_2)$ 的平方根成反比。因此，当两个振动原子中有一个为氢原子时，因为氢原子的相对原子质量很小，$m_1 \cdot m_2/(m_1+m_2)$ 就很小，振动频率或波数就大，C—H、O—H、N—H 键的伸缩振动吸收出现在高波数区就是这个缘故。如果是多原子分子，我们可以把它分解成若干个基团来研究。由于各有机化合物的结构不同，组成其中各基团的相对原子质量和化学键力常数不同，出现的吸收频率也各不相同，因此各有其特征的红外光谱。但是，真实分子的振动并不是严格的简谐振动，所以光谱上看到的情况复杂得多。表 11-4 列出了有机化合物化学键的主要吸收谱带。

表 11-4　有机化合物的各类键的主要吸收谱带

键型	化合物类型	IR 吸收谱带宽度		
		波数范围* /cm^{-1}	波长 $\lambda/\mu m$	强度**
C—H	烷烃			
	—CH_3,2 个峰	2960 和 2870	3.38 和 3.48	s
	—CH_2,2 个峰	2925 和 2855	3.42 和 3.50	
	环	3100～2900	3.23～3.34	
	烯烃	3000 左面	3.33	m～w
	炔烃	3333～3267	3.00～3.06	m
	芳香族	3100～3000	3.23～3.33	
	醛,2 个峰	2900～2800	3.45～3.57	m～w
		2800～2700	3.57～3.70	
C═C	烯烃	1670～1640	5.99～6.10	m～w
	共轭二烯			
	(对称)	1600	6.25	
	(不对称)	1650 和 1600	6.06 和 6.25	
C═C	芳香族	1600～1500,一个峰	6.25～6.76	m～w
	环	1500～1400,一个或两个峰		s～m
C≡C	炔	2260～2100	4.24～4.76	m～w
C═O	羧酸	1720～1665	5.81～6.00	s
	酯	1750～1715	5.71～5.83	s
	酰胺	1700～1640	5.88～6.10	s
	酮	1725～1705	5.80～5.87	s
	与双键共轭	1710～1665	5.85～6.00	s
	醛	1740～1720	5.75～5.81	s
C—O	醇	1260～1000	7.94～10.0	s～m
	酸	1315～1280,二重峰	7.60～7.81	s～m
	酯	1300～1000	7.69～10.0	s～m
	脂肪族醚	1150～1085	8.70～9.22	s～m
	芳基烷基醚	1275～1200	7.84～8.83	s～m
O—H	醇、酚	3649～3584	2.74～2.79	m
	(氢键)	3550～3200	2.82～3.13	s
O—H	羧酸	3300～2500	3.03～4.00	m
		(以 3000 为中心)		
N—H	胺,伯	3500 和 3400	2.86 和 2.94	m
	仲	3340～3310	2.99～3.02	
	酰胺	3520～3060	2.84～3.27	s～m
C—N	胺	1345～1020	7.43～9.80	m
	酰胺	≈1400	≈7.14	s
C≡N	腈	2260～2220	4.42～4.50	s
N═O	硝基	两个峰,1600～1500	6.25～6.67	s
		1400～1300	7.14～7.69	s

* 大多数红外光谱纸上标记“频率”。

** s=强,m=中强,w=弱。

实验结果还表明,化学键的振动频率还受其他因素的影响,但影响较小,所以同一基团的红外吸收基本上相对稳定地出现在某一特定范围内。

3) 红外光谱产生的条件

当一定频率的红外光照射物质时,如果分子中某一基团的振动频率正好与其相同,物质就能吸收这一频率的红外光从低能级跃迁到较高的能级,产生红外吸收光谱,即 $\nu_{光}=\nu_{分}$。

红外吸收光谱产生的另一个条件是外界的电磁辐射(红外光)与分子之间必须有偶合作用。外界的辐射必须把它所携带的能量转移给物质的分子才能引起分子能级的跃迁,而这种能量的转移是通过分子振动时偶极矩的变化来实现的。如果振动时分子的偶极矩没有变化,光的能量无法转移给分子,红外吸收光谱就不能产生,这种振动称为非红外活性。当分子中的原子在其平衡位置附近振动时,电荷量 q 并不发生变化,但正负电荷中心的距离 r 则不断变化,偶极矩 μ 也发生相应的变化。对称分子的正负电荷中心重叠,当对称分子做对称振动时,正负电荷中心始终重叠,偶极矩不发生变化,因此是非红外活性,如 N_2、O_2 等。应当注意,对称分子在不对称振动时会产生瞬间偶极矩,因此是红外活性的。例如,CO_2 是一个由三原子组成的线形分子,有 4 种不同的振动方式:①对称的伸缩振动;②不对称的伸缩振动;③面内弯曲振动;④面外弯曲振动(图 11-8)。

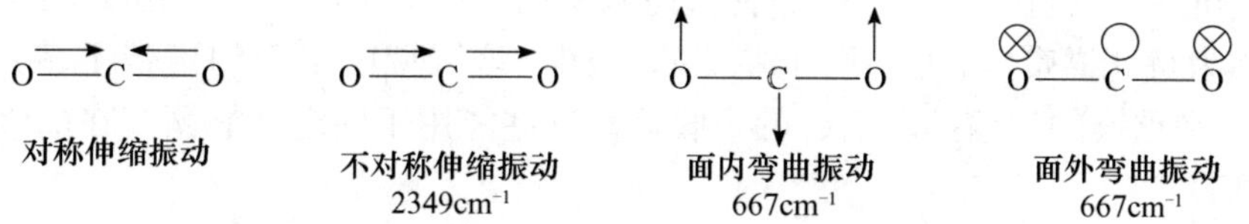

图 11-8　CO_2 的基本振动方式及频率

CO_2 是一个对称分子,正负电荷中心重叠,偶极矩 $\mu=0$。在振动方式①中正负电荷中心始终重叠,$\Delta\mu=0$,为非红外活性;在振动方式②、③和④中都能产生瞬间偶极矩,$\Delta\mu\neq0$,因此是红外活性,能在红外吸收光谱图中产生吸收峰。但③和④的振动频率相同,两种振动发生简并。所以,CO_2 虽然有四种振动形式,但在红外光谱图上只出现两个吸收峰。它们是 $2349cm^{-1}$的不对称伸缩振动吸收和 $667cm^{-1}$的弯曲振动吸收。

当物质分子吸收外界的辐射能量从较低能级跃迁到较高能级时,还受到能级跃迁规律的限制,即分子并不能从低能级跃迁到任意一个较高的能级。通常振动量子数相差 1 的两个能级之间跃迁概率最大。常温下,大部分分子处在振动基态(振动量子数 $\nu=0$),吸收相应能量的红外光后跃迁到第一激发态($\nu=1$)。由这种振动能级跃迁产生的吸收频率叫基频,是红外吸收光谱中最重要的吸收峰。分子吸收较高频率的红外光,从振动基态直接跃迁到第二或第三激发态的情况以很小的概率出现,这种跃迁产生的吸收频率叫做倍频。还有一种情况是某一频率的红外光,它的能量恰好等于两种振动能级跃迁所需能量之和,它也能被分子吸收,同时用于两种能级跃迁,产生的吸收频率称作组合频。在红外光谱图中,倍频和组合频都是一些很弱的吸收峰。但当它们在适当条件下与某基频吸收发生共振偶合时,强度会增大。

11.3.2　红外光谱和分子结构

1) 特征谱带区和指纹区

许多基团的振动频率不会受到分子中其他部分的显著影响,基本上符合双原子分子的振动方程,因此只要组成基团的原子和化学键确定,它们的振动频率总是出现在一定的范围内。例如,C—H 伸缩振动总是出现在 $3000cm^{-1}$左右。如果这一区域内没有任何峰出现,则表明被测物质中不含 C—H 基团。这种基团的振动频率,我们称之为基团特征频率。基团特征频率的特点是特征性很强,可用于鉴定这些基团是否存在。分子中还有一些基团的振动频率对分子中其他部分的存在很敏感,它们的频率在一个较大的区域里变化。例如,碳、氮等原子以单键形式形成的基团,与其相邻的每一个原子和基团的性质都将影响 C—C 和 C—N 振动频率的变化，使其特征性不同。

为了便于对红外光谱进行解析，通常将中红外区域划分为四个部分。

(1) 4000～2500cm^{-1}，为含氢基团的伸缩振动区，通常称为"氢键区"。OH、NH、CH、SH等基团的伸缩振动都出现在这一区域中。

(2) 2500～2000cm^{-1}，叁键和累积双键区。各种叁键基团如 C≡C 、C≡N 以及累积双键如 C═C═C、N═C═O(异腈酸酯)的伸缩振动都落在此区域中。

(3) 2000～1500cm^{-1}，双键区。各种双键基团，包括共轭双键基团如 C═C、C═O、C═N、C═S、N═O 以及苯基的伸缩振动都在这一频率范围。

(4) 小于 1500cm^{-1}，单键区。包括 C—C、C—O、C—N 等单键的伸缩和含氢基团 OH、NH、CH 等的弯曲振动频率都出现在这一区域内。

其中，氢键区、叁键区和双键区的特征性强，所以 4000～1500cm^{-1}的区域称为官能团特征频率区，又称为特征谱带区，主要用于鉴定官能团。该区域中出现的谱带不多，主要是 OH、NH、CH、SH 和重键的伸缩振动引起的吸收峰。这些能用于鉴定官能团存在的吸收峰称为特征吸收峰，见表 11-4。

波数在 1500～400cm^{-1}(低频区)的单键区，光谱复杂，吸收带相当多，特征性差。它们主要是 C—X 键(X═C、N、O)的伸缩振动及各种弯曲振动引起的吸收峰。有机分子中 C—C 键大量存在，其振动吸收峰非常多，大量的 C—H 弯曲振动也落在该区域；而且各种弯曲振动的能级差较小，该区域中单个吸收峰虽然特征性不强，但它们对分子其他部分结构变化十分敏感。分子结构的微小差别，例如，某个官能团的位置引起的立体异构，都会造成这一区域光谱图形的变化。正是上述原因，致使这一区域内的谱带非常密集，犹如人的指纹，因此，小于 1500cm^{-1}的区域在红外吸收光谱中称为指纹区。该区域内的吸收带有些是由整个分子的振动、转动而引起的，故它们反映了整个分子的特征。没有两个化合物在这部分的信号是一样的。各种有机化合物结构上的微小差异在指纹区都有反映。如果两个化合物具有完全相同的结构，那么它们的红外吸收光谱图中，不仅官能团特征频率区的吸收峰完全相同，而且在指纹区的吸收峰的个数、位置、相对强度和形状也完全相同，反之亦然。因此，指纹区经常用来与已知物的标准谱图进行比较，以最后确定有机化合物结构分析结果是否正确。

在红外光谱图中，吸收峰的位置取决于基团振动频率，吸收峰的强度则与基团振动时偶极矩变化($\Delta\mu$)的大小有关。基团振动时，$\Delta\mu$ 越大吸收强度越大；$\Delta\mu$ 较小吸收强度就弱。如果振动时 $\Delta\mu=0$，吸收强度就为 0，即非红外活性。主要有两个因素影响振动时 $\Delta\mu$ 的大小：一是振动基团本身的极性，极性大的基团振动时偶极矩的变化较大，对应的红外吸收峰较强。例如，C═C 和 C═O，它们的吸收峰都出现在双键区，但 C═C 的吸收强度总是弱于 C═O。二是分子的对称性，分子对称性越强，振动时偶极矩的变化越小，吸收峰也越弱。例如，C═C 的吸收在端基烯烃、顺式烯烃和反式烯烃中的强度依次减弱，反式烯烃中 C═C 的伸缩振动吸收几乎看不到。由此可见，在红外光谱中，谱峰强度也是一个重要的信息，它能为基团的归属、分子对称性的判断提供辅助依据。

在确证官能团和化合物类型时，单凭特征频率区的吸收峰往往还不够，因为有时它们不是某些基团的基频，而是另一些基团的倍频(通常并非恰好整数倍)或是某一些基团的组合频。此外基频也会受到邻近环境的影响而有所偏移，个别特征峰为许多基团所共有，故一般还要找它们的相关峰。任何一个基团都有多种振动形式，而每一种红外活性的振动都将产生一个吸收峰，通常把这些相互依存又可以相互佐证的吸收峰叫做相关峰。例如，有 O—H 和 C═O

的化合物不一定是酸，它也可能是羟基醛或羟基酮，因此通常要找一下它们的相关峰，各类官能团的相关峰是不一样的，图 11-9 是有机化合物中主要基团的相关图。

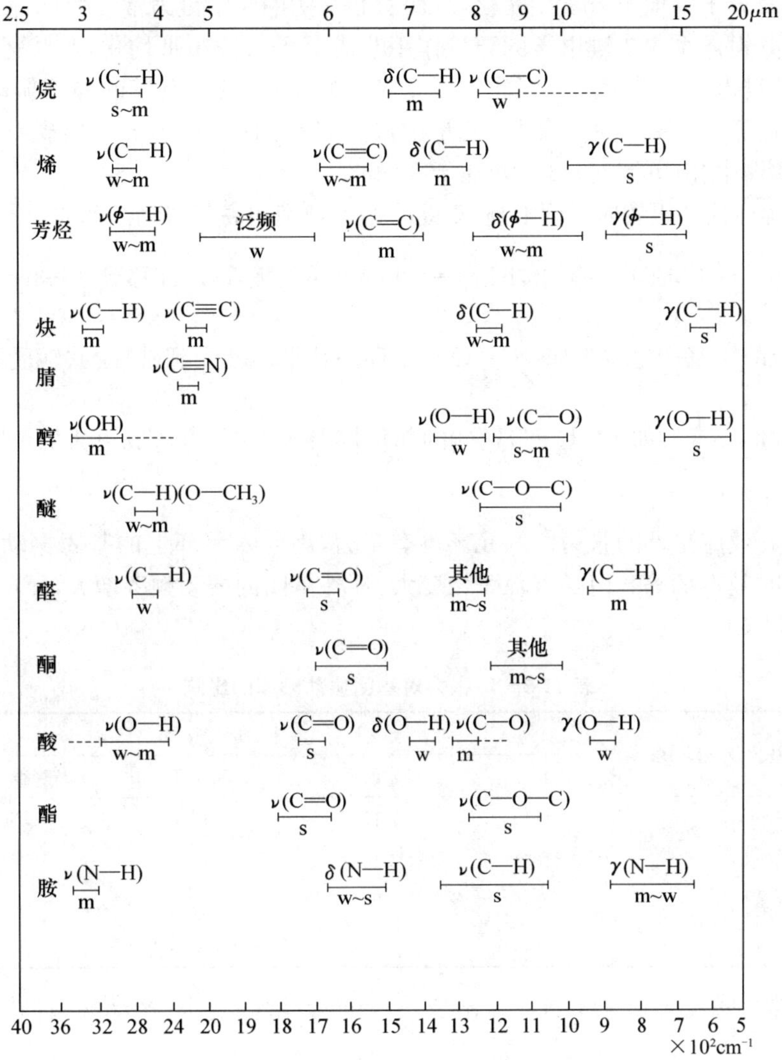

图 11-9　有机化合物中主要基团的相关图

2）影响基团频率位移因素

根据基团特征频率区中出现的吸收峰，我们可以判断被测样品中含有什么样的官能团。例如，前面提到在 $3000cm^{-1}$ 左右出现的较为尖锐的吸收峰，表明被测物中含有 C—H 基团。但仅仅知道有 C—H 基团，对于有机化合物结构分析是远远不够的，我们还希望了解这个 C—H 是 CH_3 还是 CH_2，或者是═C—H 或≡C—H。

对于一个特定化合物中的特定基团来说，它的振动频率是一个固定值，这个值与这一基团在分子中所处的环境有关。仍以 C—H 基团为例，炔碳原子与氢组成的≡C—H 伸缩振动频率为 $3300cm^{-1}$，烯碳原子与氢组成的═C—H 伸缩振动频率为 $3100\sim3050cm^{-1}$，而饱和碳氢基团 CH_3 或 CH_2 的振动频率比 $3000cm^{-1}$ 略小。不同类型 C—H 的振动频率有差异是因为分子中化学键的力常数并不一样。例如，≡C—H、═C—H 和—C—H 基团中碳原子的杂化轨道不同，键的强度有差异，振动频率也随之改变。

对基团频率产生较大影响的因素有电子效应和空间效应。

诱导效应使分子中电子云发生变化，从而引起基团的化学键力常数变化，使基团振动频率增大或减小。共轭体系中成键电子的离域作用造成电子云分布平均化，使共轭体系内的双键键强减弱，而单键键强略有增加。因此与孤立双键相比较，共轭双键的伸缩振动向低频移动，但体系内的单键振动频率增大。例如，乙烯的红外光谱图中，1650cm^{-1}出现 C═C 伸缩振动吸收，丁二烯谱图中相应的吸收峰出现在 1630cm^{-1}。

空间立体障碍使共轭效应受到限制，双键的振动频率向高频移动。例如，C═O的伸缩振动频率在 1700cm^{-1}左右，在苯乙酮中，因 >C═O 与苯环共轭，$\nu_{C=O}$红移到 1663cm^{-1}。在 2-甲基苯乙酮中，邻位的甲基产生位阻使 >C═O 和苯环的共平面性受到破坏，共轭受到限制，$\nu_{C=O}$向高频移动到 1686cm^{-1}。如果 >C═O 两侧的邻位均引入异丙基，造成更大的位阻，$\nu_{C=O}$进一步向高频移动到 1693cm^{-1}。

另一种空间效应是环的张力。六元环没有张力，因此六元环上的基团振动频率与它们处在链状化合物时基本相等。但随着环张力变大，环外基团的振动频率增大，而环内基团的振动频率减小(表 11-5)。

表 11-5　环张力对基团振动频率的影响

化合物	基团及振动形式	振动频率/cm^{-1}			
		六元环	五元环	四元环	三元环
环酮	$\nu_{C=O}$	1715	1745	1780	1850
环外烯	$\nu_{C=C}$	1651	1657	1678	1781
环烷	ν_{C-H}	2925	—	—	3050
环烯	$\nu_{C=C}$	1639	1623	1556	—

此外，氢键的形成使 O—H、N—H 键变长，键的力常数变小，振动频率向低频移动，谱带变宽。

11.3.3　各类有机化合物的特征吸收

1) 烷烃

在烷烃中甲基和亚甲基均有对称和不对称的 C—H 伸缩振动，通常在 3000～2840cm^{-1}给出四个峰。甲基(—CH_3)的两个 C—H 峰在 2960cm^{-1}和 2870cm^{-1}附近。亚甲基(—CH_2—)的两个 C—H 峰在 2925cm^{-1}和 2855cm^{-1}附近。

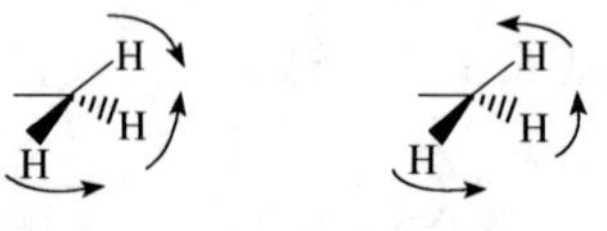

Ⅰ　　Ⅱ

图 11-10　甲基的弯曲振动
Ⅰ为不对称弯曲振动 δ_{as}
Ⅱ为对称弯曲振动 δ_s

甲基和亚甲基均有弯曲振动。甲基有两种弯曲振动(图 11-10)，发生在 1450cm^{-1}和 1375cm^{-1}附近。亚甲基有四种弯曲振动(图 11-7)，其中剪动出现在 1465cm^{-1}附近，常与甲基的弯曲振动重叠，从正十二烷的红外光谱图(图 11-11)中可看到这些谱带。

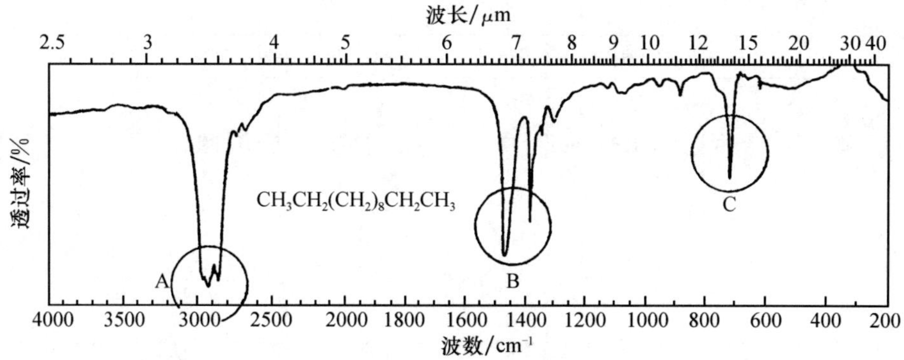

图 11-11 正十二烷的红外光谱

A. C—H 伸缩振动；B. C—H 弯曲振动；C. CH_2 的摇摆振动

当有两个甲基连在同一个碳上时，在 C—H 弯曲振动区域有特征的吸收。异丙基具有强度几乎相等的双重峰，分别出现在 1385～1380cm^{-1}和 1370～1635cm^{-1}。叔丁基也给出 C—H 弯曲振动的双重峰，分别出现在 1395～1385cm^{-1}和 1370cm^{-1}附近，低频率吸收峰强度较大。

无环张力的环烷烃与链状烷烃的红外光谱无显著区别，亚甲基的 C—H 伸缩振动出现在上述的范围内。但是在有张力的环烷烃中，随着环的缩小，张力变大，亚甲基的伸缩振动移向高频率。例如，环丙烷的 C—H 伸缩振动出现在 3060～3040cm^{-1}内。

当分子中含有四个以上的亚甲基（CH_2）组成的长链时，在 720cm^{-1}出现直链的碳碳骨架振动。构成直链的 CH_2 单元数越多，这个吸收峰的相对强度就越大。支链烷烃中各种支链的碳碳骨架振动出现在小于 1500cm^{-1}的单键区。如异丙基的碳骨架在 1170～1140cm^{-1}有弱吸收，叔丁基的碳骨架则在 1250～1200cm^{-1}有弱吸收。一旦分子中引入氧、氮等杂原子，C—O、C—N 的伸缩振动在这一区域产生强吸收，会淹没上述碳碳的振动吸收。

2）烯烃

在烯烃的分子中存在碳碳双键（C═C）的伸缩振动和不饱和碳氢键（═C—H）的伸缩振动，碳碳双键的伸缩振动在 1670～1640cm^{-1}内有中到弱的峰。不对称共轭二烯烃有两个 C═C 伸缩振动吸收峰，分别在 1650cm^{-1}和 1600cm^{-1}附近，对称共轭二烯烃则有一个 C═C 伸缩振动吸收峰，出现在 1600cm^{-1}附近。

═C—H 的伸缩振动：末端烯（═CH_2）有对称和不对称两种伸缩振动，顺式或反式烯烃只有一种振动方式，振动频率在 3100～3010cm^{-1}内。烷烃 C—H 的各种伸缩振动频率均小于 3000cm^{-1}，如果分子中存在双键的═C—H，在烷基的 CH_3、CH_2、CH 振动吸收峰高频一侧会出现一个小峰。此峰虽小，但能指示分子中存在不饱和 C—H，因而很重要。═C—H 的弯曲振动发生在 1000～650cm^{-1}内，吸收峰较强。不同类型的烯烃中这一基团的振动频率各不相同，而且不受取代基性质的影响，频率比较固定，因此在判断烯烃存在及其类型时十分有用，见表 11-6。从 1-癸烯的红外光谱图（图 11-12）中可看到这些谱带。

表 11-6 各类烯烃的红外吸收频率

烯烃类型	C═C 伸缩振动频率/cm^{-1}	═C—H 的弯曲振动/cm^{-1}	倍频/cm^{-1}
R—CH═CH_2	1645 (m)	990 (s)，910 (s)	1860～1800 (m)
RR′C═CH_2	1655 (m)	890 (s)	1800～1750 (m)

续表

烯烃类型	C═C 伸缩振动频率/cm^{-1}	═C—H 的弯曲振动/cm^{-1}	倍频/cm^{-1}
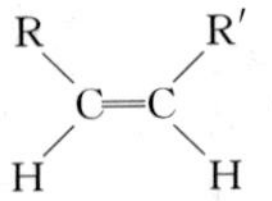 (顺式)	1660 (m)	730～675 (m)(可变)	
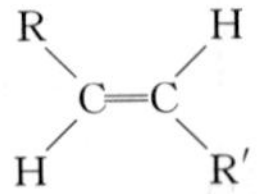 (反式)	1675 (w)	965 (s)	
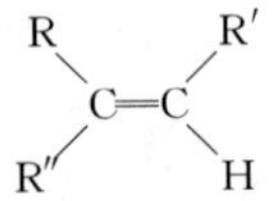	1670 (w～m)	840～800 (s)	
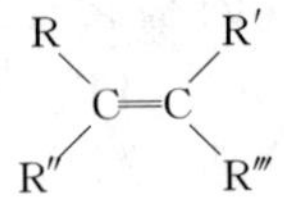	1670(w)	无	

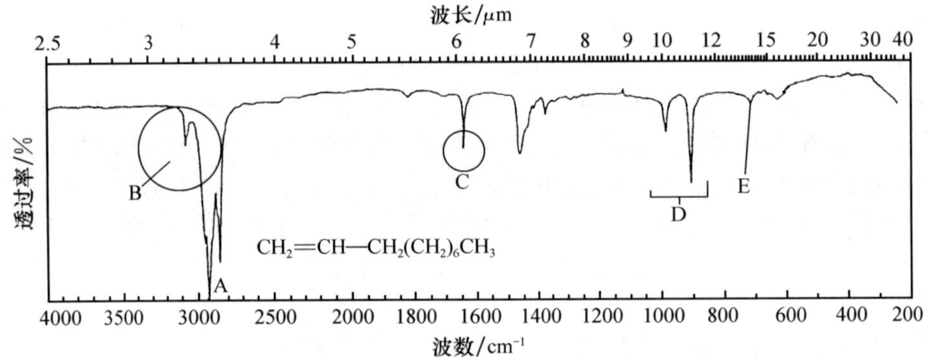

图 11-12 1-癸烯的红外光谱

A. C—H 伸缩振动；B. ═C—H 伸缩振动；C. C═C 伸缩振动；

D. 乙烯基的═C—H 弯曲振动；E. CH_2 的摇摆振动

3) 炔烃

炔烃的红外吸收较烯烃简单。炔烃中 C≡C 的伸缩振动在叁键区的 2260～2100cm^{-1} 内产生特征吸收，呈现中到弱的尖峰。这一区域除 C≡N、N═C═O、B—H 等特殊基团之外较少受干扰。在 R′C≡CR 中 $\nu_{C\equiv C}$ 吸收强度取决于 R′和 R 的差别。炔烃的另一个特征吸收出现在 3300cm^{-1} 的叁键碳原子上碳氢基团(≡C—H)的伸缩振动，呈现一个强的尖峰。从图 11-13 中 1-己炔的红外光谱中可看到它们的吸收峰。这一区域中 O—H、N—H 等存在干扰吸收，但后二者产生的吸收峰峰形较宽，还比较容易区分。

因此，C≡C 处于端基的炔烃 RC≡CH 用红外吸收光谱很容易鉴别，但 C≡C 处于链中间的炔烃 R′C≡CR 没有 3300 的 $\nu_{\equiv C-H}$ 吸收，如果分子是对称的或近于对称，在叁键区的 $\nu_{C\equiv C}$ 吸收信号也变得很微弱，这时很容易发生判断失误。

4) 芳香烃

芳香烃的红外光谱与烯烃相似，主要由三个特征的基频吸收区域：第一个是苯环的骨架振动，在 1600～1450cm^{-1} 范围内可看到 2～4 个由于环的伸缩振动所引起的吸收峰，通常出现在

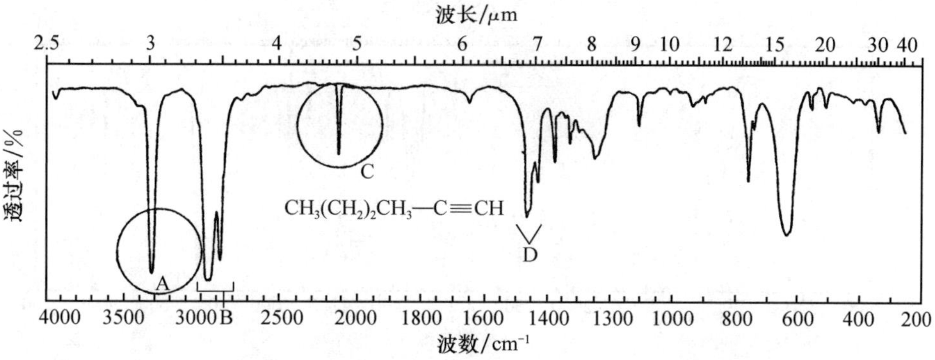

图 11-13　1-己炔的红外光谱

A. ≡C—H 伸缩振动；B. C—H 伸缩振动；C. C≡C 伸缩振动；D. C—H 弯曲振动

$1600cm^{-1}$、$1580cm^{-1}$、$1500cm^{-1}$、$1450cm^{-1}$附近。$1450cm^{-1}$的吸收峰与烷基的 C—H 弯曲振动相近，无甚判断价值。第二个是苯环上碳原子生成的 C—H 基团伸缩振动，在 3100～$3000cm^{-1}$出现三个吸收峰，这与烯烃的 $\nu_{=C-H}$非常相似，但烯烃一般只出现一个峰。第三个也与烯烃类似，是苯环碳原子的═CH 面外弯曲振动($\delta^{外}_{=CH}$)产生的吸收峰，位于指纹区的 950～$650cm^{-1}$。大量的光谱数据证明，这些峰的位置和个数与苯环上氢被取代位置和个数有关，而与取代基的类型无关。存留在苯环上相连的氢原子数目越多，吸收峰的频率越低，吸收强度越大(表 11-7)。利用这一区域的红外吸收信息能有效地确定苯环的取代类型，区别各种位置异构体。

表 11-7　芳香族化合物 $\delta^{外}_{=C-H}$频率与取代基位置的关系

取代类型	相连的 C—H 数	$\delta^{外}_{=CH}$频率/cm^{-1}(强度)
苯	6	670 (s)
单取代*	5	770～730 (s)
1,2-二取代	4	770～735 (s)
1,3-二取代*	3	810～750 (s)
	1	900～860 (m)
1,4-二取代	2	860～800 (s)
1,2,3-三取代	3	800～770 (s)
1,2,4-三取代	2	860～800 (s)
	1	900～860 (m)
1,3,5-三取代	1	900～860 (m)

* 单取代苯和 1,3-二取代苯在 710～$690cm^{-1}$还有一个环弯曲振动产生的强吸收。

芳烃除了上述三个特征吸收之外，苯环上 C—H 面外弯曲振动的倍频在2000～$1660cm^{-1}$产生一些弱的吸收峰。各种不同类型的取代苯在这一倍频区中表现出不同图像的吸收，它们可作为判断苯环取代类型的辅助证据。图 11-14 是邻二甲苯的红外光谱图，在 $3010cm^{-1}$处可见芳基 C—H 伸缩振动峰，$1605cm^{-1}$、$1495cm^{-1}$和 $1466cm^{-1}$是苯环骨架碳-碳共轭双(单)键伸缩振动峰，$1050cm^{-1}$、$1022cm^{-1}$和 $742cm^{-1}$处分别是芳基 C—H 面内和面外弯曲振动峰，2800～$2970cm^{-1}$处为甲基的 C—H 伸缩振动多重峰。

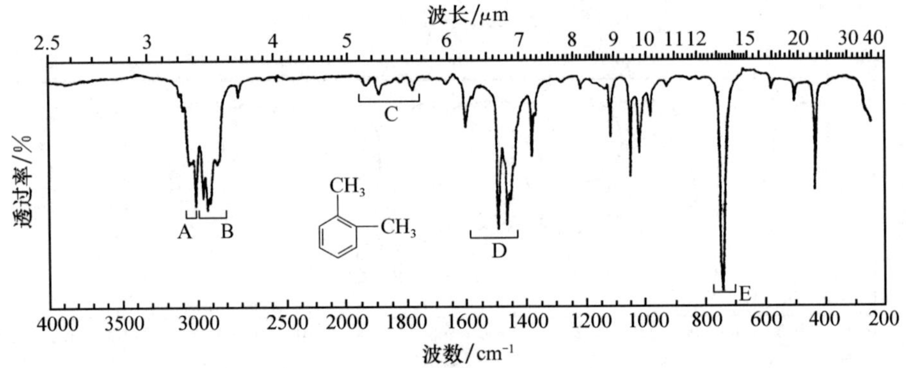

图 11-14　邻二甲苯的红外光谱

A. 苯环上氢的伸缩振动；B. CH_3 脂肪族氢的伸缩振动；C. 苯环上邻二取代式样；D. 芳环伸缩振动；E. 邻二取代特征吸收峰

5）醇和酚

在这两类化合物中都存在羟基(—OH)官能团，在红外光谱中的特征谱带是由 O—H 伸缩振动和 C—O 伸缩振动所产生的。前者在 3650～3590cm^{-1}内有尖锐的强峰，但这个谱带只在蒸气相或非极性溶剂的稀溶液中才能观察到，直接测定液态或固态醇、酚时，由于羟基间存在氢键，这个谱带移向低频，在 3400～3200cm^{-1}内出现宽而强的缔合羟基伸缩振动峰。C—O 伸缩振动在 1260～1000cm^{-1}内出现一个强吸收峰。由于该吸收峰处在指纹区，且氧原子的相对原子质量与碳原子相差不大，C—O 键的强度又与 C—C 相近，ν_{C-O}和 ν_{C-C}的吸收位置处于同一区域中，因此其特征性远低于 ν_{OH}。在不同的羟基化合物中，C—O 基团所处的环境不同，因而频率 ν_{C-O}也有差别。例如，酚羟基与苯环发生 p-π 共轭，C—O 键增强，故其 ν_{C-O}大于 1200cm^{-1}，而伯、仲、叔醇的 ν_{C-O}均低于 1200cm^{-1}。当化合物中没有干扰基团存在时，研究 C—O 伸缩振动吸收位置有助于确定不同类型的醇。

羟基 O—H 有两种弯曲振动，即面外弯曲振动($\delta_{OH}^{外}$)和面内弯曲振动($\delta_{OH}^{内}$)。所有醇的 $\delta_{OH}^{外}$因氢键缔合之故都是宽峰，中心位置靠近 650cm^{-1}出现宽吸收带，随氢键缔合程度而变化。$\delta_{OH}^{内}$在 1500～1300cm^{-1}出现宽吸收带，具体位置因结构和测定条件有一定变化。

对于复杂分子来说，O—H 弯曲振动频率在结构分析中实用价值不大。从 2,6,8-三甲基-4-壬醇的红外光谱(图 11-15)和苯酚的红外光谱(图 11-16)中可看到 O—H 和 C—O 的特征吸收峰。

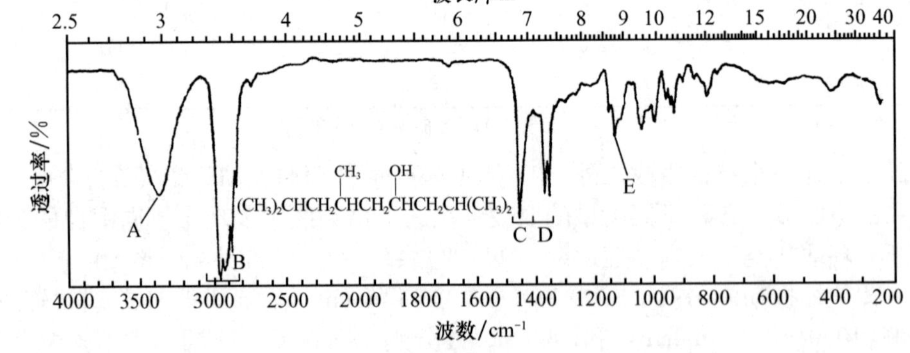

图 11-15　2,6,8-三甲基-4-壬醇的红外光谱

A. O—H 伸缩振动；B. C—H 伸缩振动；C. C—H 弯曲振动；D. 偕二甲基 C—H 弯曲振动；E. C—O 伸缩振动

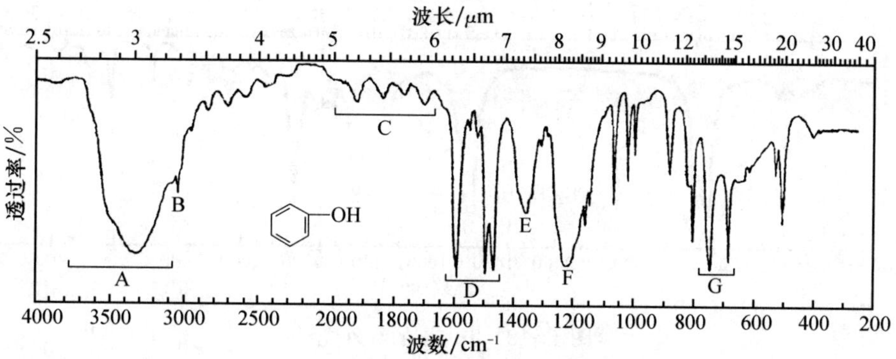

图 11-16 苯酚的红外光谱

A. O—H 伸缩振动；B. 芳环 C—H 伸缩振动；C. 单取代式样；
D. 芳环伸缩振动；E，F. C—O 伸缩振动；G. 单取代特征吸收

6）醚

醚、环氧化合物、缩醛、缩酮中 C—O—C 基团的不对称伸缩振动在 1275～1600cm^{-1}区域产生强吸收峰。当醚键的氧原子与芳基或烯基相连时，因 p-π 共轭使碳-氧键键强增大，吸收峰出现在大于 1200cm^{-1}的高频一侧。芳基烷基醚则有两个 C—O 伸缩振动吸收峰，一个在 1270～1230cm^{-1}内，一个在 1075～1020cm^{-1}内，脂肪醚则出现在 1150～1060cm^{-1}内。C—O—C 的对称伸缩振动在 1075～1020cm^{-1}区域产生较弱的吸收峰。

醚的红外吸收光谱不很特征，这不仅因为 C—C 伸缩振动频率与 C—O—C 的相近，而且因为任何含有 C—O 键的分子，如醇、酚、酸、酯对上述吸收峰都会产生干扰。乙醚的红外光谱见图 11-17。

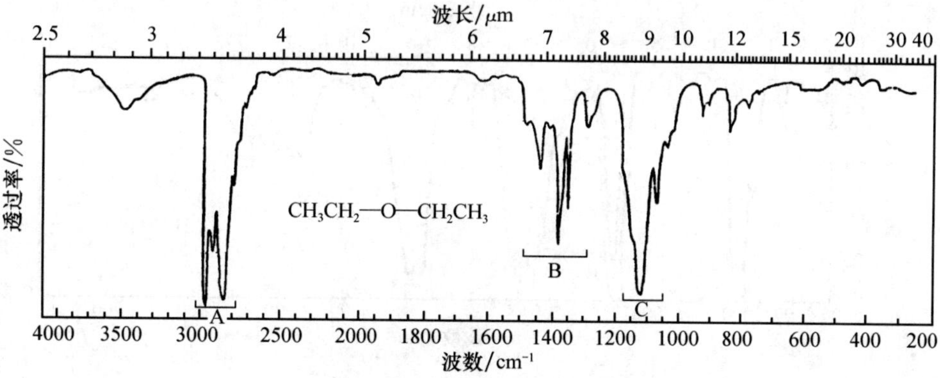

图 11-17 乙醚的红外光谱

A. C—H 伸缩振动；B. C—H 弯曲振动；C. C—O 伸缩振动

7）酮

酮具有羰基——碳-氧双键（C ═O），它的伸缩振动是这类化合物的特征，通常在 1720cm^{-1}附近有一个强的吸收峰（图 11-18）。当羰基与双键或苯环共轭时，C═O 伸缩振动移至低频，约为 1680cm^{-1}。

氢键的形成使 $\nu_{C=O}$向低频移动，例如，邻羟基苯乙酮能形成分子内氢键，其间位和对位异

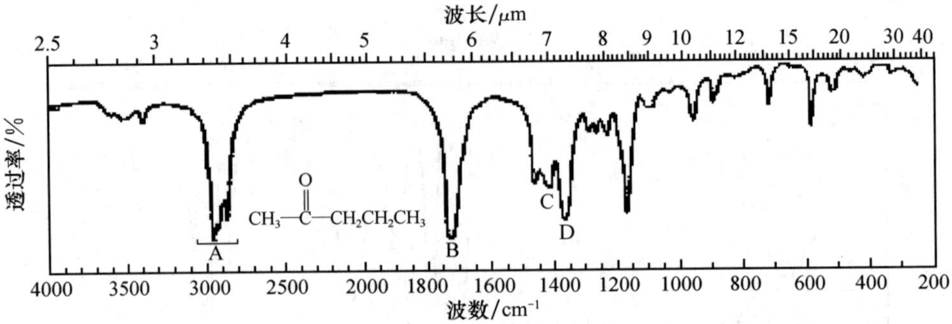

图 11-18　2-戊酮的红外光谱

A. C—H 伸缩振动；B. C═O 伸缩振动；C. C—H 弯曲振动；D. CH_3CO 的 C—H 弯曲振动

构体内形成分子间氢键，它们的 $\nu_{C=O}$ 从苯乙酮的 $1690cm^{-1}$ 红移到 $1660 \sim 1650cm^{-1}$。

环酮的 $\nu_{C=O}$ 与张力有关，随着环张力的增大，$\nu_{C=O}$ 向高频移动。

醌是一类特殊的酮，C═O 伸缩振动在 $1690 \sim 1635cm^{-1}$。

8）醛

脂肪族醛的羰基伸缩振动吸收频率比酮羰基稍高一些，在 $1740 \sim 1730cm^{-1}$ 内，α,β-不饱和醛和芳香醛的羰基吸收峰在稍低的频率 $1705 \sim 1685cm^{-1}$ 内。

醛与酮的区别在于醛基中的碳氢伸缩振动在 $2820cm^{-1}$ 和 $2720cm^{-1}$ 附近有两个中等强度的吸收峰，当上述区域中出现两个中等强度吸收峰，同时谱图上还存在羰基吸收带时，可明确判断有醛基。在某些结构的醛中，醛基的弯曲振动明显偏离 $1390cm^{-1}$，此时在上述区域只能观察到一个醛羰基 C—H 吸收带。然而在脂肪醛中高频率的吸收峰常被强的烷基 C—H 伸缩振动吸收遮盖而不易发现，但是低频率的吸收峰通常能看到。图 11-19 是乙醛的红外光谱，从中可看到所有这些特征吸收峰。

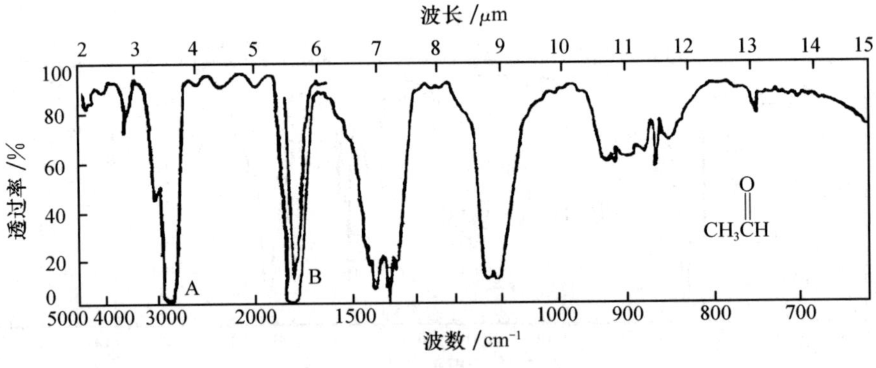

图 11-19　乙醛的红外光谱

A. 醛基 C—H 伸缩振动；B. C═O 伸缩振动（约 $1730cm^{-1}$）

9）羧酸

羧酸在气相中 $\nu_{OH} \approx 3520cm^{-1}$。即使在非极性溶剂的稀溶液中，羧酸亦以二聚体的形式存在，因而饱和脂肪酸在液态和固态时的羰基（C═O）伸缩振动吸收峰移向低频，出现在 $1725 \sim 1700cm^{-1}$ 内。α,β-不饱和的和芳香族的羧酸则移向低频（$1710 \sim 1680cm^{-1}$）。在水杨酸分子中存在分子内氢键，使 C═O 吸收频率移至 $1655cm^{-1}$。

羧酸与其他羰基化合物的区别在于存在 O—H 伸缩振动，这个吸收谱带从 $3300cm^{-1}$ 一直伸到 2500cm^{-1}，比醇和酚的 ν_{OH}(3400～3300cm^{-1})更低，这是由于存在强的分子间氢键所造成的。低相对分子质量的羧酸中 ν_{C-H}在 3000cm^{-1}左右的谱带几乎完全被淹没在其中，长链羧酸的 ν_{C-H}叠加在 ν_{OH}的宽谱带之上形成独特形状的谱带。

从庚酸的红外光谱(图 11-20)中很容易辨认出强的、宽的 O—H 伸缩振动吸收峰和 C═O 伸缩振动吸收峰。

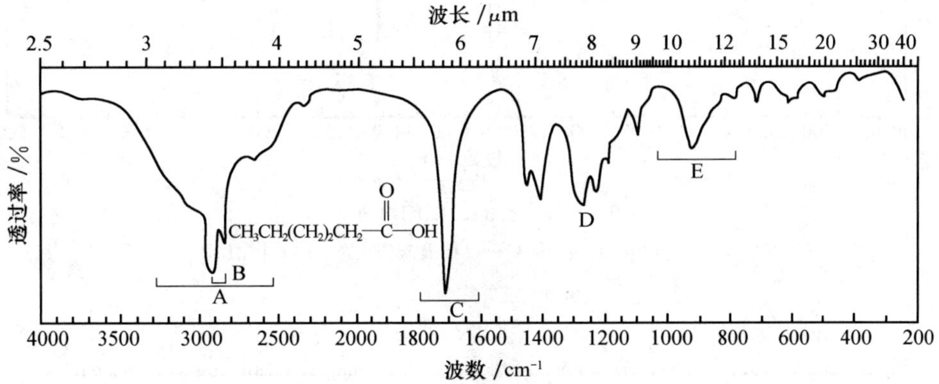

图 11-20　庚酸的红外光谱

A. O—H 伸缩振动的宽峰；B. C—H 伸缩振动；C. C═O 伸缩振动；D. C—O 伸缩振动；E. O—H 弯曲振动

羧酸的另一个较为特征的谱带是由 OH 面外弯曲振动引起的，其频率约为 920cm^{-1}，呈现宽的中等强度。羧酸和醇、醚、酯的 ν_{C-O}都出现在 1250cm^{-1}附近，特征性较差。

当羧酸成盐之后，两个最特征的谱带 $\nu_{C=O}$和 ν_{OH}消失，羧酸根离子产生两个吸收带：$\nu^{as}_{COO^-}$在 1650～1550cm^{-1}区域；$\nu^{s}_{COO^-}$ 在 1400cm^{-1}附近。

10）酯

酯具有两个强的特征吸收带：羰基(C═O)和碳氧(C—O)伸缩振动谱带。C═O 伸缩振动频率一般比酮高些，这是由于邻近烷氧基的吸电子性(诱导效应)的影响。饱和脂肪酸酯的 C═O 伸缩振动吸收峰在 1750～1735cm^{-1}内。α,β-不饱和羧酸酯和芳香酸酯的 C═O 伸缩振动吸收峰在 1730～1715cm^{-1}内。

在乙烯酯和苯酯的红外光谱中，由于在氧原子上连有不饱和基团，C═O 吸收频率升高。例如，乙酸乙烯酯的 C═O 吸收频率在 1776cm^{-1}，乙酸苯酯的C═O 吸收频率为 1770cm^{-1}。

酯的 C—O 伸缩振动吸收峰出现在 1300～1000cm^{-1}内，其中在 1200cm^{-1}附近展示的不对称伸缩振动强吸收峰常常是谱图中的第一强峰。一般饱和酯的 C—O 吸收频率在 1210～1162cm^{-1}内，乙酸乙烯酯和乙酸苯酯则在稍低的频率范围内(1190～1140cm^{-1})。

从图 11-21 和图 11-22 可看到乙酸乙酯和乙酸苯酯 C═O 吸收峰和 C—O 吸收峰的变化。

11）酰胺

所有的酰胺都有一个强的、特征的羰基吸收谱带，出现在 1700～1630cm^{-1}内，在稍低的频率往往可看到氮氢键(N—H)的弯曲振动吸收峰(图 11-23)，这是鉴定酰胺的主要标志。一般来说酰伯胺在 1655～1590cm^{-1}有弱的单个或多个吸收峰，酰仲胺在 1570～1510cm^{-1}仅有一个弱的吸收峰。

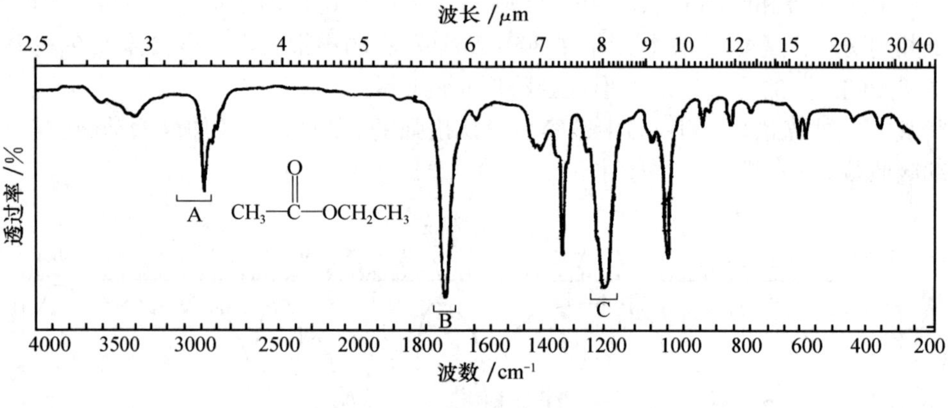

图 11-21 乙酸乙酯的红外光谱

A. C—H 伸缩振动；B. C═O 伸缩振动；C. C—O 伸缩振动

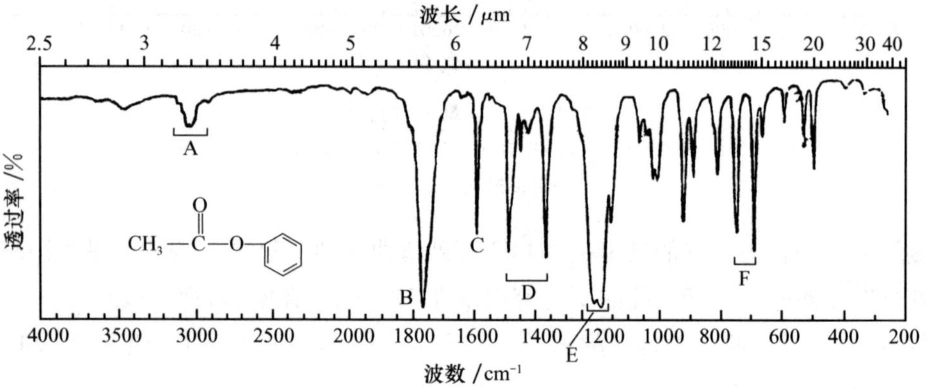

图 11-22 乙酸苯酯的红外光谱

A. 芳环 C—H 伸缩振动；B. C═O 伸缩振动；C. 芳环伸缩振动；D. CH_3 弯曲振动

E. C—O 伸缩振动；F. 单取代特征吸收

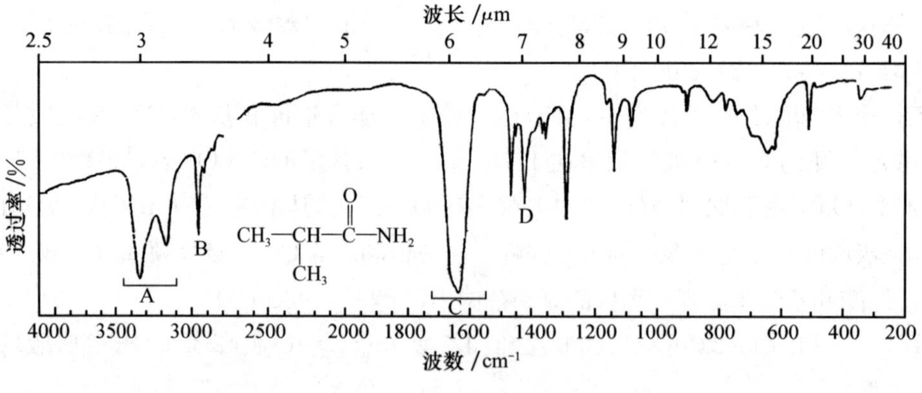

图 11-23 2-甲基丙酰胺的红外光谱

A. N—H 伸缩振动；B. C—H 伸缩振动；C. C═O 伸缩振动和 N—H 弯曲振动；D. C—N 伸缩振动

在非极性溶剂中酰伯胺在 3530 和 3400cm^{-1}附近有两个中等强度的 N—H 伸缩振动吸收峰，而纯的酰伯胺则在 3350 和 3180cm^{-1}附近有两个吸收峰。酰仲胺则在 3500～3400cm^{-1}或者 3360～3330cm^{-1}有一个 N—H 伸缩振动吸收峰。

在酰叔胺中，没有 N—H 吸收峰。

12）酸酐

酸酐的红外光谱非常容易识别。这是因为酸酐的两个羰基连在一个氧原子上，它们发生振动偶合的结果，在双键区的高频一侧 1860～1800cm^{-1}和 1800～1750cm^{-1}出现两个强吸收峰，两峰相距约 60cm^{-1}。线状酸酐的两峰强度接近相等，环状酸酐在低波数的峰却比高波数的峰强。通常可根据这一点来判断酸酐是线状还是环状。饱和的非环酸酐两个吸收峰分别出现在 1820cm^{-1}和 1750cm^{-1}，共轭效应会使两峰向低频移动；环状酸酐的羰基振动频率受环张力的影响，随着环张力的增大，$\nu_{C=O}$增大，例如，戊二酸酐是一个六元环酸酐，其 $\nu_{C=O}$位于 1822cm^{-1}和 1780cm^{-1}，而形成五元环的琥珀酸酐相应峰则位于 1871cm^{-1}和 1793cm^{-1}。

13）卤代烃

总的来说，卤代烃的红外吸收光谱特征性不强，因为卤素是单价元素，它们与碳原子相连生成的基团伸缩振动出现在 1500cm^{-1}以下的单键区。在这一区域中，存在大量 C—C 伸缩振动和 C—H 弯曲振动，C—O 和 C—N 的伸缩振动频率也出现在此范围，使 C—X 峰的归属比较困难。幸好卤素原子的电负性较大，产生强吸收峰，有助于我们辨认。C—X 伸缩振动频率按 F、Cl、Br、I 的顺序向低频移动，因为它们的相对原子质量差别大，所以它们的伸缩振动频率差别大，ν_{C-F}在 1350～1000cm^{-1}，ν_{C-Cl}在 850～650cm^{-1}，ν_{C-Br}在 700～500cm^{-1}，ν_{C-I}在 600～500cm^{-1}。

因卤代物存在着对映异构体，所以液态或溶液中的卤代物均为多重峰。当同一碳上相连的卤素原子增多时，ν_{C-X}向高频移动。例如，CF_2 的 $\nu^{as}_{CF_2}$和 $\nu^{s}_{CF_2}$ 在1280～1120cm^{-1}，而 CF_3 的相应伸缩振动 $\nu^{as}_{CF_3}$ 和 $\nu^{s}_{CF_3}$ 在 1350～1120cm^{-1}，并呈现多重峰，谱带极强，容易识别；又如化合物中仅含一个 Cl 原子时，ν_{C-Cl}出现在750～700cm^{-1}，而 CCl_4 的 ν_{C-Cl}出现在 797cm^{-1}。

由于氟原子的强电负性和 p-π 共轭效应，分子中氟原子的存在对邻接基团的振动吸收频率影响较大。例如，当氟原子直接和 C═C 相连时，使 $\nu_{C=C}$向高频移动。与 C═C 相连的氟原子数越多，位移越大，在 C═CF_2 中 $\nu_{C=C}$出现在 1755～1735cm^{-1}，在 CF═CF_2 中 $\nu_{C=C}$出现在 1800～1780cm^{-1}。氯原子同样也能使C═C、C═O 伸缩振动频率向高频移动。

当卤素原子直接和芳核相连时，能看到一个包含有 C—Cl 伸缩振动吸收的环振动峰，在 1000～1100cm^{-1}。

从 1-氯己烷的红外光谱（图 11-24）容易认出 C—Cl 吸收峰。

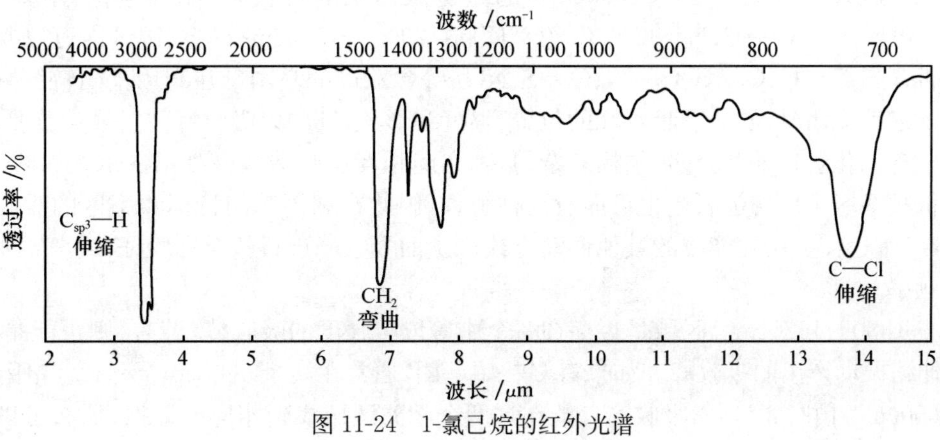

图 11-24 1-氯己烷的红外光谱

11.3.4 红外光谱解析

红外吸收光谱在有机物结构分析中的作用主要包括下列四个方面：

1）确定化合物的类型

从一张红外光谱图上，我们很容易判断被测物质是有机物还是无机物，是饱和的还是不饱和的，是脂肪族还是芳香族化合物。确定被测物质所属的类型，对于缩小和限定进一步解析的范围，提高工作效率和加快分析进度非常重要。

第一，区分有机物和无机物。无机化合物中的基团振动有相当一部分出现在中红外区，但无机化合物中不含 C—H 基团，所以在 $3000cm^{-1}$ 左右没有饱和或不饱和的 C—H 伸缩振动产生的吸收峰。另外，无机物所含基团较少，在红外吸收光谱中产生的振动吸收峰个数较少，且吸收峰的峰形一般较宽。因此，根据谱图中 $3000cm^{-1}$ 左右是否有尖锐的 ν_{C-H} 吸收峰以及谱图中吸收峰的个数和形状，很容易判断被测物是否为有机物。

第二，区分饱和与不饱和化合物。在红外光谱中有两个区域的信息可用于区分这两类化合物。首先是在氢键区，以 $3000cm^{-1}$ 为界限，大于 $3000cm^{-1}$ 的尖锐的吸收峰是由烯、炔和芳烃碳原子上的 C—H 伸缩振动产生的，它们的存在说明被测物是不饱和化合物。但应注意的是环丙烷由于环的张力很大，它的 ν_{CH_2} 在 $3050cm^{-1}$ 产生吸收峰。另一个信息是不饱和化合物会在叁键或双键区产生吸收峰，但也有一些特殊情况需要注意：对称的烯烃或炔烃中，C ═C 或 C≡C 伸缩振动时偶极矩变化为零，是红外非活性的。这些化合物虽是不饱和化合物，但在红外光谱的双键、叁键区却没有特征吸收。

第三，区分脂肪族化合物和芳香族化合物。在红外光谱中有 3 个区域的信息可用来区别两者。首先是在双键区检查 $1600cm^{-1}$、$1580cm^{-1}$、$1500cm^{-1}$ 和 $1450cm^{-1}$ 是否有两个至四个苯环骨架振动吸收峰，如有，则可初步确定为芳香族化合物。然后进一步检查 $950\sim650cm^{-1}$ 是否有表征芳环取代特征的 $\delta^{外}_{=C-H}$ 吸收带和 $2000\sim1660cm^{-1}$ 区域 $\delta^{外}_{=C-H}$ 的倍频峰，或者检查 $3000\sim3100cm^{-1}$ 是否有吸收峰，若有，则可确认其为芳香族化合物。然后根据 $910\sim700cm^{-1}$ 内的吸收峰来确定取代基的位置。这三个信息中，苯环骨架振动产生的吸收峰最为重要。若在 $1600\sim1450cm^{-1}$ 内无吸收峰，则为脂肪族化合物。

2）确定官能团

主要依据 $4000\sim1500cm^{-1}$ 基团特征频率区中的吸收峰来确定被测物质中可能含有的官能团。在 $4000\sim2500cm^{-1}$ 的氢键区内，我们可以确定许多含 H 基团，如羟基、胺基、饱和或不饱和的碳-氢基团；根据 $2500\sim2000cm^{-1}$ 的叁键区出现的吸收峰，能确定化合物中所含的 C≡C、C≡N、C ═C ═C、N ═C ═O 等基团；在 $2000\sim1500cm^{-1}$ 的双键区内可以判断被测物中是否含有 C ═O、C ═C、C ═N、C ═S、NO_2 等含双键的基团。在利用基团特征频率区的吸收峰确定官能团时，要兼顾吸收峰的位置、强度和形状，其中以吸收峰位置最为重要。

由于有机化合物种类繁多，结构复杂，基团之间相互影响造成红外谱图的复杂性，即使在基团特征频率区出现的吸收峰也可能有几种解释，因此在利用基团特征频率区的吸收峰作出初步判断后，还需要用官能团的其他振动方式产生的吸收峰进行核对和验证，或考察相关基团的振动频率。

检查 $1880\sim1620cm^{-1}$ 区域是否存在一个中等以上强度的吸收峰，若有，则可能是 C ═C、C ═O 伸缩振动产生的吸收峰。如果有 C ═C 基团，通常在高于 $3000cm^{-1}$ 有 $\nu_{=C-H}$ 吸收峰，在 $1000\sim650cm^{-1}$ 内有 $\delta^{内}_{=C-H}$ 吸收峰。能在这两个相关区域找到相应的证据，那么可以确定被测物中肯定含有 C═C 基团，然后根据 1000cm^{-1} 以下吸收峰的频率确定双键的类型。如果在这两个区域均没有吸收峰，那么 $1700\sim1600\text{cm}^{-1}$ 的吸收峰可能是 C═O，应该进一步寻找各类羰基化合物的特征吸收峰以及其他吸收峰作为辅证。

酸：C═O 吸收在 $1720\sim1680\text{cm}^{-1}$，O—H 吸收在 $3300\sim2500\text{cm}^{-1}$，有宽的强峰，它可能叠盖 C—H 吸收峰。

酰胺：C═O 吸收在 $1700\sim1630\text{cm}^{-1}$，N—H 吸收以 3500cm^{-1} 为中心，有窄或宽的、中等强度的峰。

酯：C═O 吸收在 $1750\sim1715\text{cm}^{-1}$，不存在 O—H 吸收，在 $1300\sim1000\text{cm}^{-1}$ 存在 C—O 吸收，通常有两个峰。

醛：C═O 吸收在 $1740\sim1685\text{cm}^{-1}$，不存在 O—H 吸收，在 2820cm^{-1} 和 2750cm^{-1} 附近有两个从中到弱 C—H 吸收。2820cm^{-1} 附近的峰常与烷基中的 C—H 伸缩振动相交盖，2750cm^{-1} 附近的峰是主要的特征。

酸酐：约在 1810cm^{-1} 和 1760cm^{-1} 附近有两个 C═O 吸收。

酮：只有 C═O 吸收，在 $1725\sim1680\text{cm}^{-1}$，无其他特征吸收。

检查其他官能团。

羟基：醇和酚在 $3550\sim3200\text{cm}^{-1}$ 有宽的 O—H 伸缩振动吸收峰。

醚：没有 O—H 吸收峰，在 $1275\sim1200\text{cm}^{-1}$ 和 $1075\sim1020\text{cm}^{-1}$ 各有一个C—O 伸缩振动吸收峰。

3）区分位置或立体异构

从红外吸收光谱我们不仅能够确定被测化合物含有哪些官能团，有时还能得到这些官能团连接方式和立体化学方面的信息。例如，前面提到的在指纹区 $1000\sim650\text{cm}^{-1}$ 出现的烯烃的 $\delta^{外}_{=\text{C—H}}$，借助于这一区域的信息，我们可以确定烯烃的取代类型，也可以区别烯烃的顺反异构体。

4）确定化合物的结构

在相同的条件下测定化合物的红外光谱，并与标准谱图进行比较看是否一致。红外光谱的重复性很好，指纹区与化合物的精细结构相关联，两张完全相同的谱图代表了两个结构相同的化合物。

有机分子，尤其复杂有机分子有许多振动方式，所以在红外光谱中产生许多吸收峰，导致了谱图的复杂性。目前还不能对每一个吸收峰都能作出解释。在对红外吸收光谱进行解析时要注意各种信息的相互补充和验证。一个基团有不同的振动方式，频率各不相同，所以常常有几个吸收峰可以证明同一基团的存在，使所得结论的可靠性得以增加。在解析时还应注意不能忽视谱图中一些较弱的但确实有用的谱带，比如烯烃中的不饱和 C—H 伸缩振动通常并不明显。一般说来，除了一些简单化合物，光靠红外光谱谱图解析是很难确定一个有机物的结构的，还需配合化学分析、MS、NMR、UV 和其他理化数据综合分析，才能确定其结构。

11.4　核磁共振谱

用频率为兆赫数量级，波长为 1～1000m 的电磁波照射分子，这种电磁波能与处在强磁场中的磁性原子核作用，引起磁性原子核发生磁能级的共振跃迁。记录原子核对射频区电磁波的吸收，就得到核磁共振谱(nuclear magnetic resonance spectroscopy)，简称 NMR。

11.4.1　基本原理

核磁共振是由原子核的自旋运动引起的。不同的原子核，自旋运动的情况不同，它们可以用核的自旋量子数 I 来表示。核的自旋量子数与原子的质量数和原子序数之间存在着一定的关系：当原子的质量数和原子序数均为偶数时，$I=0$，原子核不能产生自旋运动，也没有磁矩，如${}_{6}^{12}C$、${}_{8}^{16}O$ 等，这种原子核没有核磁共振现象。当原子的相对原子质量数和原子序数两者之一是奇数或两者均为奇数时，$I\neq0$，该原子核就有自旋现象，产生自旋磁矩，如${}_{1}^{1}H$、${}_{6}^{13}C$、${}_{9}^{19}F$ 和${}_{15}^{31}P$ 等，这些原子核无外加磁场时自旋产生的核磁矩随机取向。

当 $I\neq0$ 的原子核置于一均匀的外磁场（H_0）中时，核的自旋具有（$2I+1$）个不同的取向。氢原子核（$I=1/2$）是磁性核，其自旋产生的磁矩在外磁场中可有两种取向：一种是与外磁场方向相同，称为顺磁取向，该取向的磁量子数 $m=+1/2$，或用 α 表示。另一种是与外磁场方向相反，称为反磁取向，该取向的磁量子数 $m=-1/2$，或用 β 表示。

反磁取向能量较顺磁取向能量高，这两种取向的能量差 ΔE 与外加磁场强度成正比。

$$\Delta E=\gamma\frac{h}{2\pi}H_0$$

式中：h 是普朗克常量；γ 是核常数，称为核磁比，是一个因原子核不同而异的比例常数。对于氢原子，$\gamma=26750$。以上关系如图 11-25 所示。不过即使在很强的外加磁场中，ΔE 数值也很小。对于氢原子核，当 $H_0=14092$G(高斯，$1\text{G}=10^{-4}\text{T}$)时，$\Delta E$ 仅为 2.5×10^{-5}kJ/mol，当 $H_0=23468$G 时，ΔE 约为 4×10^{-5}kJ/mol，相当于电磁波谱中射频区的（1～1000m）能量。

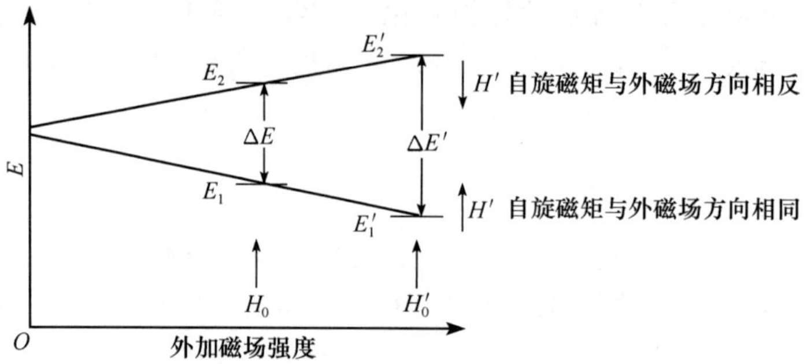

图 11-25　核能级被外磁场的分裂

若外界提供电磁波，其频率适当，能量恰好等于核的两个自旋能级之差，$h\nu=\Delta E$，则此原子核就可以从低能级跃迁到高能级，发生核磁共振吸收。检测能量被吸收的情况就能得到${}^{1}H$ 的核磁共振信号。核磁共振(nuclear magnetic resonance)谱就是描述在不同电磁波频率下的核磁共振吸收情况。

由上面的公式可得

$$\nu=\frac{\Delta E}{h}=\frac{\gamma}{2\pi}H_0$$

从上式可看出，一个特定的核（$\gamma=$常数），在一定强度的外磁场中（$H_0=$常数），只有一种共振频率能使核从低能级跃迁至高能级，发生核磁共振。上式又叫共振条件。如${}^{1}H$，当 $H_0=1.0$T 时，$\nu=42.6$MHz；当 $H_0=1.4092$T 时，$\nu=60$MHz；当 $H_0=2.3486$T 时，$\nu=100$MHz；而当 $H_0=1.4092$G 时，${}^{13}C$ 和${}^{19}F$ 产生核磁共振所需要的频率分别为 24.29 MHz 和 15.08MHz。

有机化学中研究得最多，应用得最广泛的是氢原子核（质子^{1}H）的核磁共振谱，又叫质子核磁共振谱（proton magnetic resonance），简写为PMR或^{1}H NMR。近年来^{13}C的核磁共振谱（^{13}C NMR）有较大的发展，限于篇幅，这里只介绍核磁共振氢谱。

11.4.2 核磁共振仪简介

图11-26为核磁共振仪示意图，其核心部件是一个强度很大的磁铁，样品管放在磁铁两极之间，样品管周围为射频线圈。轴垂直于磁场方向，输入线圈的轴垂直输出线圈的轴。因而三者相互垂直，互不干扰。实现核磁共振的方法有两种：一是固定磁场H_0，改变频率ν，这种方法叫扫频；另一是固定频率ν改变磁场H_0，这种方法叫扫场。一般的核磁共振仪中多用扫场的方法。当磁场H_0和频率满足共振条件$\nu=(\gamma/2\pi)H_0$时，样品中的质子便发生能级跃迁，接收器就会收到信号，有记录仪记录下来，得到NMR。实验室中常用的核磁共振仪有60MHz、90MHz、100MHz、220MHz，甚至可到800MHz。

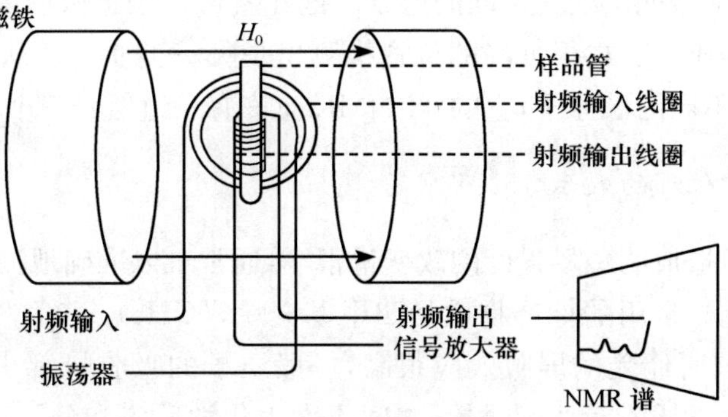

图11-26 核磁共振仪示意图

11.4.3 化学位移

11.4.3.1 化学位移的产生

按照上面的公式，在一固定的外加磁场（H_0）中，^{1}H核磁共振谱应该只有一个峰，即在$\nu=(\gamma/2\pi)H_0$处。事实并非如此，例如，乙醇的^{1}H NMR中就有三个峰（图11-27）。

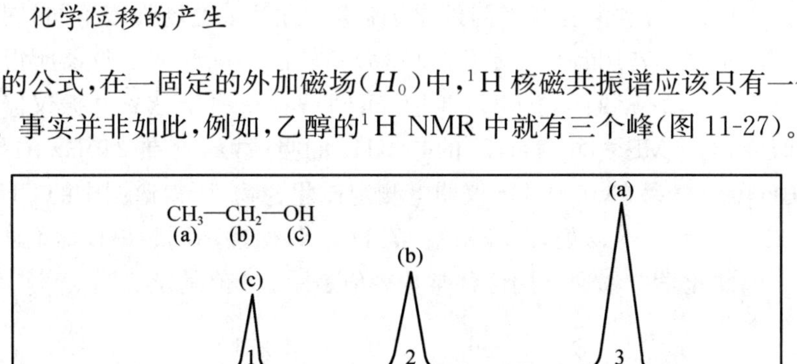

图11-27 乙醇的^{1}H核磁共振谱

我们知道，有机化合物中的氢原子核与独立的质子不同，其周围还有电子。在电子的影响下，它们发生核磁共振信号的位置与独立的质子不同。这种原子核由于化学环境所引起的核

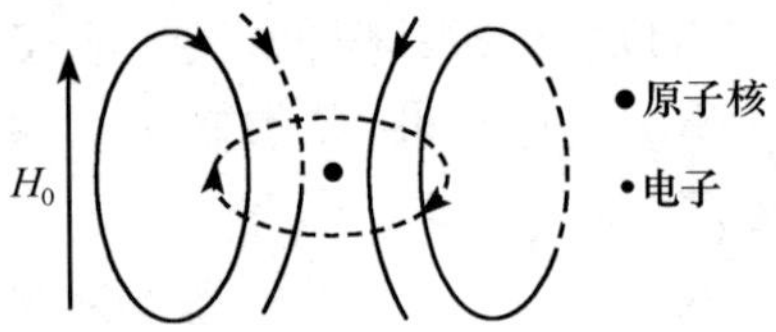

图 11-28　电子对核的屏蔽效应

磁共振信号位置的变化叫化学位移，它是核外电子云的屏蔽效应引起的。所谓屏蔽效应，就是有机化合物分子中的氢核与独立质子相比较，由于分子中的电子对氢核有屏蔽作用，其核磁共振信号出现在高磁场。电子在外加磁场中产生感应磁场，其感应磁场的方向与外加磁场相反，所以作用于原子核的磁场强度比外加磁场略小一些(图 11-28)。由于屏蔽效应，外加磁场的强度要略为增加，才能产生核磁共振信号。显然，核周围的电子云密度越大，屏蔽效应亦越大，共振信号将移向高磁场区。共振条件调整为

$$\nu=\frac{\gamma}{2\pi}H_{实}=\frac{\gamma}{2\pi}(H_0-H)=\frac{\gamma}{2\pi}H_0(1-\sigma)$$

σ 称为屏蔽常数，它表示电子云对核屏蔽作用的大小，也反映核所处的化学环境。核周围的电子云密度与氢核所处的化学环境有关，因此不同化学环境的核，它们所受的屏蔽作用不同，它们的核磁共振信号就出现在不同的地方。这样就可以根据吸收峰的多少知道化合物中有多少个不同环境的质子。再根据峰的位置推测出是哪一类质子。从乙醇(CH_3CH_2OH)的结构来看，它有三种不同的氢原子，它的^{1}H NMR 应该有三组信号三个峰(图 11-27)。

11.4.3.2　化学位移的表示方法及测定

由于屏蔽效应所造成的磁场强度的改变量很小，通常难以准确地测出其绝对值，因此需要一个参考标准来对比。常用的标准物质是四甲基硅烷，$(CH_3)_4Si$，简写为 TMS，它只有一个峰，而且 TMS 中氢核所经受的屏蔽效应很高，一般质子的吸收峰都出现在它的左边——低场。此外，TMS 化学性质不活泼，与样品之间不发生化学反应和分子间缔合；TMS 易溶于有机溶剂，沸点低(27℃)，回收样品也较容易。但 TMS 不溶于重水，用重水测谱时要用其他标准物。例如，2，2-二甲基-2-硅戊烷-5-磺酸钠$(CH_3)_3SiSO_3Na$(简写为 DSS)，叔丁醇等。把其他峰与四甲基硅烷峰之间的距离称为化学位移(chemical shift)。

从上面的式中可以看出，共振频率与外磁场强度成正比，磁场强度不同，同一种化学环境的质子共振频率就不同。若用频率表示化学位移，则使用不同频率的仪器所得的化学位移值不同，例如，化合物 1，2，2-三氯丙烷($CH_3CCl_2CH_2Cl$)在 60MHz 核磁共振仪器上测得的谱图中出现两个吸收峰，与 TMS 相距 134Hz 的是 CH_3 的吸收峰，处在 240Hz 的是 CH_2 的吸收峰，两峰相差 106Hz。如果在 100MHz 仪器上测定该化合物，所得谱图中的 CH_3 和 CH_2 吸收峰将分别位于 223Hz 和 400Hz 处，两峰相差 177Hz。显然在不同频率仪器上测得的结果没有简单的可比性。因此化学位移通常用位移常数 δ 值表示。δ 值的定义为

$$\delta=\frac{\nu_{样}-\nu_{标}}{\nu_{标}}\times10^6=\frac{\Delta\nu}{\nu_{仪}}\times10^6$$

式中，$\nu_{样}$ 和 $\nu_{标}$ 分别是样品中氢核与标准物中氢核的吸收频率；$\nu_{仪}$ 是仪器频率，因为 $\nu_{标}$ 与仪器频率相差很小，故 $\nu_{标}$ 可用仪器频率代替。

由于 $\nu_{样}$、$\nu_{标}$ 和 $\nu_{仪}$ 都很大，一般为几十至几百兆赫，而 $\Delta\nu$ 则很小，通常只有几十至几百赫兹，因而 δ 值一般只有百万分之几或百万分之零点几。为读写方便起见，将 δ 值乘以 10^6，所得值读作 ppm。这样 $CH_3CCl_2CH_2Cl$ 中 CH_3 的化学位移如用 δ 值表示，在 60MHz 和 100MHz 仪器上测定时所得的值都是一样的，用 δ 值表示化学位移，就有了可靠的比较标准。

60MHz 仪器

$$\delta=\frac{134-0}{60\times10^6}\times10^6=2.23\text{ppm}$$

100MHz 仪器

$$\delta=\frac{223-0}{100\times10^6}\times10^6=2.23\text{ppm}$$

按 IUPAC 的建议，将 TMS 的 δ 值规定为 0，其他质子的 δ 值应为负值，但文献中常将负号略去，改为正值。因此 δ 值大的出现在低场，δ 值小的出现在高场。一般环境相同的质子，不论它在哪一个分子中，都有大致相同的化学位移。

表 11-8 列出了部分不同类型质子的化学位移。

表 11-8　部分基团质子的化学位移

基团	质子类型	δ/ppm
环丙烷	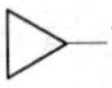—H	0.2
伯	RCH_3	0.9
仲	R_2CH_2	1.3
叔	R_3CH	1.5
乙烯型	C=C—H	4.5～5.9
烯丙型	C=C—CH_2—H	1.7
乙炔型	C≡C—H	2～3
氟	FC—H	4～4.5
氯	ClC—H	3.4
溴	BrC—H	2.5～4
碘	IC—H	2～4
醇	HOC—H	3.4～4
醚	ROC—H	3.3～4.0
酯	RCOO—C—H	3.7～4.1
	R′OOCC—H	2～2.2
酸	HOOCC—H	2～2.6
羰基化合物	O=C—C—H	2～2.7
醛	O=C—H	9～10
羟基	RO—H	1～5.5
烯醇	C=C—O—H	15～17
羧酸	RCOO—H	10.5～12
胺	RNH_2	1～5
苯环	Ar—H	6.4～9.0

注：其中，—OH、—NH_2 等质子的化学位移随溶剂、温度、浓度等的不同而有较大变化。

δ 值应用方便，对于分子中给定的氢与所用仪器的射频无关，均具有相同的数值。除用 δ 度量外，化学位移亦可用 τ 表示，它们的关系是：$\tau=10-\delta$。

11.4.3.3　影响化学位移的因素

影响化学位移的因素，即影响屏蔽效应的因素一般有以下几种：

1）电子效应

我们已经知道，由于氢核（质子）外面的电子围绕氢核运动而产生屏蔽效应，显然屏蔽效应的大小与核外电子云密度有关，电子云密度越高，屏蔽效应越大，质子在较高的磁场吸收。当与质子相连的碳上连有电负性大的原子或官能团（如卤素、硝基、氰基、羰基、烷氧基、氨基等）时，质子周围的电子云密度减小，在较低的磁场发生吸收，例如，CH_3—C，δ＝0.9ppm；CH_3—N，δ＝2.3ppm；CH_3—O，δ＝3.3ppm。同样在卤代烷中，甲基氢的化学位移 δ 随卤原子电负性的增大而增大。例如，CH_4，δ＝0.9ppm；CH_3I，δ＝2.2ppm；CH_3Br，δ＝2.7ppm，CH_3—Cl，δ＝3.1ppm；CH_3—F，δ＝4.3ppm。而在 CH_4、CH_3Cl、CH_2Cl_2、$CHCl_3$ 系列中，δ 值随氢原子被氯取代的程度而增加（向低场移动），它们分别为 0.9ppm、3.1ppm、5.3ppm、7.3ppm。电负性大的原子（或基团）可以影响邻近质子的化学位移，但是当它们之间有碳原子将它们隔开时，影响减弱。例如，CH_3Cl，δ＝3.1ppm；CH_3—C—Cl，δ＝1.5ppm；CH_3—C—C—Cl，δ＝1.0ppm。因此，我们通常只考虑相邻碳原子上的基团对化学位移的影响。

此外，烷烃中不同类型的氢原子中伯氢出现在高场，仲氢次之，叔氢出现在较低场。

2）磁的各向异性效应

为什么乙烯型质子（δ＝4.5～5.9ppm）、醛基质子（δ＝9～10ppm）和苯环质子（δ＝6.4～9.0ppm）的 δ 值这么大？

这是由于磁各向异性效应引起的。由电子组成的化学键在空间形成小的磁场，它与化学键不对称时，称为“各向异性”。当存在外磁场 H_0 时，由于 π 电子比 σ 电子容易流动。当它环流时就产生一个附加磁场（诱导磁场），其磁力线的方向在双键中间与外加磁场的方向相反（屏蔽区域），而在双键质子处与外加磁场相同（去屏蔽区域），使双键上的质子可以在较低场发生吸收，δ 值增大（图 11-29）。根据同样道理，我们可以设想炔氢的 δ 值应该很大，可是实际上它

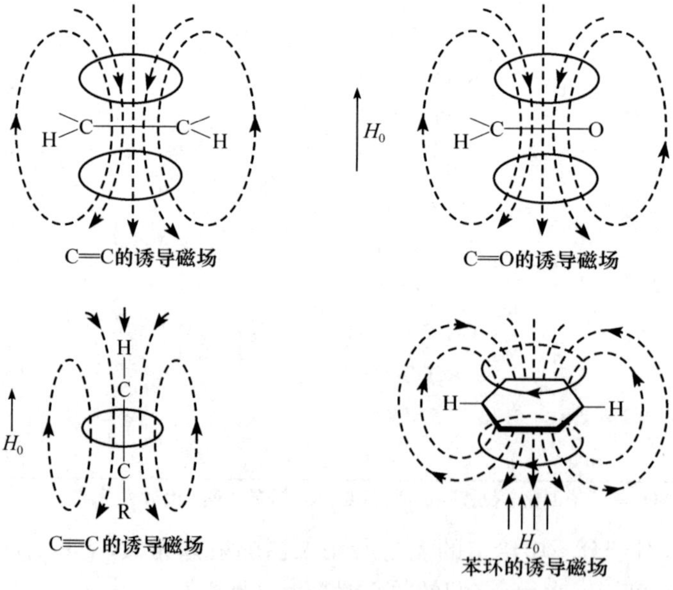

图 11-29　π 电子所产生的诱导磁场

只有 2～3。这里有两种效应在起作用。首先，由于叁键是直线结构，π 电子云围绕 C—C 轴呈筒状分布，它所产生的诱导磁场与双键时不一样，磁力线正好以和外加磁场相反的方向通过叁键，这样就产生了屏蔽效应，使叁键质子的吸收移向高场。其次，叁键碳的 s 成分较大，C≡C 要吸电子，使 C—H 键中的电子远离 H，产生了去屏蔽效应，使叁键质子在低场吸收。这两种效应的综合结果，使叁键质子在 $\delta=2\sim3$ppm 处吸收。

同理，苯环中环流效应产生的附加磁场，环内为屏蔽区，而质子所处的位置为去屏蔽区(图 11-29)，质子在较低场发生吸收，δ 值较大。在[18]轮烯分子中，环外 12 个质子的位置与苯环上的质子相似，处于去屏蔽区，其 δ 值较大为 8.2ppm；而环内 6 个质子的化学环境与环外质子的化学环境相差很大，处于屏蔽区，质子在较高场发生吸收，δ 值甚至超过 TMS 的 δ 值，为－1.9ppm。

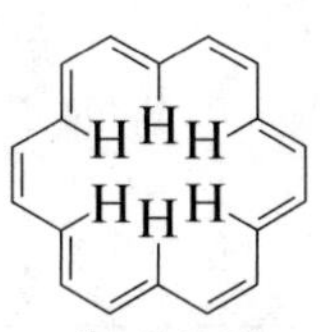

[18]轮烯

同样的方法可以分析，羰基上的氢处于去屏蔽区，δ 值较大。

其他如酮、酯、羧基和肟等都产生各向异性效应。

由于形成碳-碳单键的 sp^3 杂化轨道不是球形对称的，因而也能产生各向异性效应(图 11-30)。与双键、叁键形成的环电流相比，单键的各向异性效应弱得多。甲基的氢被碳取代，去屏蔽效应增大，信号向低场移动，所以化学位移值大小为 $R_3CH>R_2CH_2>RCH_3$。

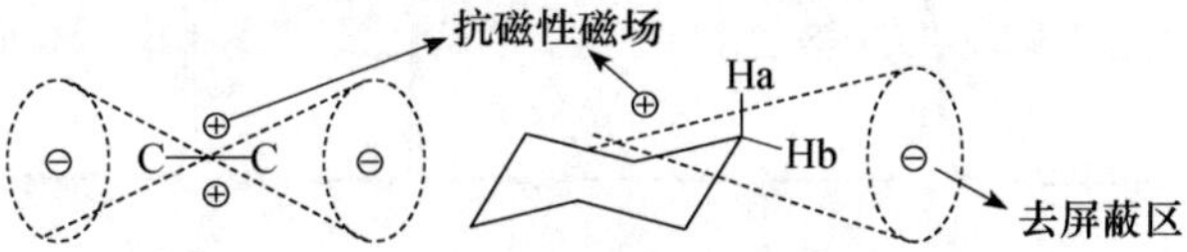

图 11-30　碳-碳单键的各向异性效应

在开链烷烃中，C—C 单键能自由旋转，使这一效应平均化，因此同一碳上的 ^1H 一般具有相同的化学位移。当键的旋转受阻时，同一碳上的不同 ^1H 会显示出化学位移差，例如，对氘代环己烷 $C_6D_{11}H$ 在低温时测定，e 键氢原子处于去屏蔽区，吸收峰出现在低场，δ 值比直立 a 键氢大 0.5ppm。

3) 氢键

^1H 的化学位移会受氢键的影响而发生变化。分子形成氢键后，使 ^1H 周围电子云密度降低，产生去屏蔽作用，故氢键通常导致化学位移向低场移动。氢键的缔合程度与溶液温度、浓度等条件有关，因此 OH、NH_2 等能形成氢键的质子化学位移也随条件改变。温度升高不利于氢键形成，δ 会移向高场。

4) 溶剂效应

同一化合物在不同溶剂中的化学位移是不相同的，溶质质子受到溶剂的影响而引起化学位移的变化叫溶剂效应。溶剂效应主要是溶剂的各向异性效应及溶剂间生成氢键的影响。当溶剂含活泼氢时，溶剂效应就比较大，因此溶剂最好不含氢。一般常用的溶剂为 CCl_4、$CDCl_3$、CF_3COOD 等。水是最不理想的溶剂，但极性很强的化合物有时只能用重水 D_2O 作溶剂。

苯、吡啶等对极性化合物分子中的质子产生强烈影响。

11.4.3.4　峰面积和质子数的计算

判断两个质子是否化学等价的方法是将它们分别用一个试验基团取代，如果取代后得到同一结构，则它们是等价的，反之则为不等价质子，如 $CH_3CH_2CH_3$ 中，六个甲基氢都是等价的，两个亚甲基氢也是等价的。等价的质子具有相同的化学位移。

在^1H NMR 图中，有几组峰表示样品中有几种化学不等价的质子，每一组峰的强度，即其面积，则与质子数目成正比。根据各组峰的面积比，可以推测各种质子的数目比。

峰的面积用电子积分仪测定，得到的结果在谱图上用积分曲线表示，积分曲线为阶梯形，各个阶梯的高度表示不同化学位移的质子数之比。如果再知道化合物的分子式或它的质子总数，那么各类质子的具体数目就可以知道了。图 11-31 是苯基丙酮的^1H NMR 谱图，其中积分曲线所给出的三个峰的面积之比为 3∶2∶5，即为甲基质子、亚甲基质子和苯环上质子的数目比。

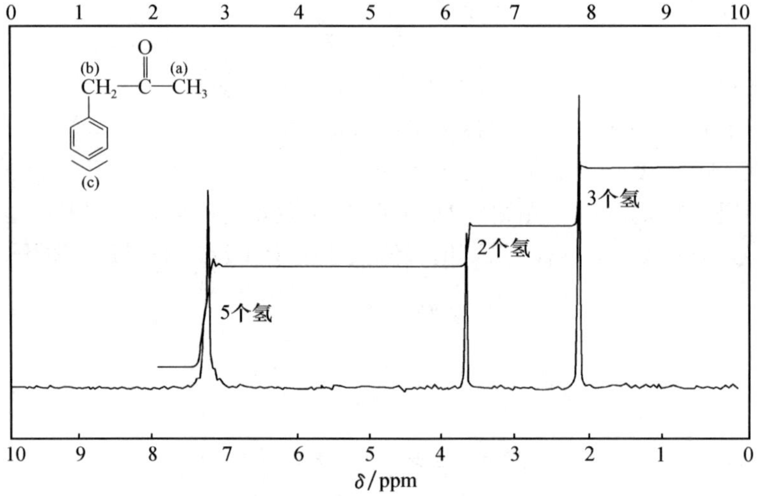

图 11-31　苯基丙酮的核磁共振谱图

从苯基丙酮的核磁共振谱来看，每一组氢原子都呈现为单峰，但并不是所有的谱图都是这样。例如，从高分辨的绝对乙醇核磁共振谱（图 11-32）中，我们可以看出它有三组峰（这种峰的裂分现象将在 11.4.4 讨论）。在这种情况下，计算氢原子数时，是测量每组峰的总的面积，而每一组峰代表处在一种环境中的氢原子。数出它积分曲线三个阶梯高度：6 格、12.4 格和 17.8 格。因为乙醇中有 6 个氢，积分曲线的总高度是 36.2 格，所以左边的信号代表 $6\times6/36.2=1$ 个氢，右边的信号代表 $17.8\times6/36.2=3$ 个氢，中间的信号代表 $12.4\times6/36.2=2$ 个氢。

11.4.3.5　自旋偶合和自旋裂分

1）自旋偶合的简单原理

我们仔细地观察一下图 11-32 乙醇的高分辨图，不难发现它们是三组峰，每组峰的中心与图 11-27 的低分辨图中的一样（δ=1.17ppm、3.62ppm 和 5.37ppm），即化学位移不变。

所不同的是，前面两个矮而宽的峰现在分裂成两组细长的峰，即峰形较复杂。那么核磁共

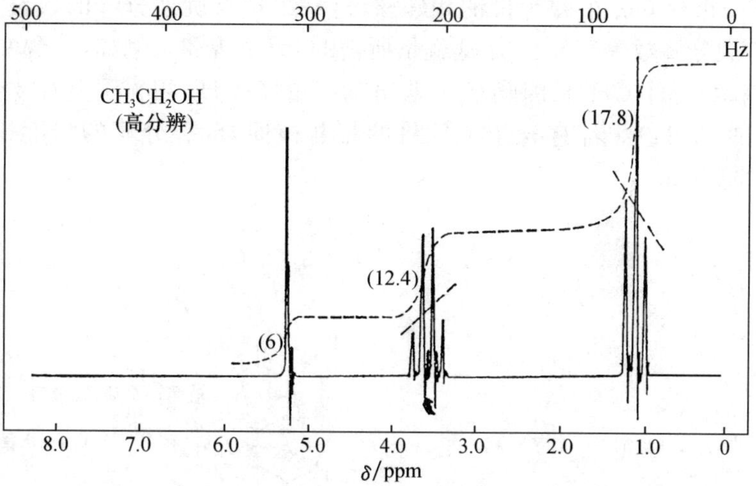

图 11-32　乙醇的高分辨率核磁共振谱图

振信号为什么会裂分呢？这是由于受不等性质子自旋的影响，故这种裂分现象俗称自旋裂分。我们知道氢核的自旋方式有两种：与外加磁场同向（↑）或异向（↓）。因此它要使邻近的核感受到磁场强度加强或减弱。这样就使邻近质子在半数分子中的共振吸收向低场移动，半数分子的共振吸收向高场移动。原来的信号裂分成强度相等的两个峰——一组双重峰(图 11-33)。

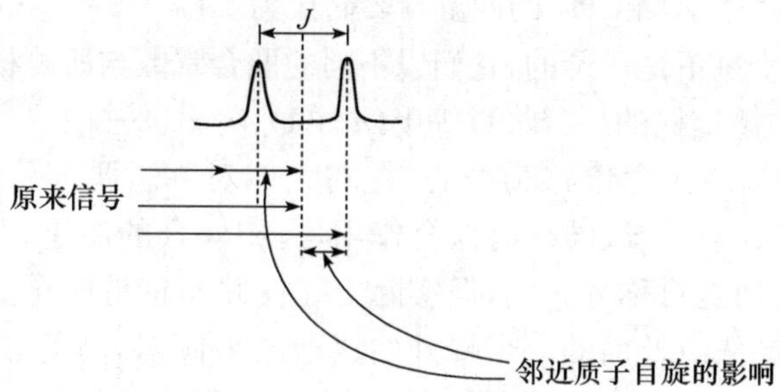

图 11-33　信号等强度裂分成两个峰

这种相邻碳上氢核的相互影响称为自旋偶合，偶合是裂分的原因，而裂分是偶合的结果。

2）偶合常数

自旋核之间相互干扰程度的大小用偶合常数 J 表示，以赫兹为单位。偶合常数的大小可以从核磁共振谱图上测量，它等于自旋裂分峰之间的距离。但应该注意核磁共振谱图的横坐标是化学位移，从谱图上测得的裂距是 $\Delta\delta \times \nu_{仪}$ 转换为赫兹数。由于偶合常数随原子核所处的环境不同而不同，通过对自旋偶合和自旋裂分的了解，可以得到分子结构的丰富信息。

J 的大小与发生干扰的两核之间相隔的距离有关，同时也与它们之间的电子云密度、立体化学等因素有关而与外磁场强度无关。许多情况下，自旋偶合作用一般只能传递 3 个单键。例如，乙基 CH_2 的氢与 CH_3 的氢，其间相隔 3 个单键（H—C—C—H），J=6Hz。相隔 4 个以上单键的氢，J 接近零。有时处在特殊位置的相隔 4 个键以上的质子之间还可以看到偶合，即 J 不等于 0，这种偶合称为远程偶合。质子之间的偶合作用比较小，一般不超过 20Hz。

3）偶合作用的一般规则

较简单的有机分子在较强外磁场强度下出现的偶合现象有以下几个一般规则：

(1) 如果某一组核有 n 个磁等价的相邻核，这一组核自旋裂分峰的数目为$2nI+1$。对^1H核来说，$I=1/2$，裂分峰数等于 $n+1$。这就是所谓的 $n+1$ 规律。例如，乙醇 CH_3CH_2OH 中，CH_3 相邻碳上有两个$^1H(CH_2)$，因此 CH_3 裂分为三重峰；CH_2 相邻碳上有 3 个^1H，所以 CH_2 裂分为四重峰(图 11-34)。若有 n 个磁等价的相邻核偶合，裂分峰的强度比相当于二项式$(x+1)^n$的展开系数，如

$n=2$　$(x+1)^2=x^2+2x+1$　　即 1∶2∶1

$n=3$　$(x+1)^3=x^3+3x^2+3x+1$　　即 1∶3∶3∶1

…　　…　　…

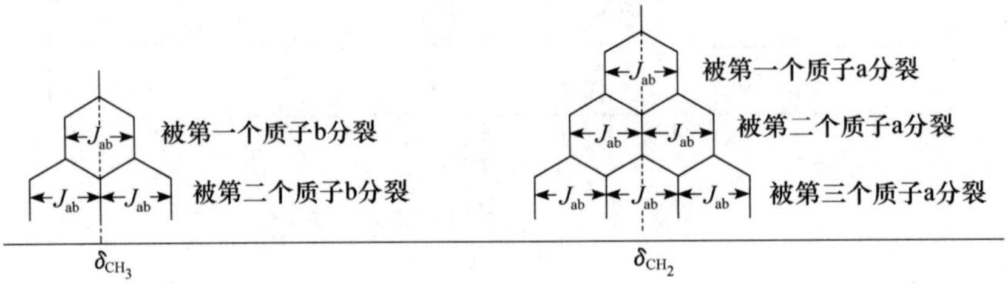

图 11-34　$CH_3{}^a$ $CH_2{}^b$的裂分

单重峰和裂分的二重、三重、四重峰分别用 s、d、t 和 q 表示，多重峰记为 m。

乙基中 CH_3 表现为三重峰，峰高比为 1∶2∶1，中间的两条裂分峰实际上是重合的，所以中间峰高度为两侧峰的两倍。而 CH_2 的四重峰峰高比为 1∶3∶3∶1。

(2) 如果相邻的 n 个氢不是等价的，它们以不同的偶合常数与所测核作用，各组磁等价的^1H个数为 n_1、n_2、…，那么被测定核的裂分峰数等于$(n_1+1)(n_2+1)$…。

(3) 裂分峰以该质子的化学位移为中心，左右大体对称。偶合是相互的，如乙基的 CH_3 对 CH_2 有偶合作用，CH_2 对 CH_3 同样有偶合作用，互相偶合的质子，其偶合常数 J 相等。相互偶合的裂分峰好像应当是对称分布的，但实际上往往并不总是这样，而是呈不对称的四重峰和三重峰，这两组峰都是从最外面的一个峰开始逐渐向上倾斜，高的靠着高的，里面的比外面的高，这个现象又称倾斜(leaning)效应(图 11-35)。相互偶合的峰的化学位移越是接近，该效应越明显，这对于在谱图上发现两组彼此偶合的峰是很有帮助的。

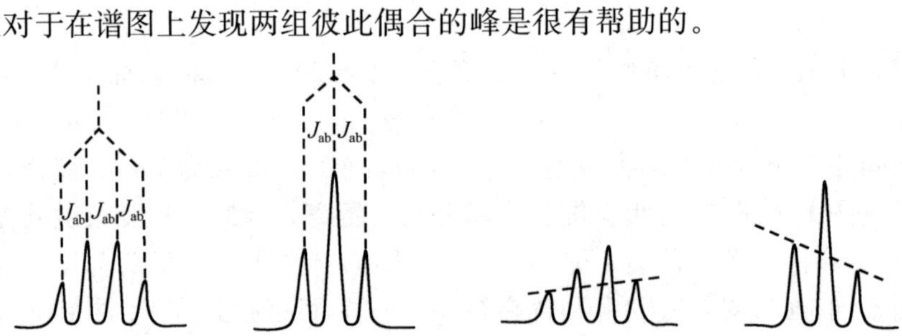

图 11-35　乙基的偶合裂分核倾斜效应示意图

(4) 影响偶合常数的因素。根据相互干扰的两核间间隔的键数，可将偶合常数分为^1J、^2J、^3J 等。左上角的数字表示相互干扰的核之间间隔的键数目。如 H—F 为^1J，同碳上的两个^1H 偶合为^2J(也可用 $J_{同}$ 表示)，邻碳上的偶合为^3J(也可用 $J_{邻}$ 表示)。

A. 脂肪烃质子的偶合常数

^2J 的变化范围较大，与结构关系密切。在 sp^3 杂化体系(单键)中，^2J 值为10～15Hz。由

于链状化合物的单键自由旋转，同碳质子大部分是磁等价的，如—CH_3 中的三个质子，并不显示裂分峰。与手性碳原子相连的—CH_2 上的两个氢是化学不等价的，它们有偶合裂分现象出现，手性碳原子的影响有时候还能到达更远。在环烷烃中，单键不能旋转，如环己烷

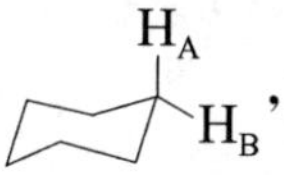

，H_A与 H_B 之间的偶合常数 $^2J_{AB}=12.6$Hz。在 sp^2杂化体系中，如

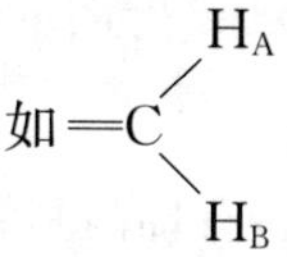

，$^2J_{AB}$仅为 0.5～3Hz。

邻碳上质子偶合是最常见和最重要的一种偶合方式，饱和邻碳的偶合有两种情况。单键能自由旋转时，$^3J=6～7$Hz，比较固定，如乙基中 CH_3 和 CH_2 之间的偶合；构象固定时，^3J 受两个 C—H 键之间的夹角——两面角 θ（图 11-36）的影响较大，当 θ 为 90°时，^3J 值最小；θ 为 180°或 0°时 ^3J 值最大。这一关系在环戊烷、环己烷、糖类和稠环化合物的谱图分析中很有用，例如，在环己烷中，$^3J_{H_a\text{-}H_a}=9.2$Hz，$^3J_{H_e\text{-}H_e}$ 和 $^3J_{H_a\text{-}H_e}$ 为 1.8Hz，它们的两面角分别为 180°、60°、60°。

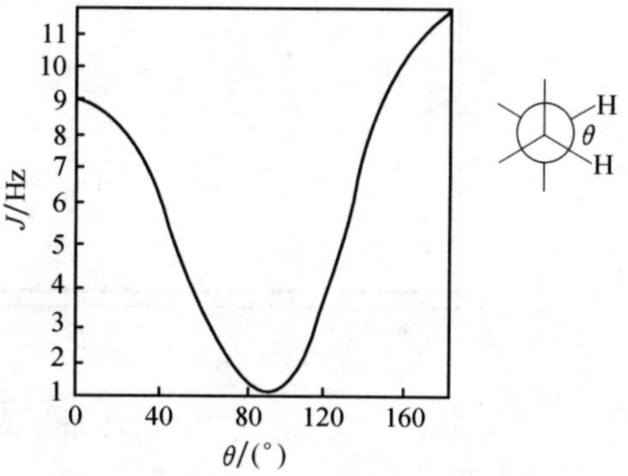

图 11-36　J_{HH}与两面角 θ 的关系

在很纯的乙醇 ¹H NMR 谱图中，羟基（—OH）上的质子也受到邻位亚甲基质子的影响而裂分为三重峰，但是一般的乙醇中微量酸或碱的存在使羟基质子在分子间发生快速交换，此时它不易感受到邻位质子的自旋影响而不再产生裂分，看不到自旋偶合现象，往往出现宽峰。

乙烯型的邻碳偶合也与两面角有关，如

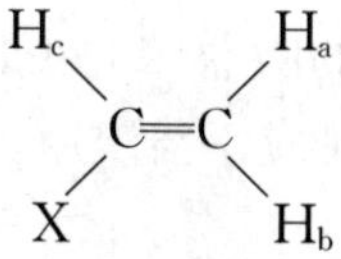

随 X 的电负性不同，$J_{反}$即 J_{bc}在 11～18Hz内变化，$J_{顺}$即 J_{ac}在 6～14Hz 内变化，$J_{同}$即 J_{ab}在 3.5Hz 以内。

对于单键而言，超过三个键的偶合常数 J 很小，可以忽略。但对于 π 电子系统而言，由于电子的流动性较大，在相隔 3 个键以上的质子间仍可能发生 J 值可达几赫兹的偶合作用。

烯丙基型的偶合是跨越 3 个单键和 1 个双键的偶合，J 值的大小与立体构型有关，烯烃氢与同碳上烷基氢的三键偶合常数较大，$^3J_{cd}=4～10$Hz。

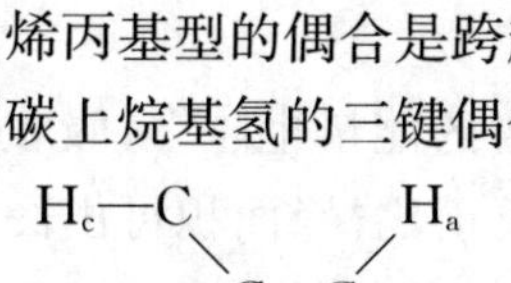

$^4J_{ac}$（顺式）$=0～1.5$Hz，$^4J_{bc}$（反式）$=1.6～3$Hz

B. 芳环上质子的偶合常数

苯环邻位两个质子的偶合，一般在 6～10Hz；处于间位的两个质子是通过 4 个键的远程偶合 $J_{间}=1～3$Hz；处于对位的两个质子则是相隔 5 个键，偶合常数更小 $J_{对}=0～1$Hz。

C. 其他类型的远程偶合

在共轭体系中，5 个键处于锯齿状时，能产生 ^5J，在饱和体系中 4 个键处于平面状态并构成 W 型时，也能发生远程偶合。如图 11-37 所示，J 大部分小于 1Hz。

利用远程偶合的信息可以研究分子的精细结构，例如，确定苯环上取代基的位置，确定分

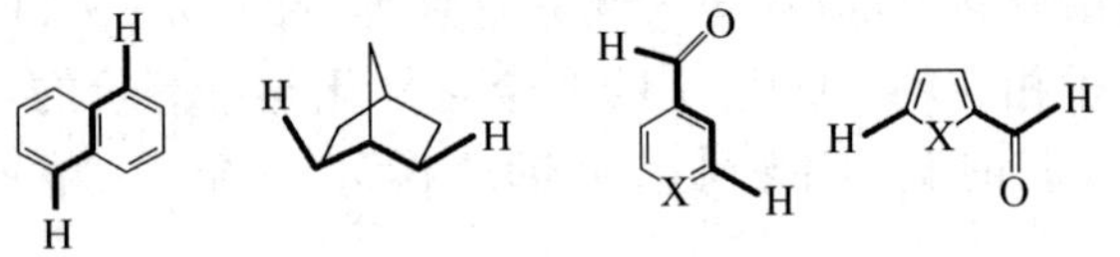

图 11-37　W 型远程偶合

子中是否有烯丙基结构单元以及它们的顺反异构情况。

综上所述，¹H NMR 谱图提供了四方面的结构信息。下面以溴代正丙烷为例加以说明。图 11-38 是溴代正丙烷的¹H NMR 谱图，它除告知 3 组峰外，还提供了三方面的信息。

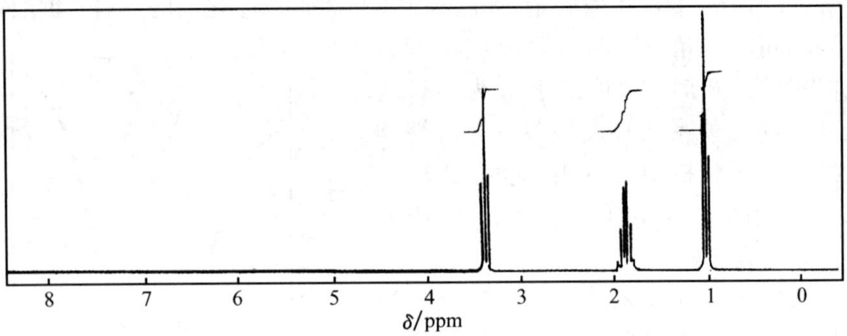

图 11-38　溴代正丙烷的¹H NMR 谱图

a. 化学位移

图中三组峰的化学位移分别为 1.05ppm、1.88ppm、3.40ppm。化学位移能指示质子的类型，同时还能判断相邻原子或基团的情况。根据影响化学位移的因素及各类质子化学位移的数值，我们可以确定 1.05ppm 处的吸收峰是 CH_3 产生的，1.88ppm 处的吸收峰是仲碳 CH_2 产生的，而 3.40ppm 处的吸收峰对应于与溴原子相连的碳上的质子。

b. 偶合常数和自旋裂分

图中出现两组三重峰和一组多重峰。根据 $n+1$ 规律，乙基(CH_3CH_2—)中的 CH_2 使 CH_2Br 裂分为三重峰，使 CH_3 裂分为三重峰，CH_3 和 CH_2Br 使—CH_2—裂分为多重峰，该峰应该有 12 重峰[(3+1)×(2+1)]，但相互重叠较难辨识。

c. 积分曲线(峰面积)

因为等价质子在同一有效磁场发生跃迁，跃迁的质子越多，吸收的能量也越多，吸收峰的面积就越大。在¹H NMR 谱中，吸收峰的峰面积大小与质子数目成正比，峰面积可由图中阶梯形的积分曲线求出。例如，图中从低场到高场三组峰的积分曲线高度比为 2∶2∶3，这表明对应的峰组间质子数目之比为 2∶2∶3。这与从化学位移和自旋裂分提供的结构信息是一致的。

这张谱图可记录为 δ_H：3.40ppm(2H，t、$J=6.7$Hz)，1.88ppm(2H，m)，1.05ppm(3H，t、$J=6.7$Hz)。

用积分曲线能推定质子数。分子式已确定时，可以从积分曲线高度求出各种类型的质子的绝对数目。分子式不知道时，一般可以以 CH_3 峰的积分线作标准来推算。

核磁共振谱图的解析就是具体分析和综合利用化学位移、偶合常数(包括自旋裂分情况)和积分曲线高度提供的信息来测定化合物的结构。

最后，在乙醇的核磁共振谱中还有一个现象需要指出：氧上的氢与亚甲基氢靠得很近，它们之间为什么不发生偶合作用而使羟基质子信号裂分呢？这是因为在一般的纯乙醇中，总会有微量的酸（或碱），它促使羟基质子很快地在许多个乙醇分子中交换，以至于羟基质子不能感受邻近质子的自旋影响，故不产生裂分现象。

11.4.4　核磁共振氢谱的解析

解析^{1}H NMR 谱主要是查看共振信号的数目、位置、强度和裂分情况。因为从信号的数目可以知道有多少种不同类型的质子；从信号的位置可以知道每种质子的化学环境，即邻近有无吸电子或推电子基团；信号强度则告诉我们每种质子的比例或个数；裂分情况告诉我们它的邻近有多少个不同质子，即它的化学环境。

对于各种类型的有机化合物的核磁共振氢谱，很难以一种固定不变的规则来解析它们，有时为了从谱图中得到确切的信息，还需要做一些另外的实验，以提供补充信息。下述解析步骤便于初学者用来解析一般的谱图。

(1) 将谱图中各类氢原子的化学位移 δ 值列表。根据氢原子的值判断它们是哪一种类型的氢原子。如果对于某组峰，不能判断它是来源于个别氢原子或者是复杂的多重峰中的一部分，暂将它作为一组氢原子，记录它们的化学位移范围。

(2) 测量积分曲线的阶梯高度，以确定各类氢原子之间的比例，填入表中。

(3) 观察各组峰的裂分情况。

(4) 测量峰间距离偶合常数 J，根据 J 确定相互偶合的氢原子。

(5) 根据上述信号可以确定是否存在烷基、烯基或芳基，以及它们相邻的情况。

(6) 为了确定是否存在—OH、—NH_2 或者—SH，可以加入一滴重水（D_2O）振摇后再测定核磁共振氢谱。如果存在上述基团，在加重水后的核磁共振氢谱中，它们的信号消失。

下面举例说明核磁共振氢谱的解析方法。

【例 11-1】 推测如图 11-39 所示的^{1}H NMR、分子式为 $C_4H_{10}O$ 的化合物的结构。

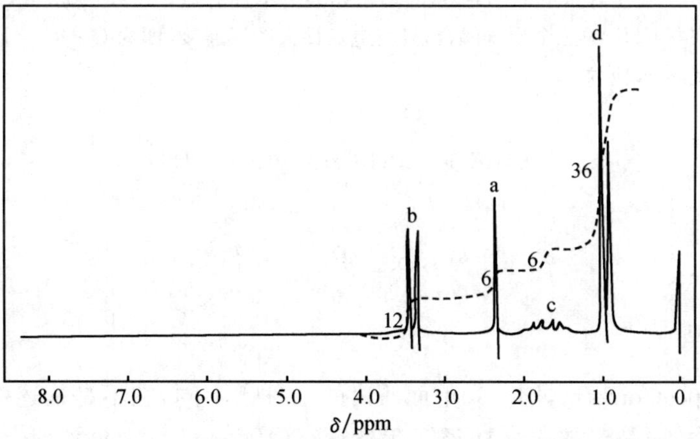

图 11-39　化合物 $C_4H_{10}O$ 的^{1}H NMR 谱图

解析　(1) 图中有四组共振峰，证明该化合物有四种不同类型的氢。

(2) 从积分曲线的阶梯高度看，四种氢的比例是 a∶b∶c∶d＝6∶12∶6∶36＝1∶2∶1∶6，已知该分子中共有 10 个氢，所以这四种氢的数目分别是 1、2、1、6。

(3) 根据共振峰的位置：δ＝1ppm 处为相当于六个氢（d）的二重峰，证明是两个—CH_3，且它的邻近碳上连有一个氢；δ=2.5ppm 处为相当于一个氢的单峰(a)，因此可能是羟基上的氢；δ=3.4ppm 处为相当于两个氢的二重峰(b)，且与其相邻的碳上也有一个氢。因此可得出结论，该化合物的结构式为

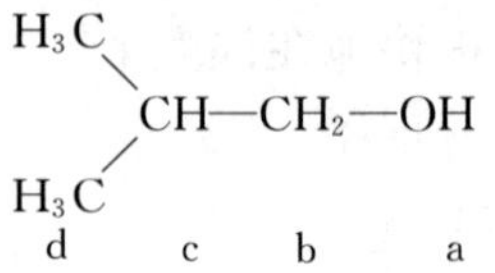

H_c的邻近有八个氢，故裂分为多重峰。

【例 11-2】 一未知液体，沸点 218℃，分子式为 $C_8H_{14}O_4$，红外光谱图显示有 >C=O ，无芳香环，它的核磁共振氢谱见图 11-40，试推测其结构。

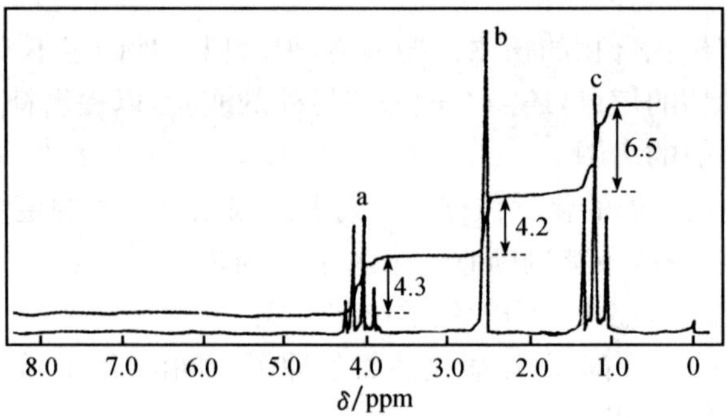

图 11-40 $C_8H_{14}O_4$的核磁共振氢谱图

解析 (1) 图中共有三组共振峰，说明化合物有三种不同类型的氢，由分子式 $C_8H_{14}O_4$ 知，对称性较高，且不饱和度为 2，可能有两个羰基。

(2) 从积分面积看，三种氢的比例是 a∶b∶c=4.3∶4.2∶6.5=2∶2∶3，已知分子中共有 14 个氢，所以三种氢的数目分别是 4、4、6。

(3) 根据化学位移：δ=1.1ppm 处，六个氢，三重峰，证明是两个—CH_3，且相邻碳上有两个氢；δ=2.5ppm 处，四个氢，单峰，是两个完全等价的—CH_2，且两端相邻碳上不连有氢；δ=4.1ppm 处，四个氢，四重峰，为两个—CH_2—，与邻接的—CH_3 的三个质子偶合，且与电负性大的氧连接，即为 O═C—OCH_2CH_3 的形式。综上所述，该化合物的结构式应为

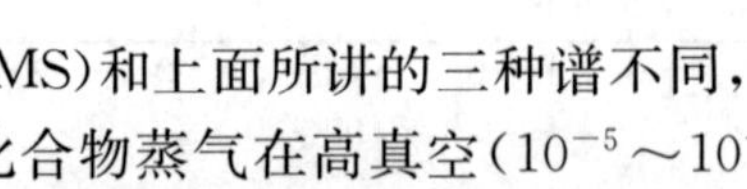

11.5 质　　谱

11.5.1 基本原理

质谱(mass spectrometry，MS)和上面所讲的三种谱不同，它不是描述一个分子吸收不同波长电磁波的能力，而是记录化合物蒸气在高真空(10^{-5}～10^{-3}Pa)系统中，受到能量较高的电子束轰击后生成碎片正离子的情况。质谱的图形(mass spectrum)和上面三种谱也不相同，它是一根根线条(图 11-41)，纵坐标是离子的丰度，横坐标是离子的质荷比(m/z)(mass to charge ratio)。一般以谱图中最高的峰为基本峰(base speak)，将它的丰度计为 100，其他峰的丰度则用它和基峰的相对值表示，称为相对丰度(intensity)，或称相对强度。

当一束具有大于离解能的电子通过蒸气状态的化合物样品时，一些分子发生了离解。离解

的方式是分子的一个价电子被击出去，留下一个游离基正离子，如甲烷

$$CH_4 + e \longrightarrow 2e + [CH_4]^{+\cdot}$$

原来在 CH_4 分子中，四个氢与碳通过八个价电子键合。符号 $[CH_4]^{+\cdot}$ 代表一种结构，其中四个氢通过七个价电子与碳结合，符号＋表示该物质具有正电荷，符号·表示该物质具有奇数电子，如果用电子轰击(electron impact，EI)某化合物的混合物，只要分子离子的能量大于某些化学键的键能，便发生裂解，生成碎片，产生具有不同质量的游离基正离子的混合物。

$$CH_4, C_2H_6 \longrightarrow \underset{m/z\ \ 16}{[CH_4]^{+\cdot}}, \underset{30}{[C_2H_6]^{+\cdot}}$$

实际上，即使是纯物质用电子轰击，也会产生各种正离子的混合物，这个过程叫做裂解。例如，甲烷可以得到相对分子质量分别为 16、15、14、13 和 12 的离子。

$$\underset{m/z}{CH_4} \longrightarrow \underset{16}{[CH_4]^{+\cdot}}, \underset{15}{CH_3^{+\cdot}}, \underset{14}{CH_2^{+\cdot}}, \underset{13}{CH^{+\cdot}}, \underset{12}{[C]^{+\cdot}}$$

要注意，上述具有偶数氢的正离子叫做游离基正离子，而具有奇数氢的正离子为正常的碳正离子。一张质谱图就是由质谱仪所得到的信息图。图 11-41 为甲烷的质谱图。

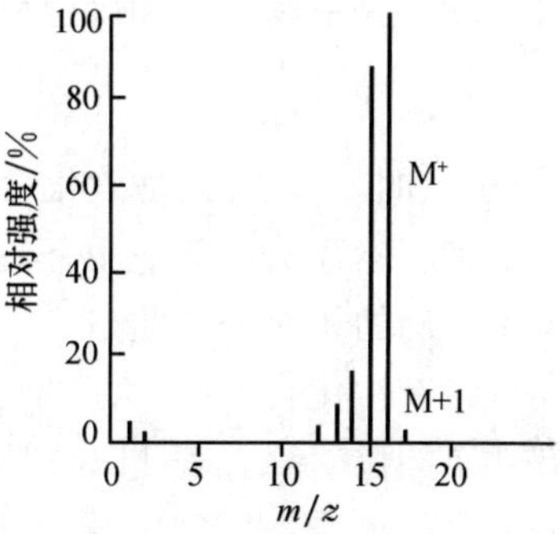

图 11-41　甲烷的质谱图

质谱的重要特点是用极少量的化合物(10^{-3}g)即可记录它的谱图，从而得知有关分子结构的信息和化合物准确的相对分子质量及分子式。此外还可测定反应过程中离子的结构及其稳定性等。

11.5.2　质谱仪简介

质谱仪(mass spectrometer)就是一种标记气体分子离子、分离不同质核比的离子和记录不同离子的相对丰度的仪器。它包括电离裂解、分离、检测三大主要组成和进样、高真空两个辅助系统。

图 11-42 为质谱仪的结构示意图。

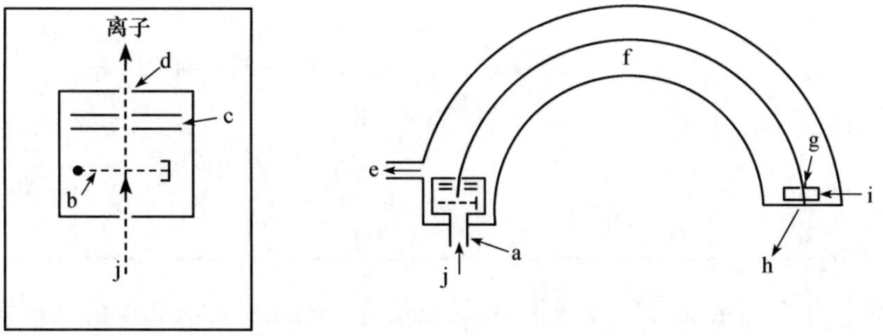

图 11-42　质谱仪示意图

样品蒸气 j 在低压(1.3×10^{-5}～1.3×10^{-4}Pa，由泵 e 抽真空)由 a 点(电离室)引入。当样品蒸气进入电离室(左边放大图)，它通过电子束 b，并发生电离。产生的离子进入加速电场 c，它有几千伏的位能差，使离子加速，通过缝隙 d 进入磁场区 f。在强磁场的作用下，离子沿着弧形轨道前进。通过缝隙 g 碰撞在离子收集器 i 中，最后进入放大器 h。当电场的电压 V 和磁场强度 H

固定时，质核比 m/z 大的正离子，其轨道的弯曲程度小；质荷比 m/z 小的正离子，其轨道的弯曲程度大。这样不同质荷比的正离子就被分离开，正如白光通过三棱镜分成各种单色光一样。

进行扫描时，可以变动磁场的强度，使不同质荷比的正离子依次达到收集器，通过放大器后用记录仪记录下来，不带电荷或带负电荷的离子不能达到收集器，质谱通过谱图中各种离子峰提供了组成这个有机化合物的各种碎片信息，依据这些信息和有关化学分析数据以及其他波谱分析资料，可以综合推断这个化合物的结构。因此质谱分析，特别是使用色-质联用已成为测定有机化合物结构的一个重要手段。由于大多数离子只带单位电荷，因此，质荷比 m/z 等于碎片的质量。

11.5.3 分子离子峰和同位素离子峰

如果从母体分子中去掉一个电子，得到的正离子就叫分子离子（或叫母体离子，以 M^+ 表示）。它的 m/z 值就是该化合物的相对分子质量。在一般情况下，M^+ 峰就是基峰，这很容易认出来。然而有时候它并不是基峰，这就需要做相当多的工作来确定 M^+ 峰，一经确定，就能得出正确的相对分子质量。

在有机化合物中，大多数元素都有几个同位素同时存在，质谱图中每一个特定的峰都伴随有几个同位素峰。表 11-9 列出了几种元素的普通同位素及它们的天然丰度。从甲烷衍生出来的分子离子，大多数的甲烷分子是 $^{12}C^1H_4$，相对分子质量为 16。然而有些分子可以是 $^{13}C^1H_4$ 或 $^{12}C^2H^1H_3$，它们的相对分子质量为 17，叫做 M＋1 峰，甚至少数分子为 $^{13}C^2H^1H_3$ 或 $^{12}C^2H_2{}^1H_2$，它们的相对分子质量为 18，叫做 M＋2 峰。因为大多数重同位素的天然丰度并不高，它们的强度通常比 M^+ 峰低得多，至于强度低到什么程度，要看这些峰是由哪些元素产生的。就甲烷而言，M＋1 峰的强度是 M^+ 峰的 1.18％。

表 11-9 普通同位素的天然丰度

元 素	丰度/％
H	99.985 ^{1}H 0.015 ^{2}H
C	99.893 ^{12}C 1.107 ^{13}C
N	99.634 ^{14}N 0.366 ^{15}N
O	99.975 ^{16}O 0.037 ^{17}O 0.024 ^{18}O
S	95 ^{32}S 0.76 ^{33}S 4.22 ^{34}S 0.014 ^{36}S
F	100 ^{19}F
Cl	75.53 ^{35}Cl 24.47 ^{37}Cl
Br	50.54 ^{79}Br 49.46 ^{81}Br
I	100 ^{127}I

对于大多数化合物来说，M＋2 峰很小，甚至没有。然而对含氯和溴的化合物，M＋2 峰是重要的，在它们的谱图中常看到特殊的双峰。这是判断这些元素存在的极好方法。

11.5.4 裂解反应

分子在离子源中被电离而生成各种离子，在质谱图上表现为强弱不同的各种离子峰。要确定分子的结构，就必须学会分析谱图，识别各种峰所代表的离子。要识别离子峰，必须了解离子形成的过程和各类化合物裂解的一般规律，这一工作往往通过对已知结构化合物的研究来弄清某一结构可以裂分成哪些碎片，然后从未知化合物所给出的碎片种类推断出该化合物的结构。质谱仪中产生的高能电子束一般有 50～70eV(4812～6736kJ/mol)，它大大超过了有机化合物分子中一些典型键的键能(210～545kJ/mol)。因此当电子束在电离室碰撞分子以后，部分能量被产生的分子离子带走。如果分子离子得到足够的剩余能量，就会进一步发生键的裂解，形成新的正离子和游离基，使裂解作用加深和扩大。下面简要讨论各类化合物裂解反应的一般规律。

1）烷烃

烷烃倾向于从 M^+ 逐步发生 M－14(相当于失去相邻的 CH_2)生成同系列的峰。支链烷烃的分子离子峰强度变小，同时具有 M－15(甲基)和 M－29(乙基)支链的裂片，支链的位置可由裂片的性质得到解释。例如，在 2-甲基戊烷的裂解过程中，C_3H_7 或 CH_3 比 C_2H_5 失去更多，因为前者能给出仲碳正离子，后者给出伯碳正离子。2-甲基戊烷的裂解过程(质谱图见图 11-43)如下：

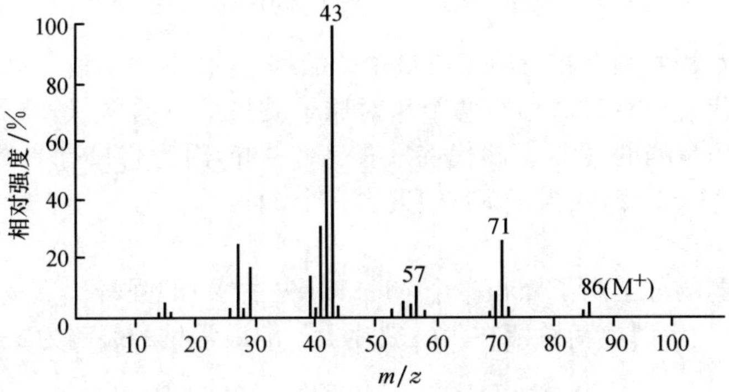

图 11-43　2-甲基戊烷质谱图

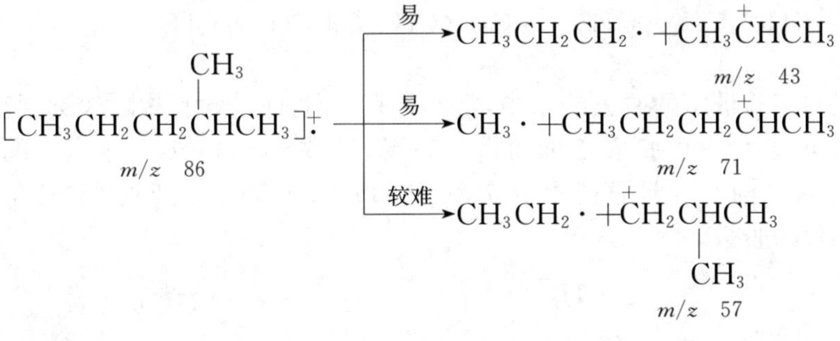

2）卤代烷

卤代烷 C—X 裂解失去 X 得到 R^+，也可以通过 α-碳碳键裂解得到卤素原子在任一端的裂片。在 2-溴丁烷的质谱图(图 11-44)中主要的峰是：

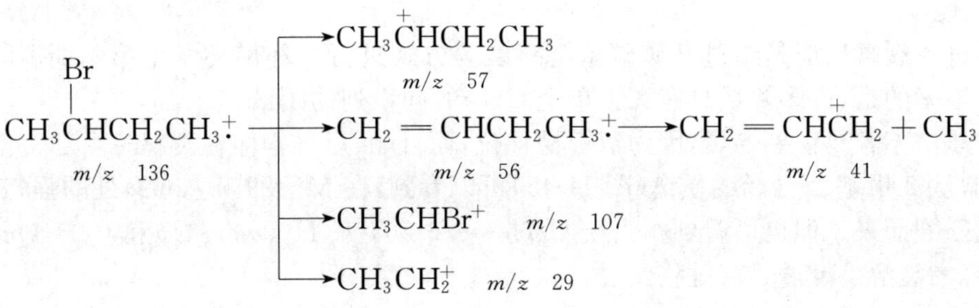

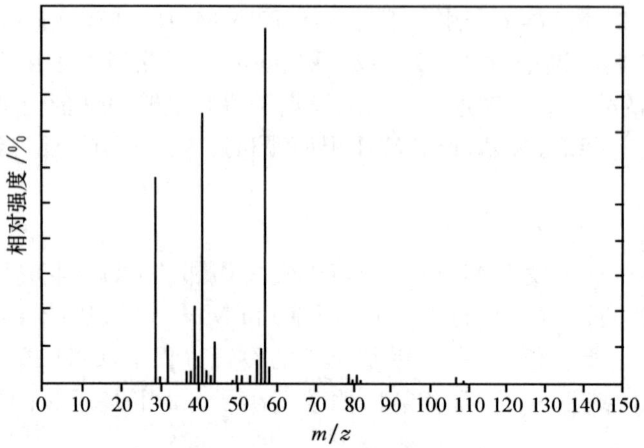

图 11-44　2-溴丁烷的质谱

溴代烷常有一对相差两个相对原子质量单位的峰，这是由同位素^{79}Br 和^{81}Br 造成的，它们有相近的丰度。氯代烷也有一对相差两个相对原子质量单位的峰，是^{35}Cl 和^{37}Cl 造成的。高质量峰的强度为低质量峰的 33%。碘代烷只有一个单峰，因为它只有一个碘同位素。在烷基氟中有一个很强的 M－1 峰，相当于 RF 中失去一个 H·。

3）醇

醇具有一个很弱的分子离子峰和一个 M－18（失去水）的强峰。支链醇易失去甲基或其他小的支链，当发生裂解时电荷总留在大的裂片上。醇最常见的裂解为 α-碳碳单键断裂：

$$\text{RCHOHR}'^{+\cdot} \longrightarrow \text{RCH}{=}\overset{+}{\text{O}}\text{H} + \text{R}'\cdot$$

伯醇经常出现 m/z 31 峰，就是 α-碳碳单键断裂产生的。

$$\text{CH}_3(\text{CH}_2)_4\text{CH}_2{-}\text{OH}^{+\cdot} \longrightarrow \text{CH}_3(\text{CH}_2)_4^{\cdot} + \underset{m/z\ 31}{\text{CH}_2{=}\overset{+}{\text{O}}\text{H}}$$

人们曾经用氘标记的实验证实醇脱去的水中，常不含有 α-H，而是含有相隔较远距离碳上的氢。这可以从 M－18 的裂片中再脱去乙烯而得到解释，导致 M－46 峰有相当大的丰度。例如，1-己醇通过六元环状结构 γ-H 迁移机理生成 M－46 峰（m/z 56），是其质谱图中的基峰，这里包含了水和乙烯二者的脱去。

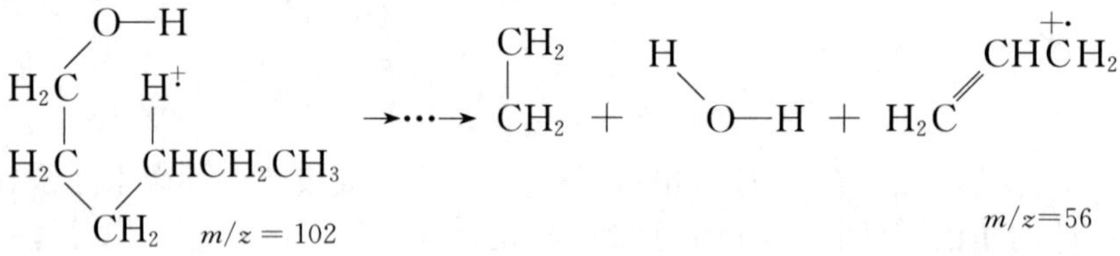

4）烯烃

烯烃进行裂解反应是经过 β-碳碳单键断裂等方式进行。环烯还发生第尔斯-阿尔德反应的裂解。不幸的是，许多烯烃具有失去单个 CH_2 的同系列的图谱。

单靠质谱不容易识别烯烃，因为双键易移位，而且顺、反异构体在裂解时内部发生交换。

例如，从 2-甲基-2-己烯的质谱（图 11-45）可以看到，在 M－29（m/z 69）处的强峰由β-碳碳单键处的断裂而来。但也可看到相当于 C_4H_8（m/z 56）、C_3H_5（m/z 41）和 C_3H_3（m/z 39）的峰，后两峰的裂解是经过了双键移位过程。

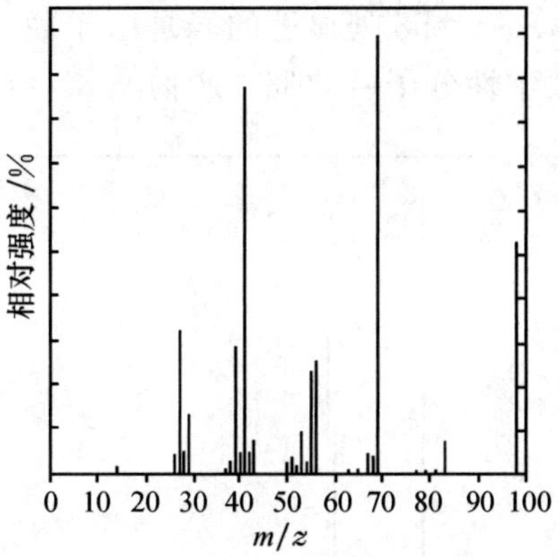

图 11-45　2-甲基-2-己烯的质谱

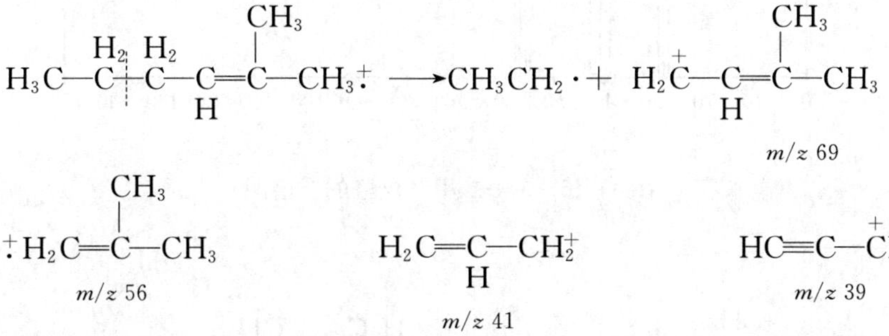

5）醚

醚的裂解方式主要是 C—O 单键的断裂，也可以发生 α-碳碳单键的断裂，后一种断裂中氧原子可以稳定正电荷。之后 C—O 键断裂，同时发生质子转移，生成$[CH_2{=}OH]^+$（m/z 31）的主要峰。

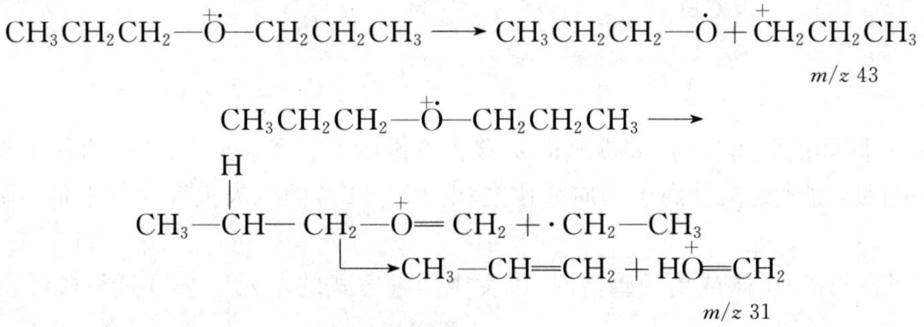

不对称醚可以同时看到 C—O 单键的两种分裂。α-碳上有支链的醚按 α-碳碳单键断裂时，得到较高质量数的裂片峰。

6）醛

醛按照羰基碳的 C—H 键和 α-碳碳单键断裂的方式裂解生成 M−1 和 m/z 29 峰。

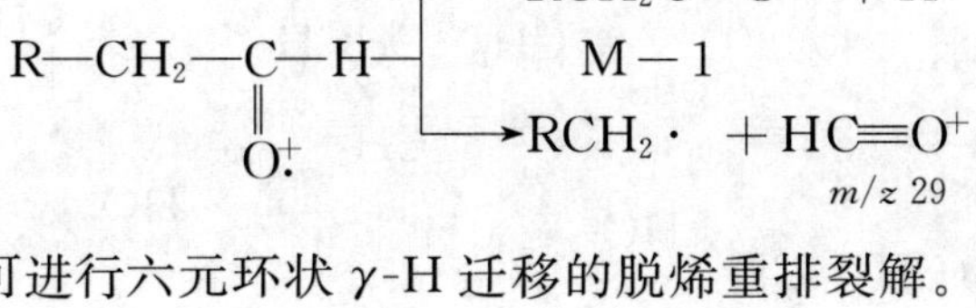

当存在 γ-H 时，也可进行六元环状 γ-H 迁移的脱烯重排裂解。在图 11-46 中，2,4-二甲

基戊醛的质谱说明了这一点，$m/z=58$ 处显著的峰是由于脱烯重排生成的异丁烯。这个大质量的偶数裂片，是因重排失去中性分子后的唯一产物。

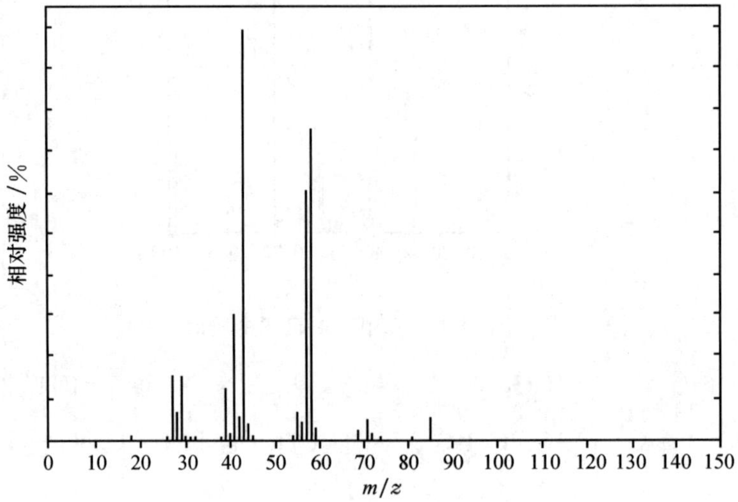

图 11-46　2,4-二甲基戊醛的质谱图

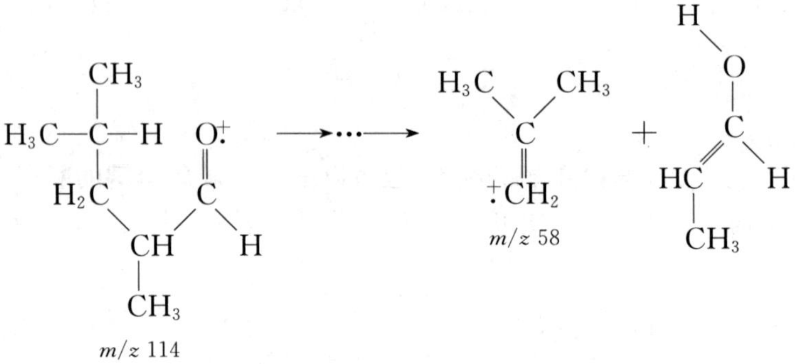

7）酮

酮和醛有同样的裂解反应，即羰基的 α-碳碳单键断裂。不对称酮进行两种类型的羰基的 α-碳碳单键断裂，生成的两种离子的质荷比之和为 M+28，而以失去较大的不带电荷的裂片更为有利。

当羰基两侧有三个碳或更长碳链时，可发生两种方式的六元环 γ-H 迁移脱烯重排。

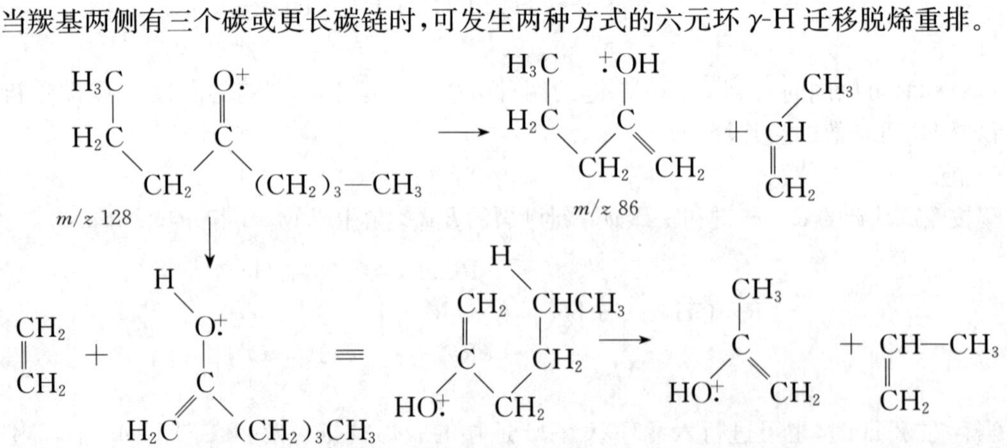

8）酯和羧酸

大分子的羧酸是不挥发的，在质谱中的用途较之其相应的酯要小得多，它们谱图的特征是失去 OH(M－17)和失去 COOH(M－45)。酯可以发生羰基碳上 C—O 单键的断裂。与醛、酮相似，当有 γ-H 时，酯发生六元环 γ-H 迁移脱烯重排裂解。

$$CH_3CH_2CH_2-\underset{\underset{O}{\|}}{C}-OCH_2CH_3^{+\cdot} \longrightarrow$$

$$\underset{m/z\ 73}{CH_3CH_2CH_2-C\equiv\overset{+}{O}} + \cdot OCH_2CH_3$$

9）芳香族化合物

取代苯容易发生 α-碳非苯环侧键的断裂生成苄基正离子，重排后生成䓬鎓离子（m/z 91)，它还可以进一步失去烯烃生成环戊二烯正离子(m/z 65)。例如，甲基苄基醚的裂解。

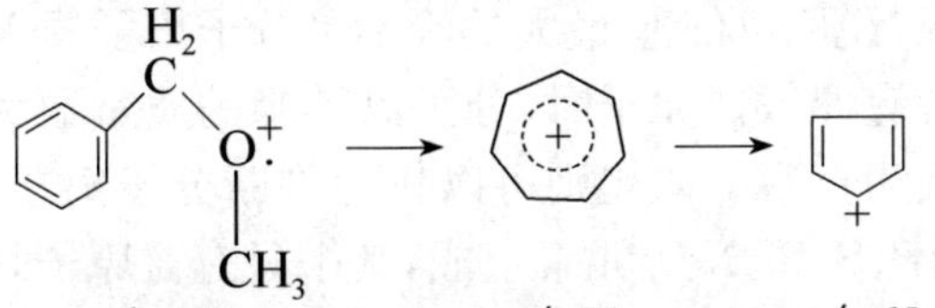

m/z 122　　m/z 91　　m/z 65

甲苯不易从苯环上失去甲基，但乙苯却容易失去甲基形成䓬鎓离子。烷基萘有相同的裂解反应。

邻位二取代的芳香族化合物可以发生通过六元环的 γ-H 迁移，失去一个小的分子，而苯环上的某一个支侧链只保留一个碳原子的断裂方式。这可以解释为什么苄醇中没有 M－18 峰，而邻甲基苄醇的 M－18 峰很大。

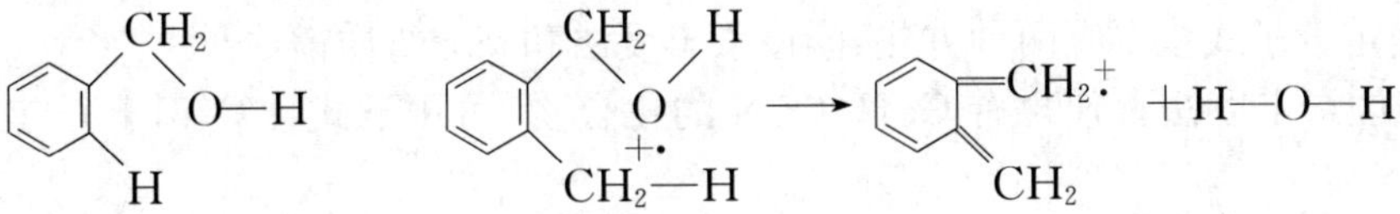

邻甲基苯甲酸甲酯，也发生这一裂解反应。

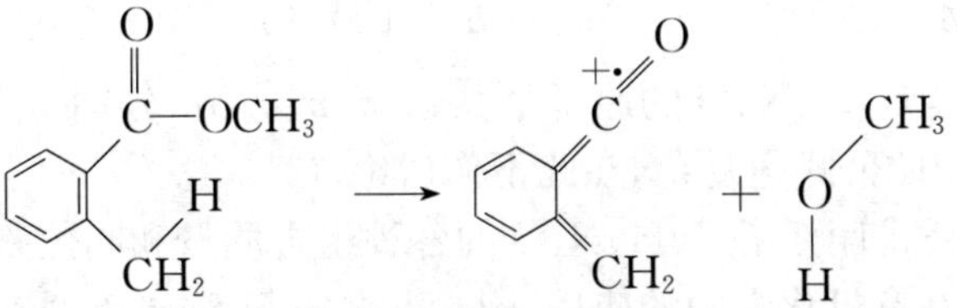

苯酚有一个由于失去 CO 的 M－28 的强峰和失去 HCO 的 M－29 的强峰。

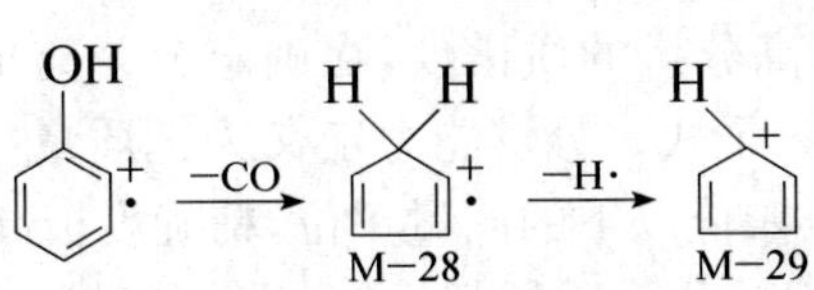

11.5.5　质谱提供的结构信息

在质谱图中，各种离子或离子系列的质荷比 m/z 及相对丰度提供了有机化合物的结构信息，主要有化合物的相对分子质量、分子式、官能团和化合物类型。

1）相对分子质量

这是质谱提供的最重要信息。质谱图中分子离子峰的质荷比就是该化合物的相对分子质量。因此在谱图中确定分子离子峰是测定相对分子质量的关键。分子离子峰具有下列一般特性：

（1）质谱图中 m/z 值最大的峰（它右边的同位素峰除外）。

（2）必须是一个奇数电子离子峰（$M^{+\cdot}$）。

（3）在高 m/z 区域应有合理的、通过失去中性碎片而产生的重要的碎片离子峰。

如果这三个条件有任何一条不符合，那么一定不是分子离子峰。但是如果符合上述三个条件，可能是也可能不是分子离子峰。因为有些化合物在电子轰击后根本不产生分子离子峰，有些化合物如醇、醛可以脱水或脱氢，也有一些分子会捕捉 1～2 个氢原子。关于失去中性碎片，如 $M^{+\cdot}-15(CH_3)$、$M^{+\cdot}-17(OH)$、$M^{+\cdot}-18(H_2O)$、$M^{+\cdot}-29(C_2H_5$ 或 $CHO)$ 等，这些都是合理的。但是从 $M^{+\cdot}$ 中失去质量数为 3～14、21～26、38、50～53、65、66 等中性碎片一般是不可能的，如出现这种情况，说明 m/z 值最大的峰不是分子离子峰 $M^{+\cdot}$。

氮规则：当化合物中含有偶数氮原子时，分子离子峰的质量数为偶数；当含有奇数氮原子时，则分子离子峰的质量数为奇数。该规则可以作为判断分子离子峰的一个依据。因为有机化合物主要由 C、H、O、N、P、S、Si、X 等元素组成，其中只有氮原子是奇数价而质量数为偶数。

常规的电子轰击方法常常得不到分子离子峰或分子离子峰极弱。各种提高分子离子峰强度的新电离方法相继产生，如场致电离（FI）、场解吸电离（FD）、化学电离（CI）以及快原子轰击（FAB）等。这些方法的缺点是碎片较少，不利于结构分析。因此采用场解吸-电子轰击或化学电离-电子轰击的复合型离子源，以便各取所长，有利于结构分析。

2）分子式

确认分子离子峰可以直接得到精确的相对分子质量，这样便可以确定化合物的分子式。利用质谱确定分子式主要有两种方法：同位素丰度法和高分辨质谱法。

（1）同位素丰度法。凡含有 C、H、O、N 的化合物，可用下式计算 M+1 与 M 峰的相对丰度。

$$\frac{M+1}{M}=\frac{W_C}{100-c}+\frac{X_H}{100-h}+\frac{Y_N}{100-n}-\frac{Z_{O_1}}{100-o_1-o_2}$$

式中：W、X、Y、Z 分别是 C、H、N、O 的原子个数；c、h、n、o_1、o_2 分别是 ^{13}C、^{2}H、^{15}N、^{17}O、^{18}O 的自然丰度。(M+2)/M 的公式很复杂，在此不作讨论。

Beynon 根据这个公式计算了 C、H、N、O 的各种组合质量和同位素丰度比的表格（可查阅洪山海著《光谱解析法在有机化学中的应用》附录Ⅱ及第 608～652 页）。通过实际测得的质谱和 Beynon 表相比较，便可确定分子的可能经验式。

（2）高分辨质谱法。应用高分辨的质谱仪，在确定分子离子和精确相对分子质量的基础上，就可进一步确定该化合物分子式。分辨能力定义为把质量相近的离子分离开的能力。高分辨质谱仪目前能分辨小数点四位以下的质量单位，精确度极高。例如，按化学元素原子量近似值来计算 CO、N_2 和 C_2H_4 相对分子质量都为 28。但是实际上以碳原子最大丰度同位素的精确相对原子质量为 12 的标准计算，其他原子的相对质量并不等于整数。

$$m_H=1.007825 \qquad m_N=14.003050 \qquad m_o=15.994914$$

所以 CO、N_2 和 C_2H_4 的实际质量是

^{12}C	12.0000	$^{14}N_2$	28.0061	$^{12}C_2$	24.0000
^{16}O	15.9949			$^{1}H_4$	4.0313
	27.9949				28.0313

高分辨的质谱仪就能将以上三个质量明显地区别开来，如图 11-47 所示。

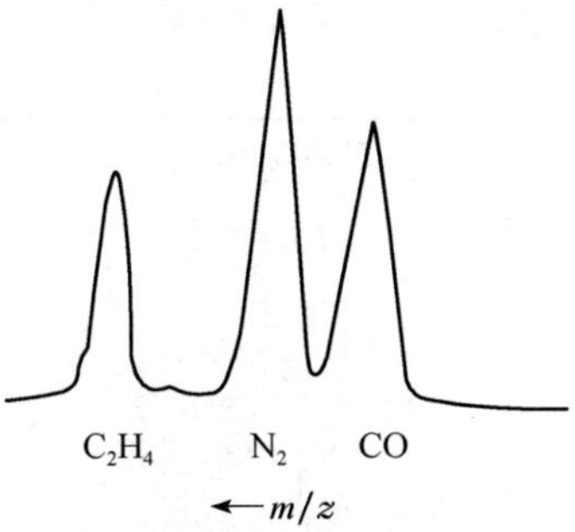

图 11-47　三种化合物混合物的高分辨质谱图

对于绝大多数有机化合物，所含的元素不外 C、H、N、O、P、S 和卤素。由这些元素的任意组合所形成的有机化合物，其同位素纯净的精确相对分子质量都具有很特征的分子量尾数，这直接反映了组成该分子的元素的种类和数目。莱德伯格(Lederberg)将 H、N、O 的组合产生的小数排列成表，列出了相对分子质量尾数部分(5 位数)包含的组成该分子的元素的种类和数目的详尽信息。将实验所得的分子离子峰质量数的尾数部分与这一数据表进行核对，就可推定分子式(可查阅唐恢同编著《有机化合物的光谱鉴定》第 11 页及附录Ⅵ)。将质谱仪和计算机联用时，计算机可把质谱图中每一离子峰的强度及所代表的元素组成打印出一张元素图。从元素图中不仅可以知道离子的元素组成，也可以知道每个碎片离子的元素组成。仪器的分辨率越高，对离子质量测定的误差越小，得到的结果越可靠。

3) 官能团和化合物的类型

质谱图中各种碎片离子的质荷比 m/z 和相对丰度能提供有关化合物所含官能团和化合物类型的信息。在低质量区域，一个特定的 m/z 的离子只有少数几个元素组成和结构的可能性，例如，$m/z=29$，只有 CHO 和 C_2H_5 两种可能。研究重要的低质量端离子系列可以得到有关化合物类型的信息。表 11-10 列出了常见的低质量离子系列。

表 11-10　常见低质量离子系列

官能团	化学式	质荷比(m/z)
烷基	$C_nH_{2n+1}^+$	15　29　43　57　71　85
醛、酮	$C_nH_{2n-1}O^+$	29　43　57　71　85
胺	$C_nH_{2n+2}N^+$	30　44　58　72　86
醇、醚	$C_nH_{2n+1}O^+$	31　45　59　73　87
酸、酯	$C_nH_{2n-1}O_2^+$	45　59　73　87
氯代烷	$C_nH_{2n}Cl^+$	35　49　63　77　91
腈	$C_nH_{2n-2}N^+$	40　54　68　82　96
烯、环烷基	$C_nH_{2n-1}^+$	27　41　55　69　83　97
芳烃	$C_nH_{\leqslant n}^+$	38　39　50～52　63～65　75～78

随着质荷比增大，可能结构的数目呈指数上升，直接研究高质荷比离子很困难，通常研究小中性碎片的失去。这些小中性碎片可能是稳定分子或者自由基，在质谱仪中检测不到，在质谱图上看到的是分子离子失去中性碎片的离子，如$[M-1]^+$表示分子离子峰失去一个氢，$[M-15]^+$、$[M-18]^+$、$[M-20]^+$等总是表示分子离子失去 CH_3、H_2O、HF。

虽然离子的单分子裂解是多途径和多级反应，能生成许多碎片离子，但是由于官能团的存

在而引发的简单断裂或重排反应生成的离子常具有特殊的质量数(特征离子)。例如,苯基的 $m/z=77$,苄基 $m/z=91$,伯醇的 $m/z=31$ 等。了解特征离子所代表的结构对于确定化合物类型及所含官能团非常有用。表 11-11 列出了一些常见的特征离子。其中所有离子加 $14n$(n 为正整数)的同系列离子是相应同系物的特征离子。

表 11-11 常见特征离子

离子质荷比	组成	化合物类型
30	$CH_2=NH^+$	伯胺
31	$CH_2=OH^+$	伯醇
44	$C_2H_4O^{+\cdot}$	醛*
58	$C_3H_6O^{+\cdot}$	甲基酮*
59	$C_2H_3NO^{+\cdot}$	酰伯胺*
60	$C_2H_4O_2^{+\cdot}$	羧酸*
74	$C_3H_6O_2^{+\cdot}$	羧酸甲脂*
77	$C_6H_5^+$	含苯环的化合物
91	$C_7H_9^+$	含苄基的化合物
92	$C_7H_8^{+\cdot}$	含苄基的化合物*
93	$C_6H_5O^+$	苯基醚
94	$C_6H_6O^{+\cdot}$	苯基醚*
105	$C_6H_5CO^+$	苯甲酰衍生物

*能发生六元环状结构氢迁移重排失去小分子的化合物,生成奇电子离子。

11.6 波谱综合解析

从有机化学实际工作来看,综合利用波谱数据来鉴定一个化合物,具有用量少、快速、准确等优点。利用波谱数据来确定未知化合物的结构,需要对各个谱图进行细致的分析、反复验证,使推得的结构能与各种谱图相吻合。对于不同的实例往往可以采用不同的方法,有时即使是同一例子也可以从不同方面或用不同的程序加以解析。不过鉴定能否顺利在很大程度上取决于工作者本人对有机化学知识的熟悉程度以及对波谱原理的了解程度。

一般来说,除了紫外光谱,其余三种光谱方法都可独立用于简单化合物的结构分析。但是对于稍微复杂一些的实际问题,单靠一种光谱方法来解决问题是困难的,几种方法结合起来应用,各种信息相互补充、核对,可以避免和减少差错。但波谱综合解析并非片面追求"四谱俱全",而是以准确、简便和快速解决问题为目标,根据实际需要选择适当的方法。下面是波谱综合解析的一般程序,供读者参考。

(1) 确定分子式。一般情况下质谱数据能提供可靠的分子式,但由于有些化合物没有分子离子峰,所以碳、氢、氮、硫等元素定量分析数据将有很大帮助。此外用 ^1H NMR 数据也可对提出的分子式进行校核,因为分子中 ^1H 的总数应是 ^1H NMR 谱中各组峰面积最简单比例的和的整数倍。确定分子式是结构鉴定中最重要的方面,因为分子式一旦错误,以后的结构分析已经没有正确的可能性。

(2) 计算不饱和度 Ω(环加双键数)。在提出各种部分结构时,希望能包括所有除碳、氢以

外的杂原子和不饱和度数，故在确定分子式后，应立即计算出其不饱和度 Ω。公式为

$$\Omega = n_4 + 1 - \frac{n_1 - n_3}{2}$$

式中：n_1 是一价原子（如氢、卤素）个数；n_3 是三价原子（氮原子等）个数；n_4 是四价原子（碳原子等）个数。例如，分子式 $C_{14}H_{16}N_2O_2$，其不饱和度 Ω 为

$$\Omega = 14 + 1 - \frac{16 - 2}{2} = 8$$

$\Omega = 0$ 时为饱和化合物，$\Omega = 1$ 时为双键或有环状结构，$\Omega = 2$ 为两个双键（或环）或一个双键加一个环或一个叁键，依此类推。$\Omega \geqslant 4$ 时很可能含有芳香环。利用 IR 和 NMR 数据，用各种能想到的办法来弄清它们的归属，每指定一个不饱和度 Ω 归属，都应看作是结构鉴定的一项进展。

(3) 确定官能团。利用 IR、MS 的数据，找出分子中所含官能团及 Ω 的归属，力求有可靠的结论，并且能使 NMR、UV 提供有力的支持而相互印证。

(4) 列出结构片断。根据 ^1H NMR 谱的偶合常数及自旋裂分图形，找出各组质子间的关系，结合各组质子间的关系，并结合该组质子的化学位移将它和各种“杂原子”连接起来，如 —OCH_2CH_3、—$NHCH_3$、—CH_2—CH═CH—等。再把已经确定的各个结构片断所包含的原子加起来，与分子式比较，看看还相差多少，有时剩余的“残余结构”本身能提供一些信息。

(5) 组成可能的分子结构。在尽量不违背所有已知波谱数据的前提下，将小的结构单元组成较大的结构片断，最后列出可能的结构式。质谱中碎片离子的质荷比对排列和核对结构片断或整个分子结构非常有用。

(6) 核对数据，确定最终结构。对于比较复杂的化合物，上一步经常会列出不止一个可能结构，这时需要对每一个可能的结构式进行核对，然后选择出最可能的结构是必不可少的一步。即使在推测过程中只列出一个可能的结构，进行核对以避免错误也是必要的。

核对就是从分子结构出发，根据原理去推测各种谱图，并与实测的谱图对照。这时各种经验公式（如化学位移、偶合常数、紫外吸收峰的位置、摩尔消光系数等），简单的定性实验（如加酸、加碱后 IR，UV 的变化，重水交换后的 ^1H NMR 等）以及推测每一个可能结构中裂解方式、碎片离子的质荷比都能达到删除一些可能的结构式的目的。如果对各谱的核对均很满意，说明该结构是合理的、正确的。

当推测的可能结构有标准谱图可对照时，用对照标准谱图的方法也能确定最终结构。当测试条件固定时，红外光谱和核磁共振谱有相当好的重复性。同分异构体的质谱有时非常相似，因此单独使用质谱时要注意。若有两种或两种以上标准谱图用于对照，则结论相当可靠。

解析谱图能力的提高主要来自经验的积累。下面介绍一些典型的实例，仍按照上述一般程序进行解析，初学者应当独立完成一定数量的练习题，积累经验。

【例 11-3】 从谱图 11-48 推测未知物的结构。

解析　(1) 由质谱图可确定未知物的相对分子质量为 70。

(2) IR 中 3500～2700cm^{-1} 宽峰为 O—H 伸缩振动，1710cm^{-1} 为 C═O 伸缩振动，可认为有一羧基，这由 ^1H NMR 在 $\delta = 10.3$ppm 的峰以及加入 D_2O 后的变化所证实。IR 中 2130cm^{-1} 尖锐峰表示叁键的存在，在 ^1H NMR 中 $\delta = 3.15$ppm 表明炔氢 H—C≡C—存在，IR 的 3300cm^{-1} 峰支持了这一点。

(3) 由上述信息只能列出一个可能的结构：CH≡C—COOH。

(4) 用质谱验证 m/z 70 符合丙炔酸分子离子峰的质量数 70，同时根据羧酸羟基的 α-裂解可得到 m/z 53（失去 OH）和 m/z 25（失去 COOH）的碎片离子峰，以及 m/z 44 和 m/z 26 有很大的丰度（因为裂解为 CO_2 和

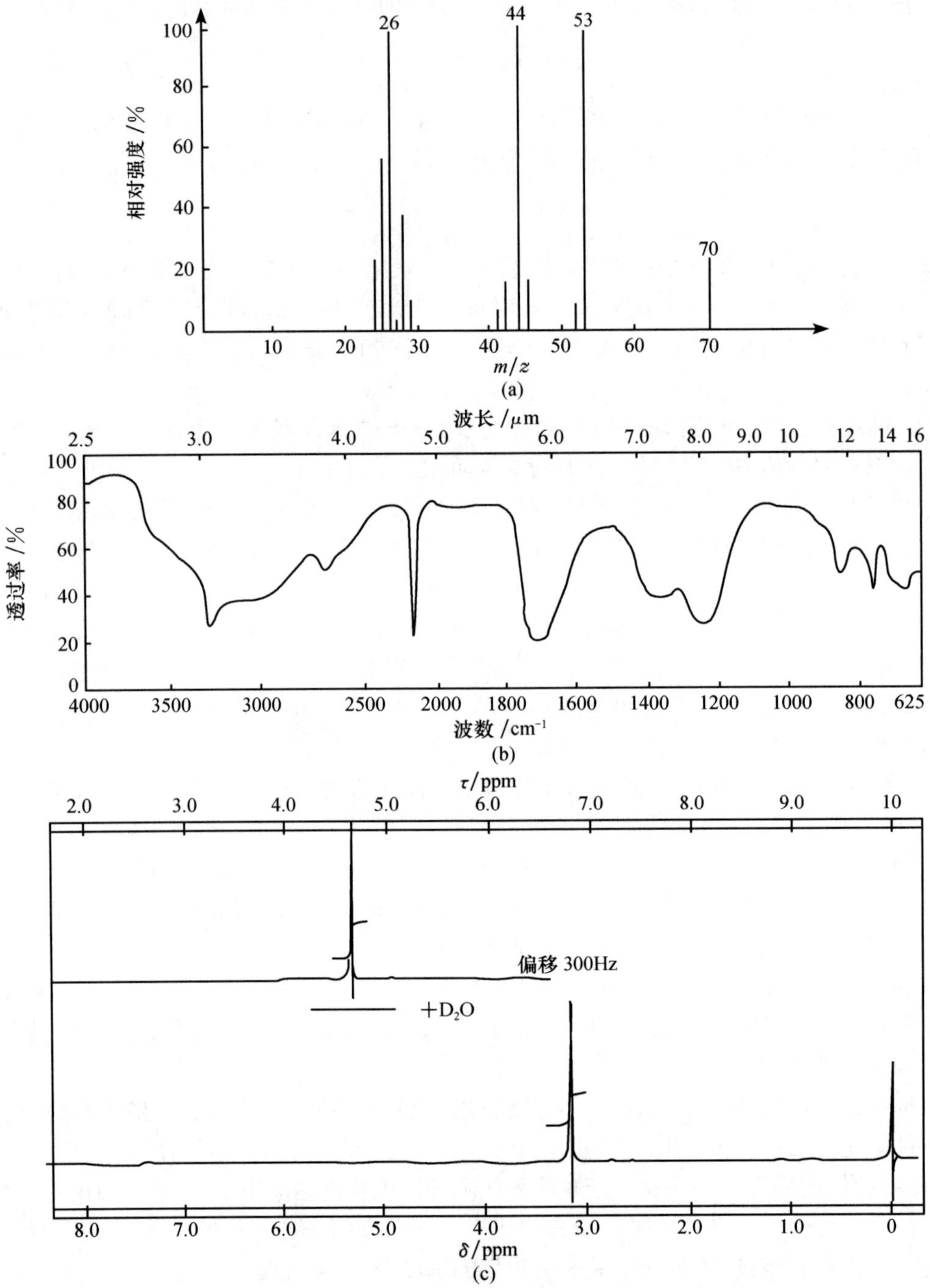

图 11-48　未知物的质谱图(a)、红外光谱图(b)和核磁共振谱图(c)

^{1}H NMR 在 $CDCl_3$ 中 60MHz(扫描宽度 50Hz)

乙炔,这可能是热裂解引起的)都证实了化合物为 CH≡C—COOH 这一结构。

【例 11-4】 从谱图 11-49 推测未知物的结构。

解析　(1) 由质谱图可知,确定未知物的相对分子质量为 122。

(2) IR 中 3350cm^{-1} 宽带吸收是 OH 在分子间形成氢键的特征。1050cm^{-1} 处的 C—O 伸缩振动和 ^{1}H NMR在 $\delta=3.15$ppm 的信号加入 D_2O 消失说明了这一点。因为 3030cm^{-1}、3070cm^{-1}、3090cm^{-1}、

$1610cm^{-1}$、$1500cm^{-1}$、$750cm^{-1}$和 $700cm^{-1}$峰的存在表明苯环存在，$750cm^{-1}$、$700cm^{-1}$骨架振动吸收表明为一单取代苯，由^{1}H NMR 在 $\delta=7.2ppm$ 处的积分有 5 个 Ar—H 亦可表明，而 MS 中 m/z 91 和 m/z 92 证明了苄基的存在。IR 在 2800～$2940cm^{-1}$峰表明有脂肪 C—H 存在。在δ 3.7ppm 和δ 2.7ppm 处有两个三重峰($J=7Hz$)说明存在两个相邻的—CH_2—，各有不同的化学位移。

(3) 上述分析可得到下列结构单元：C_6H_5—(CH_2—)、—CH_2CH_2—、OH。

(4) 由上述结构单元只能列出一个可能的结构：$C_6H_5CH_2CH_2OH$。

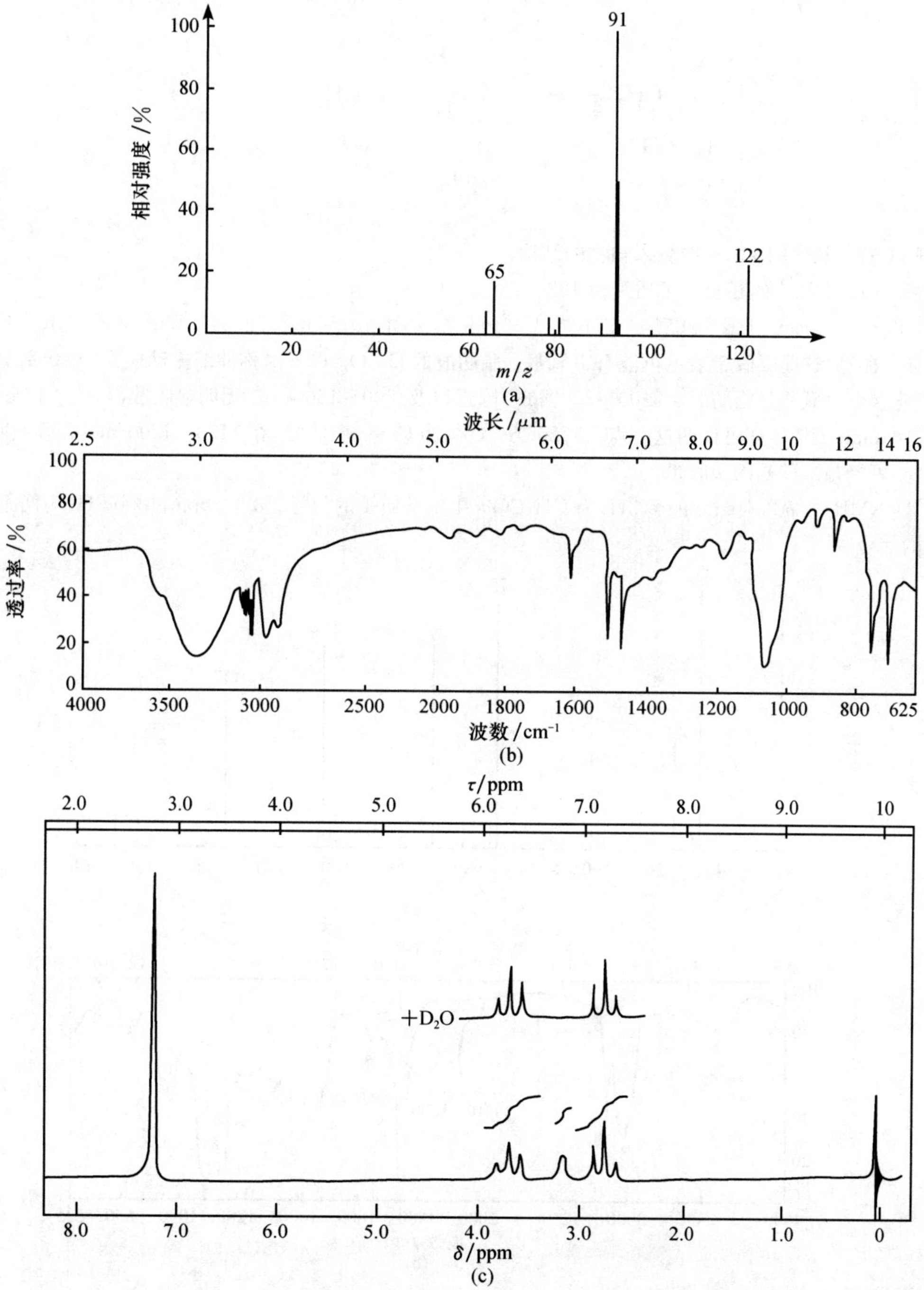

图 11-49　未知物的质谱图(a)、红外光谱图(b)和核磁共振氢谱图(c)

(5) 用质谱验证:

分子离子峰在 m/z 122 处,三个强峰 m/z 65、m/z 91 和 m/z 92 系由下列裂解而来:

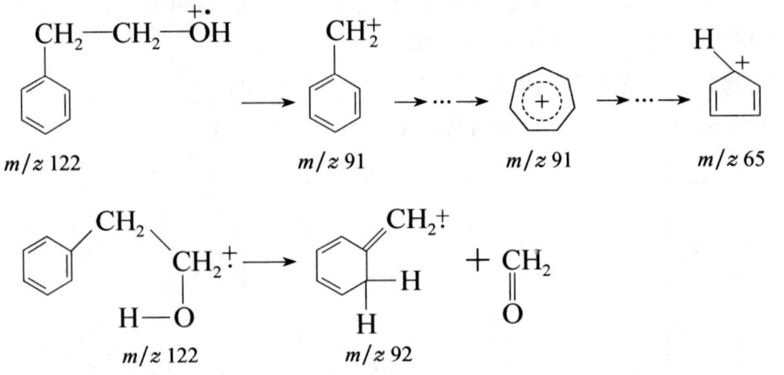

【例 11-5】 从谱图 11-50 推测未知物的结构。

解析 (1) 未知物的相对分子质量为 132。

(2) IR 中 $2830cm^{-1}$(强)可能是 OCH_3 中 C—H 伸缩振动,$1075cm^{-1}$(强)、$1125cm^{-1}$(强)为 C—O—C 的不对称伸缩振动,这些吸收带表示可能有甲氧基。脂肪醚的 C—O—C 不对称伸缩振动应在 $1060 \sim 1150cm^{-1}$(强),因此这个甲氧基是脂肪醚。$3100 \sim 3000cm^{-1}$附近以及$1500 \sim 1600cm^{-1}$无明显吸收峰,说明该分子中无苯环。$\delta > 5$ppm 无信号亦可证明这一点。$1720cm^{-1}$(强)为 C═O 吸收峰,在 $1150 \sim 1300cm^{-1}$无强吸收带,因此不是酯,可能是酮羰基的吸收带。

在^{1}H NMR 中,δ 2.1ppm 单峰(3H)为 CH_3CO—中甲基质子的信号。δ 3.3ppm 单峰(6H)为两个 OCH_3 中质子的信号。

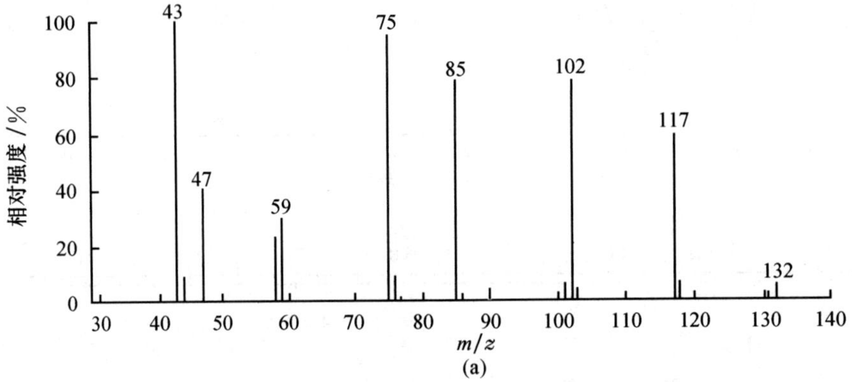

(a)

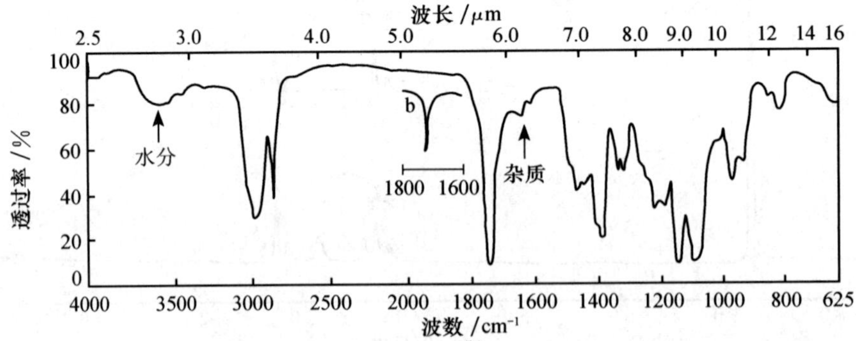

(b)

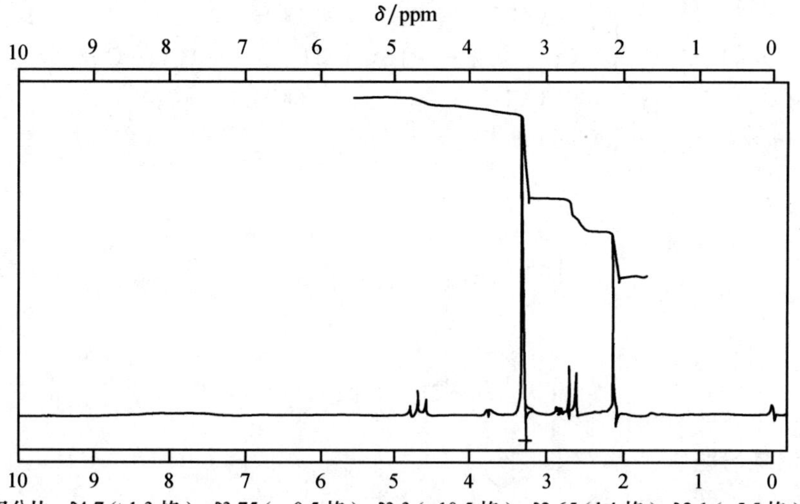

积分比：δ4.7 (t,1.3 格)，δ3.75 (m,0.5 格)，δ3.3 (s,10.5 格)，δ2.65 (d,4 格)，δ2.1 (s,5.5 格)

(c)

图 11-50 未知物的质谱图(a)、红外光谱图(b)和核磁共振氢谱图(c)

(3)"剩余结构"部分：

$$132-(12+3+16+16\times2+12\times2+3\times2)=27$$

由于"剩余相对分子质量"为 27，很可能为 CH_2、CH。在^{1}H NMR 中 δ 4.7ppm 三重峰(1H)和 δ 2.65ppm 二重峰(2H)说明了—CH_2—CH—结构片断的存在，这两处的 J 相同，可进一步说明—CH_2—CH— 孤立单元的存在。

在 IR 上已注明了有杂质存在，δ 3.75ppm 处的峰远不足一个 H，可视为杂质信号。

(4) 由上述结构单元可写出，下面两个结构式 Ⅰ 或 Ⅱ。

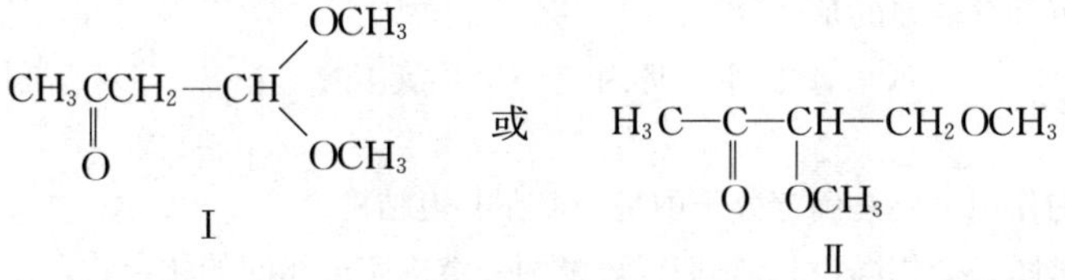

(5) 核对结构式。Ⅱ 中—CH_2—与不对称碳原子相连，CH_2 的两个质子不等价，与邻位质子有偶合，应为多重峰。Ⅱ 中两个 OCH_3 化学环境不同，信号也不可能重叠，因此可以排除 Ⅱ。

又 CH 的信号出现在很低场 δ 4.7ppm，可以认为这个 CH 可能与两个氧原子相连，Ⅰ 符合这一情形。

由 MS 数据可进一步核实。如按 Ⅰ，应有 m/z 117、m/z 102、m/z 75 和 m/z 43 的碎片离子出现。

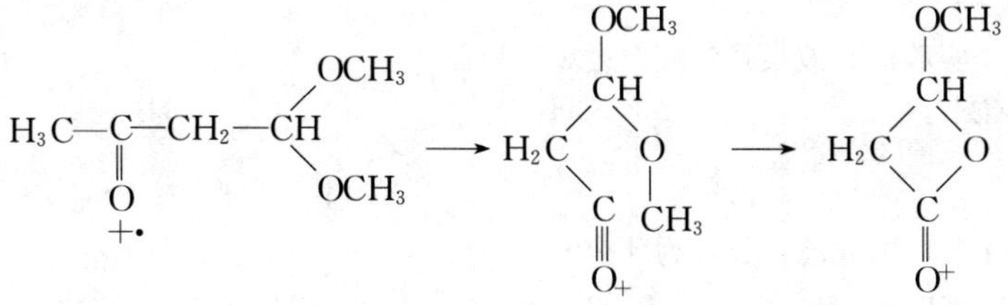

m/z 132　　m/z 117　　m/z 102

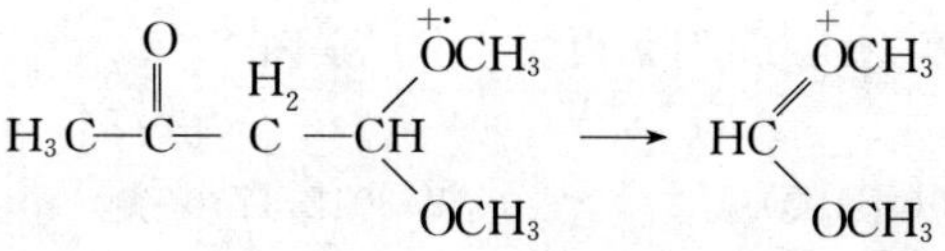

m/z 132　　m/z 75

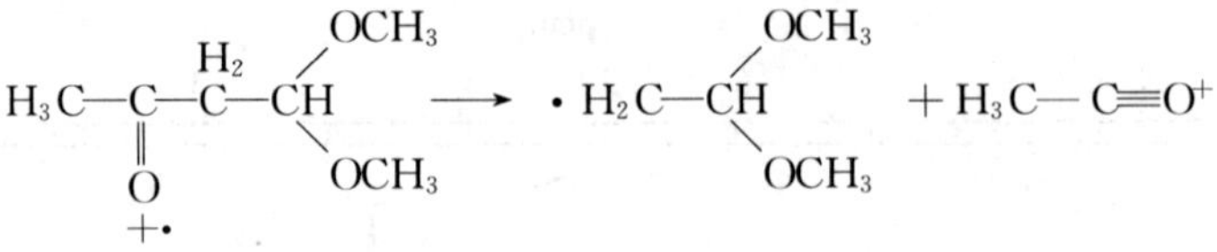

m/z 43

符合质谱图,故为Ⅰ,即

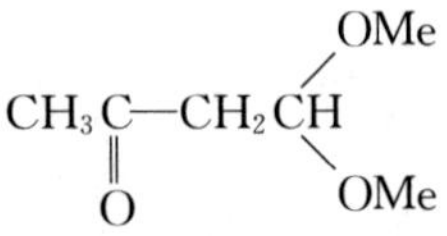

习　　题

(一) 基础知识练习题

1. 单项选择题。

(1) IR 谱的特征谱带区是(　　)。

A. 4000～1330cm^{-1}　　B. 3000～1000cm^{-1}　　C. 1335～650cm^{-1}　　D. 1000～650cm^{-1}

(2) 在 IR 谱中氢键缔合的—COOH 吸收出现在(　　)。

A. 2500～3000cm^{-1}窄峰　　B. 3000～3200cm^{-1}窄峰

C. 2500～3000cm^{-1}宽峰　　D. 3100～3400cm^{-1}窄峰

(3) 在 IR 谱中,在 3000cm^{-1}无吸收的化合物是(　　)。

A. 苯酚　　B. 苯胺　　C. 苯甲酸　　D. 甲醛

(4) 下列化合物中质子的化学位移最大的是(　　)。

A. 乙烷　　B. 乙烯　　C. 乙炔　　D. 苯

(5) 下列化合物中氢种类最多的是(　　)。

A. 丙烯　　B. 1,2-二甲基环丙烷　C. 2-氯丁烷　　D. 丁酮

2. 判断题。

(1) 紫外吸收光谱的作用主要是确定分子中是否存在共轭结构。　(　　)

(2) 如果两张红外谱图完全相同,那么它们代表了两个结构完全相同的化合物。　(　　)

(3) 利用核磁共振谱图可以准确推测分子的结构。　(　　)

(4) 在核磁共振氢谱中,化学位移值 δ 越大,表示该氢周围的屏蔽效应越强。　(　　)

(5) 在核磁共振氢谱中,由峰的裂分数目可以推测该峰代表的氢原子个数。　(　　)

3. 简要回答下列问题。

(1) 下列化合物哪个吸收的光波最长?哪个最短?为什么?

A. 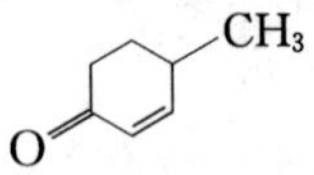　　B. 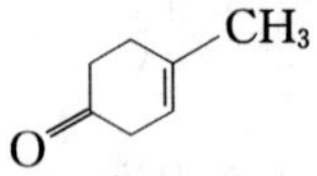　　C. 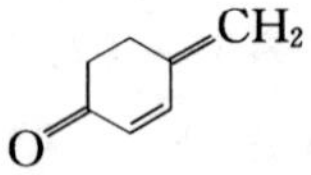

(2) 下列化合物哪个吸收的光波较长?为什么?

A. $CH_2=CH—CH=CH_2$　　B. $CH_3—CH=CH—CH=CH_2$

(3) 请指出下列四种同分异构体分别与哪一个红外光谱对应。

① 丙酮　　② 烯丙醇　　③ 环氧丙烷　　④ 丙醛

红外光谱数据(cm^{-1}):

A. 3333(宽),1030,1640(小,尖)　　B. 3012,1710(尖)

C. 3033,1150～1120(宽)　　D. 2739,1730(尖)

(二) 综合提高练习题

1. 回答下列问题。

(1) 在紫外吸收光谱中，为什么反二苯乙烯 $\lambda_{max}=295.5nm$，而顺二苯乙烯 $\lambda_{max}=280nm$?

(2) 红外光谱中，乙醇和乙二醇的浓 CCl_4 溶液在 $3350cm^{-1}$ 处都有宽的吸收，在极稀的 CCl_4 溶液中，乙醇的这个吸收带逐渐消失，代之在 $3600cm^{-1}$ 处出现一个尖的吸收带；而乙二醇的 $3350cm^{-1}$ 吸收带却始终存在。请解释原因。

2. 推测结构。

(1) 下列化合物的核磁共振氢谱中只有一个单峰，试写出它们的构造式：

① C_2H_6O　　② C_3H_6　　③ C_4H_6　　④ C_4H_8

⑤ C_5H_{12}　　⑥ $C_2H_4Br_2$　　⑦ C_8H_{18}

(2) 化合物 A($C_9H_{10}O$)不能起碘仿反应，其红外光谱表明在 $1690cm^{-1}$ 处有一强吸收峰。核磁共振氢谱如下：

δ 1.2ppm(3H)三重峰　　δ 3.0ppm(2H)四重峰　　δ 7.7ppm(5H)多重峰

推测 A 的结构。

已知 B 为 A 的异构体，能起碘仿反应，其红外光谱表明在 $1705cm^{-1}$ 处有一强吸收峰。核磁共振氢谱如下：

δ 2.0ppm(3H)单峰　　δ 3.5ppm(2H) 单峰　　δ 7.1ppm(5H)多重峰

推测 B 的结构。

(3) 化合物 A 的分子式为 $C_6H_{12}O_3$，在 $1710cm^{-1}$ 处有强的红外吸收峰。A 用碘的氢氧化钠溶液处理时得到黄色沉淀，与土伦试剂作用不发生银镜反应，然而 A 先用稀硫酸处理，然后再与土伦试剂作用有银镜产生。A 的核磁共振氢谱数据如下：

δ 2.1ppm(3H)单峰　　δ 3.2ppm(6H)单峰

δ 2.6ppm(2H)双峰　　δ 4.7ppm(1H)三重峰

推测 A 的结构。

(4) 化合物 A 的相对分子质量为 100，与 N_aBH_4 作用后得 B，相对分子质量为 102。B 的蒸气于高温下通过 Al_2O_3 可得 C，相对分子质量为 84。C 臭氧化分解后得 D 和 E。D 能发生碘仿反应，而 E 不能。试根据以上化学反应和 A 的如下图谱数据，推测 A 的结构，并写出各步反应式。

A 的 IR：	$1712cm^{-1}$	$1383cm^{-1}$	$1376cm^{-1}$	
A 的 ^1H NMR：δ/ppm	1.00	1.13	2.13	3.52
峰型	三	双	四	多
峰面积	7.1	13.9	4.5	2.3

(5) 某无色有机液体化合物，具有类似茉莉清甜的香气，在新鲜草莓中微量存在，在一些口香糖中也有使用。MS 分析得到分子离子峰 m/z 为 164，基峰 m/z 为 91；元素分析结果如下：C(73.15%)，H(7.37%)，O(19.48%)；其 IR 谱中在 $3080cm^{-1}$ 有中等强度的吸收，在 $1740cm^{-1}$ 及 $1230cm^{-1}$ 有强的吸收；^1H NMR 的数据 δ/ppm 如下：7.20(5H, m)，5.34(2H, s)，2.29(2H, q, J 7.1Hz)，1.14(3H, t, J 7.1Hz)。该化合物水解产物与 $FeCl_3$ 水溶液不显色。请根据上述有关数据推导该有机物的结构，并对 IR 的主要吸收峰及 ^1H NMR 的化学位移进行归属。

(6) 化合物 A，IR：$3200\sim3600cm^{-1}$；^1H NMR：$\delta=0.9$ 三重峰，$\delta=1.1$ 单峰，$\delta=1.6$ 四重峰，三个峰面积比为：3 ：7 ：2；MS 弱的分子离子峰：$m/e=88$，基峰为 $m/e=59$，其他各主要峰分别为 $m/e=73,70,59,55$。推测 A 的结构，并解释各峰的归属。

第 12 章　含氮化合物

分子中含有氮元素的有机化合物统称为含氮化合物(nitrogenous compound)。

含氮化合物可以看作是烃分子中的一个或几个氢原子被各种含有氮原子的基团取代后的生成物。含氮化合物的类型颇多,它们的结构特征是含有碳氮键(C—N、C═N、C≡N),有的还含有 N—N、N═N、N≡N、N—O、N═O 及 N—H 等价键。其中有的已经做过介绍,如酰胺类化合物等,这里不再重述。本章着重讨论硝基化合物、胺类、重氮和偶氮化合物、腈、异腈和异腈酸酯类化合物。

12.1　硝基化合物

烃分子中的氢原子被硝基($—NO_2$)取代后的生成物,称为硝基化合物(nitro compound)。一元硝基化合物的通式是 RNO_2 或 $ArNO_2$。

硝基化合物包括脂肪族、芳香族及脂环族硝基化合物;根据与硝基相连接的碳原子不同,可分为伯、仲、叔(1°、2°、3°)硝基化合物;又根据硝基的数目可分为一硝基和多硝基化合物。

硝基化合物与亚硝酸酯是同分异构体:

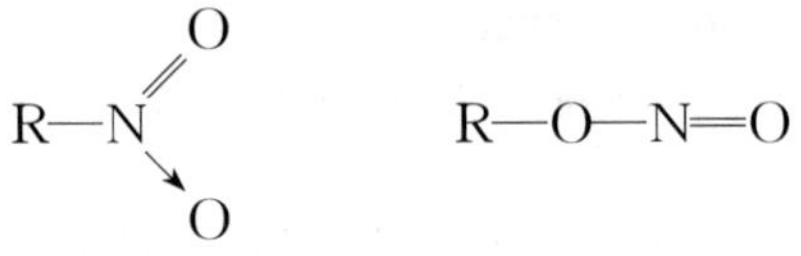

硝基化合物　　　　亚硝酸酯

脂肪族硝基化合物工业上由烷烃在高温下用浓硝酸、N_2O_4 或 NO_2 直接硝化制备,如

$$CH_4 + HNO_3 \xrightarrow{400℃} CH_3NO_2 + H_2O$$

$$CH_3CH_2CH_3 \xrightarrow[70\%]{NO_2,200℃} CH_3CH_2CH_2NO_2 + (CH_3)_2CHNO_2$$

烷烃的硝化反应与烷烃的卤化反应相似,也是自由基取代反应。实验室中,可通过卤代烷与亚硝酸盐(如 $NaNO_2$、$AgNO_2$ 等)的取代反应来制备一些硝基烷。如

$$CH_3(CH_2)_5\overset{\displaystyle Br\atop|}{C}HCH_3 + NaNO_2 \xrightarrow{58\%} CH_3(CH_2)_5\overset{\displaystyle NO_2\atop|}{C}HCH_3 + NaBr$$

芳香族硝基化合物一般采用直接硝化法制备。硝化时所用的试剂和反应条件,因反应物不同而异。

12.1.1　硝基化合物的结构

氮原子的电子层结构为 $1s^2 2s^2 2p^3$。其价电子层具有五个电子,而这一价电子层最多可容纳八个电子,因此,硝基化合物的结构可表示如下:

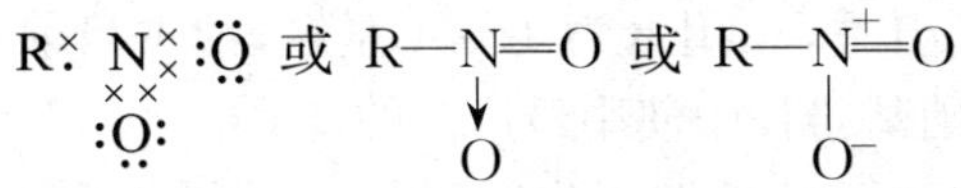

在上述结构式中，氮原子与一个氧原子以共价双键相结合，而与另一个氧原子以配价键相结合。由此看来，这两种不同氮氧键的键长应该是不同的。但电子衍射法实验证明：在硝基中两个氮氧键的键长都是 0.121nm。可见硝基中的两个氮氧键既不是一般的氮氧单键，也不是一般的氮氧双键，而是等同的。这是因为硝基中氮原子的 p 轨道和两个氧原子的 p 轨道平行且相互重叠，由此形成的共轭体系中发生了电子的离域，使得 N—O 键趋于平均化，硝基的负电荷平均分配在两个氧原子上。氮原子和两个氧原子上的 p 轨道互相重叠，形成包括三个原子在内的分子轨道：

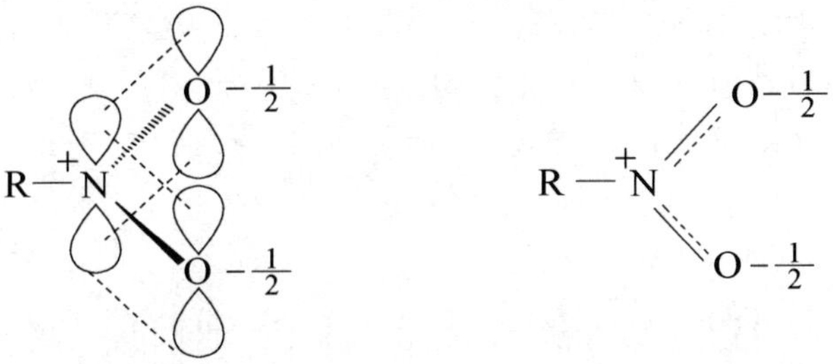

为方便起见，一般仍用 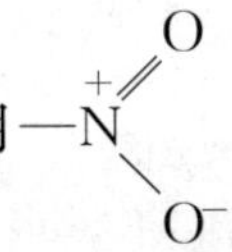 来表示硝基的结构。

由于键的平均化，硝基中的氧原子是等同的，写成共振式：

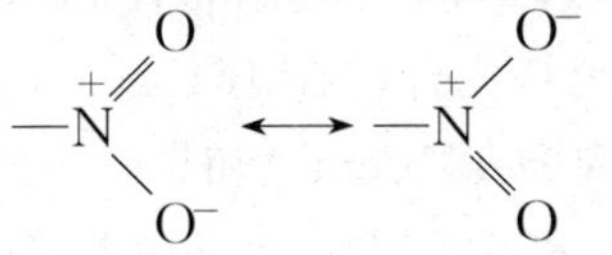

在硝基甲烷中，两个氮氧键的键长都是 0.122nm，而在亚硝酸甲酯中，则分别为 0.137nm（N—O）及 0.114nm（N═O）。

12.1.2　硝基化合物的物理性质

脂肪族硝基化合物是近于无色，具有香味的高沸点液体，微溶于水，易溶于醇和醚等有机溶剂，通常作为有机溶剂使用。

芳香族一元硝基化合物是无色或淡黄色的高沸点液体或固体，有苦杏仁味；多硝基化合物多数是黄色晶体。它们都不溶于水而溶于有机溶剂。多硝基化合物通常具有爆炸性，故可用作炸药。还有些多硝基化合物具有类似于天然麝香的香气而被用作香水、香皂和化妆品的定香剂，如

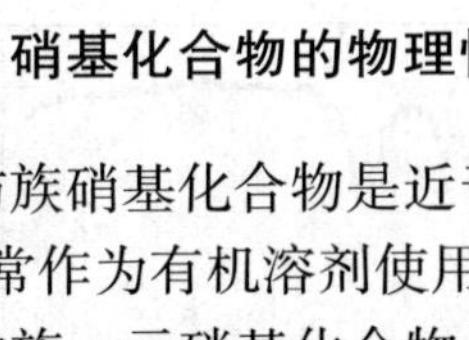

葵子麝香

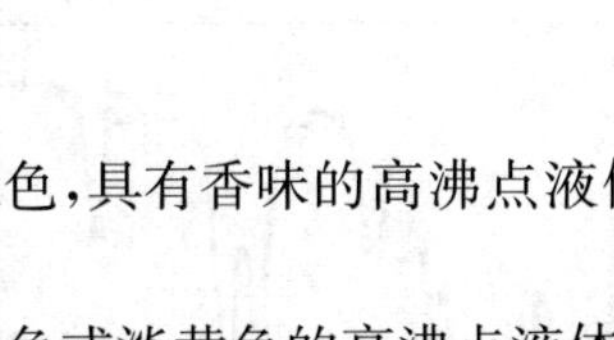

酮麝香

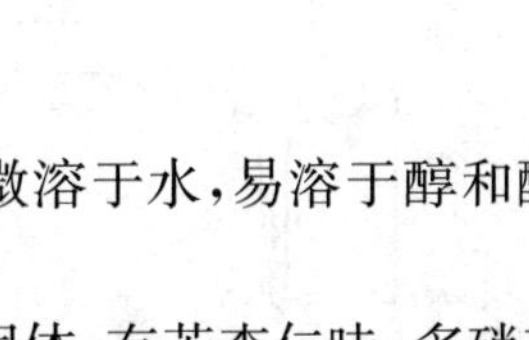

二甲苯麝香

此类合成麝香称为硝基麝香，年用量为 1000t 左右，约占目前世界上商品化人造麝香的 50%，其中葵子麝香是已知硝基麝香中使用最广泛的产品。

硝基化合物相对密度都大于 1，能溶于浓硫酸中，这是因为形成𨥙盐的缘故。

硝基化合物多数都具有毒性，是作用于肝、肾、中枢神经和血液的毒物，因此在使用时要倍加小心。

硝基化合物的物理常数见表 12-1。

表 12-1　硝基化合物的物理常数

名称	结构式	熔点/℃	沸点/℃	相对密度 d_4^{20}	折光率 n_D^{20}
硝基甲烷	CH_3NO_2	−28.5	101.5^{765mm}	1.1381	1.3811
硝基乙烷	$CH_3CH_2NO_2$	−90	114.8^{761mm}	1.0448	$1.3901^{24.3}$
1-硝基丙烷	$CH_3CH_2CH_2NO_2$	−108	132	$1.0221^{25℃/4}$	1.4016
2-硝基丙烷	$(CH_3)_2CHNO_2$	−93	120.3	1.024	$1.4003^{24.8}$
硝基苯	$C_6H_5NO_2$	5.6～5.7	210.9	$1.205^{18℃/4}$	1.5499
间二硝基苯	m-$C_6H_4(NO_2)_2$	90	302.8	$1.575^{18℃/4}$	
1,3,5-三硝基苯	1,3,5-$C_6H_3(NO_2)_3$	122	>122 分解	1.688	
邻硝基甲苯	o-$CH_3C_6H_4NO_2$	−9.5	222	1.1629	1.5474
对硝基甲苯	p-$CH_3C_6H_4NO_2$	51.4	237.7	1.286	1.5346
2,4-二硝基甲苯	$CH_3C_6H_3(NO_2)_2$	70	300，微分解	1.321	
2,4,6-三硝基甲苯	$CH_3C_6H_2(NO_2)_3$	81	280，爆炸	1.654	

硝基的红外光谱有很强的吸收峰，脂肪族伯和仲硝基化合物 N—O 伸缩振动在 1565～1545cm^{-1} 和 1385～1360cm^{-1}；叔硝基化合物在 1545～1530cm^{-1} 和 1360～1340cm^{-1}。芳香族硝基化合物 N—O 伸缩振动在 1550～1510cm^{-1} 和 1365～1335cm^{-1} 产生两个很强的吸收峰，C—N 键的伸缩振动吸收峰出现在 870cm^{-1} 附近。硝基乙烷和硝基苯的红外光谱图分别如图 12-1 和图 12-2 所示。

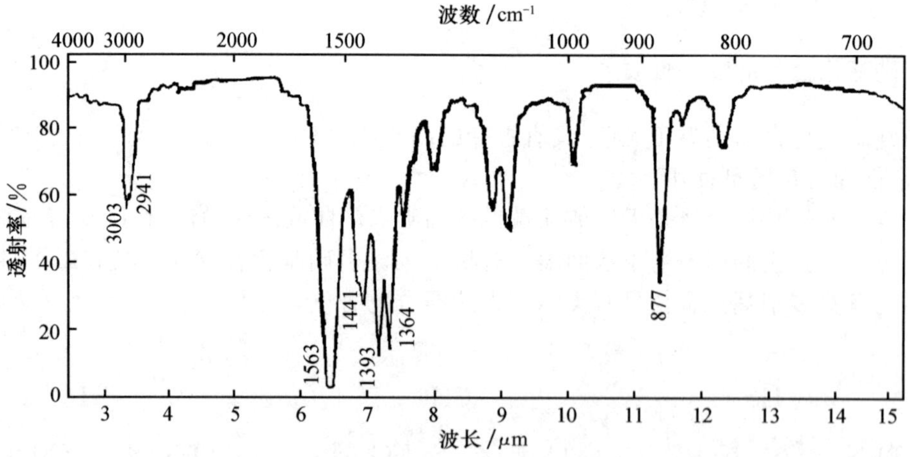

图 12-1　硝基乙烷的红外光谱

1563cm^{-1} 和 1393cm^{-1}：N—O 伸缩振动；877cm^{-1}：NO_2 弯曲振动；3003cm^{-1} 和 2941cm^{-1}：C—H 伸缩振动；1441cm^{-1}：C—H 弯曲振动（甲基或亚甲基）；1364cm^{-1}：C—H 弯曲振动（甲基）

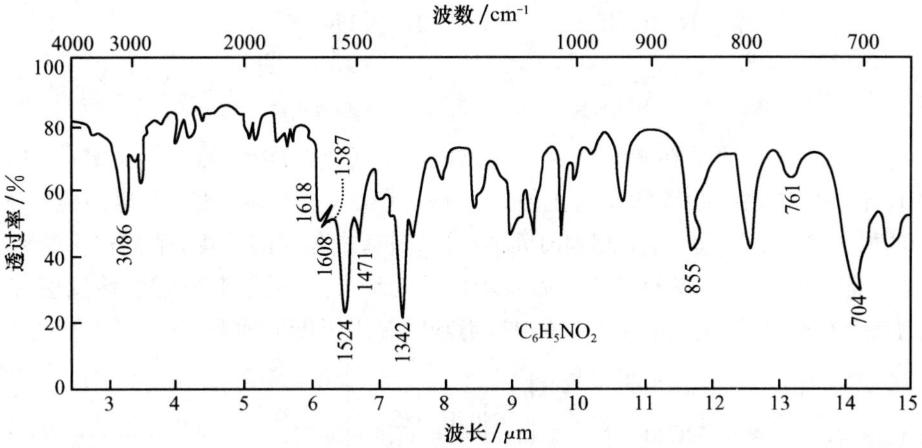

图 12-2　硝基苯的红外光谱

1618cm^{-1}, 1608cm^{-1}, 1587cm^{-1}和 1471cm^{-1}: C═C 伸缩振动(芳环); 3086cm^{-1}: ═CH 伸缩振动(芳香族化合物); 1524cm^{-1}和 1342cm^{-1}: N—O 伸缩振动(芳硝基化合物); 855cm^{-1}: NO_2 弯曲振动; 761cm^{-1}和 704cm^{-1}: 一取代苯 C—H 弯曲振动

在硝基化合物的核磁共振谱中，直接与硝基相连的亚甲基上的氢，因受硝基强吸电性的影响，信号出现在较低场，一般 δ 为 4.28～4.34ppm；随着与硝基的距离拉长，信号逐渐向较高场移动。

芳香族硝基化合物的紫外光谱图中，在 250～300nm 处有一强而宽的吸收峰，其位置取决于溶剂和苯环上取代基的性质。硝基苯的^{1}H NMR 谱图中，硝基使苯环上质子的化学位移向低场移动，邻、间和对位上的氢分别移动 0.93ppm、0.21ppm 和 0.33ppm。

脂肪族硝基化合物的质谱图中通常没有分子离子峰(M^+)，而有很强的m/z 30(NO^+)和 m/z 46(NO_2^+)峰，高级脂肪族硝基化合物的最强峰是由 C—C 键断裂所形成的烃基离子峰。芳香族硝基化合物有很强的分子离子峰(M^+)，m/z 30 峰以及 M－30、M－46 等峰。

12.1.3　硝基化合物的化学性质

12.1.3.1　硝基化合物 α-氢的活泼性

1）互变异构

含有 α-氢的脂肪族伯或仲硝基化合物能逐渐溶解于氢氧化钠溶液而生成钠盐，如

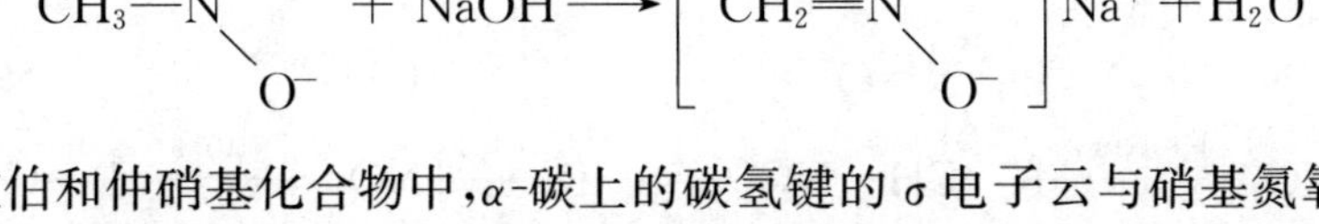

这是因为在伯和仲硝基化合物中，α-碳上的碳氢键的 σ 电子云与硝基氮氧双键的 π 电子云之间存在着 σ-π 超共轭效应，从而使 α-氢变得比较活泼，可以转移到硝基氧原子上去，因此存在着下面的互变异构现象。

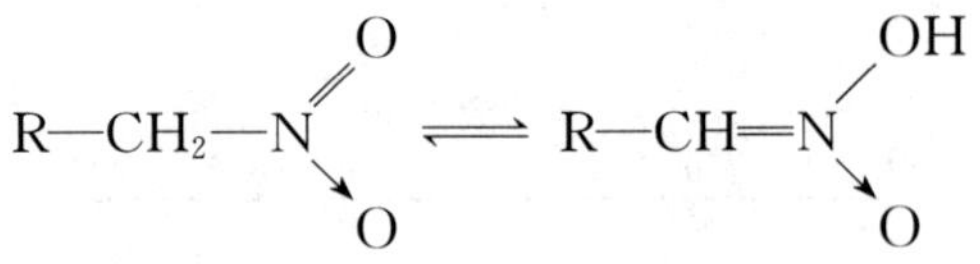

硝基式　　假酸式

假酸式中氧原子上的氢原子在水溶液中能电离成质子而呈现酸性，故可与强碱作用生成盐。

伯和仲硝基化合物在游离状态时主要以硝基式存在，并不显酸性，但遇到碱溶液时，碱便与少量的假酸式作用而成盐，这就破坏了假酸式和硝基式之间的平衡，硝基式不断地转变成假酸式，以至全部与碱作用生成酸式盐。后者用硫酸处理可分别得到醛或酮，该反应称为Nef裂解反应，它在有机合成上有一定用处。例如，硝基甲烷用于糖的递升。

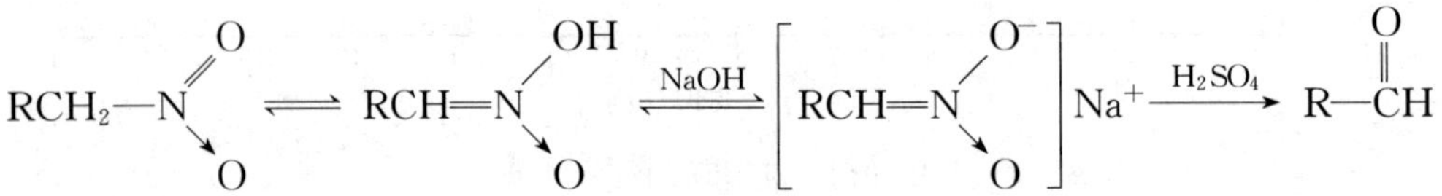

脂肪族叔硝基化合物和芳香族硝基化合物因没有 α-氢，所以它们不能与碱作用。

假酸式有烯醇式特征，如与 $FeCl_3$ 溶液有显色反应，也能与 Br_2/CCl_4 溶液加成。通常硝基化合物中的假酸式含量很少。例如，p-$NO_2C_6H_4CH_2NO_2$ 在乙醇中假酸式的含量只有0.18%。

2）缩合反应

与羟醛缩合及克莱森缩合等反应类似，具有活泼 α-氢的硝基化合物可以与羰基化合物作用，这在有机合成中很有用处，如

$$C_6H_5CHO + CH_3NO_2 \xrightarrow{OH^-} \xrightarrow[\triangle]{-H_2O} C_6H_5CH{=}CHNO_2$$

$$C_6H_5COOC_2H_5 + CH_3NO_2 \xrightarrow{C_2H_5O^-} C_6H_5COCH_2NO_2 + C_2H_5OH$$

$$C_6H_5CH_2NO_2 + CH_3COCH_3 \xrightarrow{OH^-} C_6H_5{-}\underset{NO_2}{\underset{|}{CH}}{-}\underset{OH}{\underset{|}{C}}(CH_3)_2$$

其他的如2,4-二硝基甲苯都能有类似的反应。

反应机理：具有 α-氢的硝基化合物在碱的作用下可以生成稳定的碳负离子并发生亲核反应。

3）与亚硝酸反应

伯硝基化合物与亚硝酸反应得到蓝色的 α-亚硝基取代的硝基化合物。在碱性的作用下转变成红色的硝肟酸的钠盐：

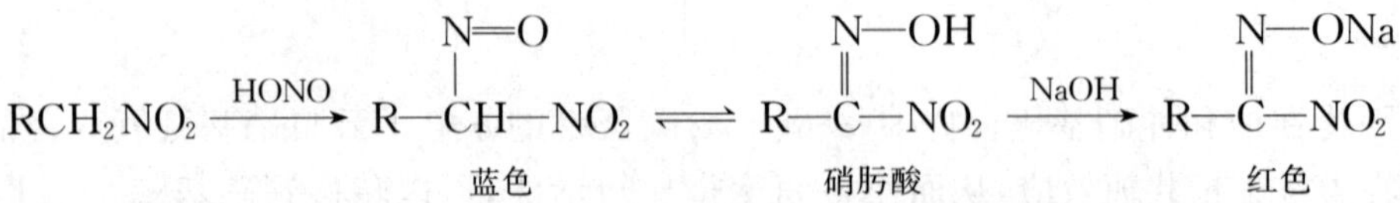

蓝色　　硝肟酸　　红色

仲硝基化合物在与亚硝酸反应后生成无色的 α-亚硝基硝基化合物。此时硝基 α-碳上不再有氢原子存在，也不会再变成硝肟酸，但是在碱性条件下仍转成蓝色。

叔硝基化合物无 α-氢，与亚硝酸无作用。

12.1.3.2　硝基化合物的还原

硝基化合物容易被还原，其还原产物因条件不同而异。因芳香族硝基化合物的还原较为复杂，而且应用也比脂肪族硝基化合物更为广泛，故以硝基苯为例讨论之。

硝基苯还原时，反应介质的 pH 对反应结果影响颇大，在酸性或中性介质中进行的是单分子还原；而在碱性介质中进行的却是双分子还原。

硝基苯在强酸介质中，用金属还原时，总是得到苯胺。用催化氢化法也可得到同样的结果。

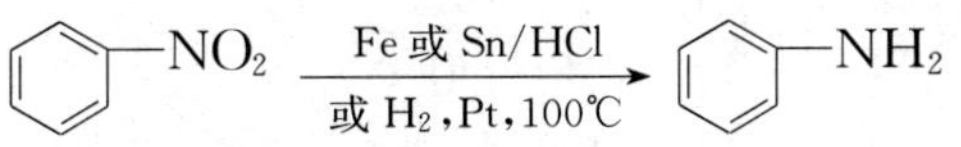

其中金属的作用是供给电子，反应机理如下：

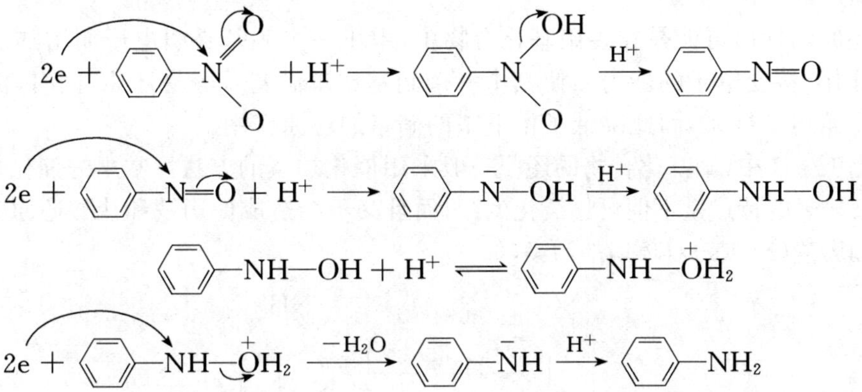

当芳环上还连有可被还原的羰基时，则用氯化亚锡和盐酸还原是特别有用的，因为它只还原硝基成为氨基，如

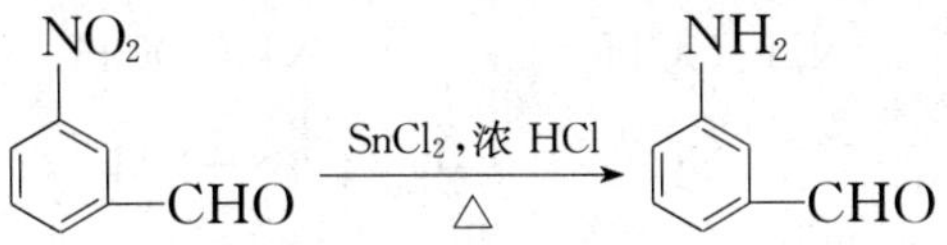

硝基苯在中性或碱性介质中还原，选用不同的还原剂可得到各种不同的中间产物，这些中间产物又在一定条件下相互转化。现将有关反应概括如下：

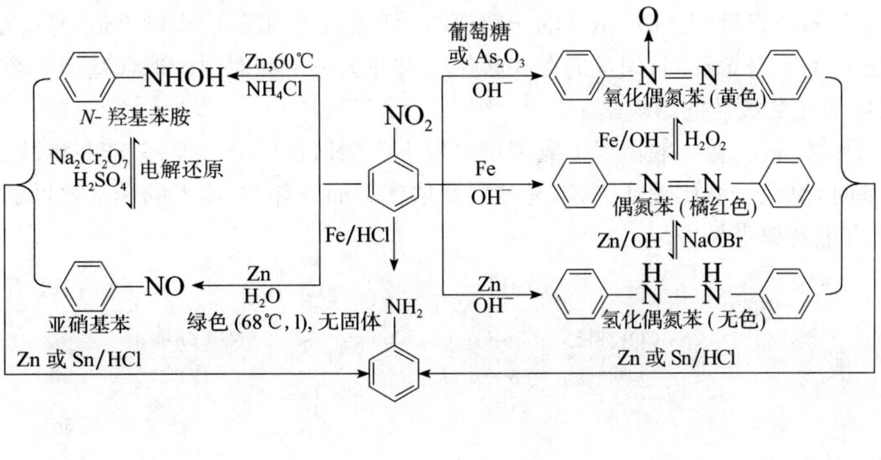

钠或铵的硫化物、硫氢化物或多硫化物，如硫化钠、硫化铵、硫氢化钠、硫氢化铵等，以及氯化亚锡和盐酸，在适当的条件下，可以选择性地将多硝基化合物中的一个硝基还原成氨基，而具有一定的实用意义。至于选择哪一个硝基还原，还无法预测，这是通过实验得到的结果，如

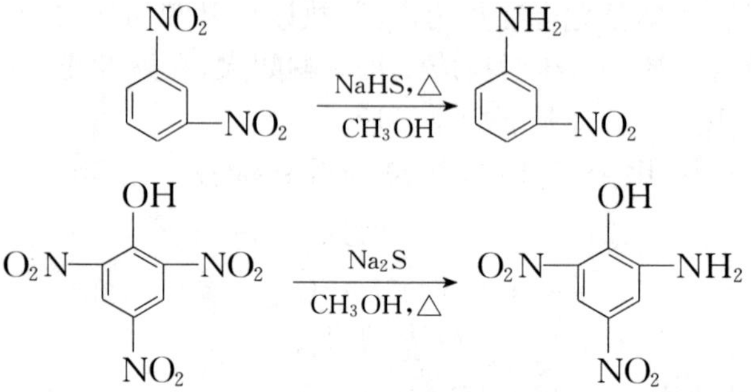

若试剂过量，则继续反应。

部分还原的理由可能是在多硝基化合物中，由于一个硝基吸引电子而增加了另一个硝基的还原作用（接受电子的能力），使其中一个硝基比单硝基苯容易还原，同时，由于氨基的生成而产生给电子性质，因此降低了留下来的硝基的还原作用。

现代化工生产中，硝基化合物的还原一般采用催化加氢的方法。常用的催化剂有 Cu、Ni 或 Pt 等，其显著的特点是不但可连续化生产，而且又不会造成像用铁和盐酸还原时所产生的大量废水和废渣（Fe_3O_4）对环境的污染，如

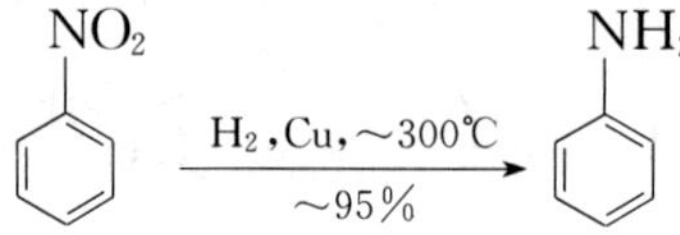

实验室中也可采用这种方法，如用硝基化合物的醇溶液和分散得很细的活性镍粉或铂在氢气中振荡时，硝基即可被还原成氨基，如

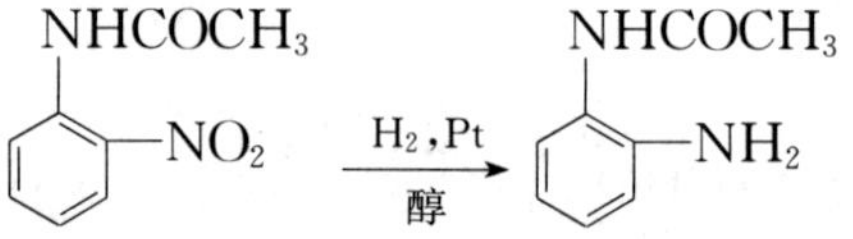

12.1.3.3 硝基对苯环邻、对位上取代基的影响

当硝基与苯环直接相连时，硝基的 π 轨道与苯环的 π 轨道构成离域轨道，其电子的离域是朝着硝基方向的。毫无疑问，硝基的存在必然会对环上邻位和对位的取代基产生影响。

1）对卤原子活泼性的影响

如 7.5.4 节所述，在一般情况下氯苯难以发生亲核取代反应。但是，若在氯苯的邻位或对位连有硝基时，氯原子就比较活泼，容易被羟基取代。而且邻、对位上的硝基数目越多，氯原子越活泼，反应也就越容易进行，如

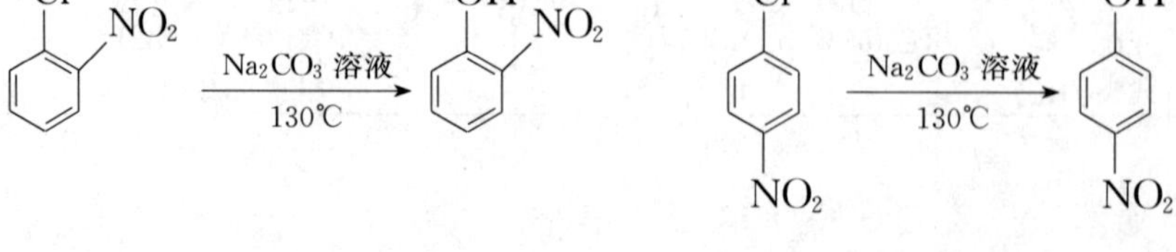

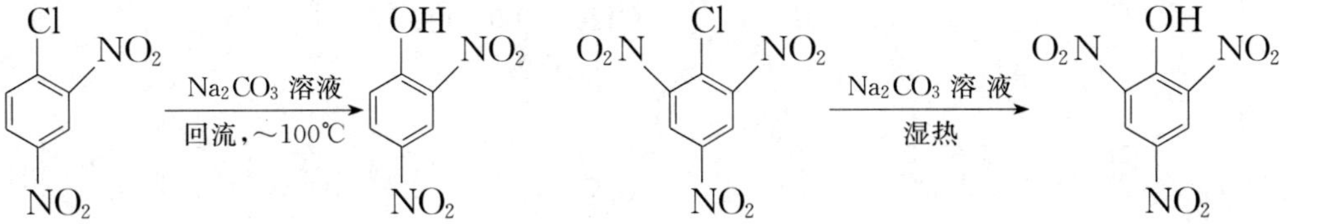

这是因为硝基氯苯的水解反应系亲核取代反应，就其反应历程来说，首先是亲核试剂 OH^- 进攻氯原子连接的碳原子，形成碳负离子中间体，然后是碳负离子失去负氯离子生成产物，属于加成-消除历程(addition-elimination mechanism)。

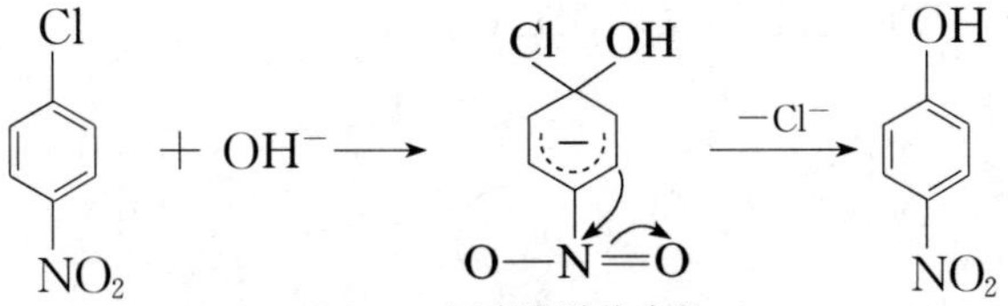

迈森海默络合物

硝基的影响就在于当它处于氯原子的邻位或对位时，由于硝基吸电子诱导和共轭效应的影响，使碳负离子中间体的负电荷得到分散，体系能量降低，中间体的稳定性增加，因此有利于水解反应的进行。显然，处于邻、对位上的硝基数目越多，碳负离子中间体的负电荷越分散，其稳定性也随之增加，反应也就更容易进行；但是，当它处于氯原子的间位时，所引起的中间体负电荷的分散作用仅表现在吸电子诱导效应上，故对氯原子的活泼性影响不大。

2) 对苯酚酸性的影响

苯酚是一种弱酸，其酸性比碳酸还弱。当在苯环上引入硝基时可使其酸性增强。例如，2，4-二硝基苯酚的酸性与甲酸相近，2，4，6-三硝基苯酚的酸性几乎与强无机酸相近。苯酚及硝基酚类的 pK_a 值如表 12-2 所示。

表 12-2　苯酚及硝基酚类的 pK_a 值

名称	苯酚	邻硝基苯酚	间硝基苯酚	对硝基苯酚	2,4-二硝基苯酚	2,4,6-三硝基苯酚
pK_a(25℃)	10	7.22	8.39	7.15	4.09	0.25

硝基对酚羟基的影响与硝基和羟基在环上的相对位置有关。当硝基处于羟基的邻、对位时，由于产物邻或对硝基苯氧负离子上的负电荷可以通过诱导效应和共轭效应分散到硝基上去得以稳定，故邻或对硝基苯酚的酸性较强。

3) 对甲基的影响

如果硝基的邻位或对位连有甲基，由于受硝基诱导效应与共轭效应的影响，邻、对位甲基上的氢变得活泼，因此可与苯甲醛发生缩合反应。

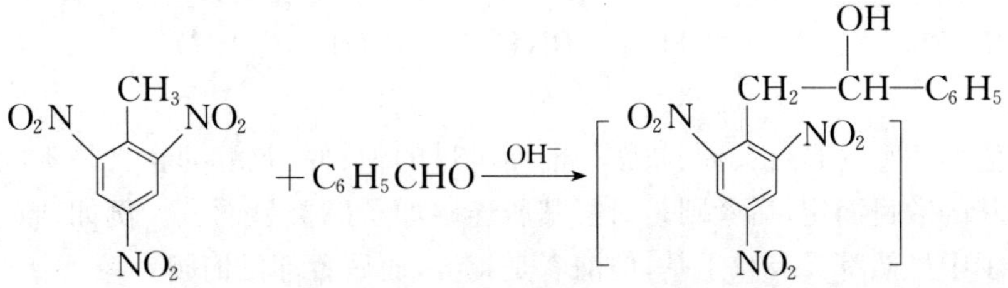

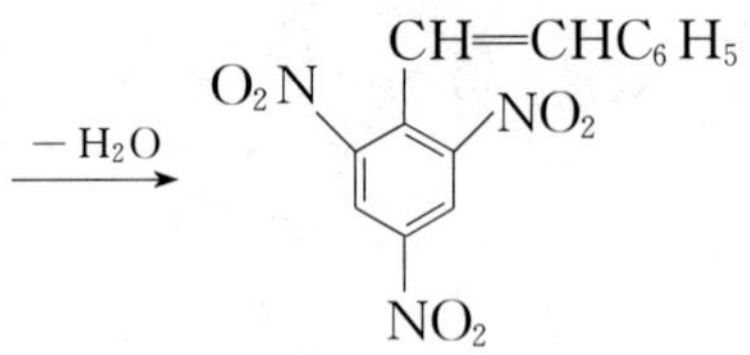

如果硝基处于甲基的间位，则不发生上面的缩合反应。

4）对羧基的影响

硝基的存在，能使芳酸的酸性增强。另外，苯环上的羧基容易脱羧。例如，强烈性炸药1,3,5-三硝基苯(TNB)就是通过下列反应制造的：

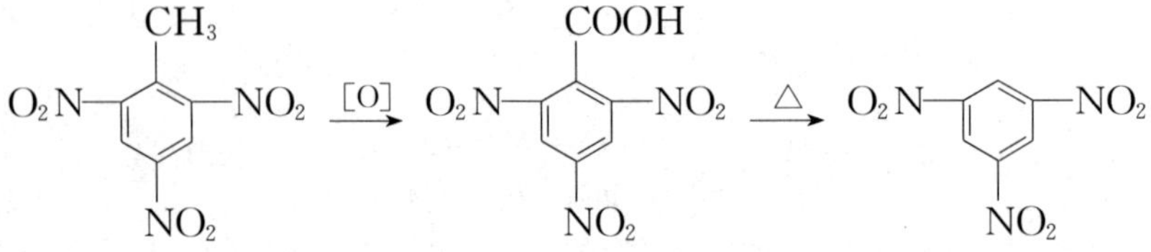

TNT　　　　TNB

TNB 的爆炸性较 TNT 更强烈。

5）对氨基的影响

硝基使芳氨中氮原子上的电子云密度降低，从而使芳胺碱性明显减弱。

总之，硝基能增加苯环邻位或对位取代基的活泼性。在合成上就利用这一性质来合成邻、对位的硝基衍生物，如

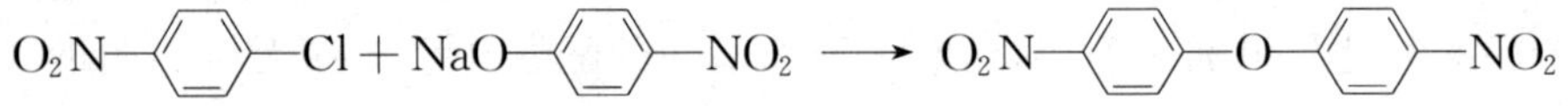

4,4′-二硝基二苯醚可用来合成 4,4′-二氨基二苯醚，后者是制备工程塑料聚酰亚胺的原料之一。

12.2　胺

12.2.1　胺的分类、结构

12.2.1.1　胺的分类

胺(amine)可看作氨(NH_3)的衍生物，即氨分子中的氢原子被烃基取代的产物。氨分子中的一个、两个或三个氢原子被烃基取代后的生成物，分别称为伯胺(1°胺)、仲胺(2°胺)或叔胺(3°胺)。

NH_3	RNH_2	R_2NH	R_3N
氨	伯胺	仲胺	叔胺

这里值得注意的是：伯、仲、叔胺与前面讲过的伯、仲、叔醇的含义是不同的。前者由氮原子所连烃基的数目而定，后者则是对羟基所连碳原子的类型而言。例如，叔丁醇和叔丁胺，在它们的分子中虽然都具有叔丁基，但前者是叔醇，而后者却是伯胺。

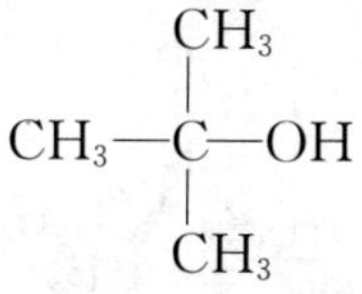

叔醇(羟基与叔碳相连)

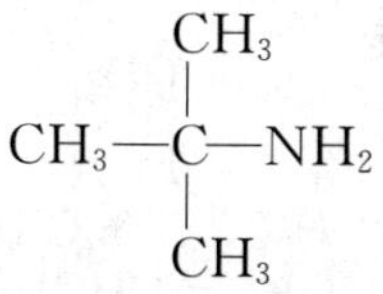

伯胺(氮原子只连接一个烷基)

胺类根据烃基的不同可分为脂肪族胺和芳香族胺;根据分子中氨基的数目又可分为一元胺、二元胺等。

相当于氢氧化铵和铵盐的四烃基取代物,则分别称为季铵碱和季铵盐。

$R_4N^+OH^-$　季铵碱　　$R_4N^+X^-$　季铵盐

12.2.1.2　胺的结构

氨分子中的氮原子是以 sp^3 杂化轨道分别与三个氢原子的 s 轨道构成 σ 键(N—H)的,而氮原子上的一对未共用电子对则占据了第四个杂化轨道,故氨分子具有锥形体结构。同理,胺亦具有锥形体结构。

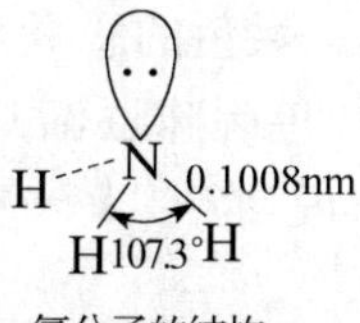

氨分子的结构

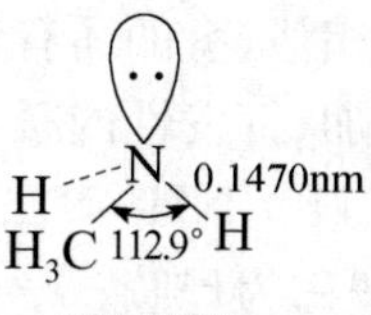

甲胺的结构

如果把胺分子的未共用电子对看成是一个附加的取代基,那么,对氮上连有的三个不同原子或原子团来说就应该具有旋光性。例如,甲乙胺分子在氮上连接了四个不同的取代基——甲基、乙基、氢原子和 sp^3 杂化轨道内的未共用电子对,该分子是手性分子,理应有对映异构体,但遗憾的是至今还没能分离出类似甲乙胺分子的两个对映体。这是因为对于那些烃基较小的胺来说,两个异构体之间的势能差较小(一般只需 25.1kJ/mol 的活化能),在室温下,分子的热运动足以克服势能差使构型发生翻转而迅速地相互转变,所以它们的对映异构体通常不能分离出来。

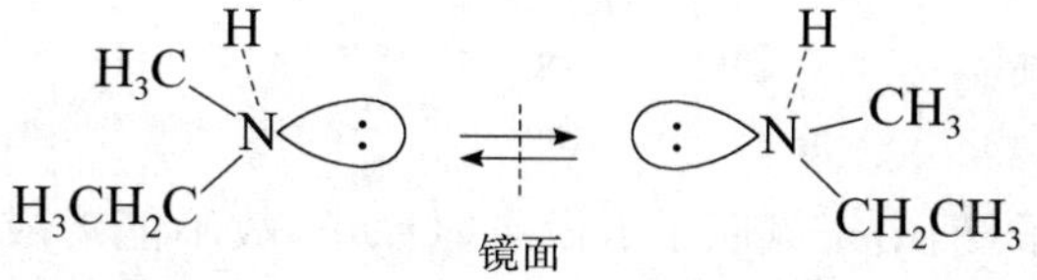

如果使氮原子上所连基团具有足够的空间因素或形成环状,使该化合物的构型不能翻转,那么,它们的对映体便可拆分,手性季铵正离子、氧化胺类就可以拆分成比较稳定的对映体,如

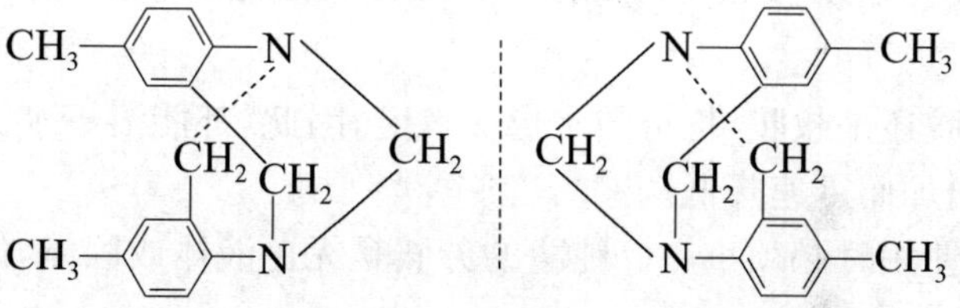

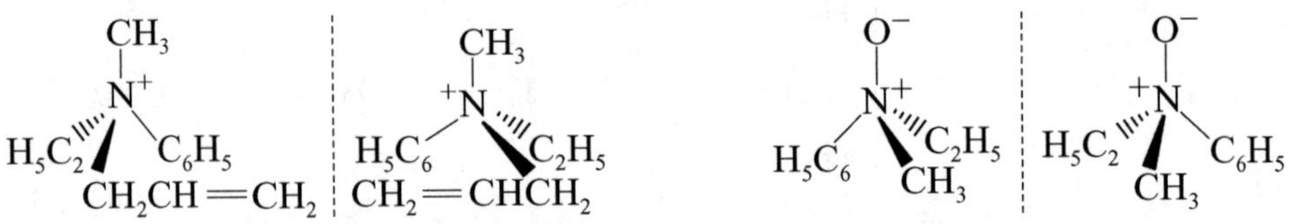

氨基连在双键上的烯胺类化合物，与烯醇型的不稳定性类似，容易异构化为较稳定的亚胺类化合物：

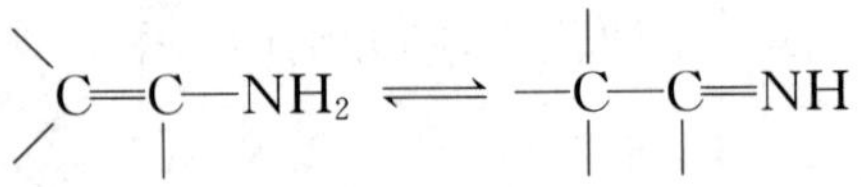

但是具有芳香大 π 键的苯胺类化合物却较稳定，这是由于有与酚类相似的 p-π 共轭效应，所不同的是参与共轭的氮原子上的电子对是处于 sp^3 杂化轨道（准确说，N 杂化状态在 sp^2 与 sp^3 之间，H—N—H 平面与苯环平面之间的角度为 39.4°）。

12.2.2　胺的物理性质

低级脂肪胺如甲胺、二甲胺、三甲胺和乙胺在常温下为气体，其他低级胺为液体，高级胺则为固体。低级胺的气味与氨相似，有的还有鱼腥味。烂鱼的恶臭味就是三甲胺 $(CH_3)_3N$ 的气味。随着相对分子质量的增加、挥发性的减小，这种鱼腥味逐渐减小，以至几乎没有气味。对于 $H_2N(CH_2)_4NH_2$、$H_2N(CH_2)_5NH_2$ 等二元胺来说，胺的特殊气味就更加明显，难怪人们把丁二胺称为腐胺，而把戊二胺称为尸胺。

像氨一样，胺也是极性物质，除叔胺外均可形成分子间氢键，因此，伯胺和仲胺的沸点比相对分子质量相近的烷烃高。但因氮的电负性小于氧，N—H…N 氢键比 O—H…O 氢键弱，所以其沸点低于相对分子质量相近的醇和羧酸，如

	$CH_3(CH_2)_4CH_3$ 己烷	$CH_3(CH_2)_4NH_2$ 正戊胺
相对分子质量	86	87
b. p. /℃	69	104.4

	$CH_3(CH_2)_3CH_2OH$ 正戊醇	$CH_3(CH_2)_2COOH$ 正丁酸
相对分子质量	88	88
b. p. /℃	138	164

叔胺虽然是极性分子，但由于氮原子上没有氢原子，故不能形成分子间氢键，其沸点与相对分子质量相近的烷烃接近。在相对分子质量相同的脂肪胺中，伯胺沸点最高，仲胺次之，叔胺最低，如

	$CH_3CH_2CH_2NH_2$	$CH_3CH_2NHCH_3$	$(CH_3)_3N$
b. p. /℃	48.7	36	2.9

无论是伯胺、仲胺还是叔胺，均可与水形成氢键，因此，都能溶于水。但在水中的溶解度随着相对分子质量的增加而迅速降低。

芳胺毒性较大，使用时必须小心。纯净的芳胺是无色液体或固体，但由于易被氧化致使常带点黄色或棕色。

部分胺的物理常数见表 12-3。

表 12-3　部分胺的物理常数

名称	结构式	熔点/℃	沸点/℃	相对密度 d_4^{20}	折射率 n_D^{20}
甲胺	CH_3NH_2	−92	−7.5	0.6628	$1.432^{17.5℃}$
二甲胺	$(CH_3)_2NH$	−96	7.5	$0.6804^{0℃}$	$1.350^{17℃}$
三甲胺	$(CH_3)_3N$	−117	3	0.6356	$1.3631^{0℃}$
乙胺	$CH_3CH_2NH_2$	−80	17	0.6829	1.3663
二乙胺	$(CH_3CH_2)_2NH$	−39	55	0.7056	1.3864
三乙胺	$(CH_3CH_2)_3N$	−115	89	0.7275	1.4010
正丙胺	$CH_3CH_2CH_2NH_2$	−83	48.7	0.7173	1.3870
正丁胺	$CH_3(CH_2)_2CH_2NH_2$	−50	77.8	0.7414	1.4031
正戊胺	$CH_3(CH_2)_3CH_2NH_2$	−55	104.4	0.7547	1.4118
乙二胺	$H_2NCH_2CH_2NH_2$	8	117	0.8995	1.4565
丁二胺	$H_2N(CH_2)_4NH_2$	27～28	158～160	$0.877^{25℃}$	
戊二胺	$H_2N(CH_2)_5NH_2$	9	178～180	$0.867^{25℃}$	$1.4561^{25℃}$
己二胺	$H_2N(CH_2)_6NH_2$	41～42	204～205		
氢氧化四甲铵	$(CH_3)_4N^+OH^-$	63	135 分解		
苯胺	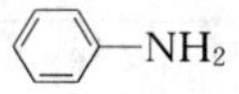	−6	184	1.02173	1.5863
N-甲基苯胺	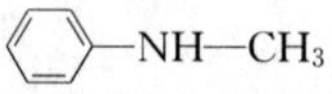	−57	196	0.98912	1.5684
N,*N*-二甲基苯胺	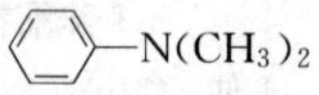	3	194	0.9557	1.5582
二苯胺	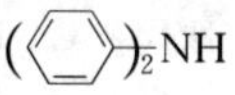	53	302	$1.160_{20}^{25℃}$	$1.5882^{77℃}$
三苯胺	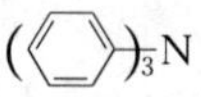	127	365	$0.774^{0℃}$	
4,4′-联苯二胺	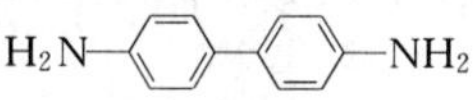	125	400^{740mm}		
α-萘胺	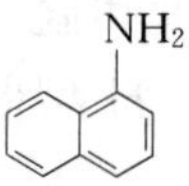	50	300.8	$1.1229^{25℃}$	$1.67034^{51℃}$
β-萘胺	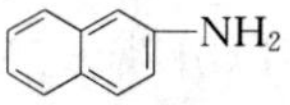	113	306.1	$1.0614^{25℃}$	$1.64927^{96℃}$

胺类能与氯化钙形成配合物，故不能用氯化钙来干燥胺，一般用固体 KOH、NaOH 等碱性物质作干燥剂。

1）胺的红外光谱

脂肪族和芳香族伯胺的 N—H 伸缩振动在 3500～3400cm^{-1} 区域有两个吸收峰，两峰间隔为 100cm^{-1}，这是由于 NH_2 中的两个 N—H 键的对称伸缩和不对称伸缩振动所引起的，强度是中到弱；缔合胺的 N—H 伸缩振动向低波数方向移动，但由于 NH…N 氢键比 OH…O 氢键弱，此移动不大，一般不超过 100cm^{-1}，其吸收峰也不如缔合的 O—H 吸收峰强。仲胺在该区域只有一个吸收峰。脂肪仲胺此峰的吸收强度通常很弱，芳仲胺则要强得多且峰形尖锐。叔胺因没有 N—H 键，故无该伸缩振动吸收峰。

脂肪伯胺的 N—H 弯曲振动吸收峰在 1650～1590cm^{-1} 区域，吸收峰强度由中到强。芳伯胺的 N—H 弯曲振动的吸收频率与芳环骨架的相近，可能相互重叠或掩盖，故难于区分。仲胺的 N—H 弯曲振动吸收峰很弱，不能用于鉴定。

C—N 的伸缩振动吸收位置与 α-碳上所连基团有关，脂肪胺在 220～1020cm^{-1} 区域，由于这一区域也包含许多其他化合物的吸收峰，因此不易识别。但芳胺例外，它的 C—N 伸缩振动吸收相当强，其中芳伯胺在 1340～1250cm^{-1}，芳仲胺在 1360～1280cm^{-1}，芳叔胺在 1360～1310cm^{-1} 区域出现吸收峰。

苯胺的红外光谱图如图 12-3 所示。

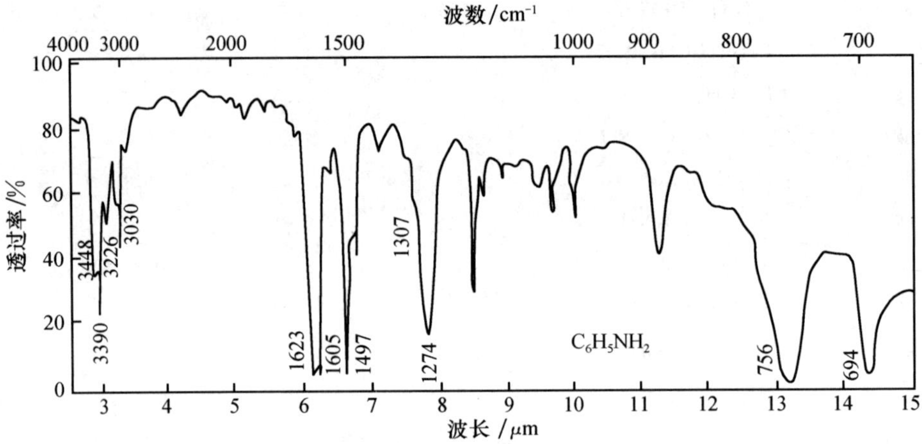

图 12-3 苯胺的红外光谱

1623cm^{-1}，1605cm^{-1} 和 1497cm^{-1}：C═C 伸缩振动（芳环）；3030cm^{-1}：═C—H 伸缩振动（芳香族化合物）；3448cm^{-1} 和 3390cm^{-1}：N—H 伸缩振动（伯胺）；3226cm^{-1}：N—H 伸缩振动（缔合）；1307cm^{-1} 和 1274cm^{-1}：C—N 伸缩振动（芳伯胺）；756cm^{-1} 和 694cm^{-1}：一取代苯 C—H 弯曲振动

2）胺的核磁共振谱

在胺分子中，氮的 α-碳上质子的化学位移 δ 在 2.2～2.8ppm，β-碳上质子受氮的影响较小，所以其化学位移移向高场，δ 在 1.1～1.7ppm。

N—H 上的质子受样品纯度、所用溶剂、测量时溶液的浓度和温度的影响，化学位移变化较大，δ 在 0.6～3ppm，通常不被邻近质子裂分，即 H—C—N—H 型偶合观察不到，或者常不在谱图中出现，一般不容易鉴定。

N—H 上质子和 CH_3 上质子的化学位移非常接近，也难以分辨。二乙胺的核磁共振谱见图 12-4。

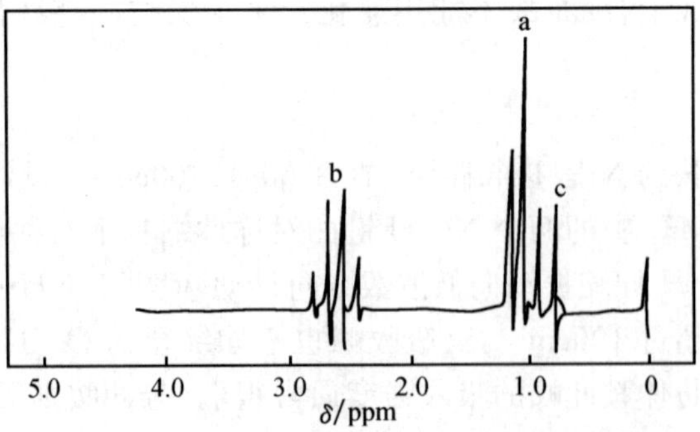

图 12-4 二乙胺的核磁共振谱

3）胺的质谱

在质谱图中，脂肪胺的分子离子峰很弱，相对分子质量较大的开链胺则观察不到分子离子峰，环胺和芳香胺的分子离子峰较强。胺的裂解主要在氮原子相邻的 C—C 键发生断裂，带有氮原子的正离子中的氮原子可以稳定其正电荷，伯胺中常得到 m/z 30 峰。

$$R-CH_2-NH_2^{+\cdot} \longrightarrow R\cdot + \underset{m/z\ 30}{CH_2=\overset{+}{N}H_2}$$

裂解后仲胺的峰是 R^1+29，而叔胺的峰在 R^1+R^2+28 处。

$$(R-CH_2-NHR^1)^{+\cdot} \longrightarrow R\cdot + CH_2=\overset{+}{N}HR^1$$

$$\left[R-CH_2-N\begin{matrix}R^1\\R^2\end{matrix}\right]^{+\cdot} \longrightarrow R\cdot + CH_2=\overset{+}{N}\begin{matrix}R^1\\R^2\end{matrix}$$

在所有情况下，大的 R 基最可能成为自由基失去。仲胺经上述断裂，再经氢迁移重排裂解也生成 m/z 30 峰。

$$(R-CH_2-CH_2-NH-CH_2R^1)^{+\cdot} \longrightarrow \cdot R^1 + R-\overset{H}{\overset{|}{C}H}-CH_2-\overset{+}{N}H=CH_2$$

$$\longrightarrow RCH=CH_2 + \underset{m/z=30}{CH_2=\overset{+}{N}H_2}$$

α-碳上有支链的仲胺和叔胺，经过上述两个步骤后可生成较大的碎片。如图 12-5 中，二异丙基胺按下列方式裂解：

$$\underset{m/z=101}{(CH_3)_2CH-NH-CH(CH_3)_2^{+\cdot}} \longrightarrow \cdot CH_3 + \underset{m/z=86}{(CH_3)_2CH-\overset{+}{N}H=CHCH_3}$$

$$\longrightarrow \underset{m/z=44}{H\overset{+}{N}=CHCH_3} + CH_2=\overset{CH_3}{\overset{|}{C}H}$$

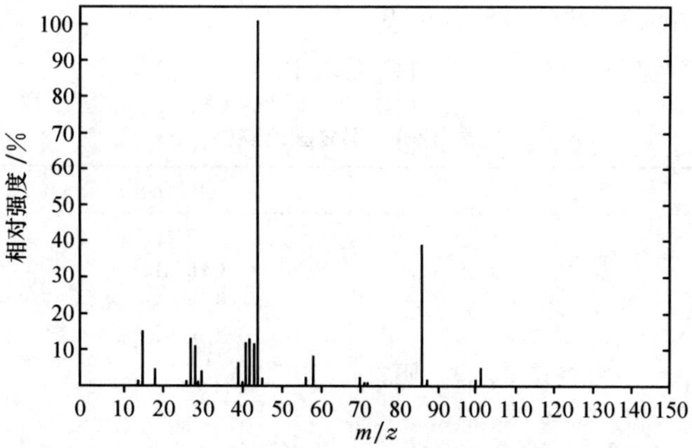

图 12-5　二异丙基胺的质谱图

胺也可以经 N—C 键断裂产生碎片离子，但程度较小。

$$R^1-NH-R^{+\cdot} \longrightarrow R^1NH^+ + R\cdot$$

在二异丙基胺的图谱中，m/z 58 的小峰显然是由这一裂解而来。即

$$CH_3-\underset{\large CH_3}{\overset{|}{CH}}-\overset{+}{N}H + \cdot CH(CH_3)_2$$

$$m/z\ 58$$

当化合物中含有奇数个氮原子时，分子离子峰的质量数为奇数，重排裂解后的碎片质量数为偶数；含有偶数个氮原子时则与此相反。因为在组成有机化合物的主要元素 C、H、O、N、P、S、Si、卤素中，只有氮原子是奇数价而质量数为偶数的。

12.2.3 胺的化学性质

像氨一样，伯、仲、叔胺的氮原子上都具有未共用电子对，因此胺与氨在化学性质上很相似，即胺的最重要的化学性质也是它们的碱性和亲核性，以及在芳胺分子中连于芳环上的氨基（或 N—取代氨基）对芳环上亲电取代反应有高的致活性。

12.2.3.1 碱性与成盐

1）碱性

胺与氨相似，由于氮原子上的未共用电子对能与质子结合，形成带正电荷的铵离子，因此它们都具有碱性。

胺溶于水时，发生下面解离反应：

$$RNH_2 + H_2O \rightleftharpoons RNH_3^+ + OH^-$$

这样，我们可以很方便地通过测量胺类从水中接受质子的程度来比较它们的碱性强度，该反应的平衡常数以 K_b 或其负对数 pK_b 表示。

$$K_b = \frac{[RNH_3^+][OH^-]}{[RNH_2]} \qquad pK_b = -\lg K_b$$

如果一个胺的 K_b 值越大或 pK_b 值越小，则该胺的碱性越强。

有机化学中往往还用它的共轭酸 RNH_3^+ 的强度来表示胺的碱性强度。显然，胺的共轭酸的 K_a 值越小或 pK_a 值越大，胺的碱性就越强。

部分胺的 pK_b 值及其共轭酸的 pK_a 值列于表 12-4。

表 12-4 部分胺的碱性

胺	pK_b(25℃)	共轭酸	pK_a(25℃)
NH_3	4.76	NH_4^+	9.24
CH_3NH_2	3.38	$CH_3NH_3^+$	10.62
$(CH_3)_2NH$	3.27	$(CH_3)_2NH_2^+$	10.73
$(CH_3)_3N$	4.21	$(CH_3)_3NH^+$	9.79
$CH_3CH_2NH_2$	3.36	$CH_3CH_2NH_3^+$	10.64
$(CH_3CH_2)_2NH$	3.06	$(CH_3CH_2)_2NH_2^+$	10.94
$(CH_3CH_2)_3N$	3.25	$(CH_3CH_2)_3\overset{+}{N}H$	10.75
$C_6H_5NH_2$	9.40	$C_6H_5NH_3^+$	4.60
$(C_6H_5)_2NH$	13.8	$(C_6H_5)_2NH_2^+$	1.20
$C_6H_5NHCH_3$	9.6	$C_6H_5\overset{+}{N}H_2CH_3$	4.40
$C_6H_5N(CH_3)_2$	9.62	$C_6H_5\overset{+}{N}H(CH_3)_2$	4.38

胺类的碱性强弱与其结构有关。其基本规律如下：

(1) 脂肪胺的碱性。胺类的碱性强弱取决于氮原子上未共用电子对与质子结合的能力。若以氨为标准，脂肪胺则因烷基是供电子基，使氮上的电子密度增加，增强了对质子的吸引能力，故其碱性比氨强。同理，若仅考虑供电子的影响，脂肪胺分子中氮上所连烷基增多，其碱性也相应地增强。因此，下面三种脂肪胺的碱性强弱次序应该是

$$(CH_3)_3\ddot{N} > (CH_3)_2\ddot{N}H > CH_3\ddot{N}H_2 > \ddot{N}H_3$$

这个结论在气态时是正确的。布朗曼(Brauman)等用离子回旋加速器对各种胺的碱性进行了进一步研究，其结果表明：

$$(CH_3)_3CNH_2 > (CH_3)_3CCH_2NH_2 > (CH_3)_2CHNH_2 >$$
$$CH_3CH_2CH_2NH_2 > CH_3CH_2NH_2 > CH_3NH_2$$
$$(C_2H_5)_2NH > (CH_3)_2NH \qquad (C_2H_5)_3N > (CH_3)_3N$$
$$(C_2H_5)_3N > (C_2H_5)_2NH > C_2H_5NH_2$$

该研究结果表明，不仅一般的碱性是按伯、仲、叔胺的顺序递增，而且也表明在同为伯胺或仲胺时，烷基分支越多或烃基越大的胺其碱性越强。

但从在水中实际测得的 pK_b 值来看，叔胺的碱性反而减弱，如

	CH_3NH_2	$(CH_3)_2NH$	$(CH_3)_3N$
pK_b	3.38	3.27	4.21
	CH_3CH_2NH	$(CH_3CH_2)_2NH$	$(CH_3CH_2)_3N$
pK_b	3.36	3.06	3.25

说明溶剂对胺的碱性强弱有一定的影响。这是因为脂肪胺在水中的碱性强度，不仅取决于氮原子上电子密度的大小，同时还取决于它们与质子结合后生成的铵离子是否易于溶剂化。在这些铵离子中，氮上连接的氢原子越多，则因氢键而发生的溶剂化作用也越强，铵离子也就越稳定，胺的碱性也就越强。

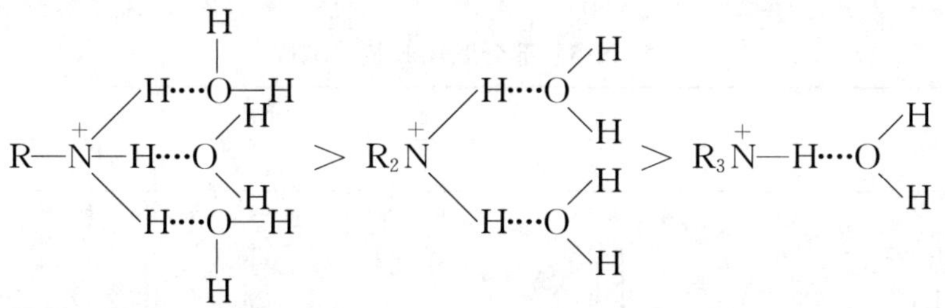

从诱导效应看，胺的氮原子上烷基增多，碱性增强；但从溶剂化效应考虑，烷基增多，碱性则减弱，两种效应正好相反。因此，脂肪胺在水中的碱性强弱是电子效应与溶剂化效应两者综合影响的结果，此外还包括一定的空间效应，如烷基体积较大，使质子不易与氮原子结合。这些因素导致的总的结果是使脂肪族叔胺在水溶液中的碱性降低。

在氯仿、乙腈、氯苯等非质子传递溶剂中测定胺的碱性强弱，可以避免生成氢键的干扰。例如，在氯苯中测定的丁胺、二丁胺和三丁胺的碱性依次增强。

在胺分子中导入吸电子基团后因吸电诱导效应使碱性减弱。例如，$(CF_3)_3N$ 几乎没有碱性。

(2) 芳香族胺的碱性。芳胺也呈碱性，但其碱性一般比脂肪胺弱，这是出于氨基氮原子上的未共用电子对与苯环上的 π 电子组成共轭体系(图 12-6)，发生了电子的离域，使氮原子上

的电子云密度部分地移向苯环，而相应地削弱了它与质子结合的能力。因此，苯胺的碱性（pK_b＝9.40）不仅比脂肪胺弱得多，而且比氨（pK_b＝4.76）也弱得多。

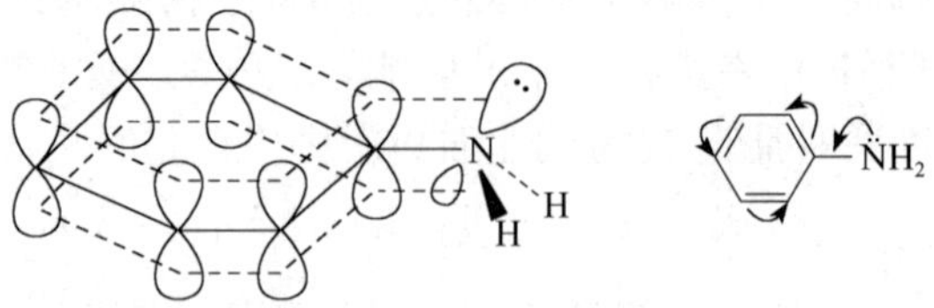

图 12-6　苯胺分子中近似于棱锥结构的氨基与苯环 π 体系共轭

利用共振论也可以对芳胺的弱碱性做出解释。例如，在苯胺中存在如下的共振：

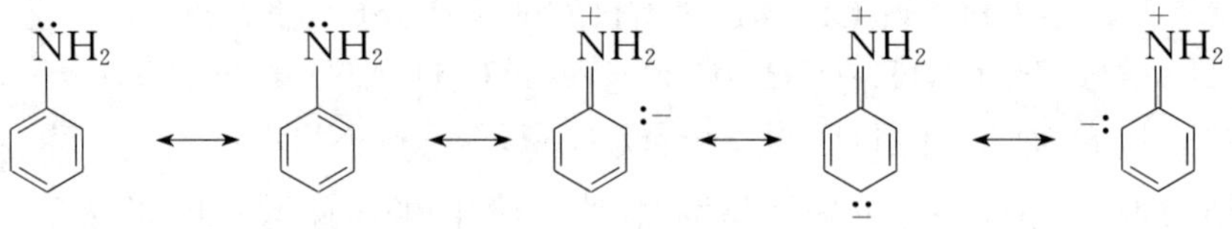

Ⅰ　　Ⅱ　　Ⅲ　　Ⅳ　　Ⅴ

由于极限结构Ⅲ、Ⅳ和Ⅴ的贡献，降低了苯胺的碱性。

如果氮原子上引入两个或三个芳基，由于氮原子上的未共用电子对与两个或三个芳环的 π 体系共轭，氮原子上的电子云密度大大降低，加上空间效应的影响，更难与质子结合，其碱性更弱。例如，二苯胺碱性很弱（pK_b＝13.8），三苯胺几乎不显碱性。

对于取代芳胺，当环上连有供电子基时，碱性增强；连有吸电子基时，碱性减弱。这种影响，以取代基处于氨基的对位影响较大，因为此时在分子中存在着诱导和共轭两种效应；当取代基处于氨基的间位时，因未形成共轭体系，故只有诱导效应；当取代基处于氨基的邻位时，虽然存在诱导和共轭两种效应，但因取代基与氨基的空间效应及形成氢键等原因，故对碱性有不同程度的影响，有时会给出非预期的结果。部分取代苯胺的碱性如表 12-5 所示。

表 12-5　部分取代苯胺的碱性

取代基	pK_b		
	邻	间	对
H	9.40	9.40	9.40
OH	9.28	9.83	8.50
OCH_3	9.48	9.77	8.66
CH_3	9.56	9.28	8.90
NO_2	14.26	11.53	13.00
Cl	11.35	10.48	10.02

2）成盐

胺类既有碱性，就可与强酸作用生成稳定的盐。胺盐易溶于水而不溶于醚、烃等有机溶剂。

$$CH_3\ddot{N}H_2 + HCl \longrightarrow CH_3NH_3^+Cl^- \text{（或} CH_3NH_2 \cdot HCl\text{）}$$

苯胺的碱性虽弱，但仍可与盐酸、硫酸等强酸成盐，如

利用这一性质可以鉴别胺和不溶于酸的有机物，如硝基化合物等。

二苯胺虽然可与强酸成盐，但遇水就分解。而三苯胺即使与强酸也不能成盐。

由于胺盐系弱碱形成的盐，故一遇强碱即可游离出胺来。利用这一性质可以区别、分离和提纯胺。

12.2.3.2　烃基化

胺和氨一样是亲核试剂，可与卤代烃（通常为伯卤代烃和具有活泼卤原子的芳卤化物）、醇、酚等烃基化试剂作用，氨基上的氢原子被烃基取代。例如，伯胺与卤代烷作用，则可生成仲胺、叔胺和季铵盐。

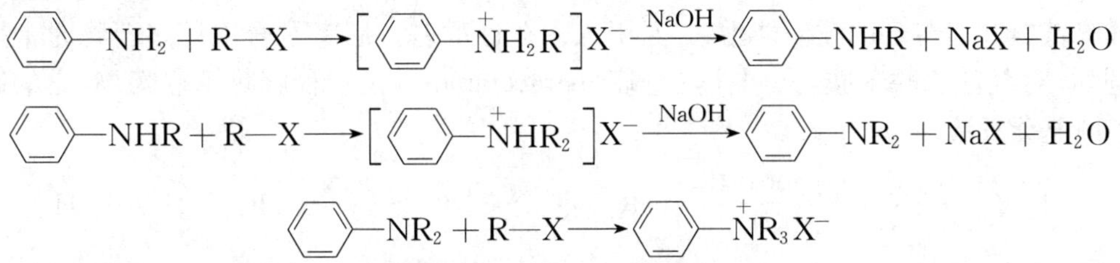

在硫酸存在时，在高温高压下，用过量的甲醇和苯胺作用，则生成 *N*,*N*-二甲基苯胺。

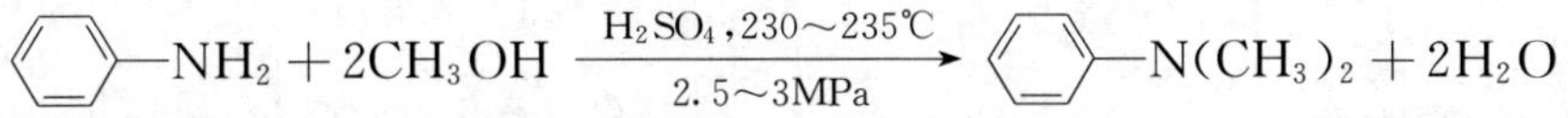

N,*N*-二甲基苯胺是合成香兰素的基础物质之一。香兰素是一种重要的香料，广泛用于日用香精，也是饮料和食品的重要增香剂。此外，*N*,*N*-二甲基苯胺还是重要的合成染料中间体，在有机合成工业中也有重要的用途。

在硫酸存在下，β-萘酚与苯胺作用生成 *N*-苯基-β-萘胺。

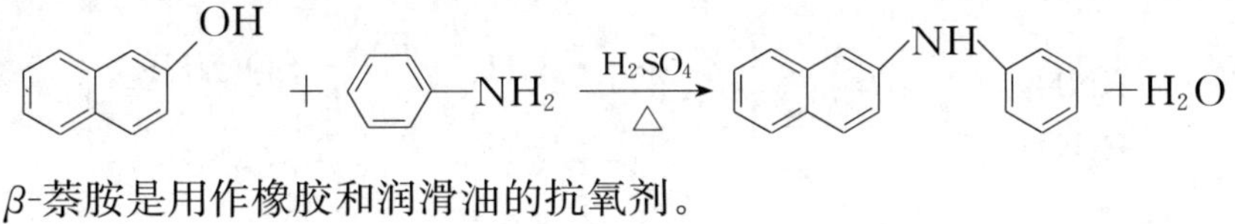

N-苯基 β-萘胺是用作橡胶和润滑油的抗氧剂。

胺与被活化的烯键也能发生共轭加成反应而烷基化，如

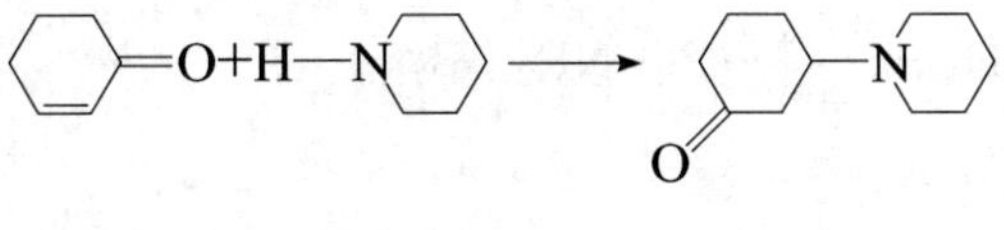

12.2.3.3　酰基化

伯胺和仲胺作为亲核试剂可与酰卤、酸酐等酰基化试剂反应，生成 *N*-取代酰胺和 *N*,*N*-二取代酰胺。叔胺的氮原子上没有氢原子，故不发生酰基化反应。

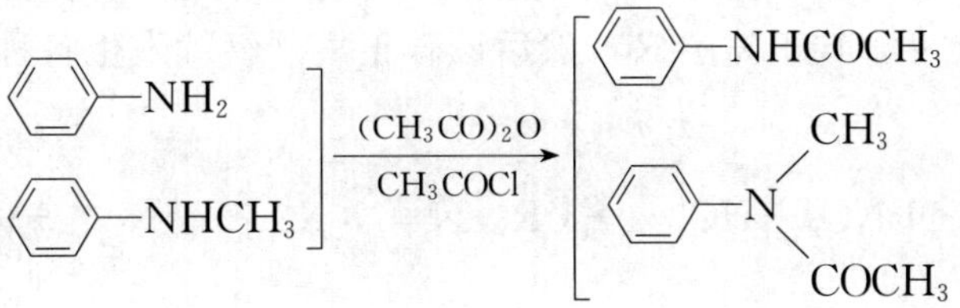

羧酸的酰化能力较弱，在反应过程中需要加热并不断除去反应中的水。例如，工业上制备乙酰苯胺即是由苯胺与乙酸加热(160℃)制得。

胺的酰基衍生物多为结晶固体，具有一定的熔点，经熔点测定可推断出原来的胺，故酰基化反应可用来鉴定伯胺和仲胺。

胺经酰基化后生成的 *N*-取代酰胺呈中性，不能与酸作用生成盐，因此，利用该性质可以把叔胺从伯、仲和叔胺的混合物中分离出来，而伯胺和仲胺的酰化产物经水解后又得到原来的胺。

$$CH_3CONHR(或\ CH_3CONR_2)+H_2O\xrightarrow{H^+或\ OH^-}RNH_2(或\ R_2NH)+CH_3COOH$$

在芳胺的氮原子上引入酰基，在有机合成上具有重要意义：一是引入暂时性的酰基起保护氨基或降低氨基对芳环的致活能力；二是引入永久性酰基。后者是合成许多药物时常用的反应。例如，对羟基乙酰苯胺，又叫扑热息痛(paracetamol)，是一种解热镇痛药物，它的制备即经过乙酰基化反应。

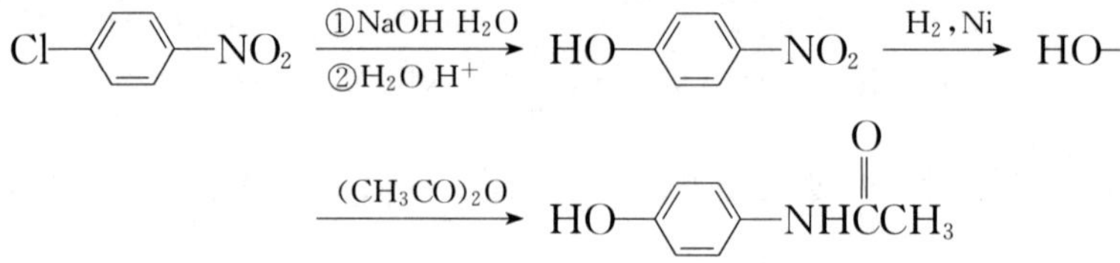

12.2.3.4　磺酰化

伯胺和仲胺在氢氧化钠或氢氧化钾溶液中可与磺酰化试剂(如苯磺酰氯或对甲苯磺酰氯)作用，氨基上的氢原子被磺酰基取代，生成相应的芳磺酰胺，称为磺酰化反应。叔胺的氮原子上没有氢原子，故不发生上述磺酰化反应。此反应常用于分离及鉴定胺类，称为欣斯堡(Hinsberg)实验法，反应过程如下：

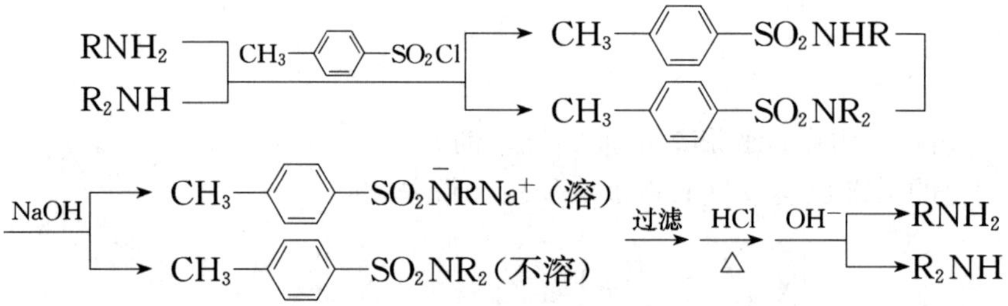

12.2.3.5　亚硝基化反应

各类胺与亚硝酸反应可生成不同的产物。由于亚硝酸不稳定，一般用亚硝酸钠与盐酸(或硫酸)代替亚硝酸。

1) 一级胺与亚硝酸的反应

脂肪族伯胺与亚硝酸作用先生成极不稳定的脂肪族重氮盐，后者即使在低温下也会立即分解，放出氮气并产生一个碳正离子 R^+，然后该碳正离子继续发生各种反应，生成醇、卤代烃和烯烃的混合物。

$$RNH_2+NaNO_2+HCl\longrightarrow[R—N\equiv\overset{+}{N}:X^-]\longrightarrow N_2\uparrow+R^++Cl^-$$

$$R^+ \begin{cases} \xrightarrow{H_2O} ROH \\ \xrightarrow{X^-} RX \text{ 和 } R^+ \text{ 重排后的产物} \\ \xrightarrow{-H^+} \text{烯烃} \end{cases}$$

由于反应较复杂，故在合成上没有使用价值。但因定量地放出氮气，所以可用于脂肪族伯胺的定量测定。

芳香族伯胺与亚硝酸在低温（一般小于 5℃）及强酸性条件下反应，生成芳香族重氮盐。此反应称为重氮化反应。

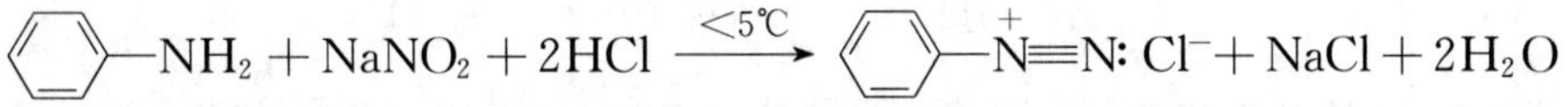

芳香族重氮盐比脂肪族重氮盐稳定，广泛用于芳香族化合物的合成中。

2）二级胺与亚硝酸的反应

脂肪族和芳香族仲胺与亚硝酸作用均生成 *N*-亚硝基胺，如

$$(CH_3)_2NH + NaNO_2 + HCl \longrightarrow (CH_3)_2N{-}N{=}O + NaCl + H_2O$$

N-亚硝基二甲胺

88%～90%

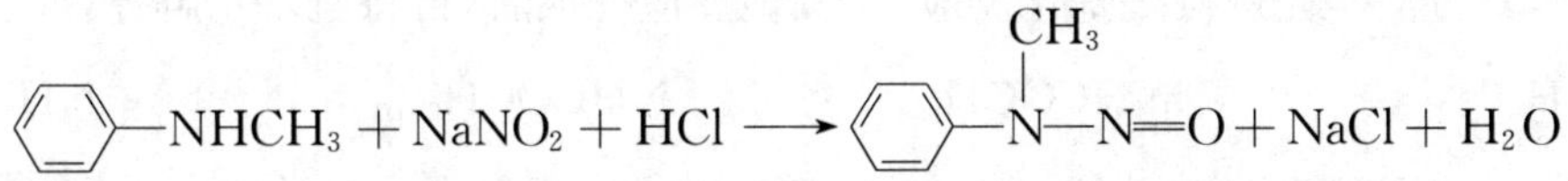

N-亚硝基-*N*-甲基苯胺

87%～93%

N-亚硝基胺都是难溶于水的黄色中性油状液体或固体，有强的致癌作用。它们与稀盐酸共热时则水解成原来的仲胺，故可用来分离、提纯仲胺。

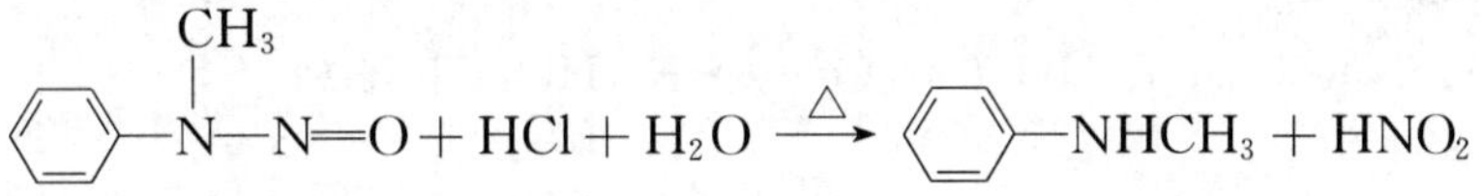

3）三级胺与亚硝酸的反应

叔胺氮上无氢原子，因此脂肪族叔胺在浓酸（pH<3）中与亚硝酸不发生反应，但在 pH＝3～6 时，则生成仲胺的亚硝基化合物和羰基化合物。

$$R_2NCHR'_2 + HNO_2 \longrightarrow R_2N{-}N{=}O + R'_2C{=}O$$

芳香族叔胺与亚硝酸作用，则发生环上的亚硝化反应，生成对亚硝基化合物，如

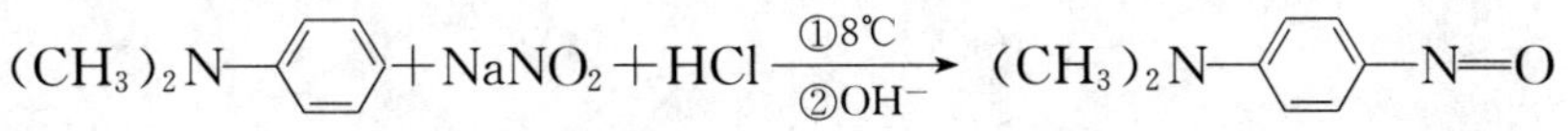

对亚硝基-*N*,*N*-二甲基苯胺

环上的亚硝化反应系芳烃亲电取代反应。

如对位上有别的取代基，则生成 *N*-亚硝基化合物。

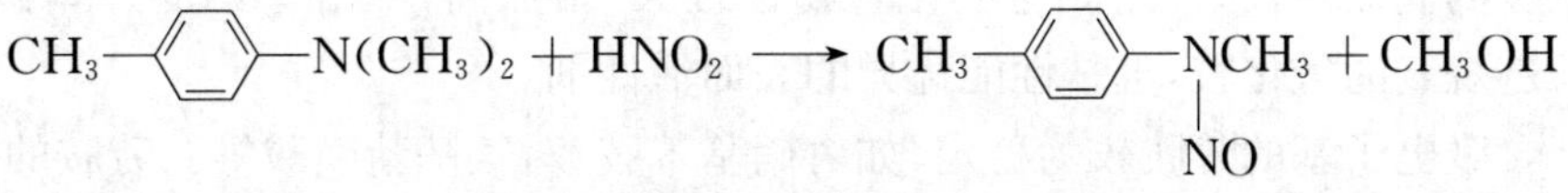

综上所述，可以利用胺与亚硝酸的反应来鉴别伯、仲、叔胺。

12.2.3.6 氧化反应

无论脂肪族还是芳香族的胺均容易被氧化。脂肪族伯胺的氧化产物很复杂，以致无实际意义；芳伯胺很容易被氧化，在储藏中就会逐渐被空气中的氧所氧化，由无色透明的液体逐渐变为黄色、浅棕色以至红棕色。苯胺的氧化反应极为复杂，其氧化产物因所用氧化剂和反应条件不同而异。例如，苯胺用二氧化锰和硫酸或重铬酸盐氧化，其主要产物为苯醌。这是生产苯醌的主要方法。

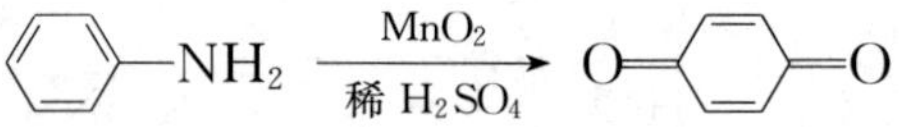

苯胺遇漂白粉即得到紫色的、含醌式结构的化合物，故可用来检验苯胺。

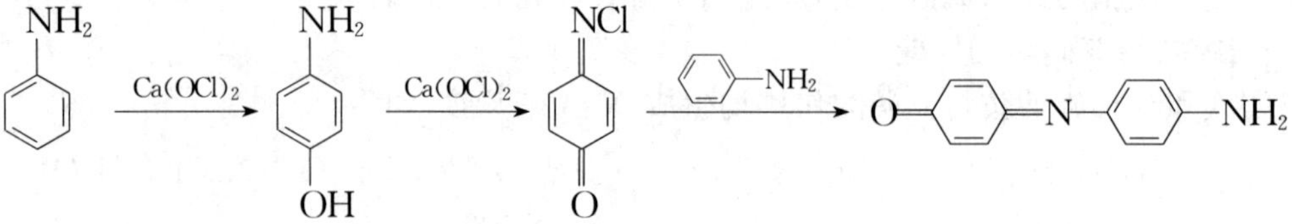

由于芳胺容易被氧化，要想氧化芳胺环上的其他官能团而不损害氨基，就必须先将氨基“保护”起来，其方法是先进行酰基化反应，待其他反应完成后，再将酰基水解掉，如

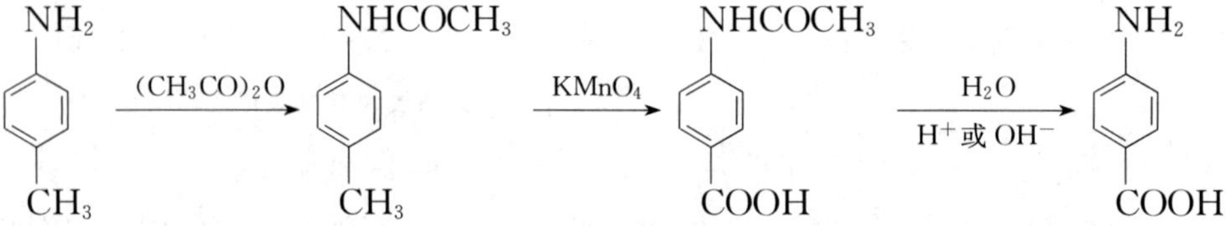

仲胺用过氧化氢氧化可生成羟胺，但通常产率甚低；叔胺用过氧化氢或过氧酸 RCOOOH 氧化，则生成氧化胺，如

$$R_2NH + H_2O_2 \longrightarrow \underset{\text{羟胺}}{RNHOH} + H_2O$$

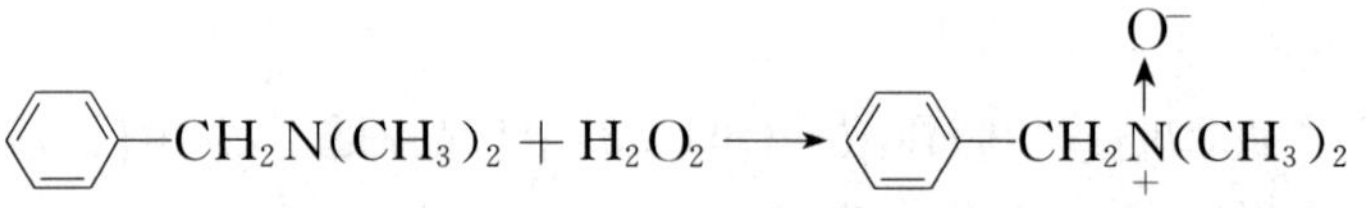

90%

氧化胺具有四面体结构，与季铵盐相似，当氮原子连接的三个烃基不同时，则存在对映异构现象。例如，下面这一对具有相反旋光方向的对映体已经拆分得到。

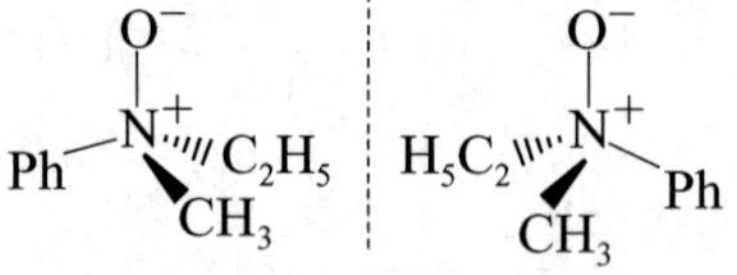

氧化叔胺的偶极矩较大，因此这类化合物极性大，熔点高，不溶于乙醚、苯等，易溶于水。具有一个长链烷基的氧化胺，也是性能优异的表面活性剂。

苯环上含吸电子基的芳胺较为稳定，如对硝基苯胺、对氨基苯磺酸等。芳胺的盐也较难氧化，往往将芳胺成盐后储存。

12.2.3.7　芳环上的取代反应

1）卤代

芳胺与卤素（Cl_2 或 Br_2）很容易发生取代反应。例如，在苯胺水溶液中滴加溴水，立即生成 2,4,6-三溴苯胺白色沉淀。该反应常被用来检验苯胺的存在，也可用作苯胺的定量分析。

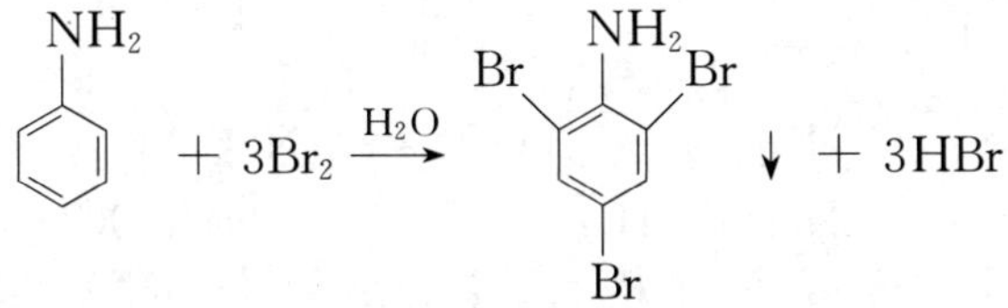

当苯环上连有某些其他基团时，也可发生类似的反应。如

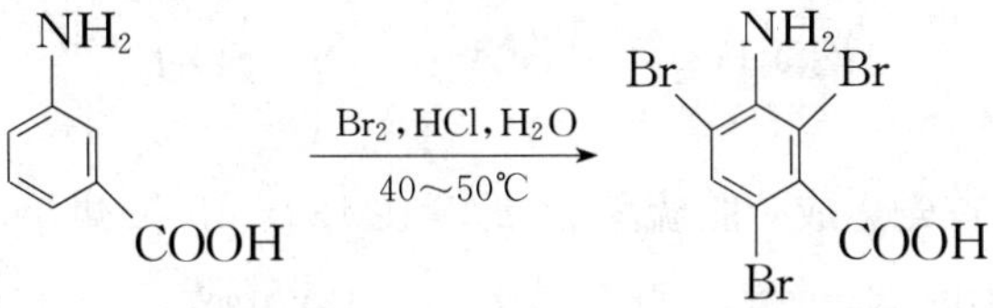

如若制备苯胺的一元溴代物，必须先将苯胺乙酰化，以降低其活化能力，再溴化，最后再水解将乙酰基除去，即可得到邻位或对位溴代苯胺。若在无水乙酸溶液中进行溴化反应，对位产物几乎是唯一产物。

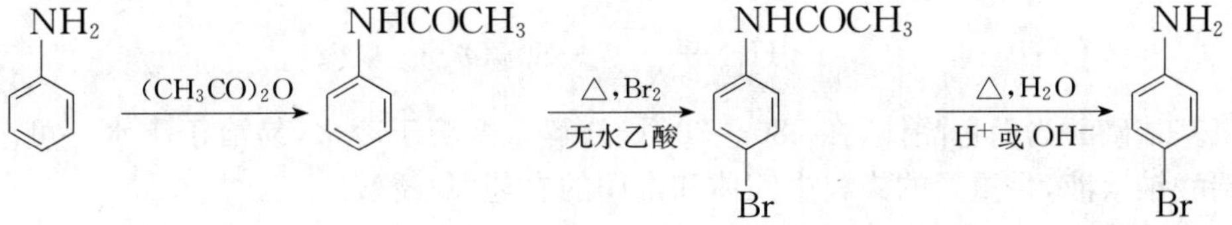

若用硫酸或盐酸使氨基变成—NH_3^+ 官能团，然后进行溴代反应，则主要得到间溴苯胺。

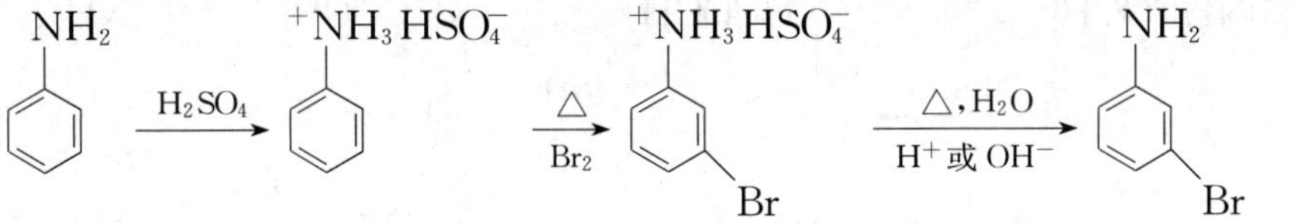

苯胺与不太活泼的碘也可发生取代反应，但只能得到一元碘代物。

2）硝化

芳胺硝化时，因硝酸的氧化作用，常有氧化反应发生。为避免芳胺被氧化，可将芳胺溶于浓硫酸中，使之先生成盐，然后再硝化，其硝化产物主要是间位取代物。

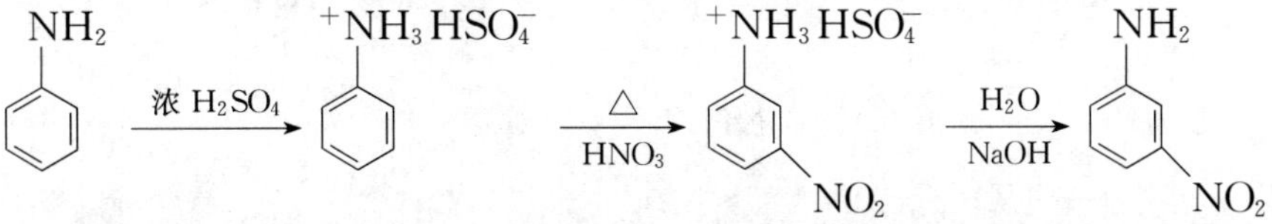

若制备邻、对位取代物，可采用乙酰化反应，将氨基“保护”起来，然后再依次硝化、水解，可得到以对位为主的硝化产物。若制备邻位硝基化合物，则需酰基化后的芳胺先行磺化，然后再依次硝化、水解，如

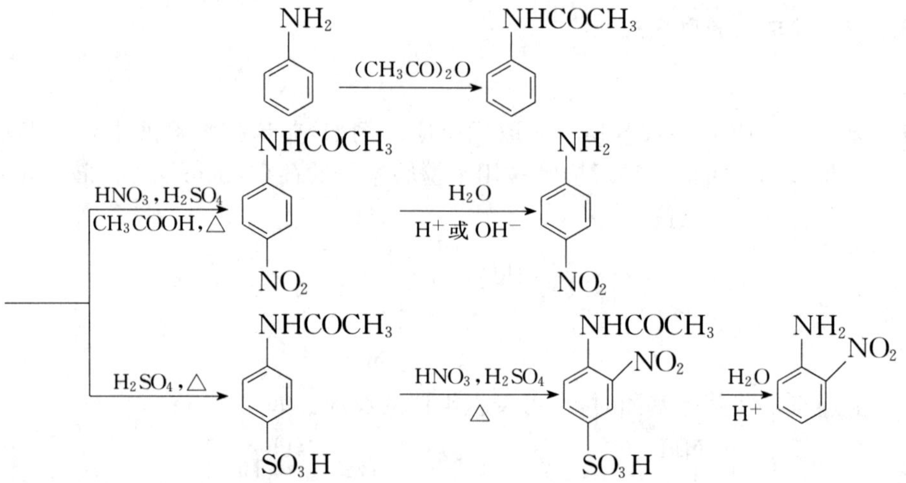

3）磺化

苯胺与浓硫酸混合，首先生成苯胺硫酸盐，后者在 180～190℃烘焙，即得到对氨基苯磺酸。

对氨基苯磺酸分子中同时具有碱性氨基和酸性磺酸基，故可在分子内成盐，该盐称之为内盐。

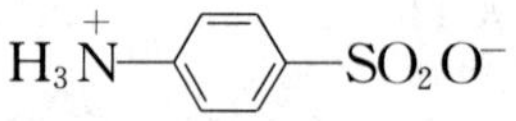

对氨基苯磺酸为白色晶体，在 280～300℃分解。微溶于冷水，易溶于沸水。可溶于氢氧化钠和碳酸钠溶液，是重要的染料中间体和常用的农药(敌锈酸)。

对氨基苯磺酸的酰胺(简称磺胺)是最简单的磺胺药物，它的合成过程如下：

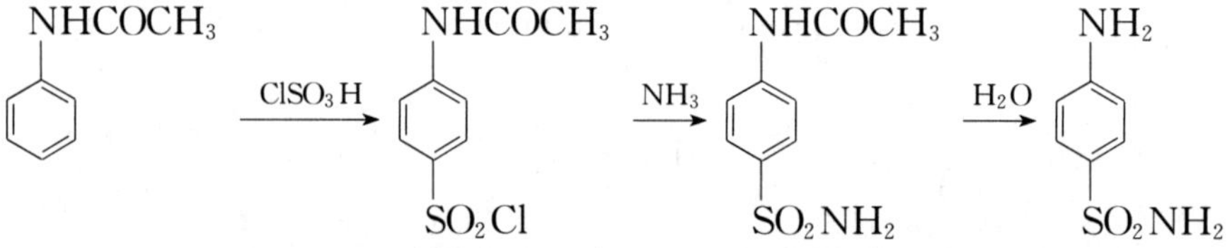

如果在氨解过程中，采用相应的氨基化合物，反应产物就是各种磺胺药物，如磺胺胍(SG)：

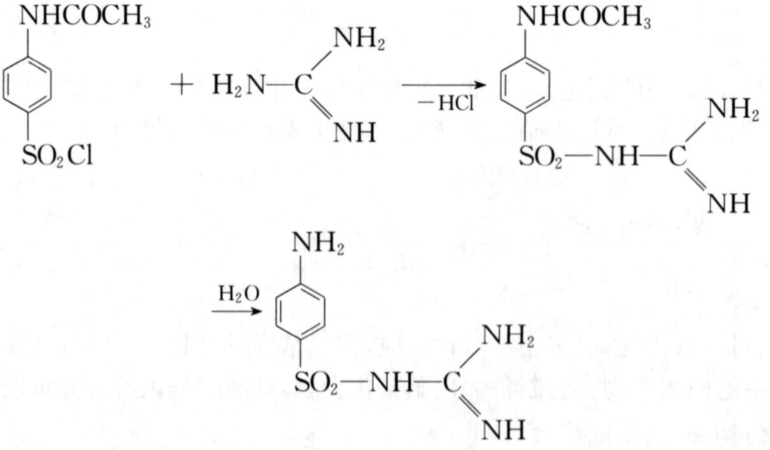

磺化时如果氨基的对位被占据，则生成邻位化合物，也以内盐形式存在。

4）芳香族叔胺的苯环上的酰化反应

芳香族叔胺的苯环上的酰化反应也有一定意义，如制备米蚩(Michler)酮。

12.2.4　胺的制法

12.2.4.1　氨或胺的烃基化

氨或胺作为亲核试剂可与卤代烃、硫酸酯等烃基化试剂起 S_N2 反应，最终得到的是伯、仲、叔胺和季铵盐的混合物。

$$NH_3 + RX \longrightarrow RNH_3^+X^- \xrightarrow{NH_3} NH_4X + RNH_2$$

$$RNH_2 + RX \longrightarrow R_2NH_2^+X^- \xrightarrow{NH_3} NH_4X + R_2NH$$

$$R_2NH + RX \longrightarrow R_3NH^+ X^- \xrightarrow{NH_3} NH_4X + R_3N$$

$$R_3N + RX \longrightarrow R_4N^+ X^-$$

当 R 是一个较小的烷基时，这些产物的分离是比较困难的；但是当 R 含有三个以上碳原子时，便可用分馏的方法进行分离，并适用于工业上大规模制备。当然，也可以通过控制原料的物质的量比及反应温度、时间等条件，使某种胺成为主要产物。

芳香族卤代物因其卤原子活性较低，一般不与氨或胺发生反应，只有在下面两种情况下才能转变成胺：①卤素的邻位或对位有一个或几个—NO_2，或其他强吸电子基团；②使用高温、高压及催化剂。

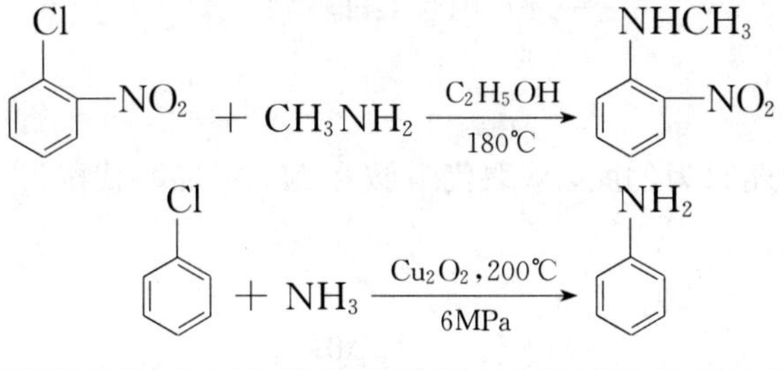

在工业生产中常用醇的氨解来制备脂肪族胺类，这是因为原料来源方便，生产过程中的腐蚀问题不大，所以对生产较为有利，如

$$C_2H_5OH + NH_3 \xrightarrow[350℃, 5MPa]{Al_2O_3} C_2H_5NH_2 + H_2O$$

但反应条件也较高，同时也产生仲胺、叔胺等副产物。工业上，甲胺、二甲胺、三甲胺用此法生产。

这种方法对于制备仲或叔烷基胺类是不合适的，因为仲、叔卤代烷或醇容易发生消除反应而生成烯烃。工业上生产 *N*-甲苯胺和 *N*,*N*-二甲苯胺可用苯胺和甲醇反应。

硫酸二甲酯、环氧乙烷与氨或胺反应，也可制得相应的胺类化合物。

12.2.4.2　硝基化合物还原

硝基化合物还原可得到伯胺。

当芳香族硝基化合物分子中同时存在其他容易被还原的基团(如—CHO 等)时，可选用氯化亚锡和盐酸的混合液作还原剂，使硝基还原而不影响醛基。该还原剂还可用于多硝基化合物的部分还原。

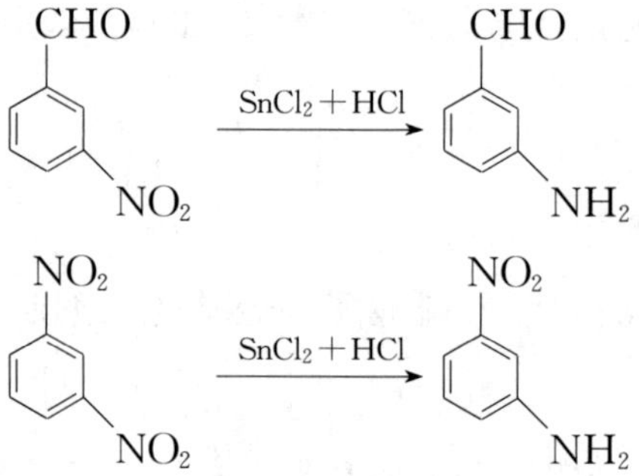

常用于部分还原的还原剂还可以是碱金属的硫化物或多硫化物、硫氢化铵、硫化铵等。

12.2.4.3　腈还原

腈容易被催化氢化或用氢化锂铝还原得到伯胺，如

苄基氯　　苯基乙腈（苄腈）　　β-苯基乙胺

工业上由高级脂肪酸经腈催化氢化的方法制备具有重要用途的高级脂肪胺，如

$$C_{15}H_{31}COOH \xrightarrow[-H_2O]{NH_3,\triangle} C_{15}H_{31}\overset{O}{\overset{\|}{C}}-NH_2 \xrightarrow[-H_2O]{\triangle} C_{15}H_{31}C\equiv N$$

$$\xrightarrow{H_2,Ni} C_{15}H_{31}CH_2NH_2$$

12.2.4.4　酰胺还原

酰胺可被氢化铝锂还原为伯胺，N-取代酰胺和 N，N-二取代酰胺则可被还原成相应的仲胺和叔胺。

$$R-\overset{O}{\overset{\|}{C}}-NH_2 \xrightarrow[②H_2O]{①LiAlH_4} \underset{1°胺}{RCH_2NH_2}$$

$$R-\overset{O}{\overset{\|}{C}}-NHR' \xrightarrow[②H_2O]{①LiAlH_4} \underset{2°胺}{RCH_2NHR'}$$

$$R-\overset{O}{\overset{\|}{C}}-N\begin{matrix}R'\\R''\end{matrix} \xrightarrow[②H_2O]{①LiAlH_4} \underset{3°胺}{RCH_2N\begin{matrix}R'\\R''\end{matrix}}$$

12.2.4.5　霍夫曼酰胺降级反应

酰胺与次卤酸钠溶液共热，可得到比原来酰胺少一个碳原子的伯胺。

$$RCONH_2 + NaOX + 2NaOH \longrightarrow RNH_2 + Na_2CO_3 + NaX + H_2O$$

12.2.4.6　盖布瑞尔合成法

盖布瑞尔(Gabriel)合成法是合成纯伯胺的方法，产率通常较高。

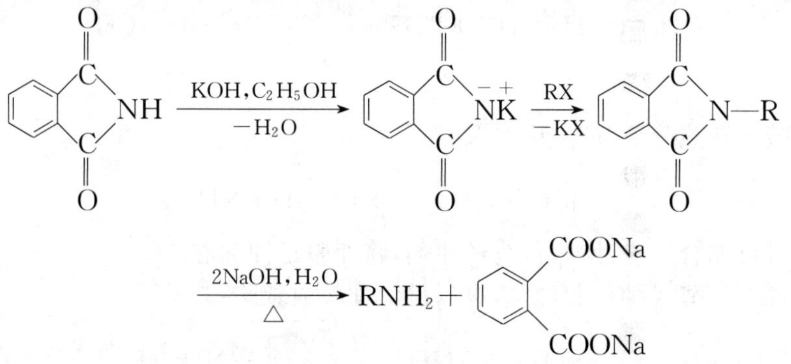

有些情况下，水解若很困难，可用肼解代替，如

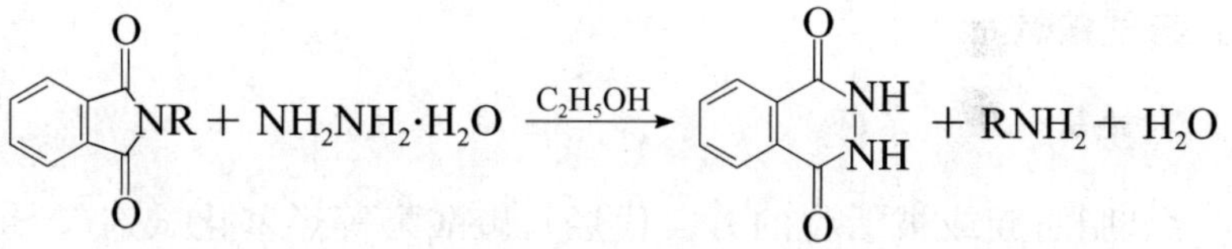

盖布瑞尔合成法还可用于制备某些氨基酸，产物纯度好，产率高，如

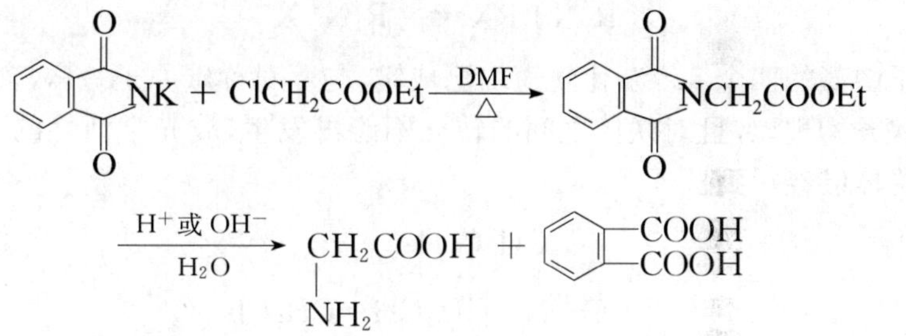

85%

上式中不能直接用 α-卤代酸，否则发生酸碱中和。由于酯比酰胺易水解，羧酸可游离出来。

12.2.4.7　醛或酮的氨化还原

醛或酮可以和氨或胺缩合成亚胺，再通过催化加氢或化学还原剂，很容易还原成相应的胺：

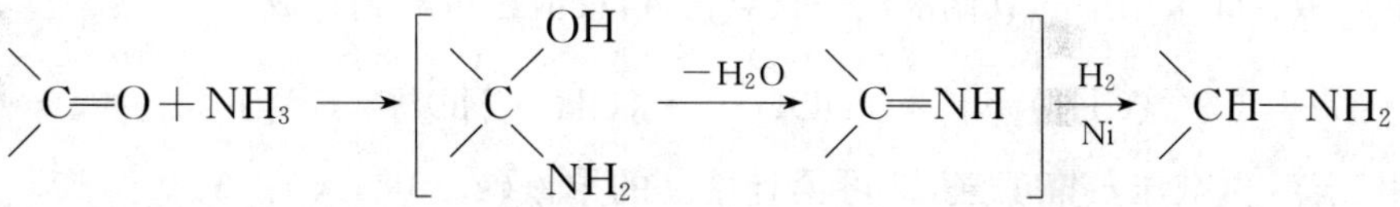

胺化　　　　还原

很多脂肪族和芳香族醛酮都可以用此法来合成胺，如

$$CH_3(CH_2)_5CHO + NH_3 \xrightarrow[Ni]{H_2} CH_3(CH_2)_5CH_2NH_2$$

$$C_6H_5CHO + NH_3 \xrightarrow[Ni]{H_2} C_6H_5CH_2NH_2$$

醛或酮用甲酸铵在高温下反应生成相应的伯胺，称为刘卡特(Leuckart)反应，如

$$C_6H_5COCH_3 + HCOONH_4 \xrightarrow{185℃} C_6H_5CH(NH_2)—CH_3$$

这里的甲酸铵遇热分解，产生甲酸及氨：

$$HCOONH_4 \xrightarrow{\triangle} HCOOH + NH_3$$

氨和羰基进行缩合反应，甲酸作为还原剂，将亚胺还原为胺。

用伯胺或仲胺与醛或酮一起加氢，可以得到仲胺或叔胺：

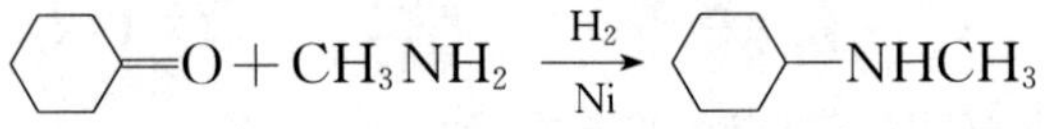

12.2.5　季铵盐与季铵碱

12.2.5.1　季铵盐

叔胺与卤代烃(脂肪族或被活化的芳卤代烃)、硫酸酯等烃基化试剂起 S_N2 反应生成季铵盐：

$$R_3N + RX \rightleftharpoons R_4N^+X^-$$

季铵盐分子中氮的四个 sp^3 杂化轨道均已成键，与不对称碳原子一样，含不对称氮原子的季铵盐也有对映异构现象，且对映体之间的转化不能再发生，故光学活性的季铵盐，如下列化合物的对映异构体已经得到。

$$H_3C—\overset{+}{N}^*(CH_2C_6H_5)(CH_2CH_3)—CH_2CH{=}CH_2Cl^-$$

季铵盐是白色结晶固体，离子型化合物，具有盐的性质，溶于水而不溶于非极性有机溶剂，熔点高，常常在加热到熔点时分解为叔胺和卤代烃。

季铵盐与强碱作用得到含季铵碱的平衡混合物。

$$R_4N^+X^- + KOH \rightleftharpoons R_4N^+OH^- + KX$$

该反应若在季铵盐与强碱的醇溶液中进行，则由于碱金属的卤化物不溶于醇，可使反应进行到底制得季铵碱。如果用湿的氧化银代替氢氧化钾，反应也可顺利完成。

$$(CH_3)_4\overset{+}{N}I^- + AgOH \longrightarrow (CH_3)_4\overset{+}{N}OH^- + AgI$$

滤出碘化银沉淀，再减压蒸馏滤液，即可得到结晶的季铵碱。

具有一个 C_{12} 以上烷基的季铵盐，是一类重要的阳离子表面活性剂，水溶性较好，既耐酸又耐碱，而且大多数还具有杀菌作用。例如，溴化二甲基苄基十二烷基铵是具有去污能力的表面活性剂，也是杀菌特别强的消毒剂，商品名“新洁尔灭”，它溶于水呈透明液体，发泡性好；溴化十六烷基吡啶可用作染色助剂和杀菌剂；三甲基十八烷基氯化铵、二甲基苄基十八烷基氯化

铵是腈纶纤维的良好匀染剂；二甲基羟乙基十八烷基铵硝酸盐是应用较广的抗静电剂等，除具有杀菌、柔软、乳化等功能外，还用于制备有机膨润土。有机膨润土是一种流变性调节剂，它在涂料工业中用于控制油漆的流变性，在油井钻探中用来配制钻井液以及用作各种金属加工中的润滑剂。此外，还大量用作矿物浮选剂、织物整理剂、染色助剂等。

含有长碳链（一般含 $C_{12}\sim C_{25}$）或碳原子总数较多的（一般含 $C_{15}\sim C_{25}$）的季铵盐是一类重要的相转移催化剂。相转移催化作用是指一种催化剂能加速分别处于互不相溶的两相中的物质发生的作用。相转移催化剂中的季铵盐如溴化四丁基铵[$(C_4H_9)_4N^+Br^-$]、溴化三乙基十六烷基铵[$C_{16}H_{33}N^+(C_2H_5)_3Br^-$]、溴化三乙基苄基铵[$PhCH_2N^+(C_2H_5)_3Br^-$]等；另外还有季鏻盐，如溴化三乙基十六烷基磷[$C_{16}H_{33}P^+(C_2H_5)_3Br^-$]、氯化四苯基膦[$(C_6H_5)_4P^+Cl^-$]等。季铵盐的用量仅为作用物的物质的量的 5%以下。例如，1-氯辛烷与氰化钠水溶液的反应，1-氯辛烷不溶于水，自成一相——有机相；氰化钠水溶液另成一相——水相。由于两种反应物形成两相，是一种非均相反应，加热两周也不发生反应。若加入相转移催化剂溴化三丁基十六烷基铵，加入回流 1.5h，壬腈的产率达到 99%。

某些低碳链的季铵盐（或季铵碱）具有生理活性，例如，氯化胆碱$[(CH_3)_3NCH_2CH_2OH]^+Cl^-$具有促进糖类和蛋白质的新陈代谢作用，除被用作治疗脂肪肝和肝硬化的药物外，还被大量用作饲料添加剂；乙酰胆碱$[(CH_3)_3NCH_2CH_2OOCCH_3]^+OH^-$对动物神经有调节保护作用；矮壮素$[(CH_3)_3NCH_2CH_2Cl]^+Cl^-$是一植物生长调节剂，它能抑制农作物细胞伸长，但不抑制细胞分裂，从而使植株变矮，秆茎变粗，叶色变绿，具有提高农作物耐旱、耐盐碱和抗倒伏的能力。

12.2.5.2　季铵碱

季铵碱是强碱，其碱的强度与氢氧化钠或氢氧化钾相当。它具有碱的一般性质，如能吸收空气中的二氧化碳，易潮解，易溶于水等。

季铵碱加热时很容易分解，其分解产物为叔胺和另一化合物，这取决于氮原子上所连烃基的结构。

当季铵碱分子中没有 β-H 时，例如，氢氧化四甲基铵受热分解时，发生 S_N2 反应，生成三甲胺和甲醇。

$$(CH_3)_4\overset{+}{N}OH^- \xrightarrow{\triangle} (CH_3)_3N + CH_3OH$$

当季铵碱的烃基上含有 β-H 时，加热则分解生成叔胺和烯烃，该反应称为霍夫曼消除反应，如

$$(CH_3CH_2)_3\overset{+}{N}CH_2CH_3\overset{-}{O}H \xrightarrow{\triangle} (CH_3CH_2)_3N + CH_2{=}CH_2 + H_2O$$

当季铵碱分子中烃基上含有不同 β-H 进行加热消除反应时，β-H 消除的难易顺序是—CH_3>RCH_2—>R_2CH—，得到的主要产物是双键碳上烷基较少的烯烃，这个定向作用称为霍夫曼规则，正好与札依采夫规律相反。

$$CH_3\overset{\beta'}{C}H_2\overset{\alpha}{C}H(\overset{+}{N}(CH_3)_3)\overset{\beta}{C}H_3\,OH^- \longrightarrow \underset{\text{主要产物}}{CH_3CH_2CH{=}CH_2} + \underset{\text{次要产物}}{CH_3CH{=}CHCH_3} + (CH_3)_3N$$

霍夫曼消除是 E2 机理，它要求被消除的氢与离去基团处于反式共平面的位置，如

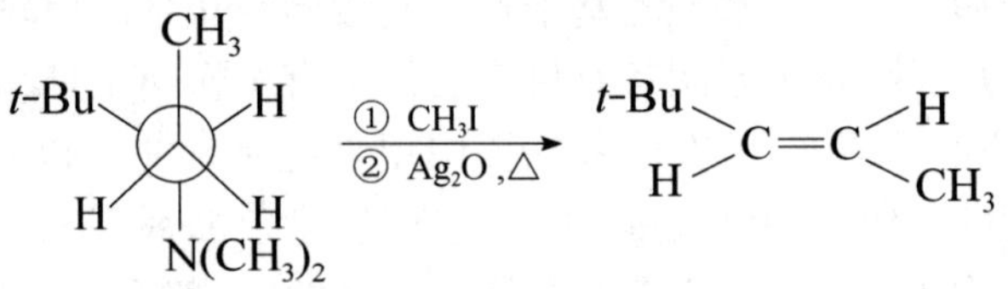

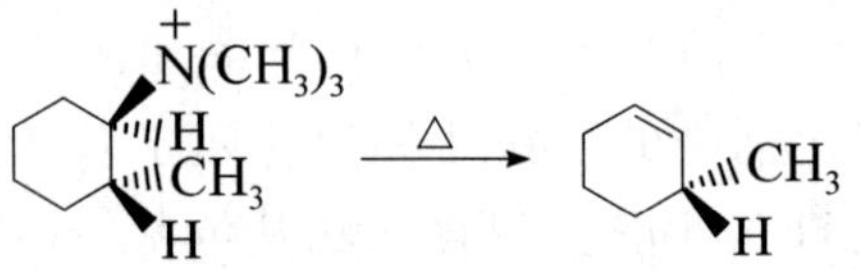

消除方向是由β-氢的酸性和β-碳上的基团位阻作用所决定。当两者不一致时，则通常β-氢原子的酸性起主导作用。

如果β-碳原子上有吸电子集团，特别是像苯基、乙烯基、羰基等有吸电共轭效应的集团存在时，则它们β-氢的酸性增大，容易接受碱的进攻，生成不符合霍夫曼取向规则的消除反应产物。

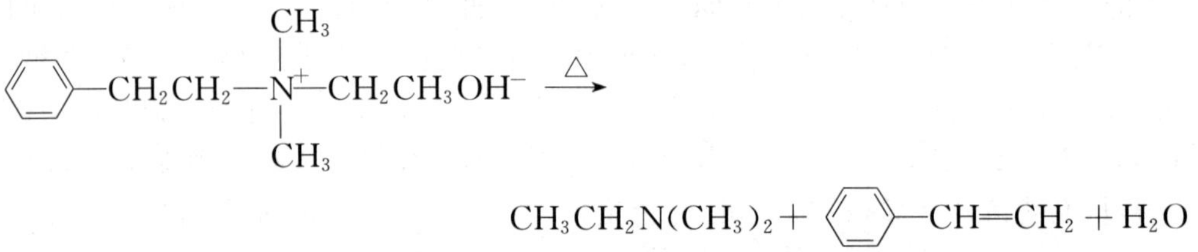

由于季铵碱消除反应降解为烯具有一定的取向，通过测定烯烃结构可以推测胺的结构。其方法是先由过量的碘甲烷与胺作用生成季铵盐，这个过程称为彻底甲基化反应。继而用湿的氧化银处理转变为季铵碱，再进行加热分解。根据反应过程中消耗碘甲烷的物质的量和生成烯烃的结构，便可推测出原来胺的结构，如

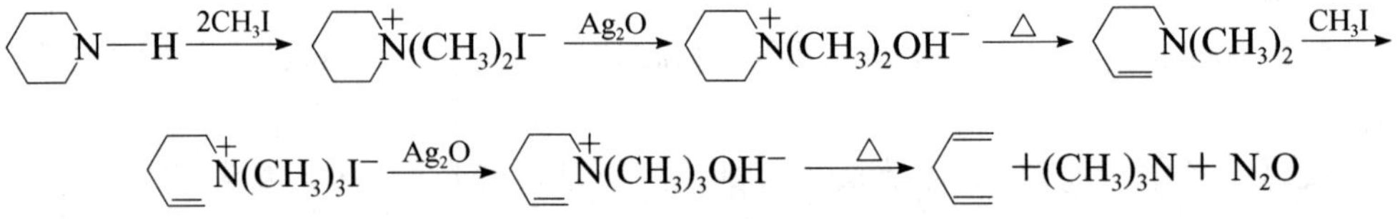

12.3 重氮和偶氮化合物

重氮和偶氮化合物均含有—N═N—官能团。该原子团两端均与烃基相连的化合物称为偶氮化合物(azo compound)，可用通式 R—N═N—R 来表示，其中 R 可以是脂肪族烃基或芳香族烃基，如

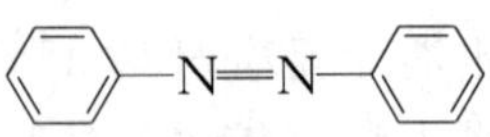

偶氮苯

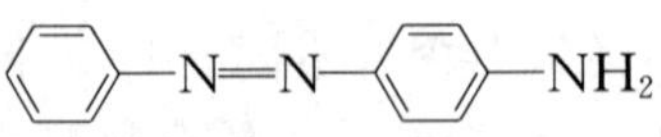

对氨基偶氮苯

$CH_3—N═N—CH_3$

偶氮甲烷

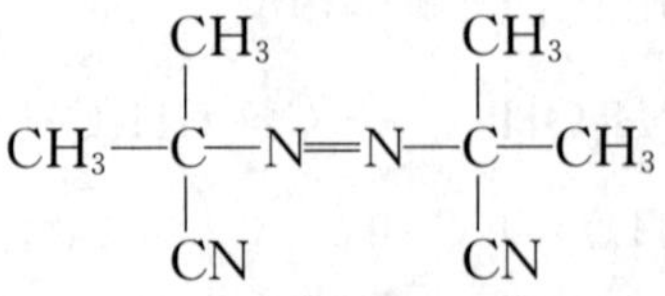

偶氮二异丁腈

若该官能团的一端与烃基相连，另一端与除碳以外的其他原子或原子团相连，则称为重氮化合物(diazo compound)，如

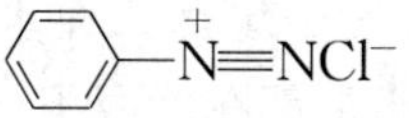
或 $C_6H_5N_2Cl$　　　CH_2N_2

氯化重氮苯(或重氮苯盐酸盐)　　重氮甲烷

脂肪族重氮和偶氮化合物为数不多，远不及芳香族重氮和偶氮化合物重要，因此这里着重讨论芳香族重氮和偶氮化合物。

12.3.1　重氮盐的制备及其结构

在低温和强酸水溶液中，芳伯胺与亚硝酸作用生成重氮盐(diazonium salt)的反应称为重氮化反应。例如，苯胺在盐酸溶液中与亚硝酸钠在低温下反应生成氯化重氮苯(又叫重氮苯盐酸盐)。

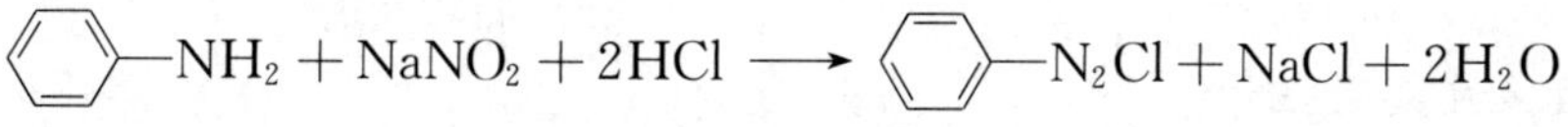

若以硫酸代替盐酸，则得到重氮苯硫酸盐($C_6H_5N_2HSO_4$)。其操作方法一般是将芳伯胺溶解于过量的盐酸中，将溶液冷却后慢慢加入亚硝酸钠溶液，同时进行冷却和搅拌。若以硫酸代替盐酸，则得到重氮苯硫酸盐。

重氮化反应具有下列明显的特点：

(1) 反应要在低温下进行。重氮盐一般在低温下稳定，超过 5℃就会引起重氮盐分解，即使在 0℃时重氮盐的水溶液也只能保持数小时，因此必须在用时临时配制。

(2) 反应要在强酸性介质中进行。这首先是因为重氮化试剂只有在酸性介质中才能生成，其次是生成的重氮盐只有在酸性介质中稳定，否则重氮盐将与未反应的胺发生偶联反应。

(3) 亚硝酸不能过量。亚硝酸钠与胺的用量比应为 1∶1，亚硝酸过量易使生成的重氮盐分解。当反应混合物使淀粉碘化钾试纸呈蓝色时即为反应终点。过量的亚硝酸可以加入尿素来除去。

$$NH_2CONH_2 + 2HNO_2 \longrightarrow 2N_2\uparrow + CO_2 + 3H_2O$$

重氨盐的结构可表示为[$Ar—\overset{+}{N}{\equiv}N$]$X^-$或简写为 $Ar\overset{+}{N}_2X^-$。重氮正离子的两个氮原子和苯环上直接相连的碳原子是线形结构，而且两个氮原子的 π 轨道和苯环的 π 轨道形成离域的共轭体系，其结构如图 12-7 所示。

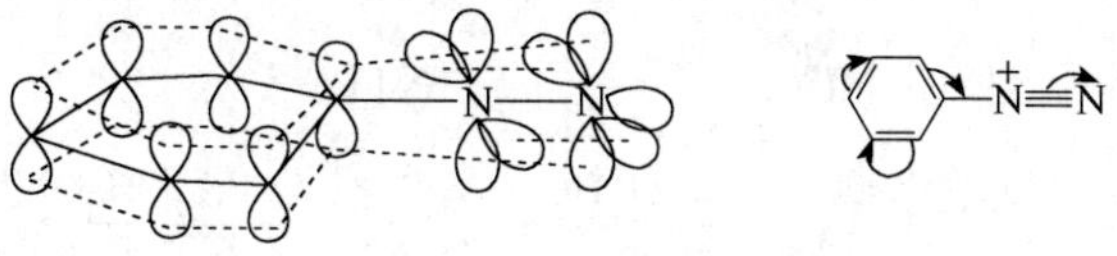

图 12-7　苯重氮正离子的轨道结构

苯重氮正离子也可用共振式表示如下：

这一观点可以在重氮盐的化学性质中体现出来。

重氮盐的性质与铵相似，溶于水而不溶于有机溶剂，其水溶液能导电。重氮盐在水溶液中离解成 ArN_2^+ 正离子和 X^- 负离子。

干燥状态的重氮盐极不稳定，当受热或震动时易发生爆炸。在水溶液中低温时重氮盐较为稳定，温度升高时，则容易分解，因此，重氮化反应通常都在低温下(0～5℃)进行。重氮化反应生成的重氮盐不需要分离，直接以混合溶液的形式用于有机合成反应中。

重氮盐的稳定性与苯环上的取代基以及重氮盐的酸根有关。当环上连有吸电子基团如卤素、硝基、磺酸基等时会增加重氮盐的稳定性，这是由于强化了N≡N与苯环的共轭，同时也说明具有正电荷的空轨道不与苯环共轭，此时，重氮化反应可在稍高的温度(40～60℃)下进行。一般来说，芳基重氮硫酸盐比其盐酸盐稳定，重氮氟硼盐很稳定，只有高温下才分解。

12.3.2 重氮盐的性质及其应用

重氮盐的化学性质非常活泼，能够发生多种反应，大致分为放氮反应和留氮反应两大类。

12.3.2.1 放氮反应

重氮盐中的重氮基可被氢、羟基、卤素、氰基等原子或原子团取代，同时放出氮气。通过该反应可以把氨基经重氮化转化为其他基团。

1）被氢原子取代

重氮盐与还原剂次磷酸(H_3PO_2)或氢氧化钠-甲醛溶液作用，重氮基即被氢原子取代而生成芳烃，产率达80%左右。

$$ArN_2HSO_4 + H_3PO_2 + H_2O \longrightarrow Ar{-}H + N_2\uparrow + H_3PO_3 + H_2SO_4$$

$$ArN_2Cl + HCHO + 2NaOH \longrightarrow ArH + N_2\uparrow + HCOONa + NaCl + H_2O$$

重氮盐与乙醇作用，重氮基也可被氢原子取代，但往往有副产物醚生成，产率一般为50%～60%。如果用甲醇代替乙醇，生成醚的量很大。

$$ArN_2Cl + C_2H_5OH \longrightarrow Ar{-}H + N_2\uparrow + CH_3CHO + HCl$$

$$ArN_2Cl + C_2H_5OH \longrightarrow Ar{-}O{-}C_2H_5 + N_2\uparrow + HCl$$

该反应在合成上可作为去氨基或硝基的方法。利用这一性质，首先在苯环上引入氨基，再借助氨基的定位效应，引入其他基团进入苯环的某个位置，最后将氨基去掉，从而可得到用其他方法不能或不易直接取代得到的某些化合物。例如，1,3,5-三溴苯的合成，若由苯直接溴代是不可能得到该化合物的。但以苯为原料经过下列步骤却可合成1,3,5-三溴苯。

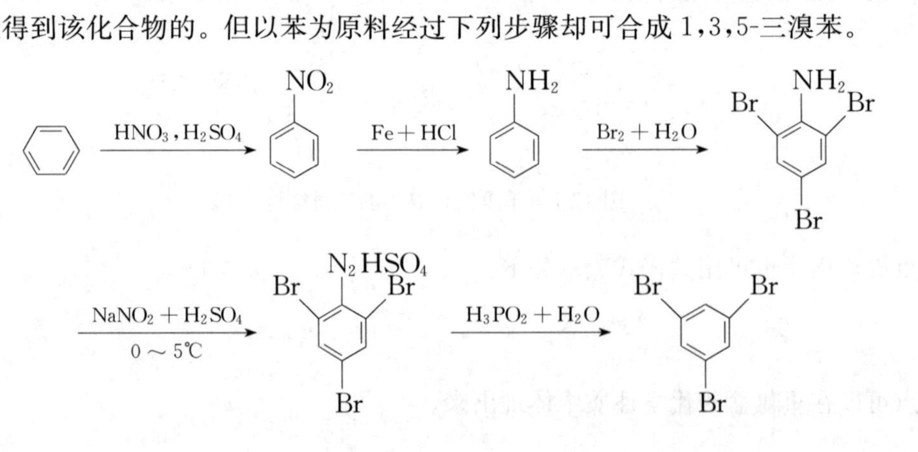

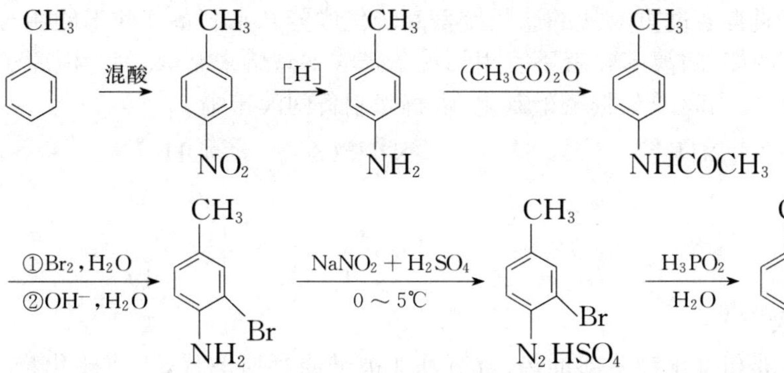

通过此反应，可以从芳胺变为芳烃，所以常称其为去氨基反应。此反应在结构证明及有机合成中都很有用。因为去氨基反应，有利于认识化合物的原来骨架；而在有机合成中，则可以起到在特定位置上的“占位、定位”作用。

2）被羟基取代

加热重氮盐水溶液，即有氮气放出，并有酚生成，产率一般为 50%～60%。

$$ArN_2HSO_4 + H_2O \xrightarrow{\triangle} Ar—OH + N_2\uparrow + H_2SO_4$$

重氮盐被羟基取代的反应是按 S_N1 历程进行的。首先，重氮正离子是因失去稳定的氮（N_2），生成苯基正离子。

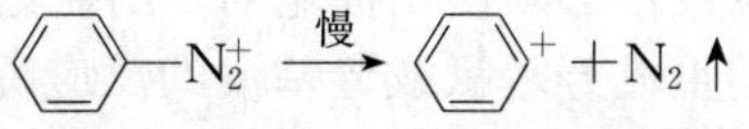

由于苯基正离子是因失去 σ 电子形成的，其空轨道为 sp^2 杂化轨道，它与苯环的 π 轨道不能共轭，即不能形成离域轨道，其正电荷集中在一个碳原子上。苯基正离子轨道如图 12-8 所示。

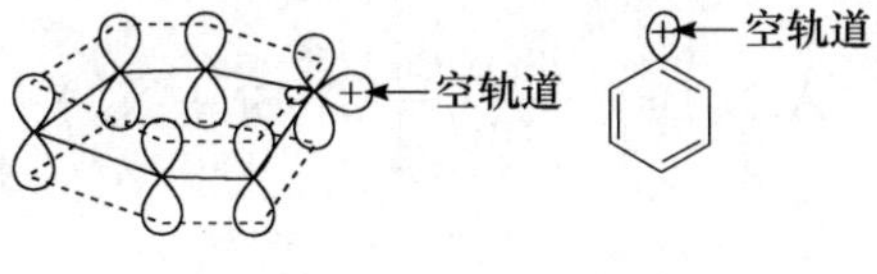

图 12-8　苯基正离子轨道图

因此，苯基正离子能量较高，很活泼，一旦生成即与水反应而生成酚。同时，也与溶液中别的亲核试剂结合。

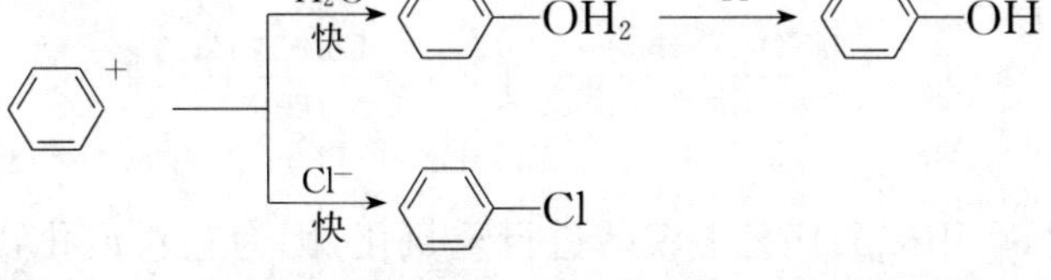

在用重氮盐制备酚时，通常用芳香族重氮硫酸盐，在强酸性的热硫酸溶液（40%～50%）中进行。这是因为：其一，若采用重氮盐酸盐在盐酸溶液中进行，则由于体系的 Cl^- 作为亲核试剂也能与苯基正离子反应，生成副产物氯苯；其二，水解反应中已生成的酚易与尚未反应的重氮盐发生偶合反应，强酸性的硫酸溶液不仅可使偶合反应减少到最低程度，而且还可提高分解反应的温度，使水解进行得更加迅速、彻底。

在有机合成中通常通过重氮盐的途径使氨基转化成羟基来制备某些不能用芳磺酸盐碱熔法来制备的酚类。例如，间溴苯酚就不宜用间溴苯磺酸钠碱熔来制取，因为溴原子在碱熔时也会被水解掉。因此，可用间溴苯胺经重氮化、水解来制备间溴苯酚。

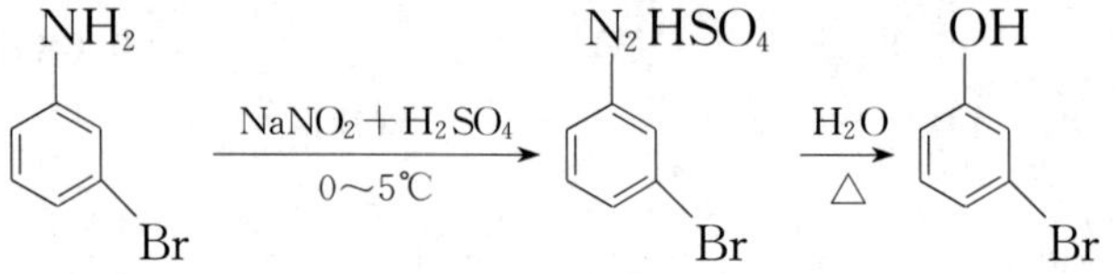

3）被卤原子取代

重氮盐的水溶液和碘化钾一起加热，重氮基即被碘原子所取代，生成碘化物并放出氮气，这是把碘原子引入苯环的好方法，产率很高。

$$ArN_2HSO_4 + KI \xrightarrow{\triangle} ArI + N_2\uparrow + KHSO_4$$

如

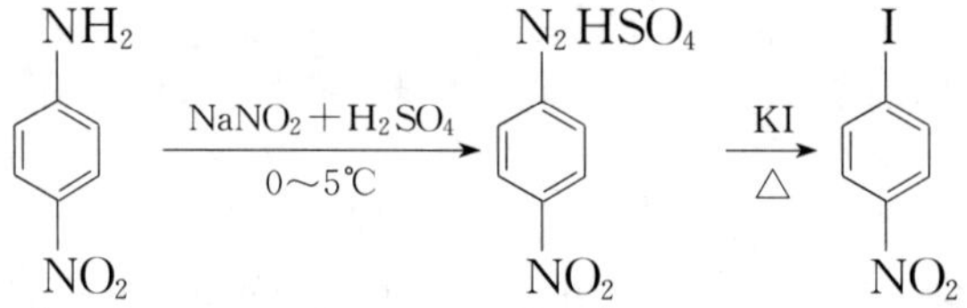

该反应属于 S_N1 历程。氯离子和溴离子的亲核能力比碘离子要弱，因此氯化钾和溴化钾就难于进行上述反应，要使反应进行必须使用催化剂。用氯化亚铜或溴化亚铜作催化剂，使重氮盐与相应的氢卤酸共热，分别生成芳基氯或芳基溴的反应称为桑德迈尔（Sandmeyer）反应。将 CuI 或 CuF 用桑德迈尔反应，不能得到相应的碘化物或氟化物。如果改用铜粉作为催化剂，反应也可以进行，但产率较低，这个反应称为伽特曼（Gattermann）反应。

$$ArN_2Cl \xrightarrow[HCl]{CuCl\text{或}Cu} ArCl + N_2\uparrow$$

$$ArN_2Br \xrightarrow[HBr]{CuBr\text{或}Cu} ArBr + N_2\uparrow$$

如

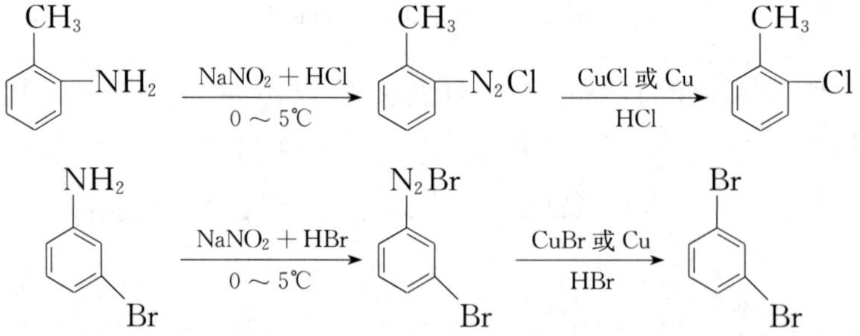

在制备溴化物时，可用硫酸代替氢溴酸进行重氮化，因为它对溴化物的产率影响很小，且价格便宜。但不能用盐酸代替，否则将得到氯化物和溴化物的混合物。

芳香族氟化物也可由此法制备，但需首先将重氮盐转变为氟硼酸重氮盐。方法是将氟硼酸（硼酸溶于氢氟酸中）加到重氮盐溶液中，使生成氟硼酸重氮盐沉淀，经分离并干燥后再小心加热，即逐渐分解而制得相应的芳香族氟化物。该反应称为希曼（Shiemann）反应。

$$ArN_2X \xrightarrow{HBF_4} ArN_2BF_4 \xrightarrow{\triangle} ArF + BF_3 + N_2\uparrow$$

如

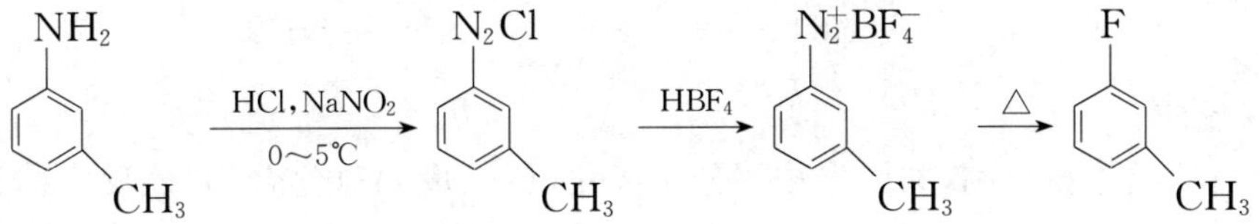

该反应也可以在氟硼酸中进行重氮化反应，则反应完毕后重氮氟硼酸盐直接沉淀出来。利用重氮基被卤素取代的反应可制备某些不易或不能用卤代法得到的卤素衍生物。

4）被氰基取代

重氮盐与氰化亚铜的氰化钾水溶液作用（桑德迈尔反应）或在铜粉存在下与氰化钾水溶液作用（伽特曼反应），则重氮基可被氰基取代，生成芳氰，如

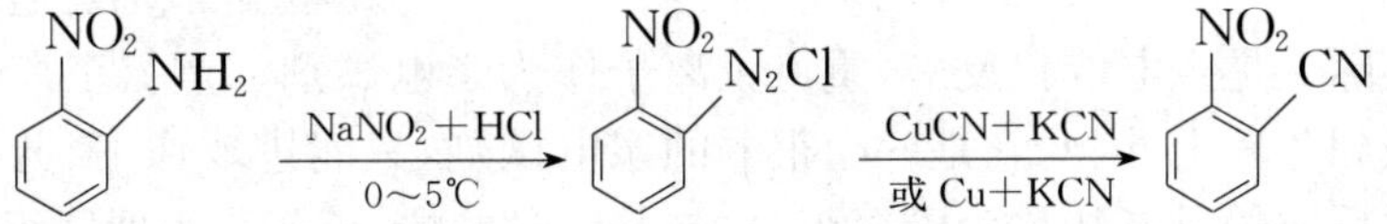

氰基可以水解成羧基，因此该反应也是通过重氮盐在苯环上引入一个羧基的较好方法，如

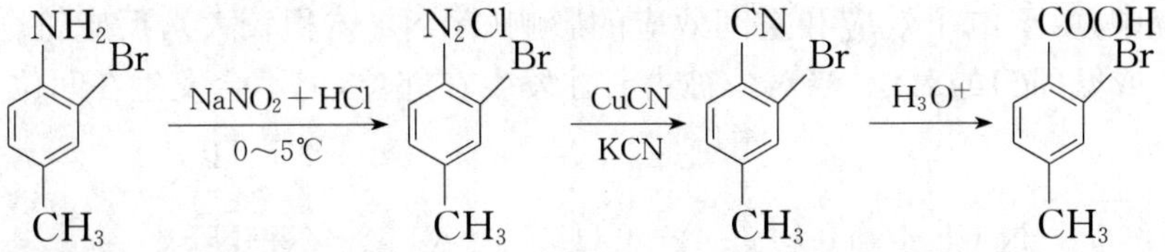

5）被硝基取代

将氟硼酸盐悬浮在亚硝酸盐的水溶液中，然后再用铜粉处理（伽特曼反应），则重氮基被硝基取代，如

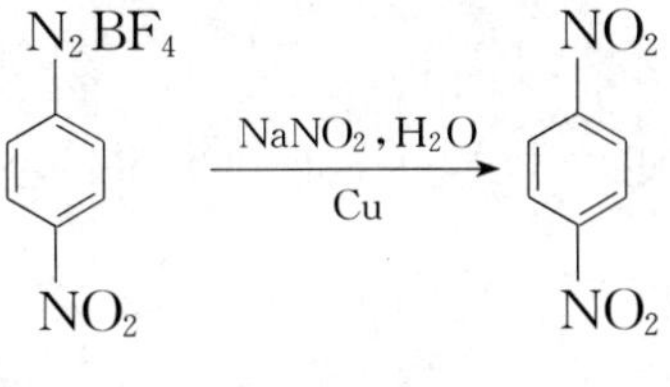

对硝基苯胺可以从对硝基氯苯合成，因此，利用该反应可以合成不能直接用硝化反应制得的一些结构特殊的化合物。

上述放氮反应，一般也适用于萘及其衍生物。

12.3.2.2　留氮反应

1）还原反应

重氮盐可被氯化亚锡和盐酸、亚硫酸钠、亚硫酸氢钠等还原剂还原，也可进行电解还原，保留氮而生成芳基肼，如

苯肼是无色油状液体，微溶于水，熔点 19.5℃，是常用的羰基试剂，也是合成药物和染料的原料。苯肼极毒，使用时要注意安全。

如果用较强的还原剂(如锌和盐酸),则生成苯胺和氨:

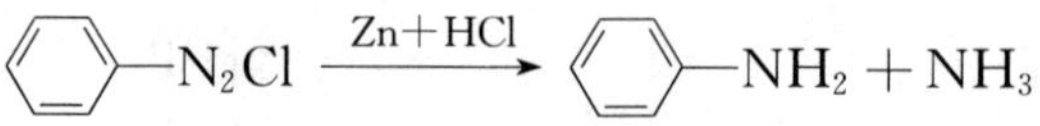

2) 偶联反应

重氮盐与酚或芳胺作用,共同失去一分子卤化氢,生成偶氮化合物,该反应称为偶联反应或偶合反应,如

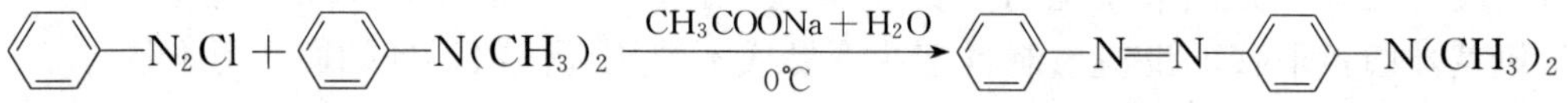

4-(*N*,*N*-二甲胺基)偶氮苯(黄色)

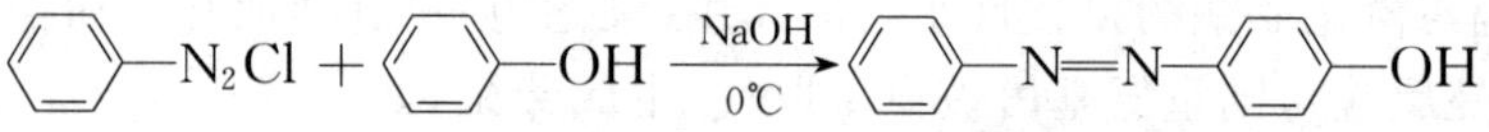

对羟基偶氮苯(橙红色)

偶联反应实际上是亲电取代反应,重氮正离子作为亲电试剂。重氮正离子中氮原子上的正电荷可以离域到芳环上,因此它是一个很弱的亲电试剂,只能进攻像酚、芳胺等高度活化的芳环。参加偶联反应的重氮盐称为重氮组分,与其偶联的酚、芳胺称为偶联组分。偶联反应是制备偶氮染料的基本反应。

偶联反应中,由于电子效应和空间效应的影响(ArN_2^+ 体积较大),反应符合定位规律,一般发生在烃基或氨(胺)的对位,当对位被占时才发生在邻位,但不会发生在间位,如

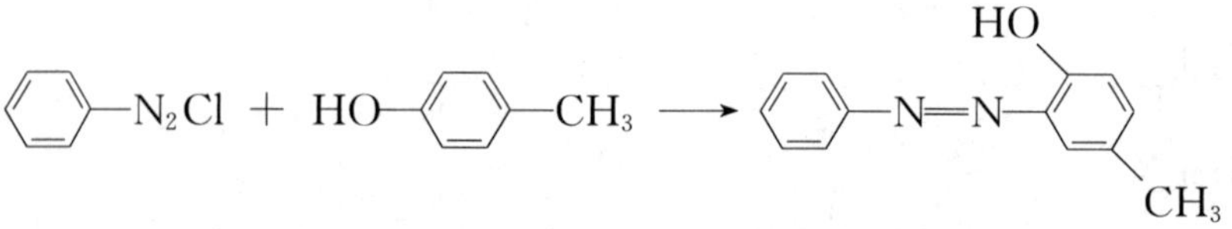

重氮盐与芳伯胺、芳仲胺偶联时,反应首先发生在氨基或亚胺基上(氮上有活泼氢原子)生成取代的苯重氮氨基苯。后者和盐酸或苯胺盐酸盐一起加热到 30~40℃,则经分子重排生成对氨基偶氮苯。

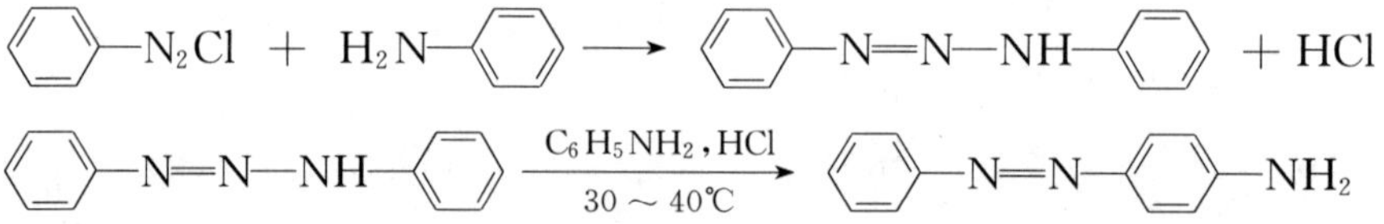

sp 杂化的氮原子的电负性很大(4.67),π 键容易极化。氰基是强极性基团,其吸电子作用仅次于硝基,腈的分子极性较大,如

	CH_3—CN	C_6H_5—CN
$\mu/(10^{-30}C \cdot m)$	13.14	14.58

若对位已有取代基,则重排生成邻氨基偶氮苯。

重氮盐与萘酚或萘胺偶联时,反应发生在烃基或氨基的同环。对于 α-萘酚或 α-萘胺,偶联反应在 4 位上进行。若 4 位有取代基,则在 2 位上进行;对于 β-萘酚或 β-萘胺,偶联反应在 1 位上进行,若 1 位被占据,则不发生反应。

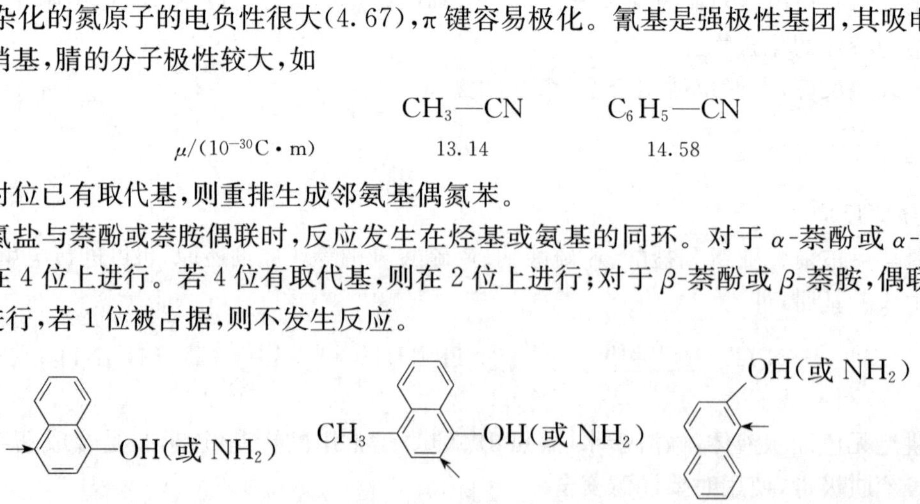

在偶合反应中，对于重氮组分来说，在重氮基的邻、对位有吸电子基团时，反应活性增强，如 2,4,6-三硝基苯重氮盐甚至可以和 1,3,5-三甲苯偶合；2,4-二硝基苯重氮盐则可以和苯甲醚偶合。相反，环上具有供电子基团的重氮盐，则偶合能力很弱。例如，2,4-二甲基苯胺的重氮盐必须在相当浓的溶液中方可偶合。

对于不同的偶合组分来说，必须强调的是，反应介质的酸碱性是非常重要的。

重氮盐与酚的偶联反应一般是在弱碱性溶液中进行(pH 8～10)，因为在碱性溶液中酚成为苯氧负离子，更易于发生亲电取代反应，有利于偶合反应的进行。如果溶液碱性太强(pH>10)，则对反应不利。因为在强碱性条件下重氮盐会与碱作用，生成不能进行偶联反应的重氮酸或重氮酸根负离子。如果溶液酸性太强，则酚质子化，钝化芳环不发生偶合。

$$\mathrm{Ar\overset{+}{N}{\equiv}NCl^-} \underset{}{\overset{OH^-}{\rightleftharpoons}} \underset{\text{重氮碱(不能偶合)}}{[\mathrm{Ar{-}\overset{+}{N}{\equiv}NOH^-}]} \rightleftharpoons \underset{\text{重氮酸(不能偶合)}}{\mathrm{ArN{=}N{-}OH}} \overset{OH^-}{\rightleftharpoons} \underset{\text{重氮酸根负离子(不能偶合)}}{\mathrm{ArN{=}N{-}O^-}}$$

重氮盐与芳胺的偶联反应是在弱酸性或中性(pH 5～7)中进行的。因为反应体系酸性太强，氨(胺)基将转变为铵正离子，它们是强的吸电子基团，使苯环电子云密度降低，不利于偶联反应的发生。

偶联反应时介质的 pH 对同时具有氨基和酚羟基的化合物进行偶联位置的选择十分重要。例如，染料中间体 H-酸在 pH 5～7 时优先发生 7 位偶联，而当pH 8～10 时，则偶联优先发生在 2 位：

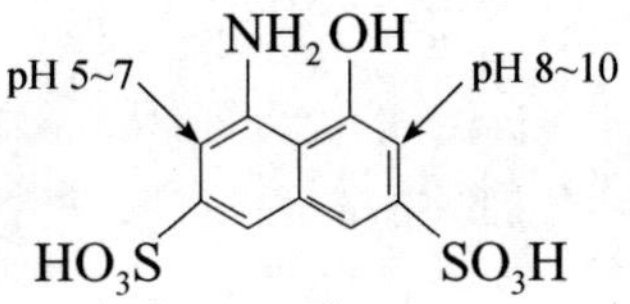

H-酸

12.3.3　偶氮化合物和偶氮染料

12.3.3.1　偶氮化合物

脂肪族偶氮化合物加热时分解放出氮气，并形成烷基自由基，故常用于自由基反应的引发剂，如偶氮二异丁氰普遍应用于工业上或实验室中。

$$\underset{\mathrm{CN}}{\mathrm{(CH_3)_2C}}{-}\mathrm{N{=}N}{-}\underset{\mathrm{CN}}{\mathrm{C(CH_3)_2}} \xrightarrow{\triangle} \underset{\mathrm{CN}}{\mathrm{(CH_3)_2C\cdot}} + \mathrm{N_2}$$

芳香族偶氮化合物具有高度的热稳定性，加热到 300℃以上时才开始分解。

偶氮化合物可用适当的还原剂($SnCl_2$＋HCl 或 $Na_2S_2O_4$)还原生成氢化偶氮化合物，继续还原则偶氮基断裂，生成两分子芳胺，如

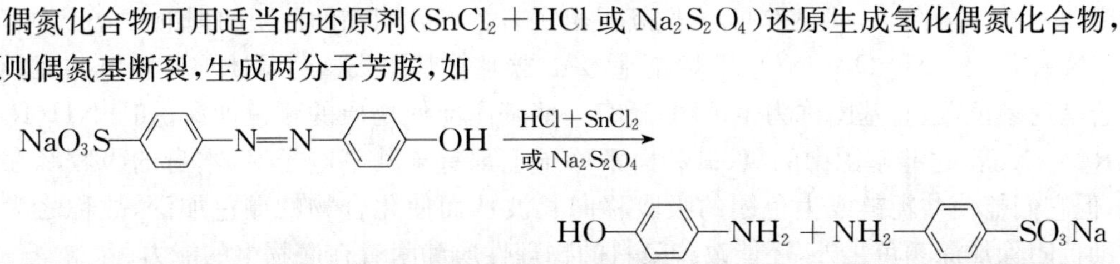

从还原生成的芳胺的结构，能推测原偶氮化合物的结构，因此可以用来测定偶氮染料的结构，这个还原反应还可以用来合成某些氨基酚或二胺。

偶氮化合物都有颜色，有的可用作指示剂，有的可用作染料，被称为偶氮染料。

12.3.3.2　偶氮指示剂

指示剂的颜色变化是由于不同 pH 时其结构不同而引起的。常用的偶氮指示剂如下：

(1) 甲基橙(methyl orange)。甲基橙是由对氨基苯磺酸钠的重氮盐与 *N*,*N*-二甲基苯胺在弱酸溶液中偶合而成。它在中性或碱性时呈黄色，在酸性中(pH<3)显红色，在 pH 3～4.4 显橙色。这种颜色变化是由可逆的两性离子结构引起的。

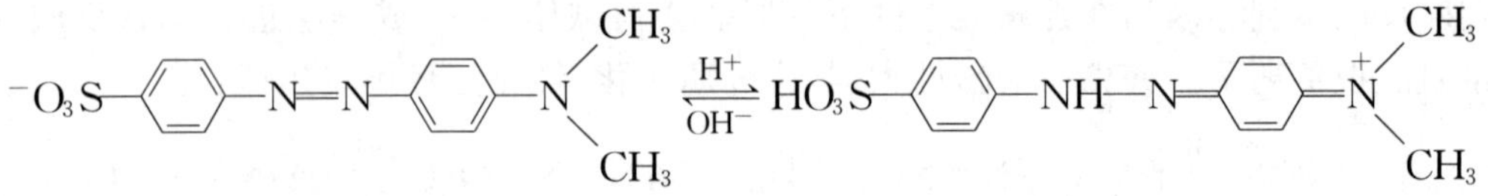

甲基橙是酸碱滴定的常用指示剂。

(2) 刚果红(congo red)。刚果红是由联苯胺重氮盐与 4-氨基萘磺酸偶合而成。它在弱酸性、中性或碱性介质中均以磺酸钠形式存在，呈红色，在强酸性(pH<3)时以具有邻醌结构的磺酸内盐形式存在，显蓝色。

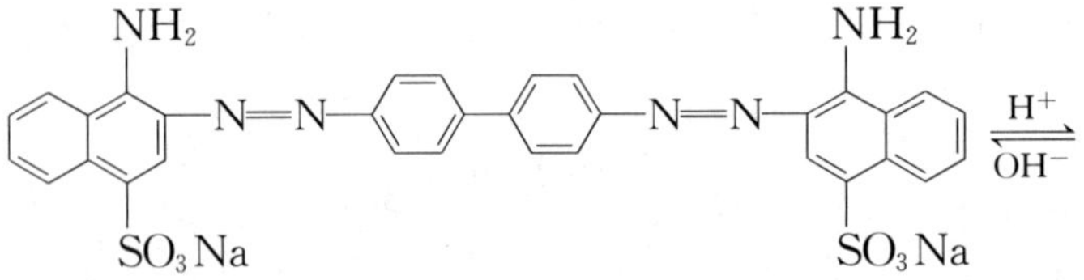

红色

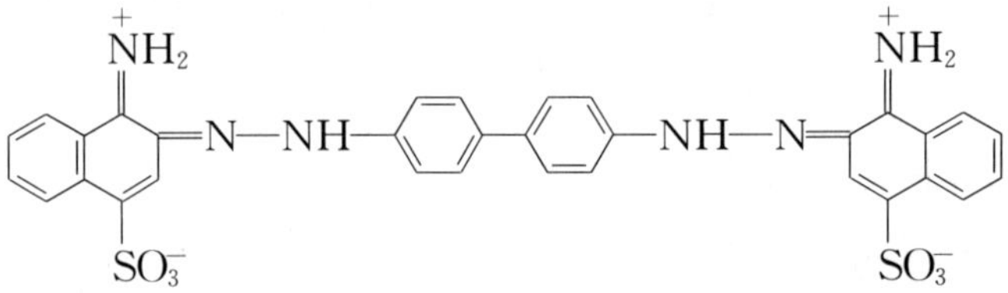

蓝色

12.3.3.3　偶氮染料

染料是一类有色且能稳定地附着在织物等底物上，并合乎应用要求的物质。历史上，天然染料主要从某些植物资源获取，也有少量由动物体中得到；自 1856 年第一个人造染料苯胺紫发现以来，合成染料迅速发展，天然染料在工业上已几乎不再使用。

化合物之所以有颜色并能作为染料使用，这与光的作用和化合物本身的分子结构及应用条件密切相关。早在 19 世纪末期，人们就提出了有关发色团和助色团的理论。分子中若具有多个—N═N—、—N═O、$—NO_2$、α-烯酮基、α-二羰基等基团或这些基团与共轭链共轭相接时往往会呈现颜色，这些基团称为生色团；还有一些基团能使物质的颜色加深，如—$NH(R)_2$、—OH(R)、—X 等，这些基团中的氮、氧和卤素原子上都有未共享电子对，本身的吸收峰在远紫外区，但它们能使共轭链或生色团的吸收移向长波从而使化合物的颜色加深，故称之为助色团。助色团除加深颜色之外，还能改善染料的物理性质和附着在底物上的能力。

染料的品种很多，主要有两种分类方法。染料合成者按化学结构将染料分为偶氮、蒽醌、酞菁、靛属、多苯甲烷、花青、醌亚胺、喹啉及硝基、二苯乙烯等；染料使用者乐于按应用(使用方法和印染对象)将染料分为直接、还原、硫化、酸性、中性、活性、不活性偶氮(冰染)、氧化、缩聚、暂溶性、分散、阳离子、荧光、压敏、热敏、溶剂、皮革染料等。

偶氮染料是合成染料中为数最多的一种,约占全部染料的一半,颜色齐全,广泛用于棉、毛、丝、麻织品以及塑料、印刷、皮革、橡胶、化妆品等产品的着色,如

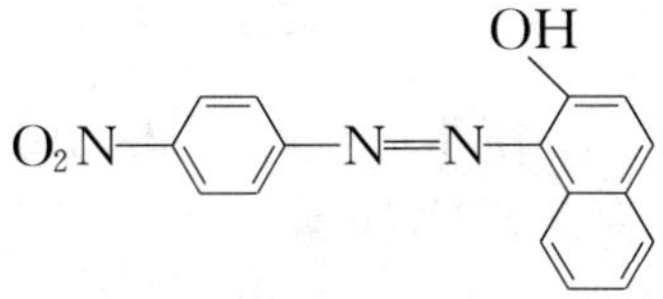

对位红(染料)

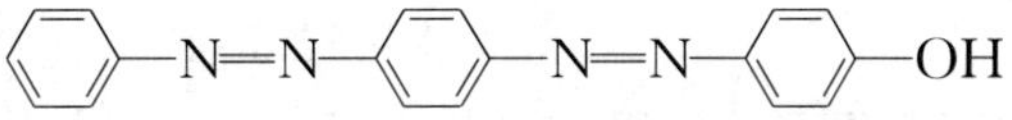

分散黄(染料)

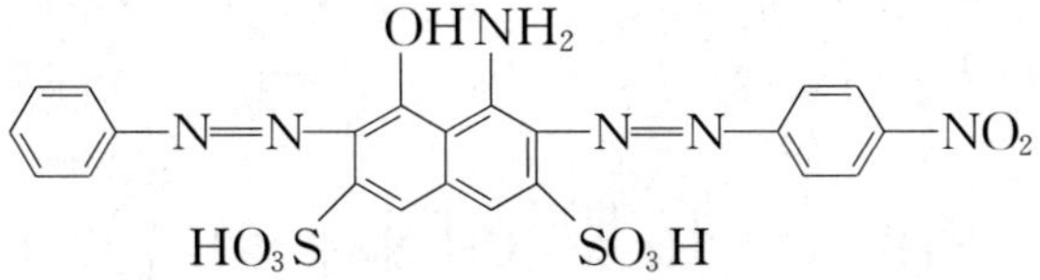

萘酚蓝黑 B(染棉毛等)

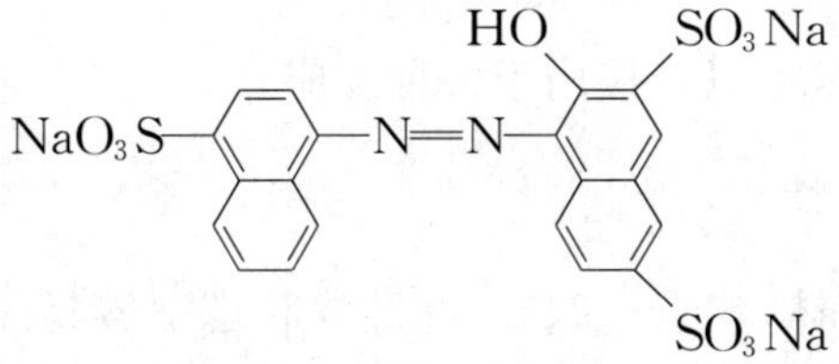

苋菜红(染料)

染料科学的应用历史悠久,并且学科涉及面广,物理有机化学的研究方法在染料化学上发挥了重要作用,使染料学科在分子设计和应用功能两方面都有了长足的进步。用量子化学的方法计算分子的轨道能量、解释分子结构与吸收光谱的关系,通过化学反应动力学了解染料的上色率、固色率和褪色的变化机理,通过仪器分析的方法能够跟踪染料的晶形、表面性能及后处理加工等过程中的结构变化并提供信息。在功能方面,除可见光作用外,在其他因素如热、电、压力、酸碱、氧化还原条件下的变色和发光的有机染料已广泛用于热敏和无碳复写纸、文具、玩具、服装、建材、调光薄膜、玻璃及信息电子器材上。电致发光用染料、光致变色染料、复印机和打印机等器材上用的光导电性染料,激光用染料、CD 刻录光盘上的光记录介质用有机酞菁类染料、彩色液晶显示用的二色性染料、具有非线性光学性能的染料和用于医药和农药的染料等,都是当前研究工作的重要方向。在用作染色剂、成色剂和感光材料的增减剂等方面,复合染料和新染色方法及毛发染料、荧光增白剂、指示剂及适应不断出现的各种新型合成纤维和功能材料着色的应用也仍在继续增长。

染料工业生产和应用中的一个值得关注的问题是,如何适应环境保护和卫生法规的要求向着无公害排放的绿色合成化学方向发展。

12.3.4　重氮甲烷

12.3.4.1　重氮甲烷的结构

最简单而又最重要的脂肪族重氮化合物为重氮甲烷。重氮甲烷的结构比较特殊,可用下列共振式表示:

$$\mathrm{CH_2{=}\overset{+}{N}{=}\overset{-}{\ddot{N}}\!:} \longleftrightarrow \mathrm{:\overset{-}{C}H_2{-}\overset{+}{N}{\equiv}N:}$$

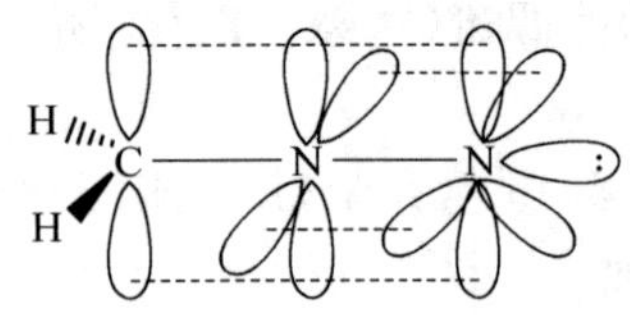

图 12-9　重氮甲烷的轨道示意图

重氮甲烷的轨道如图 12-9 所示。

12.3.4.2　重氮甲烷的制备

重氮甲烷很难用甲胺和亚硝酸直接作用制得，一般通过仲胺或 N-烃基酰胺与亚硝酸反应而制得 $R-N(NO)-CH_3$ 型的化合物，再与碱作用而得到重氮甲烷。其中，R 可以是烃基、酰基、磺酰基等，如

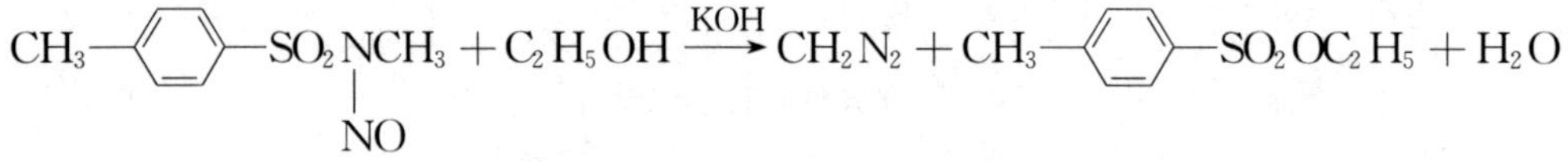

$$NH_2-\overset{O}{\overset{\|}{C}}-\underset{NO}{N}CH_3 \xrightarrow{KOH} CH_2N_2 + NH_3 + KHCO_3$$

得到的是重氮甲烷的醚溶液，可以直接用于各种反应。

12.3.4.3　重氮甲烷的性质

重氮甲烷为黄色有毒气体，沸点－24℃，在纯粹状态下容易爆炸，通常在乙醚稀溶液中使用。重氮甲烷的化学性质非常活泼，其碳原子既有亲核性质又有亲电性质，能发生许多类型的反应，在有机合成上占有重要的地位。

重氮甲烷是一个重要的甲基化试剂，它能与酸性化合物反应而放出氮气。与羧酸反应生成羧酸甲酯。

$$RCOOH + CH_2N_2 \longrightarrow RCOOCH_3 + N_2\uparrow$$

该反应操作简便，产率高(约 100%)，副产物为气体，是将贵重羧酸转变为甲酯的好方法。

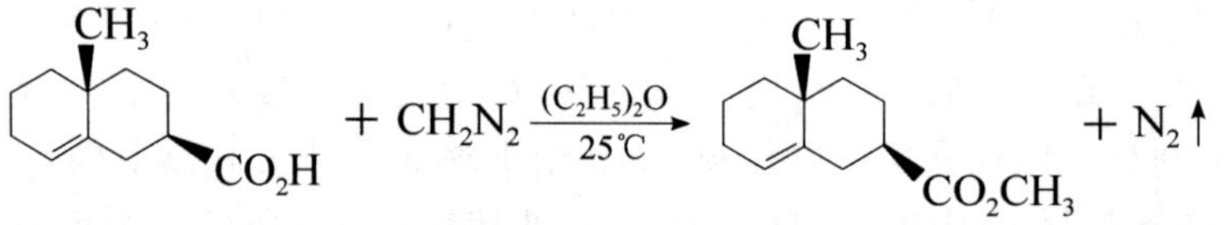

其他的酸，如氢卤酸、磺酸、酚和烯醇都可以用重氮甲烷分别转变为卤代甲烷、磺酸甲酯、酚的甲基醚和烯醇甲醚。

$$HX + CH_2N_2 \longrightarrow CH_3X + N_2$$
$$RSO_3H + CH_2N_2 \longrightarrow RSO_3CH_3 + N_2$$
$$ArOH + CH_2N_2 \longrightarrow ArOCH_3 + N_2$$

醇的酸性不足以使重氮甲烷质子化，在一般情况下重氮甲烷与醇不起反应。

重氮甲烷与醛酮的羰基进行亲核加成，然后与羰基相连的一个烃基迁移到亚甲基上，同时脱去氮分子，得到增加一个碳原子的化合物。

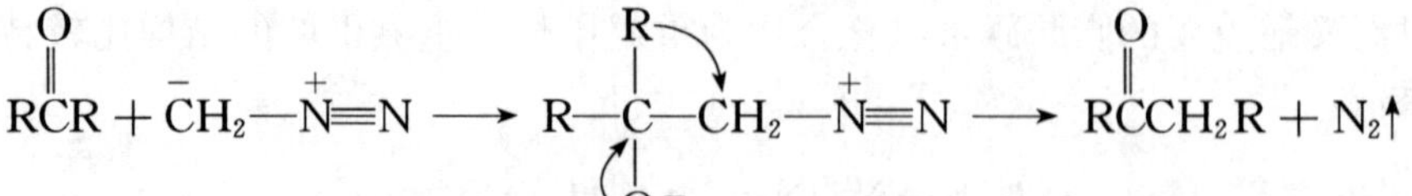

酮分子中两个烃基不相同时，与重氮甲烷反应，生成两种异构体。此外，带负电荷的氧原子，还可以直接进攻亚甲基，生成环氧化合物，有时这是反应的主要产物。

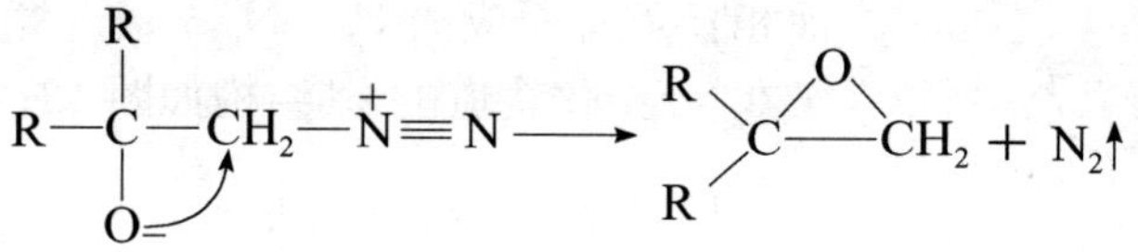

利用酮与重氮甲烷的反应有时可以制备用别的方法难以得到的化合物，如

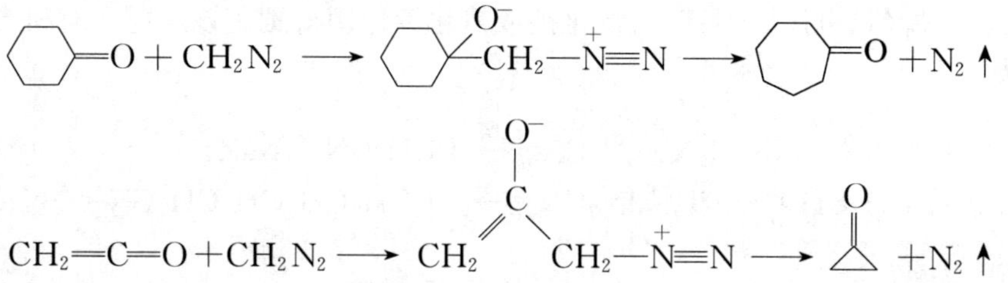

重氮甲烷与酰氯反应，生成 α-重氮酮，同时放出氯化氢。氯化氢能使重氮酮分解为 α-氯代酮，因此操作时要将酰氯滴加到过量的重氮甲烷溶液中去，使生成的氯化氢立即与重氮甲烷反应掉。

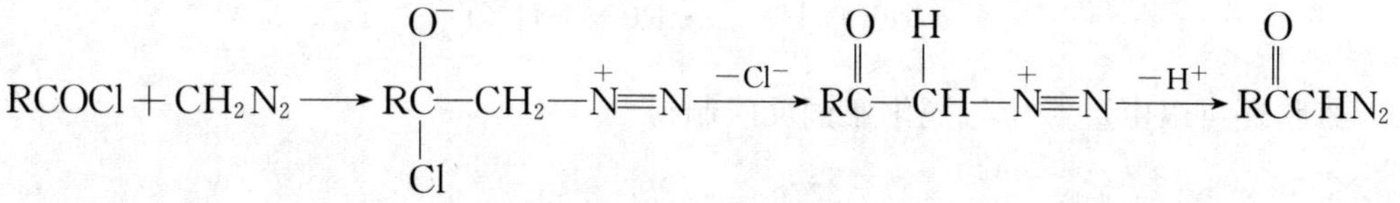

α-重氮酮在氧化银的存在下加热，重排而生成烯酮，称为沃尔夫(Wolff)重排。

$$\mathrm{R\overset{O}{\overset{\|}{C}}CHN_2 \xrightarrow{Ag_2O} RCH{=}C{=}O}$$

生成的烯酮能与水、醇、胺等反应生成酸及酸的衍生物。例如，反应在水溶液中进行，产物为羧酸；在醇溶液中，产物为酯。因此，以酰氯为原料，经两步反应，可以得到高一级的羧酸，产率可达 50%～80%。

$$\mathrm{R\overset{O}{\overset{\|}{C}}Cl \xrightarrow{CH_2N_2} R\overset{O}{\overset{\|}{C}}CHN_2 \xrightarrow[H_2O]{Ag_2O} RCH_2COOH}$$

这种增长碳链的方法，称为阿恩特-艾斯特(Arndt-Eistert)反应，是将羧酸转变成它的高一级同系物的重要方法之一。

12.4　腈、异腈和异氰酸酯

12.4.1　腈

12.4.1.1　腈的结构

腈可以看作是氢氰酸(HCN)分子中的氢原子被烃基取代后的生成物。腈的通式为 RCN 或 ArCN。

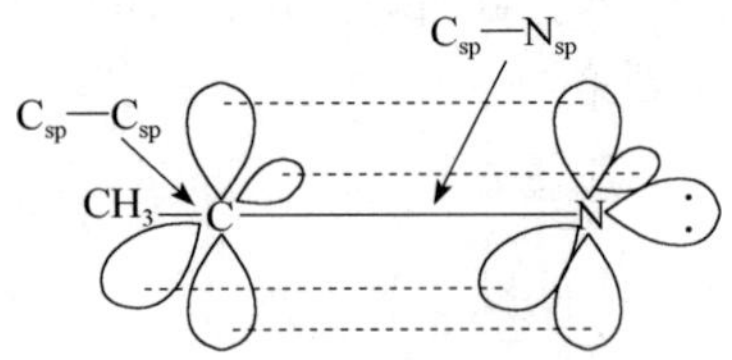

图 12-10　乙腈的结构

腈的结构与丙炔类似。氰基中的碳原子和氮原子均为 sp 杂化，碳氮之间除 C_{sp}—N_{sp} σ 键外，还有两个由 p 轨道侧面相互重叠而成的 C_p—N_p π 键。氮原子的一对未共用电子在 sp 杂化轨道中，其结构如图 12-10 所示。

12.4.1.2　腈的制法

1）由卤代烃制备

腈可由卤代烷（叔卤代烷不宜）与氰化钠或氰化钾作用得到。该反应在有机合成上常用来增长碳链，如

$$RCH_2X + NaCN \xrightarrow{\text{乙醇}} RCH_2CN + NaX$$

$$ClCH_2CH_2CH_2CH_2Cl + 2NaCN \longrightarrow \underset{\text{己二腈}}{NCCH_2CH_2CH_2CH_2CN} + 2NaCl$$

己二腈是合成尼龙-66 的单体——己二酸和己二胺的原料。

2）由酰胺或羧酸胺盐制备

酰胺或羧酸胺盐与五氧化二磷共热，则脱水生成腈。

$$RCONH_2 \xrightarrow[\triangle]{P_2O_5} RCN + H_2O$$

3）芳腈还可以由重氮盐与氰化亚铜反应制得。

12.4.1.3　腈的性质

1）物理性质

低级腈类为无色液体，高级腈为固体。由于腈类的高度极性，所以分子间引力很大，它们的沸点比相应相对分子质量的烃、醚、醛、酮、胺均高，而与醇相近，较羧酸为低（表 12-6）。

表 12-6　相对分子质量相近的腈、胺、醛、醇、酸的沸点的比较

化合物	CH_3CN	$C_2H_5NH_2$	CH_3CHO	C_2H_5OH	HCOOH
相对分子质量	41	45	44	46	46
沸点/℃	82	16.6	21	78.3	100

腈类与水形成氢键，所以在水中溶解度较大，低级腈均溶于水，并能溶解盐类等离子化合物，常用作溶剂及萃取剂。随着相对分子质量的增加，腈在水中的溶解度迅速下降，丁腈以上就难溶于水。腈类的毒性较大，使用时需加强防护。

腈基的红外特征吸收与炔键一样，均在 2260～2220cm^{-1}内有一个尖锐的中强的碳氮叁键（C≡N）伸缩振动吸收峰，从邻甲苯甲腈的红外光谱（图 12-11）中很容易认出 C≡N 吸收峰，由于只有少数基团在此区域有吸收，它往往不被其他吸收峰所遮盖，极易判断，在鉴定分析中很有用。

核磁共振谱中，氰基邻碳上 H 的化学位移值为 2～3ppm；氰基对 β-碳上的 H 的影响相当大，可达 0.4～0.8ppm。

饱和脂肪腈的质谱特征系列离子 $C_{10}H_{20}N^+$ m/z 为 30，m/z 44，…均是偶数质荷比的峰。脂肪腈的分子离子峰很弱，但芳腈有较强的分子离子峰。脂肪腈能失去α-H 生成比较

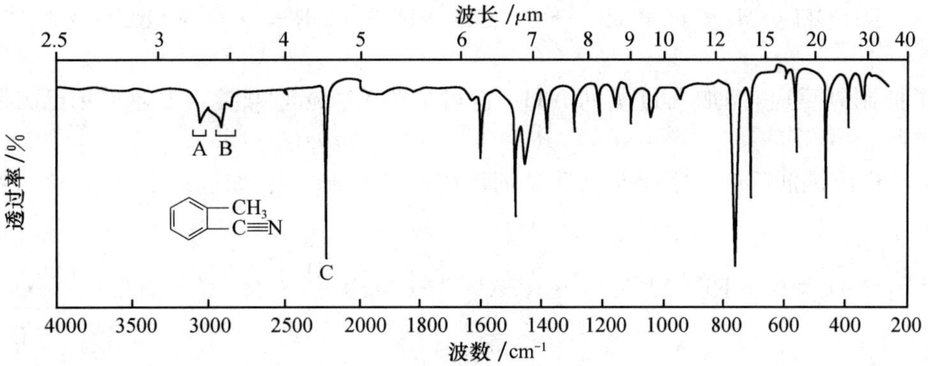

图 12-11　邻甲苯甲腈的红外光谱

A. 芳环 C—H 伸缩振动；B. C—H 伸缩振动；C. C≡N 伸缩振动

稳定的$[M-1]^+$，该离子峰强度虽弱，但有利于判断相对分子质量。四个碳以上的直链烷基腈能发生重排，重排离子常常是基峰生成的 m/z 41 峰。

2）化学性质

腈分子中含有碳氮叁键，可以起各种加成反应。其化学性质与羰基化合物相似，可发生水解、醇解、加氢等反应。不饱和键加成反应及氰基 α-碳上的反应。

（1）水解。腈在酸或碱的催化下，水解生成羧酸，在酸催化下得到游离的羧酸和铵盐，而在碱催化下得到羧酸盐和氨。

$$R—CN + H_2O \begin{cases} \xrightarrow{H^+} RCOOH + NH_4^+ \\ \xrightarrow{OH^-} RCOO^- + NH_3 \end{cases}$$

腈的水解被认为是分步进行的，第一步生成酰胺，第二步生成羧酸。但该反应一般情况下难以停留在酰胺阶段。例如，若使反应停止在酰胺阶段就必须控制适当的反应条件。工业上用己二腈水解制备己二酸。

（2）醇解。腈的醇溶液和浓硫酸或盐酸一起共热，则发生醇解而生成酯。

$$R—C\equiv N + R'OH + H_2O \xrightarrow{H_2SO_4} RCOOR' + NH_3$$

例如，有机玻璃单体 α-甲基丙烯酸甲酯。就是由羟基腈经甲醇和浓硫酸处理，同时发生脱水、水解和酯化反应而得到的。

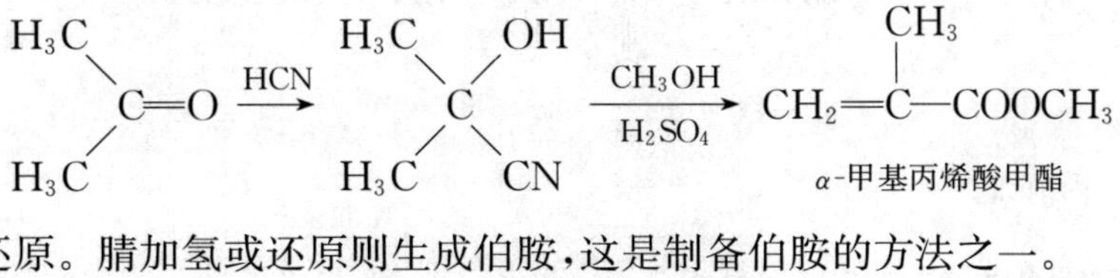

（3）加氢还原。腈加氢或还原则生成伯胺，这是制备伯胺的方法之一。

$$R—C\equiv N + H_2 \xrightarrow{Ni} R—CH=NH \xrightarrow{H_2/Ni} R—CH_2—NH_2$$

副反应：

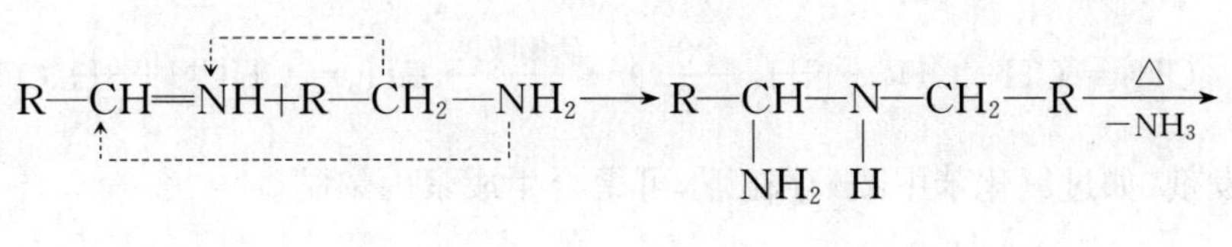

$$R-CH=N-CH_2-R \xrightarrow{H_2} R-CH_2NHCH_2-R \longrightarrow \longrightarrow \underset{\text{叔胺}}{(RCH_2)_3N}$$

为了抑制副反应,需加入过量的 NH_3,也可加些 KOH 等碱类。工业上用己二腈催化加氢制己二胺。

(4) 与格氏试剂反应。腈类与格氏试剂作用可以生成酮类,如进一步反应,则最终产物为叔醇。

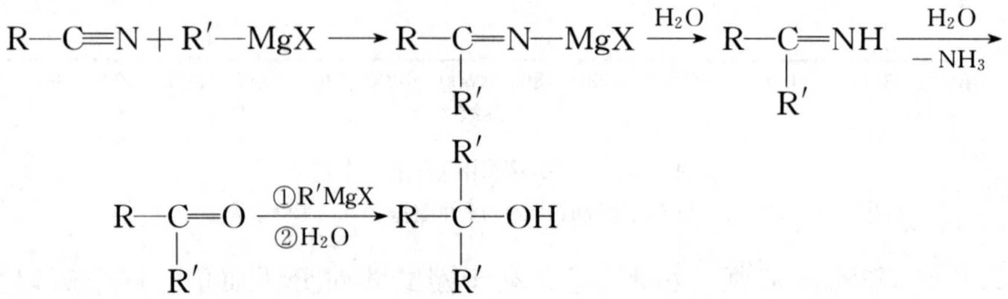

(5) α-氢的活泼性。由于氰基的强吸电子性,使 α-H 活泼,可以发生自身缩合反应[索普(Thorpe)腈缩合反应],如

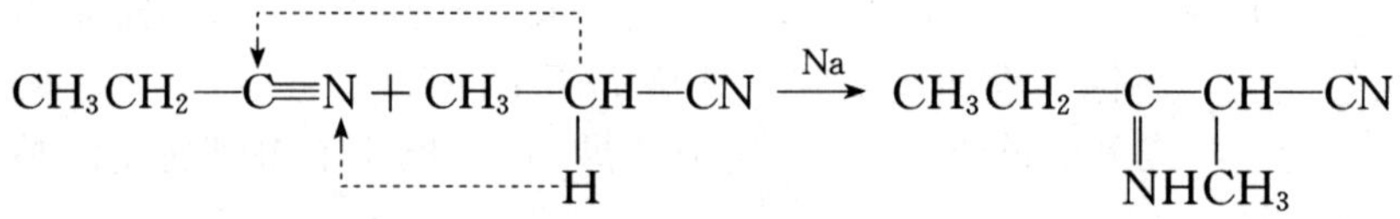

也可以与芳醛发生缩合反应,如

$$C_6H_5CHO+C_6H_5CH_2CN \xrightarrow[EtOH]{EtONa} \xrightarrow[-H_2O]{\triangle} C_6H_6CH=\underset{\underset{C_6H_5}{|}}{C}-CN$$

也可以与酯等缩合,如

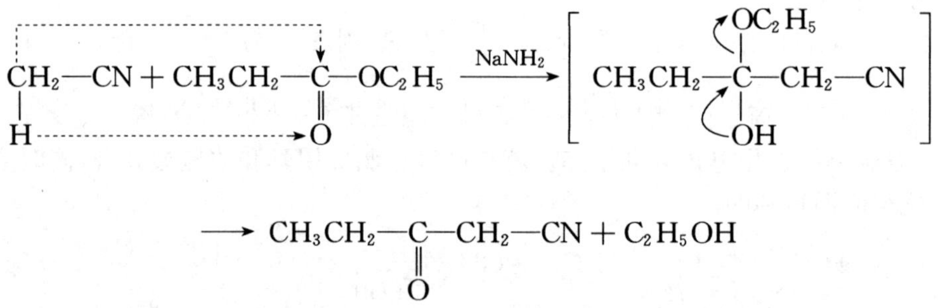

12.4.1.4 丙烯腈

丙烯腈为无色液体,沸点 78℃,稍溶于水,易溶于一般有机溶剂。它既是合成纤维和合成橡胶的单体,又是重要的有机合成原料。

目前生产丙烯腈的主要方法是氨化氧化法,简称氨氧化法。

$$CH_2=CH-CH_3+NH_3+\frac{3}{2}O_2 \xrightarrow{\text{磷钼酸铋}} CH_2=CHCN+3H_2O$$

丙烯腈在引发剂(如过氧化苯甲酰)存在下,可聚合生成聚丙烯腈。

$$nCH_2{=}\underset{\displaystyle CN}{\underset{|}{C}H} \xrightarrow{\text{引发剂}} \text{-}\!\!\left[CH_2-\underset{\displaystyle CN}{\underset{|}{C}H}\right]\!\!\text{-}_n$$

聚丙烯腈制成的纤维称为腈纶。腈纶质地柔软，类似羊毛，故有“人造羊毛”之称，它具有强度高、保暖性好、耐日光、耐酸、耐溶剂等优点。

丙烯腈还能与其他化合物共聚，例如，丙烯腈与 1,3-丁二烯共聚可生成具有耐油、耐寒、耐溶剂等特性的丁腈橡胶。

$$nCH_2{=}CH-CH{=}CH_2 + nCH_2{=}\underset{\displaystyle CN}{\underset{|}{C}H} \longrightarrow \text{-}\!\!\left[CH_2-CH{=}CH-CH_2-CH_2-\underset{\displaystyle CN}{\underset{|}{C}H}\right]\!\!\text{-}_n$$

丙烯腈在浓硫酸存在下，限制水量，则可水解为丙烯酰胺。

$$CH_2{=}CH-CN + H_2O \xrightarrow{\text{浓 }H_2SO_4} CH_2{=}CH-CONH_2 \cdot H_2SO_4$$

$$\xrightarrow{Na_2CO_3} CH_2{=}CH-CONH_2$$

工业上则用骨架铜作催化剂，使丙烯腈水解成丙烯酰胺。

$$CH_2{=}CH-CN + H_2O \xrightarrow[85\sim125℃]{\text{骨架酮}} CH_2{=}CH-CONH_2$$

丙烯酰胺经聚合得到聚丙烯酰胺。聚丙烯酰胺主要用作絮凝剂、油田注水增稠剂、钻井液处理剂、纺织浆料、纸张增强剂、纤维改性剂等。

丙烯腈电解二聚则生成己二腈，是无色液体，沸点 295℃，主要用于生产己二胺、己二酸等。

$$2CH_2{=}CHCN + 2H^+ + 2e(\text{电解}) \longrightarrow NC(CH_2)_4CN$$

12.4.2　异腈

异腈又称为胩，通式为 RNC。腈和异腈是同分异构体。在腈分子中，腈基上的碳原子和烃基相连，而在异腈分子中，氰基上的氮原子和烃基相连。

异腈的结构可以用共振式表示：

$$R-\ddot{N}{=}C \longleftrightarrow R-\overset{+}{N}{\equiv}C{:}^-$$

异腈是一类比较稳定的含两价碳的化合物。

异腈可以由碘代烷与氰化银或氰化亚铜在乙醇溶液中加热的方法制备，其中含有少量腈。

$$RI + AgCN \longrightarrow RNC + AgI$$

如果用银氰化四甲铵 $(CH_3)_4N^+[Ag(CN)_2]^-$ 代替氰化银与碘代烷反应，异腈的产率可接近 100%。

伯胺与氯仿及氢氧化钾的醇溶液反应，也能生成异腈。异腈的沸点比相应的腈低，相对分子质量小的异腈是具有恶臭味，有毒性的液体。异腈对碱稳定，而用稀酸就可以使其水解生成 *N*-烃基甲酰胺，后者进一步水解生成甲酸和比异腈少一个碳原子的伯胺。

$$RNC + H_2O \xrightleftharpoons{H^+} HCONHR \xrightarrow[H_2O]{H^+} RNH_2 + HCOOH$$

异腈催化加氢，则生成仲胺：

$$RNC + 2H_2 \xrightarrow{Ni或Pt} RNHCH_3$$

异腈与卤素发生加成反应，生成二卤代物：

$$RNC + Cl_2 \longrightarrow RN{=}CCl_2$$

将异腈加热到 250～300℃，则发生异构化生成相应的腈：

$$RNC \xrightarrow{250\sim300℃} RCN$$

异腈与氧化汞或硫反应，分别生成异氰酸酯和异硫氰酸酯：

$$RNC + HgO \longrightarrow R{-}N{=}C{=}O + Hg$$
$$RNC + S \longrightarrow R{-}N{=}C{=}S$$

12.4.3 异氰酸酯

12.4.3.1 异氰酸酯的结构

氰酸结构的表示方法，目前尚未完全解决。一般认为氰酸和异氰酸是互变异构体，在平衡时主要组分是异氰酸。

$$\underset{氰酸}{HO{-}C{\equiv}N} \rightleftharpoons \underset{异氰酸}{O{=}C{=}N{-}H}$$

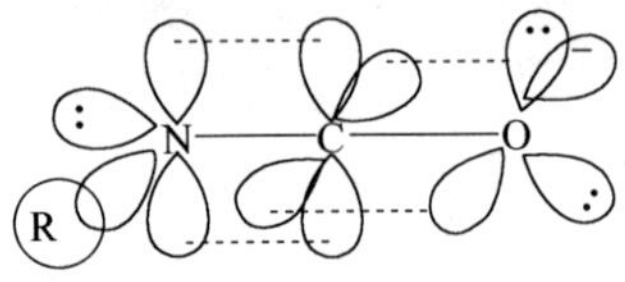

图 12-12 异氰酸酯轨道示意图

异腈酸酯具有下面结构：R—N═C═O 或RNCO。其轨道如图 12-12 所示。

迄今尚未发现相当于氰酸的酯。在异氰酸酯中，以芳香族异氰酸酯较为重要。

12.4.3.2 异氰酸酯的制法

制备脂肪族或芳香族异氰酸酯的常用方法是由伯胺与光气作用，先生成胺基甲酰氯，后者受热脱去氯化氢即分解为异氰酸酯，如

$$2RNH_2 + Cl{-}\underset{\underset{O}{\|}}{C}{-}Cl \longrightarrow RNHCOCl + RNH_2HCl \xrightarrow[-HCl]{\triangle} R{-}N{=}C{=}O$$

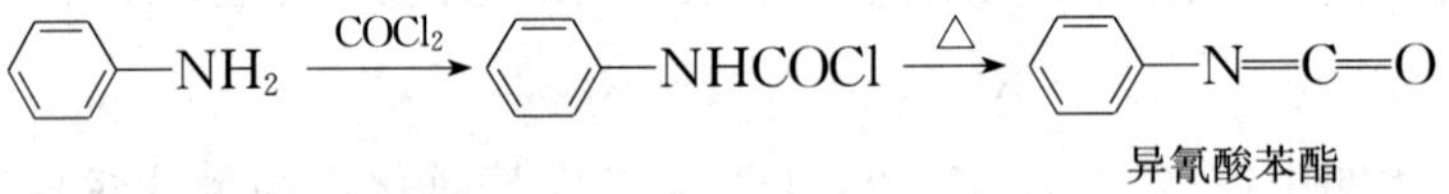

异氰酸苯酯

光气与二胺作用则生成二异氰酸酯，如

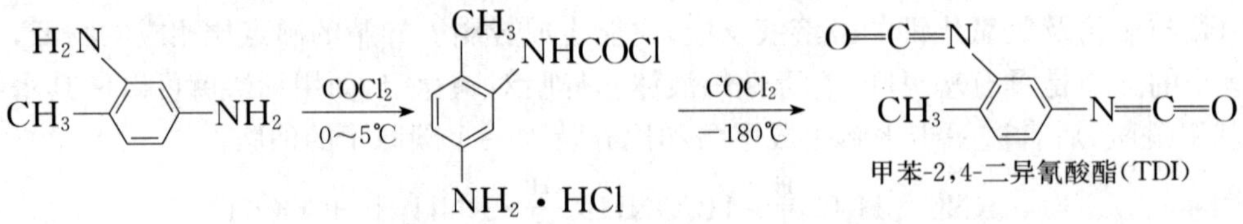

甲苯-2,4-二异氰酸酯(TDI)

12.4.3.3 异氰酸酯的性质

异氰酸酯是难闻的催泪性液体。其分子中有一个碳原子与两个双键相连，其结构与烯酮相似。异氰酸酯的化学性质很活泼，可与水、醇、胺等含有活泼氢的各类化合物发生反应，如

$$R—N=C=O + H_2O \longrightarrow RNH_2 + CO_2$$

$$C_6H_5—N=C=O + CH_3NH_2 \longrightarrow C_6H_5—NH—\overset{\overset{\Large O}{\|}}{C}—NHCH_3$$

N-甲基-*N'*-苯基脲

$$C_6H_5—N=C=O + ROH \longrightarrow C_6H_5—NH—\overset{\overset{\Large O}{\|}}{C}—OR$$

N-苯氨基甲酸酯

异氰酸苯酯的 *N*,*N*-二取代脲和 *N*-苯氨基甲酸酯为结晶固体，具有一定的熔点，在有机分析中常用来鉴定醇类、酚类和伯、仲胺。

某些芳基异氰酸酯是合成树脂、涂料、农药及除草剂的重要原料。例如，二异氰酸酯与二元醇作用可生成聚氨基甲酸酯类高分子化合物，即聚氨酯类树脂。工业上先将己二酸和乙二醇缩聚成低相对分子质量的聚酯，该聚酯的两端带有两个醇羟基，可把它看作二元醇。

$$HOOC(CH_2)_4COOH + (n+1)HOCH_2CH_2OH \longrightarrow$$
$$HOCH_2CH_2O\!\left[CO\!\left(CH_2\right)_4COCH_2CH_2O\right]_n H + 2nH_2O$$

然后再和甲苯-2,4-二异氰酸酯作用，即可制得聚氨基甲酸酯树脂。

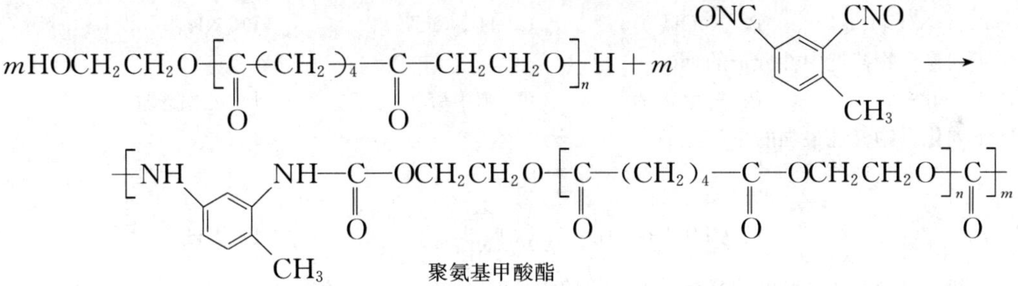

聚氨基甲酸酯

该高聚物是很好的弹性体，具有良好的耐磨性和抗油性，可用于制造轮胎、耐油胶管、运输带、传送带、鞋底等橡胶制品。在制备时如果在乙二醇中加入少量水，那么在聚合时则有少量二异氰酸酯与水作用，生成二元胺和二氧化碳，待产品固化时，CO_2 形成的小气泡便留在高分子聚合体中，形成海绵状泡沫塑料。这就是常见的聚氨酯泡沫塑料。该泡沫塑料无臭无毒，手感舒适，可用作家具、坐垫、衣服衬里及生活日用材料。

3,4-二氯苯氨基甲酸甲酯又称为火草灵，是高效、低毒、低残毒的稻田除草剂。它可由氯苯为原始原料制造。

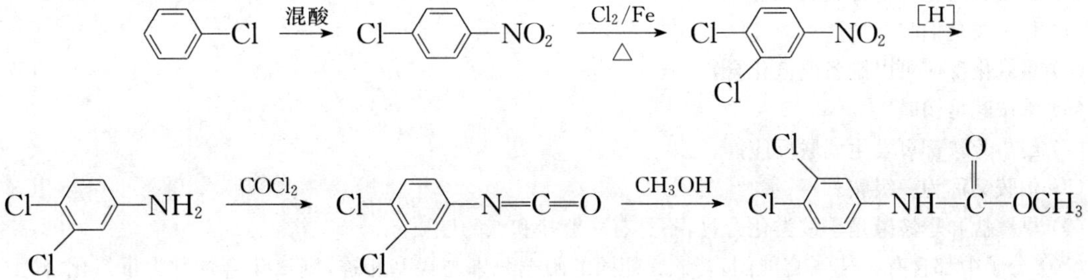

习　题

(一) 基础知识练习题

1. 单项选择题。

(1) 下列物质芳环上亲核取代反应最容易进行的是(　　)。

A. 对硝基氯苯　　B. 对甲基氯苯　　C. 2,4-二硝基氯苯　　D. 2,4-二甲基氯苯

(2) 下列化合物偶极矩最大的是(　　)。

A. 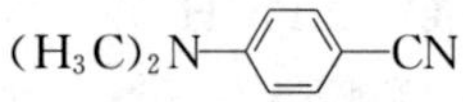　　B. 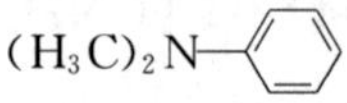

C. 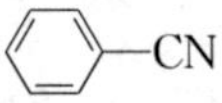　　D. 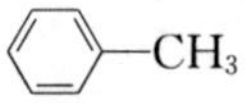

(3) 在低温及过量强酸中,能与亚硝酸反应生成重氮盐的是(　　)。

A. 二甲胺　　B. 三甲胺　　C. 苯胺　　D. *N*-甲基苯胺

(4) 下列化合物不属于硝基化合物的是(　　)。

A. CH_3NO_2　　B. 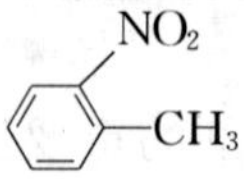　　C. $CH_3CH_2NO_2$　　D. CH_3ONO_2

(5) 下列化合物中,沸点最高的是(　　)。

A. CH_3CH_2OH　　B. CH_3OH

C. 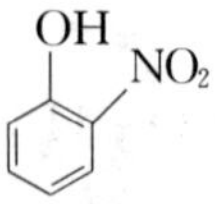　　D. 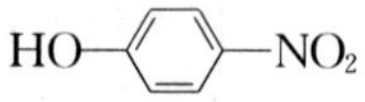

(6) 下列化合物中属于叔胺的是(　　)。

A. $HN(CH_3)_2$　　B. $N(CH_3)_3$　　C. H_2NCH_3　　D. NH_3

(7) 下列化合物接近中性分子的是(　　)。

A. 苯胺　　B. 对甲苯酚　　C. 苯甲酸　　D. 乙酰苯胺

(8) 下列化合物碱性最强的是(　　)。

A. 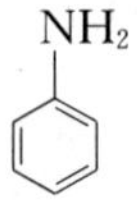　　B. $CH_3CH_3NH_2$　　C. 　　D. NH_3

(9) 一般重氮盐与芳香胺的偶联反应的介质性质是(　　)。

A. 强酸性　　B. 弱酸性　　C. 强碱性　　D. 弱碱性

(10) 偶氮化合物的作用不包括(　　)。

A. 酸碱指示剂　　B. 染料　　C. 消毒剂　　D. 乳化剂

2. 判断题。

(1) 比碱性强。(　　)

(2) 苯胺和苯酚与溴水的反应可用来区分两者。(　　)

(3) 含氮有机化合物都具有碱性。(　　)

(4) 仲丁胺是伯胺。(　　)

(5) 重氮化反应可以制备偶氮化合物。(　　)

(6) 季铵碱是弱碱。(　　)

(7) 酚与芳胺都可发生偶联反应。(　　)

(8) 伯胺又称为一级胺。(　　)

(9) 季铵盐和季铵碱是季铵类化合物,不具有一般盐和碱的性质。(　　)

(10) 分子中都含有—N_2—官能团,若该官能团的两端分别与烃基相连,则该化合物称为重氮化合物。若

该官能团的一端与烃基相连，而另一端与非碳原子的其他原子和基团相连，则该化合物称为偶氮化合物。（　　）

3. 指出制备下列偶氮染料中的重氮组分和偶氮组分。

（1）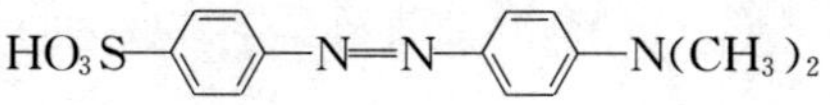

（2）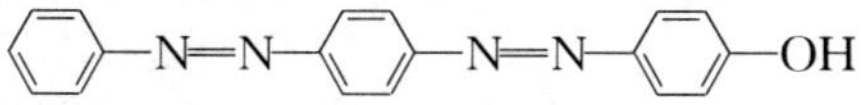

4. 比较下列各组化合物的碱性，并按碱性由强到弱排列之。

（1）CH_3CONH_2、CH_3NH_2、NH_3 和 $C_6H_5NH_2$

（2）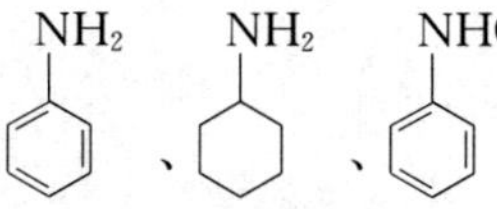

（3）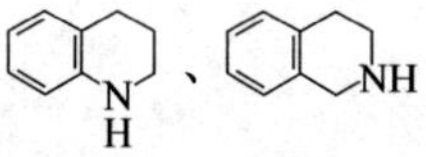

（4）丙胺、2-氨基-1-丙醇、3-氨基-1-丙醇

（5）苯胺、对氯苯胺、对硝基苯胺、对溴苯胺、对甲氧基苯胺、2,4-二硝基苯胺

(二) 综合提高练习题

1. 完成下列反应式。

（1）$CH_3CH_2CN \xrightarrow{H_2O/H^+} ? \xrightarrow{SOCl_2} ? \xrightarrow{(CH_3CH_2CH_2)_2NH} ? \xrightarrow[H_2O]{LiAlH_4} ?$

（2）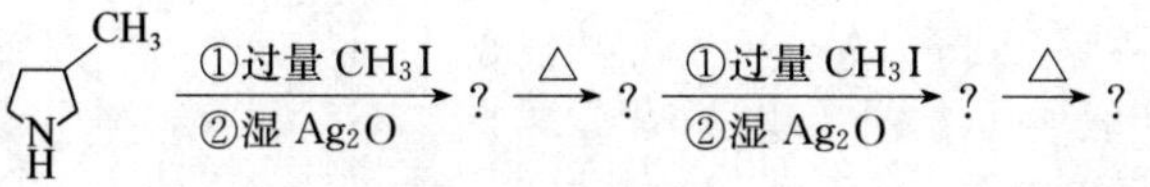

（3）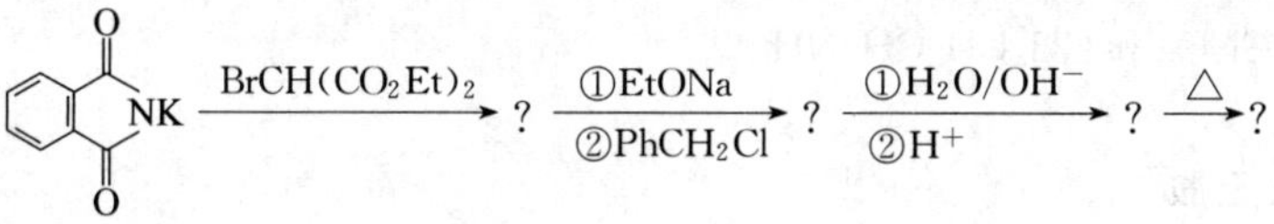

（4）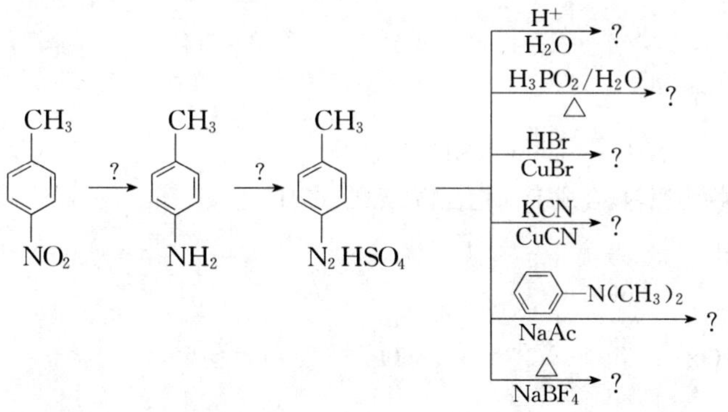

（5）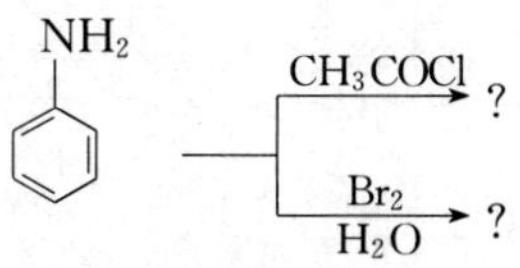

（6）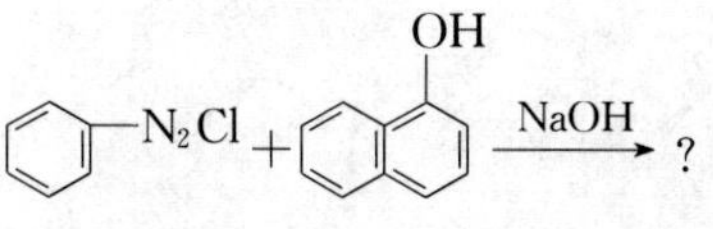

（7）$CH_3CH_2Br + NaCN \xrightarrow{醇} ? \xrightarrow[Ni]{H_2} ?$

(8) 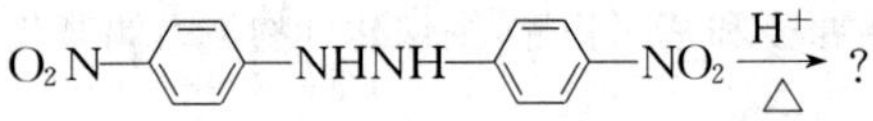

(9) 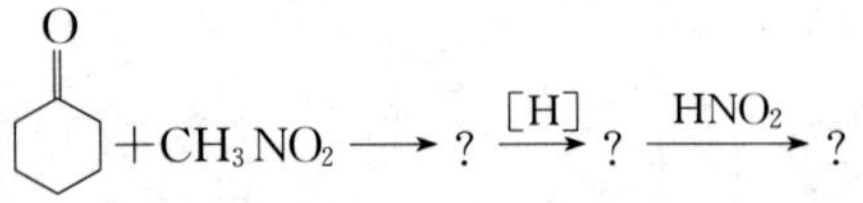

2. 写出下列季铵碱按霍夫曼消除的主要产物。

(1) $CH_3CH_2CH_2CH(CH_3)\overset{+}{N}(CH_3)_3OH^-$

(2) $CH_3CH(CH_3)—CH(\overset{+}{N}(CH_3)_3)CH_2CH_3OH^-$

(3) 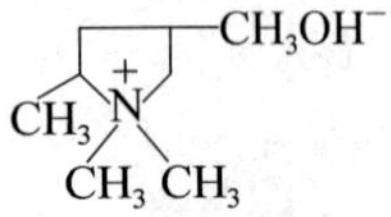

(4) 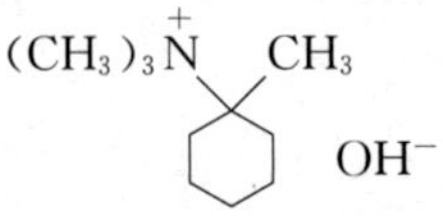

(5) 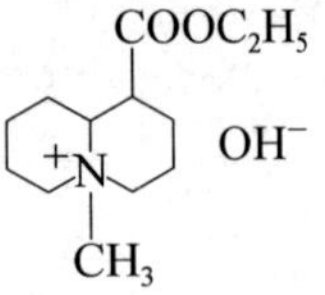

(6) 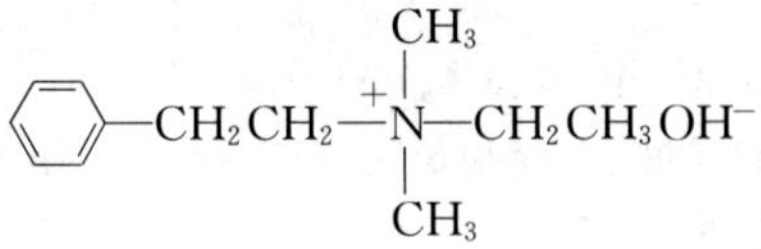

3. 用化学方法区别下列各组化合物。

(1) 乙醇、乙醛、乙酸和乙胺

(2) 对氯苯胺、苯胺和苯胺盐酸盐

(3) 邻甲苯胺、*N*-甲基苯胺和 *N*,*N*-二甲基苯胺

(4) 正丁胺、二乙胺和二甲乙胺

4. 用化学方法分离下列各组化合物。

(1) $CH_3CH_2CH_2NO_2$、$(CH_3)_3CNO_2$ 和 $CH_3CH_2CH_2NH_2$

(2) 苯酚、苯胺和对氨基苯甲酸

(3) 正己醇、2-己酮、三乙胺和正己胺

(4) 二乙胺、三乙胺和正己胺

5. 写出下列反应的反应机理。

$$R—\overset{O}{\overset{\|}{C}}—NH_2 \xrightarrow{NaOBr} RNH_2 + CO_2$$

6. 以苯、甲苯及三个碳以下的有机化合物为原料，合成下列化合物（无机试剂任选）。

(1) 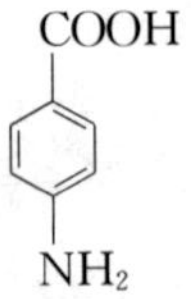

(2) 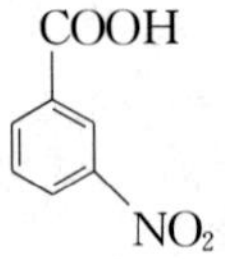

(3) 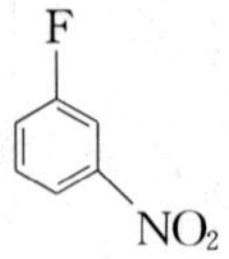

(4) 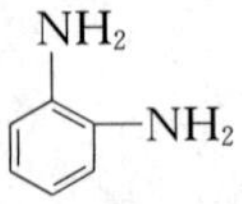

(5) 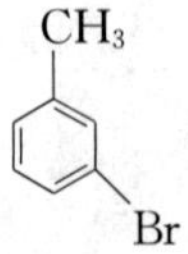

(6) 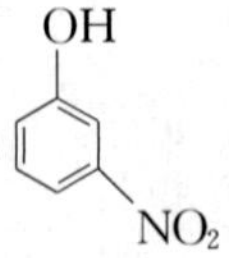

(7) 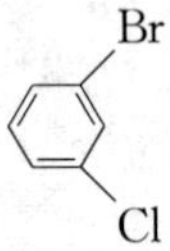

(8) 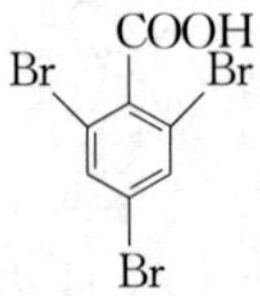

(9) 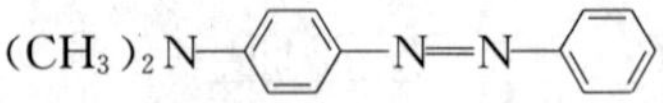

7. 推测结构。

（1）毒芹碱 A($C_8H_{17}N$)是毒芹的有毒成分。A 与 2mol CH_3I 反应，再用湿的 Ag_2O 处理，热解产生中间体 B($C_{10}H_{21}N$)。B 进一步甲基化后再转变为氢氧化物，经热解生成三甲胺、1,5-辛二烯和 1,4-辛二烯。试推测 A 和 B 的结构。

（2）化合物 A($C_7H_{15}N$)用碘甲烷处理生成水溶性的盐 B($C_8H_{18}IN$)。用湿的氧化银处理后加热，生成 C($C_8H_{17}N$)。C 再用碘甲烷处理，随后同氧化银-水悬浮液共热，生成三甲胺和D(C_6H_{10})。D 经催化氢化生成 E(C_6H_{14})。E 的核磁共振谱显示七重峰和二重峰两组峰，它们的强度之比为 1∶6。写出 A～E 的结构式。

（3）某碱性化合物 A(C_4H_9N)经臭氧化再水解，得到的产物中有一种是甲醛。A 经催化加氢得 B($C_4H_{11}N$)。B 也可由戊酰胺和溴的氢氧化钠溶液反应得到。A 和过量的碘甲烷作用，能生成盐 C($C_7H_{16}IN$)。该盐和湿的氧化银反应并加热分解得到 D(C_4H_6)。D 和丁炔二酸二甲酯加热反应得 E($C_{10}H_{12}O_4$)。E 在钯存在下脱氢生成邻苯二甲酸二甲酯。试推测 A～E 的结构，并写出各步反应式。

（4）推测下列化合物的结构。

（i）某芳香族化合物分子式为 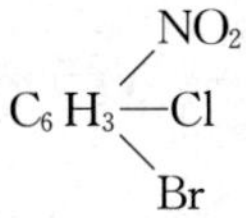 ，试根据下列反应确定其结构。

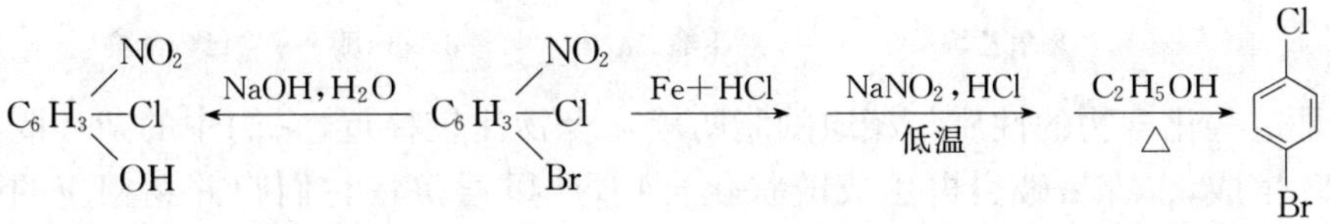

（ii）某芳香族化合物分子式为 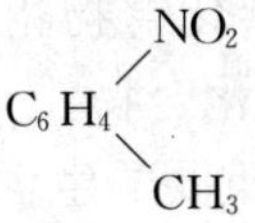 ，试根据下列反应确定其结构。

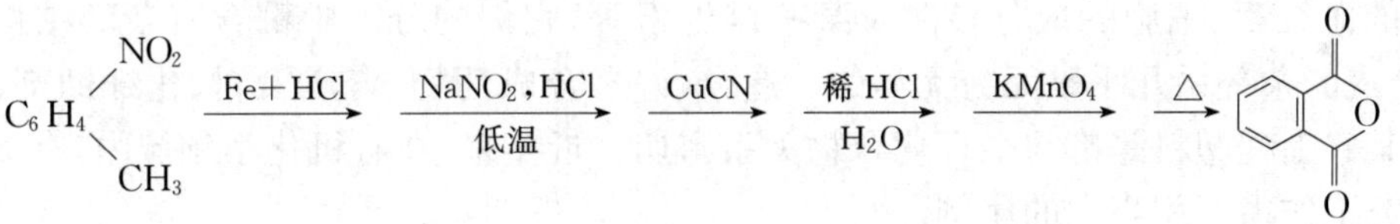

第 13 章　杂环化合物

凡分子中具有环状结构单元，且构成环的原子除碳原子外还包括其他杂原子的化合物，统称为杂环化合物(heterocyclic compound)。最常见的杂原子有氧、硫、氮三种，其中又以氮为最多。

根据杂环化合物的定义，在以前章节里曾出现过的很多环内含有杂原子的化合物。例如，环醚、环状的二元酸酐、内酯等均应属于杂环化合物。

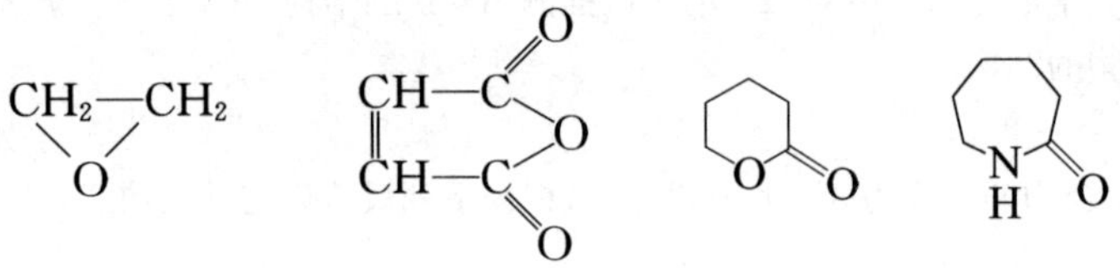

环氧乙烷　　顺丁烯二酸酐　　δ-戊内酯　　己内酰胺

但是这些化合物的性质与相应的脂肪族化合物比较接近，它们中的杂环既容易由链状化合物闭环生成，也容易破裂再生成链状化合物，所以通常将它们归并到相应的脂肪族化合物中。本章主要讨论环比较稳定、在结构上与芳香族化合物相似(主要为平面形，π 电子数符合 $4n+2$ 规则)，具有芳香性的杂环化合物，即芳杂环化合物。

杂环化合物在自然界中分布极广。许多具有重要的生理功能，如植物中的叶绿素、动物血液中的血红素、细胞的成分核酸及某些维生素等，它们的分子中都含有杂环结构。从理论上讲，合成的杂环系几乎是无穷无尽的。迄今，许多合成药物、合成染料、化纤助剂、食品添加剂以及某些工程塑料等都与杂环化合物关系密切。近年来，在有机化学领域内，有关杂环化合物的研究工作占了相当大的比例。

由于组成杂环的杂原子的种类和数量不同，环的大小及稠合的方式不同，因此杂环化合物的种类繁多，数目庞大，约占全部已知有机化合物的三分之一。为了研究方便，杂环化合物可按环的大小分类，最小的是三元杂环，大的可以是几十元杂环，其中最重要的是五元杂环和六元杂环；又可按杂环中杂原子数目分为含一个杂原子的杂环以及含有两个或两个以上杂原子的杂环；还可按环的数目以及环的组合形式，分为单杂环和稠杂环。

本章重点介绍只含有一个杂原子的五元杂环和六元杂环化合物的结构和性质。

13.1　五元杂环化合物

13.1.1　结构与芳香性

最重要的五元杂环化合物是呋喃、噻吩和吡咯，它们在结构上有共同点：五元杂环的 5 个原子都是 sp^2 杂化。彼此以各自的 sp^2 杂化轨道重叠所形成的 σ 键相连接，位于同一平面上，环上的 5 个原子各有一个 p 轨道，这五个 p 轨道垂直于环所在的平面，侧面相互重叠形成大 π 键——一个闭合的环状共轭体系。其中，碳原子的 p 轨道提供一个电子，杂原子的 p 轨道提供

2 个电子，总共 6 个 π 电子分布在环上包括 5 个原子在内的分子轨道中，符合休克尔 $4n+2$ 规则的要求，所以它们都具有芳香性，如图 13-1 和图 13-2 所示。

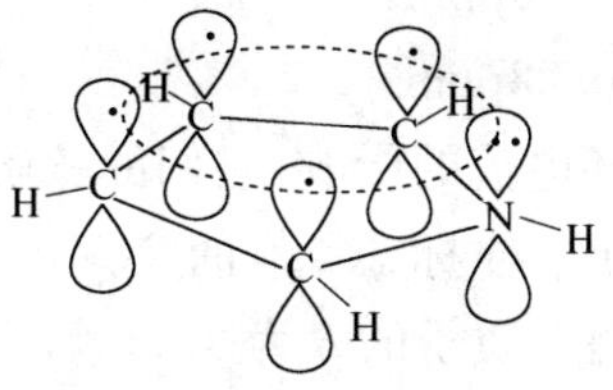

图 13-1　吡咯的分子轨道

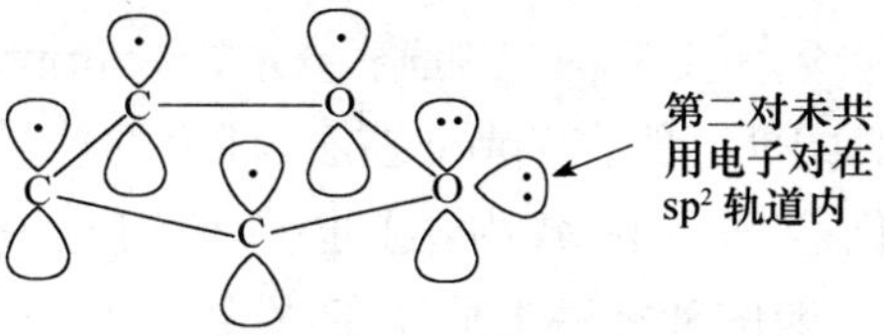

图 13-2　呋喃的分子轨道

它们的芳香性也可从下面的物理特性来说明。

1）键长有一定程度的平均化

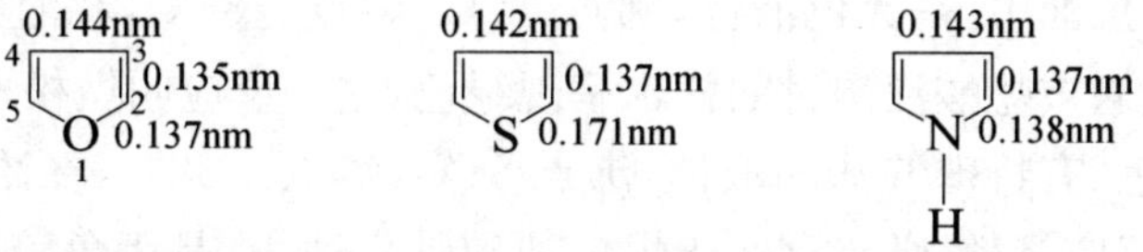

从上述键长数据可以看出，碳杂键键长都比相应饱和化合物中的键长（C—O，0.1430nm；C—N，0.1470nm；C—S，0.1820nm）短，而 $C_2—C_3$ 或 $C_4—C_5$ 键长比乙烯的 C ═C 键长（0.1340nm）长，$C_3—C_4$ 键长比乙烷 C—C 键长（0.1540nm）短。说明这些杂环的键长在一定程度上发生了平均化，但不像苯那样完全平均化，即键长的平均化并不彻底，它们在一定程度上仍具有不饱和化合物的性质。

2）偶极矩

比较呋喃、噻吩、吡咯与相应饱和化合物的偶极矩，说明未共用电子对的离域现象。

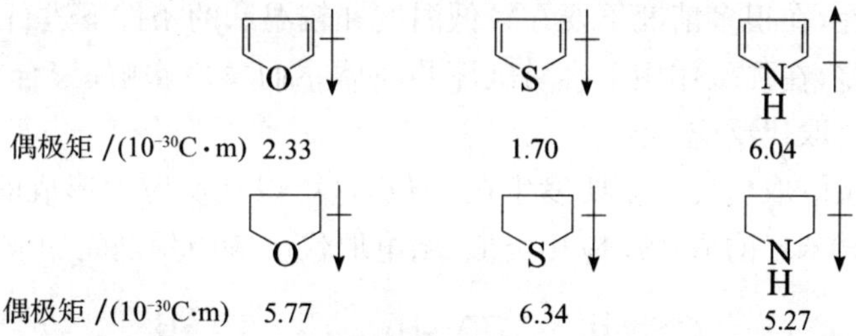

在饱和化合物中因杂原子的吸电子诱导效应而具有极性；在呋喃、噻吩、吡咯中，杂原子的吸电子诱导效应和给电子共轭效应并存且方向相反，对于呋喃和噻吩来说，吸电子诱导效应大于给电子诱导效应，因而它们的偶极矩比相应的饱和化合物的要小；而吡咯因氮的给电子共轭效应远大于吸电子诱导效应且方向相反，故偶极矩比相应的饱和化合物的要大，且两者的偶极矩方向相反。

3）离域能

呋喃、吡咯和噻吩的离域能分别为 67kJ/mol、88kJ/mol 和 117kJ/mol，比苯的离域能（150.5kJ/mol）低，但比大多数共轭二烯烃的离域能（12～28kJ/mol）要大得多。

4）化学位移

在核磁共振谱中，呋喃、噻吩、吡咯环上氢的核磁共振信号都出现在低场，其化学位移值如下：

呋喃	α_H δ 7.42ppm	β_H δ 6.37ppm
噻吩	α_H δ 7.30ppm	β_H δ 7.10ppm
吡咯	α_H δ 6.68ppm	β_H δ 6.22ppm

即它们的 δ 一般在 7ppm 左右，环上的氢受离域电子环电流的影响，它们的核磁共振信号位于芳香化合物的区域内，这也是它们具有芳香性的一种标志（苯的 NMR 谱的 δ 为 7.27ppm，一般的芳香环上质子的 δ 为 7.0～8.0ppm，双键上质子的 δ 为 4.7～5.7ppm）。可以认为这些杂环化合物形成的封闭芳香共轭体系与苯环相似。α_H δ>β_H δ 说明杂原子的诱导效应使 α-碳上的电子云密度较 β-碳上要低些。

13.1.2 呋喃、噻吩和吡咯

呋喃存在于松木焦油中，是无色液体，沸点 31℃，熔点 −86℃，相对密度 $d_4^{20}=0.9336$，有氯仿气味。呋喃蒸气遇被盐酸浸湿过的松木呈现绿色，这一反应叫做松木片反应；噻吩与苯共存于煤焦油中，是无色、有特殊气味的液体，沸点 84℃，熔点 −38℃，在浓硫酸存在下，与靛红一同加热显示蓝色，反应灵敏；吡咯存在于煤焦油和骨焦油中，是无色液体，有弱的苯胺气味，沸点 131℃。吡咯蒸气或其醇溶液，能使浸过浓盐酸的松木片呈现红色。它们都易溶于有机溶剂，不易溶于水，与苯环稠合后，由于分子中增加了疏水基团，水溶性大为减小。它们的主要化学性质如下：

1）亲电取代反应

这些五元杂环最显著的通性是有芳香性，能进行环上的亲电取代反应。由于每个杂原子提供一对电子参与共轭，使环上 π 电子云密度比苯环大，因此亲电取代反应比苯容易进行。吡咯最活泼，其次是呋喃，其活泼性与苯胺或苯酚相当，噻吩较不活泼，但仍比苯活泼得多。正是由于三者的高度活性，在很多情况下要在较低温度和较温和的条件下进行反应。又由于吡咯、呋喃环的稳定性较差，在强酸作用下容易破坏共轭体系而发生水解、聚合等反应，因此不能与硝酸或硫酸进行亲电取代反应。

三种化合物的亲电取代反应主要发生在 α-位，这可以从反应中形成的碳正离子中间体的稳定性得到解释。与苯环的取代反应相类似，亲电取代反应历程是先加成后消除：

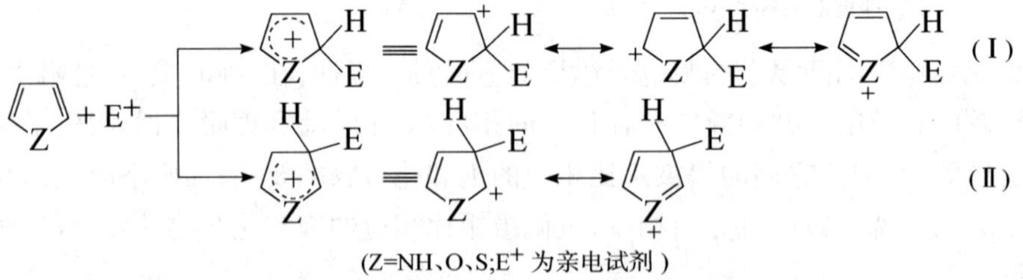

(Z=NH、O、S;E^+ 为亲电试剂)

反应(Ⅰ)中形成的碳正离子为烯丙型碳正离子，比较稳定，它可能有三个共振式参与共振，(Ⅱ)中形成的碳正离子只可能有两个共振式参与共振。所以，反应按(Ⅰ)式进行，取代反应主要发生在 α-位上。

(1) 卤化。呋喃、噻吩在室温与氯或溴反应很激烈，得到多卤代物。若在温和条件下(如用溶剂稀释并采用低温)可得到一卤代物，不活泼的碘则需在催化剂的作用下进行。

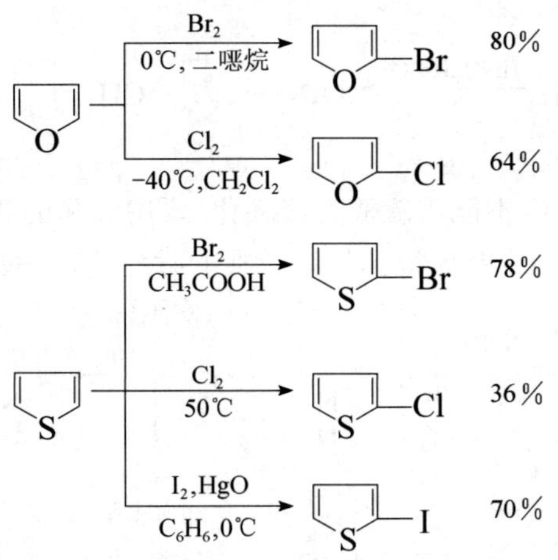

吡咯极易卤化生成四卤吡咯，例如，吡咯在碱性介质中与碘作用，生成四碘代吡咯。

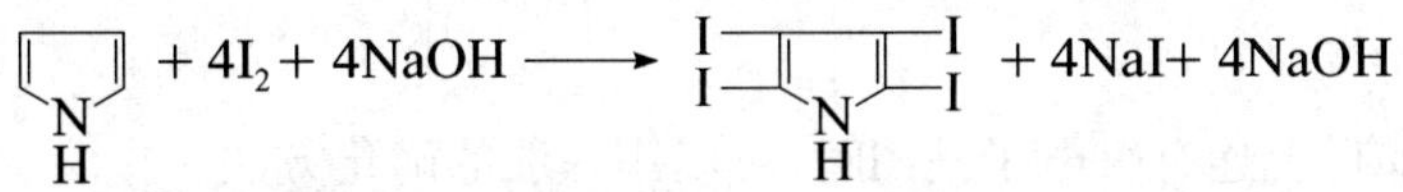

四碘吡咯常用来代替碘仿做伤口消毒剂。吡咯分别与 Br_2 和 $SOCl_2$ 作用，可得到四溴吡咯和四氯吡咯。只有在特殊条件下才能制得一卤吡咯，且很不稳定，在空气和光照下很快分解，如果分子中有吸电子基团，可以较好地得到一卤吡咯。

(2) 硝化。呋喃和吡咯很容易被氧化，甚至能被空气氧化，遇无机酸容易发生聚合，因而不能用硝酸硝化。通常用比较温和的非质子硝化试剂，如硝酸乙酰酯，它是无色、发烟、易吸潮的液体，因易爆炸，所以在临用时制备。

$$(CH_3CO)_2O+HONO_2 \longrightarrow CH_3COONO_2+CH_3COOH$$

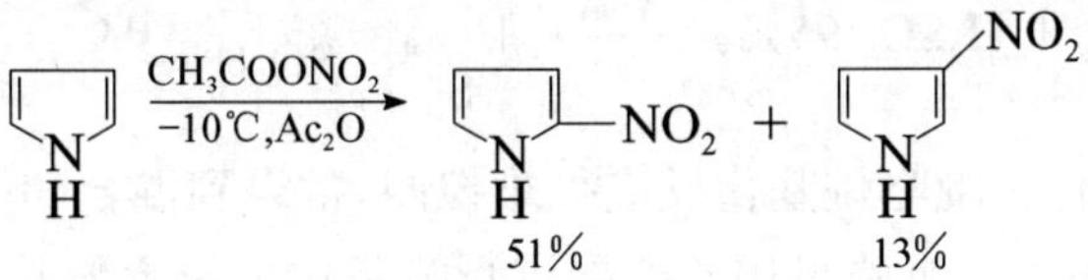

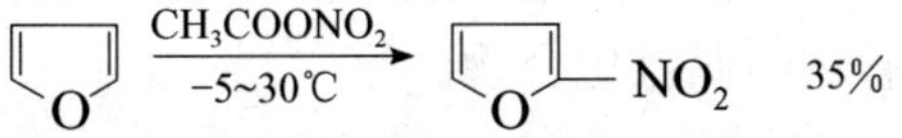

当呋喃或吡咯环上连有吸电子基团时，环的稳定性增加，可以用一般方法硝化。

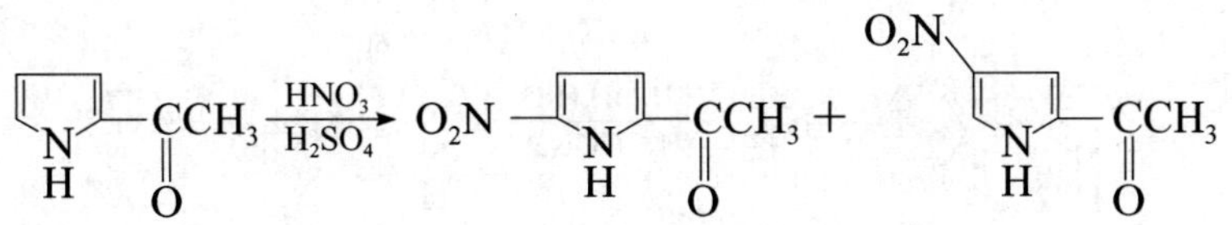

主

噻吩比较稳定，可以用一般的硝化方法进行硝化，但反应非常猛烈，其反应速率比苯快 850 倍。如果环上有供电子基，反应活性增加，位置选择性降低。

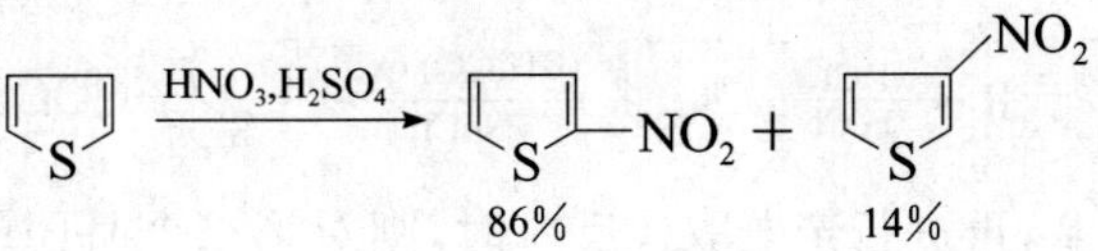

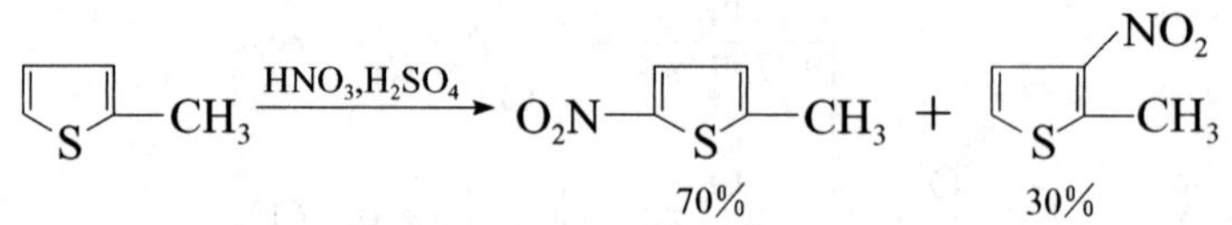

（3）磺化。吡咯和呋喃也不能用硫酸直接磺化，要用温和的非质子磺化试剂，如吡啶与三氧化硫的配合物进行磺化，反应首先得到的是吡啶的磺酸盐，经酸化后得到游离的磺酸。

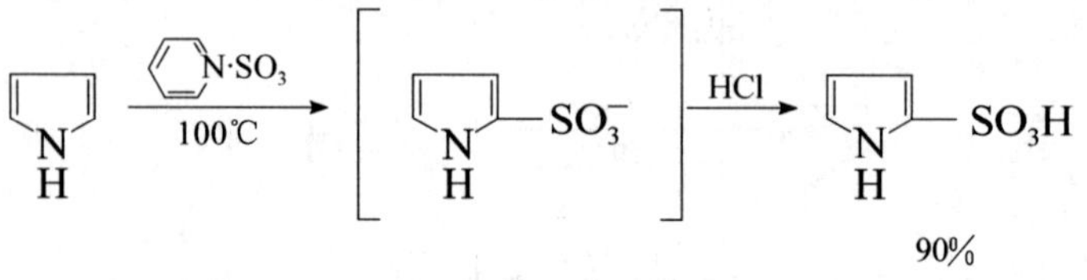

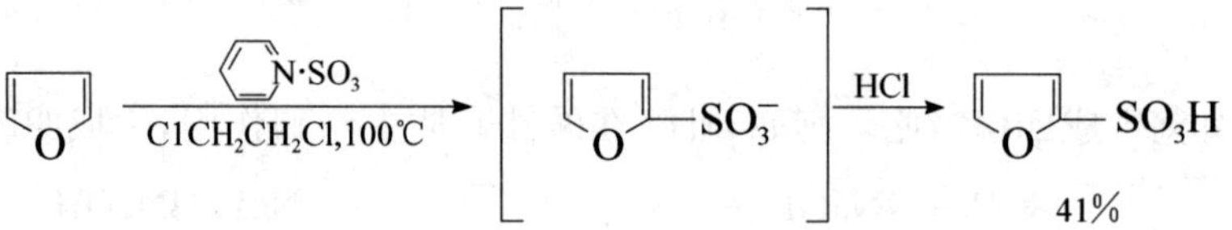

当吡咯或呋喃环上连有吸电子基团时，可以用一般的磺化方法。

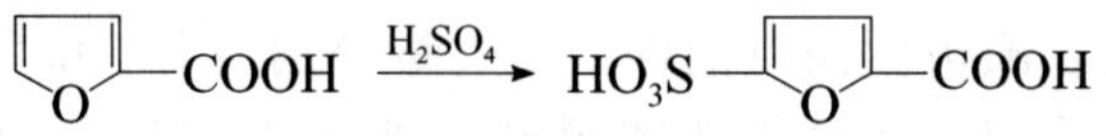

由于噻吩是含一个杂原子的五元杂环化合物中最稳定的一个，可在室温下用95%的硫酸直接磺化，但产率不如用上述试剂的高。这个反应可用于苯和噻吩的分离：从煤焦油中分离出来的苯通常含有少量的噻吩，将其在室温下反复用硫酸提取，由于噻吩比苯容易磺化，磺化的噻吩溶于浓硫酸内，可以与苯分离，然后水解除去磺酸基得到噻吩，分离出来的苯即为无噻吩苯。

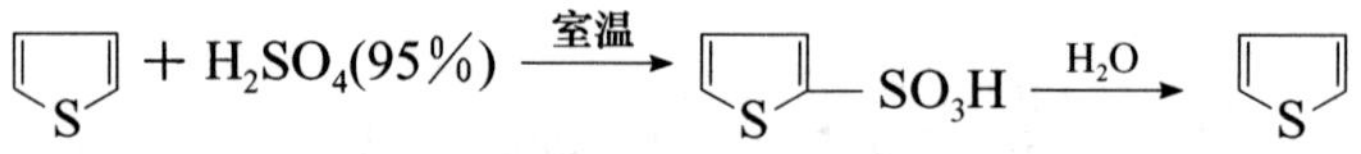

（4）烷基化和酰基化。吡咯烷基化反应很难控制，常得到混合的多烷基取代物，甚至产生树脂状物质，因此用途不大。吡咯可用乙酸酐进行酰基化。与苯酚或苯胺相似，吡咯很易和芳香族重氮盐发生偶合作用，生成有色的偶氮化合物。

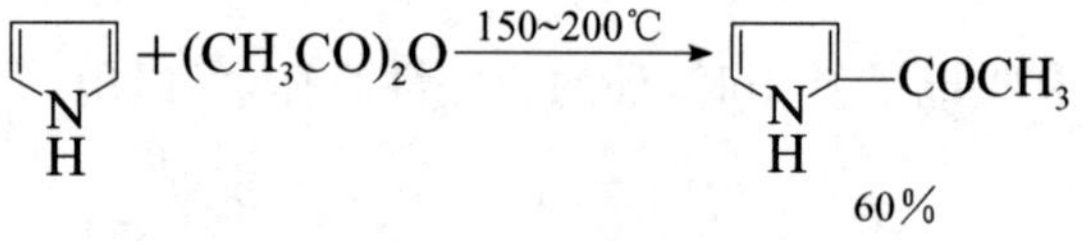

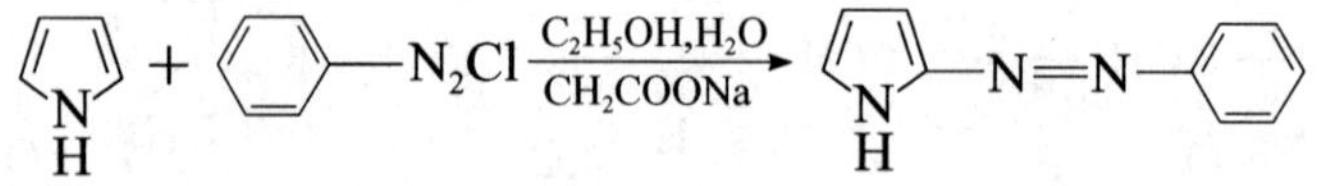

呋喃和噻吩在缓和的路易斯酸催化下，控制适当的反应条件可以进行烷基化和酰基化。

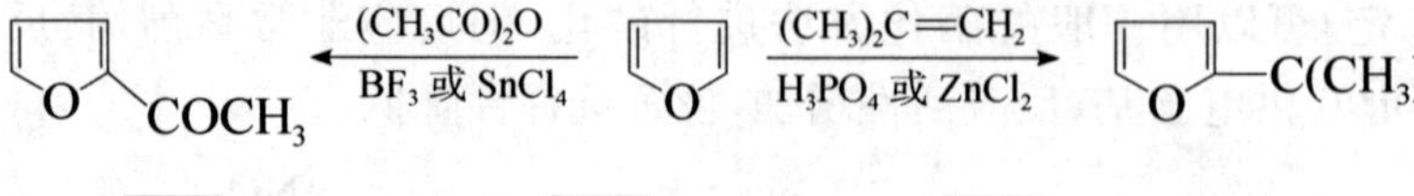

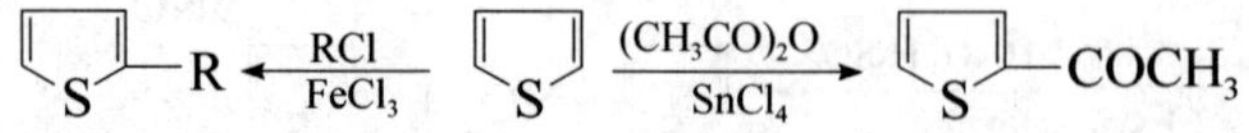

如果环上已有取代基，再进行亲电取代反应时，则对第二个基团的进入有定位效应，同时

环上的杂原子也有 α-定位效应。3-取代呋喃、噻吩、吡咯，如环上已有的基团为间位定位基，则第二个基团进入 5 位；如环上已有的基团为邻对位定位基，则第二个基团入 2 位，2-取代呋喃比较简单，不管取代基是间位还是邻对位定位基，第二个基团总是进入 5 位；2-取代吡咯和噻吩，如为间位定位基，反应发生在 4、5 位；如为邻对位定位基，反应主要发生在 5 位，部分在 3 位，但 2 位有叔丁基等较大基团时，由于空间阻碍作用，使 5 位取代成为唯一产物。如果杂环上两个 α-位均已有取代基，则反应发生在 β-位。如果已有两个基团分别占据一个 α-位和一个 β-位，则第三个基团进入的位置，由原有的两个取代基共同决定。

2）加成反应

（1）加氢。呋喃、噻吩、吡咯均可进行催化加氢反应，失去芳香性而得到饱和的杂环化合物。呋喃与吡咯可用一般的催化加氢催化剂；噻吩分子中含有硫原子，能使催化剂中毒失去催化能力，因而需使用特殊催化剂，如 Na-Hg/C_2H_5OH、MoS_2 等。

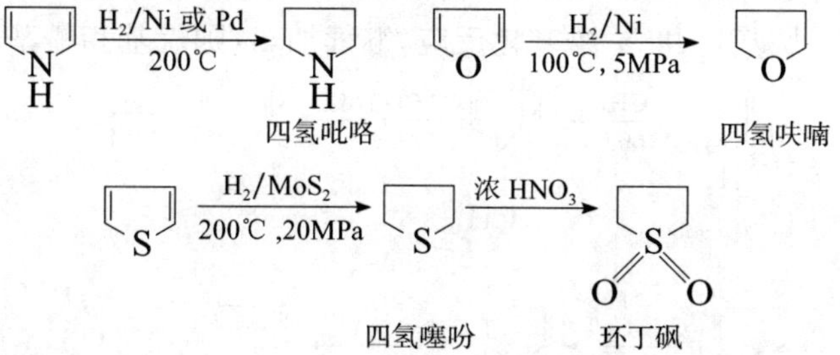

四氢吡咯又叫吡咯烷(pyrrolidine)，具有脂肪族仲胺的性质，可用于制备药物、杀菌剂等。四氢呋喃(tetrahydrofuran，THF)具有醚的性质，有乙醚的气味，沸点 65.5℃，是优良的溶剂，也是有机合成的原料，常用以制取己二酸、己二胺、丁二烯等。四氢吡咯的重要衍生物 *N*-甲基-2-吡咯烷酮是一个较好的芳烃萃取剂和理想的极性非质子溶剂，可由 γ-丁内酯通过下列反应制得。

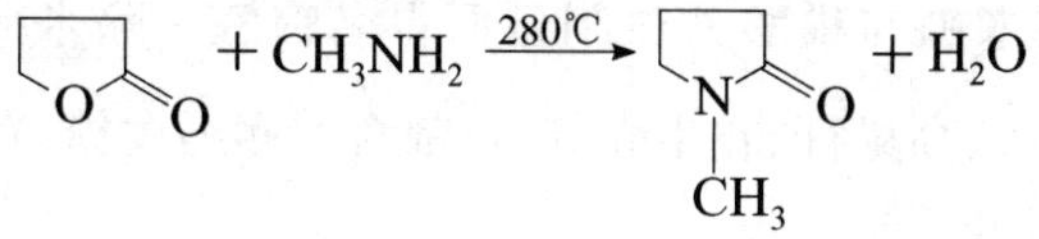

四氢噻吩具有硫醚的性质，经氧化生成环丁砜，环丁砜的沸点 287℃，熔点 28℃，是一种重要的溶剂。工业上用二氧化硫与 1,3-丁二烯经环丁烯砜，再加氢而得。

（2）第尔斯-阿尔德(Diels-Alder)反应。呋喃的离域能较小，环的稳定性较差，可以看成是 1,3-环二烯，具有共轭双烯的性质，能发生第尔斯-阿尔德反应。

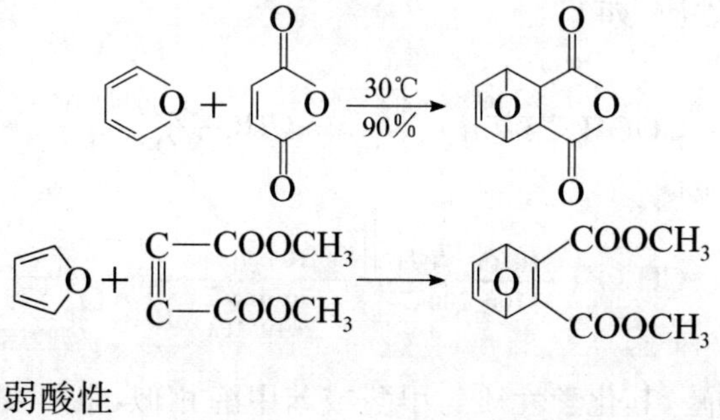

3）吡咯的弱碱性和弱酸性

由于吡咯氮原子的未共用电子对参与了杂环的共轭体系，并呈现给电子的共轭效应，氮原子上的电子云密度降低，减弱了吸引质子的能力，故碱性极弱，比苯胺的碱性还要弱得多，$pK_b=13.6$（四氢吡咯的 $pK_b=3.7$，苯胺的 $pK_b=9.4$）。吡咯只能慢慢地溶解在冷的稀酸溶液中，它遇浓酸不能形成稳定的盐，而聚合成红色树脂状物质，称为吡咯红。另外，氮原子上的电子云密度降低，削弱了氮-氢键而有微弱的酸性，其酸性比醇强而比酚弱，当与固体氢氧化钾或氢氧化钠共热时生成钾盐或钠盐。

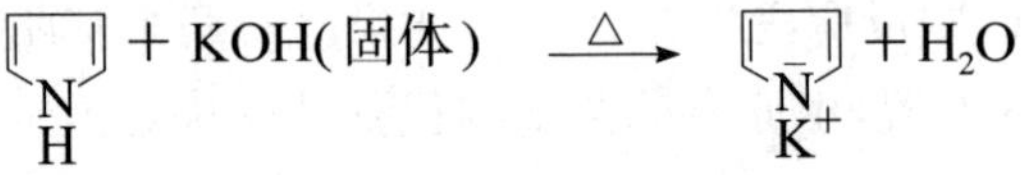

吡咯具弱酸性，是因为吡咯的负离子比吡咯更为稳定，这可用下列共振式表示出来。

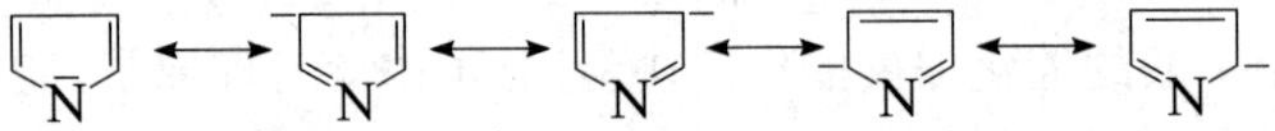

与吡咯共振式不同的是，吡咯负离子不存在能量较高的相邻原子具有异电荷的共振式。

吡咯盐可发生 *N*-烷基化和 *N*-酰基化反应，继续加热，则烷基和酰基会重排到 α-位上。

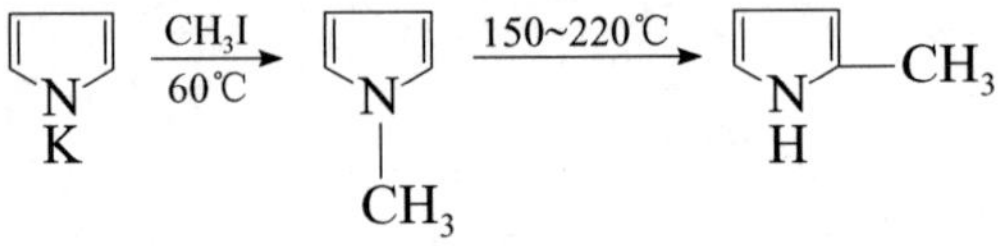

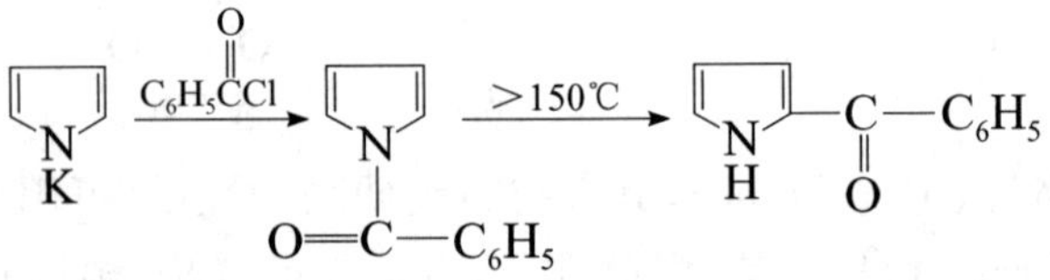

13.1.3　糠醛

糠醛（furfuraldehyde）是一种重要的呋喃衍生物，学名为 α-呋喃甲醛，结构式为 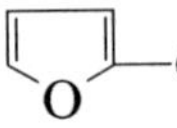—CHO，因最初是由米糠与稀酸共热制备而得名糠醛。除米糠外，其他农副产品，如麦秆、玉米芯、棉籽壳、甘蔗渣、高粱秆、花生壳等，也都含有多缩戊糖，在稀酸作用下水解为戊糖，戊糖进一步脱水环化成糠醛。

糠醛为无色液体，在空气中，尤其在酸性或铁离子催化下逐渐被氧化变成棕褐色，为防止氧化，可加入少量氢醌作为抗氧剂，再用碳酸钠中和游离酸。糠醛的沸点 162℃，熔点 −36.5℃，相对密度 1.160，可溶于水，能与醇或醚混溶，是一种常用的优良溶剂，也是一种重要的有机合成原料。

糠醛具有一般醛的性质，如

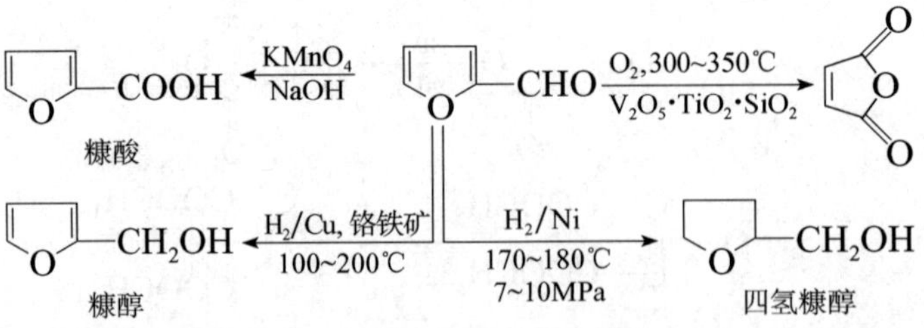

糠醛是不含 α-H 的醛，其化学性质与甲醛或苯甲醛相似，也可发生佩金缩合反应和坎尼扎罗反应。

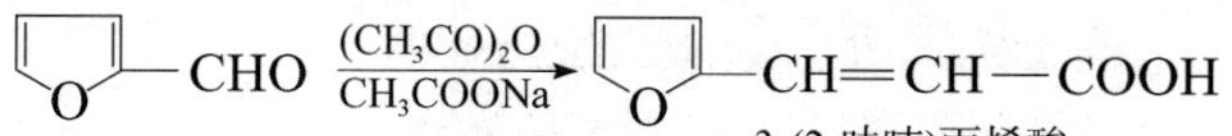

3-(2-呋喃)丙烯酸

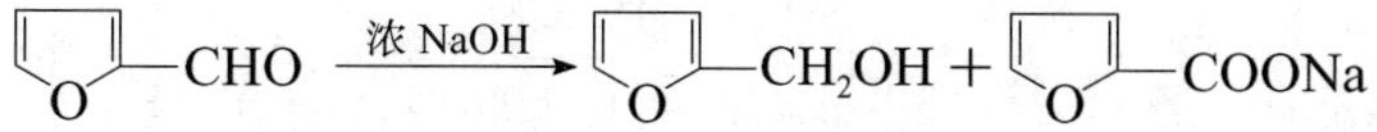

糠醛在乙酸的存在下与苯胺作用，能生成一种亮红色的缩合产物，利用这一反应可检验糠醛。

糠醛还可与苯酚缩合生成类似电木的酚糠醛树脂。由糠醛通过以上反应转变而得的一些化合物也都是有用的化工产品。例如，糠醇为无色液体，沸点 170～171℃，是一种优良的溶剂，是制备糠醇树脂(用作防腐蚀涂料及制玻璃钢)的原料；糠酸为白色结晶，熔点 133℃，可作为防腐剂及制造增塑剂的原料；四氢糠醇是无色液体，沸点 177℃，也是一种优良溶剂和合成原料。

13.1.4　咪唑、吡唑和噻唑

咪唑、吡唑和噻唑的结构式为

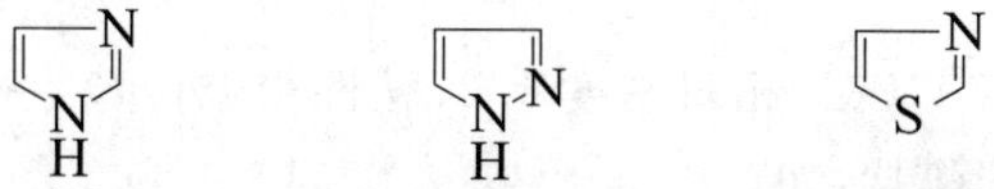

咪唑　　吡唑　　噻唑

凡是含两个或两个以上杂原子，且其中一个为氮原子的五元杂环化合物，都称为"唑"。"唑"分子中有"—N＝"基，此 N 原子与吡啶的氮原子类似，仅用 2p 轨道中的一个单电子参与共轭，属 6π 电子芳香体系；另一对电子则处于 sp^2 杂化轨道中，不参与 π 共轭，可与质子结合而显示不同程度的碱性。图 13-3 为咪唑的轨道结构。

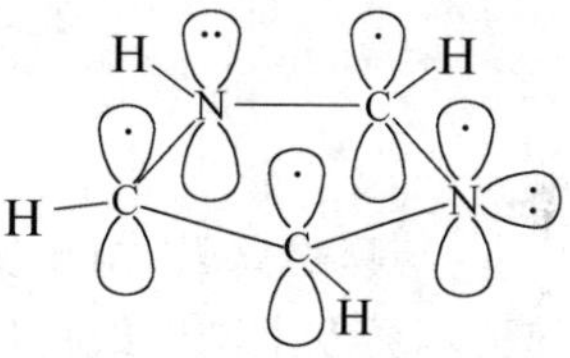

图 13-3　咪唑的轨道结构

1）咪唑

咪唑为棱柱状结晶，熔点 90～91℃，沸点 257℃，溶于水和有机溶剂。咪唑的 pK_b 为 6.8。

咪唑的一个重要衍生物是组氨酸；另一种是耐高温树脂——聚苯并咪唑，因分子中有苯并咪唑环而得名的，它可由 3,3′,4,4′-四氨基联苯和间苯二甲酸二苯酯作用而得。聚苯并咪唑的制品可以在 250℃以下长期使用，但加工困难，一般用作黏合剂和增强塑料。

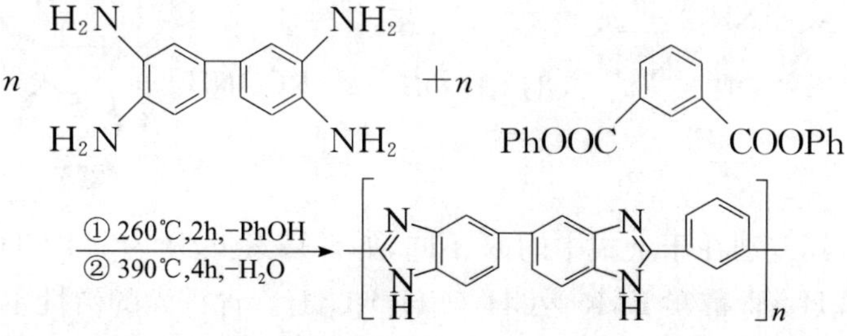

2）吡唑

吡唑为无色固体，熔点 70℃，沸点 188℃，能溶于水、醇、醚中，吡唑常呈两分子缔合状态。

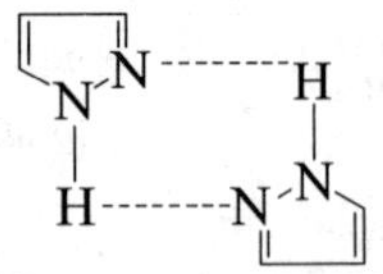

吡唑也具有弱碱性($pK_b=11.5$)。吡唑环的芳香性比较明显，能发生硝化、磺化、卤化等取代反应，得到4位取代产物，如

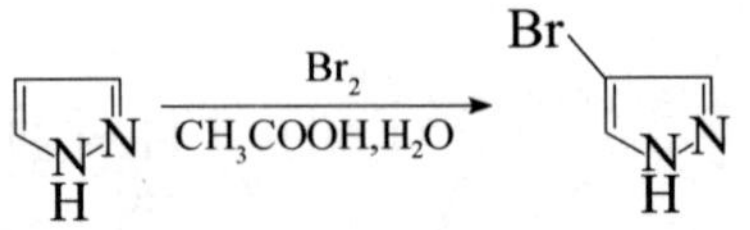

吡唑衍生物中最重要的是吡唑啉酮衍生物，也常简称为吡唑酮衍生物，如检定钙的试剂、增白剂AD、彩色胶片中使用的品红成色剂，常用的退热药安替吡啉、安乃近等都具有吡唑酮的基本结构，如

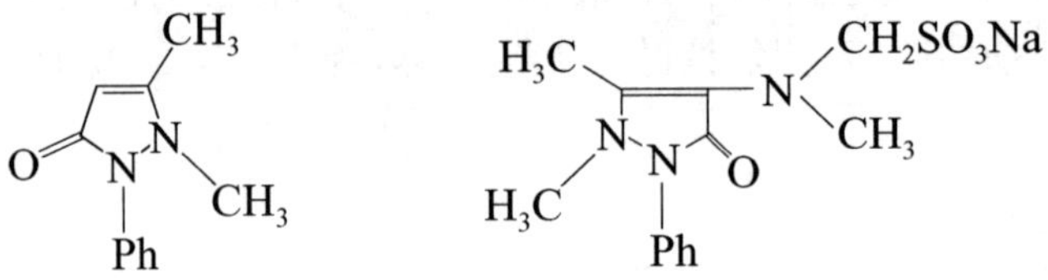

安替吡啉　　安乃近

3）噻唑

噻唑为无色液体，沸点117℃，相对密度1.2，碱性很弱($pK_a=11.5$)，但能与酸生成稳定的盐，与卤烷作用形成噻唑鎓盐，如

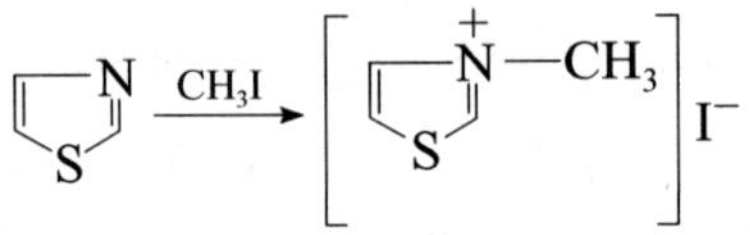

与噻吩比较，由于氮的电负性比碳的强，所以相对而言，噻唑环上的电子云密度比噻吩的低，不易发生亲电取代反应。例如，在一般情况下，不起卤化反应，不与硝酸作用，磺化反应必须在硫酸汞存在下才能发生。

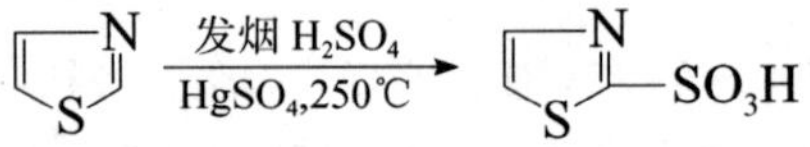

噻唑及其衍生物都存在于自然界中，也可用合成方法制备，如青霉素、维生素B_1、磺胺噻唑、某些染料、橡胶促进剂等都含有噻唑或氢化噻唑的结构。

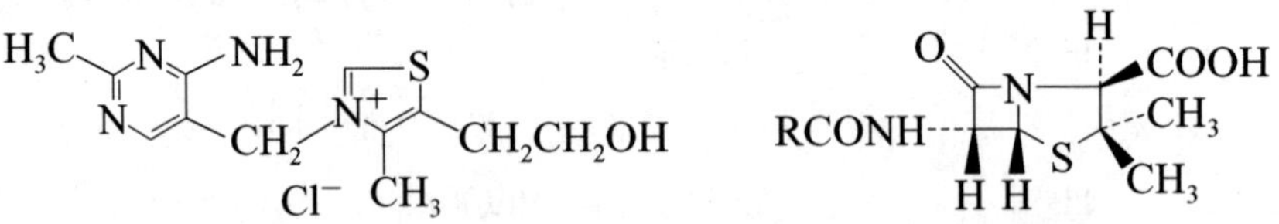

维生素B_1　　青霉素

青霉素有多种，其差别在于上式中的R不同，如青霉素F，R为$CH_2CH=CHCH_2CH_3$；青霉素G，R为$CH_2C_6H_5$；青霉素K，R为$CH_2(CH_2)_5CH_3$。青霉素的活性主要在于容易打开的四元环。

2-巯基苯并噻唑是一种橡胶硫化促进剂(促进剂-M)，可由苯胺和二硫化碳及硫在高温、高压作用下而得。

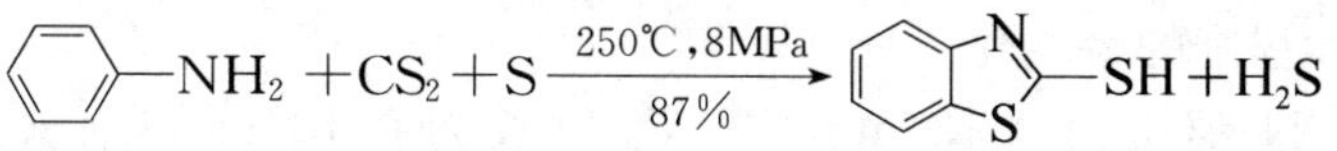

另一种耐高温聚合物——聚苯并噻唑，可由 3，3′-二巯基联苯胺和间苯二甲酸二苯酯作用制得。

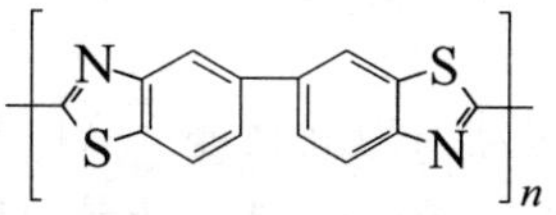

13.1.5　吡咯色素

很多生理上的重要物质都是由吡咯的衍生物组成的，如植物的叶绿素和动物的血红素及维生素 B_{12}、胆红素等。

叶绿素和血红素的基本结构是由四个吡咯环通过 α-位与四个次甲基(—CH═)交替相连而成共轭体系，称为卟吩(porphine)，旧称罟(音雷)核，其取代物则称为卟啉(porphyrin)。卟吩本身在自然界并不存在，但卟啉却广泛存在。卟吩呈平面形结构，环中有 20 个碳原子组成的共轭体系，具有芳香性，其共轭能大于 1925kJ/mol，故十分稳定。共轭使卟吩衍生物显色。

卟啉一般是和金属形成配合物。在维生素 B_{12} 中为钴，在叶绿素中是镁，在血红素中是铁。在叶绿素和血红素里，每个吡咯环 3、4 位均被取代，取代基是甲基、乙烯基、丙酸基等，如

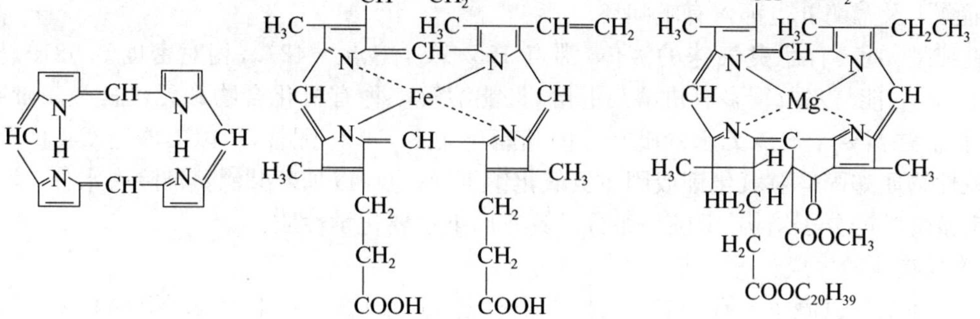

卟吩(罟核)　　　血红素　　　叶绿素 a

13.2　六元杂环化合物

13.2.1　结构与芳香性

以吡啶为例来说明六元杂环化合物的结构。吡啶环上的五个碳原子和一个氮原子均以 sp^2 杂化轨道成键，六个成环原子共平面；环上每个原子还有一个 p 轨道，它们组成包括六个原子在内的 π 分子轨道——一个闭合的共轭轨道体系。其中，环上每个原子提供一个 p 电子，共有六个 π 电子，符合休克尔 $4n+2$ 规则，所以吡啶具有芳香性。氮原子上还有一对未共用电子对，它们在 sp^2 杂化轨道上，并不参与 π 共轭体系，如图 13-4 所示。

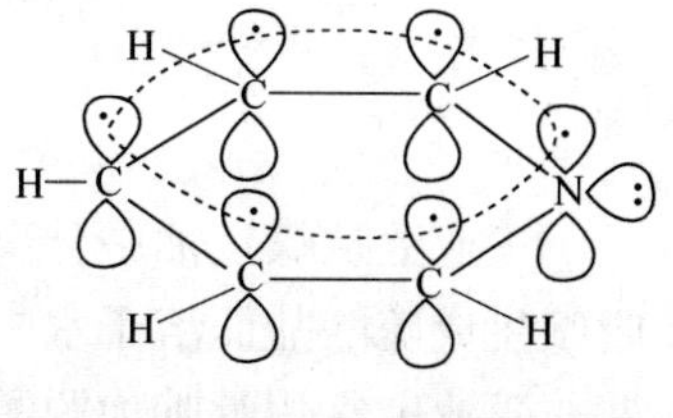

图 13-4　吡啶分子轨道示意图

吡啶的芳香性也可以从下面的物理特性来说明。

1）键长有较大程度的平均化

吡啶分子：C—N 键长为 0.134nm，C_2—C_3 键长为 0.139nm，C_3—C_4 键长为 0.140nm，C—C 键长与苯相近，C—N 键长比一般的 C—N 键长（0.147nm）短，比一般的 C ═N 键长（0.128nm）长。这些数据表明，吡啶环的键长平均程度较大，但仍未完全平均化。

2）偶极矩

吡啶的偶极矩比六氢吡啶大，这是因为吡啶环上吸电子诱导效应和吸电子共轭效应共存，且方向一致，而六氢吡啶环上只有氮原子的吸电子诱导效应。

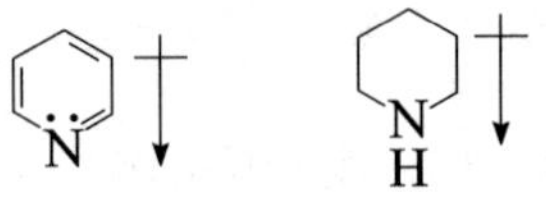

$\mu/(10^{-30}C\cdot m)$　　7.4　　3.9

3）化学位移

吡啶的核磁共振谱中，环上氢的化学位移 δ 移向低场，α_H δ=8.50ppm，$\beta_H\delta$=6.98ppm，γ_H δ=7.36ppm，这是它具有芳香性的重要标志。其中 α_H的 δ 最大，这是由于氮原子的吸电子诱导效应引起的。

13.2.2 吡啶的性质

吡啶是六元杂环化合物中最重要的一种，它存在于煤焦油、骨焦油和页岩油中，与它一起存在的还有甲基吡啶等。吡啶环广泛存在于生物碱中，维生素 B_5、维生素 B_6、烟碱（又叫尼古丁）、辅酶Ⅰ及辅酶Ⅱ也都含有吡啶环。

吡啶是无色、有恶臭气味的液体，沸点 115.5℃，熔点 −42℃，相对密度 0.9819，折光率 n_D^{20}=1.5095，能与水及很多有机溶剂混溶，且能溶解多种有机化合物和无机盐类。吡啶用作溶剂时，往往需要干燥成无水的吡啶。因其能与无水 $CaCl_2$ 配合，所以不能用 $CaCl_2$ 干燥，一般用碱性物质如固体氢氧化钾或固体氢氧化钠干燥，也可以加苯共沸蒸馏除去水分。

考察吡啶的分子结构，吡啶环系分子具有以下主要化学性质：

1）吡啶盐的生成

吡啶环上的氮原子上有一对未共用电子占据 sp^2 杂化轨道，未参与环上的共轭体系，因此它能接受质子或亲电试剂的进攻生成吡啶盐类。

吡啶环上的氮原子可以与质子结合，表现出弱碱性。

吡啶分子中存在共轭体系，致使环上电子云密度趋向平均化，所以它的碱性（pK_b=8.8）比脂肪胺及氨弱得多；但其氮原子上有一对未共用电子对，环上的电子云也偏向于氮原子，因而它的碱性又比苯胺的碱性（pK_b=9.4）强。吡啶可与无机酸成盐，如

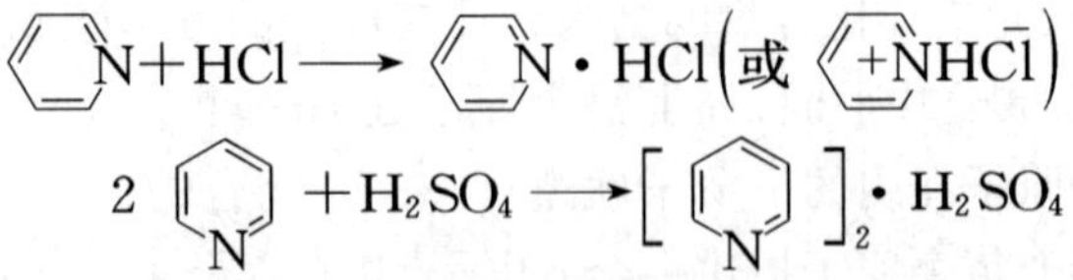

工业上从煤焦油中分离出吡啶及其同系物甲基吡啶，就是根据它们的碱性，加入稀硫酸使吡啶生成硫酸盐而溶于水中，再通入氨，使吡啶和甲基吡啶分离出来，然后再蒸馏精制。

工业上常用吡啶为脱酸剂，吸收反应中生成的酸。

如果用非质子的硝化试剂、磺化试剂、卤代烷、酰氯等与吡啶进行反应，则生成相应的吡啶盐。

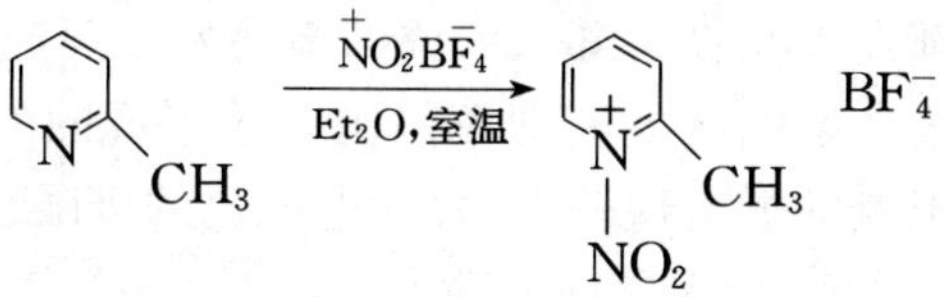

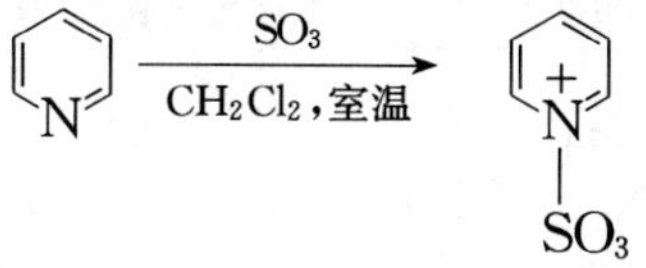

N-磺酸吡啶

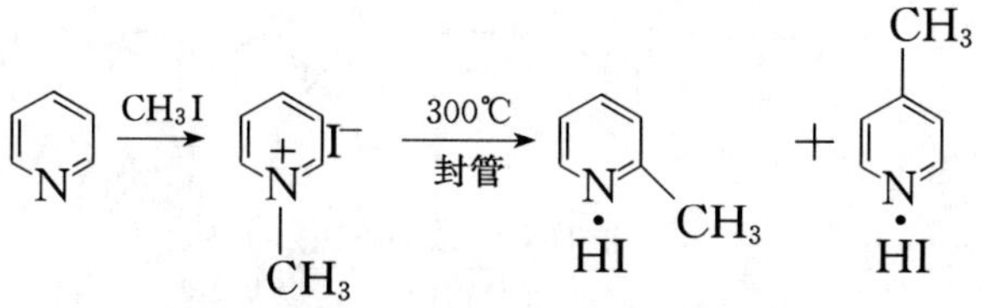

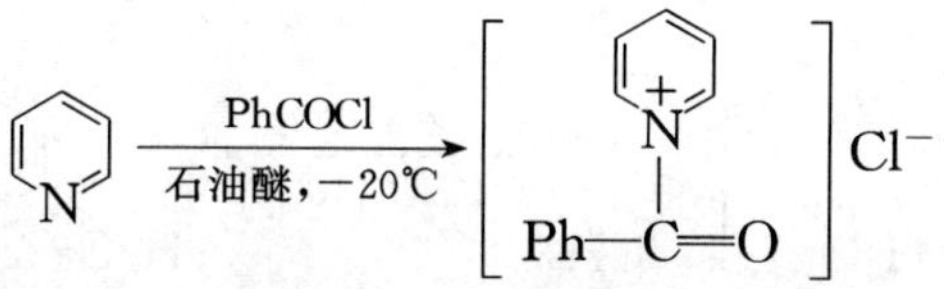

其中与卤烷结合生成的吡啶鎓盐相当于季铵盐,受热时发生分子重排,烷基从氮原子上转移到 α-或 γ-碳原子上,生成吡啶同系物。这也可理解为吡啶盐是一种温和的烷基化试剂。事实上,吡啶盐也是有芳香性的,是温和的硝化、磺化、烷基化、酰基化试剂。对于许多在硫酸或硝酸中不稳定的化合物就是用这个方法进行磺化、硝化。

吡啶与高级卤烷作用生成的鎓盐是一种阳离子表面活性剂,如

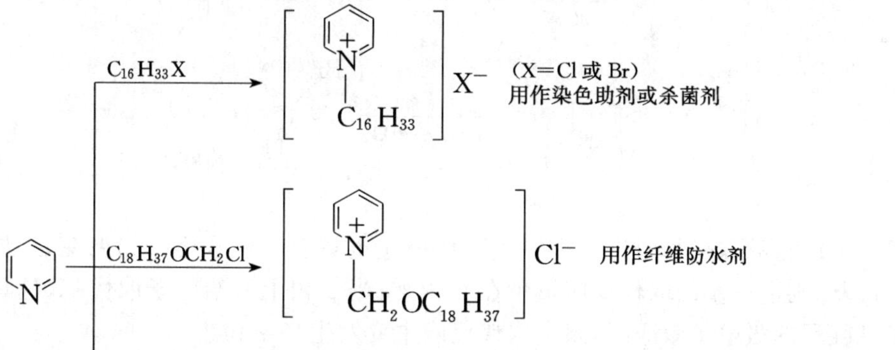

2）亲电取代反应

吡啶具有芳香性,因而也可以发生亲电取代反应。由于吡啶环上的氮原子的吸电子诱导效应和吸电子共轭效应,环上碳原子的电子云密度降低,所以其亲电取代反应活性不如苯,而与硝基苯类似;另外由于反应在强的亲电试剂(如 Br^+、$^+NO_2$)中进行,易生成吡啶盐,如果再发生亲电进攻,则形成双正离子,能量更高。因此反应极不顺利,硝化、磺化等反应只能在极强的条件下进行而且产率很低,当环上有给电子基团时,能增进吡啶环的反应活性。吡啶环不能发生傅-克反应。

吡啶的亲电取代反应都发生在β-位，α-、γ-位都不易发生反应，这是由于β-取代生成的碳正离子中间体较稳定的缘故。亲电试剂进攻β-位比α-位形成的中间体稳定，因为后者有六电子氮，与六电子碳相比，由于氮的电负性较大，含六电子氮的极限结构是不稳定的。

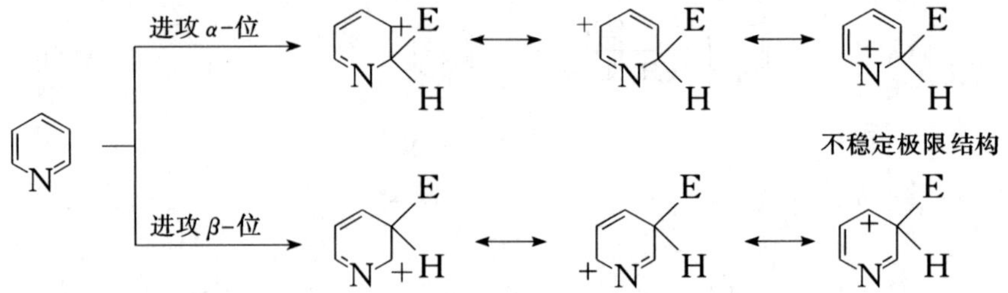

硝化

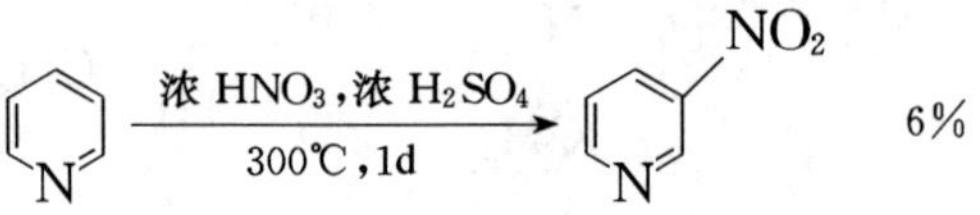

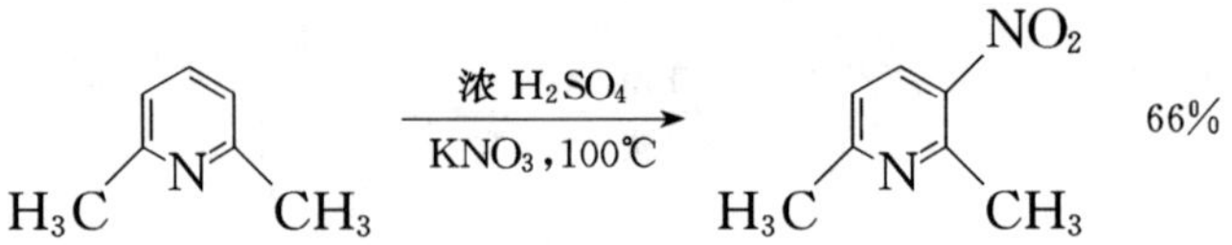

磺化

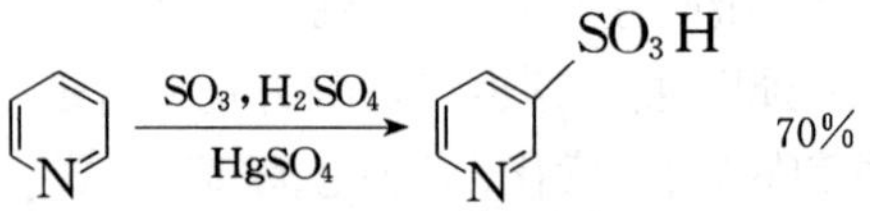

卤化

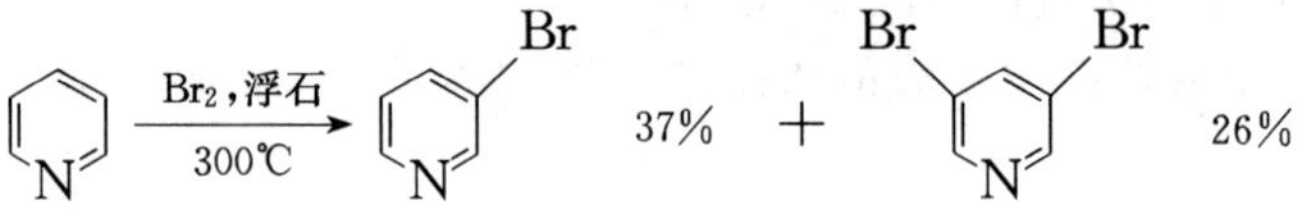

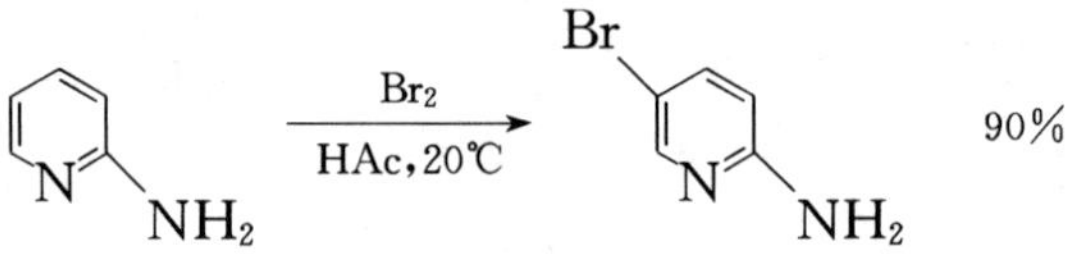

吡啶环上已有的取代基对进一步发生取代反应也具有定位效应。如果在α-位或γ-位有邻对位定位基，则进一步的取代反应发生在β-位上；当β-位上有给电子取代基，且其给电子效应超过了吡啶环的吸电子效应时，亲电取代反应主要发生在α-位上。

3）亲核取代反应

吡啶的性质类似硝基苯，它的α-位、γ-位的电子云密度较低，所以相对于五元芳杂环化合物和苯来说，吡啶较易接受亲核试剂的进攻而发生亲核取代反应，取代基主要进入α-位。如吡啶与氨基钠作用，生成α-氨基吡啶（含少量γ-氨基吡啶），此反应称为齐齐巴宾反应。

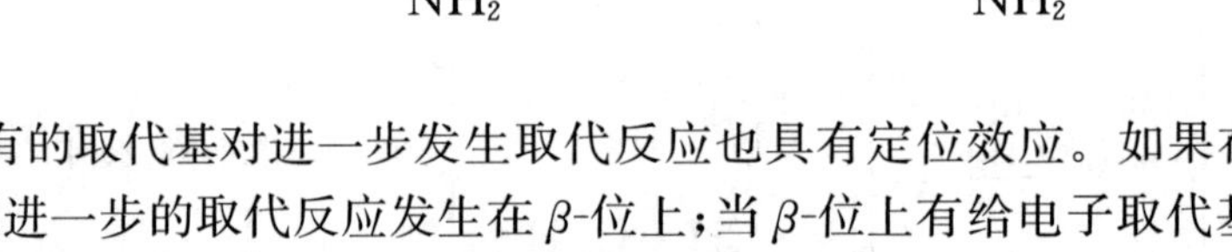

如果两个α-位已有基团，则发生在γ-位。

吡啶与烷基锂或芳基锂作用，可在吡啶的α-与γ-位引入烷基或芳基。

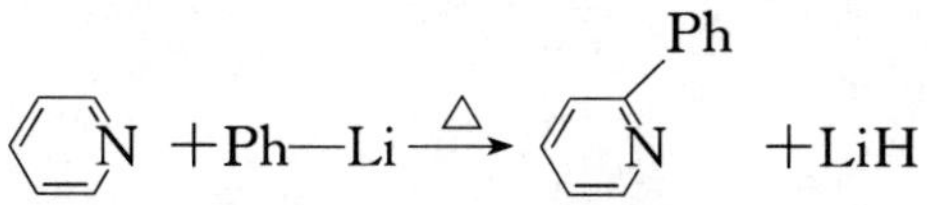

吡啶环的α-位和γ-位的碳原子缺少电子，若这些位置上有易离去的基团（Cl、Br、NO_2等），可以与氨（或胺）、烷氧化物、水等亲核试剂发生亲核取代反应，其现象和原理类似于邻或对硝基氯苯的亲核取代反应。

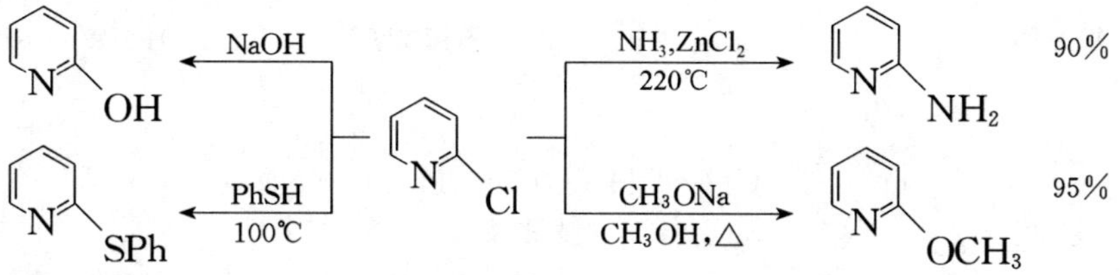

4）氧化还原反应

吡啶比苯稳定，不易被氧化剂氧化。例如，铬酸或硝酸都不能使吡啶氧化，吡啶的同系物氧化时，总是侧链先氧化而吡啶环不被破坏，结果生成相应的吡啶甲酸，如

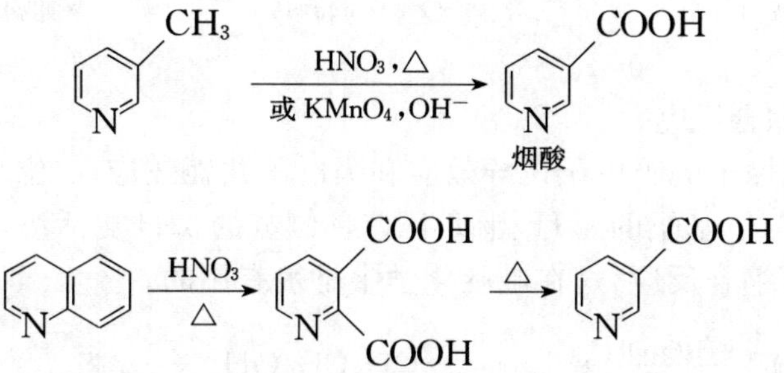

用过氧酸或 H_2O_2 处理吡啶可得 *N*-氧化吡啶，后者的亲电取代和亲核取代反应均可加快，是很有用的有机合成中间体。

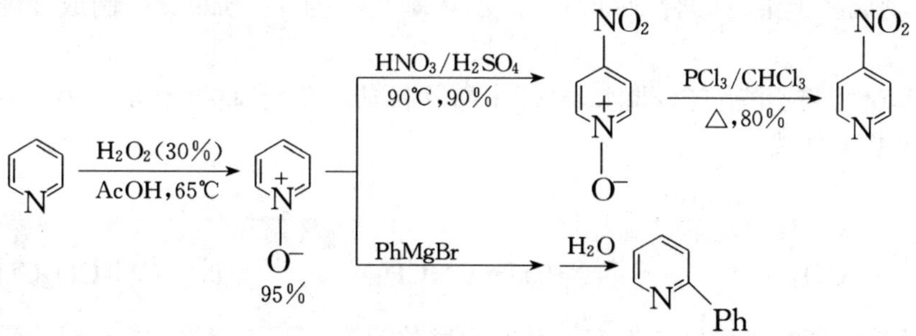

吡啶可被催化加氢或用乙醇和钠还原成为六氢吡啶。

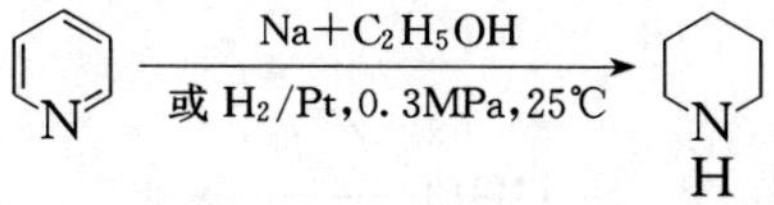

六氢吡啶又叫哌啶（piperidine），为无色有氨臭的液体，沸点 106℃，熔点 −7℃，易溶于水、乙醇和乙醚。它的碱性比吡啶强，化学性质与脂肪族仲胺相似，可作为有机碱性催化剂、溶剂、环氧树脂固化剂和有机合成原料。例如，由氯甲烷和哌啶作用制得的氯化 *N*,*N*-二甲基哌啶是一种植物生长调节剂。鱼死后体内的赖氨酸经分解产生有臭气的哌啶。很多天然产物及药物中都含哌啶环系，如维生素 B_6、烟碱（尼古丁）、胡椒中的辣味成分胡椒碱、石榴皮碱、毒芹碱

和颠茄碱等。

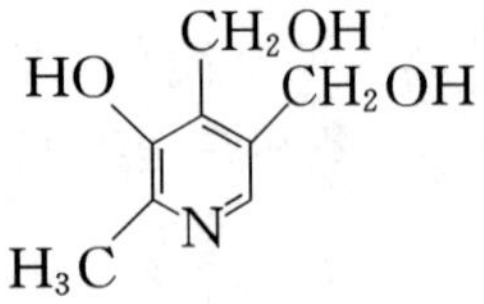

维生素B_6

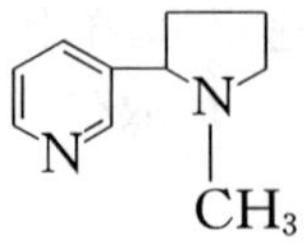

烟碱

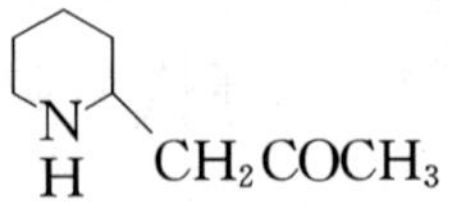

石榴皮碱

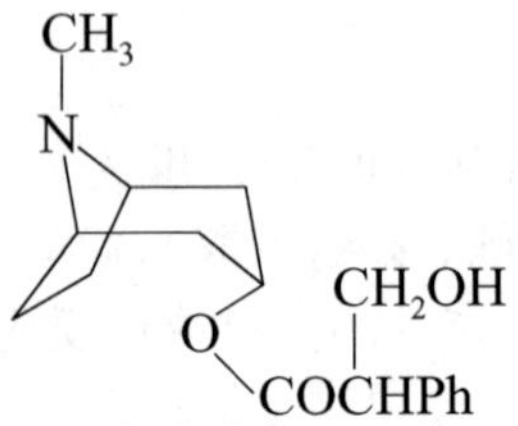

颠茄碱（阿托品）

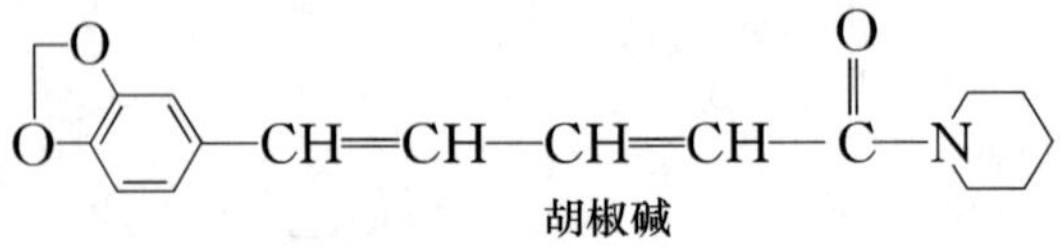

胡椒碱

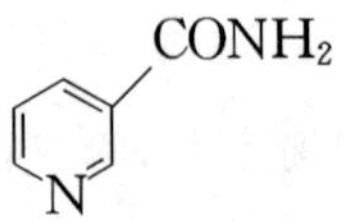

烟碱胺(维生素PP)

烟酰二乙胺(可拉明)

异烟酰肼(雷米封)

5）侧链 α-H 的缩合反应

由于吡啶环上氮原子的吸电子诱导效应和吸电子共轭效应，α-位和 γ-位侧链的 α-H 有一定的酸性，其酸性与甲基酮的 α-H 相似，比苯环侧链的 α-H 更活泼，因此在强碱的催化下可与羰基化合物进行缩合反应，这在吡啶化学中是很有用的。

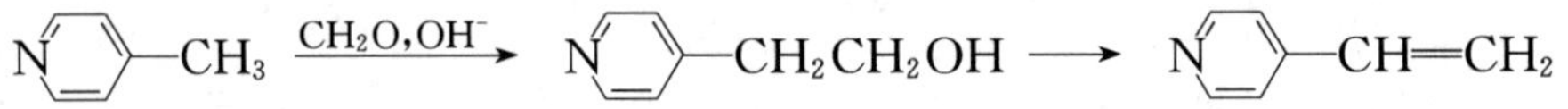

这个反应可以用羟醛缩合反应的反应历程来说明。α-乙烯基吡啶是合成高聚物的单体，它与丙烯腈共聚，制成易于染色的合成纤维。γ-乙烯基吡啶与丁二烯共聚，制成性能优良的丁吡橡胶。

由 α-甲基吡啶与乙醛缩合、脱水，再催化加氢制成 α-正丙基哌啶(毒芹碱)，这是第一个用合成方法制成的生物碱。

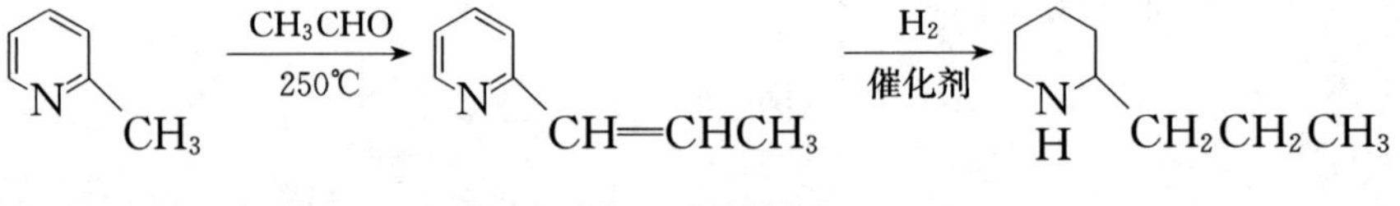

α-甲基吡啶经高温氯代反应生产一种氮肥增效剂。

N-烷基吡啶盐的 α-位上侧链 α-H 更活泼，例如，在弱碱作用下在室温就能进行反应，α-位反应活性比 γ-位大。

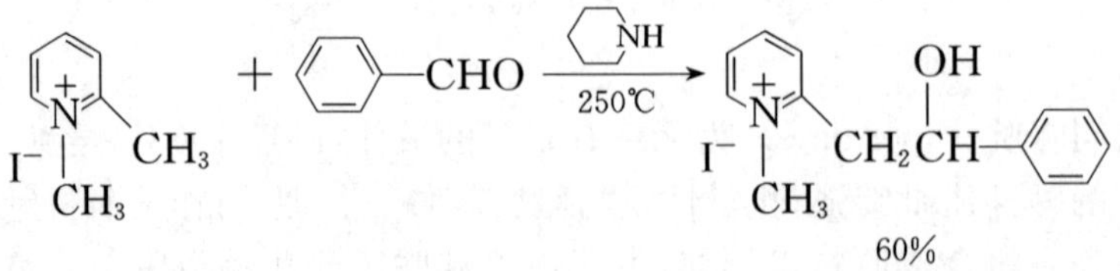

由于吡啶氮原子的吸电子共轭效应不能传到 β-甲基上，因此 β-甲基上的 α-H 很不活泼，不能发生缩合反应。

13.2.3　嘧啶和吡嗪及其衍生物

1）嘧啶及其衍生物

嘧啶(pyrimidine)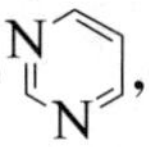，又叫间二嗪，是一种无色晶体，熔点 22℃，沸点 124℃，易溶于水和醇，它的碱性($pK_b=12.7$)比吡啶弱，水溶液呈中性，但能生成稳定的苦味酸盐。

嘧啶有芳香性。由于环中两个氮原子的吸电子作用与吡啶相似，环上碳原子的电子云密度有所降低，尤其是 C_2、C_4、C_6 处降低更多，因此这三个位置不易发生亲电取代，却较易发生亲核取代。C_5 上电子云密度相对较高，可以发生亲电取代。

嘧啶本身在自然界中并不存在，但它的衍生物在自然界中分布很广，在生理及医药上都占有重要的地位。如

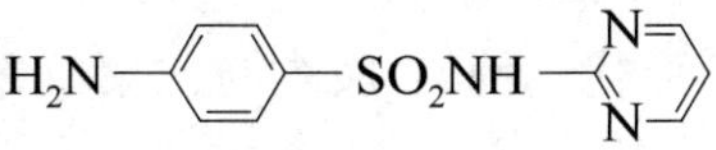

磺胺嘧啶(简称SD)

核酸水解可以得到生理上有重要作用的尿嘧啶、胞嘧啶和胸腺嘧啶。实际上它们以烯醇式和酮式互变异构存在。

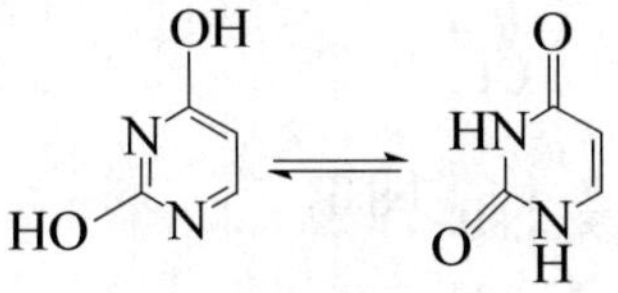

尿嘧啶

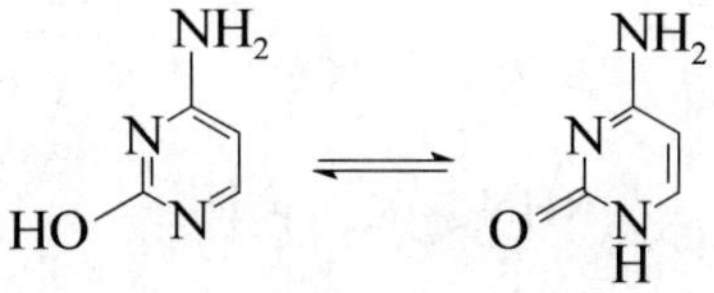

胞嘧啶

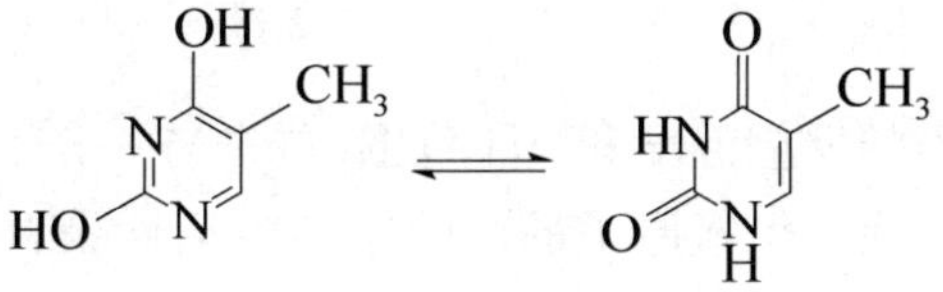

胸腺嘧啶

2）吡嗪及其衍生物

吡嗪(pyrazine)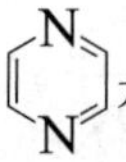是嘧啶的同分异构体，是一种晶体，有令人愉快的气味，易溶于水、乙醇和乙醚。它是弱碱，可与酸成盐。取代吡嗪是一类重要的合成原料。在巧克力香气成分中有甲基吡嗪、2,3-二甲基吡嗪、5-甲基-2-乙基吡嗪、2,5-二甲基-3-乙基吡嗪等。许多食物在烘烤过程中，散发出诱人的香气与烘烤中形成的吡嗪类物质有关，在炒花生、炒芝麻的香气中发现有 2,5-二甲基吡嗪等物质。

13.2.4　均三嗪及其衍生物

含有三个氮原子的六元单杂环体系称为三嗪，三个氮原子处在间位的称为均三嗪()。均三嗪本身在自然界中并不存在，它的衍生物却在自然界中广泛存在，其中比较重要的有三聚氯氰(2,4,6-三氯均三嗪)和三聚氰胺(2,4,6-三氨基均三嗪)两种。

1）三聚氯氰

三聚氯氰是由三分子的氯化氰聚合而成，并因此而得名。

$$NaCN + Cl_2 \xrightarrow[0℃]{H_2O} Cl—CN + NaCl$$

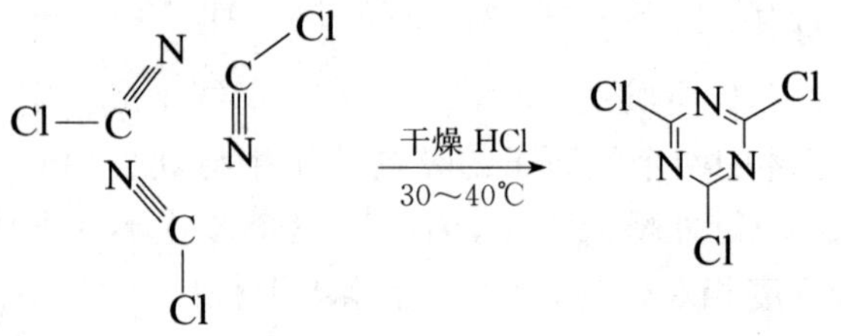

三聚氯氰是制备活性染料的一种中间体，在染料工业中具有重要地位。三聚氯氰分子中的三嗪环是芳香共轭体系，由于三个氮原子的吸电子作用，三个氯原子非常活泼（相当于具有酰氯结构），很容易被亲核试剂所取代。例如，胺类与三聚氯氰反应，随着反应温度的升高，三个氯原子依次被取代。

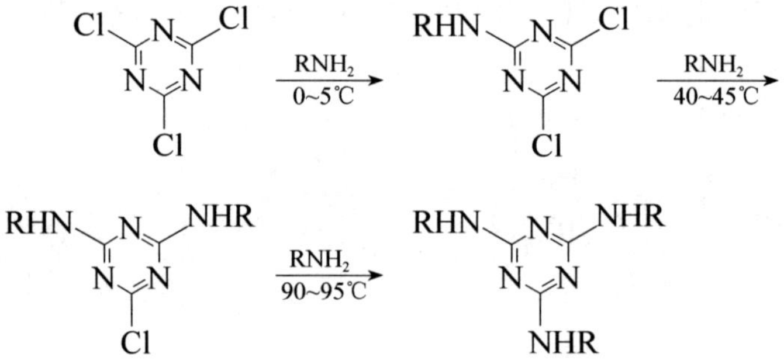

因此，可根据需要选择适当的反应温度和 pH 范围，首先与一分子或两分子另外的染料中间体反应，制得分子中仍有两个或一个氯原子的活性染料。活性染料中保留的活泼氯原子能和棉纤维上的—OH 或毛纤维上的—NH_2 以共价键结合。这种活性染料着色力强，耐磨耐洗。

此外，三聚氯氰还用来生产荧光增白剂和高效农药，如

荧光增白剂VBL

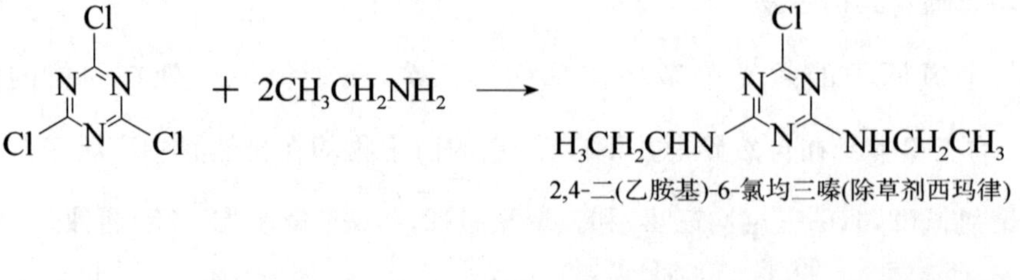

2,4-二(乙胺基)-6-氯均三嗪(除草剂西玛律)

2）三聚氰胺

三聚氰胺可由以下方法制取：

$$CaC_2 + N_2 \xrightarrow{1000\sim1100℃} Ca(CN)_2 \longrightarrow \underset{\text{氰胺钙}}{CaNCN} + C$$

$$CaNCN + CO_2 + H_2O \longrightarrow \underset{\text{氰胺}}{H_2NCN} + CaCO_3$$

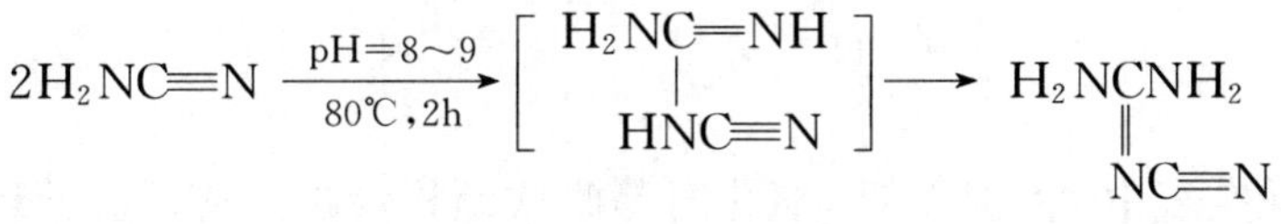

双氰胺

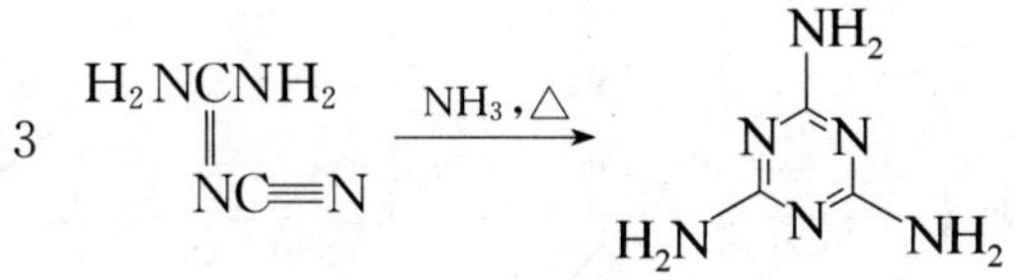

三聚氰胺也可用尿素在 14.0～14.7MPa、425℃下作用得到。

三聚氰胺大量用于同甲醛作用得到树脂。

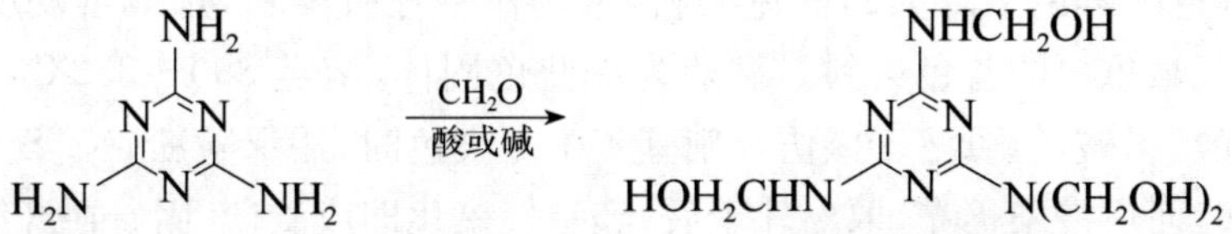

多羟甲基三聚氰胺

多羟甲基三聚氰胺通过本身的缩聚反应及同丁醇等的醚化反应，形成高分散性的聚合物，即三聚氰胺甲醛树脂。

13.3　稠杂环化合物

13.3.1　苯环与杂环稠合

1）吲哚

吲哚是由苯环和吡咯环稠合而成的稠杂环化合物，因此也可叫做苯并吡咯。苯并吡咯类化合物有吲哚和异吲哚两类。

吲哚及其衍生物在自然界中分布很广，常存在于动、植物中，如素馨花香精及蛋白质的腐败产物中。在动物粪便中也含有吲哚及其同系物 β-吲哚乙酸。一些生物碱，如利血平、麦角碱等，都是吲哚的衍生物，它们在动植物体内起着重要的生理作用。另外，吲哚也存在于煤焦油中（240～260℃馏分）。

吲哚为白色片状结晶，熔点 52.5℃，沸点 254～255℃，具有极臭的气味，但在浓度极稀时则有香味，可以作为香料，用于制造茉莉型香精。

吲哚的分子结构中包含吡咯环，它的性质与吡咯相似，在空气中颜色变深，并逐渐树脂化，能使浸有盐酸的松木片显红色；它也是很弱的碱，遇强无机酸发生聚合。吲哚的吡咯环由于受苯环的影响，正如萘环上 α-位上的氢受苯环的影响易被亲电取代一样，吡咯环的 β-

位上氢易被取代。加成和取代反应都发生在吡咯环上。

β-羟基吲哚是一种重要的吲哚衍生物，以葡萄糖苷的形式存在于木兰属植物茎中，俗称靛素。靛素在水溶液中受到酶的作用即水解成β-羟基吲哚。该化合物是黄色结晶固体，熔点85℃，它能发生互变异构，与酮式异构体同时存在。

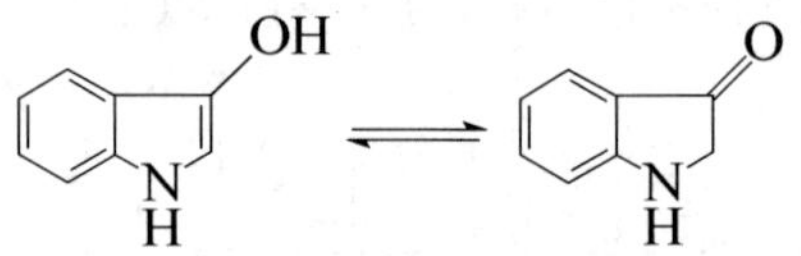

β-羟基吲哚在空气中氧化成靛蓝，氧化时是酮式结构参加反应。靛蓝还原时生成能溶于碱中的具有烯醇结构的靛白，后者经空气氧化又变为靛蓝。

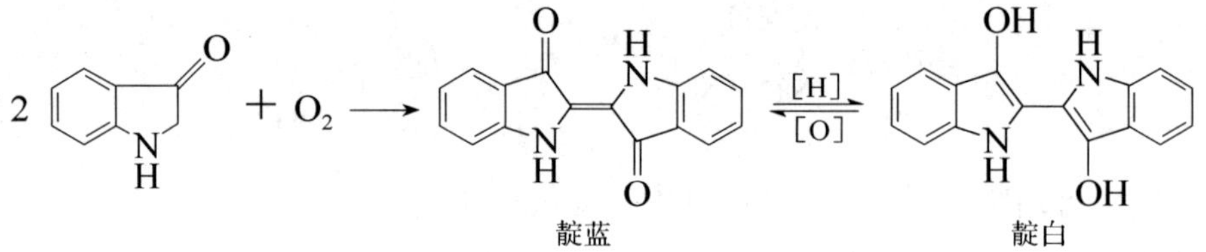

靛蓝是一种色泽鲜艳又耐久的蓝色染料，常用作牛仔裤染料，是最早发现的天然染料之一，也是我国古代最重要的蓝色染料。靛蓝为深蓝色固体，熔点390～392℃，不溶于水、醇及醚，也不溶于稀酸、稀碱，但可溶于氯仿及硝基苯中。染色时，用保险粉（$Na_2S_2O_4$）在碱溶液中将靛蓝还原溶解，而后浸染棉布，取出轧干后，经空气氧化即成靛蓝，固着在纤维上。近代工业上，靛蓝由合成方法制得，一般是先合成β-羟基吲哚，然后经氧化而变成靛蓝。例如，用苯胺和氯乙酸为原料，经缩合、环化，最后氧化即得靛蓝。

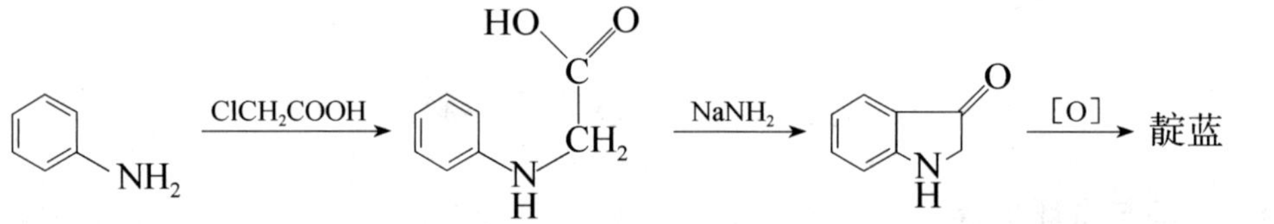

β-吲哚乙（丁）酸是一类植物生长激素，低浓度（0.01%～0.1%水溶液）时可刺激植物生长和发育，使植物具有向光性。长春碱（vinblastine）和长春新碱（vincristine）都是双吲哚衍生物，它们是从夹竹桃科植物长春花中提取出来的具有抗癌作用的天然生物碱。

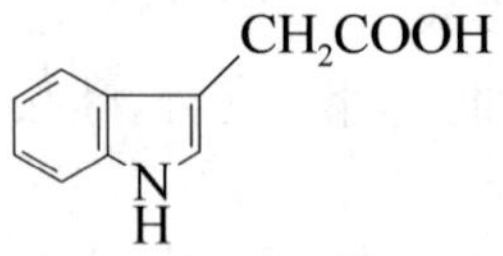

β-吲哚乙酸

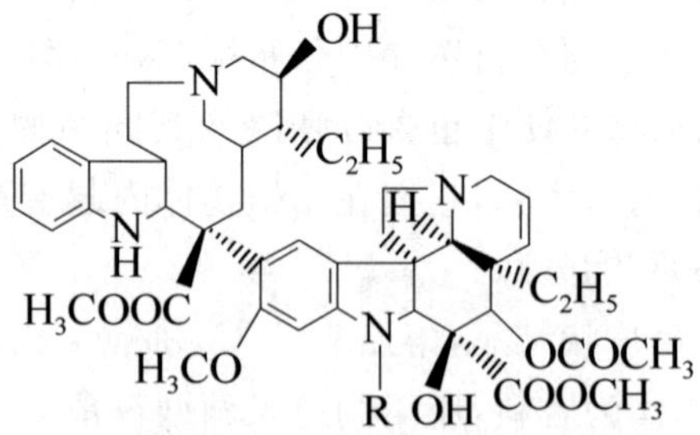

长春碱（R=CH_3），长春新碱（R=CHO）

2）喹啉

喹啉（quinoline）即苯并吡啶。它存在于煤焦油、页岩油和骨焦油中，可用稀硫酸提取，但含量不多，所以也用合成法制得。斯克洛浦(Skraup)合成法是喹啉及取代喹啉最通用的合成法。喹啉本身是用苯胺、甘油、浓硫酸、硝基苯反应而得。反应过程可能是甘油首先与热的浓硫酸作用脱水生成丙烯醛，然后和苯胺发生 1，4-亲核加成生成 β-苯胺基丙醛，在酸催化下烯醇式脱水生成二氢喹啉，最后被硝基苯氧化去氢变成喹啉。反应实际上是一步完成的。反应式表示如下：

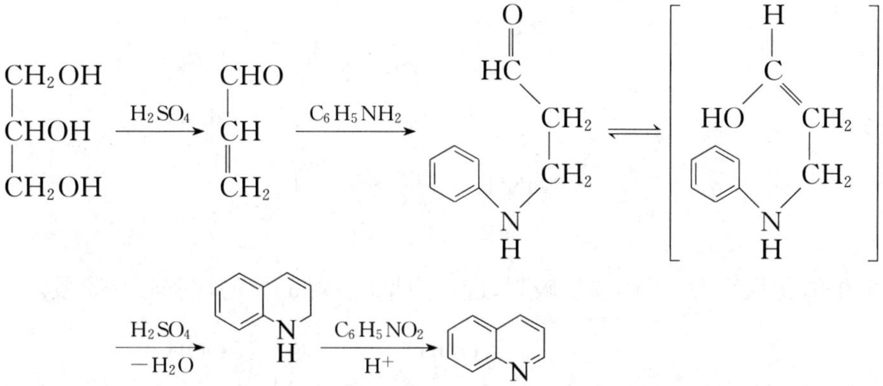

用其他芳胺或不饱和醛、酮代替苯胺和甘油，可以制备各种喹啉衍生物。例如，用邻氨基苯酚代替苯胺，就可以制得 8-羟基喹啉。8-羟基喹啉是一种分析试剂，用以测定多种金属。

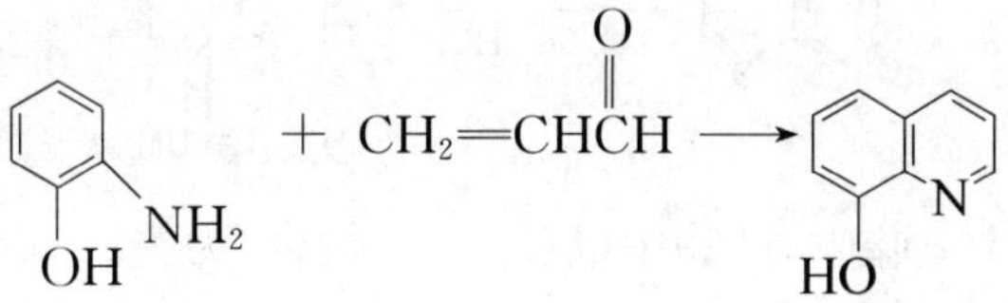

8-羟基喹啉

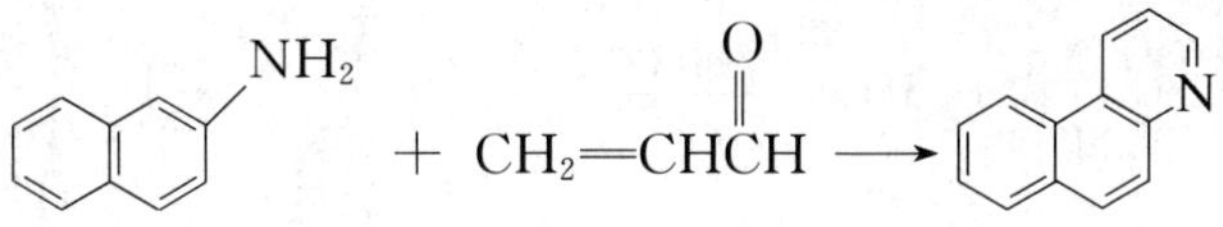

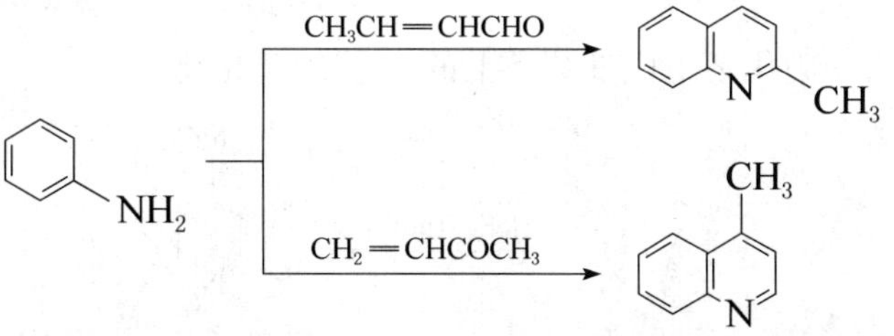

苯环上氨基的间位有供电子基团时，主要得到 7-取代喹啉，有吸电子基团时，则主要得到 5-取代的喹啉。

喹啉是具有恶臭的无色液体，在空气中放置逐渐变成黄色，熔点 -15.6℃，沸点 238℃，相对密度 1.095，折光率 $n_D^{20}=1.6268$，难溶于水，易溶于有机溶剂。喹啉有弱碱性($pK_b=9.1$)，能与酸作用生成盐，与卤代烷作用生成季铵盐，可用作萃取剂和浮选剂。喹啉与重铬酸形成难溶的复盐$(C_9H_7N)_2 \cdot H_2Cr_2O_7$，可用此法来精制喹啉。

喹啉有芳香性，亲电取代发生在苯环上(5 位或 8 位)，而亲核取代则发生在吡啶环上(2 位)。

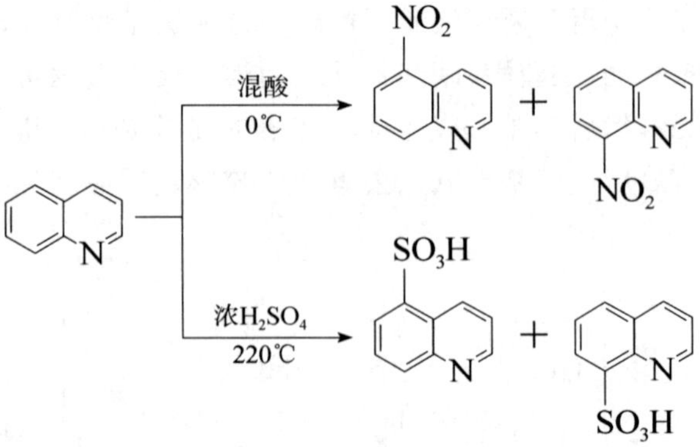

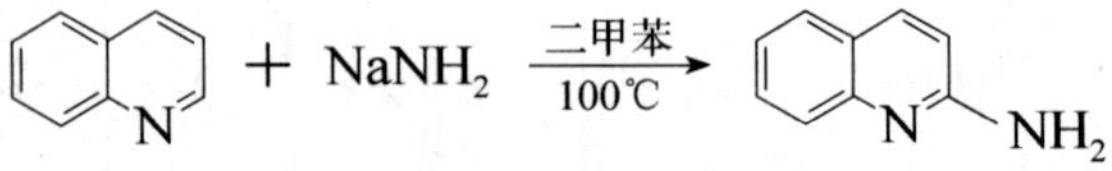

喹啉发生氧化反应时，苯环容易破裂，进一步反应，则 α-位的羧基容易脱羧。

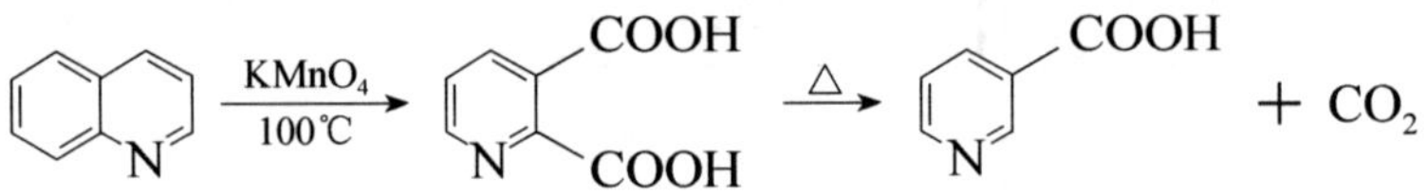

喹啉加氢还原，则吡啶环容易被加氢。

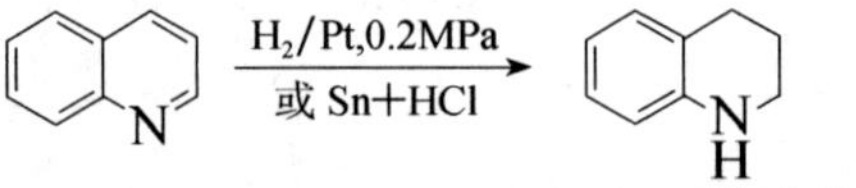

1,2,3,4-四氢喹啉

彻底加氢时则生成十氢喹啉，产物中以反式（ee 稠合）为主。

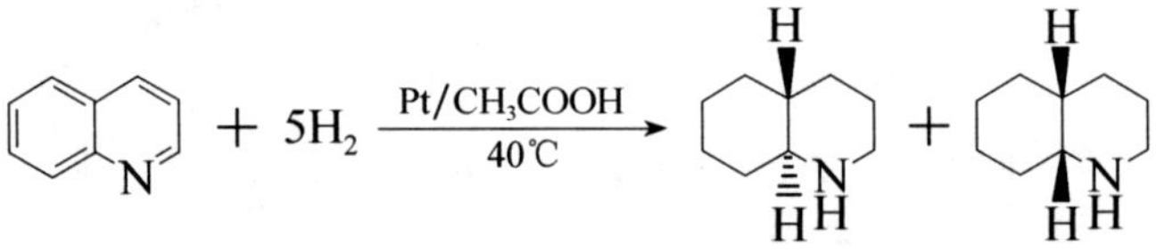

(反式ee)　(顺式ae)

喹啉的 N-氧化物的硝化则生成吡啶环上的 γ-位硝基化物。

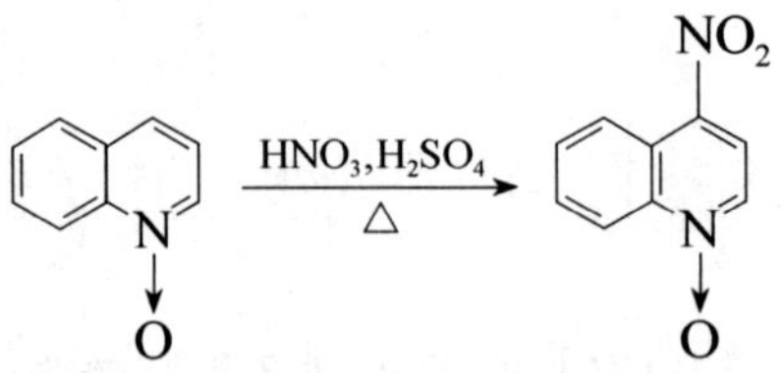

不少天然的和合成的产物中都含有喹啉环，例如，抗疟药奎宁（又名金鸡纳碱）、氯喹、抗癌药喜树碱、抗风湿病药阿托方（又名辛可芬）等。

3）异喹啉

异喹啉是喹啉的同分异构体，也存在于煤焦油和骨油中。从煤焦油得到的粗喹啉中异喹啉约占 1%，两者可利用碱性的不同而分开。异喹啉的碱性（$pK_b = 8.6$）比喹啉（$pK_b = 9.1$）强，这是因为异喹啉相当于苄胺的衍生物，而喹啉可认为是苯胺的衍生物。工业上常利用喹啉的酸性硫酸盐溶于乙醇，而异喹啉的酸性硫酸盐则不溶的性质来进行分离。

异喹啉是一个具有香味的低熔点(24℃)结晶,沸点 243℃,微溶于水,易溶于有机溶剂,能随水蒸气挥发。

异喹啉的化学性质与喹啉类似。可以发生亲电取代、亲核取代及氧化反应等,反应产物也符合一般的反应规律,如

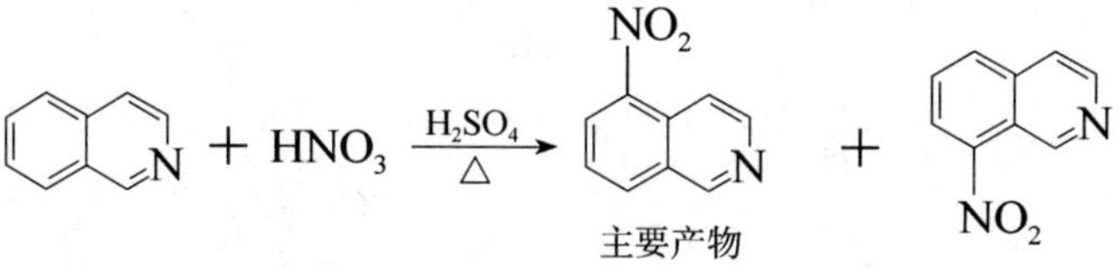

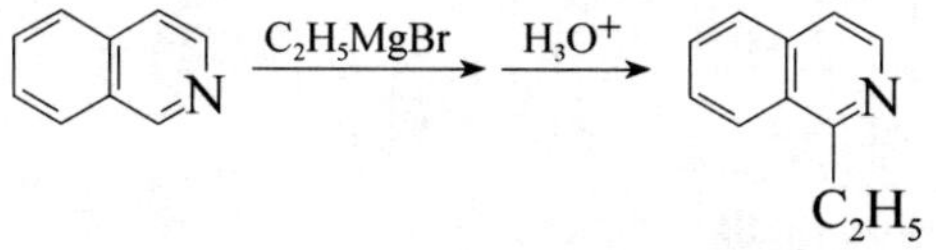

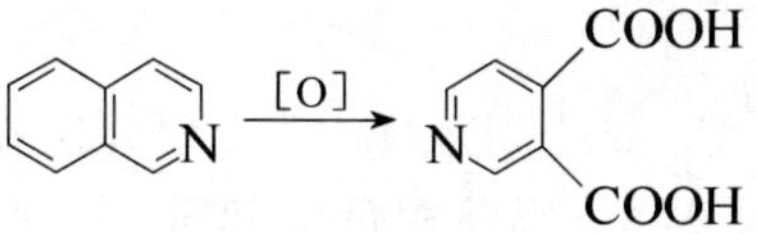

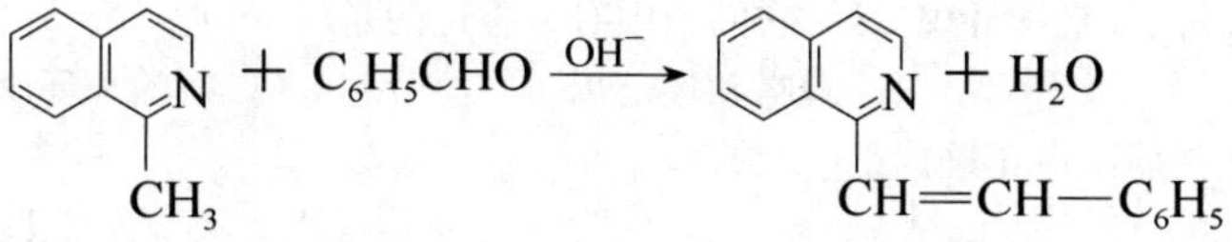

不少合成药物及天然药物(尤其是中草药)的成分中含有喹啉及异喹啉环的结构,如罂粟碱、小檗碱(又名黄连素)等。

13.3.2　杂环与杂环稠合

稠杂环化合物中比较重要的是嘌呤环系。嘌呤系(purine)是由嘧啶和咪唑稠合而成的,它是两个互变异构体形成的平衡体系,平衡主要组分是 9H-嘌呤。

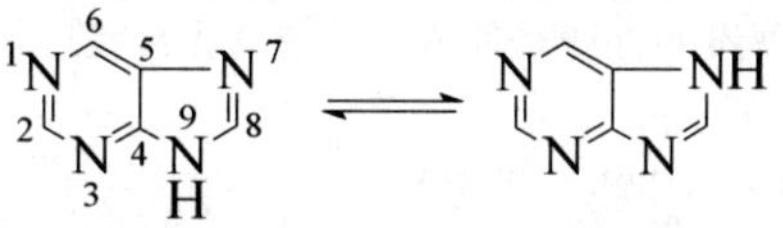

9H-嘌呤　　7H-嘌呤

嘌呤为无色晶体,熔点 216～217℃,易溶于水,水溶液呈中性,但可与酸或碱成盐,环上 2、6 和 8 位容易发生亲核取代,如果 2、6 位有第一类定位基,则 8 位可发生亲电取代和偶合反应。

嘌呤本身并不存在于自然界中,但它的羟基和氨基衍生物(常称为嘌呤碱)在自然界分布很广。例如,腺嘌呤(adenine,A)和鸟嘌呤(guanine,G)存在于核酸中。其中,嘌呤的羟基衍生物可与酮式互变。

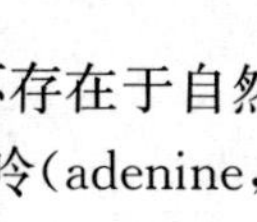

腺嘌呤

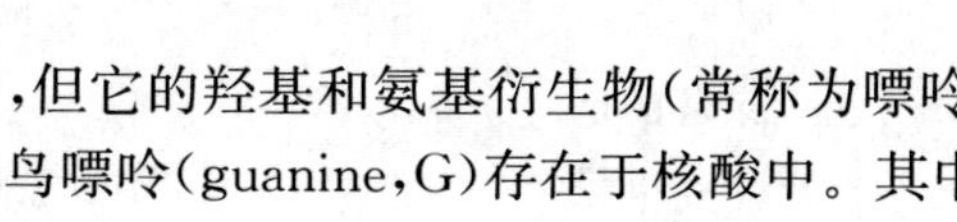

鸟嘌呤

尿酸和咖啡碱也是常见的嘌呤衍生物。尿酸是人体和高等动物核酸的代谢产物，存在于尿中。咖啡碱存在于茶叶和咖啡内，对人体有兴奋、利尿等功用，是常用退热药 APC 中成分之一。

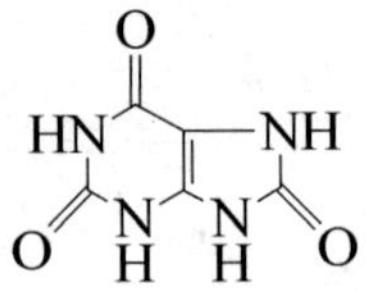

尿酸

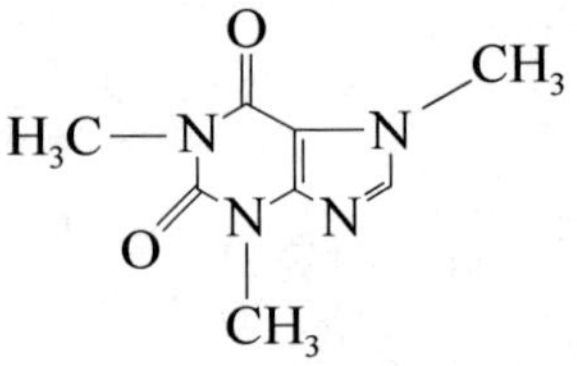

咖啡碱

习　题

(一) 基础知识练习题

1. 单项选择题。

(1) 苯、呋喃、噻吩和吡咯的共振能(kJ/mol)分别为 145、65、120、85，那它们的芳香性强弱次序对的是(　　)。

A. 苯＞呋喃＞噻吩＞吡咯　　B. 苯＜呋喃＜噻吩＜吡咯　　C. 苯＞噻吩＞吡咯＞呋喃

(2) 呋喃、甲苯、环己烯、吡咯和环戊二烯，它们当中有芳香性的是(　　)。

A. 甲苯和呋喃　　B. 吡咯和环己烯　　C. 呋喃和环戊二烯

(3) 下列化合物碱性强弱次序正确的是(　　)。

a. CH_3NH_2　　b. 　　c. 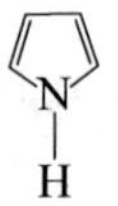　　d. 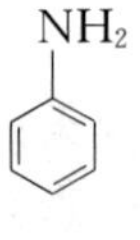

A. a＞b＞d＞c　　B. a＞d＞b＞c　　C. c＞b＞a＞d

(4) 以下吡啶和 α-烷基吡啶亲核性强弱顺序正确的是(　　)。

a. 　　b. 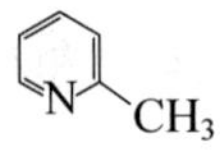　　c. 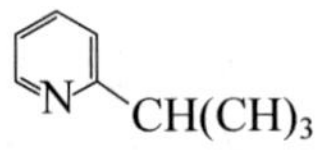

A. b＞a＞c　　B. a＞b＞c　　C. c＞b＞a

(5) 室温条件下，除去苯中少量噻吩的方法是加入 95％的硫酸，震荡，分离。其原因是(　　)。

A. 苯易溶于硫酸，噻吩不溶于硫酸

B. 噻吩比苯易磺化，生成的噻吩磺酸溶于硫酸

C. 苯比噻吩易磺化，生成的苯磺酸溶于硫酸

(6) 应用休克尔规则，下列化合物不具有芳香性的是(　　)。

A. 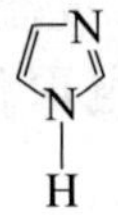　　B. 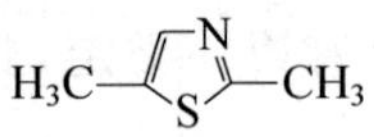　　C. 

(7) 下列化合物不属于五元杂环的是(　　)。

A. 吡咯　　B. 哒嗪　　C. 噻吩　　D. 呋喃

(8) 抗结核病药异烟肼是(　　)杂环的衍生物。

A. 噻唑　　B. 咪唑　　C. 吡咯　　D. 吡啶

(9) 下面化合物中的氮原子碱性最强的是(　　)。

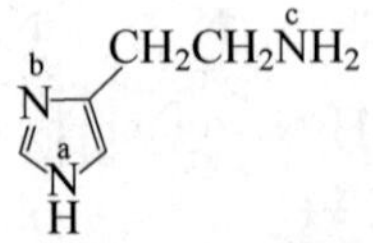

（10）化合物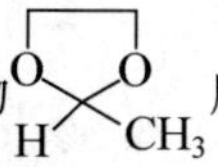

属于（　　）。

A. 缩醛　　B. 半缩醛　　C. 内酯　　D. 呋喃

2. 判断题。

（1）当呋喃或吡咯环上连有吸电子基团时，环的稳定性增加。（　　）

（2）吡咯和呋喃可以用硫酸直接磺化。（　　）

（3）吲哚是五元杂环化合物。（　　）

（4）吡啶既可以发生亲电取代反应，又可以发生亲核取代反应，但取代的位置不同。（　　）

（5）喹啉亲电取代发生在吡啶环上，亲核取代发生在苯环上。（　　）

（6）咪唑的碱性比吡啶强。（　　）

（7）杂环上碳原子的电子云密度比苯环上的高。（　　）

（8）甲苯中含有少量的吡啶可以用盐酸除去。（　　）

（9）糠醛可以发生羟醛缩合反应。（　　）

（10）四氢吡咯的碱性比吡咯弱。（　　）

3. 完成下列反应（写出条件或主产物）。

（1）

（2）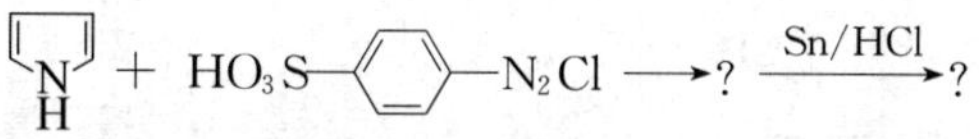

（3）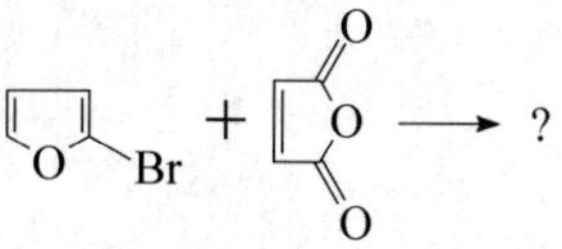

（4）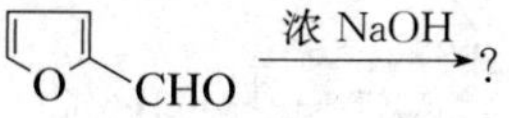

（5）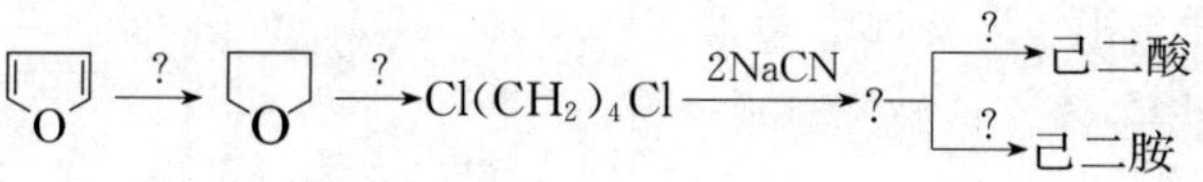

（6）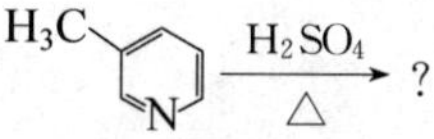

（7）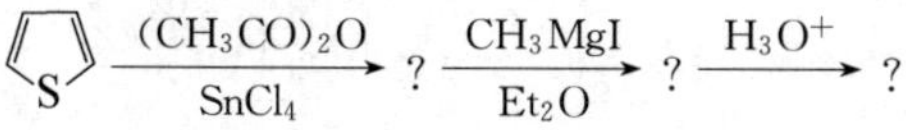

（8）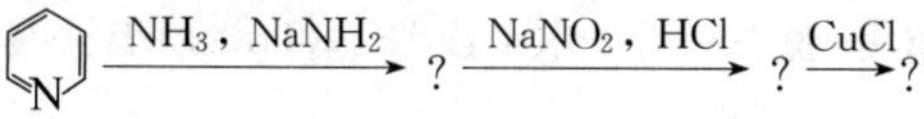

（9）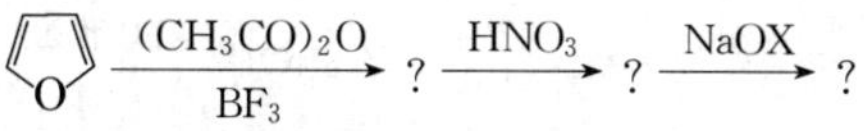

（10）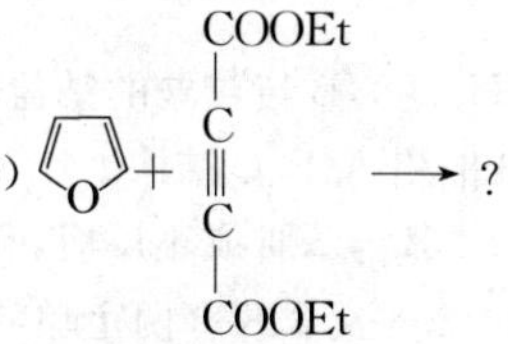

（11）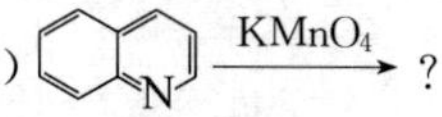

4. 下列化合物发生硝化反应，试用箭头标出硝基主要进入的位置。

（1）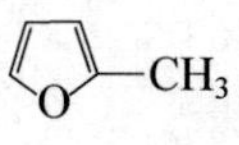

（2）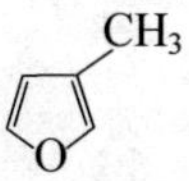

（3）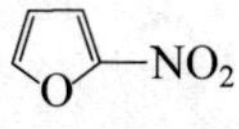

（4）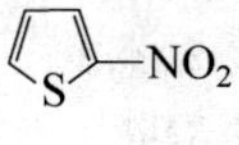

（5）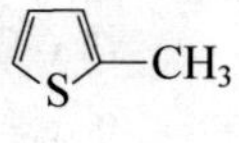

（6）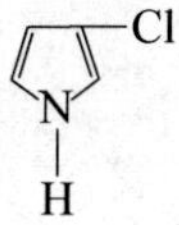

5. 简答题。

(1) 为什么吡啶的碱性比吡咯强？

(2) 为什么亲电取代反应的活性吡咯比呋喃大？

(二) 综合提高练习题

1. 鉴别或分离。

(1) 分离苯中少量的噻吩。

(2) 分离除去 6-甲基喹啉中含有的少量的对甲苯胺和对硝基甲苯。

2. 用简单的物理或化学方法鉴别下列各组化合物。

(1) 吡啶和 α-甲基吡啶

(2) 苯胺和六氢吡啶

(3) 呋喃和吡咯

(4) 吡啶和喹啉

(5) 呋喃和四氢呋喃

(6) 萘、喹啉和 8-羟基喹啉

(7) 苯、噻吩和苯酚

3. 由苯、甲苯及其他开链化合物为原料合成下列化合物。

(1) 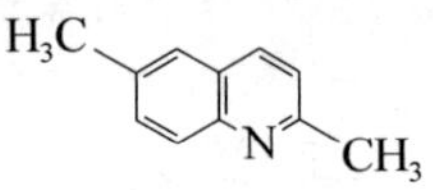

(2) 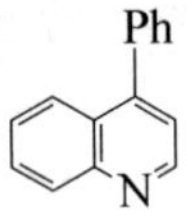

(3) 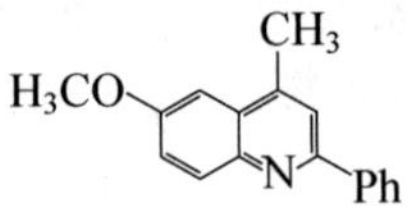

4. 提出下列反应的机理。

(1) 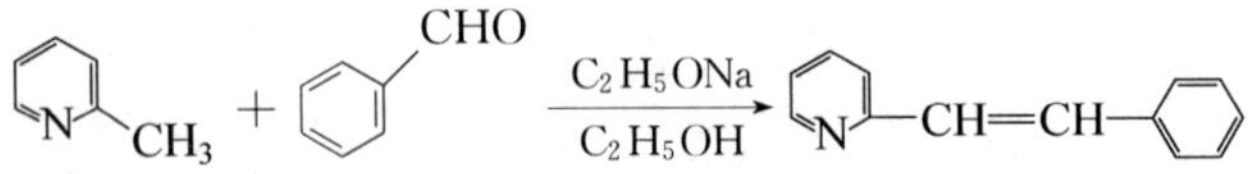

(2) 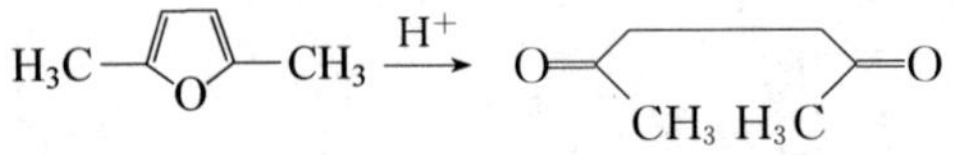

(3) 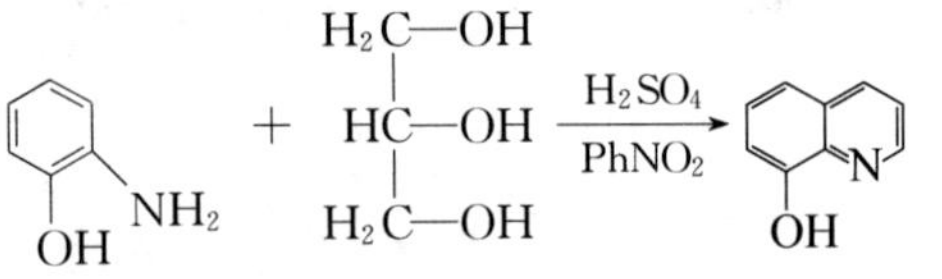

5. 推测结构。

(1) 某化合物 $A(C_6H_7N)$，在 $ZnCl_2$ 存在下与苯甲醛作用，脱去一份子水生成 $B(C_{13}H_{11}N)$，B 经臭氧化分解的 $C(C_6H_5ON)$ 及苯甲醛；C 在浓 NaOH 作用下得 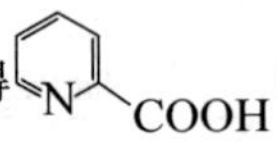

和 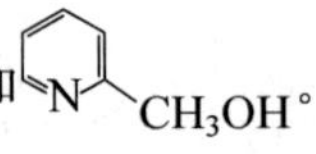

。试推断 A、B、C 结构。

(2) 杂环化合物 $A(C_5H_4O_2)$，能被土伦试剂氧化，A 氧化后生成羧酸 $B(C_5H_4O_3)$，B 与羧酸的钠盐和碱石灰作用能转变 $C(C_4H_4O)$，C 与金属钠不反应，与土伦试剂也无反应，试推测 A、B、C 结构。

(3) 一个氧杂化衍生物 A 与强酸水溶液加热反应，得到化合物 $B(C_6H_{10}O_2)$。B 与苯肼成正反应，与土伦、费林试剂呈负反应。B 的 IR 谱在 $1715cm^{-1}$ 处有强吸收，NMR 谱在 $\delta=2.6$ 及 2.8 有两个单峰，它们面积之比为 2∶3。请写出 A、B 的结构式。

第 14 章　脂类化合物

脂类化合物是油脂和类脂的总称。

油脂是由甘油和脂肪酸组成的三酰甘油酯。动植物油脂在自然界中最丰富。

所谓类脂，意为“类脂样的”，就是类似油脂的意思，主要是指在结构或性质上与油脂相似（在物态及物理性质方面与油脂类似，化学结构与油脂类似且有较大差异）的天然化合物。类脂大多是复合酯类，除含脂肪酸和醇外，还有其他称为非脂分子的成分。

类脂在动植物界中分布较广，种类也较多，主要包括磷脂(phosphatide)、糖脂(glycolipid)和甾体化合物（胆固醇及类固醇）三大类。它们是生物膜的主要组成成分。其次是蜡和萜类化合物。磷脂、糖脂和蜡都是酯。萜类化合物和甾族化合物都是非酯，其结构与其他类脂差别很大。但与其他类脂一样，需要在生物体内由相同的起始物质合成。因此，类脂也包括甾体化合物和萜类化合物。

脂类化合物是一类从生物中提取的天然有机物、一般溶于非极性溶剂（如氯仿、乙醚）而不溶于水。

14.1　油脂及其脂肪酸

14.1.1　油脂的组成与结构

油脂存在于动植物组织中，主要成分是正构高级脂肪酸的甘油三羧酸酯，即一分子甘油与三分子脂肪酸失去三分子水生成的酯。油脂包括油和脂肪，习惯上把室温下呈液态的称为油，如花生油、豆油、菜子油、桐油、蓖麻油、鱼油等；把室温下呈固态或半固态的称为脂肪，如猪油、牛油和奶油等。油和脂肪在结构上的差异主要在于分子中高级脂肪酸的不饱和程度。油的组成以高级不饱和脂肪酸及较低相对分子质量的羧酸生成的甘油酯为主，脂肪的组成以高级饱和脂肪酸及较高相对分子质量的羧酸生成的甘油酯为主。为什么油的熔点较脂肪低？这是由于油中所含的碳碳双键是以顺式构型存在，阻碍了其分子之间的彼此接近，难以形成密集的固态结构的缘故。

在油脂的分子中，常把甘油两端的碳原子称为 1 位和 3 位碳原子，或者称为 α 位和 α' 位碳原子，中间的碳原子称为 2 位或 β 位碳原子。构成油脂的三个脂肪酸可以是饱和的，也可以是不饱和的；可以是相同的，又可以是不相同的。如果 R^1、R^2、R^3 是相同的，则称为同酸甘油三酯；如果不同，则称为异酸甘油三酯。很显然，由三种或两种不同的脂肪酸所组成的甘油三酸酯具有三种或两种构造异构体。

$$
\begin{array}{lll}
R^1—CO_2—\overset{1}{C}H_2 & & \alpha\text{位} \\
\qquad\qquad\quad | \; 2 & & \\
R^2—CO_2—CH & & \beta\text{位} \\
\qquad\qquad\quad | \; 3 & & \\
R^3—CO_2—CH_2 & & \alpha'\text{位}
\end{array}
$$

天然油脂中，饱和的脂肪酸大多占据 1、3 位，不饱和的脂肪酸多占据 2 位。同酸甘油三酯的数量极少，只有当某种脂肪酸的含量超过 2/3 时（如红花籽油中亚油酸含量高达 75%，占 3/4），才会在油脂中存在一定数量的同酸甘油三酯；在一般的油脂中，其含量不高于 3%。低、中碳链脂肪酸(C_4～C_{10})常与高碳链脂肪酸共同组成异酸甘油三酯。一般一种植物油中含有 5～8 种不同的脂肪酸，而一种动物油中则可含有 10 种以上的脂肪酸，天然油脂是各种不同的异酸甘油三酯和同酸甘油酯的混合物，其中主要成分是异酸甘油酯。

在天然油脂中，除甘油三酸酯外，还含有少量的甘油一酸酯和甘油二酸酯。这主要是由于油料种子在成熟时，脂肪的合成未进行到底，以及种子内含有的解酯酶将甘油三酸酯部分水解；还有一方面原因是，在动物体内进行的脂肪代谢中间物就有甘油一酸酯和二酸脂。不同脂肪酸的甘油二酯可有三个构造异构体(以 α、α' 位为主)，甘油一酸酯也有 α 和 β 两种构造异构体(以 α 位为主)。

在油脂的分子中，由于脂肪酸和甘油的碳链上可含有手性碳原子，不饱和脂肪酸中还可含有不只一个碳碳双键，所以，油脂的分子中也存在着复杂的立体异构现象。

油脂的种类很多，常见油脂的组成与性能见表 14-1。表中所列数据均为一定的范围，这是因为所测定数据与油脂的生产状况，如动物的的饲料、植物品种、植物生长地的土壤、气候、肥料等条件有关。

表 14-1　一些油脂的组成及皂化值、碘值

分类	油脂名称	皂化值	碘值	脂肪酸的组成/%						
				十四酸(肉豆寇酸)	十六酸(软脂酸)	十八酸(硬脂酸)	十六碳-9-烯酸(棕榈油酸)	顺十八碳-9-烯酸(油酸)	十八碳-9,12-二烯酸(亚油酸)	其他组分
脂肪	椰子油	250～260	8～10	17～20	4～10	1～5		2～10	0～2	
	棕榈油	196～210	48～58	1～3	34～43	3～6		38～40	5～11	(1)
	奶油	216～235	26～45	7～9	23～26	10～13	5	30～40	4～5	
	猪油	193～200	46～66	1～2	28～30	12～18	1～3	41～48	6～7	(2)
	牛油	190～200	31～47	2～3	24～32	14～32	1～3	35～48	2～4	(3)
不干性油	蓖麻油	176～187	81～90		0～1			0～9	3～4	(4)
	橄榄油	185～200	74～94	0～1	5～15	1～4	0～1	69～84	4～12	
	花生油	185～195	83～93		6～9	2～6	0～1	50～70	13～26	(5)
半性干油	棉子油	191～196	103～115	0～2	19～24	1～2	0～2	23～33	40～48	
	鲸脂油	188～194	110～150	4～6	11～18	2～4	13～18	33～38		(6)
干性油	大豆油	189～194	124～136	0～1	6～10	2～4		21～29	50～59	(7)
	亚麻油	189～196	170～204		4～7	2～5		9～38	3～43	(8)
	桐油	189～195	160～170					4～16	0～1	(9)

注：(1) 5%～10%辛酸；5%～11%癸酸；45%～51%十二酸。

(2) 3%～4%丁酸；1%～2%已酸；1%辛酸；2%～3%癸酸；2%～3%十二酸。

(3) 2% C_{20}～C_{22}不饱和脂肪酸。

(4) 80%～92%蓖麻醇酸。

(5) 2%～5%二十酸(花生酸)；1%～5%二十四酸。

(6) 11%～20% C_{20} 及 6%～11% C_{22} 不饱和酸。

(7) 4%～8%亚麻酸。

(8) 25%～58%亚麻酸。

(9) 4%～5%饱和酸；74%～91%桐酸 $CH_3(CH_2)_3(CH{=}CH)_3-(CH_2)_7COOH$。

14.1.2 油脂的性质

14.1.2.1 油脂的物理性质

油脂的物理性质在油脂化学和加工中有重要的应用，如黏度、表面张力、相对密度、熔点、凝固点、沸点、溶解度(在有机溶剂中)、折射率及热性质等，以及它们与温度的关系。由于天然油脂是混合物，所以它们均无固定的熔点和沸点。脂肪的熔点常有高于凝固点的情形，如三硬脂酸甘油酯的熔点为 72℃，但在 2.2℃时凝固。脂肪酸的熔点和凝固点两者差别很小。由于天然脂肪含有的脂肪酸在组成上不是固定的，所以脂肪的熔点测定仅可用于判断脂肪酸的大概组成状况。一般熔点低的脂肪，其不饱和脂肪酸或低相对分子质量脂肪酸的含量相对较高。脂肪和油的熔点也取决于其脂肪酸的不饱和程度(特别是顺式双键)。甘油三酯中脂肪酸如果都是饱和的，由于分子的形状较为规整，容易紧密排列而形成晶体，如果脂肪酸中有一个是不饱和酸(顺式构型)，分子的形状不规整，相邻分子由于空间位阻而难以紧密排列在一起，因此，熔点较低。三硬脂酸甘油酯为饱和脂，其熔点为 72℃，而三油酸甘油酯有三个顺式双键，双键的存在使分子"扭结"，不易紧密排列，其熔点仅为－4℃。脂肪和油在乙醚、石油醚、氯仿、苯等溶剂中有很好的溶解性，而在质子型溶剂中溶解性很差。油脂的相对密度为 0.9～0.95。

14.1.2.2 油脂的化学性质

组成油脂的脂肪酸中不同程度地含有碳碳不饱和键，因此，油脂兼有酯和不饱和烃的性质。

1) 水解、皂化、酯交换反应

(1) 水解反应。

在催化剂存在下，油脂在较高温度和压力下可以水解成脂肪酸和甘油，这是一个可逆反应。

$$C_3H_5(OCOR)_3 + 3H_2O \overset{\text{cat},\triangle,\text{压力}}{\rightleftharpoons} C_3H_5(OH)_3 + 3RCOOH$$

在酸和解脂酶存在下，油脂的水解反应很容易发生。在常温下，酸和解脂酶就可催化油脂部分水解。这是油脂在储藏过程中发生酸败现象的主要原因之一。

$$\begin{array}{l} CH_2OOCR^1 \\ | \\ CHOOCR^2 \\ | \\ CH_2OOCR^3 \end{array} + H_2O \overset{\text{解脂酶}}{\rightleftharpoons} \begin{array}{l} CH_2OH \\ | \\ CHOOCR^2 \\ | \\ CH_2OOCR^3 \end{array} + R^1COOH$$

精制的油脂中，含水分很少，非脂肪复合物(含解脂酶)含量也极低，因而可长期存放。

(2) 皂化反应和皂化值。

油脂在碱性条件下发生彻底水解，生成甘油和脂肪酸盐(用于制肥皂)，称为皂化反应。

例如，油脂与氢氧化钠溶液共热水解，生成甘油和高级脂肪酸的钠盐(即肥皂)。油脂的碱性水解也称为皂化反应。皂化反应是个不可逆过程，因为产物之一是脂肪酸的盐。

$$\begin{array}{l} CH_2OOCR \\ | \\ CHOOCR \\ | \\ CH_2OOCR \end{array} + 3NaOH \xrightarrow{\triangle} \begin{array}{l} CH_2OH \\ | \\ CHOH \\ | \\ CH_2OH \end{array} + 3RCOONa$$

油脂皂化反应是分步进行的，三个脂肪酸逐步水解下来，反应的速率取决于碱的浓度、温度和油脂的结构。

由于各种油脂的成份不同，组成油脂的各种脂肪酸的分子量不同，所以相同质量的各种油脂皂化时所需碱的量也不相同。

使 1g 油脂完全皂化所需要的氢氧化钾的毫克数，称为皂化值。

$$皂化值=\frac{M\times V\times 56.1}{G}$$

式中：M 为氢氧化钾的摩尔浓度；V 为皂化需氢氧化钾的毫升数；G 为油脂的克数；56.1 为氢氧化钾的摩尔质量。

根据油脂的皂化值可以计算油脂的平均相对分子质量（天然油脂一般无固定相对分子质量）。油脂的平均相对分子质量越大，单位质量油脂的物质的量越小，其皂化值也越小。工业上利用皂化值可以计算皂化反应时的投料比。常见油脂的皂化值见表 16-1。

天然油脂除主要含有高级脂肪酸甘油酯外，通常还含有一些非酯类化合物。这些非酯类化合物在皂化时与碱不反应。油脂皂化时，其中不能与碱作用的物质称为不皂化物。不皂化物包括一些高级醇、烃类、碳水化合物、有机色素、维生素等。天然油脂中不皂化物含量通常在1%以下。在制皂工业中，油脂中不皂化物的含量直接影响到肥皂的质量，不皂化物含量越多，制得的肥皂质量越差。但油脂用于食用时，其中的不皂化物常含有重要的营养成份，是有益的组成。

(3) 酯交换反应。

油脂的酯交换属醇解反应，在工业上用于制备高级脂肪酸甲酯、乙酯。利用这一反应不但可以得到高纯度的高级脂肪酸酯（通过分馏），还可进一步制得高碳脂肪醇、脂肪胺、季铵盐、酰胺等重要的化工原料（产品）。

$$\begin{array}{l}CH_2OCOR^1\\ |\\ CHOCOR^2\\ |\\ CH_2OCOR^3\end{array} + 3CH_3OH \underset{\triangle,压力}{\overset{cat,}{\rightleftharpoons}} \begin{array}{l}CH_2OH\\ |\\ CHOH\\ |\\ CH_2OH\end{array} + \begin{array}{l}R^1COOCH_3\\ \\ R^2COOCH_3\\ \\ R^3COOCH_3\end{array}$$

$$CH_3(CH_2)_{16}COOCH_3 \xrightarrow[Ni]{H_2} CH_3(CH_2)_{16}CH_2OH+CH_3OH$$

油脂的酯交换反应要求油脂必须是纯净的或者已经提纯的，尤其是含水量和酸值都应当相当低，否则该反应不能进行或酯交换不彻底（该反应分步进行）。

2) 加成反应与碘值

在镍的催化作用、适当温度和 0.3～0.5MPa 压力下，油脂中脂肪酸碳链上的不饱和键与氢可发生加成反应，称为油脂的氢化，产物称为氢化油或“硬化油”。油脂的氢化可以通过调节氢气的通入量和反应时间来控制氢化程度，制取具有不同理化指标的氢化油。氢化程度的不同，所得加氢油脂的饱和度不同，熔点范围也不同。油脂的氢化过程也称油脂的硬化，氢化后的半固体或固体油脂称为“硬化油”或“氢化油”。例如，熔点为 56℃左右的工业硬化油用于制皂可以取代资源有限的牛、羊油脂；完全硬化的油脂则用于制备饱和脂肪酸；选择氢化制得的硬化油可用于配制起酥油、人造奶油、黄油等。油脂氢化后减少了分子中的不饱和键，可明显提高油脂的抗氧化性和耐热性，延长储存期。例如，油脂中的亚油酸或亚麻酸氢化成油酸后，对氧的稳定性可提高 5～10 倍。

油脂的彻底氢化（高温、高压、铜系催化剂），也可直接得到 α-高碳醇及甘油：

$$\begin{array}{l} CH_2OCOR^1 \\ | \\ CHOCOR^2 \\ | \\ CH_2OCOR^3 \end{array} + H_2 \xrightarrow[260\sim280^\circ C, 20MPa]{CuO\text{-}CrO}$$

$$R^1CH_2OH + R^2CH_2OH + R^3CH_2OH + \begin{array}{c} HOCH_2CHCH_2OH \\ | \\ OH \end{array}$$

油脂也可以与卤素发生加成反应。通常油脂的不饱和程度用碘值表示。100g 油脂所能吸收碘的克数称为碘值。碘值越大，表示油脂的不饱和程度越大。碘值是油脂性质的重要常数。在油脂氢化过程中，可用测定碘值的大小检测氢化程度。常见油脂的碘值见表 16-1。

3）氧化反应和酸值

油脂在储存期间，可被空气氧化成过氧化物、醛、酮、羧酸等，并产生厌恶的酸臭味，通常称为油脂的氧化酸败。通常我们所说的油脂变酪，就是指油脂酸败。油脂酸败是个复杂的化学过程。光、热、催化剂、水分等因素影响酸败程度，其中温度是决定油脂氧化时生成何种产物的主要因素。在 50℃以下的油脂氧化，主要产物是氢过氧化物，此时伴有双键的移位；如果是在较高温度下的油脂氧化，主要产物是过氧化物，并可分解成羰基化物（如醛类），继而进一步被氧化成酸。氧化酸败在有催化剂的作用下（如金属离子的存在）能迅速进行，也可被脂肪氧化酶所催化；在无催化剂时，也可自动发生，这是一个自由基氧化过程。因此储存油脂时，应将其放入避光、干燥的密闭容器中，在阴凉处存放。通常动物油脂比植物油脂容易酸败。这是因为动物油脂中常含有较多的脂肪氧化酶，而植物油脂中常含有具有抗氧化作用的酚类物质。例如，芝麻油（香油）中含有芝麻酚，一般不易变质。

饱和脂肪酸及其酯，不易发生氧化反应，但在光照、加热等条件下也能缓慢的产生氢过氧化物，并可进一步转化为醛类或羟基酸等，存在于酸败的油脂中。

油脂在空气中发生水解和氧化反应，都会生成游离的脂肪酸。油脂中游离酸越多，油脂的酸败程度就越厉害。通常用酸值表示油脂的酸败程度。酸值是指中和 1g 油脂所需的氢氧化钾的毫克数。酸值越大，表示油脂酸败的程度越厉害。酸值是油脂质量分析中的一个重要指标。酸值也是衡量油脂水解程度和检验脂肪酸的一个理化指标。

皂化值与酸值是两个截然不同的概念，不能混淆。皂化值是使 1g 油脂完全水解所需要的氢氧化钾毫克数；酸值是中和 1g 油脂中的游离酸所需的氢氧化钾毫克数。

不饱和油脂或不饱和脂肪酸中的碳碳双键可被过氧化物氧化生成环氧化物，如环氧大豆油、环氧棉子油等，可用作塑料的稳定剂。

$$CH_3(CH_2)_nCH{=}CH(CH_2)_mCOOR' \xrightleftharpoons[\text{或 } CH_3CO_3H]{H_2O_2} CH_3(CH_2)_n\underset{\diagdown\ O\ \diagup}{CH{-}CH}(CH_2)_mCOOR'$$

国内学者研制的加压无溶剂法制备环氧化植物油的新工艺，居国际先进水平，其中温度，双氧水浓度和用量，甲酸的用量均作了优化。

油脂在氧化过程中产生的过氧化物很不稳定，也有较强的氧化活性，它可氧化碘离子为游离碘，以硫代硫酸钠溶液滴定析出的游离碘，可以算出过氧化值。

4）油脂的干性

将含有不饱和酸甘油酯的油脂涂成薄膜，曝露于空气中，就会发生变稠或变成坚韧的薄膜，这种现象称为油脂的干燥。例如，桐油刷在木制品的表面上，就逐渐形成一层干硬而带有光泽并具有一定弹性的薄膜。具备这种特殊性质的油脂称为干性油。干性油在空气中可变成硬化膜这一特点可能与分子中存在着共轭双键有关。油脂分子中含有共轭双键的数目越多，干性就越强。干性油形成硬膜的过程很复杂，主要原因是被空气中的氧所氧化，并进一步发生聚合反应生成高分子化合物，形成固态薄膜。此膜覆盖在物体表面可以保护物体不受磨损和空气氧的腐蚀。

有些油脂分子中含有双键，但不成共轭体系，这类油脂在空气中也能成膜，但结膜速度慢且不牢固，这种油脂称为半干性油，如棉子油。亚麻油的干性化不是很好，但当把它与氧化铅一起加热后，就可大大提高其干化性能，其原因是在处理过程中，除了有双键的氧化作用外，还有一部分双键发生了移位，形成了共轭体系而利于干化性能的提高，有的油脂在经过上述处理后也不具备干化性能，则称为不干性油，如猪油、花生油等。由碘值可以判断油脂的属性，碘值大于 130 属于干性油，碘值在 100～130 属半干性油，碘值小于 100 属不干性油。

14.1.3　油脂的应用

油脂是一种可再生资源。油脂最重要的用途是食用。除了传统的制皂之外，油脂及其深加工产品在现代工业中广泛应用，如采油、交通、日化等。

14.1.4　油脂酸

14.1.4.1　油脂酸的制备

油脂皂化是天然油脂酸最早的制备方法，该方法消耗酸、碱量大，废水污染环境，除了实验室用于研究之外，工业上已被先进的工艺所淘汰。20 世纪 80 年代油脂高压水解装置和技术的成功开发，成为脂肪酸绿色化学的突破，以致低品质的油脂也可直接利用，继而在表面活性剂十二烷醇硫酸钠存在下，天然油脂脂肪酸经乳化——高速分离为饱和脂肪酸相和不饱和脂肪酸相。前者可作为生产硬脂酸的原料，后者可以得到碘值超过 120(mgI/100g 油)的工业油酸和亚油酸。

蒸馏(精馏)是精制脂肪酸的主要方法。

14.1.4.2　油脂酸的分类

存在于天然油脂中的脂肪酸，一般具有以下几个特点：

(1) 正构的一元羧酸占绝大多数。

(2) 脂肪酸的碳原子数几乎都是偶数。

(3) C_{16}和 C_{18}脂肪酸在油脂中分布最广，而且含量也最多。

(4) 不饱和脂肪酸的含量一般比饱和脂肪酸要多一些。

在天然油脂中已发现 170 多种脂肪酸，大致可分为如下几大类型：

1) 饱和脂肪酸

饱和脂肪酸的通式为 $C_nH_{2n}O_2$，通常 C_4～C_{24}的脂肪酸多存在于油脂中。

2) 不饱和脂肪酸

(1) 一烯酸($C_nH_{2n-2}O_2$)，含有一个双键的不饱和脂肪酸。例如，油酸：

$$\begin{array}{c} CH_3(CH_2)_7—CH \\ \| \\ HOOC(CH_2)_7—CH \end{array} \qquad \begin{array}{c} CH_3(CH_2)_7CH \\ \| \\ HC(CH_2)_7COOH \end{array}$$

顺-9-十八碳烯酸　　　　反-9-十八碳烯酸

(2) 二烯酸($C_nH_{2n-4}O_2$)，含有两个双键的不饱和脂肪酸。例如，亚油酸：

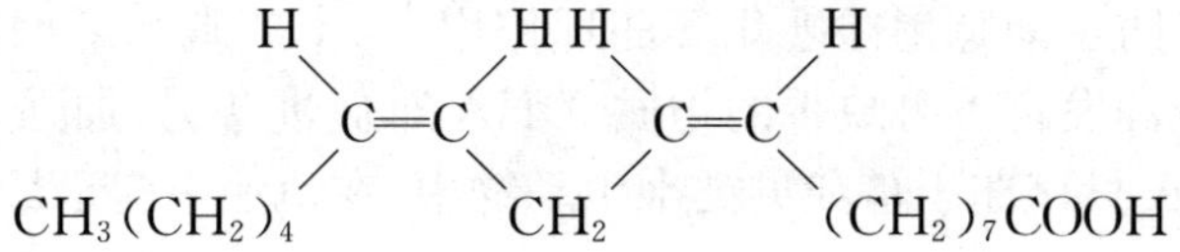

顺,顺-9,12-十八碳二烯酸

(3) 三烯酸($C_nH_{2n-6}O_2$)，含有三个双键的不饱和脂肪酸。例如，亚麻酸：

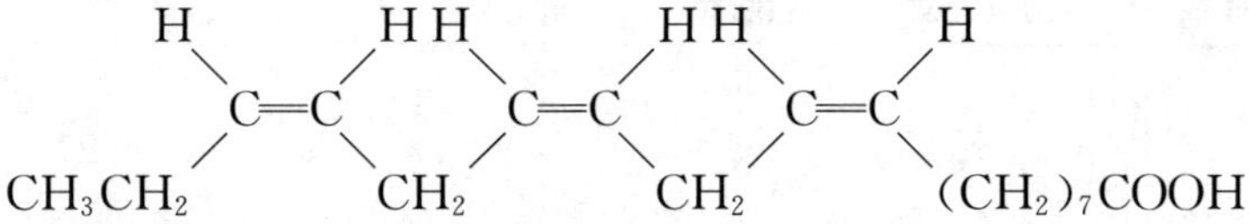

顺,顺,顺-9,12,15- 十八碳三烯酸

桐油酸：

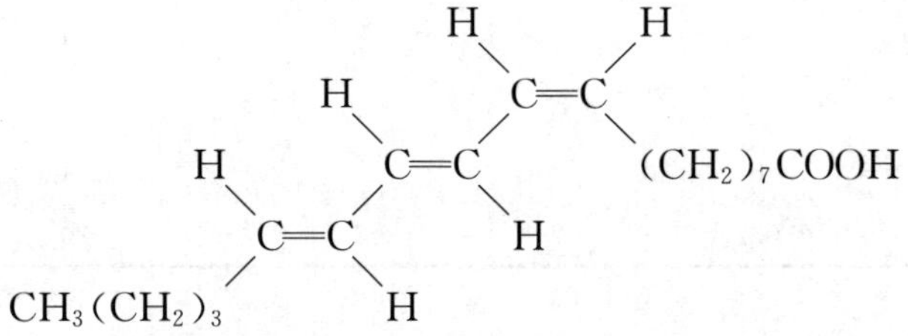

顺,反,反-9,11,13-十八碳三烯酸

(4) 四烯酸($C_nH_{2n-8}O_2$)，含有四个双键的不饱和脂肪酸。例如，花生四烯酸：

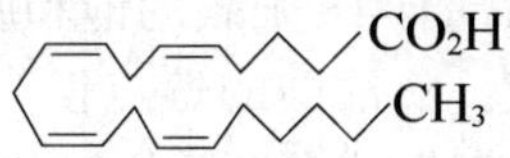

顺,顺,顺,顺 -5,8,11,14-二十碳四烯酸

3) 含有取代基的脂肪酸

天然油脂中，脂肪酸的碳链上含有取代基的情况并不多见，主要有羟基或羰基取代酸。例如，蓖麻酸：

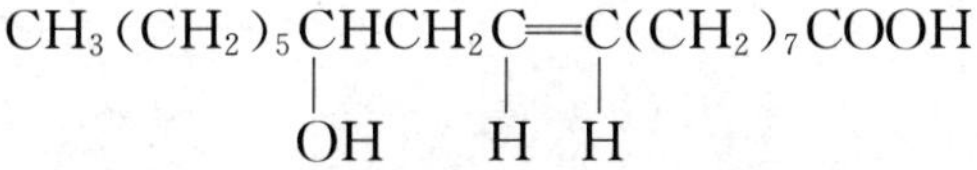

顺-12-羟基-9-十八碳烯酸

如果油脂中含有羟基脂肪酸(表 14-2)，可以通过与乙酐发生乙酰化反应，生成乙酰化脂肪酸，后者经水解又放出乙酸。1g 乙酰化的油脂所放出的乙酸用氢氧化钾中和时，所需氢氧化钾的质量(单位 mg)称为乙酰价。从乙酰价的高低可计算出脂肪酸中羟基的含量。

天然脂肪酸基本上以 C_{16} 以上的偶数碳原子为多见，而低于 C_{14} 的饱和脂肪酸多存在于奶油中(奶油中：丁酸 3.6%，已酸 2.0%，辛酸 0.5%，癸酸 2.3%，月桂酸 2.5%)。人类在维持正常的生命过程中，摄入一定量的不饱和脂肪酸是非常重要的，因为含有一个以上双键的不饱和脂肪酸是人体内脂肪新陈代谢中不可缺少的。花生四烯酸是目前少见的几个天然不饱和非共轭烯酸之一，它并不存在于花生油中，而从动物的肾上腺中可提取到，并用于制备前列腺素。多数的不饱和脂肪酸在植物油中有大量的分布。到目前为止十八碳一烯酸在自然界中只找到了它的 $\Delta^6\Delta^9\Delta^{10}\Delta^{11}$ 等几种异构体(虽然理论上可有 16 个异构体)，且都是顺式异构体。有的多烯脂肪酸具有重要的生理活性，被称为“血管清道夫”的二十碳五烯酸(EPA)有降低血脂、降低血清胆固醇含量、防止动脉粥样硬化等药理作用；二十二碳六烯酸(DHA)有“脑黄金”之称，它是大脑细胞形成和发育不可缺少的物质，DHA 对促进智力、加强记忆功能、延缓大脑衰老等有重要作用，DHA 只存在于鱼和贝类水生动物中，在鱼油中含量最高。

表 14-2　一些油脂的脂肪酸组成以及质量分数

来源	饱和脂肪酸				不饱和脂肪酸		
	月桂酸	肉豆蔻酸	软脂酸	硬脂酸	油酸	亚油酸	亚麻酸
牛油	0	6	27	14	49	2	0
猪油	0	1	24	9	47	10	0
人体脂肪	1	3	27	8	47	10	0
鲱油	0	5	14	3	0	0	30[a]
玉米油	0	1	10	3	50	34	0
橄榄油	0	0.1	7	2	84	5	2
大豆油	0.2	0.1	10	2	29	51	7
菜子油	0	0	2	7	54	30	7
亚麻子油	0	0.2	7	1	20	20	52

14.1.4.3　油脂酸的物理性质

饱和脂肪酸的熔点随相对分子质量的增大而增大，不饱和脂肪酸由于存在双键(多为顺式构型的双键)熔点降低(表 14-3)。如具有 18 个碳的饱和脂肪酸——硬脂酸的熔点为 70℃，而具有顺式双键的 18 碳不饱和脂肪酸——油酸的熔点仅为 4℃。顺式不饱和酸在其双键处发生“扭结”，“扭结”后的分子无法像具有规整锯齿链的饱和脂肪酸一样进行紧密排列。

表 14-3　常见脂肪酸的结构和熔点

名称	结构	熔点/℃
月桂酸	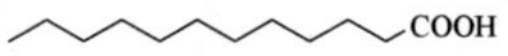	44
肉豆蔻酸	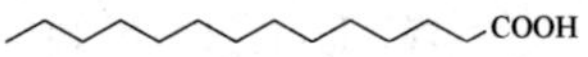	59
软脂酸	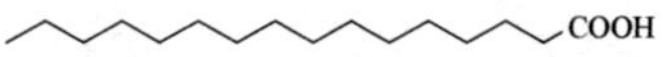	64
硬脂酸	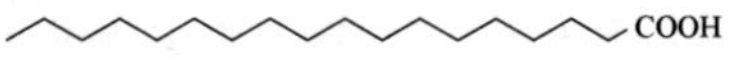	70
花生酸		76
油酸(*Z*)-9-十八碳烯酸	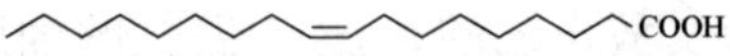	4
亚油酸(*Z*,*Z*)-9,12-十八碳二烯酸	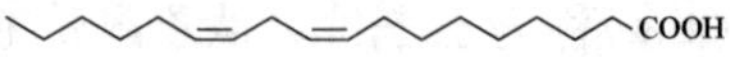	−5
亚麻酸(*Z*,*Z*,*Z*)-9,12,15-十八碳三烯酸	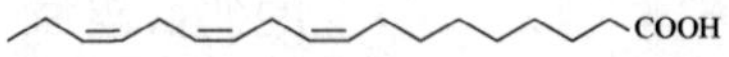	−11
桐酸(*Z*,*E*,*E*)-9,12,13-十八碳三烯酸	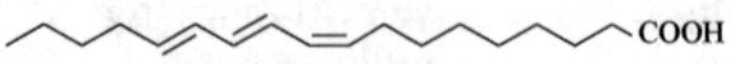	49
花生四烯酸(*Z*,*Z*,*Z*,*Z*)-5,8,11,14-二十碳四烯酸	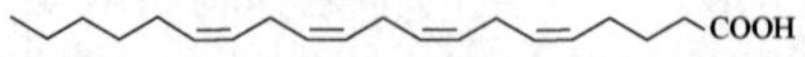	−49

14.1.4.4　油脂酸的化学性质

脂肪酸有羧酸和不饱和烃的通性。

1）成盐

脂肪酸与钾、钠的氧化物或氢氧化物、碳酸盐等反应，可生成相应的脂肪酸盐，即金属皂。重金属脂肪酸盐一般不溶于水，常用金属盐置换脂肪酸钠盐的方法得到。例如：

$$2C_{17}H_{35}COONa + MCl_2 \longrightarrow (C_{17}H_{35}COO)_2M + 2NaCl \quad (M = Ca^{2+}, Ba^{2+})$$

$$2C_{17}H_{35}COONa + MSO_4 \longrightarrow (C_{17}H_{35}COO)_2M + Na_2SO_4 \quad (M = Mg^{2+}, Zn^{2+}, Cd^{2+})$$

$$2C_{17}H_{35}COONa + Pb(OAc)_2 \longrightarrow (C_{17}H_{35}COO)_2Pb + 2NaOAc$$

硬脂酸的钙、钡、镁、锌、镉、铅盐可用于聚氯乙烯稳定剂、模型品的润滑剂和脱模剂、纺织品的防水剂和打光剂、油漆的平光剂、金属催干剂、金属催干剂润滑脂的增稠剂等。

2）催化氢化

极度氢化的油脂，又称硬化油。它经高压水解可以制造工业硬脂酸。后者是重要的橡胶塑料加工和造纸的化学助剂，也是制造化妆品、食品添加剂的原料，油脂氢化前需将原料油“五脱”，旨在去除能使催化剂“中毒”的各类杂质，因此该工艺流程长，原料利用率低。世纪之交，国际上先进的脂肪酸加氢装置和技术，以及国产脂肪酸加氢催化剂的研制成功，使我国硬脂酸的生产处于国际先进水平。该催化剂是以硅胶为负载的镍为主的超细颗粒，它必须在严格的温度控制下使用，方能有效催化脂肪酸氢化。

3）不饱和脂肪酸的双键移位

不饱和脂肪酸在与碱加热熔融时发生双键移位。例如，油酸与碱熔融水解后即得软脂酸盐和乙酸盐：

$$CH_3(CH_2)_7CH{=}CH(CH_2)_7COOH \xrightarrow[\text{熔融}]{KOH} CH_3(CH_2)_{14}CH{=}CHCOOK$$

$$\xrightarrow[\text{熔融水解}]{KOH} CH_3(CH_2)_{14}COOK + CH_3COOK$$

亚油酸在少量 Li_2CO_3 存在时加热，双键移位生成共轭亚油酸。

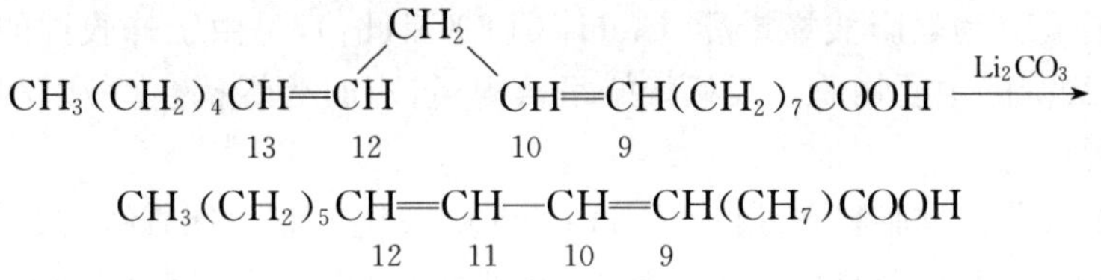

4）聚合反应

油酸和亚油酸在 Lewis 酸存在下，经高温（200℃以上）高压（1.5MPa 以上）可以发生 Diels-Alder 反应，生成二聚酸。其反应分两个阶段，首先非共轭的亚油酸转变为共轭亚油酸。其次，十八碳共轭二烯酸与油酸或自身发生双烯合成反应生成含环已烯结构单元的二元酸。随后经减压蒸馏而除去未聚合的各种单元酸，可得到浅黄色的工业二聚酸。纯净的二聚酸是无色黏稠的液体。

二聚酸的研制成功，说明某些周环反应显著受 Lewis 酸催化作用之影响。

二聚酸有很多重要应用，正在逐步开发中。目前二聚酸最成功的应用是制造聚酰胺树脂，后者是优良的塑料油墨连黏料。

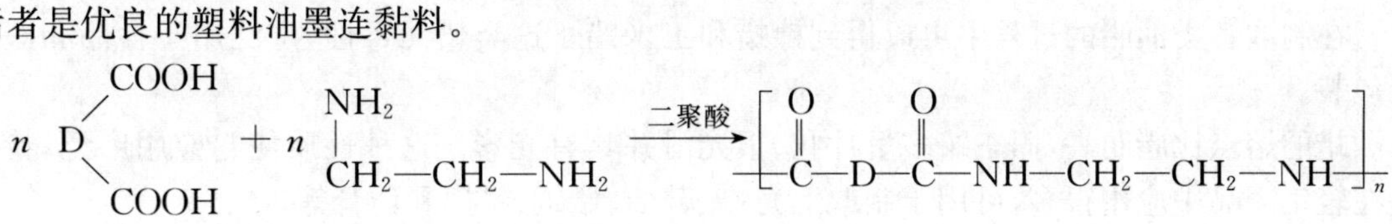

上述树脂可溶于苯系芳烃之中，但在低级脂肪醇中溶解甚少。为制备醇溶性聚酰胺树脂，可以使用含有羟基的二元胺作为胺组分，例如：

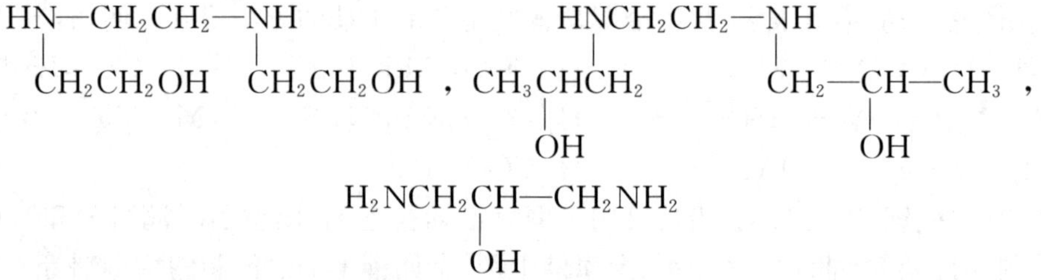

使用醇溶性聚酰胺树脂制造醇溶性油墨，从环境保护和劳动保护考虑，不论制造还是用于彩印，均比苯溶性树脂和苯溶性油墨为佳。

此外，天然油脂脂肪酸与氢氧化钾（钠）反应，用于测定酸值；与卤素的加成反应，用于测定碘值，天然油脂脂肪酸的组成可用气相色谱分析。

14.2　蜡及高碳脂肪醇

14.2.1　蜡的组成及重要的蜡

蜡的主要化学成分是 C_{16} 以上的高级脂肪酸与高级饱和一元脂肪醇所形成的酯，最常见的脂肪酸是软脂肪酸和二十六碳酸，最常见的醇是十六醇、二十六醇及三十醇；天然蜡中往往还含有少量的游离高级脂肪酸、脂肪醇和高级烃及酮，因此天然蜡实际上是个混合物。

重要的蜡有虫蜡、蜂蜡、鲸蜡、巴西棕榈蜡等。

虫蜡也称白蜡，主要成分为蜡酸蜡酯（$C_{25}H_{51}COOC_{26}H_{53}$），是我国的物产。虫蜡是寄生于女贞树上的白蜡虫分泌物，主要产于四川省故又称川蜡。虫蜡的熔点高，硬度大。

蜂蜡的主要成分为软脂酸蜂蜡酯（$C_{15}H_{31}COOC_{30}H_{61}$），是由工蜂腹部的蜡腺中排出来的分泌物，是建造蜂窝的主要物质。天然蜂蜡呈黄褐色，有时为绿褐色，可以利用光照或化学方法对蜂蜡进行脱色。

鲸蜡的主要成分为软脂酸鲸蜡酯（$C_{15}H_{31}COOC_{16}H_{33}$），是由抹香鲸的头部提取的。

巴西棕榈蜡的主要成分是由三十六酸（又称蜡酸）与蜡醇（$C_{26}H_{53}OH$）或蜂醇（$C_{30}H_{61}OH$）形成的酯，是从巴西棕榈叶中提取的。

羊毛脂也属于蜡，又称羊毛蜡。其主要成分是羊毛甾醇、蜡醇、巴西棕榈醇等高级脂肪醇与豆劳动酸、巴西棕榈酸、蜡酸等高级脂肪酸形成的酯，还含有少量游离的脂肪醇、脂肪酸和烃等。

14.2.2　蜡的性质、制备与应用

蜡在常温下呈固态，能溶于乙醚、苯和氯仿等有机溶剂。蜡的化学性质比较稳定，蜡不被脂肪酶所水解，也不易发生皂化，必须在强碱性条件下才能进行。

在制取各类油脂的过程中可以得到糠蜡和玉米蜡。这类蜡无毒性，广泛用于食品和医药品包装。

蜡的熔点比脂肪高，固态蜡多呈片状、很光滑并具有光彩。这种性质使它应用广泛，特别是在轻工产品中应用很多，可用于制取上光蜡、鞋油、蜡纸、蜡模和药膏等。

在植物的茎叶和果实的外部，有一层蜡薄膜，它可以保持植物体内水分，也可以防止外界水分聚集侵蚀。在昆虫的外壳和动物的皮毛，以及鸟类的羽毛中，也存在着含量丰富的蜡。植物蜡和虫蜡不但可用于化工原料、造纸、防水剂、光泽剂及高级脂肪醇和脂肪酸的生产，还可用于水果涂层，达到长期保鲜。

羊毛脂是附着在羊毛上的油状分泌物，是用肥皂水洗涤或有机溶剂处理羊毛而得到的。粗制羊毛脂呈黑褐色，并具有特殊的绵羊汗臭味。羊毛脂的吸水性强，能吸收自身质量 2～3 倍的水，并且非常稳定，具有乳化稳定剂作用，因此广泛应用于化妆品工业，如香脂、软膏和口红等。

常见蜡的物理化学常数见表 14-4。

表 14-4　常见蜡的物理化学常数

名称	主要成分	相对密度	熔点/℃	皂化值	碘值
虫蜡	$C_{25}H_{51}COOC_{26}H_{53}$	～	80～83	～	～
鲸蜡	$C_{15}H_{31}COOC_{16}H_{33}$	0.808～0.816	42～46	119～135	3～8
蜂蜡	$C_{15}H_{31}COOC_{30}H_{61}$	0.914～0.970	62～65	88～103	6～15
巴西棕榈蜡	$C_{25}H_{51}COOC_{30}H_{61}$	0.990～0.999	83～90	79～88	8～13.6
羊毛蜡		0.94～0.97	31～43	77～130	15～29

注：由于天然蜡是个混合物，不同产地或不同提取工艺其物理常数有所不同。

蜡与通常所说的石蜡不同。石蜡是石油中含二十个碳以上的烷烃。蜡与石蜡虽然在状态和物理性质上相似，但其组成与化学性质是不同的。通常石蜡油指的是液态烷烃。

天然的高碳脂肪醇多以酯或醚的形态存在于动植物体中，在一些海洋水生动物中如鲸类和鲨类的体内，储有大量的以酯或醚形态存在的脂肪醇。例如，在香鲸的"脑油"中含有大量的鲸脑油（棕榈酸鲸蜡酯）；在鲨鱼的油中，可以分离得到鲨肝醇和鲨油醇；在鲸鱼的肝油中含有大量的鲸肝醇。

$$CH_3(CH_2)_{14}COO(CH_2)_{15}CH_3$$

鲸脑油

$$\begin{array}{l} CH_2OCH_2(CH_2)_{14}CH_3 \\ | \\ CHOH \\ | \\ CH_2OH \end{array}$$

鲸肝醇

$$\begin{array}{l} CH_2O(CH_2)_{17}CH_3 \\ | \\ CHOH \\ | \\ CH_2OH \end{array}$$

鲨肝醇

$$\begin{array}{l} CH_2O(CH_2)_8CH{=}CH(CH_2)_7CH_3 \\ | \\ CHOH \\ | \\ CH_2OH \end{array}$$

鲨油醇

工业上 α-高碳脂肪醇可由 α-烯烃制得，还可从油脂制得。正构的高碳脂肪醇具有一些特殊的用途。例如，C_{30}醇可促进植物生长；C_{20}醇 可用于制取抗氧剂；高碳脂肪醇可转变为高碳脂肪胺，用于阳离子表面活性剂的制备等。

14.3　磷　　脂

磷脂是含有磷酸酯的脂类物质，它们都具有重要的生理作用。磷脂在植物的种子、禽蛋黄中有较丰富的含量，在动物体内不同的组织部位中，各种磷脂的含量比例不同。在大脑的干物质中，脂质类占总干重的51%～54%，其中磷脂占52%，胆固醇占有18%，糖苷脂占13%，其他占17%。油料种子中都含有丰富的磷脂，见表14-5。

表14-5　几种主要油料种子的磷脂含量

油料种子	磷脂含量/%	油料种子	磷脂含量/%
大豆	1.2～3.2	棉子	1.25～1.75
油菜子	1.02～1.20	向日葵子	0.60～0.84
亚麻子	0.44～0.73	花生仁	0.44～0.62
蓖麻子	0.25～0.30	大麻子	0.85

14.3.1　磷脂类物质的组成和分类

磷脂一般是指磷脂酸(phosphatidic acid，PA)与乙醇胺、乙醇胺的衍生物、胆碱、丝氨酸、肌醇等生成的磷脂酸二酯，而磷脂酸是甘油与磷酸生成的单酯(甘油磷酸GPA)再和两分子脂肪酸生成的产物。

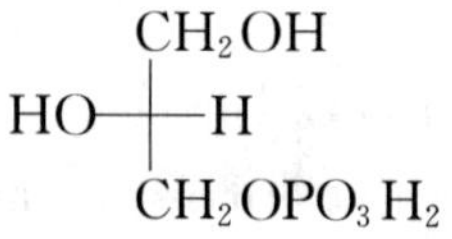

L-甘油磷酸(GPA)

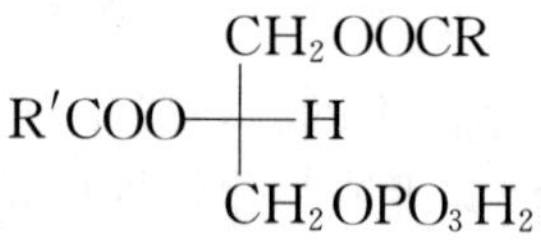

磷脂酸(PA)

磷脂主要有甘油磷脂和神经磷脂(鞘磷脂)两类。

14.3.1.1　甘油磷脂

甘油磷脂中常见的是卵磷脂和脑磷脂，它们在动物的心、脑、肝、肾、骨髓以及禽蛋的卵黄中含量最高。

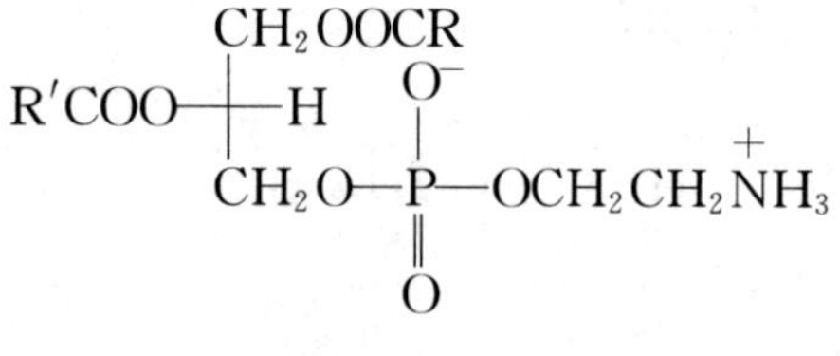

脑磷脂(PE)

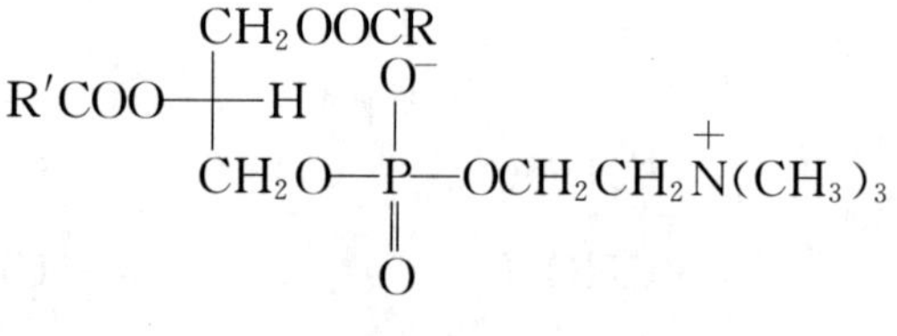

卵磷脂(PC)

人们熟知的大豆磷脂是卵磷脂、脑磷脂、心磷脂等混合物。甘油磷脂在结构上可分为两个类型，一类是L-磷脂酸衍生物，另一类是缩醛磷脂。

1) 磷脂酰化物

磷脂酸是最简单的甘油磷脂，是L型的1,2—二酸甘油的磷酸(二氢)酯。在甘油2位上的脂肪酰基与3位上的磷酰基两者是两个方向的。磷脂酸与另外一个羟基化物所形成的磷脂酰化物，便是磷脂。如丝氨酸中的羟基与磷脂酸作用得到的磷脂酰化物是丝氨酸磷脂，也称磷脂酰丝氨酸。在磷脂中，R表示饱和烃基，R′表示不饱和烃基。磷脂酰化物中常含有氨基，但磷脂酰肌醇和心磷脂中磷酰化物不含氨基。

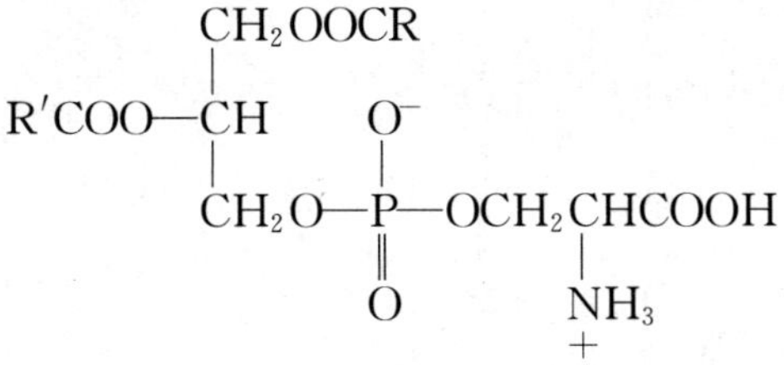

磷脂酰丝氨酸

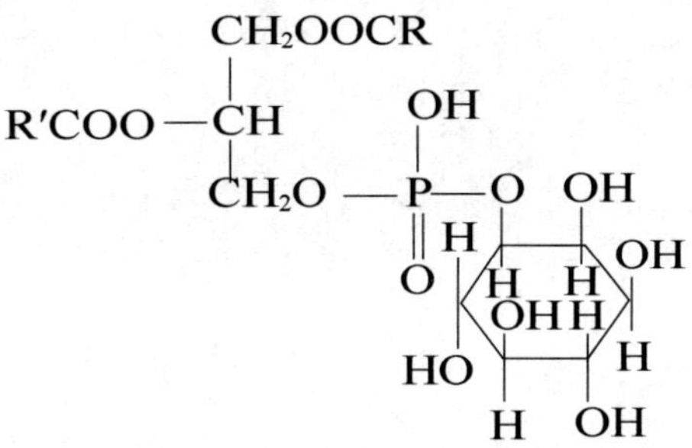

磷脂酰肌醇

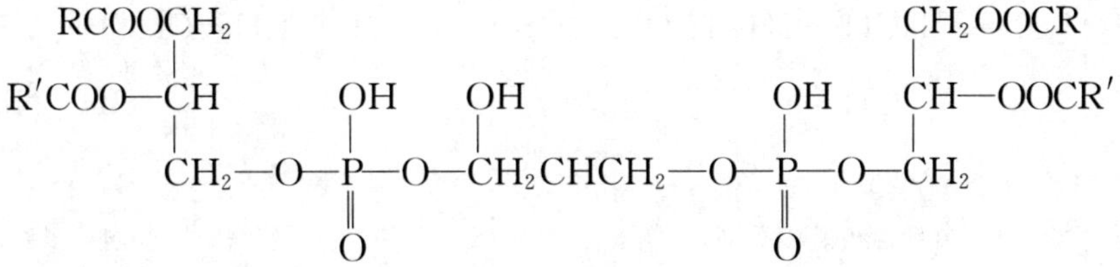

心磷脂(二磷脂酰甘油)

2) 缩醛磷脂

缩醛磷脂中,在甘油的 α 位上有一个脂烯醚结构特征,脂烯醚键水解后则产生脂肪醛。例如:

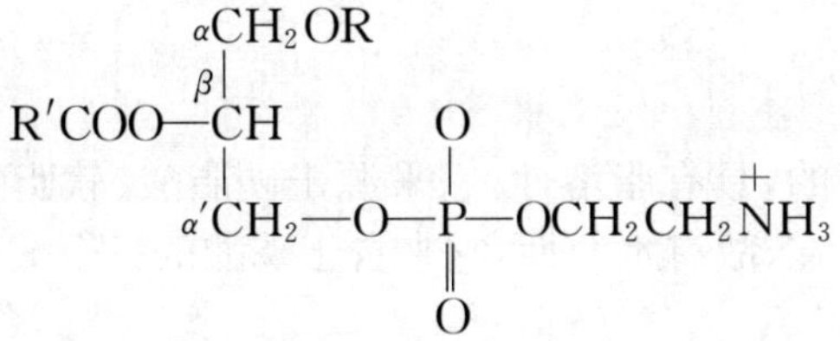

[R=—CH=CH(CH$_2$)$_n$CH$_3$,
R′=不饱和脂肪酸的烃基]

在缩醛磷脂中,由于在甘油的 α 位上存在一个烯基醚链,当在碱性下发生水解时,β 位上脂肪酸先行分解下来,而形成的 β 位羟基与脂烯醚发生加成作用,生成 α,β 位氧环式缩醛磷脂:

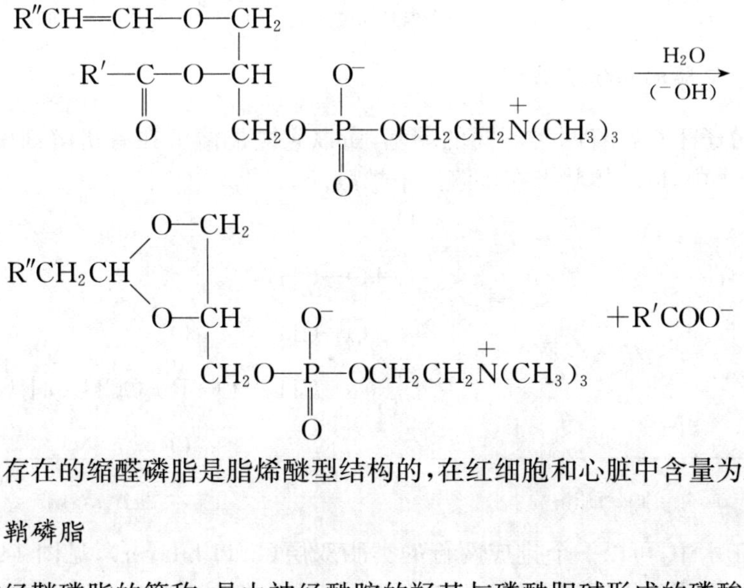

在生物体内存在的缩醛磷脂是脂烯醚型结构的,在红细胞和心脏中含量为最多。

14.3.1.2　鞘磷脂

鞘磷脂是神经鞘磷脂的简称,是由神经酰胺的羟基与磷酰胆碱形成的磷酸二酯:

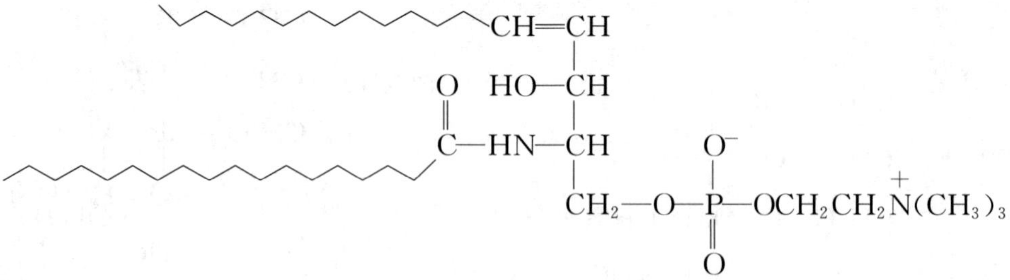

（神经）鞘磷脂

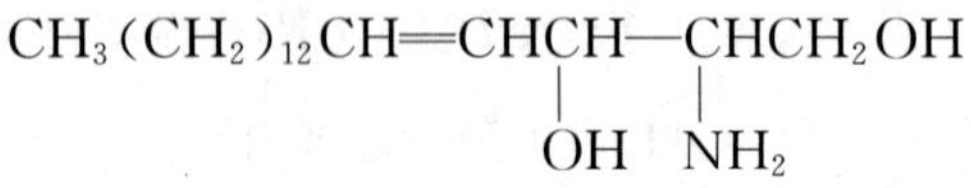

在鞘神经鞘氨醇

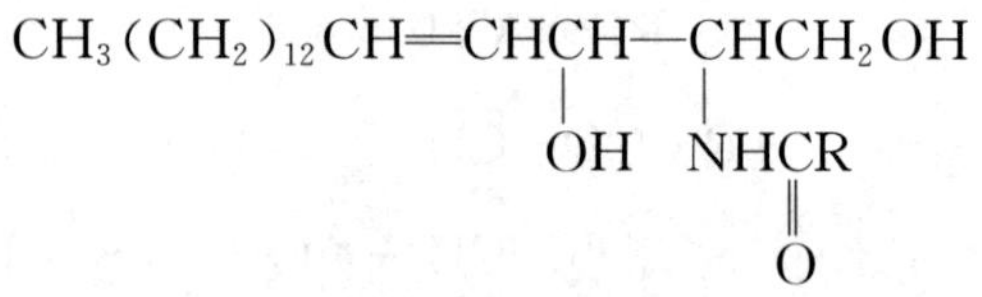

脂酰鞘氨醇（神经酰胺）

磷脂中有两段长烃链，一个是鞘氨醇一端 α-烯基侧链，另一个是连接在氨基上的脂酰基侧链。从整体上看，鞘磷脂的结构与甘油磷脂相似。鞘磷脂经水解可以得到磷酸、胆碱、鞘氨醇及脂肪酸。鞘氨醇是一个有 18 个碳的氨基二醇，它的氨基经过脂酰化后便得到脂酰鞘氨醇，即神经酰胺。

14.3.2 磷脂的性质

磷脂分子中的两个长链烃基是疏水性的，具有脂溶性，它来源于硬脂酸、软脂酸、油酸、亚油酸等。由于磷脂中还有一个偶极离子存在，故有水溶性，它来自于磷酸的一个酸性羟基与碱性氨基形成的离子偶极键

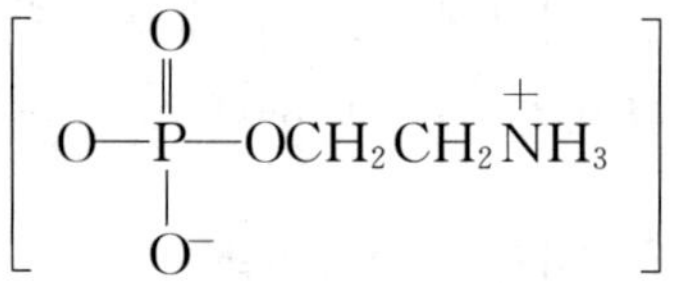

14.3.2.1 磷脂的双分子层

由于磷脂分子中存在着两类不同的端基，所以它既能溶解在有机溶剂中，形成透明的溶液，又能溶解于水中，以胶体状态在水溶液中扩散。

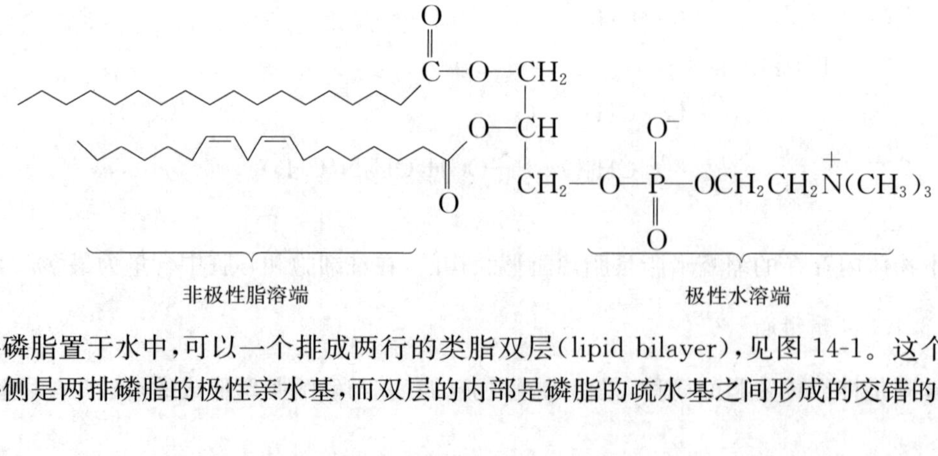

将磷脂置于水中，可以一个排成两行的类脂双层(lipid bilayer)，见图 14-1。这个双分子层的外侧是两排磷脂的极性亲水基，而双层的内部是磷脂的疏水基之间形成的交错的聚集区，

与水是隔开的。非极性的物质可以透过这个稳定的双层，从一个水相界面迁移到另一个水相界面；如果是极性的阳离子（K^+，Na^+，Ca^{2+}），则不能透过双层结构。

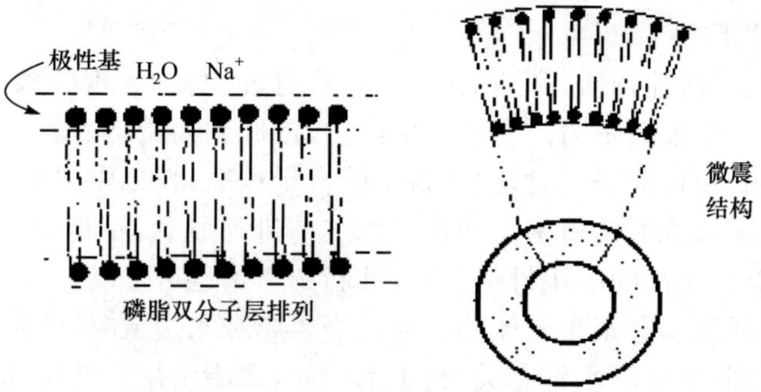

图 14-1　磷脂双分子层结构

生物膜具有类脂双分子层结构。生物膜是由蛋白质和类脂两类物质组成的；而构成生物膜的类脂主要是各种磷脂（如卵磷脂是细胞膜的主要成分）和胆固醇等。

14.3.2.2　磷脂的其他性质

1）溶解性

磷脂不溶于水，在不同的有机溶剂中，各种磷脂的溶解度有明显的差别（表 14-6）。

表 14-6　磷脂在几种溶剂中的溶解度

溶剂 磷脂	乙醚	乙醇	丙酮	乙酸甲酯
卵磷脂	溶	溶	不溶	不溶
脑磷脂	溶	不溶	不溶	不溶
神经磷脂	不溶	热溶	不溶	不溶
环已六醇磷脂	—	不溶	不溶	不溶

利用这种差别可以对各种磷脂进行分离。由于磷脂在丙酮中不溶，这一点与油脂不同，因此可从油脂中分离出磷脂或将磷脂中的其他脂类物质溶解除去，达到纯化的目的。磷脂在冷的油脂中溶解度很小。在制油时，料坯温度较高，一部分磷脂可转移到油脂中，当油脂冷却后，磷脂析出，所以在油脚中磷脂的含量是很高的。

2）成盐及复盐

卵磷脂分子中含有磷酸及胆碱，在水相中具有两个性质相反的羟基，因此可与酸或碱作用形成盐。

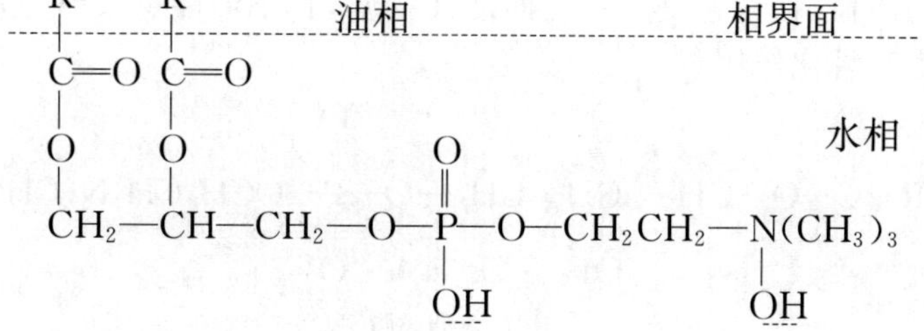

磷脂与氯化铂、氯化镉作用可形成复盐，但不同的磷脂形成的复盐其溶解性不同，可用于磷脂的分离提纯，也可用于对某些磷脂进行定性鉴别。例如，脑磷脂的氯化镉复盐不溶于乙醚，而卵磷脂和神经鞘磷脂与氯化镉的复盐却溶于乙醚。磷脂的氯化铂复盐一般不溶于乙醇。

3）乳化性和膨胀性

磷脂是一种表面活性物质，和脂肪酸一样，具有乳化性，表现为磷脂在水的表面上形成单分子层薄膜，降低水的表面张力。在油脂生产中，常遇到因磷脂的乳化作用而影响油脂纯度和得率的问题。例如，碱炼棉子油时，由于磷脂的含量较高，乳化作用大，油脂小滴被包围而沉淀到皂脚中去，降低了碱炼油的得率。如在碱炼之前进行脱磷，不但可以减少碱炼的损耗，而脱磷所得的磷脂可以有更高的应用价值，而且油脂的质量也可提高。

与脂肪不同，磷脂具有亲水胶体的特性。当磷脂和水接触时，磷脂就吸水而膨胀。磷脂的吸水膨胀性质和磷脂的初步水解有关，初步水解时，磷脂由盐式结构（即内酯结构）转变为具有游离羟基的结构。反应如下：

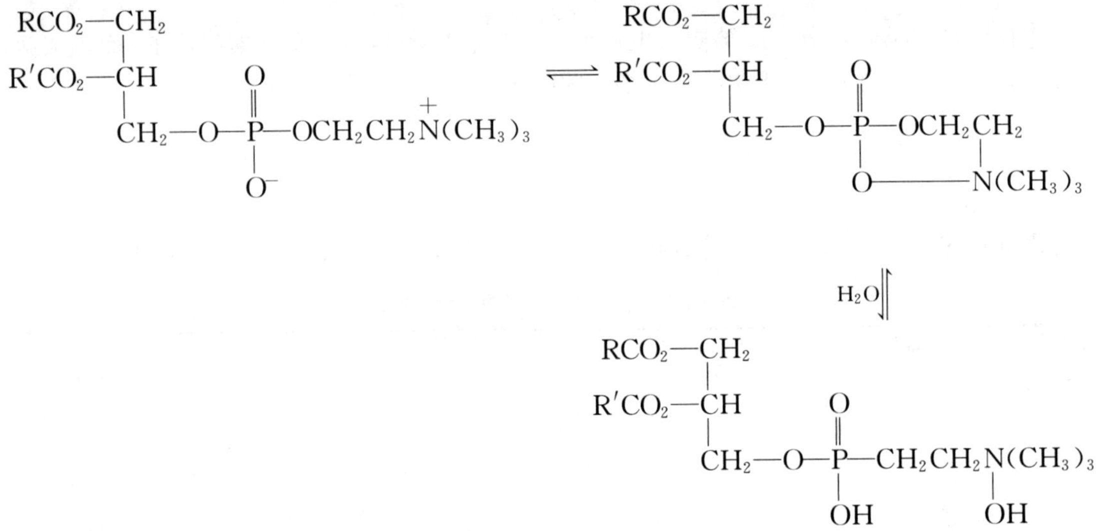

反应生成物中具有游离的两个羟基，它们可吸水并使水分子包围在其周围而使磷脂膨胀。吸水膨胀后的磷脂在油脂中的溶解度大大降低，磷脂将因吸水膨胀而从油脂中析出。在油脂精炼中用水化法脱去油脂中的磷脂（即脱磷）以及采用重量法测定磷脂含量都是基于磷脂的这种吸水膨胀性质。

4）磷脂的水解

磷脂在碱性水溶液中易于水解，水解产物是脂肪酸、氨基醇及甘油磷酸酯。要使甘油磷酸酯继续水解为甘油和磷酸，必须在酸性溶液中长时间煮沸才行。无论是在酸性还是碱性溶液中，脑磷脂的水解是要比卵磷脂的水解困难得多。卵磷脂 β 位上的脂肪酸可以被胰脏中的磷脂酶选择性水解，而 1(α) 位上的脂肪酸可被脑组织中的酶催化水解。当磷脂失去一个脂肪酸后形成的产物称为溶血磷脂，它是一种表面活性物质，它不但能够使红细胞溶解，对进入肠道中的脂质类物质也有乳化作用。

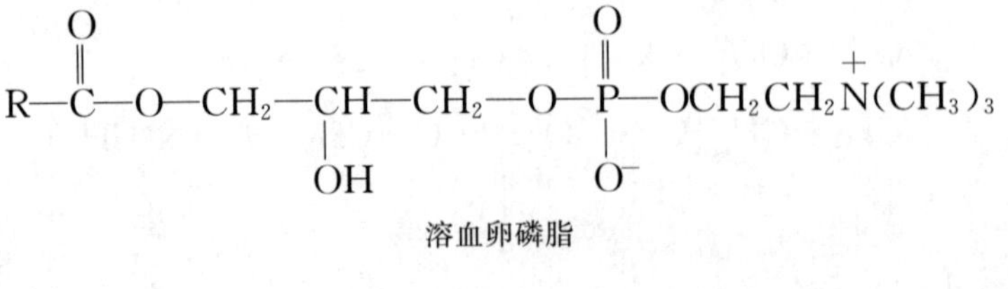

溶血卵磷脂

在脑组织中的磷酸二酯酶可以把卵磷脂中的胆碱水解下来。胆碱是一个季铵碱，它具有强碱性，与盐酸作用便得氯化胆碱。在肝脏中胆碱是通过合成卵磷脂来调节体内脂肪代谢的。在神经组织中，乙酰胆碱则是一个与神经传导有关的重要物质。

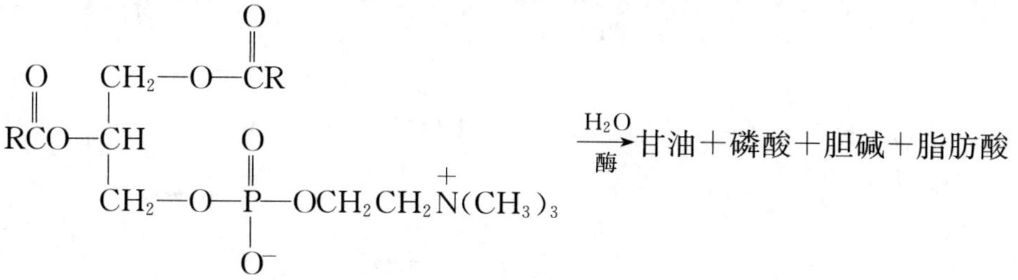

$HOCH_2CH_2\overset{+}{N}(CH_3)_3\overset{-}{O}H$　　$HOCH_2CH_2\overset{+}{N}(CH_3)_3Cl^-$　　$CH_3\overset{O}{\overset{\|}{C}}OCH_2CH_2\overset{+}{N}(CH_3)_3\overset{-}{O}H$

胆碱　　氯化胆碱　　乙酰胆碱

脂酰鞘氨醇（神经酰胺）类的糖苷是糖苷脂，存在于动物的细胞膜表面，其主要功能之一是在可通过细胞膜的膜蛋白及固醇类脂质之间起连接作用。

14.4　甾族化合物

14.4.1　甾族化合物及其结构

甾类化合物都有一个称为甾核的环戊烷多氢菲碳骨架，并且环上一般还有三个侧链，甾核的四个环分别命名为 A、B、C 和 D 环。环中碳原子的编号如下：

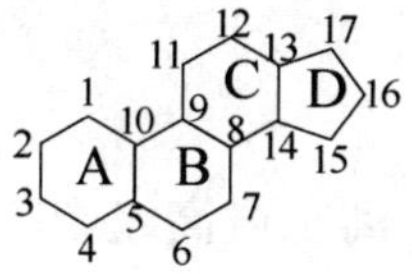

环戊烷多氢菲(甾核)

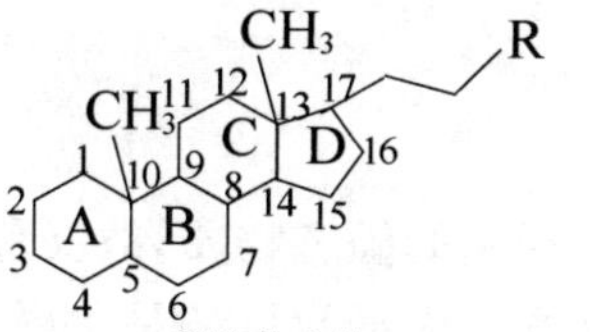

甾族化合物

环 10 号和 13 号有两个甲基，称为角甲基，这两个甲基的碳原子分别标为 18 和 19。R 一般为一较长的碳链或某些含氧、含氮官能团。有些甾体化合物除这三个侧链外，甾核上（如 $C_4—C_5$）还有双键、羟基或其他取代基。命名时常以带有一定 R 侧链的烃作为母体，把分子中含有其他取代基或官能团的有关化合物看作是这个母体的衍生物。例如，R 为 $CH_3(CH_3)CHCH_2CH_2CH_2(CH_3)CH—$时，母体名称是胆甾烷。用这种方法命名甾族化合物，名称仍相当复杂 。因此，通常采用的是与天然来源或生理作用有关的俗名。

甾类化合物的立体化学理论上相当复杂，例如，全氢化甾核 5、8、9、10、13、14 号碳都是手性碳，可能的立体异构体的数目是 64 个。这几个碳原子连接的氢或其他基团，都可能由两种不同构型，但由于多个环连在一起而互相牵制，故实际上天然存在的甾族化合物只有两种构型，两种构象。

14.4.2　甾族化合物分类

甾族化合物数目繁多，一般根据天然来源和结构，分为甾醇、胆汁醇、甾族激素和甾族生物碱等。常见的几种重要甾族化合物如下：

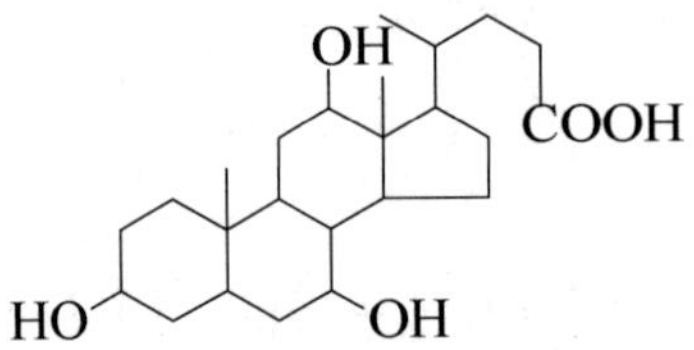

胆酸

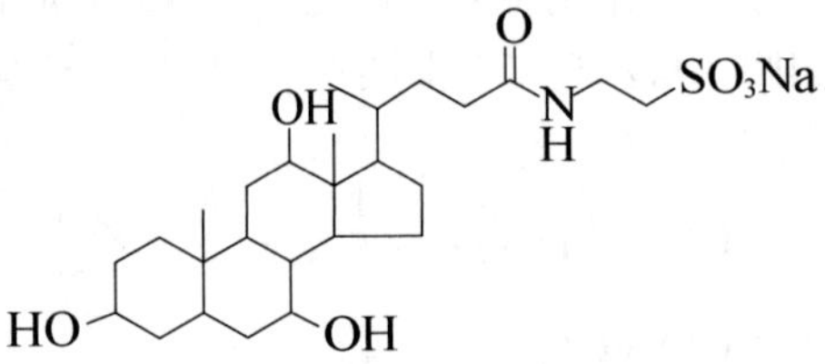

牛黄胆酸盐

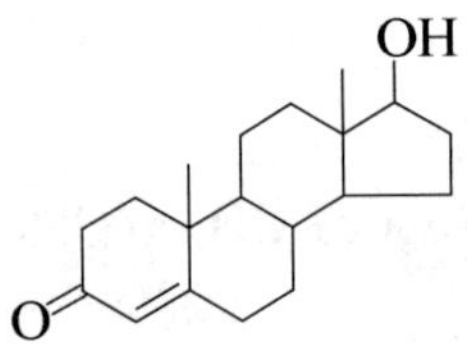

睾丸酮

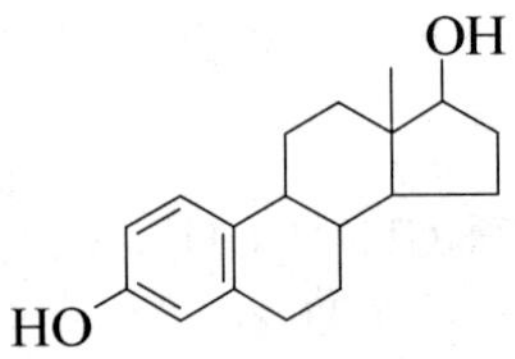

雌二醇

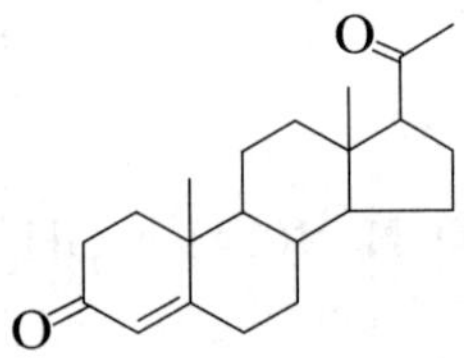

孕酮

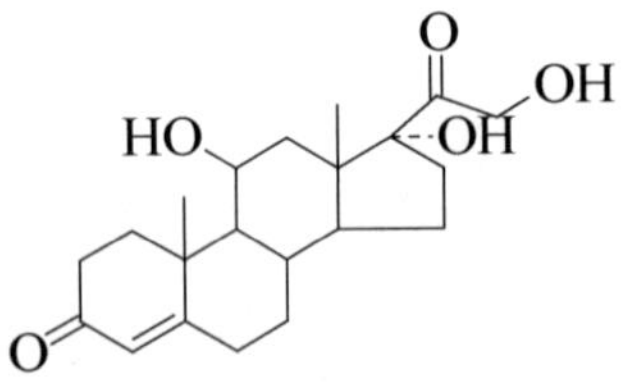

皮质醇

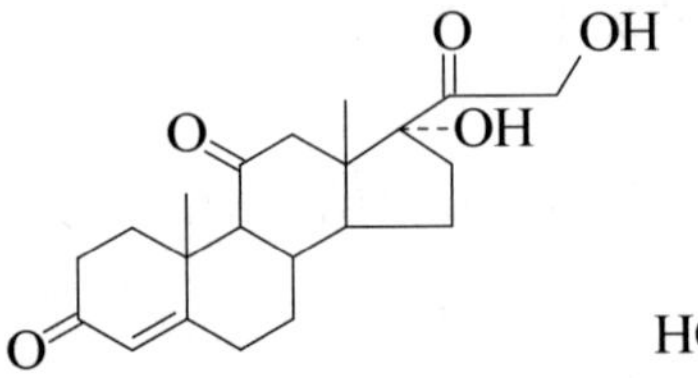

可的松

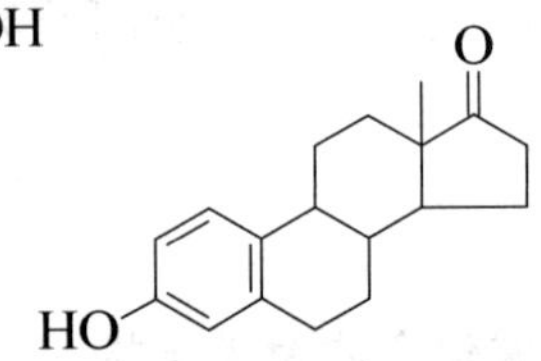

雌酮激素

自然界中存在的甾族化合物有的可以直接用作药物，有的则可以作为合成甾族药物的原料。

14.4.3　甾醇

甾醇是含醇羟基的固态物质，故又称固醇。它们常以游离态或高级脂肪酸酯的形式存在于生物体内。动物体内最常见的是胆甾醇，俗称胆固醇。它存在于动物的血液中，特别是脑和骨髓中。胆固醇不仅参与形成细胞膜，而且是合成胆汁酸，维生素 D 以及甾体激素的原料。胆固醇经代谢还能转化为胆汁酸、类固醇激素、7-脱氢胆固醇，并且 7-脱氢胆固醇经紫外线照射就会转变为维生素 D3，所以胆固醇并非是对人体完全有害的物质。植物中的甾醇以麦角甾醇为例。

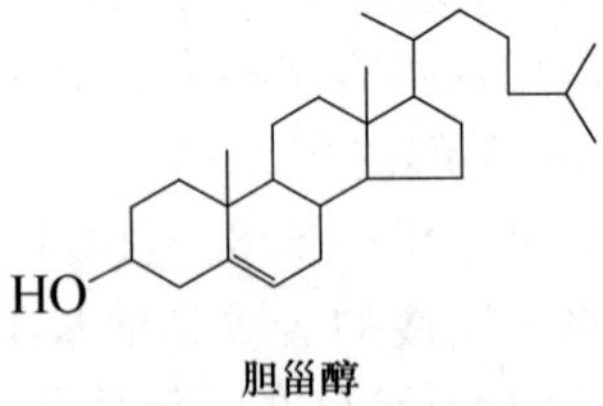

胆甾醇

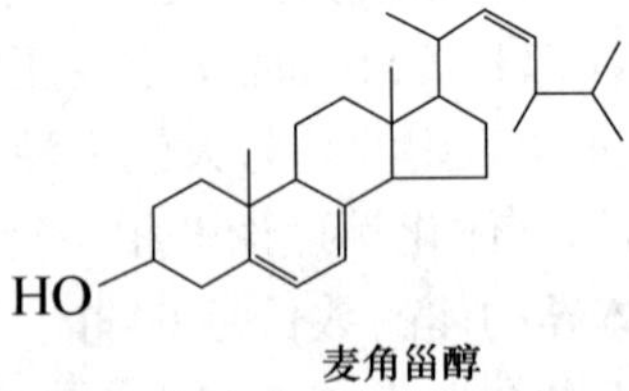

麦角甾醇

胆固醇白色晶体，无味，熔点 148.5℃其溶解性与脂肪类似，不溶于水，易溶于丙酮、乙醚、氯仿以及乙酸乙酯等有机溶剂中。

胆固醇分子中的羟基可与羧酸形成酯，双键易与氢气、溴分子、碘分子等发生亲电加成反应。

胆固醇的定量测定采用与毛地黄糖苷产生沉淀进行；胆固醇（甾体化合物）的鉴定采用与氯仿与乙酸酐及浓硫酸混合，发生显色反应（蓝绿色混合液）进行。

14.5　萜类化合物

萜类化合物是从许多植物的茎、花或果实中经水蒸气蒸馏或用乙醚提取的香精油的主要成分，进一步使用亚硝酰氯（ Tilden 试剂 Cl—N ═O ）或色谱等物理方法，分离得到一系列纯的化合物。

萜类化合物对高热、光和酸碱较为敏感或氧化或重排引起结构的改变，在提取分离或氧化铝柱层析分离时，应慎重考虑。

具有内酯结构的萜类化合物能溶于碱水，酸化后，又自水中析出，此性质用于具内酯结构的萜类的分离与纯化。

14.5.1　萜类化合物的组成及结构

萜类化合物结构的共同特点是其基本骨架可看作具有 2 个或 2 个以上异戊二烯单位（C_5），如图 14-2。分子中碳原子数都是 5 的整数倍，具有（C_5H_8）$_n$ 的通式，通称异戊二烯规则（只有个别例外。）。

异戊二烯规则仅仅从形式上说明萜类和异戊二烯的关系。但是，萜并不是在生物体内由异戊二烯合成的，也从未在生物体内发现过游离的异戊二烯。

绝大多数萜类化合物为含氧衍生物，结构中具有醇、醚、醛、酮、羧酸、酯、内酯、亚甲二氧基等含氧基团。有的萜类化合物以苷的形式存在，如环烯醚萜类成分；有的萜类化合物分子含有氮原子，称为萜类生物碱，如乌头碱。

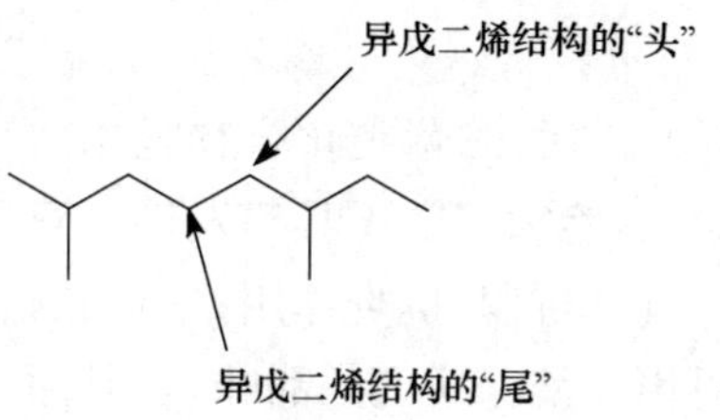

图 14-2　两个异戊二烯骨架单位头尾相连

大多数萜类化合物具有不对称碳原子，具有光学活性。

14.5.2　萜类化合物的分类及其代表物

按分子中所含异戊二烯碳骨架的多少，可分为单萜和多萜（倍半萜、二萜、二倍半萜、三萜、四萜等）。每类再根据基本碳链是否成环及成环数的多少进一步分类。

（1）单萜：单萜类化合物可看成是由两个异戊二烯单元聚合而成的化合物及其衍生物。多数具有较强的香气和生理活性。例如，香叶醇具有抗菌作用；辣薄荷酮具有平喘、止咳、抗菌的作用；龙脑（冰片）具有发汗、兴奋、镇痉和驱虫作用；柠檬醛 B 存在于柠檬单体中，是制造香料的重要原料；薄荷醇是薄荷油的主要成分，医药上作兴奋剂，也可作香料，樟脑为白色结晶状粉末或无色半透明结晶块，主要存在于樟树中，是医药、化妆品工业的重要原料。蒎烯有 α-蒎烯和 β-蒎烯两种异构体，它们是松节油的主要成分，其中 α-蒎烯约占 80%。蒎烯是合成香料的重要原料。龙脑也是重要的双环单萜化合物，又名冰片，是重要的医药原料和清凉剂，用于牙膏、爽身粉及其他化妆品中，同时也是牙疼水、人丹、冰硼散的主要成分。

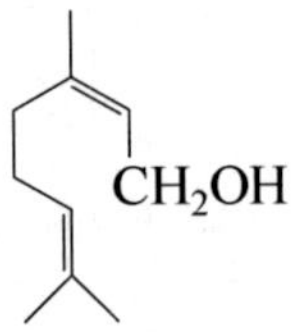
橙花醇

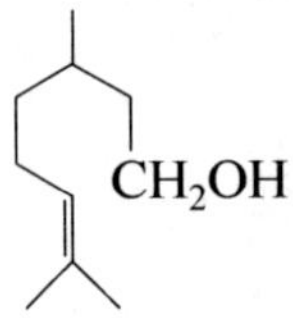
香茅醇

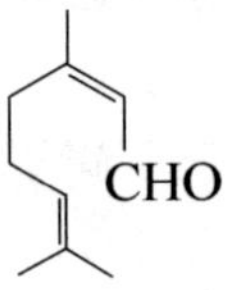
柠檬醛B

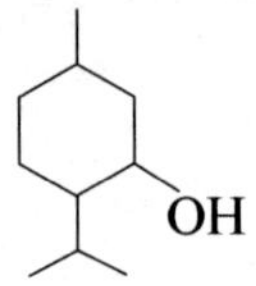
薄荷醇

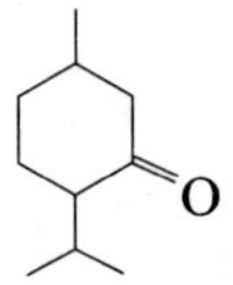
薄荷酮

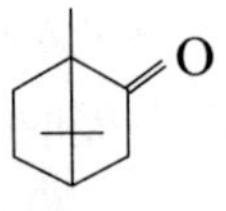
樟脑

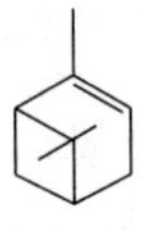
α-蒎烯

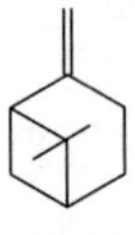
β-蒎烯

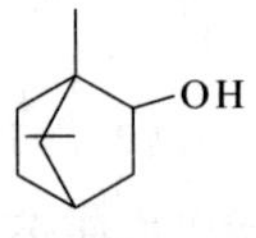
龙脑
(1,1,7-三甲基二环[2.2.1]庚-2-醇)

(2) 倍半萜：倍半萜化合物是由 3 个异戊二烯单元聚合而成的化合物及其衍生物，可存在于挥发油中，多具有香气和生物活性。单环倍半萜青蒿素具有抗恶性疟疾的作用。

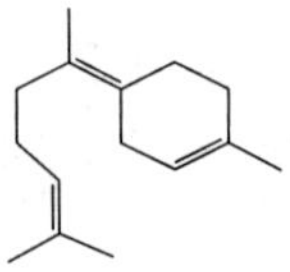
姜烯

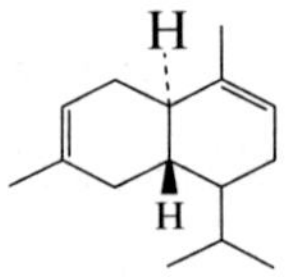
β-卡蒂烯

(3) 二萜：二萜类化合物是由 4 个异戊二烯单元聚合而成的化合物及其衍生物。相对分子质量大，绝大多数不具挥发性。双环二萜类的银杏内脂为治疗心血管疾病的有效药物，穿心莲内酯具有抗菌、抗炎作用；三环二萜类的雷公藤内酯具有抗癌、抗炎等作用；四环二萜类的甜菊苷可用作禁糖病人的甜味剂，其甜度为蔗糖的 300 倍；五环二萜的乌头碱具有镇痛、局部麻醉、降温、消肿的活性。维生素 A 存在于鱼肝油、蛋黄及动物肝脏中。

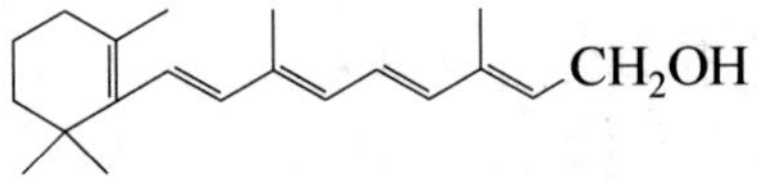
维生素A

(4) 三萜：三萜类化合物是由 6 个异戊二烯单元聚合而成的化合物及其衍生物。以游离状态存在时称为三萜类化合物或三萜苷元，与糖结合则称为三萜皂苷。

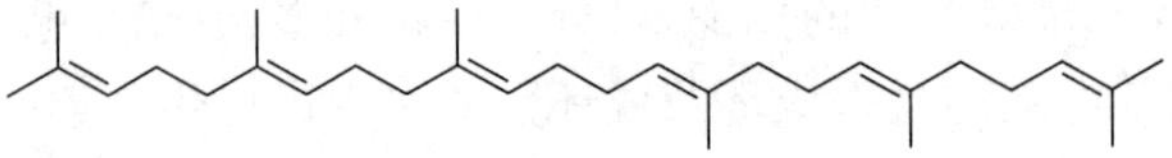
鲨鱼烯

(5) 四萜：在自然界分布很广，分子中都含有较长的碳碳双键共轭体系，因而都具有颜色，常称为多烯色素，如β-胡萝卜素。

β-胡萝卜素存在于胡萝卜中，在动物体内转化为两分子的维生素 A，在植物体内与叶绿素一起参与光合成的过程。

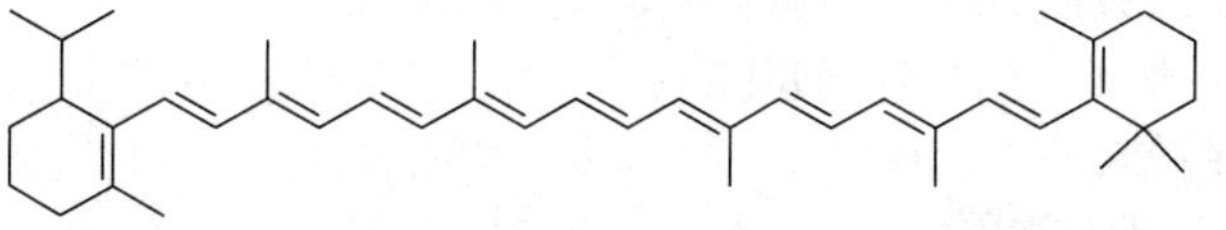

β-胡萝卜素

习　题

(一) 基本知识练习题

1. 单项选择题。

(1) 下列物质不属于脂类的是(　　)。

A. 蜂蜡　　B. 胆固醇　　C. 蜂蜜　　D. 卵磷脂

(2) 下列高级脂肪酸的熔点由高到低排列顺序正确的是(　　)。

A. 软脂酸>亚麻酸>硬脂酸>油酸　　B. 硬脂酸>软脂酸>油酸>亚麻酸

C. 花生酸>月桂酸>花生四烯酸>桐酸　　D. 桐酸>花生酸>月硅酸>花生四烯酸

(3) 生物柴油的制备过程发生的反应是(　　)。

A. 酯交换反应　　B. 皂化反应　　C. 催化加氢　　D. 酯化反应

(4) 水中大量含有(　　)不会使肥皂失去去污效果。

A. H^+　　B. Na^+　　C. Ca^{2+}　　D. Mg^{2+}

(5) 下列化合物不能与磷脂酸反应生成磷脂的是(　　)。

A. 胆碱　　B. 乙醇胺　　C. 丝氨酸　　D. 乙二胺

(6) 下列萜类化合物中不属于单萜的是(　　)。

A. 薄荷醇　　B. 樟脑　　C. 龙脑　　D. β-胡萝卜素

(7) 蒎烯属于(　　)。

A. 单萜　　B. 倍半萜　　C. 二萜　　D. 三萜

(8) 下列化合物中不属于甾体化合物的是(　　)。

A. 薄荷醇　　B. 胆固醇　　C. 睾丸酮　　D. 可的松

(9) 下列化学试剂中,能够与炔雌醇 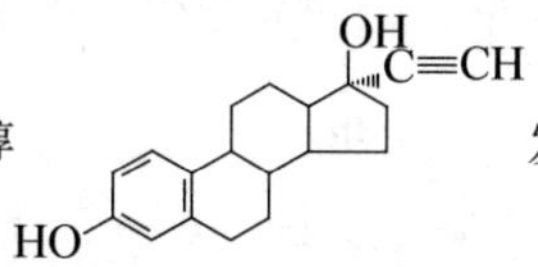 发生化学反应的有(　　)。

A. Br_2/H_2O　　B. $I_2/NaOH$　　C. $AgNO_3/NH_3 \cdot H_2O$　　D. 2,4-二硝基苯肼

(10) 下列化学试剂中不能与睾丸酮 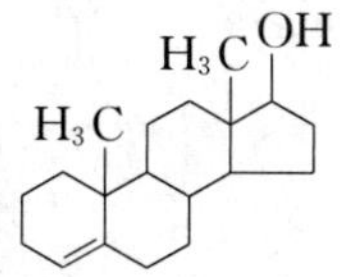 发生化学反应的有(　　)。

A. $AgNO_3/NH_3 \cdot H_2O$　　B. Br_2, CCl_4　　C. CrO_3·吡啶　　D. $KMnO_4$,冷、稀、中性

2. 判断题。

(1) 蜂蜡、鲸蜡与石油蜡都是混合物且组成相似。　　(　　)

(2) 天然不饱和脂肪酸中的双键以反式构型为主。　　(　　)

(3) 经常性、大量摄入反式脂肪酸对人体健康的危害很大。　　(　　)

(4) 合成洗涤剂的亲水端多是羧酸根。　　(　　)

(5) 甘油磷酸与两分子脂肪酸生成磷脂。　　(　　)

(6) 双萜含有两个异戊二烯单位。　　(　　)

(7) 天然橡胶也是异戊二烯的聚合体，也属于萜类化合物。 ( )

(8) 生物柴油其成分主要是脂肪酸甲酯的混合物。 ( )

(9) 三萜以游离状态存在时称为三萜苷元。 ( )

(10) 胆固醇是对人体有害的物质。 ( )

3. 名词解释。

(1) 简单脂类 (2) 甘油三酯 (3) 皂化 (4) 胶束 (5) 类脂双层

(二) 综合提高练习题

1. 按要求答题。

(1) 三肉豆蔻酸甘油酯是一种存在于肉豆蔻中的一种固态脂肪，它可以水解成一分子的甘油和三分子的肉豆蔻酸，试写出三肉豆蔻酸甘油酯的结构式。

(2) 写出三亚油酸甘油酯被过量的氢完全氢化的反应方程式，命名产物并推测原料和产物的熔点。

(3) 写出在氢氧化钠催化下三油酸甘油酯与过量的甲醇发生完全酯交换反应的方程式。

(4) 写出硬脂酸钠与 Ca^{2+}、Mg^{2+}、Fe^{3+} 反应的方程式。

(5) 烷基苯基磺酸盐类(一种重要的洗涤剂，结构如下所示)的合成过程是以丙烯部分聚合形成的五聚体为前驱体。

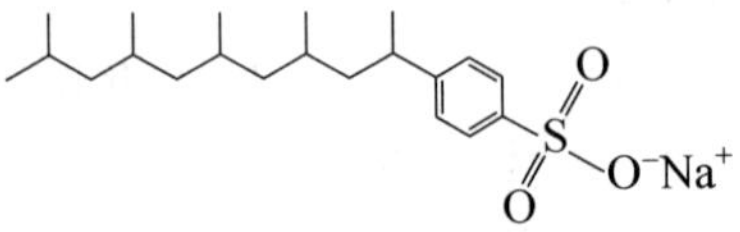

烷基苯基磺酸钠

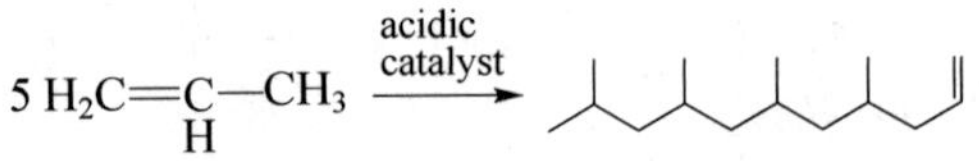

五聚体

试写出通过芳香环取代反应将该五聚体转化成最终产物的反应方程式。

(6) 油脂、磷脂和蜡在结构上有何差别?

2. 画出下列各化合物的异戊二烯单位，并指出它们各属于哪一类萜(如单萜，双萜，……)。

(1) 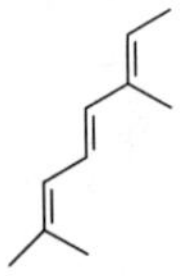

(2) 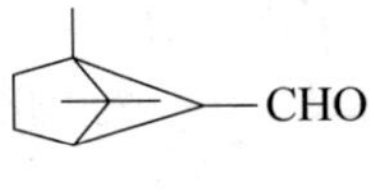

(3) 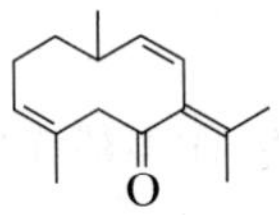

(4) 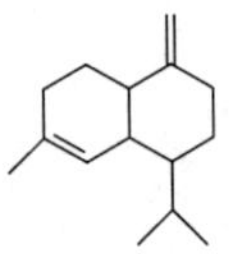

(5) 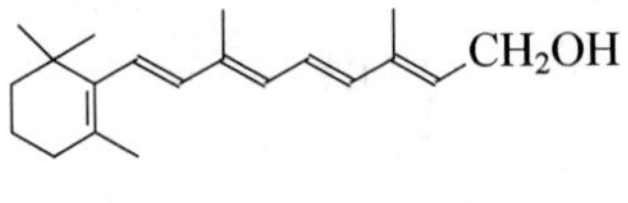

3. 用化学方法鉴别下列化合物。

α-蒎烯

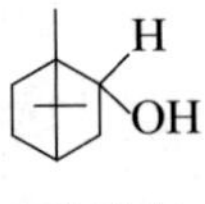

莰醇(冰片)

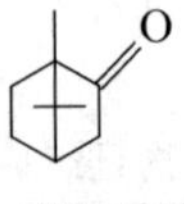

莰酮(樟脑)

第 15 章 糖　　类

糖类(sugar)也叫碳水化合物(carbohydrate)。它们广泛存在于动、植物体内,是极为重要的一大类天然有机化合物。许多糖类是重要的化工原料和产品。例如,食品和酿造工业所用的谷物主要含的淀粉,造纸、棉纺用料和建筑用的木材主要的纤维素,制糖工业生产的蔗糖及医用葡萄糖等都属于糖类。

糖类由碳、氢、氧三种元素组成。人们最初发现,简单的糖类中,除碳原子外,氢原子和氧原子数之比恰好是 2∶1,相当于水分子中氢与氧之比,而且实验式都符合通式 $C_m(H_2O)_n$(m、n 是正整数,可以相同,也可以不同),因而取名为碳水化合物。例如,葡萄糖的分子式是 $C_6H_{12}O_6$,可用 $C_6(H_2O)_6$ 表示,蔗糖的分子式是 $C_{12}H_{22}O_{11}$,可用 $C_{12}(H_2O)_{11}$ 表示。但是后来发现,这类化合物并不是由碳与水结合而成的;而且有些化合物,如鼠李糖($C_6H_{11}O_5$),按其结构和性质虽然与这类化合物相似,应是碳水化合物,但是其组成并不符合通式 $C_m(H_2O)_n$;此外,也有一些化合物,如甲醛(CH_2O)、乙酸($C_2H_4O_2$)、乳酸($C_3H_6O_3$)等,其分子式虽然符合通式 $C_m(H_2O)_n$,但是它们的结构和性质与这类化合物迥然不同,它们并不是碳水化合物。可见,"碳水化合物"这个最初只是从组成上考虑而称谓的名称,显然是不确切的。由于历史原因,虽然至今仍然沿用"碳水化合物"这个名称,却早已失去了原来的含义。现在所说的糖类,从构造上,它们则是一类多羟基醛(酮)或多羟基醛(酮)的缩合物和衍生物。

一般来说,糖类都是用俗名表示的。

糖类通常根据它们能否水解以及水解后生成分子的多少分为三类:

(1) 单糖(monosaccharide)。最简单的不能水解的多羟基醛或多羟基酮。例如,葡萄糖、果糖、核糖等。

(2) 低聚糖(oligasaccharide)。水解后能生成 2～9 个单糖的多羟基醛(酮)的缩合物。按照水解生成单糖的分子数是 2 个、3 个或 4 个等,低聚糖又分为二糖、三糖或四糖等。低聚糖中最常见、最重要的是二糖(disaccharide),如蔗糖、麦芽糖、纤维二糖等。其次是三糖,如棉籽糖等。

(3) 多糖(polysaccharide)。水解后能生成 10 个以上的单糖分子的多羟基醛(酮)缩合物。如淀粉、纤维素等。

单糖是构成低聚糖和多糖的基本单元,了解单糖的结构和性质则是研究糖类化学的基础。因此,本章重点介绍单糖的结构和性质。

15.1 单　　糖

纯粹的单糖都是结晶固体,易溶于水,具有甜味。天然存在的单糖都具有旋光性。单糖的种类很多,按分子中所含羰基的类型分为醛糖(aldose)与酮糖(ketose);按分子中含碳原子的数目又分为丙糖、丁糖、戊糖、己糖等。这两种分类方法常结合使用。例如,最简单的单糖是丙醛糖(俗称甘油醛,$CH_2OHCHOHCHO$)和丙酮糖(甘油酮,$CH_2OHCOCH_2OH$),不过常把它们列入醛酮类化合物加以讨论。单糖中最重要、分布最广的是己醛糖中的葡萄糖和己酮糖中的果糖。我们就以葡萄糖和果糖为例来阐述单糖的结构和性质。

15.1.1 单糖的结构

15.1.1.1 葡萄糖的结构

1）葡萄糖(glucose)的开链构造式和开链构型式

从自然界中得到的葡萄糖是(＋)-葡萄糖，其分子式为 $C_6H_{12}O_6$。根据它们的化学性质，导出它是己醛糖(aldohexose)，其构造式是

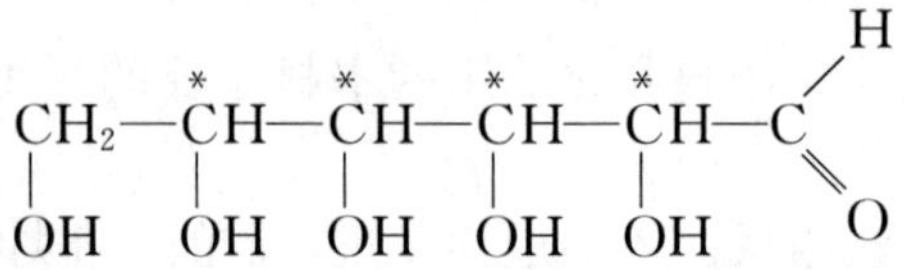

该分子中有四个手性碳原子(以 C^* 表示)，故应有 $2^4=16$ 个对映异构体，组成八对对映体，(＋)-葡萄糖只是其中的一个(表 15-1)。它们中只有 D-(＋)-葡萄糖、D-(＋)-甘露糖和 D-(＋)-半乳糖存在于自然界中，其余由人工合成而得。

单糖分子中各手性碳原子的构型是用化学方法确定的(关于确定单糖构型的方法和步骤在此不作讨论)。19 世纪德国著名化学家费歇尔(Fischer)确定了(＋)-葡萄糖的构型，为此他被授予诺贝尔化学奖。(＋)-葡萄糖的费歇尔平面投影式如下：

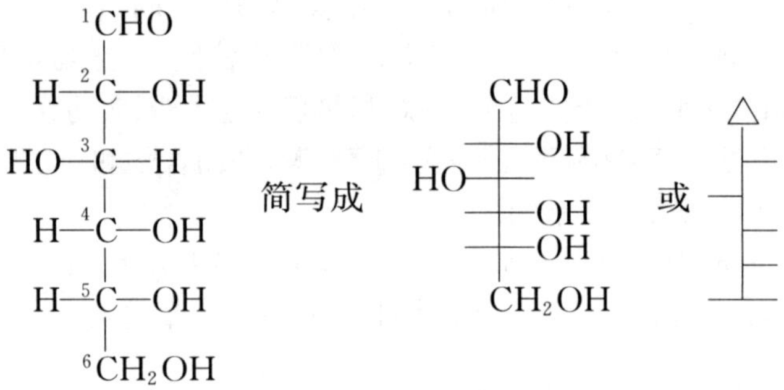

书写单糖的费歇尔平面投影式时，一般将碳链竖写，编号最小的醛基(或编号较小的酮基)写在上端。碳链的编号从靠近羰基的一端开始，用阿拉伯数字标记。单糖的构型是用甘油醛作为标准来确定的。凡是单糖分子中与羰基最远的手性碳原子与 D-(＋)-甘油醛构型相同的(投影式中羟基在右边)，称为 D-型；与 L-(－)-甘油醛构型相同的(投影式中羟基在左边)，称为 L-型。按与甘油醛的构型联系，(＋)-葡萄糖是 D 型；其对映体(－)-葡萄糖属于 L 型(D,L 表示分子的构型；＋,－表示旋光方向)。

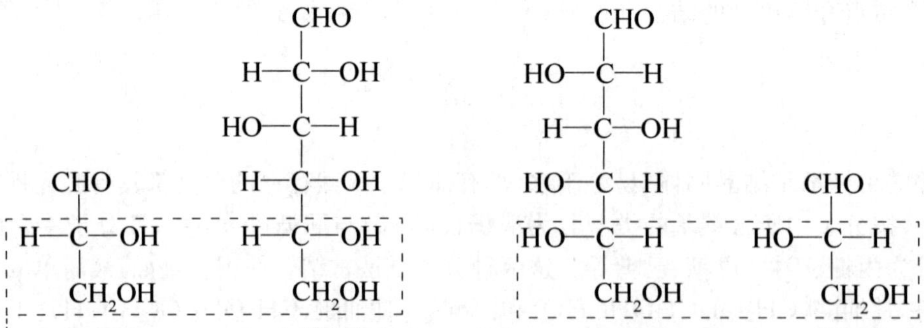

D-(+)-甘油醛　D-(+)-葡萄糖　L-(−)-葡萄糖　L-(−)-甘油醛

天然葡萄糖的全名应为 D-(＋)-葡萄糖。

表 15-1　D-型和 L-型的醛糖

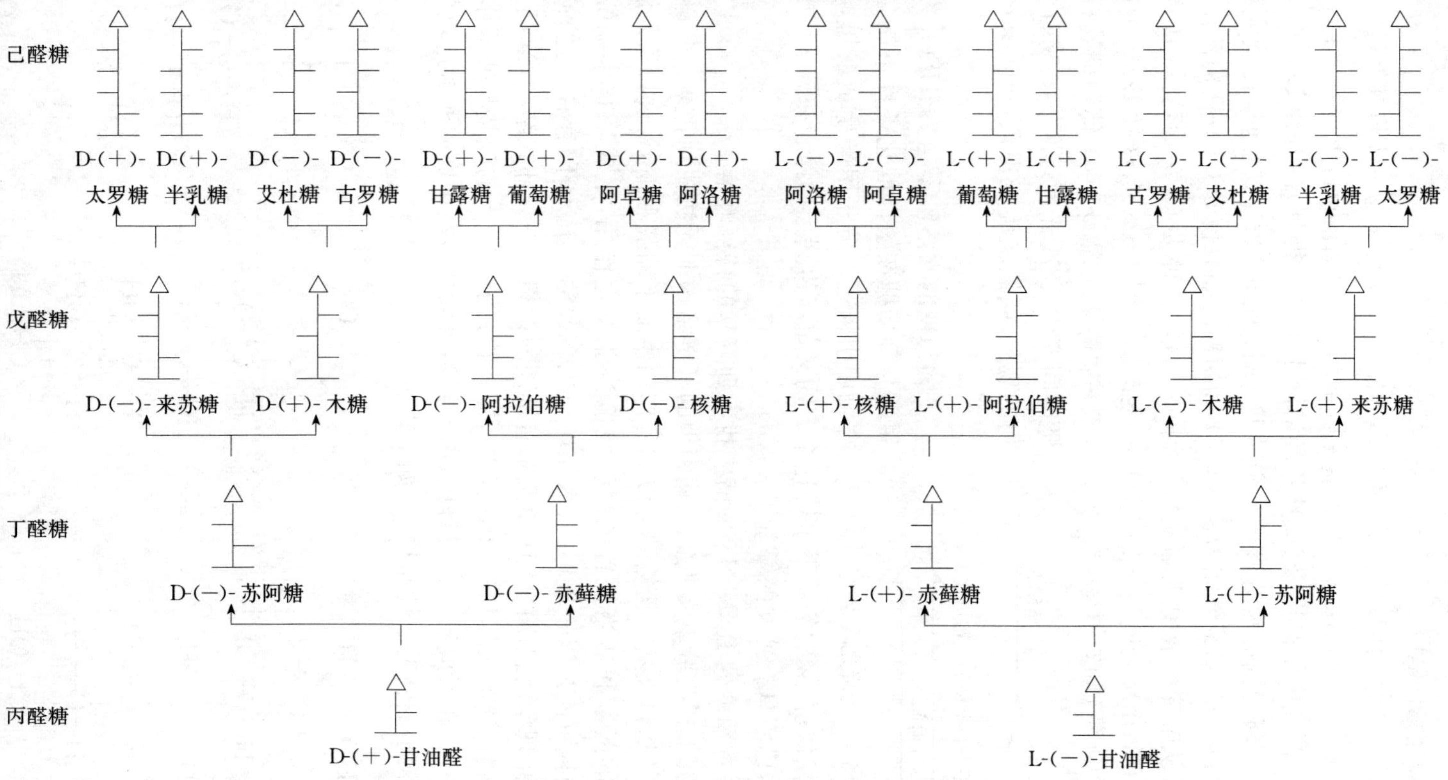

单糖的构型也可以采用 R/S 标记法把每一个手性碳原子的构型逐一标出来。因此，天然葡萄糖的名称也可称为(2R,3S,4R,5R)-(＋)-葡萄糖。不过，在糖类化学中，糖的构型更常用 D/L 标记法表示。

2）葡萄糖的氧环式

单糖的开链式结构可以阐明它的许多性质，但是，也发现一些与其开链式结构相矛盾的事实。早在 1846 年已发现，D-(＋)-葡萄糖以不同方式重结晶时，可以得到两种不同的葡萄糖。从温水(50℃)溶液中结晶出来(或从乙醇溶液中重结晶得到)的普通 D-(＋)-葡萄糖的熔点是 146℃(分解)。新配制的水溶液的比旋光度 $[\alpha]_D^{20}$ 是＋112°，放置时，比旋光度逐渐减小到＋52.5°。这种 D-(＋)-葡萄糖叫做 α-D-(＋)-葡萄糖。如果使 D-(＋)-葡萄糖在 98℃以上从水溶液中结晶(或从吡啶溶液中重结晶)，得到的是另外一种 D-(＋)-葡萄糖，其熔点为 150℃。新配制的水溶液的比旋光度是＋19°，放置时逐渐增大到＋52.5°，这种 D-(＋)-葡萄糖叫做 β-D-(＋)-葡萄糖。像 D-(＋)-葡萄糖这样配制的糖溶液，随时间变化，比旋光度逐渐增大或缩小，最后达到恒定值的现象，叫做变旋光现象(mutarotation)，如图 15-1 所示。

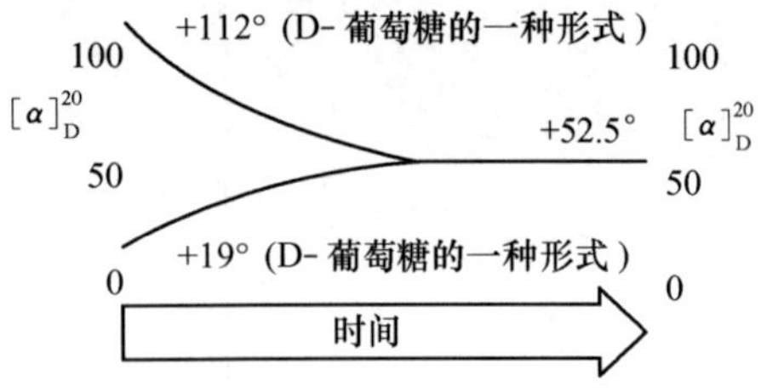

图 15-1　变旋光现象

葡萄糖的水溶液不与 $NaHSO_3$ 发生加成；当使用甲醇与葡萄糖在酸性催化条件下制备缩醛时，在反应产物中引入了一分子甲醇生成醚键，而产物对碱的稳定性与缩醛相似；在酸性条件下水解这个产物又重新得到葡萄糖和一分子甲醇，这说明在己醛糖的结构中，已不具有独立的醛基了。

此外，在葡萄糖的 IR 及 NMR 谱中找不到醛基的特征峰值。

如何解释上述实验事实呢？从葡萄糖的开链结构上无法找到答案。开链式说明了葡萄糖分子内含有羟基和醛基。既然醇可以和醛作用生成半缩醛和缩醛，这就给人们以启示，同一葡萄糖分子内的醛基和适当位置的羟基也应当能发生作用，生成环状半缩醛。也就是说，D-(＋)-葡萄糖很可能是以 δ-氧环式(六元环)或 γ-氧环式(五元环)存在。这种最初为了解释葡萄糖的变旋光现象而提出的大胆而又富有推理的设想——氧环式结构，现经 X 射线衍射分析证明，葡萄糖分子确实是以 δ-氧环式存在，即 δ-碳原子(C_5)上的羟基与醛基作用生成了环状半缩醛(六元环)。在形成氧环式过程中，由于羟基可以从羰基平面的两侧进攻羰基碳，结果可生成两种不同构型的新的手性碳原子，如下式所示：

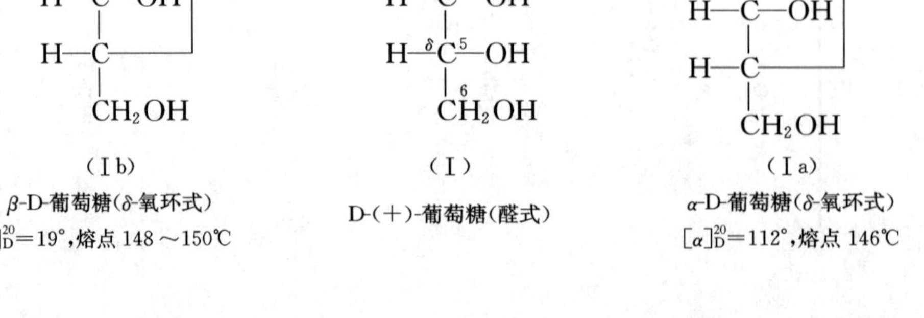

(Ⅰb)　β-D-葡萄糖(δ-氧环式)　$[\alpha]_D^{20}$=19°，熔点 148～150℃

(Ⅰ)　D-(＋)-葡萄糖(醛式)

(Ⅰa)　α-D-葡萄糖(δ-氧环式)　$[\alpha]_D^{20}$=112°，熔点 146℃

这个新形成的手性碳原子(半缩醛碳原子)也叫苷原子,它连接的羟基(半缩醛羟基)叫做苷羟基。苷羟基中的氢原子被其他基团取代生成的化合物叫做苷。苷羟基和决定构型的 C_5 上的羟基,从费歇尔投影式(Ⅰ)导出来的构型中处在碳链的同侧时即(Ⅰa),叫做 α 型——α-D-(+)-葡萄糖;在异侧时即(Ⅰb),叫做 β 型——β-D-(+)-葡萄糖。α 型和 β 型之间的区别仅在于第一个手性碳原子构型不相同。这种含多个手性碳的两个异构体中只有一个手性碳构型不同,其余手性碳原子构型都相同的非对映体,称为差向异构体(epimers)。在糖类氧环式中除 C_1 构型不同外,其他手性碳原子的构型完全相同,这种差向异构体又叫异头物(anomers)。苷原子则叫异头碳。

费歇尔平面氧环式尚不能恰当地反映出糖分子的构型。为了更清楚起见,哈沃斯(Haworth)提出了类似脂环分子构型的表示方式来表示糖的氧环式结构的方法,即用五元环平面或六元环平面来表示单糖氧环式结构中各原子在空间的排布,这种式子(透视式)叫做哈沃斯氧环式,简称哈沃斯式。

把开链的费歇尔投影式改写成六元环状半缩醛的哈沃斯式,其过程表示如下:

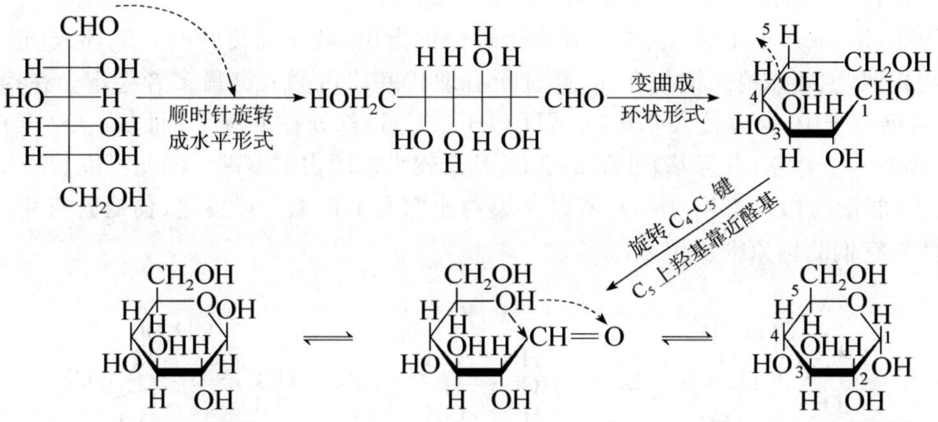

β-D-(+)-葡萄糖　　　　　　　　　　　　　　　　α-D-(+)-葡萄糖

当不必表示出异头碳的构型是 α 型还是 β 型时,D-(+)-葡萄糖的哈沃斯式可写作:

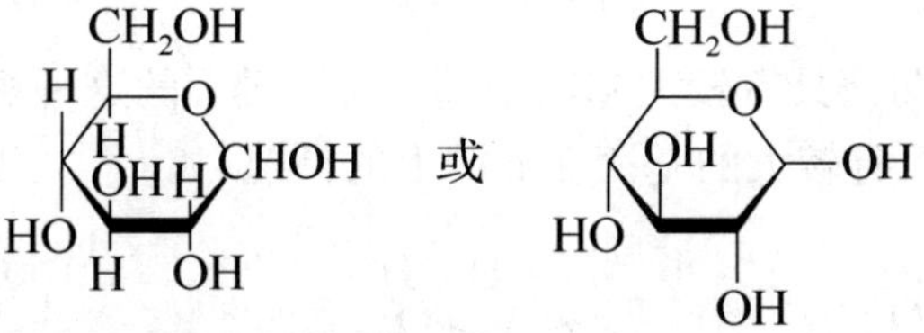

但是,在实际工作中,常需要改写成另外的形式。例如,将上述 α-D-(+)-吡喃葡萄糖的哈沃斯式,离开纸平面向左或向下翻转 180°便得到另外的形式。很明显,经过翻转后,H 和 OH 在环上的位置发生了上下变换。

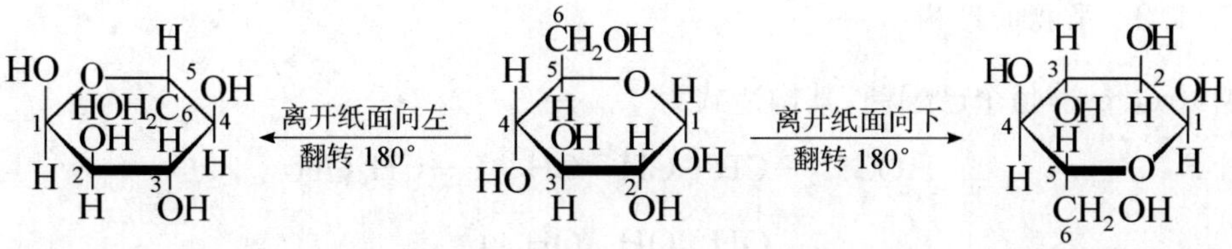

所谓吡喃糖(pyranose),它是指具有与吡喃环相似骨架的 δ-氧环式六元环结构的糖类;类

似地，把具有与呋喃环相似骨架的 γ-氧环式五元环结构的糖类叫做呋喃糖(furanose)。例如，葡萄糖的两种异头物可分别称为 α-D-(＋)-吡喃葡萄糖和 β-D-(＋)-吡喃葡萄糖。

葡萄糖的 δ-氧环式可以说明它的很多特性。例如，变旋光现象是由于它的 α-型、β-型和开链式之间平衡的结果。差向异构体是非对映异构体，它们的物理性质和比旋光度是不同的。但是，如果将葡萄糖的任何一个异构体溶于水后，都能通过开链式而相互转变，形成一个平衡体系，其中 α-型占 36%，β-型占 64%，开链式只占 0.01%。这种开链式结构与氧环式结构的互变异构现象正是葡萄糖产生变旋光现象的原因。

$$\alpha\text{-D-(+)-葡萄糖} \rightleftharpoons \text{开链式} \rightleftharpoons \beta\text{-D-(+)-葡萄糖}$$

36%　　0.01%　　64%

$[\alpha]_D^{20}=+112°$　　$[\alpha]_D^{20}=+19°$

平衡混合物 $[\alpha]_D^{20}=+52.5°$

3) 葡萄糖的构象式

葡萄糖在溶液中主要以环状半缩醛形式存在，且 α-型占 36%，β-型占 64%。为什么 β-型的含量比 α-型多？通过研究它们的构象就可一目了然。

里维斯(Reeves)于 1960 年用 X 射线衍射分析指出，吡喃葡萄糖的 δ-氧环式与环己烷及其衍生物相似，主要以椅式构象存在，并且所有取代基以占据 e 键最多者稳定。在椅式 β-D-(＋)-葡萄糖分子中，所有较大基团(—CH_2OH、—OH)都处在 e 键上；而在 α-D-(＋)-葡萄糖分子中，则有一个羟基(苷羟基)处在 a 键上，其余较大基团占据 e 键。因此可以看出，β-型比 α-型稳定些(能量约相差 25kJ/mol)，所以 β-型占比例大于 α-型。换言之，葡萄糖两种异头物相对稳定性与它们的构象密切相关。

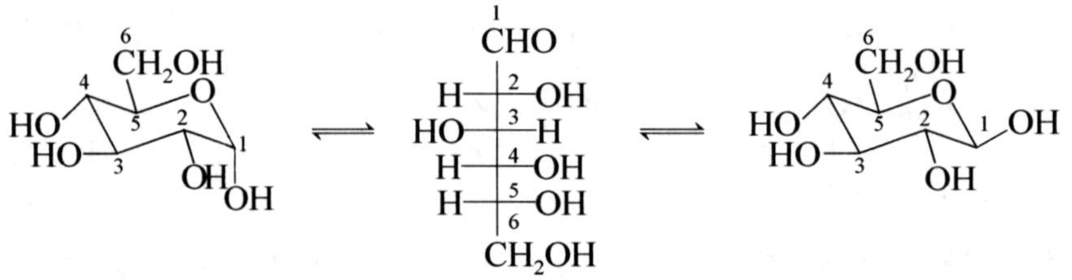

α-D-(+)-葡萄糖　　D-(+)-葡萄糖　　β-D-(+)-葡萄糖

在己醛糖中，只有葡萄糖具有较大基团全都处于 e 键上的这种稳定的优势构象，其他的 D-型己醛糖的优势构象中总有较大的基团在 a 键上的情况，如

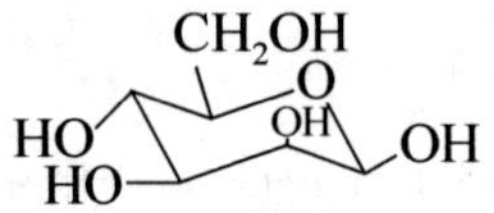

β-D-甘露糖

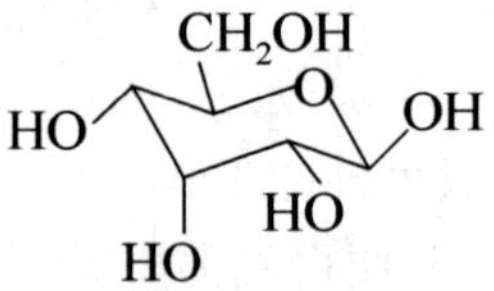

β-D-阿洛糖

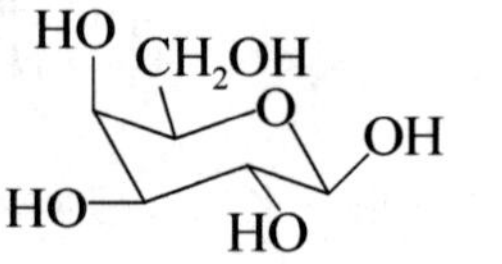

β-D-半乳糖

15.1.1.2　果糖的结构

果糖(fructose)是个己酮糖，其构造式为

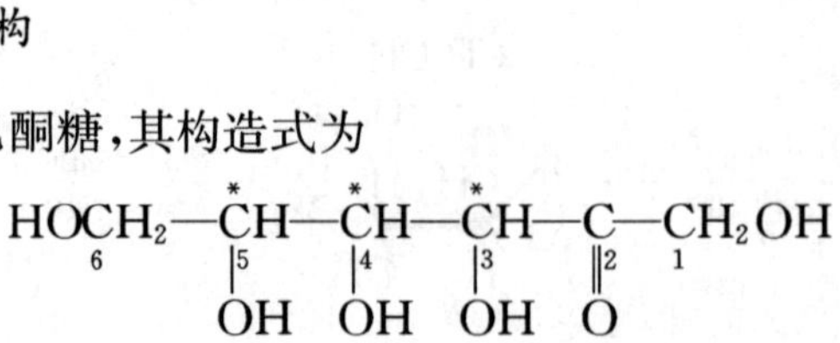

它有三个不相同的手性碳原子，应有 $2^3=8$ 个对映异构体，组成四对对映体。天然的果糖只是其中的一个，属于 D-型左旋糖，其开链式为

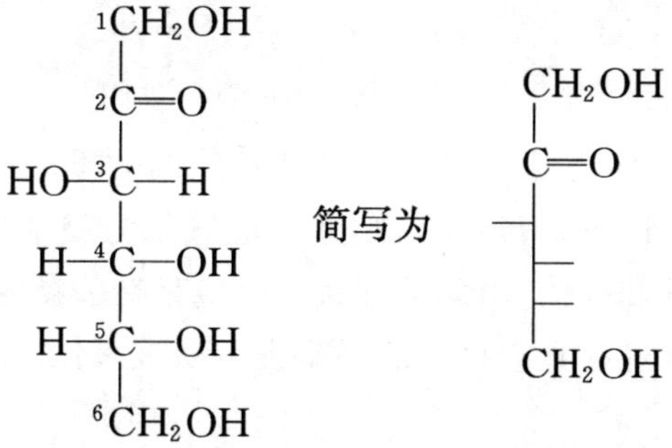

自然界游离存在的 D-(—)-果糖具有 δ-氧环式结构，称为D-(—)-吡喃果糖。而在蔗糖分子中(或果糖衍生物中)的果糖单元则主要是 γ-氧环式结构，称为D-(—)-呋喃果糖。果糖也有 α 和 β 两种异构体，在水溶液中同样也存在开链式和氧环式的互变平衡体系，而且在平衡混合物中，既有两种吡喃果糖，又有两种呋喃果糖，所以 D-(—)-果糖也有变旋光现象。下面给出吡喃果糖和呋喃果糖的结构。

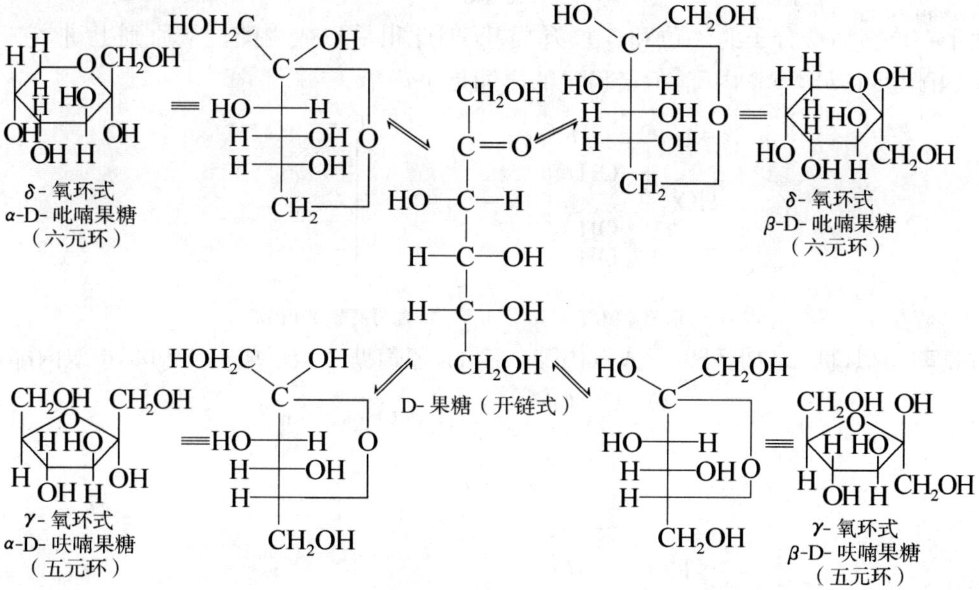

尚需指出，天然存在的单糖大都是 D-型的，而且游离的单糖都是 δ-氧环式。虽然迄今尚未分离得到游离的呋喃糖，但是具有 γ-氧环式的呋喃糖衍生物却是大量存在的。在单糖水溶液中开链式结构和氧环式结构处于互变异构平衡状态，所以单糖都有变旋光现象。根据环稳定性大小的一般规律可知，自然界中的单糖以戊糖、己糖较丰富；β-异头物又比 α-异头物为多，这又与其构象密切相关。由此不难理解，单糖中的葡萄糖在自然界存在量最多。

15.1.2　单糖的化学性质

单糖分子开链结构中既含有羟基又含有羰基，所以它们能够发生羰基的某些反应，例如，能够发生氧化反应、还原反应，可与 HCN、H_2NOH、苯肼等羰基试剂反应；也能够发生羟基的反应，例如，它们可以成醚和酯等。在水溶液中，单糖的开链式与氧环式处于同一平衡体系中，

当其中某一种式子发生反应，即会引起这种互变异构平衡的移动。此外，单糖分子的氧环式结构表明，苷羟基具有与其他醇羟基不同的化学环境，它应该表现出某些不同的特殊性质。

15.1.2.1　氧化反应

单糖易被多种氧化剂氧化，生成的氧化产物随氧化剂的不同而不同。醛糖用缓和的氧化剂氧化，如溴水，在弱酸性条件下（pH＝5），则醛基被氧化为羧基生成一元糖酸。β-D-葡萄糖的氧化速率是α-D-葡萄糖的250倍，由此可知氧化反应是在醛糖的氧环式半缩醛碳上进行的。处在平伏键位置上的羟基比处在直立键上的羟基更容易被氧化。若用强氧化剂则醛基和伯醇基都被氧化成糖二酸，如

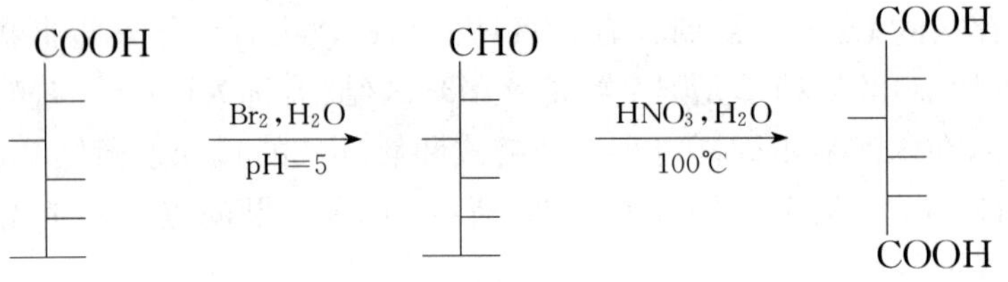

葡萄糖酸　　D-葡萄糖　　葡萄糖二酸

由于在许多糖酸分子的4-位和5-位有羟基，因此很易形成内酯。从原则上讲，它既可以形成γ-内酯也可以形成δ-内酯，但最稳定的内酯是γ-内酯。

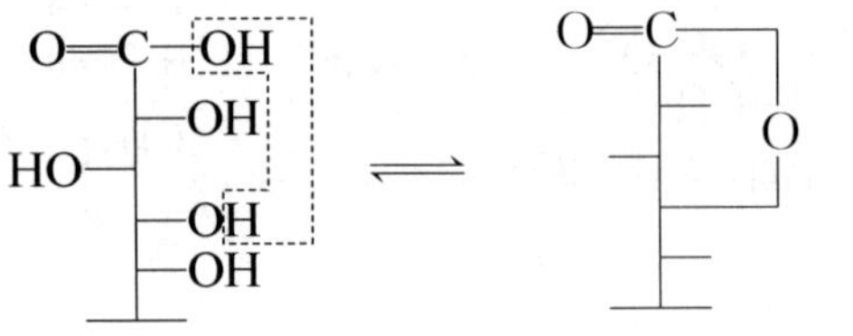

D-葡萄糖酸　　D-葡萄糖酸-γ-内酯

和糖酸类似，糖二酸也可以形成双内酯。例如，葡萄糖二酸形成1，4-和3，6-双内酯。

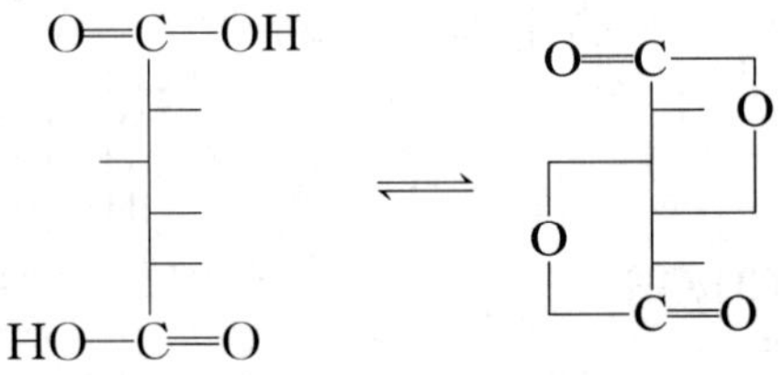

醛糖用硝酸氧化成二酸的反应，在某些时候可以提供立体化学的资料。例如，氧化D-(＋)-半乳糖生成没有旋光性的内消旋混合物半乳糖二酸，然而D-(＋)-葡萄糖的类似氧化则得到旋光性的二酸。说明在半乳糖二酸中，四个手性碳必然是对称排列的，在C_3和C_4之间有一个对称面。

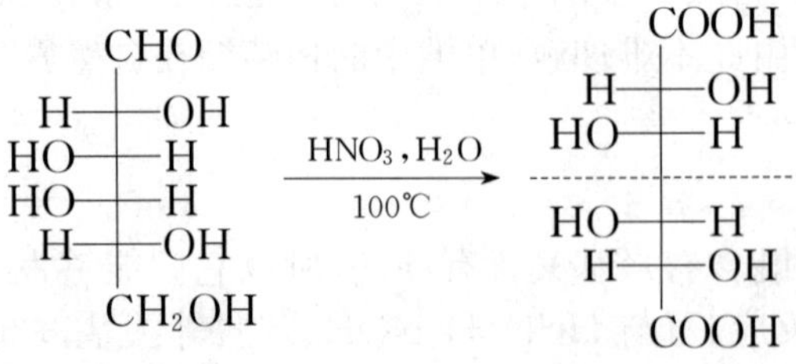

D-(＋)-半乳糖　　半乳糖二酸(内消旋)

酮糖比醛糖较难氧化。例如,果糖不被溴水氧化,用此反应可鉴别醛糖和酮糖;若用强氧化剂硝酸或氧化汞氧化果糖,则氧化的同时发生碳碳键的断裂。

醛糖和酮糖都可以被弱氧化剂如费林试剂或土伦试剂所氧化,分别生成氧化亚铜的砖红色沉淀或银镜。这种能还原费林试剂或土伦试剂的糖叫还原糖(reducing sugar),否则叫非还原糖(nonreducing sugar)。所有的单糖和大多数低聚糖都是还原糖,多糖都是非还原糖。此反应可用来鉴别是否是还原糖。另外,也可利用葡萄糖与土伦试剂的反应,在玻璃制品上镀银,葡萄糖转变成葡萄糖酸。

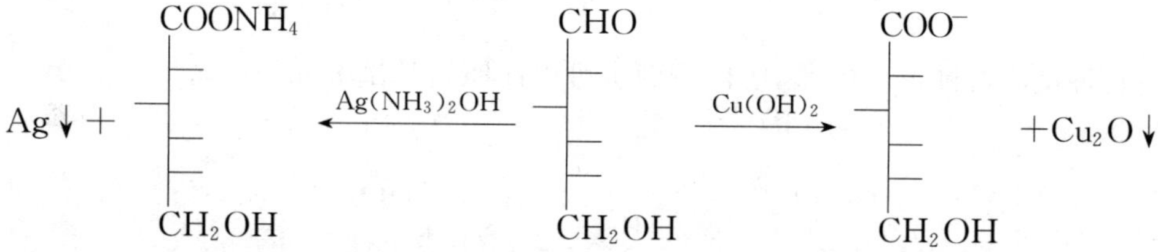

酮糖与一般酮类不同,它能还原费林试剂和土伦试剂。其原因是醛糖和酮糖在稀碱作用下发生互变异构,而费林试剂和土伦试剂都是碱性试剂。

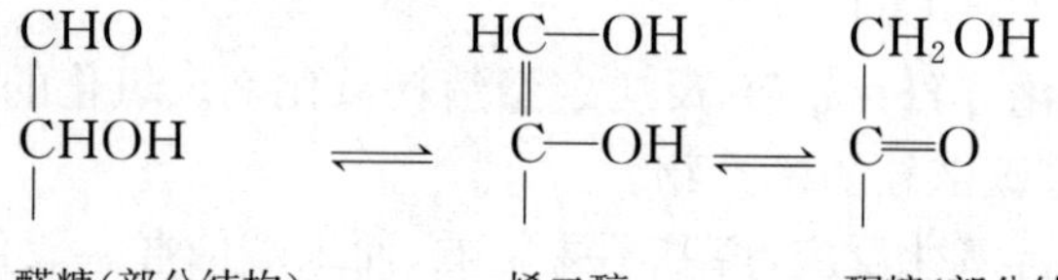

例如,在碱性水溶液中,单纯的葡萄糖或果糖或甘露糖都可以成为这三者的平衡混合物,这是羰基-烯醇式之间平衡的结果。

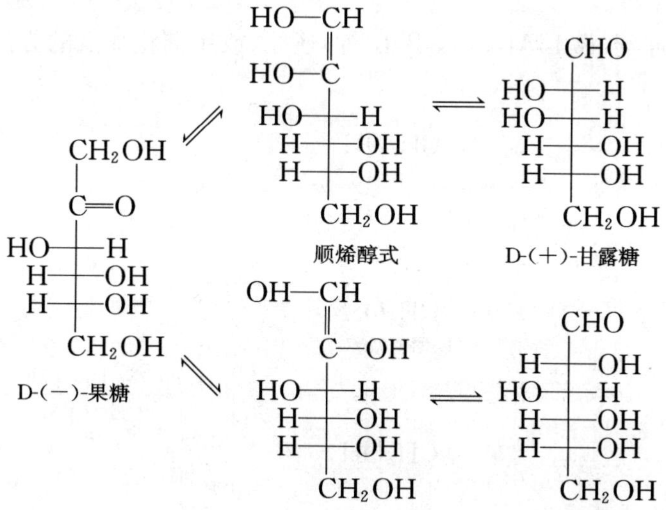

在稀碱溶液中,单糖于室温下通过烯醇化产生差向异构体。这个变化称为差向异构化。D-葡萄糖和 D-甘露糖之间经由果糖相互转变,两者只有一个手性碳原子的构型不同,属于差向异构体。它们之间的转化即为差向异构化。另外,酮糖在稀碱作用下,还发生醇醛缩合的逆反应,如

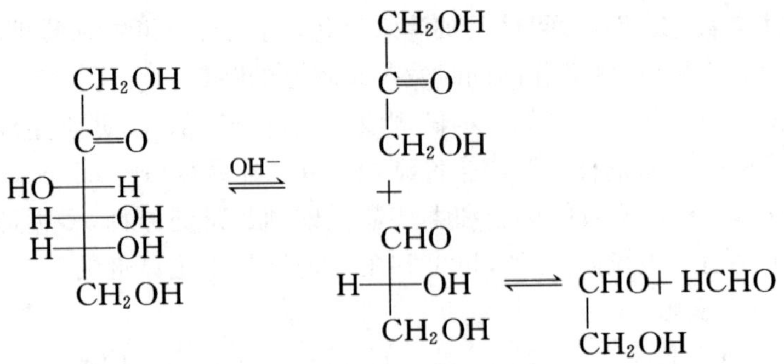

上述两种反应都能产生醛基，所以酮糖也可以还原费林试剂和土伦试剂。

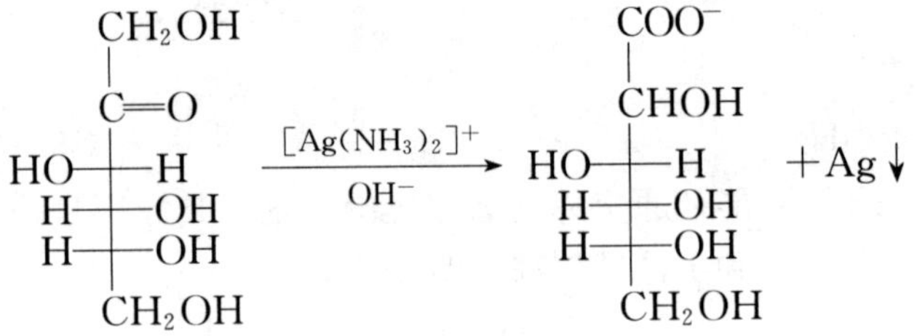

高碘酸也能使单糖氧化（pH＝3.7），反应定量消耗氧化剂。氧化的结果，相邻两个羟基的碳原子之间断键，生成一些碳链较短的产物。

生物体内由酶催化进行氧化反应，醛基不受影响，而末端伯羟基氧化为羧基，生成糖醛酸，这是一个重要的生化反应，糖醛酸衍生物在动物体内可由尿液排出起到除毒作用。

15.1.2.2 还原反应

单糖用化学还原剂（如 $LiAlH_4$、$NaBH_4$ 等）还原，或用催化加氢的方法，都可以变成对应的糖醇，如

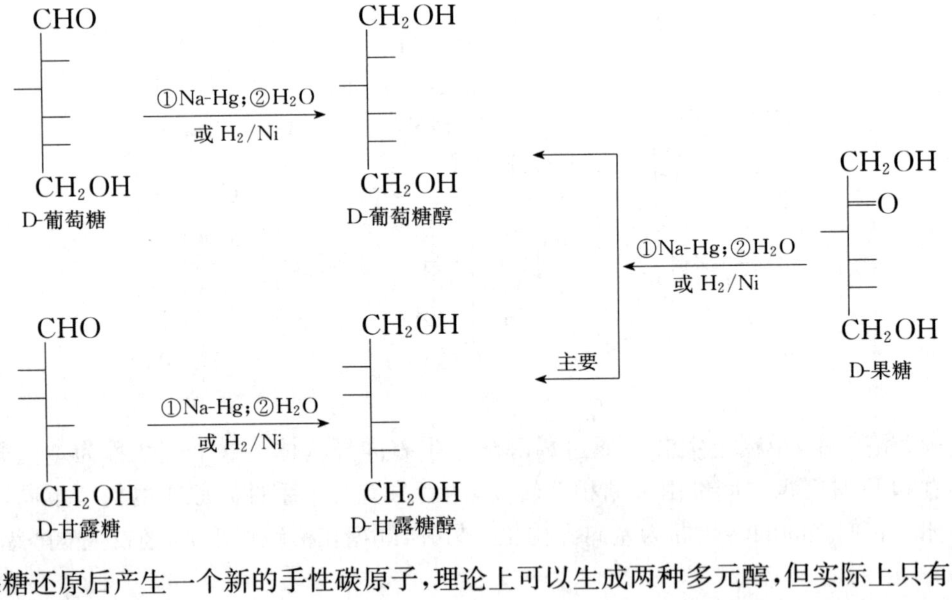

果糖还原后产生一个新的手性碳原子，理论上可以生成两种多元醇，但实际上只有一种占优势（甘露糖醇）。

在苹果、樱桃、梨等水果中和海藻中含有山梨醇和甘露醇，它们可作食品添加剂，并且它们

也是化妆品和药物生产中用量较大的多元醇。山梨醇还是制取非离子表面活性剂的重要原料。

糖醇被 HI 还原为正己烷。

15.1.2.3　脎的生成

单糖与苯肼作用时，开链结构的羰基发生反应，生成苯腙；如果苯肼过量，单糖苯腙能够继续再与两分子苯肼反应，生成一种不溶于水的黄色晶体，称为脎。如

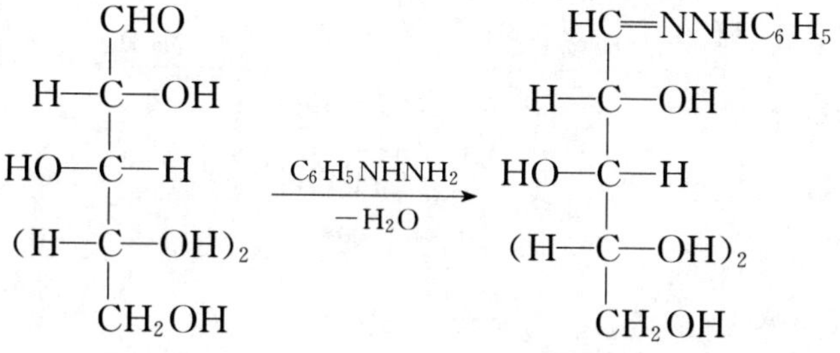

D-葡萄糖　　　　D-葡萄糖苯腙（溶于水）

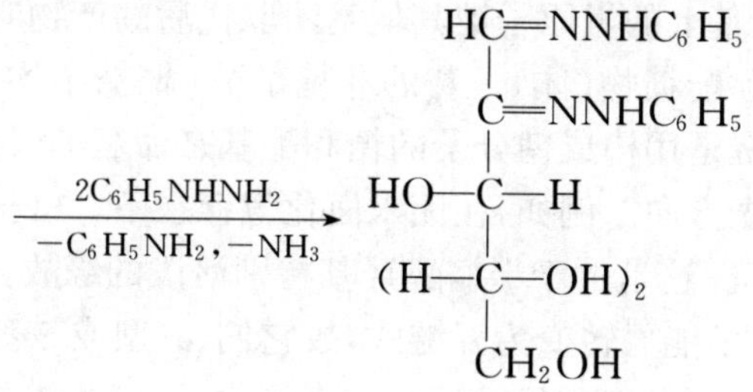

D-葡萄脎（不溶于水）

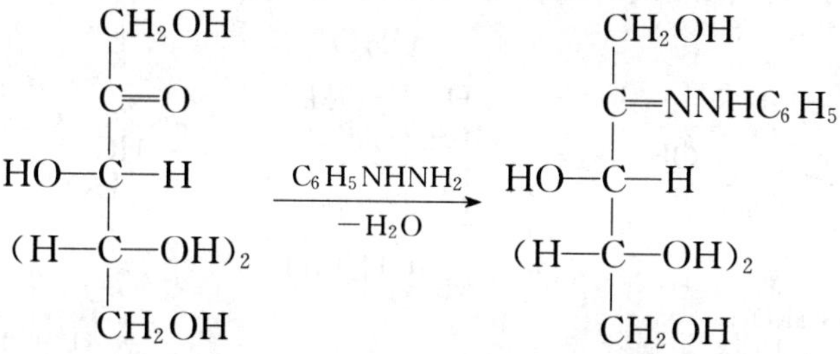

D-果糖　　　　D-果糖苯腙（溶于水）

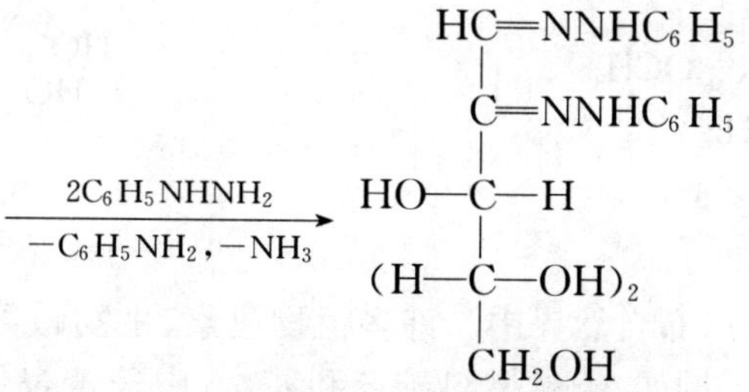

D-果糖脎（不溶于水）

脎的生成只发生在 C_1 和 C_2 上，其余碳原子的构型不受影响，因此只有 C_1 和 C_2 不同的糖将生成相同的脎。例如，D-葡萄糖，D-果糖和 D-甘露糖生成同样的脎。换言之，凡能生成相同

脎的己糖，C_3，C_4 和 C_5 的构型是相同的。因此，成脎反应在确定糖的构型中很重要。不同的糖一般生成不同的脎，不同的糖脎结晶形态不同，熔点也不同；即使能生成相同的脎，其反应速率和析出糖脎的时间也不相同。因此，利用脎的生成可以鉴别糖类。由于在不同糖中，成脎反应速率和析出糖脎的时间不同，又可以用于糖的分离。

糖脎水解的产物称为䏗，后者用 Na-Hg 还原可以得到 2-酮糖。这个方法可用来将醛糖变成 2-酮糖。

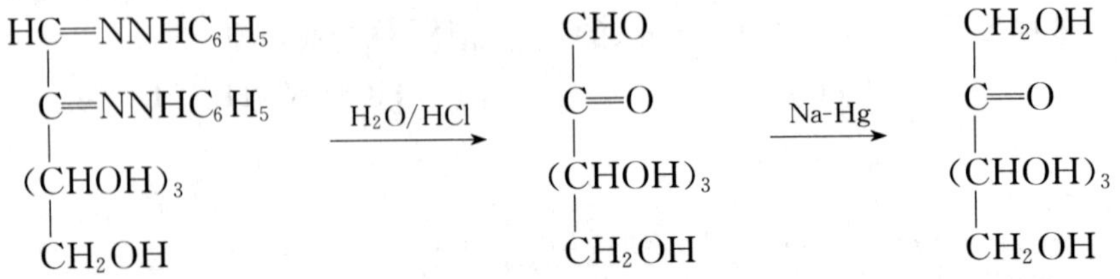

脎　　　䏗　　　2-酮糖

15.1.2.4　苷的生成

单糖的氧环式是半缩醛或半缩酮，可以再与含羟基的化合物（如醇、酚）反应生成缩醛或缩酮。通常在糖分子中，苷羟基上的氢原子被其他基团取代后的产物叫糖苷（glycoside，苷，有的书曾用甙），在生物学上也称配糖物（体）。苷的非糖部分（聚糖中均为糖）叫苷元（aglycone），也叫配基。糖苷的命名通常是用构成糖分子的糖和配基来命名的，称为某配基某糖苷，同时还必须指出它们的构型和旋光方向。例如，在无水卤化氢存在下，D-(＋)-葡萄糖与热甲醇作用，生成 D-(＋)-甲基葡萄糖苷。这是由于半缩醛羟基特别活泼的缘故。

苷分子中已无苷羟基，不能再转变为开链式，故它们（α-型或 β-型）也就不能再发生相互转变。苷是一种缩醛（或缩酮），所以它对碱稳定，较难氧化，不与苯肼、土伦试剂、费林试剂反应，也无变旋光现象。但是，在稀酸或酶催化下，苷易水解成原来的糖和相应的羟基化合物。

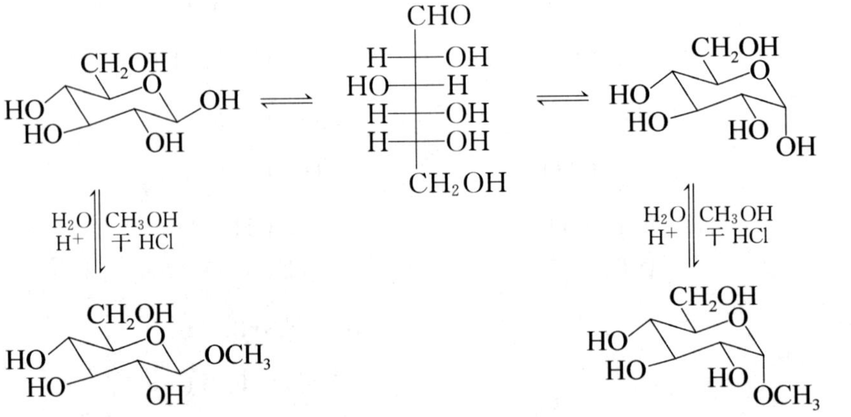

β-甲基葡萄糖苷　　　α-甲基葡萄糖苷

熔点 107℃，$[\alpha]_D^{20}=-33°$　　　熔点 165℃，$[\alpha]_D^{20}=+158°$

由于苷的稳定性，糖苷广布自然界中。许多植物色素、生物碱等，具有很高经济价值和治疗作用的有效成分都是苷。例如，天然燃料靛蓝和茜素，中药苦杏仁苷，黄酮苷，C-17 位带有不饱和五元或六元内酯环的甾体苷元组成的强心苷，苷元为三萜或螺旋烷甾类的皂苷等。人们熟知的人参是传统的滋补中药，它含有多种化学成分，而最主要的有效成分就是人参皂苷，含量约 4%，根须中的含量比主根还要高，至今已分离提取了几十种人参皂苷。

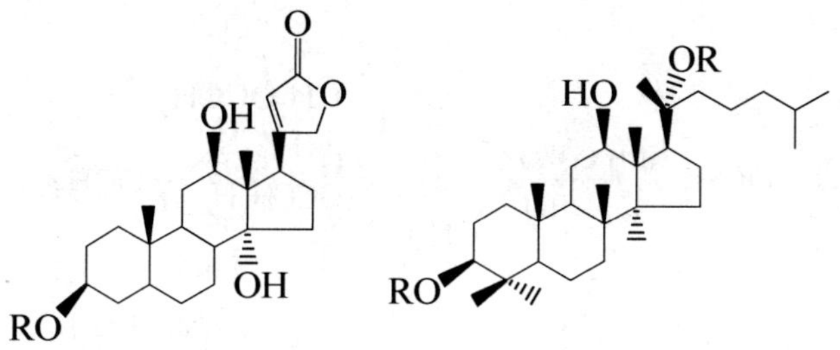

R＝单糖或低聚糖

强心苷　　A型人参皂苷

低聚糖和多糖也都是糖苷。这些都是以含羟基化合物的羟基与半缩醛羟基而成的苷，称为*O*-苷。同一糖苷的不同异构体的化学活性是不同的，例如，*β*-D-葡萄糖苷可用 O_3 氧化为葡萄糖酸酯，而*α*-D-异构体却不容易被氧化。糖苷也可以与 HIO_4 作用，但不同的糖苷氧化分解产物不同。*α*-D-甲基吡喃葡萄糖苷与 HIO_4 反应可消耗两分子的 HIO_4，只生成一分子甲酸和一分子二醛。后者用溴水再氧化，然后水解生成D-甘油酸和乙醛酸：

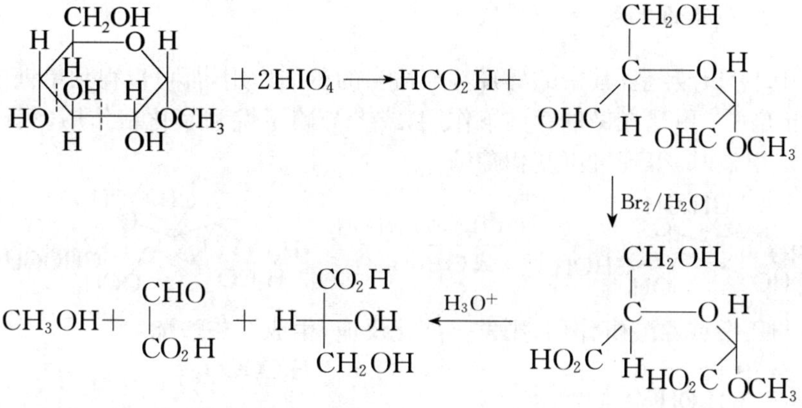

当呋喃型葡萄糖苷与两分子 HIO_4 作用时，则生成一分子甲醛和一分子三元醛，后者经溴水氧化后再水解就得到一分子*α*-羟基丙二酸和一分子乙醛酸：

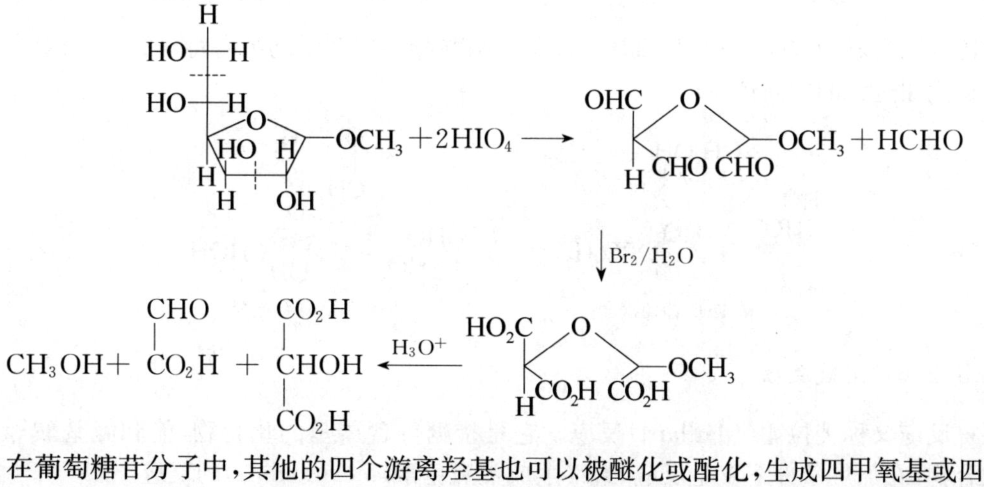

在葡萄糖苷分子中，其他的四个游离羟基也可以被醚化或酯化，生成四甲氧基或四酰氧基葡萄糖苷，如

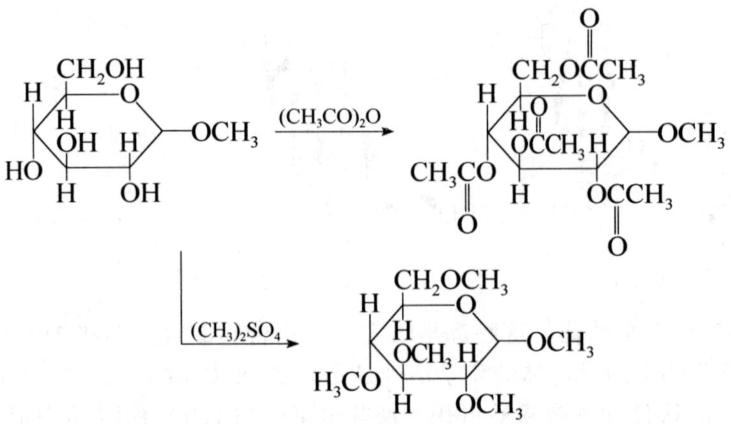

除此之外，还有以含氮碱基作配基的苷则通过氮原子与糖结合称为 *N*-苷。例如，核酸分子中就有 *N*-苷结构存在，这将在第 16 章中讨论。

15.1.2.5　醚和酯的生成

单糖分子中不只苷羟基，其余的醇羟基与适当的试剂作用，都可以得到单糖的醚和酯。例如，D-葡萄糖与硫酸二甲酯在碱的存在下作用，或者与碘甲烷和氧化银作用，氧环结构中的所有羟基都能变成甲氧基，得到五甲基葡萄糖。

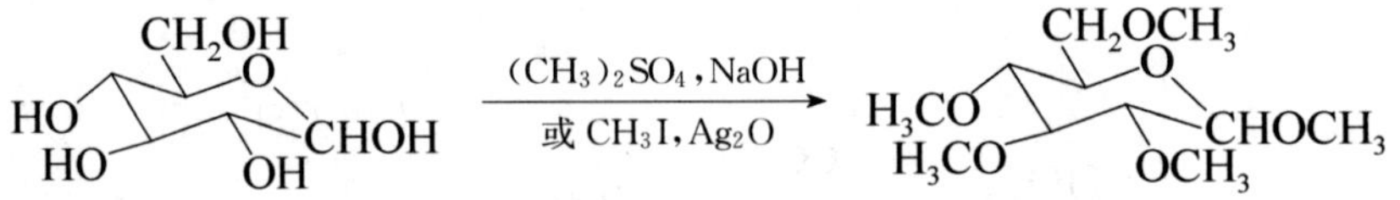

D-葡萄糖与乙酸或乙酸酐作用，则发生酯化反应，生成五羧酸酯。

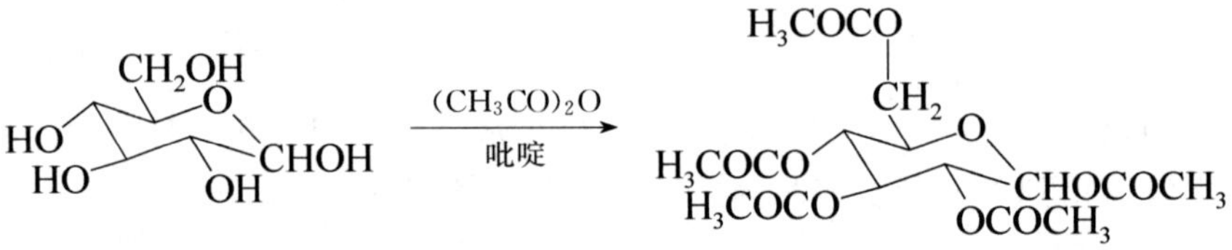

糖还可以生成硝酸酯、硫酸酯、磷酸酯，其中磷酸酯在生命活动中有特殊的重要性，它们是许多生物代谢过程的中间体，如

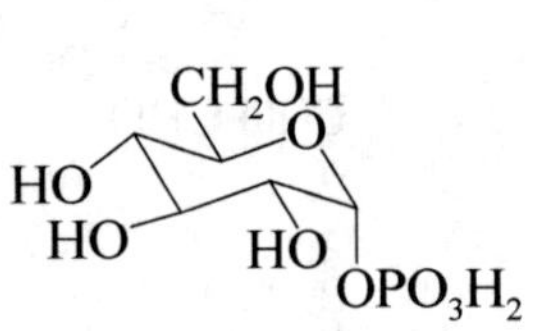

α-1-磷酸-D-葡萄糖酯

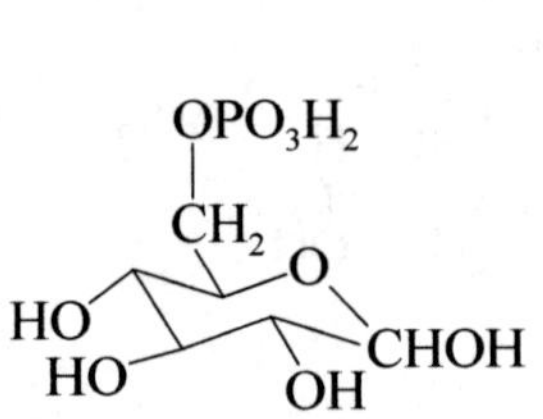

6-磷酸-D-葡萄糖酯

15.1.2.6　羰氨反应

羰氨反应又称美拉德(Maillard)反应。它是指糖等含羰基的化合物，能和氨基酸等含氨基的化合物，在加热条件下发生反应，最终生成类黑色素(melanoidins)的反应。

羰氨反应的过程较为复杂，经过羰氨缩合、分子重排、降解、聚合等一系列反应，生成一种黑褐色的复杂高分子色素，这种色素的结构迄今还未搞清楚。

羰氨反应是食品在加热或长期储存后发生褐变的主要原因。褐变产物色素复合物在消化道中不能水解，对食品的营养质量和感官质量(色、香、味)均有影响。尽管难以找出一种通用的控制褐变的规律，但是可就原则方向提出一些可能的抑制途径，如降温、亚硫酸处理、降低pH、降低成品浓度、使用不易发生褐变的糖类、添加钙盐等。褐变反应对某些食品特殊风味的形成有密切的关系。糕点及面食在焙烤过程中，某些呈味物质的形成，就是由于褐变反应而产生的。

15.1.3　重要的单糖

1）葡萄糖

葡萄糖是自然界分布最广的己醛糖。它除以游离形式存在外，常以多糖或糖苷形式存在于葡萄糖等水果以及许多植物的种子、根、叶或花中。动物体内也有少量葡萄糖。天然的葡萄糖是右旋的，故又称右旋糖。蔗糖、淀粉和纤维素水解都可得到葡萄糖，工业上是由淀粉水解而得。在水溶液中析出的葡萄糖带有一分子结晶水，熔点 83℃。

葡萄糖是无色或白色结晶粉末，相对密度 1.544(25℃)，熔点 146℃，甜度约为蔗糖的70％，易溶于水，稍溶于乙醇，不溶于乙醚和烃类等。

葡萄糖是人体内新陈代谢不可缺少的重要营养物质，在医药和食品上具有重要用途。它是制造葡萄糖酸钙和维生素 C 等的原料。它在印染和制革、镀银工业中常用作还原剂。

维生素 C 不属于糖类，可视作单糖的衍生物，其结构为不饱和糖酸内酯，全名为 L-(＋)-苏糖型-2,3,4,5,6-五羟基-2-己烯酸-4-内酯。维生素 C 是可溶于水的无色无臭、片状结晶或粉末。溶于乙醇，但不溶于苯、乙醚、油脂等溶剂。L-型，$[\alpha]_D^{20}=+21°$，遇光色渐变深；干燥状态比较稳定，在水溶液中很快被氧化分解，中性或碱性溶液中尤甚；熔点 190～192℃(分解)。维生素 C 味酸且有防止坏血病的功能，所以在医学上把它叫做 L-抗坏血酸(L-ascorbic acid)。维生素 C 极易被氧化为去氢抗坏血酸，所以它是一个较强的还原剂，可用作食品的抗氧剂。L-去氢抗坏血酸在生物体内可还原为 L-抗坏血酸，故仍有生理活性。当然，在那些不易添加酸性物质的食品，如牛乳等中，应使用 L-抗坏血酸钠。维生素 C 不是羧酸而是内酯，但显酸性且易氧化，这是因为分子中有邻烯二醇官能团。

许多动物在其肝脏中能够合成维生素 C，但在进化过程中，人已丧失了这种能力。经常食用维生素 C 可以防止坏血病。维生素 C 可以由葡萄糖制备，结合生物和化工技术，使得它可以大量低成本生产。

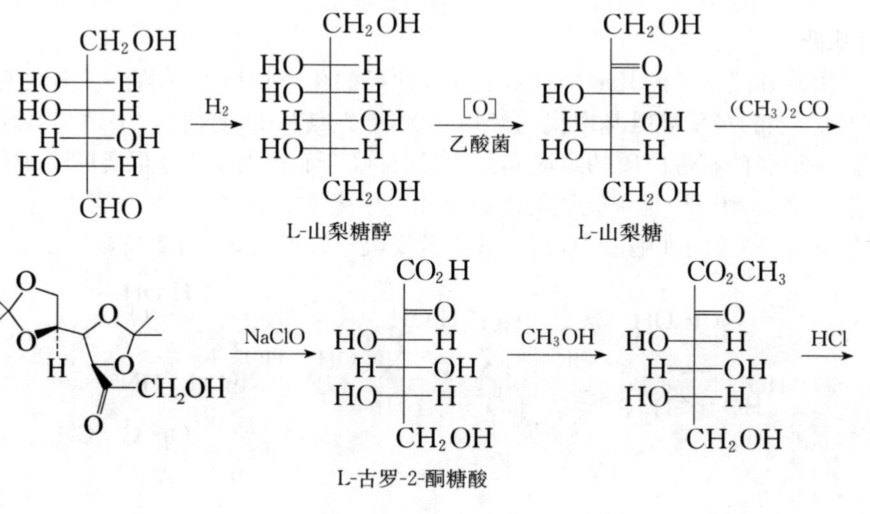

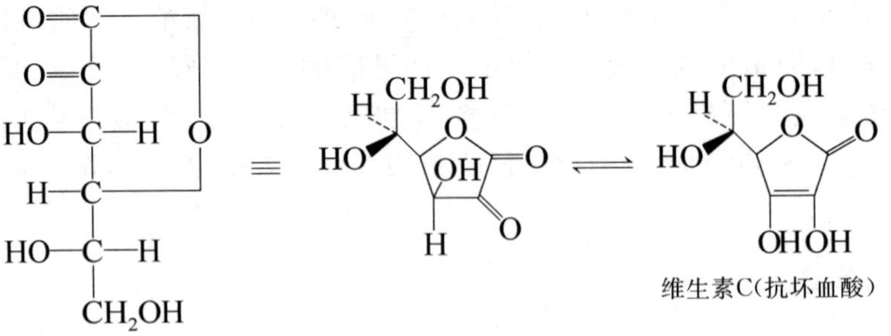

维生素C(抗坏血酸)

2）果糖

果糖是最甜的一种糖。它广泛分布在植物中，如水果和许多植物的种子、块茎和叶等。蜂蜜中也有果糖。菊科植物根部储藏的糖类——菊粉，就是果糖的高聚体。工业上用酸或酶水解菊粉来制取果糖。天然果糖是左旋的，$[\alpha]_D^{20}=-92.4°$，故也称左旋糖。

果糖是白色晶体或结晶粉末，易溶于水，可溶于乙醇和乙醚，熔点 102℃（分解）。果糖能与氢氧化钙形成难溶于水的配合物 $C_6H_{12}O_6 \cdot Ca(OH)_2 \cdot H_2O$；并能与间苯二酚的稀盐酸溶液发生颜色反应（呈现红色），可用于鉴别果糖。

3）D-(－)-核糖及 D-(－)-2-脱氧核糖

它们是极为重要的戊醛糖。D-核糖通常以六元的吡喃环半缩醛为主，但在生物体内 D-核糖或 D-2-脱氧核糖作为糖基是以五元呋喃环式存在的。它们的氧环式和开链式异构体的结构如下：

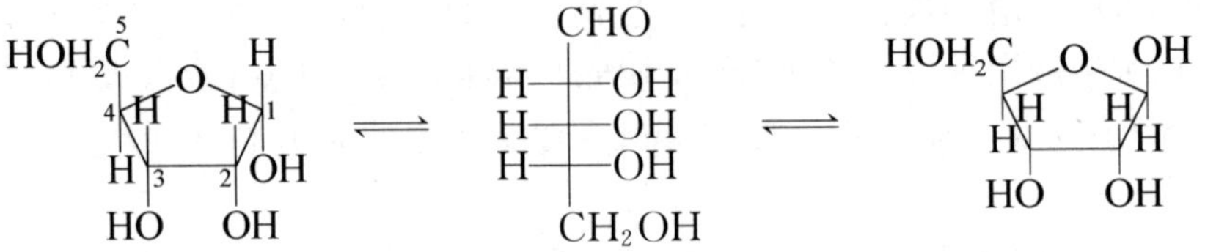

α-D-核糖(20%)　　D-核糖　　β-D-核糖(56%)

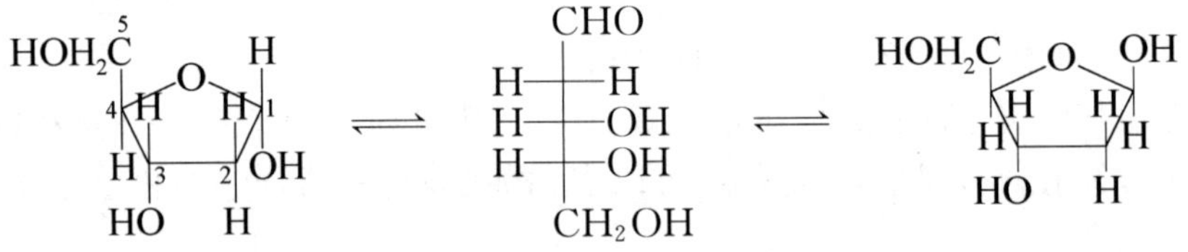

α-D-2-脱氧核糖(6%)　　D-2-脱氧核糖　　β-D-2-脱氧核糖(18%)

4）氨基糖

糖分子中除苷羟基外的其他羟基被氨基取代后的化合物称为氨基糖。多数天然氨基糖是己糖分子中 C_2 上的羟基被氨基取代的产物。例如，2-氨基-D-葡萄糖（Ⅰ）和 2-氨基-D-半乳糖（Ⅱ）。它们是很多糖和蛋白质的组成部分，广泛存在于自然界，具有重要的生理作用。例如，2-乙酰氨基-D-葡萄糖（Ⅲ）是甲壳质的组成单元。甲壳质存在于虾、蟹和某些昆虫的甲壳以及低等植物如真菌、藻类的细胞壁中，其天然产量仅次于纤维素，其用途尚在开发中。

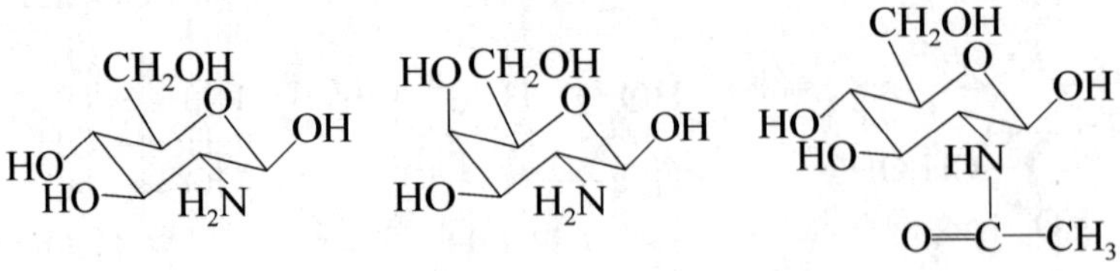

Ⅰ　　Ⅱ　　Ⅲ

一些被称为氨基苷类的抗生素药物，如链霉素、庆大霉素、卡那霉素和新霉素等，主要对革兰氏阴性菌有杀灭作用，并对一些阳性球菌也有佳效，其分子中含有氨基糖组分。例如，链霉素分子中含有 2-甲氨基-α-L-葡萄糖(Ⅳ)。链霉素(Ⅴ)是最早的抗结核药，也是治疗鼠疫的首选药。

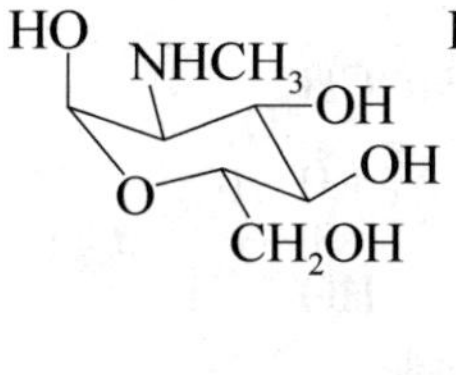

Ⅳ

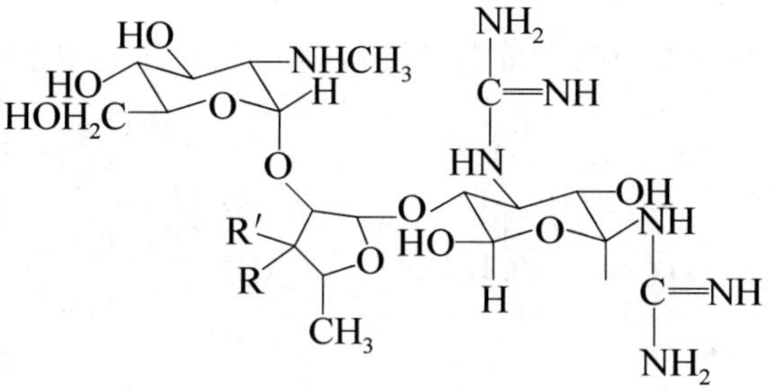

Ⅴ

硫酸链霉素：
R=OH，R′=CHO
硫酸双氢链霉素：
R=OH，R′=CH_2OH
硫酸双氢去氧链霉素：
R=H，R′=CH_2OH

氨基糖常与磷酸及某些杂环化合物结合而存在于核蛋白中，是核酸及脱氧核糖核酸的重要组成部分，在第 16 章中再作介绍。

15.2　低　聚　糖

低聚糖具有和单糖相似的物理性质：能成结晶，易溶于水，并有甜味。低聚糖按其化学性质可分为两类：一类低聚糖具有和单糖相似的化学性质：有变旋光现象和还原性(如能还原费林试剂和土伦试剂)，并能与苯肼成脎，这类低聚糖连同单糖都叫还原性糖。另一类低聚糖没有变旋光现象和还原性，也不能与苯肼成脎，这类低聚糖叫做非还原性糖。两类低聚糖化学性质上的差异与它们结构上的不同密切相关。现以低聚糖中最重要的二糖为例进行讨论。

15.2.1　二糖的结构和性质

二糖可以看作是由两个单糖分子通过形成苷键的方式结合而成的苷。也就是说，二糖可看成是一个单糖分子中的苷羟基和另一个单糖分子中的苷羟基或醇羟基之间脱去一分子水的缩合产物。

为了测定二糖的结构，首先要从它的水解产物来确定组成这个二糖的单糖单位。例如，1mol 蔗糖水解得 1mol 葡萄糖和 1mol 果糖，可知蔗糖是由葡萄糖和果糖生成的糖苷。麦芽糖、纤维二糖都是由两分子葡萄糖组成的糖苷。其次是弄清二糖分子中苷键的类型，换言之，要弄清二糖中一个单糖分子中的苷羟基究竟是和另一个单糖分子中的那一个羟基之间脱水缩合成的一个糖苷。如果它是一个非还原糖，即它不能还原费林试剂和土伦试剂，那就说明这个二糖分子没有苷羟基存在，而是由两个单糖单元中的两个苷原子通过氧原子相互连接在一起的。例如，蔗糖就可看作是 D-(+)-葡萄糖的苷羟基和 D-(−)-果糖的苷羟基间的缩水产物。它既是葡萄糖苷，也是一个果糖苷。这种由两分子单糖彼此都用苷羟基失水缩合得到的二糖称为非还原性二糖。它们不能再转变成开链式，因而不再具有变旋光现象；也没有羰基的还原性，不与苯肼反应生成腙和脎。如果它是一个还原糖，即它能还原费林试剂和土伦试剂，那就说明这个二糖分子仍然存在着一个苷羟基，是一个单糖单位的苷原子通过氧原子和另一个单糖单位的非苷原子相连接。在这种情况下，可先把这个还原性的二糖用溴水氧化，使苷羟基转变为羧基，再将全部羟基甲基化，最后水解。由于苷键易水解而醚键不易水解，所以可从水解出来的单糖衍生物分子中的羟基位置来断定这个苷键是在第几个碳原子上。例如，麦芽糖经氧化后转变为D-麦芽糖酸，它与硫酸二甲酯和氢氧化钠作用后，即生成八-*O*-甲基-D-麦芽糖酸，后者在酸性溶液中水解即得到2,3,5,6-四-*O*-甲基-D-葡萄糖酸和2,3,4,6-四-*O*-甲基-D-葡萄糖。这就说明在麦芽糖分子中两个葡萄糖单位是以1,4-苷键相连接的。

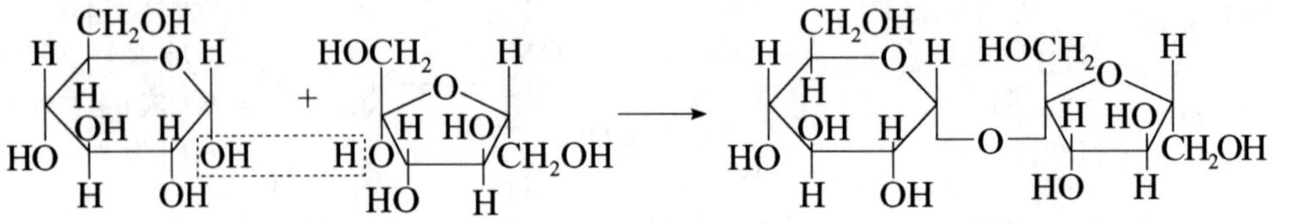

蔗糖

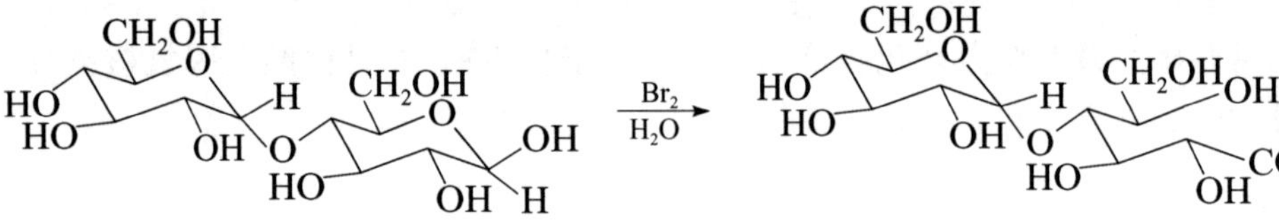

D-麦芽糖(*β*-异头物)　　D-麦芽糖酸

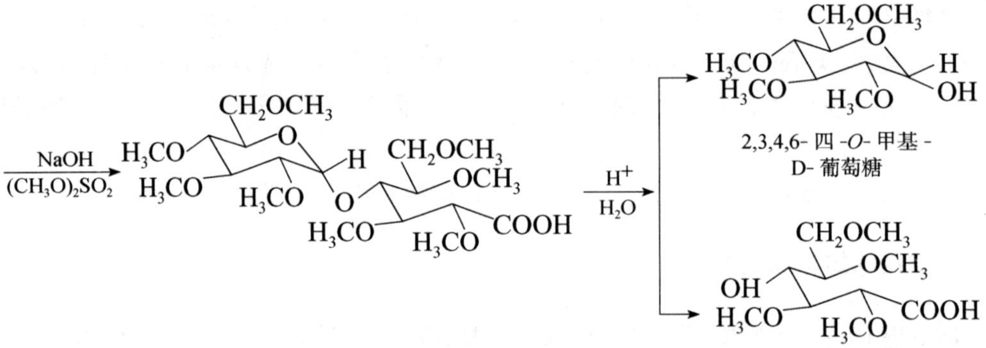

2,3,4,6-四-*O*-甲基-D-葡萄糖

2,3,5,6-四-*O*-甲基-D-葡萄糖酸

类似的方法证实纤维二糖也是由两分子葡萄糖单位通过1,4-苷键连接的。这种由一个单糖的苷羟基与另一分子的单糖的醇羟基失水缩合得到的二糖，能呈现出单糖的各种典型性质——有还原性，能还原费林试剂和土伦试剂，有变旋光现象，与苯肼反应生成脎和腙。总之，由于所参加缩合脱水的羟基不同，导致生成的二糖化学性质不同。据此可将二糖分为两类：一类是含有苷羟基的二糖[还原(性)二糖]；另一类是不含苷羟基的二糖[非还原(性)二糖]。

二糖结构有待阐明的第三个问题是苷的构型。这个问题用一般的化学方法不能解决，不同构型的苷可利用酶来确定，因为酶对糖类的水解是有选择性的。例如，麦芽糖酶只能使*α*-葡萄糖苷水解，而对*β*-葡萄糖苷无效；苦杏仁酶只能使*β*-葡萄糖苷水解，而对*α*-葡萄糖苷无效。由于蔗糖能用麦芽糖酶催化水解，也能用一种使*β*-果糖苷水解的酶(转化糖酶)催化水解，说明蔗糖是一个*α*-葡萄糖苷，也是一个*β*-果糖苷，其结构如下：

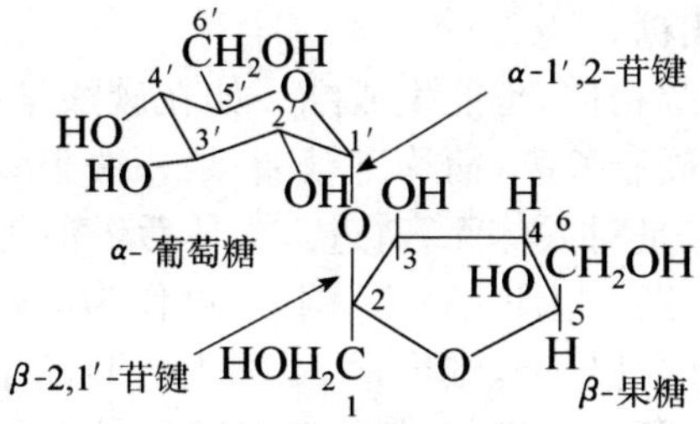

蔗糖

α-D-吡喃葡萄糖苷基-β-D-呋喃果糖苷或 β-D-呋喃果糖苷基-α-D-吡喃葡萄糖苷

麦芽糖的水解只能被 α-糖苷酶(麦芽糖酶)而不被 β-糖苷酶(苦杏仁酶)所催化,因此麦芽糖的苷键是 α-1,4-苷键。

纤维二糖与麦芽糖不同,纤维二糖的水解是被 β-糖苷酶而不是 α-糖苷酶所催化。因此,纤维二糖与麦芽糖是异构体,它是一个 β-葡萄糖苷。

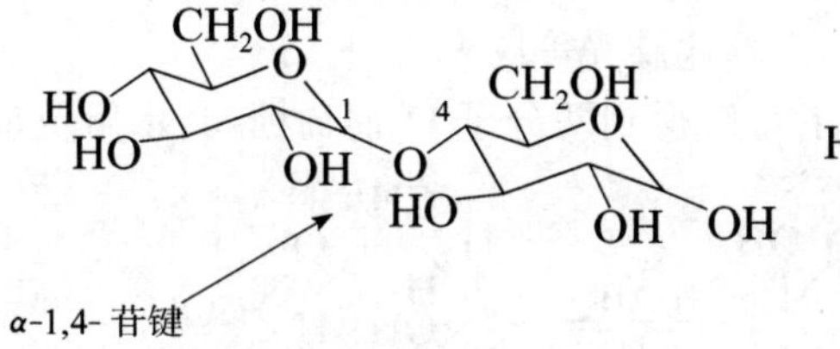

麦芽糖

4-*O*-(α-D-吡喃葡萄糖苷基)-β-D-吡喃葡萄糖

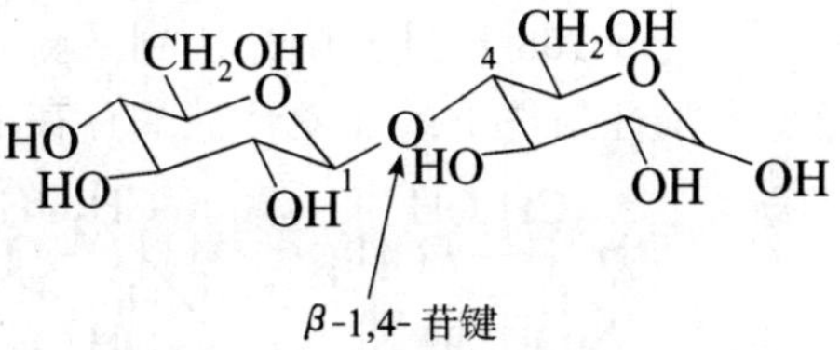

纤维二糖

4-*O*-(β-D-吡喃葡萄糖苷基)-β-D-吡喃葡萄糖

15.2.2　重要的低聚糖

最常见的低聚糖有蔗糖、麦芽糖和棉籽糖等。

1) 蔗糖

蔗糖(sucrose)是自然界中分布最广的二糖。在有光合作用的植物中,都有蔗糖存在。甘蔗和甜菜中含量最多,故俗称蔗糖或甜菜糖。工业上制造蔗糖的方法是压榨洗净的甘蔗,把得到的糖汁和石灰乳共热,则糖汁中所含的杂质如有机酸、蛋白质等沉淀出来。过滤后,通入二氧化碳以除去过量的石灰乳,再用活性炭脱色,并减压浓缩,即得蔗糖。蔗糖的甜味超过葡萄糖,但不及果糖。蔗糖是无色晶体,熔点 180℃,易溶于水,是个右旋糖,比旋光度$[\alpha]_D^{20}=+66.5°$。果糖的$[\alpha]_D^{20}=-92.4°$,D-葡萄糖的$[\alpha]_D^{20}=+52.7°$,所以蔗糖水解后的混合物是左旋的。即蔗糖水解后旋光方向发生了转化。因此,把蔗糖的水解反应叫转化反应(invert reaction),而水解后生成的葡萄糖、果糖的混合物称为转化糖(invertsugar)。蔗糖的水解反应如下:

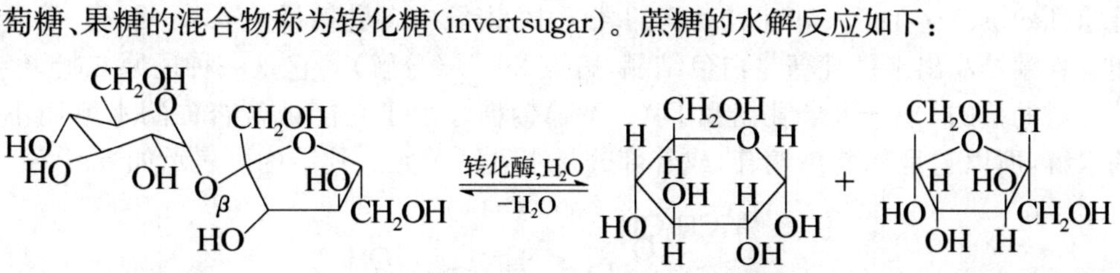

蔗糖 $[\alpha]_D^{20}=+66.5°$　　D-(+)-葡萄糖 $[\alpha]_D^{20}=+52.5°$　　D-(−)-果糖 $[\alpha]_D^{20}=-92.4°$

转化糖 $[\alpha]_D^{20}=-20°$

蜂蜜的主要成分就是转化糖。

蔗糖分子中含有羟基，与醇相似，也能生成酯。如在碳酸钠存在下，蔗糖与硬脂酸甲酯作用，经酯交换反应生成蔗糖单硬脂酸酯，简称蔗糖酯，是一种非离子表面活性剂。它是无毒、无臭、无味的物质，其最大的特点是对人体无害，进入人体后经消化转变为蔗糖和脂肪酸，成为营养物质，因此主要用于食品、医药和化妆品中。例如，可作为面包、糕点等的防老剂，糖果等的改性剂，冰激凌等以及化妆品的乳化剂，维生素 A、维生素 D 的增溶剂，维生素 K 的悬浮剂等。另外还可用作食品用洗涤剂和纤维处理剂，但由于其价格较贵和去污能力比较差，因此后两者用途较少。

2）麦芽糖

淀粉经麦芽（含 α-淀粉糖化酶）或唾液酶作用可部分水解成麦芽糖（maltose）。它是白色晶体，熔点 160～165℃，甜味不如蔗糖。麦芽糖是右旋的。在结晶状态下，麦芽糖中含有苷羟基的异头碳是 β-型的。β-异头物的比旋光度$[\alpha]_D^{20}=+112°$。麦芽糖易溶于水，在水溶液中，它的环状结构可以变成开链结构。通过开链结构，β-麦芽糖与 α-麦芽糖互变平衡。α-异头物的比旋光度$[\alpha]_D^{20}=+168°$经过变旋光达到平衡后，其比旋光度$[\alpha]_D^{20}=+136°$。

麦芽糖在酸性条件下或在麦芽糖酶存在下水解得到两分子 D-葡萄糖，其水解反应如下：

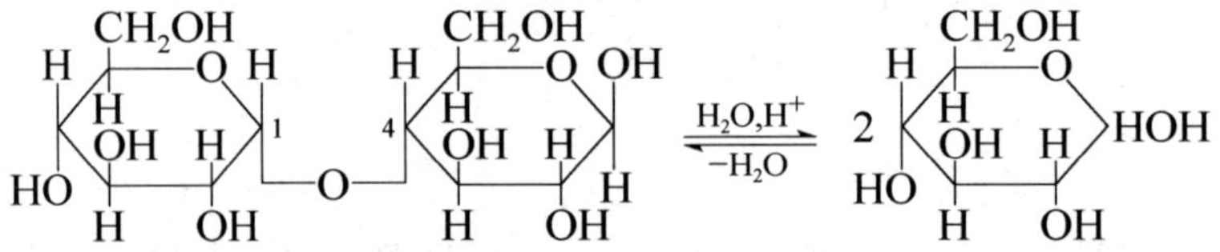

β-麦芽糖

在谷物种子的胚芽中存在着 α-淀粉酶，在其作用下淀粉水解生成麦芽糖。大麦芽中的麦芽糖含量最高，在用大麦酿造的啤酒中，麦芽糖的含量一般为 10%～12%。

3）纤维二糖

纤维二糖（cellobiose）是一种白色晶体，熔点 225℃，可溶于水，具有旋光性，$[\alpha]_D^{20}=+35.2°$。纤维二糖在自然界中并不是游离存在的，可以通过纤维素部分水解得到。纤维二糖的化学性质与麦芽糖相似。例如，一分子纤维二糖水解也生成两分子葡萄糖，且分子中也有苷羟基，是个还原糖。它也是两分子葡萄糖通过 1,4-苷键结合的。但是纤维二糖与麦芽糖不同，它水解是被 β-糖苷酶（苦杏仁酶）而不是 α-糖苷酶（麦芽糖酶）所催化，因此纤维二糖与麦芽糖是异构体，它是一个 β-葡萄糖苷。食草动物的消化道中的微生物可产生纤维素酶，能使纤维素及纤维二糖水解，进而被吸收。

4）乳糖

乳糖（lactose）存在于人和哺乳动物的乳汁中，人乳中含乳糖量为 6%～8%。工业上蒸发乳清而有乳糖结晶出来。乳糖是白色结晶，熔点 203℃（分解）。它是一种还原二糖，经水解后得到等物质的量的 D-(+)-半乳糖和 D-(+)-葡萄糖。由于它能被苦杏仁酶水解而不能被麦芽糖酶水解，所以它是一个 β-糖苷，成苷部分是半乳糖单元。其结构可表示如下：

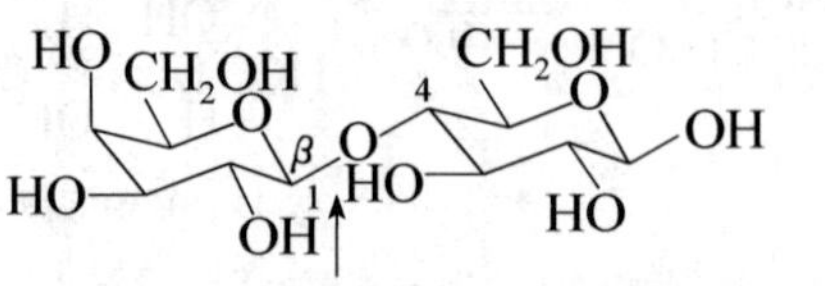

4-*O*-(β-D-吡喃半乳糖苷基)-β-D-吡喃葡萄糖

乳糖水溶度较小，没有吸湿性，是奶酪生产的副产物。乳糖是右旋糖，在人乳、牛乳及羊乳中其含量分别是 6%～7%、5%～6%及 4%～5%。乳糖不能被酵母发酵，但在乳酸杆菌作用下可以氧化成乳酸，牛乳变酸就是其中的乳糖变成了乳酸的缘故。

5）棉籽糖

棉籽糖(蜜三糖)(raffinose)是一个重要的三糖，甜菜和棉籽内均含有它。由甜菜制造蔗糖时，得到结晶后的母液称为糖浆，是提取棉籽糖最好的原料。棉籽糖的分子式为 $C_{18}H_{32}O_{16}$。它是一个非还原糖。用酸水解时，它给出 D-果糖、D-半乳糖和 D-葡萄糖；用蔗糖酶水解时，给出 D-果糖和蜜二糖(melibiose)。棉籽糖经甲基化，随后水解，给出 1,3,4,6-四-*O*-甲基-D-果糖、2,3,4,6-四-*O*-甲基-D-半乳糖以及 2,3,4-三-*O*-甲基-D-葡萄糖。因此，棉籽糖的结构如下：

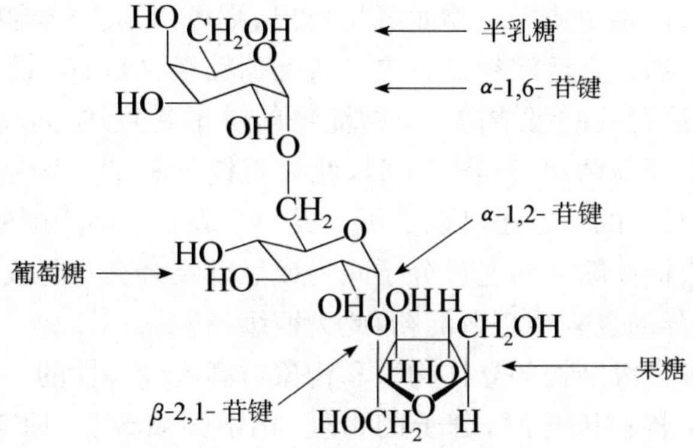

棉籽糖

β-D- 呋喃果苷基-6-*O*-(α-D- 吡喃半乳苷基)-α-D- 吡喃葡萄糖苷

15.3　多　　糖

多糖是自然界中分布最广的一类天然高分子化合物。它们的每个分子是由上千个单糖单元通过苷键结合而形成的糖苷，而这些糖苷键均可被水解。就一个多糖的结构来说，不仅要知道组成它的单糖单元是什么、在每个分子中有多少个单元，而且还要弄清它们是如何连接的、这样巨大的分子是直链的还是有支链的且是环状的还是卷绕状的。

自然界中最重要的多糖都是由己糖单元构成的，在分子链中，单糖单元呈 δ-氧环式，单糖之间相互以苷羟基与醇羟基缩合脱水成苷。

多糖的性质与单糖、大多数低聚糖很不同。尽管某些多糖分子链的末端含有一个苷羟基，但因相对分子质量很大，苷羟基所占比例极低，不足以使费林试剂还原，因而不呈现还原性和变旋光现象。多糖没有甜味，而且大多数是不溶于水的非晶形固体，个别的只能与水形成胶体溶液。

最常见最重要的多糖是淀粉和纤维素。

15.3.1　淀粉

淀粉(starch)存在于植物的种子、茎和块根中。

15.3.1.1　淀粉的结构和性质

淀粉是无色、无味、无臭、无定形的粉状物质。它的颗粒形状和大小根据来源不同而各异。完整的淀粉颗粒在冷水中是不溶解的，如果它的外膜被磨破后，则颗粒会在冷水中溶胀并形成凝胶。当完整的颗粒用温水处理时，淀粉的可溶部分会通过颗粒壁扩散出来；在热水中颗粒会溶胀到破裂。淀粉不溶于一般的有机溶剂。

淀粉的分子式为$(C_6H_{10}O_5)_n$。酸水解的最终产物是D-(+)-葡萄糖。由此可见，淀粉是一种均多糖，组成它的单糖单元只是葡萄糖。

但是，天然淀粉并不是一个单纯分子，而是一种混合物。它由两种不同类型的分子所组成：直链淀粉(amylose)和支链淀粉(amylopectin)。随着植物的不同，两者所占的比例也各异。在多数淀粉中，直链淀粉的含量为10%～20%，支链淀粉的含量为80%～90%。用热水处理颗粒状淀粉时，由于直链淀粉悬浮在水中，可达到与支链淀粉的初步分离。如果采用极性较强的酚类与直链淀粉作用生成配合物而沉淀析出，则可以与支链淀粉分开。这两部分在结构与性质上有一定的区别。直链淀粉是δ-氧环式葡萄糖经α-1,4-苷键连接起来的一种线型高分子聚合物，这是直链淀粉的一级结构。直链淀粉的链不是直线形，而是盘旋成一个螺旋状，每盘旋一周约含有六个葡萄糖单位(图15-2)，此为直链淀粉的二级结构。另外，盘旋的直链淀粉也不是直筒形的，盘旋的长链还可以变折形成一个表面上不规则的形状，此为直链淀粉的三级结构。如果多条直链淀粉之间通过分子间力或氢键结合在一起或与另一个类型的分子结合时，形成立体形态各异的复合型直链淀粉，此为四级结构。

生物大分子的这种高级结构的立体构型和构象对高度专一性的生物化学反应起着决定性的作用。当这些高级结构被破坏时，分子的物理、化学性质改变，原有的生理活性也将受到破坏。

这种紧密堆积的线圈结构，不利于水分子接近，故难溶于冷水，但能溶于热水。由于直链淀粉的二级结构中间的空穴——螺旋孔径正好能容下碘分子，形成一个蓝色配合物，配合与吸附作用使淀粉遇碘即呈蓝色(图15-3)。这个显色反应可用来检验淀粉的存在和作为碘量法分析指示终点之用。

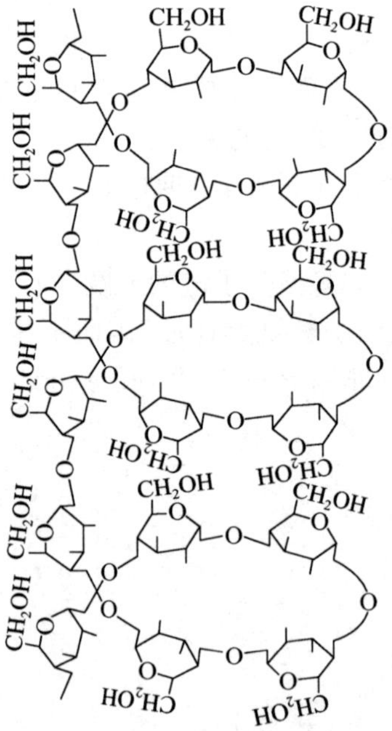

图15-2　直链淀粉的螺旋结构

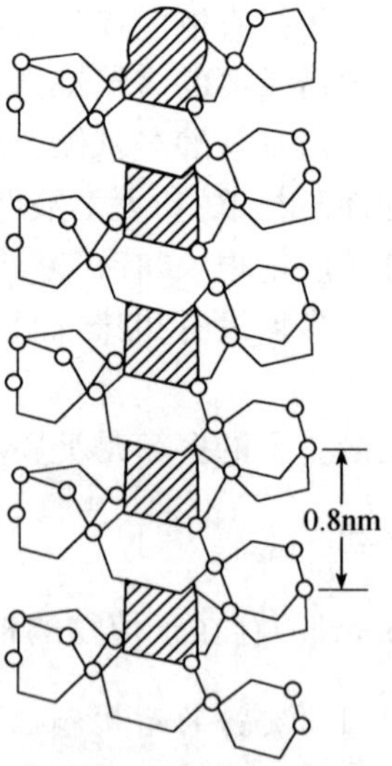

图15-3　直链淀粉与碘生成络合物

纯的、没有降解的支链淀粉是带有支链的大分子，由于具有高度分支，容易与水接触，故易溶于冷水；与热水作用则膨胀而成糊状。纯支链淀粉遇碘呈红紫色。

无论是直链淀粉或支链淀粉，用酸或酶处理均易使之水解，逐步裂解成小分子。水解过程中产生的低相对分子质量的多糖混合物称为糊精（dextrin），继续水解得到二糖，最终产物是D-(＋)-葡萄糖。淀粉水解过程表示如下：

$$\underset{\text{淀粉}}{(C_6H_{10}O_5)_n} \xrightarrow[\triangle]{H^+,H_2O} \underset{\text{糊精}}{(C_6H_{10}O_5)_m(m<n)} \xrightarrow[\triangle]{H^+,H_2O} \underset{\text{麦芽糖或异麦芽糖}}{C_{12}H_{22}O_{11}} \xrightarrow[\triangle]{H^+,H_2O} \underset{\text{葡萄糖}}{C_6H_{12}O_6}$$

淀粉水解的程度不同，所得糊精的分子大小也不同，当与碘作用时，就分别呈现蓝紫、紫、红、橙等颜色。当淀粉完全水解为麦芽糖和葡萄糖时，就没有这种颜色反应。因此根据水解产物对碘所呈颜色可以判断水解反应的进程。

若淀粉与淀粉酶或唾液酶作用，则水解的最终产物为麦芽糖（粗制品即饴糖）。

直链淀粉在稀酸中水解得到的二糖只是麦芽糖，这说明直链淀粉分子是由葡萄糖单元通过 α-1，4-苷键连接在一起的。

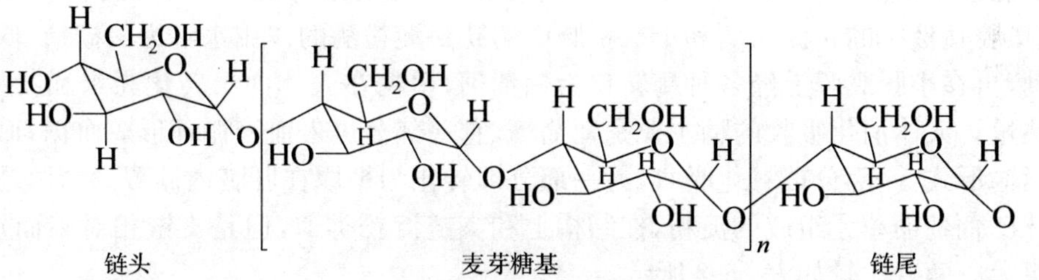

n=200~300，相对分子质量 3000~5000

直链淀粉的结构

支链淀粉在稀酸中水解得到的二糖除麦芽糖之外，还有异麦芽糖，即 α-1，6-苷键构成的二糖。异麦芽糖的存在说明支链淀粉分子中的葡萄糖单元，除了以 α-1，4 苷键相连外，还有以 α-1，6-苷键相连的，其结构式可表示如下：

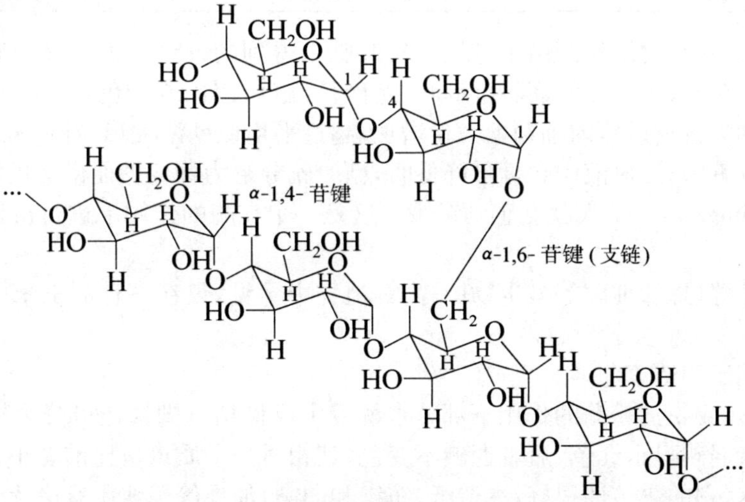

支链淀粉的结构

支链淀粉大约隔 20 个由 α-1，4-苷键相连接的葡萄糖单元就有一个由 α-1，6-苷键接出的分支（图 15-4）。支链淀粉所含葡萄糖单元比直链淀粉多，平均相对分子质量为 $1\times10^6\sim6\times$

10^6（6000～37 000 个葡萄糖单元）。用淀粉酶水解时，只有外围的支链可被分解为麦芽糖。

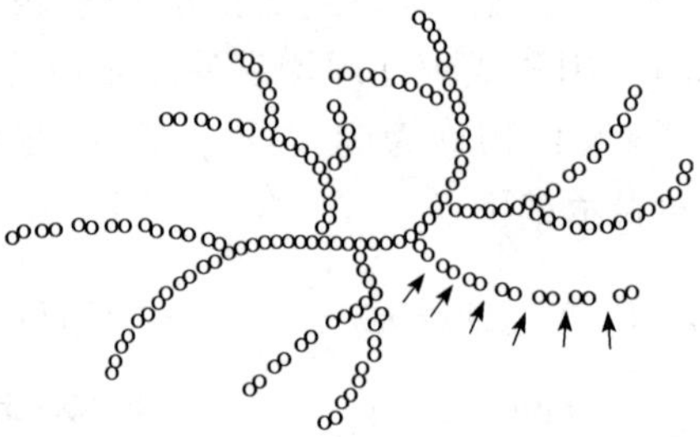

图 15-4 支链淀粉的结构示意图

每一个圆圈代表一个葡萄糖单元，两个圆圈代表麦芽糖单元，箭头所指处为可被淀粉酶水解的部分

15.3.1.2 淀粉的应用

淀粉可直接用作食品。成人每天耗能约 10 000kJ，1mol 淀粉可产生约 2820kJ 的热量，若人需要的能量单由淀粉供给，则需要 550g 的淀粉，一般的米、面约含 75%淀粉。淀粉进入人体后，经口腔唾液中的 α-淀粉酶和十二指肠中的胰 α-淀粉酶的作用水解为 α-糊精、低聚麦芽糖和麦芽糖，再在小肠黏膜上经各种酶转化为葡萄糖，单糖在人体内再转化为水和二氧化碳，同时放出热量。人体消化吸收的糖主要是葡萄糖，它一部分进入血液循环形成血糖，血糖是糖在体内的运输形式，一部分被氧化吸收，另一部分即转化为糖原在肝脏内储藏。糖原是含有大约 100 万个 D-葡萄糖单元组成的淀粉，在结构上和支链淀粉类似，但是支链相对多而短，相对分子质量更大。两者比较如表 15-2 所示。

表 15-2 糖原与支链淀粉的比较

名称	支链淀粉	糖原
平均相对分子质量	5×10^5	$>1\times10^8$
α-1,4-苷键分支长度	20～30 个葡萄糖单元	12～18 个葡萄糖单元
分支间距	11～12 个葡萄糖单元	6～7 个葡萄糖单元

因此，糖原又称动物淀粉。由于它最早从肝脏中得到的，所以，糖原又叫肝糖。它是一种可溶于水的无色粉末，溶于冷水而不呈糊状，遇碘呈红色、棕色或紫色，无还原性，也不发生成脎反应。人和动物进食后体内葡萄糖大量增加，超过平均血糖浓度（1.7mg/mL），它就结合成糖原而储存于肝脏中；当血液中含糖量降低时，糖原就分解为葡萄糖而供给机体以能量。当血糖浓度低于 1.6mg/mL 时，人就会感到饥饿。这是一个在酶的作用下进行得很复杂的生物分解过程。

糖原也含于酵母菌、细菌等微生物中，高等植物中罕见，仅在一种甜玉米中发现过类似糖原的多糖。

淀粉大量用于酿造工业。

淀粉在酸、热或 α-淀粉酶的作用下部分水解后生成糊精。糊精还可分为红糊精和无色糊精两大类。前者遇碘显示红色，后者遇碘不变色，其相对分子质量也比前者小。糊精易溶于热水而难溶于冷水，它的黏结性很好，在造纸、纺织和印染、油墨等工业中有广泛应用。用高碘酸等氧化淀粉，在某些单元的 C_2 和 C_3 之间的键断裂形成两个醛基，得名“二醛淀粉”的产品可用于生产吸水纸和皮革工业中的鞣料，在医疗上也有去毒的治疗作用。

此外，由于组成淀粉的每个葡萄糖单元的 C_2、C_3 和 C_6 上都有一个醇羟基，它们能生成酯类和醚类衍生物，如乙酸淀粉、磷酸淀粉、羟乙基淀粉；与多官能团化合物起反应制得交联淀粉；能与人工高分子单体接枝共聚。例如，淀粉和丙烯酸、丙烯腈、苯乙烯、丁二烯以及其他人工高分子单体起接枝反应生成共聚物，叫做接枝共聚淀粉。这些工业淀粉，加上经过热处理制得的预胶凝淀粉和糊精，在造纸、纺织、医药、农药、建材、塑料、采油、选矿、机械、冶金以及环保等方面都有广泛的应用。

15.3.2　纤维素

15.3.2.1　纤维素的结构和性质

纤维素是构成植物细胞膜的主要成分。它在自然界中分布很广。在植物中，纤维素是和木质素(不属糖类、一种含有羟基、甲氧基以及芳环结构的复杂物质，其结构和组成尚未清楚)、半纤维素(是多聚戊糖和多聚己糖的混合物，相对分子质量比纤维素的小)、油脂、无机盐等同时存的。木材中约含纤维素 50%，亚麻含纤维素 80%，棉花约含 90%以上。定量滤纸可以说是纯粹的纤维素。造纸工业就是以制取纤维素为主要任务，通常是在加热的条件下，用碱溶液或亚硫酸铵溶液处理植物体，使其中木质素等杂质溶解，纤维素受碱的破坏作用较小(苷键对碱稳定)，从而提取出纯粹的纤维素。

纤维素的纯品无色、无味、无臭。它像直链淀粉一样，是没有分支的链状分子化合物，不溶于水和一般有机溶剂(如乙醇、苯、醚等)。

纤维素的分子式也是$(C_6H_{10}O_5)_n$，此处的 n 与淀粉中的 n 不同。纤维素的相对分子质量比淀粉大得多，其葡萄糖单元个数为 6000～8000。

纤维素比淀粉难于水解，一般需要在浓酸中或在稀酸加压下进行。在水解过程中可以得到纤维四糖、纤维三糖和纤维二糖等，但水解的最后产物也是 D-(+)-葡萄糖。

$$\underset{\text{纤维素}}{(C_6H_{10}O_5)_n} \xrightarrow[\triangle]{H_2O,H^+} \underset{\text{纤维四糖}}{(C_6H_{10}O_5)_4} \xrightarrow[\triangle]{H_2O,H^+} \underset{\text{纤维三糖}}{(C_6H_{10}O_5)_3} \xrightarrow[\triangle]{H_2O,H^+}$$

$$\underset{\text{纤维二糖}}{(C_6H_{10}O_5)_2} \xrightarrow[\triangle]{H_2O,H^+} \underset{\text{D-葡萄糖}}{C_6H_{12}O_6}$$

与淀粉水解所得二糖不同，纤维素水解得纤维二糖。因为纤维二糖是 β-1，4-糖苷，说明纤维素是由很多葡萄糖单位通过 β-1，4-苷键连接起来的直链分子，其结构式可表示如下：

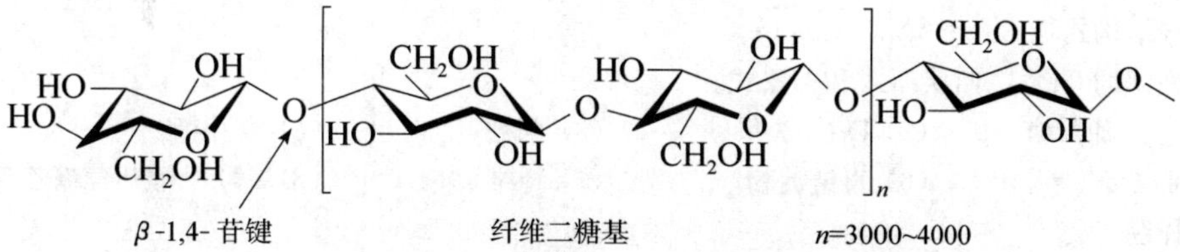

纤维素

纤维素分子是一条条卷曲的长链，每条长链中相邻葡萄糖单元相互扭转 180°。这些长链通过分子间的氢键结合成纤维束，若干纤维素束捻在一起，扭转曲折成绳索状结构。这些绳索状结构的链再排列起来形成肉眼所见到的纤维，并具有一定的机械强度和化学稳定性。如图 15-5 所示。

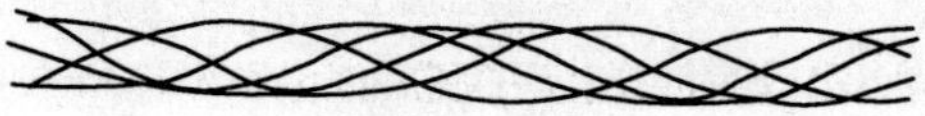

图 15-5　相互扭缠的纤维素链

淀粉酶只能水解 α-1,4-苷键。人体内没有能使纤维素水解断裂生成葡萄糖的纤维素酶，所以纤维素不能作为人类的营养食物。然而食草动物(牛、马、羊)的消化道中所含的某些微生物却能分泌出水解纤维素的 β-1,4-苷键的酶,使之转化为葡萄糖,因而它可作为饲料。

但是,人也吃一些富含纤维素的食物,如粗粮、燕麦、大麦、水果、蔬菜等。肠子因果胶、树胶、木质等纤维素的存在而增加蠕动,加上纤维素是多羟基亲水性的化合物,它吸水使肠子保持湿润而让大便通畅并有助于食物的消化吸收。食物中的纤维素还有一些可以被肠道细菌的酶分解,除产生水和二氧化碳外还有乙酸、乳酸和其他短链脂肪酸。例如,大肠杆菌能和纤维素作用合成维生素 B 之类的泛酸、维生素 K 和肌醇,从而被人体所吸收利用。高纤维植物还容易使人得到饱感,带走胆固醇的代谢产物胆固酸,使胆固醇在体内的沉积减少。因此,膳食纤维也被列为蛋白质、脂肪、糖类、维生素、无机盐和水之外的第七类营养素,是其他营养素无法代替的重要物质。

纤维素的化学反应和染色性能等,主要发生在 C_6 伯羟基上。

15.3.2.2　纤维素的应用

纤维素可直接作为纺织、造纸工业的主要原料。除此之外,纤维素经再生、衍生或改性处理而得到更为广泛的应用。例如,硝酸纤维素酯、纤维素黄原酸酯、乙基纤维素、羧甲基纤维素(CMC)等。纤维素材料如浆、纸、纺织纤维、再生纤维、纤维素衍生物等的性质,均能利用接枝和交联反应来加以改变。经过改性后的纤维素纤维可获得具有特殊性能的纤维素新产品。接枝共聚和交联反应虽然都可属于酯化和醚化的作用范围,但是不能把它们与纤维素的衍生物的生成反应相混淆,应从高分子合成的角度去理解。

在结束本章之时,除了应提及自然界中的淀粉、纤维素之外,还有许多重要的杂多糖,如半纤维素、琼脂、果胶物质(pectic substance)、甲壳素(也称甲壳质)、动物黏多糖、透明质酸、肝素等,有关它们的应用研究为众多学者和企业家所关注。

习　题

(一) 基础知识练习题

1. 解释下列各名词。

单糖　异头物　苷　还原糖　D-/L-糖　1;4′-键联　呋喃式　吡喃式　Haworth 结构式　α-/β-异构

2. 写出下列糖的开链式、哈沃斯式和构象式。

(1) D-(+)-葡萄糖　(2) D-(−)-果糖　(3) 蔗糖　(4) 麦芽糖　(5) 纤维二糖　(6) 直链淀粉　(7) 纤维素　(8) α-D-吡喃葡萄糖乙苷

3. 单项选择题。

(1) 下列化合物有变旋现象的是(　　)。

A. 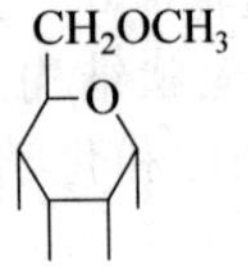
B. 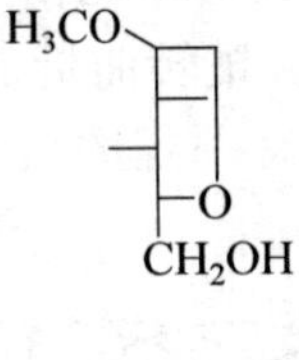
C. 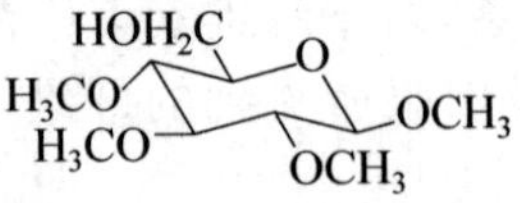
D. 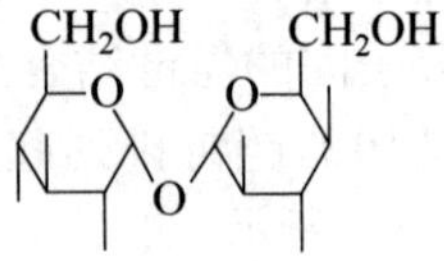

(2) 葡萄糖的半缩醛羟基是(　　)。

A. C_1-OH　B. C_2-OH　C. C_3-OH　D. C_4-OH

(3) 下列化合物中能与土伦(Tollens)试剂发生银镜反应的是(　　)。

A. $CH_3CH_2CH_2COCH_2CH_3$　　B. $CH_3CH_2COCH_2CH_3$

C. $CH_3CH_2CH_2CHO$　　D. $CH_3CH_2COCH_3$

(4)能与溴水反应使其褪色的是(　　)。

A. 果糖　　B. 葡萄糖　　C. 蔗糖　　D. 淀粉

(5) 下列糖中是还原性糖的是(　　)。

A. 淀粉　　B. 纤维素　　C. 蔗糖　　D. 麦芽糖

(6) 纤维素是由(　　)苷键连接而成。

A. β-1,4-D-葡萄糖　　B. α-1,4-D-葡萄糖　　C. β-1,6-D-葡萄糖　　D. α-1,6-D-葡萄糖

(7) 下列化合物中(　　)不能形成糖脎。

A. 葡萄糖　　B. D-果糖　　C. 麦芽糖　　D. 蔗糖

(8) D-葡萄糖和 D-甘露糖互为(　　)的异构体。

A. 位置　　B. 差向　　C. 官能团　　D. 碳架

(9) 下列物质不属于天然化合物的是(　　)。

A. 葡萄糖　　B. 蛋白质　　C. 果糖　　D. 呋喃

(10) 下列化合物属于寡糖的是(　　)。

A. 葡萄糖　　B. 麦芽糖　　C. 果糖　　D. 纤维素

4. 判断题。

(1) 糖苷既不与费林试剂作用,也不与土伦试剂作用,且无变旋光现象。(　　)

(2) 单糖均是固体,都有甜味,且都有变旋光现象。(　　)

(3) 单糖都是非还原糖。(　　)

(4) 蔗糖的分子式为 $C_{12}H_{22}O_{11}$,是右旋的,没有变旋现象,但蔗糖经酸性水解后产生一分子 D-葡萄糖和一分子 D-果糖,这两个单糖的混合物也是右旋的。(　　)

(5) 葡萄糖在 IR 中没有羰基的伸缩振动,在 ^1H NMR 中也没有醛基质子的吸收峰。(　　)

(6) 葡萄糖不和 $NaHSO_3$ 反应,不能形成醛基与 $NaHSO_3$ 的加成产物。(　　)

(7) 葡萄糖和果糖都不能发生水解反应。(　　)

(8) 果糖分子中无醛基,所以无还原性。(　　)

(9) 单糖的相对构型只取决于距羰基最远的手性碳原子上的羟基位置。(　　)

(10) 麦芽糖和蔗糖都可以与费林试剂反应(　　)。

(二) 综合提高练习题

1. 完成下列反应(凡涉及构型的反应,一律用哈武斯式表示)。

(1) 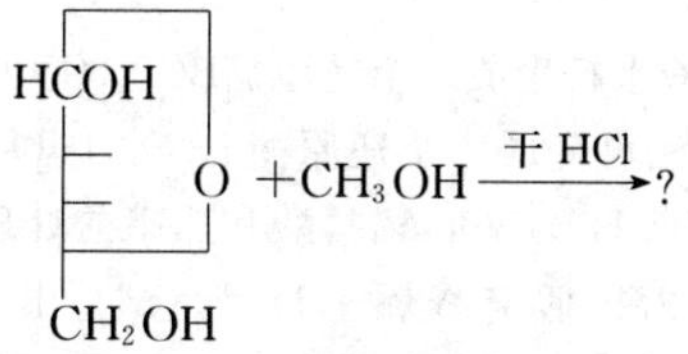

(2) 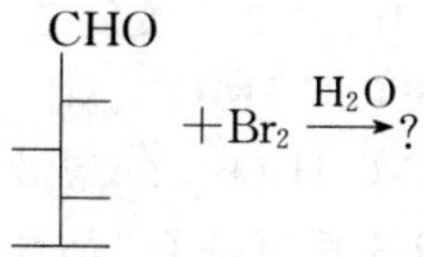

(3) 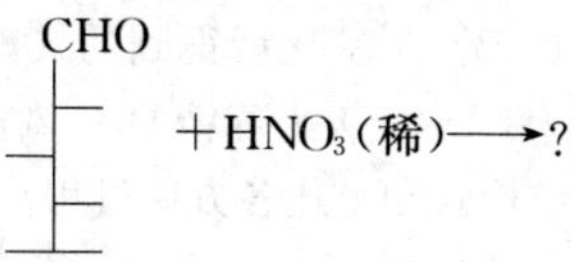

(4) 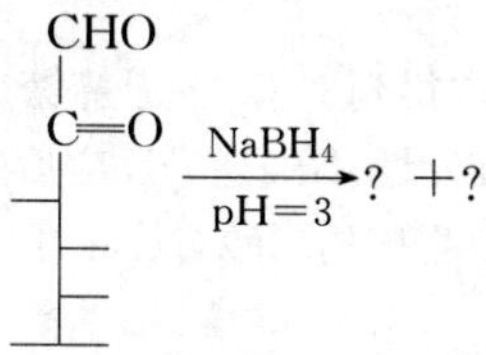

(5) 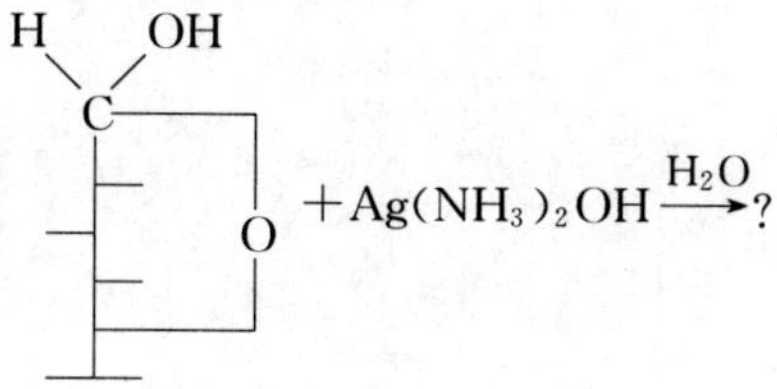

(6) 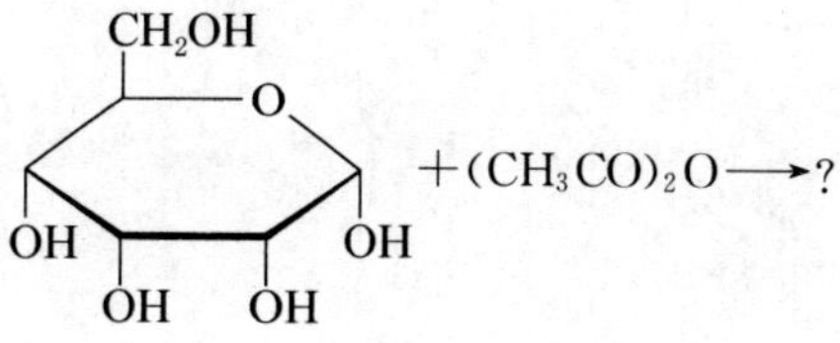

(7) 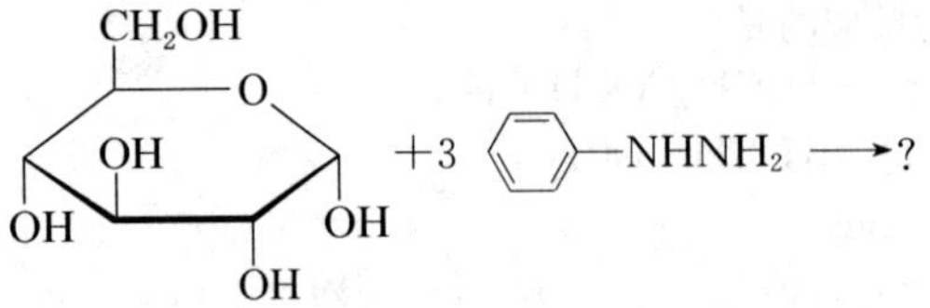

2. 写出果糖(开链式)与下列试剂反应的主要产物。

(1) 苯肼 (2) $NaCN/H^+$ (3) Br_2/H_2O (4) CH_3OH/HCl (5) $(CH_3CO)_2O/ZnCl_2$

3. 用简单化学方法鉴别下列各组化合物。

(1) a. 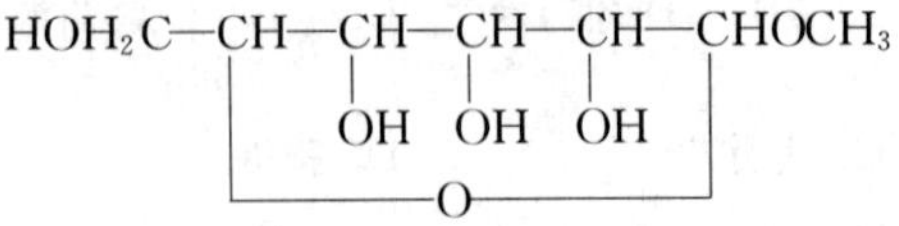
b. 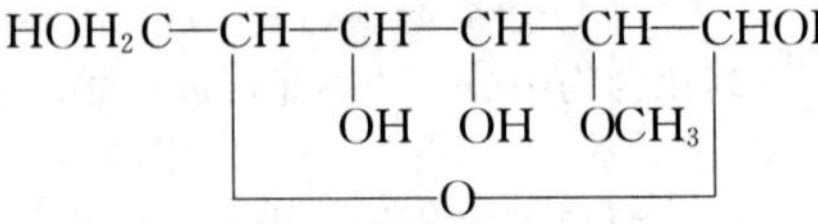

c. 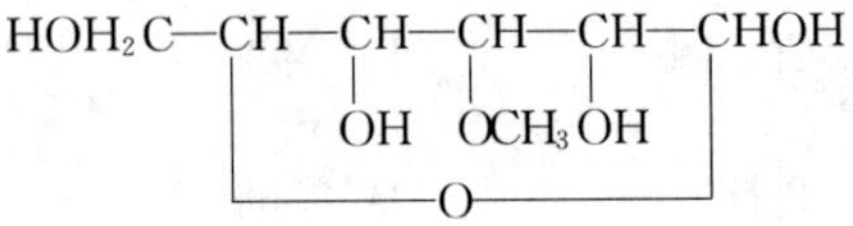

(2) a. 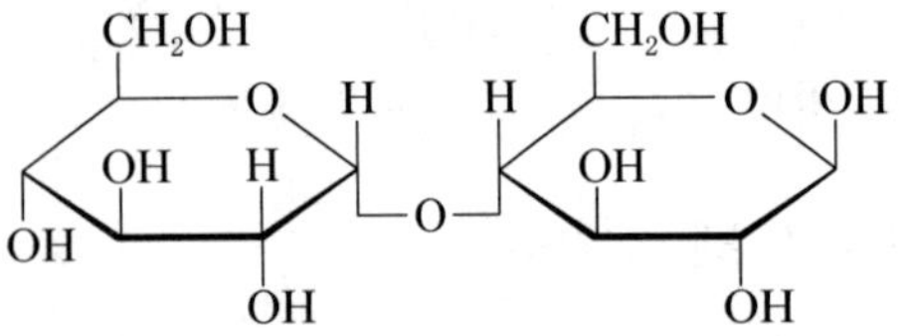
b. 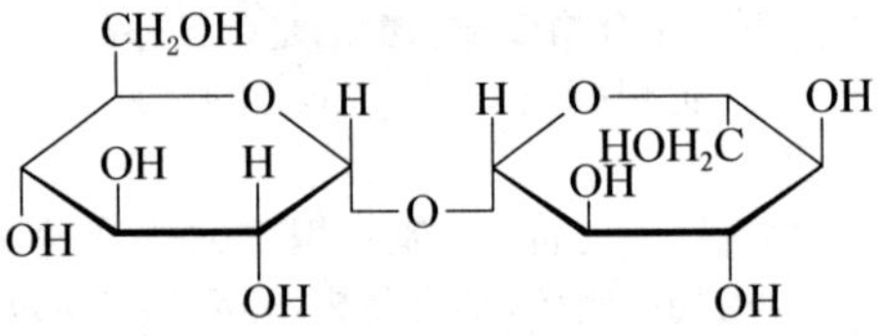

(3) a. 葡萄糖和蔗糖 b. 纤维素和淀粉 c. 麦芽糖和淀粉 d. 葡萄糖和果糖

e. 甲基-β-D-吡喃甘露糖苷和 2-*O*-甲基-β-D-吡喃甘露糖

4. 推测结构。

(1) 有两个具有旋光性的丁醛糖(A)和(B),与苯肼作用生成相同的脎。用硝酸氧化,(A)和(B)都生成含有四个碳原子的二元酸,但前者有旋光性,后者无旋光性。试推测(A)和(B)的结构式。

(2) 有三个单糖,和过量苯肼作用后得同样晶形的脎,其中一个投影式是 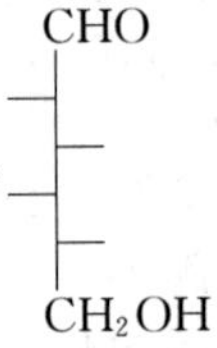 ,写出其他两个异构体的投影式。

(3) 一天然产物 A($C_7H_{14}O_6$)没有还原性和变旋光作用,用稀盐酸水解生成一个还原糖B($C_6H_{12}O_6$)。B用硝酸氧化生成不旋光的二酸 C($C_6H_{10}O_8$)。B用糖的递降方法可变成一个还原糖 D($C_5H_{10}O_5$)。D用硝酸氧化生成旋光的二酸 E($C_5H_8O_7$)。A依次用 NaOH 和$(CH_3)_2SO_4$,稀盐酸和热硝酸处理后从反应混合物中可以分离出α,β-二甲氧基丁二酸和α-甲氧基丙二酸,假定 A 属于 D-型。试写出 A～E 的构型式。

(4) D-(+)甘油醛经递升反应得到 D-(−)-赤藓糖 A 和 D-(−)-苏阿糖 B。A 氧化后得到的二酸无旋光性,而 B 得到的二酸有旋光性;B 经递升反应后生成 D-(+)-木糖 C 和 D-(−)-来苏糖 D,C 氧化后生成的二酸也无旋光性,而 D 生成的二酸有旋光性,给出 A、B、C、D 的结构式和上述各方应过程。

第 16 章　氨基酸、肽、蛋白质和核酸

蛋白质属于生物高聚物，它是生命的基础物质。蛋白质水解后的最终产物几乎都是 α-氨基酸，α-氨基酸是组成蛋白质的基本单位，因此首先讨论氨基酸。

16.1　氨　基　酸

16.1.1　氨基酸分类、命名和结构

16.1.1.1　分类和命名

分子中含有氨基的羧酸叫做氨基酸(amino acid)。根据氨基和羧基的相对位置，可分为 α-氨基酸、β-氨基酸、γ-氨基酸、…、ω-氨基酸等。其中以 α-氨基酸最为重要，因为蛋白质水解所得氨基酸除个别外，全都是 α-氨基酸。根据分子中所含氨基和羧基的数目，氨基酸常分为中性氨基酸、酸性氨基酸和碱性氨基酸三类。所谓中性氨基酸是指分子中氨基和羧基数目相等，但氨基的碱性和羧基的酸性并不是恰好抵消的，并非真正的中性物质；分子中羧基的数目多于氨基，呈现酸性的氨基酸叫酸性氨基酸；分子中氨基的数目多于羧基，呈现碱性的氨基酸叫碱性氨基酸。按照分子结构的特点，氨基酸可分为脂肪族氨基酸、芳香族氨基酸以及杂环氨基酸。

天然氨基酸大多根据其来源或性质采用俗名命名。例如，最初从蚕丝中获得的氨基酸称为丝氨酸；一种略具甜味的氨基酸叫做甘氨酸。1975 年，IUPAC 对 20 多种蛋白氨基酸逐一正式命名并规定了通用的缩写和碳架定位。缩写符号由其英文名的前三个字母组成。这种符号在表示蛋白质和肽链结构时是被广泛应用的。非蛋白氨基酸的命名方式相对混乱一些，俗名、半系统命名和系统命名均有。

由蛋白质水解得到的 α-氨基酸的俗名以及简写见表 16-1。

表 16-1　蛋白质中的 α-氨基酸

氨基酸	符号	字母代号	结构式	等电点 pI	熔点/℃
甘氨酸	Gly	G	$H-CH(NH_2)-COOH$	5.97	292 分解
丙氨酸	Ala	A	$CH_3-CH(NH_2)-COOH$	6.00	297 分解
* 缬氨酸	Val	V	$(H_3C)_2CH-CH(NH_2)-COOH$	5.96	315 分解
* 亮氨酸	Leu	L	$(H_3C)_2CH-CH_2-CH(NH_2)-COOH$	6.02	337 分解

续表

氨基酸	符号	字母代号	结构式	等电点 pI	熔点/℃
* 异亮氨酸	Ile	I	$CH_3—CH_2—CH(CH_3)—CH(NH_2)—COOH$	5.98	285 分解
* 苯丙氨酸	Phe	F	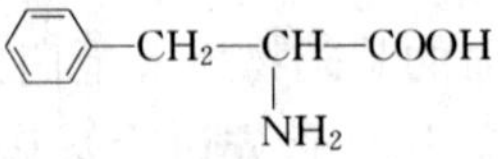	5.48	283
丝氨酸	Ser	S	$HO—CH_2—CH(NH_2)—COOH$	5.68	228 分解
* 苏氨酸	Thr	T	$HO—CH(CH_3)—CH(NH_2)—COOH$	6.53	253 分解
酪氨酸	Tyr	Y	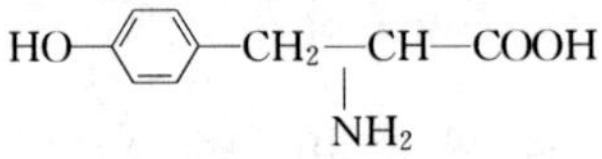	5.66	342
半胱氨酸	Cys	C	$HS—CH_2—CH(NH_2)—COOH$	5.05	—
胱氨酸	Cys-Cys		$S—CH_2—CH(NH_2)—COOH$ $S—CH_2—CH(NH_2)—COOH$ (两个 S 相连)	5.06	258
* 蛋氨酸	Met	M	$CH_3SCH_2CH_2CHCOOH$ (NH_2)	5.74	283
* 色氨酸	Trp	W	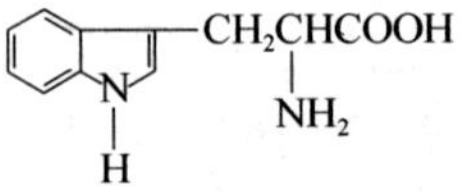	5.89	283
* 赖氨酸	Lys	K	$H_2NCH_2—(CH_2)_3—CHCOOH$ (NH_2)	9.74	224
精氨酸	Arg	R	$H_2N—C(=NH)—NH—(CH_2)_3—CHCOOH$ (NH_2)	10.76	230～244 分解
组氨酸	His	H	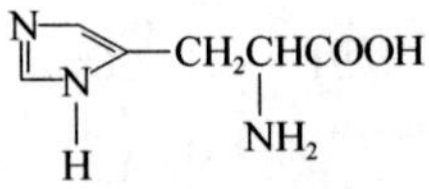	7.59	287
天门冬氨酸	Asp	D	$HOOC—CH_2—CH(NH_2)—COOH$	2.77	269
谷氨酸	Glu	E	$HOOC\ CH_2CH_2CH(NH_2)\ COOH$	3.22	247

续表

氨基酸	符号	字母代号	结构式	等电点 pI	熔点/℃
天门冬酰胺	Asn		$H_2N\ CO\ CH_2CH\ COOH$ | NH_2	5.41	236
谷氨酰胺	Gln	Q	$H_2N\ CO\ CH_2CH_2CH\ COOH$ | NH_2	5.65	184
脯氨酸	Pro	P	CH_2—CH—COOH | 　 | CH_2　NH CH_2	6.30	220

注：Cys 又可写作 CySH；Cys-Cys 又可写作 Cy—s—s—Cy。

表中带 * 号的八个氨基酸叫做人体必需氨基酸。所谓必需氨基酸是指那些构成蛋白质的但不能为人体所合成、必须经过食物摄取的氨基酸。营养学研究表明，如果缺乏这些氨基酸，人体就会发生某些疾病，即它们是生命的必需物质。人们可以从不同的食物中得到必需的氨基酸，但并不能从某一种食物中获得全部必需的氨基酸，因此人们的饮食就应多样化，这对人体的健康是必需而有好处的。

人体要求的各种氨基酸的相对比例有所不同，这是因为组成人体各种组织细胞中蛋白质的氨基酸也有一定比例。含有所有必需氨基酸的蛋白质叫做全蛋白，大多数动物蛋白质属于全蛋白。动物从食物中摄取所需要的蛋白质经消化变成氨基酸被吸收，其中有些被用作合成蛋白质所需物质，有些转化为其他生理活性物质，有些被消耗而提供能量。

常见的氨基酸有 20 多种，但是组成蛋白质的氨基酸远不止 20 种，因为蛋白质在酶作用下水解，其中的氨基酸还会起各种反应，水解后生成非典型的氨基酸。

习惯上将蛋白质的氨基酸之外的其他氨基酸统称为非蛋白组分氨基酸，迄今发现的天然非蛋白氨基酸已超过 700 多种，广泛分布于植物、微生物和动物中。D-氨基酸也属于非蛋白氨基酸。近年来，在微生物产生的一些多肽抗生素和植物中也能分离到一些 D-氨基酸，其功能已经引起人们的注意。

16.1.1.2　构型

α-氨基酸除甘氨酸外，都至少含一个手性碳原子，因此水解蛋白质所得到的 α-氨基酸，除甘氨酸外，都有光学活性，它们的相对构型（D/L 标记）以丝氨酸为标准，标其 α-碳原子。如

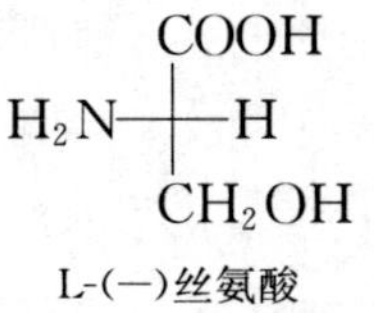

L-(−)丝氨酸

L-天门冬氨酸

天然氨基酸都属于 L 构型。对于绝大多数氨基酸来说，L 构型就相当于绝对构型（R/S 标记）中的 S 型。如

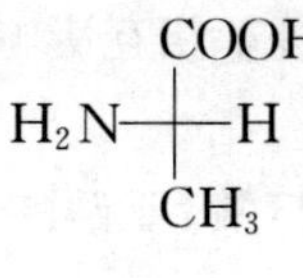

L-丙氨酸或(S)-丙氨酸

16.1.2　氨基酸的性质

16.1.2.1　氨基酸的物理性质

α-氨基酸是难挥发的黏稠液体或无色晶体。固体氨基酸的熔点很高，并常常在熔融时分解。一般的氨基酸能溶于水，但是胱氨酸和酪氨酸在水中溶解度很小；氨基酸在盐酸溶液中都有一定的溶解度；不溶于乙醚、丙酮、苯和氯仿等非极性有机溶剂，除脯氨酸和羟基脯氨酸之外，其余的α-氨基酸都不溶于乙醇。除甘氨酸外，其他天然氨基酸都有旋光性。

α-氨基酸在固态或溶液中其红外光谱 $1720cm^{-1}$ 处不呈现羧基典型谱带，而在 1600～$1500cm^{-1}$ 有一羧酸负离子的吸收带，在 3100～$2600cm^{-1}$ 有一强而宽的 N—H 键伸缩吸收带。

氨基酸的物理性质都显示出盐类化合物的特性，表 16-2 列出了常见的α-氨基酸的物理常数。

表 16-2　常见的α-氨基酸的物理常数

名称	溶解度(25℃)/(g/100gH_2O)	$[\alpha]_D^{25}$	pK_1	pK_2	pK_3	分解温度/℃
甘氨酸	25		2.35	9.78		233
丙氨酸	16.7	+8.5	2.35	9.87		297
丝氨酸	5.0	−6.8	2.19	9.44		228
半胱氨酸		+6.5	1.86	8.35	10.34	
苏氨酸	易溶	−28.3	2.09	9.10		225
蛋氨酸	3.4	−8.2	2.17	9.27		280
缬氨酸	8.9	+13.9	2.29	9.72		315
亮氨酸	2.4	−10.8	2.33	9.74		293
异亮氨酸	4.1	+11.3	2.32	9.76		284
苯丙氨酸	3.0	−35.1	2.58	9.24		283
酪氨酸	0.04	−10.6	2.20	9.11	10.07	342
脯氨酸	162	−85.0	1.95	10.64		220
色氨酸	1.1	−31.5	2.43	9.44		289
天门冬氨酸	0.54	+25.0	1.99	3.90	10.00	270
谷氨酸	0.86	+31.4	2.13	4.32	9.95	247
精氨酸	15	+12.5	1.82	8.99	13.20	244
赖氨酸	易溶	+14.6	2.16	9.20	10.80	225
组氨酸	4.2	−39.7	1.81	6.05	9.15	287

16.1.2.2　氨基酸的化学性质

氨基酸具有氨基和羧基的典型性质，也有氨基和羧基相互影响而产生的一些特殊性质。

1）氨基的反应

α-氨基酸分子中的氨基具有典型氨基的性质，能与酸、亚硝酸、羟基化试剂、酰基化试剂、

甲醛、过氧化氢等反应，如

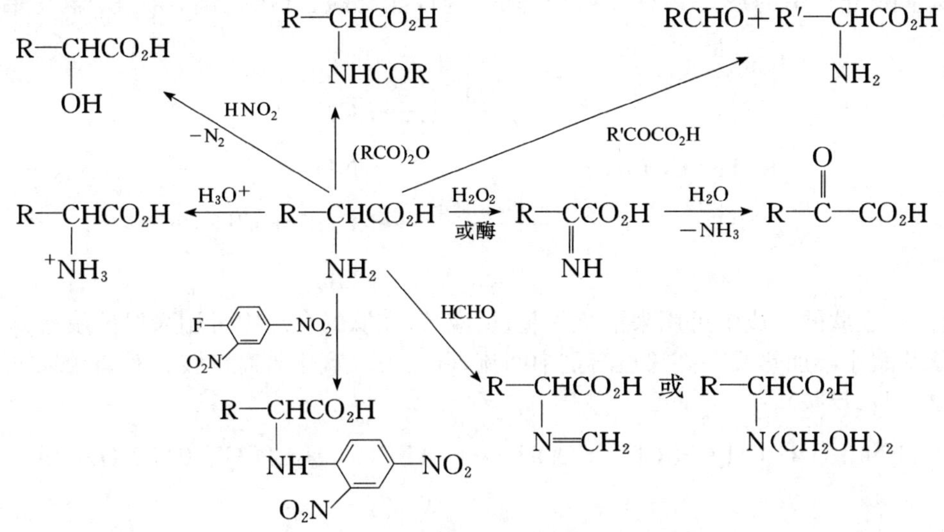

(1) 酰基化反应。氨基酸分子中的氨基能和酰卤或酸酐作用生成酰胺。

$$(CH_3)_2CHCH(NH_3^+)CO_2^- + C_6H_5COCl \xrightarrow[4℃,2h]{OH^-,H_2O} \xrightarrow{HCl} (CH_3)_2CHCH(NHCOC_6H_5)CO_2H \quad 80\%$$

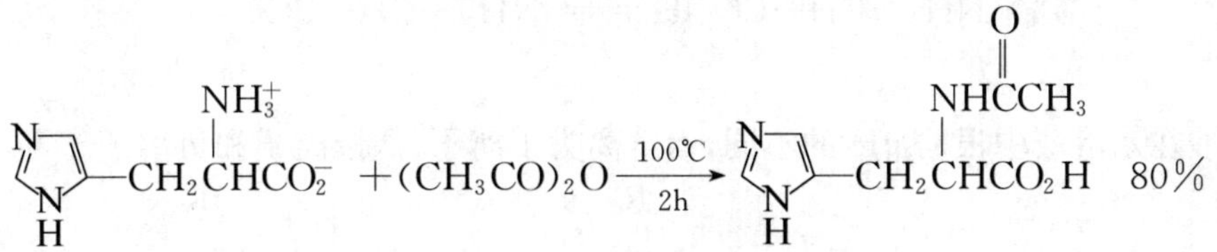

以上反应可应用在实验室合成多肽或蛋白质时保护氨基。

(2) 与亚硝酸的作用。氨基酸与亚硝酸作用放出氮气，得到羟基酸，此反应称为范斯莱克(van Slyke)氨基测定法。

$$R—CH(NH_2)—COOH + HNO_2 \longrightarrow RCH(OH)—COOH + N_2\uparrow + H_2O$$

反应迅速且定量完成，测定放出氮气的体积，可计算含伯氨基的氨基酸分子中的氨基的含量。

(3) 与甲醛的作用。氨基酸分子中的氨基能与甲醛作用成为羟甲基衍生物。

$$R—CH(NH_2)—COOH + HCHO \longrightarrow RCH(NHCH_2OH)—COOH \xrightarrow{HCHO} RCH(N(CH_2OH)_2)—COOH$$

氨基酸与甲醛作用后，碱性的氨基被遮盖，此时酸性的羟基自由存在，即可用强碱滴定，这就是测定氨基酸含量的索楞逊(Sorensen)甲醛滴定法的原理。这个方法在氨基酸的定量测定上得到广泛的应用，也可用于测定蛋白质水解或合成的程度。

2）羧基的反应

α-氨基酸分子中的羧基具有典型羧基的性质，能与碱、五氯化磷、氨、醇、氢化铝锂等反应，如

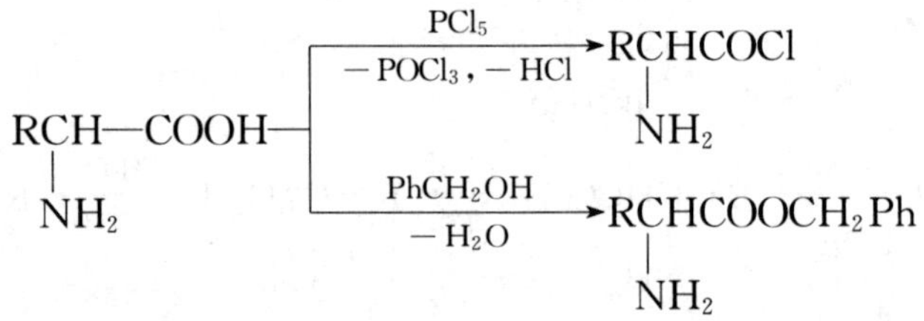

(1)

(2)

反应(1)在肽的合成中可用来活化羧基；反应(2)在肽的合成中可用来保护羧基。

将氨基酸小心加热或在高沸点溶剂中回流，可失去二氧化碳而得胺。例如，赖氨酸失羧后便得到戊二胺(尸胺)。

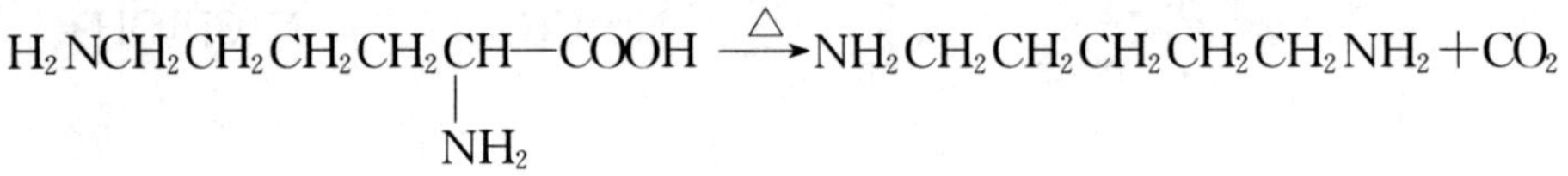

赖氨酸　　　　戊二胺

细菌或动植物体内的脱羧酶作用于氨基酸，也能发生失羧反应。

3）氨基酸的特性

(1) 两性和等电点。氨基酸既含有氨基又含有羧基，它可以和酸形成铵盐，也可以和碱生成羧酸盐，所以氨基酸是两性物质，氨基酸本身就能形成盐，这种盐叫内盐，也称两性离子或偶极离子。

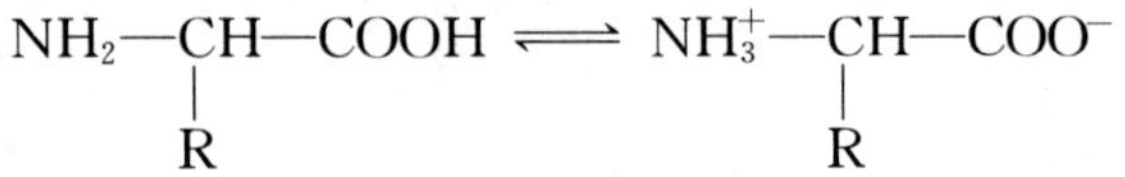

氨基酸在水溶液中根据 pH 的不同，而解离为正离子、偶极离子和负离子。

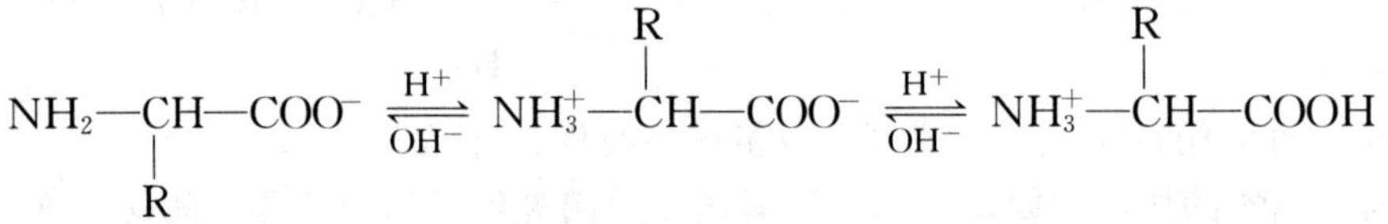

负离子　　　　偶极离子　　　　正离子

(在强碱性溶液中的主要存在形式)　　　　(在强酸性溶液中的主要存在形式)

当氨基酸的溶液电解时，在强酸性溶液中氨基酸正离子移向阴极，在强碱性溶液中氨基酸负离子移向阳极。当氨基酸主要以偶极离子存在时，这时在电场中，两性离子不向任何一极移动，此时溶液的 pH 叫做氨基酸的等电点(isoelectric point)，一般用 pI 表示。表 16-1 所示为各种 α-氨基酸的等电点。例如，对甘氨酸来说，pH＝6.06 时净电荷为 0，故在电场中不移动，这时的 pH 便是甘氨酸的等电点。

下面以谷氨酸为例，阐明两性电离的概念及等电点的计算方法。

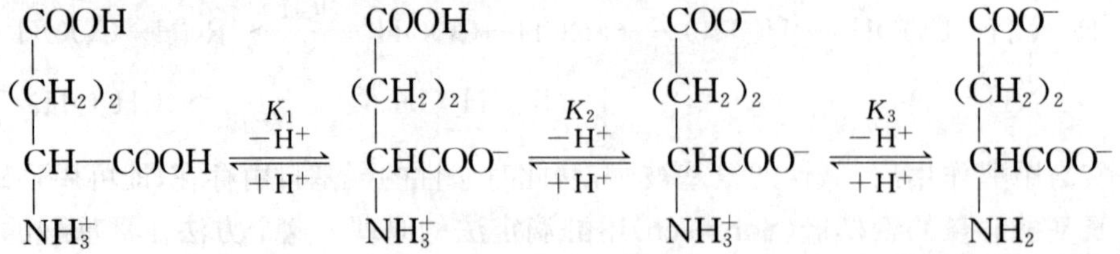

Glu^{+}　　　　$Glu^{\pm}$　　　　Glu^{-}　　　　$Glu^{=}$

羧基和氨基作为酸的解离常数由下式求得：

$$K_1 = \frac{[\mathrm{Glu}^{\pm}][\mathrm{H}^+]}{[\mathrm{Glu}^+]} \qquad K_2 = \frac{[\mathrm{Glu}^{-}][\mathrm{H}^+]}{[\mathrm{Glu}^{\pm}]}$$

取负对数：

$$\mathrm{p}K_1 = -\lg K_1 = \mathrm{pH} - \lg\frac{[\mathrm{Glu}^{\pm}]}{[\mathrm{Glu}^+]}$$

$$\mathrm{p}K_2 = -\lg K_2 = \mathrm{pH} - \lg\frac{[\mathrm{Glu}^{-}]}{[\mathrm{Glu}^{\pm}]}$$

很明显 $\mathrm{p}K_1$是$[\mathrm{Glu}^{\pm}]=[\mathrm{Glu}^{+}]$的 pH，$\mathrm{p}K_2$是$[\mathrm{Glu}^{-}]=[\mathrm{Glu}^{\pm}]$的 pH。那么等电点 pI 是$[\mathrm{Glu}^{+}]=[\mathrm{Glu}^{-}]$时的 pH。

谷氨酸由 Glu^+ 解离为 Glu^- 的总反应为

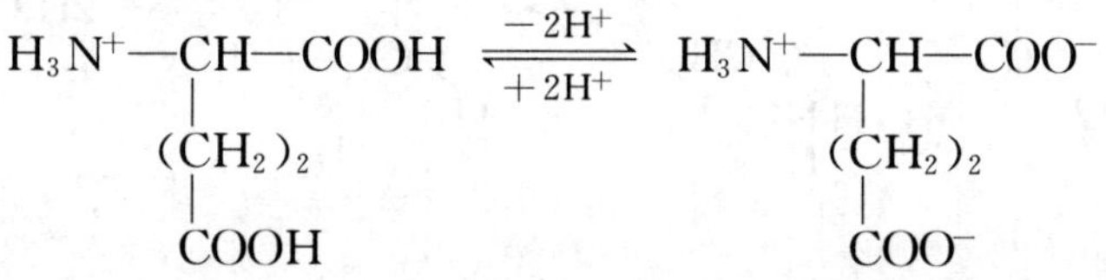

Glu^+　　　　Glu^-

总平衡常数为

$$K = \frac{[\mathrm{Glu}^{-}][\mathrm{H}^+]^2}{[\mathrm{Glu}^+]}$$

等电点时，$[\mathrm{Glu}^{+}]=[\mathrm{Glu}^{-}]$，$K=[\mathrm{H}^+]^2$，而 $K=K_1K_2$，则 $K_1K_2=[\mathrm{H}^+]^2$ 即 $\mathrm{p}K_1+\mathrm{p}K_2=$ 2pH。因此等电点 $\mathrm{pI}=(\mathrm{p}K_1+\mathrm{p}K_2)/2$，谷氨酸 $\mathrm{p}K_1=2.19$，$\mathrm{p}K_2=4.25$。谷氨酸的等电点为

$$\mathrm{pI} = (2.19 + 4.25)/2 = 3.22$$

pH＝3.22 时谷氨酸存在形式如下：

$$[\mathrm{Glu}^{+}] = [\mathrm{Glu}^{-}] = 7.86\%$$
$$[\mathrm{Glu}^{\pm}] = 84.24\%$$
$$[\mathrm{Glu}^{=}] = 0.2789 \times 10^{-5}\%$$

由此看出，氨基酸在等电点时主要以偶极离子存在，作为正离子和负离子的氨基酸浓度很低，而且相等。氨基酸在 pH 大于等电点的溶液中主要以阴离子形式存在，在 pH 小于等电点的溶液中主要以阳离子形式存在。

不同氨基酸由于结构的不同，等电点也不同。在水溶液中氨基和羧基的电离程度是不同的，所以氨基酸水溶液一般不呈中性。一般来讲所谓中性氨基酸，酸性比碱性稍微强一点，也就是正离子的浓度比负离子的要小一点，负离子要多一点，要调节到等电点，就得加一点酸，使 pH 降低，用酸来抑制羧基的解离，而达到等电点。可见，氨基酸的等电点并非是它的中性点。中性氨基酸的等电点一般为5.0～6.3，酸性氨基酸的等电点为 2.8～3.2，碱性氨基酸的等电点为 7.6～10.9。由于氨基酸具有两性，因此氨基酸可以作为缓冲试剂使用。在等电点时氨基酸的偶极离子浓度最大，溶解度最小。因此，根据等电点可以鉴定氨基酸，而用调节等电点的方法可以分离氨基酸的混合物。常用的方法有两种：一是利用在

等电点时的溶解度最小，可以将某氨基酸从混合溶液中沉淀出来；二是利用在同一 pH 下不同的氨基酸所带电荷的不同而进行分离。例如，在 pH 约为 6 时，甘氨酸、丙氨酸等主要以两性离子形式存在，而天门冬氨酸、谷氨酸等则主要是以负离子形式存在。若将此混合液通过阳离子交换树脂的层析柱，这时天门冬氨酸、谷氨酸等就和树脂的阳离子交换而留在柱中，再根据它们的 pI 选用不同的 pH 缓冲溶液将后者洗脱出来。

(2) 氨基酸受热后的反应。和羟基酸相似，氨基酸分子中氨基和羧基相对位置不同，受热后发生的反应也不相同。

(i) α-氨基酸受热时，能发生两分子间的氨基和羧基的去水作用生成六元环状的交酰胺，如

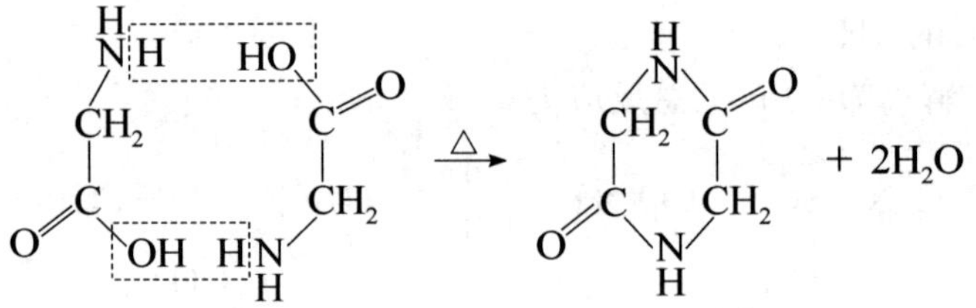

2,5-二酮哌嗪

(ii) β-氨基酸受热失去一分子氨，生成 α,β-不饱和羧酸。

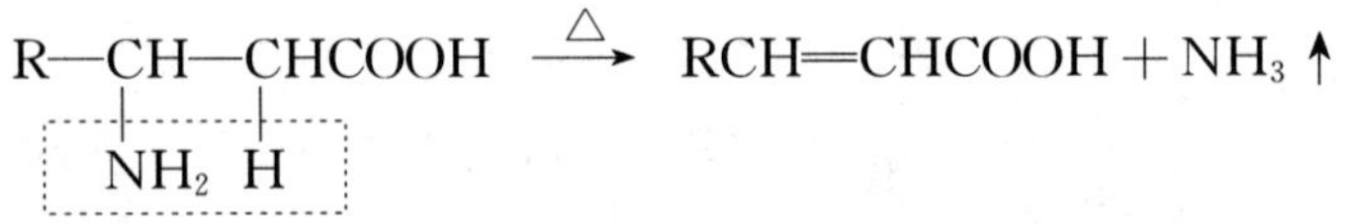

(iii) γ-或 δ-氨基酸加热至熔点时，分子内容易失水生成五元或六元环的内酰胺。

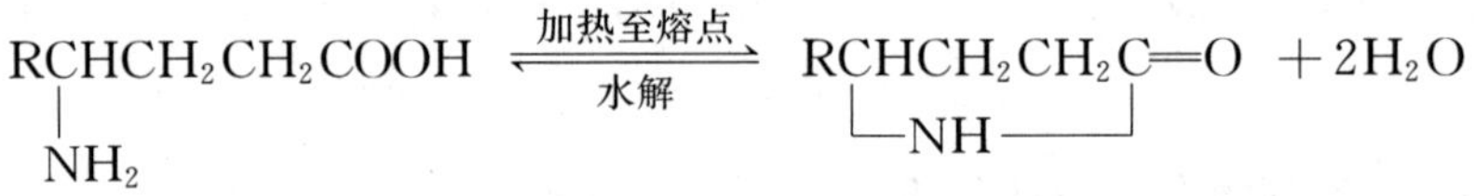

内酰胺用酸或碱水解又得到相应的氨基酸。

(iv) 氨基酸中的氨基与羧基间的距离大于四个碳原子时，受热后可以多分子脱水生成链状的聚酰胺。

$$nH_2N—(CH_2)_m—COOH \xrightarrow{\triangle}$$

$$H_2N—(CH_2)_m—\overset{O}{\overset{\|}{C}}\left[NH—(CH_2)_m—\overset{O}{\overset{\|}{C}}\right]_{n-2}NH—(CH_2)_m—COOH$$

某些聚酰胺型的合成纤维和工程塑料，如尼龙-6、尼龙-11 等，就是由相应的 ω-氨基酸脱水生成的。

(3) 与金属离子的配位作用。某些氨基酸的金属盐是形状很好的结晶，形成一种分子配合物。不同的氨基酸和不同的金属以特有的比例形成各种配合物。利用这种性质，可以用来沉淀和鉴别某些氨基酸和蛋白质。α-氨基酸与 Cu^{2+}、Co^{2+} 等螯合。例如，当氧化铜与甘氨酸的水溶液共热时，生成美丽的深蓝色铜盐。而且，螯合后还能使 α-碳上的氢得到活化，与醛酮发生 aldol 类型的缩合反应。

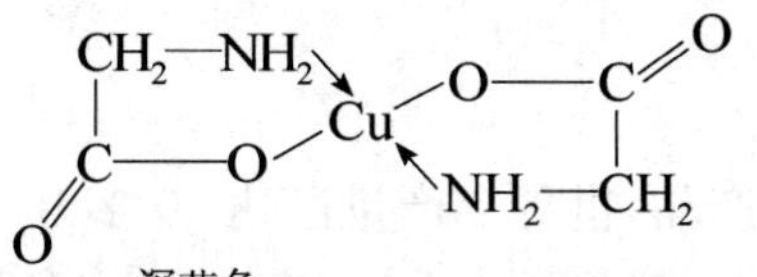

深蓝色

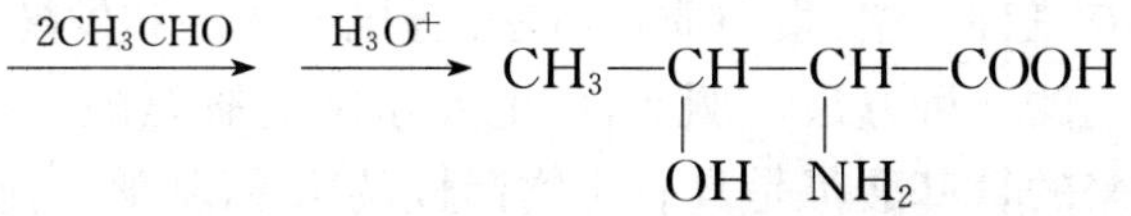

(4) 与水合茚三酮反应。α-氨基酸遇水合茚三酮能生成蓝紫色的产物(脯氨酸及羟基脯氨酸例外,生成黄色),非常灵敏,是鉴定α-氨基酸最迅速最简便的方法。α-氨基酸被茚三酮氧化为醛、氨和二氧化碳,茚三酮被还原。

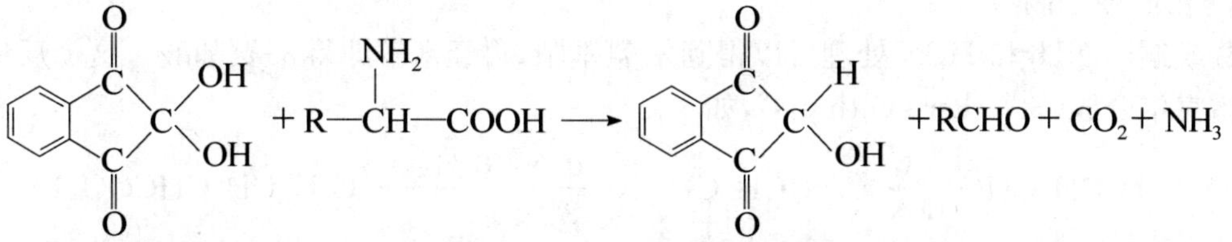

水合茚三酮 茚三酮还原产物

然后放出的氨与另一分子茚三酮及一分子茚三酮的还原产物缩合而成蓝紫色的化合物。

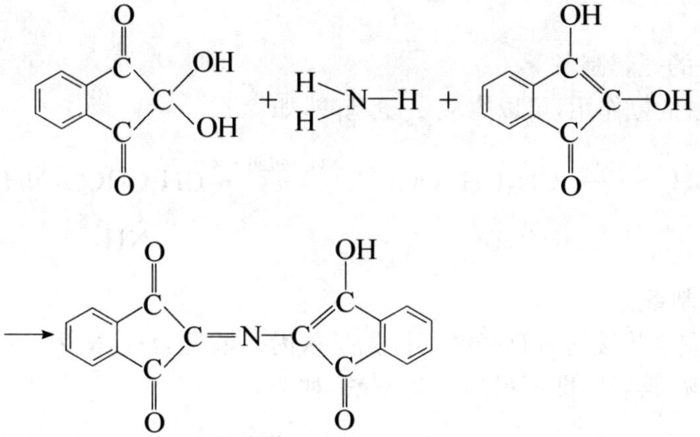

蓝紫色

根据上述反应中 CO_2 的生成量或对蓝紫色溶液的比色测定,就可以对氨基酸做定量分析,与离子交换层析法结合,广泛用于定量测定氨基酸的浓度。这是因为与试剂作用生成颜色的强度直接和氨基酸的浓度有关。水合茚三酮也用于定性检出电泳、纸层析及薄层层析中氨基酸的位置。在这些分析中水合茚三酮作为显色剂。

(5) 失羧和失氨作用。氨基酸受某些微生物中酶的作用,同时失羧、失氨而得醇。例如,亮氨酸在这种作用下能转化为异戊醇。

$$(CH_3)_2CHCH_2\underset{\displaystyle NH_2}{\underset{|}{C}}HCOOH + H_2O \xrightarrow{\text{酶}} (CH_3)_2CHCH_2CH_2OH + CO_2 + NH_3$$

用发酵法制乙醇时,发酵液中的杂醇油就是这样生成的。

16.1.3 氨基酸的制备

氨基酸是典型的精细化工产品，世界年产量已达 50 多万吨。其中谷氨酸产量占氨基酸产量的 64%，蛋氨酸的产量占 26%，赖氨酸占 7%，其他 20 多种氨基酸产量仅占 3%。

氨基酸的制备主要有三种方法：蛋白质水解法、有机合成法和发酵法。蛋白质水解制备氨基酸是最直接也是最古老的一种方法。例如，由毛发水解制胱氨酸。微生物发酵法最显著的优点就是由该法生产出来的氨基酸都是具有生物活性的 L-氨基酸。例如，由微生物发酵糖类制谷氨酸（味精）。但利用这些方法通常较难得到单一纯品。而合成法则可得到单一物质。

16.1.3.1 氨基酸的合成法

1）由醛或酮制备

醛或酮用 NH_3 和 HCN 处理可以得到 α-氨基腈，再经水解即得 α-氨基酸。这个反应称为斯特雷克尔合成（Strecker synthesis），如

$$C_6H_5CH_2CHO \xrightarrow[HCN]{NH_3} C_6H_5CH_2\underset{\displaystyle NH_2}{\underset{|}{C}}HCN \xrightarrow[\text{② } H^+]{\text{① NaOH, } 2H_2O} C_6H_5CH_2\underset{\displaystyle NH_2}{\underset{|}{C}}HCOOH$$

苯丙氨酸（74%）

用氯化铵和氰化钾的水溶液与醛酮反应，也可以得到同样产物，这样可以避免使用氢氰酸或氰化铵。

2）由 α-卤代酸的氨解制备

α-卤代酸和过量的氨作用，可以生成 α-氨基酸，如

$$CH_3CH_2COOH \xrightarrow{Br_2, P} CH_3\underset{\displaystyle Br}{\underset{|}{C}}HCOOH \xrightarrow{NH_3\text{（过量）}} CH_3\underset{\displaystyle NH_2}{\underset{|}{C}}HCO_2^- NH_4^+$$

3）由丙二酸酯制备

丙二酸酯是合成氨基酸的重要原料。首先是从丙二酸酯合成 *N*-丙二酸酯邻苯二甲酰亚胺，然后烷基化、水解、再脱羧即可得到 α-氨基酸，如

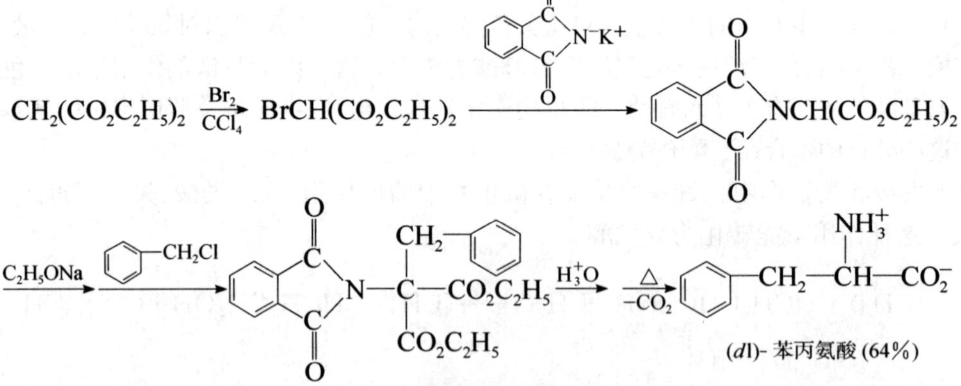

(*dl*)-苯丙氨酸 (64%)

由上述一些合成方法制得的氨基酸都是外消旋体，需要其中某一种旋光体时，可以利用形成非对映体的方法，或利用酶的选择反应进行拆分。即在某些酶的作用下，使外消旋氨基酸的

N-酰基化物或氨基酸酯中的某一种分解成游离的氨基酸而得到分离。不对称合成 L-*α*-氨基酸的工作也取得不少进展。

16.1.3.2　蛋白质水解方法

蛋白质酸性水解在研究氨基酸的组成上应用最普遍，其方法是以 20.5%盐酸溶液回流 12～70h。酸水解可避免氨基酸之消旋化，所以可得到天然的 L-型氨基酸，但在酸水解过程中，有的氨基酸会被破坏(如色氨酸)。

蛋白质的碱性水解会造成氨基酸的消旋化，营养价值上受一定影响。其方法是以 6mol/L NaOH 或 $Ba(OH)_2$处理。在碱性水解过程中，精氨酸、胱氨酸及部分赖氨酸会被破坏，但色氨酸保留下来。

蛋白质在酸或碱的作用下水解，最后生成的都是多种 *α*-氨基酸的混合物。将混合物用各种分离手段(如色层分离法、离子交换法、电泳法等)进行分离，即可分别得到各种氨基酸。但是，分离手续比较复杂，成本很高。虽然如此，现在有些氨基酸还是由蛋白质水解获得的。

16.1.3.3　发酵法制氨基酸

1956 年开始以淀粉为原料，利用微生物发酵法生产谷氨酸，获得成功并带动了一系列氨基酸的工业生产，形成了新型的发酵工业。现在近 20 种氨基酸都可用微生物发酵法生产。发酵法有许多优点，不仅原料来源丰富，生产过程中对设备腐蚀性小。而且产品都是具有生理活性的 L-氨基酸，因此近年来发展迅速。20 世纪 70 年代后期生物工程的研究，对谷氨酸的生产起了非常重要的作用，不仅利用基因工程选育出产酸率高的新菌种，而且采用了固定法细胞技术的新工艺，因此发酵法生产氨基酸是有极广阔前途的。

工业上脯氨酸由明胶水解制得，L-色氨酸用吲哚、丙酮酸和氨在色氨酸酶作用下生产，光学活性的赖、缬、亮、异亮、苏、精、苯丙、酪、组、脯等 L-氨基酸主要是由微生物发酵法生产，而甘、丙和蛋氨酸主要仍用合成法来制取。生物体系中氨基酸的合成在酶的催化下进行，多由 *α*-酮酸经还原氨基化产生，NADH 为还原剂，其化学原理和实验室里的合成完全一样。

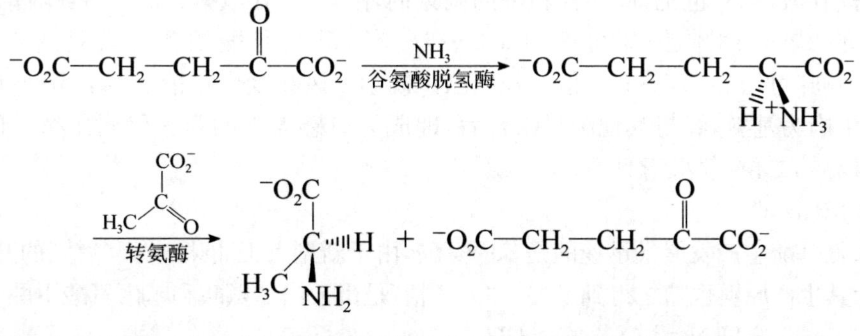

α-氨基酸广泛应用于食品、医药和饲料等工业中，*L*-谷氨酸单钠盐即味精，L-天冬氨酸钠和甘氨酸钠、丙氨酸钠和某些核苷酸如肌苷酸、鸟苷酸等均有增强鲜味的作用。食品和饲料中常常加入某些必需的氨基酸以增强营养效果，氨基酸配置的输液可用作手术前后病人的营养补充，不少氨基酸衍生物则有药理作用。

16.1.4　重要的氨基酸

当体内进行蛋白质合成时，必须所有必需氨基酸均存在方能进行；当某种氨基酸缺乏时，则蛋白质合成减慢或停止，造成生理代谢活动的失调，最常见的是发育不良、生长迟缓。

1）色氨酸

色氨酸是动物生长不可缺少的氨基酸。它存在于大多数蛋白质中。色氨酸在动物大肠中因细菌的分解作用而产生粪臭素。色氨酸也是植物幼芽中所含生长素 β-吲哚乙酸的来源。

近年来，色氨酸作为饲料添加剂，需求量不断增加。色氨酸还具有抑制紧张状态和催眠作用，另外色氨酸在医药上有防治癞皮病的作用。

2）半胱氨酸和胱氨酸

它们存在于蛋白性动物保护组织（如毛发、指甲、角等）中，并可通过还原而相互转化。

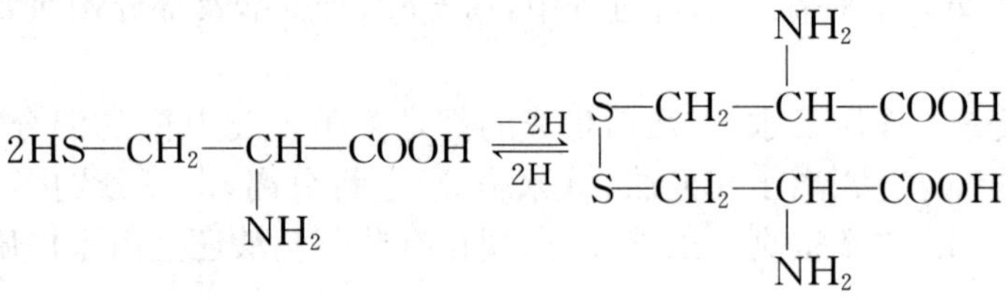

半胱氨酸　　胱氨酸

它们都可以由头发水解制得。在医学上半胱氨酸可用于肝炎、锑剂中毒或放射性药物中毒的治疗。胱氨酸有促进机体细胞氧化还原作用，增加白细胞和阻止病原菌发育等作用，并可用于治疗脱发症。

3）谷氨酸

左旋谷氨酸的单钠盐就是味精。白色而有光泽的柱状晶体，强烈鲜味。

早在 1866 年德国雷赫逊利用硫酸水解小麦面筋，最先制得谷氨酸。1908 年日本池日苗从海带汁中提取谷氨酸，以后人们逐渐用脱脂大豆、玉米、蛋白质为原料采取水解方法制取谷氨酸。1956 年日本改变了过去用盐酸水解面筋制取谷氨酸的方法，利用糖质原料用微生物直接发酵生产谷氨酸成功。我国于 1964 年由上海开始用发酵法生产谷氨酸以来，味精工业取得很大进展。由单一的味精产品发展到呈味核苷酸（第二代味精）和风味复合味精（第三代味精）。呈味核苷酸是 20 世纪 60 年代新兴的调味剂，由 5′-肌苷酸钠（或 5′-鸟苷酸钠）和谷氨酸合用，添加量 2%～12%，鲜味可增加 3.2～6.7 倍，5′-鸟苷酸钠和谷氨酸钠合用，添加量 2%～12%，鲜味可增加 4.6～9.9 倍。我国已试制生产风味复合味精十多个品种，例如，“牛肉味精”是以牛肉为基料，经与其他配料组合后，即成为口感逼真的新一代调味品。目前我国味精产量居世界第二位，仅次于日本。

4）苯丙氨酸

近年来氨基酸生产发展最迅速的是苯丙氨酸，由于新型人工甜味剂“天冬精”的开发利用，苯丙氨酸作为其生产原料也随之得到发展。“天冬精”是由天门冬氨酸和苯丙氨酸甲酯组成的二肽衍生物（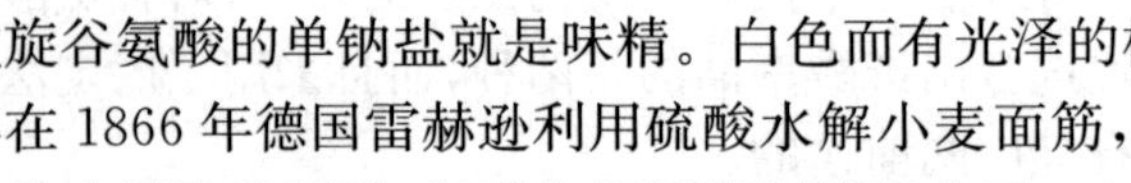），食用后在体内分解成相应的氨基酸。它的甜度约是蔗糖的 200 倍，而热量却很低。苯丙氨酸也用在医学工业上。

5）L-赖氨酸

L-赖氨酸为白色粉末。L-赖氨酸是重要的饲料添加剂，L-赖氨酸是人体和动物的必需氨基酸之一。必须氨基酸根据动物的种类不同而不同，例如，猪的必需氨基酸共 10 种，鸡的共 11 种。无论缺了哪一种，生物体生长都会受到阻碍。

L-赖氨酸的制法有水解蛋白分离法、发酵法及合成法三种。合成法所得的是外消旋体，必须进行光学分离。发酵法是以环己烯为原料，制成氨基内酰胺，再在水解酶和外消旋化酶共同作用下得到赖氨酸。

16.2　肽

16.2.1　肽的结构与命名

一分子 α-氨基酸中的羧基与另一分子 α-氨基酸中的氨基脱水生成酰胺基时，所得的化合物叫做肽(peptide)。肽分子中的酰胺键(—NH—CO—)叫做肽键。根据肽分子中的 α-氨基酸的数目，分别把它们叫做二肽、三肽、四肽以至多肽(polypeptide)。例如，由两个氨基酸首尾相接，失去一分子水而缩合成的酰胺叫做二肽。

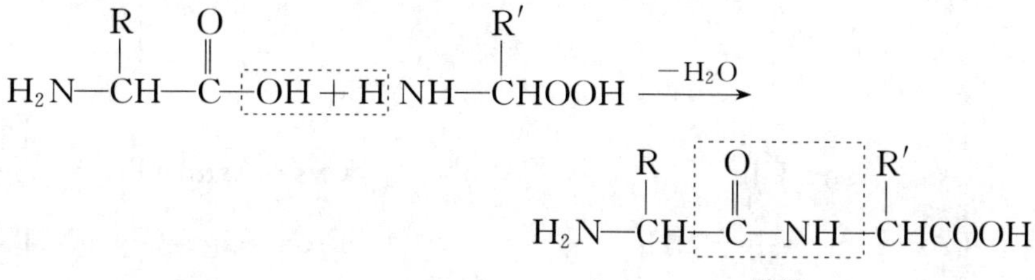

肽键

多肽链可用如下通式表示：

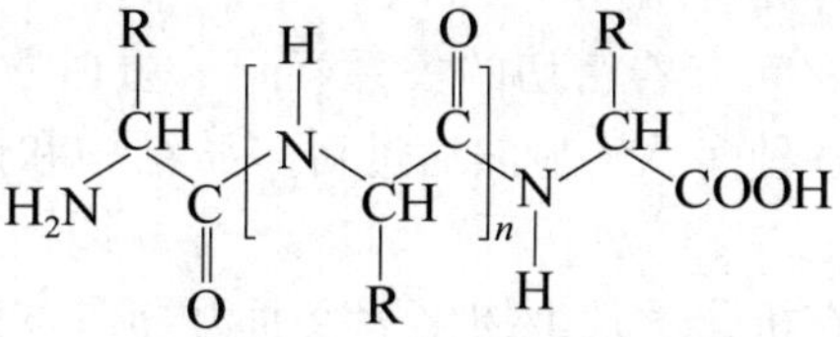

在肽链中，有氨基的一端叫做 N 端；有羧基的一端叫做 C 端。在写多肽结构时，通常把 N 端写在左边，C 端写在右边。命名时以含有完整的羧基的氨基酸作为母体，由 N 端叫起，依次称为某氨酰某氨酸，也可用简写来表示，如

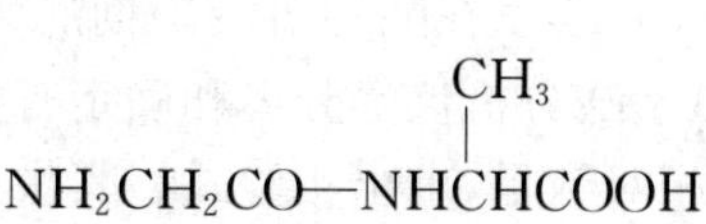

甘氨酰丙氨酸或简称甘-丙(缩写为 Gly-Ala)

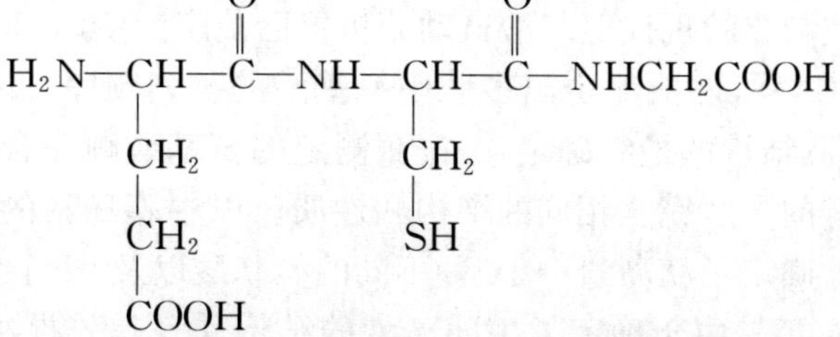

谷氨酰半胱氨酰甘氨酸或简称谷-半胱-甘(Glu-Cys-Gly)

16.2.2　多肽

多肽与蛋白质都是以α-氨基酸为组成单位，它们之间没有严格区别，一般是将相对分子质量在10000以下、能透过半透膜以及不被三氯乙酸或硫酸所沉淀的称为多肽。多肽广泛存在于自然界，它们在生物体内起着各种重要的作用，有些作为生物化学反应的催化剂，有些具有抗菌素的性质，有些则是激素等。例如，谷胱甘肽能保护人体，使之免受对细胞有破坏性影响的毒素的侵袭，能延缓人体衰老。各种多肽结构上的差异，有时甚至是很微小的差别，都会导致它们在生理功能方面的显著不同。例如，催产素和加血压素都是脑垂体分泌的激素，它们所含氨基酸的顺序类似，只有3和8位氨基酸单位不同，其余氨基酸和排列顺序都相同。

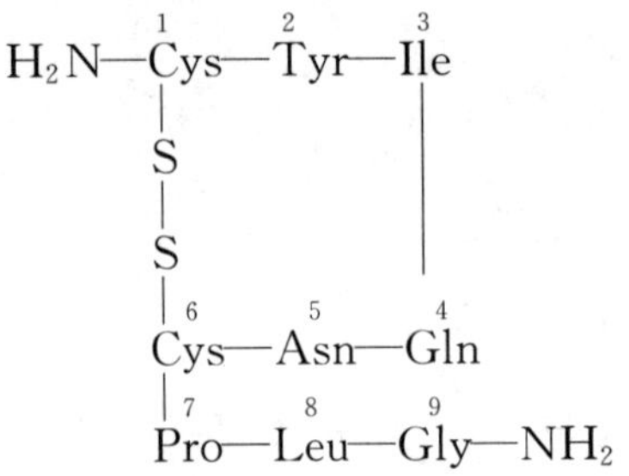

催产素

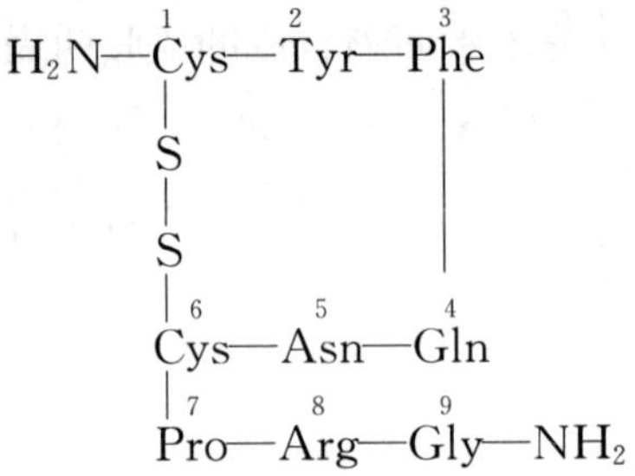

加血压素

两个物质结构差别虽小，但生理功能显著不同。催产素可引起子宫收缩，而加血压素有抗利尿作用，并引起血管收缩，升高血压。

肽的结构与其生理功能之间有着密切的关系，而且，蛋白质就是相对分子质量很大的多肽。蛋白质经水解可以得到各种多肽。显然通过对多肽结构和性质的研究，将有利于了解蛋白质的微观世界。

因此，半个多世纪以来，有机化学及生物化学家通力合作，对多肽的研究取得了卓有成效的成绩，研究工作主要包括两个方面：一方面，需要确定多肽的结构，即由哪些氨基酸组成的、各种氨基酸的相对比例是多少，以及它们的排列顺序是什么；另一方面，要进行合成，借以验证所推测的结构是否正确，或者提供多肽，或者旨在合成和研究蛋白质。

在多肽结构的测定方面，首先将多肽在酸性溶液中彻底水解，去除非氨基酸物质后，用色谱法、电泳法、离子交换层析或氨基酸分析仪等分离和确定有哪些氨基酸组成以及它们的相对含量，然后计算出各种氨基酸的相对数目，求出实验式。其次，用化学或物理方法(如渗透压和光散射测量、超离心和X衍射法等)测定其相对分子质量，从而确定分子式。测定多肽链中氨基酸的连接顺序是一项相当复杂的工作，可用端基分析法，并配合部分水解加以确定。依据埃德曼(Edman)降解原理制成的现代氨基酸自动分析仪已被广泛使用。这种仪器只需几毫克甚至更少(1×10^{-3}mg)的试样，即能测定出多肽中氨基酸的排列顺序。以上只是确定了多肽氨基酸排列次序，对于多肽结构的最终确定，是按照测定的氨基酸顺序合成这个多肽，且合成的多肽应当具有与要测定的多肽完全相同的结构和性质。以牛胰岛素的结构研究为例，前后共花费了10年的时间，才确定了胰岛素中16种不同的氨基酸以及51个氨基酸分子在肽链中的相互连接顺序。Sanger正是由于确定了牛胰岛素的结构并且首先提出测定氨基酸排列次序的方法和步骤，而于1958年获得诺贝尔奖。

许多肽和蛋白质具有十分重要的生理作用，是生命不可缺少的物质。有些肽由于具有特殊的生理效能，而在临床上极为重要。因此，多肽的合成是一项重要的有机合成反应，其在近三四十年来取得了很大进展。多肽的合成是若干个氨基酸实现多个有序分步缩合反应的复杂过程。在反应的全过程中均应尽量保持反应条件缓和。为此，多肽合成过程中需要注意解决好两个问题：一是将同一分子的两个官能团中的一个"保护"起来不反应，选择性留下一个羧基或氨基去构成所需的肽键结构，反应完后再定量地去掉保护基，同时还不能影响分子中的其他部分，特别是已接好的肽键。二是设法"活化"参与反应的氨基和羧基，使之在温和的条件下能够顺利反应。因为将两个分别保护过氨基和羧基的氨基酸直接反应并不容易形成肽键。合成肽的工作是比较复杂的有机合成系列反应，1953 年 Vigneaud 合成八肽催产素（结构见前，已工业化生产）的成功是多肽领域中划时代的成就，为此他获得 1955 年度的诺贝尔化学奖。1965 年，我国科学家在世界上首先合成了生物活性与天然产品基本相同的结晶牛胰岛素，它是一个由 51 个氨基酸组成的两个多肽键（A 链和 B 链）通过 S-S 桥连接而成的多肽类激素。1971 年，我国又完成了猪胰岛素晶体的测定。胰岛素的合成具有重要的理论意义，标志着人类在探索生命奥秘的征途上向前迈进了一步，反映出我国科技界的创新水平。

传统的多肽合成是在溶液中进行的，接长肽链不仅操作步骤繁杂，每步反应都要分离精制，消耗大量溶剂，费时，而且产率也随之大为降低。20 世纪 60 年代，美国化学家梅里菲尔德（Merrifield）发明了一种将反应物连接在一个不溶性的固相载体的合成方法——固相合成法，避免了上述缺点，实现了快速、定量、连续化合成。由于肽链在固体表面具有不溶性，每次成肽反应后通过洗涤就可除去杂质和多余的原料，最后用氢溴酸和三氟乙酸处理，使肽链从树脂上解脱下来，同时脱去 N 端苄氧羰基保护基，得到游离的肽。树脂也恢复为溴甲基化的树脂，可以继续用固相合成。上述形成肽键的反应是在液相中进行，但是此均相反应物又是接到固体上的，故被称为固相合成。由于梅里菲尔德创立了固相多肽合成法，并首先合成出世界上第一个人工合成的蛋白质——含 124 个氨基酸碱基的核糖核酸酶 A。为此，梅里菲尔德荣获了 1984 年诺贝尔奖。

固相合成法不仅可以成功地合成多肽，而且在合成聚核甘酸、低聚糖等生物活性物质以及在组合合成和药物筛选等方面得到广泛的应用。

固相合成方法的优点是可以用过量的试剂来提高反应产率，使偶联反应更有效，多余的试剂、副产物、溶剂容易洗涤除去，只有产物在树脂上，省去了重结晶和层析的分离操作，操作相对较为简单并可实现自动化，缩短合成时间。固相合成也有不足之处，如合成多肽时，生成的多肽在最后一步完成后才进行提纯，每一步反应产率不可能达到 100%，即使每步产率为 99%，也有 1%未起反应，而且得到的多肽中会混有缺少一个或多个氨基酸的杂质肽，这给提纯工作带来了很大困难。

目前，基因工程是一个合成多肽化合物的重要手段，但对于肽链长度小于 20 个氨基酸的多肽，则常常通过化学合成的方法得到。

多肽的传统合成和固相合成方法的相同之处，都是针对某一个具体的目标分子合成。这对于从合成化合物（或从天然产物中）筛选具有生物活性的化合物来说，犹如大海捞针。人们曾着力探索分子构效关系，并力图通过分子设计的方法寻找新药，取得了许多进展。但是，在 20 世纪 90 年代之前，一直沿用传统研究模式——逐一合成、逐一纯化、逐一筛选，每推出一个新药需 6～10 年的时间，耗资约 1 亿美元。可见，药物合成和筛选的方式亟待创新。随着固相合成的问世和发展，1991 年，福卡（Furka）、朗姆（Lam）和洪腾（Houghten）等人同时利用组合论的思想提出了以固相合成为重要工具的组合化学（combinatorial chemistry）这一新概念。

组合化学也称组合合成(combinatorial synthesis),与以单一化合物为目标分子进行合成的传统方法相比,组合合成不再以单个化合物为目标逐个进行合成,而是在相同条件下一次同步合成一系列化合物(也称化合物库),以便从中筛选。组合化学的概念源于药物的合成与筛选,得益于固相合成的进步,产生于组合论的思想。

组合化学研究的核心问题,就是解决如何构建分子多样性的化合物库(compound library)。构建化合物库的方法(或称组合技巧、组合方法)不只一种,主要有三种:同步合成法(parallel approach)、混合-均分法(combine-divide,或 split-pool)及生物合成技术。在这三种方法中,又以混合-均分法影响最大、应用最广。

在组合化学研究领域中,除了编码技术外,人们还特别关注数学方法及计算机技术的应用。

组合化学概念的提出不仅对新药的合成及筛选产生重大影响,而且对于合成化学及其他相关学科的发展也将产生巨大的推动作用。事实上,组合化学已从药物合成领域向电子、光、磁、机械及超导材料的制备发展,尤其是向其他化学领域渗透,此外,组合化学技术在农药、高分子材料和金属配体等的合成中已被广泛采用。

16.3 蛋白质

蛋白质(protein)是一类由多个 α-氨基酸分子间失水形成酰胺键(—CONH—)而组成链状的很重要的含氮生物高分子化合物。它是生物体内一切组织的基础物质,并在生命现象和生命过程中起着决定性作用,担负着各种生理作用和机械功能。动物的肌肉、皮肤、毛发、角蹄以及蚕丝等都是蛋白质构成的。细胞内除水外,其余 80%的物质是蛋白质。有的蛋白质(如核蛋白)则与生物的遗传有关;另外,所有的酶、激素、病毒也都是蛋白质。蛋白质主要由 C、H、O、N、S 等元素组成,有些还含有 P、Fe、I、Zn、Mo 等元素。蛋白质在无机酸中水解为 α-氨基酸的混合物,有的还同时生成一些其他物质,如脂肪、糖、色素、含磷化合物、含铁化合物等。蛋白质相对分子质量很大,通常在 10000 以上,有的达几万、几十万,个别的甚至上千万。例如,烟草斑纹病毒的核蛋白的相对分子质量已超过 2000 万,腺病毒的核蛋白的相对分子质量还更大。蛋白质结构非常复杂。它不仅存在着多肽链内氨基酸的种类和排列问题(构造),还存在着一条多肽链本身或几条多肽链之间的空间结构问题(构型和构象)。

本节重点讨论蛋白质的分类和功能、结构和性质。

1) 蛋白质的分类

蛋白质有不同的分类方法,主要有三种,分别依据其形状及溶解性、组成和生理作用。从组成来看,蛋白质可分为单纯蛋白质和结合蛋白质两种。按形状及溶解性可分为两大类:一类是不溶与水的纤维状蛋白质;另一类是能溶与水、酸、碱或盐溶液的球状蛋白质。根据蛋白质在生物体内的功能不同分为两类:一类是起组织结构作用的非溶性蛋白。例如,角蛋白组成皮肤、毛发、指甲、头角;骨胶蛋白组成腱、骨;肌球蛋白组成肌肉;等等。另一类是在生命运动中起生理作用的活性蛋白,例如,激素起调节作用,酶对生物化学反应起催化作用,血红蛋白在血液循环中输送氧气,胰岛素调节葡萄糖的代谢,抗体起免疫作用等。

2) 蛋白质的结构

一般认为蛋白质存在着四级结构。

(1) 一级结构。氨基酸在蛋白质肽链中排列的顺序叫做它的一级结构。

(2) 二级结构。肽链在空间不是成直线形，也不是任意排布的。由于某些基团之间的氢键作用使肽链具有一定的构象。这是蛋白质的二级结构。二级结构主要有两种形式：①α-螺旋形肽链结构示于图 16-1(a)；②β-折叠型示于图 16-1(b)。α-螺旋和 β-折叠是氨基酸链在蛋白质中的两个重复结构。聚集氢键在维持蛋白质的二级结构中起着关键的作用。

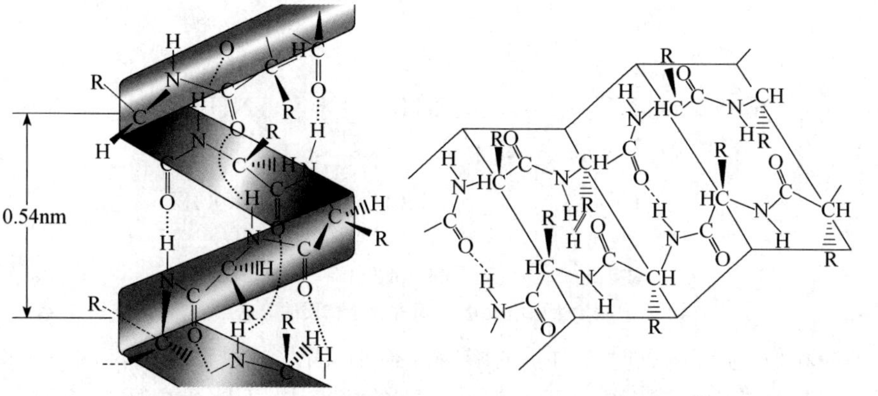

(a)　　(b)

图 16-1　肽链中相邻两个肽键之间的关系 α-螺旋和 β-折叠

(3) 三级结构。在二级结构基础上的折叠是有固定形式的，每一种蛋白质都在给定的条件下按特定的方式形成三级结构。三级结构对蛋白质的性质和生理功能产生很大的影响。

(4) 四级结构。两个或两个以上具有三级结构的肽链缔合在一起，就是所谓蛋白质的四级结构。

具有完整的四级结构的蛋白质分子将具有特定的生理活性，这些蛋白质分子中的亚基数目、种类和空间中相互的缔合吸引作用所造成的构象都有严格的排列方式。1962 年，Kendrew 和 Perutz 因对血红蛋白、球蛋白和纤维蛋白等的结构研究所取得的出色成果而荣获诺贝尔化学奖。

3) 蛋白质的性质

蛋白质的基本组成单位是氨基酸，因此它和氨基酸有部分相似的物理、化学性质，但由于其结构复杂，相对分子质量很大，分子带有很多极性基团并彼此间相互作用着，某些基团还带有电荷，所以它们表现出一系列物理和化学特性。

(1) 两性和等电点。在酸性溶液中，蛋白质带正电荷，在碱性溶液中带负电荷。调节溶液的 pH 至一定数值时，蛋白质的净电荷为零，在电场中不移动。此时溶液的 pH 就是该蛋白质的等电点。不同的蛋白质有不同的等电点。表 16-3 列出了几种蛋白质的等电点。不在等电点的条件下，蛋白质以离子形式存在。

表 16-3　一些蛋白质的等电点

蛋白质	等电点	蛋白质	等电点
丝纤维蛋白	2.0～2.4	乳球蛋白	4.5～5.5
酪蛋白	4.6	胰岛素	5.3～5.35
白明胶	4.8～4.85	血清球蛋白	5.4～5.5
血清蛋白	4.88	血红蛋白	6.79～6.83
卵清蛋白	4.84～4.90	鱼精蛋白	12～12.4

蛋白质两性电离可以用下式表示：

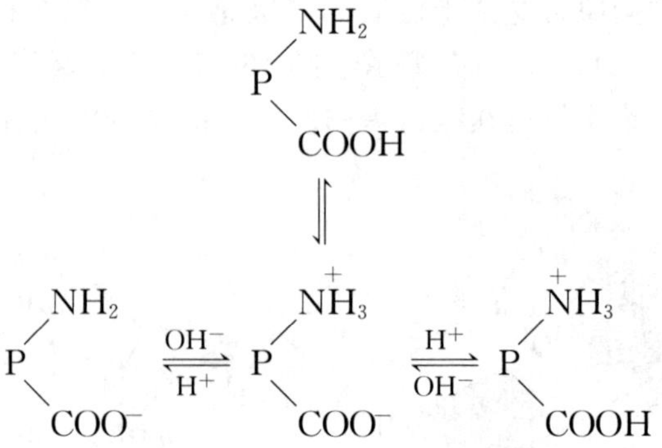

负离子　　　　　　正离子

pH>pI　　pH=pI　　pH<pI

P 表示蛋白质大分子，pI 是该蛋白质的等电点

与氨基酸相似，在等电点时蛋白质的溶解度最小，因此通过调节溶液的 pH 至等电点时，就可使蛋白质从溶液中沉淀析出。而在同一 pH 的溶液中，不同蛋白质分子的大小和所带电荷的性质、数量也不相同，故在电场中移动的速率也不一样，利用这种性质发展出来的电泳分析方法就可以将各种蛋白质分离分析。

(2) 高分子性质。从蛋白质相对分子质量的测定结果，可知蛋白质分子颗粒的大小已经达到胶体质点的范围(1～10μm)，故蛋白质溶液具有胶体溶液的性质。蛋白质溶液还具有黏度大、扩散速率慢等高分子溶液的性质。

(3) 变性作用和水解。当蛋白质在某些物理和化学因素影响下，如加热、加压、超声、光照、辐照、振荡、搅拌、干燥、脱水或强酸、强碱、重金属盐及有机溶剂乙醇、丙酮、脲等作用下，蛋白质肽链间的二硫键和氢键受到破坏，缔合的肽链松展开来，它的多级空间结构受到破坏而不复存在。此时，虽然蛋白质中的肽链并无断裂，但蛋白质的物理、化学性质和生物特性都被改变了，即产生了蛋白质的变性作用。

变性后的蛋白质最显著的特点是溶解度降低、黏度增加和难以结晶，酶活性显著降低或消失，旋光度增加，更易被蛋白酶催化水解。这些性质与蛋白质变成非折叠形及更不对称而暴露更多疏水基有关。变性作用带来的另一个重要影响是蛋白质原来有的生理活性完全丧失。蛋白质的变性和人类的生活生产活动密切相关。如种子要在适当的环境下保存以避免其变性而失去发芽能力；疫苗、制剂、免疫血清等蛋白质产品在储存、运输和使用过程中也要注意防止变性；延迟和制止蛋白质变性也是人类保持青春、延缓衰老的一个有效手段。另外，我们又可以用注入乙醇和加热、辐照等手段使病菌和病毒的蛋白质变性而起到治病、消毒和灭菌等作用。变性后的煮熟蛋白质更易被人体吸收，酸奶是牛奶经发酵而成，其所含的蛋白质变性后也比鲜牛奶更易消化吸收，营养价值也更高一点。蛋白质在水溶液中受到酸、碱等催化剂的影响，连一级结构都受到破坏后，即发生了水解作用，此时可以产生一系列䏡、胨、肽等中间产物，直到最终水解产物氨基酸。水解完全时，自由氨基酸的量就成为恒定的了。

$$\text{蛋白质} \xrightarrow{\text{水解}} \text{䏡} \xrightarrow{\text{水解}} \text{胨} \xrightarrow{\text{水解}} \text{多肽} \xrightarrow{\text{水解}} \text{二肽} \xrightarrow{\text{水解}} \alpha\text{-氨基酸}$$

(4) 沉淀。蛋白质溶液的稳定性和离子的大小，电荷及水化程度等有关系。当决定蛋白质胶体溶液稳定性的两个因素受外部条件的变化而消失时，蛋白质就能从溶液中沉淀出来。例如，在蛋白质溶液中加入脱水剂以除去其水化层，或者改变溶液 pH 使其达到等电点失去相同的电荷及加入电解质破坏双电层，这样都能使蛋白质分子凝聚，即形成更大的质点从溶液中沉淀出来。利用这个性质也可以分离提纯蛋白质。沉淀出的蛋白质有些是变性的，有些并未变性。使蛋白质沉淀的主要方法有下面几个：①盐析。往蛋白质水溶液中加入氯化钠、碳酸钠等中性电解质盐，使蛋白质分子表面的电荷被中和，失去电荷的蛋白质颗粒就开始凝聚。②加热。加热可使某些蛋白质变性凝固沉淀出来，这与热运动使氢键破坏有关，加热灭菌也是使细菌体内的蛋白质凝固而失去生理活性。③加脱水剂。丙酮、甲醇和乙醇等亲水性强的有机溶剂加到蛋白质溶液中后，这些有机溶剂的亲水性能很强，使蛋白质胶体颗粒表面的水化膜消失而产生沉淀或进入肽链空隙引致溶胀作用使氢键和分子间力受到破坏。在这个过程中还往往引起变性作用 75%的乙醇有最强的灭菌作用也是这个性质所产生的效果。④加试剂。钨酸、鞣酸、三氯乙酸和苦味酸、磷钨酸等生物碱试剂既能使生物碱沉淀，也能使蛋白质沉淀，这些试剂与蛋白质结合后生成不溶性的盐。Hg^{2+}、Ag^{+}、Cu^{2+} 等重金属离子也会和蛋白质结合生成沉淀，此时蛋白质往往也发生变性作用。利用这个性质在临床上可用来救治重金属盐中毒的病人，给他们口服生鸡蛋或生牛奶，使其和重金属离子结合成不溶性的能沉淀的蛋白质，然后在催吐剂作用下将它们呕出以达到解毒的效果。

蛋白质的凝固、沉淀和变性有一定关系，但变性不一定就会沉淀，凝固的变性蛋白质也不一定沉淀；但多数情况蛋白质变性后有沉淀现象。在等电点附近蛋白质最易沉淀。此外，沉淀还有可逆和不可逆两种。可逆沉淀中沉淀出的蛋白质分子的各级结构基本没有变化，消除掉沉淀因素，沉淀蛋白质会重新溶解，而不可逆沉淀则不会再重新溶解了。用盐析法沉淀蛋白质的反应是可逆的，用重金属盐离子的方法沉淀蛋白质的反应是不可逆的，用有机溶剂方法沉淀蛋白质的反应在初期是可逆的，时间长了以后也成为不可逆的了。

(5) 颜色反应。一切伯胺和含有 α-氨基酰基官能团的化合物与茚三酮反应均能生成蓝紫色物质，蛋白质也有同样的反应现象，并可用于它的定性和定量分析。

碱性蛋白质溶液中滴加硫酸铜稀溶液，铜离子与四个肽键上的氮原子形成紫红色的配合物，肽键越多，颜色越深。因为缩二脲在碱性溶液中和 0.5% $CuSO_4$ 溶液反应产生紫红色，故蛋白质的这个呈色反应又被称为蛋白质的缩二脲反应。所有蛋白质都有此反应。

蛋白质遇到硝酸，在芳香氨基酸、酪氨酸、苯丙氨酸的侧链芳香环上发生硝化反应，产生黄色的物质，这被称为蛋白黄反应。做实验时皮肤不慎溅上硝酸会留下黄色的痕迹就是蛋白黄反应的结果。

16.4　核　　酸

核酸(nucleic acid)和糖、蛋白质一样，都是对生命现象有重大意义的生物高分子化合物。核酸是 1868 年瑞士科学家米谢(Miescher)首次从细胞核中分离得到的，又因具有酸性，故称为核酸。核酸不仅存在于细胞核内，在细胞质，特别是细胞质的粒质中，也含有丰富的核酸。自然界中，无论是植物、微生物、动物，还是人类，凡是有生命的地方都有核酸的存在。核酸是生物用来制造蛋白质的模型，换言之，没有核酸就没有蛋白质。因此，核酸是生命的最根本的物质基础。Avery 发现并证实了染色体[存在于细胞核内的由脱氧核糖核酸(DNA)与蛋白质组成的纤维状物质]中的 DNA 是携带遗传信息的物质。到了 20 世纪 50 年代，人们已经可以肯定，核酸是以遗传编码的方式储存和传递信息并指导蛋白质合成的物质。可以说，核酸是支配人体整个生命活动(新陈代谢、生长、遗传、变异等)的本源性物质，被现代科学称之为“生命之源”、“生命之本”。

所以是近年来生物化学、有机化学及医学中研究得最广泛、最活跃的课题之一，至今已有 38 位科学家因从事设计核酸的研究而荣获诺贝尔奖。这里仅从有机化学的角度对核酸的结构及两类重要的核酸加以简介。

核酸作为辅基与蛋白质结合成核蛋白。核酸的结构和蛋白质一样，非常复杂，也分为一级结构与空间结构。一级结构指核酸的组成各组分的排列顺序以及连键的性质；空间结构指分子链内及链间通过氢键折叠卷曲而成的构象。

16.4.1　核酸的一级结构

经过元素分析，核酸主要含 C、H、O、N、P 五大元素，个别的还有 S。其中含 N 15%～16%，含 P 9%～10%。

核酸用稀酸、稀碱或某些酶控制部分水解生成核苷酸，核苷酸用核苷酸酶继续水解生成磷酸和核苷(nucleoside)，核苷再继续酸性水解则生成戊糖和杂环碱。核酸用酸完全水解生成磷酸、戊糖(核糖或脱氧核糖)和含嘌呤环及嘧啶环的杂环碱的混合物。

核苷酸水解通常得到的嘧啶衍生物通常有下列三种：

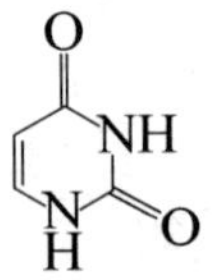
尿嘧啶 (uracil,U)

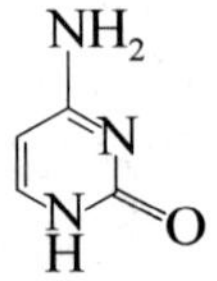
胞嘧啶 (cytosine,C)

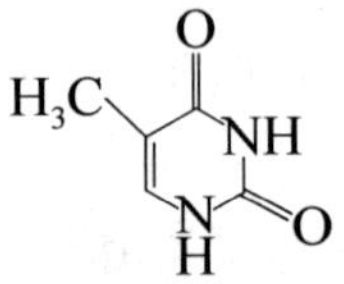
胸腺嘧啶 (thymine,T)

嘌呤衍生物通常有下列两种：

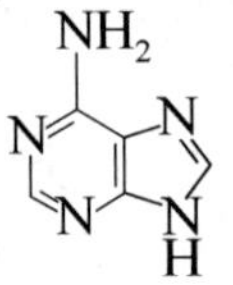
腺嘌呤 (adenine,A)

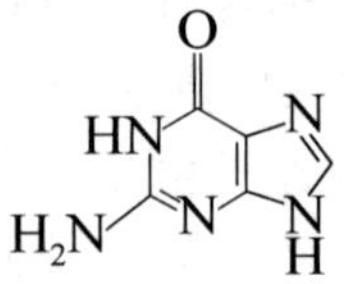
鸟嘌呤 (guanine,G)

以上五种杂环碱都有互变异构体存在，如下所示的鸟嘌呤一般以酮式与烯醇式两种互变异构体存在：

酮式　　烯醇式

它们主要存在的形式由溶液的 pH 决定，在生理系统中 pH 为 7±0.2 时，主要以酮式为主。

综上所述，核糖或脱氧核糖和杂环碱构成核苷；核苷和磷酸构成核苷酸；由很多核苷酸形成的多核苷酸，即是核酸。核苷酸是组成核酸的基本结构单元，核苷中有两类戊糖，因此，核苷酸、核酸也有相应两类，即核糖核酸(ribonucleic acid，RNA)和脱氧核糖核酸(deoxyribonucleic acid，DNA)。下面分别介绍它们的结构。

1) 核苷

核苷是一种糖苷，由戊糖和碱基缩合而成。戊糖与碱基之间以糖苷键相连接。戊糖分子的 1′位 C 原子的羟基与嘧啶碱的 1 位 N 原子或与嘌呤碱的 9 位 N 原子上的氢脱去水后相连接。所以，戊糖与碱基间的连接是 N—C 键，一般称之为 *N*-糖苷键。用 X 射线衍射法已证明，核苷中的碱基与糖环平面互相垂直。核苷中的 D-核糖及 D-2-脱氧核糖均为呋喃型环状结构。糖环中的 1′-C 是手性碳原子，所以有 α-及 β-两种构型。但核酸分子的糖苷键均为 β-糖苷键。

根据核苷中所含戊糖的不同，将核苷分成两大类：核糖核苷和脱氧核糖核苷。对核苷命名时必须先冠以碱基的名称，如腺嘌呤核苷、胞嘧啶-2′-脱氧核苷等。

RNA 中杂环碱有腺嘌呤、鸟嘌呤、胞嘧啶、尿嘧啶，对应的四种核苷如下：

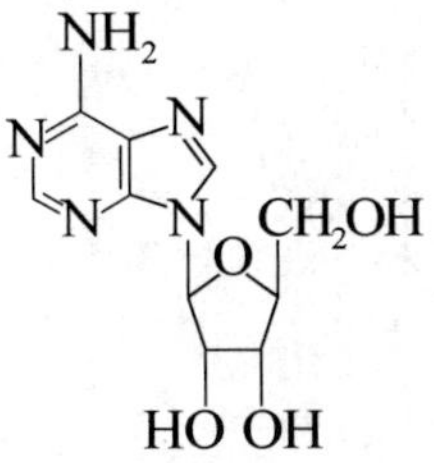
腺嘌呤核苷

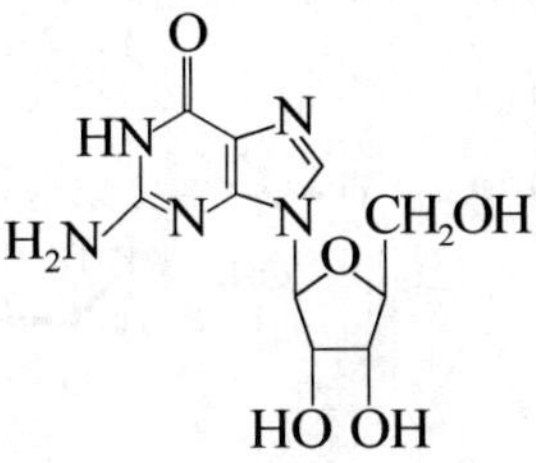
鸟嘌呤核苷

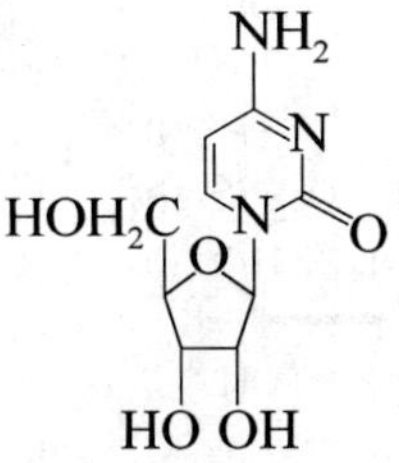
胞嘧啶核苷

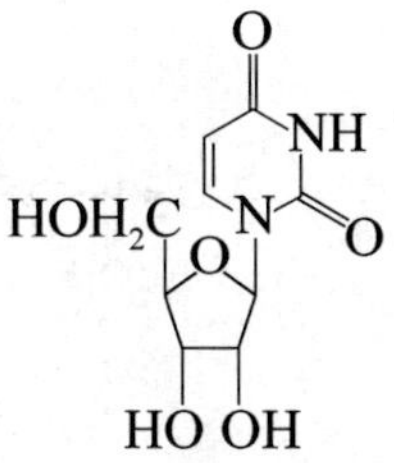
尿嘧啶核苷

DNA 中杂环碱有腺嘌呤、鸟嘌呤、胞嘧啶、胸腺嘧啶，对应的四种核苷如下：

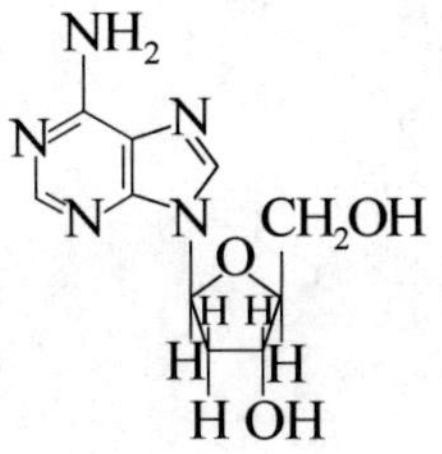
腺嘌呤-2′-脱氧核苷

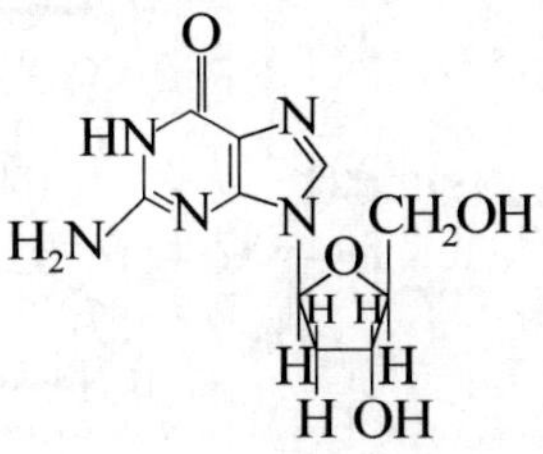
鸟嘌呤-2′-脱氧核苷

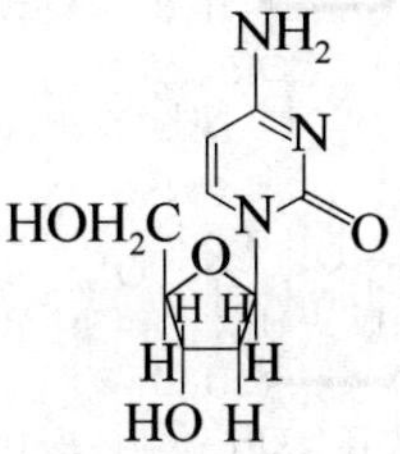
胞嘧啶-2′-脱氧核苷

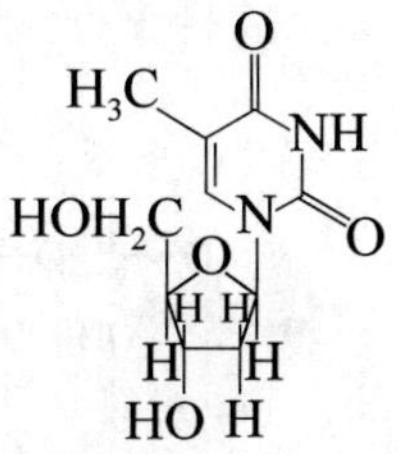
胸腺嘧啶-2′-脱氧核苷

2）核苷酸

核苷中戊糖的 3′或 5′位的羟基被磷酸酯化，就形成核苷酸。因此，核苷酸是核苷的磷酸酯，可以命名为核苷磷酸；如果命名为核苷酸，则在核苷的前面标出戊糖酯化碳原子的位次，在核苷的后面加上“酸”字。由于核糖核苷的糖环上有三个自由羟基，而脱氧核糖核苷只有两个，所以，它们分别能形成 2′、3′及 5′-核糖核苷酸与 3′及 5′-脱氧核糖核苷酸。在生物体内游离存在的大多是 5′-核苷酸。对核苷酸命名时，下面两例分别为 5′-腺苷酸、3′-胞嘧啶脱氧核糖核酸。

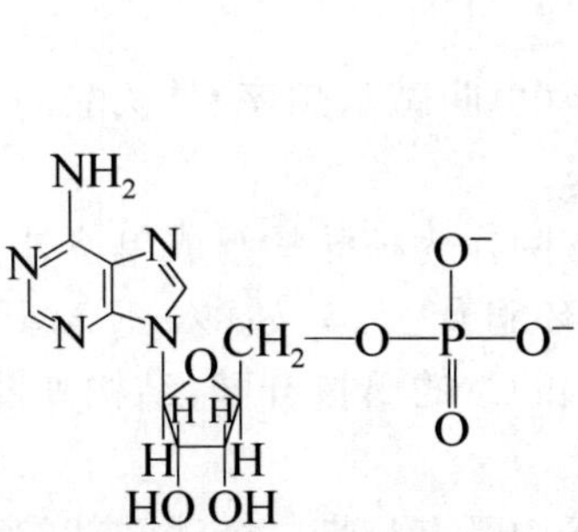

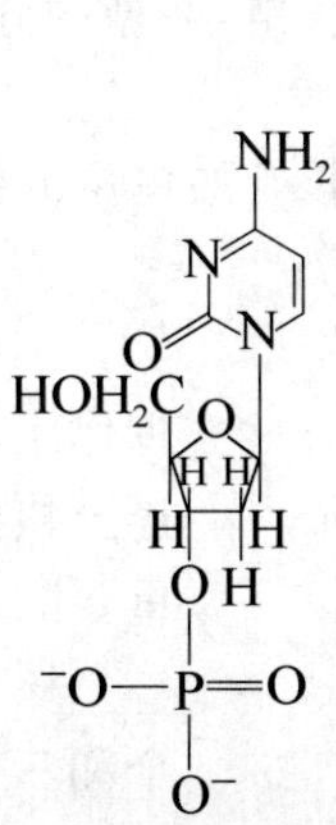

在了解了核苷酸的结构之后，就可以考察这些核苷酸是如何结合成多核苷酸的。在脱氧核糖核酸和核糖核酸中，通过一个核苷酸的戊糖的 3′位羟基与另一个核苷酸单位戊糖的 5′位

羟基之间形成的磷酸酯键，将核苷酸连接在一起，因而在两个核苷酸之间有一个磷酸二酯键。图 16-2 示出 RNA 和 DNA 的片断结构，它含有四个核苷酸，糖-磷酸酯序列组成每一条链的骨架。杂环碱基连在戊糖环上面。图中用箭头表明了磷酸二酯桥由 3′→5′的方向。

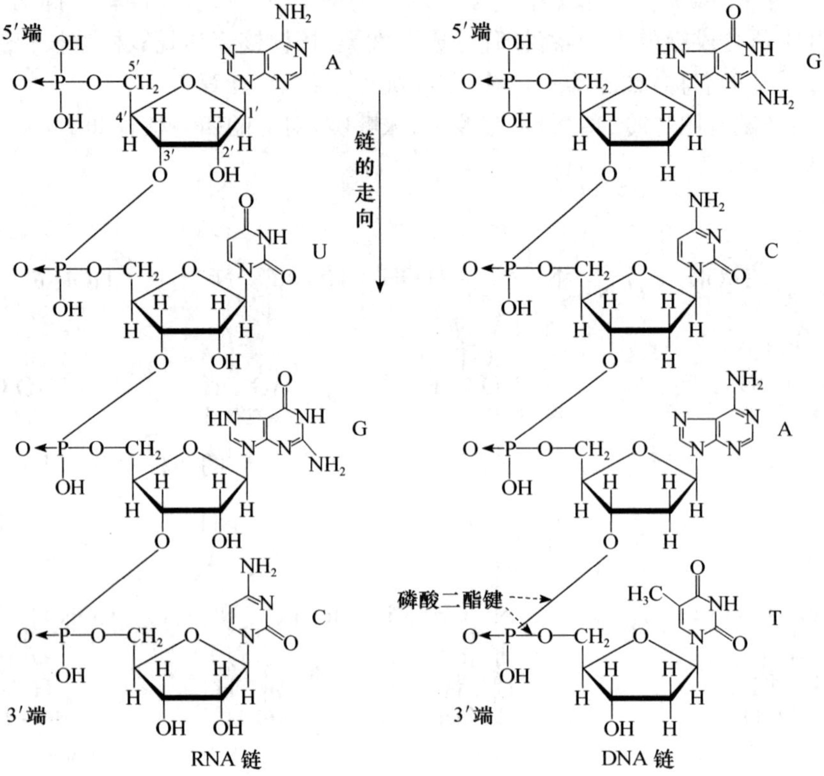

图 16-2　RNA 和 DNA 的一级结构

DNA 和 RNA 在结构上有两点差别：第一，DNA 中是 β-D-2-脱氧核糖，RNA 中是 β-D-核糖；第二，DNA 中的碱基没有尿嘧啶(U)，RNA 中的碱基没有胸腺嘧啶(T)。成键时，嘧啶类碱基以 1-位和戊糖的 1′-位形成苷键，嘌呤类碱基则以 9-位和戊糖的 1′位形成苷键，它们都是 β-苷键。正磷酸则与戊糖的 3′和 5′位形成磷酸二酯键。因此，核酸是由核糖或脱氧核糖通过磷酸连接起来的一条长链，在糖的分子上再和不同的碱基结合。核酸的两个末端分别为磷酸单酯或游离的羟基。

上述核酸分子中核苷酸单位的排列顺序(也叫碱基顺序)是核酸的一级结构，它决定核酸的基本性质。

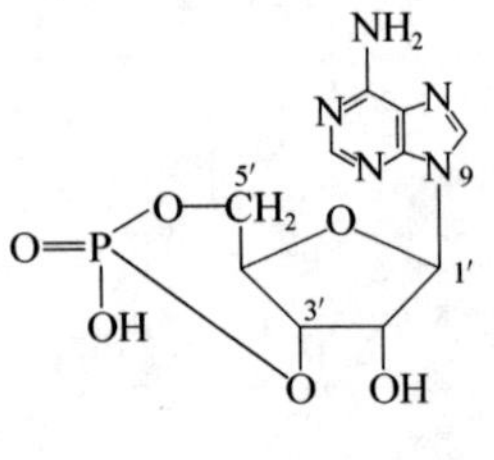

图 16-3　环 AMP(激素)

某些核苷酸除作为核酸的组成单位外，本身还具有重要的生理作用。例如，环腺苷-3′,5′-磷酸(环 AMP 或 CAMP)是磷酸基连至核糖的 $C_{3'}$ 和 $C_{5'}$ 的单核苷酸，结构如图 16-3 所示，它是一个重要的激素。

核苷酸分子中既有只带一个磷酸基的一磷酸核苷，也有含两个和三个磷酸基的二磷酸腺苷(ADP)和三磷酸腺苷(ATP)等多磷酸核苷，它们都有着非常重要的生理功能(图 16-4)。

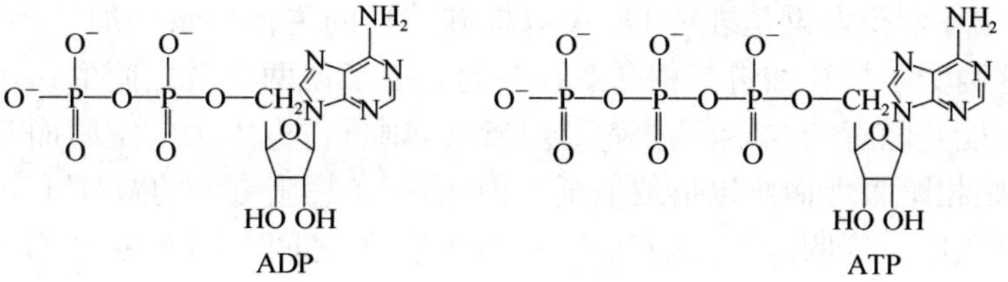

图 16-4　ADP 和 ATP 的结构

16.4.2　核酸的二级结构

20 世纪 40 年代后期，已经证实在所有的 DNA 分子中，腺嘌呤(A)和胸腺嘧啶(T)的个数相等，鸟嘌呤(G)和胞嘧啶(C)的个数也完全相等。也就是说，这两对碱中的每两个碱基之间是互补的。DNA 中的核酸形成碱基对，碱基对中两个配对核酸的浓度总是彼此相当的。当 DNA 来源不同时，配对核酸相对量有变化，这些发现为人们探索 DNA 结构奠定了基础。通过对分子模型的推论及各碱基的性质研究，结合 DNA 分子的 X 射线衍射分析，美国生物学家克里克(Crick)和沃森(Watson)在 1953 年合作提出了 DNA 的双螺旋(double helix)结构模型。这是人类在分子水平上认识生命现象所取得的一个重大突破。这两个科学家也因他们的杰出工作而荣获 1960 年诺贝尔生理医学奖。

如图 16-5 所示，根据双螺旋结构模型，DNA 是两条平行的脱氧多核苷酸彼此盘结并以螺旋方式围绕同一个中心轴。这两股链的走向相反，彼此互补以反向平行的状态构成双螺旋，一条磷酸二酯键的走向是从 5′→3′，另一条则从 3′→5′。两条链之间通过螺旋内嘧啶碱和嘌呤碱的氢键固定下来，它们之间的距离正好和双螺旋的直径(2nm)相吻合，螺旋的轴心穿过氢键的中点。链上的脱氧核糖和磷酸处于螺旋外侧。碱基平面与中心轴垂直，和糖环平面也近乎垂直，螺旋的每一圈相距 34nm，约包括十个核苷酸，两个相邻核苷酸之间的夹角约为 36°。碱基堆积成螺旋系列时，相互之间也有交互作用。嘌呤和嘧啶碱基形状扁平，呈疏水性，在双螺旋内侧大量碱基层层堆积，十分贴近，使双螺旋结构内部有一个强大的疏水区，与介质中的水

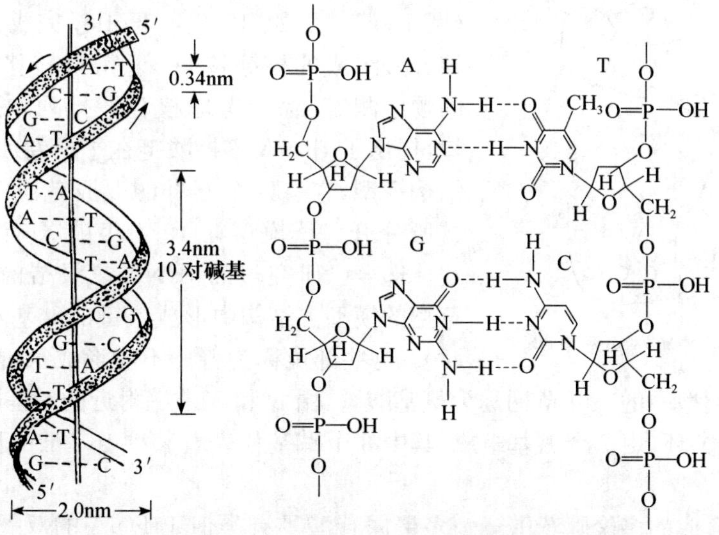

图 16-5　DNA 的双螺旋结构示意图

P 表示磷酸基；A 与 T 配对，G 与 C 配对，其间的虚线表示配对碱基之间的氢键

分子隔开,这种碱基堆积力也是维持DNA双螺旋结构的主要力量。加之链上配对碱基之间的氢键作用使这两个多核苷酸链互相联系在一起。为了使两个链之间的作用足够有效,碱基的氢键配对就不能是随意的,如果两个都是嘌呤环,则将占有太大的空间而有拥挤感;如果两个都是嘧啶环,则相距太远而难以形成氢键。因此,一条螺旋链上的碱基顺序就决定了另一条螺旋链上的碱基顺序。这两个互补的碱基对中,A和T之间有两根氢键,G和C之间有三根氢键。碱基对中的两个碱基处于同一个平面,而各个碱基对平面相互平行,每两个碱基对之间相距0.34nm。螺旋外部有两个螺旋凹槽,一条深宽的称为大沟(major groove),另一条稍浅窄一点的称为小沟(minor groove),这是DNA行使功能时蛋白质的识别位点所在之处。

DNA的二级结构也可分为两大类:一是右手双螺旋;另一类是局部的左手双螺旋。随着溶剂、温度及盐型和碱基顺序的不同,DNA可以有不同的构象存在并处于动态平衡之中。构象的变化使螺旋盘旋的松紧程度、大小沟的深浅和宽窄都发生变化,从而使蛋白质对DNA分子的识别也有变化。正是双螺旋结构的柔性和构象间的可变性,使它在与调控蛋白质及其他分子的相互作用中得以发挥重要的生物功能。DNA分子的这种双螺旋结构已被证明是非常稳定的。这些双螺旋的二级结构可进一步紧缩为闭合成环状或复杂麻花状的空间构象,形成所谓的三级结构,如超螺旋、十字架和三链状结构等,非常复杂,至今搞清楚的结构很少。

天然RNA的二级结构,一般不像DNA那样都是双螺旋结构。和DNA相比,RNA的碱基主要是腺嘌呤(A)、鸟嘌呤(G)、胞嘧啶(C)和尿嘧啶(U)四种。但有些RNA分子还有另外一些特殊碱基,如5-甲基胞嘧啶等,这些特殊碱基又被称为“稀有碱基”。RNA虽然也可以由碱基的互补同样成为一个双股螺旋,但由于核糖的2′位上还存在一个羟基,它能深入到分子密集的部位,使类似与DNA那样的双螺旋结构难以形成。另外,DNA中只有3′、5′位上的两个羟基,它们无选择地都是磷酸酯化的,而RNA中有三个自由的羟基。因此,磷酸二酯键可以在3′、5′位上发生,也可以在2′、5′位之间形成。现在知道,在大部分RNA结构中只在一条分子的一段或某几段中有两股互补的排列,而其他区段则是单股、弯曲的核苷酸链,在某些区域可发生自身回褶形成双螺旋结构,其间的碱基也有互补关系,但彼此不平行,也不垂直于螺旋轴。它的二级结构也远不如DNA那么有规律(图16-6)。例如,1965年Hofley完成了第一个由77个核苷酸组成的核糖核酸——酵母转移丙氨酸核糖核酸的顺序测定,综合考虑核苷酸排列顺序和碱基配对规律,提出了tRNA多核酸链在平面卷曲成三叶草型二级结构模型,它有四个互补的双股链段,被非互补的单股链所分开。该模型在1974年被X衍射分析结果所证实。迄今已研究过的tRNA二级结构几乎都符合三叶草型的模型。结构中形成氢键的碱基对都是A对U、G对C,这些部位称为臂。不能形成氢键的部位成环状突起,称为突环。模型中的三叶草柄称为氨基酸臂,由3′和5′末端附近的碱基配对而成,其对应面称为反密码子突环,由7个碱基组成,其中3个碱基代表着某种氨基酸的反密码子,正巧与密码子对应。

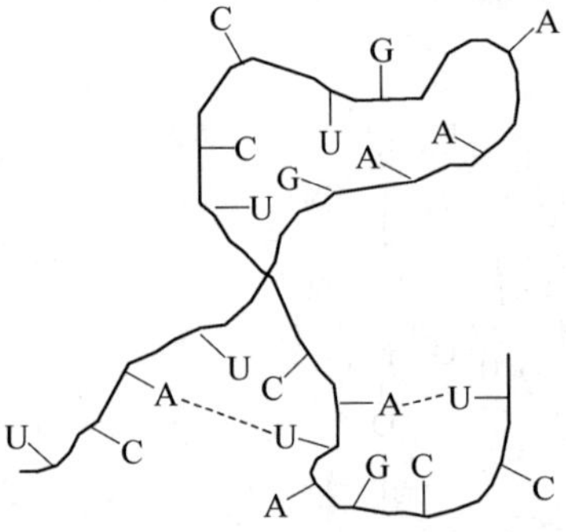

图16-6 RNA的二级结构示意图

但是,人工合成的多聚腺苷酸——多聚尿苷酸具有类似于DNA的双螺旋结构,所以,它具有与DNA十分类似的物理、化学性质。

习　题

(一) 基础知识练习题

1. 单项选择题。

(1) 组成生物体某蛋白质的 20 种氨基酸的平均相对分子质量为 128，一条含有 100 个肽键的多肽链的相对分子质量为(　　)。

A. 12800　　B. 11018　　C. 11036　　D. 8800

(2) 全世界每年有成千上万人由于吃毒蘑菇而身亡，其中鹅膏草碱就是一种毒菇的毒素，它是一种环状八肽。若 20 种氨基酸的平均相对分子质量为 128，则鹅膏草碱的相对分子质量是(　　)。

A. 1024　　B. 898　　C. 880　　D. 862

(3) 氨基酸分子缩合形成含 2 条肽链的蛋白质分子时，相对分子质量减少了 900，由此可知，此蛋白质分子中含有的氨基酸数和肽键数分别是(　　)。

A. 52、52　　B. 50、50　　C. 52、50　　D. 50、49

(4) 若某蛋白质的相对分子质量为 11935，在合成这个蛋白质分子的过程中脱水量为 1908，假设氨基酸的平均相对分子质量为 127，则组成该蛋白质分子的肽链有(　　)。

A. 1 条　　B. 2 条　　C. 3 条　　D. 4 条

(5) 已知氨基酸的平均相对分子质量为 128，测得某蛋白质的相对分子质量为 5646，试判断该蛋白质的氨基酸数和肽链数依次是(　　)。

A. 51 和 1　　B. 51 和 2　　C. 44 和 1　　D. 44 和 2

(6) 能正确表示形成蛋白质分子的结构层次，从小到大依次是(　　)。

① 氨基酸　　② C、H、O、N 等元素

③ 氨基酸脱水缩合　　④ 一条或几条多肽链连接在一起

⑤ 多肽　　⑥ 蛋白质

A. ②①③④⑥⑤　　B. ①③②④⑥⑤

C. ②①⑥③④⑤　　D. ②①③⑤④⑥

(7) 氨基酸形成多肽的方式是(　　)。

A. 水解　　B. 还原反应　　C. 脱水缩合　　D. 聚合

(8) 生物体内蛋白质多样性的原因不可能是(　　)。

A. 组成肽键的化学元素不同　　B. 组成蛋白质的氨基酸种类和数目不同

C. 氨基酸排列顺序不同　　D. 蛋白质的空间结构不同

(9) 鸡蛋煮熟后，蛋白质变性失活，这是由于高温破坏蛋白质的(　　)。

A. 肽键　　B. 肽链　　C. 空间结构　　D. 氨基酸

(10) 下列化合物中可以用茚三酮鉴别的是(　　)。

A. 水杨酸　　B. 酪氨酸　　C. 安息香酸　　D. 丙酮酸

2. 判断题。

(1) 三肽分子中可找到三个肽键。　(　　)

(2) 甘氨酸的等电点为 pH=7。　(　　)

(3) 谷氨酸在 pH=3 时为中性分子。　(　　)

(4) 氨基酸在等电点时溶解度最小。　(　　)

(5) 中性氨基酸中，氨基和羧基数目相等。　(　　)

(6) 肽键是蛋白质特有的键。　(　　)

(7) 在蛋白质溶液中加入浓硫酸溶液会使蛋白质发生盐析，当在沉淀中再加入水时又能溶解。　(　　)

(8) 中性氨基酸的等电点小于 7 是由于羧基的电离程度大于氨基的电离程度。　(　　)

(9) 各种蛋白质均能水解，经过一系列中间产物最终只生成各种 α-氨基酸的混合物。　(　　)

(10) 氨基酸具有氨基和羧酸的典型性质。 (　　)

3. 用 R/S 标记法给出下列两个 α-氨基酸的系统名称。

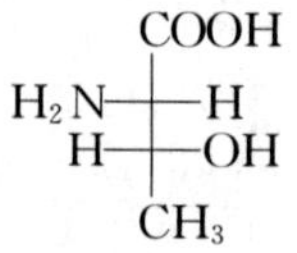

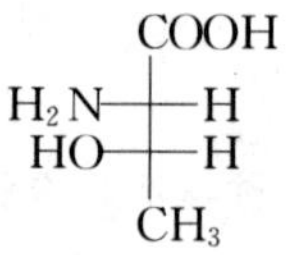

(二) 综合提高练习题

1. 用简单的方法鉴别下列各组化合物。

(1) 2-氨基丙酸,3-氨基丙酸和苯胺　(2) 苏氨酸,丝氨酸　(3) 乳酸,丙氨酸

2. 按要求答题。

(1) 脯氨酸、苏氨酸、色氨酸和羟基脯氨酸中,哪些不能与茚三酮反应?为什么?

(2) 某多肽含 10 个氨基酸,水解时生成:缬-半胱-甘;甘-苯丙-苯丙;谷-精-甘;酪-亮-缬;甘-谷-精。试写出其氨基酸顺序。

(3) 由氨基酸和缬氨酸缩合,能形成几种多肽?写出其结构式和名称,并用缩写符号表示其名称。

(4) 血管舒缓激肽是一个九肽,由下列氨基酸组成:2 个精氨酸、1 个甘氨酸、2 个苯丙氨酸、3 个脯氨酸、1 个丝氨酸。用 2,4-二硝基氟苯和羟肽酶水解,发现两个末端残基都是精氨酸;血管舒缓激肽部分酸性水解时,得到下列的二肽和三肽:

苯 - 丝 + 脯 - 甘 - 苯 + 脯 - 脯 + 丝 - 脯 - 苯 + 苯 - 精 + 精 - 脯

请写出血管舒缓激肽中氨基酸的结合顺序。

3. 写出下列化合物在指定 pH 时的结构式。

(1) 缬氨酸在 pH=8 时　(2) 丝氨酸在 pH=1 时

(3) 赖氨酸在 pH=10 时　(4) 谷氨酸在 pH=3 时

(5) 色氨酸在 pH=12 时

4. 合成题。

(1) 用丙二酸二乙酯为原料合成(i)异亮氨酸(ii)苯丙氨酸。

(2) 合成含有赖氨酸的多肽时,需要对两个氨基保护,用苄氧羰基作保护基,合成赖-异亮。

参 考 书 目

傅建熙. 2000. 有机化学. 北京:高等教育出版社

高鸿宾. 1995. 有机化学导论. 天津:天津大学出版社

古练权,汪波,黄志纾,等. 2008. 有机化学. 北京:高等教育出版社

谷亨杰,吴泳,丁金昌. 2000. 有机化学. 2 版. 北京:高等教育出版社

郭灿城. 2001. 有机化学. 北京:科学出版社

江佩芬. 1996. 有机化学. 北京:学苑出版社

蒋硕健. 1996. 有机化学. 2 版. 北京:北京大学出版社

李艳梅,赵圣印,王兰英. 2011. 有机化学. 北京:科学出版社

陆国元. 2002. 有机化学. 南京:南京大学出版社

吕以仙. 2004. 有机化学. 6 版. 北京:人民卫生出版社

任贵忠. 1997. 有机化学学习指南. 天津:天津大学出版社

荣国斌. 2002. 高等有机化学基础(修订本). 上海:华东理工大学出版社,北京:化学工业出版社

荣国斌,秦川. 2011. 大学基础有机化学. 北京:化学工业出版社

汪小兰. 1997. 有机化学. 3 版. 北京:高等教育出版社

王玉炉. 2009. 有机合成化学. 2 版. 北京:科学出版社

韦国锋. 2000. 有机化学. 北京:中国医药科技出版社

吴毓林. 2002. 现代有机合成化学:选择性有机合成反应和复杂有机分子合成设计. 北京:科学出版社

邢其毅,裴伟伟,徐瑞秋,等. 2005. 基础有机化学. 3 版. 北京:高等教育出版社

徐景达. 1997. 有机化学. 4 版. 北京:人民卫生出版社

徐寿昌. 1993. 有机化学. 2 版. 北京:高等教育出版社

徐伟亮. 2002. 有机化学. 北京:科学出版社

叶秀林. 1999. 立体化学. 北京:北京大学出版社

尹冬冬. 2010. 有机化学. 2 版. 北京:高等教育出版社

袁履冰. 2000. 有机化学. 北京:高等教育出版社

曾昭琼. 2004. 有机化学(下册). 4 版. 北京:高等教育出版社

张凤秀. 2013. 有机化学. 北京:科学出版社

赵玉芬,赵国辉. 1998. 元素有机化学. 北京:清华大学出版社

Vollhardt K P C,Schore N E. 2006. 有机化学:结构与功能. 4 版. 戴立信,席振峰,王梅祥,等译. 北京:化学工业出版社